建筑工程设计编制深度实例范本

建筑电气

（第三版）

孙成群　编著

中国建筑工业出版社

图书在版编目（CIP）数据

建筑工程设计编制深度实例范本 建筑电气/孙成群编著. —3版. —北京：中国建筑工业出版社，2017.2
ISBN 978-7-112-20296-6

Ⅰ. ①建… Ⅱ. ①孙… Ⅲ. ①建筑设计-文件-编制-范文②建筑工程-电气设备-设计-文件-编制-范文 Ⅳ. ①TU2②TU85

中国版本图书馆CIP数据核字（2017）第011144号

本书是以住房和城乡建设部颁发的《建筑工程设计文件编制深度规定》(2016）为依据，从大量的工程设计实例中精选出20多个工程实例，按照建筑电气专业在方案设计、初步设计、施工图设计三个不同阶段的设计深度要求，详细介绍了各类民用建筑电气设计内容。本书第二篇是技术规格书，详细介绍了常见电气产品的技术内容。

本书可供建筑电气设计、施工人员在工作中学习参考，也可供相关专业的在校生学习使用。

责任编辑：张 磊 刘 江
责任校对：王宇枢 张 颖

建筑工程设计编制深度实例范本
建 筑 电 气
（第三版）
孙成群 编著

*

中国建筑工业出版社出版、发行（北京海淀三里河路9号）
各地新华书店、建筑书店经销
霸州市顺浩图文科技发展有限公司制版
北京市密东印刷有限公司印刷

*

开本：850×1168毫米 1/16 印张：44 字数：1179千字
2017年1月第三版 2017年12月第九次印刷
定价：**99.00**元

ISBN 978-7-112-20296-6
(29734)

简　介

孙成群 1963年出生，1984年毕业于哈尔滨建筑工程学院建筑工业电气自动化专业，2000年取得教授级高级工程师任职资格，注册电气工程师，现任北京市建筑设计研究院有限公司设计总监、总工程师，中国建筑学会电气分会副理事长，住房和城乡建设部建筑电气标准化技术委员会副主任委员，中国勘察设计协会建筑电气工程设计分会副理事长，全国建筑标准设计委员会电气委员会副主任委员，中国消防协会电气防火委员会委员，中国建筑学会建筑防火综合技术分会建筑电气防火专业委员会副主任，中国工程建设标准化协会雷电防护委员会常务理事。

在从事民用建筑中的电气设计工作中，曾参加并完成多项工程项目，在这些工程中，既有高度超过500m高层建筑的单体公共建筑，也有数十万平方米的生活小区。这些项目主要包括：中国尊大厦；全国人大机关办公楼；全国人大常委会会议厅改扩建工程；凤凰国际传媒中心；深圳中州大厦；呼和浩特大唐国际喜来登大酒店，朝阳门SOHO项目Ⅲ期；中国天辰科技园天辰大厦；深圳联合广场；富凯大厦；首都博物馆新馆；金融街B7大厦；百朗园；富华金宝中心；泰利花园；福建省公安科学技术中心；珠海歌剧院；九方城市广场；天津泰达皇冠假日酒店；北京上地北区九号地块-IT标准厂房；北京科技财富中心；新疆克拉玛依综合游泳馆；北京丽都国际学校；山东济南市舜玉花园Y9号综合楼；中国人民解放军总医院门诊楼；山东东营宾馆；李大钊纪念馆；北京葡萄苑小区；宁波天一家园；望都家园；西安紫薇山庄；山东辽河小区等。

主持编写《建筑电气设计方法与实践》；《建筑电气设计与施工资料集—技术数据》；《建筑电气设计与施工资料集—设备选型》；《建筑电气设计与施工资料集—设备安装》；《建筑电气设计与施工资料集—常见问题解析》；《简明建筑电气工程师数据手册》；《建筑工程设计文件编制实例范本—建筑电气》；《建筑电气设备施工安装技术问答》；《建筑工程机电设备招投标文件编写范本》；《建筑电气设计实例图册④》等书籍。参加编写《全国民用建筑工程设计技术措施·电气》、《智能建筑设计标准》GB 50314、《火灾自动报警系统设计规范》GB 50116、《住宅建筑规范》GB 50368、《建筑物电子信息系统防雷设计规范》GB 50343、《智能建筑工程质量验收规范》GB 50339、《建筑机电工程抗震设计规范》GB 50981、《会展建筑电气设计规范》JGJ 333、《商店建筑电气设计规范》JGJ 392、《消防安全疏散标志设置标准》DB 11/1024等标准。

The Author was born in 1963. After Graduated from the major of Industrial and Electrical Automation of Architecture of Harbin Institute of Architecture and Engineering in 1984, He has acquired the qualification of professor Senior Engineer in 2000. He is chief engineer of Beijing Institute of Architectural Design, Registered electric engineer, vice chairman of Housing and Urban and Rural Construction, Building Electrical Standardization Technical Committee, Executive director of the Lightning Protection Committee of the China Engineering Construction Standardization Association, vice chairman of National Building Standard Design Commission Electrical Commission now.

Engaging in architectural design for civil buildings in these years , he have fulfilled many projects situated at many provinces in China , which include high buildings and monomer public architectures which is more than 500m high, and also hundreds of thousands square meters living zone . They are ZhongGuoZun high-rise Building, the NPC organs office building, Phoenix International Media Center, The expansion project of the Great Hall of the People, Hohhot Datang International Sheraton Hotel, Chaoyangmen SOHO project Ⅲ, the Unite Plaza of ShenZhen; FuKai Mansion; BaiLang Garden; the New Museum of the Capital Museum; the B7 Building of Finance Street in Beijing ; the FuHuaJinBao Center; the TAILI Garden; Fujian Provincial Public Security Science and Technology Center; Zhuhai Opera House; Nine side of City Square; Shenzhen Zhongzhou Building; Tianchen Building; Crowne Plaza Hotel in Tianjin TEDA; IT Standard Factory of Beijing ShangDi North Area No. 9 lot; The Wealth Center of science & technology in Beijing ; Integrated Swimming Gymnasium of XinJiang KeLaMaYi; Beijing LiDu International School; Y9 Integrated Building of ShunYu Garden in ShanDong JiNan; the Clinic Building of the People' s Liberation Army General Hospital; ShanDong DongYing Hotel; The memorial of LiDaZhao ; Beijing Vineyard Living Zone; NingBo TianYi Homestead; WangDu Garden; XiAn ZiWei Mountain Villa; ShanDong LiaoHe Living Zone, and so on.

The author have published many papers and books in these years, which are awarded by the Architectural Electric Specialty Committee , a branch of The Architectural Society of China . He has charged many books such as "Method and Practice of Architecture Electrical Design", "Electrical Building Design and Construction data sets • Technical data Book", "Electrical Building Design and Construction data sets • Equipment Specifications", "Electrical Building Design and Construction data sets • Equipment Installation", "Electrical Building Design and Construction data sets • Analysis of Common Problems", "The Data Handbook for Architectural Electric Engineer", "The Model for Architectural Engineering Designing File Example-Architectural Electric ", "Answers and Questions for Construction Technology in Electrical Installation Building" , "Model Documents of Tendering for Mechanical and Electrical Equipments in Civil Building" and Exemplified diagrams of Architecture Electrical Design". And he take part in the compilation of "The National Architectural Engineering Design Technology Measures • Electric ", "Standard for design of intelligent building GB 50314" , "Code for design of automatic fire alarm system GB 50116", "Residential building code GB 50368" , "Technical code for protection against lightning of building electronic information system GB 50343" and " Code for acceptance of quality of intelligent building systems GB 50339" , Code for seismic design of mechanical and electrical equipment GB 50981, Code for electrical design of conference & exhibition buildings JGJ 333, Standard for Fire Safety Evacuation Signs Installation DB 11/1024.

序

建筑电气作为现代建筑的重要标志，它以电能、电气设备、计算机技术和通信技术为手段，来创造、维持和改善建筑物空间的声、光、电、热以及通信和管理环境，使其充分发挥建筑物的特点，实现其功能。从学术上讲，建筑电气是应用建筑工程领域内的一门新兴学科，它是基于物理、电磁学、光学、声学、电子学理论上的一门综合性学科。建筑电气是建筑物的神经系统，建筑物能否实现使用功能，电气是关键。换句话讲，建筑电气在维持建筑内环境稳态，保持建筑完整统一性及其与外环境的协调平衡中起着主导作用。强调电气系统的安全可靠、经济合理、技术先进、整体美观、维护管理方便，将是永久的话题。

《建筑工程设计编制深度实例范本——建筑电气》（第三版）就是遵循国家有关方针、政策，针对建筑电气设计的特点，突出电气系统设计的可靠性、安全性和灵活性进行编写的，本书籍的主题更加突出节能环保，并具有以下特点：

第一，取材广泛，涵盖面广。内容涉及写字楼、住宅小区、酒店、游泳跳水馆、体育场、会展中心、会议中心、博物馆、医院、电视传媒中心、广播电视中心、剧院、图书馆、档案馆、电子商城、航站楼、火车站、城市广场等实际工程实例。

第二，注重实用，富权威性。实例源于实际工程，并进行理论上的研究和探索，设计者都是具有较高技术水平和丰富经验的设计师，这些实例对工程设计的高度概括和总结，体现理性和思维段落的功力。

第三，数据准确，代表方向。关注科学性，实例中数据都是广大电气设计师在实际工程中的积累和总结，准确而实用，研究方向代表着中国建筑电气行业的发展，为新技术、新产品的使用和发展，提供一个展示平台，向世人说明建筑电气设计不缺乏理论创造和积淀。

第四，理论升华，指导实践。实例从设计理论上把握工程建设电气设计的方方面面，还极其关注国策一系列的可持续发展的大问题，开阔设计者的视野，创造出精品设计。

希望读者在这些工程实例中获得收益，指导工程设计工作，提高建设工程质量、水平和效率，实现与国际同行业接轨，共同完善建筑电气设计理论。

北京市建筑设计研究院有限公司总经理 [signature]

前　　言

《建筑工程设计编制深度实例范本——建筑电气》（第三版）是为贯彻执行中华人民共和国住房和城乡建设部《建筑工程设计文件编制深度规定（2016年版）》（以下简称《深度规定》）进行编制的。为了使本书更加具有可操作性、延续性、系统性和整体协调性，在编写此书时，从实际工程中提取二十多个实际工程案例，作为设计文件编制深度规定的诠释。并增补电气技术规格书篇，列举的设计参数可供广大设计人员参考，从而使本书的内容更具实际的参考价值。

本书编写以“先进的设计理念、优化的设计系统、全生命周期的工程设计、实用典型的设计范例”为宗旨，列举写字楼、住宅小区、酒店、游泳跳水馆、体育场、会展中心、会议中心、博物馆、医院、电视传媒中心、广播电视中心、剧院、图书馆、档案馆、电子商城、航站楼、火车站、城市广场等实际工程实例。

本书分为通用篇和技术规格书篇两部分。在通用篇中，第一章对电气系统的论述较《深度规定》的要求更为细致，目的是为工程技术人员在进行初步设计和施工图设计时提供较详细的技术资料。在实际工程设计中，可根据工程的具体情况和《深度规定》的要求，进行编写。在第二章和第三章初步设计和施工图设计实例中在服务于市场需求、把控工程质量和高完成度等方面进行了探索，并在设计文件编制要点中，强调各阶段设计文件编制原则、编制内容、电气设计需收集的技术资料、电气专业设计各阶段与相关专业配合的内容、电气设计团队统一技术规定、建筑电气施工技术交底主要内容，这些都是实现精品设计的必要资料，满足相关法律法规、技术标准，尤其是绿色节能技术的要求。在电气技术规格书篇中，列举了电气技术规格书编写模板。技术规格书是对设计文件的技术深化，目的就是对电气设备选购建立公开、公平、公正的重要保障，是提高机电设备招标质量的重要文本文件，使设计文件更加具有法制化、工程化、标准化和国际化。

本书力求内容新颖，覆盖面广，可作为建筑电气工程设计、施工人员实用参考书，也可供大专院校有关师生教学参考使用。由于建筑电气技术的不断进步，书中若存在做法与国家现行标准有不一致之处，应以现行国家标准为准。

郭芳、徐义、郑成波、冯成华、刘江涛、李蔚、孔嵩、金红、穆晓霞、刘会彬、屠瑜权、陈莹、韩全胜、姜青海、孙海龙、王建华、李洋、林冀、刘宏瑞、刘洁、张瑞松、刘霄、何静、马霄鹏、荣岩、王风景、王亚冬、徐春明、于娟、李战赠、王璐、彭梅等参加编写工作，同时得到很多同行的热情支持和具体帮助，这里我们深怀感恩之心，品味成长历程，发现人生的真正收获。感恩父母的言传身教，是他们把我们带到了这个世界上，给了我们无私的爱和关怀。感恩老师的谆谆教诲，是他们给了我们知识和看世界的眼睛。感恩同事的热心帮助，是他们给了我们平淡中蕴含着亲切，微笑中透着温馨。感恩朋友的鼓励支持，是他们给了我们走向成功的睿智。感恩对手的激励，是他们给了我们重新认识自己的机会和再次拼搏的勇气，在不断的较量中汲取能量，慢慢走向成功。

限于编者水平，对书中谬误之处，真诚地希望广大读者批评指正。

北京市建筑设计研究院有限公司设计总监、总工程师　孙成群

目　　录

通　用　篇

技术规格书篇

通用篇

【摘要】 设计文件通常由设计说明和图纸组成，是指导工程建设的重要依据，是表述设计思想的介质，设计文件质量将直接影响到工程建设，所以设计说明和图纸必须图文并茂地准确反映如何贯彻国家有关法律法规、现行工程建设标准、设计者的思想。设计文件应保证各阶段的质量，表述完整，避免文件中不清晰或出现矛盾的现象，特别在影响建筑物和人身安全、环境保护上更应有详尽的表达，以便于对电气设备进行安装、使用和维护，以杜绝对社会、环境和人类健康造成危害，提高经济效益，使其更好地服务工程建设。

第一章　电气方案设计文件编制范本

第一节　电气方案设计文件编制要点

一、建筑电气方案设计文件编制深度原则

1　方案设计文件，应满足编制初步设计文件的需要，应满足方案审批或报批的需要。

2　在设计中宜因地制宜正确选用国家、行业和地方建筑标准设计。

3　当设计合同对设计文件编制深度另有要求时，设计文件编制深度应同时满足本规定和设计合同的要求。

4　设计单位在设计文件中选用的建筑材料、建筑构配件和设备，应当注明规格、性能等技术指标，其质量要求必须符合国家规定的标准。

二、建筑电气设计说明编制内容

1　工程概况。

2　本工程拟设置的建筑电气系统。

3　变、配、发电系统：

3.1　负荷级别以及总负荷估算容量；

3.2　电源，城市电网提供电源的电压等级、回路数、容量；

3.3　拟设置的变、配、发电站数量和位置设置原则；

3.4　确定备用电源和应急电源的型式、电压等级，容量。

4　智能化设计

4.1　智能化各系统配置内容；

4.2　智能化各系统对城市公用设施的需求；

4.3　作为智能化专项设计，建筑智能化设计文件应包括设计说明书、系统造价估算。

4.3.1　设计说明书。

4.3.2　工程概况：应说明建筑类别、性质、功能、组成、面积（或体积）、层数、高度以及能反映建筑规模的主要技术指标等；应说明本项目需设置的机房数量、类型、功能、面积、位置要求及指标。

4.3.3　设计依据：建设单位提供有关资料和设计任务书；设计所执行的主要法规和所采用的主要标准（包括标准的名称、编号、年号和版本号）。

4.3.4　设计范围：本工程拟设的建筑智能化系统，内容一般应包括系统分类、系统名称，表述方式应符合《智能建筑设计标准》GB 50314 层级分类的要求和顺序。

4.3.5　设计内容：内容一般应包括建筑智能化系统架构，各子系统的系统概述、功能、结构、组成以及技术要求。

5　电气节能及环保措施。

6　绿色建筑电气设计。

7　建筑电气专项设计。

8　当项目按装配式建筑要求建设时，电气设计说明应有装配式设计专门内容。

三、建筑电气设计收集资料内容（见表 1-1）

建筑电气设计收集资料内容 表 1-1

资料	内容
有关文件	工程建设项目委托文件和主管部门审批文件有关协议书
自然资料	工程建设项目所在的海拔高度、地震烈度、环境温度、最大日温差
	工程建设项目的最大冻土深度
	工程建设项目的夏季气压、气温（月平均和极限最高、最低）
	工程建设项目所在地区的地形、地物状况（如相邻建筑物的高度）、气象条件（如雷暴日）和地质条件（如土壤电阻率）
	工程建设项目的相对湿度（月平均最冷、最热）
电源现状	工程建设项目所在地的电气主管部门规划和设计规定
	市政供电电源的电压等级、回路数及距离
	供电电源的可靠性
	供电系统的短路容量
	供电电源的进线方式、位置、标高
	供电电源的质量
	电力计费情况
电讯线路现状	工程建设项目所在当地电讯主管部门的规划和设计规定
	市政电讯线路与工程建设项目的接口地点
	市政电话引入线的方式、位置、标高
有线电视现状	工程建设项目所在当地有线电视主管部门的规划和设计规定
	市政有线电视线路与工程建设项目的接口地点
	市政有线电视引入线的方式、位置、标高
其他	工程建设项目所在地常用电器设备的电压等级
	当地对电气设备的供应情况
	当地对各电气系统的有关规定、地区性标准和通用图等

四、方案阶段电气专业设计与相关专业配合输入表（见表 1-2）

方案阶段电气专业设计与相关专业配合输入表 表 1-2

提出专业	电气设计输入具体内容
建筑	建设单位委托设计内容、建筑物位置、规模、性质、用途、标准、建筑高度、层高、建筑面积等主要技术参数和指标以及主要平、立、剖面图
	市政外网情况（包括电源、电信、电视等）
	主要设备机房位置（包括冷冻机房、变配电机房、水泵房、锅炉房、消防控制室等）
结构	主体结构形式
	剪力墙、承重墙布置图
	伸缩缝、沉降缝位置
给水排水	水泵种类及用电量
	其他设备的性质及用电量
通风与空调	冷冻机房的位置、用电量、制冷方式（电动压缩机式或直燃机式）
	空调方式（集中式、分散式）
	锅炉房的位置、用电量
	其他设备用电性质及容量

五、方案阶段电气专业设计与相关专业配合输出表（见表 1-3）

方案阶段电气专业设计与相关专业配合输出表　　表 1-3

接收专业	电气设计输入具体内容
建筑	主要电气机房面积、位置、层高及其对环境的要求
	主要电气系统路由及竖井位置
	大型电气设备的运输通路
结构	变电所的位置
	大型电气设备的运输通路
给水排水	主要设备机房的消防要求
	电气设备用房用水点
通风与空调	柴油发电机容量
	变压器的数量和容量
	主要电气机房对环境温、湿度的要求

六、电气方案设计文件验证内容（见表 1-4）

电气方案设计文件验证内容　　表 1-4

类别	项目	验证岗位			验 证 内 容	备　注
		审定	审核	校对		
设计说明	设计依据	•	•	•	建筑类别、性质、结构类型、面积、层数、高度等	
		•	•	•	采用的设计标准应与工程相适应，并为现行有效版本	关注外埠工程地方规定
	设计分工	•	•	•	电气系统的设计内容	
	变、配、发电系统	•	•	•	变、配、发电站的位置、数量、容量	
		•	•	•	负荷容量统计	
		•	•	•	明确电能计量方式	
			•	•	明确无功补偿方式和补偿后的参数指标要求	
		•	•	•	明确柴油发电机的启动条件	
	电力系统	•	•	•	确定电气设备供配电方式	
	照明系统	•	•	•	明确照明种类、照度标准、主要场所功率密度限值	
		•	•	•	明确应急疏散照明的照度、电源型式、灯具配置、线路选择、控制方式、持续时间	
		•	•	•	确定防直击雷、侧击雷、雷击电磁脉冲、高电位侵入的措施	
		•	•	•	明确总等电位、辅助等电位的设置	
	火灾自动报警系统	•	•	•	明确防护等级及系统组成	
		•	•	•	确定消防控制室的设置位置	
			•	•	确定各场所的火灾探测器种类设置	
			•	•	确定消防联动设备的联动控制要求	
			•	•	明确电气火灾报警系统设置	
	人防	•	•	•	明确负荷分级及容量	
			•	•	明确人防电源、战时电源	
	智能化系统	•	•	•	确定各系统末端点位的设置原则	
			•	•	明确各系统的组成及网络结构	
		•	•	•	确定与相关专业的接口要求	

续表

类别	项目	验证岗位			验证内容	备注
		审定	审核	校对		
设计说明	电气节能	•	•	•	明确拟采用的电气系统节能措施	
		•	•	•	确定节能产品	
		•	•	•	明确提高电能质量措施	
	绿色建筑设计	•	•	•	绿色建筑电气设计目标	
		•	•	•	绿色建筑电气设计措施及相关指标	

第二节 电气方案设计文件编制实例

一、某写字楼建筑电气方案设计文件实例

1 工程概况

本工程属于一类建筑，地上二十二层，地下三层，建筑面积为 103685m^2。工程性质为办公及配套项目，包括金融营业、商业、餐饮、停车及后勤用房等。

2 设计范围

2.1 变、配电系统；

2.2 电力、照明系统；

2.3 防雷接地系统；

2.4 综合布线系统；

2.5 有线电视系统；

2.6 建筑设备监控系统；

2.7 综合保安监控系统；

2.8 停车场管理系统；

2.9 电气消防系统；

2.10 集成管理；

2.11 建筑电气消防系统；

2.12 电气节能、绿色建筑设计。

3 变、配电系统

3.1 负荷分级：

3.1.1 一级负荷包括：大型金融营业厅及门厅照明、安全照明用电，安防信号电源、消防系统设施电源、通信电源、人防应急照明及计算机系统电源等为一级负荷。设备容量约为：P_e=1690kW。

3.1.2 二级负荷包括：一般客梯用电，生活水泵等。设备容量约为：P_e=650kW。

3.1.3 三级负荷包括：一般照明及动力负荷。设备容量约为：P_e=7278kW。

3.2 电源：本工程由市政外网引来两路高压电源。高压系统电压等级为 10kV。高压采用单母线分段运行方式，中间设联络开关，平时两路电源同时分列运行，互为备用，当一路电源故障时，通过手/自操作联络开关，另一路电源负担全部负荷。容量 9600kVA。

3.3 变、配、发电站：

在地下一层设置变电所一处。变电所拟内设六台 1600kVA 干式变压器。

4 信息系统对城市公用事业的需求

4.1 本工程需输出入中继线 300 对（呼出呼入各 50%）。另外申请直拨外线 500 对

（此数量可根据实际需求增减）。

4.2　电视信号接自城市有线电视网，在顶层设有卫星电视机房，对建筑内的有线电视实施管理与控制。有线电视节目和卫星电视节目经调制后，经电视信号干线系统传送至每个电视输出口处，使获得技术规范所要求的电平信号，达到满意的收视效果。

5　照明系统

5.1　照度标准见表1-5。

照度标准　　**表1-5**

房间或场所	参考平面及其高度	照度标准值(lx)	UGR	U_0	R_a
普通办公室	0.75m水平面	300	19	0.6	80
高档办公室	0.75m水平面	500	19	0.6	80
会议室	0.75m水平面	300	19	0.6	80
接待室、前台	0.75m水平面	300	—	0.4	80
营业厅	0.75m水平面	300	22	0.4	80
设计室	实际水平面	500	19	0.6	80
文件整理、复印、发行室	0.75m水平面	300	—	0.4	80
资料、档案室	0.75m水平面	200	—	0.4	80

5.2　光源：照明应以清洁、明快为原则进行设计，同时考虑节能因素避免能源浪费，以满足使用的要求。室内外照明应选用发光效率高、显色性好、使用寿命长、色温相宜、符合环保要求的光源。室外照明装置应限制对周围环境产生的光干扰。对餐厅、电梯厅、走道等均采用节能灯；商场、办公室等采用高效节能荧光灯；设备用房采用节能荧光灯。为保证照明质量，办公区域选用双抛物面格栅、蝠翼配光曲线的荧光灯灯具，荧光灯为显色指数大于80的三基色的荧光灯。

5.3　应急照明与疏散照明：消防控制室、变配电所、配电间、电信机房、弱电间、楼梯间、前室、水泵房、电梯机房、排烟机房、重要机房的值班照明等处的应急照明按100％考虑；门厅、走道按30％设置应急照明；其他场所按10％设置应急照明。各层走道、拐角及出入口均设疏散指示灯，蓄电池采用集中免维护电池进行供电，停电时自动切换为直流供电，并且应急照明持续时间应不少于30min。

5.4　为保证用电安全，用于移动电器装置的插座的电源均设电磁式剩余电流保护装置（动作电流≤30mA，动作时间小于0.1s）。

5.5　照明控制：为了便于管理和节约能源，以及不同的时间要求不同的效果。本工程采用智能型照明控制系统，部分灯具考虑调光；汽车库照明采用集中控制；楼梯间、走廊等公共场所的照明采用集中控制和就地控制相结合的方式；走廊的照明采用集中控制。走廊的应急照明考虑就地控制和消防集中控制的方式。室外照明的控制纳入建筑设备监控系统统一管理。

6　电力系统

6.1　配电系统的接地型式采用TN-S系统。冷冻机组、冷冻泵、冷却泵、生活泵、热力站、电梯等设备采用放射式供电；风机、空调机、污水泵等小型设备采用树干式供电。

6.2　为保证重要负荷的供电，对重要设备如：通信机房、消防用电设备（消防水泵、排烟风机、加压风机、消防电梯等）、信息网络设备、消防控制室、中央控制室等均采用双回路专用电缆供电，在最末一级配电箱处设双电源自投，自投方式采用双电源自投自复。

6.3　主要配电干线沿由变电所用电缆桥架（线槽）引至各电气小间，支线穿钢管敷设。

6.4　普通干线采用辐照交联低烟无卤阻燃电缆；重要负荷的配电干线采用氧化镁电缆。部分大容量干线采用封闭母线。

7　防雷与接地系统

7.1　本建筑物按二类防雷建筑物设防，为防直击雷在屋顶设接闪带，其网格不大于10m×10m，所有突出屋面的金属体和构筑物应与接闪带电气连接。

7.2　为防止侧向雷击，将六层以上，每三层沿建筑物四周的金属门窗构件与该层楼板内的钢筋接成一体后再与引下线焊接，防雷接闪器附近的电气设备的金属外壳均应与防雷装置可靠焊接。

7.3　为预防雷电电磁脉冲引起的过电流和过电压，在变压器低压侧、在向重要设备供电的末端配电箱的各相母线上、由室外引入或由室内引至室外的电力线路、信号线路、控制线路、信息线路等装设电涌保护器。

7.4　本工程采用共用接地装置，以建筑物、构筑物的金属体、构造钢筋和基础钢筋作为接地体，其接地电阻小于1Ω。

7.5　～220/380V低压系统接地型式采用TN-S，PE线与N线严格分开。

7.6　建筑物作总等电位连接，在变配电所内安装主等电位连接端子箱，将所有进出建筑物的金属管道、金属构件、接地干线等与总等电位端子箱有效连接。

7.7　在所有变电所，弱电机房，电梯机房，强、弱电小间，浴室等处作辅助等电位连接。

8　建筑电气消防系统

8.1　本工程采用集中报警系统。燃气表间、厨房设气体探测器，烟尘较大场所设感温探测器，一般场所设感烟探测器。在本楼适当位置设手动报警按钮及消防对讲电话插孔。在消火栓箱内设消火栓报警按钮。消防控制室可接收感烟、感温、气体探测器的火灾报警信号，水流指示器、检修阀、压力报警阀、手动报警按钮、消火栓按钮的动作信号。在每层消防电梯前室附近设置楼层显示复示盘。

8.2　消防联动控制系统：在消防控制室设置联动控制台，控制方式分为自动控制和手动控制两种。通过联动控制台，可以实现对消火栓、自动喷洒灭火系统、防烟、排烟、加压送风系统的监视和控制，火灾发生时手动切断一般照明及空调机组、通风机、动力电源。当发生火灾时，自动关闭总煤气进气阀门。

8.3　消防紧急广播系统：在消防控制室设置消防广播机柜，机组采用定压式输出。地下泵房、冷冻机房等处设号角式15W扬声器，其他场所设置3W扬声器。当发生火灾时，消防控制室值班人员可向全楼自动或手动进行火灾广播，及时指挥疏导人员撤离火灾现场。

8.4　消防直通对讲电话系统：在消防控制室内设置消防直通对讲电话总机，除在各层的手动报警按钮处设置消防对讲电话插孔外，在变配电室、水泵房、电梯机房、冷冻机房、防排烟机房、建筑设备监控室、管理值班室等处设置消防直通对讲电话分机。

8.5　电梯监视控制系统：在消防控制室设置电梯监控盘，除显示各电梯运行状态、层数显示外，还应设置正常、故障、开门、关门等状态显示。火灾发生时，根据火灾情况及场所，由消防控制室电梯监控盘发出指令，指挥电梯按消防程序运行：对全部或任意一台电梯进行对讲，说明改变运行程序的原因；除消防电梯保持运行外，其余电梯均强制返回一层并开门。火灾指令开关采用钥匙型开关，由消防控制室负责火灾时的电梯控制。

8.6　应急照明系统：所有楼梯间及前室的照明以及变配电所、消防控制室、安防中心、消防水泵房、防排烟机房、柴油发电机房、电讯机房等的照明全部为应急照明。公共场所应急照明一般按正常照明的10％～15％设置。应急照明电源采用双电源末端互投供电。主要疏散出口设置安全出口指示灯，疏散走廊设置疏散指示灯。

8.7 本工程还设置电气火灾报警系统、消防设备电源监控系统和防火门监控系统。

8.8 消防控制室：在一层设置消防控制室，分别监视建筑内的消防进行探测监视和控制。消防控制室内分别设有火灾报警控制主机、联动控制台、CRT 显示器、打印机、紧急广播设备、消防直通对讲电话设备、电梯监控盘及 UPS 电源设备等。

9 智能化系统

9.1 建筑设备监控系统

9.1.1 建筑设备监控系统融合了现代计算机技术、网络通信技术、自动控制技术、数据库管理技术以及软件技术等，采用国际上先进的“集散型系统”，通过中央监控系统的计算机网络，将各层的控制器、现场传感器、执行器及远程通信设备进行联网，共同实现集中管理、分散控制的综合监控及管理功能。

9.1.2 本工程建筑设备监控系统的总体目标是分别对建筑内的建筑设备（HVAC、给水排水系统、供配电系统、照明系统等）进行分散控制、集中监视管理，从而提供一个舒适的工作环境，通过优化控制提高管理水平，从而达到节约能源和人工成本，并能方便实现物业管理自动化。

9.1.3 系统设计所遵循的原则是注重系统的先进性、实用性、可靠性、开放性、适应性、可扩展性、经济性和可维护性。通过对工程中子系统的控制，对建筑内温、湿度的自动调节，空气质量的最佳控制，以及对室内照明进行自动化管理等手段，提供最佳的能源管理方案，对机电设备以及照明等采取优化控制和管理，确保节能运行，从而降低能源成本及运行费用。

9.1.4 本工程在地下一层设置一处建筑设备监控室，对建筑设备实施管理与控制。

9.2 综合布线系统

9.2.1 综合布线系统（GCS）应为一套完善可靠的支持语音、数据、多媒体传输的开放式的结构，作为通信自动化系统和办公自动化系统的支持平台，满足通信和办公自动化的需求。

9.2.2 系统能支持综合信息（语音、数据、多媒体）传输和连接，实现多种设备配线的兼容，综合布线系统能支持所有的数据处理（计算机）的供应商的产品，支持各种计算机网络的高速和低速的数据通信，可以传输所有标准的模拟和数字的语音信号，具有传输 ISDN 的功能，可以传输模拟图像、数字图像以及会议电视等的多媒体信号。完全能承担建筑内的信息通信设备与外部的信息通信网络相连。

9.2.3 本工程在地下一层设置网络室。

9.3 通信自动化系统

9.3.1 本工程在地下一层设置电话交换机房，拟定设置一台的 1500 门 PABX。

9.3.2 通信自动化系统中，程控自动数字交换机起着重要的作用。随着通信技术的发展，现今的 PABX 应将传统的语音通信、语音信箱、多方电话会议、IP 技术、ISDN（B-ISDN）应用等当今最先进的通信技术融会在一起，向用户提供全新的通信服务。

9.3.3 会议电视系统：

本工程在多功能厅设置全数字化技术的数字会议网络系统（DCN 系统），该系统采用模块化结构设计，全数字化音频技术。具有全功能、高智能化、高清晰音质。方便扩展和数据传递保密等优点。可实现发言演讲、会议讨论、会议录音等各种国际性会议功能，其中主席设备具有最高优先权，可控制会议进程。

9.4 有线电视及卫星电视系统

9.4.1　本工程在地下一层设置有线电视前端室，在顶层设有卫星电视机房，对建筑内的有线电视实施管理与控制。

9.4.2　有线电视系统根据用户情况采用分配-分支分配方式。

9.5　背景音乐及紧急广播系统

9.5.1　本工程在一层设置广播室（与消防控制室共室）。

9.5.2　在一层走道、大堂、餐厅等均设有背景音乐。背景音乐及紧急广播系统采用100V定压式输出。当有火灾时，切断背景音乐，接通紧急广播。

9.5.3　多功能厅设置独立的音响设备。会议扩声系统配备多台多路混音放大器、扬声器箱等专业设备。调音台应有多路音源输入通道，每通道均可预选话筒或线路输入。各通道均应有语音滤波，衰减低音成分，增加语音的清晰度。可接入CD、AM/FM收音机、话筒等，并具备录音设备。扬声器的配置应满足会场声压级的需要，并应保证会场内声压的均匀度。

9.6　安防监控系统

9.6.1　本工程在一层设置保安室（与消防控制室共室），内设系统矩阵主机、视频录像、打印机，监视器及～24V电源设备等。视频自动切换器接受多个摄像点信号输入，定时自动轮换（1～30s）输出监控信号，也可手动任选一个摄像机的画面跟踪监视、录像、打印。系统矩阵主机带输入、输出板；云台控制及编程、控制输出时、日、字符叠加等功能。

9.6.2　闭路监视系统：

在建筑的大堂、各层电梯厅、电梯轿厢等处设置摄像机，电梯轿厢内采用广角镜头，要求图像质量不低于四级。图像水平清晰度：黑白电视系统不应低于400线，彩色电视系统不应低于270线。图像画面的灰度不应低于8级。保安闭路监视系统各路视频信号，在监视器输入端的电平值应为1Vp-p±3dB VBS。保安闭路监视系统各部分信噪比指标分配应符合：摄像部分：40dB；传输部分：50dB；显示部分：45dB。保安闭路监视系统采用的设备和部件的视频输入和输出阻抗以及电缆阻抗均应为75Ω。

9.6.3　无线巡更系统：

无线巡更系统由信息采集器、信息下载器、信息钮和中文管理软件等组成。并可实现以下功能：

(1) 可按人名、时间、巡更班次、巡更路线对巡更人的工作情况进行查询，并可将查询情况打印成各种表格，如：情况总表、巡更事件表、巡更遗漏表等。

(2) 巡更数据储存，定期将以前的数据储存到软盘上，需要时可恢复到硬盘上。

(3) 用户要求可定制其他功能，如各种巡更事件的设置、员工考勤管理等。

9.7　无线通信增强系统

为避免无线基站信道容量有限，忙时可能出现网络拥塞，手机用户不能及时打进或接进电话。另外由于大楼内建筑结构复杂，无线信号难于穿透，室内易出现覆盖盲区。因此，大楼内应安装无线信号室内天线覆盖系统以解决移动通信覆盖问题，同时也可增加无线信道容量。

9.8　系统集成管理

集成管理的重点是突出在中央管理系统的管理，控制仍由下面各子系统进行。集成管理能为本工程对各个管理部门提供高效、科学和方便的管理手段。将建筑中日常运作的各种信息，如建筑设备监控系统、安防、火灾自动报警、公共广播、通信系统以及展览管理信息，各种日常办公管理信息，物业管理信息等构成相互之间有关联的一个整体，从而有效地提升建筑整体的运作水平和效率。

10　电气节能、绿色建筑设计

10.1　变配电所深入负荷中心，合理选择电缆、导线截面，减少电能损耗。

10.2　三相配电变压器满足现行国家标准《三相配电变压器能效限定值及能效等级》GB 20052的节能评价值要求，水泵、风机等设备，及其他电气装置满足相关现行国家标准的节能评价值要求。

10.3　本工程采用低压集中自动补偿方式，并配备谐波电抗器组合，作为谐波抑制措施，避免高次谐波电流与电力电容发生谐振，影响系统设备可靠运行，治理后的谐波水平满足《电能质量　公用电网谐波》GB/T 14549—93的要求。

10.4 优先采用节能光源。荧光灯应采用T5灯管。建筑室内照明功率密度值应小于表1-6要求。采用智能型照明管理系统，以实现照明节能管理与控制。

照明功率密度值　　**表1-6**

房间或场所	照明功率密度(W/m^2)	对应照度值(lx)
普通办公室	8	300
高档办公室、设计室	13.5	500
会议室	8	300
营业厅	8	300
文件整理、复印、发行室	8	300

10.5　照明设计避免产生光污染。

10.6　合理选用电梯和自动扶梯，并采取电梯群控、扶梯自动启停等节能控制措施。

10.7　配套停车位按规划要求配建充电桩。

二、某住宅小区建筑电气方案设计文件实例

1　工程概况

本工程总占地200000m^2，总建筑面积400000m^2，有高层住宅和多层住宅，共分六区4000户住户。

2　设计范围

2.1　变、配电系统；

2.2　照明配电系统；

2.3　动力用电设备的供电系统；

2.4　防雷接地系统；

2.5　建筑电气消防系统

2.6　电话系统；

2.7　有线电视系统；

2.8　宽带接入网系统；

2.9　闭路电视保安监视系统；

2.10　周界报警系统；

2.11　电子巡更管理系统；

2.12　可视对讲系统；

2.13　能源远传自动计量系统；

2.14　小区IC卡系统；

2.15　公共广播及消防紧急广播系统；

2.16　电气消防系统；

2.17　家庭智能化系统；

2.18　停车场管理系统；

2.19　小区智能化系统集成；

2.20　电气节能、绿色建筑设计。

3　变、配电系统

3.1　负荷分级

3.1.1　一级负荷包括：十九层以上消防设备及应急照明。设备容量约为：P_e=1000kW。

3.1.2　二级负荷包括：客梯、排水泵、生活水泵等。设备容量约为：P_e=4000kW。

3.1.3　三级负荷包括：一般照明及动力负荷。设备容量约为：P_e=15000kW。

3.2　电源

本工程由市政外网引来两路高压电源。高压系统电压等级为10kV。高压采用单母线分段运行方式，中间设联络开关，平时两路电源同时分列运行，互为备用，当一路电源故障时，通过手/自操作联络开关，另一路电源负担全部负荷。容量16000kVA。

3.3　变、配电站

在小区内设置七个变、配电所。每个变、配电所内设置两台1000kVA变压器。一个公用配电室宜独立设置，设置两台800kVA变压器。

4　信息系统对城市公用事业的需求

4.1　本工程需输出入中继线600对（呼出呼入各50%）。另外申请直拨外线1000对（此数量可根据实际需求增减）。

4.2　本工程建立卫星通信系统，进行高速数据传输、图像传输、综合数据与语音通信、移动数据通信、计算机网络联接等综合业务，与DDN数字数据网互为备份，可以保证数据通信的不间断性、可靠性。

4.3　电视信号接自城市有线电视网，在顶层设有卫星电视机房，对建筑内的有线电视实施管理与控制。有线电视节目和卫星电视节目经调制后，经电视信号干线系统传送至每个电视输出口处，使获得技术规范所要求的电平信号，达到满意的收视效果。

5　照明系统

5.1　照度标准见表1-7。

照度标准　　**表1-7**

房间或场所		参考平面及其高度	照度标准值(lx)	R_a
起居室	一般活动	0.75m水平面	100	80
	书写、阅读		300*	
卧室	一般活动	0.75m水平面	75	80
	床头阅读	0.75m水平面	150*	
餐厅		0.75m餐桌面	150	80
厨房	一般活动	0.75m水平面	100	80
	操作台	台面	150*	
卫生间		0.75m水平面	100	80
楼梯间、走道		地面	50	60
车库		地面	30	60

注：*宜用混合照明。

5.2 光源：室内外照明应选用发光效率高、显色性好、使用寿命长、色温相宜、符合环保要求的光源。室外照明装置应限制对周围环境产生的光干扰。住宅建筑的门厅、前室、公共走道、楼梯间等应设置人工照明，应采用高效节能的照明装置和延时自熄开关。

5.3 居室配电

5.3.1 住宅用电容量按每户用电负荷6kW规划方案，60W/m^{2}的用电标准，采用电取暖的用户，每户增加2kW，用电负荷标准及电度表规格按表1-8进行设计，每套住宅的电气设计标准按表1-9进行设计，每户设户配电箱。

用电负荷标准及电度表规格 **表1-8**

户型	建筑面积（m^2）	用电负荷标准（kW）	电度表规格（A）	进户线截面（mm^2）	备注
二室二厅	65～90	6	10(40)	BV-3×10	
三室二厅	100～130	8	15(60)	BV-3×16	
四室二厅	140～200	12	20(80)	BV-2×25+1×16	

电气设计标准 **表1-9**

房间名称	二、三孔（各一）插座组10A	空调器专用插座16A	洗衣机专用插座16A	电冰箱专用插座10A	电热水器插座16A	排烟罩插座10A
起居室	4	1				
主卧室	3～4	1				
次卧室	3	1				
餐厅	2			1		
厨房	3				1	1
卫生间	1		1		1	
主阳台	1					

注：厨房、卫生间插座选用防溅水型。

5.3.2 居室照明灯具仅设裸灯头，以便业主入住后更换灯具；卫生间、厨房、阳台应配防潮裸灯头。

5.3.3 空调电源插座、普通电源插座与照明分设回路；厨房电源插座和卫生间电源插座设置独立回路。

5.3.4 所有插座回路均设剩余电流保护器（动作电流≤30mA，动作时间不大于0.1s）。

5.3.5 一般空调电源插座回路不设剩余电流保护器；但当起居室较大时，考虑落地空调柜机时，该回路应设剩余电流保护器，并设置低位0.3m插座。

5.3.6 户内照明、插座支路导线采用BV-2.5mm^2。

5.4 多层住宅的低压配电系统：在电源进户设置配电总箱，在以放射式系统配电至各单元配电总箱，以提高供电的可靠性。由单元配电总箱至楼层电度表箱采用树干式系统。多层住宅的公共走廊、楼梯间照明计量表设在一层单元配电总箱内。

5.5 高层住宅的配电系统：在地下室或一层设置低压配电室作为整个建筑的配电中心，各层均设有电气竖井和配电小间。十九层以上高层住宅内的消防设备用电（消防水泵、消防电梯等）及应急照明等均属一级负荷。十九层以下高层住宅内的消防设备用电（消防水泵、消防电梯等）及应急照明等均属二级负荷，楼梯间、电梯间及其前室应设置疏散照明，楼梯照明灯采用电子延时开关控制，火灾时强制点亮。根据负荷分级及对供电要求，设两路电源供电。

5.6 楼座各单元采用（ZR）YJV-1kV电缆（高层）或BV-0.5kV导线（多层）以树干式向各层电表箱配电，各层电气竖井内设电缆T接箱（高层）；消防电梯、消防设备采用两路专用回路末端自动互投方式配电；楼梯灯、弱电设备用插座采用集中蓄电池作备用电源，其连续供电时间不应小于20min。

5.7 每栋住宅的电源引入处作重复接地，并进行总等电位连接。楼电源进线在配电室配电断路器处设500mA剩余电流保护器（动作时间不大于0.4s），以防止电气火灾的发生，动力进线处及其作为备用电源的光柜断路器处剩余电流保护器只作报警。

6 防雷与接地

6.1 防雷保护

6.1.1 本工程各楼座均按第三类防雷措施设防。

6.1.2 在楼座屋顶设接闪带（网）作防直击雷的接闪器，利用建筑物结构柱子内的主筋作引下线，利用结构基础内钢筋网作接地体。

6.1.3 为防雷电波侵入，电缆进出线在进出端将电缆的金属外皮、钢管等与电气设备接地相连。

6.1.4 为预防雷电电磁脉冲引起的过电流和过电压，在变压器低压侧、向重要设备供电的末端配电箱的各相母线上、由室外引入或由室内引至室外的电力线路、信号线路、控制线路、信息线路等装设电涌保护器（SPD）。

6.1.5 建筑物高度超过60m的住宅设置设防侧击雷措施。

6.2 接地安全

6.2.1 本工程各楼座低压配电系统接地型式采用TN-S系统，在电源引入处作重复接地；其中性线和保护地线在接地点后要严格分开。凡正常不带电而当绝缘破坏有可能呈现电压的一切电气设备金属外壳均应可靠接地。

6.2.2 防雷接地、变压器中性点接地及电气设备、信息系统等接地共用统一的接地装置，要求接地电阻不大于1Ω，否则应在室外增设人工接地体。

6.2.3 本工程采用总等电位连接，在配电室设总等电位连接端子；将建筑物内保护干线、设备进线总管、建筑物金属构件进行连接。

6.2.4 在弱电机房、电梯机房、浴室、卫生间等处设辅助等电位连接。

6.2.5 居住建筑套内下列电气装置的外露可导电部分均应可靠接地：

1. 固定家用电器、手持式及移动式家用电器的金属外壳；

2. 家居配电箱、家居配线箱、家居控制器的金属外壳；

3. 线缆的金属保护导管、接线盒及终端盒；

4. Ⅰ类照明灯具的金属外壳。

7 建筑电气消防系统

7.1 在小区会所内设置消防控制室。本工程的消防泵房分别由小区变电室用电缆引来两路专用～220/380V电源供电，末端自动互投。

7.2 高层住宅楼内的消防水泵、消防电梯、排烟风机、加压风机及应急照明电源等均采用两路电源供电，末端互投方式供电。

7.3 在地下车库、会所及高层住宅楼内的楼梯间、走道及电梯前室设应急照明、出口指示灯；应急照明、疏散照明采用集中蓄电池作备用电源，其连续供电时间不小于30min。

7.4 高层住宅楼内在消火栓处设置带动作指示灯的消火栓按钮，将信号送至本楼座配电室的光、力柜用分励方式切除非消防电源、使公共走道灯及楼梯灯自动点亮；同时启动地下排烟风机。

7.5 高层住宅楼一层有值班室的，在室内可控制加压风机的起停以及消防泵起动并设信号显示。

7.6 小区内商住楼、办公楼、高层住宅楼（按照消防规范需要设置火灾自动报警系统）、汽车库设置火灾自动报警系统。汽车库设置感烟火灾探测器、其他部分按照消防规范要求设置感烟火灾探测器、手动报警器及相应的消防紧急广播系统。

7.7 本工程还设置电气火灾报警系统、消防设备电源监控系统和防火门监控系统。

8 智能化系统

8.1 电话系统

8.1.1 居住区的电信指标见表1-10。

居住区的电信指标 **表1-10**

类别	指标要求
居住区	1. 每套住宅电话按1～2对设计，有特殊要求按实际情况确定
	2. 居住区的物业管理部门应预留办公外线电话
	3. 居住区的配套建筑（如商店等）均按建设单位设置电话
	4. 每250户平均预设公用电话一部
	5. 居住区的住宅群建筑面积每10万m^2应预留电话交接间，其适用面积不少于12m^2
幼儿园	每10000m^2按25对设计
医院	每10000m^2按143对设计
中小学	每10000m^2按25～33对设计
商业	每10000m^2按200对设计

8.1.2 小区内每户设两门电话，电话装机约为8000门。整个小区拟设置两个模块站。

8.1.3 电话电缆引入建筑时，应在室外进线处设置手孔或人孔，由手孔或人孔预埋钢管或硬质PVC管引入建筑内。电话用户线路的配置一般可按初装电话容量的130%～160%考虑。电话外线工程路由及管孔数量应由电信部门确认。

8.1.4 多层及高层住宅楼的进线管道，管孔直径不应小于80mm。90户及以下的住宅楼宜按一处进线设计，90户及以上的住宅楼，可按一处以上进线设计。

8.1.5 最少在每户住宅的主卧室和客厅各设一部电话。

8.1.6 室外直埋电话电缆在穿越车道时，应加钢管或铸铁管等保护。

8.2 有线电视系统

8.2.1 有线电视信号直接由市网引入，位置与有线电视主管部门协商确定。

8.2.2 本工程在每户住宅的主卧室和客厅各设一线电视插座。

8.2.3 小区内有线电视系统采用“分支—分配”或“分配—分支—分配”等方式配至各户，在每一楼梯单元一层设前端箱分配放大信号。

8.2.4 有线电视系统采用860MHz邻频传输，小区内的所有电视插座要求用户电平69±6dB，图像清晰度不低于四级。

8.2.5 通过建立双向有线电视网，在该网络的基础上可提供如下服务功能：

1. 实现大量电视节目传送；

2. 实现电视节目等视频点播；

3. 通过户内适配设备，实现INTERNET高速上网及通信；

4. 公共（小区外）信息浏览（入证券信息、政策等）；

5. 提供基于本网络的其他服务。

8.2.6 所有室内有线电视系统管线均采用穿管暗敷。

8.3 宽带接入网系统

在小区综合布线网的基础上建立小区内部高速局域网，用于传输数据及语音，配置相应的网站设备并通过公共配套设施，与公用网（建议使用DDN专线租用方式与公共网连接，将来可与市政光缆连接并入公共网）进行高速连接，能够提供如下服务：

8.3.1 话音通信，数据通信；

8.3.2 通过宽带接入，为用户提供高品质的视频点播服务；

8.3.3 通过与小区商业设施的联网，提供网上购物功能，并自动结算每通过该网络，能实现物业管理网络化，如：网上保修、建立用户档案等；

8.3.4 实现INTERNET高速上网及通信；

8.3.5 通过网站，将小区信息向外界发布；

8.3.6 提供个人主页对外发布功能；

8.3.7 小区内部可通过本网络，实现内部联络、信息沟通的功能；

8.3.8 可以实现政策、信息、医疗咨询活动；

8.3.9 作为娱乐，可以开展网上游戏等娱乐活动；

8.3.10 实现家庭办公。

8.4 闭路电视监控系统

8.4.1 闭路电视监控系统是采用先进的电子技术和计算机技术，对远端场景进行传感成像、信号传输、集中监视、图像记录以及联动控制的系统。考虑到小区地理位置的特殊性，安装闭路电视监控系统，由技防辅助人防，实时记录小区各重要区域的图像，值勤人员也可以通过电视监控系统全方位地实时了解各区域动向情况；当有突发事件发生时，有利于迅速观察现场并采取行动，还能在集中监视事态发展及指挥行动；通过安装监控也能有效地威慑和预防事件的发生，并可通过录像带为事后破案提供有力线索，提高了技防装备水平与管理档次。

8.4.2 将小区主要道路、花园、停车场作为监视对象，由于小区面积大、道路多，对夜间监视有特殊要求，对小区监控系统做如下布点配置，系统共设摄像机66台，其中小区周界与出入口设12台，地下停车场设18台，小区内设34台。摄像机均为黑白弱光摄像机，其中有24台为全方位云台旋转带10倍变焦全球机型，10台为全方位云台旋转带10倍变焦枪型，所有摄像机均配自动光圈镜头、防护罩均为室外型号。35台摄像机通过一台黑白16画面处理器在4台20“专业监视器及8台14”黑白监视器上全面显示，并通过4台长延时录像机将24h画面记录在单盒录像带上。同时，所有摄像机画面通过64×16矩阵切换主机在4台监视器上进行万能切换，并通过键盘摇杆，对任一路旋转摄像机进行全方位转动及变焦控制。

8.5 周界报警系统

8.5.1 防盗报警系统是采用现代化红外技术及微波技术，对人体入侵及移动进行探测，同时产生声光报警及联动相关电子设备，阻止盗案的发生。

8.5.2 周界防盗报警系统就是在小区四周用墙或护栏上安装各类主动式红外对射探头，对小区进行布防，在物业中心值班室设有报警主机，一旦某处有人越入，对射探头却自动感应，触发报警，主机显示报警部位，同时联动相应的摄像机，并在主机上自动切换成报警摄像画面，提示值班人员处理。

8.5.3 本系统前端主动红外探测器的选用应充分考虑了种种艰难环境条件，在多种环境变化也可得到稳定的警戒、监视效果。通常在明朗的天气状况下具有100倍以上的检知感度余量，即使在恶劣的天气环境中也具有不发生误报的检知感度维护能力。

8.6　电子巡更系统

8.6.1　电子巡更管理系统不仅是安全保卫系统中不可缺少的重要部分，也是先进物业管理的不可或缺的重要组成部分。在主要公共通道分布电子巡更签到点，可设定保安员巡更的路线及地点，巡更的次数等，并可检测该保安员所用的巡更时间，从而确定该保安员有否失职。

8.6.2　本小区电子巡更系统应具有以下功能：采用总线制系统，主控室实时监控巡更人员的行走路线情况；系统可设定保安员应遵守的巡更路线，巡更次数，并对不符合设定值行为报警；系统可设定从一个巡更点到另一个巡更点所需要的时间，并对非正常情况下延误行为报警；实时记录或打印巡更信息。

8.7　访客对讲系统

随着信息时代的发展，访客防盗对讲机已经成为现代多功能、高效率的现代化建筑的重要标志。可视对讲系统符合当今住宅的安全和通信需求，为住户提供了安全、舒适的生活。本小区可视对讲系统应具有以下功能：

8.7.1　管理功能：在物业管理中心处设立的管理机，可记录20个呼叫、报警记录。可使管理员足不出户，完成访客和管理员、管理员和住户、访客和住户的通话及管理员、住户开门。并有接受住户呼叫、报警等功能，使物业管理更完善。在每单元门口设立门口机。访客进入小区后，来到相应的单元时，通过该门口机与住户再次通话，由住户在室内对访客确认后开启单元电控门。

8.7.2　住户呼叫功能：住户通过室内可视话机可呼叫管理中心，并实现双向通话。该功能可通过管理机将小区内4000位住户的呼叫管理起来，实现小区内住户的统一管理。

8.7.3　内部通信功能：系统能使住户之间通过管理员切换，进行相互通话。但由于此功能将会占用专用通道，影响到小区内的正常通话及报警，故应配合情况使用。

8.7.4　模式转换功能：系统具有多种管理模式：白天模式（有管理员）；夜间模式（无管理员）；混合模式（具有白天模式＋夜间模式）的功能。各种模式可满足不同的物业管理要求，使物业管理更加现代、完善。

8.7.5　入口控制功能：系统可容纳多至32个入口控制，符合当今综合型小区管理要求。可对各类出入口：车库、健身房、游泳池、网球场等进行现代管理，并可连接计算机、打印机，实现智能化，一体化物业管理。如需将入口系统联入，则根据具体出入口要求，在已配置的中央器上进行相应的设备增加。

8.7.6　应急功能：MDS系统带有备用电源，确保小区供电失常情况下，系统可保持一定时间的正常使用，通信通道畅通。

1. 每户至少应在客厅和主卧室的隐蔽、可靠、便于操作部位安装紧急求助报警装置。

2. 紧急求助报警装置应具有防误触发措施，触发报警后能自锁，复位需要采用人工操作方式。

8.7.7　密话功能：系统应确保通信通道安全、保密。

8.7.8　探头联机报警功能：系统管理机除接收住户呼叫外，并可联接各种烟雾、瓦斯、防盗、红外等多种自动报警探头，更符合现代安全防范技术要求。

8.8　能源远传自动计量系统

能源远传自动计量系统是采用调制解调技术将水、电、燃气、热力的耗能值从数字量转变成模拟量，经数据编址通过系统总线把各住宅的能耗值传送给计算机采集系统，并由计算机采集系统进行处理。管理人员在小区管理中心可以随时查出某户的能耗值及其费用。能源远传自动计量系统具有以下功能：

8.8.1　可以实现对能源（水、电、燃气、热力）的远程自动抄表，亦可对单独一项或两项实现集中抄收，系统可灵活搭接，同时远传水、电、气表的计量精度不受丝毫影响。

8.8.2　系统具有住户联网报警平台，每只智能采集器上备有5个开关量输入端口，可根据小区要求配置（如火警、煤气泄露、紧急求助等）。

8.8.3　系统具有故障自诊断、自免疫功能。采集器如发生短路、断路、损坏等故障，整个系统不会受影响，同时主机会立即发现故障并断定故障点。

8.8.4　应用软件功能强大，界面友好。系统全部采用菜单操作，可任意对某一用户或一批用户进行对表、查表缴费计算操作，保密或不能随意修改的数据须凭密码访问。支持报表自动打印功能。

8.8.5　整个系统可以通过网络和其他系统挂接（如110报警中心、电业局、自来水公司、煤气公司等）。

8.9　小区IC卡系统

智能化小区的IC卡系统主要包括：物业管理及计费系统；小区消费及经销存系统；车库及其他收费资源管理系统；入口控制及其他安全保卫系统；证件功能等。小区IC卡系统基于计算机局域网，采用集中数据库管理。整个系统配置如下：

8.9.1　IC卡系统局域网配备电脑：其中服务器一台；结算（发卡）中心一台：十个收费点（机）各一台。各台电脑通过网络同服务器相连。所有信息都存储于服务器中。

8.9.2　结算中心配电脑一台，打印机一台，IC卡读写器一台，密码键盘一只，管理软件一套。结算中心功能：

1. IC卡初始化、加密、发行、为持卡人建立账户；
2. 持卡人可以在自己的IC卡内交费充值（存款）；
3. 可以统计、打印各种报表：卡内余额总和、当日现金收入、当日各类扣款；每月上述情况汇总；
4. 可以增发新卡、旧卡退卡、挂失、换发新卡等；
5. 可以查询、打印某持卡人的账单。

8.9.3　每个收费点（机）配电脑一台，IC卡读写器一台，密码键盘一个，收费软件一套。（相当于一台POS机）收费点的功能：

1. 按照应付水电、煤气、电视、物业账单在卡内存款；
2. 可以为购买的东西及娱乐付账；
3. 可以对卡内余款及近期消费情况查询；
4. 经授权，亦可存款充值；
5. 可以对以上存款及扣款分别统计，打印（如果配打印机）；
6. IC卡遗失可以申请封账止付。

8.10　公共广播及消防紧急广播系统

本工程广播系统集背景广播和消防广播于一体，投资少，功能齐，质量可靠，使用方便。将每一个小区分为一个广播区域，可以单独广播，也可全区域广播，再加上中心绿地及中央广场，共可分为八个广播区域。其中，每栋大楼配备吸顶式音箱；在主要通道安置室外全天候音柱；在花园中安置草坪式音箱；在地下车库安置筒式音箱：通过上述安置，使整个小区都能够收听到公共广播节目，同时，在火警发生时，能得到相应的警告，及时采取措施，保障生命安全。

8.11　家庭智能化系统

家庭智能化是指以计算机技术、通信技术、网络技术为基础，利用家庭内部的电话、电视、计算机等工具，通过家居综合布线将电、水、气等设备连成一体，并与外部互联网相连，从而达到自主控制、管理，并实现家庭防盗、报警、通过互联网遥控家电等强大的功能。家庭智能化的实现应包括三种网络：宽带互联网、家庭互联网和家庭控制网络。

家庭智能化系统建设就是对目前已到户的各类弱电线缆，如电话线、宽带网络线、有线电视等按照业主的意愿，将所需的信息家电分配到自己既方便又实用的位置上，比如书房、卧室、卫生间等处，从而使业主在所需的各个位置都能享受各种信息所带来的乐趣。

家居弱电管理箱是每个家庭的弱电系统管理中心。它不仅将住宅外部信号接入并分配至各个房间，还可以将住户内部的各房间信号相互转换。家居弱电管理箱使用方便、灵活，并且能够为用户将来的发展提供一定的空间。

家居弱电管理箱内部各功能模块通过总线方式连接，经电话线、现场总线、CATV线路、小区局域网与外部联网。通过电话接口模块输入命令，传输数据和管理其余各功能模块，从而协调整个系统工作，实现智能住宅的功能要求。

8.12　停车场微机管理系统

8.12.1　在小区设一套停车场管理系统，在各停车场设停车场管理子系统。停车场管理系统选用影像全鉴别系统。对进出车辆进行影像对比，防止盗车。系统应具备以下功能：

1. 自功计费、收费显示、出票机有中文提示、自动打印收据；
2. 出入栅门自动控制；
3. 入口处设空车位数量显示；
4. 使用过期车票报警；
5. 物体堵塞验卡机入口报警；
6. 非法打开收款机钱箱报警；
7. 出票机内票据不足报警。

8.12.2　在停车场出入口各设一套自动计费系统。每套包括一台磁卡机和一套自动挡杆，当车辆进入时，司机按动磁卡机按钮，在磁卡上计入时间和费率，栅门自动开启，车辆进入。在出口，将磁卡输入读卡机，计入收费金额，交费后栅门开启，车辆开出。停车场计算机与消防中心联网。

8.13　小区智能化系统集成

8.13.1　智能化小区是通过对小区建筑群四个基本要素（结构、系统、服务、管理以及它们之间的内在关联）的优化考虑，提供一个投资合理，又拥有高效率、舒适、温馨、便利以及安全的居住环境。

8.13.2　住宅小区智能化系统主要包含信息管理、安全防范、通信网络等三个方面的内容。其中信息管理方面应包括三表远传自动计量系统、建筑设备监控系统、紧急广播与公共广播系统、停车管理系统、住宅小区物业管理系统；安全防范方面应包括电视监视系统、入侵报警系统、巡更系统、出入口控制系统、访客对讲系统；通信网络方面主要包含卫星数字电视及有线电视系统、电话系统、计算机信息网络系统、控制网络系统。同时还纳入了火灾自动报警及消防联动系统和家庭智能化系统。

9　电气节能、绿色建筑设计

9.1　设置建筑设备监控系统，对建筑物内的设备实现节能控制。

9.2　变电所深入负荷中心，减少电压损失。

9.3　三相配电变压器满足现行国家标准《三相配电变压器能效限定值及能效等级》GB

20052的节能评价值要求，水泵、风机等设备，及其他电气装置满足相关现行国家标准的节能评价值要求。

9.4 照明光源应优先采用节能光源，建筑照明功率密度值应小于《建筑照明设计标准》GB 50034中的规定，走廊、楼梯间、门厅、大堂、大空间、地下停车场等场所的照明系统采取分区、定时、感应等节能控制措施。

9.5 采用低压集中自动补偿方式，并配备谐波电抗器组合，作为谐波抑制措施，避免高次谐波电流与电力电容发生谐振。

9.6 合理选用电梯和自动扶梯，并采取电梯群控、扶梯自动启停等节能控制措施。

9.7 照明设计避免产生光污染，室外夜景照明光污染的限制符合现行标准《城市夜景照明设计规范》JGJ/T 163的规定。

9.8 地下车库设置与排风设备联动的一氧化碳浓度监测装置。

9.9 住宅配套停车位规划要求配建充电桩。

三、某酒店建筑电气方案设计文件实例

1 工程概况

本工程为五星级酒店，总建筑面积66638m^2，建筑高度为168m。地下三层，裙房部分共五层，主要布置酒店大堂、大堂吧、酒吧和附属办公等。塔楼部分：塔楼部分共三十层。六层、十七层为设备转换层，七至二十八层为标准客房层，二十九以上为套房层。

2 设计范围

2.1 变、配电系统；

2.2 电力配电系统；

2.3 照明配电系统；

2.4 防雷接地系统；

2.5 建筑设备监控系统；

2.6 综合布线系统；

2.7 通信自动化系统；

2.8 有线电视及卫星电视系统；

2.9 背景音乐及紧急广播系统；

2.10 综合保安监控系统；

2.11 酒店管理系统；

2.12 无线通信增强系统；

2.13 建筑电气消防系统；

2.14 集成管理；

2.15 机房工程；

2.16 电气节能、绿色建筑设计。

3 变、配、发电系统

3.1 负荷分级

3.1.1 一级负荷包括：酒店经营及设备管理用计算机系统、火灾报警及联动控制设备、消防泵、消防电梯、排烟风机、加压风机、保安监控系统、应急照明用电，宴会厅、餐厅、厨房、康乐设施、门厅及高级客房、主要通道等场所的照明用电，厨房、排污泵、生活水泵、主要客梯用电，计算机、电话、电声和录像设备、新闻摄影用电。设备容量约为：P_e=3200kW。其中酒店经营及设备管理用计算机系统、火灾报警及联动控制设备、消防泵、消防电梯、排烟风机、加压风机、保安监控系统、应急照明用电为一级负荷中的特别重

要负荷。设备容量约为：P_e＝1100kW。

3.1.2 二级负荷包括：一般客梯用电，普通客房等。设备容量约为：P_e＝1200kW。

3.1.3 三级负荷包括：一般照明及动力负荷。设备容量约为：P_e＝960kW。

3.2 电源

本工程由市政外网引来两路高压电源。高压系统电压等级为10kV。高压采用单母线分段运行方式，中间设联络开关，平时两路电源同时分列运行，互为备用，当一路电源故障时，通过手/自操作联络开关，另一路电源负担全部负荷。容量6700kVA。

3.3 变、配、发电站

3.3.1 在地下二层和十七层各设置变电所一处。地下二层变电所拟内设两台1250kVA和两台1600kVA干式变压器。十七层变电所内设两台500kVA干式变压器。

3.3.2 在地下一层设置一处柴油发电机房。拟设置一台1250kW柴油发电机组。

3.4 自备应急电源系统

3.4.1 当市电出现停电、缺相、电压超出范围（AC380V：－15％～＋10％）或频率超出范围（50Hz±5％）时延时15s（可调）机组自动启动。

3.4.2 当市电故障时，为酒店经营及设备管理用计算机系统、火灾报警及联动控制设备、消防泵、消防电梯、排烟风机、加压风机、保安监控系统、应急照明用电提供电源。

4 信息系统对城市公用事业的需求

4.1 本工程需输出入中继线200对（呼出呼入各50％）。另外申请直拨外线200对（此数量可根据实际需求增减）。

4.2 电视信号接自城市有线电视网，在顶层设有卫星电视机房，对建筑内的有线电视实施管理与控制。有线电视节目和卫星电视节目经调制后，经电视信号干线系统传送至每个电视输出口处，使获得技术规范所要求的电平信号，达到满意的收视效果。

5 照明系统

5.1 照度标准见表1-11。

照度标准 **表1-11**

房间或场所		参考平面及其高度	照度标准值(lx)	*UGR*	U_0	R_a
客房	一般活动区	0.75m水平面	75	—	—	80
	床头	0.75m水平面	150	—	—	80
	写字台	台面	300	—	—	80
	卫生间	0.75m水平面	150	—	—	80
中餐厅		0.75m水平面	200	22	0.6	80
西餐厅		0.75m水平面	150	—	0.6	800
酒吧间、咖啡厅		0.75m水平面	75	—	0.6	800
多功能厅、宴会厅		0.75m水平面	300	22	0.6	800
会议室		0.75m水平面	300	19	0.6	800
大堂		地面	200	—	0.4	800
总服务台		地面	300	—	—	800
客房层走廊		地面	50	—	0.7	800
厨房		台面	500	—	0.7	800
游泳池		水面	200	22	0.6	800
健身房		0.75m水平面	200	22	0.6	800
洗衣房		0.75m水平面	200	—	0.6	80

5.2 光源与灯具选择：一般场所选用节能型灯具；客房壁柜内设置的照明灯具应带有不燃材料的防护罩。有装修要求的场所视装修要求，可采用多种类型的光源；对仅作为应急照明用的光源应采用瞬时点燃的光源；对大空间场所和室外空间可采用金属卤化物灯。

5.3 照明配电系统：本工程利用在电气小间内的封闭式插接铜母线配电给各楼层照明配电箱，以便于安装、改造和降低能耗。地下部分照明箱、应急照明箱由电缆供电。

5.4 客房内“请勿打扰”灯、不间断电源供电插座、客用保险箱、迷你冰箱、床头闹钟不受节能钥匙卡控制。单独设置的不由插卡取电控制的不间断供电的插座，应有明显标识。客房床头宜设置总控开关。

5.5 客房内宜设有在客人离开房间后使风机盘管处于低速运行的节能措施。

5.6 在残疾人客房及残疾人卫生间内应设有紧急求助按钮，呼救的声光信号应能在有人值守或经常有人活动的区域显示。

5.7 应急照明与疏散照明：消防控制室、变配电所、配电间、电信机房、弱电间、楼梯间、前室、水泵房、电梯机房、排烟机房、重要机房的值班照明等处的应急照明按100％考虑；门厅、走道按30％设置应急照明；其他场所按10％设置应急照明。工程部办公室、收银台、重要的非消防设备机房等当正常供电中断时仍需工作的场所宜考虑设置不低于正常照度50％的备用照明。各层走道、拐角及出入口均设疏散指示灯，蓄电池采用集中免维护电池进行供电，停电时自动切换为直流供电，并且应急照明持续时间应不少于30min。

5.8 为保证用电安全，用于移动电器装置的插座的电源均设电磁式剩余电流保护装置（动作电流≤30mA，动作时间小于0.1s）。

5.9 照明控制：为了便于管理和节约能源，以及不同的时间要求不同的效果。本工程在宴会厅、餐厅、大堂等处采用智能型照明控制系统，部分灯具考虑调光；汽车库照明采用集中控制；楼梯间、走廊等公共场所的照明采用集中控制和就地控制相结合的方式；走廊的照明采用集中控制。走廊的应急照明考虑就地控制和消防集中控制的方式。

室外照明的控制纳入建筑设备监控系统统一管理。

6 电力系统

6.1 配电系统的接地型式采用TN-S系统。冷冻机组、冷冻泵、冷却泵、生活泵、热力站、电梯等设备采用放射式供电；风机、空调机、污水泵等小型设备采用树干式供电。

6.2 为保证重要负荷的供电，对重要设备如：通信机房、消防用电设备（消防水泵、排烟风机、加压风机、消防电梯等）、信息网络设备、消防控制室、中央控制室等均采用双回路专用电缆供电，在最末一级配电箱处设双电源自投，自投方式采用双电源自投自复。

6.3 主要配电干线沿由变电所用电缆桥架（线槽）引至各电气小间，支线穿钢管敷设。

6.4 普通干线采用辐照交联低烟无卤阻燃电缆；重要负荷的配电干线采用氧化镁电缆。部分大容量干线采用封闭母线。

7 防雷与接地系统

7.1 本建筑物按二类防雷建筑物设防，为防直击雷在屋顶设接闪带，其网格不大于10m×10m，所有突出屋面的金属体和构筑物应与接闪带电气连接。

7.2 为防止侧向雷击，将六层以上，每三层沿建筑物四周的金属门窗构件与该层楼板内的钢筋接成一体后再与引下线焊接，防雷接闪器附近的电气设备的金属外壳均应与防雷装置可靠焊接。

7.3 为预防雷电电磁脉冲引起的过电流和过电压，在下列部位装设电涌保护器（SPD）。

7.3.1 在变压器低压侧装一组SPD。当SPD的安装位置距变压器沿线路长度不大于

10m时，可装在低压主进断路器负载侧的母线上，SPD支线上应设短路保护电器，并且与主进断路器之间应有选择性。

7.3.2　在向重要设备供电的末端配电箱的各相母线上，应装设SPD。上述的重要设备通常是指重要的计算机、建筑设备监控系统监控设备、主要的电话交换设备、UPS电源、中央火灾报警装置、电梯的集中控制装置、集中空调系统的中央控制设备以及对人身安全要求较高的或贵重的电气设备等。

7.3.3　对重要的信息设备、电子设备和控制设备的订货，应提出装设SPD的要求。

7.3.4　由室外引入或由室内引至室外的电力线路、信号线路、控制线路、信息线路等在其入口处的配电箱、控制箱、前端箱等的引入处应装设SPD。

7.4　本工程采用共用接地装置，以建筑物、构筑物的金属体、构造钢筋和基础钢筋作为接地体，其接地电阻小于1Ω。

7.5　－220/380V低压系统接地型式采用TN-S，PE线与N线严格分开。

7.6　建筑物作总等电位连接，在变配电所内安装主等电位连接端子箱，将所有进出建筑物的金属管道、金属构件、接地干线等与总等电位端子箱有效连接。

7.7　在所有变电所，弱电机房，电梯机房，强、弱电小间，浴室、游泳池等处作辅助等电位连接。

8　建筑电气消防系统

8.1　本工程采用集中报警系统。燃气表间、厨房设气体探测器，烟尘较大场所、车库设感烟探测器，残疾人客房设有供残疾人专用的火灾报警探测器（声、光报警），一般场所设感烟探测器。在本楼适当位置设手动报警按钮及消防对讲电话插孔。在消火栓箱内设消火栓报警按钮。消防控制室可接收感烟、感温、气体探测器的火灾报警信号，水流指示器、检修阀、压力报警阀、手动报警按钮、消火栓按钮的动作信号。在每层消防电梯前室附近设置楼层显示复示盘。

8.2　消防联动控制系统：在消防控制室设置联动控制台，控制方式分为自动控制和手动控制两种。通过联动控制台，可以实现对消火栓、自动喷洒灭火系统、防烟、排烟、加压送风系统的监视和控制，火灾发生时手动切断一般照明及空调机组、通风机、动力电源。当发生火灾时，自动关闭总煤气进气阀门。

8.3　消防紧急广播系统：在消防控制室设置消防广播机柜，机组采用定压式输出。地下泵房、冷冻机房等处设号角式15W扬声器，其他场所设置3W扬声器．当发生火灾时，消防控制室值班人员可自动或手动进行全楼火灾广播，及时指挥疏导人员撤离火灾现场。

8.4　消防直通对讲电话系统：在消防控制室内设置消防直通对讲电话总机，除在各层的手动报警按钮处设置消防对讲电话插孔外，在变配电室、水泵房、电梯机房、冷冻机房、防排烟机房、建筑设备监控室、管理值班室等处设置消防直通对讲电话分机。

8.5　电梯监视控制系统：在消防控制室设置电梯监控盘，除显示各电梯运行状态、层数显示外，还应设置正常、故障、开门、关门等状态显示。火灾发生时，根据火灾情况及场所，由消防控制室电梯监控盘发出指令，指挥电梯按消防程序运行：对全部或任意一台电梯进行对讲，说明改变运行程序的原因；除消防电梯保持运行外，其余电梯均强制返回一层并开门。火灾指令开关采用钥匙型开关，由消防控制室负责火灾时的电梯控制。

8.6　应急照明系统：所有楼梯间及前室的照明以及变配电所、消防控制室、安防中心、消防水泵房、防排烟机房、柴油发电机房、电讯机房等的照明全部为应急照明。公共场所应急照明一般按正常照明的10％～15％设置。应急照明电源采用双电源末端互投供电。主要疏散出口设置安全出口指示灯，疏散走廊设置疏散指示灯。

8.7　本工程还设置电气火灾报警系统、消防设备电源监控系统和防火门监控系统。

8.8　消防控制室：在一层设置消防控制室，分别监视建筑内的消防进行探测监视和控制。消防控制室内分别设有火灾报警控制主机、联动控制台、CRT 显示器、打印机、紧急广播设备、消防直通对讲电话设备、电梯监控盘及 UPS 电源设备等。

9　智能化系统

9.1　建筑设备监控系统

9.1.1　建筑设备监控系统融合了现代计算机技术、网络通信技术、自动控制技术、数据库管理技术以及软件技术等，采用国际上先进的“集散型系统”，通过中央监控系统的计算机网络，将各层的控制器、现场传感器、执行器及远程通信设备进行联网，共同实现集中管理、分散控制的综合监控及管理功能。

9.1.2　本工程建筑设备监控系统的总体目标是分别对建筑内的建筑设备（HVAC、给排水系统、供配电系统、照明系统等）进行分散控制、集中监视管理，从而提供一个舒适的工作环境，通过优化控制提高管理水平，从而达到节约能源和人工成本，并能方便实现物业管理自动化。

9.1.3　系统设计所遵循的原则是注重系统的先进性、实用性、可靠性、开放性、适应性、可扩展性、经济性和可维护性。通过对工程中子系统的控制，对建筑内温、湿度的自动调节，空气质量的最佳控制，以及对室内照明进行自动化管理等手段，提供最佳的能源管理方案，对机电设备以及照明等采取优化控制和管理，确保节能运行，从而降低能源成本及运行费用。

9.1.4　本工程在地下一层设置一处建筑设备监控室，对建筑设备实施管理与控制。

9.2　综合布线系统

9.2.1　综合布线系统（GCS）应为一套完善可靠的支持语音、数据、多媒体传输的开放式的结构，作为通信自动化系统和办公自动化系统的支持平台，满足通信和办公自动化的需求。

9.2.2　系统能支持综合信息（语音、数据、多媒体）传输和连接，实现多种设备配线的兼容，综合布线系统能支持所有的数据处理（计算机）的供应商的产品，支持各种计算机网络的高速和低速的数据通信，可以传输所有标准的模拟和数字的语音信号，具有传输 ISDN 的功能，可以传输模拟图像、数字图像以及会议电视等的多媒体信号。

完全能承担建筑内的信息通信设备与外部的信息通信网络相连。

9.2.3　本工程在地下一层设置网络室。

9.3　通信自动化系统

9.3.1　本工程在地下一层设置电话交换机房，拟定设置一台的 800 门 PABX。

9.3.2　通信自动化系统中，程控自动数字交换机起着重要的作用。随着通信技术的发展，现今的 PABX 应将传统的语音通信、语音信箱、多方电话会议、IP 技术、ISDN（B-ISDN）应用等当今最先进的通信技术融会在一起，向用户提供全新的通信服务。

9.3.3　会议电视系统

本工程在酒店宴会厅设置全数字化技术的数字会议网络系统（DCN 系统），该系统采用模块化结构设计，全数字化音频技术。具有全功能、高智能化、高清晰音质。方便扩展和数据传递保密等优点。可实现发言演讲、会议讨论、会议录音等各种国际性会议功能，其中主席设备具有最高优先权，可控制会议进程。

宴会厅设置同声传译系统。

9.4　有线电视及卫星电视系统

9.4.1　本工程在地下一层设置有线电视前端室，在顶层设有卫星电视机房，对酒店内的有线电视实施管理与控制。

9.4.2　有线电视系统根据用户情况采用分配-分支分配方式。

9.5　背景音乐及紧急广播系统

9.5.1　本工程在一层设置广播室（与消防控制室共室）。

9.5.2　在酒店走道、大堂、餐厅等均设有背景音乐。背景音乐及紧急广播系统采用100V定压式输出。当有火灾时，切断背景音乐，接通紧急广播。

9.5.3　宴会厅设置独立的音响设备。会议扩声系统配备多台多路混音放大器、扬声器箱等专业设备。调音台应有多路音源输入通道，每通道均可预选话筒或线路输入。各通道均应有语音滤波，衰减低音成分，增加语音的清晰度。可接入CD、AM/FM收音机、话筒等，并具备录音设备。扬声器的配置应满足会场声压级的需要，并应保证会场内声压的均匀度。

9.6　安防监控系统

9.6.1　本工程在一层设置保安室（与消防控制室共室），内设系统矩阵主机、视频录像、打印机，监视器及～24V电源设备等。视频自动切换器接受多个摄像点信号输入，定时自动轮换（1～30s）输出监控信号，也可手动任选一个摄像机的画面跟踪监视、录像、打印。系统矩阵主机带输入、输出板；云台控制及编程、控制输出时、日、字符叠加等功能。

9.6.2　闭路监视系统：在建筑的大堂、各层电梯厅、电梯轿厢等处设置摄像机，电梯轿厢内采用广角镜头，要求图像质量不低于四级。图像水平清晰度：黑白电视系统不应低于400线，彩色电视系统不应低于270线。图像画面的灰度不应低于8级。保安闭路监视系统各路视频信号，在监视器输入端的电平值应为1Vp-p±3dB VBS。保安闭路监视系统各部分信噪比指标分配应符合：摄像部分：40dB；传输部分：50dB；显示部分：45dB。保安闭路监视系统采用的设备和部件的视频输入和输出阻抗以及电缆阻抗均应为75Ω。

9.6.3　在出纳办公室、前台、人力资源办公室、总经理办公室、总统套房、各收银柜台等处设置手动报警装置，报警信号引至安防值班室。在出纳办公室还需设置脚踏式报警装置。

9.6.4　中央电子门锁系统：每间客房设有电子门锁。在地下一层弱电管理用房设置管理主机，对各客房电子门锁进行监控。客房电子门锁改变传统机械锁概念，智能化管理提高贵酒店档次。配备客房电子门锁后，客人只需到总台登记办理手续后，就可得到一张写有客人相关资料及有效住宿时间的开门卡，可直接去开启相对应的客房门锁，不需要再像传统机械锁一样，寻找服务生用机械钥匙打开客房门，从而免除不必要的麻烦，更具有安全感。

9.6.5　无线巡更系统

无线巡更系统由信息采集器、信息下载器、信息钮和中文管理软件等组成。并可实现以下功能：

1. 可按人名、时间、巡更班次、巡更路线对巡更人的工作情况进行查询，并可将查询情况打印成各种表格，如：情况总表、巡更事件表、巡更遗漏表等。

2. 巡更数据储存，定期将以前的数据储存到软盘上，需要时可恢复到硬盘上。

3. 用户要求可定制其他功能，如各种巡更事件的设置、员工考勤管理等。

9.7　酒店管理系统

酒店管理系统应与其他非管理网络安全隔离。网络采用先进的高速网，保证系统的快速稳定运转。网络速率方面应保证主干网达到交换100M的速率，而桌面站点达到交换10M的速率。并可实现预订、团队会议、销售、前台接洽、团队开房、修改/查看账户、前台收银、统计报表、合同单位挂账、账单打印查询、餐饮预订、电话计费、用车管理等功能。

9.8　无线通信增强系统

根据酒店需求，避免无线基站信道容量有限，忙时可能出现网络拥塞，手机用户不能及时打进或接进电话。另外由于大楼内建筑结构复杂，无线信号难于穿透，室内易出现覆盖盲区。因此，大楼内应安装无线信号室内天线覆盖系统以解决移动通信覆盖问题，同时也可增加无线信道容量。

9.9　系统集成管理

集成管理的重点是突出在中央管理系统的管理，控制仍由下面各子系统进行。集成管理能为本工程对各个管理部门提供高效、科学和方便的管理手段。将建筑中日常运作的各种信息，如建筑设备监控系统、安防、火灾自动报警、公共广播、通信系统以及展览管理信息，各种日常办公管理信息，物业管理信息等构成相互之间有关联的一个整体，从而有效地提升建筑整体的运作水平和效率。

10　电气节能、绿色建筑设计

10.1　变配电所深入负荷中心，合理选择电缆、导线截面，减少电能损耗。

10.2　三相配电变压器满足现行国家标准《三相配电变压器能效限定值及能效等级》GB 20052 的节能评价值要求，水泵、风机等设备，及其他电气装置满足相关现行国家标准的节能评价值要求。

10.3　本工程采用低压集中自动补偿方式，并配备谐波电抗器组合，作为谐波抑制措施，避免高次谐波电流与电力电容发生谐振，影响系统设备可靠运行，治理后的谐波水平满足《电能质量　公用电网谐波》GB/T 14549—93 的要求。

10.4　走廊、楼梯间、门厅、大堂、大空间、地下停车场等场所的照明系统采取分区、定时、感应等节能控制措施。

建筑室内照明功率密度值应小于表 1-12 要求。

建筑室内照明功率密度值　　　　**表 1-12**

房间或场所	照明功率密度(W/m^2)	对应照度值(lx)
客房	6	—
中餐厅	8	200
西餐厅	5.5	150
多功能厅	12	300
客房走道	3.5	50
大堂	8	200
会议室	8	300

10.5　采用智能型照明管理系统，以实现照明节能管理与控制。合理选用电梯和自动扶梯，并采取电梯群控、扶梯自动启停等节能控制措施。

10.6　客房内采用节能开关。

10.7　设置建筑设备监控系统，对建筑物内的设备实现节能控制。

10.8　柴油发电机房应进行降噪处理。满足环境噪声昼间不大于 55dBA，夜间不大于 45dBA。其排烟管应高出屋面并符合环保部门的要求。

四、某游泳跳水馆建筑电气方案设计文件实例

1　工程概况

某甲级游泳跳水馆占地面积为 5.43hm^2，总建筑面积约为 34000m^2。整个工程分为两段：I段主要为比赛场区及其附属用房，地上四层，地下两层。地下室分为两大部分：设备机房及地下停车场。一层为比赛大厅、竞赛技术用房、管理用房、新闻媒介用房、运动员用房、贵宾用房。二层为观众休息厅、管理办公用房、运动员、教练员用房。三层为观众休息厅。II段为室内外水上娱乐及服务设施，地上两层，地下一层。地下室为设备机房，一层为戏水娱乐设施、壁球室、更衣淋浴室。二层为健身房、多功能厅及餐饮。

2　设计范围

2.1　变、配电系统；

2.2　照明系统；

2.3　防雷与接地系统；

2.4　广播音响系统；

2.5　电触板计时记分系统；

2.6　建筑电气消防系统；

2.7　建筑设备监控系统；

2.8　综合布线系统；

2.9　保安监控系统；

2.10　有线电视系统；

2.11　电气节能、绿色建筑设计。

3　变、配、发电系统

3.1　负荷分级

3.1.1　一级负荷包括：比赛场（厅）、泳池水处理系统、主席台、贵宾室、接待室、新闻发布厅、广场及主要通道照明、升旗控制系统、现场影像采集及回放系统、计时记分装置、计算机房、电话机房、广播机房、电台和电视转播及新闻摄影用电，火灾自动报警及联动控制设备、消防泵、排烟风机、排烟补风机、综合保安监控系统、应急照明。设备容量约为：P_e=1920kW。

3.1.2　二级负荷包括：兴奋剂检查室、血样收集室等用电设备、奖牌储存室、运动员、裁判员用房、客梯、排水泵、生活水泵。设备容量约为：P_e=1200kW。

3.1.3　三级负荷包括：一般照明及动力负荷。设备容量约为：P_e=280kW。

3.2　电源

本工程由市政外网引来两路高压电源。高压系统电压等级为10kV。高压采用单母线分段运行方式，中间设联络开关，平时两路电源同时分列运行，互为备用，当一路电源故障时，通过手/自操作联络开关，另一路电源负担全部负荷。容量4000kVA。

3.3　变、配电站

在地下一层设置一处变配电所，内设四台1000kVA变压器。配电变压器的赛时负荷率≤60%。

4　信息系统对城市公用事业的需求

4.1　本工程采用直拨外线实现对外语音通信，预计申请直拨外线800对（此数量可根据实际需求增减）。

4.2　电视信号接自城市有线电视网，在顶层设有卫星电视机房，对建筑内的有线电视实施管理与控制。有线电视节目和卫星电视节目经调制后，经电视信号干线系统传送至每个电视输出口处，使获得技术规范所要求的电平信号，达到满意的收视效果。

5　照明系统

5.1　照度标准

5.1.1　比赛场地照度标准参照国际泳联对比赛场地照度的要求：水平照度≥1500lx，垂直照度≥1500lx。

5.1.2　附属用房的照明标准值应满足表 1-13 要求。

体育建筑附属用房的照明标准值　　　　表 1-13

序号	类别		参考平面及其高度	水平照度标准值(lx)	UGR	R_a
1	运动员用房、裁判员用房		0.75m 水平面	300	22	80
2	转播机房、计时记分和成绩处理机房、信息显示及控制机房、场地扩声机房、同声传译控制室、升旗和火炬控制系统等弱电机房及照明控制室		工作台面	500	19	80
3	观众休息厅、观众集散厅		地面	100	—	80
4	观众休息厅(房间)		地面	200	22	80
5	国旗存放间、奖牌存放间		0.75m 水平面	300	19	80
6	颁奖嘉宾等待室、领奖运动员等待室		地面	300/500	19	80
7	兴奋剂检查室、血样收集室、医务室		0.75m 水平面	500	19	80
8	检录处		0.75m 水平面	300	22	80
9	安检区		0.75m 水平面	300	19	80
10	新闻发布厅	记者席	0.75m 水平面	300/500	22	80
11		主席台	0.75m 水平面	500/750	22	80
12	新闻中心、评论员控制室		0.75m 水平面	500	19	80
13	媒体采访混合区		0.75m 水平面	500/750	—	80
14	竞赛用通道		地面	≥500		

5.2　比赛照明要求

5.2.1　为运动员创造良好的视觉条件，以充分发挥他们的技术水平；

5.2.2　为观众提供良好的能见度，让他们清晰地观看运动员的连续动作和姿势；

5.2.3　满足彩色电视摄像和转播时，对垂直照度、光源色温和显色指数的要求；

5.2.4　避免和减少对运动员和观众产生的眩光；

5.2.5　解决好光源选择、灯具布置、控制方式和便于维修保养等问题。

5.3　光源

光源选择要考虑发光效率、使用寿命、相关色温和显色指数等项指标。采用特殊双头 1kW 金属卤化物灯，发光效率达 90lm/W，相关色温 5600K，显色指数 R_a 达 90 以上。

5.4　灯具布置

5.4.1　灯具布置应考虑跳水池的池面是一个反射面。比赛时，跳水运动员在下跳过程中希望在空中能看清水面，从而来控制自己的入水动作。因此灯具应避免在跳水池的上空和运动员的前方向水面照射，否则运动员会在水面看到自己晃动的倒影，影响运动员的判断能力。

5.4.2　将金属卤化物灯具布置在游泳池、跳水池两侧的上空且与泳道方向相平行的两条灯光马道上。灯具安装垂直遮光板，从而减少对运动员产生的眩光。为了提高垂直照度，灯光采用斜照方式。灯具的布置应控制光源的最大光强与垂直面（池中心）成 50°角度范围内。

5.4.3 配备瞬间再发功能的照明灯具，作为游泳跳水馆的应急照明。

5.4.4 由于游泳馆温度高、湿度大，蒸汽中含有氯气，所以灯具应采用铝质金属制造，密闭型，具有防潮防腐蚀功能。

5.4.5 为维护、保养方便，将灯具布置在马道上。

5.5 控制方式

比赛场灯光控制采用智能照明控制系统。利用通信总线与馆内建筑设备监控系统的网络平台连接，设置可编程灯光控制面板，并设置显示终端。所有比赛照明的工作情况，均能在显示终端上显示。照明至少有国际比赛（有彩电转播）、国内比赛、平时训练、清扫四挡照度控制，以适应不同比赛或练习时对照度的要求。灯控室分别设置在游泳池及跳水池两端，便于看灯具工作情况。

5.6 水下照明

为便于水下摄像、水上芭蕾比赛以及平时训练的需要，在跳水池和游泳池两侧安装水下照明。室内水下照明参考 1000～1100lm/m^2 设计，灯具上口宜布置在水面以下 0.3～0.5m，灯具间距 2.5～3.0m（浅水池）和 3.5～4.0m（深水池）。灯具应为防护型，灯具供电电压为 12V。

5.7 应急照明和疏散照明

在地下层设备通道、一层和二层休息廊、楼梯等处安装疏散诱导灯。各出口、门厅设置安全出口指示灯，以便于观众疏散。

6 防雷与接地

6.1 本建筑按二类防雷建筑物设防。由于游泳跳水馆屋顶为钢结构支撑体系，利用屋面铝型材屋面板作为接闪器，所有突出屋面的金属体和构筑物应与接闪带电气连接。

6.2 本工程强、弱电采用共用接地装置，以建筑物、构筑物的金属体、构造钢筋和基础钢筋作为接地体，其接地电阻小于 1Ω。

6.3 游泳馆 220/380V 低压系统接地型式采用 TN-S，PE 线与 N 线严格分开。

6.4 游泳馆除采取总等电位连接措施外，游泳馆及戏水池部分还应进行辅助等电位连接。将 0、1 及 2 区内所有装置外可导电部分，与位于这些区内的外露可导电部分的保护线连接起来，并经过总接线端子与接地装置连接。

6.5 为预防雷电电磁脉冲引起的过电流和过电压，在变压器低压侧、向重要设备供电的末端配电箱的各相母线上、由室外引入或由室内引至室外的电力线路、信号线路、控制线路、信息线路等装设电涌保护器（SPD）。

6.6 所有弱电机房、电梯机房、浴室等均作辅助等电位连接。

7 建筑电气消防系统

7.1 本工程设有完善的火灾自动报警系统。变配电所、空调机房、冷冻机房、训练房、休息室、裁判室、灯光控制室等以及灯光马道均设感烟探测器。在游泳馆等大空间场所布设红外光束感烟探测器，地下车库内感烟探测器。

7.2 本工程还设置电气火灾报警系统、消防设备电源监控系统和防火门监控系统。

7.3 消防控制室设在一层。消防主机能根据火灾探测器、手动报警按钮等发来的火灾信号，发出声光报警，并联动排烟风机、排烟补风机、消火栓泵、喷淋泵等消防设备启动，并返回动作信号。同时，消防控制室可直接手动控制上述消防设备。

8 智能化系统

8.1 广播音响系统

8.1.1　游泳馆的广播音响根据使用要求，扩声系统应包括可能同时独立使用的以下部分或全部子系统：

1. 观众席的扩声系统；

2. 比赛场地的扩声系统；

3. 运动员、教练员、裁判、医务等人员休息、练习、工作场所的检录呼叫系统；

4. 观众休息等房间的音乐、广播系统；

5. 馆外入口附近的广播系统；

6. 水下扩声系统。

8.1.2　比赛扩声系统

1. 电声指标及总要求

为让观众观赏比赛时能听懂听清播音员、裁判员的声音，必须做到电声与建声相结合，使整个大厅的混响时间应控制在合理的数值。同时要考虑到观众在观看比赛对，往往情绪激动，声音嘈杂，运动员在比赛过程中也会产生噪声，所以当信噪比不够大时，会产生听不清的后果，其次在播放音乐时，要让观众听到悦耳的音乐，也就是平时说的丰满度，混响时间不能过短。特别是观看水上芭蕾比赛，运动员在优美的乐曲中施展各种舞姿，既要让观众看清运动员的精彩表演，又要让观众听到温柔、舒适有弹性的音乐，以收到较好的艺术效果；再次整个比赛大厅要有均匀的声场，电声系统的传输系统传输频率特性要好、失真要小。具体指标如下：

（1）最大声压级≥105dB。

（2）传输频率特性：以125～4000Hz平均声压级为0dB，在此频带内允许±4dB的变化（1/3倍频程测量）；63～125Hz和4000～8000～125Hz允许变化范围±8dB。

（3）传声增益，在125～4000Hz频带内，平均不小于－10dB。

（4）声场大部分区域不均匀度不大于8dB。

（5）系统噪声：扩声系统不产生明显可觉察的噪声干扰。

（6）游泳馆比赛厅满场500～1000Hz混响时间：每座容量在>25m^3，混响时间<2.5s。

2. 扩声系统组成

本工程设有多路话筒输入，如主席台、裁判员、播音员（中英文），还有激光唱机、盒式录音机、开盘录音机等。还应考虑给电台、电视台输出供实况录音或转播的讯号，如选用12路输入、4分组输出的MACKIE调音台可用一个六频道无线话筒接收器，供比赛及需要流动话筒输入时使用；在调音台的主输出，采用反馈抑制压缩限幅器，避免在过大讯号输入时，产生严重的失真，甚至烧坏功放和扬声器；采用均衡器用以调节补偿频率特性；采用延时器来调节水下音响由于声音在水中和空气中传播的速度不同及喇叭安装位置到运动员传播距离不一样，引起的时间差，保证水上芭蕾运动员在水中和浮出水面能听到同步的声音。选用有频率宽、质量高、失真小的驱动。

3. 扬声器的设置

本工程采用集中与分散相结合的方式。全部主扩声扬声器安装在靠近大面积观众区上面的灯光马道上，根据功能不同分为游泳区部分观众席与比赛场地的扩声两部分，然后根据扬声器覆盖的范围分散安装扬声器。在游泳池灯光马道上安装两组全天候可变指向性扬声器（8Ω、300W音乐功率、灵敏度104dB、频响95Hz～18kHz）。在跳水池灯光马道上安装一组全天候可变指向性扬声器。在主馆内设一组流动返听音箱。每组扬声器群由单独功放驱动，均独立控制、灵活方便。

另外，在首层池边走道两侧墙面，面对比赛池，每边均匀设置具有高传声性能铝合金外盖（有防潮防腐功能）的扬声器。加上适当的延时，专供比赛区运动员和裁判员之用。针对跳台跳水运动员，在靠近跳台马道上设置一组覆盖扬声器，覆盖跳台和跳水池比赛位置。

8.1.3 公共广播

游泳馆设有背景音乐和应急广播。按不同楼层、不同区域、不同功能分区的原则，在地下车库、工作通道等设有应急广播。在门厅、公共休息厅、训练用房、贵宾厅、接待厅、训练池、记者休息室等设置背景音乐。火灾时，各区均应有接入应急广播的功能，通过设于消防中心的控制模块切换，可对馆中进行广播。扬声器的选择，根据安装地点、装饰方式的不同，可分别选用3W天花喇叭、挂式扬声器箱和吸顶式喇叭。

8.1.4 水下扩声系统

为了满足在水上芭蕾比赛时，水中表演的运动员可以听到音乐节奏，应在游泳池与泳道相平行的池壁两侧平池壁安装水下喇叭，安装高度为喇叭中心距水面600mm。水下喇叭表面是一种特制的防水塑料膜，它安装在一个不锈钢模里，靠塑料膜的振动推动水的振动传递声音。本工程在水下选用8～12支水下扬声器。

8.1.5 为了解决在水上芭蕾比赛时，运动员在池面，特别是靠近池中的水面，常常会感到音量不足的问题，本工程安装专用音箱，由功放单独驱动，并配延时装置，专供水上芭蕾比赛之用。

8.2 建筑设备监控系统

8.2.1 本工程设置建筑设备监控系统，对全馆的空调设备、冷冻机组、冷水系统、热交换系统、通风系统、排水系统、供电系统及比赛照明系统等行监视和节能控制。建筑设备监控系统控制中心设置在一层控制室。地下一层冷冻机房值班室内设置电脑终端，对冷水系统和空调设备等进行监视和控制。一层控制室内设置电脑终端。对游泳和跳水照明系统等进行监视和控制。

8.2.2 游泳池过滤循环设备、游泳池水消毒、清洁设备的监控系统应包括：

1. 各设备运行监控包括：泵组启停控制、主备转换控制、各工况控制（过滤工况/反冲洗工况/冲漂工况/排水工况/循环工况）手自动转换检测、故障检测。

2. 泳池水质监测系统、泳池池水加药消毒杀菌（混凝、加氯）监控（通过采集浊度、过氧化物含量、尿素、菌群总量、含氯量、pH值的模拟量信号实现对药剂投放的控制)。

3. 泳池水加热恒温系统（自控、安全保护）监控（通过采集池水温度信号，控制阀门开度）等。

8.3 综合布线系统

本工程本着可以承接国际性游泳比赛的原则，遵循《综合布线系统工程设计规范》GB 50311进行设计。选用高品质的模块化布线产品，采用国际标准建议的层层星形拓扑结构以及灵活实用的分区布线方式，综合了整个建筑群内的电话通信系统和各种计算机局域网系统的布线要求，成为一个具有高度适用性、易扩展、开放的、模块化的高速信息传输平台，能支持现代化建筑内语音、数据、图像和多媒体信息的高质量传输的布线方式，以保证在高标准比赛中信息传输的方便、快捷、可靠。

8.4 有线电视系统

电视信号接自城市有线电视网，有线电视前端设在地下一层，在会议室、贵宾室等处均设有有线电视插座。

8.5 电触板计时记分系统

本工程设有国际泳联正式认可的电触板计时记分系统，以及适合水球、跳水和水上芭蕾各种比赛的独立系统。设置有5m（长）×4m（宽）的LED计时记分显示屏。计时记分显示屏可显示图形、文字，可同时显示8名参赛者精确到百分之一秒的比赛成绩和名次。

8.6　安防系统

本工程是举行游泳、跳水等体育赛事和供市民进行水中健身、娱乐等活动的场所。为了体育赛事的顺利进行，确保来宾的绝对安全，适应对外开放和加强内部管理的需要，应对整个游泳跳水馆内人员相对集中的场所进行监控。可使管理的各重要部位的人员、车辆等的活动状况，获得第一手资讯，大大提高快速反应能力。

8.6.1　监控系统由监控前端、传输设备、视频管理部分、监控显示输出、视频图像记录几部分组成。其功能为：

1. 监控前端方面，对需昼夜清晰反映和记录过往人员和车辆的状况的院落和室外道路，采用选择枪式的摄像机；对楼体内部，考虑到美观性和隐蔽性，采用一体化全球和吸顶式半球（固定摄像机）。

2. 传输部分：由于路由距离较近，采用同轴电缆传输。

3. 监控系统显示输出：分为监视器组成的电视墙。

4. 视频图像记录：使用硬盘录像机和长时间录像机对视频图像进行记录。

8.6.2　监控系统监控点的设置：

1. 大门全方位反映和记录进出人员的状况。

2. 东、西区（Ⅰ，Ⅱ段）间院落和室外道路：昼夜清晰，全方位反映和记录过往人员和车辆的状况。

3. 东区（Ⅰ段）内观众席、游泳池、跳水池及训练池在有人员活动的时间内实施全程无死角监控，确保人身安全。

4. 观众休息厅：在有人员活动的时间内无死角监控，及时发现问题。

5. 地下车库：昼夜清晰、全方位反映和记录进出车辆的状况。

8.7　屏幕显示及控制系统

8.7.1　本工程设有室内LED全彩色显示屏块，具有彩色图像、记分及时钟三部分显示功能，并设有显示屏控制机房。

8.7.2　屏幕显示系统由硬件部分和软件部分组成，硬件部分包括显示图像和文字信息的显示屏和显示牌、专用数据转换设备、信号显示传输电缆，以及用来控制显示屏和显示牌工作的控制设备和显示信息处理设备。

8.7.3　屏幕显示系统与计时记分系统、有线电视系统、综合布线系统、计算机管理系统及场地扩声系统等相连。

8.8　时钟系统

时钟系统是为赛场工作人员、运动员、观众提供准确、标准的时间，同时也可以为体育馆的智能化系统提供标准的时间源。

8.9　升旗控制系统

8.9.1　设国旗自动升降控制系统，保证体育馆升旗时，所奏国歌的时间核国旗上升到旗杆顶部的时间同步。

8.9.2　该系统由电动升旗旗杆、现场同步控制器、后台控制系统等组成，系统配置本地控制器，触摸屏控制方式，保证系统网络故障时，系统仍然可按国歌时间升降国旗。

8.10　售验票系统

8.10.1　本工程的售验票系统是以磁卡、IC卡或条码卡等媒介为门票，结合集智能卡技术、信息安全技术、软件技术、网络技术及机械技术的智能化票务管理系统，它为体育场的运营管理、安全管理和赛事管理提供了有效的技术手段。

8.10.2　本工程设门票管理系统，在各观众进口分别设置验票闸机，要确保所有观众可在2个小时内入场。

8.10.3　在比赛结束以后本系统可以将闸门自动关闭使观众能够迅速地离场。

8.11　比赛中央监控系统

比赛中央监控系统通过相应的系统集成软件，利用体育馆信息网络系统，实现对体育场内屏幕显示及控制系统、场地灯光控制系统、场地扩声系统、现场摄像采集及回放系统、计时记分及现场成绩处理系统、主计时时钟系统的控制，为售验票系统馆运营人员、赛事管理和指挥人员，提供一个为比赛服务的集成控制环境。

9　电气节能、绿色建筑设计措施

9.1　设置建筑设备监控系统，对建筑物内的设备实现节能控制。

9.2　采用智能灯光控制系统。

9.3　变电所深入负荷中心，合理选用导线截面，减少电压损失。

9.4　三相配电变压器满足现行国家标准《三相配电变压器能效限定值及能效等级》GB 20052的节能评价值要求，水泵、风机等设备，及其他电气装置满足相关现行国家标准的节能评价值要求。

9.5　采用低压集中自动补偿方式，并配备谐波电抗器组合，作为谐波抑制措施，避免高次谐波电流与电力电容发生谐振。

9.6　照明光源应优先采用节能光源，建筑照明功率密度值应小于《建筑照明设计标准》GB 50034中的规定。走廊、楼梯间、门厅、地下停车场等场所的照明系统采取分区、定时、感应等节能控制措施。

9.7　照明设计避免产生光污染，室外夜景照明光污染的限制符合现行标准《城市夜景照明设计规范》JGJ/T 163的规定。

9.8　地下车库设置与排风设备联动的一氧化碳浓度监测装置。

五、某速滑馆电气方案设计文件实例

1. 工程概况

某特级速滑馆建设17hm^2，总建筑面积86032m^2，建筑高度34m，地上四层，地下两层，建筑耐火等级为一级。举办冬季冰上项目（速滑、短道速滑、花样滑冰、冰球、冰湖等）国际顶级赛事，总座席为12000个，其中永久座席为6000个。

2. 设计范围

2.1　变、配电系统；

2.2　电力、照明系统；

2.3　防雷与接地系统；

2.4　建筑电气消防系统；

2.5　智能化系统；

2.6　电气节能、绿色建筑设计。

3　变、配电系统

3.1　负荷分级

一级负荷中的特别重要负荷：包括主席台、贵宾室及其接待室、新闻发布厅等照明负荷，应急照明负荷，计时记分、现场影像采集及回放、升旗控制等系统及其机房用电负荷，网络机房、固定通信机房、扩声及广播机房等用电负荷，电台和电视转播设备，消防和安防用电设备等。设备容量约为：P_e=5800kW。

一级负荷：包括冰场制冰系统、兴奋剂检查室、血样收集室等用电设备，VIP办公室、奖牌储存室、运动员及裁判员用房、包厢、观众席等照明负荷，建筑设备管理系统、售检票系统等用电负荷，生活水泵、污水泵等设备。设备容量约为：P_e=3600kW。

二级负荷：非比赛用电，普通办公用房、广告用电、广场照明等用电负荷，设备容量约为：P_e=2300kW。

三级负荷：普通库房、景观等用电负荷，设备容量约为：P_e=600kW。

3.2 供电电源

3.2.1 赛时拟从市政引来两回路 10kV 专用市政电源（1 号、3 号），第三路电源（2 号）从市政引来一路 10kV 专用市政电源。要求三路电源不会同时发生故障，受到损坏，每路 10kV 电源均能承担全部负荷（容量 17700kVA）。

3.2.2 赛后拟从市政引来两一路 10kV 专用市政外电源（1 号），第二路电源（2 号）从市政引来一路专用 10kV 电源（2 号）。要求两路电源不会同时发生故障，受到损坏，每路 10kV 电源均能承担全部负荷（容量 11200kVA）。

3.3 变、配电站

本工程拟在首层设置两个高压电缆分界室。在地下一层设置两处变配电站，主变配电站拟设置 6 台 2000kVA 变压器（其中 2 台 2000kVA 变压器供举办重大赛事时使用），分变配电站拟设置 2 台 1600kVA 变压器和 2 台 1250kVA 变压器（其中 2 台 1250kVA 变压器供举办重大赛事时使用）。配电变压器的赛时负荷率≤60%。

3.4 高压系统

3.4.1 赛时 10kV 高压配电系统为单母线分段运行，三路电源两用一备，10kV 高压进线断路器与母联断路器之间设置电气连锁。

3.4.2 赛后 10kV 高压配电系统均为单母线分段运行，同时供电，互为备用，10kV 高压进线断路器与母联断路器之间设置电气连锁。

3.5 低压系统

3.5.1 本工程低压配电系统为单母线分段运行，联络开关设自投自复、自投不自复、手动转换开关。自投时应自动断开非保证负荷，以保证变压器正常工作。主进开关与联络开关设电气连锁，任何情况下只能合其中的两个开关。

3.5.2 低压配电线路根据不同的故障设置短路、过负荷保护等不同的保护装置。低压主进、联络断路器设过载长延时、短路短延时保护脱扣器，其他低压断路器设过载长延时、短路瞬时脱扣器。

3.5.3 本工程采用低压集中自动补偿方式，每台变压器低压母线上装设不燃型干式补偿电容器，对系统进行无功功率自动补偿，使补偿后的功率因数大于 0.95。配备电抗系数 7%的谐波电抗器组合，作为谐波抑制措施，避免高次谐波电流与电力电容发生谐振，影响系统设备可靠运行。

3.6 配电系统

3.6.1 场地照明、显示屏、计时记分机房、现场成绩处理机房、扩声机房、消防控制室、安防监控中心、中央监控室、信息网络机房、通信机房、电视转播机房等重要用电负荷，采用放射式配电。

3.6.2 冷冻机组、水泵房、制冰机房等容量较大的设备及机房采用放射方式，就地设配电柜；容量较小分散设备采用树干式供电。

3.6.3 消防控制室、消防水泵、消防电梯、防烟及排烟风机等消防负荷及一级负荷的两个供电回路，消防负荷在最末一级配电箱处自动切换。当建筑内的正常用电被切断时，仍能保证消防用电。备用消防电源的供电时间和容量，满足该建筑火灾延续时间内各消防用电设备的要求。

3.7 设置电力监控系统，监控主机设在变配电站，主变配电站与分变配电站之间采用光纤进行通信，电力监控系统通过滑冰馆局域网与消防控制主机、智能照明主机等进行数据共享和集中监控。

4 应急电源与备用电源

4.1 柴油发电机组

4.1.1 本工程在地下一层拟设置一台快速自启动低压柴油发电机作为应急电源，为消防负荷等重要负荷供电，其连续运转额定容量约1520kW。

4.1.2 赛时要求临时安装柴油发电机组作为备用电源满足全部比赛时用电容量。

4.2 EPS/UPS电源装置

4.2.1 采用EPS电源作为疏散照明的备用电源，EPS装置的切换时间不大于5s，EPS蓄电池初装容量应保证备用工作时间≥90min。

4.2.2 采用UPS不间断电源作为计时记分机房、现场成绩处理机房、信息网络机房、消防（安防）控制室、经营管理系统主机、电话及计算机网络系统主机等的备用电源。UPS应急工作时间≥30min。

4.2.3 场地照明用的EPS/UPS供电时间不小于10min，容量不小于所带负荷最大计算容量的2倍。

5 照明

5.1 照度标准

5.1.1 赛场地照度标准见表1-14。

赛场地照度标准 **表1-14**

项目	E_h	E_h		E_{vmai} (lx)	E_{vmai}		E_{vaux}	E_{vaux}		R_a	LED R_9	T_{cp} (K)	GR
		U_1	U_2		U_1	U_2		U_1	U_2				
举办国际高水平赛事		0.7	0.8	2000	0.6	0.7	1400	0.4	0.6	≥90	≥20	≥5500	≤30
训练和娱乐活动	300	—	0.3							≥65		≥4000	≤35

5.1.2 其他区域照度标准见表1-15。

其他区域照度标准 **表1-15**

序号	类别	参考平面及其高度	水平照度标准值(lx)	UGR	R_a
1	运动员用房、裁判用房	0.75m水平面	300	22	80
2	转播机房、计时记分和成绩处理机房、体育展示机房、同声传译控制室、升旗和火炬控制系统等弱电机房及照明控制室	工作台面	500	19	80
3	门厅	地面	200	—	80
4	观众休息厅(开敞式)、观众集散厅	地面	100	—	80
5	观众休息厅(房间)	地面	200	22	80
6	走廊、流动区域	地面	100	—	80
7	检录处	0.75m水平面	300	22	80

续表

序号	类别		参考平面及其高度	水平照度标准值(lx)	UGR	R_a
8	安检区		0.75m 水平面	300	19	80
9	国旗存放间、奖牌存放间		0.75m 水平面	300	19	80
10	颁奖嘉宾等待室、领奖运动员等待室		地面	300/500	19	80
11	兴奋剂检查站、血样收集工作室		0.75m 水平面	500	19	80
12	新闻发布厅	记者席	0.75m 水平面	300/500	22	80
13		主席台	0.75m 水平面	500/750	22	80
14	新闻中心、评论控制室		0.75m 水平面	500	19	80
15	媒体采访混合区		0.75m 水平面	500/750	—	80
16	通道		地面	≥500		
17	室外广场		地面	20	—	60

5.1.3 为满足电视转播要求，下列场所的垂直照度标准值应符合下列规定：

1. 新闻发布厅主席台处主摄像机方向、媒体采访混合区主摄像机方向、竞赛用通道区域主摄像机方向，不低于1000lx。

2. 检录处主摄像机方向，不低于750lx。

5.1.4 观众席和运动场地安全照明的平均水平照度值不应小于20lx。

5.1.5 速滑馆出口及其通道的疏散照明最小水平照度值不应小于5lx。

5.2 光源

5.2.1 场地照明采用金属卤化物灯和发光二极管灯相结合，金属卤化物灯，采用节能型电感镇流器，灯具效率不应低于70%，灯具外壳的防护等级不应低于IP55。发光二极管灯的相关色温小于4000K，显色指数 R_a 达90以上，$R_9 \geqslant 20$，频闪比不应大于6%，其色度应满足下列要求：

1. 选用同类光源的色容差不应大于5SDCM；

2. 在寿命期内发光二极管灯的色品坐标与初始值的偏差在国家标准《均匀色空间和色差公式》GB/T 7921—2008规定的CIE 1976均匀色度标尺图中，不应超过0.007；

3. 发光二极管灯具在不同方向上的色品坐标与其加权平均值偏差在国家标准《均匀色空间和色差公式》GB/T 7921—2008规定的CIE 1976均匀色度标尺图中，不应超过0.004。

5.2.2 一般照明以采用电子镇流器的节能型高效无眩光荧光灯或紧凑型荧光灯（高功率因数、低谐波型产品）为主，荧光灯光源选三基色T8型荧光灯管；汽车库选用直管LED灯。

5.3 灯具按照以下原则布置

5.3.1 灯具布置应减少冰面观众和摄像机的反射眩光。

5.3.2 速滑馆内场照明应至少为赛道照明水平的1/2。

5.3.3 增加冰球场对球门区的照明，提供足够的照明消除围板产生的阴影，并应保证在围板附近有足够的垂直照度。

5.3.4 冰壶应在运动员足线位置方向上避免眩光。

5.3.5 场地照明灯具应有防跌落措施，灯具前玻璃罩应有防破碎保护措施。

5.4 控制方式

比赛场灯光控制采用智能照明控制系统。利用通信总线与馆内建筑设备监控系统的网络平台连接，设置可编程灯光控制面板，并设置显示终端，满足赛时和非赛时照明的双重需要。场馆主空间按为两个独立空间使用，可分区域控制。所有比赛照明的工作情况，均能在显示终端上显示。照明设置有国际比赛（有彩电转播）、国内比赛、平时训练、清扫四挡照度控制，以适应不同比赛或练习时对照度的要求。

6　防雷与接地

6.1　本建筑按二类防雷建筑物设防。利用屋面金属屋面板作为接闪器，所有突出屋面的金属体和构筑物应与接闪带电气连接。

6.2　本工程强、弱电采用共用接地装置，以建筑物、构筑物的金属体、构造钢筋和基础钢筋作为接地体，其接地电阻小于0.5Ω。

6.3　低压系统接地型式采用TN-S，PE线与N线严格分开。

6.4　为预防雷电电磁脉冲引起的过电流和过电压，在变压器低压侧、向重要设备供电的末端配电箱的各相母线上、由室外引入或由室内引至室外的电力线路、信号线路、控制线路、信息线路等装设电涌保护器（SPD）。

6.5　所有弱电机房、电梯机房、浴室等均作辅助等电位连接。

7　建筑电气消防系统

7.1　消防控制室设在一层，采用集中报警系统，消防控制室内分别设有火灾报警控制主机、联动控制台、CRT显示器、打印机、紧急广播设备、消防直通对讲电话设备、电梯监控盘及UPS电源设备等。联动控制台控制方式分为自动控制和手动控制两种。通过联动控制台，可以实现对消火栓、自动喷洒灭火系统、防烟、排烟、加压送风系统的监视和控制，火灾发生时手动切断一般照明及空调机组、通风机、动力电源。当发生火灾时，自动关闭总煤气进气阀门。

7.2　本工程变配电所、空调机房、冷冻机房、训练房、休息室、裁判室、灯光控制室等以及灯光马道均设感烟探测器。在速滑馆等大空间场所布设红外光束感烟探测器和空气采样探测器，燃气表间、厨房设气体探测器。

7.3　在消防控制室设置消防应急广播（与音响广播合用）机柜，机组采用定压式输出。当发生火灾时，启动整个滑冰馆的应急广播。

7.4　应急照明系统：所有楼梯间及前室的照明以及变配电所、消防控制室、安防中心、消防水泵房、防排烟机房、柴油发电机房、电讯机房等的照明全部为应急照明。公共场所应急照明一般按正常照明的10%～15%设置。应急照明电源采用双电源末端互投供电。疏散出口设置安全出口指示灯，疏散走廊设置疏散指示灯。

7.5　消防直通对讲电话系统：在消防控制室内设置消防直通对讲电话总机，除在各层的手动报警按钮处设置消防对讲电话插孔外，在变配电室、水泵房、电梯机房、冷冻机房、防排烟机房、建筑设备监控室、管理值班室等处设置消防直通对讲电话分机。

7.6　本工程还设置电气火灾报警系统、消防设备电源监控系统和防火门监控系统。

8　智能化系统

8.1　信息系统对城市公用事业的需求

8.1.1　本工程拟需输出入中继线100对（呼出呼入各50%），另外申请直拨外线300对（此数量可根据实际需求增减）。

8.1.2　电视信号接自林萃路引入的有线电视网，对速滑馆内的有线电视实施管理与控制，使获得技术规范所要求的电平信号，达到满意的收视效果。

8.2　信息设施系统

8.2.1　物业管理子系统应用数字化技术，通过互联网和智能化物联网处理物业管理过程中的各项日常业务，达到提高效率、规范管理、向客户提供优质服务的目的。物业管理软件应具有高可靠性、安全性，操作方便，采用中文、电子地图图形页面。物业管理软件应能与数字化设施监控管理、综合安防管理、客户的信息服务等数据库实现数据的交互和共享。

8.2.2 建筑设备管理系统包括：集成智能化系统物联网上连接的智能化各应用系统监控电子地图图形页面的浏览、实时信息的交互、数据的共享、系统间的控制联动等。通过建筑设备管理系统，实现对速滑馆内上述智能化各应用系统设备运行状态的监视，信息的浏览和查询，综合能耗管理和计量，以及对上述智能化应用系统设备进行实时联动控制及运行参数的设置和修改。

8.2.3 综合安防管理系统包括：综合安防监控管理集成平台、控制通信网关、应急指挥调度、入侵（侦测）报警、电子巡查管理、视频监控、门禁及道闸控制、停车库管理，以及与火灾报警信息集成等大厦综合安全监控和管理。

8.2.4 综合布线系统选用高品质的模块化布线产品，采用国际标准建议的层层星形拓扑结构以及灵活实用的分区布线方式，综合了整个建筑群内的电话通信系统和各种计算机局域网系统的布线要求，成为一个具有高度适用性、易扩展、开放的、模块化的高速信息传输平台，能支持现代化建筑内语音、数据、图像和多媒体信息的高质量传输的布线方式。以保证在高标准比赛中信息传输的方便、快捷、可靠。

8.2.5 语音通信系统。本工程在地下一层设置电话交换机房，拟定设置一台的800门PABX，PABX应将传统的语音通信、语音信箱、多方电话会议、IP技术、ISDN（B-ISDN）应用等当今最先进的通信技术融会在一起，向用户提供全新的通信服务。在观众休息区和公共区域设置公用电话和无障碍专用的公共电话。

8.2.6 有线电视系统由本地运营商提供有线电视接入服务，运营商提供有线电视机房设备、垂直主干传输网络，以及弱电间有线电视网络及电视放大及分配设备。有线电视前端设在地下一层，在会议室、贵宾室等处均设有有线电视插座。

8.2.7 公共广播包括建筑物内的公共区域广播、外场广播、运动员区专用广播等。公共广播既可播送背景音乐，又可播放体育比赛情况，或呼叫运动员上场。在发生火灾时，公共广播自动切换成火灾紧急广播。

8.2.8 电子会议系统包括会议讨论系统、同声传译系统、表决系统、扩声系统、显示系统、摄像系统、录制和播放系统、集中控制系统和会场出入口签到管理系统等，通过音频、自动控制、多媒体等技术实现会议自动化管理。会议讨论系统和会议同声传译系统必须具备火灾自动报警联动功能。

8.3 专用设施系统

8.3.1 本工程设有赛事信息显示及控制系统，通过LED全彩色显示屏块，比赛时向观众、裁判、运动员显示比赛项目的国名、队名、人名、比赛时间（正、倒计时）、得比分、暂停、犯规次数、标准时间等内容。同时可实时地直播比赛实况；也可直播集会和文艺演出。系统由硬件部分和软件部分组成，硬件部分包括显示图像和文字信息的显示屏和显示牌、专用数据转换设备、信号显示传输电缆、以及用来控制显示屏和显示牌工作的控制设备和显示信息处理设备。系统与计时记分系统、有线电视系统、综合布线系统、计算机管理系统及场地扩声系统等相连。

8.3.2 场地扩声系统

1. 场地扩声系统应符合一级扩声指标的要求。

（1）最大声压级≥105dB；

（2）传输频率特性125～4000Hz（－4dB～＋4dB)；

(3) 声场不均匀度≤8dB (中心频率为 1000～4000Hz);

(4) 传声增益≥－10dB (125～4000Hz)。

2. 系统配置

滑冰馆采用分散式扩声方式，将观众区、场地和主席台的扩声分别采用功放，进行全方位覆盖，保证主席台的听众声压级均匀。主席台预留有线话筒、手持无线话筒，供主席台和场地以及评论员席使用。

8.3.3 计时记分及现场成绩处理系统，在竞赛中运用先进、可靠、实用的网络技术以及信息技术完成比赛现场成绩信息的采集、处理、传输与交换。在完成现场各项任务的同时将所有比赛信息及时、准确地向各有关系统发布。赛事计时记分及成绩处理系统由计时记分系统、赛事成绩处理系统、大屏显示系统、系统数据接口、大屏显示数据接口等几部分构成。

8.3.4 现场影像采集及回放系统能够让比赛和训练的运动员、教练员、裁判员获得即点即播的比赛录像或其他的视频信息。通过这些信息，运动员、教练员可以从中获取宝贵的数据资料，为运动员提高运动水平和比赛成绩提供有力的数据参数。同时裁判员也能够从这些资料中及时获取比赛信息，弥补人本身局限性对比赛造成的影响，保证比赛的公正公平，提高裁判的执法水平。影像采集及回放系统具备视频采集、存储，视频图像的加工、处理和制作功能，是技术仲裁、训练和比赛技术分析等不可缺少的技术手段和工具。同时，该系统能把现场信号通过场馆的比赛中央监控系统，供速滑馆内的全彩视频显示屏、电视终端播放现场画面。

8.3.5 售票系统是以磁卡、IC 卡或条码卡等媒介为门票，结合集智能卡技术、信息安全技术、软件技术、网络技术及机械技术的智能化票务管理系统，它为速滑馆的运营管理、安全管理和赛事管理提供了有效的技术手段，将大量减少票务管理工作量、减少逃票情况的发生、防止假票、堵塞人工售/检票过程中的各种漏洞和弊端、增强客流分析预测的能力、合理地调配资源，提高管理水平。本工程设门票管理系统，在各观众进口分别设置验票闸机，要确保所有观众可在规定时间内入场有效控制人流的功能，并可分析统计收益数据和人流数据。在比赛结束以后本系统可以将闸门自动解除，使观众能够迅速地离场。

8.3.6 电视转播及现场评论系统依托一个转播技术系统平台，经过电视机构编播人员的加工和处理，完成节目内容的制作，使得电视机构可以利用比赛现场获取的影像和声音为基础形式的信号源，制作加工后传递给观众观看。

8.3.7 标准时间系统为赛场工作人员、运动员、观众，提供准确、标准的时间，同时也可以为速滑馆的智能化系统提供标准的时间源。用 GPS 系统中的时标信号作为标准时间源，对母钟的时钟信号源进行校准，为协调场馆各业务流程和各部门的工作提供统一标准的时间基准，同步各计算机系统的时间。时钟系统的控制中心向各子系统或场馆各路子钟发送标准时钟信号，监测全楼所有时钟工作状态，控制所有时钟的运行。

8.3.8 升旗控制系统由电动升旗旗杆、现场同步控制器、后台控制系统等组成，可采用远程自动、本地自动、本地手动和应急手摇等方式，以保证在自动控制系统出现故障时，可以通过手动控制升降国旗，保证体育馆升旗时，所奏国歌的时间和国旗上升到旗杆顶部的时间同步。

8.3.9 比赛设备集成管理系统，通过相应的系统集成软件，利用体育馆信息网络系统，实现对体育场内屏幕显示及控制系统、场地灯光控制系统、场地扩声系统、现场摄像采集及回放系统、计时记分及现场成绩处理系统、主计时时钟系统的控制，为售验票系统馆运营人员、赛事管理和指挥人员，提供一个为比赛服务的集成控制环境。

8.4　信息应用系统

8.4.1　信息查询和发布系统是针对速滑馆赛事及活动期间，进行显示屏及内容播放控制管理、互动查询的平台，为速滑馆管理人员通过简单的操作实现管理功能而设计的系统。速滑馆日常管理者可简易地管理各种需发布的多媒体内容，以及把信息内容播放到场馆各个不同地点的信息显示屏上。信息查询和发布系统可以通过网络在局域网、广域网上，远程同步控制多个不同位置显示屏，进行多媒体内容播放，并能支持规定时间内的滚动不间断播放。

8.4.2　大型活动公共安全信息系统是在举办大型活动期间，突发安全事件（如：火灾报警等）、自然灾害（如地震等）时，启动应急处置预案快速指挥调度，将灾害造成的损失减低到最低限度。通过智慧建筑云平台、建筑设备管理系统、综合安防监控系统、电气消防系统、信息互联互通，并具有实时数据交换和数据共享的能力，维护人民健康和生命财产安全。

8.4.3　场馆运营服务系统是为速滑馆的经营者提供现代化的经营管理手段的信息服务系统，主要有为经营者提高自身管理水平用的办公自动化信息系统、场馆业务管理信息系统和速滑馆公共信息系统，并可以提供一套完整的赛时服务对象主要为速滑馆运营管理人员、竞赛管理人员、服务人员，平时的服务对象为训练、健身和休闲人员的服务管理系统，使管理者能有效掌握客户资源、有效进行内部管理、及时把握经营状况。

8.5　网络系统

8.5.1　信息网络系统结构采用核心、分布、接入三个层次，在核心区设立两台核心交换机，互为备份。在配线间设立两台互为备份的汇聚交换机，两台汇聚交换机以双归形式与核心交换机万兆连接，保证系统可靠、安全。汇聚交换机可以分担网络流量。网络结构清晰。为了保证网络安全，网络系统在建设开始就要考虑网络安全问题，网络安全由三部分组成：组织、技术、流程。

8.5.2　设置全覆盖无线 WIFI 网络。

8.5.3　信息系统安全应与网络安全融合，在关键路径上实现网络与信息安全的一体化，关键网络节点上既提供强大的数据转发能力，又提供深入到应用的信息安全功能，提升安全性的同时保证网络的可靠性。

9　电气节能、绿色建筑设计

9.1　变配电系统节能

9.1.1　变配电所深入负荷中心，合理选择电缆、导线截面，减少电能损耗。

9.1.2　本工程选用的三相配电变压器的空载损耗和负载损耗不应高于现行的国家标准《三相配电变压器能效限定值及节能评价值》GB 20052 规定的能效限定值。

9.2　本工程设置建筑能源监控系统，实现以下功能：

9.2.1　对用电负荷进行连续监测。

9.2.2　对照明、空调、风机水泵及商户用电分别设置计量装置。

9.2.3　实时监测空调冷源供冷水负荷（瞬时、平均、最大、最小），计算累计用量，费用核算。根据管理需要，设置计量热表，计算租户累计用量，费用核算。实时监测自来水/中水供水流量（瞬时、平均、最大、最小），计算累计用量，费用核算。根据管理需要，设置计量水表，计算各区域累计用量，费用核算。

9.3　建筑设备节能

9.3.1　中小型三相异步电动机在额定输出功率和 75%额定输出功率的效率不应低于《中小型三相异步电动机能效限定值及能效等级》GB 18163—2012 规定的能效限定值。

9.3.2　设置建筑设备监控系统，对建筑物内的设备实现节能控制。

9.3.3　选用交流接触器的吸持功率低于《交流接触器能效限定值及能效等级》GB 21518—2008规定的能效限定值。

9.4　电气照明节能

9.4.1　选用节能型高效光源及灯具。

9.4.2　照明控制采用智能照明控制系统。

9.4.3　各房间、场所的照明功率密度值（LPD）满足《建筑照明设计标准》GB 50034—2013规定的目标值。

9.4.4　室外夜景照明光污染的限制符合《城市夜景照明设计规范》JGJ/T 163—2008的规定。

9.5　其他

9.5.1　在建筑屋面设置太阳能电池方阵，采用并网型太阳能发电系统。

9.5.2　对室内的二氧化碳浓度进行数据采集、分析，并与通风系统联动，实现室内污染物浓度超标实时报警，并与通风系统联动。

六、某体育场建筑电气方案设计文件实例

1　工程概况

某甲级体育场建筑面积96500m²，钢筋混凝土框架一剪力墙结构，罩棚为钢结构，地下一层，地上五层，体育场容纳35000座，建筑高度34m，屋顶罩棚高度42m，工程分为体育场、运动员公寓、商场、餐饮、地下车库、人防工程等。

2　设计范围

2.1　高、低压变配电系统；

2.2　电力配电系统；

2.3　照明系统；

2.4　防雷及接地系统；

2.5　建筑设备监控系统；

2.6　综合布线系统；

2.7　通信自动化系统；

2.8　有线电视及卫星电视系统；

2.9　安防系统；

2.10　建筑电气消防系统；

2.11　系统集成；

2.12　机房工程；

2.13　电气节能、绿色建筑设计。

3　变、配电系统

3.1　负荷分级

3.1.1　一级负荷包括：主席台、贵宾室、接待室、新闻发布厅、广场及主要通道照明、计时记分装置、计算机房、电话机房、广播机房、电台和电视转播及新闻摄影用电；计时记分、升旗控制系统、现场影像采集及回放系统；火灾报警及联动控制设备、消防泵、消防电梯、排烟风机、加压风机、保安监控系统、应急照明、疏散照明等，设备容量约为：P_e=6300kW。

3.1.2　二级负荷包括：临时医疗站、兴奋剂检查室、血样收集室等用电设备、VIP办公室、奖牌储存室、运动员、裁判员用房、客梯、排水泵、生活水泵等。设备容量约为：

P_e=2600kW。

3.1.3　三级负荷包括：一般照明及动力负荷。设备容量约为：P_e=1600kW。

3.2　电源

本工程由市政外网引来两路高压电源。预留自备电源的接驳预留条件。高压系统电压等级为10kV。高压采用单母线分段运行方式，中间设联络开关，平时两路电源同时分列运行，互为备用，当一路电源故障时，通过手/自操作联络开关，另一路电源负担全部负荷。容量10500kVA。

3.3　变、配电站

在地下一层设置变电所三处。其中一处变电所内设四台干式变压器，容量为两台1600kVA和两台800kVA。一处变电所设两台干式变压器，容量为两台1250kVA。另一处变电所设两台干式变压器，容量为两台1600kVA。

4　信息系统对城市公用事业的需求

4.1　本工程需引入100对中继线，另外申请直拨外线500对（此数量可根据实际需求增减）。

4.2　本工程建立卫星通信系统，进行高速数据传输、图像传输、综合数据与语音通信、移动数据通信、计算机网络联接等综合业务，与DDN数字数据网互为备份，可以保证数据通信的不间断性、可靠性。

4.3　电视信号接自城市有线电视网，在顶层设有卫星电视机房，对建筑内的有线电视实施管理与控制。有线电视节目和卫星电视节目经调制后，经电视信号干线系统传送至每个电视输出口处，使获得技术规范所要求的电平信号，达到满意的收视效果。

5　照明系统

5.1　照度标准：

田径场地照度标准见表1-16。

田径场地照度标准　　**表1-16**

使用功能	照度(Lx)			照度均匀度						光源		眩光指数
	水平照度E_h	主摄像机方向垂直照度E_{vmai}	辅摄像机方向垂直照度E_{vaux}	水平照度U_h		主摄像机方向垂直平均照度U_{vmai}		辅摄像机方向垂直平均照度U_{vaux}		显色指数(R_a)	色温(K)	GR
				U_1 最小照度/最大照度	U_2 最小照度/平均照度	U_1 最小照度/最大照度	U_2 最小照度/平均照度	U_1 最小照度/最大照度	U_2 最小照度/平均照度			
训练和娱乐活动	200	—	—	—	0.3	—	—	—	—	≥20	—	≤55
业余比赛、专业训练	300	—	—	—	0.5	—	—	—	—	≥80	≥4000	≤50
专业比赛	500	—	—	0.4	0.6	—	—	—	—	≥80	≥4000	≤50
TV转播国家、国际比赛	—	1000	750	0.5	0.7	0.4	0.6	0.3	0.5	≥80	≥4000	≤50
TV应急	—	750	—	0.5	0.7	0.3	0.5	—	—	≥80	≥4000	≤50

5.2　光源与灯具选择：一般场所选用节能型灯具；采用多种类型的光源，如：气体放

电灯、紧凑型节能功能荧光灯。

5.3 照明配电系统：本工程利用在电气小间内采用电缆配电给各楼层照明配电箱，以便于安装、改造和降低能耗。

5.4 应急照明与疏散照明：消防控制室、变配电所、配电间、电讯机房、弱电间、楼梯间、前室、水泵房、电梯机房、排烟机房、重要机房的值班照明等处的应急照明按100%考虑；观众席、门厅、走道按30%设置应急照明；其他场所按10%设置应急照明。各层走道、拐角及出入口均设疏散指示灯，蓄电池采用集中免维护电池进行供电，停电时自动切换为直流供电，并且应急照明持续时间应不少于30min。

5.5 为保证用电安全，用于移动电器装置的插座的电源均设电磁式剩余电流保护装置(动作电流≤30mA，动作时间小于0.1s)。

5.6 照明控制：为了便于管理和节约能源，以及不同的时间要求不同的效果。本工程采用智能型照明控制系统，对赛场实行比赛、训练等多模式控制；汽车库照明采用集中控制；楼梯间、走廊等公共场所的照明采用集中控制和就地控制相结合的方式；走廊的照明采用集中控制。走廊的应急照明考虑就地控制和消防集中控制的方式。室外照明的控制纳入建筑设备监控系统统一管理。

6 电力系统

6.1 配电系统的接地型式采用TN-S系统。冷冻机组、冷冻泵、冷却泵、生活泵、热力站、电梯等设备采用放射式供电；风机、空调机、污水泵等小型设备采用树干式供电。

6.2 为保证重要负荷的供电，对重要设备如：通信机房、消防用电设备（消防水泵、排烟风机、加压风机、消防电梯等）、信息网络设备、消防控制室、中央控制室等均采用双回路专用电缆供电，在最末一级配电箱处设双电源自投，自投方式采用双电源自投自复。

6.3 主要配电干线沿由变电所用电缆桥架（线槽）引至各电气小间，支线穿钢管敷设。

6.4 普通干线采用辐照交联低烟无卤阻燃电缆；重要负荷的配电干线采用氧化镁电缆。部分大容量干线采用封闭母线。

7 防雷与接地

7.1 本建筑物按二类防雷建筑物设防。利用建筑金属屋面作为接闪器，所有突出屋面的金属体和构筑物应与接闪带电气连接。

7.2 为预防雷电电磁脉冲引起的过电流和过电压，在变压器低压侧、向重要设备供电的末端配电箱的各相母线上、由室外引入或由室内引至室外的电力线路、信号线路、控制线路、信息线路等装设电涌保护器（SPD）。

7.3 本工程采用共用接地装置，以建筑物、构筑物的金属体、构造钢筋和基础钢筋作为接地体，其接地电阻小于1Ω。

7.4 建筑物作总等电位连接，在配变电所内安装一个总等电位连接端子箱，将所有进出建筑物的金属管道、金属构件、接地干线等与总等电位端子箱有效连接。

7.5 在所有通信机房、电梯机房、浴室等处作辅助等电位连接。

8 建筑电气消防系统

8.1 在一层设置消防控制室，分别监视建筑内的消防进行探测监视和控制。消防控制室内分别设有火灾报警控制主机、联动控制台、CRT显示器、打印机、紧急广播设备、消防直通对讲电话设备、电梯监控盘及UPS电源设备等。

8.2 根据不同场所的需求，设置感烟、感温、煤气探测器及手动报警器。消防控制中心和消防控制室可对探测器的火警、故障信号进行监视，并对消防水泵、消防风机、紧急广播等设备进行联动控制。

8.3 本工程还设置电气火灾报警系统、消防设备电源监控系统和防火门监控系统。

9 智能化系统

9.1 建筑设备监控系统

9.1.1 建筑设备监控系统融合了现代计算机技术、网络通信技术、自动控制技术、数据库管理技术以及软件技术等，通过中央监控系统的计算机网络，将各层的控制器、现场传感器、执行器及远程通信设备进行联网，共同实现集中管理、分散控制的综合监控及管理功能。

9.1.2 本工程建筑设备监控系统的总体目标是将建筑内的建筑设备管理与控制系统（HVAC、给水排水系统、供配电系统、照明系统等）进行分散控制、集中监视管理，从而提供一个舒适的工作环境，通过优化控制提高管理水平，从而达到节约能源和人工成本，实现物业管理自动化。

9.2 综合布线系统

9.2.1 本工程在将办公语音信号、数字信号、视频信号、控制信号的配线，经过统一的规范设计，综合在一套标准的配线系统上，此系统为开放式网络平台，方便用户在需要时，形成各自独立的子系统。综合布线系统可以实现世界范围资源共享，综合信息数据库管理、电子邮件、个人数据库、报表处理、财务管理、电话会议、电视会议等。

9.2.2 设置内部局域计算机网络，实现建筑内工作范围内的资源共享。

9.2.3 本工程在地下一层设置网络室。

9.3 通信自动化系统

9.3.1 本工程在地下一层设置电话交换机房，拟定设置一台的800门PABX。

9.3.2 本工程建立卫星通信系统，进行高速数据传输、图像传输、综合数据与语音通信、移动数据通信、计算机网络联接等综合业务，与DDN数字数据网互为备份，可以保证数据通信的不间断性、可靠性。

9.4 有线电视及卫星电视系统

电视信号接自城市有线电视网，在顶层设有卫星电视机房，对建筑内的有线电视实施管理与控制。有线电视节目和卫星电视节目经调制后，经电视信号干线系统传送至每个电视输出口处，使获得技术规范所要求的电平信号，达到满意的收视效果。系统设备包括：卫星接收天线、功分器、接收机、解密器、制式转换器、前置放大器、频道放大器、频道转换器、有源混合器、供电单元、宽带放大器、分配器、分支器、终端电阻等。

9.5 安防系统

本工程设置保安室，保安室内设系统矩阵主机、硬盘录像机、打印机，监视器及～24V电源设备等。视频自动切换器接受多个摄像点信号输入，定时自动轮换（1～30s）输出监控信号，也可手动任选一个摄像机的画面跟踪监视、录像、打印。系统矩阵主机带输入、输出板；云台控制及编程、控制输出时、日、字符叠加等功能。在本建筑的主要出入口、楼梯间、电梯前室、电梯轿厢及走廊等处设置摄像机。

9.6 门禁系统

为确保建筑的安全，根据安全级别的不同划分为的不同安全分区，根据级别的不同设置相应的门禁系统，以免无关人员闯入。

9.7 电子巡更系统

电子巡更管理系统不仅是安全保卫系统中不可缺少的重要部分，也是先进物业管理的不可或缺的重要组成部分。在主要公共通道分布电子巡更签到点，可设定保安员巡更的路线及地点，巡更的次数等，并可检测该保安员所用的巡更时间，从而监督保安员工作。

9.8　信息发布系统

在大楼室外一层设置大屏幕，主题内容可以根据需要随时进行调整，并可以做到声色并茂；在每层的电梯厅设液晶显示器，用于重要信息发布、内部制作电视节目和重要会议的视频直播等。

9.9　停车场管理系统

在停车场出入口设置停车场管理系统，停车场管理系统由进/出口读卡机、挡车器、感应线圈、摄像机、收费机、入口处 LED 显示屏等组成。

9.10　无线通信增强系统

为了避免手机信号出现网络拥塞情况以及由于大楼内建筑结构复杂，无线信号难于穿透，室内易出现覆盖的盲区，手机用户不能及时打进或接进电话。本工程安装无线信号增强系统以解决移动通信覆盖问题，同时也可增加无线信道容量。

9.11　系统集成

9.11.1　集成管理的重点是突出在中央管理系统的管理，控制仍由下面各子系统进行。集成管理能为本工程各个管理部门提供高效、科学和方便的管理手段。将建筑中日常运作的各种信息，如建筑设备监控、安防、通信系统等管理信息，各种日常办公管理信息，物业管理信息等构成相互之间有关联的一个整体，从而有效地提升建筑整体的运作水平和效率。

9.11.2　集成管理，首先要求进行集成的系统应该是一个开放性的系统，在集成过程中，首先要解决好各个系统间通信协议的标准化问题，使整个系统达到信息识别的唯一性，只有这样，才能真正达到各子系统之间的联动，也才能做到无论集成先后，均能平滑连接。

9.11.3　系统集成的规模，首先是以建筑设备管理系统为模式，即 BMS 模式，先期将在建筑中有相互联动关系的各建筑设备监控子系统进行相对集成，达到相互之间在处理和解决建筑中出现的问题时，能协同动作，提高效率，便于管理。在 BMS 中，以建筑设备监控系统（BA）为基础平台，进行相关的联动设计。

10　体育工艺相关系统

10.1　场地计时记分系统

10.1.1　场地计时记分控制机房位于三层，该系统计算机主机采用双机热备份，场地计时记分系统控制场内大型记分牌的计时记分显示，该系统预留供电视转播用信号出口以及场地内计时记分设备的电源、信号接口。

10.1.2　计时记分及现场成绩处理系统是体育场进行体育比赛最基本的技术支持系统，担负着所有比赛成绩的采集、处理、存储、传输和显示，计时记分系统作为采集、处理、显示比赛成绩及赛事中计时的系统，对赛事的顺利进行至关重要。

10.1.3　根据不同运动项目设有对应的计时计分及现场成绩处理系统。

10.1.4　系统应满足以下要求：

1. 计时记分系统从比赛场获得各种竞赛信息将同时传送到总裁判席、计时记分机房、现场成绩处理机房。

2. 比赛用各种检测设备检测数据的精度须满足国家及国际各单项体育组织的要求。

3. 比赛用各种检测设备须具备良好的性能，室外用设备须具备防尘和防水功能，应能适应比赛环境的变化，设备应具备符合国际工业标准的联网接口。

4. 计时记分系统由硬件部分和软件部件组成，硬件部分包括采集比赛成绩的记分设备、数据传输设备、成绩显示设备、数据处理设备。软的部分包括计时记分数据的采集处理信息加工和处理软件、成绩处理和发布软件等。

5. 计时记分及现场成绩处理系统和大屏显示系统、电视转播系统、综合布线系统、赛事管理系统等相连。

10.2 屏幕显示及控制系统

10.2.1 本工程在场地内设有室外大型 LED 全彩色显示屏块，具有彩色图像，记分及时钟三部分显示功能，三层设有大屏控制机房，大型显示屏用电为一级负荷，其计算机主机采用双机热备份并配备 UPS 电源。

10.2.2 屏幕显示系统由硬件部分和软件部分组成，硬件部分包括显示图像和文字信息的显示屏和显示牌、专用数据转换设备、信号显示传输电缆，以及用来控制显示屏和显示牌工作的控制设备和显示信息处理设备。

10.2.3 屏幕显示系统与计时记分及现场成绩处理系统、有线电视系统、综合布线系统、计算机管理系统及场地扩声系统等相连。

10.3 电视转播系统

10.3.1 本工程中设置电视广播转播机房，位于首层，可通过电视转播车或其他转播设备通过微波等方式进行转播，该机房与体育场内场地之间预留视频电缆保护管，摄像机出口插座及电源。

10.3.2 利用建筑物室内吊顶、电缆竖井、场地内管井、场地交通沟作电视转播系统电缆通道，并沿体育工艺用电缆线槽敷设，在一层与室外广播电视转播设备的光缆衔接，传输至电视台，然后向外转发，电视转播电缆不应与共配电系统共用电缆通道，应预留条件便于临时增设线缆，避免观众或一般工作人员触碰，采用缆沟和吊架相结合的方式。

10.3.3 本系统是将分散在场内各现场评论员席、比赛场区、运动员检录大厅，计时记分控制机房、新闻发布厅等处的主播摄像机位和临时摄像机位的信号及时送至设在室外的广播电视转播技术用房进行编辑后，经电视转播车或送到转播机房。

10.3.4 为方便各国媒体、关键用户等广播者用于拍摄现场架设摄像机位方便，在赛场附近预留接线管井，为场内摄像机预留接线条件。

10.3.5 本系统的室外缆沟线槽应采取防潮、防水措施。

10.4 主计时时钟系统

主计时时钟系统是为赛场工作人员、运动员、观众提供准确、标准的时间，同时也可以为体育场的智能化系统提供标准的时间源。

10.4.1 主计时时钟系统由 GPS（全球定位报时卫星）校时接受设备、中心时钟（母种）、时码分配器、数字式子钟、双面子钟、倒计时子钟及系统控制管理计算机、时钟数据库服务器和通信连接线路组成。

10.4.2 系统由 GPS 天线接收标准时间送到母钟配套设备，然后通过信号分码器把信号送到各个壁挂数字时钟和吸顶双面数字时钟。母钟和子钟之间通过 RS485 通信双绞线，时钟系统以母钟产生的时钟信号作为信号源，采用同步传输和分散传输。

10.4.3 母钟安置在计时记分机房内，内置 GPS 卫星信号接收模块，经 BNC 与 GPS 天线链接，经校时后通过时码分配器，传输给子钟，并按子钟的时间显示方式显示出标准时间。

10.4.4 系统算备通信接口，同时可为体育场其他智能化系统提供标准时间源。

10.4.5 本系统采用总线型结构设计，母钟具备自动校正显示时间及守时模块，守时模块掉电后，内置电源可保证母钟守时 10 年。

10.4.6 子钟没有守时信号时，自动切换守时时间。

10.5 摄像采集与回放系统制作

10.5.1 在比赛和训练期间能为裁判员、运动员和教练员提供即点即播的比赛录像或与其相关的视频信息。同时，系统能把现场视频信号通过体育场的比赛中央监控系统，供给体育场内的全彩视频显示屏，电视终端播放现场画面，并且视频调制至的闭路电视前端机房，经调制设备调制后，送入场的闭路电视网，作为1路或多路电视节目进行播放。

10.5.2 该系统主要由现场摄像部分、视频服务器部分、视频调制设备组成。

10.5.3 本系统在比赛场地四周，根据比赛项目电视转播的要求，设置多个摄像采集点，并敷设连接视频采集服务器的信号传输电缆、控制电缆和摄像机专用电源线缆。

10.5.4 视频采集服务器和场的信息网络系统连接，并通过网络技术，使得具有对视频采集服务器有访问和查询权的裁判、竞赛官员、运动队等可以通过计算机终端访问视频采集服务器。

10.6 比赛中央监控系统

比赛中央监控系统通过相应的系统集成软件，利用体育场信息网络系统，实现对体育场内屏幕显示及控制系统、场地灯光控制系统、场地扩声系统、现场摄像采集及回放系统、计时记分及现场成绩处理系统、主计时时钟系统控制，为售验票系统运营人员、赛事管理和指挥人员，提供一个为比赛服务的集成控制环境，系统主要功能如下：

10.6.1 对体育场内的比赛专用子系统实行集成式的中央监控界面。

10.6.2 统一的数据管理平台，提供图形化的综合监控界面。

10.6.3 提供多种通信接口和协议，与各比赛专用子系统通信连接。

10.6.4 提供比赛场景设置和一键式操作，保证子系统之间联动控制。

10.6.5 适时提供比赛信息，为赛事管理者提供决策依据。

10.7 其他系统

10.7.1 会议系统体育场的新闻发布厅、多功能厅装备会议系统，系统由视频系统、扩声系统和中央集中控制系统组成。

10.7.2 新闻发布厅同声传译系统：系统采用红外无线方式，设多种语言的同声传译，采用直接翻译和二次翻译相结合的方式，根据现场环境，在报告厅内设数个红外辐射器，用以传送译音信号，与会者通过红外接收机、佩戴耳机，通过选择开关选择要听的语种、翻译人员。

10.7.3 升旗控制系统：

1. 设国旗自动升降控制系统，保证体育场升旗时，所奏国歌的时间核国旗上升到旗杆顶部的时间同步。

2. 该系统由电动升旗旗杆、现场同步控制器、后台控制系统等组成，系统配置本地控制器，触摸屏控制方式，保证系统网络故障时，系统仍然可按国歌时间升降国旗。

3. 系统功能：

（1）可伸缩挂杆，确保最多5面国旗同步升降。

（2）升旗时间长短和所奏国歌时间同步。

（3）系统控制采用远程。本地和手动控制三种方式，保证任何情况下都可升降国旗。

（4）系统具备防冲顶功能及多级保护功能，保证升旗系统的安全。

（5）远程控制主机提供同步音频输出。

（6）提供数据接口，便于系统集成。

10.7.4 售验票系统：

1. 本工程的售验票系统是以磁卡、IC卡或条码卡等媒介为门票，结合集智能卡技术、信息安全技术、软件技术、网络技术及机械技术的智能化票务管理系统，它为体育场的运营管理、安全管理和赛事管理提供了有效的技术手段。

2. 本工程设门票管理系统，在各观众进口分别设置验票闸机，要确保所有观众可在 2h 内入场。

3. 在比赛结束以后本系统可以将闸门自动关闭使观众能够迅速地离场。

11 电气节能、绿色建筑设计

11.1 设置建筑设备监控系统，对建筑物内的设备实现节能控制。

11.2 采用智能灯光控制系统。照明功率密度值达到现行国家标准《建筑照明设计标准》GB 50034 中规定的目标值，走廊、楼梯间、门厅等场所的照明系统采取分区、定时、感应等节能控制措施。室外夜景照明光污染的限制符合现行标准《城市夜景照明设计规范》JGJ/T 163 的规定。

11.3 变电所深入负荷中心，合理选用导线截面，减少电压损失。

11.4 三相配电变压器满足现行国家标准《三相配电变压器能效限定值及能效等级》GB 20052 的节能评价值要求，水泵、风机等设备，及其他电气装置满足相关现行国家标准的节能评价值要求。

11.5 采用低压集中自动补偿方式，并配备谐波电抗器组合，作为谐波抑制措施，避免高次谐波电流与电力电容发生谐振。

11.6 在建筑屋面设置太阳能电池方阵，采用并网型太阳能发电系统，太阳能发电能力为 100kW。

七、某会展中心建筑电气方案设计文件实例

1 工程概况

某会展中心建筑面积约 30500m^2，主要功能以展览、会议为主，兼顾与展览会议有关的展示、演出、表演等功能及各设备机房等。展馆高度为 22m，动力中心高度为 12m。

2 设计范围

2.1 变、配电系统；

2.2 动力及展区设备配电系统；

2.3 电气照明系统；

2.4 防雷与接地系统；

2.5 建筑设备监控系统；

2.6 建筑电气消防系统；

2.7 电话系统；

2.8 综合布线系统；

2.9 有线电视系统；

2.10 公共广播系统（兼背景音乐及火灾应急广播系统）；

2.11 闭路监控系统；

2.12 同声传译系统与显示系统；

2.13 电气节能、绿色建筑设计。

3 变、配、发电系统

3.1 负荷分级

3.1.1 一级负荷包括：安防信号电源、通信电源及计算机系统电源、展区内的正常照明、闸口机、消防用电设备（火灾自动报警控制器及联动控制台、消防类水泵及排烟风机等）、应急照明及疏散指示、保安监控系统、电话机房、网络机房、电子显示屏等按一级负荷考虑。设备容量约为：P_e=640kW。其中安防信号电源、通信电源及计算机系统电源和所有的消防用电设备为一级负荷中的特别重要负荷。设备容量约为：P_e=640kW。

3.1.2 二级负荷包括：展览用电、排水泵等按二级负荷考虑。设备容量约为：P_e=2800kW。

3.1.3 三级负荷包括：一般照明及动力负荷。设备容量约为：P_e=2300kW。

3.2 电源

本工程由市政外网引来两路高压电源。高压系统电压等级为10kV。高压采用单母线分段运行方式，中间设联络开关，平时两路电源同时分列运行，互为备用，当一路电源故障时，通过手/自操作联络开关，另一路电源负担全部负荷。容量6800kVA。

3.3 变、配、发电站

3.3.1 本工程设四座变电所，供展区及动力站设备负荷。分为1号变电所、2号变电所、3号变电所、4号变电所。1号变电所，设在动力中心，内设两台800kVA干式变压器，负责动力中心的设备供电。2号变电所设在展馆A区，内设两台1000kVA的变压器，负担展馆A区内的设备供电。3号变电所设在展馆B区，内设两台800kVA的变压器，负担展馆B区内的设备供电。4号变电所设在展馆C区（兼多功能厅），内设两台800kVA的变压器，负担C区内的设备供电。

3.3.2 在动力中心设一台800kVA的柴油发电机组作为应急电源负担本工程消防设备的供电，同时兼非火灾时一级负荷供电。当市电出现停电、缺相、电压超出范围（AC380V：－15％～＋10％）或频率超出范围（50Hz±5％）时延时15s（可调）机组自动启动。当市电故障时，安防信号电源、通信电源及计算机系统电源和所有的消防用电设备均由自备应急电源提供电源。

4 信息系统对城市公用事业的需求

4.1 本工程需输出入中继线200对（呼出呼入各50％）。另外申请直拨外线500对（此数量可根据实际需求增减）。

4.2 电视信号接自城市有线电视网，在顶层设有卫星电视机房，对建筑内的有线电视实施管理与控制。有线电视节目和卫星电视节目经调制后，经电视信号干线系统传送至每个电视输出口处，使获得技术规范所要求的电平信号，达到满意的收视效果。

5 电力、照明系统

5.1 照度标准见表1-17。

照度标准 **表1-17**

房间或场所	参考平面及其高度	照度标准值(lx)	*UGR*	U_0	R_a
一般展厅	地面	200	22	0.6	80
高档展厅	地面	300	22	0.6	80
公共大厅	地面	200	22	0.4	80
多功能厅	0.75m水平面	300	22	0.6	80
宴会厅	0.75m水平面	300	22	0.6	80
会议室	0.75m水平面	300	19	0.6	80
行政办公室	0.75m水平面	300	19	0.6	80

5.2 光源与灯具选择：顶棚较低、面积较小的展厅、会议厅，宜采用荧光灯和小功率金属卤化物灯照明；顶棚较高、面积较大的展厅、会议厅，宜采用中、小功率金属卤化物灯照明。展区灯光控制采用分布式智能照明控制系统，利用通信总线把智能现场控制器连接组网。

5.3 应急照明：在大空间用房、走廊、楼梯间及主要出入口等场所设置疏散指示照明。

考虑展厅的特点，疏散指示灯指示方向与展厅的展区疏散路线相同，在展区地面及墙面设置疏散指示灯，在出入口设置安全出口指示。展厅地面设置的疏散指示灯要求防水，并承受与土建一致的荷载要求，且应具有 IP54 及以上的防护等级。登录厅、观众厅、展厅、多功能厅、宴会厅、大会议厅、餐厅等人员密集场所应设置疏散照明和安全照明。展厅安全照明的照度值不宜低于一般照明照度值的 10%。

5.4　由低压配电室至各展区的展览用配电柜的低压配电宜采用放射式配电方式；由展览用配电柜配至各展位箱（或展位电缆井）的低压配电宜采用放射式或放射式与树干式相结合的配电方式。

5.5　在展区内设置强电展位箱，为展览工艺提供展位电源，每 2～4 个标准展位设置一个展位箱，出线宜可到达每个展位区域，展位箱出线断路器，应装设剩余动作电流不大于 30mA 的剩余电流保护器。每 600m^2 展厅面积设置一个展览用配电柜，为展区内展览设施提供电源。

5.6　在展区内预留展沟且展沟盖板（或顶板）应满足展区内地面承压的荷载要求。嵌装在展沟上的地面展位箱，箱盖表面的承载力应与展厅地面的结构承载力相一致，箱体防护等级不应低于 IP54。当地面展位箱有用水点、压缩空气等辅助接口时，电气箱体防护等级不应低于 IP55。

5.7　在会展建筑各登录厅、主要出入口设置闸口机，采用读卡过闸的管理方式，进行人流统计及人流管理。每个闸机采用专用变压器 24 VDC 供电。各闸口机之间及闸口机与就地控制主机之间应预留通信网络接口，控制主机应有紧急疏散功能并预留与上位机通信接口。当闸口用于紧急疏散时，应能通过消防控制中心强制打开所有闸机。

6　防雷与接地系统

6.1　本工程展厅按二类防雷设防，设有防直击雷、感应雷击及雷电电磁脉冲保护。

6.2　为预防雷电电磁脉冲引起的过电流和过电压，在变压器低压侧、向重要设备供电的末端配电箱的各相母线上、由室外引入或由室内引至室外的电力线路、信号线路、控制线路、信息线路等装设电涌保护器（SPD）。

6.3　本工程低压配电系统接地型式采用 TN-S 系统，其中性线和保护地线在接地点后要严格分开。凡正常不带电而当绝缘破坏有可能呈现电压的一切电气设备金属外壳均应可靠接地。

6.4　防雷接地、变压器中性点接地及电气设备、信息系统等接地共用统一的接地装置，要求接地电阻不大于 1Ω，否则应在室外增设人工接地体。

6.5　室内采用总等电位连接，将建筑物内保护干线、设备进线总管、建筑物金属构件进行连接。同时在电缆沟内设置接地扁钢且与结构基础牢固焊接，作为临时办展的等电位保护干线。

6.6　所有弱电机房、电梯机房、浴室等均作辅助等电位连接。

7　建筑电气消防系统

7.1　展馆采用控制中心火灾自动报警与消防联动控制系统，对展厅火灾信号和消防设备进行监视及控制。消防控制中心设在展馆一层；在展馆 A 区动力中心设集中火灾自动报警与消防联动控制系统，消防控制室设在展馆 A 区动力中心一层值班室。值班室兼消防控制室。消防控制室的火灾自动报警控制器独立运行，并将运行信息通过网络设备传输给消防控制中心火灾自动报警控制器。消防控制室和消防控制中心对排烟风机、消防水泵等消防设备均可进行直接手动控制。

7.2　在办公室、会议室、商务、设备机房、楼梯间、走廊等场所设感烟探测器；高度大于12m的展厅、登录厅、会议厅等高大空间场所，同时选择两种及以上火灾探测参数的火灾探测器；在柴油机房等场所设感温探测器；在展厅等高大空间场所设线型光束图像感烟探测器和双波段图像火灾探测器；在电缆沟设缆式线型定温探测器。

7.3 在主要出入口、疏散楼梯口等场所设手动报警按钮及对讲电话插口。

7.4 在消防控制室、消防水泵房、变配电室、冷冻站、排烟机房、空调风机房、消防电梯机房、主要值班室等场所设消防专用电话。

7.5 本工程还设置电气火灾报警系统、消防设备电源监控系统和防火门监控系统。

7.6 控制中心对所有防排烟系统风机、防火阀、消防水泵进行监控。

7.7 利用空间定位技术遥控消防水炮。

8 智能化系统

8.1 建筑设备监控系统

本建筑内设建筑设备监控系统，对楼内的空调系统、通风系统、排水系统、电气系统进行监控。系统采用集散式直接数字控制系统，具有密码保护、控制点摘要、控制点报警、时间及假日起停控制、控制点历史记录、动向记录、设备运行时间积累、控制系统动态彩图、自适应控制、外界条件重置、假日及夜间净化循环、最佳起停控制、所有设定值重新设定等，同时该系统具有与智能配电通信系统接口的条件。

8.2 电话系统

8.2.1 本工程电话机房设在动力中心二层，拟定设置一台的1000门PABX。

8.2.2 电话，展厅按1对线/9m^2（展览面积）设置；办公场所按1对线/10m^{2}设置。

8.3 综合布线系统

8.3.1 本工程设综合布线系统，以支持电话、数据、图文、图像等多媒体业务的需要。

8.3.2 信息插座为六类，展厅按9m^2（展览面积）设置一个工作区，办公场所按10m^{2}设置一个工作区。

8.3.3 主配线架设在动力中心电话机房。在展厅设设备间。主配线架与展厅设备间之间采用光纤传输数据，大对数电缆传输话音。配线子系统采用六类4UTP，电话用干线子系统采用三类大对数电缆，计算机用干线子系统采用光纤。

8.4 有线电视系统

8.4.1 本工程设有线电视系统，电视光端机房设在动力中心二层。

8.4.2 展厅按1个/36m^2（展览面积）设置电视插座。

8.4.3 系统采用分支分配系统。

8.4.4 系统采用860Hz邻频传输，用户电平为69±6dB，要求图像质量不低于四级。

8.5 公共广播系统

8.5.1 本工程设置一套公共广播系统（兼火灾应急广播系统）。广播机房设在展馆一层（与消防控制室合用），系统采用100V定压输出方式。

8.5.2 广播系统设有电脑音响控制设备。节目源有镭射唱盘机、CD播放机、双卡连续录音机等设备，并设有应急广播用话筒。

8.5.3 火灾时，自动或手动打开相关区域紧急广播，同时切断背景音乐广播。紧急广播切换在控制室内完成。

8.5.4 紧急广播设备用扩音机，其容量为单体建筑广播最大容量的1.5倍。

8.5.5 在多功能厅、会议厅等多功能用房设独立的广播系统。

8.5.6 室外设置展场广播线路。

8.6 闭路监控系统

8.6.1 闭路监视与防盗报警系统的所有主机设备均设置在展馆一层监控机房内（与消防控制室合用）；在动力中心设分控。

8.6.2 在展厅各出入口设闭路监视摄像机、被动式红外线探测器；预留室外监控线路。

8.6.3 中心主机系统采用全矩阵系统，所有摄像点应同时录像，按时序切换。同时可手动选择某一摄像机进行跟踪、录像。

8.6.4 图像水平清晰度：黑白电视系统不应低于400线，彩色电视系统不应低于270线。

8.6.5 在残疾人卫生间每个厕位设呼救按钮，在控制室设报警显示装置。

8.7 同声传译系统与显示系统

8.7.1 在大会议室设无机务自动控制四语种同声传译系统。

8.7.2 在主席台两侧设电视墙或投影电视。

8.7.3 在译员室设带LCD屏的译员台。

8.7.4 在多功能厅设全色显示屏。

9 电气节能、绿色建筑设计

9.1 设置建筑设备监控系统，对建筑物内的设备实现节能控制。

9.2 变电所深入负荷中心，合理选用导线截面，减少电压损失。

9.3 三相配电变压器满足现行国家标准《三相配电变压器能效限定值及能效等级》GB 20052的节能评价值要求，水泵、风机等设备，及其他电气装置满足相关现行国家标准的节能评价值要求。

9.4 采用低压集中自动补偿方式，并配备谐波电抗器组合，作为谐波抑制措施，避免高次谐波电流与电力电容发生谐振。

9.5 照明光源应优先采用节能光源，建筑照明功率密度值应小于《建筑照明设计标准》GB 50034中的规定。采用智能灯光控制系统，通过控制遮阳板将自然光和人工光实现有机结合。走廊、楼梯间、门厅、大堂、大空间、地下停车场等场所的照明系统采取分区、定时、感应等节能控制措施。室外夜景照明光污染的限制符合现行行业标准《城市夜景照明设计规范》JGJ/T 163的规定。

9.6 对室内的二氧化碳浓度进行数据采集、分析，并与通风系统联动，实现室内污染物浓度超标实时报警，并与通风系统联动。

八、某会议中心建筑电气方案设计文件实例

1 工程概况

某会议中心建筑面积约20800m^2，主要功能以会议接待为主的会议中心，兼顾演出、表演等功能及各设备机房等。

2 设计范围

2.1 变、配电系统；

2.2 动力及设备配电系统；

2.3 电气照明系统；

2.4 防雷与接地系统；

2.5 建筑设备监控系统；

2.6 建筑电气消防系统；

2.7 电话系统；

2.8 综合布线系统；

2.9 有线电视系统；

2.10 公共广播系统（兼背景音乐及火灾应急广播系统）；

2.11 闭路监控系统；

2.12 同声传译系统与显示系统；

2.13 电气节能、绿色建筑设计。

3 变、配、发电系统

3.1 负荷分级

3.1.1 一级负荷包括：本工程宴会厅、报告厅、会议室、厨房等为一级负荷。本工程一级负荷的设备容量为：870kW。会议用电子计算机电源、消防设备，保安监控系统，应急及疏散照明，电气火灾报警系统，客梯，排水泵、变频调速生活水泵等为特别重要负荷设备。本工程特别重要负荷的设备容量为：870kW。

3.1.2 二级负荷包括：办公室照明、空调等。本工程二级负荷为：1143kW。

3.1.3 三级负荷包括：一般照明及一般电力负荷。本工程三级负荷的设备容量为：90kW。

3.2 电源

本工程由市政外网引来两路高压电源。高压系统电压等级为10kV。高压采用单母线分段运行方式，中间设联络开关，平时两路电源同时分列运行，互为备用，当一路电源故障时，通过手/自操作联络开关，另一路电源负担全部负荷。容量2000kVA。

3.3 变、配、发电站

3.3.1 本工程在地下二层设一变配电所，内设两台1000kVA的变压器。

3.3.2 设一台1000kVA的柴油发电机组作为应急电源负担本工程消防设备的供电，同时兼非火灾时一级负荷供电。

3.4 自备应急电源系统

3.4.1 当市电出现停电、缺相、电压超出范围（AC380V：－15％～＋10％）或频率超出范围（50Hz±5％）时延时15s（可调）机组自动启动。

3.4.2 当市电故障时，安防信号电源、通信电源及计算机系统电源和所有的消防用电设备均由自备应急电源提供电源。

4 信息系统对城市公用事业的需求

4.1 本工程需输出入中继线100对（呼出呼入各50％）。另外申请直拨外线100对（此数量可根据实际需求增减）。

4.2 电视信号接自城市有线电视网，在顶层设有卫星电视机房，对建筑内的有线电视实施管理与控制。有线电视节目和卫星电视节目经调制后，经电视信号干线系统传送至每个电视输出口处，使获得技术规范所要求的电平信号，达到满意的收视效果。

5 照明系统

5.1 照度标准见表1-18。

照度标准 **表1-18**

房间或场所	参考平面及其高度	照度标准值(lx)	UGR	U_0	R_a
会议室	0.75m水平面	300	19	0.6	80
宴会厅	0.75m水平面	300	22	0.6	80
多功能厅	0.75m水平面	300	22	0.6	80
公共大厅	地面	200	22	0.4	80
行政办公室	0.75m水平面	300	19	0.6	80

5.2　光源与灯具选择：会议室照明光源采用光效率高、显色性好、使用寿命长、色温相宜、符合环保要求的光源。灯光控制采用分布式智能照明控制系统，利用通信总线把智能现场控制器连接组网。

5.3　应急照明：在大空间用房、走廊、楼梯间及主要出入口等场所设置疏散指示照明。考虑宴会厅、多功能厅的特点，疏散指示灯指示方向与宴会厅、多功能厅疏散路线相同，在地面及墙面设置疏散指示灯，在出入口设置安全出口指示。

6　防雷与接地系统

6.1　本工程展厅按二类防雷设防，设有防直击雷、感应雷击及雷电电磁脉冲保护。

6.2　为预防雷电电磁脉冲引起的过电流和过电压，在变压器低压侧、向重要设备供电的末端配电箱的各相母线上、由室外引入或由室内引至室外的电力线路、信号线路、控制线路、信息线路等装设电涌保护器（SPD）。

6.3　本工程低压配电系统接地型式采用 TN-S 系统，其中性线和保护地线在接地点后要严格分开。凡正常不带电而当绝缘破坏有可能呈现电压的一切电气设备金属外壳均应可靠接地。

6.4　防雷接地、变压器中性点接地及电气设备、信息系统等接地共用统一的接地装置，要求接地电阻不大于 1Ω，否则应在室外增设人工接地体。

6.5　室内采用总等电位连接，将建筑物内保护干线、设备进线总管、建筑物金属构件进行连接。同时在电缆沟内设置接地扁钢且与结构基础牢固焊接，作为临时办展的等电位保护干线。

6.6　所有弱电机房、电梯机房、浴室等均作辅助等电位连接。

7　建筑电气消防系统

7.1　消防控制室设在一层。在办公室、会议室、商务、设备机房、楼梯间、走廊等场所设感烟探测器；在柴油机房等场所设感温探测器；在电缆沟设缆式线型定温探测器。

7.2　消防联动控制系统：在消防控制室设置联动控制台，控制方式分为自动控制和手动控制两种。通过联动控制台，可以实现对消火栓、自动喷洒灭火系统、防烟、排烟、加压送风系统的监视和控制，火灾发生时手动切断一般照明及空调机组、通风机、动力电源。当发生火灾时，自动关闭总煤气进气阀门。

7.3　在消防控制室、消防水泵房、变配电室、冷冻站、排烟机房、空调风机房、消防电梯机房、主要值班室等场所设消防专用电话。

7.4　消防紧急广播系统：在消防控制室设置消防广播机柜，机组采用定压式输出。当发生火灾时，消防控制室值班人员可向全楼自动或手动进行火灾广播，及时指挥疏导人员撤离火灾现场。

7.5　应急照明系统：所有楼梯间及前室的照明以及变配电所、消防控制室、安防中心、消防水泵房、防排烟机房、柴油发电机房、电讯机房等的照明全部为应急照明。公共场所应急照明一般按正常照明的 10%～15%设置。应急照明电源采用双电源末端互投供电。主要疏散出口设置安全出口指示灯，疏散走廊设置疏散指示灯。

7.6　本工程还设置电气火灾报警系统、消防设备电源监控系统和防火门监控系统。

8　智能化系统

8.1　建筑设备监控系统

本建筑内利用现代的计算机技术和网络系统，对建筑物内设备的有效管理、节能管理以及空气温湿度、环境舒适度、设备安全性的良好实现，使建筑物拥有更舒适的使用环境，向人们提供全面的、高质量的、快捷的综合服务功能，最终将成为提升整个建筑物品质。

8.2　电话系统

本工程电话机房设在一层，拟定设置一台500门的PABX。

8.3　综合布线系统

8.3.1　本工程设综合布线系统，以支持电话、数据、图文、图像等多媒体业务的需要。

8.3.2　在网络系统中，互联网、办公网、会议网接入层交换机配置的为全千兆三层交换机，数据要求水平到桌面支持1000Mbit/s传输速率，数据点需要采用六类非屏蔽数据跳线进行对计算机的连接。

8.3.3　所有会议室预留光纤链路用于日后流动转播设备的接入，多功能厅、宴会厅各引入一根24芯单模光纤，其余会议室各引入一根6芯单模光纤，每个会议室预留一个光纤端接箱用于光纤的端接、熔接。

8.4　有线电视系统

8.4.1　本工程设有线电视系统，电视光端机房设在地下一层。

8.4.2　系统采用分支分配系统。

8.4.3　系统采用860Hz邻频传输，用户电平为69±6dB，要求图像质量不低于四级。

8.5　同声传译系统与显示系统

8.5.1　在多功能厅、宴会厅设无机务自动控制四语种同声传译系统。

8.5.2　在主席台两侧设电视墙或投影电视。

8.5.3　在译员室设带LCD屏的译员台。

8.5.4　在多功能厅设全色显示屏。

8.6　闭路监控系统

8.6.1　闭路监视与防盗报警系统的所有主机设备均设置在一层监控机房内（与消防控制室合用）。

8.6.2　在各出入口设闭路监视摄像机、被动式红外线探测器；预留室外监控线路。

8.6.3　中心主机系统采用全矩阵系统，所有摄像点应同时录像，按时序切换。同时可手动选择某一摄像机进行跟踪、录像。

8.6.4　图像水平清晰度：黑白电视系统不应低于400线，彩色电视系统不应低于270线。

8.6.5　在残疾人卫生间每个厕位设呼救按钮，在控制室设报警显示装置。

8.7　公共广播系统

8.7.1　宴会厅、多功能厅设置独立的音响设备。当发生火灾时，自动切除音响设备。

8.7.2　本工程设置一套公共广播系统（兼火灾应急广播系统）。广播机房设在消防控制室，系统采用100V定压输出方式。

8.7.3　火灾时，自动或手动打开相关区域紧急广播，同时切断背景音乐广播。紧急广播切换在控制室内完成。

9　电气节能、绿色建筑设计

9.1　设置建筑设备监控系统，对建筑物内的设备实现节能控制。

9.2　变电所深入负荷中心，合理选用导线截面，减少电压损失。

9.3　三相配电变压器满足现行国家标准《三相配电变压器能效限定值及能效等级》GB 20052的节能评价值要求，水泵、风机等设备，及其他电气装置满足相关现行国家标准的节能评价值要求。

9.4　采用低压集中自动补偿方式，并配备谐波电抗器组合，作为谐波抑制措施，避免高次谐波电流与电力电容发生谐振。

9.5　照明光源应优先采用节能光源，建筑照明功率密度值应小于《建筑照明设计标准》GB 50034中的规定。采用智能灯光控制系统，通过控制遮阳板将自然光和人工光实现有机结合。走廊、楼梯间、门厅、大堂、大空间、地下停车场等场所的照明系统采取分区、定时、感应等节能控制措施。室外夜景照明光污染的限制符合现行标准《城市夜景照明设计规范》JGJ/T 163的规定。

9.6　对室内的二氧化碳浓度进行数据采集、分析，并与通风系统联动，实现室内污染物浓度超标实时报警，并与通风系统联动。

九、某博物馆建筑电气方案设计文件实例

1　工程概况

本工程属一类高层建筑，耐火等级为一级，一级风险安全防范单位。工程总建筑面积约65380m²，地下三层，地上六层，建筑高度60m。地下一层是车库和综合服务区，地下二层是藏品库区和设备区。地面以上为展览厅和管理办公室。

2　设计范围

2.1　变、配电系统；

2.2　电力系统；

2.3　照明系统；

2.4　自动控制；

2.5　建筑电气消防系统；

2.6　通信系统；

2.7　有线电视系统；

2.8　安全技术防范系统；

2.9　有线广播系统；

2.10　会议系统；

2.11　办公自动化系统；

2.12　计算机网络系统；

2.13　移动电话和寻呼机信号增强系统；

2.14　建筑设备监控系统；

2.15　综合布线系统；

2.16　停车场管理系统；

2.17　智能化系统集成；

2.18　建筑物防雷系统；

2.19　接地安全系统；

2.20　电气节能、绿色建筑设计。

3　变、配、发电系统

3.1　负荷分级

3.1.1　一级负荷包括：安防系统用电；珍贵展品展室照明用电，为文物服务空调设备、消防系统设施电源、应急照明及疏散照明及通信电源及计算机系统电源等为一级负荷。设备容量约为：P_e=4200kW。其中：安防系统用电；珍贵展品展室照明用电，消防系统设施电源、应急照明及疏散照明及通信电源及计算机系统电源等为一级负荷中特别重要负荷。设备容量约为：P_e=1280kW。

3.1.2　二级负荷包括：展览用电、客梯、排水泵、生活水泵等属二级负荷。设备容量约为：P_e=1500kW。

3.1.3　三级负荷包括：一般照明及动力负荷。设备容量约为：P_e＝856kW。

3.2　电源

本工程由市政外网引来两路高压电源。高压系统电压等级为10kV。高压采用单母线分段运行方式，中间设联络开关，平时两路电源同时分列运行，互为备用，当一路电源故障时，通过手/自操作联络开关，另一路电源负担全部负荷。容量7200kVA。

3.3　变、配、发电站

3.3.1　在地下二层设置变电所一处，拟内设两台2000kVA和两台1600kVA干式变压器。

3.3.2　在地下一层设置一处柴油发电机房。每个机房各拟设置1台1600kW柴油发电机组。当市电出现停电、缺相、电压超出范围（AC380V：－15％～＋10％）或频率超出范围（50Hz±5％）时延时15s（可调）机组自动启动。当市电故障时，安防系统用电；珍贵展品展室照明用电，消防系统设施电源、应急照明及疏散照明及通信电源及计算机系统电源均由自备应急电源提供电源。

4　信息系统对城市公用事业的需求

4.1　本工程需输出入中继线100对（呼出呼入各50％）。另外，根据博物馆的情况，另申请直拨外线160对（此数量可根据实际需求增减）。

4.2　本工程建立卫星通信系统，进行高速数据传输、图像传输、综合数据与语音通信、移动数据通信、计算机网络联接等综合业务，与DDN数字数据网互为备份，可以保证数据通信的不间断性、可靠性。

4.3　电视信号接自城市有线电视网，在顶层设有卫星电视机房，对建筑内的有线电视实施管理与控制。有线电视节目和卫星电视节目经调制后，经电视信号干线系统传送至每个电视输出口处，使获得技术规范所要求的电平信号，达到满意的收视效果。

5　照明系统

5.1　照度标准见表1-19。

照度标准　　　　**表1-19**

展品类别	照度(lx)
对光特别敏感的展品如：丝、棉麻等纺织品、织绣品、中国画、书法、拓片、手稿、文献、书籍、邮票、图片、壁纸等各种纸制物品，壁画、彩塑彩绘陶俑、含有机材质底层的彩绘陶器，彩色皮革，动植物标本等	50 色温≤2900K 年曝光量≤50000lx·h/a
对光敏感的展品如：漆器、藤器、木器、竹器、骨器制品、油画、蛋清画、不染色皮革等	150 色温≤4000K 年曝光量≤360000lx·h/a
对光不敏感的展品如：青铜器、铜器、铁器、金银器、各类兵器、各种古钱币等金属制品、石器、画像石、碑刻、砚台、各种化石、印章等石制器物，陶器、唐三彩、瓷器、琉璃器等陶瓷器，珠宝、翠钻等宝石玉器，有色玻璃制品、搪瓷、珐琅等	300 色温≤5500K
门厅	200
序厅	100
美术制作室	500
报告厅	300
摄影室	100
熏蒸室	150
实验室	300
修复室	750
藏品库房	75
藏品提看室	150

5.2　光源：展厅、藏品库、文物修复室、文保研究室根据使用功能确定光源，对光较敏感的展品，如书画、丝绸等以白炽灯、石英灯、光纤灯为主。对光不敏感的展品，如陶瓷、金属等以高显色指数的金属卤化物灯为主；对在灯光作用下易变质褪色的展品或藏品，采用可过滤紫外辐射的光源或灯具。文物库房采用可过滤紫外辐射的荧光灯。办公、修复、实验、机房等内部办公用房以高效荧光灯为主，根据需要部分采用可过滤紫外辐射的光源。

为了满足展品的要求，为观众提供舒适的光环境和视觉效果，照明设计应遵循以下原则：采用先进而成熟的分布式智能照明控制系统，充分利用电子及计算机技术，把自然光与人工光有机结合。光源的发热量尽量低；带辐射性的光源和灯具加过滤紫外辐射的性能；总曝光量应加以限制（包括展览时和非展览时的全部光照）；对珍贵精致的展品的照度要加以限制；光源显色性要高，色温要适当；要防止产生反射眩光；对展品的照明，照度要有一定的均匀性，对立体展品，照明要体现立体感；展品照度与一般照明要有一定的比例关系。

为了便于管理和节约能源，为适应各种展览及不同场景和管理的要求，本工程的大堂、展厅、文物库房、汽车库等公共场所的照明，采用智能型照明控制系统：办公区、机房区等采用集中控制与分散控制相结合的方式。

对于总曝光量有要求、对光特别敏感的展品，通过安装移动探测器对照明实施控制，即当有人员走过时，自动调亮灯光以便于人员参观，当人员离开时，自动将灯光调暗的控制方式。

博物馆的大堂，通过采用光控设备，使之成为“视觉调节空间”。在白天，当参观人流由室外天然光照度下经过门厅未到照度较低室内展厅时，或在晚上，当参观人流离开展厅经过高照度门厅进入低照度室外环境中时，通过礼仪大堂视觉过渡空间，降低人们由于照度的变化而引起的视觉差。

5.3　保安照明应与保安系统联动。

5.4　利用投射光束效果衬托建筑物主体的轮廓，烘托节日气氛，根据建筑物所处环境，建筑物立面照明以东、北两面为主，平均照度按 100lx 设计。在博物馆顶部预留霓虹灯电源，并在建筑物周围绿地设置低矮庭院灯。节日照明及室外照明除在现场进行手动控制外，还可以在 BAS 室控制。

5.5　照明系统的配电方式

5.5.1　本工程对用电量较大的主楼照明配电系统利用在强电竖井内的全封闭式插接铜母线配电给各层照明配电箱，以便于安装和降低能耗。

5.5.2　应急照明配电均以双电源树干式配电给各应急照明箱，并且在最末一级配电箱实现双电源自动切换。

5.5.3　在 BAS 室和消防控制室的中央电脑之间设置通信接口，当发生火灾时，可以在消防控制室根据防火分区，将正常照明配电箱的电源切断。

5.6　藏品库区应设置单独的配电箱，并设有剩余电流保护装置。博物馆的文物修复区包括青铜修复室、陶瓷修复室、照相室等功能房间，采用独立供电回路。

6　防雷与接地

6.1　本建筑物按二类防雷建筑物设防，在屋顶设置接闪带，并且再设置独立接闪杆作为防雷接闪器，利用建筑物结构柱内二根主钢筋（$\phi \geqslant 16mm$）作为引下线，接闪带和主钢筋可靠焊接，引下线和基础底盘钢筋焊接为一整体做为接地装置，并且在地下层四周外墙适当位置甩出镀锌扁钢，以备外接沿建筑物四周暗敷的 40×4 镀锌扁钢人工水平接地网。

6.2　为防止侧向雷击，将三层、五层沿建筑物四周的金属门窗构件与该层楼板内的钢筋接成一体后再与引下线焊接，防雷接闪器附近的电气设备的金属外壳均应与防雷装置可靠焊接。

6.3　为预防雷电电磁脉冲引起的过电流和过电压，在变压器低压侧、向重要设备供电的末端配电箱的各相母线上、由室外引入或由室内引至室外的电力线路、信号线路、控制线路、信息线路等装设电涌保护器（SPD）。

6.4　本工程强、弱电接地系统统一设置，即：采用同一接地体，故要求总接地电阻 $R \leqslant 1\Omega$，当接地电阻达不到要求时，可补打人工接地极。

6.5　总等电位连接。在配电室内适当柱子处预留 40×4 铜带作为主接地线，并在线槽中全长敷设一根和主接地线连接的 40×4 铜带作为专用接地保护线（PE），本工程的用电设备外壳均采用铜芯导线与接地保护线连接。为防止人身触电的危险，本工程设置专用接地保护线（PE）即 TN-S 系统配线。其他所有电气设备之不带电金属外壳等部分均应可靠地和专用接地保护线（PE）连接。在消防控制室、电梯机房、电话机房、中央控制室以及各层强、弱电竖井等处作辅助等电位连接。

6.6　凡正常不带电，绝缘破坏时可能带电的电气设备的金属外壳、穿线钢管、电缆外皮、支架等均应可靠与接地系统连接。

6.7　总等电位盘、辅助等电位盘由紫铜板制成，应将建筑物内保护干线；设备金属总管；建筑物金属构件等部位进行连接。

7　建筑电气消防系统

7.1　本工程属一类高层建筑，耐火等级为一级。火灾自动报警及联动系统的组成：火灾自动报警系统；消防联动控制系统；火灾应急广播系统；消防直通电话系统；电梯运行监视控制系统。

7.2　本工程在一层入口处附近设置消防控制室，对全楼的消防进行探测监视和控制。消防控制室的报警控制设备由火灾报警盘、消防联动控制台、CRT 图形显示屏、打印机、火灾应急广播设备、消防直通对讲电话、电梯运行监视控制盘、UPS 不间断电源及备用电源等组成。

7.3　本工程采用集中报警系统及区域报警（包括火灾复示盘）系统。本工程除了厕所等不易发生火灾的场所以外，其余场所根据规范要求均设置感烟、感温探测器、煤气报警器及手动报警器，在大厅采用红外探测器。在各层楼梯前室适当位置处设置一台火灾复示盘，当发生火灾时，复示盘能可靠地显示本层火灾部位，并进行声光报警。复示盘上设有向消防控制室进行报警的确认按钮及报警灯，还应设置检查复示盘上各指示灯的自检按钮及声光报警复位按钮。

7.4　本工程还设置电气火灾报警系统、消防设备电源监控系统和防火门监控系统。

7.5　消防联动控制系统：在消防控制室设置联动控制台，控制方式分为自动控制和手动控制两种。通过联动控制台，可以实现对消火栓泵、自动喷洒泵系统、防烟、排烟、加压送风系统，以及切断一般照明及动力电源的监视和控制。

8　智能化系统

8.1　通信系统

作为成国际一流水平的博物馆，要紧跟全球数字化、网络化与智能化的发展趋势，其通信自动化是其中的一项极为重要的环节。其通信要求不仅仅是简单的语音通信，还需要有数据传输、图像文字传输、电子邮件、电子数据交换、可视电话、电视会议和多媒体通信等。

程控自动数字交换机系统：在博物馆通信自动化系统中，程控自动数字交换机起着重要的作用。随着通信技术的发展，现今的PABX应将传统的语音通信、语音信箱、多方电话会议、IP技术、ISDN（B-ISDN）应用等当今最先进的通信技术融会在一起，向博物馆用户提供全新的通信服务。根据博物馆的规模及工作人员的数量，初步拟定设置一台600门的PABX。

8.2 有线电视系统

向有线电视部门申请位于博物馆就近处的HFC网络的光节点引入。光节点的设备由有线电视网络公司提供，并由其负责维护。有线电视网络公司负责提供光节点的信号输出，并负责将信号引入博物馆新馆的CATV前端机房。设置卫星接收系统，接收卫星电视节目。卫星天线数量待定。有线电视节目和卫星电视节目经调制后，经电视信号干线系统传送至每个电视输出口处，使获得技术规范所要求的电平信号，达到满意的收视效果。

8.3 安全防范系统

8.3.1 本工程为一级风险单位。安防监控中心设在禁区内。安防监控中心和上一级报警接收中心，可实施双向通信，并有现场处警指挥系统。具有三种以上不同探测技术组成的交叉入侵探测系统。具有电视图像复核为主，现场声音复核为辅的报警信息复核系统。一级、二级文物展柜安装报警装置，并设置实体防护。

8.3.2 本工程安防监控中心是一个专用房间，宜设置两道防盗安全门，两门之间的通道距离不小于3m，安防监控中心的窗户要安装采用防弹材料制作的防盗窗，防盗安全门上要安装出入控制身份识别装置，通道安装摄像机。安防监控中心设有卫生间和专用空调设备。安防监控中心靠近主要出入口。

8.3.3 安防监控中心安装电视墙，以便实时切换显示摄像信息。安防监控中心安装能够反映整个建筑区域布防状态的模拟屏和电梯楼层指示器。安防监控中心安装紧急报警按钮。安防监控中心内设置不间断电源。不间断电源的功率保证包括前端设备、应急照明在内的整个安全防范系统的用电负荷。

8.3.4 巡更子系统：当采用无线巡更系统时，巡更人员配备无线对讲系统，并且在每一个巡更点与安防监控中心作巡更报到。在规定时间内指定巡更点未发出“到位”信号时应当发出报警信号，并联动相关区域的各类探测、摄像、声控装置。巡更系统采用电脑随机产生巡更路线和巡更间隔时间的方式。

8.4 有线广播系统

8.4.1 本工程内设置有线广播系统，其功能为语音广播和背景音乐广播。本系统与火灾应急广播系统分别设置。

8.4.2 有线广播主机设备设置在中央控制室，系统采取100V定压输出方式。扬声器按场所及其使用功能不同分组，分区设置，并按不同使用要求，分区分别设置功放。通往各层，各分区、分组的扬声器用的电缆，从音响控制室呈星形直接送往，在控制室设有不同回路的选择开关，可根据需要分回路或全馆进行播音。多功能厅设置一套独立的扩声系统。

8.4.3 文物库，各类设备机房，各类控制室以及有关文物修复、科研的办公室，不设置有线广播扬声器。

8.4.4 扬声器应满足灵敏度、频率响应、指向性等特性以及播放效果的要求。室外选用的扬声器或声控应为全天候型。

8.4.5 主机设备包括音源（CD机、录音机、麦克风等）、调音台等。

8.4.6 观众导览系统采用的设备，由于是便携式，由甲方自行选购，不在此设计范围之内。

8.4.7 对于有可能作为礼仪场所举行某些仪式的环境，如首层临时展厅等，需要广播音响系统预留输入、输出端口，也可采用移动式的独立音响系统。

8.5 会议系统

采用全数字化技术的数字会议网络系统（DCN 系统），该系统采用模块化结构设计，全数字化音频技术。具有全功能、高智能化、高清晰音质、方便扩展和数据传递保密等优点。可实现发言演讲、会议讨论、会议录音等各种国际性会议功能，其中主席设备具有最高优先权，可控制会议进程。中央控制设备具有控制多台发言设备（主席机、代表机）功能。

8.6 同声传译系统

系统采用红外无线方式，设 6 种语言的同声传译，采用直接翻译和二次翻译相结合的方式。根据现场环境，在多功能厅内设数个红外辐射器，用以传送译音信号，与会者通过红外接收机，佩戴耳机，通过选择开关选择要听的语种。翻译人员用的设备应与会议系统一致。

8.7 电子信息显示系统

博物馆的主要入口大厅，是展示博物馆信息服务的重要场所，在大厅内设置大屏幕显示系统。该系统的信号源包括 VCD、DVD、录像机、计算机等。信号源输入到音视频矩阵中，通过矩阵选择一路信号传至大屏幕图像处理器中，经处理后的图像则完美地显现在大屏幕上。大屏幕显示博物馆中的有关参展信息、资料、科普知识等等。另外，在各展馆内设置各展馆信息资料的触摸式显示屏，便于参观者浏览馆内的有关信息。

8.8 建筑设备监控系统

8.8.1 建筑设备监控系统融合了现代计算机技术、网络通信技术、自动控制技术、数据库管理技术以及软件技术等，通过中央监控系统的计算机网络，将各层的控制器、现场传感器、执行器及远程通信设备进行联网，共同实现集中管理、分散控制的综合监控及管理功能。

8.8.2 本工程建筑设备监控系统的总体目标是将建筑内的建筑设备管理与控制系统（HVAC、给水排水系统、供配电系统、照明系统等）进行分散控制、集中监视管理，从而提供一个舒适的工作环境，通过优化控制提高管理水平，从而达到节约能源和人工成本，实现物业管理自动化。

8.9 综合布线系统

8.9.1 博物馆综合布线系统（GCS）应为一套完善可靠的支持语音、数据、多媒体传输的开放式的结构，作为通信自动化系统和办公自动化系统的支持平台，满足现代博物馆的通信和办公自动化的需求。

8.9.2 本系统能支持综合信息（语音、数据、多媒体）传输和连接，实现多种设备配线的兼容，本综合布线系统能支持所有的数据处理（计算机）的供应商的产品，支持各种计算机网络的高速和低速的数据通信，可以传输所有标准的模拟和数字的语音信号，具有传输 ISDN 的功能，可以传输模拟图像、数字图像以及会议电视等的多媒体信号。完全能承担博物馆内的信息通信设备与外部的信息通信网络相连。

8.10 移动电话和寻呼机增强系统

在博物馆建筑内，根据场强情况，设置无线通信系统，采用泄漏电缆方式，解决包括移动电话引入，无线寻呼系统引入，多信道寻呼再生中继系统引入，克服建筑物内移动通信设备的盲区和弱区。使博物馆的内部及周围地区，移动电话和寻呼机能清晰接收信号。

8.11 智能化系统集成

本工程的智能化设计遵循开放性、先进性、集成性和可扩展性、安全性及经济性原则，创造最佳的性能、价格比。并适应今后的技术发展，预留方便的扩展空间。

8.11.1 集成管理，重点是突出在中央管理系统的管理，控制仍由下面各子系统进行。集成管理能为博物馆各个管理部门提供高效、科学和方便的管理手段。将博物馆中日常运作的各种信息，如建筑设备监控、安防、火灾自动报警、公共广播、通信系统以及展览管理信息，各种日常办公管理信息，物业管理信息等构成相互之间有关联的一个整体，从而有效地提升博物馆整体的运作水平和效率。

集成管理，首先要求进行集成的系统应该是一个开放性的系统，在集成过程中，首先要解决好各个系统间通信协议的标准化问题，使整个系统达到信息识别的唯一性，只有这样，才能真正达到各子系统之间的联动，也才能做到无论集成先后，均能平滑连接。

8.11.2 系统集成的规模，首先是以建筑设备管理系统为模式，即BMS模式，先期将在建筑中有相互联动关系的各建筑设备子系统进行相对集成，达到相互之间在处理和解决建筑中出现的问题时，能协同动作，提高效率，便于管理。在BMS中，以建筑设备监控系统(BA)为基础平台，进行相关的联动设计。对于博物馆由于其安防风险等级高，对安防系统国家公安部门以及国家文物局有明确的要求，因此，本次设计中未将此考虑进入集成的BMS中，是否需要进入，业主方可提出明确要求。

在BMS系统的基础上，再考虑与办公自动化系统中的有关子系统进行相关的联系，以便达到由办公自动化与BMS的方便、快捷的联系，形成对博物馆中各种信息流的综合信息管理。

9 电气节能、绿色建筑设计

9.1 变电所深入负荷中心，合理选用导线截面，减少电压损失。采用低压集中自动补偿方式，并配备谐波电抗器组合，作为谐波抑制措施，避免高次谐波电流与电力电容发生谐振。

9.2 采用智能灯光控制系统，通过控制遮阳板将自然光和人工光实现有机结合。照明光源应优先采用节能光源，建筑照明功率密度值应小于《建筑照明设计标准》GB 50034中的规定。室外夜景照明光污染的限制符合现行行业标准《城市夜景照明设计规范》JGJ/T 163的规定。

9.3 设置建筑设备监控系统，对建筑物内的设备实现节能控制。合理选用电梯和自动扶梯，并采取电梯群控、扶梯自动启停等节能控制措施。

9.4 三相配电变压器满足现行国家标准《三相配电变压器能效限定值及能效等级》GB 20052的节能评价值要求，水泵、风机等设备，及其他电气装置满足相关现行国家标准的节能评价值要求

9.5 在建筑屋面设置太阳能电池方阵，采用并网型太阳能发电系统，太阳能发电能力为350kW。

9.6 对室内的二氧化碳浓度进行数据采集、分析，并与通风系统联动，实现室内污染物浓度超标实时报警，并与通风系统联动。

十、某医院建筑电气方案设计文件实例

1 工程概况

某三级医院框架结构，地上共十六层，地下一层，建筑面积为85000m^2。地下一层至八层为诊室、急诊部、监护病房、手术部、检验、化验室和办公，九层以上为病房。

2　设计范围

2.1　变、配电系统；

2.2　照明配电系统；

2.3　动力用电设备的供电系统；

2.4　防雷接地系统；

2.5　建筑电气消防系统；

2.6　综合布线系统；

2.7　通信自动化系统；

2.8　建筑设备监控系统；

2.9　医护呼叫对讲系统；

2.10　门禁系统；

2.11　闭路电视保安监视系统；

2.12　闭路电视手术监控系统；

2.13　有线电视系统；

2.14　停车场微机管理系统；

2.15　电气节能、绿色建筑设计。

3　变、配、发电系统

3.1　负荷分级

3.1.1　一级负荷包括：重要手术室、重症监护等涉及患者生命安全的设备（如呼吸机等）及照明用电，急诊部、监护病房、手术部、分娩室、婴儿室、血液病房的净化室、血液透析室、病理切片分析、磁共振、介入治疗用CT及X光机扫描室、血库、高压氧舱、加速器机房、治疗室及配血室的电力照明用电，培养箱、冰箱、恒温箱用电，走道照明用电，百级洁净度手术室空调系统用电、重症呼吸道感染区的通风系统用电，火灾报警及联动控制设备、消防泵、消防电梯、排烟风机、加压风机、保安监控系统、应急照明、疏散照明及重要的计算机系统等。其中重要手术室、重症监护等涉及患者生命安全的设备（如呼吸机等）及照明用电为一级负荷中的特别重要负荷。设备容量约为：P_e＝4300kW。

3.1.2　二级负荷包括：手术室空调系统用电，电子显微镜、一般诊断用CT及X光机用电，客梯用电，高级病房、肢体伤残康复病房照明用电、客梯、排水泵、生活水泵等属二级负荷。设备容量约为：P_e＝2500kW。

3.1.3　三级负荷包括：一般照明及动力负荷。设备容量约为：P_e＝1600kW。

3.2　电源

本工程由市政外网引来两路高压电源。高压系统电压等级为10kV。高压采用单母线分段运行方式，中间设联络开关，平时两路电源同时分列运行，互为备用，当一路电源故障时，通过手/自操作联络开关，另一路电源负担全部负荷。容量8000kVA。

3.3　变、配、发电站

3.3.1　在地下一层设置变电所一处，内设四台2000kVA干式变压器。

3.3.2　在地下一层设置一处柴油发电机房。每个机房各拟设置一台1600kW柴油发电机组。当市电出现停电、缺相、电压超出范围（AC380V：－15％～＋10％）或频率超出范围（50Hz±5％）时延时15s（可调）机组自动启动。当市电故障时，安防系统用电；消防系统设施电源、应急照明及疏散照明及通信电源及计算机系统电源均由自备应急电源提供电源。

4　信息系统对城市公用事业的需求

4.1　本工程需输出入中继线200对（呼出呼入各50%）。另外，根据医院的情况，另申请直拨外线200对（此数量可根据实际需求增减）。

4.2　本工程建立卫星通信系统，进行高速数据传输、图像传输、综合数据与语音通信、移动数据通信、计算机网络联接等综合业务，与DDN数字数据网互为备份，可以保证数据通信的不间断性、可靠性。

4.3　电视信号接自城市有线电视网，在顶层设有卫星电视机房，对建筑内的有线电视实施管理与控制。有线电视节目和卫星电视节目经调制后，经电视信号干线系统传送至每个电视输出口处，使获得技术规范所要求的电平信号，达到满意的收视效果。

5　电力、照明系统

5.1　照度标准见表1-20。

照度标准　　**表1-20**

房间或场所	参考平面及其高度	照度标准值(lx)	*UGR*	U_0	R_a
治疗室	0.75m水平面	300	19	0.7	80
化验室	0.75m水平面	500	19	0.7	80
手术室	0.75m水平面	750	19	0.7	90
诊室	0.75m水平面	300	19	0.6	80
候诊室、挂号室	0.75m水平面	200	22	0.4	80
病房	地面	100	19	0.6	80
护士站	0.75m水平面	300	—	0.6	80
药房	0.75m水平面	500	19	0.6	80
重症监护室	0.75m水平面	300	19	0.6	80

5.2　光源：医院照明光源以荧光灯为主，磁共振扫描室、X射线室及CT诊疗室采用白炽灯具，且可调光。神经外科手术时，应减少光谱区在800～1000nm的辐射能照射在病人身上。

5.3　诊断室、治疗室、检验室、手术室等部门选用漫反射、高显色性灯具，采取减少眩光措施，以满足医疗环境的视觉要求。

5.4　病房、护理单元通道的照明设计宜避免在卧床病人视野范围内产生直射眩光；病房照明应满足病人的视觉要求，光线明暗可调、无频闪、无噪声。

5.5　本工程主要场所的荧光灯采用电子镇流器，以提高功率因数，减少频闪和噪声。

5.6　公用场所、护士站及医生办公室采用格栅式灯具。

5.7　手术室、放射科、放疗科的处置室入口处安装红色信号标志灯。

5.8　病房及其走廊设夜间巡视脚灯；病房门口设门灯，每个护理单元设一套。

5.9　在变配电所、柴油发电机房、计算中心、消防控制中心、水泵房、防排烟风机房、手术室、危重监护病房、血液中心、走廊、楼梯间、电梯前室、产房、急诊室、门厅等场所设置应急照明。

5.10　在走廊、安全出口、大厅、楼梯间等处设疏散指示灯。

5.11　在手术室、诊断室、治疗室、检验室等场所设置紫外线消毒灯。

5.12　照明、电力、医疗设备应分成不同的配电系统。放射科的医疗装备电源从配变电所单独进线。洁净手术部用电应从本建筑物配电中心专线供给。

5.13　照明控制。

5.13.1　手术室一般照明、安全照明和无影灯，应分别设照明开关，手术室一般照明采用调光方式。

5.13.2　挂号室、诊室、病房、监护室、办公室个性化小空间采用单灯设照明开关。

5.13.3　药房、培训教室、会议室、食堂餐厅等较大的空间采用分区或分组设照明开关。

5.13.4　门诊部、病房部等面向患者的医疗建筑的门厅、走道、楼梯、挂号厅、候诊区等公共场所的照明，宜在值班室、候诊服务台处采用集中控制，并根据自然采光和使用情况设分组、分区控制措施。

5.13.5　X线诊断机、CT机、MRI机、DSA机、ECT机等专用诊疗设备主机室的照明开关在控制室内或在主机室设置设双控开关。

6　防雷与接地

6.1　本建筑物按二类防雷建筑物设防，为防直击雷在屋顶设接闪带，其网格不大于10m×10m，所有突出屋面的金属体和构筑物应与接闪带电气连接。

6.2　为预防雷电电磁脉冲引起的过电流和过电压，在变压器低压侧、重要设备供电的末端配电箱的各相母线上、由室外引入建筑物的电力线路、信号线路、控制线路、信息线路处应装设SPD。

6.3　本工程采用共用接地装置，以建筑物、构筑物的金属体、构造钢筋和基础钢筋作为接地体，其接地电阻小于1Ω。

6.4　～220/380V低压系统接地型式采用TN-S，PE线与N线严格分开。

6.4.1　手术室、心血管造影室、ICU、CCU等采用IT不接地系统供电，当第一次接地时，发出声光预报警信号。

6.4.2　建筑物作总等电位连接，在配变电所内安装一个总等电位连接端子箱，将所有进出建筑 物的金属管道、金属构件、接地干线等与总等电位端子箱有效连接。

6.4.2 在手术室、重病监护室、放射科机房、导管造影、ICU、CCU、重症监护、功能检查室、肠胃镜、内窥镜、设洗浴设备的病房卫生间需作辅助等电位连接。洁净手术室内的电源应设置剩余电流检测报警装置。

6.4.3　供氧管道应做好接地措施。

7　建筑电气消防系统

7.1　本建筑消防控制室设在首层，(含广播室和保安监视室)，在每个防火分区，设火灾报警按钮，从任何位置到手动报警按钮的步行距离不超过30m。消防控制中心在接到火灾报警信号后，按程序连锁控制消防泵、喷淋泵、防排烟机、风机、空调机、防火卷帘、电梯、非消防电源、应急电源和气体灭火系统等。火灾自动报警系统采用消防电源单独回路供电，容量5kW直流备用电源采用火灾报警控制器专用蓄电池。

7.2　在消防控制室设向当地公安消防部门报警的外线电话，并设消防专用紧急电话总机，分机设在值班室、护士站、消防水泵房、变配电室、电梯机房、排烟机房及气体灭火控制系统操作处等，在手动报警按钮处设电话插孔。

7.3　在消防控制室设置电梯监控盘，除显示各电梯的运行状态、层数外，还设置正常、故障、开门、关门显示。火灾发生时，根据火灾情况及场所，由消防中心电梯监控盘发出指令，指挥电梯按消防程序运行，并对全部或任意一台电梯进行对讲，说明改变运行方式的原因，除消防电梯保持运行外，其余电梯强制返回首层并开门。电梯的火灾指令开关采用钥匙开关，由消防控制室负责火灾时的电梯控制。

7.4　广播和紧急广播系统

广播系统由日常广播和紧急广播两部分组成，前端都设在消防控制中心。日常广播和紧急广播合用一套广播线路和扬声器，平时播放背景音乐和日常广播，火灾时受火灾信号控制，全楼自动/手动切换为紧急广播。

扬声器采用吸顶扬声器，功率为3W，从本层任何部位到最近一个扬声器的步行距离不大于25m，走道内扬声器距走道末端不大于12.5m，每间病房内设消防专用扬声器，功率为1W。

7.5 在演示厅设投影仪和会议扩音设备。

7.6 本工程还设置电气火灾报警系统、消防设备电源监控系统和防火门监控系统。

8 智能化系统

8.1 通信系统

本工程在一层设置电话交换机房，拟定设置一台800门的PABX。在住院部主要在护士站、医护值班、办公室、药房、挂号、分诊台及医护值班等处设置电话。为防止无线电通信设备对医疗电器设备产生干扰，洁净手术室内禁止设置无线通信设备。

8.2 有线电视系统

电视信号接自城市有线网，有线电视前端机房设在地下一层，在各病房、护士站、候诊区、会议室和示教室等处设有线电视插座，全楼采用分配分支系统，系统出线口电平为69±6dB。

8.3 安全防范系统

8.3.1 门禁系统

为确保某些特殊患者的安全，在其出入通道的出入口、重要的档案室、药品库、血库、检验科、财务室、管理、有安保要求的场所等设门禁系统，以免无关人员闯入。

8.3.2 闭路电视保安监视系统

在本楼的主要出入口、收费处、楼梯间、电梯前室和电梯轿厢内设彩色摄像机，在消防控制中心设彩色监视器，用多画面监视器进行连续监视。并设有录像机和大屏幕监视器，当遇到重要情况时，可利用键盘将任一台摄像机的图像调到大屏幕上连续监视，并可录像。

8.4 停车场管理系统

在地下车库设一套停车场管理系统，选用影像全鉴别系统。对进出车辆进行影像对比，防止盗车。系统应具备以下功能：

8.4.1 自动计费、收费显示、出票机有中文提示、自动打印收据；

8.4.2 出入栅门自动控制；

8.4.3 入口处设空车位数量显示；

8.4.4 使用过期车票报警；

8.4.5 物体堵塞验卡机入口报警；

8.4.6 非法打开收款机钱箱报警；

8.4.7 出票机内票据不足报警。

在停车场出入口各设一套自动计费系统。每套包括一台磁卡机和一套自动挡杆，当车辆进入时，司机按动磁卡机按钮，在磁卡上计入时间和费率，栅门自动开启，车辆进入。在出口，将磁卡输入读卡机，计入收费金额，交费后栅门开启，车辆开出。停车场计算机与消防中心联网。

8.5 建筑设备监控系统

本工程的建筑设备监控系统，对医院的供水设备、排水设备、冷水系统、空调设备、公共照明、室外照明及供电系统和设备进行监视和节能控制。

监控中心设在一层，并在配变电所、冷冻机房设控制分站，通过网络设备和现场总线对上述系统和设备进行集散式管理和控制。该系统应具有各种机组的手动/自动状态监视、启/停控制、运行状态显示、故障报警、温湿度监测、控制以及实现各种相关的逻辑控制关系等功能。专用消防设备如：消火栓泵、喷淋泵、消防稳压泵、排烟风机、加压风机等不进入建筑设备监控系统。

建筑设备监控系统包括：给水排水系统的控制；空调冷热水系统；新风空调机组；空调机组；排风机、送风机；配变电系统的监测；照明系统的控制；蒸汽锅炉系统；生活热水热交换系统及空调热水热交换系统控制；空气质量监测；大楼管理。

8.6 综合布线系统

本工程综合布线系统由以下五个子系统组成。

8.6.1 工作区子系统：在主任、医生、诊室、护士、办公、会议、登记、挂号、收费、化验、医技、发药、手术室等部门设置工作区，每个工作区根据需要设置一个单孔或双孔信息插座，用于连接电话、计算机或其他终端设备。

8.6.2 配线子系统：信息插座选用标准的超五类RJ45插座，信息插座采用墙上安装方式；信息插座每一孔的配线电缆均选用一根4对超五类非屏蔽双绞线。

8.6.3 干线子系统：医院内的干线采用光缆和大对数铜缆，光缆主要用于通信速率要求较高的计算机网络，干线光缆按每48个信息插座配2芯多模光缆配置；大对数铜缆主要用于语音通信，采用3类25对非屏蔽双绞线，干线铜缆的设置按一个语音点2对双绞线配置。

8.6.4 设备间子系统：综合布线设备间设在一层，面积约$20m^2$。用于安装语音部分的配线架，在一层设计算中心，面积约$50m^2$，用于安装数据配线架，通过主配线架可使医院的信息点与市政通信网络和计算机网络设备相连接。

8.6.5 管理子系统：管理子系统分配线架设在弱电竖井内，交接设备的连接采用插接线方式。

8.7 医护呼叫对讲系统

8.7.1 各护理单元设医护呼叫对讲系统，呼叫主机设在各护士站，分机设在每个病房床；

8.7.2 在候诊区设候诊呼叫对讲系统及电子扩音叫号系统；

8.7.3 在手术室设免提式呼叫对讲系统；

8.7.4 为保证某些突发病患者的安全，本院设紧及呼救系统。病人随身携带紧急呼救分机，与呼叫对讲总机联网，在紧急情况下，只需按动呼叫按钮，总机就能知到病人所处方位，以便及时采取急救措施。

8.8 闭路电视手术监控系统

在手术室设彩色摄像机，一台装在无影灯中心，摄工作面；另一台装在门口附近，摄全景。在专家办公室设置彩色监视器，每台对应一个手术室的2台摄像机，手动切换，以便进行手术观察监控。

8.9 信息发布系统

在候诊大厅宜设大屏幕或有线电视作为就医指南和健康教学的宣教装置以及触摸屏信息查询系统。信息发布系统显示内容包括：挂号情况、门诊叫号进度、医生（专家）介绍和出诊时间、门诊指南、医疗常识宣传、通知、广告、报时等。

9 电气节能、绿色建筑设计

9.1 柴油发电机房应进行降噪处理。满足环境噪声昼间不大于55dBA，夜间不大于

45dBA。其排烟管应高出屋面并符合环保部门的要求。

9.2　采用智能灯光控制系统，走廊、楼梯间、门厅、地下停车场等场所的照明系统采取分区、定时、感应等节能控制措施。照明设计避免产生光污染，室外夜景照明光污染的限制符合现行行业标准《城市夜景照明设计规范》JGJ/T 163 的规定。建筑照明功率密度值应小于表 1-21 的要求。

建筑照明功率密度值　　　　**表 1-21**

房间或场所	治疗室、诊室	化验室	候诊室、挂号厅	病房	护士站	药房	走廊
照明功率密度(W/m^2)	8	13.5	5.5	4.5	8	13.5	4

9.3　三相配电变压器满足现行国家标准《三相配电变压器能效限定值及能效等级》GB 20052 的节能评价值要求，水泵、风机等设备，及其他电气装置满足相关现行国家标准的节能评价值要求。

9.4　采用低压集中自动补偿方式，并配备谐波电抗器组合，作为谐波抑制措施，避免高次谐波电流与电力电容发生谐振。

9.5　地下车库设置与排风设备联动的一氧化碳浓度监测装置。

9.6　设置建筑设备监控系统，对建筑物内的设备实现节能控制。合理选用电梯和自动扶梯，并采取电梯群控、扶梯自动启停等节能控制措施。

十一、某电视传媒中心建筑电气方案设计文件实例

1　工程概况

某省电视传媒中心为框架结构，地上共十二层，地下三层，建筑面积为 62000m^2，建筑高度为 55m。地下三层为设备机房层，地下二层为变电所、工艺用房等，地下一层为演播厅、柴油发动机房、商业等，一层至十二层为办公、工艺用房。

2　设计范围

2.1　高、低压变配电系统；

2.2　电力配电系统；

2.3　照明系统；

2.4　防雷及接地系统；

2.5　建筑设备监控系统；

2.6　综合布线系统；

2.7　通信自动化系统；

2.8　有线电视及卫星电视系统；

2.9　门禁系统；

2.10　电子巡更系统；

2.11　建筑电气消防系统；

2.12　信息发布系统；

2.13　无线通信增强系统；

2.14　停车场管理系统；

2.15　系统集成；

2.16　机房工程；

2.17　电气节能、绿色建筑设计。

3　变、配、发电系统

3.1 负荷分级

3.1.1 一级负荷包括：计算机系统用电，直接播出的电视演播厅、中心机房、录像室、微波设备及发射机房用电；语音播音室、控制室的电力和照明用电，火灾报警及联动控制设备、消防泵、消防电梯、排烟风机、加压风机、保安监控系统、应急照明、疏散照明等，设备容量约为：P_e=4200kW。其中计算机系统用电，直接播出的电视演播厅、中心机房、录像室、微波设备及发射机房用电、保安监控系统用电和所有的消防用电设备为一级负荷中的特别重要负荷。

3.1.2 二级负荷包括：洗印室、电视电影室、审听室、楼梯照明用电，客梯、排水泵、生活水泵等。设备容量约为：P_e=2600kW。

3.1.3 三级负荷包括：一般照明及动力负荷。设备容量约为：P_e=2200kW。

3.2 电源

本工程由市政外网引来两路高压电源。高压系统电压等级为10kV。高压采用单母线分段运行方式，中间设联络开关，平时两路电源同时分列运行，互为备用，当一路电源故障时，通过手/自操作联络开关，另一路电源负担全部负荷。容量9600kVA。

3.3 变、配、发电站

3.3.1 在地下二层设置变电所一处，拟内设六台2000kVA干式变压器。

3.3.2 在地下一层设置一处柴油发电机房。拟设置一台1250kW柴油发电机组。

3.4 自备应急电源系统

3.4.1 当市电出现停电、缺相、电压超出范围（AC380V：－15%～＋10%）或频率超出范围（50Hz±5%）时延时15s（可调）机组自动启动。

3.4.2 当市电故障时，直接播出的电视演播厅、中心机房、录像室、微波设备及发射机房，消防用电设备、应急照明与疏散照明以及涉及人身安全的用电设备均由自备应急电源提供电源。

4 信息系统对城市公用事业的需求

4.1 本工程需输出入中继线300对（呼出呼入各50%）。另外申请直拨外线400对（此数量可根据实际需求增减）。

4.2 本工程建立卫星通信系统，进行高速数据传输、图像传输、综合数据与语音通信、移动数据通信、计算机网络联接等综合业务，与DDN数字数据网互为备份，可以保证数据通信的不间断性、可靠性。

4.3 电视信号接自城市有线电视网，在顶层设有卫星电视机房，对建筑内的有线电视实施管理与控制。有线电视节目和卫星电视节目经调制后，经电视信号干线系统传送至每个电视输出口处，使获得技术规范所要求的电平信号，达到满意的收视效果。

5 照明系统

5.1 照度标准见表1-22。

照度标准 **表1-22**

办公室	500	中心机房	500
门厅	300	冷冻机房、泵房、空调机房	100
会议室	300	变电室、发电机房	200
灯光控制室	300		

5.2 光源与灯具选择：一般场所选用节能型灯具；有装修要求的场所视装修要求，可采用多种类型的光源；对仅作为应急照明用的光源应采用瞬时点燃的光源；对大空间场所和

室外空间可采用金属卤化物灯。

5.3 照明配电系统：本工程利用在电气小间内的封闭式插接铜母线配电给各楼层照明配电箱，以便于安装、改造和降低能耗。地下部分照明箱、应急照明箱由电缆供电。

5.4 应急照明与疏散照明：演播室、消防控制室、变配电所、配电间、电讯机房、弱电间、楼梯间、前室、水泵房、电梯机房、排烟机房、重要机房的值班照明等处的应急照明按100%考虑；门厅、走道按30%设置应急照明；其他场所按10%设置应急照明。各层走道、拐角及出入口均设疏散指示灯，蓄电池采用集中免维护电池进行供电，停电时自动切换为直流供电，并且应急照明持续时间应不少于30min。

5.5 为保证用电安全，用于移动电器装置的插座的电源均设电磁式剩余电流保护装置(动作电流≤30mA，动作时间小于0.1s)。

5.6 照明控制：为了便于管理和节约能源，以及不同的时间要求不同的效果。本工程采用智能型照明控制系统，部分灯具考虑调光；汽车库照明采用集中控制；楼梯间、走廊等公共场所的照明采用集中控制和就地控制相结合的方式；走廊的照明采用集中控制。走廊的应急照明考虑就地控制和消防集中控制的方式。室外照明的控制纳入建筑设备监控系统统一管理。

6 电力系统

6.1 配电系统的接地型式采用TN－S系统。冷冻机组、冷冻泵、冷却泵、生活泵、热力站、电梯等设备采用放射式供电；风机、空调机、污水泵等小型设备采用树干式供电。

6.2 为保证重要负荷的供电，对重要设备如：通信机房、消防用电设备（消防水泵、排烟风机、加压风机、消防电梯等)、信息网络设备、消防控制室、中央控制室等均采用双回路专用电缆供电，在最末一级配电箱处设双电源自投，自投方式采用双电源自投自复。

6.3 主要配电干线沿由变电所用电缆桥架（线槽）引至各电气小间，支线穿钢管敷设。

6.4 普通干线采用辐照交联低烟无卤阻燃电缆；重要负荷的配电干线采用氧化镁电缆。部分大容量干线采用封闭母线。

6.5 重要的广播电视播出工艺、网络中心负荷等采用集中UPS电源供电，采用通过两台变压器供给两台UPS供电。两台UPS并联运行，平时各带一半负荷运行，当一台UPS故障，则由另一台UPS带全部负荷运行。

7 防雷与接地系统

7.1 本建筑物按二类防雷建筑物设防，为防直击雷在屋顶设接闪带，其网格不大于10m×10m，所有突出屋面的金属体和构筑物应与接闪带电气连接。

7.2 为防止侧向雷击，将六层以上，每三层利用圈梁内二根主筋作均压环，即将该层外墙上的所有金属窗、构件、玻璃幕墙的预埋件及楼板内的钢筋接成一体后与引下线焊接。

7.3 为预防雷电电磁脉冲引起的过电流和过电压，在变压器低压侧、向重要设备供电的末端配电箱的各相母线上、由室外引入建筑物的电力线路、信号线路、控制线路、信息线路等处装设SPD。

7.4 本工程采用共用接地装置，以建筑物、构筑物的金属体、构造钢筋和基础钢筋作为接地体，其接地电阻小于1Ω。

7.5 建筑物作总等电位连接，在配变电所内安装一个总等电位连接端子箱，将所有进出建筑物的金属管道、金属构件、接地干线等与总等电位端子箱有效连接。

7.6 在所有演播室、通信机房、电梯机房、浴室等处作辅助等电位连接。

8 建筑电气消防系统

8.1 在一层设置消防控制室，分别监视建筑内的消防进行探测监视和控制。消防控制室内分别设有火灾报警控制主机、联动控制台、CRT显示器、打印机、紧急广播设备、消防直通对讲电话设备、电梯监控盘及UPS电源设备等。

8.2 根据不同场所的需求，设置感烟、感温、煤气探测器及手动报警器。消防控制中心和消防控制室可对探测器的火警、故障信号进行监视，并对消防水泵、消防风机、紧急广播等设备进行联动控制。

8.3 本工程还设置电气火灾报警系统、消防设备电源监控系统和防火门监控系统。

8.4 极早期烟雾报警系统：在演播室、网络通信机房、网络设备间装设极早期烟雾报警系统。极早期烟雾报警系统主机的信号接至消防报警系统，提前做出火灾报警。

9 智能化系统

9.1 建筑设备监控系统

9.1.1 建筑设备监控系统融合了现代计算机技术、网络通信技术、自动控制技术、数据库管理技术以及软件技术等，通过中央监控系统的计算机网络，将各层的控制器、现场传感器、执行器及远程通信设备进行联网，共同实现集中管理、分散控制的综合监控及管理功能。

9.1.2 本工程建筑设备监控系统的总体目标是将建筑内的建筑设备管理与控制系统（HVAC、给水排水系统、供配电系统、照明系统等）进行分散控制、集中监视管理，从而提供一个舒适的工作环境，通过优化控制提高管理水平，从而达到节约能源和人工成本，实现物业管理自动化。

9.2 综合布线系统

9.2.1 本工程在将办公语音信号、数字信号、视频信号、控制信号的配线，经过统一的规范设计，综合在一套标准的配线系统上，此系统为开放式网络平台，方便用户在需要时，形成各自独立的子系统。综合布线系统可以实现世界范围资源共享，综合信息数据库管理、电子邮件、个人数据库、报表处理、财务管理、电话会议、电视会议等。

9.2.2 设置内部局域计算机网络，实现建筑内工作范围内的资源共享。

9.2.3 本工程在地下一层设置网络室。

9.3 通信自动化系统

9.3.1 本工程在地下一层设置电话交换机房，拟定设置一台的1000门PABX。

9.3.2 本工程建立卫星通信系统，进行高速数据传输、图像传输、综合数据与语音通信、移动数据通信、计算机网络联接等综合业务，与DDN数字数据网互为备份，可以保证数据通信的不间断性、可靠性。的不间断性、可靠性。

9.4 有线电视及卫星电视系统

电视信号接自城市有线电视网，在顶层设有卫星电视机房，对建筑内的有线电视实施管理与控制。有线电视节目和卫星电视节目经调制后，经电视信号干线系统传送至每个电视输出口处，使获得技术规范所要求的电平信号，达到满意的收视效果。系统设备包括：卫星接收天线、功分器、接收机、解密器、制式转换器、前置放大器、频道放大器、频道转换器、有源混合器、供电单元、宽带放大器、分配器、分支器、终端电阻等。

9.5 安防系统

本工程设置保安室，保安室内设系统矩阵主机、硬盘录像机、打印机，监视器及～24V电源设备等。视频自动切换器接受多个摄像点信号输入，定时自动轮换（1～30s）输出监控信号，也可手动任选一个摄像机的画面跟踪监视、录像、打印。系统矩阵主机带输入、输出板；云台控制及编程、控制输出时、日、字符叠加等功能。在本建筑的主要出入口、楼梯间、电梯前室、电梯轿厢及走廊等处设置摄像机。

9.6　门禁系统

为确保建筑的安全，根据安全级别不同划分为不同安全分区，根据级别的不同设置相应的门禁系统，以免无关人员闯入。

9.7　电子巡更系统

电子巡更管理系统不仅是安全保卫系统中不可缺少的重要部分，也是先进物业管理的不可或缺的重要组成部分。在主要公共通道分布电子巡更签到点，可设定保安员巡更的路线及地点，巡更的次数等，并可检测该保安员所用的巡更时间，从而监督保安员工作。

9.8　信息发布系统

在大楼室外一层设置大屏幕，主题内容可以根据需要随时进行调整，并可以做到声色并茂；在每层的电梯厅设液晶显示器，用于重要信息发布、内部制作电视节目、重要会议的视频直播等。

9.9　停车场管理系统

在停车场出入口设置停车场管理系统，停车场管理系统由进/出口读卡机，挡车器、感应线圈、摄像机、收费机、入口处 LED 显示屏等组成。

9.10　无线通信增强系统

为了避免手机信号出现网络拥塞情况以及由于大楼内建筑结构复杂，无线信号难于穿透，室内易出现覆盖的盲区，手机用户不能及时打进或接进电话。本工程安装无线信号增强系统以解决移动通信覆盖问题，同时也可增加无线信道容量。

9.11　系统集成

9.11.1　集成管理的重点是突出在中央管理系统的管理，控制仍由下面各子系统进行。集成管理能为本工程各个管理部门提供高效、科学和方便的管理手段。将建筑中日常运作的各种信息，如建筑设备监控、安防、通信系统等管理信息，各种日常办公管理信息，物业管理信息等构成相互之间有关联的一个整体，从而有效地提升建筑整体的运作水平和效率。

9.11.2　集成管理，首先要求进行集成的系统应该是一个开放性的系统，在集成过程中，首先要解决好各个系统间通信协议的标准化问题，使整个系统达到信息识别的唯一性，只有这样，才能真正达到各子系统之间的联动。也才能做到无论集成先后，均能平滑连接。

9.11.3　系统集成的规模，首先是以建筑设备管理系统为模式，即 BMS 模式，先期将在建筑中有相互联动关系的各建筑设备监控子系统进行相对集成，达到相互之间在处理和解决建筑中出现的问题时，能协同动作，提高效率，便于管理。在 BMS 中，以建筑设备监控系统（BA）为基础平台，进行相关的联动设计。

10　机房工程

演播室、电讯机房是本建筑的中枢，它保证了系统能正常有效的工作。为保证机房设备的正常运行及工作人员有一个良好的工作环境，必须有一个相应的机房工程系统，该系统包括空调、电力、照明、消防、防静电、防雷击、室内装潢等方面的内容，整个机房工程应技术先进，质量可靠、安全稳定、美观舒适、经济合理、标准规范、达到国内外一流机房水平。

11　电气节能、绿色建筑设计

11.1　设置建筑设备监控系统，对建筑物内的设备实现节能控制。合理选用电梯和自动扶梯，并采取电梯群控、扶梯自动启停等节能控制措施。

11.2　采用智能灯光控制系统，通过控制遮阳板将自然光和人工光实现有机结合。

11.3　变电所深入负荷中心，合理选用导线截面，减少电压损失。

11.4　三相配电变压器满足现行国家标准《三相配电变压器能效限定值及能效等级》

GB 20052 的节能评价值要求，水泵、风机等设备，及其他电气装置满足相关现行国家标准的节能评价值要求。

11.5　采用低压集中自动补偿方式，并配备谐波电抗器组合，作为谐波抑制措施，避免高次谐波电流与电力电容发生谐振。

11.6　照明光源应优先采用节能光源，建筑照明功率密度值应小于《建筑照明设计标准》GB 50034 中的规定。走廊、楼梯间、门厅、大堂、大空间、地下停车场等场所的照明系统采取分区、定时、感应等节能控制措施。室外夜景照明光污染的限制符合现行标准《城市夜景照明设计规范》JGJ/T 163 的规定。

11.7　对室内的二氧化碳浓度进行数据采集、分析，并与通风系统联动，实现室内污染物浓度超标实时报警，并与通风系统联动。

11.8　柴油发电机房应进行降噪处理。满足环境噪声昼间不大于 55dBA，夜间不大于 45dBA。其排烟管应高出屋面并符合环保部门的要求。

十二、某广播电视中心建筑电气方案设计文件实例

1　工程概况

某广播电视中心建筑面积为 187680m^2。结构为框架剪力墙形式，建筑高度为 198m，地下四层，地上四十一层，裙房地上三层。

2　设计范围

2.1　高、低压变配电系统；

2.2　电力配电系统；

2.3　照明系统；

2.4　防雷及接地系统；

2.5　建筑设备监控系统；

2.6　综合布线系统；

2.7　通信自动化系统；

2.8　有线电视及卫星电视系统；

2.9　门禁系统；

2.10　电子巡更系统；

2.11　建筑电气消防系统；

2.12　信息发布系统；

2.13　无线通信增强系统；

2.14　停车场管理系统；

2.15　系统集成；

2.16　机房工程；

2.17　电气节能、绿色建筑设计。

3　变、配、发电系统

3.1　负荷分级

3.1.1　一级负荷包括：计算机系统用电，直接播出的电视演播厅、中心机房、录像室、微波设备及发射机房用电；语音播音室、控制室的电力和照明用电，火灾报警及联动控制设备、消防泵、消防电梯、排烟风机、加压风机、保安监控系统、应急照明、疏散照明等，设备容量约为：P_e＝15780kW。其中计算机系统用电，直接播出的电视演播厅、中心机房、录像室、微波设备及发射机房用电、保安监控系统用电和所有的消防用电设备为一级负荷中的特别重要负荷。

3.1.2 二级负荷包括：洗印室、电视电影室、审听室、楼梯照明用电，客梯、排水泵、生活水泵等。设备容量约为：P_e=12530kW。

3.1.3 三级负荷包括：一般照明及动力负荷。设备容量约为：P_e=7320kW。

3.2 电源

本工程由市政外网引来两组四路高压电源。高压系统电压等级为10kV每组高压采用单母线分段运行方式，中间设联络开关，平时两路电源同时分列运行，互为备用，当一路电源故障时，通过手/自操作联络开关，另一路电源负担全部负荷。

3.3 变、配、发电站

3.3.1 在地下三层设置变电所一处，拟内设四台1600kVA干式变压器，二台2000kVA干式变压器，二台2500kVA干式变压器。在地下二层设置变电所一处，拟内设两台500kVA干式变压器。在地下一层设置变电所三处，拟内设六台2000kVA干式变压器，两台1250kVA干式变压器，二台800kVA干式变压器。6层设置变电所一处，拟内设两台630kVA干式变压器。25层设置变电所一处，拟内设四台800kVA干式变压器。

3.3.2 在地下二层设置一处柴油发电机房。拟设置四台1600kW柴油发电机组。

3.4 自备应急电源系统

3.4.1 当市电出现停电、缺相、电压超出范围（AC380V：－15%～＋10%）或频率超出范围（50Hz±5%）时延时15s（可调）机组自动启动。

3.4.2 当市电故障时，直接播出的电视演播厅、中心机房、录像室、微波设备及发射机房，消防用电设备、应急照明与疏散照明以及涉及人身安全的用电设备均由自备应急电源提供电源。

4 信息系统对城市公用事业的需求

4.1 本工程需输出入中继线200对（呼出呼入各50%）。另外申请直拨外线500对（此数量可根据实际需求增减）。

4.2 本工程建立卫星通信系统，进行高速数据传输、图像传输、综合数据与语音通信、移动数据通信、计算机网络联接等综合业务，与DDN数字数据网互为备份，可以保证数据通信的不间断性、可靠性。

4.3 电视信号接自城市有线电视网，在顶层设有卫星电视机房，对建筑内的有线电视实施管理与控制。有线电视节目和卫星电视节目经调制后，经电视信号干线系统传送至每个电视输出口处，使获得技术规范所要求的电平信号，达到满意的收视效果。

5 照明系统

5.1 照度标准

照度标准见表1-23。

照度标准 **表1-23**

办公室	500	中心机房	500
门厅	300	冷冻机房、泵房、空调机房	100
会议室	300	变电室、发电机房	200
灯光控制室	300		

5.2 光源与灯具选择：一般场所选用节能型灯具；有装修要求的场所视装修要求，可采用多种类型的光源；对仅作为应急照明用的光源应采用瞬时点燃的光源；对大空间场所和室外空间可采用金属卤化物灯。

5.3 一般照明：照明电源由配电室低压柜引出，其中主楼为两路封闭母线，采用树干式线路系统，分单双层分别供电，使各干线得到合理分配，不致因故障导致大面积停电。

5.4 在审看室、录音室等工艺用房间内布置照明灯具时采取降低噪声的措施，以防止其噪声干扰。选用荧光灯时配高质量绿色电感镇流器，以避免其对工艺设备的电磁干扰。

5.5 其他办公用房均采用格栅式荧光灯，配电子镇流器，以提高功率因数，减少频闪和噪声。

5.6 应急照明与疏散照明：演播室、消防控制室、变配电所、配电间、电讯机房、弱电间、楼梯间、前室、水泵房、电梯机房、排烟机房、重要机房的值班照明等处的应急照明按100%考虑；门厅、走道按30%设置应急照明；其他场所按10%设置应急照明。各层走道、拐角及出入口均设疏散指示灯，蓄电池采用集中免维护电池进行供电，停电时自动切换为直流供电，并且应急照明持续时间应不少于90min。

5.7 建筑立面照明：为丰富城市夜间景观，利用光、影交织手法，采用金属卤化物专用灯具，使夜间立面照明及室外环境照明，与周围环境和谐一致。

6 电力系统

6.1 在低压系统中，空调及动力系统和工艺、照明系统为单母线分段运行，互为备用系统，当任意一台变压器故障或检修时，另一台变压器均可带全部负荷。演播厅灯光系统采用由变配电室用专缆直接供给灯光用调光配电柜。三台变压器的接线均为（D，yn11）方式。对于重要工艺负荷及单台容量较大的负荷如：播出负荷、冷冻机房、水泵房、电梯机房、网络机房、消防中心等设备采用放射式供电；对于一般负荷采用树干式与放射式相结合的供电方式。

6.2 重要的广播电视播出工艺、网络中心负荷等采用集中UPS电源供电，采用通过两台变压器为两台UPS供电。两台UPS并联运行，平时各带一半负荷运行，当一台UPS故障，则由另一台UPS带全部负荷运行。UPS容量为140kVA，电池放电时间为15～20min。

7 防雷与接地

7.1 本建筑物按二类防雷建筑物设防。在屋面按二类防雷建筑的要求设接闪带作接闪器，其网格不大于10m×10m；利用建筑物基础内钢筋作接地体。防雷接地、工作接地、信息系统接地、保护接地共用接地体，要求接地电阻≤1Ω，如果自然接地体不能达到要求时，应另外附设人工接地体。

7.2 防侧击雷：通过钢筋混凝土结构内的顶板、地板、墙面和梁、柱内钢筋的焊接，使其构成一个六面体的笼式防雷网。钢构架和混凝土的钢筋必须与柱子内两根对角主筋焊接牢靠。竖直敷设的金属物体的顶端和底端必须与防雷装置可靠焊接。

7.3 等电位连接：将建筑物内的防雷装置如电气设备、金属门窗、金属地板、电梯轨道、电缆桥架、各种金属管线、电缆外皮及信息系统的金属构件以最短的路线互相焊接或连接构成统一的导电系统。将全楼建筑物结构的梁、板、柱、基础内的钢筋作为等电位连接的一部分，焊接成统一的导电系统，接到综合的共用接地体上。广播电视工艺接地及弱电设备接地则由总等电位连接端子板向工艺及弱电设备竖井引接地线，并设辅助等电位端子板。

7.4 屏蔽：采用金属管或封闭金属线槽敷线方式，并应将金属管或金属线槽两端与等电位联结系统可靠连接。

7.5 合理布线：电力线和通信线分强弱电竖井进行布线，以保持间距。

7.6 为预防雷电电磁脉冲引起的过电流和过电压，在下列部位装设电涌保护器（SPD）：

7.6.1 在变压器低压侧装一组SPD。当SPD的安装位置距变压器沿线路长度不大于10m时，可装在低压主进断路器负载侧的母线上，SPD支线上应设短路保护电器，并且与主进断路器之间应有选择性。

7.6.2　在向重要设备供电的末端配电箱的母线的各相上，应装设 SPD。上述的重要设备通常是指重要的广播电视工艺、计算机、UPS 电源、火灾报警装置、电梯的集中控制装置、集中空调系统的中央控制设备等用电设备。

7.6.3　对重要的信息设备、电子设备和控制设备的订货，应提出装设 SPD 的要求。

7.6.4　由室外引入或由室内引至室外的电力线路、信号线路、控制线路、信息线路等在其入口处的配电箱、控制箱、前端箱等的引入处应装设 SPD。

7.7　在所有弱电机房、电梯机房、浴室等处作辅助等电位连接。

8　建筑电气消防系统

8.1　在一层设置消防控制室，分别监视建筑内的消防进行探测监视和控制。消防控制室内分别设有火灾报警控制主机、联动控制台、CRT 显示器、打印机、紧急广播设备、消防直通对讲电话设备、电梯监控盘及 UPS 电源设备等。

8.2　根据不同场所的需求，设置感烟、感温、煤气探测器及手动报警器。消防控制中心和消防控制室可对探测器的火警、故障信号进行监视，并对消防水泵、消防风机、紧急广播等设备进行联动控制。

8.3　本工程还设置电气火灾报警系统、消防设备电源监控系统和防火门监控系统。

8.4　极早期烟雾报警系统：在演播室、网络通信机房、网络设备间装设极早期烟雾报警系统。极早期烟雾报警系统主机的信号接至消防报警系统，提前做出火灾报警。

9　智能化系统

9.1　建筑设备监控系统

9.1.1　建筑设备监控系统融合了现代计算机技术、网络通信技术、自动控制技术、数据库管理技术以及软件技术等，通过中央监控系统的计算机网络，将各层的控制器、现场传感器、执行器及远程通信设备进行联网，共同实现集中管理、分散控制的综合监控及管理功能。

9.1.2　本工程建筑设备监控系统的总体目标是将建筑内的建筑设备管理与控制系统（HVAC、给水排水系统、供配电系统、照明系统等）进行分散控制、集中监视管理，从而提供一个舒适的工作环境，通过优化控制提高管理水平，从而达到节约能源和人工成本，实现物业管理自动化。

9.2　综合布线系统

9.2.1　本系统支持工程内计算机网络布线和电话配线系统。综合布线系统分为配线（水平）子系统、工作区子系统、干线子系统、设备间子系统、管理子系统、互联子系统。

9.2.2　配线（水平）子系统：在部分楼层设配线间。每层的办公区和各种专业房间的六类 UTP 电缆引至楼层配线间。楼层配线间内安装配线柜。柜内安装六类模块式配线架、IDC 模块和光纤配线架。柜内预留安装网络工作组设备的位置。按综合型综合布线系统考虑，每个工作区（约 $10m^2$）有 2 个信息插座，总计大楼约有 687 个信息出口。工作区墙内暗装六类八位模块式插座。数据设备和话机采用 RJ45 标准插头与信息插座相连。采用双口插座的面板，一个定义为话音口，另一个定义为数据口。采用单口插座的面板定义为话音口。

9.2.3　工作区子系统：标准办公区数据工作站及电话机与信息插座的接口为 RJ45 标准。

9.2.4　干线子系统：数据干线为各配线间设有十二芯多模光缆及六类 UTP 电缆去总配线间，话音干线采用 3 类大对数缆，每个配线间有大对数电缆去总配线架。

9.2.5　设备间子系统：在二层设计算机网络中心，面积为250m^2。该房间内设立数据配线柜，内装光缆配线架、UTP配线架及主交换设备，用来端接光缆、本楼各配线间引来的数据干线。设立电话配线柜，内装IDC模块，用来端接室外接入的电话大对数缆和本楼各配线间引来的三类大对数电缆。

9.2.6　管理子系统：在二层计算机网络中心配线柜处及各配线间进行配线、跳线、线号、色场管理。

9.2.7　互联子系统：从室外引来大对数电缆及数据光缆至二层计算机网络中心总配线架。

线路敷设：楼层配线间、总配线间、计算机网络中心有相连通道。通道内安装封闭金属线槽。

9.2.8　本工程在二层设置计算机网络中心。

9.3　通信自动化系统

9.3.1　本工程在二层设置电话交换机房，拟定设置一台的800门PABX。

9.3.2　本工程建立卫星通信系统，进行高速数据传输、图像传输、综合数据与语音通信、移动数据通信、计算机网络联接等综合业务，与DDN数字数据网互为备份，可以保证数据通信的不间断性、可靠性。

9.3.3　电视电话会议系统：电视电话会议系统设计为具有ISDN、LAN传输格式的功能，具有变焦、云台功能的摄像头捕捉会议现场画面，同时由镜头自动跟踪控制器根据会议音响系统的使用状况，自动跟踪发言者图像，会议主持人也可以通过中控系统进行调整。该电视电话会议系统具有内置MCU，会场的画面可以显示到显示器上。

9.4　有线电视及卫星电视系统

电视信号接自城市有线电视网，在顶层设有卫星电视机房，对建筑内的有线电视实施管理与控制。有线电视节目和卫星电视节目经调制后，经电视信号干线系统传送至每个电视输出口处，使获得技术规范所要求的电平信号，达到满意的收视效果。系统设备包括：卫星接收天线、功分器、接收机、解密器、制式转换器、前置放大器、频道放大器、频道转换器、有源混合器、供电单元、宽带放大器、分配器、分支器、终端电阻等。

9.5　安防系统

本工程设置保安室，保安室内设系统矩阵主机、硬盘录像机、打印机，监视器及～24V电源设备等。视频自动切换器接受多个摄像点信号输入，定时自动轮换（1～30s）输出监控信号，也可手动任选一个摄像机的画面跟踪监视、录像、打印。系统矩阵主机带输入、输出板；云台控制及编程、控制输出时、日、字符叠加等功能。在本建筑的主要出入口、楼梯间、电梯前室、电梯轿厢及走廊等处设置摄像机。

9.6　门禁系统

为确保建筑的安全，根据安全级别不同划分为不同安全分区，根据级别的不同设置相应的门禁系统，以免无关人员闯入。

9.7　电子巡更系统

电子巡更管理系统不仅是安全保卫系统中不可缺少的重要部分，也是先进物业管理的不可或缺的重要组成部分。在主要公共通道分布电子巡更签到点，可设定保安员巡更的路线及地点，巡更的次数等，并可检测该保安员所用的巡更时间，从而监督保安员工作。

9.8　信息发布系统

在大楼室外一层设置大屏幕，主题内容可以根据需要随时进行调整，并可以做到声色并貌；在每层的电梯厅设液晶显示器，用于重要信息发布、内部制作电视节目、重要会议的视频直播等。

9.9　停车场管理系统

在停车场出入口设置停车场管理系统，停车场管理系统由进/出口读卡机，挡车器、感应线圈、摄像机、收费机、入口处 LED 显示屏等组成。

9.10　无线通信增强系统

为了避免手机信号出现网络拥塞情况以及由于大楼内建筑结构复杂，无线信号难于穿透，室内易出现覆盖的盲区，手机用户不能及时打进或接进电话。本工程安装无线信号增强系统以解决移动通信覆盖问题，同时也可增加无线信道容量。

9.11　系统集成

9.11.1　集成管理的重点是突出在中央管理系统的管理，控制仍由下面各子系统进行。集成管理能为本工程各个管理部门提供高效、科学和方便的管理手段。将建筑中日常运作的各种信息，如建筑设备监控、安防、通信系统等管理信息，各种日常办公管理信息，物业管理信息等构成相互之间有关联的一个整体，从而有效地提升建筑整体的运作水平和效率。

9.11.2　集成管理，首先要求进行集成的系统应该是一个开放性的系统，在集成过程中，首先要解决好各个系统间通信协议的标准化问题，使整个系统达到信息识别的唯一性，只有这样，才能真正达到各子系统之间的联动。也才能做到无论集成先后，均能平滑连接。

9.11.3　系统集成的规模，首先是以建筑设备管理系统为模式，即 BMS 模式，先期将在建筑中有相互联动关系的各建筑设备监控子系统进行相对集成，达到相互之间在处理和解决建筑中出现的问题时，能协同动作，提高效率，便于管理。在 BMS 中，以建筑设备监控系统（BA）为基础平台，进行相关的联动设计。

10　演播室灯光系统

10.1　设计范围：自调光立柜或硅箱进线端开始的全部演播室灯光系统设计，包括一个 500m^2 大演播室，两个 80m^2 小演播室，电视电话会议室。

10.2　设计照度标准：大演播室为 1500lx；小演播室为 1000lx；电视电话会议 1500lx。

10.3　光源：大演播室均用卤钨灯做光源，其色温为 3150K，显色指数大于 97。小演播室的高显色三基色荧光灯为主，其色温为 3000K，显色指数大于 90。

10.4　大演播室（500m^2）：

10.4.1　该演播室为多功能演播室，并考虑以制作综合性文艺节目为主。设计采用了多种水平吊杆，其中有普通水平吊杆、光束灯水平吊杆及电脑灯水平吊杆。其中电脑水平吊杆上设有数码控制的 DMX512 插座，可控电脑灯或其他效果灯的各种效果。同时还采用了较短的 3 灯水平吊杆，以提高布光时的灵活性。

10.4.2　除水平吊杆外，还在设备层上设 16 个单机吊点，配 16 台吊机，这样可以吊装特制的灯光吊架，大大地增加了用光的灵活性，给灯光人员的艺术创作提供了更多的用武之地。

10.4.3　本演播室的灯具均为遥控灯具，从控制台或演播室可以控制灯具的俯仰、回转及焦距变化。

10.4.4　本设计的调光控制系统采用了大型电脑调光控制设备，同时配有电脑灯控制器及特技效果控制器，可以产生综合文艺节目所需的各种效果。

10.4.5　在二楼挑台的前端空出的走廊处做追光灯用，这样避免了定点或追光灯的一些局限性。

10.4.6　小演播室（80m²）：为了满足布光的灵活性，设计采用较密间距的纵向铝合金滑轨，每台灯具上配有伸缩器，既保证使用的灵活性，又较节省投资。灯具采用新型高显色三基色荧光灯。为保证造型效果，适量地配置了一些小型聚光灯。

10.5　设备选型：以国产设备为主，费用少，便于维护。但电脑灯、追光灯、天幕灯应采用进口设备，以保证其先进性及可靠性。

10.6　供电：大演播室用电量约为300kW，每个小演播室约为15kW。灯光系统要求单独设有载调压干式变压器，其接线方式为（D，yn11），且变压器内中性线与相线等截面。

11　机房工程

演播室、电讯机房是本建筑的中枢，它保证了系统能正常有效的工作。为保证机房设备的正常运行及工作人员有一个良好的工作环境，必须有一个相应的机房工程系统，该系统包括空调、电力、照明、消防、防静电、防雷击、室内装潢等方面的内容，整个机房工程应技术先进，质量可靠、安全稳定、美观舒适、经济合理、标准规范、达到国内外一流机房水平。

12　电气节能、绿色建筑设计

12.1　变电所深入负荷中心，合理选用导线截面，减少电压损失。

12.2　采用智能灯光控制系统，通过控制遮阳板将自然光和人工光实现有机结合。照明光源应优先采用节能光源，建筑照明功率密度值应小于《建筑照明设计标准》GB 50034中规定的目标值，走廊、楼梯间、门厅、大堂、大空间、地下停车场等场所的照明系统采取分区、定时、感应等节能控制措施。室外夜景照明光污染的限制符合现行行业标准《城市夜景照明设计规范》JGJ/T 163的规定。

12.3　设置建筑设备监控系统，对建筑物内的设备实现节能控制。合理选用电梯和自动扶梯，并采取电梯群控、扶梯自动启停等节能控制措施。

12.4　三相配电变压器满足现行国家标准《三相配电变压器能效限定值及能效等级》GB 20052的节能评价值要求，水泵、风机等设备，及其他电气装置满足相关现行国家标准的节能评价值要求。

12.5　采用低压集中自动补偿方式，并配备谐波电抗器组合，作为谐波抑制措施，避免高次谐波电流与电力电容发生谐振。

12.6　对室内的二氧化碳浓度进行数据采集、分析，并与通风系统联动，实现室内污染物浓度超标实时报警，并与通风系统联动。

十三、某剧院建筑电气方案设计文件实例

1　工程基本情况

某剧院剧场等级为甲级，总建筑面积为29925m²。包括一个1400座的剧场及相关设施，一个多功能剧场（474座）及相关设施，一个会议、多功能厅，艺术商店等组成的附属设施。建筑物地上四层，局部五层，地下二层，总高度为23m。

2　设计范围

2.1　变、配电系统；

2.2　照明配电系统；

2.3　动力用电设备的供电系统；

2.4　防雷接地系统；

2.5　建筑设备监控系统；

2.6　综合布线系统；

2.7　舞台通信与监督系统；

2.8　剧场扩声系统；

2.9　建筑电气消防系统；

2.10　公共广播系统；

2.11　综合保安监控系统；

2.12　有线电视系统；

2.13　电气节能、绿色建筑设计。

3　变、配、发电系统

3.1　负荷分级

3.1.1　一级负荷包括：调光用电子计算机系统电源、舞台、贵宾室、演员化妆室照明、舞台机械电力、电声、广播及电视转播、新闻摄影电源、火灾报警及联动控制设备、消防泵、消防电梯、排烟风机、加压风机、保安监控系统、应急照明、疏散照明等。其中的调光用电子计算机系统电源和所有的消防用电设备为一级负荷中的特别重要负荷。设备容量约为：P_e=2200kW。

3.1.2　二级负荷包括：观众厅照明、空调机房及锅炉房电力和照明用电、客梯、排水泵、生活水泵等属二级负荷。设备容量约为：P_e=1600kW。

3.1.3　三级负荷包括：一般照明及动力负荷为三级负荷。设备容量约为：P_e=1600kW。

3.2　电源

本工程由市政外网引来两路高压电源。高压系统电压等级为10kV。高压采用单母线分段运行方式，中间设联络开关，平时两路电源同时分列运行，互为备用，当一路电源故障时，通过手/自操作联络开关，另一路电源负担全部负荷。容量5000kVA。

3.3　变、配、发电站

3.3.1　变配电所设在地下一层侧台下，深入负荷中心，临近舞台灯光硅控室，与台上、台下舞台机械控制室贴邻。变、配电所内设四台1250kVA变压器。

3.3.2　在地下一层设置一处柴油发电机房。拟设置一台800kW柴油发电机组。

3.4　自备应急电源系统

3.4.1　当市电出现停电、缺相、电压超出范围（380V：－15％～＋10％）或频率超出范围（50Hz±5％）时延时15s（可调）机组自动启动。

3.4.2　当市电故障时，调光用电子计算机系统电源，消防用电设备、应急照明与疏散照明以及涉及人身安全的用电设备均由自备应急电源提供电源。

4　信息系统对城市公用事业的需求

4.1　本工程预计申请直拨外线200对（此数量可根据实际需求增减）实现对外语音通信。

4.2　本工程建立卫星通信系统，进行高速数据传输、图像传输、综合数据与语音通信、移动数据通信、计算机网络联接等综合业务，与DDN数字数据网互为备份，可以保证数据通信的不间断性、可靠性。

4.3　电视信号接自城市有线电视网，在顶层设有卫星电视机房，对建筑内的有线电视实施管理与控制。有线电视节目和卫星电视节目经调制后，经电视信号干线系统传送至每个电视输出口处，使获得技术规范所要求的电平信号，达到满意的收视效果。

5　照明系统

5.1　照度标准见表1-24。

照度标准　　表 1-24

房间或场所		参考平面及其高度	照度标准值(lx)	*UGR*	U_0	R_a
门厅		地面	200	22	0.4	80
观众厅	影院	0.75m 水平面	100	22	0.4	80
	剧场	0.75m 水平面	150	22	0.4	80
观众休息厅	影院	地面	150	22	0.4	80
	剧场	地面	200	22	0.4	80
排演厅		地面	300	22	0.6	80
化妆室	一般活动区	0.75m 水平面	150	22	0.6	80
	化妆台	1.1m 高处垂直面	500	—	—	80

5.2　光源与灯具选择：办公室采用高效格栅荧光灯，为提高功率因数及节能，荧光灯均选配电子镇流器，走道、卫生间均选用节能筒灯，B 段地下层冷冻机房，A 段地下层水泵房采用小功率金属卤化物灯。

5.3　舞台灯光

5.3.1　在戏剧和歌舞表演中，为了烘托剧情、突出人物、增加艺术效果、随着剧情变化，在舞台上会出现各种情景，使人身临其境，这一切都离不开舞台灯光的配合。舞台灯光由面光、耳光、顶光、柱光、脚光、侧光、顶排光、天排光、地排光、追光等组成。

5.3.2　本工程舞台灯光系统设两道面光，主台两侧各设 3 层耳光，假台口上方设假台口顶光，假台口两侧设假台口柱光，主舞台内设一顶光，二顶光，三顶光，天排光，地排光，主舞台的侧光采用灯光吊笼，观众厅后部设有大小两种追光以及脚光和地面流动光。

5.3.3　面光的作用，它解决了舞台前沿区的基本照明光，一般作为舞台的底光；耳光的作用，文艺演出时，灯光照亮演员的正、侧面脸部，从侧面加强人物的立体感；顶光的作用，衔接面光投射后演区，使人和景有立体感；柱光的作用是衔接耳光和面光，照射表演区中、后部；脚光安装在台唇前沿灯槽内，用来照射大幕下部或从上向下照亮前台，为演员消除下方向的阴影，加强艺术造型，弥补顶光和侧光的不足，侧光也称之为桥光，用来强调景物的轮廓或照亮演员的后部，使中景、近景的层次清楚，加强景物的透视感，有时根据剧情的需要，用作穿过树林或透进窗户的阳光，可以达到比较真实的效果。顶排光，位于舞台上部的排灯，装在每道帷幕后边的吊杆上，大部分以泛光或散光灯为主，一般用以投射景物或演区等，它的作用是均匀地照明舞台，增加舞台的亮度。天排光灯具安装在天幕区上部吊杆或灯光桥上，地排光在天幕前地沟内布灯。天幕配光所用的灯具种类较多，配以各种灯光效果器可以在天幕上投映出各种景色。

5.3.4　灯光控制室设在观众席的后面，可控硅调光室设在舞台的下场（临近舞台灯光），灯光控制室内设主备两个灯光控制台及一个电脑灯控制台。灯光控制台用 ISIS 软件操作平台通过同步线实现资源共享，操作内容共享，可以同时操作，所存储内容可以互相备份，有千余个通道可以用来控制光源，颜色变换器和移动灯光。电脑灯调光台带触摸屏，屏幕可以做预置效果，翻页浏览，可以控制硅箱电脑灯，可以作为剧场的流动调光台使用，方便操作人员的控制和编程。可控硅调光室内设 9 台调光柜，2 台直通柜，调光柜为 90 回路，每路 3kW，每台柜容量为 270kW；直通柜每台柜为 90 回路，每路为 4kW，每台柜容量为 360kW。

5.3.5　面光处均设置马道，马道上均设置灯光接线盒或插座，以便于灯光的安装、使用、维护。主舞台、后台、侧台、乐池、观众厅各层包厢均预留电源插座箱，以便临时布灯使用。由可控硅调光室至舞台灯光的电源线均采用电缆线槽敷设。

5.3.6　考虑到平常演出，一般剧种舞台灯光的使用容量有限，舞台灯光系统的供电采用双回路。如某一回路电源发生故障，备用电源可以末端，自动切换，以保证剧场的正常演出。

5.3.7　所有舞台灯具的外壳均与PE线连接。

5.4　应急照明与疏散照明：变配电所、柴油发电机房、计算中心、消防控制中心、水泵房、防排烟风机房、走廊、楼梯间、电梯前室、门厅等场所设置应急照明。在走廊、安全出口、大厅、楼梯间等处设疏散指示灯。消防控制室、变配电所、配电间、电讯机房、弱电间、楼梯间、前室、水泵房、电梯机房、排烟机房、重要机房的值班照明等处的应急照明按100%考虑；门厅、走道按30%设置应急照明；其他场所按10%设置应急照明。各层走道、拐角及出入口均设疏散指示灯，蓄电池采用集中免维护电池进行供电，停电时自动切换为直流供电，并且应急照明持续时间应不少于30min。

5.5　为保证用电安全，用于移动电器装置的插座的电源均设电磁式剩余电流保护装置（动作电流≤30mA，动作时间小于0.1s）。

5.6　照明控制：为了便于管理和节约能源，以及不同的时间要求不同的效果。本工程采用智能型照明控制系统，部分灯具考虑调光；楼梯间、走廊等公共场所的照明采用集中控制和就地控制相结合的方式；走廊的照明采用集中控制。走廊的应急照明考虑就地控制和消防集中控制的方式。室外照明的控制纳入建筑设备监控系统统一管理。

6　防雷与接地

6.1　本建筑物按二类防雷建筑物设防，利用建筑物的金属层面兼做接闪器。所有突出屋面的金属体和构筑物应与接闪带电气连接。

6.2　建筑物作总等电位连接，在配变电所内安装一个总等电位连接端子箱，将所有进出建筑物的金属管道、金属构件、接地干线等与总等电位端子箱有效连接。

6.3　为预防雷电电磁脉冲引起的过电流和过电压，在变压器低压侧、向重要设备供电的末端配电箱的各相母线上、由室外引入或由室内引至室外的电力线路、信号线路、控制线路、信息线路等装设电涌保护器（SPD）。

6.4　本工程采用共用接地装置，以建筑物、构筑物的金属体、构造钢筋和基础钢筋作为接地体，其接地电阻小于1Ω。

6.5　～220/380V低压系统接地型式采用TN-S，PE线与N线严格分开。

6.6　所有弱电机房和电梯机房均作辅助等电位连接。

6.7　剧场舞台工艺用房均预留接地端子。

7　建筑电气消防系统

7.1　本工程消防控制室设在一层，有直通室外的出口。消防控制室内设火灾报警控制主机、联动控制台、CRT显示器、打印机、紧急广播设备、消防直通对讲电话设备、电梯监控盘及电源设备等。

7.2　火灾探测器设置：观众厅、舞台等无遮挡大空间设红外光束感烟探测器；剧场大堂、休息厅、展厅等高大空间设红外光束感烟探测器；排练厅、化妆室、办公、剧场技术用房和设备用房设智能型感烟探测器；舞台葡萄架下、观众厅闷顶内、台仓及疏散通道设智能型感烟探测器；厨房设可燃气体探测器及感温探测器；柴油机房配合水喷雾灭火系统设感烟感温探测器组；电动防火卷帘门两侧设感烟感温探测器组。剧场内高度大于12m的空间场所同时选择两种及以上火灾参数的火灾探测器。

7.3　在主要出入口、楼梯间及电梯前室等处设手动报警按钮及消防对讲电话插孔。从一防火分区内任何位置到最临近的一个手动火灾报警按钮的距离不应大于30m。在消火栓箱内设消火栓报警按钮。

7.4　消防联动控制：消防控制室内设联动控制台，可以实现下列控制及显示功能。

7.4.1　消防泵的控制：

1. 直接启动消火栓泵。消防控制室按防火分区显示启泵按钮的位置。

2. 自动喷洒泵的控制：喷洒泵、喷洒稳压泵均由压力开关自动控制。消防控制室可显示水流指示器、信号阀、水力报警阀的动作信号。

3. 雨淋喷水泵的控制：舞台设雨淋自动喷水灭火系统，将舞台划分为十个保护区，设十套雨淋报警阀。

4. 自动方式：火灾时，舞台上部设置的红外光束感烟探测器或地址码感烟探测器报警，由两组及以上探测器的动作信号控制开启相应保护区雨淋报警阀处的电磁阀，雨淋阀开启，压力开关动作启动雨淋喷水泵。消防控制室可开启雨淋阀。

5. 手动方式：演出期间发生火灾时，由雨淋阀处的值班人员紧急开启雨淋阀处的手动快开阀，雨淋阀开启，压力开关动作启动雨淋喷水泵。

7.4.2　水幕喷水泵：舞台防火幕内侧设冷却防火水幕系统，分自动和手动两种控制方式。

1. 自动方式：非演出期间，由钢制防火幕的动作信号控制开启雨淋报警阀处的电磁阀，雨淋阀开启，压力开关动作启动水幕喷水泵。

2. 手动方式：演出期间发生火灾，当钢质防火幕手动下降时，由水幕雨淋阀处的值班人员紧急开启雨淋阀处的手动快开阀，从而启动水幕喷水泵。

3. 所有消防泵的工作和故障状态传至消防控制室，消防控制室可启停消防泵，除自动控制外，还能手动直接控制。

7.4.3　排烟风机的控制：当发生火灾时，消防控制室根据火灾情况控制相关层的排烟阀（平时常闭），同时联动启动相应的排烟风机。当火灾温度超过280℃时，排烟阀熔丝熔断，关闭阀门，同时自动关闭相应的排烟风机。消防控制室可对排烟风机通过模块进行自动控制还可在联动控制台上通过硬线手动控制，并接收其反馈信号。所有排烟阀、排烟口、280℃防火阀、70℃防火阀的状态信号送至消防控制室显示。

7.4.4　防火卷帘门的控制：卷帘门由其两侧的烟、温探测器组自动控制。卷帘门下降时，在门两侧应有警报信号。卷帘门的动作信号传至消防控制室。

7.4.5　防火幕的控制：舞台与观众厅间设钢质防火幕，作为防火分隔。非演出期间，舞台或观众厅任一侧两组及以上探测器报警信号控制防火幕动作，同时向两侧发出警报信号。演出期间，舞台或观众厅任一侧两组及以上探测器报警后，由值班人员现场确认后，手动控制防火幕下降。防火幕动作信号传至消防控制室，消防控制室可控制防火幕的升降。

7.5　消防紧急广播系统：在消防控制室设置消防广播（与音响广播合用）机柜。消防紧急广播按防火分区设置回路。火灾时，消防控制室值班人员可全楼自动或手动进行火灾广播，指挥人员撤离火灾现场。

7.6　消防直通对讲电话系统：在消防控制室内设置消防直通对讲电话总机，除在各层的手动报警按钮处设置消防对讲电话插孔外，在变配电室、水泵房、消防电梯轿厢、电梯机房、冷冻机房、BAS控制室、管理值班室等处设置消防直通对讲电话分机。

7.7　火灾确认后，切断有关部位的非消防电源，接通警报装置及火灾应急照明灯和疏散标志灯。

7.8　本工程部分低压出线回路及各层主断路器均设有分励脱扣器。

7.9　本工程还设置电气火灾报警系统、消防设备电源监控系统和防火门监控系统。

7.10　电梯监视控制系统：

7.10.1　在消防控制室设置电梯监控盘，显示各电梯运行状态和故障显示。

7.10.2　火灾发生时，根据火灾情况及场所，由消防控制室电梯监控盘发出指令，指挥电梯按消防程序运行；火灾确认后，控制所有电梯降至首层开门，除消防电梯外均切断电源。

8　智能化系统

8.1　建筑设备监控系统

8.1.1　本工程设建筑设备监控系统，对全楼的给排水设备、空调设备及供电系统设备进行监视及节能控制。BAS监控中心设在一层，内设系统主机，CRT及打印机；冷冻机房、变配电所内设控制分站，其余相关设备用房设直接数字控制器。

8.1.2　给水排水系统的控制：生活泵、排水泵启、停控制、状态显示和故障报警；生活水池和高位水箱水位的显示和报警；雨、污水集水坑高水位报警。

8.1.3　冷冻机房：冷水机组、冷冻泵、冷水泵、冷却塔风机的启、停控制、状态显示和故障报警；冷却水、冷冻水的供、回水温度测量；冷冻机、冷却泵、冷冻泵、冷却塔风机及进水电动蝶阀的顺序启、停控制；根据冷冻水系统供，回水总管压差，控制其旁通阀的开度。

8.1.4　新风空调机组：运行工况及温、湿度的监视、控制、测量、记录。

8.1.5　排风机：风机启、停控制、状态显示和故障报警。

8.1.6　对配变电系统的监测：

1. 10kV配电系统：进、出线断路器及母联断路器的状态显示；进、出线电流、电压显示；功率因数显示；有功、无功功率显示；电能计量显示。

2. 低压配电系统：低压进、出线断路器及母联断路器的状态显示；进、出线的电流、电压显示；功率因数显示；电能量显示。

3. 变压器：温度显示、超温报警。

4. 高、低压配电系统的图形显示。

5. 柴油发电机的状态显示，如：电压、电流、频率等，蓄电池电压、日用油箱低油位及故障报警。

8.1.7　对照明系统的控制：大堂、休息厅展厅照明控制；办公室照明控制。

8.1.8　大楼管理；出入口管理；车库管理；扶梯、电梯运行状态显示和故障报警；建筑设备监控系统采用直接数字控制器（DDC）和（SCC）监控系统，配备了网络控制器、网络连接器等网络设备以及相应的软件及硬件设备，构成自动监控系统，以数据通信方式进行集散式监控和管理。各分站可直接设定、修改现场设备的参数，并控制现场设备；对空调、给水排水、冷热源等设备进行自动管理。在控制中心可监视各分站的运行状态，并可根据需要，实时打印、记录设备的运行参数和状态，或将系统的运行状态显示在彩色监视器上。

8.1.9　自控设备的供电：系统主机采用两个电源的～220V专用低压回路供电，在建筑设备监控中心末端切换，配置UPS作为后备电源；各个DDC控制器的电源应尽量引自上述两个电源，并在DDC箱内或附近切换。

8.2　综合布线系统

8.2.1　综合布线系统为开放式网络平台，通过该系统可以实现世界范围资源共享，支持电话、数据、图文、图像等多媒体业务。剧院一层设综合布线间，综合布线网络交换机和总配线架。

8.2.2　由市政引来的200对电话电缆和千兆以太网数据信号光纤埋地引入综合布线间。经交换后由总配线架引至弱电竖井内分配线架，分配线架配线到语音和数据出口。

8.2.3　配线子系统：1～3层剧院东西两侧竖井接线箱至信息点线路沿走廊线槽敷设，其余弱电竖井接线箱至信息点线路在楼板或墙内暗敷。

8.2.4　竖向语音干线采用超五类大对数电缆；数据干线采用六芯多模光纤；末端支线采用五类或超五类电缆；出线口采用五类或超五类配件；所有跳线架及其配件均采用五类或超五类产品。

8.3　通信自动化系统

8.3.1　本工程在地下一层设置电话交换机房，拟定设置一台的300门PABX。

8.3.2　本工程建立卫星通信系统，进行高速数据传输、图像传输、综合数据与语音通信、移动数据通信、计算机网络联接等综合业务，与DDN数字数据网互为备份，可以保证数据通信的不间断性、可靠性。

8.4　有线电视及卫星电视系统

8.4.1　有线电视信号由市政有线电视网引至一层电视机房，内设前端箱。剧场演出实况的视频信号并入电视系统，另可根据需要设置数套自办节目。

8.4.2　系统采用邻频传输，用户电平要求69±6dB，图像清晰度应在四级以上。系统采用分支分配方式。

8.5　安防系统

8.5.1　保防监控系统的所有主机设备均设置在一层保安机房内。

8.5.2　闭路监视系统：

1. 本工程各出入口、公共走廊、电梯轿厢内、候场区和售票处等设保安监视摄像机，四层展厅采用全面监视方式。

2. 中心主机系统采用全矩阵系统，所有摄像点应同时录像，按系统图所示做时序切换。同时可手动选择某一摄像机进行跟踪、录像。

3. 图像水平清晰度：黑白电视系统不应低于400线，彩色电视系统不应低于270线。

8.5.3　出入口管理及门禁系统：

1. 在重要场所的出入口设有门磁开关、电子门锁、读卡器，对通过对象及通行时间进行控制、监视及设定。

2. 系统功能：记录、修改、查询所有持卡人的资料；非法入侵报警并进行纪录；当火灾信号发出后，自动打开相应防火分区的电子门锁，方便人员疏散。

8.5.4　防盗报警系统：

1. 在非主要入口设置吸顶红外感应报警探测器。

2. 各层设置双监探测器。

3. 在首层二层周边首层、二层边门窗设置玻璃破碎探测器。

4. 在一些重要部位设置紧急报警按钮。

8.6　售验票系统

8.6.1　本工程的售验票系统是以磁卡、IC卡或条码卡等媒介为门票，结合集智能卡技术、信息安全技术、软件技术、网络技术及机械技术的智能化票务管理系统，它为剧场的运营管理、安全管理和演出管理提供了有效的技术手段。

8.6.2　本工程设门票管理系统，在各观众进口分别设置验票闸机，要确保所有观众可在2个小时内入场。

8.6.3　在演出结束以后本系统可以将闸门自动关闭使观众能够迅速地离场。

8.7 停车场微机管理系统

8.7.1 在地下车库设一套停车场管理系统，选用影像全鉴别系统。对进出车辆进行影像对比，防止盗车。系统应具备以下功能：

1. 自功计费、收费显示、出票机有中文提示、自动打印收据；
2. 出入栅门自动控制；
3. 入口处设空车位数量显示；
4. 使用过期车票报警；
5. 物体堵塞验卡机入口报警；
6. 非法打开收款机钱箱报警；
7. 出票机内票据不足报警。

8.7.2 在停车场出入口各设一套自动计费系统。每套包括一台磁卡机和一套自动挡杆，当车辆进入时，司机按动磁卡机按钮，在磁卡上计入时间和费率，栅门自动开启，车辆进入。在出口，将磁卡输入读卡机，计入收费金额，交费后栅门开启，车辆开出。停车场计算机与消防控制室联网。

8.8 公共广播系统

本工程设置一套公共广播系统（含火灾紧急广播系统）。广播机房与消防控制室合用。广播系统设有电脑音响控制设备。节目源有镭射唱盘机、CD播放机、双卡连续录音机等设备。并设有紧急广播用话筒。火灾时，自动或手动打开相关层紧急广播，同时切断背景音乐广播。紧急广播切换在消防控制室内完成。公共广播线路经舞台通信四通道主机引至剧院后台化妆、贵宾休息室扬声器，上述扬声器平时播放背景音乐，演出时切换为舞台通讯用，并设有音量调节开关。

9 剧场扩声系统设计

9.1 观众厅扩声系统声学技术指标：以《厅堂扩声系统声学特性指标》GYJ 25—86中规定的音乐扩声一级指标为参考。

最大声压级：100～6300Hz内平均声压级≥103dB；

传输频率特性：以100～6300Hz的平均值为0dB，在此频带内±4dB；

传声增益：125～4000Hz内平均值≥－8dB；

声场不均匀度：1000Hz&6300Hz≤8dB；100Hz≤10dB；

主观听音：清晰、音质良好。

9.2 剧场扩声系统设计

9.2.1 主扩声系统采用左中右三个通道分别全场覆盖，为三分频加次低频的扬声器布置方案，能够达到 较好的立体声还音效果。

9.2.2 设置了较为完备的效果扬声器系统。

9.2.3 舞台扩声系统除了常规的地面流动返送系统外，还设置了固定安装于舞台上空的返送扩声系 统，以利于演出人员的听闻。

9.2.4 采用两台模拟调音台作为主调音台和返送调音台。主调音台为44路调音台，设于声控室内，该调音台具有40路单声道输入和4路立体声输入，10路矩阵、8路编组、12路辅助输出，并包含10组VCA编组，8路哑音编组，256个场景设置，能够满足会议及中小型文艺演出的需要。

9.2.5 处理器部分采用数字系统控制矩阵，系统简洁、可靠，操作方便，功能强大。

9.2.6 传声器点设置：为满足会议及文艺演出的需要，在舞台上下场口、左右后墙、乐池内左右两侧、舞台葡萄架上共设置了9个综合插座箱，共有104路传声器输入。无线传声器：根据剧场的需要，系统共设置12路U段无线传声器。

9.2.7　现场调音位：为了方便大型文艺演出时架设现场调音台的需要，我们在一层观众席中部设置了现场调音位，从侧舞台信号交换立柜来的48路传声器信号及与主扩声控制机房交换用的24路信号汇集于此。

9.2.8　信号接口：为能使公共广播系统的紧急信号能够在场内播出，主系统与公共广播系统留有接口，可通过数字系统处理器内的DUCK功能进行广播。

10　舞台通信与监督系统

舞台监督主控台设在主舞台内侧上场口，落地明装。主控台由舞台通信系统四通道主机、话筒和舞台监督系统监视器组成。

下列部位设置舞台通信系统扬声器：贵宾室及其休息室、化妆、候场；乐池、舞台机械控制室；声控室；灯控室、耳光室、追光室、面光桥，便于舞台监督与上述部位联系。各层化妆室走廊、主舞台马道设一定数量的内部通话站，灯光音响设备用房、导演室设内部通话话机。

舞台监督还可通过公共广播系统的插播功能对演职人员及各技术用房进行一般广播通知用。

舞台监督系统：主舞台两侧，观众厅一层包厢下部，观众厅贵宾室挑台处共设5台带变焦及遥控云台彩色摄像机。下列部位设置舞台监督系统监视器：后台化妆室；舞台机械控制室；声控室；灯控室；导演室，以实现演出时人员和设备的统筹管理。大堂，观众休息厅预留信号输出，以便播出剧场演出实况（不包括演职人员监视专用的舞台内信号），便于迟到和休息的观众收看。

11　舞台机械

舞台机械控制室设在舞台上场口舞台内墙上方，控制室应有三面玻璃窗，密闭防尘，操作时并能直接看到舞台全部台上机械的升降过程。

舞台机械控制室预留接地端子。舞台机械控制系统预留智能控制接口，接收消防控制信号，在火灾时能中断演出模式，强行进入消防模式。

12　电气节能、绿色建筑设计

12.1　变电所深入负荷中心，合理选用导线截面，减少电压损失。设置建筑设备监控系统，对建筑物内的设备实现节能控制。

12.2　照明光源应优先采用节能光源，建筑照明功率密度值应小于《建筑照明设计标准》GB 50034中的规定。采用智能灯光控制系统，通过控制遮阳板将自然光和人工光实现有机结合。走廊、楼梯间、门厅、大堂、大空间、地下停车场等场所的照明系统采取分区、定时、感应等节能控制措施。

12.3　合理选用电梯和自动扶梯，并采取电梯群控、扶梯自动启停等节能控制措施。

12.4　三相配电变压器满足现行国家标准《三相配电变压器能效限定值及能效等级》GB 20052的节能评价值要求，水泵、风机等设备，及其他电气装置满足相关现行国家标准的节能评价值要求。

12.5　采用低压集中自动补偿方式，并配备谐波电抗器组合，作为谐波抑制措施，避免高次谐波电流与电力电容发生谐振。

12.6　地下车库设置与排风设备联动的一氧化碳浓度监测装置。

十四、某省艺术中心建筑电气方案设计文件实例

1　工程基本情况

某省艺术中心，总建筑面积为59000m^2。包括1600座歌剧院、600座多功能剧院、室

外剧场及旅游、餐饮、服务设施的一类高层建筑，建筑物地上五层，地下二层，总高度为64m。

2　设计范围

2.1　变、配电系统；

2.2　照明配电系统；

2.3　动力用电设备的供电系统；

2.4　防雷接地系统；

2.5　建筑设备监控系统；

2.6　综合布线系统；

2.7　舞台通信与监督系统；

2.8　剧场扩声系统；

2.9　建筑电气消防系统；

2.10　公共广播系统；

2.11　综合保安监控系统；

2.12　有线电视系统；

2.13　电气节能、绿色建筑设计。

3　变、配、发电系统

3.1　负荷分级

3.1.1　一级负荷包括调光用电子计算机系统电源、舞台照明、VIP休息室、VIP演员化妆室、舞台机械设备、电声设备、电视转播、新闻摄影用电、火灾报警及联动控制设备、消防泵、消防电梯、排烟风机、加压风机、保安监控系统、应急照明、疏散照明等。其中的调光用电子计算机系统电源等为一级负荷中的特别重要负荷。设备容量约为：P_e=3200kW。

3.1.2　二级负荷包括：观众厅照明及空调、客梯、排水泵、生活水泵等属二级负荷。设备容量约为：P_e=4500kW。

3.1.3　三级负荷包括：其他照明及空调动力负荷。设备容量约为：P_e=2200kW。

3.2　电源

本工程由市政外网引来两路高压电源。高压系统电压等级为10kV。高压采用单母线分段运行方式，中间设联络开关，平时两路电源同时分列运行，互为备用，当一路电源故障时，通过手/自操作联络开关，另一路电源负担全部负荷。

3.3　变、配、发电站

3.3.1　变配电室设置2处。1号变配电室设在地下一层大剧场后附台，设二台2000kVA和二台1600kVA变压器。1号2号变压器的供电范围：舞台灯光调光设备、舞台机械设备及其他剧场用电负荷；3号4号变压器的供电范围：舞台音响设备、舞台机械设备及其他剧场用电负荷。

2号变配电室设在地下一层大剧场与小剧场之间，设二台1600kVA变压器。5号6号变压器的供电范围：制冷机防设备用电。

3.3.2　在地下一层设置一处柴油发电机房。拟设置一台1250kW柴油发电机组。

3.4　自备应急电源系统

3.4.1　当市电出现停电、缺相、电压超出范围（380V：－15%～＋10%）或频率超出范围（50Hz±5%）时延时15s（可调）机组自动启动。

3.4.2　当市电故障时，调光用电子计算机系统电源，消防用电设备、应急照明与疏散照明以及涉及人身安全的用电设备均由自备应急电源提供电源。

4　信息系统对城市公用事业的需求

4.1　本工程预计申请直拨外线300对（此数量可根据实际需求增减）实现对外语音通信。

4.2　本工程建立卫星通信系统，进行高速数据传输、图像传输、综合数据与语音通信、移动数据通信、计算机网络联接等综合业务，与DDN数字数据网互为备份，可以保证数据通信的不间断性、可靠性。

4.3　电视信号接自城市有线电视网，在顶层设有卫星电视机房，对建筑内的有线电视实施管理与控制。有线电视节目和卫星电视节目经调制后，经电视信号干线系统传送至每个电视输出口处，使获得技术规范所要求的电平信号，达到满意的收视效果。

5　照明系统

5.1　照度标准见表1-25。

照度标准　　**表1-25**

房间或场所		参考平面及其高度	照度标准值(lx)	UGR	U_0	R_a
门厅		地面	200	22	0.4	80
观众厅	影 院	0.75m水平面	100	22	0.4	80
	剧场	0.75m水平面	150	22	0.4	80
观众休息厅	影院	地面	150	22	0.4	80
	剧场	地面	200	22	0.4	80
排 演 厅		地面	300	22	0.6	80
化妆室	一般活动区	0.75m水平面	150	22	0.6	80
	化妆台	1.1m高处垂直面	500	—	—	80

5.2　光源与灯具选择：办公室采用高效格栅荧光灯，为提高功率因数及节能，荧光灯均选配电子镇流器，走道，卫生间均选用节能筒灯，B段地下层冷冻机房，A段地下层水泵房采用小功率金属卤化物灯。

5.3　舞台灯光

5.3.1　在表演中，为了烘托剧情、突出人物、增加艺术效果、随着剧情变化，在舞台上会出现各种情景，使人身临其境，这一切都离不开舞台灯光的配合。舞台灯光由面光、耳光、顶光、柱光、脚光、侧光、顶排光、天排光、地排光、追光等组成。

5.3.2　灯光控制室设在观众席的后面，可控硅调光室设在舞台的下场（临近舞台灯光），灯光控制室内设主备两个灯光控制台及一个电脑灯控制台。灯光控制台通过同步线实现资源共享，操作内容共享，可以同时操作，所存储内容可以互相备份，有千余个通道可以用来控制光源，颜色变换器和移动灯光。电脑灯调光台带触摸屏，屏幕可以做预置效果，翻页浏览，可以控制硅箱电脑灯，可以作为剧场的流动调光台使用，方便操作人员的控制和编程。

5.3.3　所有舞台灯具的外壳均与PE线连接。

5.4　应急照明与疏散照明：变配电所、柴油发电机房、计算中心、消防控制中心、水泵房、防排烟风机房、走廊、楼梯间、电梯前室、门厅等场所设置应急照明。在走廊、安全出口、大厅、楼梯间等处设疏散指示灯。消防控制室、变配电所、配电间、电讯机房、弱电间、楼梯间、前室、水泵房、电梯机房、排烟机房、重要机房的值班照明等处的应急照明按

100%考虑；门厅、走道按30%设置应急照明；其他场所按10%设置应急照明。各层走道、拐角及出入口均设疏散指示灯，蓄电池采用集中免维护电池进行供电，停电时自动切换为直流供电，并且应急照明持续时间应不少于30min。

5.5　为保证用电安全，用于移动电器装置的插座的电源均设电磁式剩余电流保护装置(动作电流≤30mA，动作时间小于0.1s)。

5.6　照明控制：为了便于管理和节约能源，以及不同的时间要求不同的效果。本工程采用智能型照明控制系统，部分灯具考虑调光；楼梯间、走廊等公共场所的照明采用集中控制和就地控制相结合的方式；走廊的照明采用集中控制。走廊的应急照明考虑就地控制和消防集中控制的方式。室外照明的控制纳入建筑设备监控系统统一管理。

6　防雷与接地

6.1　本建筑物按二类防雷建筑物设防，利用建筑物的金属层面兼做接闪器。所有突出屋面的金属体和构筑物应与接闪带电气连接。

6.2　建筑物作总等电位连接，在配变电所内安装一个总等电位连接端子箱，将所有进出建筑物的金属管道、金属构件、接地干线等与总等电位端子箱有效连接。

6.3　为预防雷电电磁脉冲引起的过电流和过电压，在变压器低压侧、向重要设备供电的末端配电箱的各相母线上、由室外引入或由室内引至室外的电力线路、信号线路、控制线路、信息线路等装设电涌保护器(SPD)。

6.4　本工程采用共用接地装置，以建筑物、构筑物的金属体、构造钢筋和基础钢筋作为接地体，其接地电阻小于1Ω。

6.5　～220/380V低压系统接地型式采用TN-S，PE线与N线严格分开。

6.6　所有弱电机房和电梯机房均作辅助等电位连接。

7　建筑电气消防系统

7.1　本工程消防控制室设在一层，有直通室外的出口。消防控制室内设火灾报警控制主机、联动控制台、CRT显示器、打印机、紧急广播设备、消防直通对讲电话设备、电梯监控盘及电源设备等。

7.2　火灾探测器设置：观众厅、舞台等无遮挡大空间设红外光束感烟探测器；剧场大堂、休息厅、展厅等高大空间设红外光束感烟探测器；排练厅、化妆室、办公、剧场技术用房和设备用房设智能型感烟探测器；舞台葡萄架下、观众厅闷顶内、台仓及疏散通道设智能型感烟探测器；厨房设可燃气体探测器及感温探测器；柴油机房配合水喷雾灭火系统设感烟感温探测器组；电动防火卷帘门两侧设感烟感温探测器组。

7.3　在主要出入口、楼梯间及电梯前室等处设手动报警按钮及消防对讲电话插孔。从一防火分区内任何位置到最临近的一个手动火灾报警按钮的距离不应大于30m。在消火栓箱内设消火栓报警按钮。

7.4　消防控制室内设联动控制台，可以实现消防设备的控制。

7.5　火灾时，消防控制室值班人员可全楼自动或手动进行火灾广播，指挥人员撤离火灾现场。

7.6　消防直通对讲电话系统：在消防控制室内设置消防直通对讲电话总机，除在各层的手动报警按钮处设置消防对讲电话插孔外，在变配电室、水泵房、消防电梯轿厢、电梯机房、冷冻机房、BAS控制室、管理值班室等处设置消防直通对讲电话分机。

7.7　本工程还设置电气火灾报警系统、消防设备电源监控系统和防火门监控系统。

8　智能化系统

8.1　建筑设备监控系统

本工程设建筑设备监控系统，对全楼的给排水设备、空调设备及供电系统设备进行监视及节能控制。BAS监控中心设在一层，内设系统主机，CRT及打印机；冷冻机房、变配电所内设控制分站，其余相关设备用房设直接数字控制器。

8.2 综合布线系统

综合布线系统为开放式网络平台，通过该系统可以实现世界范围资源共享，支持电话、数据、图文、图像等多媒体业务。剧院一层设综合布线间，综合布线网络交换机和总配线架。

8.3 通信自动化系统

本工程在地下一层设置电话交换机房，拟定设置一台的500门PABX。本工程建立卫星通信系统，进行高速数据传输、图像传输、综合数据与语音通信、移动数据通信、计算机网络联接等综合业务，与DDN数字数据网互为备份，可以保证数据通信的不间断性、可靠性。

8.4 有线电视及卫星电视系统

有线电视信号由市政有线电视网引至一层电视机房，内设前端箱。剧场演出实况的视频信号并入电视系统，另可根据需要设置数套自办节目。系统采用邻频传输，用户电平要求69±6dB，图像清晰度应在四级以上。系统采用分支分配方式。

8.5 安防系统

保防监控系统的所有主机设备均设置在一层保安机房内。各出入口、公共走廊、电梯轿厢内设保安监视摄像机，四层展厅采用全面监视方式。中心主机系统采用全矩阵系统，所有摄像点应同时录像，按系统图所示做时序切换。同时可手动选择某一摄像机进行跟踪、录像。在重要场所的出入口设有门磁开关、电子门锁、读卡器，对通过对象及通行时间进行控制、监视及设定。

8.6 售验票系统

本工程的售验票系统是以磁卡、IC卡或条码卡等媒介为门票，结合集智能卡技术、信息安全技术、软件技术、网络技术及机械技术的智能化票务管理系统，它为剧场的运营管理、安全管理和演出管理提供了有效的技术手段，本工程设门票管理系统，在各观众进口分别设置验票闸机，在演出结束以后本系统可以将闸门自动关闭使观众能够迅速地离场。

8.7 停车场微机管理系统

在地下车库设一套停车场管理系统，选用影像全鉴别系统。对进出车辆进行影像对比，防止盗车。在停车场出入口各设一套自动计费系统。

8.8 公共广播系统

本工程设置一套公共广播系统（含火灾紧急广播系统）。广播机房与消防控制室合用。广播系统设有电脑音响控制设备。节目源有镭射唱盘机、CD播放机、双卡连续录音机等设备，并设有紧急广播用话筒。火灾时，自动或手动打开相关层紧急广播，同时切断背景音乐广播。紧急广播切换在消防控制室内完成。紧急广播设备用扩音机，容量为同时广播容量的1.5倍（350W）。公共广播线路经舞台通信四通道主机引至剧院后台化妆、贵宾休息室扬声器，上述扬声器平时播放背景音乐，演出时切换为舞台通讯用，并设有音量调节开关。

9 电气节能、绿色建筑设计

9.1 变电所深入负荷中心，合理选用导线截面，减少电压损失。设置建筑设备监控系统，对建筑物内的设备实现节能控制。

9.2 照明光源应优先采用节能光源，建筑照明功率密度值应小于《建筑照明设计标准》GB 50034中的规定。采用智能灯光控制系统，通过控制遮阳板将自然光和人工光实现有机结合。走廊、楼梯间、门厅、大堂、大空间、地下停车场等场所的照明系统采取分区、定时、感应等节能控制措施。

9.3　合理选用电梯和自动扶梯，并采取电梯群控、扶梯自动启停等节能控制措施。

9.4　三相配电变压器满足现行国家标准《三相配电变压器能效限定值及能效等级》GB 20052的节能评价值要求，水泵、风机等设备，及其他电气装置满足相关现行国家标准的节能评价值要求。

9.5　采用低压集中自动补偿方式，并配备谐波电抗器组合，作为谐波抑制措施，避免高次谐波电流与电力电容发生谐振。

9.6　地下车库设置与排风设备联动的一氧化碳浓度监测装置。

十五、某中学建筑电气方案设计文件实例

1　工程概况

某中学校园建筑面积为73000m²，教学、生活附属及体育设施在内的建筑群，具体建设内容包括：教学楼、实验楼、综合楼、图书馆、报告厅等教学设施，食堂、宿舍楼等生活附属设施，体育馆、游泳馆、运动场看台、标准400m田径场及足球、篮球和排球运动场地等体育设施，同时配套建设相应规模的附属设施和室外环境工程。

2　设计范围

2.1　高、低压变配电系统；

2.2　电力配电系统；

2.3　照明系统；

2.4　防雷及接地系统；

2.5　综合布线系统；

2.6　通信自动化系统；

2.7　有线电视系统；

2.8　门禁系统；

2.9　电子巡更系统；

2.10　建筑电气消防系统；

2.11　系统集成；

2.12　电气节能、绿色建筑设计。

3　变、配电系统

3.1　负荷分级

3.1.1　一级负荷包括：计算机系统用电，重要实验室用电，保安监控系统用电和所有的消防用电设备为一级负荷。设备容量约为：P_e=800kW。

3.1.2　二级负荷包括：楼梯照明用电，客梯、排水泵、生活水泵等。设备容量约为：P_e=1600kW。

3.1.3　三级负荷包括：一般照明及动力负荷。设备容量约为：P_e=2200kW。

3.2　电源

本工程由市政外网引来两路高压电源。高压系统电压等级为10kV。高压采用单母线分段运行方式，中间设联络开关，平时两路电源同时分列运行，互为备用，当一路电源故障时，通过手/自操作联络开关，另一路电源负担全部负荷。容量5000kVA。

3.3　变、配电站

设置变电所一处，拟内设四台1250kVA干式变压器。

4　信息系统对城市公用事业的需求

4.1　本工程需输出入中继线 100 对（呼出呼入各 50%），另外申请直拨外线 200 对（此数量可根据实际需求增减）。

4.2　电视信号接自城市有线电视网，设有电视机房，对建筑内的有线电视实施管理与控制。有线电视节目经电视信号干线系统传送至每个电视输出口处，使获得技术规范所要求的电平信号，达到满意的收视效果。

5　照明系统

5.1　照度标准见表 1-26。

照度标准　　**表 1-26**

房间或场所	参考平面及其高度	照度标准值(lx)	UGR	U_0	R_a
教室	课桌面	300	19	0.6	80
实验室	实验桌面	300	19	0.6	80
美术教室	桌面	500	19	0.6	90
多媒体教室	0.75m 水平面	300	19	0.6	80
教室黑板	黑板面	500	—	0.7	80
楼梯间	地面	100	22	0.4	80

5.2　光源与灯具选择：一般场所选用节能型灯具；有装修要求的场所视装修要求，可采用多种类型的光源；对仅作为应急照明用的光源应采用瞬时点燃的光源；对大空间场所和室外空间可采用金属卤化物灯。书库照明宜采用窄配光荧光灯具。实验桌上应设置局部照明。

5.3　应急照明与疏散照明：变配电所、配电间、电讯机房、弱电间、楼梯间、前室、水泵房、电梯机房、排烟机房、重要机房的值班照明等处的应急照明按 100%考虑；门厅、走道按 30%设置应急照明；其他场所按 10%设置应急照明。各层走道、拐角及出入口均设疏散指示灯，蓄电池采用集中免维护电池进行供电，停电时自动切换为直流供电，并且应急照明持续时间应不少于 30min。

5.4　为保证用电安全，用于移动电器装置的插座采用安全型，并设电磁式剩余电流保护装置（动作电流≤30mA，动作时间小于 0.1s）。

5.5　配电系统支路的划分原则：

5.5.1　教学用房和非教学用房的照明线路应分设不同支路。

5.5.2　门厅、走道、楼梯照明线路应设单独支路。

5.5.3　教学用房照明线路支路，控制范围不宜过大，以 2～3 个教室为宜。

5.5.4　教室内电源插座与照明用电应分设不同支路。

5.5.5　各实验室内教学用电应设专用线路，电源侧应设有切断、保护措施的配电装置。

6　电力系统

6.1　配电系统的接地型式采用 TN-S 系统。

6.2　用电设计应符合下列规定：

6.2.1　凡规定设一组电源插座者，均为 220V 二孔、三孔插座各一个。

6.2.2　语言教室和微型电子计算机教室，应根据设备性能及要求，设置电源及安全接地、工作接地。

6.2.3　照明灯的开关控制，应考虑节电、使用方便及有利维修。灯具选型应符合安全要求，并应有利于清扫和维修。

6.2.4　实验室的电源应根据不同的使用要求设置，并应符合下列规定：

（1）实验室电源插座宜设在实验桌上。

（2）准备室应设置电源和安全接地措施。

（3）物理实验室讲桌处应设三相 380V 电源插座。

（4）化学、物理实验室应设直流电源线路和电源接线条件。

（5）生物实验室的显微镜室，设天象仪的地理教室，在实验课桌上，应设局部照明。

7　防雷与接地

7.1　本建筑物按二类防雷建筑物设防，为防直击雷在屋顶设接闪带，其网格不大于 10m×10m，所有突出屋面的金属体和构筑物应与接闪带电气连接。

7.2　为预防雷电电磁脉冲引起的过电流和过电压，在变压器低压侧、在向重要设备供电的末端配电箱的各相母线上、由室外引入建筑物的电力线路、信号线路、控制线路、信息线路等装设电涌保护器。

7.3　本工程采用共用接地装置，以建筑物、构筑物的金属体、构造钢筋和基础钢筋作为接地体，其接地电阻小于 1Ω。

7.4　建筑物作总等电位连接，在配变电所内安装一个总等电位连接端子箱，将所有进出建筑物的金属管道、金属构件、接地干线等与总等电位端子箱有效连接。

7.5　在所有通信机房、电梯机房、浴室等处作辅助等电位连接。

8　建筑电气消防系统

8.1　本工程在一层设置消防控制室，分别监视建筑内的消防进行探测监视和控制。消防控制室内分别设有火灾报警控制主机、联动控制台、CRT 显示器、打印机、紧急广播设备、消防直通对讲电话设备、电梯监控盘及 UPS 电源设备等。

8.2　根据不同场所的需求，设置感烟、感温、煤气探测器及手动报警器。消防控制中心和消防控制室可对探测器的火警、故障信号进行监视，并对消防水泵、消防风机、紧急广播等设备进行联动控制。

8.3　本工程还设置电气火灾报警系统、消防设备电源监控系统和防火门监控系统。

9　智能化系统

9.1　综合布线系统

9.1.1　本工程在将语音信号、数字信号、视频信号、控制信号的配线，经过统一的规范设计，综合在一套标准的配线系统上，此系统为开放式网络平台，方便用户在需要时，形成各自独立的子系统。综合布线系统可以实现世界范围资源共享，综合信息数据库管理、电子邮件、个人数据库、报表处理、财务管理、电话会议、电视会议等。

9.1.2　设置内部局域计算机网络，实现建筑内工作范围内的资源共享。

9.1.3　本工程在一层设置网络室。

9.2　通信自动化系统

9.2.1　本工程在一层设置电话交换机房，拟定设置一台 500 门的 PABX。

9.2.2　本工程建立卫星通信系统，进行高速数据传输、图像传输、综合数据与语音通信、移动数据通信、计算机网络联接等综合业务，与 DDN 数字数据网互为备份，可以保证数据通信的不间断性、可靠性。

9.3　有线电视

电视信号接自城市有线电视网，在一层设有电视机房，对建筑内的有线电视实施管理与控制。有线电视节目经电视信号干线系统传送至每个电视输出口处，使获得技术规范所要求的电平信号，达到满意的收视效果。系统设备包括：卫星接收天线、功分器、接收机、解密器、制式转换器、前置放大器、频道放大器、频道转换器、有源混合器、供电单元、宽带放大器、分配器、分支器、终端电阻等。

9.4　安防系统

本工程设置保安室，保安室内设系统矩阵主机、硬盘录像机、打印机，监视器及～24V电源设备等。视频自动切换器接受多个摄像点信号输入，定时自动轮换（1～30s）输出监控信号，也可手动任选一个摄像机的画面跟踪监视、录像、打印。系统矩阵主机带输入、输出板；云台控制及编程、控制输出时、日、字符叠加等功能。在本建筑的主要出入口、楼梯间、电梯前室、电梯轿厢及走廊等处设置摄像机。

9.5　门禁系统

为确保建筑的安全，根据安全级别的不同划分为的不同安全分区，根据级别的不同设置相应的门禁系统，以免无关人员闯入。

9.6　电子巡更系统

电子巡更管理系统不仅是安全保卫系统中不可缺少的重要部分，也是先进物业管理的不可或缺的重要组成部分。在主要公共通道分布电子巡更签到点，可设定保安员巡更的路线及地点，巡更的次数等，并可检测该保安员所用的巡更时间，从而监督保安员工作。

9.7　公共广播系统

9.7.1　本工程设置一套公共广播系统（兼火灾应急广播系统）。广播机房设在一层（与消防控制室合用），系统采用100V定压输出方式。

9.7.2　广播系统设有电脑音响控制设备。节目源有镭射唱盘机、CD播放机、双卡连续录音机等设备，并设有应急广播用话筒。

9.7.3　火灾时，自动或手动打开相关区域紧急广播，同时切断背景音乐广播。紧急广播切换在控制室内完成。

9.7.4　紧急广播设备用扩音机，其容量为单体建筑广播最大容量的1.5倍。

9.7.5　体育馆、游泳馆、运动场、报告厅等多功能用房设独立的广播系统。

9.7.6　播音系统中兼作播送作息音响信号的扬声器应设置在教学楼的走道、校内学生活动的场所。

9.7.7　室外设置广场广播线路。

9.8　系统集成

9.8.1　集成管理的重点是突出在中央管理系统的管理，控制仍由下面各子系统进行。集成管理能为本工程各个管理部门提供高效、科学和方便的管理手段。将建筑中日常运作的各种信息，如安防、通信系统等管理信息，各种日常办公管理信息，物业管理信息等构成相互之间有关联的一个整体，从而有效地提升建筑整体的运作水平和效率。

9.8.2　集成管理，首先要求进行集成的系统应该是一个开放性的系统，在集成过程中，首先要解决好各个系统间通信协议的标准化问题，使整个系统达到信息识别的唯一性，只有这样，才能真正达到各子系统之间的联动，也才能做到无论集成先后，均能平滑连接。

9.8.3　系统集成的规模，首先是以建筑设备管理系统为模式，即BMS模式，先期将在建筑中有相互联动关系的各建筑设备监控子系统进行相对集成，达到相互之间在处理和解决建筑中出现的问题时，能协同动作，提高效率，便于管理。

10　电气节能、绿色建筑设计

10.1　变电所深入负荷中心，合理选用导线截面，减少电压损失。

10.2　三相配电变压器满足现行国家标准《三相配电变压器能效限定值及能效等级》GB 20052的节能评价值要求，水泵、风机等设备，及其他电气装置满足相关现行国家标准的节能评价值要求。

10.3　采用智能灯光控制系统，通过控制遮阳板将自然光和人工光实现有机结合。照明光源应优先采用节能光源，建筑照明功率密度值应小于《建筑照明设计标准》GB 50034中的规定。走廊、楼梯间等场所的照明系统采取分区、定时、感应等节能控制措施。

10.4 采用低压集中自动补偿方式，并配备谐波电抗器组合，作为谐波抑制措施，避免高次谐波电流与电力电容发生谐振。

十六、某图书馆建筑电气方案设计文件实例

1 工程概况

某图书馆框架结构，地上共六层，地下三层，建筑面积为 81000m^2。地下层为书库和设备用房，一层至八层为阅览室和办公室。

2 设计范围

2.1 变、配电系统；

2.2 照明配电系统；

2.3 动力用电设备的供电系统；

2.4 防雷接地及电磁脉冲防护系统；

2.5 建筑设备监控系统；

2.6 综合布线系统；

2.7 建筑电气消防系统；

2.8 闭路电视保安监视系统；

2.9 有线电视系统；

2.10 同声传译系统；

2.11 音响系统；

2.12 无线上网系统。

2.13 电气节能、绿色建筑设计。

3 变、配、发电系统

3.1 负荷分级

3.1.1 一级负荷包括：安防系统、图书检索用计算机系统用电，火灾报警及联动控制设备、消防泵、消防电梯、排烟风机、加压风机、保安监控系统、应急照明、疏散照明及重要的计算机系统（如检索用电子计算机系统）等。其中安防系统、图书检索用计算机系统用电为一级负荷中的特别重要负荷。设备容量约为：P_e=3800kW。

3.1.2 二级负荷包括：其他用电属二级负荷。设备容量约为：P_e=4800kW。

3.1.3 三级负荷包括：一般照明及动力负荷。设备容量约为：P_e=1100kW。

3.2 电源

本工程由市政外网引来两路高压电源。高压系统电压等级为 10kV。高压采用单母线分段运行方式，中间设联络开关，平时两路电源同时分列运行，互为备用，当一路电源故障时，通过手/自操作联络开关，另一路电源负担全部负荷。容量 8000kVA。

3.3 变、配、发电站

3.3.1 在地下一层设置变电所一处，拟内设四台 2000kVA 干式变压器。

3.3.2 在地下一层设置一处柴油发电机房。每个机房各拟设置一台 1000kW 柴油发电机组。

3.4 自备应急电源系统

3.4.1 当市电出现停电、缺相、电压超出范围（AC380V：－15%～＋10%）或频率超出范围（50Hz±5%）时延时 15s（可调）机组自动启动。

3.4.2 当市电故障时，安防系统、图书检索用计算机系统，消防系统设施电源、应急照明及疏散照明及通信电源及计算机系统电源均由自备应急电源提供电源。

4 信息系统对城市公用事业的需求

4.1　本工程需输出入中继线200对（呼出呼入各50%）。另外，根据图书馆的情况，另申请直拨外线200对（此数量可根据实际需求增减）。

4.2　本工程建立卫星通信系统，进行高速数据传输、图像传输、综合数据与语音通信、移动数据通信、计算机网络联接等综合业务，与DDN数字数据网互为备份，可以保证数据通信的不间断性、可靠性。

4.3　电视信号接自城市有线电视网，在顶层设有卫星电视机房，对建筑内的有线电视实施管理与控制。有线电视节目和卫星电视节目经调制后，经电视信号干线系统传送至每个电视输出口处，使获得技术规范所要求的电平信号，达到满意的收视效果。

5　照明系统

5.1　照度标准见表1-27。

照度标准　　**表1-27**

房间或场所	参考平面及其高度	照度标准值(lx)	*UGR*	U_0	R_a
一般阅览室	0.75m水平面	300	19	0.6	80
多媒体阅览室	0.75m水平面	300	19	0.6	80
老年阅览室	0.75m水平面	500	19	0.7	80
珍善本、舆图阅览室	0.75m水平面	500	19	0.6	80
陈列室、目录厅、出纳厅	0.75m水平面	300	19	0.6	80
书库	0.25m垂直面	50	—	0.4	80
工作间	0.75m垂直面	300	19	0.6	80

5.2　照明设计遵循以下原则：采用先进而成熟的分布式智能照明控制系统，充分利用电子及计算机技术，把自然光与人工光有机结合。光源的发热量尽量低；带辐射性的光源和灯具加过滤紫外辐射的性能；总曝光量应加以限制（包括善本展示时和非展示时的全部光照）；对珍贵书籍的照度要加以限制；防止和减少紫外和红外辐射对珍贵书籍的损坏。

5.3　光源：照明应以清洁、明快为原则进行设计，同时考虑节能因素避免能源浪费，以满足使用的要求。室内外照明应选用发光效率高、显色性好、使用寿命长、色温相宜、符合环保要求的光源。室外照明装置应限制对周围环境产生的光干扰。

5.4　为保证照明质量，办公区域选用双抛物面格栅、蝙蝠翼配光曲线的荧光灯灯具，荧光灯为显色指数大于80的三基色的荧光灯。

5.5　本工程主要场所的荧光灯采用电子镇流器，以提高功率因数，减少频闪和噪声。

5.6　在变配电所、柴油发电机房、计算中心、消防控制中心、水泵房、防排烟风机房、走廊、楼梯间、电梯前室、门厅等场所设置应急照明。在走廊、安全出口、大厅、楼梯间等处设疏散指示灯。

5.7　照明控制

5.7.1　书库、资料库照明采用分区控制。

5.7.2　书库照明采用分区分架控制，每层电源总开关应设于库外。

5.7.3　书架行道照明应有单独开关控制，行道两端都有通道时应设双控开关；书库内部楼梯照明也应采用双控开关。

5.7.4　公共场所的照明应采用集中、分区或分组控制的方式；阅览区的照明宜采用分区控制方式。均根据不同使用要求采取自动控制的节能措施。

6　建筑物防雷与接地安全

6.1　本建筑物按二类防雷建筑物设防，为防直击雷在屋顶设接闪带，其网格不大于10m×10m，所有突出屋面的金属体和构筑物应与接闪带电气连接。

6.2 为预防雷电电磁脉冲引起的过电流和过电压，在变压器低压侧、在向重要设备供电的末端配电箱的各相母线上、由室外引入或由室内引至室外的电力线路、信号线路、控制线路、信息线路等部位装设电涌保护器。

6.3 本工程强、弱电采用共用接地装置，以建筑物、构筑物的金属体、构造钢筋和基础钢筋作为接地体，其接地电阻小于1Ω。

6.4 ～220/380V低压系统接地型式采用TN-S，PE线与N线严格分开。

6.5 建筑物作总等电位连接，在配变电所内安装一个总等电位连接端子箱，将所有进出建筑物的金属管道、金属构件、接地干线等与总等电位端子箱有效连接。

6.6 在所有弱电机房、电梯机房、浴室等处作辅助等电位连接。

7 建筑电气消防系统

7.1 消防控制室设在首层（含广播室和保安监视室），对全楼的消防进行探测监视和控制。消防控制室的报警控制设备由火灾报警盘、消防联动控制台、CRT图形显示屏、打印机、火灾应急广播设备、消防直通对讲电话、电梯运行监视控制盘、UPS不间断电源及备用电源等组成。在每个防火分区，设火灾报警按钮，从任何位置到手动报警按钮的步行距离不超过30m。消防控制中心在接到火灾报警信号后，按程序连锁控制消防泵、喷淋泵、防排烟机、风机、空调机、防火卷帘、电梯、非消防电源、应急电源和气体灭火系统等。火灾自动报警系统采用消防电源单独回路供电，容量5kW直流备用电源采用火灾报警控制器专用蓄电池。

7.2 在消防控制室设向当地公安消防部门报警的外线电话，并设消防专用紧急电话总机，分机设在值班室、消防水泵房、变配电室、电梯机房、排烟机房及气体灭火控制系统操作处等，在手动报警按钮处设电话插孔。

7.3 在消防中心设置电梯监控盘，除显示各电梯的运行状态、层数外，还设置正常、故障、开门、关门显示。火灾发生时，根据火灾情况及场所，由消防中心电梯监控盘发出指令，指挥电梯按消防程序运行，并对全部或任意一台电梯进行对讲，说明改变运行方式的原因，除消防电梯保持运行外，其余电梯强制返回首层并开门。电梯的火灾指令开关采用钥匙开关，由消防控制室负责火灾时的电梯控制。

7.4 广播和紧急广播系统

广播系统由日常广播和紧急广播两部分组成，前端都设在消防控制中心。日常广播和紧急广播合用一套广播线路和扬声器，扬声器采用吸顶扬声器，功率为3W，从本层任何部位到最近一个扬声器的步行距离不大于25m，走道内扬声器距走道末端不大于12.5m。平时播放背景音乐和日常广播，火灾时受火灾信号控制，可全楼紧急广播。

7.5 本工程还设置电气火灾报警系统、消防设备电源监控系统和防火门监控系统。

8 智能化系统

8.1 通信系统

根据图书馆的规模及工作人员的数量，初步拟定设置一台1000门的PABX。PABX应将传统的语音通信、语音信箱、多方电话会议、IP技术、ISDN（B-ISDN）应用等当今最先进的通信技术融会在一起，向图书馆用户提供全新的通信服务。

8.2 综合布线系统

综合布线系统是信息化、网络化、办公自动化的基础，将建筑内的业务、办公、通信等设计统一规划布线。综合布线系统满足楼内信息处理和通信（数据、语音、图像等），它能有效地融合视频信息和其他媒体信息，建立一套科学、有效的媒体管理体系，其中包括资料的采集、储存、编目、管理、传输和编码转换等。并保持用户与外界互联网及通信的联系，以达到信息资源共享、交互、再利用，实现图书馆有效的管理。本工程综合布线系统由以下五个子系统组成。

8.2.1　工作区子系统 ：在办公、阅览、电子查询、书库等部门设置工作区，每个工作区根据需要设置一个单孔或双孔信息插座，用于连接电话、计算机或其他终端设备。

8.2.2　配线子系统：信息插座选用标准的超五类 RJ45 插座，信息插座采用墙上安装方式；信息插座每一孔的配线电缆均选用一根 4 对超五类非屏蔽双绞线。

8.2.3　干线子系统：图书馆内的干线采用光缆和大对数铜缆，光缆主要用于通信速率要求较高的计算机网络，干线光缆按每 48 个信息插座配 2 芯多模光缆配置；大对数铜缆主要用于语音通信，采用 3 类 25 对非屏蔽双绞线，干线铜缆的设置按一个语音点 2 对双绞线配置。

8.2.4　设备间子系统：综合布线设备间设在一层，面积约 $20m^2$。用于安装语音部分的配线架，在一层设计算中心，面积约 $50m^2$，用于安装数据配线架，通过主配线架可使医院的信息点与市政通信网络和计算机网络设备相连接。

8.2.5　管理子系统：管理子系统分配线架设在弱电竖井内，交接设备的连接采用插接线方式。

8.3　安全防范系统

在本楼的主要出入口、楼梯间、电梯前室和电梯轿厢内设彩色摄像机，在消防控制中心设彩色监视器，用多画面监视器进行连续监视。并设有录像机和大屏幕监视器，当遇到重要情况时，可利用键盘将任一台摄像机的图像调到大屏幕上连续监视，并可录像。在重要机房、四库全书藏书库、网络控制中心等处设置防盗监控系统。为确保特殊房间的安全，在其出入通道的出入口设门禁系统，以免无关人员闯入。

8.4　有线电视系统

电视信号接自城市有线网，有线电视前端机房设在地下一层，在各会议室等处设有线电视插座，全楼采用分配分支系统，系统出线口电平为 69±6dB。

8.5　有线广播系统

8.5.1　本工程内设置有线广播系统，其功能为语音广播和背景音乐广播。本系统与火灾应急广播系统分别设置。

8.5.2　有线广播主机设备设置在中央控制室，系统采取 100V 定压输出方式。扬声器按场所及其使用功能不同分组，分区设置，并按不同使用要求，分区分别设置功放。通往各层，各分区、分组的扬声器用的电缆，从音响控制室呈星形直接送往，在控制室设有不同回路的选择开关，可根据需要分回路或全馆进行播音。多功能厅设置一套独立的扩声系统。

8.5.3　扬声器应满足灵敏度、频率响应、指向性等特性以及播放效果的要求。室外选用的扬声器或声控应为全天候型。

8.6　停车场管理系统

在停车场出入口设置停车场管理系统，采用影像全鉴别系统，对于内部车辆，采用非接触式 IC 卡进行识别。对于外部临时车辆则采用临时出票方式。停车场管理系统由进/出口读卡机，挡车器、感应线圈、摄像机、收费机、入口处 LED 显示屏等组成。停车场管理系统的操作软件应有全汉化操作系统，人机界面友好，该系统应与楼宇自控系统、消防系统、安全系统的接口，并应为开放的通信协议，便于系统的互联或联动。系统应具备以下功能：

8.6.1　自功计费、收费显示、出票机有中文提示、自动打印收据；

8.6.2　出入栅门自动控制；

8.6.3　入口处设空车位数量显示；

8.6.4　使用过期车票报警；

8.6.5　物体堵塞验卡机入口报警；

8.6.6 非法打开收款机钱箱报警；

8.6.7 出票机内票据不足报警。

8.7 建筑设备监控系统

8.7.1 建筑设备监控系统融合了现代计算机技术、网络通信技术、自动控制技术、数据库管理技术以及软件技术等，通过中央监控系统的计算机网络，将各层的控制器、现场传感器、执行器及远程通信设备进行联网，共同实现集中管理、分散控制的综合监控及管理功能。

8.7.2 本工程建筑设备监控系统的总体目标是将建筑内的建筑设备管理与控制系统（HVAC、给水排水系统、供配电系统、照明系统等）进行分散控制、集中监视管理，从而提供一个舒适的工作环境，通过优化控制提高管理水平，从而达到节约能源和人工成本，实现物业管理自动化。

8.8 同声传译系统

系统采用红外无线方式，设4种语言的同声传译，采用直接翻译和二次翻译相结合的方式。根据现场环境，在报告厅内设数个红外辐射器，用以传送译音信号，与会者通过红外接收机，佩戴耳机，通过选择开关选择要听的语种。

8.9 信息发布与查询系统

在入口大厅、休息厅等处设置大屏幕信息显示装置，在入口大厅、信息利用大厅、出纳厅、阅览室等处，设置一定数量的自助信息查询终端。

9 电气节能、绿色建筑设计

9.1 变电所深入负荷中心，合理选用导线截面，减少电压损失。

9.2 三相配电变压器满足现行国家标准《三相配电变压器能效限定值及能效等级》GB 20052的节能评价值要求，水泵、风机等设备，及其他电气装置满足相关现行国家标准的节能评价值要求。

9.3 设置建筑设备监控系统，对建筑物内的设备实现节能控制。合理选用电梯和自动扶梯，并采取电梯群控、扶梯自动启停等节能控制措施。

9.4 对室内的二氧化碳浓度进行数据采集、分析，并与通风系统联动，实现室内污染物浓度超标实时报警，并与通风系统联动。

9.5 采用低压集中自动补偿方式，并配备谐波电抗器组合，作为谐波抑制措施，避免高次谐波电流与电力电容发生谐振。

9.6 照明光源应优先采用节能光源，采用智能灯光控制系统。走廊、楼梯间、门厅、大堂、大空间、地下停车场等场所的照明系统采取分区、定时、感应等节能控制措施。建筑照明功率密度值应小于《建筑照明设计标准》GB 50034中的规定。

十七、某市档案馆建筑电气方案设计文件实例

1 工程概况

本工程总建筑面积120365m²，档案业务、办公、库房及辅助用房118365m²，商业2000m²，建筑高度58m。

2 设计范围

1.1 变、配电系统。

1.2 动力、照明配电系统。

1.3 防雷接地系统。

1.4 建筑智能化系统。

1.5 建筑电气消防系统；

1.6 电气节能、绿色建筑设计。

3 变、配电系统

3.1 一级负荷：消防用电设备（消防控制室内的火灾自动报警控制器及联动控制台、消防水泵、消防电梯、排烟风机、加压送风机、计算机系统电源等）、保安监控系统、应急照明及疏散指示等；二级负荷：客梯、生活泵、排水泵等；三级负荷：其他照明及电力负荷。

3.2 负荷估算：本工程用电总设备容量约为：P_e＝13125kW；总计算负荷约为 P_{js}＝7875kW，设计变压器总装机容量为10500kVA。

3.3 电源：本工程由外电网引来独立两路10kV电源供电，10kV高压配电系统均为单母线分段运行，两路电源同时工作，互为备用，每路10kV电源均能承担全部负荷。高压系统电压等级为10kV，低压系统电压等级为～220V/380V。

3.4 本工程在地下一层设置总变、配电所，内设两台12500kVA变压器和四台2000kVA变压器向用电设备供电。变压器低压侧母线设置母连断路器，采用单母线分段方式运行，联络开关设自投自复；自投不自复；手动转换开关。自投时应自动断开非保证负荷。主进开关与联络开关设电气连锁，任何情况下只能合其中的两个开关。

3.5 本工程采用低压集中自动补偿方式，每台变压器低压母线上装设不燃型干式补偿电容器，对系统进行无功功率自动补偿，使补偿后的功率因数大于0.95。

3.6 低压配电采用放射式与树干式相结合的方式，对于单台容量较大的负荷或重要负荷如：冷冻机房、水泵房、电梯机房、电话站、消防中心等设备采用放射式供电；对于一般负荷采用树干式与放射式相结合的方式供电。

3.7 本工程的消防动力设备、计算中心、应急照明、重要书库的空调设备、计算机设备、电话机房、配变电所用电等采用双电源供电，并在末端互投。

4 信息系统对城市公用事业的需求

4.1 本工程需输出入中继线160对（呼出呼入各50%）。另外申请直拨外线100对（此数量可根据实际需求增减）。

4.2 本工程建立卫星通信系统，进行高速数据传输、图像传输、综合数据与语音通信、移动数据通信、计算机网络联接等综合业务，与DDN数字数据网互为备份，可以保证数据通信的不间断性、可靠性。

4.3 电视信号接自城市有线电视网，在顶层设有卫星电视机房，对建筑内的有线电视实施管理与控制。有线电视节目和卫星电视节目经调制后，经电视信号干线系统传送至每个电视输出口处，使获得技术规范所要求的电平信号，达到满意的收视效果。

5 照明

5.1 建筑照明标准值见表1-28。

建筑照明标准 **表1-28**

房间或场所	参考平面及其高度	照度标准值(lx)	UGR	U_0	R_a
高级办公室/一般办公室	0.75m水平面	500/300	19	0.6	80
会议室	0.75m水平面	300	19	0.6	80
接待室、前台	0.75m水平面	300	—	0.4	80
文件整理、复印、发行室	0.75m水平面	300	—	0.4	80
资料、档案室	0.75m水平面	200	—	0.4	80

5.2 光源：一般场所为荧光灯或高效节能型灯具。档案库和查阅档案等用房采用荧光灯时，应有过滤紫外线和安全防火措施。档案库灯具型式及安装位置应与装具布置相配合。缩微阅览室、计算机房照明设计宜防止显示屏出现灯具影像和反射眩光。

5.3　车库、办公走道等处的照明采用智能型照明管理系统，以实现照明节能管理与控制。

5.4　本工程主要场所的荧光灯采用电子镇流器，以提高功率因数，减少频闪和噪声。

5.5　在变配电所、计算中心、消防控制中心、水泵房、防排烟风机房、走廊、楼梯间、电梯前室、门厅等场所设置应急照明。在走廊、安全出口、大厅、楼梯间等处设疏散指示灯。

5.6　库区电源总开关应设于库区外，库房的电源开关应设于库房外，并应设有防止漏电的安全保护装置。

5.7　空调设施和电热装置应单独设置配电线路，并穿金属管保护。

5.8　控制导线及档案库供电导线应用铜芯导线。档案库、计算机房和缩微用房配电线路采取穿金属管暗敷方式。

6　防雷与接地

6.1　本工程按二类防雷设防。在屋顶设接闪器，利用建筑物结构柱子内的主筋作引下线，利用结构基础内钢筋网作接地装置。防雷接地、变压器中性点接地及电气设备保护接地等共用统一的接地装置，要求接地电阻不大于1Ω，否则应在室外增设人工接地体。

6.2　为预防雷电电磁脉冲引起的过电流和过电压，在变压器低压侧、向重要设备供电的末端配电箱的各相母线上、由室外引入或由室内引至室外的电力线路、信号线路、控制线路、信息线路等处应装设SPD。

6.3　安全措施

6.3.1　本工程低压配电系统接地型式采用TN-S系统，其中性线和保护地线在接地点后要严格分开。凡正常不带电而当绝缘破坏有可能呈现电压的一切电气设备金属外壳均应可靠接地。

6.3.2　电梯机房、弱电机房、卫生间等处设辅助等电位联结。

6.3.3　本工程采用总等电位联结，将建筑物内保护干线、设备进线总管、建筑物金属构件进行联结。

7　建筑智能化系统

本工程建筑智能化系统包括：综合布线系统、有线电视系统、建筑设备监控系统、综合保安闭路监视系统、车场管理系统及系统集成。

7.1　综合布线系统

综合布线系统是信息化、网络化、办公自动化的基础，将建筑内的业务、办公、通信等设计统一规划布线。综合布线系统满足楼内信息处理和通信（数据、语音、图像等），它能有效地融合视频信息和其他媒体信息，建立一套科学、有效的媒体管理系统，其中包括资料的采集、储存、编目、管理、传输和编码转换等。并保持用户与外界互联网及通信的联系，以达到信息资源共享、交互、再利用，实现数据的有效的管理。本工程综合布线系统由以下五个子系统组成。

7.1.1　工作区子系统：在办公区域每10m^2为一个工作区，每个工作区根据需要设置一个四孔信息插座，用于连接电话、计算机（包括光纤到桌面）或其他终端设备。

7.1.2　配线子系统：信息插座选用标准的超五类RJ45插座，信息插座采用墙上安装方式；信息插座每一孔的配线电缆均选用一根4对超五类非屏蔽双绞线。

7.1.3　干线子系统：采用光缆和大对数铜缆，光缆主要用于通信速率要求较高的计算机网络，干线光缆按每48个信息插座配2芯多模光缆配置；大对数铜缆主要用于语音通信，采用3类25对非屏蔽双绞线，干线铜缆的设置按一个语音点2对双绞线配置。

7.1.4　设备间子系统：各楼均设置综合布线设备间，用于安装语音及数据的配线架，通过主配线架可使数据中心的信息点与市政通信网络和计算机网络设备相连接。

7.1.5　管理子系统：管理子系统分配线架设在网络设备间内，交接设备的连接采用插接线方式。

7.2　内部网络：根据档案管理要求设置内部网络系统。

7.3　有线电视系统

电视信号接自外有线电视网，各楼设置电视前端机房，在各会议室等处设有线电视插座，有线电视系统采用分配分支系统，系统出线口电平为69±6dB，要求图像质量不低于四级。

7.4　建筑设备监控系统

本工程设建筑设备管理系统，对建筑内的供水、排水设备；冷水系统、空调设备及供电系统和设备进行监视及节能控制。建筑设备管理系统是基于分布式控制理论而设计的集散系统，通过网络系统将分布在各监控现场的系统控制器联接起来，共同完成集中操作、管理和分散控制的综合自动化系统。以确保建筑舒适和安全的环境，同时实现高效节能的要求，并对特定事物做出适当反应。

7.5　综合保安闭路监视系统

在建筑的主要出入口、楼梯间、电梯前室和电梯轿厢内设彩色摄像机，在消防控制室设彩色监视器，用多画面监视器进行连续监视。并设有录像机和大屏幕监视器，当遇到重要情况时，可利用键盘将任一台摄像机的图像调到大屏幕上连续监视，并可录像。在重要机房、网络控制中心等处设置防盗监控系统。为确保某些特殊房间的安全，在其出入通道的出入口设门禁系统，以免无关人员闯入。

7.6　车场管理系统

在停车场出入口设置停车场管理系统，采用影像全鉴别系统，对于内部车辆，采用非接触式IC卡进行识别。对于外部临时车辆则采用临时出票方式。停车场管理系统由进/出口读卡机，挡车器、感应线圈、摄像机、收费机、入口处LED显示屏等组成。停车场管理系统的操作软件应有全汉化操作系统，人机界面友好，该系统应与楼宇自控系统、消防系统、安全系统的接口，并应为开放的通信协议，便于系统的互联或联动。

7.7　系统集成管理

集成管理的重点是突出在中央管理系统的管理，控制仍由下面各子系统进行。集成管理能为本工程各个管理部门提供高效、科学和方便的管理手段。将建筑中日常运作的各种信息，如楼宇自控、安防、火灾自动报警、公共广播、通信系统以及展览管理信息，各种日常办公管理信息，物业管理信息等构成相互之间有关联的一个整体，从而有效地提升建筑整体的运作水平和效率。

8　建筑电气消防系统

8.1　本工程在大通关主楼一层设置消防控制室。分别在通关业务楼、二期A、B、C楼设置值班室。

对建筑内火灾信号和消防设备进行监视及控制。消防控制室内设火灾自动报警控制器、消防联动控制台、消防应急广播、中央电脑、显示器、打印机、电梯运行监控盘及消防对讲电话、专用电话、UPS等设备。

8.2　在办公室、会议室、设备机房、楼梯间、走廊等场所设感烟探测器；厨房设煤气探测器。

8.3　在主要出入口、疏散楼梯口等场所设手动报警按钮及对讲电话插口。

8.4　在消防水泵房、变配电室、防排烟机房、空调风机房、消防电梯机房、主要值班室等场所设消防专用电话。

8.5　在地下车库、办公层走廊等场所设火灾应急广播扬声器。在各疏散楼梯间设火灾警报装置。

8.6　本工程还设置电气火灾报警系统、消防设备电源监控系统和防火门监控系统。

9　电气节能、绿色建筑设计

9.1　将变配电所设置在冷冻机房附近，合理选择电缆、导线截面，减少电能损耗，使变配电所深入负荷中心。

9.2　合理分配电能，变配电所内为专供空调冷冻系统负荷专设变压器，冬季可退出运行。

9.3　三相配电变压器满足现行国家标准《三相配电变压器能效限定值及能效等级》GB 20052的节能评价值要求，水泵、风机等设备，及其他电气装置满足相关现行国家标准的节能评价值要求。

9.4　合理选用电梯和自动扶梯，并采取电梯群控、扶梯自动启停等节能控制措施。

9.5　本工程采用低压集中自动补偿方式，并配备谐波电抗器组合，作为谐波抑制措施，避免高次谐波电流与电力电容发生谐振，影响系统设备可靠运行，治理后的谐波水平满足《电能质量　公用电网谐波》GB/T 14549—93的要求。

9.6　优先采用节能光源和灯具。荧光灯采用T5灯管，采用智能灯光控制系统。走廊、楼梯间、门厅、大堂、大空间、地下停车场等场所的照明系统采取分区、定时、感应等节能控制措施。建筑照明功率密度值应小于表1-29要求。

建筑照明功率密度值　　**表1-29**

房间或场所	照明功率密度(W/m^2)	对应照度值(lx)
普通办公室	8	300
高档办公室	15	500
会议室	8	300
门厅	10	300

9.7　设置建筑设备监控系统，对建筑物内的设备实现节能控制。

十八、某航站楼建筑电气方案设计文件实例

1　工程概况

某机场航站楼建筑面积为25000m^2，主体结构采用钢筋混凝土框架结构，屋顶采用钢网架结构，支撑屋顶结构采用钢结构。

2　设计范围

2.1　变、配电系统；

2.2　动力、照明配电系统；

2.3　防雷接地系统；

2.4　建筑智能化系统；

2.5　建筑电气消防系统；

2.6　电气节能、绿色建筑设计。

3　变、配、发电系统

3.1　负荷分级

3.1.1　一级负荷包括：候机楼、外航驻机场办事处、站坪照明、站坪机务用电，航空管制、导航、通信、气象、助航灯光系统设施和台站用电，边防、海关的安全检查设备用电，航班预报设备用电，消防用电设备（消防控制室内的火灾自动报警控制器及联动控制台、消防水泵、消防电梯、排烟风机、加压送风机、计算机系统电源等）、保安监控系统、时钟系统、航站楼安检设备、应急照明及疏散指示等。其中航空管制、导航、通信、气象、助航灯光系统设施和台站用电，边防、海关的安全检查设备用电，航班预报设备用电和所有的消防用电设备为一级负荷中的特别重要负荷，设备容量约为：P_e＝2200kW。

3.1.2　二级负荷包括：客梯、排水泵、生活水泵等。设备容量约为：P_e=1350kW。

3.1.3　三级负荷包括：一般照明及动力负荷。设备容量约为：P_e=950kW。

3.2　电源

本工程由市政外网引来两路高压电源。高压系统电压等级为10kV。高压采用单母线分段运行方式，中间设联络开关，平时两路电源同时分列运行，互为备用，当一路电源故障时，通过手/自操作联络开关，另一路电源负担全部负荷。容量5000kVA。

3.3　变、配、发电站

3.3.1　本工程设置变配电所一处，内设四台1250kVA变压器，向整个工程供电。在航站楼设置两处配电所向航站楼用电设备供电。并在油库区、飞行区分别设置配电所向区域用电设备供电。

3.3.2　在地下一层设置一处柴油发电机房。拟设置一台1250kW柴油发电机组。

3.4　自备应急电源系统

3.4.1　当市电出现停电、缺相、电压超出范围（AC380V：−15%～+10%）或频率超出范围（50Hz±5%）时延时15s（可调）机组自动启动。

3.4.2　当市电故障时，直接播出的电视演播厅、中心机房、录像室、微波设备及发射机房，消防用电设备、应急照明与疏散照明以及涉及人身安全的用电设备均由自备应急电源提供电源。

4　信息系统对城市公用事业的需求

4.1　本工程需引入100对中继线，另外申请直拨外线500对（此数量可根据实际需求增减）。

4.2　本工程建立卫星通信系统，进行高速数据传输、图像传输、综合数据与语音通信、移动数据通信、计算机网络联接等综合业务，与DDN数字数据网互为备份，可以保证数据通信的不间断性、可靠性。

4.3　电视信号接自城市有线电视网，在顶层设有卫星电视机房，对建筑内的有线电视实施管理与控制。有线电视节目和卫星电视节目经调制后，经电视信号干线系统传送至每个电视输出口处，使获得技术规范所要求的电平信号，达到满意的收视效果。

5　照明系统

5.1　照度标准见表1-30。

照度标准　　**表1-30**

房间或场所		参考平面及其高度	照度标准值(lx)	*UGR*	U_0	R_a
售票台		台面	500	—	—	80
问询处		0.75m水平面	200	—	0.6	80
候机室	普通	地面	150	22	0.4	80
	高档	地面	200	22	0.6	80
中央大厅、售票大厅		地面	200	22	0.4	80
海关、护照检查		工作面	500	—	0.7	80
安全检查		地面	300	22	0.6	80
行李认领、到达大厅、出发大厅		地面	200	22	0.4	80
通道、连接区、扶梯		地面	150	—	0.4	80
有棚展台		地面	75	—	0.6	20
无棚展台		地面	50	—	0.4	20

5.2　光源：离港大厅、候机厅、办公用房等场所为荧光灯或高效节能型灯具。进港大厅采用高效金属卤化物灯。办票柜台、安检柜台、商业用房等其他功能用房，根据要求设置局部照明。酒吧、餐厅，商店，VIP等要求较高场所，结合建筑装饰采用节能灯具，以烘托气氛。

5.3　航站楼路侧，结合建筑要求，设置立面照明，勾画建筑外轮廓。

5.4　采用智能型照明管理系统，以实现照明节能管理与控制。

5.5　本工程主要场所的荧光灯采用电子镇流器，以提高功率因数，减少频闪和噪声。

5.6　在变配电所、计算中心、消防控制室、水泵房、防排烟风机房、走廊、楼梯间、电梯前室、门厅等场所设置应急照明。在走廊、安全出口、大厅、楼梯间等处设疏散指示灯。

6　电力系统

6.1　变压器低压侧母线设置母联断路器，采用单母线分段方式运行，联络开关设自投自复；自投不自复；手动转换开关。自投时应自动断开非保证负荷。主进开关与联络开关设电气连锁，任何情况下只能合其中的两个开关。

6.2　配电系统考虑制热负荷为季节性负荷，为提高变压器负荷率，减少机组启动对其他负荷的干扰，提高供电质量，为其另建一变电所。

6.3　本工程采用低压集中自动补偿方式，每台变压器低压母线上装设不燃型干式补偿电容器，对系统进行无功功率自动补偿，使补偿后的功率因数大于0.95。

6.4　低压配电采用放射式与树干式相结合的方式，对于单台容量较大的负荷或重要负荷如：机务用电、登机桥电源、400Hz电源、冷冻机房、水泵房、电梯机房、电话站、消防中心等设备采用放射式供电；对于一般负荷采用树干式与放射式相结合的方式供电。

6.5　本工程的消防动力设备、计算中心、应急照明、计算机设备、电话机房、配变电所、航班动态、行李转盘、离港系统、安检系统、电梯、自动扶梯、时钟系统、BA系统等用电等采用双电源供电，并在末端互投。

6.6　行李处理系统应采用独立回路供电。

7　防雷与接地

7.1　本工程按二类防雷设防。在屋顶设接闪器，利用建筑物结构柱子内的主筋作引下线，利用结构基础内钢筋网作接地装置。防雷接地、变压器中性点接地及电气设备保护接地等共用统一的接地装置，要求接地电阻不大于1Ω，否则应在室外增设人工接地体。

7.2　为预防雷电电磁脉冲引起的过电流和过电压，在变压器低压侧、在向重要设备供电的末端配电箱的各相母线上、由室外引入或由室内引至室外的电力线路、信号线路、控制线路、信息线路等装设电涌保护器。

7.3　安全措施

7.3.1　本工程低压配电系统接地型式采用TN-S系统，其中性线和保护地线在接地点后要严格分开。凡正常不带电而当绝缘破坏有可能呈现电压的一切电气设备金属外壳均应可靠接地。

7.3.2　电梯机房、弱电机房、卫生间等处设辅助等电位联结。

7.3.3　本工程采用总等电位联结，将建筑物内保护干线、设备进线总管、建筑物金属构件进行联结。

8　建筑电气消防系统

8.1　本工程设置消防控制室。对建筑内火灾信号和消防设备进行监视及控制。消防控制室内设火灾自动报警控制器、消防联动控制台、消防应急广播、中央电脑、显示器、打印机、电梯运行监控盘及消防对讲电话、专用电话、UPS 等设备。

8.2　根据建筑的不同功能，确定适宜的火灾探测器，当发生火灾时，发出指令，启动消防设备，接通应急照明，控制防火卷帘门，切断有关部位的非消防电源，接通火灾应急广播，关闭煤气紧急切断阀等，确保建筑物安全。

8.3　本工程还设置电气火灾报警系统、消防设备电源监控系统和防火门监控系统。

9　智能化系统

本工程建筑智能化系统包括：航站楼信息管理及集成系统、离港系统、航班信息显示及值机引导系统、安检信息系统、广播系统、安防系统、综合布线系统、有线电视系统、内部通信系统、时钟系统、飞机泊位引导系统、楼宇自动控制系统、火灾自动报警及控制系统、弱电附属配套系统。

9.1　航站楼信息管理及集成系统

计算机信息管理系统是机场弱电系统核心，实现对航班、航班服务、资源分配、计费统计等一系列工作的综合、完善、统一管理。它也是机场信息中心，承担着机场内部各子系统的信息枢纽作用。另外，系统提供了相关弱电子系统在系统集成上的平台。

9.2　离港系统

通过该系统办理机场航站楼的国内出发、国内中转的相关手续。同时，完成客机平衡配载、航班控制及行李查询等任务。系统独立与中航信通信连接，通过自身的网络系统实现通信路由和信息数据处理互为备份。

9.3　航班信息显示及值机引导系统（FIDS）

为旅客提供进出港航班动态信息、值机办票信息、候机引导信息、登机提示信息、行李提取及引导提示、中转航班信息等。为工作人员提供的信息有行李输送信息、行李分拣信息以及相关的航班动态信息。显示组成主要包括：LED、LCD、PDP、（或液晶）和有线电视等。

9.4　安检信息系统

通过与离港系统的之间的接口集成，加之自身的网络和视频设备，系统提供实现机场出港行李托运、安检过程中的人包对应，从而进行记录存储、调用核实服务等功能，为提高安检工作效率和航班安全提供有力保障。

9.5　广播系统

系统作为航班信息发布的主要辅助手段，向旅客发布实时航班信息，航班发布间隙提供背景音乐，并还可以提供找人、失物招领以及紧急广播等服务功能。背景音乐兼作消防广播，系统按照航站楼内区域的工艺用途分区，系统音源包括：自动航班广播、背景音乐、消防广播、公共人工服务广播等。

9.6　安防系统

9.6.1　安防系统包括闭路电视监控系统、门禁系统和紧急手动报警系统。

9.6.2　闭路电视系统主要是在各主要区域、通道、入口和隔离门等处设置相应种类的视频摄像头，实现对整个航站楼的视频监控。控制室设有录像机和大屏幕监视器，当遇到重要情况时，可利用键盘将任一台摄像机的图像调到大屏幕上连续监视，并可录像。

9.6.3　门禁系统是在航站楼内公共区域至隔离区域、重要机房的通道以及消防状态下的跨区域通道的主要入口设置门禁设备。

9.6.4　在旅客服务、办票、海关、安检、商业柜台等处设置手动报警按钮。

9.7　综合布线系统

综合布线系统是航站楼内的信号传输物理平台，是整个弱电系统的布线基础，涵盖话音和数据通信路由，同时也与外部通信网相连接。它具有系统性、重构性、标准性等特征。系统为如下系统提供传输介质：航站楼信息管理及集成系统、有线电话通信系统、航班信息显示系统、离港系统、安防系统主干和安检信息系统等。

9.8 内部通信系统

基于数字技术的网络电话通信系统，具有方便的接口功能，实现内部电话通信的同时，与广播等系统集成组网。

9.9 时钟系统

为航站楼各区域和部门提供统一准确时间、协调各部门工作，系统采用子母钟控制原则，采用GPS接收机接受校时信号，信号经处理后向母钟定时发校准信号。

9.10 飞机泊位引导系统

为航站楼各近机位飞机停靠提供引导信息。各引导装置单元之间组网统一管理。

9.11 建筑设备监控系统

本工程设建筑设备管理系统是基于分布式控制理论而设计的集散系统，通过网络系统将分布在各监控现场的系统控制器联接起来，共同完成集中操作、管理和分散控制的综合自动化系统。主要对航站楼内的空调、通风、热交换、变配电、照明、发电机组、给水排水、电梯、扶梯等系统和设备实施监控，以达到提高工作效率、确保建筑舒适和安全的环境、节约能源的目的。

9.12 有线电视系统

电视信号接自外有线电视网，各楼设置电视前端机房，在各候机厅、会议室等处设有线电视插座，有线电视系统采用分配分支系统，系统出线口电平为69±6dB，要求图像质量不低于四级。

10 电气节能、绿色建筑设计

10.1 变电所深入负荷中心，合理选用导线截面，减少电压损失。

10.2 三相配电变压器满足现行国家标准《三相配电变压器能效限定值及能效等级》GB 20052的节能评价值要求，水泵、风机等设备，及其他电气装置满足相关现行国家标准的节能评价值要求。

10.3 采用低压集中自动补偿方式，并配备谐波电抗器组合，作为谐波抑制措施，避免高次谐波电流与电力电容发生谐振。

10.4 设置建筑设备监控系统，对建筑物内的设备实现节能控制。对室内的二氧化碳浓度进行数据采集、分析，并与通风系统联动，实现室内污染物浓度超标实时报警，并与通风系统联动。

10.5 合理选用电梯和自动扶梯，并采取电梯群控、扶梯自动启停等节能控制措施。

10.6 采用智能灯光控制系统，通过控制遮阳板将自然光和人工光实现有机结合。照明光源应优先采用节能光源，建筑照明功率密度值应小于《建筑照明设计标准》GB 50034中的规定。室外夜景照明光污染的限制符合现行行业标准《城市夜景照明设计规范》JGJ/T 163的规定。

十九、某火车站建筑电气方案设计文件实例

1 工程概况

某火车站建筑面积为45000m^2，站房建筑面积为28000m^2，主体结构采用钢筋混凝土框架结构，屋顶采用钢网架结构，支撑屋顶结构采用钢结构。

2 设计范围

2.1 变、配电系统；

2.2 动力、照明配电系统；

2.3 防雷接地系统；

2.4 建筑智能化系统；

2.5 建筑电气消防系统；

2.6 电气节能、绿色建筑设计。

3 变、配、发电系统

3.1 负荷分级

3.1.1 一级负荷包括：铁路通信系统、信号系统、时钟系统、客服信息系统、售票系统、安防、安检系统、应急指挥中心、消防用电设备（消防控制室内的火灾自动报警控制器及联动控制台、消防水泵、消防电梯、排烟风机、加压送风机、计算机系统电源等）、应急照明及疏散指示等。设备容量约为：$P_e=1000kW$。

3.1.2 二级负荷包括：站房照明、客梯、排水泵、生活水泵等。设备容量约为：$P_e=1800kW$。

3.1.3 三级负荷包括：冷冻设备、室外照明及一般动力负荷。设备容量约为：$P_e=1700kW$。

3.2 电源

本工程由市政外网引来两路高压电源。高压系统电压等级为 10kV。高压采用单母线分段运行方式，中间设联络开关，平时两路电源同时分列运行，互为备用，当一路电源故障时，通过手/自操作联络开关，另一路电源负担全部负荷。容量 4500kVA。

3.3 变、配电站

本工程设置变配电所一处，内设两台 1250kVA 和两台 1000kVA 变压器，向整个工程供电。其中设置两台 1000kVA 户内型干式变压器，供空调冷冻系统负荷，冬季可退出运行。设置两台 1250kVA 户内型干式变压器，供其他负荷用电。整个工程总装机容量：4500kVA。

4 信息系统对城市公用事业的需求

4.1 本工程需引入 100 对中继线，另外申请直拨外线 500 对（此数量可根据实际需求增减）。

4.2 本工程建立卫星通信系统，进行高速数据传输、图像传输、综合数据与语音通信、移动数据通信、计算机网络联接等综合业务，与 DDN 数字数据网互为备份，可以保证数据通信的不间断性、可靠性。

4.3 电视信号接自城市有线电视网，在顶层设有卫星电视机房，对建筑内的有线电视实施管理与控制。有线电视节目和卫星电视节目经调制后，经电视信号干线系统传送至每个电视输出口处，使获得技术规范所要求的电平信号，达到满意的收视效果。

5 照明系统

5.1 照度标准见表 1-31。

5.2 光源：候车室、办公用房等场所为荧光灯或高效节能型灯具。进站大厅采用高效金属卤化物灯。安检柜台、商业用房等其他功能用房，根据要求设置局部照明。酒吧、餐厅，商店，VIP 等要求较高场所，结合建筑装饰采用节能灯具，以烘托气氛。

5.3 结合建筑要求，设置立面照明，勾画建筑外轮廓。

5.4 采用智能型照明管理系统，以实现照明节能管理与控制。

5.5 本工程主要场所的荧光灯采用电子镇流器，以提高功率因数，减少频闪和噪声。

照度标准　　表 1-31

房间或场所		参考平面及其高度	照度标准值(lx)	UGR	U_0	R_a
售票台		地面	500	—	—	80
走道、通道		0.75m 水平面	150	25	0.6	80
候车室	普通	地面	150	22	0.4	80
	高档		200	22	0.6	
中央大厅、售票大厅		地面	200	22	0.4	80
安全检查		地面	300	22	0.6	80
无棚展台		地面	50	—	0.4	20
有棚展台		地面	75	—	0.6	20

5.6　在变配电所、计算中心、消防控制室、水泵房、防排烟风机房、走廊、楼梯间、电梯前室、门厅等场所设置应急照明。在走廊、安全出口、大厅、楼梯间等处设疏散指示灯。

5.7　安装在进出站大厅、候车室及站台雨棚等高大空间等灯具，室内安装的灯具防护等级不低于 IP43，室外安装的灯具防护等级不低于 IP54。埋地灯防护等级不应低于 IP67。

6　电力系统

6.1　变压器低压侧母线设置母联断路器，采用单母线分段方式运行，联络开关设自投自复；自投不自复；手动转换开关。自投时应自动断开非保证负荷。主进开关与联络开关设电气连锁，任何情况下只能合其中的两个开关。

6.2　配电系统考虑制热负荷为季节性负荷，为提高变压器负荷率，减少机组启动对其他负荷的干扰，提高供电质量，为其专设置变压器。

6.3　本工程采用低压集中自动补偿方式，每台变压器低压母线上装设不燃型干式补偿电容器，对系统进行无功功率自动补偿，使补偿后的功率因数大于 0.95。

6.4　低压配电采用放射式与树干式相结合的方式，对于单台容量较大的负荷或重要负荷如：冷冻机房、水泵房、电梯机房、电话站、消防控制室等设备采用放射式供电；对于一般负荷采用树干式与放射式相结合的方式供电。

6.5　工艺设备、专用设备、消防及其他防灾用电负荷，应分别自成配电系统或回路。

7　防雷与接地

7.1　本工程按二类防雷设防。在屋顶设接闪器，利用建筑物结构柱子内的主筋作引下线，利用结构基础内钢筋网作接地装置。防雷接地、变压器中性点接地及电气设备保护接地等共用统一的接地装置，要求接地电阻不大于 1Ω，否则应在室外增设人工接地体。

7.2　为预防雷电电磁脉冲引起的过电流和过电压，在变压器低压侧、在向重要设备供电的末端配电箱的各相母线上、由室外引入或由室内引至室外的电力线路、信号线路、控制线路、信息线路等装设电涌保护器。

7.3　安全措施

7.3.1　本工程低压配电系统接地型式采用 TN-S 系统，其中性线和保护地线在接地点后要严格分开。凡正常不带电而当绝缘破坏有可能呈现电压的一切电气设备金属外壳均应可靠接地。

7.3.2　电梯机房、弱电机房、卫生间等处设辅助等电位联结。

7.3.3　本工程采用总等电位联结，将建筑物内保护干线、设备进线总管、建筑物金属构件进行联结。

8　建筑电气消防系统

8.1　本工程设置消防控制室。对建筑内火灾信号和消防设备进行监视及控制。消防控制室内设火灾自动报警控制器、消防联动控制台、消防应急广播、中央电脑、显示器、打印机、电梯运行监控盘及消防对讲电话、专用电话、UPS等设备。

8.2　根据建筑的不同功能，确定适宜的火灾探测器，当发生火灾时，发出指令，启动消防设备，接通应急照明，控制防火卷帘门，切断有关部位的非消防电源，接通火灾应急广播，关闭煤气紧急切断阀等，确保建筑物安全。

8.3　本工程还设置电气火灾报警系统、消防设备电源监控系统和防火门监控系统。

9　智能化系统

本工程建筑智能化系统包括：列车信息管理及集成系统、列车信息显示及安检信息系统、广播系统、安防系统、综合布线系统、有线电视系统、内部通信系统、时钟系统、楼宇自动控制系统、火灾自动报警及控制系统、弱电附属配套系统。

9.1　列车信息管理及集成系统

计算机信息管理系统是火车站弱电系统核心，实现对列车车次、服务、资源分配、计费统计等一系列工作的综合、完善、统一管理。它也是火车站信息中心，承担着火车站内部各子系统的信息枢纽作用。另外，系统提供了相关弱电子系统在系统集成上的平台。

9.2　列车班次信息显示系统

为旅客提供进出列车班次动态信息、候车引导信息、检票提示信息、中转列车信息等。显示组成主要包括：LED、LCD、PDP、（或液晶）和有线电视等。

9.3　安检信息系统

通过与离站系统的之间的接口集成，加之自身的网络和视频设备，系统提供实现火车站出站行李托运、安检过程中的人包对应，从而进行记录存储、调用核实服务等功能，为提高安检工作效率和航班安全提供有力保障。

9.4　广播系统

系统作为列车班次信息发布的主要辅助手段，向旅客发布实时列车车次信息，列车车次发布间隙提供背景音乐，并还可以提供找人、失物招领以及紧急广播等服务功能。背景音乐兼作消防广播，系统按照火车站内区域的工艺用途分区，系统音源包括：自动车次广播、背景音乐、消防广播、公共人工服务广播等。

9.5　安防系统

9.5.1　安防系统包括闭路电视监控系统、门禁系统和紧急手动报警系统。

9.5.2　闭路电视系统主要是在各主要区域、通道、入口和隔离门等处设置相应种类的视频摄像头，实现对整个火车站的视频监控。控制室设有录像机和大屏幕监视器，当遇到重要情况时，可利用键盘将任一台摄像机的图像调到大屏幕上连续监视，并可录像。

9.5.3　门禁系统是在火车站内公共区域至隔离区域、重要机房的通道以及消防状态下的跨区域通道的主要入口设置门禁设备。

9.5.4　在旅客服务、售票、安检、商业柜台等处设置手动报警按钮。

9.6　综合布线系统

综合布线系统是火车站内的信号传输物理平台，是整个弱电系统的布线基础，涵盖话音和数据通信路由，同时也与外部通信网相连接。它具有系统性、重构性、标准性等特征。

9.7　内部通信系统

基于数字技术的网络电话通信系统，具有方便的接口功能，实现内部电话通信的同时，与广播等系统集成组网。

9.8　时钟系统

为火车站各区域和部门提供统一准确时间、协调各部门工作，系统采用子母钟控制原则，采用GPS接收机接受校时信号，信号经处理后向母钟定时发校准信号。

9.9　建筑设备监控系统

本工程设建筑设备管理系统是基于分布式控制理论而设计的集散系统，通过网络系统将分布在各监控现场的系统控制器联接起来，共同完成集中操作、管理和分散控制的综合自动化系统。主要对建筑内的空调、通风、热交换、变配电、照明、给水排水、电梯、扶梯等系统和设备实施监控，以达到提高工作效率、确保建筑舒适和安全的环境、节约能源的目的。

9.10　有线电视系统

电视信号接自外有线电视网，各楼设置电视前端机房，在各候车室、会议室等处设有线电视插座，有线电视系统采用分配分支系统，系统出线口电平为69±6dB，要求图像质量不低于四级。

10　电气节能、绿色建筑设计

10.1　变电所深入负荷中心，合理选用导线截面，减少电压损失。合理分配电能，变配电所内为专供空调冷冻系统负荷专设变压器，冬季可退出运行。

10.2　三相配电变压器满足现行国家标准《三相配电变压器能效限定值及能效等级》GB 20052的节能评价值要求，水泵、风机等设备，及其他电气装置满足相关现行国家标准的节能评价值要求。

10.3　设置建筑设备监控系统，对建筑物内的设备实现节能控制。合理选用电梯和自动扶梯，并采取电梯群控、扶梯自动启停等节能控制措施。

10.4　采用智能灯光控制系统，通过控制遮阳板将自然光和人工光实现有机结合。照明光源应优先采用节能光源，建筑照明功率密度值应小于《建筑照明设计标准》GB 50034中的规定。室外夜景照明光污染的限制符合现行行业标准《城市夜景照明设计规范》JGJ/T 163的规定。

10.5　采用低压集中自动补偿方式，并配备谐波电抗器组合，作为谐波抑制措施，避免高次谐波电流与电力电容发生谐振。

10.6　对室内的二氧化碳浓度进行数据采集、分析，并与通风系统联动，实现室内污染物浓度超标实时报警，并与通风系统联动。

二十、某数据中心建筑电气方案设计文件实例

1　工程概况

本工程建筑面积69670m^2，IT机房面积16155m^2，T4级（TIA 942 Uptime标准）数据中心。属于一类建筑，地上六层，地下一层，地下一层为变电所、空调机房（冷冻机房及水泵房）；一层为柴油发电机房、UPS电池室及设备室、配电室、数据机房及附属房间；二层至六层为UPS电池室及设备室、数据机房及附属房间。

2　设计范围

2.1　高、低压变配电系统；

2.2　电力配电系统；

2.3　照明系统；

2.4　防雷及接地系统；

2.5　建筑设备监控系统；

2.6　综合布线系统；

2.7　通信自动化系统；

2.8　有线电视及卫星电视系统；

2.9 门禁系统；

2.10 电子巡更系统；

2.11 建筑电气消防系统；

2.12 信息发布系统；

2.13 无线通信增强系统；

2.14 停车场管理系统；

2.15 系统集成；

2.16 机房工程；

2.17 电气节能、绿色建筑设计。

3 变、配、发电系统

3.1 负荷分级

3.1.1 一级负荷包括：消防控制室、消防电梯、防排烟风机、正压送风机、消防电梯污水泵、火灾自动报警、电气火灾报警系统、应急照明、疏散指示标志、电动防火卷帘、门窗、阀门及与消防有关的用电。安全防范系统电源及维持设备正常工作必备的UPS电源等用电设备、客梯电力、排污泵、走廊照明等。数据中心（Tier4）、ECC中UPS电源及维持设备正常工作必备的空调、照明等用电设备等为一级负荷特别重要负荷。设备容量约为：P_e=3600kW。

3.1.2 二级负荷包括：机房照明用电、客梯、排水泵、生活水泵等。设备容量约为：P_e=2600kW。

3.1.3 三级负荷包括：机房日常维护用电及非机房区动力用电设备。设备容量约为：P_e=1200kW。

3.2 电源

3.2.1 本工程由市政外网引来4组8路高压10kV高压电源。高压系统电压等级为10kV。4组10kV电力电缆分为四个方向进线，每组10kV电力电缆分为两个方向进线。总装机容量：106000kVA。高压采用单母线分段运行方式，中间设联络开关，平时两路电源同时分列运行，互为备用，当一路电源故障时，通过手/自操作联络开关，另一路电源负担全部负荷。变压器配置见表1-32。

变压器配置 **表1-32**

市政编号	内容	台数	变压器容量(kVA)	总容量(kVA)	市政编号	内容	台数	变压器容量(kVA)	总容量(kVA)
1号电源	风冷机组	2	2000	15200	5号电源	风冷机组	2	2000	15200
	水冷机组	3	1600			水冷机组	3	1600	
	IT设备	4	1600			IT设备	4	1600	
2号电源	风冷机组	2	2000	5200	6号电源	风冷机组	2	2000	15200
	水冷机组	3	1600			水冷机组	3	1600	
	IT设备	4	1600			IT设备	4	1600	
3号电源	IT设备	6	1600	12100	7号电源	IT设备	6	1600	12100
	机房空调	1	2500			机房空调	1	2500	
4号电源	IT设备	6	1600	12100	8号电源	IT设备	6	1600	12100
	机房空调	1	2500			机房空调	1	2500	
总容量	106000								

3.2.2　置2组24台持续功率为2600kW的10kV应急自启动柴油发电机作为特级负荷的备用电源，采用11+1的冗余备份方式，发电机并机母线采用双母线型式。每台柴油发电机组单独设置，严格物理分隔。当市电失去时，可供应数据中心机房的全部重要负荷。

每组12台柴油发电机同时启动，其中任一台频率、电压稳定后，自动投入至柴油机应急母线段，其余柴油发电机均以此台柴油机的频率、电压、相位进行同步调整；投入至11台柴油机后，最后一台柴油发电机不再投入到应急母线段上。每台柴油发电机配备独立的发电机控制系统，所有系统均配置冗余的PLC控制装置。柴油发电机并机时间需小于2min。柴油发电机投入运行后，稳定运行45min后，根据柴油发电机负载率进行整机卸载。

3.2.3　UPS系统拟采用“双总线输出”冗余式UPS“输出配送电”系统。UPS系统给特别重要负荷供电，采用双路供电，STS静态开关末端互投，彻底消除“单点瓶颈”故障隐患。柴油发电机启动运行时，UPS系统关闭充电功能，下游负载的谐波要求控制在5%以内。负载投切按冷冻机组配套设备（除二次冷冻泵）、冷冻机组、UPS、其余用电负荷的顺序投切。冷冻设备及UPS所有负载投切时间之和小于15min（自第二路市电失电算起）。所有负载投入运行时间小于30min。UPS配置见表1-33。

UPS配置　　　　**表1-33**

设置场所	负荷类别	UPS		类型	配置形式	持续供电时间(min)	备注
		数量	容量(kVA)				
变电室	精密空调 冷冻水二次泵	3	500	在线式	2N	15	UPS上级电源引自柴油发电机应急母线段
变电室	网络核心机房	2	500	在线式	2N	15	UPS上级电源引自柴油发电机应急母线段
二层至六层分变电室	IT模块机房	3	500	在线式	2N	15	UPS上级电源引自柴油发电机应急母线段
消防安防控制室	消防安防控制室	1	50	在线式	N	15	UPS上级电源引自柴油发电机应急母线段

4　信息系统对城市公用事业的需求

4.1　本工程需输出入中继线50对（呼出呼入各50%）。另外申请直拨外线100对（此数量可根据实际需求增减）。

4.2　本工程建立卫星通信系统，进行高速数据传输、图像传输、综合数据与语音通信、移动数据通信、计算机网络联接等综合业务，与DDN数字数据网互为备份，可以保证数据通信的不间断性、可靠性。

4.3　电视信号接自城市有线电视网，在顶层设有卫星电视机房，对建筑内的有线电视实施管理与控制。有线电视节目和卫星电视节目经调制后，经电视信号干线系统传送至每个电视输出口处，使获得技术规范所要求的电平信号，达到满意的收视效果。

5　照明系统

5.1　照度标准见表1-34。

5.2　光源：数据机房、网络设备间、IT办公室、呼叫中心照明光源以荧光灯为主；指挥中心及其附属房间照明光源以白炽为主。

5.3　本工程主要场所的荧光灯采用电子镇流器，以提高功率因数，减少频闪和噪声。

5.4　在变配电室、数据机房、指挥中心、IT办公、水泵房、UPS室、UPS电池室、走廊、楼梯间、前厅、消防中心、监控机房、网络设备间等场所设置应急照明。

5.5　在走廊、安全出口、前厅、楼梯间等处设置疏散指示灯。

照度标准　　**表 1-34**

房间名称		照度标准值 lx	统一眩光值 *UGR*	色温参考范围	一般显色指数 R_a
主机房	服务器设备区	500	22	3300～5300K	80
	网络核心机房	500	22	3300～5300K	
	存储设备区	500	22	3300～5300K	
	电池室	200		3300～5300K	
	变电室	200	25	3300～5300K	
	柴油发电机房	200	25	3300～5300K	
辅助区	进线间	300	25	3300～5300K	
	监控中心	500	19	3300～5300K	
	测试区	500	19	3300～5300K	
	打印室	500	19	3300～5300K	
	备件库	300	22	3300～5300K	

5.6　照明控制：本工程设置智能照明控制系统，利用自然光，根据大厦的使用作息时间、场景，尽量模拟人们对灯光照明的控制要求。采用更加专业、灵活、功能强大、高度集成的智能照明控制系统是节能的重要手段之一。智能照明控制是绿色建筑认证重要组成部分。采用智能照明控制可实现中央监视控制、能源消耗分析、分区就地控制及场景控制。系统应是总线式模块化、全分布式便于与照明配电箱和灯具配套组成智能照明控制系统。办公楼开敞办公区，二次装修拟结合传感器及智能控制面板的设置实现自动及手动开关及调光控制，使光环境达到使用者的期望效果，其余公共区域照明系统主要采用回路开关的时钟控制模式，同时配置智能控制面板实现就地控制。智能照明控制采用KNX/EIB系统，通过OPC与楼宇自动控制系统集成，且能与其他系统（如消防系统、安防系统、会议系统、楼宇自控系统）联网，实现互控。基于可靠性方面的考虑，整个网络为对等式网络，没有中央元器件，防止因中央元器件损坏而造成该系统瘫痪，系统的控制元件模块可为系统提供电源。采用全中文监控软件，集中管理，分散控制。

6　电力系统

6.1　低压配电放射式配电方式。对于单台容量较大的负荷或重要负荷如：冷冻机、水泵房、UPS等由低压配电室直接供电。

6.2　本工程的数据机房、指挥中心、网络设备间的空调设备、火灾报警及联动控制设备、消防泵、排烟风机、保安监控系统及应急照明系统、变配电所用电等采用双电源供电，并在末端互投。

6.3　T设备专用变压器低压配电、UPS系统采用2N系统，末端服务器均采用双输入服务器。两组配电模组同时工作互为备份，分别承担50%的IT负荷，当一组设备故障或检修时，另外一组将承担所有的IT负荷。

网络核心机房配电型式同IT设备专用变压器低压配电。精密空调、二次冷冻水泵均采用末端互投方式，已满足可靠性要求。

7 防雷与接地

7.1 本建筑物按二类防雷建筑物设防，为防直击雷在屋顶设500mm高铜接闪杆，接闪杆之间用接闪带连接，其网格不大于10m×10m，所有突出屋面的金属体应与接闪带电气连接。

7.2 为预防雷电电磁脉冲引起的过电流和过电压，在变压器低压侧、在向重要设备供电的末端配电箱的各相母线上、由室外引入或由室内引至室外的电力线路、信号线路、控制线路、信息线路等装设电涌保护器。

7.3 本工程强、弱电采用共用接地装置，以建筑物、构筑物的金属体、构造钢筋和基础钢筋作为接地体，其接地电阻小于1Ω。

7.4 AC220V/380V低压系统采用TN-S接地系统，PE线与N线严格分开。

7.5 建筑物作总等电位连接，在配变电所内安装一个总等电位连接端子箱，将所有进出建筑物的金属管道、金属构件、接地干线等与总等电位端子箱有效连接。

7.6 在所有数据机房、电梯机房、网络设备间、指挥中心、IT办公及呼叫中心等处作辅助等电位连接。

8 建筑电气消防系统

8.1 火灾自动报警系统采用控制中心火灾报警控制系统。在每两个数据机房模组、办公楼、餐厅配套、每个柴油发电机房内分别设置一台区域报警控制器，对本区域内进行自动的火灾监控，区域报警控制器之间联网，信息共享。在一层设置安防消防中控室，内设集中报警控制器、联动控制设备、电话主机及火灾报警主机，对火灾自动报警系统进行统一监控和记录。

8.2 一般场所设置感烟探测器；厨房设置感温探测和燃气探测器；机房模组、变配电室及UPS间、电池间、备品备件、网络核心机房区域设置感烟探测器和感温探测器，并在机房模组的工作区设置极早期烟雾探测报警系统，配合管网式气体灭火系统控制；极早期探测报警主机通过输入探测模块接入常规火灾报警系统。柴油发电机房设置温感和火焰探测器双探测方式，在油箱间设置油气泄漏探测器和感温探测器。

8.3 火灾报警后，安防消防中控室或机房模组消防值班室应根据火灾情况控制相关层的正压送风阀及排烟阀、电动防火阀、并启动相应加压送风机、补风机、排烟风机，排烟阀280℃熔断关闭，防火阀70℃熔断关闭，阀、风机的动作信号要反馈至安防消防中控室。

8.4 消防联动控制系统：在消防控制室设置联动控制台，控制方式分为自动控制和手动控制两种。通过联动控制台，可以实现对消火栓、自动喷洒灭火系统、防烟、排烟、加压送风系统的监视和控制，火灾发生时手动切断一般照明及空调机组、通风机、动力电源。当发生火灾时，自动关闭总煤气进气阀门。

8.4.1 消火栓泵控制：平时由压力开关自动控制增压泵维持管网压力，管网压力过低时，直接启动主泵。消火栓按钮动作后，直接启动消火栓泵，安防消防中控室能显示报警部位并接收其反馈信号。消防控制中心可通过控制模块编程，自动启动消火栓泵，并接收其反馈信号。在消防中控室或机房模组消防值班室联动控制台上，可通过硬线手动控制消火栓泵，并接收其反馈信号。安防消防控制中心能显示消火栓泵电源状况。消防水泵房可手动启动消火栓泵。

8.4.2　自动喷洒泵控制：平时由气压罐及压力开关自动控制增压泵维持管网压力，管网压力过低时，直接启动主泵。压力开关可以直接启动喷洒泵。火灾时，喷头喷水，水流指示器动作并向安防消防中控室报警，同时，报警阀动作，击响水力警铃，启动喷洒泵，消防控制中心能接收其反馈信号。消防控制中心可通过控制模块编程，自动启动喷洒泵，并接收其反馈信号。在消防中控室或机房模组消防值班室联动控制台上，可通过硬线手动控制喷洒泵，并接收其反馈信号。消防控制中心能显示喷洒泵电源状况。消防水泵房可手动启动喷洒泵。

8.4.3　预作用系统的控制：在机房楼走道、总控中心、总调度仓库公共走道采用预作用自动喷水灭火系统。

1. 自动控制方式，应由同一报警区域内两个及以上独立的火灾探测器或一个火灾探测器及一个手动报警按钮的报警信号，作为预作用阀开启的联动触发信号，由消防联动控制器联动控制预作用阀的开启，预作用阀的动作信号应反馈给消防控制中心或机房模组消防值班室，并在消防联动控制器上显示；预作用阀（或其后面的湿式报警阀的压力开关）的动作信号作为喷淋消防泵启动的联动触发信号，由消防联动控制器联动控制喷淋消防泵的启动。

2. 手动控制方式，应将喷淋消防泵控制箱的启动、停止触点直接引至设置在消防控制中心或机房模组消防值班室内的消防联动控制器的手动控制盘，实现喷淋消防泵直接手动启动、停止。

3. 喷淋消防泵控制箱接触器辅助接点的动作信号或干管水流开关动作信号作为喷淋消防泵的联动反馈信号应传至消防控制中心或机房模组消防值班室，并在消防联动控制器上显示。

8.4.4　水喷雾系统的控制：在柴油发电机楼油机房、日用油箱间采用水喷雾自动喷水灭火系统。当两路火灾探测器都发出火灾报警后，相对应报警阀的控制腔泄水管上的电磁阀打开泄水，腔内水压下降，阀瓣在阀前水压的作用下被打开，阀上的压力开关自动启动消防水泵。雨淋阀也可在防护现场、消防控制中心和就地手动开启。报警阀组动作讯号将显示于消防控制中心。

8.4.5　气体灭火系统：在柴油发电机楼：发电机并机室、模拟负载间；机房楼及辅助区域：核心机房、IT设备库房、测试区、变电站、电池室、拆包区、整机柜集成区、电缆夹层、加电测试区、IT维修室、介质室、运营商接入机房、基础设施仓库、弱电设备间、动力及基础设施监控；总调度仓库：基础设施仓库、IT设备库房、报废IT设备库房、报废IT设备暂存、化学制品仓库、预留库房、加电测试区位置设置气体灭火系统。气体灭火系统的控制，要求同时具有自动控制、手动控制和应急操作三种控制方式。三种控制方式的动作程序如下：

1. 自动控制：每个保护区内部均设置烟感探测器及温感探测器。发生火灾时，当烟感探测器报警，设在该保护区域内的声光报警器将动作，声光报警器挂墙明装，中心距地2.4m；而当烟、温探测器均报警后，设在该保护区域内、外的声光报警器和闪灯动作，声光报警器和闪灯安装在门框上，中心距门框0.1m，明装；在经过30s延时后（在延时时间内应能自动关闭防火门、阀、窗，停止相关的空调系统），控制盘将启动气体钢瓶组上释放阀的电磁启动器和对应保护区域的区域选择阀，使气体沿管道和喷头输送到对应的指定保护区域灭火。一旦气体释放后，设在管道上的压力开关将药剂已经释放的信号送至控制盘及消防控制中心的火灾报警系统。在保护区域的每一个出入口的内、外侧均设置一个声光报警器及闪灯，在保护区域的主要出入口外侧控制盘附近，设置一个紧急停止和电气式手动启动器，系统的手/自动转换开关则每一个保护区域只设一个。

2. 手动控制：手动控制，实际上是通过电气方式的手动控制。手拉启动器拉动后，系统将不经过延时而被直接启动，释放气体。

3. 应急操作：应急操作实际上是机械方式的操作，只有当自动控制和手动控制均失灵时，才需要采用应急操作。此时可通过操作设在钢瓶间中气体钢瓶释放阀上的手动启动器和区域选择阀上的手动启动器，来开启整个气体灭火系统。待灭火后，打开排风电动阀门及排风机进行排气。气体灭火控制盘电源由安防消防中控室引来。安防消防中控室应能够接收到系统的一级报警，二级报警、手/自动、故障、喷气五种信号。

8.4.6 专用排烟风机的控制：当火灾发生时，安防消防中控室或机房模组消防值班室根据火灾情况打开相关层的排烟阀（平时关闭），同时连锁启动相应的排烟风机；当火灾温度达到280℃时，排烟阀熔丝熔断，排烟阀关闭，排烟风机吸入口处的280℃防火阀关闭后，连锁停止相应的排烟风机。

8.4.7 补风风机的控制：当火灾发生时由消防控制中心控制，自动进行消防补风的启停控制并接收其反馈信号。

8.4.8 加压送风机的控制：由机房模组消防值班室自动或手动控制加压送风机的启停，风机启动时根据其功能位置连锁开启其相关的正压送风阀或火灾层及邻层的加压送风口。

8.4.9 电动通风排烟窗的控制：在综合办公楼中庭、餐饮配套餐厅和活动室各设置一套电动通风排烟窗，火灾时作为消防排烟，平时作为自然通风。所有电动通风排烟窗具有就地手动开启功能。电动通风排烟窗系统平时接受建筑设备监控系统控制信号，火灾时接受消防控制信号，消防优先。排烟通风排烟窗自控系统为自成套控制，并接收消防系统通风排烟窗控制开闭信号，排烟通风排烟窗开、关状态反馈信号反馈给火灾报警系统。

8.4.10 非消防电源控制：本工程部分低压出线回路及所有各层照明箱内设有分励脱扣器，由消防控制中心在火灾确认后断开相关电源。消防中控室或机房模组消防值班室可在报警后根据需要停止相关空调系统。空调机及风机机房所接风管上的防火阀关闭后，连锁停止空调机及风机并报警。

8.4.11 应急照明系统控制：应急照明火灾时由消防控制中心或机房模组消防值班室自动控制点亮全部应急照明灯。

8.5 火灾应急广播系统：火灾应急广播和公共广播共享共建，在各单体内设置火灾应急广播机柜，机组采用定压式输出。火灾应急广播按防火分区分路。当发生火灾时，值班人员可根据火灾发生的区域，自动或手动进行火灾广播，及时指挥、疏导人员撤离火灾现场。

8.6 消防专用对讲电话系统：在消防控制中心内设置消防专用对讲电话总机一门，除在各层的手动报警按钮处设置消防直通对讲电话插孔外，在变配电室、发电机房、消防水泵间、消防电梯轿厢、电梯机房、换热机房、空调通风机房、弱电控制室、管理值班室等处设置消防专用对讲电话分机。消防控制中心设专用外线直通119报警电话。

8.7 电梯监视系统：火灾发生时，根据火灾情况及区域，由消防控制中心或机房模组消防值班室发出指令，除消防电梯保持运行外，其余电梯均强制返回一层并开门，并反馈信号给消防控制中心和机房模组消防值班室。

8.8　出入口控制系统控制：火灾自动报警控制器在火灾确认后，自动控制报警区域疏散通道上门禁电子锁开启，同时接收反馈信号。

8.9　防火卷帘控制：用于防火分隔的防火卷帘控制：当防火卷帘一侧感烟探测器报警，卷帘下降到底，并将信号送至消防控制中心。疏散通道的防火卷帘控制：防火卷帘两侧设置探测器组，感烟探测器动作后，卷帘下降至距楼面1.8m，感温探测器动作后，卷帘下降到底，并将信号送至消防控制中心。

8.10　电动防火门控制：火灾确认后，火灾自动报警控制器自动控制常开电动防火门关闭，并接收其状态反馈信号。

8.11　为保证消防设备电源可靠性，本工程设置消防设备电源监控系统。

8.12　为防止接地故障引起的火灾，本工程设置电气火灾报警系统。

9　智能化系统

9.1　安全防范系统

9.1.1　本工程非机房区设置一套安防监控系统，安防监控中心设在一层，对建筑进行统一的监控管理。机房区各模组设监控室，对机房楼进行监控，并汇集至总控中心监控，独立自成控制系统，同时信号可传至安防消防中控室统一监视。

9.1.2　安全防范系统构成：视频安防监控系统、入侵报警系统、出入口控制系统、电子巡查系统等组成。利用现代多媒体及数字化监控技术，采用先进的数字化、网络化的安全防范系统，满足安全管理的需要，各单体通过集成视频安防监控系统、出入口控制系统、入侵报警系统和电子巡更系统，实现数字化电子地图、多画面显示和录像控制，触发报警信号时，监控中心报警，同时联动打开对应现场灯光、在电子平面图上能以各种明显方式快速提示，显示报警的位置，并自动弹出报警画面和录像，在建筑内提供高度集成的安保自动化系统，通过数字化网络监控报警设备可以和各主管单位的计算机进行联网，使管理者可以通过计算机监视各回路的图像。发生紧急情况时接通110或其他管理者的电话，整个联动效果需达到快速有效。安防消防中控室应预留向上一级接处警中心报警的通信接口。

9.1.3　视频安防监控系统

1. 监控中心应设置为禁区，应有保证自身安全的防护措施和进行内外联络的通信手段，并应设置紧急报警装置和留有向上一级接处警中心报警的通信接口。

2. 视频安防监控系统采用数字网络视频监控技术，系统控制方式为全数字IP传输方式。室外和电梯内安装的末端摄像机采用模拟摄像机，其余室内摄像机均采用IP摄像机。利用控制网平台传输，系统由前端系统、传输系统和显示、控制等四部分组成。它们可以完成对现场图像信号的采集、切换、控制、记录等功能，可以满足控制区域覆盖严密，监视图像清晰，运行可靠，操作简单，维护便利的要求。

3. 本工程在出入口、大厅、主要通道、重要机房、总调度仓库、休息区、电梯厅、楼梯前室、电梯轿厢、室外园区、室外周界、可上人屋面及其他重点部位均设监视摄像机，电梯轿厢采用碟式微型摄像机，在办公楼大厅、中庭等处采用一体化彩色快球摄像机，室外园区采用全天候带云台彩色转黑白摄像机，周界围墙上采用室外彩转黑枪式摄像机。其他区域采用彩色半球或彩色枪机。

4. 数据模组及柴油发电机楼的电梯轿厢内的视频信号可在安防消防中控室、ECC、数据模组内的监控室内进行监控，其他视频信号在ECC、数据模组内的监控室内进行监控。

5. 安防消防中控室内安防设备均由机房内UPS供给，所有摄像机的电源，均由就近弱电配线间内安防电源箱供给。UPS电源工作时间60min。

6. 摄像机采用CCD电荷耦合式摄像机，带自动增益控制、逆光补偿、电子高亮度控制等。

7. 中心主机系统采用数字网络视频系统，所有视频信号可手动/自动切换。

8. 所有摄像点能同时录像，视频存储采用数字磁盘阵列方式，容量不低于动态录像储存 90 天的空间，存储格式 D1，并可随时提供调阅及快速检索，图像应包含摄像机机位、日期、时间等。图像解析度 704×576（P 制），配光盘刻录机。

9. 时序切换时间 1～30s 可调，同时可手动选择某一摄像机进行跟踪、录像。

10. 监视器的图像质量按五级损伤制评定，图像质量不应低于 4 级。

11. 监视器图像水平清晰度：彩色监视器不应低于 470 线。

12. 监视器图像画面的灰度不应低于 8 级。

13. 系统各路视频信号，在监视器输入端的电平值应为 1Vp－p±3dB VBS。

14. 系统各部分信噪比指标分配应符合：摄像部分：40dB；传输部分：50dB；显示部分：45dB。

9.1.4 出入口控制系统

1. 出入口控制系统由输入设备，控制设备，信号联动设备以及控制中心等组成，系统采用网络传输方式。利用控制网进行信息传输。在安防消防中控室出入口控制系统统一制卡发卡。

2. 在重要出入口通道、弱电机房、设备机房、重要仓库及重要房间设有门磁开关、电子门锁、读卡器、出门按钮，对通过对象及其通行时间进行控制、监视及设定。

3. 系统应具有以下功能：

（1）记录、修改、查询所有持卡人的资料；可随时修改持卡人通行权限；

（2）监视、记录所有出入情况及出入时间；

（3）监视门磁开关状态，具有报警功能；

（4）对所有资料可根据甲方的要求按某一门、某人、某时等进行排序、列表；

（5）对非法侵入或破坏行为进行报警并记录；

（6）当火灾信号发出后，自动打开相应防火分区安全疏散通道的电子门锁，方便人员疏散；

（7）现场控制器设在弱电竖井内，走道管线在弱电线槽内敷设。控制模块至开门按钮、读卡器、门磁开关、电控锁等暗敷热镀锌钢管，门磁开关、电控锁等应注意与门配合；

（8）系统允许每个门可单独提供所有操作功能，系统信息通信采用标准接口及协议。

9.1.5 入侵报警系统

1. 入侵报警系统由布撤防键盘、前端探测器、报警主机等几部分组成。采用总线传输方式。

2. 入侵报警系统采用被动红外/微波双鉴和手动报警探测器，主要布置于出入口及重点部位。

3. 探测设备电源就近由弱电配线间安防电源箱统一供给。

4. 每个报警点相互隔离，互不影响。任一探测器故障，应在保安控制室发出声、光报警信号，并能自动调出报警平面，显示故障点位置。系统对报警事件具有记录功能。

5. 入侵报警功能设计应符合下列规定：

（1）紧急报警装置应设置为不可撤防状态，应有防误触发措施，被触发后应自锁。

（2）当下列任何情况发生时，报警控制设备应发出声、光报警信息，报警信息应能保持到手动复位，报警。

9.2 环境监控系统（EMS）

环控监控系统主要对机房内的环境温湿度、空调系统、漏水检测系统、配电列头柜、UPS设备、智能电表、柴油供油系统、高压电力监控系统、电池监控系统等进行集中监测和管理。本项目采用独立网络控制器来采集各个末端智能设备的数据，再通过专属网络将所有数据汇总到环境监控服务器。环境监控服务器位于动力及基础设施设备间内，可以对整个模组的环境监控数据进行集中监视，并以图形方式显示所监控系统的运行状况，实时显示系统动态参数、运行状态和故障情况。

9.2.1　机房内的冷热通道均设置数字式温湿度传感器，温湿度传感器应自带标准的通信接口如MODBUS-RTU，并通过通信总线的方式和设备间内的网络控制器相互连接；机房内的温湿度传感器在接入网络控制器时，需分两部分连接到不同的网络控制器（具体参照对应的平面图），确保单个控制器或者通信总线出现故障时整个数据机房内的数据不丢失。

9.2.2　为机房或电气设备间服务的空调数据（CRAC、AHU和MAU）需要集成到环控系统中；空调自身控制器需提供标准的通信接口协议如MODBUS-RTU，并通过通信总线的方式和设备间的网络控制器相互连接；机房内的空调系统在接入网络控制器时，需交叉连接到不同的网络控制器，确保当单个网络控制器或者通信总线出现故障时，整个机房内的空调数据不会同时丢失；网络控制器需要监测空调的运行状态、送回风温湿度、过滤网压差、故障报警等相关运行参数，同时网络控制器也应集成一些空调的状控制点位，如送回风温湿度设定值、送风压力设定值等供操作人员在监控室远程应急操作；为机房服务的加湿器数据也需集成到环控数据中，加湿器将自带控制器，其自身的控制器将提供标准通信协议如MODBUS-RTU，集成后应可以在环控系统中查看加湿器的运行参数、状态及报警等信号。

9.2.3　环控系统需要集成机房内的精密配电柜的相关数据；精密配电柜需要提供标准的通信协议如MODBUS-RTU，并通过通信总线的方式和设备间的网络控制器相互连接，精密配电柜在接入网络控制器时，需要分成两部分并连接到不同的网络控制器，确保当单个控制器或者通信总线出现故障时，整个机房内的精密配电柜数据不会同时丢失。

9.2.4　沿精密空调的挡水围堰内设置漏水检测电缆，并连接到安装在现场的漏水检测报警控制器上来实时监测是否有漏水；漏水检测控制器（安装在现场挂墙的小箱体内）需提供标准的通信接口协议如MODBUS-RTU协议与设备间的网络控制器连接。

9.2.5　针对每个模组设置一套独立的电池监控系统来监视电池的运行状态。电池监控系统的架构由三级组成，第一级为电池监控模块主要针对每列电池，每列电池需要设置一个电池检测模块来实时监测单个电池的运行状态；第二级为电池检测单元，每个电池室需要设置一个电池检测单元，检测单元将安装在对应电池室的挂墙电池监测单元箱体中（电池监控单元的供电由强电承包商接到电池监控单元箱体的上口断路器处），电池检测单元需要收集和处理每个电池检测模块的相关参数；第三级为电池监控主控制器，电池监控主控制器主要用于收集每个电池室的电池监测单元的相关运行数据，每个模组内的电池监测单元采用链式结构，手拉手的串入电池监控主控制器中，电池监控主控制器应能采集和分析每个电池组的相关运行参数，并能结合历史趋势等及时发现潜在的电池故障；电池监控系统的主控制器需要提供标准的通信协议如MODBUS-RTU串口协议供环控系统的网络控制器集成；电池监控系统的后台监控中心工作站需要提供标准的通信协议如OPC或SNMP等网络通信协议供环控系统的服务器之间集成数据。当电池监控系统通过串口RS485协议和网络协议如SNMP或OPC协议集成数据到环控系统后，应能在环控系统界面中实时显示电池监控系统的相关运行参数。

9.2.6　环控系统需要集成变压器以下的低压电力系统的相关运行数据；针对每个变配电室设置1～2个独立的网络控制器（具体数量参照环控系统原理图和系统图），网络控制器需要集成变配电室内的智能电表、UPS设备以及个支路的回路状态，每个变配电室内需要监视的设备数量参照对应原理图；针对每个变配电室内的智能电表，应通过总线直接接入网络控制器内，每条通讯总线上串入的智能电表数量不应超过32块，以保证通讯总线上数据更新速率和系统的可靠性；针对每个配电室内的UPS设备，应通过总线直接接入网络控制器中；当变配电室内智能电表、UPS设备以及回路状态接入网络控制器后，应能在动环系统中实时监测配电柜的三相电压、三相电流、三相电能、各支路的电流、功率因数、有功功率、电能等参数，应能监测各支路的开关状态，实时监视UPS整流器、逆变器、旁路、负载等各部分的运行状态与参数。

9.2.7　环控系统需要集成相应模组所有ATS/STS设备的状态信号，集成时应把ATS/STS设备的状态信号接入对应辅助区箱体内的数据采集模块中，然后再通过总线形式传入对应的网络控制器中。具体设备的编号及位置参照对应的电气动力图纸，集成后应能在动环系统中实时监控每一路ATS/STS供电回路的状态信息。

9.2.8　环控系统需要集成高压电力监控系统的运行参数；对于电力设备如发电机、变压器等将设置一套单独的高压电力监视系统，具体系统架构参照电气专业的相关图纸。高压电力监控系统的服务器应能提供标准的通信协议（如OPC协议），供环控系统通过后台直接集成，数据集成后应能在环控系统中查看发电机和变压器等的相关运行参数。

9.2.9　环控系统需要集成OCC的相关数据，OCC控制器应提供标准的通信接口协议如RS485协议，并通过通信总线的方式和网络控制器相互连接，集成后应能在对应的网络控制器中查看OCC的所有相关数据。

9.2.10　环控系统需要集成柴发供油系统的运行参数；对于柴发供油系统应开放相关的运行数据，并提供标准的通信协议（如Modbus-TCP或OPC协议）供环控系统集成，集成后应能在环控系统中查看柴发供油系统的相关运行参数。

9.2.11　本项目中网络控制器的数据通信总线数量应按实际使用数量的20%进行预留，具体每条数据总线下接入的设备参照环控系统平面图和系统图；网络控制器应带有标准网络通信接口协议，可以直接与环控系统的服务器进行通信，本项目不接受非网络形式的控制器类型。

9.2.12　环控系统的网络控制器应具有数据采集、分析、处理以及存储的功能。为保证环控系统的可靠性和可操作性，本项目不接受只具有数据转发功能的网络控制器，网络控制器在采集数据后应首先进行优化处理，然后才允许接入环控系统的服务器。

9.2.13　网络控制器应该支持用户的直接访问，确保当服务器故障时，操作人员也可以通过其他方式直接访问和查看网络控制器中的相关采集数据。

9.2.14　网络控制器应具有数据存储的能力，可以保存至少7天的数据采样数据，这样即使服务器故障也可以保证运行数据不丢失。

9.2.15　环控系统应采用冗余的主服务器并需要充分考虑环控系统的冗余性和可靠，保证当单个服务器发生故障时不应影响整个数据机房的数据采集，从而机房的运行数据不会因为单个服务器的中断而丢失。

9.2.16　本项目中的环控系统控制柜，交换机，服务器等都需要采用双路UPS供电，来确保系统不会因为单路供电系统的中断而影响系统的数据采集和使用性；环控系统使用的交换机和服务器应直接支持双路电源供应，对于每个环控系统控制器的控制柜内应自设双电源切换系统。

9.2.17　环控系统在网络控制器层面和监控主服务器层面都应支持二次开发、能够开放相关的运行数据和提供标准的通信协议供第三方集成，第三方的监控系统可直接通过标准通信协议读取环控系统的相关运行参数；环控服务器应具有自定义报表功能，方便运维人员统计管理运行数据；环控服务器应具有故障报警邮件及短信通知功能，方便运维人员远程监控。

9.3　冷水自控系统

冷水自控系统主要针对冷冻站系统进行集中监测和管理。通过采用集散型的控制系统，来实现冷冻站内的机电设备进行分散控制和集中管理。冷水自控系统的网络架构分为三级，第一级为冷水自控系统中央服务器，位于机房一楼的动力及基础设施监控设备间内，冷水自控系统服务器主要对模组的冷冻站进行集中监控、管理，并以图形化方式显示所监控系统的运行状况。第二级为现场网络控制器，网络控制器可以用于监视和控制系统中有关的机电设备，能够完全独立运行，不受其他控制器故障的影响；控制器输入输出接口数量与种类应与所控制设备的要求相适应，并需要预留至少20%的控制点余量，为以后预留。第三级为采集现场运行信号的传感器以及控制各个冷冻站相关设备；网络控制器也应根据具体要求提供集成第三方数据的能力（如 Modbus RTU 接口），网络控制器应能提供两个以上的串口协议。

9.3.1　冷水自控系统的功能主要为冷冻站的控制，电池室及地下一层配电室内精密空调漏水监测及相应阀门联动等。监测及相应阀门联动等。

9.3.2　本冷水自控系统选用的控制器均为网络式控制器，不接受总线式控制器。

9.3.3　冷水机组自身控制器、冷冻站变频器以及远传的流量表都应自带标准通信端口（如 Modbus RTU），这些均需要通过网关控制器集成到 BMS 系统中，从而可以在冷水自控系统中查看相关运行参数。

9.3.4　每个控制柜均需要自带本地显示屏，本地显示屏应直接和控制柜相连接而不是直接和服务器连接，从而即使在服务器故障时，操作人员也可以通过触摸面板查看、操作冷冻站的自控系统。

9.3.5　冷冻站内的自控阀门、流量表、温度传感器、压差传感器、交换机、服务器等需采用工业级别的产品，来保证系统的稳定性；温度传感器的精度应小于0.2度，且安装时应加装套管；压力及压差传感器的精度应小于整个量程的0.25%，且安装时应底部加装球阀方便以后维护；流量表应采用法兰式结构，且精度应小于0.3%的探测量程。

9.3.6　对于蓄冷罐使用的温度传感器和冷却塔集水盘采用的温度传感器都应采用投入类型的传感器，方便后期维护。

9.3.7　冷水自控系统中的冷冻单元控制器应监控各单元内化学过滤及加药装置的数据。

9.3.8　对于冷水自控系统中冷却水池的液位传感器都应采用投入类型的传感器，方便后期维护。

9.3.9　对于冷水自控中使用的控制柜应采用上进线的方式，进线时应保证供电线路和信号回路分开，防止信号干扰。

9.3.10　冷水自控控制柜房间（BMS 控制柜室）门口应增加挡水板，防止冷冻站房内的积进入冷水自控控制柜房间（BMS 控制柜室）内。

9.3.11　为了防止强弱电的互相干扰，如自控阀门等用到的220V 电源需要与信号线缆分开敷设，走不同的桥架和管道。

9.3.12　为了保证冷水自控系统的可靠性及调试的进度，需要对冷水自控系统的服务器、上位机软件、冷水自控系统控制柜及针对百度阳泉项目的控制柜程序都需要进行工厂验证，确保出厂的产品能够满足工程现场的要求，具体的验证流程由自控承包商负责并由业主批准。

9.3.13　在每个网络控制柜内均需要设置双电源切换装置 STS，当单路电源故障时，STS将自动进行电源切换，从而保证整个系统仍可以正常运行；双电源切换后的电源应使用不同的回路分别供给自控阀门，传感器和控制器，每一个回路的上口都应使用微断进行物理隔离，当单个回路故障时不应影响其他回路的正常运行；同时 STS 应提供干接点信号供冷水自控的控制器进行监控。

9.3.14　冷水自控系统应采用双机热备的服务器，当单个服务器发生故障时不应影响整个冷冻站数据的采集和操作，从而保证整个系统的可靠性。

9.3.15　冷水自控系统的服务器应具有自定义报表功能，支持“第三方系统远程数据调用的二次开发功能”以及“故障报警邮件及短信通知功能”。

9.3.16　冷水自控系统的各个控制器断电恢复后应恢复到断电之前的工作状态。

9.3.17　所有需要自动控制的风机、水泵等电气设备的二次电气回路应满足冷水自控系统以下要求：

1. 设置手/自动转换开关，在转换开关打到自动控制状态下，应给冷水自控系统一组无源常开接点。

2. 冷水自控系统向每个所要控制的电气设备分别提供 24VDC 的启动信号来驱动强电柜内的继电器信号，从使来驱动电气设备启动。

3. 电气专业同时向冷水自控系统提供相应设备交流接触器的一对辅助无源常开接点信号，作为该设备的状态反馈。

4. 电气专业向冷水自控系统提供相应设备热继电器的一对辅助无源常开接点信号，作为该设备的故障状态反馈。

9.4　综合布线系统

9.4.1　工作区子系统：在 IT 办公、数据机房及其附属用房等设置工作区，每个工作区根据需要设置一个四孔信息插座，用于连接电话、计算机（包括光纤到桌面）或其他终端设备。

9.4.2　配线子系统：信息插座选用标准的超五类 RJ45 插座及光纤插座，信息插座采用墙上安装方式信息插座每一孔的配线电缆均选用一根 4 对超五类非屏蔽双绞线及 2 芯多模光纤配置。

9.4.3　干线子系统：数据中心内的干线采用光缆和大对数铜缆，光缆主要用于通信速率要求较高的计算机网络，干线光缆按每 24 个信息插座配 2 芯多模光缆配置；大对数铜缆主要用于语音通信，采用 3 类 25 对非屏蔽双绞线，干线铜缆的设置按一个语音点 2 对双绞线配置。

9.4.4　设备间子系统：综合布线设备间设在一层，面积约 100m^2，用于安装语音及数据的配线架，通过主配线架可使数据中心的信息点与市政通信网络和计算机网络设备相连接。

9.4.5　管理子系统：管理子系统分配线架设在一层网络设备间内，交接设备的连接采用插接线方式。本楼电话线全部由市政外网引来。

10　电气节能、绿色建筑设计

10.1　变电所深入负荷中心，合理选用导线截面，减少电压损失。

10.2　采用低压集中自动补偿方式，并配备谐波电抗器组合，作为谐波抑制措施，避免高次谐波电流与电力电容发生谐振。

10.3 三相配电变压器满足现行国家标准《三相配电变压器能效限定值及能效等级》GB 20052 的节能评价值要求，水泵、风机等设备，及其他电气装置满足相关现行国家标准的节能评价值要求。

10.4 设置建筑设备监控系统，对建筑物内的设备实现节能控制。

10.5 照明光源应优先采用节能光源，建筑照明功率密度值应小于《建筑照明设计标准》GB 50034 中的规定。

二十一、某电子商城建筑电气方案设计文件实例

1 工程概况

某电子商城为展示销售、办公及其相应配套设施组成的现代化大厦。总建筑面积103093.3m2。地下五层，地上十一层，建筑高度为70m。

2 设计范围

2.1 变、配电系统；

2.2 动力、照明配电系统；

2.3 防雷接地系统；

2.4 电话系统；

2.5 综合布线系统

2.6 有线电视系统；

2.7 闭路电视保安监视系统；

2.8 公共广播系统；

2.9 LED 显示系统；

2.10 建筑设备监控系统；

2.11 建筑电气消防系统；

2.12 电气节能、绿色建筑设计。

3 变、配、发电系统

3.1 负荷分级

3.1.1 一级负荷包括：营业厅的备用照明用电，消防用电设备（消防控制室内的火灾自动报警控制器及联动控制台、消防水泵、消防电梯、排烟风机、加压送风机等）、保安监控系统、应急照明及疏散指示等，设备容量约为：P_e=4300kW。

3.1.2 二级负荷包括：自动扶梯、空调用电、排水泵、生活水泵等。设备容量约为：P_e=7300kW。

3.1.3 三级负荷包括：一般照明及动力负荷。设备容量约为：P_e=3100kW。

3.2 电源

本工程由市政外网引来两路高压电源。高压系统电压等级为10kV。高压采用单母线分段运行方式，中间设联络开关，平时两路电源同时分列运行，互为备用，当一路电源故障时，通过手/自操作联络开关，另一路电源负担全部负荷。容量11200kVA。

3.3 变、配电站

本工程在地下一层设置一处变、配电所，内设四台2000kVA变压器和两台1600kVA变压器。

4 信息系统对城市公用事业的需求

4.1 本工程办公部分采用直拨外线实现对外语音通信，预计申请直拨外线2000对（此数量可根据实际需求增减）。

4.2 本工程建立卫星通信系统，进行高速数据传输、图像传输、综合数据与语音通信、移动数据通信、计算机网络联接等综合业务，与DDN数字数据网互为备份，可以保证数据通信的不间断性、可靠性。

4.3　电视信号接自城市有线电视网，在顶层设有卫星电视机房，对建筑内的有线电视实施管理与控制。有线电视节目和卫星电视节目经调制后，经电视信号干线系统传送至每个电视输出口处，使获得技术规范所要求的电平信号，达到满意的收视效果。

5　照明系统

5.1　照度标准见表1-35。

照度标准　　**表1-35**

房间或场所	参考平面及其高度	照度标准值(lx)	UGR	U_0	R_a
营业厅	0.75m水平面	300	22	0.6	80
收款台	台面	500	—	0.6	80
商品展厅	地面	300	22	0.6	80
餐厅	0.75m水平面	200	22	0.6	80
办公室	0.75m水平面	300	19	0.6	80

5.2　光源：一般场所为荧光灯或高效节能型灯具。

5.3　商场车库的照明采用智能型照明管理系统，以实现大空间的照明管理与控制。

5.4　本工程主要场所的荧光灯采用电子镇流器，以提高功率因数，减少频闪和噪音。

5.5　在变配电所、计算中心、消防控制中心、水泵房、防排烟风机房、走廊、楼梯间、电梯前室、门厅等场所设置应急照明。在走廊、安全出口、大厅、楼梯间等处设疏散指示灯。

5.6　由各层电气小间用线槽配出电缆至在吊顶内的配电箱，再由配电箱配出电源沿结构柱或墙暗敷引下至各接线箱或电表箱；面积大于20m^{2}的专卖店及铺位设电表，小面积的铺位由就近接线箱引线，对每个铺位均提供一路AC220V电源，接线箱至各铺位的水平电源线，可敷设在铺位间的隔板内。

6　电力系统

6.1　变压器低压侧母线设置母联断路器，采用单母线分段方式运行，六台变压器采用两台一组的方式，分为三组，每组母联断路器设自投自复/自投不自复/手动三种组合方式转换开关。其中一组专供空调冷机站用电，冬季无冷负荷时可将该组变压器停止运行；一组主要供地下二层至五层商铺照明及铺位用电，当一台变压器停电时切断铺位用电保证照明用电，铺位用电的切除通过DDC实现。两段母组自投时应自动断开非保证负荷，以保证变压器对相对重要负荷进行供电。主进断路器与联络断路器设电气联锁，任何情况下只能合其中的两个断路器。低压断路器要求设过载长延时、短路短延时脱扣器，部分回路设分励脱扣器。高低压配电系统采用智能型配电系统以实现自动化管理。

6.2　低压配电采用放射式与树干式相结合的方式，对于单台容量较大的负荷或重要负荷如：冷冻机房、水泵房、电梯机房、消防控制室等采用放射式供电；对于一般负荷采用树干式与放射式相结合的方式供电。

6.3　本工程的消防动力设备、计算中心、应急照明、计算机设备、电话机房、配变电所用电等采用双电源供电，并在末端互投。

7　防雷与接地

7.1　本建筑物按二类防雷建筑物设防，在屋顶设接闪器，利用建筑物结构柱子内的主筋作引下线，利用结构基础内钢筋网作接地装置。防雷接地、变压器中性点接地及电气设备、信息系统等接地共用统一的接地装置，要求接地电阻不大于1Ω，否则应在室外增设人工接地体。

7.2　为预防雷电电磁脉冲引起的过电流和过电压，在变压器低压侧、在向重要设备供电的末端配电箱的各相母线上、由室外引入或由室内引至室外的电力线路、信号线路、控制线路、信息线路等装设电涌保护器。

7.3　安全措施

7.3.1　本工程低压配电系统接地型式采用TN-S系统，其中性线和保护地线在接地点后要严格分开。凡正常不带电而当绝缘破坏有可能呈现电压的一切电气设备金属外壳均应可靠接地。

7.3.2　在所有弱电机房、电梯机房、浴室等处作辅助等电位连接。

7.3.3　本工程采用总等电位连接，将建筑物内保护干线、设备进线总管、建筑物金属构件进行连接。

8　建筑电气消防系统

8.1　本建筑在一层设置消防控制室，分别监视建筑内的消防进行探测监视和控制。消防控制室内分别设有火灾报警控制主机、联动控制台、CRT显示器、打印机、紧急广播设备、消防直通对讲电话设备、电梯监控盘及UPS电源设备等。

8.2　根据不同场所的需求，设置感烟、感温、煤气探测器及手动报警器。消防控制中心和消防控制室可对探测器的火警、故障信号进行监视，并对消防水泵、消防风机、紧急广播等设备进行联动控制。

8.3　本工程还设置电气火灾报警系统、消防设备电源监控系统和防火门监控系统。

9　智能化系统

9.1　建筑设备监控系统

本工程设有建筑设备管理自动化系统，对建筑所属空调、新风、冷热站、电热锅炉等设备的运行、安全状况、能源使用状况及节能等实现综合自动监测、控制与管理和系统。BAS是基于分布式控制理论而设计的集散系统，通过网络系统将分布在各监控现场的系统控制器联接起来，共同完成集中操作、管理和分散控制的综合自动化系统。以确保建筑舒适和安全的环境，同时实现高效节能的要求，并对特定事物做出适当反应。

9.2　电话系统

本工程设直拨电话，传真等用线在电信线内调配。电话交接间设在地下二层。

9.3　综合布线系统

9.3.1　本工程设综合布线系统，以支持电话、数据、图文、图像等多媒体业务的需要。

9.3.2　主配线架设在地下二层电话交接间。电话用干线子系统采用三类大对数电缆，计算机用干线子系统采用光纤；配线子系统采用六类4UTP。

9.4　有线电视系统

9.4.1　本工程设有线电视系统，接收当地的有线电视节目；有线电视电缆由管廊引入地下一层光端机房，另设卫星电视接收天线，接收卫星电视节目。卫星电视节目数量由业主方确定。

9.4.2　电视机房设在地下一层，并在屋顶层预留一间作为卫星电视接收机房。

9.4.3　系统采用分配分支分配系统，在各层设分支分配器，供该层电视用户使用。

9.4.4　系统采用邻频传输，用户电平为69±6dB，要求图像质量不低于四级。

9.5　综合保安监视系统

9.5.1　闭路监视系统主机设备设置在地下一层监控机房内（与消防控制室合用）。

9.5.2　在商业厅内设闭路监视摄像机。在楼内各出入口、电梯厅、轿箱内设闭路监视摄像机。

9.5.3　主机系统采用数字式图像记录系统，所有摄像点应同时录像，按系统图所示做时序切换。同时可手动选择某一摄像机进行跟踪、录像。

9.5.4　图像水平清晰度：黑白电视系统不应低于 400 线，彩色电视系统不应低于 270 线。

9.6　公共广播系统

9.6.1　本工程设置一套公共广播系统（兼火灾应急广播系统）。广播机房设在地下一层。系统采用 100V 定压输出方式。

9.6.2　广播系统设有电脑音响控制设备。节目源有镭射唱盘机、CD 播放机、双卡连续录音座等设备，并设有应急广播用话筒。

9.6.3　火灾时，自动或手动打开相关层紧急广播，同时切断背景音乐广播。紧急广播切换在控制室内完成。

9.6.4　紧急广播设备用扩音机，其容量为广播最大容量的 1.5 倍。

9.7　LED 显示系统

在商业用房各层自动扶梯处设 LED 显示条幅，传递商业资讯；在室外东墙设 LED 全彩视屏。

10　电气节能、绿色建筑设计

10.1　变电所深入负荷中心，合理选用导线截面，减少电压损失。

10.2　三相配电变压器满足现行国家标准《三相配电变压器能效限定值及能效等级》GB 20052 的节能评价值要求，水泵、风机等设备，及其他电气装置满足相关现行国家标准的节能评价值要求。

10.3　采用低压集中自动补偿方式，并配备谐波电抗器组合，作为谐波抑制措施，避免高次谐波电流与电力电容发生谐振。

10.4　设置建筑设备监控系统，对建筑物内的设备实现节能控制。合理选用电梯和自动扶梯，并采取电梯群控、扶梯自动启停等节能控制措施。

10.5　采用智能灯光控制系统。照明光源应优先采用节能光源，建筑照明功率密度值应小于《建筑照明设计标准》GB 50034 中的规定。室外夜景照明光污染的限制符合现行行业标准《城市夜景照明设计规范》JGJ/T 163 的规定。

10.6　对室内的二氧化碳浓度进行数据采集、分析，并与通风系统联动，实现室内污染物浓度超标实时报警，并与通风系统联动。

二十二、某国际购物中心建筑电气方案设计文件实例

1　工程概况

某电子商城为展示销售、办公及其相应配套设施组成的现代化大厦。总建筑面积 128974.68m^2。地下二层，地上三层，建筑高度为 18m。

2　设计范围

2.1　变、配电系统；

2.2　动力、照明配电系统；

2.3　防雷接地系统；

2.4　电话系统；

2.5　综合布线系统

2.6　有线电视系统；

2.7　闭路电视保安监视系统；

2.8　公共广播系统；

2.9　LED显示系统；

2.10　建筑设备监控系统；

2.11　建筑电气消防系统；

2.12　电气节能、绿色建筑设计。

3　变、配、发电系统

3.1　负荷分级

3.1.1　一级负荷包括：营业厅的备用照明用电，消防用电设备（消防控制室内的火灾自动报警控制器及联动控制台、消防水泵、消防电梯、排烟风机、加压送风机等）、保安监控系统、应急照明及疏散指示等。设备容量约为：P_e=5300kW。

3.1.2　二级负荷包括：自动扶梯、空调用电、排水泵、生活水泵等。设备容量约为：P_e=8200kW。

3.1.3　三级负荷包括：一般照明及动力负荷。设备容量约为：P_e=4600kW。

3.2　电源

本工程由市政外网引来两路高压电源。高压系统电压等级为10kV。高压采用单母线分段运行方式，中间设联络开关，平时两路电源同时分列运行，互为备用，当一路电源故障时，通过手/自操作联络开关，另一路电源负担全部负荷。容量14000kVA。

3.3　变、配电站

本工程在地下一层设置二处变、配电所，A座变配电室设置2台2000kVA及4台1250kVA，B座变配电室设置4台1250kVA。

4　信息系统对城市公用事业的需求

4.1　本工程办公部分采用直拨外线实现对外语音通信，预计申请直拨外线1200对（此数量可根据实际需求增减）。

4.2　本工程建立卫星通信系统，进行高速数据传输、图像传输、综合数据与语音通信、移动数据通信、计算机网络联接等综合业务，与DDN数字数据网互为备份，可以保证数据通信的不间断性、可靠性。

4.3　电视信号接自城市有线电视网，在顶层设有卫星电视机房，对建筑内的有线电视实施管理与控制。有线电视节目和卫星电视节目经调制后，经电视信号干线系统传送至每个电视输出口处，使获得技术规范所要求的电平信号，达到满意的收视效果。

5　照明系统

5.1　照度标准见表1-36。

照度标准　　　　**表1-36**

房间或场所	参考平面及其高度	照度标准值(lx)	*UGR*	U_0	R_a
营业厅	0.75m水平面	500	22	0.6	80
收款台	台面	500	—	0.6	80
商品展厅	地面	300	22	0.6	80
餐厅	0.75m水平面	200	22	0.6	80
办公室	0.75m水平面	300	19	0.6	80

5.2　光源：为表达不同商店、商场的营业厅的特定光色气氛和商品的真实性或强调显色性、立体感和质感，应合理选择光色间对比度、不同色温和照度要求。在高照度处宜采用高色温光源，低照度处宜采用低色温光源。各类商店、商场的收款台、货架柜（按需要）等设局部照明，有商品展示的区域其垂直照度不宜低于150lx。

5.3　商场照明采用智能型照明管理系统，以实现大空间的照明管理与控制。

5.4　本工程主要场所的荧光灯采用电子镇流器，以提高功率因数，减少频闪和噪声。

5.5　在变配电所、计算中心、消防控制中心、水泵房、防排烟风机房、走廊、楼梯间、电梯前室、门厅等场所设置应急照明。在走廊、安全出口、大厅、楼梯间等处设疏散指示灯。

5.6　一般场所的备用照明的启动时间不应大于5s，贵重物品区域及柜台、收银台的备用照明应单独设置，且启动时间不应大于1.5s。营业厅设置备用照明，且照度不低于正常照明的1/10。

5.7　值班照明照度不应低于20lx。

6　电力系统

6.1　变压器低压侧母线设置母联断路器，采用单母线分段方式运行。

6.2　低压配电系统宜按防火分区、功能分区及不同零售业态实现分区域配电。低压配电采用放射式与树干式相结合的方式，客梯应由专用回路供电。

6.3　不同经营业态的低压用电负荷，其低压配电电源应引自本业态配电系统。

6.4　本工程的消防动力设备、计算中心、应急照明、计算机设备、电话机房、配变电所用电等采用双电源供电，并在末端互投。

7　防雷与接地

7.1　本建筑物按二类防雷建筑物设防，在屋顶设接闪器，利用建筑物结构柱子内的主筋作引下线，利用结构基础内钢筋网作接地装置。防雷接地、变压器中性点接地及电气设备、信息系统等接地共用统一的接地装置，要求接地电阻不大于1Ω，否则应在室外增设人工接地体。

7.2　为预防雷电电磁脉冲引起的过电流和过电压，在变压器低压侧、在向重要设备供电的末端配电箱的各相母线上、由室外引入或由室内引至室外的电力线路、信号线路、控制线路、信息线路等装设电涌保护器。

7.3　安全措施

7.3.1　本工程低压配电系统接地型式采用TN-S系统，其中性线和保护地线在接地点后要严格分开。凡正常不带电而当绝缘破坏有可能呈现电压的一切电气设备金属外壳均应可靠接地。

7.3.2　在所有弱电机房、电梯机房、浴室等处作辅助等电位连接。

7.3.3　本工程采用总等电位连接，将建筑物内保护干线、设备进线总管、建筑物金属构件进行连接。

8　建筑电气消防系统

8.1　本建筑在一层设置消防控制室，分别监视建筑内的消防进行探测监视和控制。消防控制室内分别设有火灾报警控制主机、联动控制台、CRT显示器、打印机、紧急广播设备、消防直通对讲电话设备、电梯监控盘及UPS电源设备等。

8.2　根据不同场所的需求，设置感烟、感温、煤气探测器及手动报警器。消防控制中心和消防控制室可对探测器的火警、故障信号进行监视，并对消防水泵、消防风机、紧急广播等设备进行联动控制。

8.3　本工程还设置电气火灾报警系统、消防设备电源监控系统和防火门监控系统。

9　智能化系统

9.1　建筑设备监控系统

9.1.1　本工程设有建筑设备管理自动化系统，建立基于建筑设备综合管理的信息集成平台，具有对各类机电设备系统运行监控功能，实现信息共享功能，满足对各经营业态能耗计量的管理要求，满足绿色建筑建设目标。

9.1.2　通过能耗监测管理系统对水、电、气等能耗进行计量和管理，实现分项能耗数据的实时采集、计量、传输、处理及存储。

9.2　综合布线系统

9.2.1　本工程设综合布线系统，以支持电话、数据、图文、图像等多媒体业务的需要。

9.2.2　采用光缆或六类及以上电缆，能满足千兆及以上以太网信息传输需求。

9.2.3　营业区信息插座的设置：收银台的信息插座数量不少于2个；大开间场所可设置集合点（CP）。

9.2.4　商店建筑内独立经营区设置多媒体信息箱，可采用光纤接入运营商语音及数据服务。

9.3　信息导引及发布系统

在商业用房各层自动扶梯处设LED显示条幅，传递商业资讯；在室外东墙设LED全彩视屏。信息发布系统宜采取集中控制、统一管理的方式将音视频信号、图片和滚动字幕等多媒体信息通过网络传输到显示终端。

9.4　有线电视系统

本工程设有线电视系统，接收当地的有线电视节目；有线电视电缆由管廊引入地下一层光端机房，另设卫星电视接收天线，接收卫星电视节目。卫星电视节目数量由业主方确定。

9.5　安防系统

9.5.1　闭路监视系统主机设备设置在地下一层监控机房内（与消防控制室合用）。

9.5.2　视频安防监控系统图像在正常的工作照明环境下，收银台等业务区应能实时监视、记录交易的全过程，回放图像应能清晰显示柜员操作及客户脸部特征。

9.5.3　设出入口控制系统，应满足使用功能和安全防范管理的要求。

9.5.4　独立经营区、食品存储区域、贵重物品用房和主要设备机房等区域均应设置防入侵报警探头。

9.6　停车库（场）管理系统

9.6.1　具备车牌识别、远距离读卡、车位显示及引导、联网收费等功能。

9.6.2　车辆入口处应设置空余车位LED显示屏，主干车道入口处设置停车引导LED显示屏。

9.7　公共广播系统

9.7.1　本工程设置一套公共广播系统（兼火灾应急广播系统）。广播机房设在地下一层。公共广播按功能分区和消防分区进行设置，系统宜采用基于网络的数字广播。

9.7.2　广播系统设有电脑音响控制设备。节目源有镭射唱盘机、CD播放机、双卡连续录音座等设备。并设有应急广播用话筒。

9.7.3　火灾时，自动或手动打开相关层紧急广播，同时切断背景音乐广播。紧急广播切换在控制室内完成。

10　电气节能、绿色建筑设计

10.1　变电所深入负荷中心，合理选用导线截面，减少电压损失。

10.2　三相配电变压器满足现行国家标准《三相配电变压器能效限定值及能效等级》GB 20052的节能评价值要求，水泵、风机等设备，及其他电气装置满足相关现行国家标准的节能评价值要求。

10.3　采用低压集中自动补偿方式，并配备谐波电抗器组合，作为谐波抑制措施，避免高次谐波电流与电力电容发生谐振。

10.4　设置建筑设备监控系统，对建筑物内的设备实现节能控制。合理选用电梯和自动扶梯，并采取电梯群控、扶梯自动启停等节能控制措施。

10.5　采用智能灯光控制系统。照明光源应优先采用节能光源，建筑照明功率密度值应小于《建筑照明设计标准》GB 50034中的规定。室外夜景照明光污染的限制符合现行行业标准《城市夜景照明设计规范》JGJ/T 163的规定。

10.6　对室内的二氧化碳浓度进行数据采集、分析，并与通风系统联动，实现室内污染物浓度超标实时报警，并与通风系统联动。

二十三、某城市广场建筑电气方案设计文件实例

1　工程概况

城市广场总建筑面积230000m²，其中地上面积为163000m²，地下面积为67000m²，建筑为两栋塔楼，其中A栋高约300m（62层），上部为五星级酒店，下部为写字楼；B栋高150m，35层的酒店式公寓，三层地下室，包括酒店服务用房、设备用房、车库和人防工程；裙楼3层为酒店服务用房及部分商业用房。

2　设计范围

2.1　10/0.4kV变配电系统。

2.2　电力配电系统。

2.3　照明系统。

2.4　建筑物防雷、接地系统。

2.5　建筑设备监控系统。

2.6　建筑电气消防系统。

2.7　综合布线系统。

2.8　通信自动化系统。

2.9　有线电视及卫星电视系统。

2.10　背景音乐及紧急广播系统。

2.11　安防系统。

2.12　酒店电子客房门锁系统。

2.13　无线通信系统。

2.14　酒店管理系统。

2.15　电气节能、绿色建筑设计。

3　变、配、发电系统

3.1　负荷分级

3.1.1　一级负荷包括：酒店经营及设备管理用计算机系统、火灾报警及联动控制设备、消防泵、消防电梯、排烟风机、加压风机、保安监控系统、应急照明用电，宴会厅、餐厅、厨房、康乐设施、门厅及高级客房、主要通道等场所的照明用电，厨房、排污泵、生活水泵、主要客梯用电，计算机、电话、电声用电。设备容量约为：P_e=3200kW。其中酒店经营及设备管理用计算机系统、火灾报警及联动控制设备、消防泵、消防电梯、排烟风机、加压风机、保安监控系统、应急照明用电为一级负荷中的特别重要负荷。本工程一级负荷容

量：酒店部分设备容量为：1600kW；办公部分设备容量为：990kW；公寓部分设备容量为：640kW。

3.1.2　二级负荷包括：一般客梯用电，普通客房等。本工程二级负荷容量：酒店部分设备容量为：3500kW；办公部分设备容量为：1900kW；公寓部分设备容量为：1200kW。

3.1.3　三级负荷包括：一般照明及动力负荷。本工程三级负荷容量：酒店部分设备容量为：3800kW；办公部分设备容量为：8500kW；公寓部分设备容量为：5600kW。

3.2　电源

本工程拟由市政电网引来三路10kV电源，10kV高压配电系统均为单母线分段运行，三路电源两用一备，备用电源能承担发生故障电源所供电的全部负荷，三路10kV电源要求当一路发生故障时，除非有不可抗拒的原因，其他两路电源不允许同时损坏。容量20900kVA。

3.3　变、配、发电站

3.3.1　本工程按使用管理功能，配备五个变配电所详见表1-37。

变配电所配备表　　**表1-37**

变配电所编号	变配电所位置	供电范围	变压器装机容量
TH1	地下一层	酒店地下室及裙房配套设施的动力、照明用电	2×2000kVA
TH2	四十二层	酒店楼层配套设施的动力、照明用电	2×1000kVA
TO1	地下一层	写字楼地下室，裙房配套设施的动力、照明用电	2×2000kVA 2×1600kVA
TO2	二十八层	写字楼配套设施的动力、照明用电	2×1000kVA
TR1	地下一层	公寓地下室、裙房、公寓楼层的配套设施的动力、照明用电	2×1600kVA 2×1250kVA

3.3.2　在地下一层设置两处柴油发电机房。各拟设置一台1600kW柴油发电机组。

3.4 自备应急电源系统

3.4.1　当市电出现停电、缺相、电压超出范围（AC380V：－15%～＋10%）或频率超出范围（50Hz±5%）时延时15s（可调）机组自动启动。

3.4.2　当市电故障时，消防用电设备、应急照明与疏散照明以及涉及人身安全的用电设备均由自备应急电源提供电源。

4　信息系统对城市公用事业的需求

4.1　本工程办公需输出入中继线200对（呼出呼入各50%）。另外申请直拨外线1000对（此数量可根据实际需求增减）。公寓需输出入中继线100对（呼出呼入各50%）。另外申请直拨外线500对（此数量可根据实际需求增减）。酒店需输出入中继线120对（呼出呼入各50%）。另外申请直拨外线100对（此数量可根据实际需求增减）。

4.2　本工程建立卫星通信系统，进行高速数据传输、图像传输、综合数据与语音通信、移动数据通信、计算机网络联接等综合业务，与DDN数字数据网互为备份，可以保证数据通信的不间断性、可靠性。

4.3　电视信号接自城市有线电视网，在顶层设有卫星电视机房，对建筑内的有线电视实施管理与控制。有线电视节目和卫星电视节目经调制后，经电视信号干线系统传送至每个电视输出口处，使获得技术规范所要求的电平信号，达到满意的收视效果。

5　照明系统

5.1　照度标准见表1-38。

照度标准　表1-38

房间或场所		参考平面及其高度	照度标准值(lx)	UGR	U_0	R_a
客房	一般活动区	0.75m水平面	75	—	—	80
	床头	0.75m水平面	150	—	—	80
	写字台	台面	300	—	—	80
	卫生间	0.75m水平面	150	—	—	80
中餐厅		0.75m水平面	200	22	0.6	80
西餐厅		0.75m水平面	150	—	0.6	80
酒吧间、咖啡厅		0.75m水平面	75	—	0.6	80
多功能厅、宴会厅		0.75m水平面	300	22	0.6	80
会议室		0.75m水平面	300	19	0.6	80
大堂		地面	200	—	0.4	80
总服务台		地面	300	—	—	80
客房层走廊		地面	50	—	0.7	80
厨房		台面	500	—	0.7	80
游泳池		水面	200	22	0.6	80
健身房		0.75m水平面	200	22	0.6	80
洗衣房		0.75m水平面	200	—	0.6	80
普通办公室		0.75m水平面	300	19	0.6	80

5.2　光源与灯具选择：入口处照明装置采用色温低、色彩丰富、显色性好光源，能给人以温暖、和谐、亲切的感觉，又便于调光。餐厅照明设计满足灵活多变的功能，根据就餐时间和顾客的情绪特点，选择不同的灯光及照度。客房设有进门小过道顶灯、床头灯、梳妆台灯、落地灯、写字台灯、脚灯、壁柜灯，在客房内入口走廊墙角下安置应急灯，在停电时自动亮登。总统间，除具有一般客房的功能灯饰外，在客厅和餐厅增设豪华灯饰。装修要求的场所视装修要求，可采用多种类型的光源。一般场所选用T5荧光灯或节能型灯具。对仅作为应急照明用的光源应采用瞬时点燃的光源。对大空间场所和室外空间可采用金属卤化物灯。

5.3　照明配电系统：本工程利用在强电小间内的封闭式插接铜母线配电给各楼层照明配电箱（柜），以便于安装、改造和降低能耗。客房层照明采用双回路供电，保证用电可靠，在每套客房设一小配电箱，单相电源进线。由层照明配电箱（柜）至客房配电箱采用放射式配电。客房内采用节能开关。

5.4　应急照明与疏散照明：消防控制室、变配电所、配电间、电讯机房、弱电间、楼梯间、前室、水泵房、电梯机房、排烟机房、重要机房的值班照明等处的应急照明按100%考虑；门厅、走道按30%设置应急照明；其他场所按10%设置应急照明。各层走道、拐角及出入口均设疏散指示灯，蓄电池采用集中免维护电池进行供电，停电时自动切换为直流供电，并且应急照明持续时间应不少于90min。

5.5　为保证用电安全，用于移动电器装置的插座的电源均设电磁式剩余电流保护装置（动作电流≤30mA，动作时间小于0.1s）。

5.6　照明控制：为了便于管理和节约能源，以及不同的时间要求不同的效果。本工程采用智能型照明控制系统，部分灯具考虑调光；汽车库照明采用集中控制；楼梯间、走廊等公共场所的照明采用集中控制和就地控制相结合的方式；走廊的照明采用集中控制。走廊的应急照明考虑就地控制和消防集中控制的方式。室外照明的控制纳入建筑设备监控系统统一管理。

5.7 航空障碍物照明：根据《民用机场飞行区技术标准》要求，本工程分别在屋顶及每隔 40m 左右设置航空障碍标志灯，40～90m 采用中光强型航空障碍标志灯，90m 以上采用航空白色高光强型航空障碍标志灯。航空障碍标志灯的控制纳入建筑设备监控系统统一管理，并根据室外光照及时间自动控制。

6 电力系统

6.1 配电系统的接地型式采用 TN-S 系统。冷冻机组、冷冻泵、冷却泵、生活泵、热力站、电梯等设备采用放射式供电；风机、空调机、污水泵等小型设备采用树干式供电。

6.2 为保证重要负荷的供电，对重要设备如：通信机房、消防用电设备（消防水泵、排烟风机、加压风机、消防电梯等）、信息网络设备、消防控制室、中央控制室等均采用双回路专用电缆供电，在最末一级配电箱处设双电源自投，自投方式采用双电源自投自复。

6.3 主要配电干线沿由变电所用电缆桥架（线槽）引至各电气小间，支线穿钢管敷设。

6.4 普通干线采用辐照交联低烟无卤阻燃电缆；重要负荷的配电干线采用氧化镁电缆。部分大容量干线采用封闭母线。

7 防雷与接地

7.1 本建筑物按二类防雷建筑物设防，接闪器宜采用接闪带（网）、接闪杆或由其混合组成。避雷带装设在建筑物易受雷击部位，接闪带采用 ϕ10 镀锌圆钢，并应在整个屋面上装设不大于 10m×10m 的网格。卫星接收天线采用接闪杆保护，并与接闪带相互连接。所有突出屋面的金属体和构筑物应与接闪带电气连接。

7.2 为防止侧向雷击，要求建筑物内钢构架和钢筋混凝土的钢筋应相互连接，自六层以上，每三层沿建筑物四周的金属门窗构件与该层楼板内的钢筋接成一体后再与引下线焊接，防雷接闪器附近的电气设备的金属外壳均应与防雷装置可靠焊接。玻璃幕墙内的金属构架，是等电位和屏蔽的一部分，应和防雷系统连接成一体。金属构架应构成金属屏蔽网格，其预埋件应在最上端、最下端及每隔 20m 处与柱子或圈梁内钢筋焊接。金属构件和支撑构件的连接，可通过螺栓连接、铆接、可靠压接或构件焊接。

7.3 为防止雷电波的侵入，进入建筑物的各种线路及金属管道宜采用全线埋地引入，并在入户端将电缆的金属外皮、钢导管及金属管道与接地装置连接。

7.4 利用建筑物钢筋混凝土柱子或剪力墙内两根 ϕ16 以上主筋通长焊接作为引下线，间距不大于 18m，引下线上端与女儿墙上的接闪带带焊接，下端与建筑物基础底梁及基础底板轴线上的上下两层钢筋内的两根主筋焊接。外墙引下线在室外地面下 1m 处引出与室外接地线焊接。

7.5 本工程采用共用接地装置，以建筑物、构筑物的基础钢筋作为接地体，要求接地电阻小于 1Ω，当接地电阻达不到要求时，可补打人工接地极。在建筑物四角的外墙引下线在距室外地面上 0.5m 处设测试卡子。

7.6 在 A 座、B 座屋顶安装提前放电接闪杆，高出大楼屋面 5m，以能够准确地捕捉雷电的落雷点，防止直击雷击在被保护区域，规范了雷电流的泄入通道。

8 建筑电气消防系统

8.1 在一层酒店、办公和公寓分别设置消防控制室，分别对酒店、办公和公寓建筑内的消防设备进行探测监视和控制。消防控制室内分别设有火灾报警控制主机、计算机图文系统、联动控制台、CRT 显示器、打印机、紧急广播设备、消防专用电话主机、电梯监控盘及UPS电源设备等。酒店、办公的消防控制室之间预留网络接口。

8.2 燃气表间、厨房设气体探测器，烟尘较大场所设感温探测器，残疾人客房设有供残疾人专用的火灾报警探测器（声、光报警），一般场所设感烟探测器。在适当位置设手动报警按钮及消防对讲电话插孔。在消火栓箱内设消火栓报警按钮。消防控制室可接收感烟、感温、气体探测器的火灾报警信号，水流指示器、检修阀、压力报警阀、手动报警按钮、消火栓按钮的动作信号。在每层消防电梯前室附近设置楼层显示复示盘。

8.3 消防控制中心和消防控制室可对探测器的火警、故障信号进行监视，并对消防水泵、消防风机、紧急广播等设备进行联动控制。

8.4 本工程还设置电气火灾报警系统、消防设备电源监控系统和防火门监控系统。

9 智能化系统

9.1 建筑设备监控系统

9.1.1 建筑设备监控系统融合了现代计算机技术、网络通信技术、自动控制技术、数据库管理技术以及软件技术等，通过中央监控系统的计算机网络，将各层的控制器、现场传感器、执行器及远程通信设备进行联网，共同实现集中管理、分散控制的综合监控及管理功能。

9.1.2 本工程建筑设备监控系统的总体目标是将建筑内的建筑设备管理与控制系统（HVAC、给水排水系统、供配电系统、照明系统等）进行分散控制、集中监视管理，从而提供一个舒适的工作环境，通过优化控制提高管理水平，从而达到节约能源和人工成本，实现物业管理自动化。

9.1.3 本工程在酒店在地下一层（工程部值班室），办公、公寓在地下一层设置建筑设备监控室，分别对酒店、办公内的建筑设备实施管理与控制。

9.2 综合布线系统

9.2.1 本工程在将办公语音信号、数字信号、视频信号、控制信号的配线，经过统一的规范设计，综合在一套标准的配线系统上，此系统为开放式网络平台，方便用户在需要时，形成各自独立的子系统。综合布线系统可以实现世界范围资源共享，综合信息数据库管理、电子邮件、个人数据库、报表处理、财务管理、电话会议、电视会议等。

9.2.2 本工程在地下二层酒店、办公、公寓分别设置网络室，分别将酒店、办公、公寓的语音信号、数字信号的配线，经过统一的规范设计，综合在一套标准的配线系统上，此系统为开放式网络平台，方便用户在需要时，形成各自独立的子系统。综合布线系统可以实现世界范围资源共享，综合信息数据库管理、电子邮件、个人数据库、报表处理、财务管理、电话会议、电视会议等。

9.3 通信自动化系统

9.3.1 在酒店在地下一层设置电话交换机房，拟定设置一台600门的PABX。

9.3.2 在办公在地下一层，拟定设置一台2000门的PABX。

9.3.3 在公寓在地下一层，拟定设置一台1000门的PABX。

9.3.4 本工程建立卫星通信系统，进行高速数据传输、图像传输、综合数据与语音通信、移动数据通信、计算机网络联接等综合业务，与DDN数字数据网互为备份，可以保证数据通信的不间断性、可靠性。

9.4 有线电视及卫星电视系统

本工程在酒店地下一层，办公和公寓地下一层分别设置有线电视机房，在酒店顶层设有卫星电视机房，对酒店内的有线电视实施管理与控制。有线电视节目和卫星电视节目经调制后，经电视信号干线系统传送至每个电视输出口处，使获得技术规范所要求的电平信号，达到满意的收视效果。系统设备包括：卫星接收天线、功分器、接收机、解密器、制式转换器、前置放大器、频道放大器、频道转换器、有源混合器、供电单元、宽带放大器、分配器、分支器、终端电阻等。

9.5 安防系统

本工程在酒店保安室设在一层（与消防控制室共室），办公和公寓在地下二层设置保安室，保安室内设系统矩阵主机、硬盘录像机、打印机，监视器及～24V电源设备等。视频自动切换器接受多个摄像点信号输入，定时自动轮换（1～30s）输出监控信号，也可手动任选一个摄像机的画面跟踪监视、录像、打印。系统矩阵主机带输入、输出板；云台控制及编程、控制输出时、日、字符叠加等功能。在本建筑的主要出入口、楼梯间、电梯前室、电梯轿厢及走廊等处设置摄像机。

9.6 门禁系统

为确保建筑的安全，根据安全级别的不同划分为的不同安全分区，根据级别的不同设置相应的门禁系统，以免无关人员闯入。

9.7 电子巡更系统

电子巡更管理系统不仅是安全保卫系统中不可缺少的重要部分，也是先进物业管理的不可或缺的重要组成部分。在主要公共通道分布电子巡更签到点，可设定保安员巡更的路线及地点，巡更的次数等，并可检测该保安员所用的巡更时间，从而监督保安员工作。

9.8 信息发布系统

在大楼室外一层设置大屏幕，主题内容可以根据需要随时进行调整，并可以做到声色并茂；在每层的电梯厅设液晶显示器，用于重要信息发布、内部自作电视节目、重要会议的视频直播等。

9.9 停车场管理系统

在停车场出入口设置停车场管理系统，停车场管理系统由进/出口读卡机、挡车器、感应线圈、摄像机、收费机、入口处LED显示屏等组成。

9.10 无线通信增强系统

为了避免手机信号出现网络拥塞情况以及由于大楼内建筑结构复杂，无线信号难于穿透，室内易出现覆盖的盲区，手机用户不能及时打进或接进电话。本工程安装无线信号增强系统以解决移动通信覆盖问题，同时也可增加无线信道容量。

9.11 酒店管理系统

酒店管理系统应与其他非管理网络安全隔离。网络采用先进的高速网，保证系统的快速稳定运转。网络速率方面应保证主干网达到交换100M的速率，而桌面站点达到交换10M的速率。并可实现预订、团队会议、销售、前台接洽、团队开房、修改/查看账户、前台收银、统计报表、合同单位挂账、账单打印查询、餐饮预订、电话计费、用车管理等功能。

9.12 中央电子门锁系统

每间客房设有电子门锁。在地下一层弱电管理用房设置管理主机，对各客房电子门锁进行监控。客房电子门锁改变传统机械锁概念，智能化管理提高贵酒店档次。配备客房电子门锁后，客人只需到总台登记办理手续后，就可得到一张写有客人相关资料及有效住宿时间的开门卡，可直接去开启相对应的客房门锁，不需要再像传统机械锁一样，寻找服务生用机械钥匙打开客房门，从而免除不必要的麻烦，更具有安全感。

9.13 可视对讲访客系统

9.13.1 本工程在公寓部分设置一套可视对讲访客系统。该系统中对讲部分由分机、主机主板及电源箱组成；防盗安全门部分由门体、电控锁机液压闭门器组成。

9.13.2 对讲分机安装在住户室内，除了可与主机进行通话和观察来访者外，还能通过线路开启防盗门上的电控锁；主机安装在防盗门上，主机上设有对讲机和表由各房间号码的呼叫按钮标志牌，在傍晚环境变暗时，机内的光敏装置会自动点亮标志牌后的LED照明灯，方便夜间使用。

9.14 紧急报警装置

在酒店的总统套房门口、前台、残疾人客房、财务室等处设置紧急报警装置，当有紧急情况时，可进行手动报警至酒店保安室。

9.15 背景音乐及紧急广播系统

9.15.1 本工程在酒店设置背景音乐及紧急广播系统，办公和公寓设置紧急广播系统。中央背景音乐与紧急广播系统独立，物理分开（两组扬声器），紧急广播系统启动时，必须把中央背景音乐自动断开。

9.15.2 酒店和办公、公寓在一层设置广播室（与消防控制室共室），酒店的中央背景音乐系统设备安装在客人快速服务中心内。背景音乐要求使用酒店管理公司指定的数码DMX音源，一台机器可供四种不同音源。紧急广播系统安装在消防控制室内。

9.16 能源远传自动计量系统

本工程在公寓部分采用能源远传自动计量系统。该系统是融合现代电子技术、计算机通信、计算机软件管理、自动控制技术为一体，实现能耗远程自动抄表功能。

9.17 系统集成

9.17.1 概述。

集成管理的重点是突出在中央管理系统的管理，控制仍由下面各子系统进行。集成管理能为本工程各个管理部门提供高效、科学和方便的管理手段。将建筑中日常运作的各种信息，如建筑设备监控、安防、火灾自动报警、公共广播、通信系统以及展览管理信息，各种日常办公管理信息，物业管理信息等构成相互之间有关联的一个整体，从而有效地提升建筑整体的运作水平和效率。

9.17.2 系统技术要求。

1. 集成管理，首先要求进行集成的系统应该是一个开放性的系统，在集成过程中，首先要解决好各个系统间通信协议的标准化问题，使整个系统达到信息识别的唯一性，只有这样，才能真正达到各子系统之间的联动。也才能做到无论集成先后，均能平滑连接。

2. 系统集成的规模，首先是以建筑设备管理系统为模式，即BMS模式，先期将在建筑中有相互联动关系的各楼宇设备子系统进行相对集成，达到相互之间在处理和解决建筑中出现的问题时，能协同动作，提高效率，便于管理。在BMS中，以建筑设备监控系统（BA）为基础平台，进行相关的联动设计。

10 电气节能、绿色建筑设计

10.1 变电所深入负荷中心，合理选用导线截面，减少电压损失。

10.2 三相配电变压器满足现行国家标准《三相配电变压器能效限定值及能效等级》GB 20052的节能评价值要求，水泵、风机等设备，及其他电气装置满足相关现行国家标准的节能评价值要求。

10.3 设置建筑设备监控系统，对建筑物内的设备实现节能控制。合理选用电梯和自动扶梯，并采取电梯群控、扶梯自动启停等节能控制措施。

10.4 采用低压集中自动补偿方式，并配备谐波电抗器组合，作为谐波抑制措施，避免高次谐波电流与电力电容发生谐振。

10.5 采用智能灯光控制系统，通过控制遮阳板将自然光和人工光实现有机结合。照明光源应优先采用节能光源，建筑照明功率密度值应小于《建筑照明设计标准》GB 50034 中的规定。室外夜景照明光污染的限制符合现行行业标准《城市夜景照明设计规范》JGJ/T 163 的规定。

10.6　对室内的二氧化碳浓度进行数据采集、分析，并与通风系统联动，实现室内污染物浓度超标实时报警，并与通风系统联动。地下车库设置与排风设备联动的一氧化碳浓度监测装置。

10.7　客房内采用节能开关。

第二章　电气初步设计文件编制范本

第一节　电气初步设计文件编制要点

一、建筑电气初步设计文件编制深度原则

1　初步设计文件，应满足编制施工图设计文件的需要，应满足初步设计审批的需要。

2　在设计中宜因地制宜正确选用国家、行业和地方建筑标准设计，并在设计文件的图纸目录或设计说明中注明所应用图集的名称。重复利用其他工程的图纸时，应详细了解原图利用的条件和内容，并作必要的核算和修改，以满足新设计项目的需要。

3　当设计合同对设计文件编制深度另有要求时，设计文件编制深度应同时满足本规定和设计合同的要求。

4　民用建筑工程一般应分为方案设计、初步设计和施工图设计三个阶段；对于技术要求相对简单的民用建筑工程，当有关主管部门在初步设计阶段没有审查要求，且合同中没有做初步设计的约定，可在方案设计审批后直接进入施工图设计。

二、建筑电气初步设计文件编制内容

1　在初步设计阶段建筑电气专业设计文件应包括设计说明书、设计图纸、主要电气设备表、计算书。

2　建筑电气初步设计说明书。

2.1　设计依据。

2.1.1　工程概况：应说明建筑的建设地点、自然环境、建筑类别、性质、面积、层数、高度、结构类型等。

2.1.2　建设单位提供的有关部门（如供电部门、消防部门、通信部门、公安部门等）认定的工程设计资料，建设单位设计任务书及设计要求；

2.1.3　相关专业提供给本专业的工程设计资料；

2.1.4　设计所执行的主要法规和所采用的主要标准（包括标准的名称、编号、年号和版本号）；

2.1.5　上一阶段设计文件的批复意见。

2.2　设计范围。

2.2.1　根据设计任务书和有关设计资料说明本专业的设计内容，以及与二次装修电气设计、照明专项设计、智能化专项设计等相关专项设计，以及其他工艺设计的分工与分工界面；

2.2.2　拟设置的建筑电气系统。

2.3　变、配、发电系统。

2.3.1　确定负荷等级和各级别负荷容量；

2.3.2　确定供电电源及电压等级，要求电源容量及回路数、专用线或非专用线、线路路由及敷设方式、近远期发展情况；

2.3.3　备用电源和应急电源容量确定原则及性能要求，有自备发电机时，说明启动、停机方式及与城市电网关系；

2.3.4　高、低压供电系统接线型式及运行方式：正常工作电源与备用电源之间的关系；母线联络开关运行和切换方式；变压器之间低压侧联络方式；重要负荷的供电方式；

2.3.5　变、配、发电站的位置、数量及型式，设备技术条件和选型要求；

2.3.6　容量：包括设备安装容量、计算有功、无功、视在容量，变压器、发电机的台数、容量、负载率；

2.3.7　继电保护装置的设置；

2.3.8　操作电源和信号：说明高、低压设备的操作电源，以及运行信号装置配置情况；

2.3.9　电能计量装置：采用高压或低压；专用柜或非专用柜（满足供电部门要求和建设单位内部核算要求）；监测仪表的配置情况；

2.3.10　功率因数补偿方式：说明功率因数是否达到供用电规则的要求，应补偿容量和采取的补偿方式和补偿后的结果；

2.3.11　谐波：说明谐波状况及治理措施；

2.4　配电系统。

2.4.1　供电方式；

2.4.2　供配电线路导体选择及敷设方式：高、低压进出线路的型号及敷设方式；选用导线、电缆、母干线的材质和类别；

2.4.3　开关、插座、配电箱、控制箱等配电设备选型及安装方式；

2.4.4　电动机启动及控制方式的选择。

2.5　照明系统。

2.5.1　照明种类及主要场所照度标准、照明功率密度值等指标；

2.5.2　光源、灯具及附件的选择、照明灯具的安装及控制方式；若设置应急照明，应说明应急照明的照度值、电源型式、灯具配置、控制方式、持续时间等；

2.5.3　室外照明的种类（如路灯、庭院灯、草坪灯、地灯、泛光照明、水下照明等）、电压等级、光源选择及其控制方法等；

2.5.4　对有二次装修照明和照明专项设计的场所，应说明照明配电箱设计原则、容量及供电要求。

2.6　电气节能及环保措施。

2.6.1　拟采用的电气节能和措施；

2.6.2　表述电气节能和环保产品的选用情况。

2.7　绿色建筑电气设计。

2.7.1　绿色建筑电气设计概况；

2.7.2　建筑电气节能与能源利用设计内容；

2.7.3　建筑电气室内环境质量设计内容；

2.7.4　建筑电气运营管理设计内容。

2.8　装配式建筑电气设计。

2.8.1　装配式建筑电气设计概况；

2.8.2　建筑电气设备、管线及附件等在预制构件中的敷设方式及处理原则；

2.8.3　电气专业在预制构件中预留空洞、沟槽、预埋管线等布置的设计原则。

2.9　防雷。

2.9.1　确定建筑物防雷类别、建筑物电子信息系统雷电防护等级；

2.9.2　防直接雷击、防侧击雷、防雷击电磁脉冲等的措施；

2.9.3　当利用建筑物、构筑物混凝土内钢筋做接闪器、引下线、接地装置时，应说明采取的措施和要求。当采用装配式时应说明引下线的设备方式及确保有效接地所采用的措施。

2.10　接地及安全措施。

2.10.1　各系统要求接地的种类及接地电阻要求；

2.10.2　等电位的设置要求；

2.10.3　接地装置要求，当接地装置需作特殊处理时应说明采取的措施、方法等；

2.10.4　安全接地及特殊接地的措施。

2.11　电气消防。

2.11.1　火灾自动报警系统。

1. 按建筑性质确定系统形式及系统组成；

2. 确定消防控制室的位置；

3. 火灾探测器、报警控制器、手动报警按钮、控制台（柜）等设备的设置原则；

4. 火灾报警与消防联动控制要求，控制逻辑关系及控制显示要求；

5. 火灾警报装置及消防通信设备要求；

6. 消防主电源、备用电源供给方式，接地及接地电阻要求；

7. 传输、控制线缆选择及敷设要求；

8. 当有智能化系统集成要求时，应说明火灾自动报警系统与其他子系统的接口方式及联动关系；

9. 应急照明的联动控制方式等。

2.11.2　消防应急广播。

1. 消防应急广播系统声学等级及指标要求；

2. 确定广播分区分区原则和扬声器设置原则；

3. 确定系统音源类型、系统结构及传输方式；

4. 确定消防应急广播联动方式；

5. 确定系统主电源、备用电源供给方式。

2.11.3　电气火灾监控系统。

1. 按建筑性质确定保护设置的方式、要求和系统组成；

2. 确定监控点设置，设备参数配置要求；

3. 传输、控制线缆选择及敷设要求；

2.11.4　消防设备电源监控系统。

1. 确定监控点设置，设备参数配置要求；

2. 传输、控制线缆选择及敷设要求。

2.11.5　防火门监控系统。

1. 确定监控点设置，设备参数配置要求；

2. 传输、控制线缆选择及敷设要求。

2.12　智能化设计。

2.12.1　智能化系统设计概况；

2.12.2　智能化各系统的系统形式及其系统组成；

2.12.3　智能化各系统的及其子系统的主机房、控制室位置；

2.12.4　智能化各系统的布线方案；

2.12.5　智能化各系统的点位配置标准；

2.12.6　智能化各子系统的供电、防雷及接地等要求；

2.12.7　智能化专项设计设计说明书。

1. 工程概况；

2. 设计依据：已批准的方案设计文件（注明文号说明）；建设单位提供有关资料和设计

任务书；本专业设计所采用的设计所执行的主要法规和所采用的主要标准（包括标准的名称、编号、年号和版本号）；工程可利用的市政条件或设计依据的市政条件；建筑和有关专业提供的条件图和有关资料；

3. 设计范围；

4. 设计内容：各子系统的功能要求、系统组成、系统结构、设计原则、系统的主要性能指标及机房位置；

5. 节能及环保措施；

6. 相关专业及市政相关部门的技术接口要求。

2.13 机房工程。

2.13.1 确定智能化机房的位置、面积及通信接入要求；

2.13.2 当智能化机房有特殊荷载设备时，确定智能化机房的结构荷载要求；

2.13.3 确定智能化机房的空调形式及机房环境要求；

2.13.4 确定智能化机房的给水、排水及消防要求；

2.13.5 确定智能化机房用电容量要求；

2.13.6 确定智能化机房装修、电磁屏蔽、防雷接地等要求。

2.14 需提请在设计审批时需要解决的问题。

3 设计图纸。

3.1 电气总平面图（仅有单体设计时，可无此项内容）。

3.1.1 标示建筑物、构筑物名称、容量、高低压线路及其他系统线路走向、回路编号、导线及电缆型号规格及敷设方式、架空线杆位、路灯、庭园灯的杆位（路灯、庭园灯可不绘线路）；

3.1.2 变、配、发电站位置、编号、容量；

3.1.3 比例、指北针。

3.2 变、配电系统。

3.2.1 高、低压配电系统图：注明开关柜编号、型号及回路编号、一次回路设备型号、设备容量、计算电流、补偿容量、整定值、导体型号规格、用户名称；

3.2.2 平面布置图：应包括高、低压开关柜、变压器、母干线、发电机、控制屏、直流电源及信号屏等设备平面布置和主要尺寸，图纸应有比例；

3.2.3 标示房间层高、地沟位置、标高（相对标高）。

3.3 配电系统。

3.3.1 主要干线平面布置图：应绘制主要干线所在楼层的干线路由平面图；

3.3.2 配电干线系统图：以建筑物、构筑物为单位，自电源点开始至终端主配电箱止，按设备所处相应楼层绘制，应包括变、配电站变压器编号、容量、发电机编号、容量、终端主配电箱编号、容量。

3.4 防雷系统、接地系统。

一般不出图纸，特殊工程只出顶视平面图，接地平面图。

3.5 电气消防。

3.5.1 火灾自动报警及消防联动控制系统图；

1. 火灾自动报警及消防联动控制系统图；

2. 消防控制室设备布置平面图。

3.5.2 电气火灾监控系统图；

3.5.3 消防设备电源监控系统图；

3.5.4　防火门监控系统图；

3.5.5　消防控制室设备布置平面图。

3.6　智能化系统。

3.6.1　智能化各系统的系统图；

3.6.2　智能化各系统的及其子系统的干线路由平面图；

3.6.3　智能化各系统的及其子系统的主机房布置平面示意图；

3.6.4　智能化专项设计设计图纸。

1. 封面、图纸目录、各子系统的系统框图或系统图；

2. 智能化技术用房的位置及布置图；

3. 系统框图或系统图应包含系统名称、组成单元、框架体系、图例等；

4. 图例应注明主要设备的图例、名称、规格、单位、数量、安装要求等；

5. 系统概算。确定各子系统规模；确定各子系统概算，包括单位、数量、系统造价。

4　主要电气设备表。

注明主要设备的名称、型号、规格、单位、数量。

5　计算书。

5.1　用电设备负荷计算；

5.2　变压器、柴油发电机选型计算；

5.3　系统短路电流计算；

5.4　典型回路电压损失计算；

5.5　防雷类别的选取或计算；

5.6　典型场所照度值和照明功率密度值计算；

5.7　各系统计算结果尚应标示在设计说明或相应图纸中；

5.8　因条件不具备不能进行计算的内容，应在初步设计中说明，并应在施工图设计时补算。

三、电气专业初步设计与相关专业配合输入表（见表 2-1）

电气专业初步设计与相关专业配合输入表　　　　**表 2-1**

提出专业	电气设计输入具体内容
建筑	建设单位委托设计内容、方案审查意见表和审定通知书、建筑物位置、规模、性质、用途、标准、建筑高度、层高、建筑面积等主要技术参数和指标、建筑使用年限、耐火等级、抗震级别、建筑材料等
	人防工程：防化等级、战时用途等
	总平面位置、建筑物的平、立、剖面图及建筑做法（包括楼板及垫层厚度）
	吊顶位置、高度及做法
	各设备机房、竖井的位置、尺寸（包括变配电所、冷冻机房、水泵房等）
	防火分区的划分
	电梯类型（普通电梯或消防电梯、有机房电梯或无机房电梯）
结构	主体结构形式
	基础形式
	梁板布置图
	楼板厚度及梁的高度
	伸缩缝、沉降缝位置
	剪力墙、承重墙布置图

续表

提出专业	电气设计输入具体内容
给排水	各类水泵台数、用途、容量、位置、电动机类型及控制要求
	各场所的消防灭火形式及控制要求
	消火栓位置
	冷却塔风机容量、台数、位置
	各种水箱、水池的位置、液位计的型号、位置及控制要求
	水流指示器、检修阀及水力报警阀、放气阀等位置
	各种用电设备(电伴热、电热水器等)的位置、用电容量、相数等
	各种水处理设备所需电量及控制要求
通风与空调	冷冻机房： (1)机房及控制(值班)室的设备布置图； (2)冷水机组的台数、每台机组电压等级、电功率、位置及控制要求； (3)冷水泵、冷却水泵或其他有关水泵的台数、电功率及控制要求
	各类风机房(空调风机、新风机、排风机、补风机、排烟风机、正压送风机等)的位置、容量、供电及控制要求
	锅炉房的设备布置及用电量
	电动排烟口、正压送风口、电动阀的位置
	其他设备用电性质及容量

四、电气专业初步设计与相关专业配合输出表（见表2-2）

电气专业初步设计与相关专业配合输出表　　表2-2

接收专业	电气设计输入具体内容
建筑	变电所位置及平、剖面图(包括设备布置图)
	柴油发电机房的位置、面积、层高
	电气竖井位置、面积等要求
	主要配电点位置
	各弱电机房位置、层高、面积等要求
	强、弱电进出线位置及标高
	大型电气设备的运输通路的要求
	电气引入线做法
	总平面中人孔、手孔位置、尺寸
结构	大型设备的位置
	剪力墙上的大型孔洞(如门洞、大型设备运输预留洞等)
给排水	主要设备机房的消防要求
	水泵房配电控制室的位置、面积
	电气设备用房用水点
通风与空调	柴油发电机容量
	变压器的数量和容量
	冷冻机房控制室位置面积及对环境、消防的要求
	主要电气机房对环境温、湿度的要求
	主要电气设备的发热量
概、预算	设计说明及主要设备材料表
	电气系统图及平面图

五、电气初步设计文件验证内容内容（见表 2-3）

电气初步设计文件验证内容　　表 2-3

类别	项目	验证岗位			验证内容	备注
		审定	审核	校对		
设计说明	设计依据	•	•	•	建筑类别、性质、结构类型、面积、层数、高度等	
			•	•	相关专业提供给本专业的资料	
		•	•	•	采用的设计标准应与工程相适应，并为现行有效版本	关注外埠工程地方规定
	设计分工	•	•	•	电气系统的设计内容	
			•	•	明确设计分工界别	
			•	•	市政管网的接入	
	变、配、发电系统	•	•	•	变、配、发电站的位置、数量、容量	
		•	•	•	负荷容量统计	
		•	•	•	明确电能计量方式	
			•	•	明确无功补偿方式和补偿后的参数指标要求	
		•	•	•	明确柴油发电机的启动条件	
	电力系统	•	•	•	确定电气设备供配电方式	
			•	•	合理配置水泵、风机等设备控制及启动装置	
	照明系统	•	•	•	明确照明种类、照度标准、主要场所功率密度限值	
			•	•	明确光源、灯具及附件的选择	
			•	•	确定照明线路选择及敷设	
		•	•	•	明确应急疏散照明的照度、电源型式、灯具配置、线路选择、控制方式、持续时间	
	防雷接地	•	•	•	计算建筑年预计雷击次数	
		•	•	•	确定防直击雷、侧击雷、雷击电磁脉冲、高电位侵入的措施	
			•	•	明确接闪器、引下线、接地装置	
		•	•	•	明确总等电位、辅助等电位的设置	
	火灾自动报警系统	•	•	•	明确防护等级及系统组成	
		•	•	•	确定消防控制室的设置位置	
			•	•	确定各场所的火灾探测器种类设置	
			•	•	确定消防联动设备的联动控制要求	
			•	•	明确火灾紧急广播的设置原则，功放容量，与背景音乐的关系	
		•	•	•	消防主电源、备用电源供给方式，接地电阻要求	
			•	•	明确电气火灾报警系统设置	
			•	•	确定线缆的选择、敷设方式	
	人防	•	•	•	明确负荷分级及容量	
			•	•	明确人防电源、战时电源	
		•	•	•	明确移动柴油电站和固定柴油电站的设置	
			•	•	明确线路敷设采取的密闭措施和要求	

续表

类别	项目	验证岗位			验证内容	备注
		审定	审核	校对		
设计说明	智能化系统	•	•	•	确定各系统末端点位的设置原则	
			•	•	确定各系统机房的位置	
			•	•	明确各系统的组成及网络结构	
		•	•	•	确定与相关专业的接口要求	
	电气节能	•	•	•	明确拟采用的电气系统节能措施	
		•	•	•	确定节能产品	
		•	•	•	明确提高电能质量措施	
	绿色建筑设计	•	•	•	绿色建筑电气设计目标	
		•	•	•	绿色建筑电气设计措施及相关指标	
	主要设备表	•	•	•	列出主要设备名称、型号、规格、单位、数量	不应有淘汰产品
图纸	图纸目录		•	•	图号和图名与图签一致性	
		•	•	•	会签栏、图签栏内容是否符合要求	
	图例符号		•	•	参照国标图例，列出工程采用的相关图例	
	总平面	•	•	•	明确市政电源和通信管线接入的位置、接入方式和标高	
				•	标明变电所、弱电机房等位置	
	高压供电系统图	•	•	•	确定各元器件型号规格、母线规格	
		•	•	•	确定各出线回路变压器容量	
			•	•	确定开关柜编号、型号、回路号、二次原理图方案号、电缆型号规格	
	低压配电系统图	•	•	•	确定各元器件型号规格、母线规格	
		•	•	•	确定设备容量、计算电流、开关框架电流、额定电流、整定电流、电流互感器、电缆规格等参数	
			•	•	确定断路器需要的附件，如分励脱扣器、失压脱扣器	
			•	•	注明无功补偿要求	
			•	•	各出线回路编号与配电干线图、平面图一致	
			•	•	注明双电源供电回路主用和备用	
	变配电所平面布置图	•	•	•	注明高压柜、变压器、低压柜、直流信号屏、柴油发电机的布置图及尺寸标注	
		•	•	•	标注各设备之间、设备与墙、设备与柱的间距	
			•	•	标示房间层高、地沟位置及标高、电缆夹层位置及标高	
			•	•	变配电室上层或相邻是否有用水点	
			•	•	变配电室是否靠近震动场所	
			•	•	变配电室是否有非相关管线穿越	
	柴油发电机房布置		•	•	注明油箱间、控制室、报警阀间等附属房间的划分	
		•	•	•	注明发电机组的定位尺寸标注清晰，配电控制柜、桥架、母线等设备布置	

续表

类别	项目	验证岗位			验证内容	备注
		审定	审核	校对		
图纸	电力、照明配电干线图	•	•	•	配电干线的敷设应考虑线路压降、安装维护等要求	
			•	•	注明桥架、线槽、母线的应注明规格、定位尺寸、安装高度、安装方式及回路编号	
			•	•	确定电源引入方向及位置	
	火灾报警及联动系统图		•	•	火灾探测器与平面图的设置应一致	
		•	•	•	标注消防水泵、消防风机、消火栓等联动设备的硬拉线	
		•	•	•	注明应急广播及功放容量、备用功放容量等中控设备	
			•	•	标注电梯、消防电梯控制	
	火灾报警及联动平面图		•	•	注明建筑门窗、墙体、轴线、轴线尺寸、建筑标高、房间名称、图纸比例	
		•	•	•	火灾探测器安装场所、高度、位置及间距等应满足要求	
			•	•	消防专用电话、扬声器、消火栓按钮、手动报警按钮、火灾警报装置等应满足要求	
		•	•	•	消防值班室位置、面积应合理，不能有与电气无关的管路穿过，不能与电磁干扰源相邻	
	智能化系统图	•	•	•	建筑设备监控系统图中被控设备与设计说明应一致	
					综合布线系统包括布线机房、设备间、弱电井的设备、末端信息点及数量与设计说明中的标准应一致	
					有线电视系统包括电视机房、弱电间的设备，末端点位数量与设计说明应一致	
					视频安防系统中摄像头的设置与设计说明应一致	
					出入口控制系统中的门禁点位设置与设计说明应一致	
					防盗报警系统中报警点位设置与设计说明应一致	
					无线通信中的设置与设计说明应一致	
					智能化系统集成包括集成平台、需要集成的各子系统及其接口与设计说明应一致	
	人防	•	•	•	室外管线直接进入防空地下室的处理措施	
			•	•	电气管线、母线、桥架敷设的密闭措施	
			•	•	灯具的选用及安装应满足战时要求，防护区内外照明电源回路的连接应符合规定	
		•	•	•	为战时专设的自备电源设备应预留接线、安装位置	
			•	•	音响信号按钮的设置	

续表

类别	项目	验证岗位			验证内容	备注
		审定	审核	校对		
计算书	负荷计算	•	•	•	应满足变压器选型、应急电源和备用电源设备选型的要求	验证计算公式、计算参数正确性
					应满足无功功率补偿计算要求	
					应满足电缆选择稳态运行要求	
	短路电流计算	•	•	•	满足电气设备选型要求，为保护选择性及灵敏度校验提供依据	
	防雷计算	•	•	•	提供年预计雷击次数计算结果	
					提供雷击风险评估计算结果	
	照明计算	•	•	•	提供照度值计算结果	
					提供照明功率密度值计算结果	
	电压损失计算	•	•	•	满足校核配电导体的选择提供依据	
存在问题		•	•	•	列出设计存在技术问题	

第二节　某办公楼电气初步设计文件编制实例

一、建筑电气初步设计说明编制实例

1　设计依据

1.1　建筑概况

项目位于______市______区。项目总建筑面积为116809m²，高度168.9m。其中地上建筑面积为75261m²，地下建筑面积41548m²。地上建筑共41层，主要功能为办公楼、会议中心及部分商业用房。地下建筑共3层，为车库及设备用房。

1.2　设计资料

1.2.1　建设单位提供的设计任务书、设计要求及相关的技术咨询文件。

1.2.2　建筑专业提供的作业图。

1.2.3　给水排水、暖通空调专业提供的资料。

1.3　设计深度

按照中华人民共和国住房和城乡建设部《建筑工程设计文件编制深度规定（2016年版）》的规定执行。

1.4　设计标准

主要遵循国家现行有关设计规程，规范及标准，主要包括：

1.4.1　《房屋建筑制图统一标准》GB/T 50001—2010；

1.4.2　《民用建筑设计通则》GB 50352—2005；

1.4.3　《办公建筑设计规范》JGJ 67—2006；

1.4.4　《供配电系统设计规范》GB 50052—2009；

1.4.5　《低压配电设计规范》GB 50054—2011；

1.4.6　《通用用电设备配电设计规范》GB 50055—2011；

1.4.7　《电力工程电缆设计规范》GB 50217—2007；

1.4.8　《建筑机电工程抗震设计规范》GB 50981—2014；

1.4.9 《民用建筑电气设计规范》JGJ 16—2008；
1.4.10 《20kV 及以下变电所设计规范》GB 50053—2013；
1.4.11 《建筑照明设计标准》GB 50034—2013；
1.4.12 《建筑物防雷设计规范》GB 50057—2010；
1.4.13 《建筑物电子信息系统防雷技术规范》GB 50343—2012；
1.4.14 《智能建筑设计标准》GB 50314—2015；
1.4.15 《电子信息系统机房设计规范》GB 50174—2008；
1.4.16 《建筑设计防火规范》GB 50016—2014 ；
1.4.17 《汽车库、修车库、停车场设计防火规范》GB 50067—2014；
1.4.18 《火灾自动报警系统设计规范》GB 50116—2013；
1.4.19 《消防控制室通用技术要求》GB 25506—2010；
1.4.20 《人民防空地下室设计规范》GB 50038—2005；
1.4.21 《平战结合人民防空工程设计规范》DB 11/994—2013；
1.4.22 《人民防空工程设计防火规范》GB 50098—2009；
1.4.23 《公共建筑节能设计标准》GB 50189—2015；
1.4.24 《节能建筑评价标准》GB/T 50668—2011；
1.4.25 《绿色建筑评价标准》GB/T 50378—2014；
1.4.26 《民用建筑绿色设计规范》JGJ/T 229—2010。
1.5 设计环境参数
1.5.1 海拔高度：________ m。
1.5.2 干球温度：________℃。
1.5.3 最热月平均相对湿度________%。
1.5.4 七月 0.8m 深土壤温度：________℃。
1.5.5 30 年一遇最大风速________ m/s。
1.5.6 全年雷暴日数：________ d/a。
1.5.7 抗震设防烈度为________度。
2 设计范围、设计基本原则
2.1 设计范围（本项目建筑内）。
2.1.1 35/0.4kV 变配电系统。
2.1.2 电力配电系统。
2.1.3 照明系统。
2.1.4 智能化系统。
1. 通信网络及综合布线系统。
2. 有线电视系统及自办电视节目。
3. 建筑设备监控系统。
4. 安防系统。
5. 背景音乐及公共广播系统。
6. 无线信号增强系统。
7. 系统集成。
8. 机房工程。
9. 会议系统。
10. 信息发布及大屏幕显示系统。

11. 计算机网络系统。

2.1.5 建筑电气消防系统。

2.1.6 建筑物防雷、接地系统。

2.1.7 电气节能措施。

2.1.8 绿色建筑电气设计。

2.1.9 抗震电气设计。

2.2 电气设计基本原则。电气各系统设计应遵循国家有关方针、政策，针对本建筑的特点，以长期安全可靠的供电为基础，并保证所有的操作和维修活动均能安全和方便地进行，做到安全适用、技术先进、经济合理，以保证电气可靠性、灵活性和安全性。

3 10kV 变配电系统

3.1 本工程的用电负荷分级。

3.1.1 负荷分级依据。

3.1.2 特别重要负荷：中断供电将影响实时处理计算机及计算机网络正常工作，如：主要业务用电子计算机电源；消防设备（含消防控制室内的消防报警及控制设备、消防泵、消防电梯、排烟风机、正压送风机等）保安监控系统，应急及疏散照明，电气火灾报警系统等为特别重要负荷设备。本工程特别重要负荷的设备容量为：2558kW。

3.1.3 一级负荷：中断供电将造成人身伤亡、重大政治影响以及重大经济损失或公共秩序严重混乱的用电重要负荷设备。本工程多功能厅、资料室、客梯、排水泵、变频调速生活水泵等为一级负荷。本工程一级负荷的设备容量为：2558kW。

3.1.4 二级负荷：中断供电将造成较大的政治影响、经济损失以及公共场所秩序混乱的用电设备。本工程中小会议室、厨房、热力站等。本工程二级负荷为：2441kW。

3.1.5 三级负荷：不属于特别重要和一级负荷、二级负荷。本工程中一般照明其及一般电力负荷。本工程三级负荷的设备容量为：5258kW。

3.1.6 负荷统计。

本工程总设备容量为：P_e＝10257kW。

3.2 供电措施。

3.2.1 根据用户的负荷特点，本工程采用由外电网引来两路 10kV 电源。

3.2.2 应急电源。本工程设置一台 1250kW 柴油发电机组，作为第三电源。当需启动柴油发电机，启动信号送至柴油发电机房，信号延时 0～10s（可调）自动启动柴油发电机组，柴油发电机组 15s 内达到额定转速、电压、频率后，投入额定负载运行。柴油发电机的相序，必须与原供电系统的相序一致。当市电恢复 30～60s（可调）后，自动恢复市电供电，柴油发电机组经冷却延时后，自动停机。

3.2.3 特别重要负荷、一级负荷采用二路电源末端互投方式供电。

3.2.4 供电电压。

1. 高压供电电压为 10kV。

2. 低压电压为单相为 220V，三相为 380V。

3. 安全电压：单相≤50V。

3.3 电气负荷计算及变压器选择

3.3.1 本工程电气总设备容量：10257kW，计算容量：5576kW。设置两台2000kVA户内型干式变压器，供空调冷冻系统负荷，冬季可退出运行。设置四台 2000kVA 户内型干式变压器，供其他负荷用电。整个工程总装机容量：12000kVA。

3.3.2 变压器的接线方式。由于本工程中单相负荷及电子镇流器较多，需要限制三次谐波含量，及需要提高单相短路电流值，以确保低压单相接地保护装置的灵敏度时，故采用D·yn11的接线方式的三相变压器供电。

3.4　短路电流的计算。

3.4.1　短路电流的计算条件。

1. 系统短路容量取值350MVA。

2. 电缆输电线路截面积为$240mm^2$。

3.4.2　变压器处高、低压侧短路电流的计算。

当按电源引自距本工程1km的110kV变电站时，变压器10kV侧三相短路电流为17.2kA。2000kVA变压器0.4kV侧三相短路电流为33.4kA。当按电源引自距本工程2km的110kV变电站时，变压器10kV侧三相短路电流为15.5kA。2000kVA变压器0.4kV侧三相短路电流为33.3kA。

3.5　变配电所。

3.5.1　本工程在地下二层设一变配电所，变配电所下设电缆夹层，值班室内设模拟显示屏。

3.5.2　高压供电系统设计。

1. 本工程采用由外电网引来两路10kV电源，要求10kV双回供电电源引自上级变电所的不同母线段。10kV配电装置采用单母线分段运行方式，分段开关处设自投装置。当一路电源故障时，另一路电源不应同时受到损坏，并且具有100%供电能力。每台变压器容量的负荷率按不大于50%考虑。

2. 10kV系统中性点接地方式为小电流接地。

3. 10kV配电设备采用中置式开关柜。真空断路器选用电磁（或弹簧储能）操作机构，操作电源采用110V镍镉电池柜（100AH）作为直流操作、继电保护及信号电源。高压开关柜采用下进线、下出线方式，并应具有"五防"功能。

3.5.3　低压配电系统设计。

1. 本工程低压配电系统为单母线分段运行，联络开关设自投自复、自投不自复、手动转换开关。自投时应自动断开非保证负荷，以保证变压器正常工作。主进开关与联络开关设电气联锁，任何情况下只能合其中的两个开关。

2. 低压负荷由负荷中心（大于等于75kW的电机及供电回路）及相应的马达控制中心供电。负荷分配尽量按相同功能单元集中在同一负荷中心或马达控制中心。负荷中心与马达控制中心之间不装设出线开关，采用电缆或母线桥连接负荷中心与马达控制中心的母线。一用一备的用电负荷宜分配在同一负荷中心的不同母线段。

3. 低压配电线路根据不同的故障设置短路、过负荷保护等不同的保护装置。低压主进、联络断路器设过载长延时、短路短延时保护脱扣器，其他低压断路器设过载长延时、短路瞬时脱扣器。

4. 变压器低压侧总开关和母线分段开关应采用选择性断路器。低压主进线断路器与母线分段断路器应设有电气连锁。

5. 低压开关柜采用上进线、下出线方式。

6. 变压器低压侧出线端装设浪涌保护器。

7. 变电所内的等电位联结。所有电气设备外露可导电部分，必须可靠接地。

8. 设置电力监控系统，对电力配电实施动态监视。

3.5.4　电力监控系统。

1. 10V系统监控功能。

（1）监视10kV配电柜所有进线、出线和联络的断路器状态。

（2）所有进线三相电压、频率。

（3）监视10kV配电柜所有进线、出线和联络三相电流、功率因数、有功功率、无功功率、有功电能、无功电能等。

2. 变压器监控功能。

（1）超温报警。

（2）温度。

3. 0.23/0.4kV系统监控功能。

（1）监视低压配电柜所有进线、出线和联络的断路器状态。

（2）所有进线三相电压、频率。

（3）监视低压配电柜所有进线、出线和联络三相电流、功率因数、有功功率、无功功率、有功电能、无功电能等。

（4）统计断路器操作次数。

3.5.5　变电所对有关专业要求。

1. 变电所内不应有与其无关的管道和线路通过。

2. 变电所设置空调系统。夏季的排风温度不宜高于45℃，进风和排风的温差不宜大于15℃。

3. 变配电所设置火灾自动报警系统及固定式灭火装置。

4. 变电所防火等级不低于二级，通向相邻房间或过道的门应为甲级防火门。

5. 变电所内墙为抹灰刷白，地面为防滑地砖。

6. 变电所内应采取屏蔽、降噪等措施。

3.6　继电保护与计量。

3.6.1　继电保护应满足可靠性、选择性、灵敏性和速动性的要求。

3.6.2　本工程继电保护要求。

1. 10kV进线采用过流保护、速断保护。

2. 10kV母联采用过流保护、速断保护。

3. 10kV馈线采用过流保护、速断保护、单相接地（速断灵敏度不满足要求时宜增加差动保护）、变压器高温报警、变压器超温跳闸。

3.6.3　计量：在每路10kV进线设置总计量装置。

3.7　功率因数补偿。

本工程采用低压集中自动补偿方式，每台变压器低压母线上装设不燃型干式补偿电容器，对系统进行无功功率自动补偿，使补偿后的功率因数大于0.95。配备电抗系数7%的谐波电抗器组合，作为谐波抑制措施，避免高次谐波电流与电力电容发生谐振，影响系统设备可靠运行，治理后的谐波水平满足《电能质量　公用电网谐波》GB/T 14549—93的要求。

4　电力系统

4.1　控制回路电压等级除有特殊要求者外，选用交流220V。

4.2　低压配电系统的接地型式采用TN-S系统。

4.3　冷冻机组、冷冻泵、冷却泵、生活泵、热力站、厨房、电梯等设备采用放射式供电。风机、空调机、污水泵等小型设备采用树干式供电。交流电动机设置短路保护和接地故障保护。

4.4　为保证重要负荷的供电，对重要设备如：消防用电设备（消防水泵、排烟风机、正压风机、消防电梯等）、信息网络设备、消防控制室、变电所、电话机房等均采用双回路专用电缆供电，在最末一级配电箱处设双电源自投，自投方式采用双电源自投自复。其他电力设备采用放射式或树干式方式供电。

4.5　为保证用电安全，用于移动电器装置的插座电源均设电磁式剩余电流保护装置(动作电流≤30mA，动作时间≤0.1s)。

4.6　对重要场所，诸如信息中心、消防控制室、电话机房、建筑设备监控室等房间内重要设备采用专用UPS装置供电，UPS容量及供电时间由工艺确定。

4.7　主要配电干线沿地下二层电缆线槽引至各电气小间，支线穿钢管敷设。普通干线采用辐照交联低烟无卤阻燃电缆。消防干线采用氧化镁电缆。部分大容量干线采用封闭母线。消防用电设备的配电线路应满足火灾时连续供电的需要，其敷设应符合下列规定：

4.7.1　暗敷设时，应穿管并应敷设在不燃烧体结构内且保护层厚度不应小于30mm；

4.7.2　明敷设时，应穿有防火保护的金属管或有防火保护的封闭式金属线槽。

4.8　本工程中小于等于15kW的电动机采用直接启动方式。15kW以上电动机采用降压启动方式（带变频控制的除外）。

4.9　自动控制。

4.9.1　凡由火灾自动报警系统、建筑设备监控系统遥控的设备，本设计除设有火灾自动报警系统、建筑设备监控系统自动控制外，还设置就地控制。

4.9.2　生活泵变频控制、污水泵等采用水位自控、超高水位报警。消防水泵通过消火栓按钮及压力控制。喷淋水泵通过湿式报警阀或雨淋阀上的压力开关控制。

4.9.3　消防水泵、喷淋水泵、排烟风机、正压风机等平时就地检测控制，火灾时通过火灾报警及联动控制系统自动控制。消防用电设备的过载保护装置（热继电器、空气断路器等）只报警，不跳闸。

4.9.4　消防水泵、喷淋水泵设置手动机械启泵装置，由于其长期处于非运行状态的设备应具有巡检功能，应符合下列要求：

1. 设备应具有自动和手动巡检功能，其自动巡检周期为20d。

2. 消防泵按消防方式逐台启动运行，每台泵运行时间不少于2min。

3. 设备应能保证在巡检过程中遇消防信号自动退出巡检，进入消防运行状态。

4. 巡检中发现故障应有声、光报警。具有故障记忆功能的设备、记录故障的类型及故障发生的时间等，应不少于5条故障信息，其显示应清晰易懂。

5. 采用工频方式巡检的设备，应有防超压的措施。设巡检泄压回路的设备，回路设置应安全可靠。

6. 采用电动阀门调节给水压力的设备，所使用的电动阀门应参与巡检。

7. 空调机和新风机为就地检测控制，火灾时接受火灾信号，切断供电电源。

8. 冷冻机组启动柜、防火卷帘门控制箱、变频控制柜等由厂商配套供应控制箱。

9. 非消防电源的切除是通过空气断路器的分励脱扣或接触器来实现。

5　照明系统

5.1　建筑照明设计原则。

5.1.1　在照明设计时，应根据视觉要求、工作性质和环境条件，使工作区获得良好的视觉效果、合理的照度和显色性，以及适宜的亮度分布。

5.1.2　在确定照度方案时，应考虑不同建筑对照明的不同要求，处理好电气照明与天然采光、建设投资及能源消耗与照明效果的关系。

5.1.3　照明设计应重视清晰度，消除阴影，控制光热，限制眩光。

5.1.4　照明设计时，应合理选择照明方式和控制方式，以降低电能消耗指标。

5.1.5　室内照明光源的确定，应根据使用场所的不同，合理地选择光源的光效、显色性、寿命等光电特性指标，优先采用节能型光源。

5.1.6　LED灯应满足以下主要技术参数要求：

1. 色温≤4000K；

2. 同类光源之间的色容差应低于5SDCM；

3. 显色指数 R_a≥80，R9>0；

4. 寿命>5万h。

5.1.7　照明配电箱。

1. 照明配电箱的设置按防火分区布置并深入负荷中心。

2. 照明配电箱的供电范围考虑如下原则：

（1）分支线供电半径宜为30m；

（2）分支线截面不小于2.5mm^2铜导线。

5.2　办公室照明设计的基本要求。

5.2.1　办公室照明的设计目标是创造一个和谐的工作环境，使工作人员有效地工作，提高工作效率。

5.2.2　办公室照明光源的色温选择在3300～5300K之间。

5.2.3　办公室照明光源的显色指数选择80。

5.2.4　办公室照明设计应做到总体亮度与局部亮度平衡，以满足使用要求。

5.2.5　避免在视场内出现大面积的饱和色彩。

5.2.6　为提高视觉舒适度，视觉舒适概率应控制在70以上。

5.3　建筑照明标准值见表2-4。

建筑照明标准值　　**表2-4**

房间或场所	参考平面及其高度	照度标准值(lx)	*UGR*	R_a
高档办公室	0.75m水平面	500	19	80
普通办公室	0.75m水平面	300	19	80
会议室	0.75m水平面	300	19	80
接待室、前台	0.75m水平面	300	—	80
文件整理、复印、发行室	0.75m水平面	300	—	80
资料、档案室	0.75m水平面	200	—	80
楼梯、平台	地面	75	—	80
门厅	地面	200	—	80
电梯前厅	地面	150	—	80
厕所、盥洗室	地面	150	—	80
车库停车场	地面	75	28	60
变电所	地面	200	—	60
发电机室	地面	200	25	60
电话站、网络中心	0.75m水平面	500	19	80
冷冻站	地面	150	—	60
泵房	地面	100	—	60

5.4　光源与灯具。

5.4.1　照明方式分为一般照明、分区一般照明和局部照明。办公室根据办公桌的布置进行照明设计，并且在办公室任何位置都有良好的照明。当需要更高照度时，可通过加局部照明来实现。

5.4.2　选择的照明灯具与照明环境中亮度比相适宜。

5.4.3　一般场所选用节能型灯具。重要办公室采用无眩光灯具。其他办公室采用低眩光灯具。对仅作为应急照明用的光源应采用瞬时点燃的光源。对大空间场所和室外空间可采用金属卤化物灯。

5.5　照明配电系统。

5.5.1　本工程利用在强电小间内的封闭式插接铜母线配电给各楼层照明配电箱（柜），以便于安装、改造和降低能耗。

5.5.2　照明、插座分别由不同的支路供电。

5.5.3　应急照明的配电线路应满足火灾时连续供电的需要，其敷设应符合下列规定：

1. 暗敷设时，应穿管并应敷设在不燃烧体结构内且保护层厚度不应小于30mm；

2. 明敷设时，应穿有防火保护的金属管或有防火保护的封闭式金属线槽。

5.6　应急照明与疏散照明。

5.6.1　应急照明设置部位。

1. 走道、楼梯间、防烟楼梯间前室、消防电梯间及其前室、合用前室。

2. 配电室、消防控制室、消防水泵房、防烟排烟机房、弱电机房以及发生火灾时仍需坚持工作的其他房间。

3. 餐厅、多功能厅等人员密集的场所。其中：重要机房的值班照明等处的应急照明按100％考虑；公共场所按10％～15％考虑。各层走道、拐角及出入口均设疏散指示灯，蓄电池采用集中免维护电池进行供电。

4. 疏散走道。

5.6.2　疏散用的应急照明，对于疏散走道，不应低于1lx。避难层（间）不应低于3lx，对于楼梯间、前室或合用前室、避难走道，不应低于5lx。

5.6.3　消防控制室、消防水泵房、防烟排烟机房、配电室、弱电机房以及发生火灾时仍需坚持工作的其他房间的应急照明，仍应保证正常照明的照度。

5.6.4　疏散走道和安全出口处应设灯光疏散指示标志。

5.6.5　疏散应急照明灯设在墙面上或顶棚上。安全出口标志宜设在出口的顶部；疏散走道的指示标志设在疏散走道及其转角处距地面0.5m以下的墙面上。走道疏散标志灯的间距不大于15m。

5.6.6　应急照明灯和灯光疏散指示标志，应设玻璃或其他不燃烧材料制作的保护罩。

5.6.7　应急照明和疏散指示标志，采用集中式蓄电池作备用电源，且其连续供电时间不小于90min；对于不能由交流电源供电的负荷，设置直流蓄电池装置为其供电。

5.7　节日照明及室外照明：利用投射光束衬托建筑物主体的轮廓，烘托节日气氛。在首层、屋顶层均有景观灯具来满足夜间景观照明。灯具采用AC220V的电压等级。节日照明及室外照明采用集中控制，并应根据不同的时间（平时、节假日、庆典日）有不同效果的选择。

5.8　照明控制。

为了便于管理和节约能源，以及不同的时间要求不同的效果。本工程的大堂、会议室报告厅、会议室、室外照明等场所，采用智能型照明控制系统，部分灯具考虑调光。在会议室报告厅、会议室中的智能控制面板应具有场景现场记忆功能，以便于现场临时修改场景控制功能以适应不同场合的需要。汽车库照明采用集中控制。楼梯间、走廊等公共场所的照明采用集中控制和就地控制相结合的方式。走廊的照明采用集中控制。走廊的应急照明考虑就地控制和消防集中控制的方式。机房、库房、厨房等场所采用就地控制的方式。现场智能控制面板应具备防误操作的功能，以避免在有重要活动时出现不必要的误操作，提高系统的安全性。室外照明的控制纳入建筑设备监控系统统一管理。公共区域的智能型照明控制系统待二次装修同时设计（见表 2-5）。

不同区域控制要求　　表 2-5

<table>
<tr><th rowspan="2">名称</th><th rowspan="2">位置分区</th><th colspan="2">控制要求</th></tr>
<tr><th>特有控制方式</th><th>各区基本(相同的)控制方式</th></tr>
<tr><td rowspan="2">办公区</td><td>敞开办公室</td><td>(1)智能开关控制
(2)多点现场面板控制
(3)365 天时钟管理
(4)可采用荧光灯调光控制</td><td rowspan="6">(1)消除信号联动
(2)中控室监控
(3)与楼控系统集成
(4)可增加各朝向光感控测(光感探测器,与时钟结合完成大楼的智能管理)
(5)可利用电话控制大楼内的灯光
(6)可提供 RS232、RS485、TCP/IP、OPC 等接口与接口与楼控系统连接</td></tr>
<tr><td>领导办公室</td><td>(1)智能开关控制
(2)就地面板控制
(3)红外遥控
(4)可采用回路调光控制</td></tr>
<tr><td rowspan="3">辅助区域</td><td>会议室报告厅</td><td>(1)多种光源调光控制
(2)就地面板控制
(3)红外遥控
(4)可与电动窗帘、投影幕、投影仪等设备联动
(5)可与会议系统联动</td></tr>
<tr><td>大堂</td><td>(1)智能开关控制
(2)就地面板控制
(3)365 天时钟管理
(4)可采用调光控制</td></tr>
<tr><td>公共区域
(走廊、电梯厅等)</td><td>(1)智能开关控制
(2)就地面板控制
(3)可采用动静控制</td></tr>
<tr><td colspan="2">室外泛光</td><td>(1)智能开关控制
(2)可采用调光控制</td></tr>
</table>

5.9　航空障碍物照明。

根据《民用机场飞行区技术标准》要求，本工程分别在屋顶及每隔 40m 左右设置航空障碍标志灯，40～90m 采用中光强型航空障碍标志灯，90m 以上采用航空白色高光强型航空障碍标志灯。航空障碍标志灯的控制纳入建筑设备监控系统统一管理，并根据室外光照及时间自动控制。

5.10　典型房间照度计算。

5.10.1　办公室。

1. 标准要求：0.75m 高工作面上的平均水平照度值大于 500lx，功率密度限定为：13W/m^2。

2. 灯具选型：为消除明显的光幕反射效应，使用两管 T5 型 28W（光通量共 5200lm）光源，采用嵌入式低眩光格栅灯，灯具采用高纯度铵铝反射器，镀锌钢板灯体，表面白色静电涂装，效率不低于 70%。

3. 标准层办公区房间人工光环境等照度图（图 2-1）。

4. 标准层办公区房间人工光环境点照度值分布图（图 2-2）。

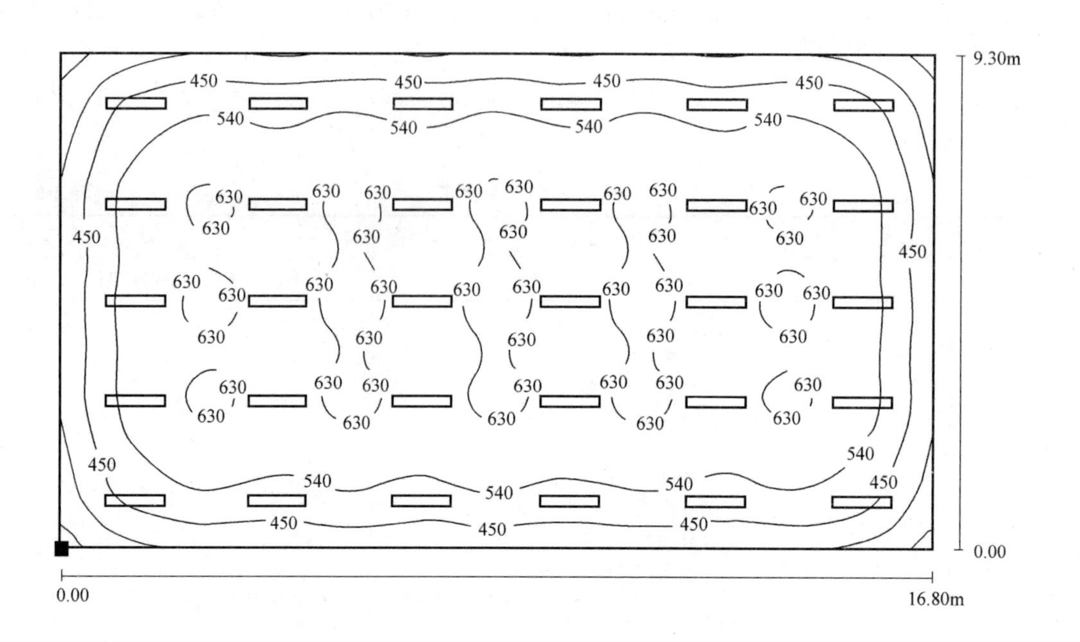

图 2-1 标准层办公区房间人工环境参照度图

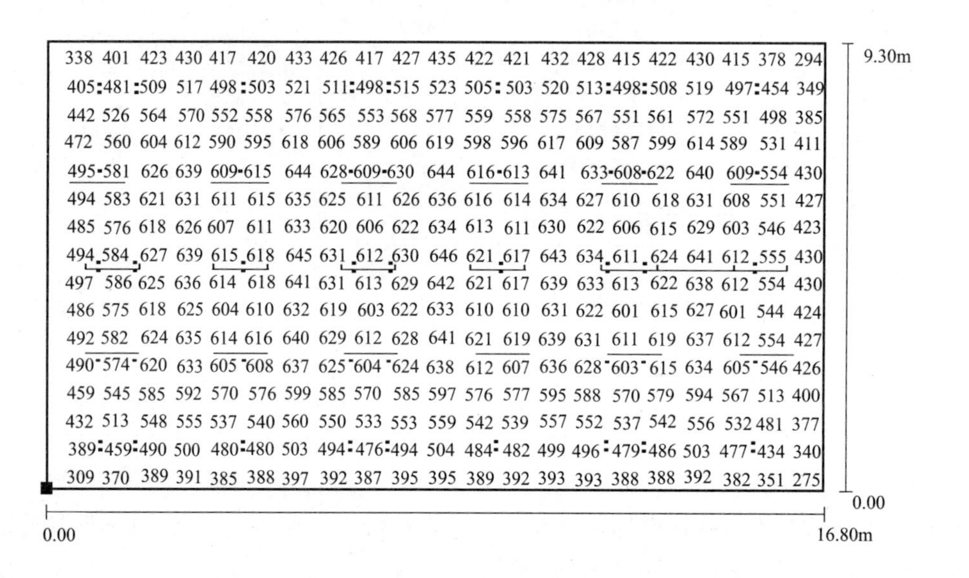

图 2-2 标准层办公区房间人工光环境参照度值分布图

5.10.2 阅览室。

1. 标准要求：0.75m 高工作面上的平均水平照度值大于 300lx，功率密度限定为：8W/m^2。

2. 灯具选型：为消除明显的光幕反射效应，使用两管 T5 型 28W（光通量共 5200lm）光源，采用嵌入式低眩光格栅灯，灯具采用高纯度铵铝反射器，镀锌钢板灯体，表面白色静电涂装，效率不低于 70%。

3. 阅览室人工光环境等照度图（图 2-3）。

4. 阅览室人工光环境点照度值分布图（图 2-4）。

5.10.3 会议室。

1. 标准要求：0.75m 高工作面上的平均水平照度值大于 300lx，功率密度限定为：8W/m^2。

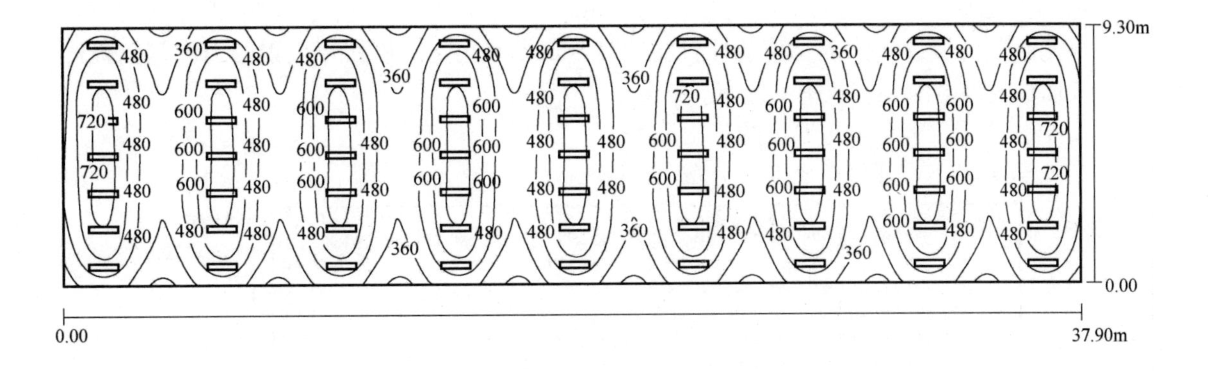

图 2-3　阅览室人工光环境等照度图

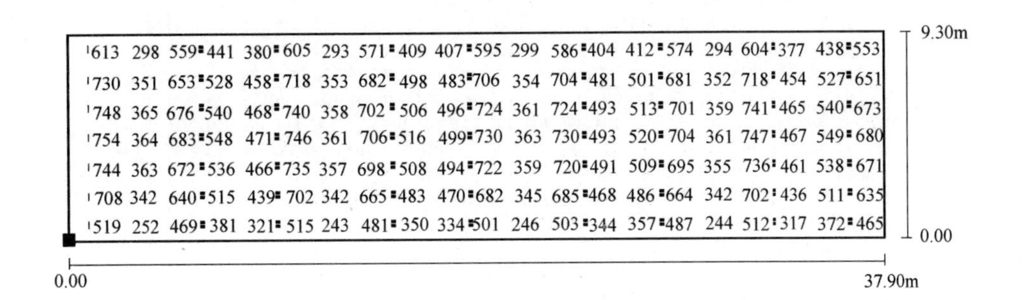

图 2-4　阅览室人工光环境参照度值分布图

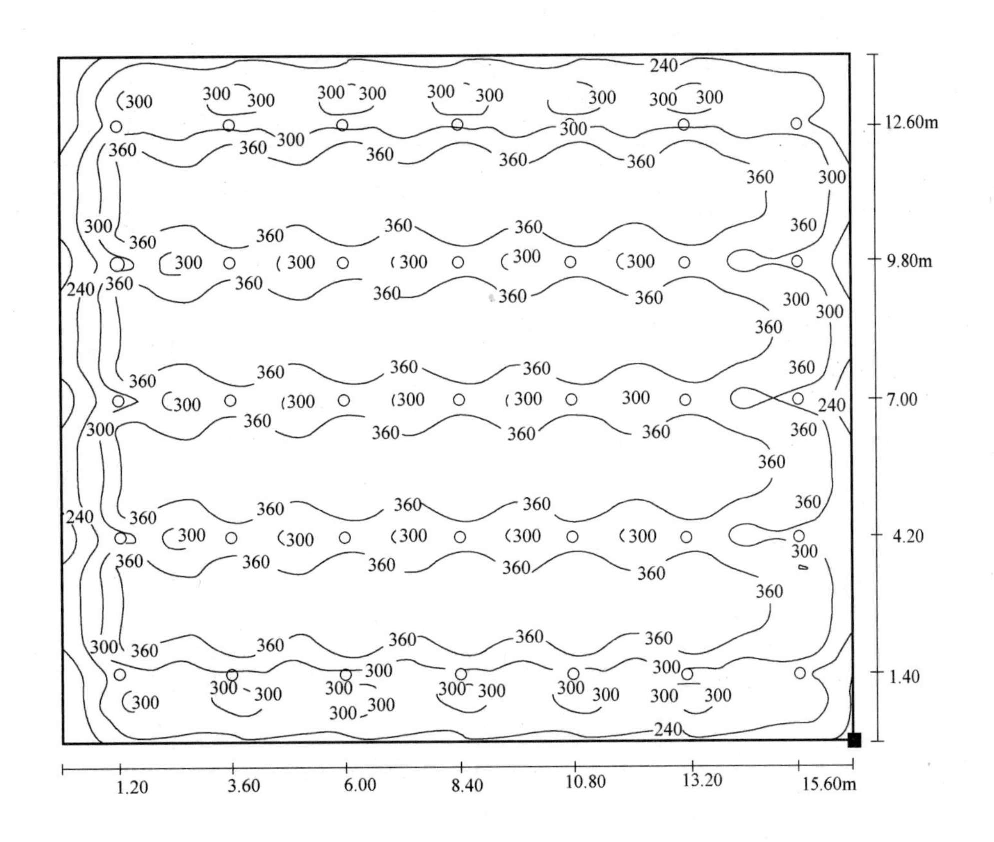

图 2-5　会议室人工光环境等照度图

2. 灯具选型：为消除明显的光幕反射效应，使用 2×26W（光通量共 3600lm）、2×32W（光通量共 4800lm）大功率节能荧光筒灯，灯具采用高纯度铵铝反射器，镀锌钢板灯体，表面白色静电涂装，效率不低于 59%。

3. 会议室人工光环境等照度图（图 2-5）。

4. 会议室人工光环境点照度值分布图（图 2-6）。

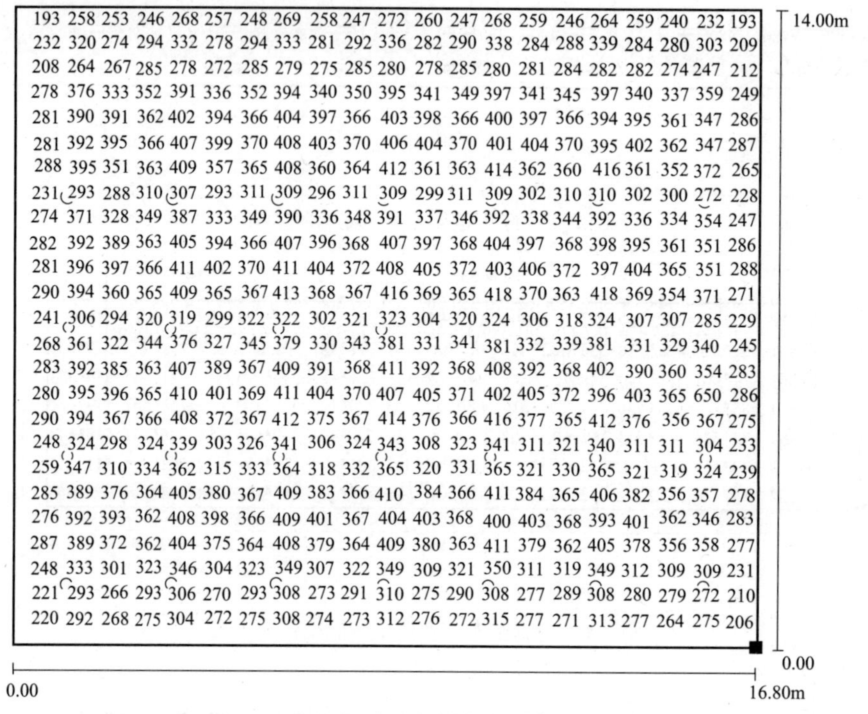

图 2-6　会议室人工光环境参照度值分布图

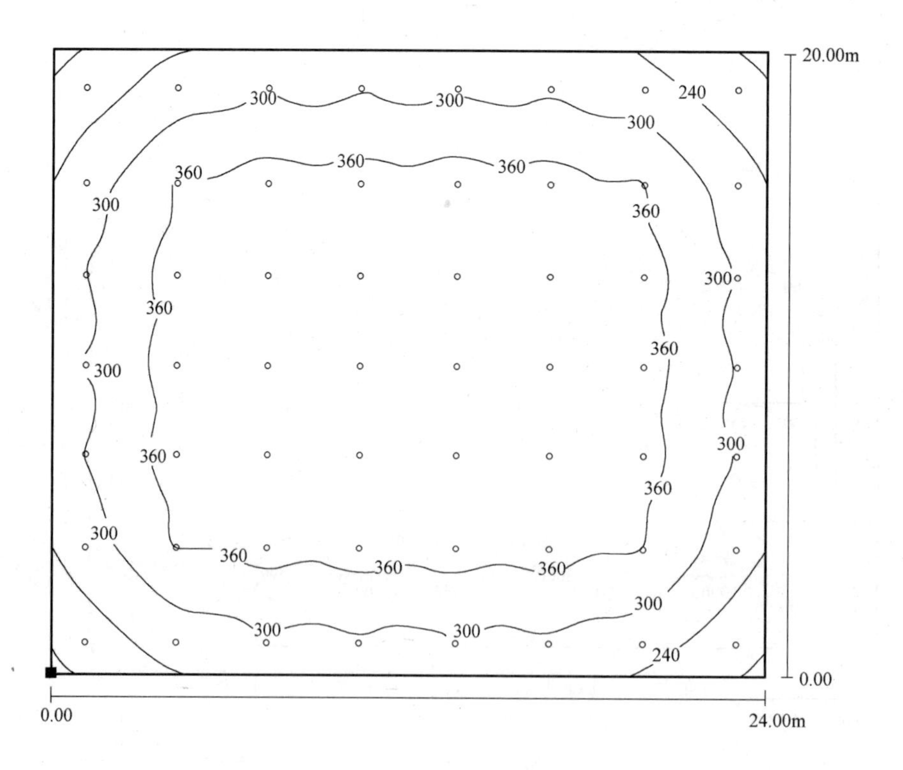

图 2-7　大厅人工光环境等照度图

5.10.4　大厅。

1. 标准要求：0.75m 高工作面上的平均水平照度值大于 300lx，功率密度限定为：10W/m^2。

2. 灯具选型：为消除明显的光幕反射效应，使用 1×70W（光通量共 6400lm）大功率节能荧光筒灯，灯具采用高纯度铵铝反射器，镀锌钢板灯体，表面白色静电涂装，效率不低于 59%。

3. 大厅人工光环境等照度图（图 2-7）。

4. 大厅人工光环境点照度值分布图（图 2-8）。

5.10.5　避难区。

194	217	230	265	262	267	281	269	273	283	270	278	279	268	280	272	262	266	240	218	209
206	233	253	287	291	298	309	300	302	311	301	307	307	299	308	300	293	291	266	236	221
224	255	281	311	321	329	335	332	334	337	333	336	336	331	335	329	324	315	294	263	239
247	280	304	344	348	356	368	359	362	370	359	367	369	357	368	359	350	349	319	285	265
260	296	321	361	367	375	387	378	381	389	379	386	388	376	387	278	368	367	336	301	279
258	296	326	359	370	380	386	383	385	389	384	387	387	383	386	380	374	364	340	306	276
269	307	335	374	382	390	401	395	396	404	394	402	402	393	402	393	384	379	350	313	288
274	311	337	380	385	393	408	397	400	411	397	405	406	395	407	397	387	386	353	317	294
265	304	336	370	382	392	398	394	397	401	396	400	400	394	398	392	385	375	350	314	280
275	309	339	376	384	395	402	398	400	406	399	403	404	397	405	395	388	380	354	317	286
281	315	341	385	388	396	414	400	403	415	399	409	411	398	411	400	390	391	356	320	295
270	307	338	372	382	393	398	396	398	402	398	400	401	396	400	393	386	376	351	315	281
267	305	336	373	382	392	400	396	397	403	397	400	401	396	400	393	386	378	352	314	286
275	312	337	383	386	394	414	397	401	413	397	406	408	395	409	398	387	390	354	317	297
263	301	331	366	376	386	393	389	390	397	390	393	394	388	395	386	379	371	346	310	281
259	296	327	359	371	380	386	383	385	390	385	388	388	383	387	380	373	364	341	306	276
259	293	316	359	362	370	387	372	377	388	373	381	383	370	384	373	363	366	332	297	279
239	271	297	333	340	349	357	352	353	360	351	357	358	349	357	349	342	337	312	278	255
213	243	268	298	308	317	322	319	320	324	321	323	322	318	321	317	311	303	282	251	227
204	229	245	282	284	290	304	292	295	305	292	300	301	289	302	294	284	286	259	231	220
182	204	217	248	254	260	269	261	264	271	261	268	269	259	269	262	254	251	230	206	195

20.00m　0.00　0.00m　24.00m

图 2-8　大厅人工光环境点照度值分布图

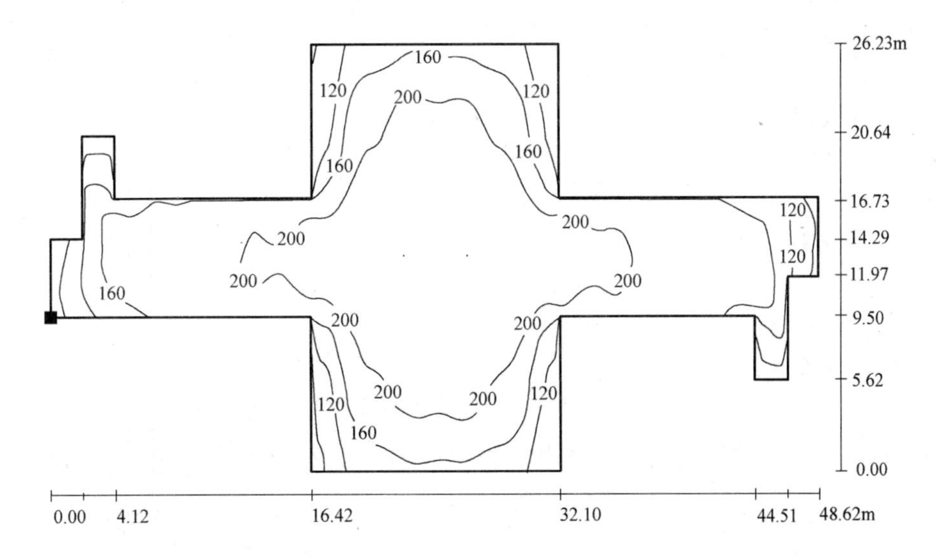

图 2-9　避难区人工光环境等照度图

1. 标准要求：0.75m 高工作面上的平均水平照度值大于 100lx，功率密度限定为：$4W/m^2$。

2. 灯具选型：为消除明显的光幕反射效应，使用一管 T5 型 28W（光通量共 2600lm）光源，采用嵌入式低眩光格栅灯，灯具采用高纯度铵铝反射器，镀锌钢板灯体，表面白色静电涂装，效率不低于 70%。

3. 避难区人工光环境等照度图（图 2-9）。

4. 避难区人工光环境点照度值分布图（图 2-10）。

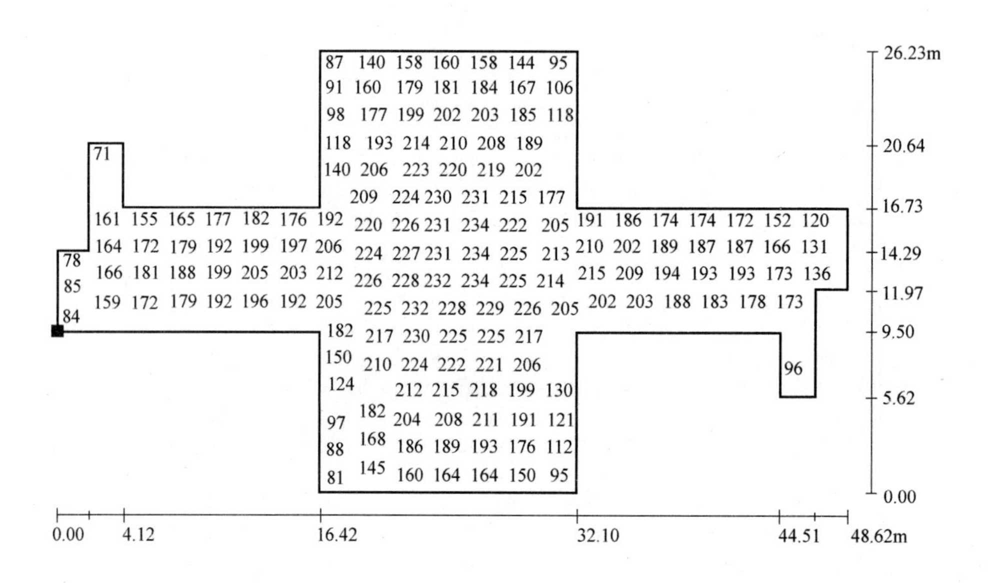

图 2-10

6　智能化系统

6.1　智能化系统设计范围。

6.1.1　通信网络及综合布线系统。

6.1.2　有线电视系统及自办电视节目。

6.1.3　建筑设备监控系统。

6.1.4　保安监控和自动报警（安防）系统。

6.1.5　背景音乐及公共广播系统。

6.1.6　无线信号增强系统。

6.1.7　系统集成。

6.1.8　机房工程。

6.1.9　会议系统。

6.1.10　信息发布及大屏幕显示系统。

6.1.11　计算机网络系统。

6.2　智能化系统设计原则。

6.2.1　标准化：必须采用符合或高于《阻燃和耐火电线电缆通则》GB/T 19666、《单根电线电缆燃烧试验方法》GB 12666 和《电缆和光缆在火焰条件下的燃烧试验》GB/T 18380（IEC60331 IEC60332 BS4066）标准的产品。

6.2.2　可靠性：系统的可靠性是一个系统的最重要指标，直接影响系统的各项功能的发挥和系统的寿命。系统必须保持每天 24h 连续工作。子系统故障不影响其他子系统运行，也不影响集成系统除该子系统之外的其他功能的运行。

6.2.3 实用性：本布线系统的设计是以实用为第一原则。在符合需要的前提下，合理平衡系统的经济性与超前性。

6.2.4 先进性：充分利用当代先进的科学技术和手段，基于办公业务的要求，以信息系统为平台，构建一套先进实用的业务数据共享和交换的业务系统，以计算机集成和专用软件来补充纯硬件系统功能方面上的不足。

6.2.5 灵活性：在同一设备间内连接和管理各种设备，以便于维护和管理，节省各种资源及费用。

6.2.6 开放可扩展性：要采用各种国际通用标准接口，可连接各种具有标准接口的设备，支持不同的应用。系统应留有一定的余量，满足以后系统扩展升级的需要。

6.2.7 易维护性：因为本工程分布面积广，系统庞大，要保证日常运行，系统必须具有高度的可维护性和易维护性，尽量做到所需维护人员少，维护工作量小，维护强度低，维护费用低。

6.2.8 独立性：作为一套完整的无源系统，它与具体采用何种网络应用、设备无关，具备相对的独立性。

6.2.9 经济性：本工程布线系统所选用的设备与系统，以现有成熟的设备和系统为基础，以总体目标为方向，局部服从全局，力求系统在初次投入和整个运行生命周期获得优良的性能/价格比。

6.3 通信网络系统及综合布线系统。

6.3.1 通信网络系统。

1. 通信网络系统将是一个由电话通信、数据通信、无线通信以及卫星通信系统构成的复杂系统，可以为办公政务提供语音、数据、图形和图像通信服务。通信系统是办公楼内语音、数据、图像信息传输的基础，应具有与外部通信网（如电话公网、数据专网、计算机专网、卫星）互通信息的功能。通信系统设计应满足办公自动化系统的要求，并能适应国家通信网向数字化、智能化、综合化、宽带化及个人化发展的趋势。

2. 本工程在地下一层设置模块局。拟定设置一台2000门的PABX，双局向汇接，每局向500条中继线（此数量可根据实际需求增减）。电话交换机房由具有设计资质的专业单位设计。

3. PABX应为积木式结构，便于用户根据使用情况逐渐扩容，又不影响主机的正常运行以及机房的改变。

4. 具备故障自诊断强，可靠性好，系统中的专用诊断软件负责定期对系统中各单元进行检测，故障确定及自动故障处理。系统具备高容错能力，确保通信的安全。

5. 系统功能要求。

（1）电话通信：内部电话；国内国际直拨电话；传真业务；IP电话；可视电话。

（2）声讯服务：语音信箱；语音应答。

（3）视讯服务：可视图文系统；电子信箱系统；电视会议系统。

（4）卫星通信：安装独立的卫星收发天线和VSAT通信系统，与外部构成语音和数据通道，实现远距离通信。

（5）无线通信：提供无线选择呼叫和群呼功能，为内部专业人员通讯调度系统使用。

6. PABX应能与LAN接口，优化通信路由，具有分组交换能力，支持微小区域无绳电话系统，支持VSAT卫星通信系统，具备语音信箱、传真信箱、具备高度完备的自检和远端维护功能，具有虚拟网功能，可实现建筑内部电话按集团内部电话分设使用的功能。

7. 语音通信系统：系统采用专用储存器，由通用微型计算机来实现综合语音信息处理，将用户内部的电话信号或将连接外部公用电话网（PSTN）上的电话信号转换成数字信号送至语音信箱的计算机储存器内。该系统除市话局 PABX 电脑话务员自动转接功能外、还应包括：电话自动应答功能、语音邮件功能、传真信息功能等。

8. 电子信箱系统（E-MAIL）：系统硬件选用高性能、大容量的计算机，其硬盘作为信箱的储存介质，并通过市话直通线与市话局数字控制交换机相连，并可以通过扩大硬盘来扩充容量。该系统通过电信网实现各类信件的传送、接收、存储、投递，为用户提供极其方便的信息交换服务。系统通过软件来实现信件处理功能、如投递功能、直投业务、电子布告栏、用户号码簿等功能。

9. 电话机房应做辅助等电位连接，并设置专用接地线。

6.3.2 综合布线系统。

1. 根据本工程对结构化综合布线系统的具体功能及设备的性能和配置要求，为了使之能胜任未来信息的高速发展，满足工程综合信息网络传输的需求，真正体现大工程智能化、信息化的优势，提供实现高速数据传输与宽带通信网络的实际应用。同时为建筑智能化系统集成提供物理基础和基本骨架，成为一体化的公共通信网络。

2. 综合布线系统（GCS）应为一套完善可靠的支持语音、数据、多媒体传输的开放式的结构，作为通信自动化系统和办公自动化系统的支持平台，满足通信和办公自动化的需求。

3. 系统能支持综合信息（语音、数据、多媒体）传输和连接，实现多种设备配线的兼容，综合布线系统能支持所有的数据处理（计算机）的供应商的产品，支持各种计算机网络的高速和低速的数据通信，可以传输所有标准的模拟和数字的语音信号，具有传输 ISDN 的功能，可以传输模拟图像、数字图像以及会议电视等的多媒体信号。完全能承担建筑内的信息通信设备与外部的信息通信网络相连。

4. 本工程综合布线系统由以下五个子系统组成。

（1）工作区子系统。

1）工作区应由配线（水平）布线系统的信息插座延伸到工作站终端设备处的连接电缆及适配器组成。工作区子系统的设计，主要包括信息点数量、信息模块类型、面板类型以及信息插座至终端设备的连线接头类型等组成。

2）综合布线系统信息点的类型分为：语音点、数据点两种类型。采用六类信息插座（CAT6），能够满足高速数据及语音信号的传输，传输参数可测试到 250MHz。信息面板应有明显的语音及数据的标识。

3）终端设备与工作区模块的连接全部采用原厂六类软跳线，数量与实际应用点数相等，长度为 3m。

4）除特别注明外，模块是 8 针 RJ45 插座。电缆连接须按 TIA/EIA-568B.2-1 和 ISO11801 标准执行。

5）面板颜色为白色，并带有防尘盖。

6）各信息插座输出口须为模块式结构，以便更换及维护。

7）按需提供单位及双位或多位插座，并提供话音/数据识别符号。

8）电气性能达到六类标准 TIA/EIA CAT6 的要求，测试指标≥250MHz。

9）信息模块卡接金属片应能保持良好的导电及电气性能。

（2）水平子系统。

根据 TIA/EIA-568-B 的水平线独立应用原则，水平子系统采用符合 TIA/EIA-568B.2-1

和 ISO11801 标准等国际标准拟定的六类 UTP 铜缆指标值；铜缆信息点为全六类配置，具有较高的性能价格比，既考虑到经济性又兼顾到将来的网络发展需求。水平布线是整个布线系统的主要部分，它将干线子系统线路延伸到用户工作区。

1）水平布线采用六类 24AWG 非屏蔽双绞线（UTP）；

2）所采用的六类双绞线必须具备“十字隔板”；

3）在大开间的办公室采用预留分配线架方式，即终端信息点先集中到分配线架，再由分配线架连接到楼层配线间 FD；

4）带宽：≥250MHz

5）水平子系统电缆长度为 90m 以内；

6）接线采用 TIA/EIA-568B. 2-1 和 ISO11801 标准；

7）六类 UTP 四对铜缆具有 UL 等第三方国际实验室认证其符合六类标准 TIA/EIA-568B. 2-1 和 ISO11801 标准性能要求的证书。

（3）主干子系统。

1）主机房中心配线间 MDF（Main Distribution Frame）位于中心机房内，MDF 与各楼层配线间（楼层设备间）IDF 之间的连接，数据主干部分采用 8 芯多模室内光缆，语音主干部分采用大对数铜缆。

2）数据主干 8 芯多模室内光缆需满足 IEEE802. 3ae 技术标准。

3）100/1000/10000Mbit/s 的应用。

4）所用材料必须符合 IEC 对抗拉力，压力和拉力的承受标准。

5）语音主干三类 25 对或 50 对大对数非屏蔽 UTP 双绞线铜缆，除必须符合对所有产品的要求的标准外，还必须符合 EN50167、EN50168 对三类线缆的其他技术要求，以满足中速网络应用的需求。

各楼层配线间 IDF 之间需配置 1 条 8 芯多模室内光缆，并配置相应的光纤配线架，以完成楼层配线间 IDF 之间的环型连接，为大楼计算机网络的万兆环型冗余架构提供连接通道。各楼层配线间 FD 之间需预留 30 根六类 UTP 铜缆，用于构建汇接层链路冗余。

（4）设备间子系统。

1）数据主配线间及各 IDF 分配线间全部采用标准 19 英寸机柜安装配线架及相应的网络设备，内备风扇、电源及门锁并应考虑以后网络设备的放置，机柜数量按照现有设备计算并有一定预留为宜。机柜内网络设备全部采用 UPS 电源供电。

2）IDF 分配线间与水平子系统连接的配线架采用 6 类模块式配线架来管理水平数据铜缆信息点。应根据数据信息点的数量配备原厂管理区六类 RJ45 铜缆跳线，长度尺寸适合。

3）IDF 分配线间内与语音垂直主干相连接的语音配线架必须是 19 寸机架式配线架，以便于在标准的 19 英寸机柜内安装。而语音配线架模块要求采用标准的 RJ45 口语音模块，并配有足够的安装背板，以方便用同一条数据 RJ45 跳线完成终端信息点数据与语音功能的转换，从而实现终端信息点数据、语音一体化的功能要求。

4）光纤采用 19 英寸机柜式 24 口光纤配线架，可以端接多芯光纤。光纤接头及相应的耦合器应采用先进的高性能，低衰耗，高密度型小型光纤接头，并配置适宜长度的 SC-SC 头的原厂光纤跳线。实现配线管理，使用颜色编码，易于追踪和跳线。

（5）管理子系统。

楼层配线间管理子系统由各层分设的楼层配线系统及主机房中的主配线系统构成，负责楼层内及信息通道的统一管理。主要由跳线面板、跳线管理器、跳线、光缆端接面板、机柜（或机架）等组成。

5. 其他。

（1）信息机房设置在二十八层。由于信息网络中心主机等设备待定，本工程综合布线系统的形成需经业主和网络设备厂方等部门协商后决定。

（2）无线上网系统覆盖二、三、四层。

（3）综合布线的电缆采用金属线槽或钢管敷设时，线槽或钢管应保持连续的电气连接，并在两端应有良好的接地。

（4）当电缆从建筑物外面进入建筑物时，电缆的金属护套或光缆的金属件均应有良好的接地。

（5）信息网络中心应做辅助等电位连接。

6.4 有线电视系统及自办电视节目。

6.4.1 本工程四层设置卫星电视机房，对本工程内的有线电视实施管理与控制。

6.4.2 有线电视系统及自办电视节目主要用于召开全体大会、传达重要会议的会议精神，以及集体业务学习等任务。

6.4.3 有线电视线路由市政网络引入。设置卫星接收系统，接收卫星电视节目。有线电视节目和卫星电视节目经调制后，经电视信号干线系统传送至每个电视输出口处，使获得技术规范所要求的电平信号，达到满意的收视效果。系统设备包括：卫星接收天线、功分器、接收机、解密器、制式转换器、前置放大器、频道放大器、频道转换器、有源混合器、供电单元、宽带放大器、分配器、分支器、终端电阻等。

6.4.4 根据______市有线电视的现状和全国有线电视的双向网络发展趋势，此次大楼有线电视系统采用860MHz双向邻频传输方式，采用集中分配形式，终端电平为69±6dB，图像质量达到国家四级标准。系统下传电视信号，包括市线电视信号、自办节目等。系统要具有扩展为多功能网络的功能。

在大楼的领导办公室、会议室、餐厅、接待大厅等地方配置点位，以便大楼内部工作管理人员和外来人员都能根据不同的需要收看有线电视节目，保证整个大楼在信息方面的开放性和先进性。同时楼内部的一些消息和通告的发布或者是内部一些宣传、组织、展览以及娱乐性节目都可以以自办节目的形式通过有线网络传播到达整个大楼。

6.4.5 系统带宽及频段设置。

为了适应有线电视综合信息网的最新发展，根据《有线电视广播系统技术规范》GY/T 106的带宽划分标准，本系统采用5～862MHz邻频双向传输技术，频带划分采用低分割配置，上行频带为5～65MHz，下行频带为87～862MHz，下行频道容量为80个PAL-D制式模拟电视频道，上行频段反向传输数据电话及其他综合业务。

6.4.6 节目源。

本系统节目源共约42套，由市有线电视节目和自办节目两部分组成。有线电视节目取自市有线电视台对外输送的全套有线电视节目，自办节目是作为调度中心的自办频道及行政会议之用。具体包括：有线电视系统的节目源包括有线电视台共约40套节目；自办节目2套。

6.4.7 系统根据用户情况采用分配—分支—分配方式。

6.4.8 其他。

1. 卫星天线设有接闪杆保护，并应有两个不同方向与建筑物的接闪带相连，以确保接地可靠安全。卫星天线基座应将其中的两个支脚对准卫星承受最大风力的方向。

2. 天线馈线必须通过天线避雷器后，方与前端设备相连。

3. 所有放大器外壳均应接地，且放大器的交流输入/输出端接有浪涌保护器。

4. 建筑内布线应全部采用金属管，并与放大器箱、分支分配器箱、过路箱、用户终端暗盒等采用焊接连接。

5. 前端箱电源一般采用交流 220V，由靠近前端箱的照明配电箱以专用回路供给，供电电压波动超过范围时，应设电源自动稳压装置。

6. 建筑物内有线电视系统的同轴电缆的屏蔽层、金属套管、设备箱（或器件）的外露可导电部分均应互连并接地。

7. 天线接闪杆的接地点，在电气上应可靠地连成一体，从竖杆的不同方向各引下一根接地线至接地装置。采用联合接地，接地电阻不应大于 1Ω。

8. 电视前端室应做辅助等电位连接。

6.5 建筑设备监控系统。

6.5.1 本工程建筑设备监控系统监控室（与中央控制室共室）设在地下一层。

6.5.2 本工程变配电所设置独立的变配电管理系统，预留与建筑设备监控系统联网的网关接口。

6.5.3 系统结构。

1. 本工程建筑设备监控系统为全开放式系统，在满足本工程高度智能化和系统资源共享技术要求的同时，又要满足系统升级换代、系统扩展和可替换性的要求。

2. 建筑设备监控系统的设计应遵循分散控制、集中管理、信息资源共享的基本思想。采用分布式计算机监控技术，计算机网络通信技术完成。系统必须为管理层和监控层两级网络结构的系统。

（1）管理层网络

1）管理层网络采用 Ethernet 技术构建，以 10M/100Mbit/s 的数据传输速度，支持 TCP/IP 传输协议，能方便容易地与建筑物中相关系统，以及独立设置的楼宇控制系统或设备之间以开放的数据通信标准进行通信，实现系统的中央监控管理功能，跨系统联动及系统集成。

2）本大楼的监控中心的任何一台或者全部 BAS 工作站/服务器停止工作不会影响监控层现场控制器和设备的正常运行，也不应中断其所在地局域网络通信控制和其他工作站。

（2）监控层网络

1）监控层网络采用 Lonwork 或者 BACnet 方式实现。

2）为了确保系统的稳定性和安全性，监控层网络仅允许采用一级现场总线的结构；现场控制器不得进行二级子网扩展，而且要求只对控制器所在楼层的控制对象实施监控，以避免故障发生时的大面积连锁反应和减少损失及影响面。

3）监控层由现场控制器完成实时性的控制和调节功能，任意一台现场控制器的故障或者中止运行，不得影响系统内其他部分控制器及其受控设备的正常运行，或者影响全部或者局部的网络通信功能。

4）如采用 Lonworks 总线型的监控层网络，其总线通信协议必须符合 Lonworks 标准，以便使系统具有良好的开放性和自由拓扑的能力，便于日后系统的升级和更新，现场总线上所有控制器须具备 Lonmark 认证标志。

（3）中央监控管理中心

建筑设备监控系统对相关的设备实行信息共享的综合管理。本大楼监控中心对大楼内各机电设备的运行、安全、能源使用状况及节能等实现综合监测和管理。建筑设备自动监控系统管理员在中控中心屏幕上可直接看到所有关联设备的网络结构和物理布局，能保证操作权限管理和监测内容的直观性。

1）建筑设备监控系统自身的通讯标准应满足当今世界最流行的开放协议，以实现与安防、消防等专项系统间的通信联网，联动控制和实现信息资源共享的要求。

2）软件采用动态中文图形界面，软件平台的选择应运行稳定可靠。能快速进行信息检索，并对监控点参数进行查询、修改、控制等。

3）该系统应能及时反映故障的部位，记录和打印发生事件的时间、地点和故障现象，故障报警自动恢复，且能提供故障排除的方法和措施。与其他系统配合，根据故障级别，能够自动完成向不同级别管理人员发送故障报警信息，并根据管理要求将维修内容发送给相关人员。系统应该能够进行设备故障的智能预测，制定维护计划。

4）对上述所有设备工作状态、运行参数、运行记录、报警记录等作模拟趋势，实时显示、打印报表、存档，并定期打印各种汇总报告。

3．本工程纳入建筑设备监控系统的机电设备有：

（1）冷热源系统和其他动力机房监控。

（2）空调与通风系统。

（3）变配电系统监测。

（4）给水排水系统的监控。

（5）照明系统。

（6）室外环境参数监测。

（7）电梯系统监视。

（8）泛光照明及航空指示灯系统。

（9）领导层环境控制系统。

（10）其他系统。

4．本工程建筑设备监控系统监控点数共计为（2596 控制点），其中（AI＝771 点、AO＝49 点、DI＝1324 点、DO＝452 点）。

5．系统的硬件配置要求。

本系统硬件的构成应至少包括以下部分：

（1）中央控制中心：

中央控制中心是建筑设备监控系统的监控和管理中心，是整个系统的核心。投标商应提供中央管理中心的整套设备、软件和相关附件。设置文件服务器，安装标准数据库。

1）中央处理机采用高性能、高可靠性的双服务器在线热备份形式。如主机停止工作，系统将立即自动切换到备用机无间断运行。

2）中央处理机将保留整个系统的全部数据（设备状态、历史记录及报告数据）。

3）中央处理机的软件同时具有数据库管理，通讯管理、接口管理、资料存入、拷贝和报告生成等功能，可全图形化操作。

4）中央处理机应配有一警报器和所有相关警报处理程序。如监测、认可、复原打印和声音报警。

5）警报的发生和复原应被记录在警报历史记录内，包括日期、设备识别记号、设备名称、警报名称和事件。警报历史档案至少可容纳 10000 条记录。

6）采样数据、运行记录至少保留两年，并实行月报和年报。

7）应用程序的输入，设置、修改和存储。

8）各类参数的设定和修改。

9）资料和报警的显示和打印。

10）显示整个建筑设备监控系统的运行和监控操作。

11）硬件。

2台机架式服务器。配置应不低于CPU至少2.8G、硬盘160G、内存≥512M、DVD-R。必须具备防静电功能。

软件必须有图标点击或者功能键，一般快速地调阅所需要的设备信息、图形。报警位置、数据位置和操作位置宜采取可点击图标方式。

（2）现场控制器（DDC直接数字控制器）：

1）DDC为智能型设备，具有直接数字控制和程序逻辑控制功能，具有联网协同工作的功能，可脱离中央操作站独立执行控制任务，其内置必要的软件程序。

2）采用模块化结构，具有可扩展性和方便联网的功能。其输入/输出点应采用通用输入输出形式，为了能灵活配置，满足控制需求根据现场情况可能变化的特点。

3）故障时能自动旁路脱离网络，不至影响整个网络的正常工作，故障排除后能自动投入运行。联接于同一段网络的多台DDC能进行点对点的通信，分别执行不同的任务或同一任务的不同程序段，不需通过上一级处理器。

4）每个DDC都有连接手提电脑所需的接口，具有随时随地编程、现场设置、读取或修改参数的能力。还可以通过网络访问在网络上的任何DDC。

5）具有断电后自启动功能，在停电时可以保存随机存储器的内容和全部硬件存储器，电力恢复时可再次自动启动。应提供可使用至少3h的备用电池。

6）能对其附属的外围设备状况进行定期监测与诊断。

7）DDC性能要求：

① DDC自身应具有掉电、通信中断、误操作等保护功能。

② DDC的平均无故障时间MTBF要求达到10万h以上。

③ 如果选用系统的现场监控层总线为以太网，则DDC必须自带以太网RJ45接口。

④ DDC应按受控设备的监控点数、设备分布和工况合理配置；DDC不得作为二级现场网络控制器控制就地或者远程扩展模块。

⑤ DDC间不需任何形式的管理站而能够直接通讯，每个DDC均自带CPU，可不依赖主机、网络控制器或者上位机独立工作。

（3）前端设备：包括传感器、执行器和控制阀等。

6. 系统软件配置。

（1）系统软件应至少包括以下部分。

1）操作系统（可支持至少多个分站同时运行）。

2）基于MS SQL Server的标准数据库。

3）中央控制中心监控软件。

4）容量3000点以上的OPC接口。

5）WEB浏览和操作功能。

（2）系统软件的基本要求。

1）多用户操作：系统作为一个多用户系统，应至少支持4个用户和工作站的操作，即有4个操作人员权限可以同时在不同工作站登录系统进行察看，检索和操作。

2）数据库：系统应将历史数据存放于SQL Server数据库中。

3）系统软件支持WEB（本地和远程）浏览和系统操作。系统应支持至少4个操作人员同时通过WEB浏览器察看系统实时状态信息以及历史数据库中的历史信息。

4）承包商提供的系统和报价必须已包括MS SQL Server标准数据库的配置和不少于3000点的OPC接口选项，以便向第三方系统开放和共享有关数据库信息。

5）建筑设备监控系统的数据库必须与IBMS智能楼宇集成管理系统兼容或者采用同一种数据库管理系统。

6）建筑设备监控系统操作软件支持服务器双机热备冗余，一旦硬件发生冗余切换，本系统必须相应自动切换和在备份服务器上投入运行。

（3）用户界面必须全面汉化，具备多窗口功能和动态动画图形显示，且操作直观，简便。

7. 与相关系统间通信联网与联动控制。

（1）建筑设备监控系统与其他子系统应能实现系统间相关监测信息的传递和由这些信息而引起的联动控制。承包商必须承诺提供并且注明联网所需的通信接口标准、通信协议、接口软件、测试软件、数据转换等相关设备和其他相关的硬件和软件，并必须负责提供系统的接线、调试和开通。

（2）建筑设备监控系统数据库与建筑设备集成管理系统（IBMS）数据库之间应具备相关信息双向通信或者共享。

6.5.4　本系统所有各种器件均由承包厂商成套供货，并负责安装、调试。

6.6　无线信号增强系统。

6.6.1　为了避免手机信号出现网络拥塞情况以及由于大楼内建筑结构复杂，无线信号难于穿透，室内易出现覆盖的盲区，手机用户不能及时打进或接进电话。本工程安装无线信号增强系统以解决移动通信覆盖问题，同时也可增加无线信道容量。

6.6.2　无线信号增强系统应对地下层、地上层及电梯轿厢等处进行覆盖。

6.6.3　系统设立微蜂窝和近端机，安装在地下一层电讯机房内。

6.6.4　采用以弱电井为中心，分层覆盖的方式，将主要设备安装在弱电井内。

6.6.5　具体系统设计及计算由电信公司完成。

6.6.6　本系统所有各种器件均由承包厂商成套供货，并负责安装、调试。

6.7　保安监控和自动报警（安防）系统。

6.7.1　视频安防监控系统。

1. 本工程在地下一层设置保安室（与中央控制室共室）。

2. 总体技术要求：

（1）视频安防监控中心设在保安监控室。

（2）视频安防系统、防盗报警系统须集成到统一的保安监控系统集成管理平台上，两个子系统分别作为保安监控管理系统中的一个子模块，从而能在统一的集成管理平台下形成一个整体，互相配合，联合动作，方便管理，可在IBMS系统集成里面体现。

（3）视频安防系统、防盗报警系统须提供其通信协议，以实现系统的集成、联动控制和对管理软件的二次开发。

（4）采用基于DVR的数字视频安防系统，采用前端模拟摄像＋矩阵＋数字硬盘录像机（DVR)＋远程网络访问结构。

（5）管理系统须能稳定、可靠地运行在Windows操作系统下，并且必须为简体中文版，并以多媒体界面形象直观地实时显示系统的运行状态和设备的运行情况，如现场图像、设置/状态，实时电子地图、监控点表，布防/撤防状态等等。

（6）管理系统能对现场设备进行手动控制、自动控制及各项设计控制（包括对云台、镜头进行直接控制等），进行运行方式的设定和工作参数的修改，且提供分级的操作权限管理，保证系统的安全。管理软件须具有联动功能，任意子系统的报警均能按预设的功能实现与其他子系统的联动控制。

（7）系统必须具有动态电子地图功能。系统须将所有的CCTV监控点、报警点的状态显示在一级或多级电子地图上，并且可以在地图上进行即时控制。在发生报警时，会自动弹出相应的电子地图。

（8）系统须具有方便的数据备份和恢复功能，须提供完善的数据维护工具，除了备份数据外，即使在数据库遭到意外破坏时，仍可以利用修复功能恢复，还可定时自动备份报警数据。

3. 视频安防系统由前端摄像机部分、传输部分、控制部分、显示记录部分、报警部分和报警联动部分组成。

（1）前端：在大楼内部主要通道、主要出入口、公共区域、大厅、重点部门、电梯轿厢、停车场以及室外主要通道、主要公共区域交界处等设置闭路监视摄像机。

（2）控制系统：作为整个安保系统的控制中心，主要功能为：

1）定点切换：使用矩阵控制键盘，把任意一路信号切换到某一台或任意一台监视器上。

2）巡回顺序切换：在编辑好菜单的情况下，使用矩阵控制键盘，把某一群组信号切换到某一台或任意监视器。

3）一体化快球控制操作：手动变焦、聚焦、全方位旋转、在设定条件下自动旋转。

（3）录像系统：采用16路输入数字硬盘录像机，起到图像信号存储、查询的功能，存储时间至少为15d，并可通过网络系统远程访问这每台数字硬盘录像机上的图像信号。录像机主要是平时及报警时用于图像记录，便于事后提供图像证据。

（4）显示设备：显示部分由与数字硬盘录像机相连的42″液晶监视器组成。

（5）系统主要的技术指标：

1）系统清晰度：

彩色摄像机≥460线。

一体化快球摄像机≥460线。

有效像素≥768（H）×494（V）。

2）最低照度：

彩色摄像机　　　　≥1lx/F1.2。

一体化快球摄像机　　≥1lx/F1.2（彩色）；0.1lx/F1.2（黑白）。

信噪比：　　　　　　≥48dB。

灰度等级：大于等于8级。

3）硬盘录像模式：

H.264或MPEG4压缩方式。

TCP/IP协议。

16路400帧总资源。

支持客户端工作站。

4. 系统电源采用UPS电源，市电停电情况下，系统保证持续工作不小于24h。

5. 电视监控系统应自成网络，可独立运行。应能与防盗报警系统联动，能自动对报警现场的图像和声音进行复核，能将现场图像自动切换到指定的监视器上显示并自动录像。

6. 电视监控系统各路视频信号，在监视器输入端的电平值应为1Vp-p±3dB VBS。

7. 电视监控系统各部分信噪比指标分配应符合：摄像部分：40dB；传输部分：50dB；显示部分：45dB。

8. 电视监控系统采用的设备和部件的视频输入和输出阻抗以及电缆阻抗均应为75Ω。

9. 普通摄像机至保安室预留两根SC20管。带云台摄像机至保安室预留三根SC20管。

10. 电视监控系统所有各种器件均由承包厂商成套供货，并负责安装、调试。

6.7.2　防盗报警系统

1. 系统结构

（1）系统提供连接管理主机的通信接口及向外界报警联动的输出接口。

（2）防盗报警系统与CCTV系统、门禁系统互相配合，联合动作。

（3）报警单元须具有外出、留守布撤防，旁路防区等管理功能，并且键盘的全部功能状态都具液晶显示。

（4）防盗报警系统功能要求：

1）系统采用红外微波双鉴探头、红外对射、紧急按钮等安装在一些需重点保护的部位进行室内防盗。将整个大厦设计为封闭的保护区域，在各主要出入口、主要通道、机房等设置传感器，检测非法闯入。

2）系统在楼内共设置红外双鉴探测器，在除大厅入口外的外墙上设置红外对射报警器。

3）系统采用报警单元接入双鉴红外探测器的报警输入，报警管理主机上显示防区的布/撤防、状态等信息，并能输出报表，方便管理。

4）系统高度集成，把闭路监控、通道管理、紧急报警、探头报警等功能作为整体来考虑。对于不同的防范区域应采用不同的探测和报警装置，并实现各种探测报警装置在统一的管理平台上进行相关的联动控制。在系统管理主机上可通过软件设置实时显示报警地点、时间以及处理报警的方案，可随时查询报警纪录，自动生成报表，可打印输出。

5）高灵敏度的探测器获得的入侵报警信号传送到中央监控室，同时报警信号以声、光、电等的方式显示，并在管理主机上显示报警区域，使值班人员能及时、准确、形象地获得突发事故的信息，以便及时采取有力措施。报警监控中心接收到来自各报警控制器发出来的报警信号，同时与闭路电视监控系统等相关系统联动。报警信号一经确认，系统就能通过电话网或其他通信方式自动向公安部门报警监控中心报警。

（5）主要设备技术参数（要求不低于以下参数）：

1）报警主机：

① 报警主机可以连接的防区至少有128个防区。

② 具有良好扩展性，可根据需要进行扩展。

③ 系统中所有防区都可以通过密码报警键盘进行布防/撤防。

④ 支持5级以上的密码级别。

⑤ 时间表控制功能：可以实现时间表实时控制功能

2）红外微波双鉴探测器：

① 探测方式红外+确认技术微波。

② 具有灵敏度均匀一致的光学系统，以解决被探测主体近大远小的误差。

③ 具备温度补偿，以降低在高温下的误报。

④ 自适应微波系统，避免引起误报。

⑤ 加电/定时自检保证探测器正常工作。

⑥ 可根据环境进行灵敏度等的调整。

⑦ 具有常闭防拆开关。

⑧ 探测范围不小于11m×11m。

⑨ 认证：UL，FCC，CE，3C。

6.7.3　门禁/一卡通系统。

根据办公大楼的管理要求，拟设计、安装一套使用方便、功能全面、安全可靠和管理高效的一卡通智能管理系统。

员工每人将持有一张感应卡，根据所获得的授权，在有效期限内可开启指定的门锁进入实施门禁控制的办公场所；在考勤机上读卡，实现员工考勤；在餐厅和职工消费合作社（如果有）实现刷卡消费；在图书室和底图库实现图书借阅和图纸查询；在停车场实现泊车；完成保安巡更功能等。

1. 系统总体要求

所有应用均使用同一张卡，实现门禁、考勤、消费、巡更（保安）、图书借阅/底图查询、停车场管理、紧急疏散人员统计等功能。

系统所选用的软、硬件设备必须符合国家有关行业标准，并按照以下原则进行设计：

系统的先进性：所选用的软件及硬件产品均为世界知名品牌，并在各自领域处于领先水平，主控设备及配套设备在国内外都具有许多典型案例。

系统高度集成化：能够支持并具备报警功能，可以与报警、消防、监控等系统进行联动。

系统的模块化：要求系统的软、硬件结构为模块化，各功能模块之间可实现数据共享，而各子系统模块又实现各自不同的管理功能因此各模块之间是相互独立又相互联系的。

系统可采用多种技术方式实现门禁系统管理：门禁系统的控制器可同时连接和自动识别不同类型读卡器，还支持生物识别技术。

系统的扩展性：系统采用主从模块结构，采用总线的通信方式，并可实现多路总线通信模式，便于今后系统的扩展需要。

在线式维护：由于门禁管理系统具有其特殊性，使得系统的工作不能停顿。要求系统的维护必须是在线式的，即在系统不停止工作的情况下，可以更换单元的备件。

2. 考勤需求

考勤读卡器设置点：在一层大厅两侧、主电梯入口处及其他必要地点设置考勤点。

（1）满足 2000 人考勤需求。

（2）能设计多个班次，并设定排班表。

（3）能按不同条件索引，生成考勤结果，如：日报表、周报表、月报表、只显示迟到、缺勤、早退等非正常考勤纪录的报表等。

（4）具有处理请假手续，加班确认和补打卡时间功能。

（5）提供与员工工资系统的接口功能。

（6）提供系统备份等维护功能。

（7）根据用户要求，可随时对系统进行必要的修改。

3. 门禁需求

设置门禁的场所：各楼层通道、一层出口、办公室、设备机房、财务室、会议室等。其中领导办公室为 IC 卡门禁＋指纹识别双重控制模式，并具备室内无线开门功能。

通道门采用磁力锁，断电开启；房间门采用阴极锁，断电闭合。

（1）设计、供应、安装、接线、试验和试运行一套完整的智能卡门禁系统。

（2）系统所有主要设备在可能情况下应为同一厂商生产的产品。

（3）系统包括读卡器、现场控制器、系统控制器及电脑式中央监控系统。

（4）通过员工输入的密码及智能卡再转换成电信号送到控制器中，同时根据来自控制器的信号，完成开锁、闭锁等工作。

（5）智能卡处理器应为门禁系统的一部分，所有资料能反映于综合门禁系统中。

（6）发生火警，所有门禁自动开放（除财务室）。

(7) 电动门锁：

1) 设置门禁读卡器之处均需安装置电动门锁。电动门锁需适合安装在门框上，需附有电动锁舌片，重形门闩和榫眼。

2) 门锁应由不超过人体安全电压的直流电操作，不论电力的供应状况如何，门锁应可以手动打开，从外面的利用钥匙打开，从里面的利用把手，或用门闩踏板器。如果是双向安装读卡器，无须手动或按钮开门，在订货前，需呈交门锁样本以作审批。门锁应由智能卡控制系统控制或由人手按钮操作。

3) 在无电力供应的情况下，消防门和通道门必须保持开启。

4) 被控制的门锁信号及有关门磁信号需输送回有关及总信号监控显示器。

(8) 多种操作和控制方式：

1) 正常方式：持卡人将有效卡给读卡机确认即可，不必输入密码。

2) 保安方式：

持卡人将有效卡给读卡器阅读之后，还需输入个人密码，可进入。

一进一出制，进入后一定要读卡出来，再可以进入。

3) 未锁方式：选用常开锁，在这种状态下，出入门永远打开的，不需使用于便可进入。

4) 锁定方式：选用常闭锁，这种状态下，出入门永远是闭锁的。

5) 报警监控：系统对非法使用（强行进入、破坏读卡器、多次非法读卡等）进行报警。

6) 威逼监控：当持卡人被非法入侵者威逼使用读卡器，持卡人可按正常操作程式使用有效卡。只需在键入密码时，在有效密码最后一位加上预设数位，可开门同时发出警报。

(9) 系统要求：

1) 完整的系统须包括但不限于以下各项：读卡器；现场控制单元；门禁系统控制器；中央控制软件系统及资料库；系统用户终端。

2) 系统使用双介质控制方式，即使用者用智能卡识别与密码相配合。

3) 对来访者需作登记，并提供有使用期限及使用次数可进入的智能卡。

4) 对没有关好的门及非法开门可及时报警，并通过保安系统通知保安部门处理，此外，可对所有出入事件、报警事件、故障事件等保持完整的记录。

5) 有实现一卡通功能，可作在线巡更、内部考勤功能等。

6) 系统能给出员工级别，限定的地方出入，提供有层次的设备。

7) 所有通道门禁系统设置双向读卡器刷卡通过。

8) 为了保障系统整体安全性，降低系统风险，每台门禁控制器或者 CPU 所控制的门数不超过 16 个。

9) 系统在 WINDOWS 2000/XP/2003 Server 等平台下运作，操作员可对系统的运行状况一目了然，方便维护系统的各种资料库，改变运行参数，实施控制操作。对于不同安防等级的通道，不同用途的附件，需要对出入进行控制、监视、记录和生成各类报表以供查询分析。

10) 门禁管理控制主机还可以通过 API 与 IBMS 系统集成，以及与闭路电视监系统和防盗报警系统进行联网，实现整个安全防范系统的综合管理与联动控制。当火灾信号发出后，自动打开相应防火分区安全疏散通道的电子锁，方便人员疏散。

11) 门禁系统控制器之间的联接采用以太网为通信总线。

12) 门禁控制器之间的通信满足 Peer-to-Peer 点对点通信要求，可以跨不同控制器间防止反传。

13) 现场控制器支持硬件和电源冗余配置，中央工作站软件也支持冗余配置，控制器与中央工作站之间可以采用以太网、RS232 和 RS422 的通信方式。

14）当员工报失时，智能卡系统可记录及储存遗失卡者的资料，令其他使用者不能通过系统进出。

15）提供“防潜回”的功能，当员工通过智能卡系统后，不能再次进入，除非用者离开后，消除进入的资料方可再次进入。

16）系统通过门禁读卡器，允许具有权限的持卡人进入指定区域，对指定区域撤防/布防，可提供输出控制。

17）通过“设备分区”功能可实现不同操作员的数据库分区浏览。

系统设备：所提供的所有设备都须与系统设置相匹配，尽可能由同一厂商生产，所有设备须完全适用在恰当的地点。

① 智能读卡器：

a. 能为使用者提供输入个人密码及非接触式智能卡方式来核对身份。

b. 控制器与读卡器间以星型方式相连接，采用专用加密协议，更有效地提高了系统安全性。

c. 出门按钮和门磁可以直接与读卡器相连，从而节约布线。

② 现场控制器：

a. 门禁控制器可以联机使用，也可以脱机使用。

b. 采用 RS485（半双工）或者 RS422（全双工）独立总线结构，不得与其他系统（比如电脑网络）直接发生关联，从而避免来自其他系统的人为入侵以及不可预见干扰。

c. “FLASH”存储技术可在已有通信路径上远程接收操作系统和应用程序，不需要停机即可远程对固件进行升级；

d. 热插拔接口板模块，即插即用

e. 根据距离、施工合理性等因素，设计总线位置与数量，必须考虑日后增加门禁数量的可扩充性。

f. 总线必须具备链路保护功能，当任一总线意外中断时，可以在完全不干扰大厦工作的情况下，仅在总控室就可以再次接通所有断开的设备，进行一切正常操作。利用节假日时间方可进行原总线修复。

③ 卡控制及监视器：

门禁系统以 Windows 2000 Server /2003 同一平台下运作，监视及控制所有员工的出入情况，并能储存所有事故报警的记录及资料。处理事件的容量可达 100000 个。

系统设计：系统软件是基于 SQLSERVER 数据库的门禁管理系统，它由服务器软件和客户端软件构成。此外，管理用户可以通过 WEB 从门禁系统产生各种不同的报表。

a. 主机将不会受阻于即时运作，所有即时控制为每个区域或控制器的责任。

b. 资料交换及开放，系统软件允许卡资讯以 ASCII、EXCEL、ACCESS、OLE 等形式传入或输出。

c. 门禁系统中心服务器在本地小范围内通过 RS422 汇流排连接区域控制器。

d. 门禁系统中心服务器在本地大范围内通过局域网连接区域控制器。

e. 门禁系统服务器与用户卡系统服务器通过 TCP/IP 协定在 Ethernet 上传输、交换资料。

f. 门禁系统资料库采用关系型数据库，资料库格式与用户卡系统资料库格式相同，门禁系统通过专门制作符合用户要求的资料库界面提取卡资料，并自动生成门禁系统卡资料库资料。

g. 用户中心系统生成关键资讯通过资料界面送入门禁系统生成自己可用的资讯，对本系统加以控制。

h. 许可权由用户一次性产生，并跟随部门变更。

i. 门禁系统应是完整的保安报警系统，具有丰富的报警输入和联动功能，报警输入和联动输出的配置关系由中央报警管理软件管理和执行。

j. 报警系统和门禁系统共用一个控制器，门禁控制器只需增加“即插即用”的数字输入板和数字输出板后，就可以实现报警系统的基本功能。

k. 区域控制器的读卡器容量可以根据用户的需要进行扩展，但每台门禁控制主机所管理的读卡器不超过 16 台。

l. 在系统运行的情况下，任何时间从任何系统工作站远程对控制器软件的在线升级。

4. 停车场管理系统。

(1) 停车场分为庭院停车场和地下室内停车场，共设置 2 套 1 进 1 出的停车场管理系统。庭院停车场供临时外来人员使用，地下室内停车场供员工、常驻外来人员和公司车辆使用。两个停车场都应预留收费功能。

1) 该系统应完成功能集成的任务，实现与集成系统的接口和联动功能。

2) 系统总体性能要求可靠、实用、经济。

3) 系统具有强力抗电磁波、微波干扰能力，无线对讲机应不影响系统正常工作。

4) 服务器与集成系统接口，提供与集成系统硬件接口和应用程序接口（API），定时将停车场车位利用、统计资料等传入中央数据库。

5) 服务器对设备的工作状态进行集中保安监控管理和系统设置，及时诊断、显示设备故障，进行报警、存储、统计和打印。

6) 出口通道的计算机统计本停车场的停车数量，控制进口通道处的空满显示屏，显示有无停车位空位。

7) 停车场进口设有进口控制系统，进口控制系统具有如下功能：

① 判别有车辆到达。

② 刷卡通过。

③ 可通过对讲设备与中央管理系统取得联系。

④ 车辆放行。

8) 停车场出口处具有刷卡车辆放行功能。

道闸机性能要求：

① 外壳为镀锌钢板，表面静电喷涂，防水 防锈，不褪色。

② 栅栏长度为 1～3.5m 可选。

③ 栅栏开闭时间≤6s。

④ 具有延时、欠压、过压自动保护。

(2) 功能要求：

1) 当入口车辆检测器“发现”有车辆进入时，能自动打开栅栏；

2) 出现停电和故障时能进行自动/手动功能切换；

3) 落闸时，感知栏杆下有车辆误入时，自动停闸，具有安全保护措施，防止栏杆砸车情况发生。

(3) 本系统所有各种器件均由承包厂商成套供货，并负责安装，调试。

5. 消费需求。

本大楼内的职工消费需求仅局限在职工餐厅和职工消费合作社（如果有）内的刷卡消费

活动。基本要求如下：

（1）使用方便，只需简单进行刷卡就可以完成消费。

（2）采用高可靠行业公认的内置电池存储芯片，保证数据的可靠存储。

（3）通信加密和严格验证，杜绝了通信过程中的数据丢失。

（4）具有 LED 显示，显示应扣金额，卡中余额。

（5）卡上金额密码由最终用户第一次启用系统时自行设定，保证资金的独立和安全性。

（6）卡片数据严格加密，非本系统所发的卡杜绝使用，外人无法复制和修改卡片数据，保证系统的安全性。

（7）定额消费和不定额消费方式可切换。

（8）可设定每次最高消费限额。

（9）通过键盘既可以查询累计消费次数、累计消费额等信息。

（10）具有挂失、换卡等功能，卡片补办时卡上的金额不会丢失，仍可正常消费。

（11）系统详细记录有每次消费的消费时间、金额等信息。

（12）可脱机或联网使用。

（13）系统支持补贴发放和方便的自助充值功能。

操作软件简明、功能强大，可以按部门、按人、按天、按消费窗口或早中晚时段统计分析消费记录及出报表。

6. 巡更（保安）需求。

大楼内的夜晚值班人员可以利用设置在大楼各处的门禁/一卡通系统读卡器作为巡更点；在系统中增加专用巡更软件，以随机自动生成巡更路线；并以值班人员的身份卡（或专用卡）作为钥匙卡，实现离线式巡更功能。基本要求如下：

（1）巡更系统采用离线式，由系统自动生成，或由使用人员自行设定巡更路线。

（2）在重要区域、通道和部门设置读卡设备，按照指定线路和时间巡更。

（3）系统具备控制级别设定、身份识别、巡更地点、线路和时间记录。

（4）本大楼的巡更系统采用离线巡更的方式，需至少按照 30 个巡更点设计并配置相关设备。

6.8　背景音乐及公共广播系统。

6.8.1　系统概述。

1. 公共广播系统应具有背景音乐广播、日常各种业务广播及整个大楼消防广播的功能要求，消防广播需满足消防规范的要求。

2. 应急广播功能作为火灾报警及联动系统在紧急状态下用以指挥、疏散人群的广播设施。该功能要求扩声系统能达到需要的声场强度，以保证在紧急情况发生时，可以利用其提供足以使建筑物内可能涉及的区域的人群能清晰地听到警报、疏导的语音。

3. 背景音乐的主要作用是掩盖噪声并创造一种轻松和谐的听觉气氛，无明显声源方向性，且音量适宜，不影响人群正常交谈，能优化环境。背景音乐（BGM）要能把记录在磁带、唱片等上的 BGM 节目，经过 BGM 重放设备（磁带录放机、激光唱机、数字语音播放器等）使其输出并分配到各个广播区域的扬声器，实现音乐重放。背景音乐为单声道音乐，音源的位置隐蔽，使人们不易感觉音源的位置。该功能要求扩声系统的声场强度以不影响相近人群讲话为原则。

4. 除上述功能外，公共广播系统更要起到业务宣讲、播放通知、寻人广播、局部区域在紧急情况下广播疏散等作用。

5. 背景音乐广播、业务广播与消防火灾应急广播共用一套扩声系统。

6. 在对本项目的公共广播系统设计时应充分考虑到其先进性、系统性、完整性及简洁的操作。

6.8.2　系统总体功能要求。

1. 系统采用整合式紧急公共广播系统，日常一般运作为一个背景广播系统和一个通用广播系统，备有一系列面板单元可供选择，以配合个别的操作或组装需要，而其有关的数组器材需提供最佳化的高质素运作。在紧急情况下，此公共广播系统提供最佳的广播灵活性，可允许来自消防警报系统的讯号自动启动，或手动操作。

2. 系统应配有智慧型远距离遥控话筒，可根据项目实际运营需要，任意将广播区域设定组合。数字式遥控话筒可被设定 20 组之任意输出区域的组合，以单键式选区。除了组合播放外，作个别区域播放也可。内藏 PCM 音源，可产生 4 种不同的音乐铃，用于话筒广播前后使用，作为提示音和结束音。功能键（F1、F2）可设定成用手动播放音乐铃，或起动喇叭等外部机器的功能。全部的操作可用 LCD 的显示加以援助。智慧化遥控话筒可用于远距离广播，建议设于消防中心或主管人员办公室。

3. 广播系统应能至少提供以下音源：

（1）五碟 CD 播放机一台：用于日常音乐和语音信息播放。

（2）专业双卡座放音机：用于日常信息播放和录制。

（3）在控制室和主管人员办公室各设置一台遥控话筒。

（4）根据功能要求和防火分区的划分，广播系统按照楼层分区。

4. 在控制室和主管人员办公室应设置数字式遥控话筒，话筒上面应有楼层、区域选择开关，可任意选择广播的区域及楼层，以应付不同的需求。

6.8.3　扬声器要求。

扬声器的布置，严格按照规范设计，根据不同场所，选择相适应的型号、规格的扬声器；按不同的环境噪声要求，确定扬声器的功率和数量。保证在有 BGM 的区域，其播放范围内最远点的播放声压级≥70dB 或背景噪声 15dB。消防广播则要求任何部位到最近的一个扬声器的步行距离不超过 12m，每个扬声器的额定功率不小于 3W。根据项目的实际情况，在有吊顶的地方选用高品质 12cm 吸顶扬声器，无吊顶的地方选用 12cm 壁挂音箱，一楼大厅需选用宽音域两分频吸顶扬声器。

6.8.4　系统设计原则要求。

1. 传输方式：系统的输出功率馈送方式采用有线广播传送方式。

2. 对线路衰耗要求：在公共广播系统中，从功放设备的输出至线路上最远的用户扬声器间的线路衰耗应符合以下要求：

（1）业务广播不应大于 2dB（1kHz 时）。

（2）服务性广播不应大于 1dB（1kHz 时）。

（3）采用定压输出的馈电线路，输出电压采用 100V。

（4）传输线缆的选择：

1）服务性广播线路宜采用铜芯多芯电缆或铜芯塑料绞合线。

2）其他广播线路宜采用铜芯塑料绞合线。

3）各种节目信号线应采用屏蔽线。

4）火灾事故广播线路应采用阻燃型铜芯电缆或耐火型铜芯电线电缆。

6.9　系统集成（IBMS）。

6.9.1　系统集成是对大楼内的多个弱电子系统进行集中监控，从而保障大楼的安全、高效、稳定的运行。构建行 IBMS 管理平台，系统建设应具备安全性、先进性、稳定性、开放性、实用性、可扩充性及可升级的衫、全面而具有高度可操作性的应用系统。

6.9.2　系统功能要求：

在本系统中，要将建筑设备自控系统、火灾报警系统、闭路电视监控及防盗报警系统、门禁/一卡通系统、智能停车场系统等多个子系统集中在一个集成平台上进行集中监控和管理。下面是要求集成平台在集成各自系统的过程中需要实现的功能，在进行深化设计的过程中，根据子系统的实际情况可以灵活调整。下面是在集成平台上，针对每个子系统实现的基本功能：

1. 建筑设备自控系统：

(1) 监视功能：监视给水排水系统、空调、高低压变配电系统、电梯系统、泛光照明机航空指示灯系统等机电设备的运行状态（如开关状态，手自动状态，故障报警等等)、机电设备运行参数的数值（如流量、压力、电流、电压等）及过限报警（如高/低液位报警，漏电报警等等）及各种统计信息。

(2) 控制功能：控制制冷系统、给水排水系统等设备的开/关控制或启/停控制。领导层环境控制的风机盘管、窗帘开关、灯光的启/停控制。设备运行参数的设定和修改（如连续启停次数设置，连续启停间隔设置等)。

(3) 实现跨系统的联动功能。

2. 火灾报警系统：

(1) 监视功能：监视各类火警探头的正常/报警状态（含位置或编号)、手动报警（含位置或编号）以及火灾报警系统中硬联动设备的工作状态（消防广播开关状态、排烟机开关状态、消火栓开关状态等)，并在报警时通过消防广播进行通知。

(2) 控制功能：本系统对火灾报警系统不含任何控制功能。

(3) 实现跨系统的联动功能。

3. 视频安防监控：

(1) 监视功能：获取 CCTV 矩阵主机的有关信息，并能根据用户需要切换实时视频信号，对重点区域的状态等进行监视；

(2) 控制功能：控制 CCTV 系统矩阵主机的摄像机图像的切换，控制云台的转动等功能；

(3) 实现跨系统的联动功能：中央集成管理 IBMS 系统接到防盗报警系统主机的报警信息时，要求在电子地图上可以动态显示报警区域、自动记录保存报警信息。

4. 防盗报警系统：

(1) 监视功能：监视防盗报警系统中各种探头的工作状态，并能根据需要对重要防区状态进行实时的监视；

(2) 控制功能：当系统监测到某防区报警，则智能大厦集成管理 IBMS 系统可以联动 CCTV 系统进行联动录像，实现跨系统的联动控制功能。要求在电子地图上可以动态显示报警区域、自动记录保存报警信息，同时还可以进行布防、撤防等功能；

(3) 实时显示防盗报警系统的实时报警情况；

(4) 实时显示防盗报警系统的探测器工作状况。

5. 门禁/一卡通系统：

(1) 监视功能：实时监控智能一卡通系统的运行状态与报警事件，采集各控制器的运行参数。

(2) 门禁：对重要区域或通道的出入口进行管理与控制，可根据持卡人情况对其活动范围的照明区域的灯光开启，并在超过预置时间段后自动关闭。

(3) 实现跨系统的联动功能。

6. 智能停车场系统:

(1) 监视功能:实时监控车库管理系统的运行状态与报警事件。

(2) 实现跨系统的联动功能。

6.10 机房工程。

6.10.1 机房设计必须满足当前各项需求,又要适应未来快速增长的发展需求,因此必须是高质量的、高安全可靠、灵活的、可开发的。

6.10.2 机房的环境条件应符合下列要求:

1. 对环境要求较高的机房其空气含尘浓度,在静态条件下测试,每升空气中灰尘颗粒最大直径大于或等于 0.5μm 时的灰尘颗粒数,应小于 1.8×10^4 粒。

2. 机房内的噪声,在系统停机状况下,在操作员位置测量应小于 68dB (A)。

3. 机房内敷设活动地板时,应符合现行国家标准《防静电活动地板通用规范》SJ/T 10796 的要求。

4. 应采取有效的防止漫溢和渗漏的措施。

6.10.3 机房接地应符合下列规定:

1. 机房接地装置的设置应满足人身安全、设备安全及系统正常运行的要求。

2. 机房的功能接地、保护接地、防雷接地等各种接地宜共用接地网,接地电阻按其中最小值确定。

3. 机房内应做等电位联结,并设置等电位联结端子箱。对于工作频率较低(小于 1MHz)且设备数量较少的机房,可采用 S 型接地方式;对于工作频率较高(大于 10MHz)且设备台数较多的机房,可采用 M 型接地方式。

4. 各系统的接地应采用单点接地并宜采取等电位联结措施。

5. 当各系统共用接地网时,宜将各系统分别采用接地导体与接地网连接。

6. 防雷与接地应满足规范《建筑物防雷设计规范》GB 50057 和《建筑物电子信息系统防雷技术规范》GB 50343 规定。

7. 电信间应设接地母线和接地端子。

8. 机房防静电设计应符合下列规定:

(1) 机房地面及工作面的静电泄漏电阻,应符合国家标准《防静电活动地板通用规范》SJ/T 10796 的规定。

(2) 机房内绝缘体的静电电位不应大于 1kV。

(3) 机房内采用的活动地板可由钢、铝或其他有足够机械强度的难燃材料制成。活动地板表面应是导静电的,严禁暴露金属部分。单元活动地板的系统电阻应符合国家标准《防静电活动地板通用规范》SJ/T 10796 的规定。

9. 在中心机房内采用直流接地网工作地布局,这种直流工作地在中心机房内的布局方式是做信号基准电位网,即接地网。2.5mm×30mm 的铜带在中心机房活动地板下或走线架上(上走线)纵横组成 1200mm×1200mm 的网格。其交叉点做电气连接。各设备的直流工作地用纺织铜线以最短的距离与网直接连接(最好是焊接在网上),由于整个中心机房地面有一个接地网,网上任何一点都是等效电位基准点,即在中心机房内地板下或走线架上形成一个等效电位面。

6.10.4 UPS 设备要求:

1. 中央机房采用 120kW(参考)双机冗余并联运行 UPS 系统。

2. 当市电中断后 UPS 可维持满负荷半小时的正常供电,此期间电力由相应容量蓄电池放电逆变获得，此间即应启动柴油发电机，替续断电后的电力供给，以确保在线工作设备不间断运行。空调、照明、防湿不考虑用UPS供电，但应考虑断市电后UPS仍供给机房内应急照明及机房区内消防监控，灭火设备之用电。

3. UPS运行环境为0～40℃，在小于25℃时过载能力为110%以上，蓄电池工作环境为15～25℃，相对湿度90%以下均能正常工作。

6.10.5 供配电系统：

1. 机房的设备供电应按设备总用电量的20%～25%进行预留。机房电源系统按220kW设计，留一定的冗余量，为以后扩容作充分考虑。机房主进线由大楼配电房单独引进形成独立主回路，以免受大楼大功率用电设备的影响，保证机房用电设备的稳定运行。

2. 中心机房内设计两个配电柜，一个是总配电柜，另一个是UPS专用配电柜。总配电柜主要供UPS输入和机房其他市电用电设备使用。总配电柜内设总开关，并设置转换装置，为双路供电或发电机组供电预留接口，下设UPS输入开关。UPS专用配电柜对服务器、交换机、PC等计算机网络设备和大楼弱电智能化系统供电。

3. 为防止设备用电时的相互干扰及用电时的安全性，因此主要设备采用一组设备一个开关控制。所有的回路均采用单回路单开关的形式供电。设备用线径均以设备用电的2～3倍设计。配电柜内所用空气开关、电器，满足计算机系统的电压、电流的要求，所设计的供电路数能提供主机和外部设备的使用，并考虑到设备的扩容。

4. 总配电柜中设计三个指示灯指示三相电源的开断。三个电压表和一个万能转换开关可随时检查三相电压的平衡情况，每相连接一个电流表，共三个电流表以检测工作时的各相电流及平衡状况。

5. 根据国家对机房的标准要求，机房供电应为三相五线制，380/220V，其中一线为保护接地（指大型设备的外壳接地，不锈钢、棚、壁、地、支架和电线金属管保护接地）。机房照明供电以及维修用电，由独立市电系统供电。应急照明由UPS提供电源。电源的总控制点设在配电柜内，以便于开关设备的统一管理及维护。

6. 机房区域的主电源应由动力配电房总配电屏沿竖井桥架引进独立主回路。配电柜到各设备的电源线路均为暗敷设，主线布设通过金属桥架保护，到各设备的支线穿金属钢管布设，金属钢管与金属桥架之间的连接用锁母紧固，镀锌钢管的出入线口加绝缘护口保护电源线缆绝缘层被破坏。

7. 机房内强电布线应严格与弱电分开，距离应隔30cm以上，且应有金属屏蔽和接地措施。机房区域全铺抗静电地板，机房内设备的电源线路，全部通过地板下敷设。

8. 天棚内线路采用铜芯线穿镀锌管敷设。分线处用86×86金属接线盒分接，顶上所有金属管都用专用接地线网状连接，最后汇接至交流保护地。钢管的连接处进行焊接，两头做密封处理，建筑物内的孔洞也做密封处理，以达到防鼠的目的。

6.10.6 照明系统：

计算机房照明质量标准的选择，不仅会影响计算机操作人员和软硬件维修人员的工作效率和身健康，而且会影响计算机的可靠运行。机房照度为500lx（距活动地板0.8m处）；其他辅助功能间照度不小于300lx；疏散指示灯、安全出口标志灯照度大于1lx；主机房及办公区灯具选用双管或三管嵌入式荧光灯并带电容补偿，功率因数0.9以上。灯具光管与灯盘相配可产生柔和的效果，不会产生眩光。应急备用照明灯具为适当位置的荧光灯组，由UPS电源供电。根据规定，计算机房必须具备应急照明系统，照度要求不低于50lx。应急照明系统由UPS供电，机房区每个灯具设一只应急照明灯管，消防通道设疏散指示灯。

6.10.7 机房漏水检测：

1. 为避免机房内部漏水对计算机设备的危害，设置机房漏水检测系统。漏水检测探头安装在机房发生漏水（渗水）概率较大的地方，如精密空调区域、外墙根等；

2. 漏水检测装置应具有监控的检测方式，并对任何异常情况进行自动报警。

6.11　会议系统。

6.11.1　系统通用功能：

1. 扩音系统：

在会议厅舞台前侧考虑设计全音域专业扬声器和辅助音箱，既作为补充后区声场，还可作为主席台返听使用。另外，在会议厅听众区上方考虑设计吸顶扬声器，并均匀分布，作为后区辅助的扩声音箱。此扬声器应是专门用于在室内高质量的播放讲话，高低频的声压都有很好的集束性。因此使语言有很高的清晰度，并且把扬声器安装呈块状分布，目的是有助于声音的定位。吸顶扬声器会较好解决多功能厅的声场均匀度，增强现场真实感。此扬声器主要是配合前区扩声音箱，补充后区扩声所需的响度及清晰度，这样的音箱布局的优点主要是让声音均匀分布到整个会场，同时避免声音反馈而引起的话筒啸叫声。

2. 视频会议系统：

该系统通过会议系统主机将会议过程实现统一管理，可实现主席优先发言控制、会议表决等功能，会议系统的控制管理模式可以设置成自动或手动，当设置为手动模式时，会议代表发言时需要在代表机上提前申请，当前一位与会者发言完毕后才可以继续，或由主席受权发言，而且作为会议主席可以实现优先功能，切断其他代表的发言。

3. 中央控制系统：

在会议室中，可以考虑设计采用无线触摸屏。可以让用户在会议厅的各个方位对系统进行控制，增强操作的灵活性，配置有线触摸屏给主控制室方便切换。可以考虑设计调光器和强电控制器，分别对窗帘、灯光、音视频设备的控制以及通过网卡可以为将来系统的升级与外部设备的联动作好准备，增强系统的扩展性。

6.12　信息发布及大屏幕显示系统。

信息显示系统由一楼大厅的全彩 LED 大屏幕显示系统和大楼主出入口上方的室外单色 LED 显示屏组成。全彩 LED 大屏的显示面积约为 3m×5m，用于显示电视画面或宣传画面；单色 LED 显示屏的面积约为 0.5m×6m，用于显示欢迎辞和标语等文字信息。

系统主要包括以下部分：显示屏体、控制主机及通信系统、计算机及外设、系统软件。

显示系统为 DVI 同步显示系统，DVI 同步即 DVI 显示器上的内容可完全同步地在大屏上显示，这种结构的显示屏由播出机、控制板、屏体等组成。

6.13　系统集成管理。

智能化集成系统将作为本工程中智能化设备运行信息的交汇与处理的中心，对汇集的各类信息进行分析、处理和判断，采用最优化的控制手段，对各设备进行分布式监控和管理，使各子系统和设备始终处于有条不紊、协调一致的高效、经济的状态下运行，最大限度地节省能耗和日常运行管理的各项费用，保证各系统能得到充分、高效、可靠的运行，并使各项投资能够给业主带来较高的回报率。

作为本项目最核心的集成系统将集成：建筑设备监控系统、供配电系统、智能照明控制系统、电梯管理系统、公共安全防范系统（包括门禁、考勤、消费智能卡系统，入侵报警系统，视频安防监控系统，电子巡查管理系统，停车场管理系统）、火灾自动报警系统、背景音乐及紧急广播系统、信息引导及发布系统。

6.13.1　建筑设备监控系统：

建筑设备监控系统提供 OPC 接口给智能化集成系统。智能化集成系统实现对建筑设备监控系统各主要设备相关数字量（或模拟量）输入（或输出）点的信息（状态、报警、故障）进行监视和相应控制，建筑设备监控系统向智能化集成系统提供各子系统设备的信息点属性表、编码表和相应布点位置图及系统图，提供系统设备联动程序列表及监控流程与各子系统原理图。

设备控制运行和检测数据的汇集与积累。

智能化集成系统与建筑设备监控系统的通信接口相连，汇集各种设备的运行和检测参数，并对各类数据进行积累与总计，以便更好地管理。

1. 建筑设备监控系统提供监控空调、新风设备、排风设备各个点的开/关状态、手动/自动状态、运行/停止状态、过滤器正常/报警等实时数据信息给智能化集成系统。

2. 建筑设备监控系统提供监控空调、新风设备各个点的回风温度、送风温度、水阀开度等实时数据信息给智能化集成系统。

3. 建筑设备监控系统提供监控空调、新风设备、排风设备各个点的开/关控制权限，回风温度设置权限等控制权限给智能化集成系统。

4. 建筑设备监控系统提供给水/排水系统，生活水池的高/低液位正常和报警信息，提供生活水泵/排污水泵的正常运行/停止状态、故障状态等给智能化集成系统。

6.13.2　供配电系统：

供配电系统必须在自成系统后，由供配电系统监控软件向智能化集成系统提供一个统一的 OPC 数据接口，与智能化集成系统进行数据通信，提供相关信息。

功能如下：

1. 供配电系统提供低压柜进线各相的电流、电压、功率、功率因素等参数给智能化集成系统。

2. 供配电系统提供发电机的 A/B/C 项电流、电压、功率、发电机运行/停止状态、电池电压等参数给智能化集成系统。

供配电系统能够提供高压柜各个进线的 A/B/C 项电流、电压、功率、功率因素等参数的情况下，智能化集成系统实现高压系统的监测。

6.13.3　智能照明系统：

智能照明系统向智能化集成系统提供 OPC 接口，智能照明系统提供给智能化集成系统各个照明回路的工作状态：各个回路的平面分布图；各个回路的开灯/关灯状态；智能化集成系统在工作站上以电子地图的形式显示各照明区域的信息；在智能照明系统开放各个回路的开/关控制权限的情况下，智能化集成系统实现对各个照明回路的控制功能。

6.13.4　电梯管理系统：

鉴于电梯的安全性和重要性，智能化集成系统对电梯只监视不控制。电梯系统必须在自成系统后，由电梯系统监控软件提供一个统一的 OPC 通信接口给智能化集成系统。电梯系统需要提供给智能化集成系统的数据有：提供每台电梯的上升/下降状态；提供每台电梯所处的楼层信息、提供每台电梯的故障报警及电梯紧急状况报警等实时参数。

6.13.5　冷机群控系统：

各个单独的冷机系统必须在形成冷机群控系统后，由冷机群控系统监控软件提供一个统一的 OPC 通信接口给智能化集成系统。冷机群控系统在完成监视整个建筑物内冷机系统设备的正常运行，非正常状态，以及冷机系统的主要数据后。为智能化集成系统提供以下监测的数据参数：

1. 冷却水供水温度，冷却水回水温度；

2. 冷冻水供水温度，冷冻水回水温度；

3. 冷水系统主机的运行/停止状态；

4. 冷却水系统水泵的运行/停止状态；

5. 冷冻水系统水泵的运行/停止状态；

6. 冷却水供水压力；

7. 冷冻水供水压力；

8. 冷却塔蝶阀状态。

6.13.6 公共安全防范系统：

公共安全防范系统包含以下内容：智能卡应用系统、入侵报警系统、视频监控系统、电子巡查系统、停车场管理系统、门禁系统。

1. 智能卡应用系统：

智能卡应用系统（门禁、考勤、消费等）向智能化集成系统提供OPC/ODBC数据接口，智能卡应用系统通过数据接口将采集到的区域内人员的身份识别、考勤、出入口管理、用餐情况等数据提供给智能化集成系统。智能化集成系统可以实现智能卡系统各种数据的汇总和自定义查询功能，从而实现智能化集成系统对智能卡应用系统数据的集中监视和管理。

2. 入侵报警系统：

入侵报警系统通过报警主机给智能化集成系统提供一个统一的单独的硬件接口（如：RS232），或者通过入侵报警系统软件提供一个统一的实时软件接口（如：UDP）给智能化集成系统，功能如下：

入侵报警系统提供每个防区的报警信息/报警恢复信息。

智能化集成系统以电子地图方式管理所有防区的感应探头并配置为视频监控系统的联动，及时进行报警，报警可以以声、光的形式在系统主界面上显示。

入侵报警系统提供每个防区的平面分布图。

在入侵报警系统能够开放整理撤防和布防权限的情况下，智能化集成系统实现入侵报警系统的整体撤防和布防功能。

智能化集成系统可以记录、保存历史报警数据，并可以实现报警数据的自定义查询功能。

3. 视频监控系统：

视频监控系统提供矩阵的通信控制协议同时开放矩阵的控制接口给智能化集成系统，并提供网络SDK开发包（带云台控制）给智能化集成系统。

（1）视频监控系统提供每个摄像头点位的平面分布图。

（2）智能化集成系统可以以电子地图和菜单等多种方式管理所有的摄像机。

（3）智能化集成系统可以实现对每个摄像机进行联动配置，在接收到其他系统的报警信息的同时进行相应的联动。

（4）智能化集成系统可以实现从监控工作站的电子地图窗口中点击摄像头调出实时动态监控的图像。

（5）在视频监控系统提供矩阵控制协议和网络SDK开发包（带云台控制）的情况下，智能化集成系统实现带云台摄像机的控制、俯仰及变焦对焦等功能。

4. 电子巡更管理系统：

电子巡更管理系统提供（OPC或ODBC）接口给智能化集成系统。智能化集成系统与电子巡更管理系统进行集成后，能完成如下功能：

（1）电子巡更管理系统提供巡查信息的历史记录（巡查人员、巡查时间、巡查地点）等数据给智能化集成系统。

(2) 智能化集成系统可以实现巡更数据的汇总和自定义查询功能。

在电子巡更系统为在线式巡更，并提供 OPC 等实时通信数据接口的情况下，智能化集成系统实现以电子地图的方式，在电子地图上实时显示各个巡更点的巡更状态。

5. 停车场管理系统：

停车场管理系统提供实时的通信接口方式（如 OPC 或 ODBC）给智能化集成系统，并开放以下数据：

(1) 停车场系统提供停车场内车辆进、出的刷卡信息给智能化集成系统。

(2) 停车场系统提供的数据库字段必须包含：车辆进场时间、车辆出场时间、车牌号码、刷卡地点、收费数据等。

(3) 在停车场系统提供车辆进场和出场的车牌照片的情况下，智能化集成系统实现车辆进场和出场图片查询功能。

(4) 智能化集成系统实现停车场系统常用数据的汇总和自定义查询功能。

6. 门禁系统：

门禁系统监控软件提供统一的 OPC 接口给智能化集成系统，智能化集成系统对于门禁系统的集成实现如下功能：

(1) 门禁系统提供每个门的进、出刷卡信息给智能化集成系统。

(2) 门禁系统提供的数据库字段必须包含：门的刷卡时间、卡号、持卡人、刷卡地点等数据。

(3) 智能化集成系统实现门禁系统常用数据的汇总和自定义查询功能。

(4) 在门禁系统通过提供实时数据接口（如：OPC），并提供每个门的实时状态和控制权限的情况下，智能化集成系统可以实现门禁系统每个门禁点的状态监测和控制。

6.13.7　火灾自动报警系统：

火灾自动报警系统自成一套完整的系统后，通过报警主机提供一个统一的硬件接口（如 RS232）给智能化集成系统，或通过火灾自动报警系统监控软件提供一个软件接口（如 OPC）给智能化集成系统。智能化集成系统主要实现对火灾自动报警系统的各种检测设备的运行数据及预警数据进行实时监视，在工作站上显示运行状态信息。

智能化集成系统检测到火灾自动报警系统确认的火警或意外事件信息时，立即通过智能化集成的报警功能，在监视工作站上以声音、醒目颜色或图标显示报警信息等，并可以实现与视频监控系统的联动。

6.13.8　背景音乐与紧急广播系统：

背景音乐与紧急广播系统通过提供 OPC 的通信接口方式与智能化集成系统进行集成，智能化集成系统主要实现对背景音乐与紧急广播系统设备的工作状态（主要是工作回路）进行集中监控，在工作站上以电子地图和数据表格的形式显示各区域的信息。在背景音乐与紧急广播系统能够开放广播控制权限的情况下，智能化集成系统实现背景音乐和广播的远程控制功能。

6.13.9　信息引导及发布系统：

信息引导及发布系统提供 OPC 等实时数据接口方式给智能化集成系统。信息引导及发布系统提供每个信息点的运行/停止状态，提供每个信息点的播放内容，智能化集成系统可以通过电子地图或列表的方式显示各个信息发布点设备的运行状态和播放内容，在信息引导及发布系统提供每个信息点的远程控制权限的情况下，智能化集成系统实现对每个信息发布点的远程控制功能。

6.13.10　能源计费系统：

能源计费系统各个计量表自成一套完整的系统，并由能源计费系统监控软件提供一个统一的软件接口（如：OPC）给智能化集成系统，主要实现对电、水、气、用冷量等能耗数据的集中监测，可根据实际情况从不同角度满足用户的多种需求，真正地实现能源计量的科学化管理。功能如下：

1. 能源计费系统提供监测用户的每个区域的用水量、用电量、用冷量等数据给智能化集成系统。

2. 智能化集成系统可以用列表的方式集中显示能源计费的实时监测数据。

3. 智能化集成系统对各种能耗数据进行汇总，并实现各种不同类型数据的自定义查询功能。

6.13.11　机房监控系统：

机房监控系统通过统一的机房监控软件自成系统，由机房监控软件提供统一的软件接口（如OPC）给智能化集成系统，机房监控系统提供机房设备的监控数据信息给智能化集成系统，如：机房里的供配电数据、空调的温度数据、房间的温/湿度数据、漏水报警信息，消防报警信息，视频监控图像等，智能化集成系统通过列表或电子地图的方式体现机房监控的各个信息点。

7　建筑电气消防系统

7.1　消防系统的组成。

7.1.1　火灾自动报警系统。

7.1.2　消防联动控制系统。

7.1.3　紧急广播系统。

7.1.4　消防直通对讲电话系统。

7.1.5　电梯监视控制系统。

7.1.6　应急照明系统。

7.1.7　电气火灾监视与控制系统。

7.1.8　消防电源监控系统。

7.1.9　防火门监控系统。

7.2　消防控制室。

本建筑物为一类防火建筑。在地下一层设置消防控制室（与中央控制室共室），分别对建筑内的消防设备进行探测监视和控制。消防控制室内分别设有火灾报警控制主机、计算机图文系统、联动控制台、CRT显示器、打印机、紧急广播设备、消防专用电话主机、电梯监控盘及UPS电源设备等。

7.3　火灾自动报警系统。

7.3.1　本建筑采用控制中心报警控制管理方式，火灾自动报警系统按总线形式设计。消防控制室具有高度集中的权力，负责整个系统的控制、管理和协调任务，所有报警数据均要汇集到消防报警控制主机，所有联动指令均要由消防报警控制主机监视和控制。

7.3.2　消防控制室可接收感烟、感温、可燃气体探测器的火灾报警信号，水流指示器、检修阀、压力报警阀、手动报警按钮、消火栓按钮、消防水池水位等的动作信号，随时传送其当前状态信号。

7.3.3　系统应具有自动和手动两种联动控制方式，并能方便地实现工作方式转换，在自动方式下，由预先编制的应用程序按照联动逻辑关系实现对消防联动设备的控制，逻辑关系应包括“或”和“与”的联动关系。在手动方式下，由消防控制室人员通过手动开关实现对消防设备的分别控制，联动控制设备上的手动动作信号必须在消防报警控制主机、计算机图文系统及其楼层显示盘上显示。

7.3.4　系统采用二总线结构智能网络型，所有信息反馈到中心，在消防控制室可进行配置、编程、参数设定、监控及信息的汇总和存储、事故分析、报表打印。

7.3.5　本工程设备和软件组成高智能消防报警控制系统。系统必须具有报警响应周期短、误报率低、维修简便、自动化程度高、故障自动检测，配置方便，任一台火灾报警控制器所连接的火灾探测器、手动火灾报警按钮和模块等设备总数和地址总数均不应超过3200个，单回路路线长度应超过2000m，其中每一总线回路连接设备的总数不宜超过200个地址，且应留有不少于额定容量10%的余量；任一台消防联动控制器地址总数或火灾报警控制器（联动型）所控制的各类模块总数和不应超过1600，每一联动总线回路连接设备的总数不宜超过100个。系统总线上应设置总线短路隔离器，每只总线短路隔离器保护的火灾探测器、手动火灾报警按钮和模块等消防设备的总数不应超过32；总线穿越防火分区时，应在穿越处设置总线短路隔离器。除消防控制室内设置的控制器外，每台控制器直接控制的火灾探测器、手动报警按钮和模块等设备不应跨越避难层。

7.3.6　在电气设计方面，应保证电子元器件的长期稳定正常工作，能清除内部、外部各种干扰信号带来的不良影响，有足够的过载保护能力。

7.3.7　系统设备（消防报警控制器和图文电脑系统）的操作界面直观，符合人们的心理和习惯思维方式。菜单结构设计思路清晰，易于理解，操作程序符合人的自然习惯。信息检索速度快，提示清楚，操作方便，避免误导操作者。消防报警控制器和图文电脑系统整个操作过程必须是中文或中英文对照。

7.3.8　要做到防火、阻燃和防止由于设备内部原因造成的不安全因素。具有防雷措施和良好的接地。

7.3.9　火灾探测器的选择原则。

1. 对火灾初期有阴燃阶段，产生大量的烟和少量的热，很少或没有火焰辐射的场所，应选择感烟探测器。如：办公室、餐厅等。

2. 对火灾发展迅速，可产生大量热、烟和火焰辐射的场所，选择感温探测器如：车库、燃气表间、厨房等。

3. 对使用可燃气体或可燃液体蒸汽的场所，应选择可燃气体探测器。如：燃气表间、厨房等。

4. 所有的探测器应具有报警地址，探测器的选择及设置部位应符合《火灾自动报警系统设计规范》GB 50116的要求。

7.3.10　探测器的布置位置应满足以下要求。

1. 探测器与灯具的水平净距应大于0.2m。

2. 探测器与送风口的水平净距应大于1.5m。

3. 探测器与多孔送风口或条形送风口的水平净距应大于0.5m。

4. 探测器与消防水喷头的水平净距应大于0.3m。

5. 探测器与墙壁或其他遮挡物的水平净距应大于0.5m。

6. 探测器与嵌入扬声器的水平净距应大于0.1m。

7.3.11　手动报警按钮的设置。

1. 每个防火分区应至少设置一个手动火灾报警按钮。从一个防火分区内的任何位置到最邻近的一个手动火灾报警按钮的距离，不大于30m。手动火灾报警按钮设置在公共活动场所的出入口处。所有手动报警按钮都应有报警地址，并应有动作指示灯。在所有手动报警按钮上或旁边设电话插孔。

2. 手动火灾报警按钮应设置在明显的和便于操作的部位。安装高度距地 1.4m。

3. 在消火栓箱内设消火栓报警按钮。当按动消火栓报警按钮时，火灾自动报警系统可显示启泵按钮的位置。

4. 各层楼梯间设有火灾声光显示装置，当某一楼层发生火灾时，该楼层的显示灯点亮并闪烁。火灾声光显示装置安装高度距门口上方 0.2m。

5. 在首层消防楼梯间前室附近设置楼层显示复示盘。

7.3.12 消防报警控制主机。

1. 必须是通过国标《消防联动控制系统》GB 16806 的联动型主机。

2. 应是智能化的二总线制主机，一个主机可有多个回路，一个回路可连接大量带地址的设备。主机应具备足够的容量，系统全部报警点，监视点和控制点都应容纳在一台控制机的容量范围内，主机应是立柜式或琴台式，并内置小型打印机。

3. 主机应内置微处理机 CPU≥16 位，多 CPU 同时工作，主机对系统中全部报警地址点和监控地址点进行检测，巡检周期必须小于 3s。

4. 主机应能接受智能探测器连接传送的现场实测的数字信号，并将此信号随时间变化的关系，反映到主机和电脑画面上进行分析，再将分析的数据与主机内储存的火灾资料进行比较，根据比较结果决定是否发出火灾报警信号。主机首次收到探测器报警信号后，应能够自动延时再行核对，核对后的信号值若低于报警值，则只做记录不发出火灾报警信号，报警值可根据白天/黑天和房间功能，在多种不同灵敏度值中选定。

5. 主机应具有较大的液晶显示器，尺寸不小于 9 英寸，具有多参数、多种类画面显示，可以用中文或中英文对照显示各种信息，如：火灾报警信息、故障信息、维保信息、自我辅导学习信息等。可以显示烟雾浓度、温度随时间变化的曲线，可以显示探测器历史报警和故障信息，信息量不小于 1000 条。主机应具有强大的自检功能，可通过预先编制的保养程序实现自我检测、探测器检测及其他元器件及线路检测，检测结果自动打印。

6. 主机系统的线路应能适应现场预埋管路的要求，可满足非环路枝状连接方式。如是其他有别于现场预埋管路的要求，应充分考虑可能发生的相关费用。

7. 主机的操作应具有密码权限功能。

8. 主机必须具有强大的通信能力，具有足够的计算机接口（RS232、RS485、以太网接口）。

7.3.13 智能探测器。

1. 探测器外形应为薄型流线型外观，内置微处理器。

2. 探测器通过自身的内置微处理器实现对温度及烟雾浓度数据的智能火灾分析与判断，通过回路信号实时传输反映现场温度及烟雾浓度的数字信号。

3. 自动环境补偿，具有报脏功能，防潮抗震功能。

4. 多级报警阀值，并能从主机上选择探测器灵敏度，以适应不同的环境。

5. 控制器能显示及打印智能控制器之详尽资料，对每个智能探测器可自动进行报警模拟测试，以检测探测器及通信线状态。

6. 保留智能探测器的峰值记录，能更准确地分析及选择探测器的灵敏度。

7. 感烟探测器应为光电型。

7.3.14 手动报警按钮。

1. 具有独立地址码。

2. 采用压钦式，可复位重复使用。

3. 具有 LED 报警指示。

4. 表面红色，阻燃材料。

7.3.15 消防联动模块。

1. 具有独立地址码。

2. 具有控制和监测功能。

3. 具有多地址模块控制。

4. 供应电源方式。

7.3.16 电源。

1. 整个系统采用直流 24V 电源。

2. 备用电源应能维持系统 24h 监视和 1h 报警期间操作所需的直流电源。

7.4 消防联动控制系统。

在消防控制室设置联动控制台，控制方式分为自动控制和手动控制两种。通过联动控制台，可以实现对消火栓、自动喷洒灭火系统、防烟、排烟、正压送风系统的监视和控制，火灾发生时手动切断一般照明及空调机组、通风机、动力电源。

7.4.1 消火栓泵及转输泵的控制。

1. 根据水专业的区域划分：27 层（避难层）以下为低区，27 层及以上为高区。低区的消火栓泵设在地下四层消防水泵房；高区的消火栓泵设在 27 层消防水泵房，高区消防转输泵设在地下三层消防水泵房。当低区发生火灾时，启动低区消火栓泵，低区依靠 41 层设备层的屋顶水箱维持系统的压力。当高区发生火灾时，首先启动设于高区消火栓泵，再启动转输泵，依靠屋顶的消火栓稳压泵，维持系统压力。

2. 联动控制方式，应由消火栓系统出水干管上设置的低压压力开关、高位消防水箱出水管上设置的流量开关或报警阀压力开关等信号作为触发信号，直接控制启动消火栓泵，联动控制不应受消防联动控制器处于自动或手动状态影响。消火栓按钮的动作信号作为报警信号及启动消火栓泵的联动触发信号，由消防联动控制器联动控制消火栓泵的启动。

3. 手动控制方式，应将消火栓泵及转输泵的控制箱（柜）的启动、停止按钮用专用线路直接连接至设置在消防控制室内的消防联动控制其的手动控制盘，并应直接手动控制消火栓泵及转输泵的启动、停止。

4. 消火栓泵及转输泵的动作信号应反馈至消防联动控制器。

5. 消防水泵控制柜应设置手动机械启泵功能，并应保证在控制柜内的控制线路发生故障时由有管理权限的人员在紧急时启动消防水泵。机械应急启动时，应确保在消防水泵在报警后 5.0min 内正常工作。

7.4.2 自动喷洒泵及转输泵的控制。

1. 低区自动喷洒泵设在地下三层消防水泵房，稳压泵设在 27 层消防水泵房。高区消火栓泵设在 27 层消防水泵房，转输泵设在地下三层消防水泵房，稳压泵设在屋顶水箱间。当低区发生火灾时，启动低区喷洒泵，依靠低区喷淋稳压泵，维持系统压力。当高区发生火灾时，首先启动高区喷洒泵，再启动转输泵；依靠高区喷淋稳压泵，维持系统压力。

2. 联动控制方式，应由湿式报警阀压力开关的动作信号作为触发信号，直接控制启动喷洒泵，联动控制不应受消防联动控制器处于自动或手动状态影响。稳压泵由气压罐连接管道上的压力控制器控制，使系统压力维持在工作压力，当压力下降 0.05MPa 时，稳压泵启动。当压力再继续下降 0.03MPa 时，一台自喷加压泵启动，同时稳压泵停止。

3. 手动控制方式，应将喷洒泵及转输泵的控制箱（柜）的启动、停止按钮用专用线路直接连接至设置在消防控制室内的消防联动控制其的手动控制盘，并应直接手动控制喷洒泵及转输泵的启动、停止。水流指示器、信号阀、压力开关、喷洒泵的启动和停止的动作信号应反馈至消防联动控制器。消防专用水池的最低水位报警信号送至消防控制室，在联控台上显示。

4. 消防水泵控制柜应设置手动机械启泵功能，并应保证在控制柜内的控制线路发生故障时由有管理权限的人员在紧急时启动消防水泵。机械应急启动时，应确保在消防水泵在报警后5.0min内正常工作。

7.4.3 防烟、排烟系统的控制。

1. 防烟系统应由加压送风口所在防火分区内的两只独立的火灾探测器或一只火灾探测器与一只手动报警按钮的报警信号，作为送风口开启和加压送风机启动的联动触发信号，并应由消防联动控制器联动控制相关层前室等需要加压送风场所的加压送风口开启和加压送风机启动。

2. 防烟系统应由同一防火分区内且位于电动挡烟垂壁附近的两只独立的感烟探测器的报警信号，作为电动挡烟垂壁降落的联动触发信号，并应由消防联动控制器联动控制电动挡烟垂壁的降落。

3. 排烟系统应由同一防烟分区内的两只独立的火灾探测器的报警信号，作为排烟口、排烟窗或排烟阀开启的联动触发信号，并应由消防联动控制器联动控制排烟口、排烟窗或排烟阀的开启，同时停止该防烟分区的空气调节系统。

4. 防烟系统、排烟系统的手动控制方式，应能在消防控制室内的消防联动控制器上手动控制送风口、电动挡烟垂壁、排烟口、排烟窗、排烟阀的开启或关闭及防烟风机、排烟风机等设备的启动或停止，防烟、排烟风机的启动、停止按钮应采用专用线路直接连接至设置在消防控制室内的消防联动控制器的手动控制盘，并应直接手动控制防烟、排烟风机的启动、停止。

5. 送风口、排烟口、排烟窗或排烟阀开启和关闭的动作信号，防烟、排烟风机启动和停止及电动防火阀关闭的动作信号，均应反馈至消防联动控制器。

6. 排烟风机入口处的总管上设置的280℃排烟防火阀在关闭后应直接联动控制风机停止，排烟防火阀及风机的动作信号应反馈至消防联动控制器。

7.4.4 防火卷帘门的控制。

1. 用于防火分隔的防火卷帘控制：当感烟（温）探测器报警，卷帘下降一步落下到底，并将信号送至消防控制室。卷帘门应设熔片装置及断电后的手动装置。

2. 卷帘门由其两侧的感烟或感温探测器自动控制为：当疏散走道防火卷帘两侧感烟探测器报警，卷帘下降至地面1.8m处。当疏散走道防火卷帘两侧感温探测器报警，卷帘下降到底，并将信号送至消防控制室。卷帘门应设熔片装置及断电后的手动装置。

3. 防火卷帘的关闭信号应送至消防控制室。

7.4.5 对气体灭火系统的控制。

由火灾探测器联动时，当两路探测器均动作时，应有30s可调延时，在延时时间内应能自动关闭防火门，停止空调系统。在报警、喷射各阶段应有声光报警信号。待灭火后，打开阀门及风机进行排风。所有的步骤均应返回至消防控制室显示。

7.4.6 其他。

1. 消防控制室可对消火栓泵、自动喷淋泵、正压送风机、排烟风机等通过模块进行自动控制还可在联动控制台上通过硬线手动控制，并接收其反馈信号。所有排烟阀、排烟口、280℃防火阀、70℃防火阀、正压送风阀、正压送风口的状态信号送至消防控制室显示。

2. 电源管理：本工程部分低压出线回路及各层主开关均设有分励脱扣器。当发生火灾时，消防控制室可根据火灾情况自动切断火灾区的正常照明及空调机组、回风机、排风机电源。并可通过消防直通电话通知变配电所，切断其他与消防无关的电源。

3. 当发生火灾时，自动关闭总煤气进气阀门。

7.5 消防紧急广播系统。

7.5.1 在消防控制室设置消防广播机柜，机组采用定压式输出。并设置火灾应急广播备用扩音机，其容量大于火灾时需同时广播的范围内火灾应急广播扬声器最大容量总和的1.5倍。

7.5.2 地下泵房、冷冻机房等处设号角式15W扬声器，其他场所设置3W扬声器，在环境噪声大于60dB的场所设置的扬声器，在其播放范围内最远点的播放声压级应高于背景噪声15dB。其数量应能保证从一个防火分区的任何部位到最近一个扬声器的距离不大于25m。走道内最后一个扬声器至走道末端的距离不小于12.5m。

7.5.3 消防紧急广播按建筑层分路，每层一路。当发生火灾时，消防控制室值班人员自动或手动进行全楼火灾广播，及时指挥疏导人员撤离火灾现场。

7.5.4 消防控制室应能监控用于火灾应急广播时的扩音机的工作状态，并应具有遥控开启扩音机和采用传声器播音的功能。

7.5.5 若将平时背景音乐广播与消防紧急广播合用，在火灾自动报警平面中的背景音乐广播及线路，按背景音乐广播平面布置的消防紧急广播扬声器和线路进行施工，但消防紧急广播扬声器和线路应满足《火灾自动报警系统设计规范》GB 50116要求，并应征得消防主管部门的认可。

7.6 消防通信系统。

消防专用电话网络为独立的消防通信系统。在消防控制室内设置消防直通对讲电话总机，除在各层的手动报警按钮处设置消防对讲电话插孔外，在避难层、变配电室、水泵房、电梯机房、冷冻机房、防排烟机房、建筑设备监控室等处设置消防直通对讲电话分机。另外，在消防控制室还设置119专用报警电话。

7.7 电梯监视控制系统。

7.7.1 在消防控制室设置电梯监控盘，除显示各电梯运行状态、层数显示外，还应设置正常、故障、开门、关门等状态显示。

7.7.2 火灾发生时，根据火灾情况及场所，由消防控制室电梯监控盘发出指令，指挥电梯按消防程序运行：对全部或任意一台电梯进行对讲，说明改变运行程序的原因。除消防电梯保持运行外，其余电梯均强制返回一层并开门。

7.7.3 火灾指令开关采用钥匙型开关，由消防控制室负责火灾时的电梯控制。

7.8 应急照明系统。

7.8.1 所有楼梯间及前室的照明以及变配电所、消防控制室、安防中心、消防水泵房、防排烟机房、柴油发电机房、电讯机房等的照明全部为应急照明。公共场所应急照明一般按正常照明的10%～15%设置。

7.8.2 应急照明电源采用双电源末端互投供电。

7.8.3 主要疏散出口设置安全出口指示灯，疏散走廊设置疏散指示灯。

7.9 电气火灾监视与控制系统。

7.9.1 为能准确监控电气线路的故障和异常状态，能发现电气火灾的隐患，及时报警提醒人员去消除这些隐患，本工程设置电气火灾监视与控制系统，对建筑中易发生火灾的电气线路进行全面监视和控制，系统由电气火灾探测器、测温式电气火灾监控探测器和电气火灾监控设备组成。

7.9.2 消防控制室设有电气火灾监控系统主机，在配电柜（箱）内设有监控模块，对配电线路的剩余电流进行监视。

7.9.3 电气火灾探测器。

1. 探测器报警值不应小于20mA，不应大于1000mA，且探测器报警值应在报警设定值的80%～100%之间。

2. 当被保护线路剩余电流达到报警设定值时，探测器应在60s内发出报警信号。

3. 探测器应有工作状态指示和自检功能。

4. 探测器在报警时应发出声、光报警信号，并予以保持，直至手动复位。

5. 在报警条件下，在其音响器件正前方 1m 处的声压级应大于 70dB（A 计权），小于 115dB，光信号在正前方 3m 处，且环境不超过 500lx 条件下，应清晰可见。

7.9.4 测温式电气火灾监控探测器。

1. 探测器报警值应设定在 55～140℃的范围内。

2. 当被监视部位达到报警设定值时，探测器应在 40s 内发出报警信号。

3. 探测器应有工作状态指示和自检功能。

4. 在报警条件下，在其音响器件正前方 1m 处的声压级应大于 70dB（A 计权），小于 115dB，光信号在正前方 3m 处，且环境不超过 500lx 条件下，应清晰可见。

5. 探测器在报警时应发出声、光报警信号，并予以保持，直至手动复位。

7.9.5 电气火灾监控设备。

1. 电气火灾监控设备能够接收来自探测器的监控报警信号，并在 30s 内发出声、光报警信号，指示报警部位，记录报警时间，并予以保持，直至手动复位。

2. 报警声信号应手动消除，当再有报警信号输入时，应能再次启动。

3. 当监控设备发生下面故障时，应能在 100s 内发出监控报警信号有明显区别的声光故障信号。

（1）监控设备与探测器之间的连接线短路、断路。

（2）监控设备主电源欠压。

（3）给备用电源充电器与备用电源间的连接线短路、断路。

（4）备用电源与负载间的连接线短路、断路。

（5）监控设备应能对本机进行自检，执行自检期间，可以接受探测器报警信号。

7.10 消防电源监控系统。

7.10.1 为确保本工程消防设备电源的供电可靠性，本工程设置消防电源监控系统。

7.10.2 通过监测消防设备电源的电流、电压、工作状态，从而判断消防设备电源是否存在中断供电、过压、欠压、过流、缺相等故障，并进行声光报警、记录。

7.10.3 消防设备电源的工作状态，均在消防控制室内的消防图形显示器上集中显示，故障报警后及时进行处理，排除故障隐患，使消防设备电源始终处于正常工作状态。从而有效避免火灾发生时，消防设备由于电源故障而无法正常工作的危机情况，最大限度的保障消防设备的可靠运行。

7.10.4 消防设备电源监控系统采用集中供电方式，现场传感器采用 DC24V 安全电压供电，有效的保证系统的稳定性、安全性。

7.11 防火门监控系统。

7.11.1 为能准确监控防火门的状态，对处于非正常状态的防火门给出报警提示，使其恢复到正常工作状态，确保其功能完好，本工程设置防火门监控系统。

7.11.2 通过防火门监控器、防火门现场控制装置、防火门电动闭门器等对建筑中疏散通道上防火门进行全面监控制。从而判断防火门的状态，并进行记录。

7.11.3 防火门的工作状态，均在消防控制室内的消防图形显示器上集中显示，故障报警后及时进行处理，排除故障隐患，使防火门始终处于正常工作状态，阻止火势蔓延。

7.12 其他。

7.12.1 火灾报警控制器采用单独的回路供电，火灾自动报警系统的主电源采用消防电源，直流备用电源采用火灾报警控制器的专用蓄电池或集中设置的蓄电池。火灾自动报警系统中的 CRT 显示器、消防通信设备等的电源，由 UPS 装置供电。

7.12.2　消防控制室的控制方式为自动或手动两种控制方式。

7.12.3　火灾自动报警系统的传输线路应满足以下要求。

1. 火灾自动报警系统的传输线路和 50V 以下供电控制线路，采用电压等级不低于交流 250V 的铜芯绝缘导线或铜芯电缆。采用交流 220/380V 的供电和控制线路应采用电压等级不低于交流 500V 的铜芯绝缘导线或铜芯电缆。

2. 铜芯电缆线芯的最小截面面积不应小于 1.00mm^2。

7.12.4　消防控制室接地。

1. 采用共用接地装置时，接地电阻值不应大于 1Ω。

2. 火灾自动报警系统应设专用接地干线，并应在消防控制室设置专用接地板。专用接地干线应从消防控制室专用接地板引至接地体。

3. 专用接地干线应采用铜芯绝缘导线，其线芯截面面积不应小于 25mm^2。专用接地干线宜穿硬质塑料管埋设至接地体。

4. 由消防控制室接地板引至各消防电子设备的专用接地线应选用铜芯绝缘导线，其线芯截面面积不应小于 4mm^2。

5. 消防电子设备凡采用交流供电时，设备金属外壳和金属支架等应作保护接地，接地线应与电气保护接地干线相连接。

7.12.5　火灾自动报警及联动系统应与电力监控系统留有接口，在火灾时可实现对电力配电的控制。并可与门禁系统、入侵报警系统和电视监控系统实现联动。由于火灾自动报警设备未定，故在探测器之间均预留 SC20 镀锌钢管，暗敷在楼板内。

7.12.6　手动报警按钮应有防止误操作的保护措施。

7.12.7　消防报警控制设备的功能及造型等，均应符合现行规范，所有火灾报警设备、探测器等均应具有国家消防检测中心的测试合格证书。

7.12.8　所有联接消防系统之设备的信号线及特殊控制电缆，电线等的选型必须满足消防局的要求。并且均采用阻燃或耐火型控制电缆、电线，要求质量可靠。

7.12.9　本工程采用由来自两个不同变电站的两路独立 10kV 电源供电，两用一备。并设置一台 1250kVA 柴油发电机组作为第三电源。消防设备均采用双电源末端互投供电，以确保消防用电设备的电源。消防用电设备的过载保护只报警，不作用于跳闸。

7.12.10　利用建筑物的基础作为接地装置，接地电阻不大于 1Ω。消防控制室做辅助等电位联结，接地引下线为下线为 BV-1×25PC40。消防电子设备凡采用交流供电时，设备金属外壳和金属支架等应作保护接地，接地线应与电气保护接地干线相连接。

7.12.11　变电所内的高压断路器采用真空断路器。变压器采用干式变压器。所有连接消防系统设备的电缆、电线均选耐火型。其他电缆、电线均选阻燃型。

7.12.12　电气消防系统所有各种器件均由承包厂商成套供货，并负责安装、调试。

8　防雷与接地

8.1　本建筑雷击大地的年平均密度为 1.784［次/(km^2·a)］，建筑物等效面积 A_e 为 0.137km^2，建筑物年预计雷击次数 0.489 次/a，故本建筑物按二类防雷建筑物设防。为防直击雷在屋顶明敷 ϕ10 镀锌圆钢作为接闪带，其网格不大于 10m×10m，所有突出屋面的金属体和构筑物应与接闪带电气连接。

8.2　利用建筑物钢筋混凝土柱子或剪力墙内两根 ϕ16 以上主筋通长焊接作为引下线，间距不大于 18m，引下线上端与女儿墙上的接闪带焊接，下端与建筑物基础底梁及基础底板轴线上的上下两层钢筋内的两根主筋焊接。外墙引下线在室外地面下 1m 处引出与室外接地线焊接。

8.3 为防止侧向雷击，将六层以上，每三层沿建筑物四周的金属门窗构件与该层楼板内的钢筋接成一体后再与引下线焊接，防雷接闪器附近的电气设备的金属外壳均应与防雷装置可靠焊接。

8.4 本工程采用共用接地装置，以建筑物、构筑物的基础钢筋作为接地体，要求接地电阻小于1Ω，当接地电阻达不到要求时，可补打人工接地极。在建筑物四角的外墙引下线在距室外地面上0.5m处设测试卡子。

8.5 当结构基础有被塑料、橡胶等绝缘材料包裹的防水层时，应在高出地下水位0.5m处，将引下线引出防水层，与建筑物周围接地体连接。

8.6 人工接地体距建筑物出入口或人行通道不应小于3m。当小于3m时，为减少跨步电压，应采取下列措施之一：

8.6.1 水平接地体局部埋深不应小于1m。

8.6.2 水平接地体局部应包绝缘物，可采用50～80mm的沥青层，其宽度应超过接地装置2m。

8.6.3 采用沥青碎石地面或在接地体上面敷设50～80mm的沥青层，其宽度应超过接地装置2m。

8.7 电子信息系统雷电环境的风险评估。

8.7.1 电子信息系统因雷击损坏可接受的最大年平均雷击次数 N_C 的确定。

1. C_1 为信息系统所在建筑物材料结构因子取1.0，C_2 信息系统重要程度因子，等电位连接和接地以及屏蔽措施较完善的设备 C_2 取2.5；C_3 电子信息系统设备耐冲击类型和抗冲击过电压能力因子 C_3 取0.5；C_4 电子信息系统设备所在雷电防护区（LPZ）的因子，设备在LPZ1区内时，取1.0；C_5 为电子信息系统发生雷击事故的后果因子，信息系统业务不允许中断，中断后会产生严重后果时，取2.0；C_6 表示区域雷暴等级因子，取1。

2. N_C＝0.0192（次/a）。

8.7.2 建筑物及入户设施年预计雷击次数（N）的计算。

1. 入户设施的截收面积：高压埋地电源电缆（至现场变电所）＝$\underline{0.05km^2}$；低压埋地电源电缆＝$\underline{1km^2}$；埋地信号线＝$1km^2$。

2. 建筑物及入户设施年预计雷击次数（N）的计算：N＝$\underline{1.202（次/a）}$

8.7.3 防雷装置拦截效率E的计算式 E＝$\underline{0.984}$，故本工程电子信息设备雷电防护等级定为A级。

8.8 为预防雷电电磁脉冲引起的过电流和过电压，在下列部位装设电涌保护器（SPD）：

8.8.1 在变压器低压侧装一组SPD。当SPD的安装位置距变压器沿线路长度不大于10m时，可装在低压主进断路器负载侧的母线上，SPD支线上应设短路保护电器，并且与主进断路器之间应有选择性。

8.8.2 在向重要设备供电的末端配电箱的各相母线上，应装设SPD。上述的重要设备通常是指重要的计算机、建筑设备监控系统、电话交换设备、UPS电源、中央火灾报警装置、电梯的集中控制装置、集中空调系统的中央控制设备以及对人身安全要求较高的或贵重的电气设备等。

8.8.3 对重要的信息设备、电子设备和控制设备的订货，应提出装设SPD的要求。

8.8.4 由室外引入或由室内引至室外的电力线路、信号线路、控制线路、信息线路等在其入口处的配电箱、控制箱、前端箱等的引入处应装设SPD。

8.8.5　为满足信息系统设备耐受能量要求，浪涌保护器（SPD）的安装可进行多级配合，在进行多级配合时应考虑浪涌保护器（SPD）之间的能量配合，当有续流时应在线路中串接退耦装置。有条件时，宜采用同一厂家的同类产品，并要求厂家提供其各级产品之间的安装距离要求。在无法获得准确数据时，电压开关型与限压型浪涌保护器（SPD）之间的线路长度小于10m时和限压型浪涌保护器（SPD）之间线路长度小于5m时宜串接退耦装置。

8.8.6　浪涌保护器应有过电流保护装置，并宜有劣化显示功能。浪涌保护器（SPD）的过电流保护器（设置于内部或外部）与浪涌保护器（SPD）一起承担等于和大于安装处的预期最大短路电流，选择时，应考虑浪涌保护器（SPD）制造厂商规定的其产品应具备的最大过电流保护器。此外，制造厂商所规定的浪涌保护器（SPD）的额定阻断蓄流值不应小于安装处的预期短路电流。

8.9　电子信息系统线缆主干线的金属线槽敷设在电气竖井内。电子信息系统线缆与防雷引下线最小平行净距不得小于1m，最小交叉净距0.3m。

8.10　接地系统设计。

8.10.1　本工程低压配电接地型式采用TN-S系统，其中性线和保护地线在接地点后要严格分开。凡正常不带电而当绝缘破坏有可能呈现电压的一切电气设备的金属外壳、穿线钢管、电缆外皮、支架等金属外壳均应可靠接地。专用接地线（即PE线）的截面规定为：

1. 当相线截面≤16mm^{2}时，PE线与相线相同。

2. 当相线截面为16～35mm^{2}时，PE线为16mm^2。

3. 当相线截面＞35mm^{2}时，PE线为相线截面的一半。

8.10.2　变电所或建筑物的电源进线处将下列导电体进行总等电位联结。

1. 电气装置的接地极和接地干线；

2. PE、PEN干线；

3. 建筑物内的水管、热力、空调等金属管道；

4. 通信线路干管；

5. 接闪器引下线；

6. 建筑物的结构主筋、金属构件。

8.10.3　竖直敷设的金属管道及金属物的顶端和底端与防雷装置连接。

8.10.4　在配变电所内安装一个总等电位连接端子箱，将所有进出建筑物的金属管道、金属构件、接地干线等与总等电位端子箱有效连接。总等电位盘、辅助等电位盘由紫铜板制成。总等电位联结均采用各种型号的等电位卡子，绝对不允许在金属管道上焊接。在地下一层沿建筑物做一圈镀锌扁钢50×5作为总等电位带，所有进出建筑物的金属管道均应与之连接，总等电位带利用结构墙、柱内主筋与接地极可靠连接。

8.10.5　下列情况需要作辅助等电位联结。

1. 当电源网络阻抗过大，当发射接地故障时，不能在规定时间内自动切断电源，不能满足防电击要求时。

2. 由TN系统同一配电箱供电给固定式和手持式、移动式两种电气设备，而固定设备保护电器切断电源时间不能满足手持式、移动式设备防电击要求时。

3. 信息系统防止雷电干扰的要求时。

4. 本工程在所有变电所、弱电机房、电梯机房、强电小间、弱电小间、浴室（卫生间）等处作辅助等电位连接。浴室（卫生间）内并应将0、1、2及3区内所有外界可导电部分，与位于这些区内的外露可导电部分的保护导体连接起来。不允许采取用阻挡物及置于伸臂范围以外的直接接触保护措施，也不允许采用非导电场所及不接地的等电位连接的间接接触保护措施。

8.10.6 弱电机房防静电接地应满足以下要求。

1. 采用接地的导静电地板，使其与大地之间的电阻在 $10^6\Omega$ 以下。

2. 防静电接地的接地线一般采用绝缘铜导线，对移动设备则采用可挠导线，其截面应按机械强度选择，最小截面为 $6mm^2$。

3. 固定设备防静电接地的接地线应与其采用焊接，对于移动设备防静电接地的接地线应与其可靠连接，并应防止松动或断线。

4. 应分别不同要求设置接地连接端子。在房间内应设置等电位的接地网格或闭合的接地铜排环。铜排截面不应小于 $100mm^2$，防静电接地引线应从等电位的接地网格或闭合铜排环上就近接地连接。接地引线应使用多股铜线，导线截面不应小于 $1.5mm^2$。

5. 在防静电接地系统各个连接部位之间电阻值应小于 0.1Ω。

6. 防静电接地系统在接入大地前应设置等电位的防静电接地基准板，从基准板上引出接地主干线，其铜导体截面不应小于 $95mm^2$，并应采用绝缘屏蔽电缆。接地主干线应与设置在防静电区域内的接地网格或闭合铜排环连接。

9 主要电气设备选型技术条件

参见电气技术规格书篇。

10 线路敷设

10.1 线路敷设原则。

10.1.1 选择布线系统的敷设方法应根据建筑物构造、环境特征、使用要求、用电设备分布等敷设条件及所选用电线或电缆的类型等因素综合确定。

10.1.2 布线系统的选择和敷设，应避免因环境温度、外部热源、浸水、灰尘聚集及腐蚀性或污染物质存在等外部影响对布线系统带来的损害，并应防止在敷设和使用过程中因受撞击、振动、电线或电缆自重和建筑物的变形等各种机械应力作用而带来的损害。

10.1.3 布线用各种电缆、电缆桥架、金属线槽及封闭式母线在穿越防火分区楼板、隔墙时，其空隙应按建筑构件原有防火等级采用不燃烧材料填塞密实。

10.1.4 在电缆托盘上可以无间距敷设电缆，电缆在托盘内横断面的填充率：电力电缆不应大于40%；控制电缆不应大于50%。

10.1.5 封闭母线长度每25m或通过建筑伸缩缝、沉降缝时宜增加温度补偿节（膨胀节）。

10.1.6 穿金属导管或金属线槽的交流线路，应将同一回路的所有相导体和中性导体穿于同一根导管或金属线槽内。

10.1.7 明敷于潮湿场所或埋地敷设的金属导管，应采用管壁厚度不小于2mm的厚壁钢导管。明敷或暗敷于干燥场所的金属导管可采用管壁厚度不小于1.5mm的电线管。

10.1.8 三根及以上绝缘电线穿于同一根导管时，其总截面积（包括外护层）不应超过导管内截面积的40%。

10.1.9 不同回路的线路不应穿于同一根金属导管内，但下列情况可以除外：

1. 电压为50V及以下的回路；

2. 同一设备或同一联动系统设备的电力回路和无防干扰要求的控制回路；

3. 同一照明灯具的几个回路。

10.2 高压电缆选用 ZRYJV-8.7/10kV 交联聚氯乙烯绝缘、聚氯乙烯护套铜质电力电缆。

10.3　变配电所配出线路至末端配电点电压降损失按不大于5%计算。

10.4　普通低压出线电缆选用干线采用辐照交联低烟无卤阻燃电缆，工作温度：90℃。应急母线出线选用铜芯铜护套氧化镁防火电缆电力电缆，工作温度：90℃。电缆明敷在桥架上，若不敷设在桥架上，应穿镀锌钢管（SC）敷设。

10.5　所有支线除双电源互投箱出线选用NHBV-500V聚氯乙烯绝缘（耐火型）导线，至污水泵出线选用VV39型防水电缆外，其他均选用ZRBV-500V聚氯乙烯绝缘（阻燃）导线，穿焊接钢管（SC）暗敷或热镀锌钢管（SC）明敷。在电缆桥架上的导线应按回路穿热塑管或绑扎成束或采用ZRBVV-500V型导线。

10.6　控制线为ZRKVV聚氯乙烯绝缘，聚氯乙烯护套铜芯（阻燃）控制电缆，与消防有关的控制线为NH-KVV聚氯乙烯绝缘，聚氯乙烯护套铜芯耐火控制电缆。

10.7　当消防有关的管线穿镀锌钢管（SC）明敷吊顶内时应刷防火涂料（耐火极限1h）。

10.8　主要电力、照明配电干线沿地下一层电缆线槽引至各电气小间，支线穿钢管敷设。普通干线采用辐照交联低烟无卤阻燃电缆。消防干线采用氧化镁电缆。部分大容量干线采用封闭母线。消防用电设备的配电线路应满足火灾时连续供电的需要，其敷设应符合下列规定：

10.8.1　暗敷设时，应穿管并应敷设在不燃烧体结构内且保护层厚度不应小于30mm；

10.8.2　明敷设时，应穿有防火保护的金属管或有防火保护的封闭式金属线槽。

11　电气节能和环保设计

11.1　将变配电所设置在地下二层，位置在建筑物中部，其下方为冷冻机房，使变配电所深入负荷中心。

11.2　合理分配电能，变配电所内1号和2号变压器为专供空调冷冻系统负荷，冬季可退出运行。

11.3　合理选择电缆、导线截面，减少电能损耗。

11.4　所有电气设备采用低损耗的产品，变压器采用低损耗、低噪声的产品。

11.4.1　本工程选用低损耗型变压器，能效值不应低于现行的国家标准《三相配电变压器能效限定值及能效等级》GB 20052—2013中能效标准的节能评价值。

11.4.2　中小型三相异步电动机在额定输出功率和75%额定输出功率的效率不应低于现行国家标准《中小型三相异步电动机能效限定值及能效等级》GB 18613—2012规定的能效限定值。

11.4.3　选用交流接触器的吸持功率低于现行国家标准《交流接触器能效限定值及能效等级》GB 21518—2008规定的节能评价值。

11.4.4　大型用电设备、大型可控硅调光设备，电动机变频调速控制装置等谐波源较大设备，在就地设置谐波抑制装置。

11.4.5　电动压缩式冷水机组电动机的供电方式低压供电。

11.5　本工程采用低压集中自动补偿方式，并配备谐波电抗器组合，作为谐波抑制措施，避免高次谐波电流与电力电容发生谐振，影响系统设备可靠运行，治理后的谐波水平满足《电能质量　公用电网谐波》GB/T 14549—93的要求。

11.6　优先采用节能光源和灯具。

11.6.1　建筑照明功率密度值应小于表2-6要求。

建筑照明功率密度值　　**表2-6**

房间或场所	照明功率密度(W/m^2)	对应照度值(lx)
普通办公室	8	300
高档办公室、设计室	13.5	500
会议室	8	300
门厅	10	300
变配电所	6.5	200
电话站、网络中心、计算机站	13.5	500
档案室	8	200
文件整理、复印、发行室	8	300
冷冻站	5	150
风机房、空调机房	3.5	100

11.6.2　高强度气体放电灯，开敞式灯具效率≥75%，格栅或透光罩灯具效率≥60%。

11.6.3　荧光灯，开敞式灯具效率≥75%，透明保护罩灯具效率≥70%，格栅灯具效率≥65%。

11.6.4　镇流器流明系数$\mu \geq 0.95$，波峰系数CF≤1.7。

11.6.5　谐波含量符合《电磁兼容　限制　谐波电流发射限制》GB 17625.1—2012规定的C类照明设备的谐波电流限制。

11.6.6　建筑夜景照明的照明功率密度限值符合现行行业标准《城市夜景照明设计规范》JGJ/T 163—2008的规定。

11.6.7　未使用普通照明白炽灯，采用直管荧光灯、高功率因数及低谐波的紧凑型荧光灯、LED等光源。

11.6.8　楼梯间、走道、车库、卫生间采用发光二极管照明或直管荧光灯、紧凑型荧光灯。

11.6.9　疏散指示灯、出口标志灯采用发光二极管照明。

11.6.10　没有采用间接照明或漫反射发光顶棚的照明方式。

11.7　设置建筑设备监控系统，对建筑物内的设备实现节能控制。

11.8　采用智能灯光控制系统。

11.9　电能监测与计量：

11.9.1　本工程设置用电能耗监测与计量系统，进行能效分析和管理。

11.9.2　本工程在低压配电系统中出线回路上及第二级以下的重点监测回路上，设置计量或测量仪表，对用电负荷进行连续监测。

11.9.3　本工程按照照明插座、空调、电力、特殊用电分项进行电能监测与计量。

11.9.4　电能监测中采用的分项计量仪表具有远传通信功能。

11.9.5　分项计量系统中使用的电能仪表的精度等级不低于1.0级。

11.9.6　分项计量系统中使用的电流互感器的精度等级不低于0.5级。

12　绿色建筑电气设计：

12.1　绿色建筑是在建筑的全寿命周期内，最大限度地节约资源（节能、节地、节水、节材）、保护环境和减少污染，为人们提供健康、适用和高效的使用空间，与自然和谐共生的建筑。绿色设计，又称生态设计、面向环境的设计，考虑环境的设计等，是指利用产品全生命周期过程相关的各类信息（技术信息、环境信息、经济信息），采用并行设计等各种先进的设计理论和方法，使设计出的产品除了满足功能、质量、成本等一般要求外，还应该具有对环境的负面影响小、资源利用率高等良好的环境协调特性。

12.2 绿色设计电气技术措施：

12.2.1 照明设计避免产生光污染，室外夜景照明光污染的限制符合现行标准《城市夜景照明设计规范》JGJ/T 163 的规定。

12.2.2 照明功率密度值达到现行国家标准《建筑照明设计标准》GB 50034 中规定的目标值，走廊、楼梯间、门厅、大堂、大空间、地下停车场等场所的照明系统采取分区、定时、感应等节能控制措施。

12.2.3 合理选用电梯和自动扶梯，并采取电梯群控、扶梯自动启停等节能控制措施。

12.2.4 三相配电变压器满足现行国家标准《三相配电变压器能效限定值及能效等级》GB 20052 的节能评价值要求，水泵、风机等设备，及其他电气装置满足相关现行国家标准的节能评价值要求。

12.2.5 对室内的二氧化碳浓度进行数据采集、分析，并与通风系统联动，实现室内污染物浓度超标实时报警，并与通风系统联动。

12.2.6 地下车库设置与排风设备联动的一氧化碳浓度监测装置。

12.3 噪声控制。电力变压器、柴油发电机房降噪措施：选取低噪声变压器。

13 人防电气工程

13.1 概述。

本工程地下三层（局部）人防工程，本工程的人防工程分为一个防护单元。防常规武器抗力级别为核 6 级（常 6 级），防化级别丁级，平时用途为汽车库，战时用途为人员隐蔽室。

13.2 负荷分级。

13.2.1 电力负荷分别按平时和战时用电负荷的重要性、供电连续性及中断供电后可能造成的损失或影响程度分为一级负荷、二级负荷和三级负荷。

13.2.2 一级负荷：基本通信设备、应急通信设备；应急照明。

13.2.3 二级负荷：重要风机、水泵；正常照明。

13.2.4 三级负荷：不属于一级和二级负荷。

13.3 电源。

电力系统电源是由变电所引来两路～380/220V 电源。电力系统电源和战时电源应分列运行。

13.4 人防电源配电柜（箱）。

13.4.1 防护单元内设置人防电源配电柜（箱），自成配电系统，电源回路均应设置进线总开关和内、外电源的转换开关。防空地下室内的各种动力配电箱、照明箱、控制箱均采用明装。

13.4.2 照明、动力设备等配电应分别设置独立回路。

13.5 进、出防空地下室的动力、照明线路采用铜芯电缆。人防工程内的导线采用铜芯导线。

13.6 预留管。

各人员出入口和连通口的防护密闭门门框墙、密闭门门框墙上均预埋 6 根备用管，管径为 *DN*80mm，管壁厚度不小于 2.5mm 的热镀锌钢管，并应符合防护密闭要求。

13.7 电气设备应选用防潮性能好的定型产品。

13.8 照明。

13.8.1 照明光源采用高效节能荧光灯。人防内的灯具应为较轻的灯具，卡口灯头，吊链式安装。从人防内部至防护密闭门外的照明线路，在防护密闭门内侧，单独设置瓷闸盒做短路保护。

13.8.2　防空地下室平时和战时的照明均应有正常照明和应急照明。

13.8.3　应急照明应符合下列要求：

1. 疏散照明应由疏散指示标志照明和疏散通道照明组成。疏散通道照明的地面最低照度值不低于 5lx；

2. 安全照明的照度值不低于正常照明照度值的 5%；

3. 战时应急照明的连续供电时间不应小于 2h。

13.9　每个防护单元内的预留 3kW 通信设备电源。

13.10　防空地下室的接地型式采用 TN—S 系统。

13.11　防空地下室室内应将下列导电部分做等电位连接：

13.11.1　保护接地干线；

13.11.2　电气装置人工接地极的接地干线或总接地端子；

13.11.3　室内的公用金属管道，如通风管、给水管、排水管、电缆或电线的穿线管；

13.11.4　建筑物结构中的金属构件，如防护密闭门、密闭门、防爆波活门的金属门框等；

13.11.5　室内的电气设备金属外壳；

13.11.6　电缆金属外护层。

13.12　防护单元的等电位连接，应与总接地体连接。

13.13　防空地下室设有清洁式、滤毒式、隔绝式三种通风方式，应在防护单元内设置三种通风方式信号装置系统，并应符合下列规定：

13.13.1　三种通风方式信号控制箱宜设置在值班室或防化通信值班室内。灯光信号和音响应采用集中或自动控制；

13.13.2　在战时进风机室、排风机室、防化通信值班室、值班室、人员出入口（包括连通口）最里一道密闭门内侧和其他需要设置的地方，应设置显示三种通风方式的灯箱和音响装置，应采用红色灯光表示隔绝式，黄色灯光表示滤毒式、绿色灯光表示清洁式，并宜加注文字标识。

13.14　在防护单元战时人员主要出入口防护密闭门外侧，应设置有防护能力的音响信号按钮，音响信号应设置在值班室或防化通信值班室内。

13.15　人员掩蔽工程设置电话分机和独立音响警报接收设备，并应设置应急通信设备。

14　抗震设计

14.1　变压器的安装设计应满足装有滚轮的变压器就位后，应将滚轮用能拆卸的制动部件固定。变压器的支承面宜适当加宽，并设置防止其移动和倾倒的限位器。

14.2　柴油发电机组的安装设计应设备与基础之间、设备与减震装置之间的地脚螺栓应能承受水平地震力和垂直地震力。

14.3　配电箱（柜）、通信设备的安装设计应交流配电屏、直流配电屏、整流器屏、交流不间断电源、油机控制屏、转换屏、并机屏及其他电源设备，同列相邻设备侧壁间至少有两点用不小于 M10 螺栓紧固，设备底脚应采用膨胀螺栓与地面加固。

14.4　电梯的设计应满足电梯包括其机械、控制器的连接和支承应满足水平地震作用及地震相对位移的要求；垂直电梯宜具有地震探测功能，地震时电梯应能够自动就近平层并停运。

14.5　设在建筑物屋顶上的共用天线等，应设置防止因地震导致设备损坏后部件坠落伤人的安全防护措施。

14.6　应急广播系统预置地震广播模式。

14.7　电气设备系统中内径大于等于60mm的电气配管和重量大于等于15kg/m的电缆桥架及多管共架系统须采用机电管线抗震支撑系统。

15　存在问题

15.1　应根据本工程对电力、电讯需求，应与相关主管部门明确接入系统。

15.2　厨房等需要二次专业设计的场所，本次设计仅预留电量，具体配电设计在二次设计中完成。

15.3　公共区域需要二次装饰设计，在这些区域的照明在二次设计中完成。

16　附录

16.1　负荷统计。

本工程总设备容量为：P_e=10257kW，具体负荷统计见表2-7。

负荷统计表　　**表2-7**

序号	负荷性质	设备名称	设备容量(kW)			备注
			运行设备（kW）	备用设备(kW)	合计（kW）	
1	照明	普通照明	3300			
		应急照明	620	620		
		小计	3920	620		
2	电力	冷冻机	1776			
		冷却水泵、冷却塔	867	867		
		空调机组	500			
		厨房	400	400		
		小计	3543	1267		
3	电力(计费)	生活水泵	80	80		
		排水泵、雨水泵	280	280		
		电梯(客梯)	480	480		
		消防电梯	100	100		
		消防风机、消防排水泵	1050	1050		
		消防水泵	548	548		
		小计	2538	2538		
4	UPS供电	信息中心电力	240	240		
5	其他		16			
6	总计		10257	4665		

16.2　电气负荷计算见表2-8。

电气负荷计算表　　**表2-8**

名称	设备容量(kW)	需要系数 K_c	COSφ	tgφ	计算负荷(kW)			
					P_{js}(kW)	Q_{js}(kvar)	S_{js}(kVA)	I_{js}(A)
1Tr变压器	1342	0.9	0.8		1275	1122		
补偿容量(kvar)						−600		
补偿后合计			0.95		1147	371	1206	1827
变压器损耗					12	60		

续表

名称	设备容量(kW)	需要系数 K_c	COSφ	tgφ	计算负荷(kW)			
					P_{js}(kW)	Q_{js}(kvar)	S_{js}(kVA)	I_{js}(A)
总计					1159	431		
备注	变压器容量 2000kVA,负荷率为 60%							

名称	设备容量(kW)	需要系数 K_c	COSφ	tgφ	计算负荷(kW)			
					P_{js}(kW)	Q_{js}(kvar)	S_{js}(kVA)	I_{js}(A)
2Tr 变压器	1301	0.9	0.8		1236	991		
补偿容量 (kvar)						−580		
补偿后合计			0.95		1112	362	1169	1772
变压器损耗					12	59		
总计					1124	421		
备注	变压器容量 2000kVA,负荷率为 59%							

名称	设备容量(kW)	需要系数 K_c	COSφ	tgφ	计算负荷(kW)			
					P_{js}(kW)	Q_{js}(kvar)	S_{js}(kVA)	I_{js}(A)
3Tr 变压器	1820	0.7	0.78		1274	1022		
补偿容量(kvar)						−580		
补偿后合计			0.95		1146	391	1211	1836
变压器损耗					12	61		
总计					1158	452		
备注	变压器容量 2000kVA,负荷率为 61%							

名称	设备容量(kW)	需要系数 K_c	COSφ	tgφ	计算负荷(kW)			
					P_{js}(kW)	Q_{js}(kvar)	S_{js}(kVA)	I_{js}(A)
4Tr 变压器	1894	0.70	0.79		1325	1063		
补偿容量(kvar)						−600		
补偿后合计			0.95		1193	410	1261	1912
变压器损耗					13	63		
总计					1206	473		
备注	变压器容量 2000kVA,负荷率为 63%							

名称	设备容量(kW)	需要系数 K_c	COSφ	tgφ	计算负荷(kW)			
					P_{js}(kW)	Q_{js}(kvar)	S_{js}(kVA)	I_{js}(A)
5Tr 变压器	1960	0.48	0.79		1372	1064		
补偿容量(kvar)						−600		
补偿后合计			0.95		1234	411	1301	1972
变压器损耗					13	65		
总计					1247	476		
备注	变压器容量 2000kVA,负荷率为 65%							

名称	设备容量(kW)	需要系数 K_c	COSφ	tgφ	计算负荷(kW)			
					P_{js}(kW)	Q_{js}(kvar)	S_{js}(kVA)	I_{js}(A)
6Tr 变压器	1940	0.7	0.79		1358	1053		
补偿容量(kvar)						−600		
补偿后合计			0.95		1222	401	1286	1949
变压器损耗					13	64		
总计					1236	465		
备注	变压器容量 2000kVA,负荷率为 64%							

16.3　建筑设备监控点统计见表 2-9。

建筑设备监控点统计　　　　**表 2-9**

序号	DDC 编号	用电设备组名称	控制点统计				合计
			AI	AO	DI	DO	
1	B3D1	冷水机房	27	9	68	40	160
		EAF-B3-8	0	0	2	1	
		废水泵	0	0	2	1	
		PAU-B3-6	1	2	6	1	
2	B3D2	EAF-B3-4	0	0	2	1	18
		废水泵	0	0	2	1	
		冷却塔变频补水泵	2	0	0	0	
		PAU-B3-1	1	2	6	1	
3	B3D3	EAF-B3-5	0	0	2	1	20
		PAU-B3-2	1	1	9	2	
		生活给水变频泵	1	0	0	0	
		废水泵	0	0	2	1	
4	B3D4	废水泵	0	0	2	1	19
		PAU-B3-3	1	1	9	2	
		EAF-B3-6	0	0	2	1	
5	B3D5	废水泵	0	0	2	1	17
		中水给水变频泵	1	0	0	0	
		EAF-B3-7	0	0	2	1	
		PAU-B3-5	1	2	6	1	
6	B3D6	PAU-B3-4	1	2	6	1	13
		废水泵	0	0	2	1	
7	B3D7	废水泵	0	0	2	1	6
		EAF-B3-3	0	0	2	1	
8	B3D8	EAF-B3-2	0	0	2	1	6
		废水泵	0	0	2	1	
9	B3D9	废水泵(3 处)	0	0	2	1	15
		雨水泵	0	0	2	1	
		FAF-B3-1	0	0	2	1	
10	B3D10	废水泵(7 处)	0	0	14	7	24
		EAF-B3-1	0	0	2	1	
11	B3D11	FAF-B3-1	0	0	2	1	35
		废水泵(4 处)	0	0	8	4	
		PAU-B2-8	1	2	6	1	
		PAU-B2-10	1	2	6	1	
12	B3D12	FAF9B3-1	0	0	2	1	9
		废水泵(2 处)	0	0	2	1	
13	B2D1	FAF-B2-1	0	0	2	1	3
14	B2D2	FAF-B203	0	0	2	1	3
15	B2D3	EAF-B2-1	0	0	2	1	3
16	B2D4	FAF-B2-4	0	0	2	1	3
17	B2D5	EAF-B2-2	0	0	2	1	3
18	B2D6	EAF-B2-3	0	0	2	1	3

续表

序号	DDC编号	用电设备组名称	控制点统计				合计
			AI	AO	DI	DO	
19	B2D7	FAF-B2-2	0	0	2	1	3
20	B1D1	EAF-B1-5	0	0	2	1	6
		EAF-B1-4	0	0	2	1	
21	B1D2	FAF-B1-2	0	0	2	1	3
22	B1D3	EAF-B1-1	0	0	2	1	3
23	B1D4	FAF-B1-1	0	0	2	1	3
24	B1D5	EAF-B1-2	0	0	2	1	3
25	B1D6	PAU-B1-1	2	1	12	3	18
26	B1D7	EAF-B1-3	0	0	2	1	6
		FAF-B1-3	0	0	2	1	
27	B1D8	PAU-B1-2	1	2	6	1	10
28	B1D9	AHU-B1-1	7	3	12	1	23
29	B1D10	PAU-B1-3	2	1	12	3	36
		EAF-B1-4	0	0	2	1	
		PAU-B1-4	2	1	10	2	
30	1D1	PAU-F1-1	14	0	19	6	39
31	1D2	PAU-F1-2	14	0	19	6	39
32	1D3	PAU-F1-3	14	0	19	6	39
33	1D4	PAU-F1-4	14	0	19	6	39
34	2D1	PAU-F2-1	14	0	19	6	39
35	2D2	PAU-F2-2	14	0	19	6	39
36	2D3	AHU-F2-1	7	5	6	1	19
37	3D1	PAU-F3-1	14	0	19	6	39
38	3D2	PAU-F3-2	14	0	19	6	39
39	3D3	PAU-F3-3	14	0	19	6	39
		EAF-F4-1- EAF-F4-8	0	0	16	8	105
		冷却塔	2	8	24	8	
40	3D4	AHU-F3-1	7	5	6	1	19
41	4D11-13D1	PAU-F401- PAU-F13-1	140	0	190	60	390
42	14D1	PAU-F14-1	14	0	19	6	57
		EAF-F14-1-EAF-F14-6	0	0	12	6	
43	15D1-26D1	PAU-F15-1-PAU-F26-1	168	0	228	72	468
44	27D1	PAU-F27-1-PAU-F27-4	56	0	76	24	198
		EAF-F27-1-EAF-F27-14	0	0	28	14	
45	28D1-40D1	PAU-F28-1-PAU-F40-1	182	0	247	78	507
46	41D1	PAU-F41-1	14	0	19	6	47
		测温点	2	0	0	0	
		EAF-R2-1	0	0	2	1	
		EAF-R2-2	0	0	2	1	
合计			771	49	1324	452	2596

16.4 图纸目录见表 2-10。

图纸目录 **表 2-10**

序号	图号	图纸名称	图纸规格	备注
1	E-001	电气图例	B5	
2	E-002	电讯图例	B5	
3	E-003	文字符号、标注方式及灯具表	B5	
4	E-004	电气主要设备表	B5	
5	E-005	电气总平面	B5	
6	E-006	供电系统主接线图	B5	
7	E-007	高压供电系统图	B5	
8	E-008	低压配电系统图(一)	B5	
9	E-009	低压配电系统图(二)	B5	
10	E-010	低压配电系统图(三)	B5	
11	E-011	低压配电系统图(四)	B5	
12	E-012	低压配电系统图(五)	B5	
13	E-013	低压配电系统图(六)	B5	
14	E-014	低压配电系统图(七)	B5	
15	E-015	低压配电系统图(八)	B5	
16	E-016	低压配电系统图(九)	B5	
17	E-017	低压配电系统图(十)	B5	
18	E-018	低压配电系统图(十一)	B5	
19	E-019	电力供电干线系统图	B5	
20	E-020	照明供电干线系统图	B5	
21	E-021	强弱电小间及智能化机房布置图	B5	
22	E-022	接地干线系统图	B5	
23	E-023	外部防雷示意图	B5	
24	E-024	建筑设备监控系统图	B5	
25	E-025	安全防范系统图	B5	
26	E-026	电力系统监控原理图	B5	
27	E-027	综合布线系统图	B5	
28	E-028	有线电视系统图	B5	
29	E-029	智能灯光控制系统图	B5	
30	E-030	背景音乐系统图	B5	
31	E-031	火灾自动报警及联动系统图	B5	
32	E-032	电气火灾报警系统图	B5	
33	E-033	消防设备电源监控系统图	B5	
34	E-034	变配电所平、剖面图	B5	
35	E-035	柴油发电机房平、剖面图	B5	
36	E-036	人防说明	B5	
37	E-037	人防配电系统图	B5	
38	E-038	地下三层人防电力平面图	B5	
39	E-039	地下三层人防照明平面图	B5	
40	E-040	地下三层人防插座平面图	B5	

二、建筑电气初步设计图纸编制实例

序号	符号	说明	备注	序号	符号	说明	备注	序号	符号	说明	备注
1		变压器		27	Wh Pmax	带最大需量指示器的电度表		53		调光器	
2		电压互感器		28	Wh Pmax	带最大需量记录器的电度表		54		风扇电阻开关	
3		电流互感器		29		照明配电箱-AL		55		风机盘管控制开关	
4		避雷器		30		应急照明配电箱-ALE		56		聚光灯	
5		断路器		31		动力配电箱-AP		57		泛光灯	
6		隔离开关		32		控制箱-AC		58		航空障碍灯	
7		负荷开关		33		断路器箱		59		筒灯	
8		熔断器式刀开关		34		电表箱		60		花灯	
9		熔断器式负荷开关		35		按钮(箱)		61		壁灯	
10		带剩余电保护器的低压断路器		36		电磁阀		62		吸顶灯	
11		剩余电流保护器		36		电动阀		63		客房应急照明灯	
12		接触器		38		电开水器		64	W	防水灯	
13		热继电器		39		风机盘管		65		单管日光灯 1×28W	
14		继电器		40		轴流风机(扇)		66		双管日光灯 2×28W	
15		过电流继电器		41		风扇		67		三管日光灯 3×28W	
16		定时限过电流继电器		42		自耦变压器启动装置		68		诱导灯	
17		反时限过电流继电器		43		变频调速器装置		69		层号灯	
18	A	电流表		44		单相五孔插座(三孔、两孔各一)		70		安全出口灯	
19	V	电压表		45		剃须插座		71		航空障碍灯	
20	SV	电压表转换开关		46		带单级开关的单相双孔插座		72		导管引向	
21	W	功率表		47		双极双控开关		73		钥匙开关	
22	Var	无功功率表		48		三相四孔插座		74		请勿打扰	
23	cosφ	功率因数表		49		单极开关		75		请勿打扰开关	
24	M	多功能电力仪表		50	2	双极开关		76			
25	Wh	电度表		51	3	三极开关					
26	Varh	无功电度表		52							

设计单位		审定		审核		校对		设计		图名	电气图例	图号	E-001	比例	无

序号	符号	说明	备注	序号	符号	说明	备注	序号	符号	说明	备注
1		紧急广扬声器（3W）		24		防火调节阀(FDD)(70℃熔断)		47		槽盒	
2		感烟探测器		25		防火调节阀(SFD)(280℃熔断)		48		引上下线路	
3		地址感烟探测器		26		防火排烟阀（280℃常闭阀）		49	TP	语音信息插座	平面图
4	H	隔离模块		27	y	排烟阀　　（常闭阀）		50	TD	数据信息插座	平面图
5		地址感温探测器		28	Fi	复示盘		51		紧急广扬声器3W（1W）	(酒店客房内使用)
6		煤气探测器		29		层火灾信号显示灯		52	X	数据信息插座(X)	系统图
7		地址手动报警器(带电话插孔)		30		二分支器	系统图	53	Y	语音信息插座(Y)	系统图
8		消火栓按钮(带指示灯)		31		一分支器	系统图	54		直通对讲电话	系统图
9	M	监视模块		32		二分配器	系统图	55		计算机	系统图
10	C	控制模块		33		三分配器	系统图	56		紧急广播机	系统图
11		信息网络交接箱		34		四分配器	系统图	57		联动台	系统图
12	HUB	网络集成器		35		放大器(双向)	系统图	58		打印机	系统图
13		光纤互连单元		36		均衡器	系统图	59		卫星天线	系统图
14		摄像头		37		接地电阻	系统图				
15		摄像头(带云台)		38		背景音乐扬声器(3W)					
16		监视器		39		背景音乐音量调节器					
17	DT	电梯		40		紧急广播号角（15W）					
18		水流指示器		41	监控模块	电气火灾监控模块	系统图				
19		水流指示器前阀门		42		红外对射探测器发射器	系统图				
20	B	湿式报警阀		43		红外对射探测器接收器	系统图				
21	P	信号阀		44		按钮					
22	∅	自动排烟口(BSD)(24V常闭阀)		45		电铃					
23	∅z	正压送风口(SD)（24V常闭阀）		46		信息显示屏					

设计单位		审定		审核		校对		设计		图名	电讯图例	图号	E-002	比例	无

文字符号

符号	说明	符号	说明
导线敷设方式的标注			
SC	穿焊接钢管敷设	CT	用电缆桥架敷设
TC	穿电线管敷设	SR	用槽盒敷设
RC	穿水煤气管敷设		
导线敷设部位的标注			
BC	暗敷设在梁内	FC	暗敷设在地面或地板内
CLC	暗敷设在柱内	CC	暗敷设在屋面或顶板内
WC	暗敷设在墙内	ACC	暗敷设在不能进入的吊顶内
灯具安装方式的标注			
Ch	链吊式	R	嵌入式
P	管吊式	CR	顶棚内安装
W	壁装式	T	台上安装
S	吸顶式	BR	墙壁内安装
HM	座装式		
导线的标注			
WP	电力干线	W	电力分支线
WL	常用照明干线	W	常用照明分支线
WEL	事故照明干线	WE	事故照明分支线

标注方式

序号	名称	符号	说明
1	用电设备	$\frac{A}{B}$	A-设备编号 B-额定功率(kW/kVA)
2	配电箱	(1) ABC (2) ABC/D	(1)平面图 (2)系统图 A-层号 B-设备代号 C-设备编号 D-功率(kW/kVA)
3	灯具	$A\text{-}B\frac{CXD}{E}F$	A-灯数 B-灯具型号或编号 C-灯泡数 D-灯泡功率 E-安装高度(m) F-安装方式

灯具表

编号	图例	灯具容量	安装方式	备注
A1	 [单管灯符号]	1×28W	吸顶、壁装、吊装	
A2	 [双管灯符号]	2×28W	吸顶、壁装、吊装	
A3	[三管灯符号]	3×28W	吸顶、嵌入式	
B	◒	28W	壁装	
C	⊗	28W	吸顶	
E	[壁灯符号]	8W	壁装	
E1	[疏散指示符号 ← ↔ →]	8W	吸顶、壁装	
F	Ⓦ	36W	壁装	
G	○	25W,100W	嵌入式	
H	⊖	14W	壁装	客房内
D	⨁	200W	落地安装	

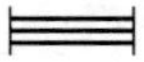

设计单位		审定		审核		校对		设计		图名	文字符号、标注方式及灯具表	图号	E-003	比例	无

序号	设备名称	规格型号	数量	单位	备注
1	高压开关柜	H.V.switchgear-12	16	台	
2	直流信号屏	65Ah/110V	1	套	
3	干式变压器	2000kVA(10/0.4kV)	6	台	SCB10
4	低压电容补偿柜	L.V.switchgear	12	台	
5	低压开关柜	L.V.switchgear	68	台	
6	动力配电柜	非标	60	台	
7	动力控制箱	非标	120	台	
8	双电源互投箱	非标	60	个	
9	照明配电箱	非标	140	个	
10	应急照明配电箱	非标	68	个	
11	EPS电源	3kW	68	个	
12	封闭绝缘母线	630A	200	m	
13	出口指示灯	8 W	500	个	
14	诱导灯	8 W	900	个	
15	数据采集盘		78	台	
16	火灾报警报警器		1	台	
17	联动台	非标	1	台	
18	CRT显示器	19寸	1	台	
19	地址感烟探测器		2150	台	
20	地址感温探测器		1600	台	
21	可燃气体探测器		35	台	
22	手动报警器		480	台	
23	楼层灯光显示器		120	台	
24	监视模块		1520	台	
25	控制模块		620	台	
26	紧急广播机	2000W	2	台	
27	紧急广播扬声器	3W	627	台	
28	紧急广播号角	15W	78	台	
29	消防对讲电话主机	80门	1	套	
30	复示盘		46	台	
31	数据点		2416	个	
32	语音点		2416	个	
33	门禁点位		489	套	
34	报警点		7	个	
35	解码器		1	套	
36	卫星接收天线		1	套	
37	电视前端设备		1	套	
38	一分支器		103	个	
39	二分支器		44	个	
40	二分配器		3	个	
41	四分配器		103	个	
42	放大器(双向)		3	个	
43	均衡器		3	个	
44	接地电阻		96	个	
45	电视主干线	SYKV-75-9	若干	米	
46	电视分支线	SYKV-75-5	若干	米	
47	两技术复合型探测器		98	个	
48	固定数字摄像机		210	套	
49	带云台数字摄像机		68	套	
50	广角数字摄像机		16	套	
51	16画面分割器		20	台	
52	512路视音频硬盘录像机	600G硬盘	1	套	
53	34′监视器		1	台	
54	21′监视器		1	台	
55	普通背景音乐扬声器	3W	420	套	
56	普通背景功率放大器	1500W	1	台	
57	普通背景音量调节器		106	个	
58	提前放电避闪杆		1	套	
59	电缆、槽盒		若干	m	
60	电线、管材		若干	m	

设计单位		审定		审核		校对		设计		图名	电气主要设备表	图号	E-004	比例	无

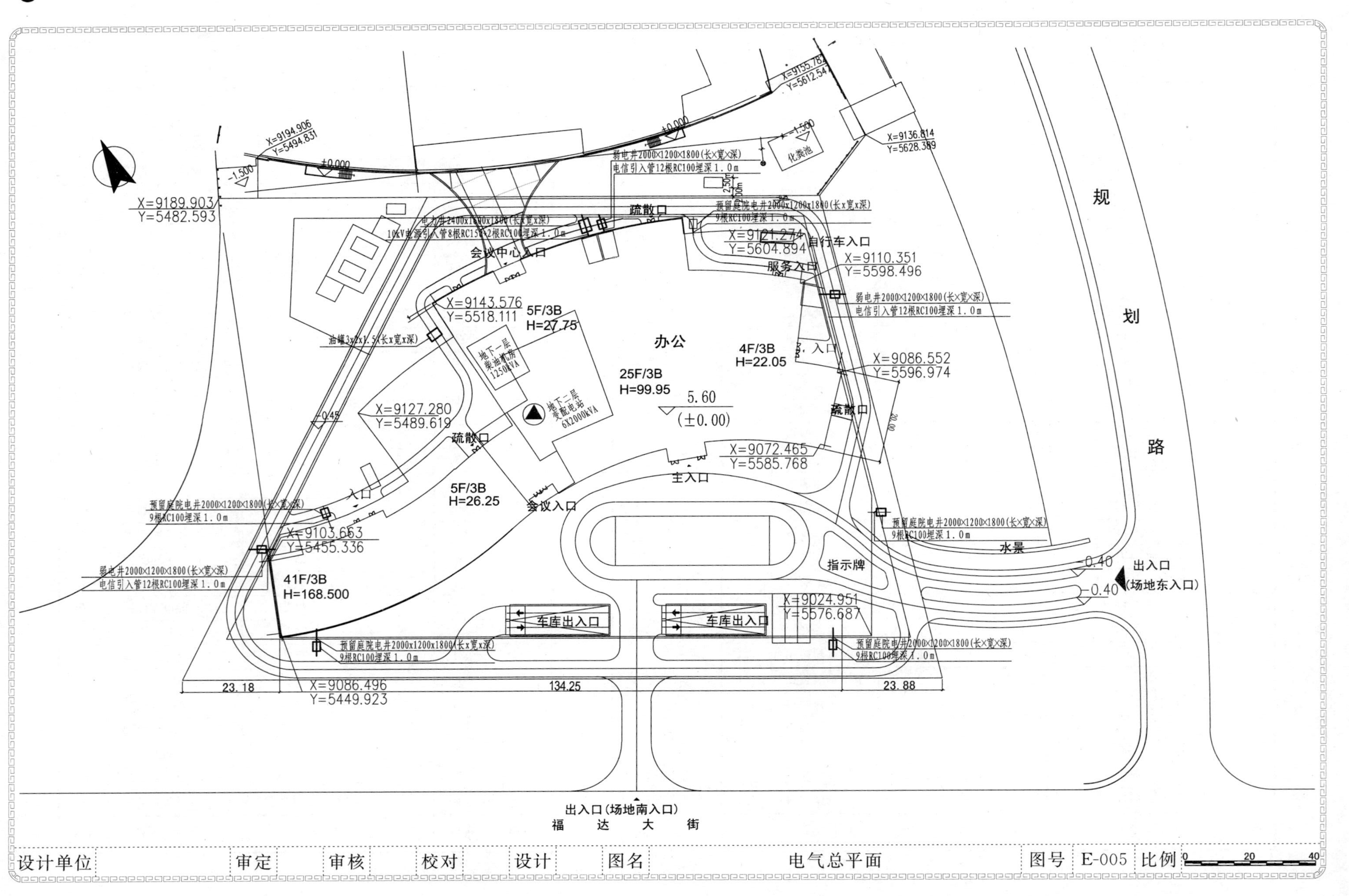

规
划
路
出入口
(场地东入口)
水景
指示牌
车库出入口
车库出入口
办公
4F/3B
H=22.05
25F/3B
H=99.95
5F/3B
H=27.75
5F/3B
H=26.25
41F/3B
H=168.500
5.60
(±0.00)
主入口
疏散口
疏散口
疏散口
自行车入口
服务入口
入口
入口
会议入口
会议中心入口
化粪池
弱电井2000×1200×1800(长×宽×深)
电信引入管12根RC100埋深1.0m
预留庭院电井2000×1200×1800(长x宽x深)
9根RC100埋深1.0m
地下一层
柴油机房
1250kVA
地下二层
变配电站
6X2000kVA
出入口(场地南入口)
福 达 大 街
X=9189.903
Y=5482.593
X=9194.906
Y=5494.831
X=9136.814
Y=5628.389
X=9121.274
Y=5604.894
X=9110.351
Y=5598.496
X=9086.552
Y=5596.974
X=9072.465
Y=5585.768
X=9024.951
Y=5576.687
X=9143.576
Y=5518.111
X=9127.280
Y=5489.619
X=9103.663
Y=5455.336
X=9086.496
Y=5449.923
23.18
134.25
23.88
20.00
-0.40
-0.40
-1.500
-1.500
±0.000
±0.000
设计单位
审定
审核
校对
设计
图名
电气总平面
图号
E-005
比例
0
20
40

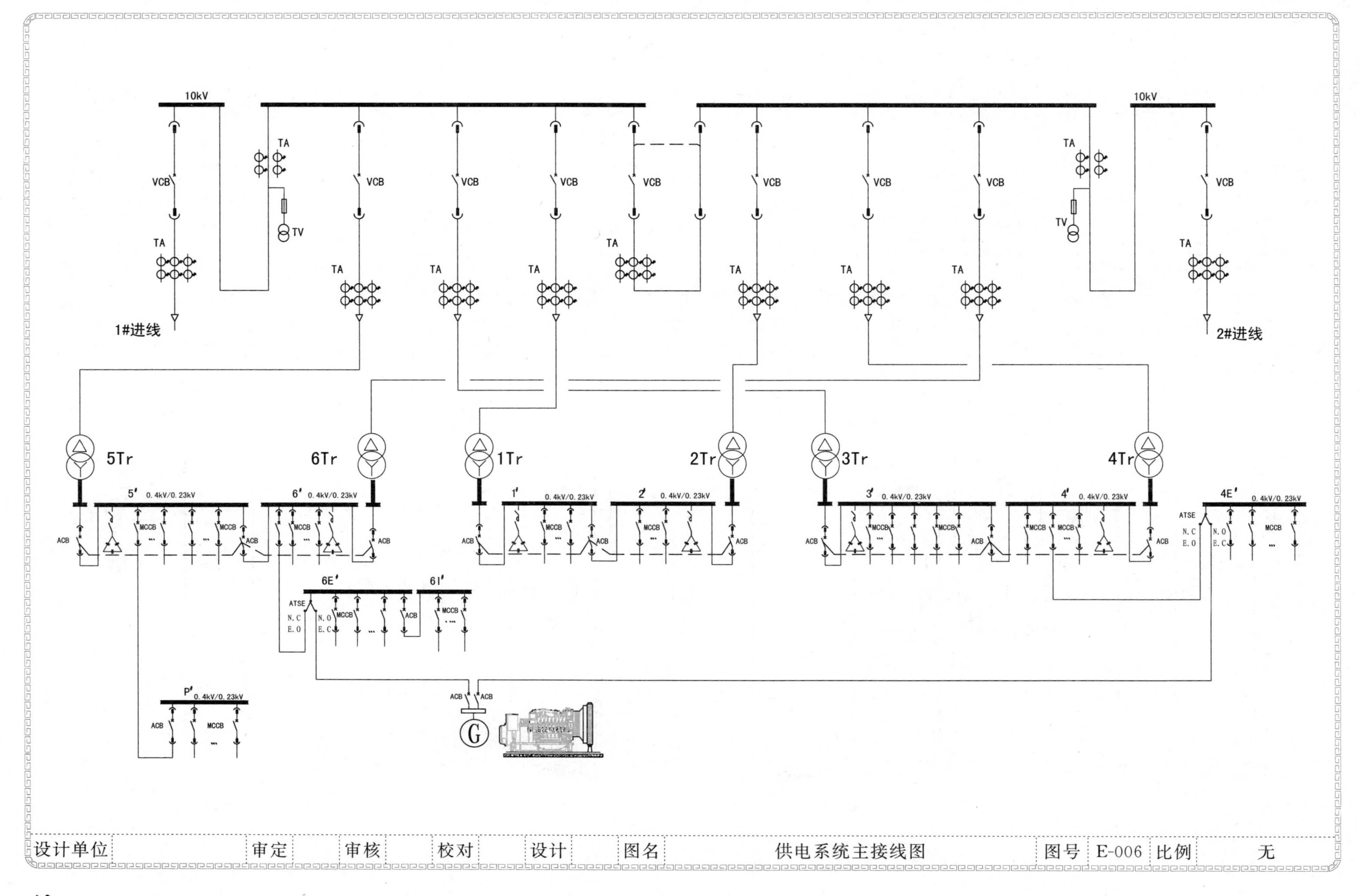

10kV
VCB
TA
TV
1#进线
2#进线
5Tr
6Tr
1Tr
2Tr
3Tr
4Tr
5' 0.4kV/0.23kV
6' 0.4kV/0.23kV
1' 0.4kV/0.23kV
2' 0.4kV/0.23kV
3' 0.4kV/0.23kV
4' 0.4kV/0.23kV
4E' 0.4kV/0.23kV
6E'
6I'
P' 0.4kV/0.23kV
ACB
MCCB
ATSE
N.C
E.O
N.O
E.C
G
设计单位
审定
审核
校对
设计
图名
供电系统主接线图
图号
E-006
比例
无

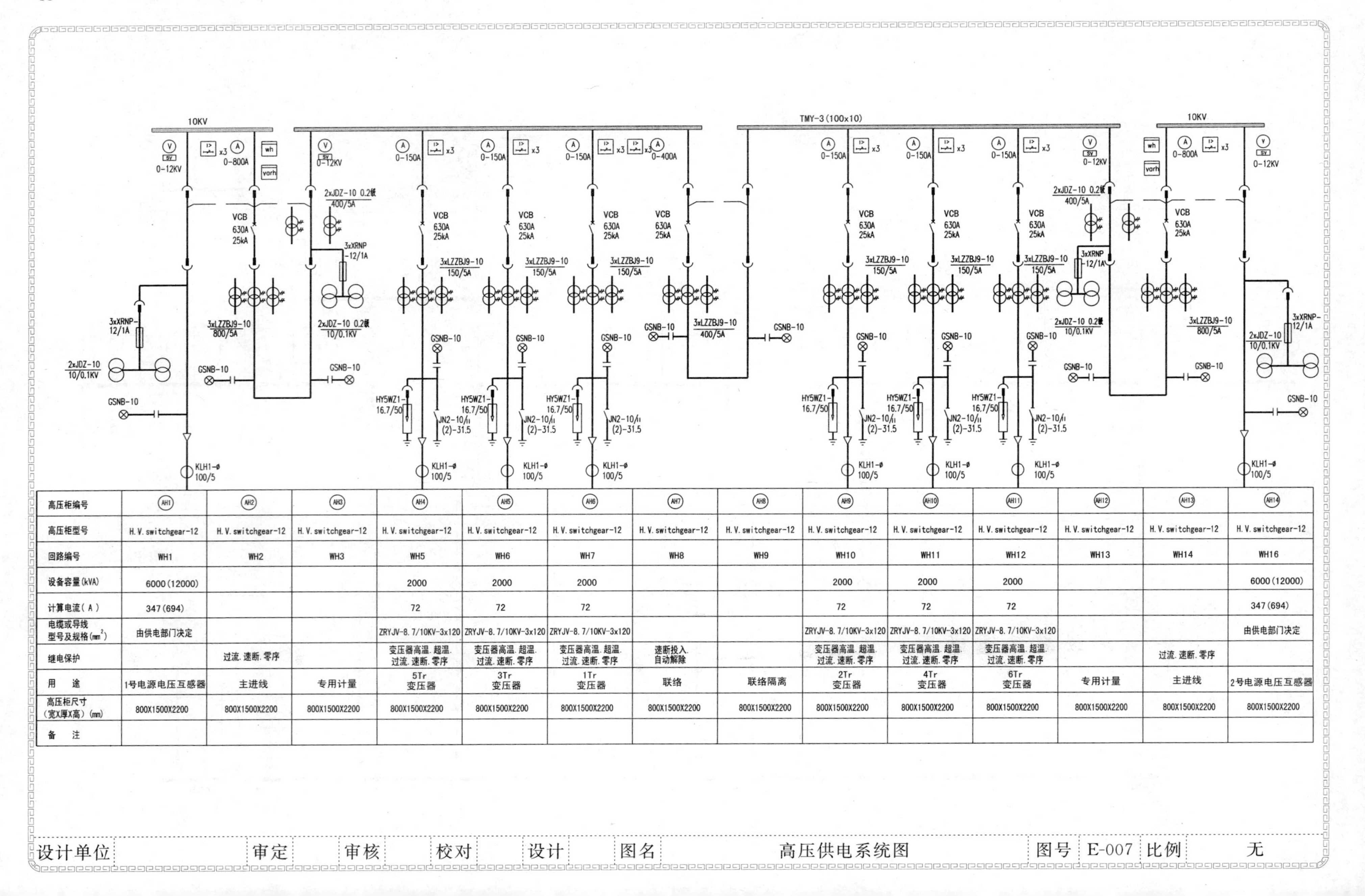

高压柜编号	AH1	AH2	AH3	AH4	AH5	AH6	AH7	AH8	AH9	AH10	AH11	AH12	AH13	AH14
高压柜型号	H.V.switchgear-12	H.V.switchgear-12	H.V.switchgear-12	H.V.switchgear-12	H.V.switchgear-12	H.V.switchgear-12	H.V.switchgear-12	H.V.switchgear-12	H.V.switchgear-12	H.V.switchgear-12	H.V.switchgear-12	H.V.switchgear-12	H.V.switchgear-12	H.V.switchgear-12
回路编号	WH1	WH2	WH3	WH5	WH6	WH7	WH8	WH9	WH10	WH11	WH12	WH13	WH14	WH16
设备容量(kVA)	6000(12000)			2000	2000	2000			2000	2000	2000			6000(12000)
计算电流(A)	347(694)			72	72	72			72	72	72			347(694)
电缆或导线型号及规格(mm^2)	由供电部门决定			ZRYJV-8.7/10KV-3x120	ZRYJV-8.7/10KV-3x120	ZRYJV-8.7/10KV-3x120			ZRYJV-8.7/10KV-3x120	ZRYJV-8.7/10KV-3x120	ZRYJV-8.7/10KV-3x120			由供电部门决定
继电保护		过流.速断.零序		变压器高温.超温.过流.速断.零序	变压器高温.超温.过流.速断.零序	变压器高温.超温.过流.速断.零序	速断投入.自动解除		变压器高温.超温.过流.速断.零序	变压器高温.超温.过流.速断.零序	变压器高温.超温.过流.速断.零序		过流.速断.零序	
用　途	1号电源电压互感器	主进线	专用计量	5Tr 变压器	3Tr 变压器	1Tr 变压器	联络	联络隔离	2Tr 变压器	4Tr 变压器	6Tr 变压器	专用计量	主进线	2号电源电压互感器
高压柜尺寸(宽X厚X高)(mm)	800X1500X2200	800X1500X2200	800X1500X2200	800X1500X2200	800X1500X2200	800X1500X2200	800X1500X2200	800X1500X2200	800X1500X2200	800X1500X2200	800X1500X2200	800X1500X2200	800X1500X2200	800X1500X2200
备　注														

设计单位		审定		审核		校对		设计		图名	高压供电系统图	图号	E-007	比例	无

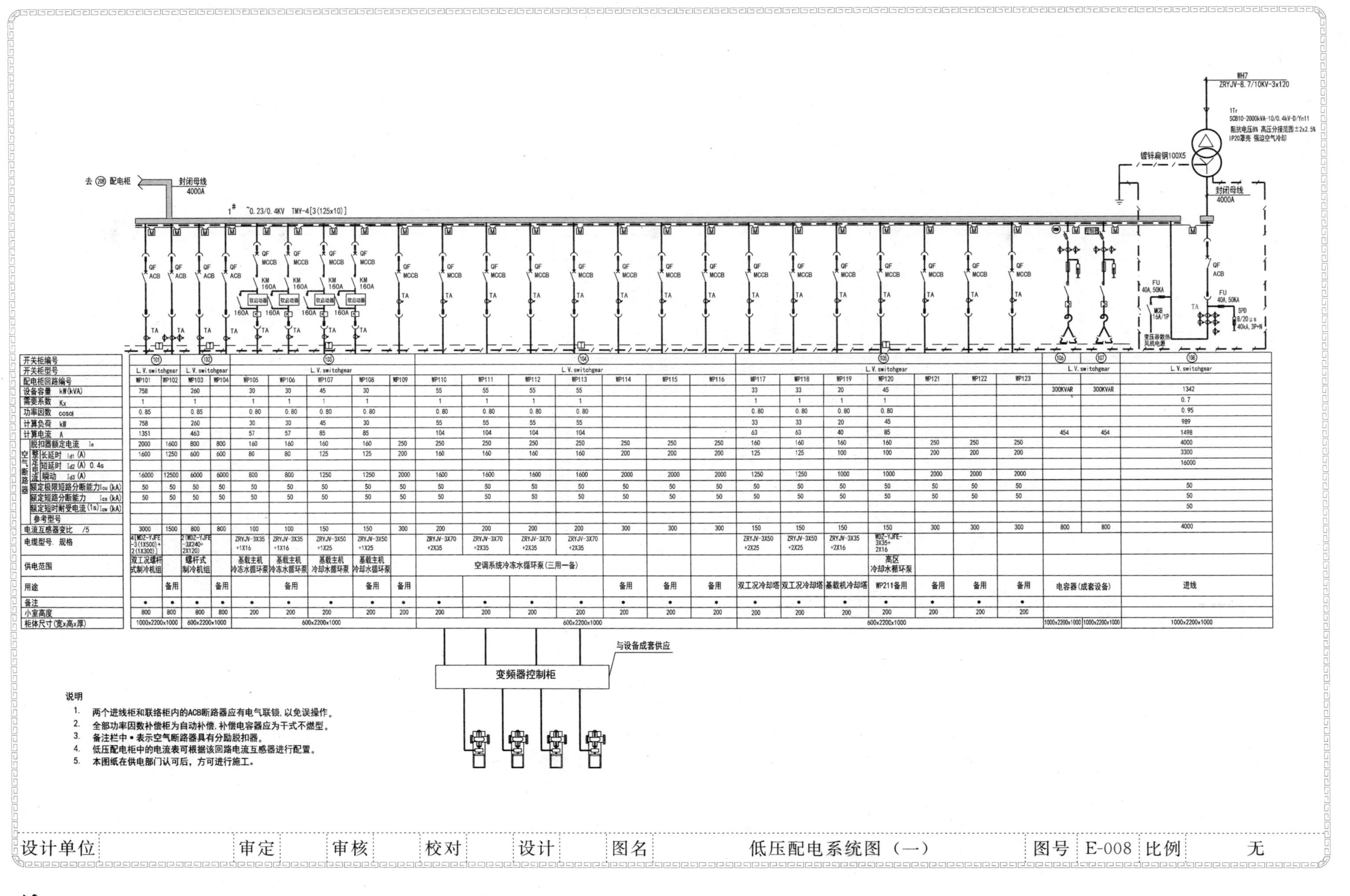
WH7
ZRYJV-8.7/10KV-3x120
1Tr
SCB10-2000kVA-10/0.4kV-D/Yn11
阻抗电压6% 高压分接范围±2x2.5%
IP20罩壳 强迫空气冷却
镀锌扁钢100X5
封闭母线
4000A
去 (208) 配电柜
1# ~0.23/0.4KV TMY-4[3(125x10)]
变频器控制柜
与设备成套供应
开关柜编号
开关柜型号
配电柜回路编号
设备容量 kW(kVA)
需要系数 Kx
功率因数 cosφ
计算负荷 kW
计算电流 A
空气断路器
脱扣器额定电流 Ie
整定电流 长延时 Id1 (A)
短延时 Id2 (A) 0.4s
瞬动 Id3 (A)
额定极限短路分断能力Icu (kA)
额定短路分断能力 Ics (kA)
额定短时耐受电流(1s)Icw (kA)
参考型号
电流互感器变比 /5
电缆型号、规格
供电范围
用途
备注
小室高度
柜体尺寸(宽x高x厚)
说明
1. 两个进线柜和联络柜内的ACB断路器应有电气联锁，以免误操作。
2. 全部功率因数补偿柜为自动补偿，补偿电容器应为干式不燃型。
3. 备注栏中 • 表示空气断路器具有分励脱扣器。
4. 低压配电柜中的电流表可根据该回路电流互感器进行配置。
5. 本图纸在供电部门认可后，方可进行施工。
设计单位
审定
审核
校对
设计
图名
低压配电系统图（一）
图号
E-008
比例
无

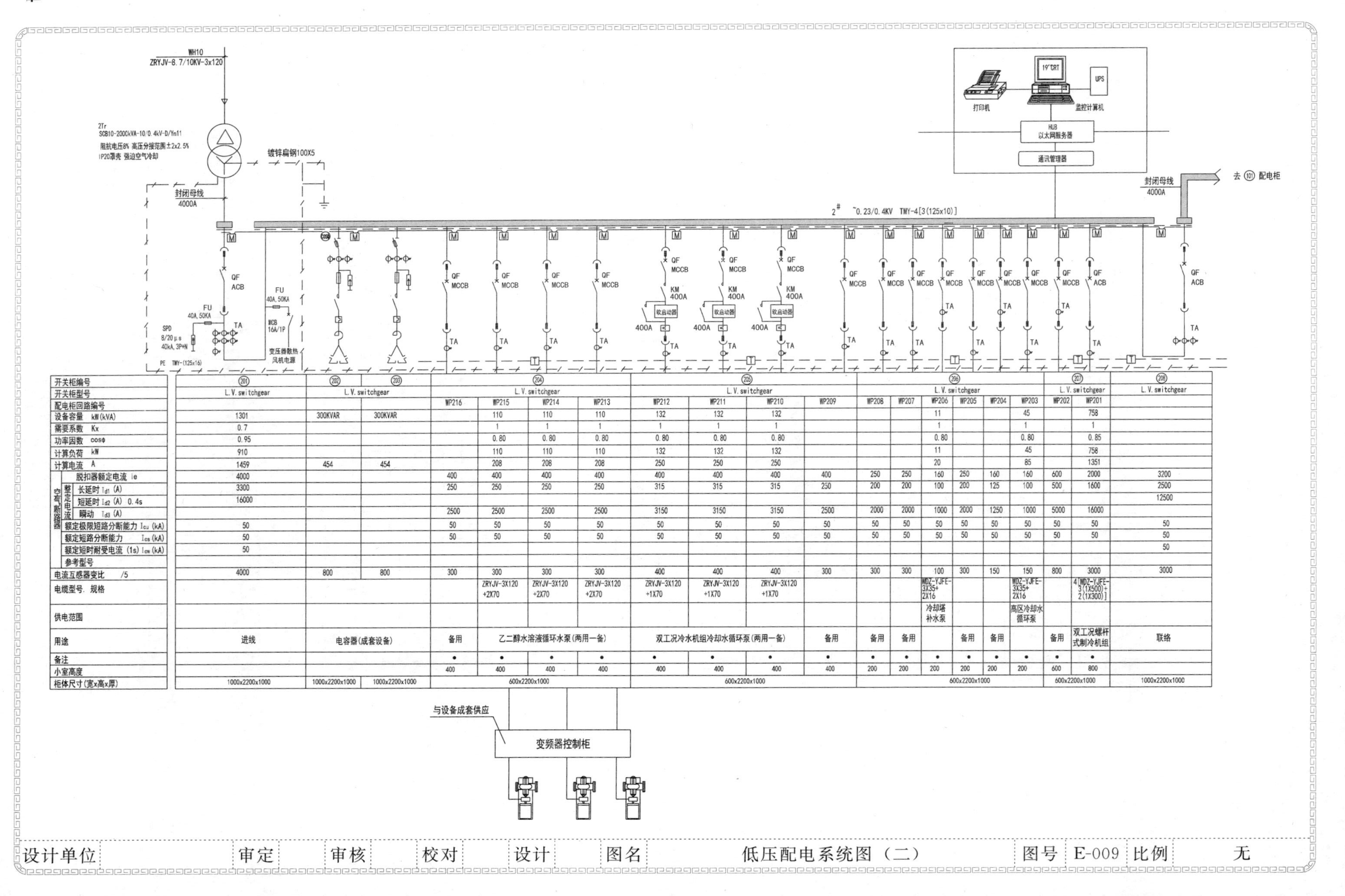

开关柜编号	201	202	203	204				205				206						207		208
开关柜型号	L.V. switchgear	L.V. switchgear		L.V. switchgear				L.V. switchgear				L.V. switchgear						L.V. switchgear		L.V. switchgear
配电柜回路编号				WP216	WP215	WP214	WP213	WP212	WP211	WP210	WP209	WP208	WP207	WP206	WP205	WP204	WP203	WP202	WP201	
设备容量 kW(kVA)	1301	300KVAR	300KVAR		110	110	110	132	132	132				11			45		758	
需要系数 Kx	0.7				1	1	1	1	1	1				1			1		1	
功率因数 cosφ	0.95				0.80	0.80	0.80	0.80	0.80	0.80				0.80			0.80		0.85	
计算负荷 kW	910				110	110	110	132	132	132				11			45		758	
计算电流 A	1459	454	454		208	208	208	250	250	250				20			85		1351	
空气断路器 脱扣器额定电流 Ie	4000			400	400	400	400	400	400	400	400	250	250	160	250	160	160	600	2000	3200
整定电流 长延时 I_{r1} (A)	3300			250	250	250	250	315	315	315	250	200	200	100	200	125	100	500	1600	2500
整定电流 短延时 I_{r2} (A) 0.4s	16000																			12500
整定电流 瞬动 I_{r3} (A)				2500	2500	2500	2500	3150	3150	3150	2500	2000	2000	1000	2000	1250	1000	5000	16000	
额定极限短路分断能力 I_{cu} (kA)	50			50	50	50	50	50	50	50	50	50	50	50	50	50	50	50	50	50
额定短路分断能力 I_{cs} (kA)	50			50	50	50	50	50	50	50	50	50	50	50	50	50	50	50	50	50
额定短时耐受电流 (1s) I_{cw} (kA)	50																			50
参考型号																				
电流互感器变比 /5	4000	800	800	300	300	300	300	400	400	400	300	300	300	100	300	150	150	800	3000	3000
电缆型号、规格					ZRYJV-3X120+2X70	ZRYJV-3X120+2X70	ZRYJV-3X120+2X70	ZRYJV-3X120+1X70	ZRYJV-3X120+1X70	ZRYJV-3X120+1X70				WDZ-YJFE-3X35+2X16			WDZ-YJFE-3X35+2X16		4[WDZ-YJFE-3(1X500)+2(1X300)]	
供电范围														冷却塔补水泵			高区冷却水循环泵			
用途	进线	电容器(成套设备)		备用	乙二醇水溶液循环水泵(两用一备)			双工况冷水机组冷却水循环泵(两用一备)			备用	备用	备用		备用	备用		备用	双工况螺杆式制冷机组	联络
备注				•	•	•	•	•	•	•	•	•	•	•	•	•	•	•	•	
小室高度				400	400	400	400	400	400	400	400	200	200	200	200	200	200	600	800	
柜体尺寸(宽x高x厚)	1000x2200x1000	1000x2200x1000	1000x2200x1000	600x2200x1000				600x2200x1000				600x2200x1000						600x2200x1000		1000x2200x1000

设计单位		审定		审核		校对		设计		图名	低压配电系统图（二）	图号	E-009	比例	无

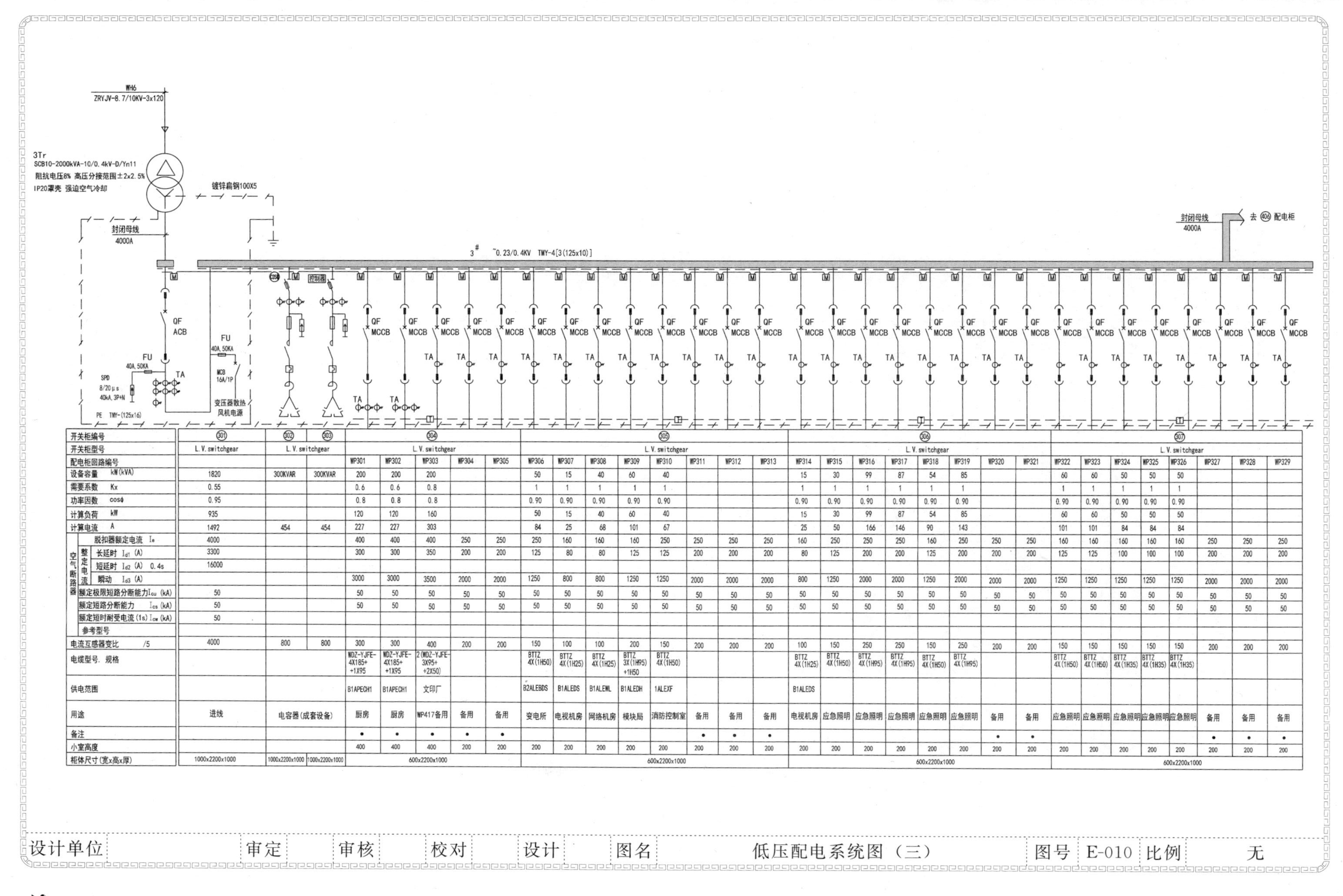

开关柜编号	301	302	303	304				
开关柜型号	L.V.switchgear	L.V.switchgear		L.V.switchgear				
配电柜回路编号				WP301	WP302	WP303	WP304	WP305
设备容量 kW(kVA)	1820	300KVAR	300KVAR	200	200	200		
需要系数 Kx	0.55			0.6	0.6	0.8		
功率因数 cosφ	0.95			0.8	0.8	0.8		
计算负荷 kW	935			120	120	160		
计算电流 A	1492	454	454	227	227	303		
空气断路器 脱扣器额定电流 Ie	4000			400	400	400	250	250
整定电流 长延时 I_{d1} (A)	3300			300	300	350	200	200
短延时 I_{d2} (A) 0.4s	16000							
瞬动 I_{d3} (A)				3000	3000	3500	2000	2000
额定极限短路分断能力 I_{cu} (kA)	50			50	50	50	50	50
额定短路分断能力 I_{cs} (kA)	50			50	50	50	50	50
额定短时耐受电流(1s) I_{cw} (kA)	50							
参考型号								
电流互感器变比 /5	4000	800	800	300	300	400	200	200
电缆型号、规格				WDZ-YJFE-4X185+1X95	WDZ-YJFE-4X185+1X95	2(WDZ-YJFE-3X95+2X50)		
供电范围				B1APECH1	B1APECH1	文印厂		
用途	进线	电容器(成套设备)		厨房	厨房	WP417备用	备用	备用
备注				•	•	•	•	•
小室高度				400	400	400	200	200
柜体尺寸(宽x高x厚)	1000x2200x1000	1000x2200x1000	1000x2200x1000	600x2200x1000				

开关柜编号	305							
开关柜型号	L.V.switchgear							
配电柜回路编号	WP306	WP307	WP308	WP309	WP310	WP311	WP312	WP313
设备容量 kW(kVA)	50	15	40	60	40			
需要系数 Kx	1	1	1	1	1			
功率因数 cosφ	0.90	0.90	0.90	0.90	0.90			
计算负荷 kW	50	15	40	60	40			
计算电流 A	84	25	68	101	67			
空气断路器 脱扣器额定电流 Ie	250	160	160	160	250	250	250	250
整定电流 长延时 I_{d1} (A)	125	80	80	125	125	200	200	200
短延时 I_{d2} (A) 0.4s								
瞬动 I_{d3} (A)	1250	800	800	1250	1250	2000	2000	2000
额定极限短路分断能力 I_{cu} (kA)	50	50	50	50	50	50	50	50
额定短路分断能力 I_{cs} (kA)	50	50	50	50	50	50	50	50
额定短时耐受电流(1s) I_{cw} (kA)								
参考型号								
电流互感器变比 /5	150	100	100	200	150	200	200	200
电缆型号、规格	BTTZ 4X(1H50)	BTTZ 4X(1H25)	BTTZ 4X(1H25)	BTTZ 3X(1H95)+1H50	BTTZ 4X(1H50)			
供电范围	B2ALEBDS	B1ALEDS	B1ALEWL	B1ALEDH	1ALEXF			
用途	变电所	电视机房	网络机房	模块局	消防控制室	备用	备用	备用
备注						•	•	•
小室高度	200	200	200	200	200	200	200	200
柜体尺寸(宽x高x厚)	600x2200x1000							

开关柜编号	306							
开关柜型号	L.V.switchgear							
配电柜回路编号	WP314	WP315	WP316	WP317	WP318	WP319	WP320	WP321
设备容量 kW(kVA)	15	30	99	87	54	85		
需要系数 Kx	1	1	1	1	1	1		
功率因数 cosφ	0.90	0.90	0.90	0.90	0.90	0.90		
计算负荷 kW	15	30	99	87	54	85		
计算电流 A	25	50	166	146	90	143		
空气断路器 脱扣器额定电流 Ie	160	250	250	250	160	250	250	250
整定电流 长延时 I_{d1} (A)	80	125	200	200	125	200	200	200
短延时 I_{d2} (A) 0.4s								
瞬动 I_{d3} (A)	800	1250	2000	2000	1250	2000	2000	2000
额定极限短路分断能力 I_{cu} (kA)	50	50	50	50	50	50	50	50
额定短路分断能力 I_{cs} (kA)	50	50	50	50	50	50	50	50
额定短时耐受电流(1s) I_{cw} (kA)								
参考型号								
电流互感器变比 /5	100	150	250	250	150	250	200	200
电缆型号、规格	BTTZ 4X(1H25)	BTTZ 4X(1H50)	BTTZ 4X(1H95)	BTTZ 4X(1H95)	BTTZ 4X(1H50)	BTTZ 4X(1H95)		
供电范围	B1ALEDS							
用途	电视机房	应急照明	应急照明	应急照明	应急照明	应急照明	备用	备用
备注							•	•
小室高度	200	200	200	200	200	200	200	200
柜体尺寸(宽x高x厚)	600x2200x1000							

开关柜编号	307							
开关柜型号	L.V.switchgear							
配电柜回路编号	WP322	WP323	WP324	WP325	WP326	WP327	WP328	WP329
设备容量 kW(kVA)	60	60	50	50	50			
需要系数 Kx	1	1	1	1	1			
功率因数 cosφ	0.90	0.90	0.90	0.90	0.90			
计算负荷 kW	60	60	50	50	50			
计算电流 A	101	101	84	84	84			
空气断路器 脱扣器额定电流 Ie	160	160	160	160	160	250	250	250
整定电流 长延时 I_{d1} (A)	125	125	100	100	100	200	200	200
短延时 I_{d2} (A) 0.4s								
瞬动 I_{d3} (A)	1250	1250	1250	1250	1250	2000	2000	2000
额定极限短路分断能力 I_{cu} (kA)	50	50	50	50	50	50	50	50
额定短路分断能力 I_{cs} (kA)	50	50	50	50	50	50	50	50
额定短时耐受电流(1s) I_{cw} (kA)								
参考型号								
电流互感器变比 /5	150	150	150	150	150	200	200	200
电缆型号、规格	BTTZ 4X(1H50)	BTTZ 4X(1H50)	BTTZ 4X(1H35)	BTTZ 4X(1H35)	BTTZ 4X(1H35)			
供电范围								
用途	应急照明	应急照明	应急照明	应急照明	应急照明	备用	备用	备用
备注						•	•	•
小室高度	200	200	200	200	200	200	200	200
柜体尺寸(宽x高x厚)	600x2200x1000							

设计单位		审定		审核		校对		设计		图名	低压配电系统图（三）	图号	E-010	比例	无

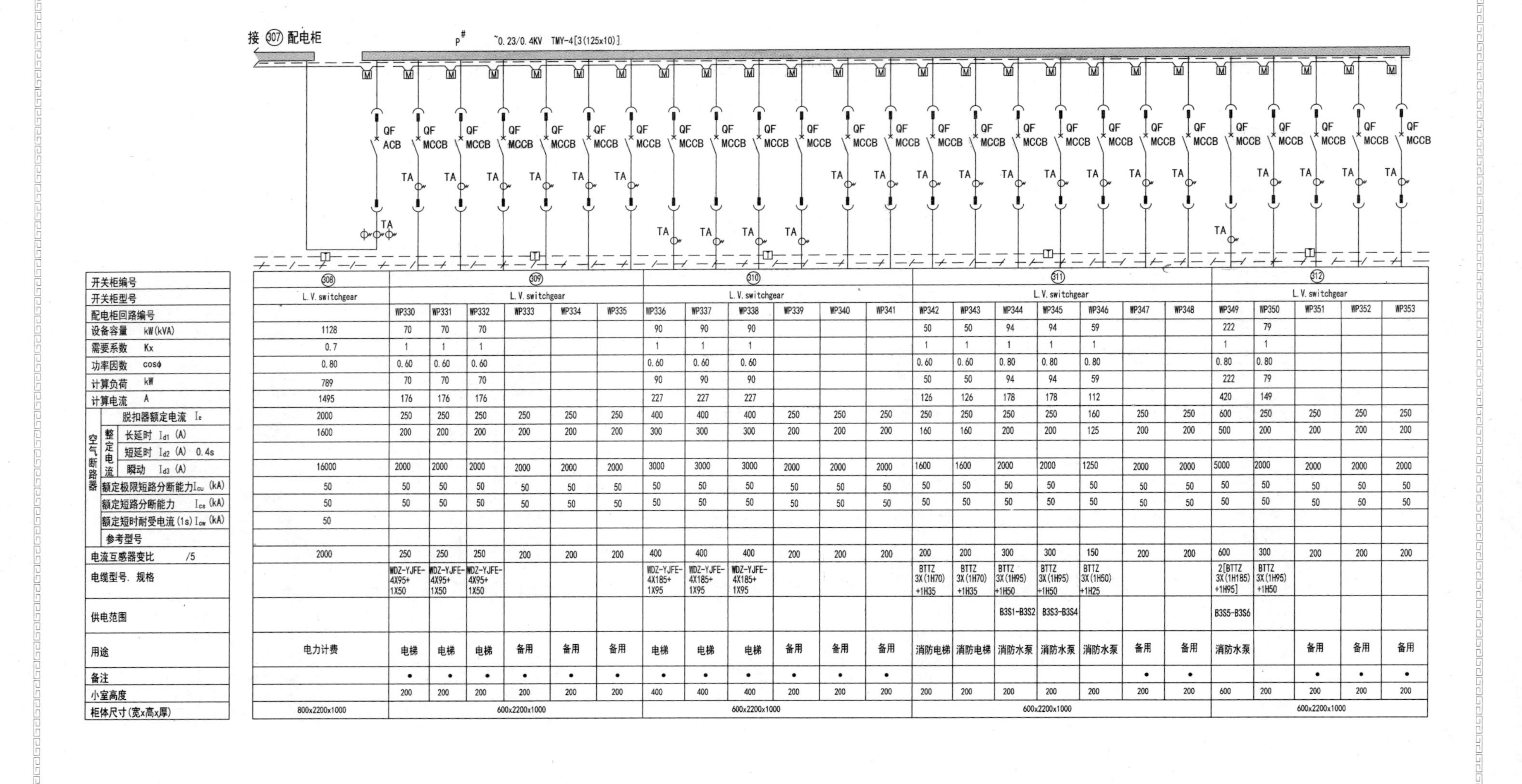

开关柜编号	308	309						310						311							312				
开关柜型号	L.V. switchgear	L.V. switchgear						L.V. switchgear						L.V. switchgear							L.V. switchgear				
配电柜回路编号		WP330	WP331	WP332	WP333	WP334	WP335	WP336	WP337	WP338	WP339	WP340	WP341	WP342	WP343	WP344	WP345	WP346	WP347	WP348	WP349	WP350	WP351	WP352	WP353
设备容量 kW(kVA)	1128	70	70	70				90	90	90				50	50	94	94	59			222	79			
需要系数 Kx	0.7	1	1	1				1	1	1				1	1	1	1	1			1	1			
功率因数 cosϕ	0.80	0.60	0.60	0.60				0.60	0.60	0.60				0.60	0.60	0.80	0.80	0.80			0.80	0.80			
计算负荷 kW	789	70	70	70				90	90	90				50	50	94	94	59			222	79			
计算电流 A	1495	176	176	176				227	227	227				126	126	178	178	112			420	149			
空气断路器 脱扣器额定电流 I_e	2000	250	250	250	250	250	250	400	400	400	250	250	250	250	250	250	250	160	250	250	600	250	250	250	250
空气断路器 整定电流 长延时 I_{d1} (A)	1600	200	200	200	200	200	200	300	300	300	200	200	200	160	160	200	200	125	200	200	500	200	200	200	200
空气断路器 整定电流 短延时 I_{d2} (A) 0.4s																									
空气断路器 整定电流 瞬动 I_{d3} (A)	16000	2000	2000	2000	2000	2000	2000	3000	3000	3000	2000	2000	2000	1600	1600	2000	2000	1250	2000	2000	5000	2000	2000	2000	2000
空气断路器 额定极限短路分断能力 I_{cu} (kA)	50	50	50	50	50	50	50	50	50	50	50	50	50	50	50	50	50	50	50	50	50	50	50	50	50
空气断路器 额定短路分断能力 I_{cs} (kA)	50	50	50	50	50	50	50	50	50	50	50	50	50	50	50	50	50	50	50	50	50	50	50	50	50
空气断路器 额定短时耐受电流(1s) I_{cw} (kA)	50																								
空气断路器 参考型号																									
电流互感器变比 /5	2000	250	250	250	200	200	200	400	400	400	200	200	200	200	200	300	300	150	200	200	600	300	200	200	200
电缆型号，规格		WDZ-YJFE-4X95+1X50	WDZ-YJFE-4X95+1X50	WDZ-YJFE-4X95+1X50				WDZ-YJFE-4X185+1X95	WDZ-YJFE-4X185+1X95	WDZ-YJFE-4X185+1X95				BTTZ 3X(1H70)+1H35	BTTZ 3X(1H70)+1H35	BTTZ 3X(1H95)+1H50	BTTZ 3X(1H95)+1H50	BTTZ 3X(1H50)+1H25			2[BTTZ 3X(1H185)+1H95]	BTTZ 3X(1H95)+1H50			
供电范围																B3S1-B3S2	B3S3-B3S4				B3S5-B3S6				
用途	电力计费	电梯	电梯	电梯	备用	备用	备用	电梯	电梯	电梯	备用	备用	备用	消防电梯	消防电梯	消防水泵	消防水泵	消防水泵	备用	备用	消防水泵		备用	备用	备用
备注		•	•	•	•	•	•	•	•	•	•	•	•						•	•			•	•	•
小室高度		200	200	200	200	200	200	400	400	400	200	200	200	200	200	200	200	200	200	200	600	200	200	200	200
柜体尺寸(宽x高x厚)	800x2200x1000	600x2200x1000						600x2200x1000						600x2200x1000							600x2200x1000				

设计单位	审定	审核	校对	设计	图名	低压配电系统图（四）	图号	E-011	比例	无

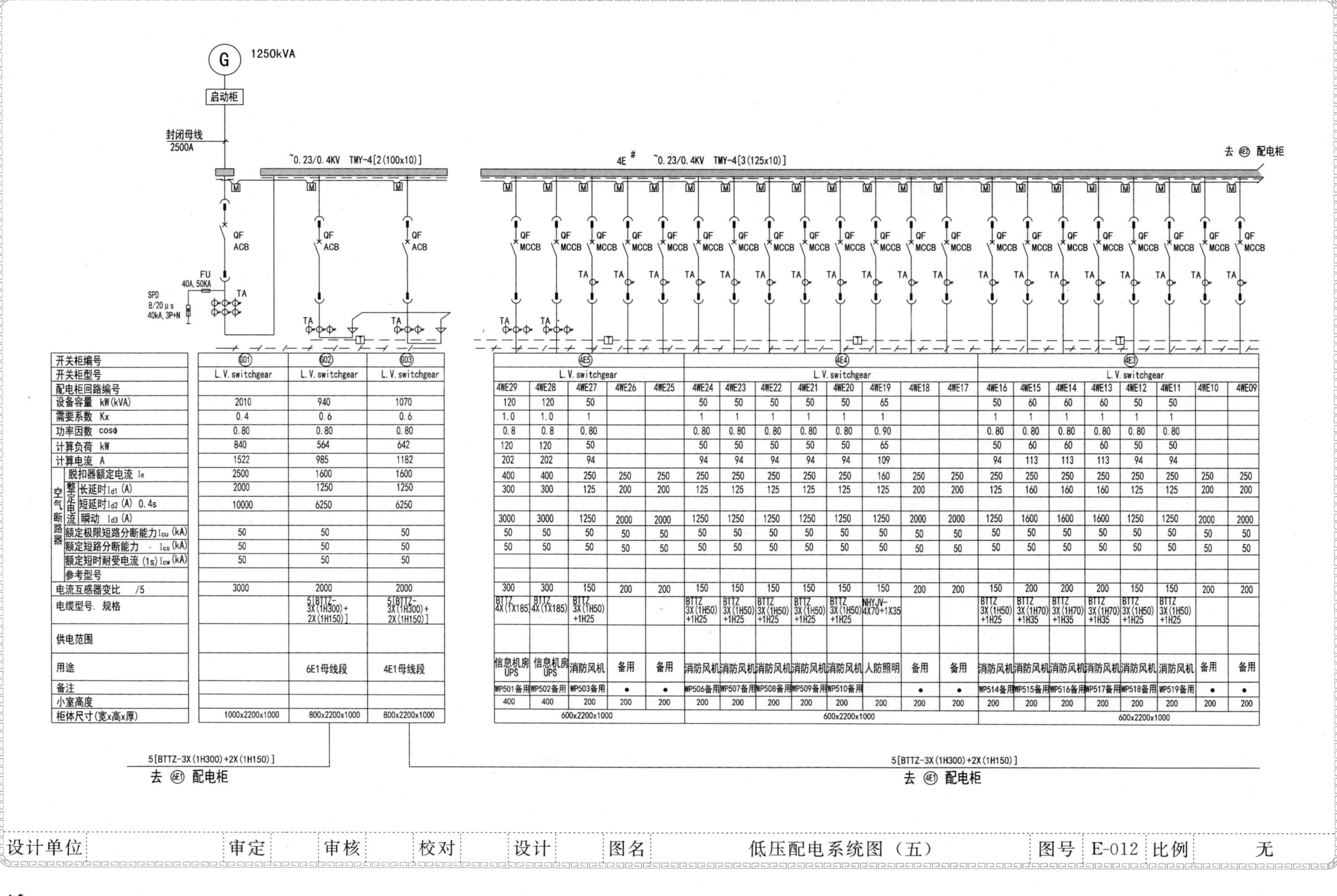

开关柜编号	G01	G02	G03	4E5					4E4								4E3							
开关柜型号	L.V.switchgear	L.V.switchgear	L.V.switchgear	L.V.switchgear					L.V.switchgear								L.V.switchgear							
配电柜回路编号				4WE29	4WE28	4WE27	4WE26	4WE25	4WE24	4WE23	4WE22	4WE21	4WE20	4WE19	4WE18	4WE17	4WE16	4WE15	4WE14	4WE13	4WE12	4WE11	4WE10	4WE09
设备容量 kW(kVA)	2010	940	1070	120	120	50			50	50	50	50	50	65			50	60	60	60	50	50		
需要系数 Kx	0.4	0.6	0.6	1.0	1.0	1			1	1	1	1	1	1			1	1	1	1	1	1		
功率因数 cosφ	0.80	0.80	0.80	0.8	0.8	0.80			0.80	0.80	0.80	0.80	0.80	0.90			0.80	0.80	0.80	0.80	0.80	0.80		
计算负荷 kW	840	564	642	120	120	50			50	50	50	50	50	65			50	60	60	60	50	50		
计算电流 A	1522	985	1182	202	202	94			94	94	94	94	94	109			94	113	113	113	94	94		
空气断路器 脱扣器额定电流 Ie	2500	1600	1600	400	400	250	250	250	250	250	250	250	250	160	250	250	250	250	250	250	250	250	250	250
空气断路器 整定电流 长延时 I_{d1} (A)	2000	1250	1250	300	300	125	200	200	125	125	125	125	125	125	200	200	125	160	160	160	125	125	200	200
空气断路器 整定电流 短延时 I_{d2} (A) 0.4s	10000	6250	6250																					
空气断路器 整定电流 瞬动 I_{d3} (A)				3000	3000	1250	2000	2000	1250	1250	1250	1250	1250	1250	2000	2000	1250	1600	1600	1600	1250	1250	2000	2000
空气断路器 额定极限短路分断能力 I_{cu} (kA)	50	50	50	50	50	50	50	50	50	50	50	50	50	50	50	50	50	50	50	50	50	50	50	50
空气断路器 额定短路分断能力 I_{cs} (kA)	50	50	50	50	50	50	50	50	50	50	50	50	50	50	50	50	50	50	50	50	50	50	50	50
空气断路器 额定短时耐受电流 (1s) I_{cw} (kA)	50	50	50																					
空气断路器 参考型号																								
电流互感器变比 /5	3000	2000	2000	300	300	150	200	200	150	150	150	150	150	150	200	200	150	200	200	200	150	150	200	200
电缆型号、规格		5[BTTZ-3X(1H300)+2X(1H150)]	5[BTTZ-3X(1H300)+2X(1H150)]	BTTZ 4X(1X185)	BTTZ 4X(1X185)	BTTZ 3X(1H50)+1H25			BTTZ 3X(1H50)+1H25	BTTZ 3X(1H50)+1H25	BTTZ 3X(1H50)+1H25	BTTZ 3X(1H50)+1H25	BTTZ 3X(1H50)+1H25	NHYJV-4X70+1X35			BTTZ 3X(1H50)+1H25	BTTZ 3X(1H70)+1H35	BTTZ 3X(1H70)+1H35	BTTZ 3X(1H70)+1H35	BTTZ 3X(1H50)+1H25	BTTZ 3X(1H50)+1H25		
供电范围																								
用途		6E1母线段	4E1母线段	信息机房UPS	信息机房UPS	消防风机	备用	备用	消防风机	消防风机	消防风机	消防风机	消防风机	人防照明	备用	备用	消防风机	消防风机	消防风机	消防风机	消防风机	消防风机	备用	备用
备注				WP501备用	WP502备用	WP503备用	•	•	WP506备用	WP507备用	WP508备用	WP509备用	WP510备用		•	•	WP514备用	WP515备用	WP516备用	WP517备用	WP518备用	WP519备用	•	•
小室高度				400	400	200	200	200	200	200	200	200	200	200	200	200	200	200	200	200	200	200	200	200
柜体尺寸(宽x高x厚)	1000x2200x1000	800x2200x1000	800x2200x1000	600x2200x1000					600x2200x1000								600x2200x1000							

设计单位 审定 审核 校对 设计 图名 低压配电系统图（五） 图号 E-012 比例 无

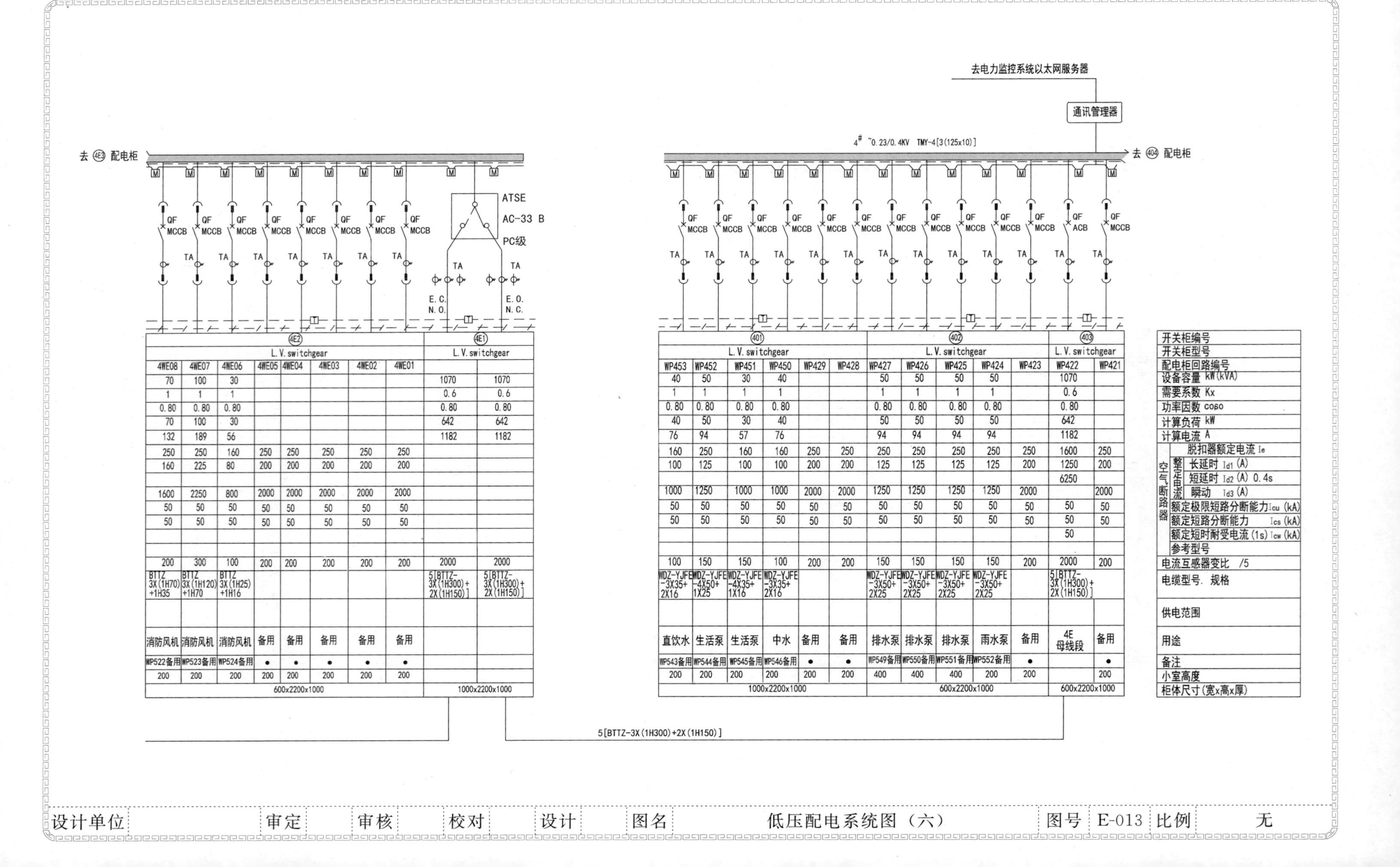

开关柜编号	4E2								4E1	
开关柜型号	L.V. switchgear								L.V. switchgear	
配电柜回路编号	4WE08	4WE07	4WE06	4WE05	4WE04	4WE03	4WE02	4WE01		
设备容量 kW(kVA)	70	100	30						1070	1070
需要系数 Kx	1	1	1						0.6	0.6
功率因数 cosφ	0.80	0.80	0.80						0.80	0.80
计算负荷 kW	70	100	30						642	642
计算电流 A	132	189	56						1182	1182
空气断路器 脱扣器额定电流 Ie	250	250	160	250	250	250	250	250		
整定电流 长延时 Id1 (A)	160	225	80	200	200	200	200	200		
短延时 Id2 (A) 0.4s										
瞬动 Id3 (A)	1600	2250	800	2000	2000	2000	2000	2000		
额定极限短路分断能力 Icu (kA)	50	50	50	50	50	50	50	50		
额定短路分断能力 Ics (kA)	50	50	50	50	50	50	50	50		
额定短时耐受电流(1s) Icw (kA)										
参考型号										
电流互感器变比 /5	200	300	100	200	200	200	200	200	2000	2000
电缆型号、规格	BTTZ 3X(1H70)+1H35	BTTZ 3X(1H120)+1H70	BTTZ 3X(1H25)+1H16						5[BTTZ-3X(1H300)+2X(1H150)]	5[BTTZ-3X(1H300)+2X(1H150)]
供电范围										
用途	消防风机	消防风机	消防风机	备用	备用	备用	备用	备用		
备注	WP522备用	WP523备用	WP524备用	•	•	•	•	•		
小室高度	200	200	200	200	200	200	200	200		
柜体尺寸(宽x高x厚)	600x2200x1000								1000x2200x1000	

开关柜编号	401						402					403	
开关柜型号	L.V. switchgear						L.V. switchgear					L.V. switchgear	
配电柜回路编号	WP453	WP452	WP451	WP450	WP429	WP428	WP427	WP426	WP425	WP424	WP423	WP422	WP421
设备容量 kW(kVA)	40	50	30	40			50	50	50	50		1070	
需要系数 Kx	1	1	1	1			1	1	1	1		0.6	
功率因数 cosφ	0.80	0.80	0.80	0.80			0.80	0.80	0.80	0.80		0.80	
计算负荷 kW	40	50	30	40			50	50	50	50		642	
计算电流 A	76	94	57	76			94	94	94	94		1182	
空气断路器 脱扣器额定电流 Ie	160	250	160	160	250	250	250	250	250	250	250	1600	250
整定电流 长延时 Id1 (A)	100	125	100	100	200	200	125	125	125	125	200	1250	200
短延时 Id2 (A) 0.4s												6250	
瞬动 Id3 (A)	1000	1250	1000	1000	2000	2000	1250	1250	1250	1250	2000		2000
额定极限短路分断能力 Icu (kA)	50	50	50	50	50	50	50	50	50	50	50	50	50
额定短路分断能力 Ics (kA)	50	50	50	50	50	50	50	50	50	50	50	50	50
额定短时耐受电流(1s) Icw (kA)												50	
参考型号													
电流互感器变比 /5	100	150	150	100	200	200	150	150	150	150	200	2000	200
电缆型号、规格	WDZ-YJFE-3X35+2X16	WDZ-YJFE-4X50+1X25	WDZ-YJFE-4X35+1X16	WDZ-YJFE-3X35+2X16			WDZ-YJFE-3X50+2X25	WDZ-YJFE-3X50+2X25	WDZ-YJFE-3X50+2X25	WDZ-YJFE-3X50+2X25		5[BTTZ-3X(1H300)+2X(1H150)]	
供电范围													
用途	直饮水	生活泵	生活泵	中水	备用	备用	排水泵	排水泵	排水泵	雨水泵	备用	4E母线段	备用
备注	WP543备用	WP544备用	WP545备用	WP546备用	•	•	WP549备用	WP550备用	WP551备用	WP552备用	•		•
小室高度	200	200	200	200	200	200	400	400	400	200	200		200
柜体尺寸(宽x高x厚)	1000x2200x1000						600x2200x1000					600x2200x1000	

设计单位		审定	审核	校对	设计	图名	低压配电系统图（六）	图号	E-013	比例	无

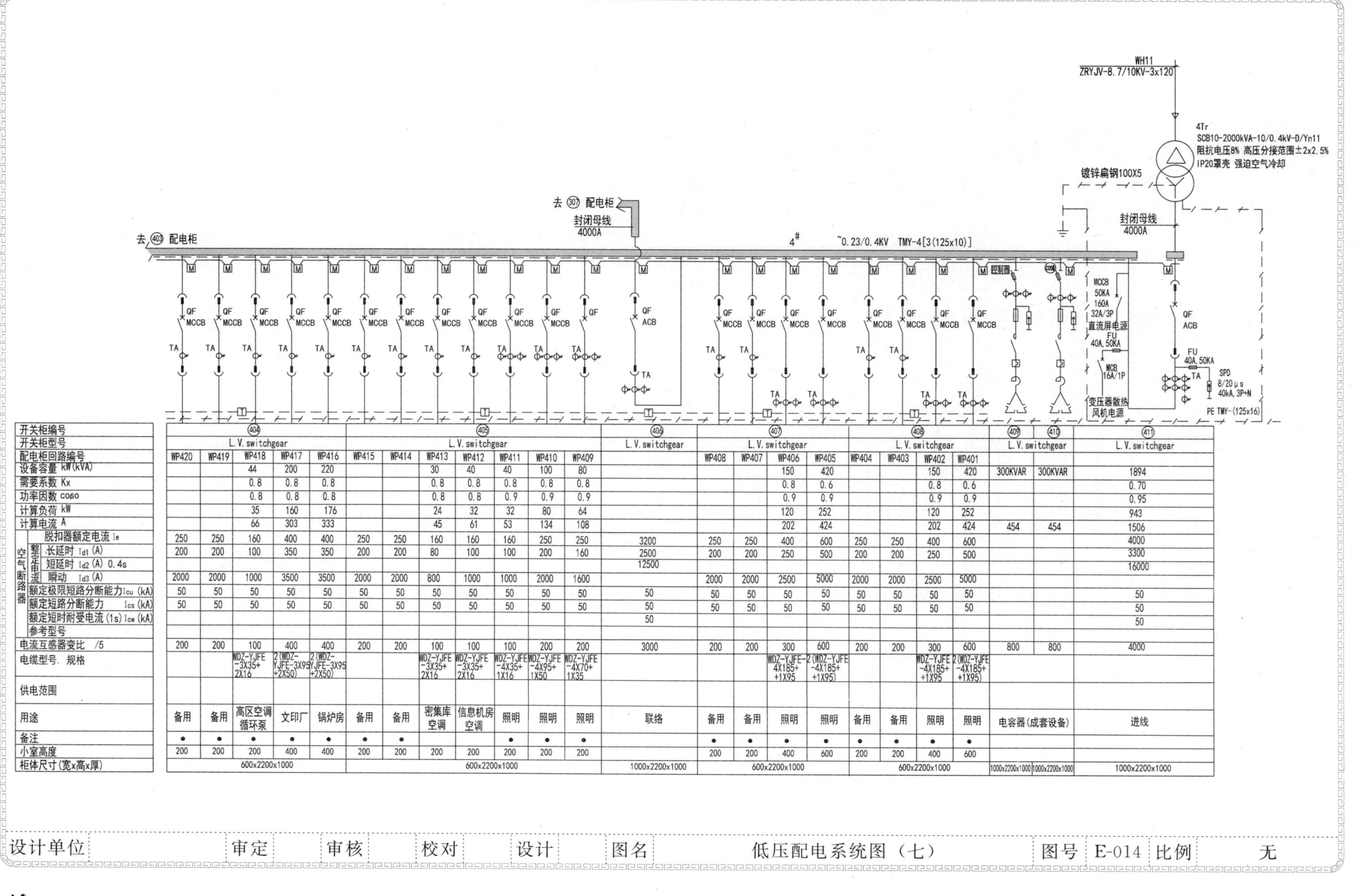

开关柜编号	404					405							406	407				408				409	410	411
开关柜型号	L.V.switchgear					L.V.switchgear							L.V.switchgear	L.V.switchgear				L.V.switchgear				L.V.switchgear		L.V.switchgear
配电柜回路编号	WP420	WP419	WP418	WP417	WP416	WP415	WP414	WP413	WP412	WP411	WP410	WP409		WP408	WP407	WP406	WP405	WP404	WP403	WP402	WP401			
设备容量 kW(kVA)			44	200	220			30	40	40	100	80				150	420			150	420	300KVAR	300KVAR	1894
需要系数 Kx			0.8	0.8	0.8			0.8	0.8	0.8	0.8	0.8				0.8	0.6			0.8	0.6			0.70
功率因数 cosφ			0.8	0.8	0.8			0.8	0.8	0.9	0.9	0.9				0.9	0.9			0.9	0.9			0.95
计算负荷 kW			35	160	176			24	32	32	80	64				120	252			120	252			943
计算电流 A			66	303	333			45	61	53	134	108				202	424			202	424	454	454	1506
空气断路器 脱扣器额定电流 Ie	250	250	160	400	400	250	250	160	160	160	250	250	3200	250	250	400	600	250	250	400	600			4000
整定电流 长延时 Id1 (A)	200	200	100	350	350	200	200	80	100	100	200	160	2500	200	200	250	500	200	200	250	500			3300
整定电流 短延时 Id2 (A) 0.4s													12500											16000
整定电流 瞬动 Id3 (A)	2000	2000	1000	3500	3500	2000	2000	800	1000	1000	2000	1600		2000	2000	2500	5000	2000	2000	2500	5000			
额定极限短路分断能力Icu (kA)	50	50	50	50	50	50	50	50	50	50	50	50	50	50	50	50	50	50	50	50	50			50
额定短路分断能力 Ics (kA)	50	50	50	50	50	50	50	50	50	50	50	50	50	50	50	50	50	50	50	50	50			50
额定短时耐受电流 (1s) Icw (kA)													50											50
参考型号																								
电流互感器变比 /5	200	200	100	400	400	200	200	100	100	100	200	200	3000	200	200	300	600	200	200	300	600	800	800	4000
电缆型号、规格			WDZ-YJFE-3X35+2X16	2(WDZ-YJFE-3X95+2X50)	2(WDZ-YJFE-3X95+2X50)			WDZ-YJFE-3X35+2X16	WDZ-YJFE-3X35+2X16	WDZ-YJFE-4X35+1X16	WDZ-YJFE-4X95+1X50	WDZ-YJFE-4X70+1X35				WDZ-YJFE-4X185+1X95	2(WDZ-YJFE-4X185+1X95)			WDZ-YJFE-4X185+1X95	2(WDZ-YJFE-4X185+1X95)			
供电范围																								
用途	备用	备用	高区空调循环泵	文印厂	锅炉房	备用	备用	密集库空调	信息机房空调	照明	照明	照明	联络	备用	备用	照明	照明	备用	备用	照明	照明	电容器(成套设备)		进线
备注	●	●	●	●	●	●	●			●	●	●		●	●	●	●	●	●	●	●			
小室高度	200	200	200	400	400	200	200	200	200	200	200	200		200	200	400	600	200	200	400	600			
柜体尺寸(宽x高x厚)	600x2200x1000					600x2200x1000							1000x2200x1000	600x2200x1000				600x2200x1000				1000x2200x1000	1000x2200x1000	1000x2200x1000

设计单位		审定		审核		校对		设计		图名	低压配电系统图（七）	图号	E-014	比例	无

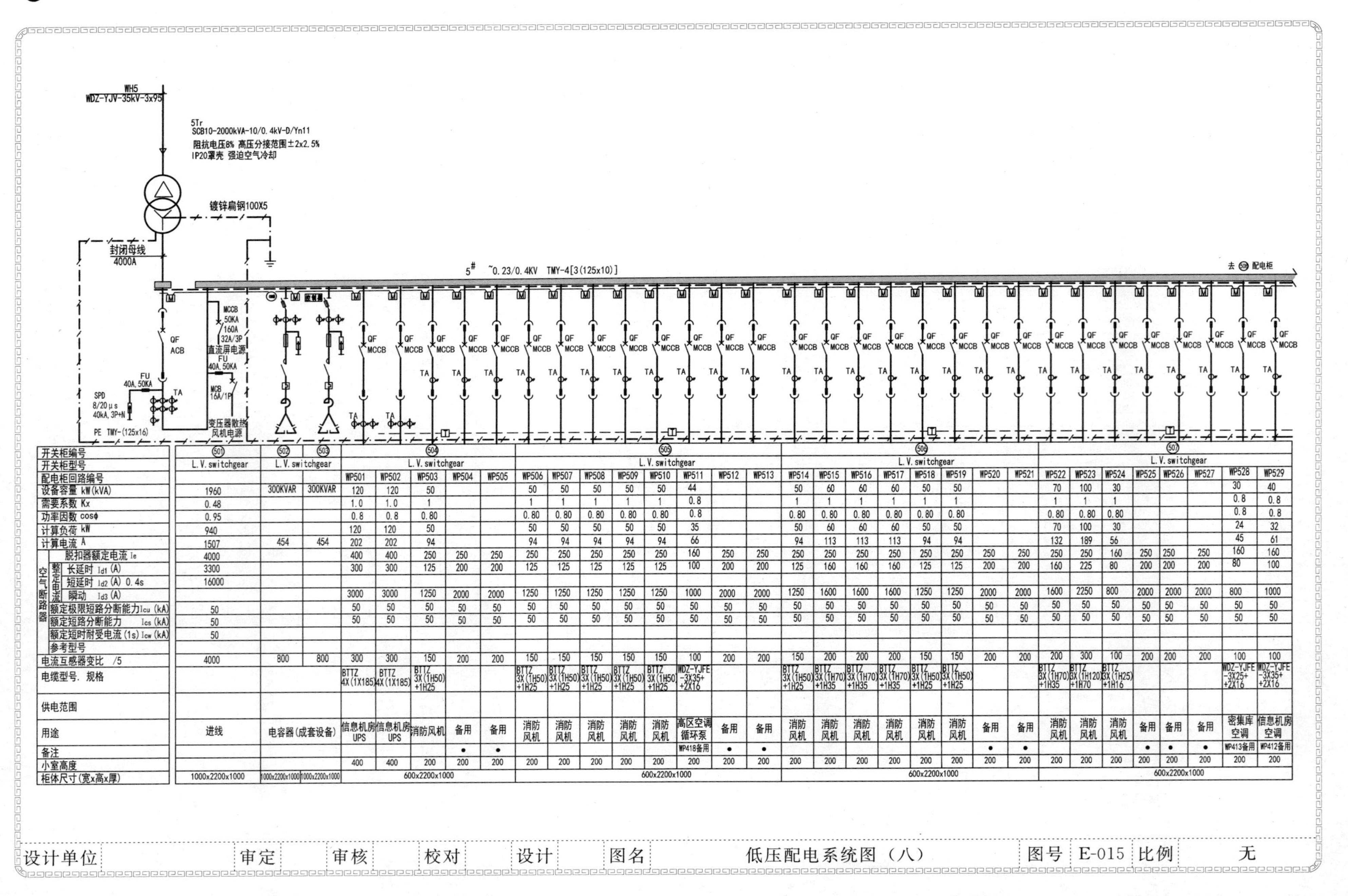

开关柜编号	501	502	503
开关柜型号	L.V.switchgear	L.V.switchgear	
配电柜回路编号			
设备容量 kW(kVA)	1960	300KVAR	300KVAR
需要系数 Kx	0.48		
功率因数 cosφ	0.95		
计算负荷 kW	940		
计算电流 A	1507	454	454
空气断路器 脱扣器额定电流 Ie	4000		
整定电流 长延时 Id1 (A)	3300		
整定电流 短延时 Id2 (A) 0.4s	16000		
整定电流 瞬动 Id3 (A)			
额定极限短路分断能力Icu (kA)	50		
额定短路分断能力 Ics (kA)	50		
额定短时耐受电流(1s) Icw (kA)	50		
参考型号			
电流互感器变比 /5	4000	800	800
电缆型号、规格			
供电范围			
用途	进线	电容器(成套设备)	
备注			
小室高度			
柜体尺寸(宽x高x厚)	1000x2200x1000	1000x2200x1000	1000x2200x1000

开关柜编号	504				
开关柜型号	L.V.switchgear				
配电柜回路编号	WP501	WP502	WP503	WP504	WP505
设备容量 kW(kVA)	120	120	50		
需要系数 Kx	1.0	1.0	1		
功率因数 cosφ	0.8	0.8	0.80		
计算负荷 kW	120	120	50		
计算电流 A	202	202	94		
脱扣器额定电流 Ie	400	400	250	250	250
长延时 Id1 (A)	300	300	125	200	200
短延时 Id2 (A) 0.4s					
瞬动 Id3 (A)	3000	3000	1250	2000	2000
Icu (kA)	50	50	50	50	50
Ics (kA)	50	50	50	50	50
Icw (kA)					
参考型号					
电流互感器变比 /5	300	300	150	200	200
电缆型号、规格	BTTZ 4X(1X185)	BTTZ 4X(1X185)	BTTZ 3X(1H50)+1H25		
供电范围					
用途	信息机房UPS	信息机房UPS	消防风机	备用	备用
备注				•	•
小室高度	400	400	200	200	200
柜体尺寸(宽x高x厚)	600x2200x1000				

开关柜编号	505							
开关柜型号	L.V.switchgear							
配电柜回路编号	WP506	WP507	WP508	WP509	WP510	WP511	WP512	WP513
设备容量 kW(kVA)	50	50	50	50	50	44		
需要系数 Kx	1	1	1	1	1	0.8		
功率因数 cosφ	0.80	0.80	0.80	0.80	0.80	0.8		
计算负荷 kW	50	50	50	50	50	35		
计算电流 A	94	94	94	94	94	66		
脱扣器额定电流 Ie	250	250	250	250	250	160	250	250
长延时 Id1 (A)	125	125	125	125	125	100	200	200
短延时 Id2 (A) 0.4s								
瞬动 Id3 (A)	1250	1250	1250	1250	1250	1000	2000	2000
Icu (kA)	50	50	50	50	50	50	50	50
Ics (kA)	50	50	50	50	50	50	50	50
Icw (kA)								
参考型号								
电流互感器变比 /5	150	150	150	150	150	100	200	200
电缆型号、规格	BTTZ 3X(1H50)+1H25	BTTZ 3X(1H50)+1H25	BTTZ 3X(1H50)+1H25	BTTZ 3X(1H50)+1H25	BTTZ 3X(1H50)+1H25	WDZ-YJFE -3X35+2X16		
供电范围								
用途	消防风机	消防风机	消防风机	消防风机	消防风机	高区空调循环泵	备用	备用
备注						WP418备用	•	•
小室高度	200	200	200	200	200	200	200	200
柜体尺寸(宽x高x厚)	600x2200x1000							

开关柜编号	506							
开关柜型号	L.V.switchgear							
配电柜回路编号	WP514	WP515	WP516	WP517	WP518	WP519	WP520	WP521
设备容量 kW(kVA)	50	60	60	60	50	50		
需要系数 Kx	1	1	1	1	1	1		
功率因数 cosφ	0.80	0.80	0.80	0.80	0.80	0.80		
计算负荷 kW	50	60	60	60	50	50		
计算电流 A	94	113	113	113	94	94		
脱扣器额定电流 Ie	250	250	250	250	250	250	250	250
长延时 Id1 (A)	125	160	160	160	125	125	200	200
短延时 Id2 (A) 0.4s								
瞬动 Id3 (A)	1250	1600	1600	1600	1250	1250	2000	2000
Icu (kA)	50	50	50	50	50	50	50	50
Ics (kA)	50	50	50	50	50	50	50	50
Icw (kA)								
参考型号								
电流互感器变比 /5	150	200	200	200	150	150	200	200
电缆型号、规格	BTTZ 3X(1H50)+1H25	BTTZ 3X(1H70)+1H35	BTTZ 3X(1H70)+1H35	BTTZ 3X(1H70)+1H35	BTTZ 3X(1H50)+1H25	BTTZ 3X(1H50)+1H25		
供电范围								
用途	消防风机	消防风机	消防风机	消防风机	消防风机	消防风机	备用	备用
备注							•	•
小室高度	200	200	200	200	200	200	200	200
柜体尺寸(宽x高x厚)	600x2200x1000							

开关柜编号	507							
开关柜型号	L.V.switchgear							
配电柜回路编号	WP522	WP523	WP524	WP525	WP526	WP527	WP528	WP529
设备容量 kW(kVA)	70	100	30				30	40
需要系数 Kx	1	1	1				0.8	0.8
功率因数 cosφ	0.80	0.80	0.80				0.8	0.8
计算负荷 kW	70	100	30				24	32
计算电流 A	132	189	56				45	61
脱扣器额定电流 Ie	250	250	160	250	250	250	160	160
长延时 Id1 (A)	160	225	80	200	200	200	80	100
短延时 Id2 (A) 0.4s								
瞬动 Id3 (A)	1600	2250	800	2000	2000	2000	800	1000
Icu (kA)	50	50	50	50	50	50	50	50
Ics (kA)	50	50	50	50	50	50	50	50
Icw (kA)								
参考型号								
电流互感器变比 /5	200	300	100	200	200	200	100	100
电缆型号、规格	BTTZ 3X(1H70)+1H35	BTTZ 3X(1H120)+1H70	BTTZ 3X(1H25)+1H16				WDZ-YJFE -3X25+2X16	WDZ-YJFE -3X35+2X16
供电范围								
用途	消防风机	消防风机	消防风机	备用	备用	备用	密集库空调	信息机房空调
备注				•	•	•	WP413备用	WP412备用
小室高度	200	200	200	200	200	200	200	200
柜体尺寸(宽x高x厚)	600x2200x1000							

设计单位		审定		审核		校对		设计		图名	低压配电系统图（八）	图号	E-015	比例	无

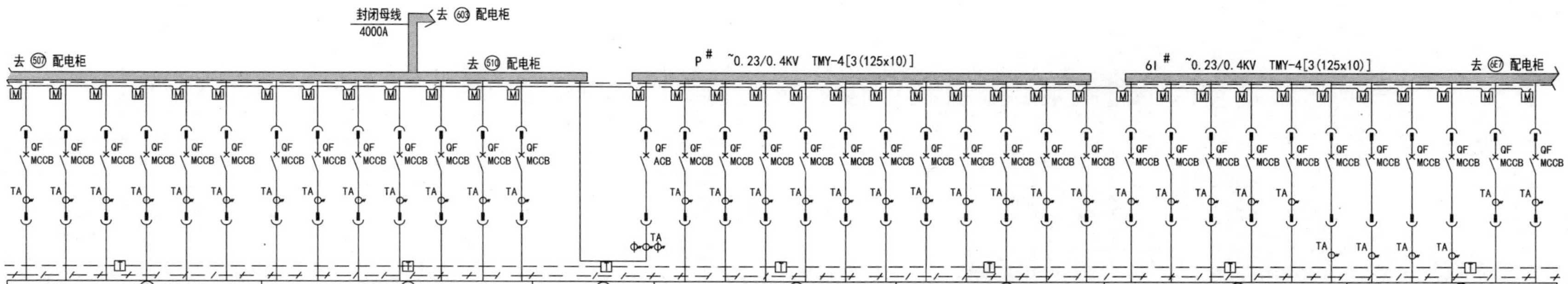

封闭母线 4000A 去603配电柜

去507配电柜　　去510配电柜　　P# ~0.23/0.4KV TMY-4[3(125x10)]　　6I# ~0.23/0.4KV TMY-4[3(125x10)]　　去6E7配电柜

开关柜编号	508							509							510
开关柜型号	L.V. switchgear							L.V. switchgear							L.V. switchgear
配电柜回路编号	WP530	WP531	WP532	WP533	WP534	WP535	WP536	WP537	WP538	WP539	WP540	WP540	WP541	WP542	
设备容量 kW(kVA)	30	90		90	60			50	30	50	20	20		220	360
需要系数 Kx	1	1		1	1			1	1	1	1	1		0.8	1
功率因数 cosφ	0.80	0.80		0.80	0.80			0.80	0.80	0.80	0.80	0.80		0.8	0.80
计算负荷 kW	30	90		90	60			50	30	50	20	20		176	511
计算电流 A	56	170		170	113			94	56	94	38	38		333	681
空气断路器 脱扣器额定电流 I_e	160	250	250	250	250	250	250	250	160	250	160	160	250	400	1000
整定电流 长延时 I_{d1} (A)	80	200	200	200	160	200	200	160	80	160	80	80	200	350	800
短延时 I_{d2} (A) 0.4s															8000
瞬动 I_{d3} (A)	800	2000	2000	2000	1600	2000	2000	1600	800	1600	800	800	2000	3500	
额定极限短路分断能力 I_{cu} (kA)	50	50	50	50	50	50	50	50	50	50	50	50	50	50	50
额定短路分断能力 I_{cs} (kA)	50	50	50	50	50	50	50	50	50	50	50	50	50	50	50
额定短时耐受电流(1s) I_{cw} (kA)															50
参考型号															
电流互感器变比 /5	100	300	300	300	200	200	200	200	100	200	100	100	200	400	1000
电缆型号. 规格	WDZ-YJFE -3X25+ +2X16	WDZ-YJFE -3X95+ +2X50		WDZ-YJFE -3X95+ +2X50	WDZ-YJFE -3X70+ +2X35			WDZ-YJFE -3X70+ +2X35	WDZ-YJFE -3X25+ +2X16	WDZ-YJFE -3X70+ +2X35	WDZ-YJFE -3X25+ +2X16	WDZ-YJFE -3X25+ +2X16		2(WDZ-YJFE -3X95+ +2X50)	
供电范围															
用途	排风机	空调	备用	空调	空调	备用	备用	排风机	排风机	排风机	排风机	空调	备用	锅炉房	电力计费
备注	•	•	•	•	•	•	•	•	•	•	•	•	•	WP416备用	
小室高度	200	200	200	200	200	200	200	200	200	200	200	200	200	400	
柜体尺寸(宽x高x厚)	600x2200x1000							600x2200x1000							800x2200x1000

开关柜编号	511						512				
开关柜型号	L.V. switchgear						L.V. switchgear				
配电柜回路编号	WP543	WP544	WP545	WP546	WP547	WP548	WP549	WP550	WP551	WP552	WP553
设备容量 kW(kVA)	40	50	30	40	60		50	50	50	50	
需要系数 Kx	1	1	1	1	1		1	1	1	1	
功率因数 cosφ	0.80	0.80	0.80	0.80	0.80		0.80	0.80	0.80	0.80	
计算负荷 kW	40	50	30	40	60		50	50	50	50	
计算电流 A	76	94	57	76	113		94	94	94	94	
空气断路器 脱扣器额定电流 I_e	160	250	160	160	250	250	250	250	250	250	250
整定电流 长延时 I_{d1} (A)	100	125	100	100	125	200	125	125	125	125	200
短延时 I_{d2} (A) 0.4s											
瞬动 I_{d3} (A)	1000	1250	1000	1000	1600	2000	1250	1250	1250	1250	2000
额定极限短路分断能力 I_{cu} (kA)	50	50	50	50	50	50	50	50	50	50	50
额定短路分断能力 I_{cs} (kA)	50	50	50	50	50	50	50	50	50	50	50
额定短时耐受电流(1s) I_{cw} (kA)											
参考型号											
电流互感器变比 /5	100	150	150	100	200	200	150	150	150	150	200
电缆型号. 规格	WDZ-YJFE -3X35+ 2X16	WDZ-YJFE -4X50+ 1X25	WDZ-YJFE -4X35+ 1X16	WDZ-YJFE -3X35+ 2X16	NHYJV- 3X70+ 2X35		WDZ-YJFE -3X50+ 2X25	WDZ-YJFE -3X50+ 2X25	WDZ-YJFE -3X50+ 2X25	WDZ-YJFE -3X50+ 2X25	
供电范围											
用途	直饮水	生活泵	生活泵	中水	人防电力	备用	排水泵	排水泵	排水泵	雨水泵	备用
备注	•	•	•	•		•	•	•	•	•	•
小室高度	200	200	200	200	200	200	400	400	400	200	200
柜体尺寸(宽x高x厚)	600x2200x1000						600x2200x1000				

开关柜编号	6E9						6E8				
开关柜型号	L.V. switchgear						L.V. switchgear				
配电柜回路编号	6WI11	6WI10	6WI09	6WI08	6WI07	6WI06	6WI05	6WI04	6WI03	6WI02	6WI01
设备容量 kW(kVA)	70	70	70		200	200	90	90	90		
需要系数 Kx	1	1	1		0.6	0.6	1	1	1		
功率因数 cosφ	0.60	0.60	0.60		0.8	0.8	0.60	0.60	0.60		
计算负荷 kW	70	70	70		120	120	90	90	90		
计算电流 A	176	176	176		227	227	227	227	227		
空气断路器 脱扣器额定电流 I_e	250	250	250	250	400	400	400	400	400	250	250
整定电流 长延时 I_{d1} (A)	200	200	200	200	300	300	300	300	300	200	200
短延时 I_{d2} (A) 0.4s											
瞬动 I_{d3} (A)	2000	2000	2000	2000	3000	3000	3000	3000	3000	2000	2000
额定极限短路分断能力 I_{cu} (kA)	50	50	50	50	50	50	50	50	50	50	50
额定短路分断能力 I_{cs} (kA)	50	50	50	50	50	50	50	50	50	50	50
额定短时耐受电流(1s) I_{cw} (kA)											
参考型号											
电流互感器变比 /5	250	250	250	200	300	300	400	400	400	200	200
电缆型号. 规格	WDZ-YJFE -4X95+ 1X50	WDZ-YJFE -4X95+ 1X50	WDZ-YJFE -4X95+ 1X50		WDZ-YJFE -4X185+ +1X95	WDZ-YJFE -4X185+ +1X95	WDZ-YJFE -4X185+ 1X95	WDZ-YJFE -4X185+ 1X95	WDZ-YJFE -4X185+ 1X95		
供电范围					B1APECH1	B1APECH1					
用途	电梯	电梯	电梯	备用	厨房	厨房	电梯	电梯	电梯	备用	备用
备注	WP330备用	WP331备用	WP332备用	•	WP301备用	WP302备用	WP336备用	WP337备用	WP338备用	•	•
小室高度	200	200	200	200	400	400	400	400	400	200	200
柜体尺寸(宽x高x厚)	600x2200x1000						600x2200x1000				

设计单位　审定　审核　校对　设计　图名　低压配电系统图（九）　图号　E-016　比例　无

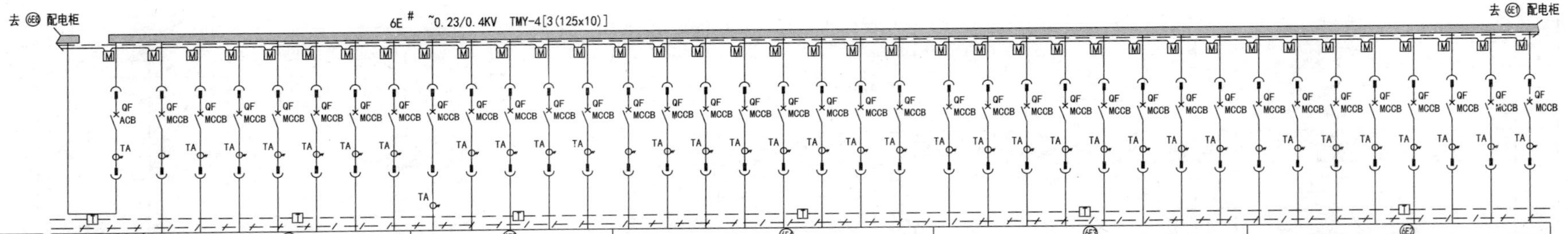

去 6E8 配电柜

6E# ~0.23/0.4KV TMY-4[3(125x10)]

去 6E1 配电柜

开关柜编号	6E7	6E6						
开关柜型号	L.V.switchgear	L.V.switchgear						
配电柜回路编号		6WE36	6WE35	6WE34	6WE33	6WE32	6WE31	6WE30
设备容量 kW(kVA)	880	50	50	94	94	59		
需要系数 Kx	1	1	1	1	1	1		
功率因数 cosφ	0.80	0.60	0.60	0.80	0.80	0.80		
计算负荷 kW	608	50	50	94	94	59		
计算电流 A	1316	126	126	178	178	112		
空气断路器 脱扣器额定电流 Ie	2000	250	250	250	250	160	250	250
空气断路器 整定电流 长延时 I_{d1} (A)	1600	160	160	200	200	125	200	200
空气断路器 整定电流 短延时 I_{d2} (A) 0.4s	8000							
空气断路器 整定电流 瞬动 I_{d3} (A)		1600	1600	2000	2000	1250	2000	2000
空气断路器 额定极限短路分断能力 I_{cu} (kA)	50	50	50	50	50	50	50	50
空气断路器 额定短路分断能力 I_{cs} (kA)	50	50	50	50	50	50	50	50
空气断路器 额定短时耐受电流(1s) I_{cw} (kA)	50							
空气断路器 参考型号								
电流互感器变比 /5	2000	200	200	300	300	150	200	200
电缆型号、规格		BTTZ 3X(1H70)+1H35	BTTZ 3X(1H70)+1H35	BTTZ 3X(1H95)+1H50	BTTZ 3X(1H95)+1H50	BTTZ 3X(1H50)+1H25		
供电范围				B3S1-B3S2	B3S3-B3S4			
用途	重要负荷	消防电梯	消防电梯	消防水泵	消防水泵	消防水泵	备用	备用
备注	•	WP342备用	WP343备用	WP344备用	WP345备用	WP346备用	•	•
小室高度		200	200	200	200	200	200	200
柜体尺寸(宽x高x厚)	800x2200x1000	600x2200x1000						

开关柜编号	6E5					6E4							
开关柜型号	L.V.switchgear					L.V.switchgear							
配电柜回路编号	6WE29	6WE28	6WE27	6WE26	6WE25	6WE24	6WE23	6WE22	6WE21	6WE20	6WE19	6WE18	6WE17
设备容量 kW(kVA)	222	79				50	15	40	60	40			
需要系数 Kx	1	1				1	1	1	1	1			
功率因数 cosφ	0.80	0.80				0.90	0.90	0.90	0.90	0.90			
计算负荷 kW	222	79				50	15	40	60	40			
计算电流 A	420	149				84	25	68	101	67			
空气断路器 脱扣器额定电流 Ie	600	250	250	250	250	250	160	160	160	250	250	250	250
空气断路器 整定电流 长延时 I_{d1} (A)	500	200	200	200	200	125	80	80	125	125	200	200	200
空气断路器 整定电流 短延时 I_{d2} (A) 0.4s													
空气断路器 整定电流 瞬动 I_{d3} (A)	5000	2000	2000	2000	2000	1250	800	800	1250	1250	2000	2000	2000
空气断路器 额定极限短路分断能力 I_{cu} (kA)	50	50	50	50	50	50	50	50	50	50	50	50	50
空气断路器 额定短路分断能力 I_{cs} (kA)	50	50	50	50	50	50	50	50	50	50	50	50	50
空气断路器 额定短时耐受电流(1s) I_{cw} (kA)													
空气断路器 参考型号													
电流互感器变比 /5	600	300	200	200	200	150	100	100	200	150	200	200	200
电缆型号、规格	2[BTTZ 3X(1H185)+1H95]	BTTZ 3X(1H95)+1H50				BTTZ 4X(1H50)	BTTZ 4X(1H25)	BTTZ 4X(1H25)	BTTZ 3X(1H95)+1H50	BTTZ 4X(1H50)			
供电范围	B3S5-B3S6					B2ALEBDS	B1ALEDS	B1ALEWL	B1ALEDH	1ALEXF			
用途	消防水泵	消防水泵	备用	备用	备用	变电所	电视机房	网络机房	模块局	消防控制室	备用	备用	备用
备注	WP349备用	WP350备用	•	•	•	WP306备用	WP307备用	WP308备用	WP309备用	WP310备用	•	•	•
小室高度	600	200	200	200	200	200	200	200	200	200	200	200	200
柜体尺寸(宽x高x厚)	600x2200x1000					600x2200x1000							

开关柜编号	6E3							
开关柜型号	L.V.switchgear							
配电柜回路编号	6WE16	6WE15	6WE14	6WE13	6WE12	6WE11	6WE10	6WE09
设备容量 kW(kVA)	15	30	99	87	54	85		
需要系数 Kx	1	1	1	1	1	1		
功率因数 cosφ	0.90	0.90	0.90	0.90	0.90	0.90		
计算负荷 kW	15	30	99	87	54	85		
计算电流 A	25	50	166	146	90	143		
空气断路器 脱扣器额定电流 Ie	160	250	250	250	160	250	250	250
空气断路器 整定电流 长延时 I_{d1} (A)	80	125	200	200	125	200	200	200
空气断路器 整定电流 短延时 I_{d2} (A) 0.4s								
空气断路器 整定电流 瞬动 I_{d3} (A)	800	1250	2000	2000	1250	2000	2000	2000
空气断路器 额定极限短路分断能力 I_{cu} (kA)	50	50	50	50	50	50	50	50
空气断路器 额定短路分断能力 I_{cs} (kA)	50	50	50	50	50	50	50	50
空气断路器 额定短时耐受电流(1s) I_{cw} (kA)								
空气断路器 参考型号								
电流互感器变比 /5	100	150	250	250	150	250	200	200
电缆型号、规格	BTTZ 4X(1H25)	BTTZ 4X(1H50)	BTTZ 4X(1H95)	BTTZ 4X(1H95)	BTTZ 4X(1H50)	BTTZ 4X(1H95)		
供电范围	B1ALEDS							
用途	庭院照明	应急照明	应急照明	应急照明	应急照明	应急照明	备用	备用
备注	WP314备用	WP315备用	WP316备用	WP317备用	WP318备用	WP319备用	•	•
小室高度	200	200	200	200	200	200	200	200
柜体尺寸(宽x高x厚)	600x2200x1000							

开关柜编号	6E2							
开关柜型号	L.V.switchgear							
配电柜回路编号	6WE08	6WE07	6WE06	6WE05	6WE04	6WE03	6WE02	6WE01
设备容量 kW(kVA)	60	60	50	50	50			
需要系数 Kx	1	1	1	1	1			
功率因数 cosφ	0.90	0.90	0.90	0.90	0.90			
计算负荷 kW	60	60	50	50	50			
计算电流 A	101	101	84	84	84			
空气断路器 脱扣器额定电流 Ie	160	160	160	160	160	250	250	250
空气断路器 整定电流 长延时 I_{d1} (A)	125	125	100	100	100	200	200	200
空气断路器 整定电流 短延时 I_{d2} (A) 0.4s								
空气断路器 整定电流 瞬动 I_{d3} (A)	1250	1250	1250	1250	1250	2000	2000	2000
空气断路器 额定极限短路分断能力 I_{cu} (kA)	50	50	50	50	50	50	50	50
空气断路器 额定短路分断能力 I_{cs} (kA)	50	50	50	50	50	50	50	50
空气断路器 额定短时耐受电流(1s) I_{cw} (kA)								
空气断路器 参考型号								
电流互感器变比 /5	150	150	150	150	150	200	200	200
电缆型号、规格	BTTZ 4X(1H50)	BTTZ 4X(1H50)	BTTZ 4X(1H35)	BTTZ 4X(1H35)	BTTZ 4X(1H35)			
供电范围								
用途	应急照明	应急照明	应急照明	应急照明	应急照明	备用	备用	备用
备注	WP322备用	WP323备用	WP324备用	WP325备用	WP326备用	•	•	•
小室高度	200	200	200	200	200	200	200	200
柜体尺寸(宽x高x厚)	600x2200x1000							

设计单位		审定		审核		校对		设计		图名	低压配电系统图（十）	图号	E-017	比例	无

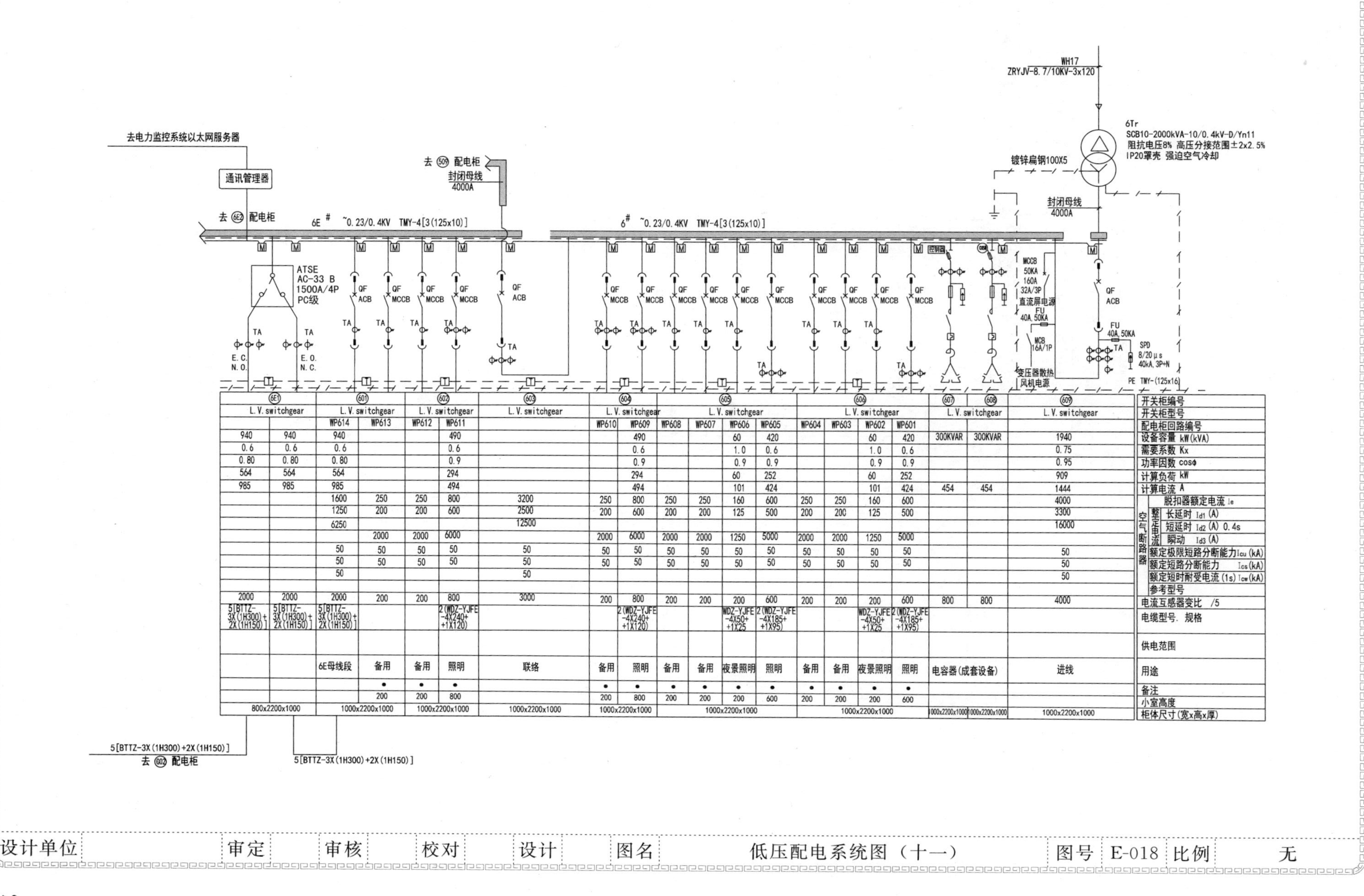

开关柜编号	6E1		601		602		603	604		605				606				607	608	609
开关柜型号	L.V.switchgear		L.V.switchgear		L.V.switchgear		L.V.switchgear	L.V.switchgear		L.V.switchgear				L.V.switchgear				L.V.switchgear		L.V.switchgear
配电柜回路编号			WP614	WP613	WP612	WP611		WP610	WP609	WP608	WP607	WP606	WP605	WP604	WP603	WP602	WP601			
设备容量 kW(kVA)	940	940	940			490			490			60	420			60	420	300KVAR	300KVAR	1940
需要系数 Kx	0.6	0.6	0.6			0.6			0.6			1.0	0.6			1.0	0.6			0.75
功率因数 cosϕ	0.80	0.80	0.80			0.9			0.9			0.9	0.9			0.9	0.9			0.95
计算负荷 kW	564	564	564			294			294			60	252			60	252			909
计算电流 A	985	985	985			494			494			101	424			101	424	454	454	1444
空气断路器 脱扣器额定电流 Ie			1600	250	250	800	3200	250	800	250	250	160	600	250	250	160	600			4000
空气断路器 整定电流 长延时 I_{d1} (A)			1250	200	200	600	2500	200	600	200	200	125	500	200	200	125	500			3300
空气断路器 整定电流 短延时 I_{d2} (A) 0.4s			6250				12500													16000
空气断路器 整定电流 瞬动 I_{d3} (A)				2000	2000	6000		2000	6000	2000	2000	1250	5000	2000	2000	1250	5000			
空气断路器 额定极限短路分断能力 I_{cu} (kA)			50	50	50	50	50	50	50	50	50	50	50	50	50	50	50			50
空气断路器 额定短路分断能力 I_{cs} (kA)			50	50	50	50	50	50	50	50	50	50	50	50	50	50	50			50
空气断路器 额定短时耐受电流(1s) I_{cw} (kA)			50				50													50
空气断路器 参考型号																				
电流互感器变比 /5	2000	2000	2000	200	200	800	3000	200	800	200	200	200	600	200	200	200	600	800	800	4000
电缆型号、规格	5[BTTZ-3X(1H300)+2X(1H150)]	5[BTTZ-3X(1H300)+2X(1H150)]	5[BTTZ-3X(1H300)+2X(1H150)]			2(WDZ-YJFE-4X240+1X120)			2(WDZ-YJFE-4X240+1X120)			WDZ-YJFE-4X50+1X25	2(WDZ-YJFE-4X185+1X95)			WDZ-YJFE-4X50+1X25	2(WDZ-YJFE-4X185+1X95)			
供电范围																				
用途			6E母线段	备用	备用	照明	联络	备用	照明	备用	备用	夜景照明	照明	备用	备用	夜景照明	照明	电容器(成套设备)		进线
备注				•	•	•		•	•	•	•	•	•	•	•	•	•			
小室高度				200	200	800		200	800	200	200	200	600	200	200	200	600			
柜体尺寸(宽x高x厚)	800x2200x1000		1000x2200x1000		1000x2200x1000		1000x2200x1000	1000x2200x1000		1000x2200x1000				1000x2200x1000				1000x2200x1000	1000x2200x1000	1000x2200x1000

设计单位		审定		审核		校对		设计		图名	低压配电系统图（十一）	图号	E-018	比例	无

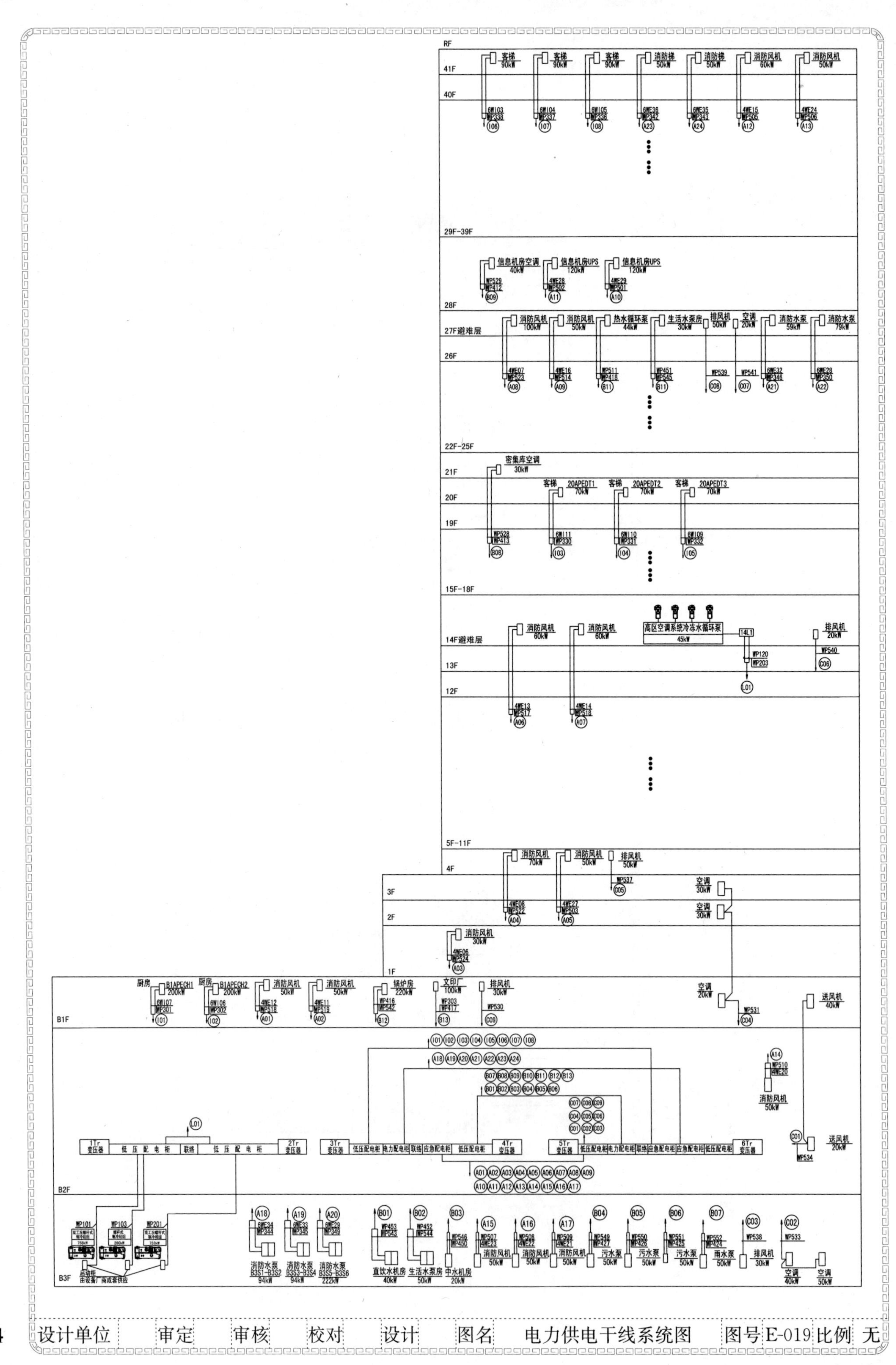

设计单位 | 审定 | 审核 | 校对 | 设计 | 图名 电力供电干线系统图 | 图号 E-019 | 比例 无

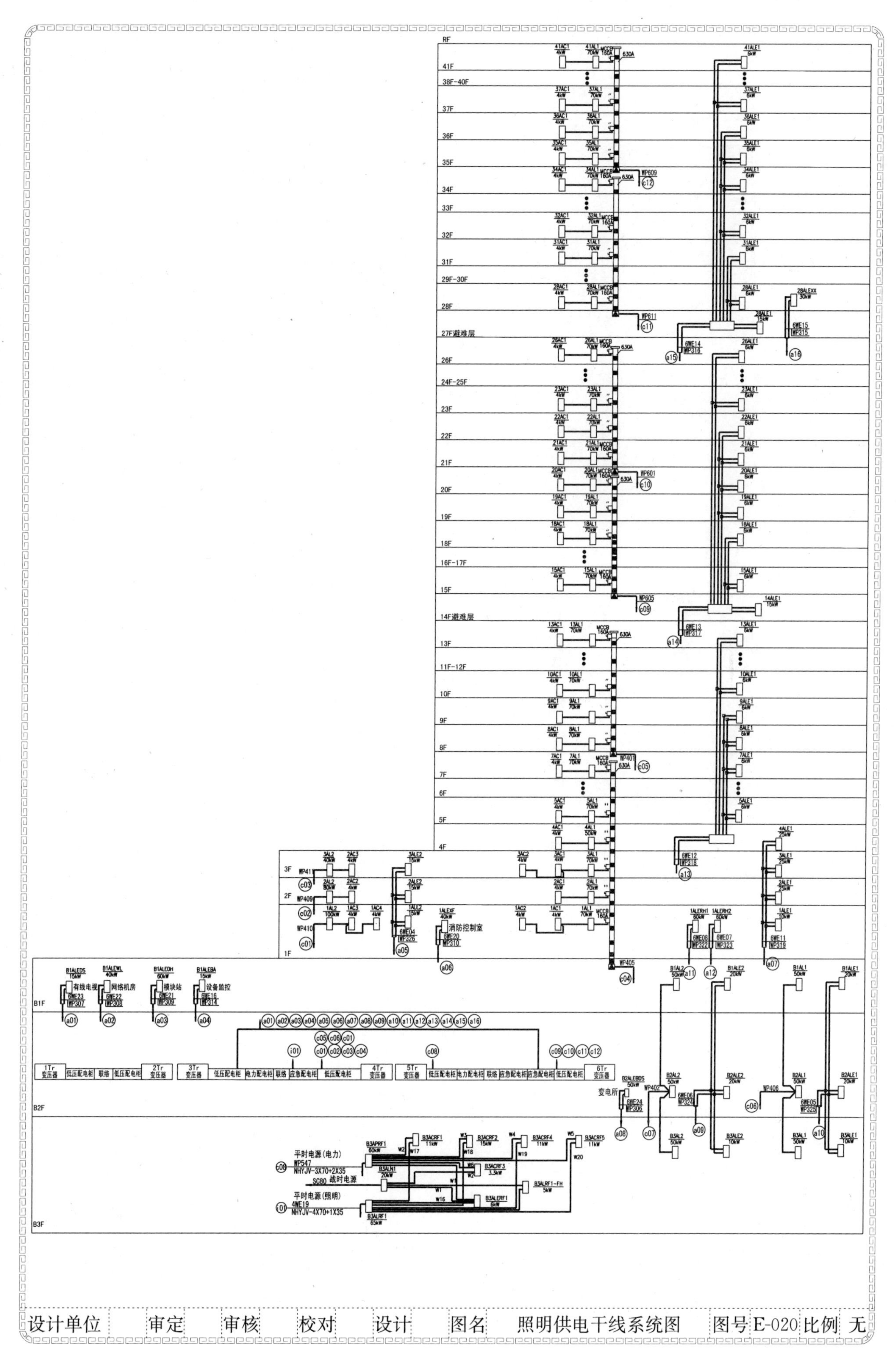
RF
41F
38F-40F
37F
36F
35F
34F
33F
32F
31F
29F-30F
28F
27F避难层
26F
24F-25F
23F
22F
21F
20F
19F
18F
16F-17F
15F
14F避难层
13F
11F-12F
10F
9F
8F
7F
6F
5F
4F
3F
2F
1F
B1F
B2F
B3F
有线电视
网络机房
模块站
设备监控
消防控制室
变电所
1Tr 变压器
低压配电柜
联络
2Tr 变压器
3Tr 变压器
电力配电柜
应急配电柜
4Tr 变压器
5Tr 变压器
6Tr 变压器
平时电源（电力）
WP547
NHYJV-3X70+2X35
SC80 战时电源
平时电源（照明）
4WE19
NHYJV-4X70+1X35
设计单位 审定 审核 校对 设计 图名 照明供电干线系统图 图号 E-020 比例 无

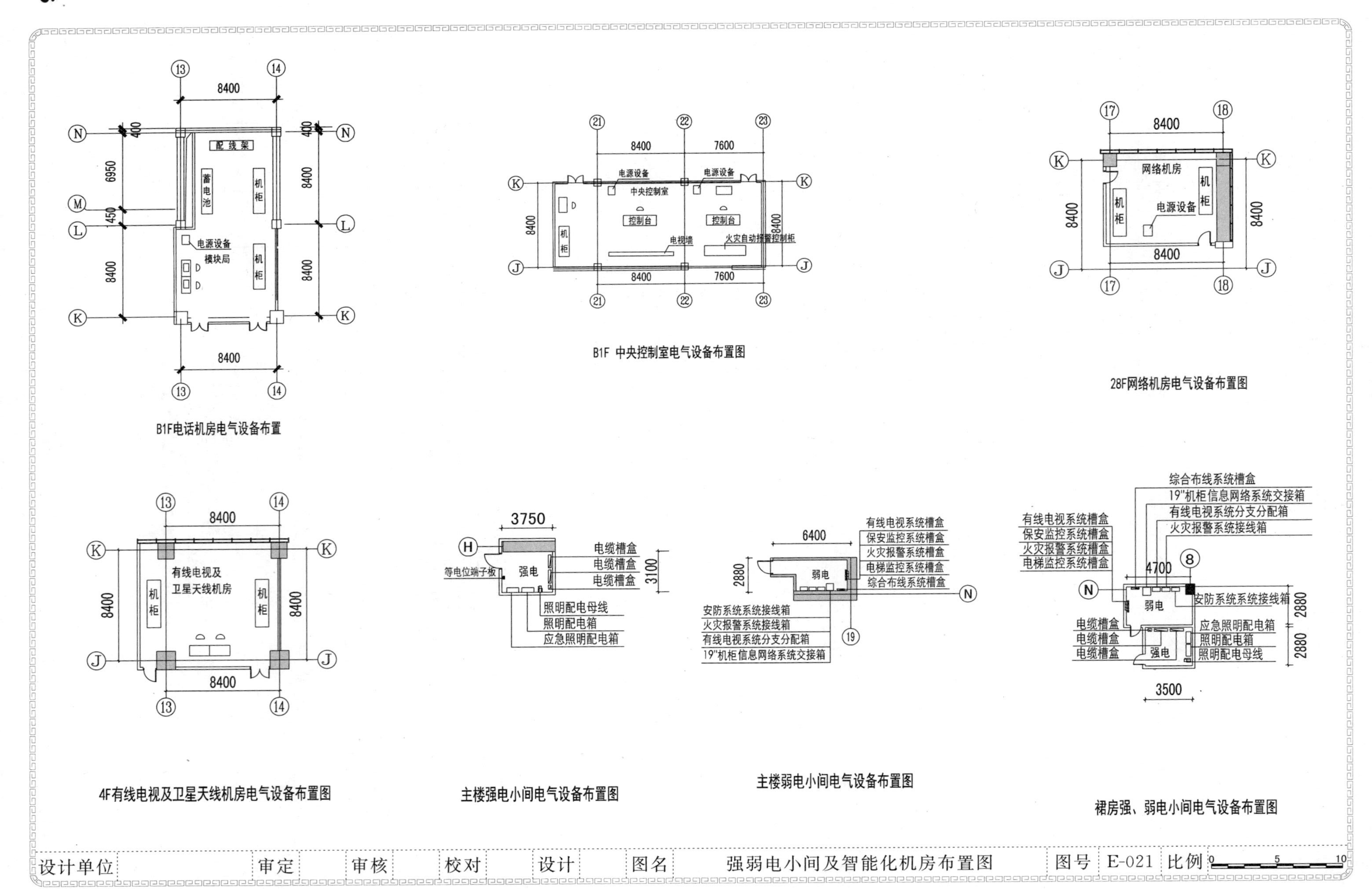

8400
400
6950
1450
8400
配线架
蓄电池
机柜
电源设备
模块局
B1F电话机房电气设备布置
8400
7600
电源设备
中央控制室
控制台
电视墙
火灾自动报警控制柜
B1F 中央控制室电气设备布置图
8400
网络机房
机柜
电源设备
28F网络机房电气设备布置图
有线电视及
卫星天线机房
4F有线电视及卫星天线机房电气设备布置图
3750
3100
等电位端子板
强电
电缆槽盒
照明配电母线
照明配电箱
应急照明配电箱
主楼强电小间电气设备布置图
6400
2880
弱电
有线电视系统槽盒
保安监控系统槽盒
火灾报警系统槽盒
电梯监控系统槽盒
综合布线系统槽盒
安防系统系统接线箱
火灾报警系统接线箱
有线电视系统分支分配箱
19"机柜信息网络系统交接箱
主楼弱电小间电气设备布置图
综合布线系统槽盒
19"机柜信息网络系统交接箱
有线电视系统分支分配箱
火灾报警系统接线箱
有线电视系统槽盒
保安监控系统槽盒
火灾报警系统槽盒
电梯监控系统槽盒
4700
安防系统系统接线箱
2880
3500
应急照明配电箱
照明配电箱
照明配电母线
裙房强、弱电小间电气设备布置图
设计单位
审定
审核
校对
设计
图名
强弱电小间及智能化机房布置图
图号
E-021
比例

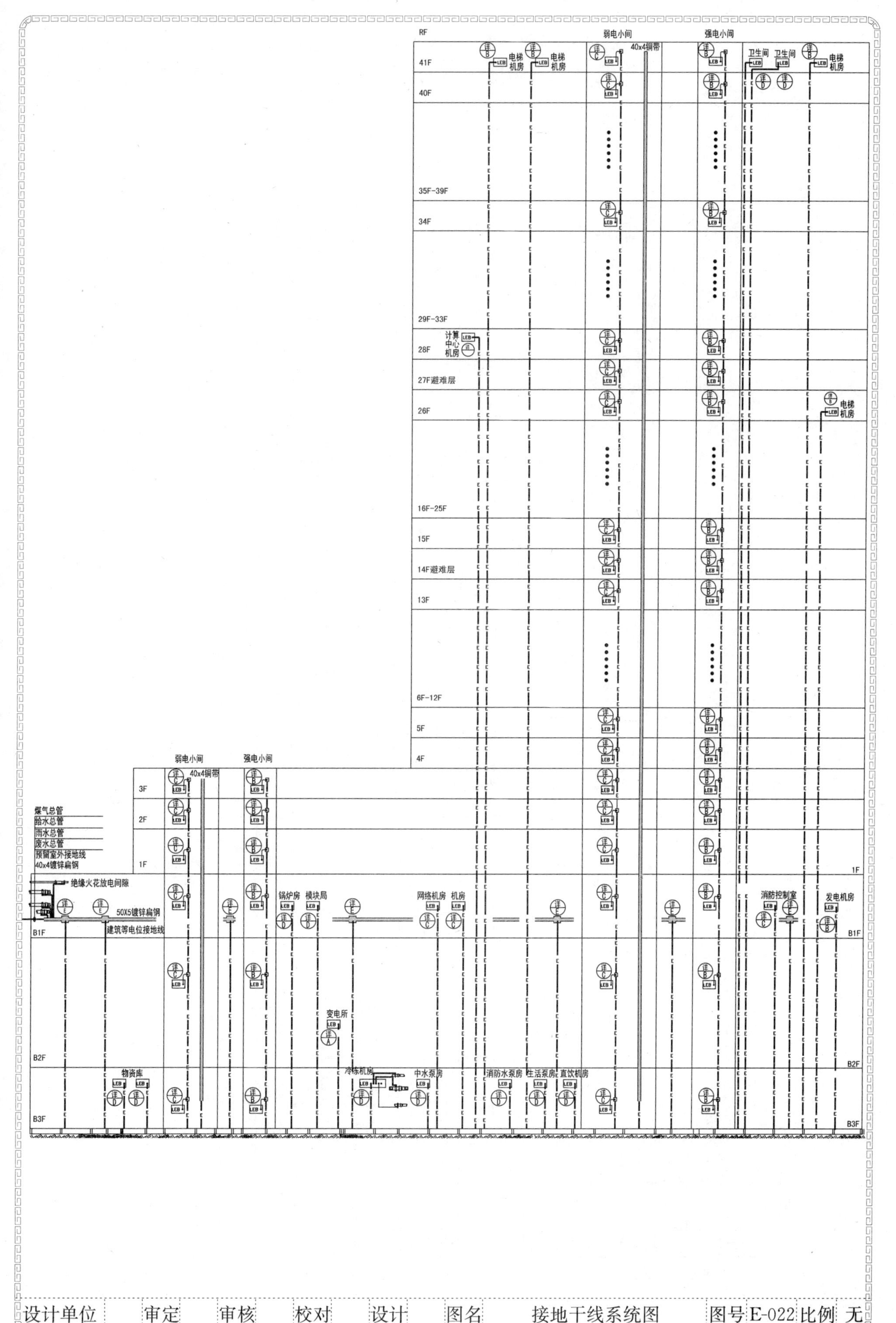

设计单位	审定	审核	校对	设计	图名	接地干线系统图	图号	E-022	比例	无

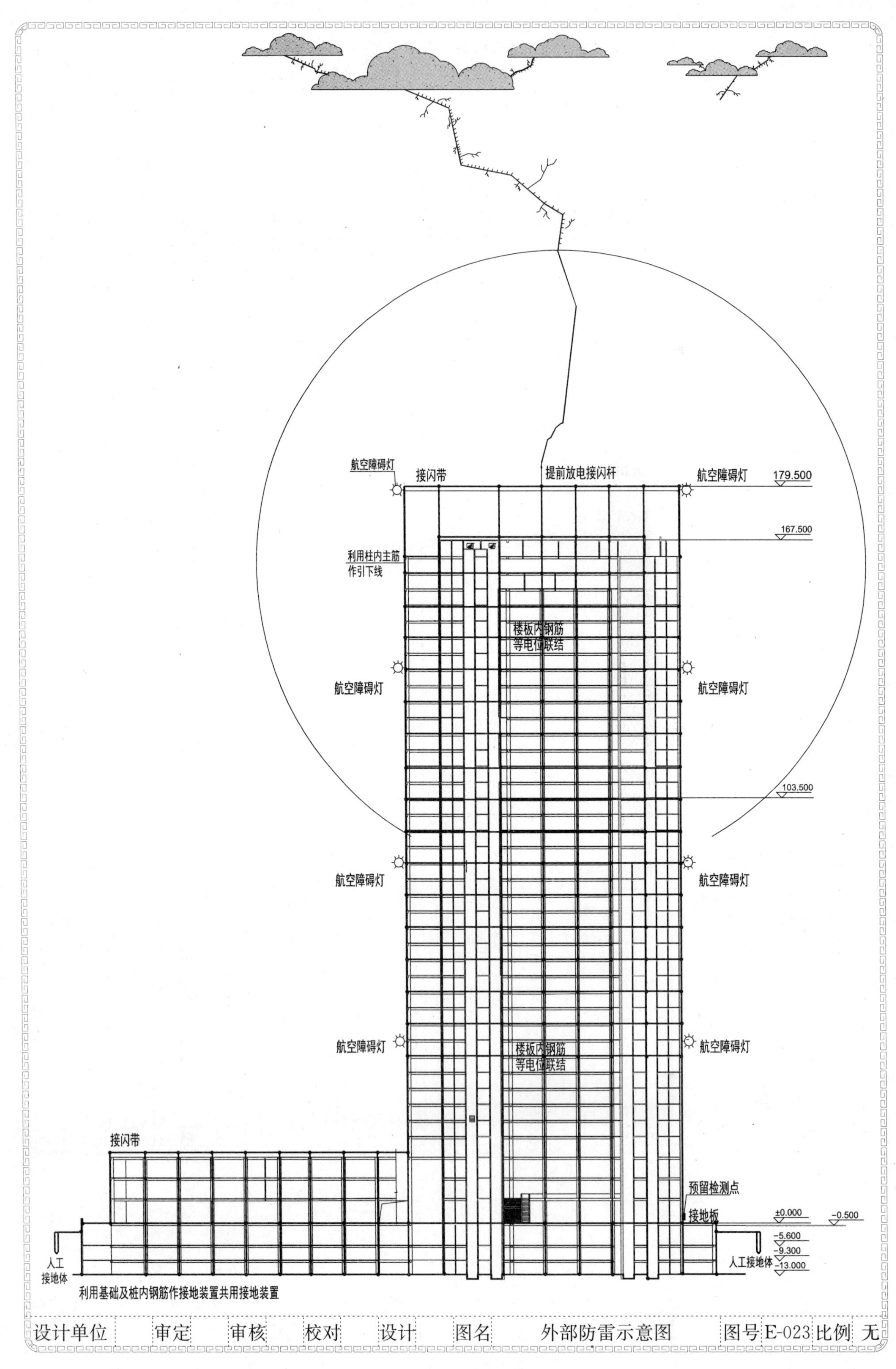
航空障碍灯
接闪带
提前放电接闪杆
航空障碍灯
179.500
167.500
利用柱内主筋
作引下线
楼板内钢筋
等电位联结
航空障碍灯
航空障碍灯
103.500
航空障碍灯
航空障碍灯
航空障碍灯
楼板内钢筋
等电位联结
航空障碍灯
接闪带
预留检测点
接地板
±0.000
-0.500
-5.600
-9.300
-13.000
人工
接地体
人工接地体
利用基础及桩内钢筋作接地装置共用接地装置
设计单位
审定
审核
校对
设计
图名
外部防雷示意图
图号
E-023
比例
无

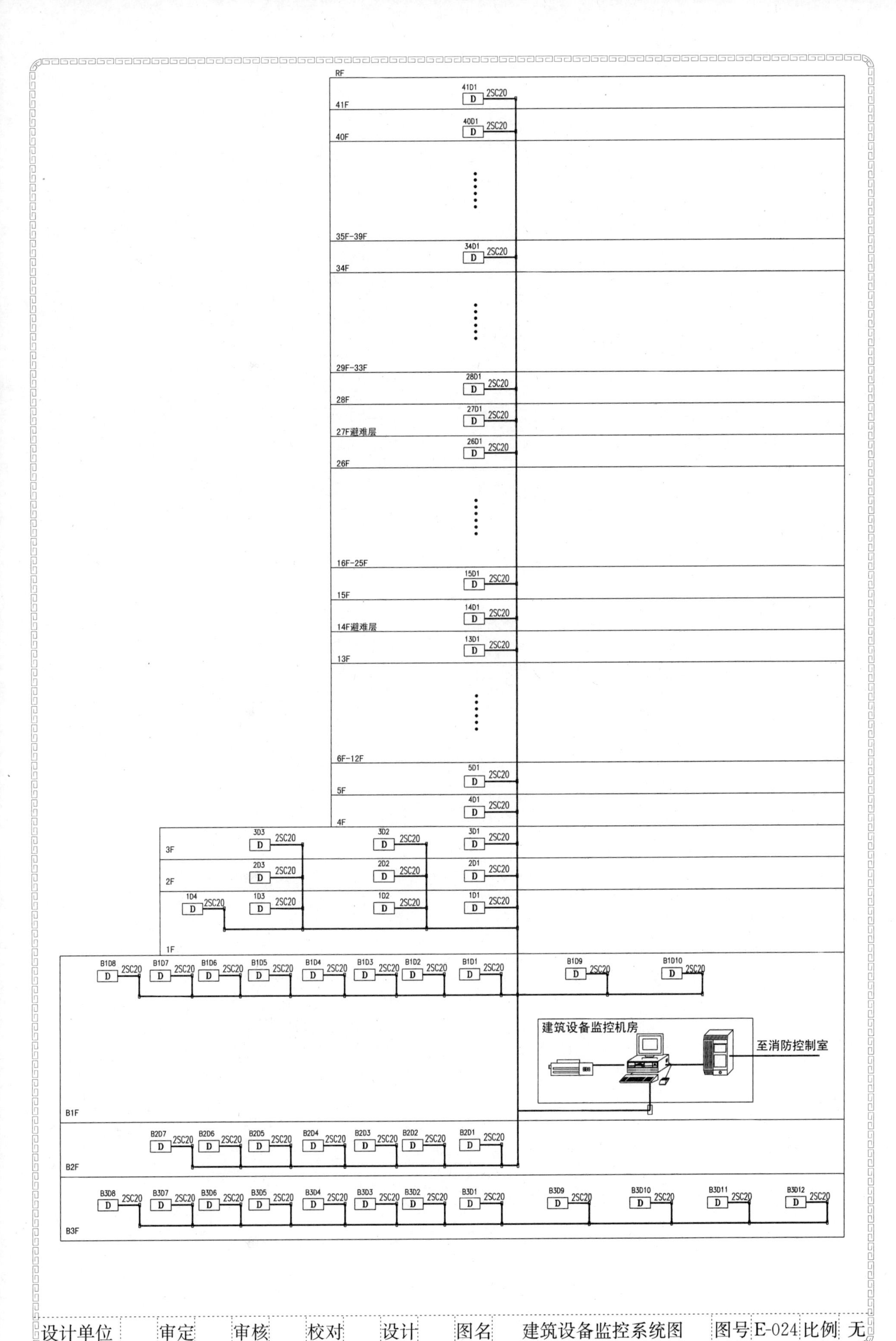
RF
41D1 2SC20 D
41F
40D1 2SC20 D
40F
35F-39F
34D1 2SC20 D
34F
29F-33F
28D1 2SC20 D
28F
27D1 2SC20 D
27F避难层
26D1 2SC20 D
26F
16F-25F
15D1 2SC20 D
15F
14D1 2SC20 D
14F避难层
13D1 2SC20 D
13F
6F-12F
5D1 2SC20 D
5F
4D1 2SC20 D
4F
3D3 2SC20 D
3D2 2SC20 D
3D1 2SC20 D
3F
2D3 2SC20 D
2D2 2SC20 D
2D1 2SC20 D
2F
1D4 2SC20 D
1D3 2SC20 D
1D2 2SC20 D
1D1 2SC20 D
1F
B1D8 2SC20 D
B1D7 2SC20 D
B1D6 2SC20 D
B1D5 2SC20 D
B1D4 2SC20 D
B1D3 2SC20 D
B1D2 2SC20 D
B1D1 2SC20 D
B1D9 2SC20 D
B1D10 2SC20 D
建筑设备监控机房
至消防控制室
B1F
B2D7 2SC20 D
B2D6 2SC20 D
B2D5 2SC20 D
B2D4 2SC20 D
B2D3 2SC20 D
B2D2 2SC20 D
B2D1 2SC20 D
B2F
B3D8 2SC20 D
B3D7 2SC20 D
B3D6 2SC20 D
B3D5 2SC20 D
B3D4 2SC20 D
B3D3 2SC20 D
B3D2 2SC20 D
B3D1 2SC20 D
B3D9 2SC20 D
B3D10 2SC20 D
B3D11 2SC20 D
B3D12 2SC20 D
B3F
设计单位 审定 审核 校对 设计 图名 建筑设备监控系统图 图号 E-024 比例 无

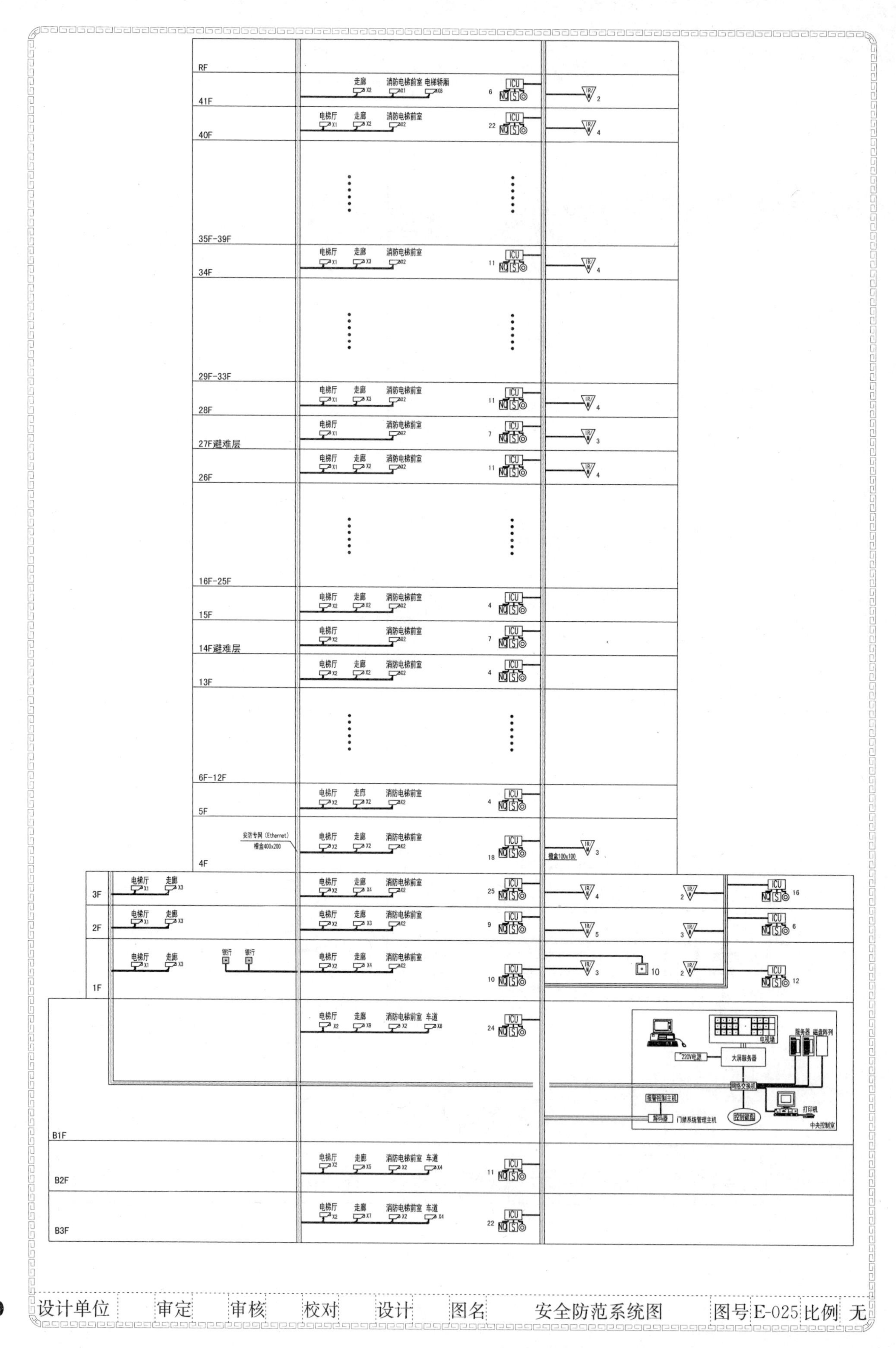
RF
41F
40F
35F-39F
34F
29F-33F
28F
27F避难层
26F
16F-25F
15F
14F避难层
13F
6F-12F
5F
4F
3F
2F
1F
B1F
B2F
B3F
电梯厅
走廊
消防电梯前室
电梯轿厢
车道
银行
ICU
安防专网（Ethernet）
槽盒400x200
槽盒100x100
电视墙
服务器
磁盘阵列
220V电源
大屏服务器
网络交换机
报警控制主机
解码器
门禁系统管理主机
控制键盘
打印机
中央控制室
设计单位
审定
审核
校对
设计
图名
安全防范系统图
图号
E-025
比例
无

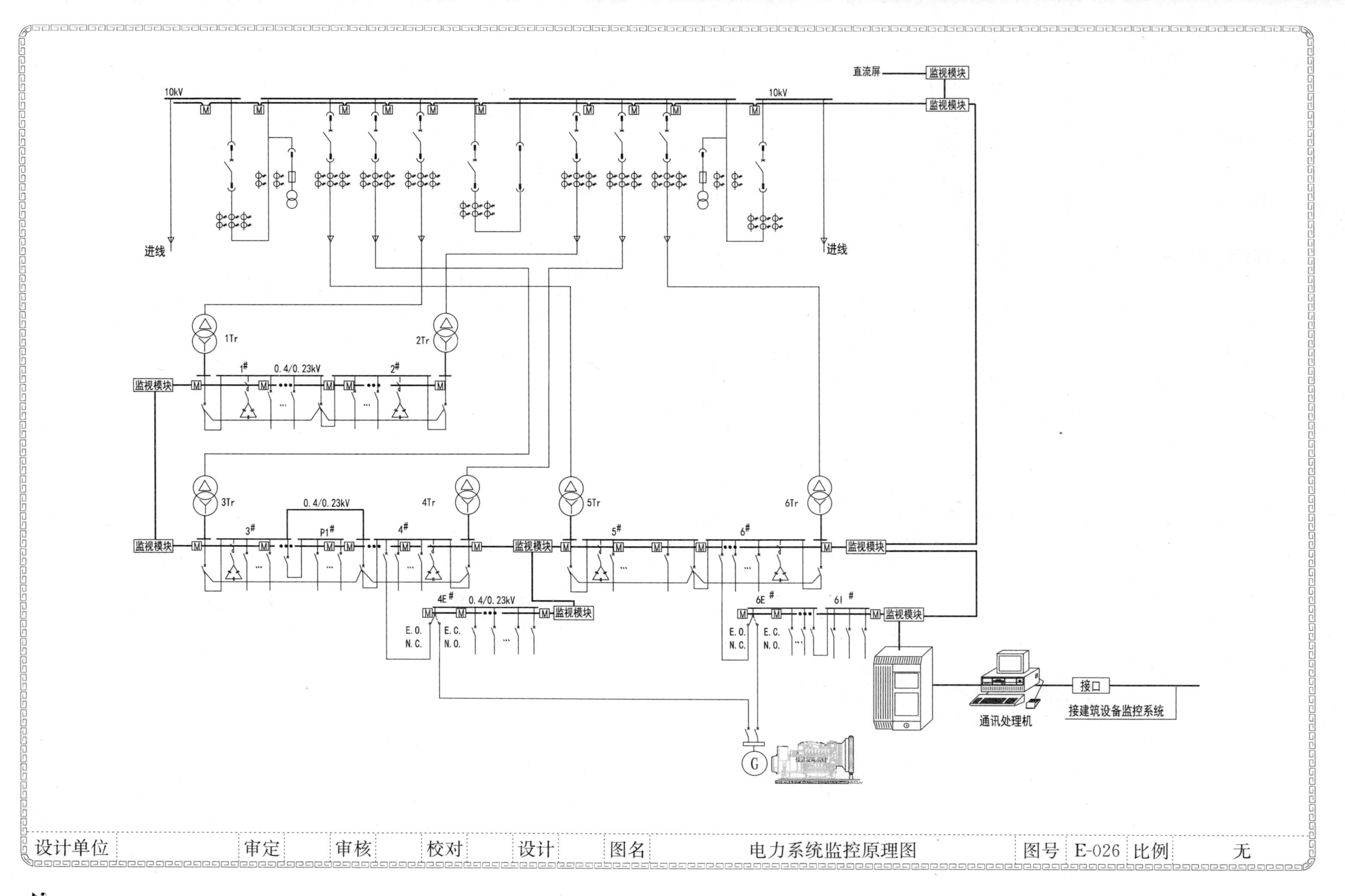

设计单位		审定		审核		校对		设计		图名	电力系统监控原理图	图号	E-026	比例	无

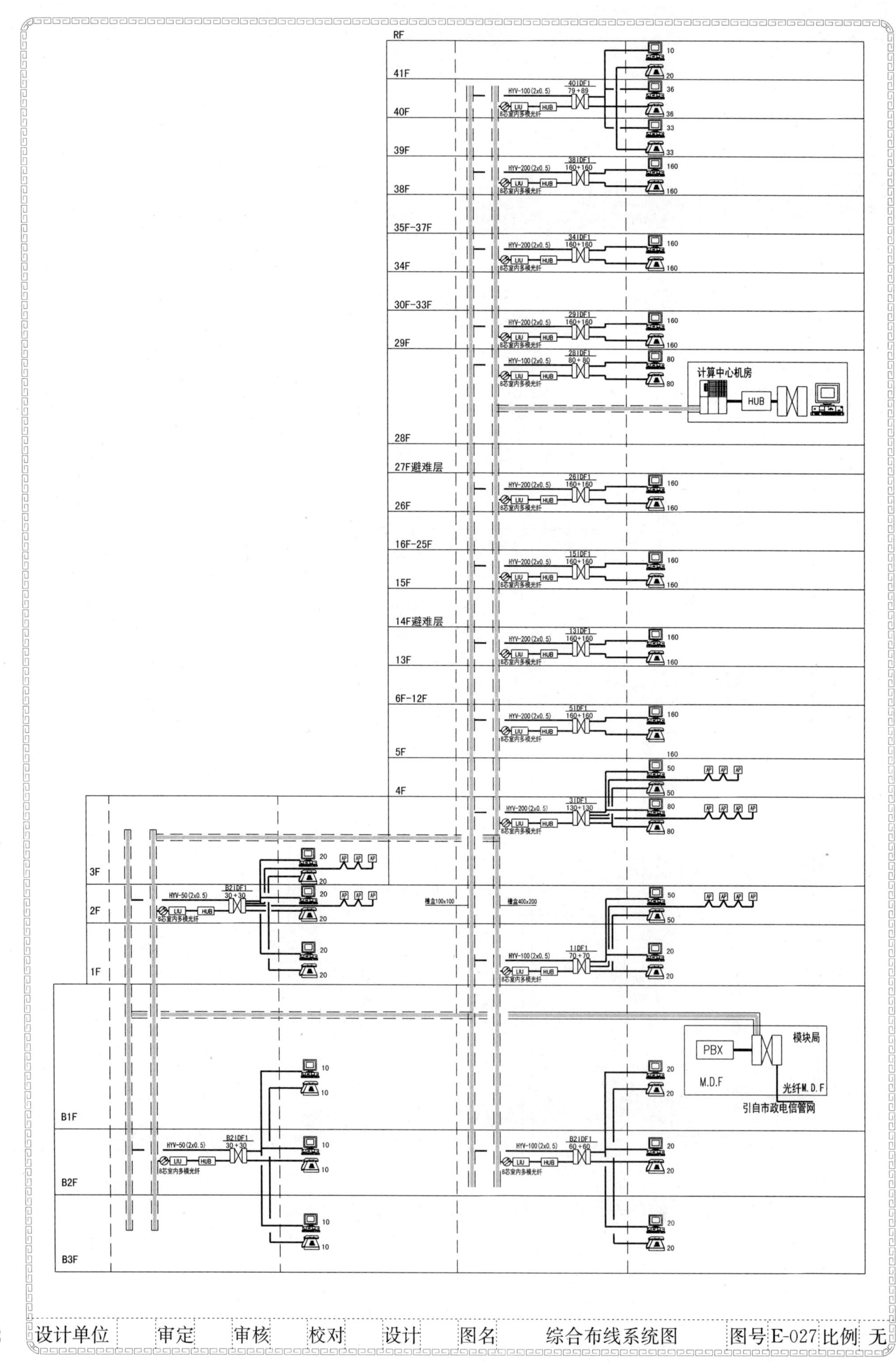

设计单位		审定		审核		校对		设计		图名	综合布线系统图	图号	E-027	比例	无

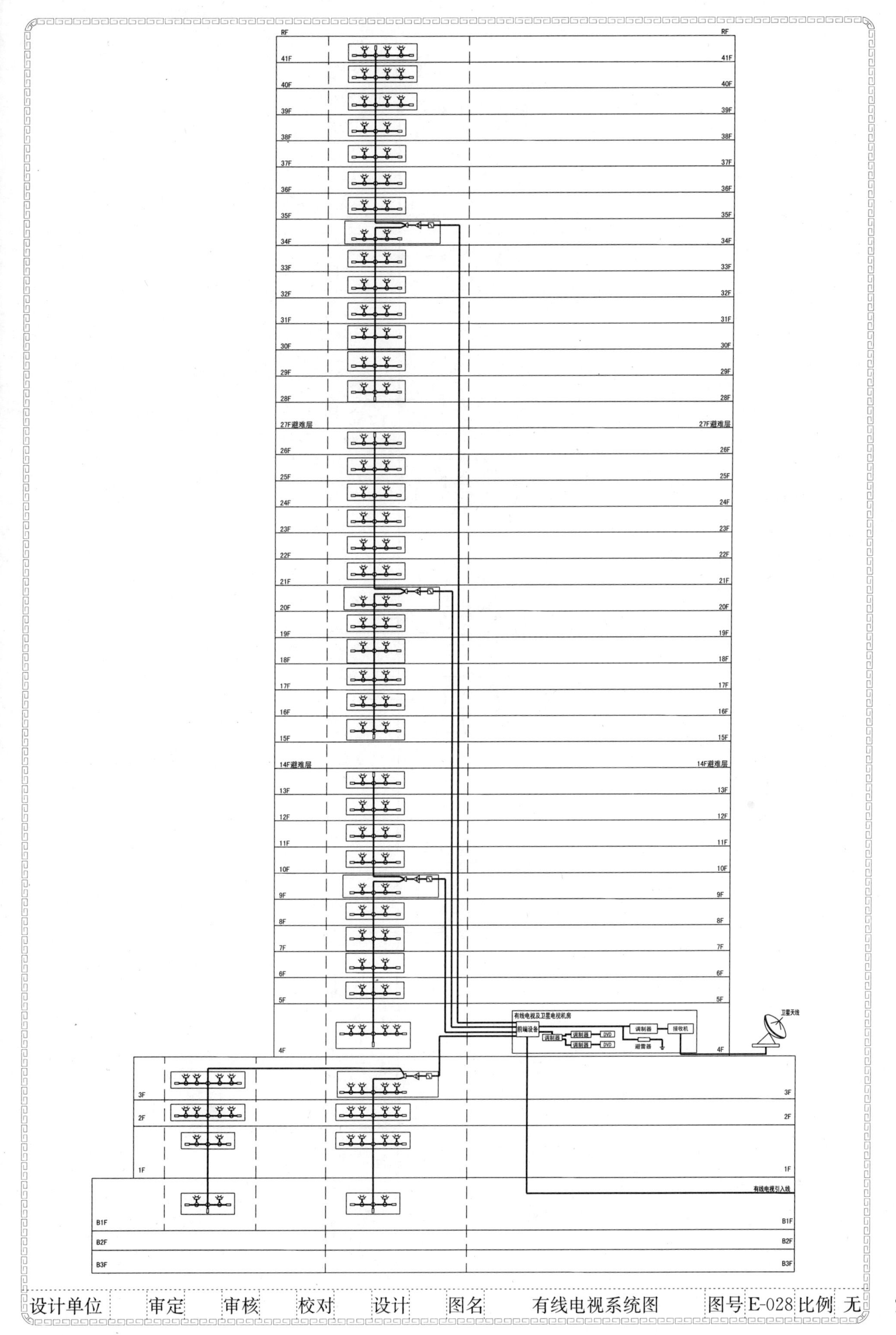
RF
41F
40F
39F
38F
37F
36F
35F
34F
33F
32F
31F
30F
29F
28F
27F避难层
26F
25F
24F
23F
22F
21F
20F
19F
18F
17F
16F
15F
14F避难层
13F
12F
11F
10F
9F
8F
7F
6F
5F
4F
3F
2F
1F
B1F
B2F
B3F
有线电视及卫星电视机房
前端设备
调制器
调制器
调制器
DVD
DVD
调制器
接收机
避雷器
卫星天线
有线电视引入线
设计单位
审定
审核
校对
设计
图名
有线电视系统图
图号
E-028
比例
无

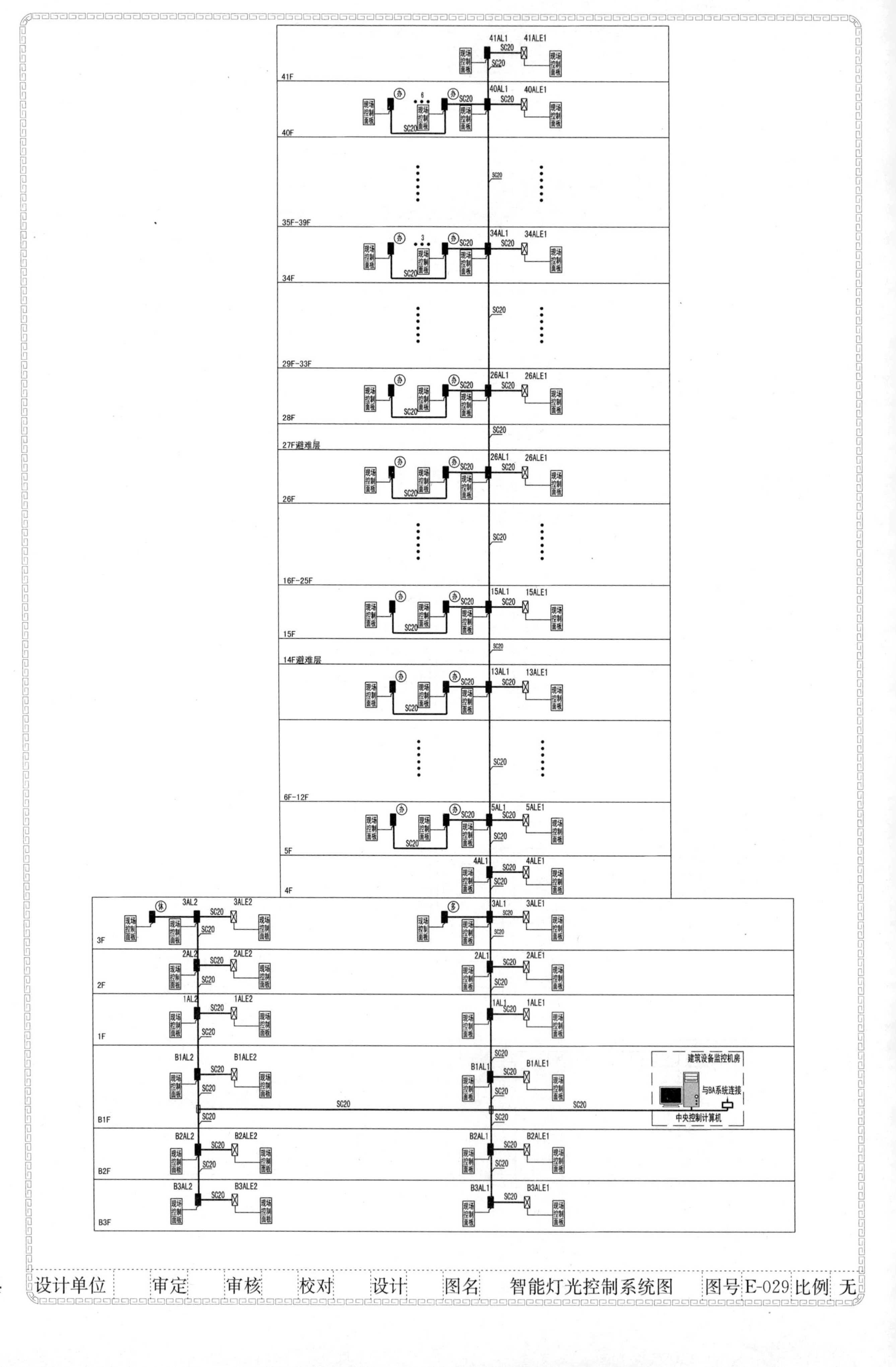

设计单位	审定	审核	校对	设计	图名	智能灯光控制系统图	图号	E-029	比例	无

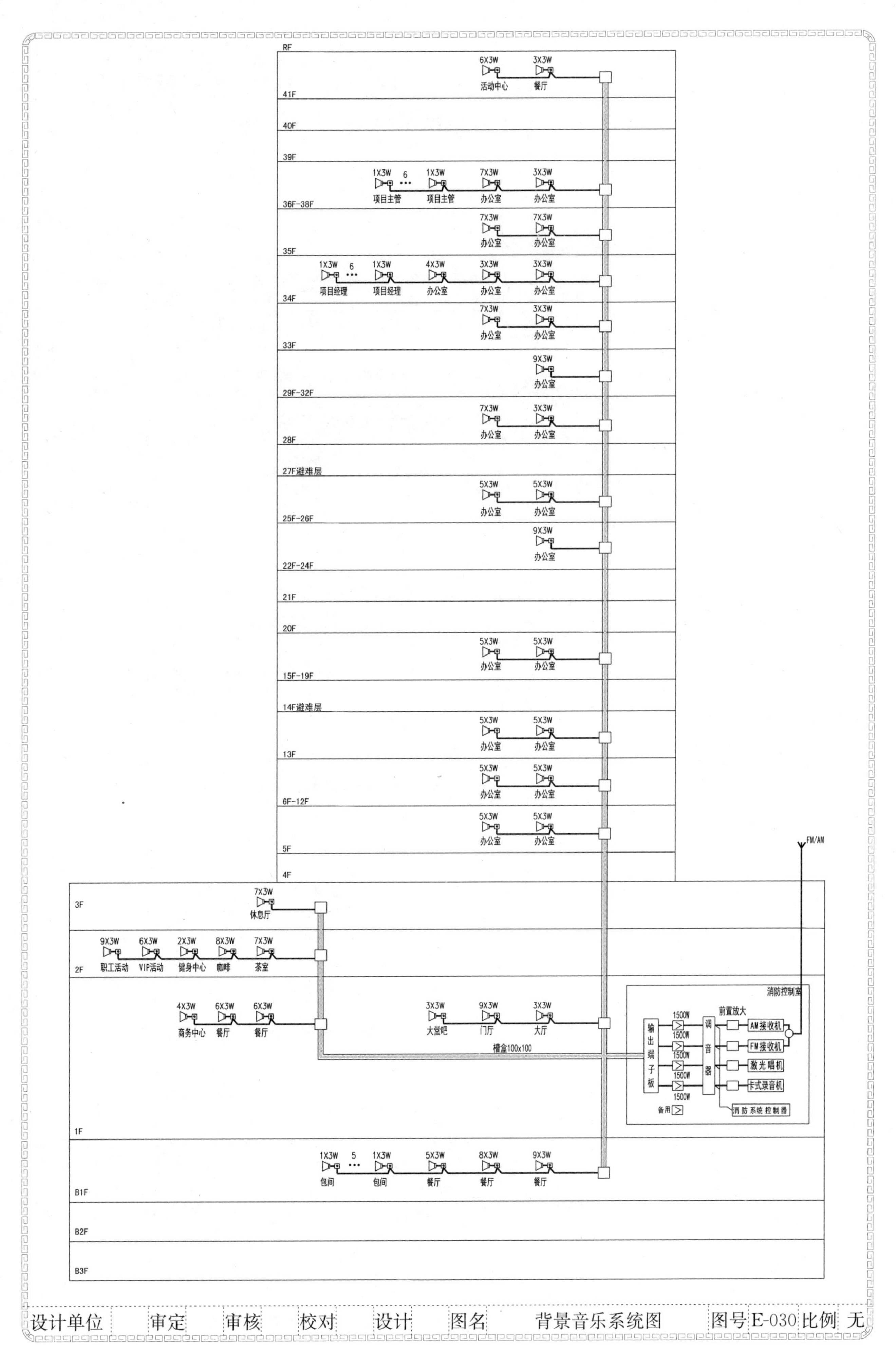
RF
6X3W 活动中心
3X3W 餐厅
41F
40F
39F
1X3W 项目主管
6
1X3W 项目主管
7X3W 办公室
3X3W 办公室
36F-38F
7X3W 办公室
7X3W 办公室
35F
1X3W 项目经理
6
1X3W 项目经理
4X3W 办公室
3X3W 办公室
3X3W 办公室
34F
7X3W 办公室
3X3W 办公室
33F
9X3W 办公室
29F-32F
7X3W 办公室
3X3W 办公室
28F
27F避难层
5X3W 办公室
5X3W 办公室
25F-26F
9X3W 办公室
22F-24F
21F
20F
5X3W 办公室
5X3W 办公室
15F-19F
14F避难层
5X3W 办公室
5X3W 办公室
13F
5X3W 办公室
5X3W 办公室
6F-12F
5X3W 办公室
5X3W 办公室
5F
4F
3F
7X3W 休息厅
9X3W 职工活动
6X3W VIP活动
2X3W 健身中心
8X3W 咖啡
7X3W 茶室
2F
4X3W 商务中心
6X3W 餐厅
6X3W 餐厅
3X3W 大堂吧
9X3W 门厅
3X3W 大厅
槽盒100x100
FM/AM
消防控制室
输出端子板
1500W
1500W
1500W
1500W
1500W
备用
调音器
前置放大
AM接收机
FM接收机
激光唱机
卡式录音机
消防系统控制器
1F
1X3W 包间
5
1X3W 包间
5X3W 餐厅
8X3W 餐厅
9X3W 餐厅
B1F
B2F
B3F
设计单位
审定
审核
校对
设计
图名
背景音乐系统图
图号
E-030
比例
无

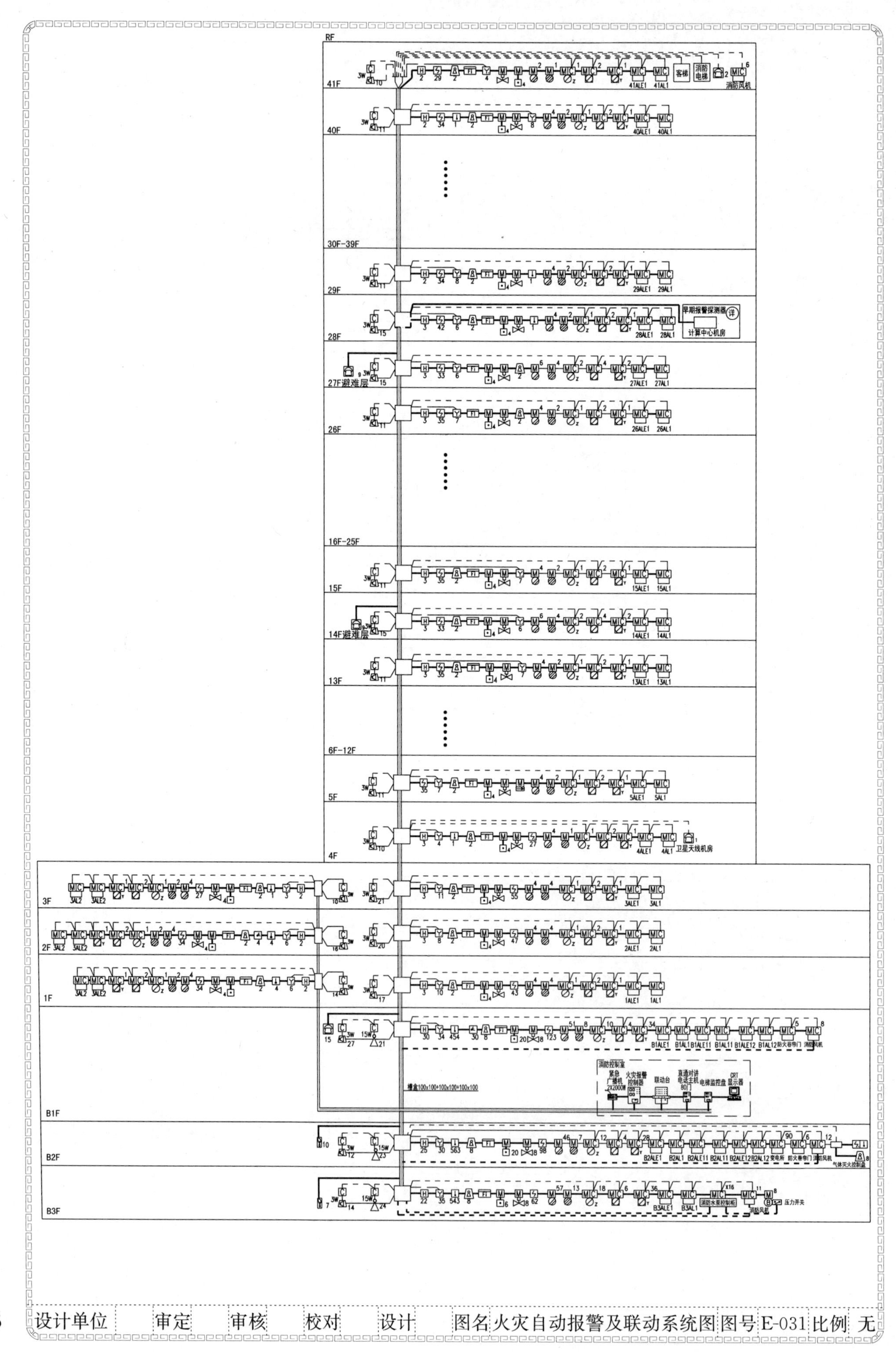

设计单位	审定	审核	校对	设计	图名	火灾自动报警及联动系统图	图号	E-031	比例	无

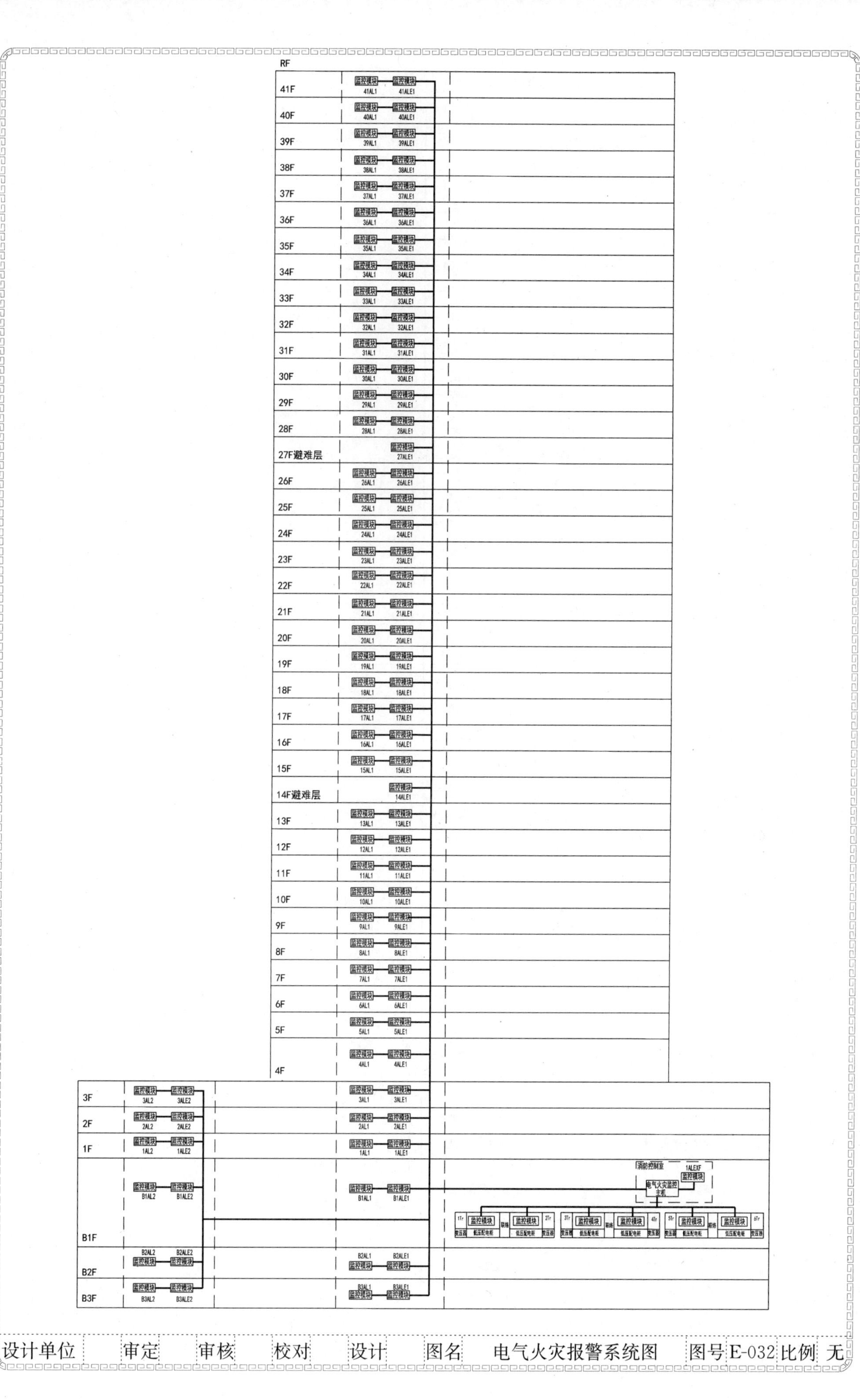
RF
41F 监控模块 41AL1 监控模块 41ALE1
40F 监控模块 40AL1 监控模块 40ALE1
39F 监控模块 39AL1 监控模块 39ALE1
38F 监控模块 38AL1 监控模块 38ALE1
37F 监控模块 37AL1 监控模块 37ALE1
36F 监控模块 36AL1 监控模块 36ALE1
35F 监控模块 35AL1 监控模块 35ALE1
34F 监控模块 34AL1 监控模块 34ALE1
33F 监控模块 33AL1 监控模块 33ALE1
32F 监控模块 32AL1 监控模块 32ALE1
31F 监控模块 31AL1 监控模块 31ALE1
30F 监控模块 30AL1 监控模块 30ALE1
29F 监控模块 29AL1 监控模块 29ALE1
28F 监控模块 28AL1 监控模块 28ALE1
27F避难层 监控模块 27ALE1
26F 监控模块 26AL1 监控模块 26ALE1
25F 监控模块 25AL1 监控模块 25ALE1
24F 监控模块 24AL1 监控模块 24ALE1
23F 监控模块 23AL1 监控模块 23ALE1
22F 监控模块 22AL1 监控模块 22ALE1
21F 监控模块 21AL1 监控模块 21ALE1
20F 监控模块 20AL1 监控模块 20ALE1
19F 监控模块 19AL1 监控模块 19ALE1
18F 监控模块 18AL1 监控模块 18ALE1
17F 监控模块 17AL1 监控模块 17ALE1
16F 监控模块 16AL1 监控模块 16ALE1
15F 监控模块 15AL1 监控模块 15ALE1
14F避难层 监控模块 14ALE1
13F 监控模块 13AL1 监控模块 13ALE1
12F 监控模块 12AL1 监控模块 12ALE1
11F 监控模块 11AL1 监控模块 11ALE1
10F 监控模块 10AL1 监控模块 10ALE1
9F 监控模块 9AL1 监控模块 9ALE1
8F 监控模块 8AL1 监控模块 8ALE1
7F 监控模块 7AL1 监控模块 7ALE1
6F 监控模块 6AL1 监控模块 6ALE1
5F 监控模块 5AL1 监控模块 5ALE1
4F 监控模块 4AL1 监控模块 4ALE1
3F 监控模块 3AL2 监控模块 3ALE2 监控模块 3AL1 监控模块 3ALE1
2F 监控模块 2AL2 监控模块 2ALE2 监控模块 2AL1 监控模块 2ALE1
1F 监控模块 1AL2 监控模块 1ALE2 监控模块 1AL1 监控模块 1ALE1
B1F 监控模块 B1AL2 监控模块 B1ALE2 监控模块 B1AL1 监控模块 B1ALE1
消防控制室
1ALEXF 监控模块
电气火灾监控主机
1Tr 监控模块 联络 监控模块 2Tr
变压器 低压配电柜 低压配电柜 变压器
3Tr 监控模块 联络 监控模块 4Tr
变压器 低压配电柜 低压配电柜 变压器
5Tr 监控模块 联络 监控模块 6Tr
变压器 低压配电柜 低压配电柜 变压器
B2F B2AL2 B2ALE2 监控模块 监控模块 B2AL1 B2ALE1 监控模块 监控模块
B3F 监控模块 B3AL2 监控模块 B3ALE2 B3AL1 B3ALE1 监控模块 监控模块
设计单位 审定 审核 校对 设计 图名 电气火灾报警系统图 图号 E-032 比例 无

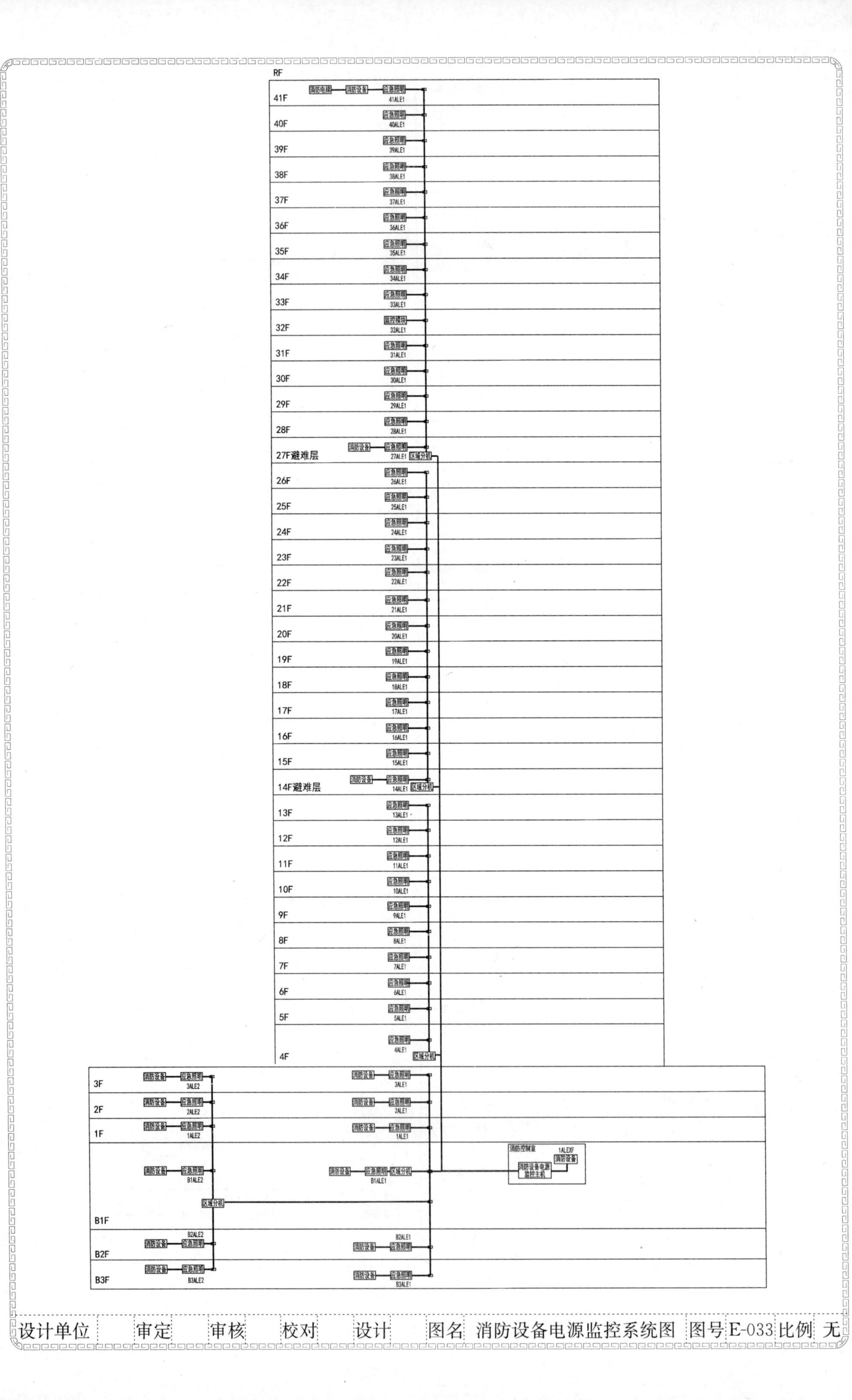

RF
41F
消防电梯
消防设备
应急照明
41ALE1
40F
39F
38F
37F
36F
35F
34F
33F
32F
监控模块
31F
30F
29F
28F
27F避难层
区域分机
26F
25F
24F
23F
22F
21F
20F
19F
18F
17F
16F
15F
14F避难层
13F
12F
11F
10F
9F
8F
7F
6F
5F
4F
3F
2F
1F
B1F
B2F
B3F
消防控制室
1ALEXF
消防设备电源监控主机
设计单位
审定
审核
校对
设计
图名
消防设备电源监控系统图
图号
E-033
比例
无

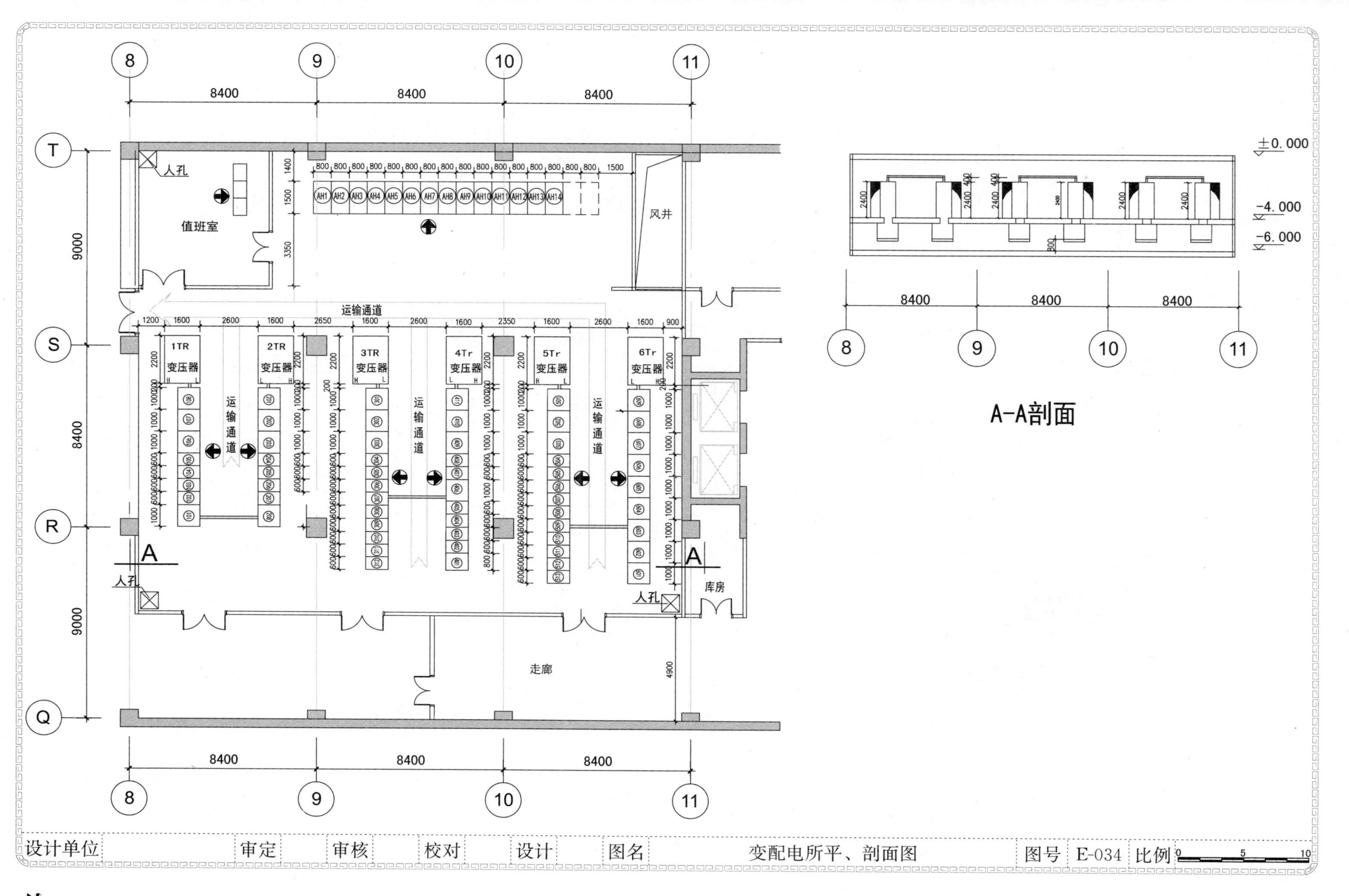
值班室
人孔
风井
运输通道
1TR
变压器
2TR
3TR
4Tr
5Tr
6Tr
库房
走廊
A-A剖面
±0.000
-4.000
-6.000
设计单位
审定
审核
校对
设计
图名
变配电所平、剖面图
图号
E-034
比例

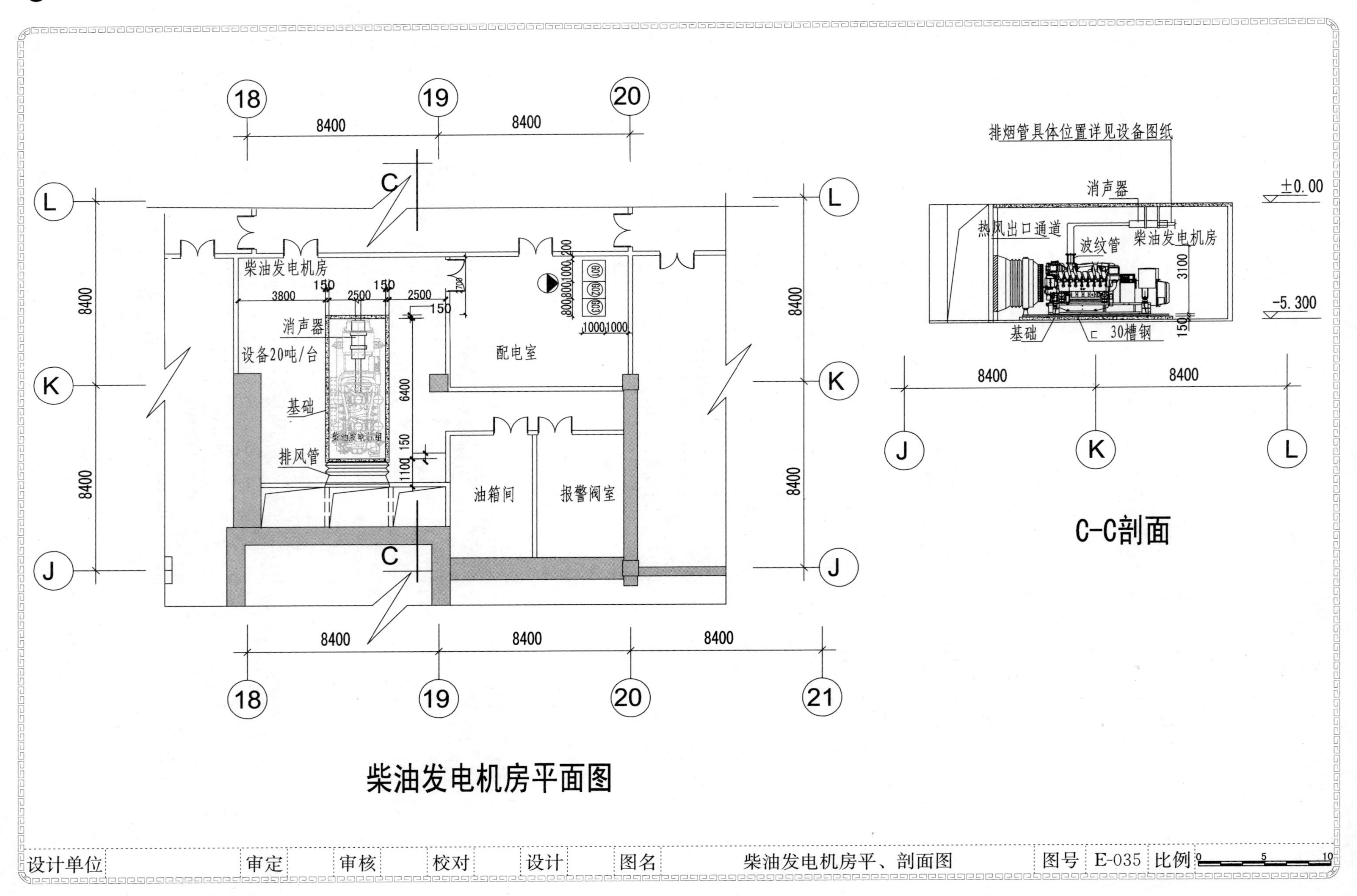

18
19
20
21
L
K
J
C
8400
柴油发电机房
3800
150
2500
6400
1100
消声器
设备20吨/台
基础
排风管
配电室
油箱间
报警阀室
G01
G02
G03
1000
柴油发电机房平面图
排烟管具体位置详见设备图纸
热风出口通道
波纹管
3100
30槽钢
±0.00
-5.300
C-C剖面
设计单位
审定
审核
校对
设计
图名
柴油发电机房平、剖面图
图号
E-035
比例

人防电气工程

1. 概述。

1.1 本工程地下三层（局部）人防工程，本工程的人防工程分为一个防护单元，防常规武器抗力级别为核 6 级（常 6 级），防化级别丁级；平时用途为汽车库，战时用途为二等人员隐蔽室。

1.2 电力负荷分别按平时和战时用电负荷的重要性，供电连续性及中断供电后可能造成的损失或影响程度分为一级负荷、二级负荷和三级负荷。

1. 一级负荷：基本通信设备、应急通信设备；应级照明。
2. 二级负荷：重要风机、水泵；正常照明。
3. 三级负荷：不属于一级和二级负荷。

2. 电源。

2.1 防护单元电力系统电源是由变电所引来两路～380/220V 电源。电力系统电源和战时电源应分列运行。

3 人防电源配电柜（箱）。

3.1 防护单元内设置人防电源配电柜（箱），自成配电系统，电源回路均应设置进线总开关和内、外电源的转换开关。防空地下室内的各种动力配电箱、照明箱、控制箱均采用明装。

3.2 照明、动力设备等配电应分别设置独立回路。

4 电缆、导线选择。

进、出防空地下室的动力、照明线路采用铜芯电缆。人防工程内的导线采用铜芯导线。

5 预留管。

各人员出入口和连通口的防护密闭门门框墙、密闭门门框墙上均预埋 6 根备用管，管径为 DN80mm，管壁厚度不小于 2.5mm 的热镀锌钢管，并应符合防护密闭要求。

6 电气设备选型。

电气设备应选用防潮性能好的定型产品。

7 照明。

7.1 照明光源采用高效节能荧光灯。人防内的灯具应为较轻的灯具，卡口灯头，吊链式安装。从人防内部至防护密闭门外的照明线路，在防护密闭门内侧，单独设置瓷闸盒做短路保护。

7.2 防空地下室平时和战时的照明均应有正常照明和应急照明。

7.3 应急照明应符合下列要求：

1. 疏散照明应由疏散指示标志照明和疏散通道照明组成。疏散通道照明的地面最低照度值不低于 5lx；
2. 安全照明的照度值不低于正常照明照度值的 5%；
3. 战时应急照明的连续供电时间不应小于 2h。

8 预留通信设备电源。

防护单元内的预留 3kW 通信设备电源。

9 接地型式。

防空地下室的接地型式采用 TN-S 系统。

10 等电位连接。

防空地下室室内应将下列导电部分做等电位连接：

10.1 保护接地干线；

10.2 电气装置人工接地极的接地干线或总接地端子；

10.3 室内的公用金属管道，如通风管、给水管、排水管、电缆或电线的穿线管；

10.4 建筑物结构中的金属构件，如防护密闭门、密闭门、防爆波活门的金属门框等；

10.5 室内的电气设备金属外壳；

10.6 电缆金属外护层。

11 总等电位连接。

防护单元的等电位连接应与总接地体连接。

12 通风方式信号装置系统。

防空地下室设有清洁式、滤毒式、隔绝式三种通风方式，应在防护单元内设置三种通风方式信号装置系统，并应符合下列规定：

12.1 三种通风方式信号控制箱宜设置在值班室或防化通信值班室内。灯光信号和音响应采用集中或自动控制；

12.2 在战时进风机室、排风机室、防化通信值班室、值班室、人员出入口（包括连通口）最里一道密闭门内侧和其他需要设置的地方，应设置显示三种通风方式的灯箱和音响装置，应采用红色灯光表示隔绝式，黄色灯光表示滤毒式、绿色灯光表示清洁式，并宜加注文字标识。

13 音响信号按钮。

在防护单元战时人员主要出入口防护密闭门外侧，应设置有防护能力的音响信号按钮，音响信号应设置在值班室或防化通信值班室内。

14 其他。

人员掩蔽工程设置电话分机和独立音响警报接收设备，并应设置应急通信设备。

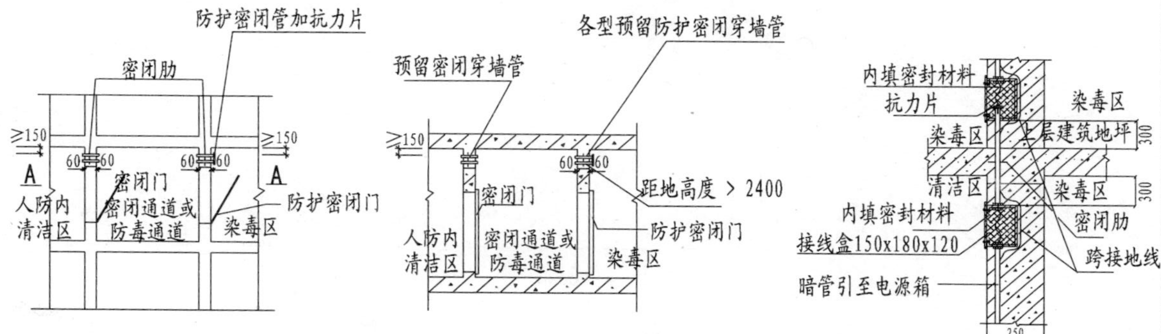

人防口部预留备用穿墙管平面

人防口部预留备用穿墙管剖面

设计单位		审定		审核		校对		设计		图名	人防说明	图号	E-036	比例	无

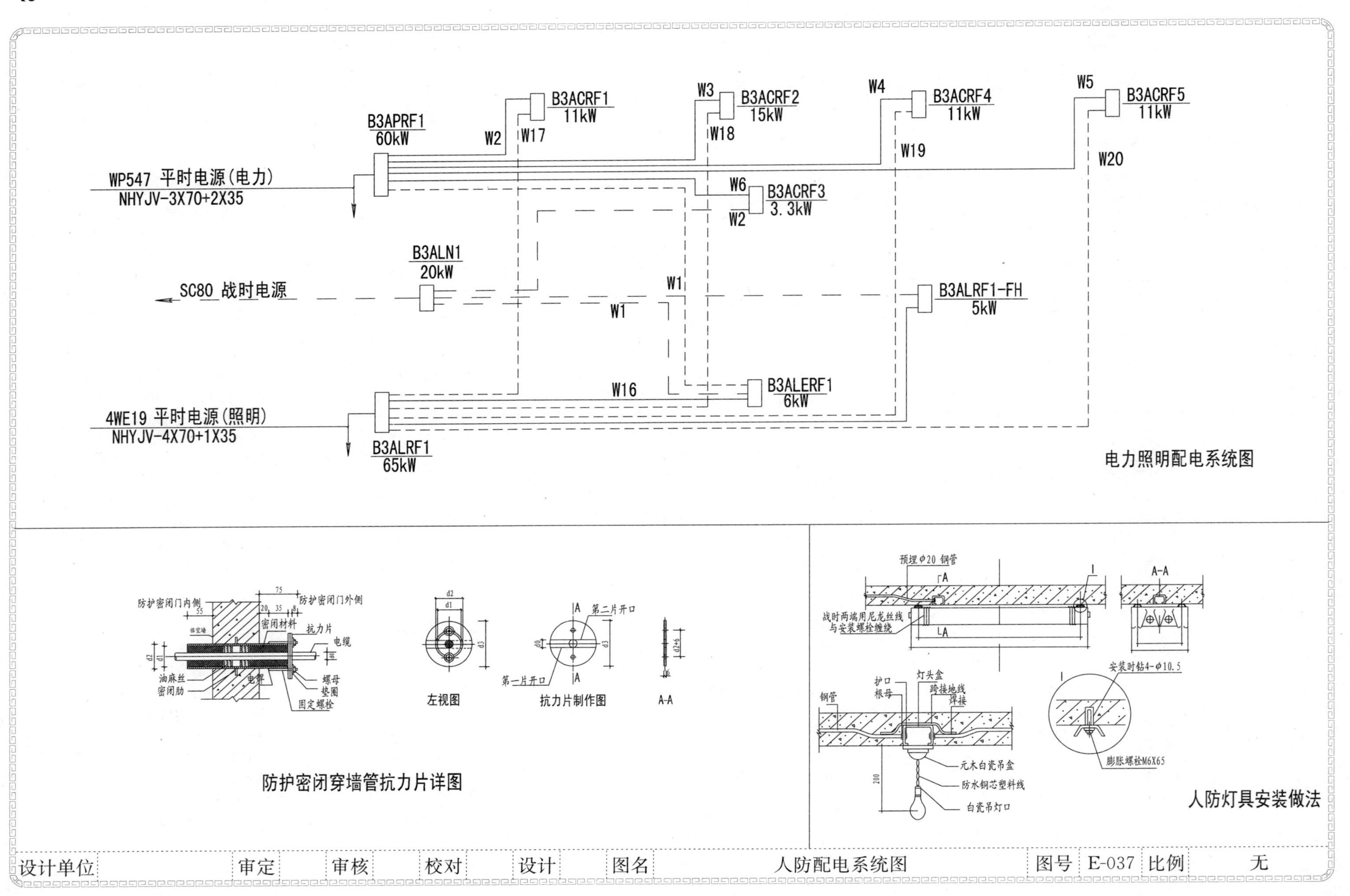
B3ACRF1
11kW
B3ACRF2
15kW
B3ACRF4
11kW
B3ACRF5
11kW
B3APRF1
60kW
W2
W17
W3
W18
W4
W19
W5
W20
WP547 平时电源(电力)
NHYJV-3X70+2X35
W6
B3ACRF3
3.3kW
W2
B3ALN1
20kW
SC80 战时电源
W1
W1
B3ALRF1-FH
5kW
W16
B3ALERF1
6kW
4WE19 平时电源(照明)
NHYJV-4X70+1X35
B3ALRF1
65kW
电力照明配电系统图
防护密闭门内侧
防护密闭门外侧
密闭材料
抗力片
电缆
油麻丝
密闭肋
螺母
垫圈
固定螺栓
左视图
第二片开口
第一片开口
抗力片制作图
A-A
防护密闭穿墙管抗力片详图
预埋φ20 钢管
战时两端用尼龙丝线与安装螺栓缠绕
安装时钻4-φ10.5
膨胀螺栓M6X65
护口
根母
灯头盒
跨接地线
焊接
钢管
元木白瓷吊盒
防水铜芯塑料线
白瓷吊灯口
人防灯具安装做法
设计单位
审定
审核
校对
设计
图名
人防配电系统图
图号
E-037
比例
无

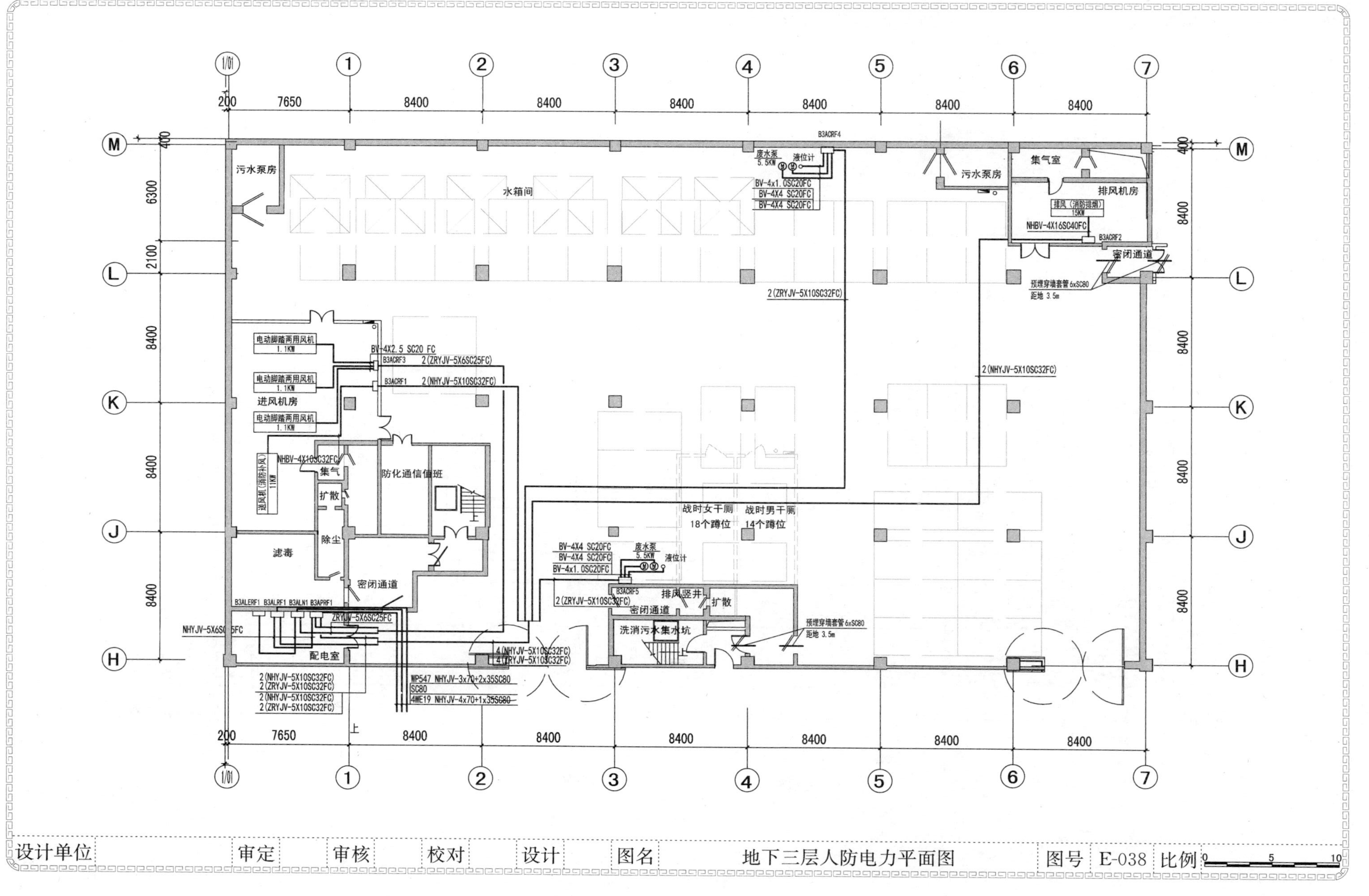

污水泵房
水箱间
废水泵
5.5KW
液位计
B3ACRF4
BV-4x1.0SC20FC
BV-4X4 SC20FC
BV-4X4 SC20FC
集气室
排风机房
排风（消防排烟）
15KW
NHBV-4X16SC40FC
B3ACRF2
密闭通道
预埋穿墙套管 6xSC80
距地 3.5m
2(ZRYJV-5X10SC32FC)
2(NHYJV-5X10SC32FC)
电动脚踏两用风机
1.1KW
进风机房
BV-4X2.5 SC20 FC
B3ACRF3
2(ZRYJV-5X6SC25FC)
B3ACRF1
2(NHYJV-5X10SC32FC)
NHBV-4X10SC32FC
进风机（消防补风）
11KW
集气
扩散
除尘
防化通信值班
滤毒
密闭通道
战时女干厕
18个蹲位
战时男干厕
14个蹲位
B3ACRF5
2(ZRYJV-5X10SC32FC)
排风竖井
洗消污水集水坑
B3ALERF1
B3ALRF1
B3ALN1
B3APRF1
ZRYJV-5X6SC25FC
NHYJV-5X6SC25FC
配电室
4(NHYJV-5X10SC32FC)
4(ZRYJV-5X10SC32FC)
2(NHYJV-5X10SC32FC)
2(ZRYJV-5X10SC32FC)
WP547 NHYJV-3x70+2x35SC80
4WE19 NHYJV-4x70+1x35SC80
上
设计单位
审定
审核
校对
设计
图名
地下三层人防电力平面图
图号
E-038
比例

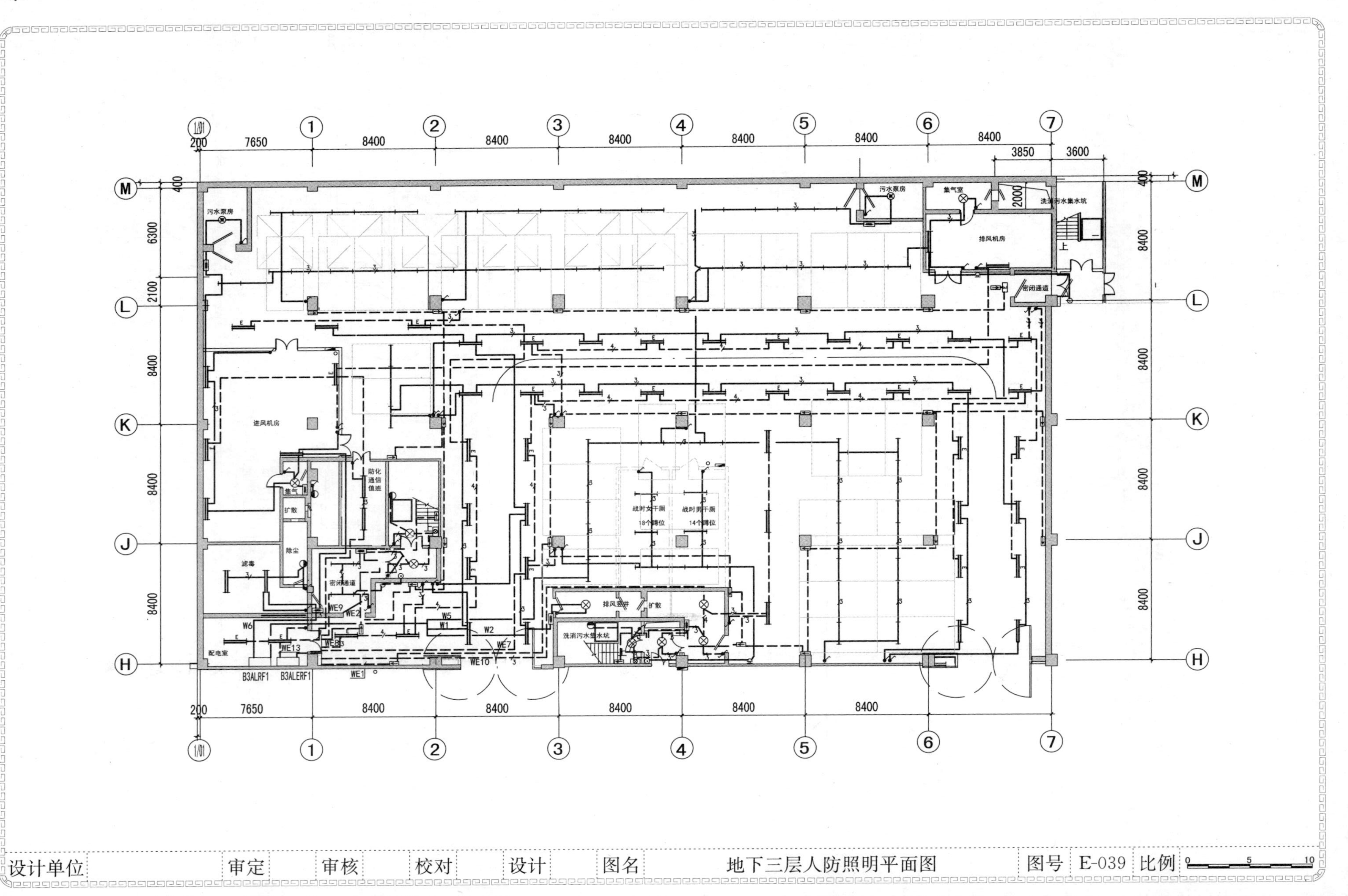
污水泵房
集气室
洗消污水集水坑
排风机房
密闭通道
进风机房
防化通信值班
集气
扩散
除尘
滤毒
密闭通道
战时女干厕
18个蹲位
战时男干厕
14个蹲位
排风竖井
洗消污水集水坑
配电室
B3ALRF1
B3ALERF1
设计单位
审定
审核
校对
设计
图名
地下三层人防照明平面图
图号
E-039
比例

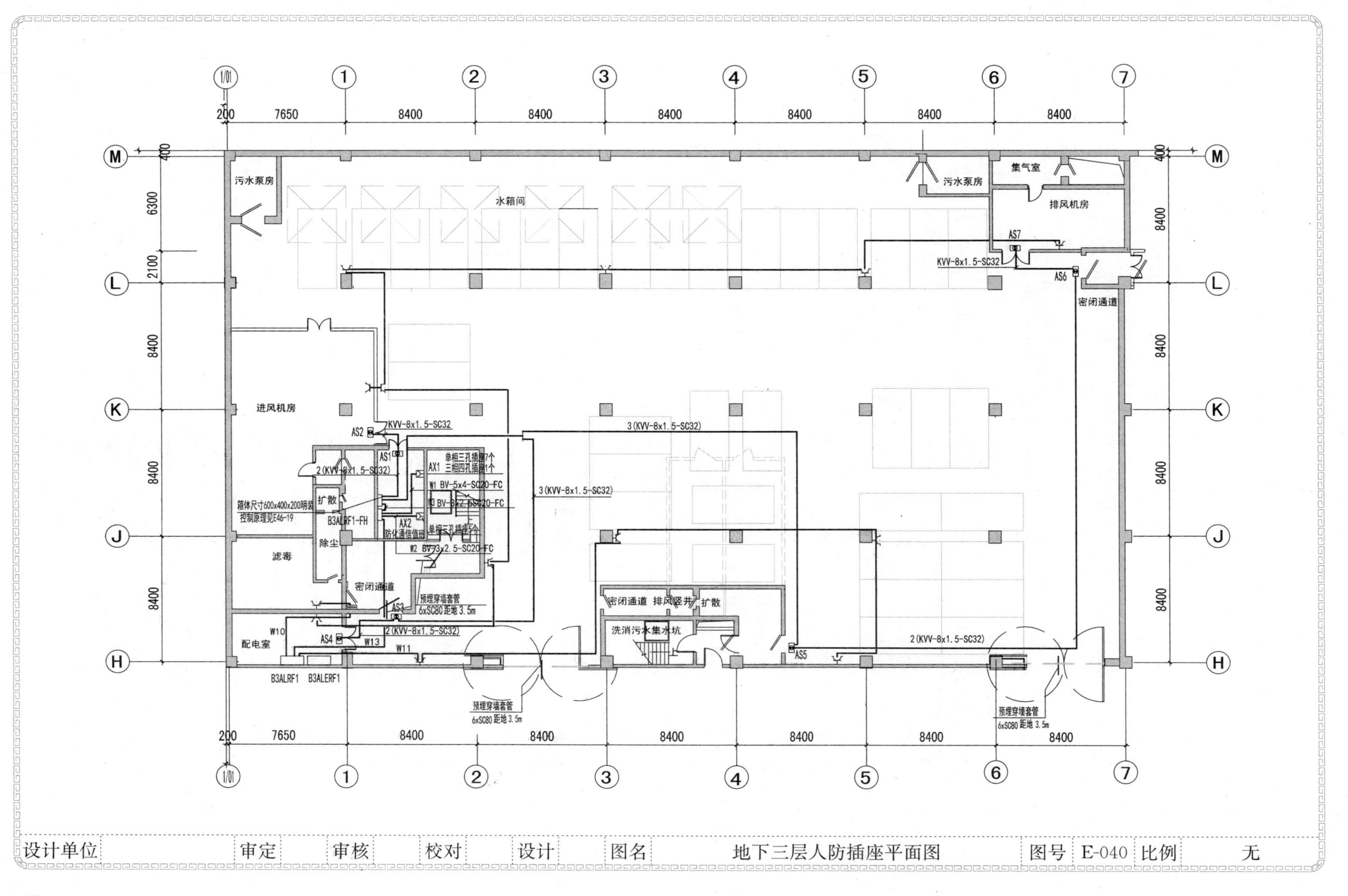

污水泵房
水箱间
集气室
排风机房
AS7
KVV-8x1.5-SC32
AS6
密闭通道
进风机房
AS2
AS1
2(KVV-8x1.5-SC32)
3(KVV-8x1.5-SC32)
单相三孔插座7个
AX1 三相四孔插座1个
W1 BV-5x4-SC20-FC
扩散
箱体尺寸600x400x200明装
控制原理见E46-19
B3ALRF1-FH
AX2
防化通信值班
单相三孔插座5个
除尘
W2 BV-3x2.5-SC20-FC
滤毒
密闭通道
预埋穿墙套管
6xSC80 距地 3.5m
AS3
W10
配电室
AS4
W13
W11
B3ALRF1
B3ALERF1
排风竖井
洗消污水集水坑
AS5
设计单位
审定
审核
校对
设计
图名
地下三层人防插座平面图
图号
E-040
比例
无

第三章　电气施工图设计文件编制范本

第一节　电气施工图设计文件编制要点

一、建筑电气施工图设计文件编制深度原则

1　施工图设计文件，应满足设备材料采购、非标准设备制作和施工的需要。对于将项目分别发包给几个设计单位或实施设计分包的情况，设计文件相互关联处的深度应满足各承包或分包单位设计的需要。

2　在设计中宜因地制宜正确选用国家、行业和地方建筑标准设计，并在设计文件的图纸目录或设计说明中注明所应用图集的名称。重复利用其他工程的图纸时，应详细了解原图利用的条件和内容，并作必要的核算和修改，以满足新设计项目的需要。

3　设计单位在设计文件中选用的建筑材料、建筑构配件和设备，应当注明规格、性能等技术指标，其质量要求必须符合国家规定的标准。

4　民用建筑工程一般应分为方案设计、初步设计和施工图设计三个阶段。对于技术要求相对简单的民用建筑工程，当有关主管部门在初步设计阶段没有审查要求，且合同中没有做初步设计的约定，可在方案设计审批后直接进入施工图设计。

5　当设计合同对设计文件编制深度另有要求时，设计文件编制深度应同时满足本规定和设计合同的要求。

二、建筑电气施工图设计文件编制内容

1　在施工图设计阶段，建筑电气专业设计文件图纸部分应包括图纸目录、设计说明、设计图、主要设备表，电气计算部分出计算书。

2　图纸目录：应分别以系统图、平面图等按图纸序号排列，先列新绘制图纸，后列选用的重复利用图和标准图。

3　建筑电气施工图设计说明。

3.1　工程概况：初步（或方案）设计审批定案的主要指标。

3.2　设计依据：

3.2.1　工程概况：应说明建筑类别、性质、面积、层数、高度、结构类型等；

3.2.2　建设单位提供的有关部门（如：供电部门、消防部门、通信部门、公安部门等）认定的工程设计资料，建设单位设计任务书及设计要求；

3.2.3　相关专业提供给本专业的工程设计资料；

3.2.4　设计所执行的主要法规和所采用的主要标准（包括标准的名称、编号、年号和版本号）。

3.3　设计范围。

3.4　设计内容（应包括建筑电气各系统的主要指标）。

3.5　各系统的施工要求和注意事项（包括线路选型、敷设方式及设备安装等）。

3.6　设备主要技术要求（亦可附在相应图纸上）。

3.7　防雷及接地保护等其他系统有关内容（亦可附在相应图纸上）。

3.8　电气节能及环保措施。

3.9　绿色建筑电气设计：

3.9.1　绿色建筑设计目标；

3.9.2　建筑电气设计采用的绿色建筑技术措施；

3.9.3　建筑电气设计所达到的绿色建筑技术指标。

3.10　与相关专业的技术接口要求。

3.11　智能化设计：

3.11.1　智能化系统设计概况；

3.11.2　智能化各系统的供电、防雷及接地等要求；

3.11.3　智能化各系统与其他专业设计的分工界面、接口条件；

3.11.4　智能化专项设计：

1. 工程概况；应将经初步（或方案）设计审批定案的主要指标录入。

2. 设计依据：已批准的初步设计文件（注明文号或说明）。

3. 设计范围。

4. 设计内容：应包括智能化系统及各子系统的用途、结构、功能、设计原则、系统点表、系统及主要设备的性能指标。

5. 各系统的施工要求和注意事项（包括布线、设备安装等）。

6. 设备主要技术要求及控制精度要求（亦可附在相应图纸上）。

7. 防雷、接地及安全措施等要求（亦可附在相应图纸上）。

8. 节能及环保措施。

9. 与相关专业及市政相关部门的技术接口要求及专业分工界面说明。

10. 各分系统间联动控制和信号传输的设计要求。

11. 对承包商深化设计图纸的审核要求。

12. 凡不能用图示表达的施工要求，均应以设计说明表述。

13. 有特殊需要说明的可集中或分列在有关图纸上。

3.12　其他专项设计、深化设计：

3.12.1　其他专项设计、深化设计概况；

3.12.2　建筑电气与其他专项、深化设计的分工界面及接口要求。

4　图例符号（应包括设备选型、规格及安装等信息）。

5　电气总平面图（仅有单体设计时，可无此项内容）。

5.1　标注建筑物、构筑物名称或编号、层数或标高、道路、地形等高线和用户的安装容量。

5.2　标注变、配电站位置、编号；变压器台数、容量；发电机台数、容量；室外配电箱的编号、型号；室外照明灯具的规格、型号、容量。

5.3　架空线路应标注：线路规格及走向，回路编号，杆位编号，挡数、挡距、杆高、拉线、重复接地、避雷器等（附标准图集选择表）。

5.4　电缆线路应标注：线路走向、回路编号、敷设方式、人（手）孔型号、位置。

5.5　比例、指北针。

5.6　图中未表达清楚的内容可随图作补充说明。

6　变、配电站设计图。

6.1　高、低压配电系统图（一次线路图）。图中应标明变压器、发电机的型号、规格；母线的型号、规格；标明开关、断路器、互感器、继电器、电工仪表（包括计量仪表）等的型号、规格、整定值（此部分也可标注在图中表格中）。图下方表格标注：开关柜编号、开关柜型号、回路编号、设备容量、计算电流、导体型号及规格、敷设方法、用户名称、二次原理图方案号（当选用分隔式开关柜时，可增加小室高度或模数等相应栏目）。

6.2 平、剖面图。按比例绘制变压器、发电机、开关柜、控制柜、直流及信号柜、补偿柜、支架、地沟、接地装置等平面布置、安装尺寸等，以及变、配电站的典型剖面，当选用标准图时，应标注标准图编号、页次；标注进出线回路编号、敷设安装方法，图纸应有设备明细表、主要轴线、尺寸、标高、比例。

6.3 继电保护及信号原理图。继电保护及信号二次原理方案号，宜选用标准图、通用图。当需要对所选用标准图或通用图进行修改时，仅需绘制修改部分并说明修改要求。控制柜、直流电源及信号柜、操作电源均应选用标准产品，图中标示相关产品型号、规格和要求。

6.4 配电干线系统图。以建筑物、构筑物为单位，自电源点开始至终端配电箱止，按设备所处相应楼层绘制，应包括变、配电站变压器编号、容量、发电机编号、容量、各处终端配电箱编号、容量，自电源点引出回路编号。

6.5 相应图纸说明。图中表达不清楚的内容，可随图作相应说明。

7 配电、照明设计图。

7.1 配电箱（或控制箱）系统图，应标注配电箱编号、型号，进线回路编号；标注各元器件型号、规格、整定值；配出回路编号、导线型号规格、负荷名称等，（对于单相负荷应标明相别），对有控制要求的回路应提供控制原理图或控制要求；当数量较少时，上述配电箱（或控制箱）系统内容在平面图上标注完整的，可不单独出配电箱（或控制箱）系统图。

7.2 配电平面图应包括建筑门窗、墙体、轴线、主要尺寸、房间名称、工艺设备编号及容量；布置配电箱、控制箱，并注明编号；绘制线路始、终位置（包括控制线路），标注回路编号、敷设方式（需强调时）；凡需专项设计场所，其配电和控制设计图随专项设计，但配电平面图上应相应标注预留的配电箱，并标注预留容量；图纸应有比例。

7.3 照明平面图应包括建筑门窗、墙体、轴线、主要尺寸、标注房间名称、绘制配电箱、灯具、开关、插座、线路等平面布置，标明配电箱编号，干线、分支线回路编号；凡需二次装修部位，其照明平面图及配电箱系统图由二次装修设计，但配电或照明平面图上应相应标注预留的照明配电箱，并标注预留容量；图纸应有比例。

7.4 图中表达不清楚的，可随图作相应说明。

8 建筑设备控制原理图。

8.1 建筑电气设备控制原理图，有标准图集的可直接标注图集方案号或者页次。

8.1.1 控制原理图应注明设备明细表。

8.1.2 选用标准图集时若有不同处应做说明。

8.2 建筑设备监控系统及系统集成设计图

8.2.1 监控系统方框图绘至 DDC 站止。

8.2.2 随图说明相关建筑设备监控（测）要求、点数，DDC 站位置。

9 防雷、接地及安全设计图。

9.1 绘制建筑物顶层平面，应有主要轴线号、尺寸、标高、标注接闪杆、接闪器、引下线位置。注明材料型号规格、所涉及的标准图编号、页次，图纸应标注比例。

9.2 绘制接地平面图（可与防雷顶层平面重合），绘制接地线、接地极、测试点、断接卡等的平面位置、标明材料型号、规格、相对尺寸等及涉及的标准图编号、页次，图纸应标注比例。

9.3　当利用建筑物（或构筑物）钢筋混凝土内的钢筋作为防雷接闪器、引下线、接地装置时，应标注连接方式，接地电阻测试点，预埋件位置及敷设方式，注明所涉及的标准图编号、页次。

9.4　随图说明可包括：防雷类别和采取的防雷措施（包括防侧击雷、防雷击电磁脉冲、防高电位引入）；接地装置型式、接地极材料要求、敷设要求、接地电阻值要求；当利用桩基、基础内钢筋作接地极时，应采取的措施。

9.5　除防雷接地外的其他电气系统的工作或安全接地的要求（如：电源接地型式，直流接地，等电位等），如果采用共用接地装置，应在接地平面图中叙述清楚，交代不清楚的应绘制相应图纸。

10　建筑电气消防系统。

10.1　火灾自动报警系统设计图。

10.1.1　火灾自动报警及消防联动控制系统图、施工说明、报警及联动控制要求。

10.1.2　各层平面图，应包括设备及器件布点、连线，线路型号、规格及敷设要求。

10.2　电气火灾监控系统。

10.2.1　应绘制系统图，以及各监测点名称、位置等。

10.2.2　电气火灾探测器绘制并标注在配电箱系统图上。

10.2.3　在平面图上应标注或说明监控线路型号、规格及敷设要求。

10.3　消防设备电源监控系统。

10.3.1　应绘制系统图，以及各监测点名称、位置等。

10.3.2　一次部分绘制并标注在配电箱系统图上。

10.3.3　在平面图上应标注或说明监控线路型号、规格及敷设要求。

10.4　防火门监控系统。

10.4.1　应绘制系统图，以及各监测点名称、位置等。

10.4.2　在平面图上应标注或说明监控线路型号、规格及敷设要求。

10.5　消防应急广播。

10.5.1　消防应急广播系统图、施工说明。

10.5.2　各层平面图，应包括设备及器件布点、连线，线路型号、规格及敷设要求。

11　智能化各系统设计。

11.1　智能化各系统及其子系统的系统框图。

11.2　智能化各系统及其子系统的干线桥架走向平面图。

11.3　智能化各系统及其子系统竖井布置分布图。

11.4　智能化专项设计：

11.4.1　图例。注明主要设备的图例、名称、数量、安装要求。注明线型的图例、名称、规格、配套设备名称、敷设要求。

11.4.2　主要设备及材料表。分子系统注明主要设备及材料的名称、规格、单位、数量。

11.4.3　智能化总平面图。标注建筑物、构筑物名称或编号、层数或标高、道路、地形等高线和用户的安装容量；标注各建筑进线间及总配线间的位置、编号；室外前端设备位置、规格以及安装方式说明等；室外设备应注明设备的安装、通信、防雷、防水及供电要求，宜提供安装详图；室外立杆应注明杆位编号、杆高、壁厚、杆件形式、拉线、重复接地、避雷器等（附标准图集选择表），宜提供安装详图；室外线缆应注明数量、类型、线路走向、敷设方式、人（手）孔规格、位置、编号及引用详图；室外线管注明管径、埋设深度或敷设的标高，标注管道长度；比例、指北针；图中未表达清楚的内容可附图作统一说明。

11.4.4　设计图纸。系统图应表达系统结构、主要设备的数量和类型、设备之间的连接方式、线缆类型及规格、图例；平面图应包括设备位置、线缆数量、线缆管槽路由、线型、管槽规格、敷设方式、图例；图中应表示出轴线号、管槽距、管槽尺寸、设计地面标高、管槽标高（标注管槽底）、管材、接口型式、管道平面示意，并标出交叉管槽的尺寸、位置、标高；纵断面图比例宜为竖向 1∶50 或 1∶100，横向 1∶500（或与平面图的比例一致）。对平面管槽复杂的位置，应绘制管槽横断面图。在平面图上不能完全表达设计意图以及做法复杂容易引起施工误解时，应绘制做法详图，包括设备安装详图、机房安装详图等；图中表达不清楚的内容，可随图作相应说明或补充其他图表。

11.4.5　系统预算。确定各子系统主要设备材料清单；确定各子系统预算，包括单位、主要性能参数、数量、系统造价。

11.4.6　智能化集成管理系统设计图。系统图、集成型式及要求；各系统联动要求、接口型式要求、通信协议要求。通信网络系统设计图。根据工程性质、功能和近远期用户需求确定电话系统形式；当设置电话交换机时，确定电话机房的位置、电话中继线数量及配套相关专业技术要求；传输线缆选择及敷设要求；中继线路引入位置和方式的确定；通信接入机房外线接入预埋管、手（人）孔图；防雷接地、工作接地方式及接地电阻要求。计算机网络系统设计图。系统图应确定组网方式、网络出口、网络互联及网络安全要求。建筑群项目，应提供各单体系统联网的要求；信息中心配置要求；注明主要设备图例、名称、规格、单位、数量、安装要求。平面图应确定交换机的安装位置、类型及数量。

11.4.7　布线系统设计图。根据建设工程项目的性质、功能和近期需求、远期发展确定布线系统的组成以及设置标准；系统图、平面图；确定布线系统结构体系、配线设备类型，传输线缆的选择和敷设要求。

11.4.8　有线电视及卫星电视接收系统设计图。根据建设工程项目的性质、功能和近期需求、远期发展确定有线电视及卫星电视接收系统的组成以及设置标准；系统图、平面图；确定有线电视及卫星电视接收系统组成，传输线缆的选择和敷设要求；确定卫星接收天线的位置、数量、基座类型及做法；确定接收卫星的名称及卫星接收节目，确定有线电视节目源。

11.4.9　公共广播系统设计图。根据建设工程项目的性质、功能和近期需求、远期发展确定系统设置标准；系统图、平面图；确定公共广播的声学要求、音源设置要求及末端扬声器的设置原则；确定末端设备规格，传输线缆的选择和敷设要求。

11.4.10　信息导引及发布系统设计图。根据建设工程项目的性质、功能和近期需求、远期发展确定系统功能、信息发布屏类型和位置；系统图、平面图；确定末端设备规格，传输线缆的选择和敷设要求；设备安装详图。

11.4.11　会议系统设计图。根据建设工程项目的性质、功能和近期需求、远期发展确定会议系统建设标准和系统功能；系统图、平面图；确定末端设备规格，传输线缆的选择和敷设要求。

11.4.12　时钟系统设计图。根据建设工程项目的性质、功能和近期需求、远期发展确定子钟位置和形式；系统图、平面图；确定末端设备规格，传输线缆的选择和敷设要求。

11.4.13　专业工作业务系统设计图。根据建设工程项目的性质、功能和近期需求、远期发展确定专业工作业务系统类型和功能；系统图、平面图；确定末端设备规格，传输线缆的选择和敷设要求。

11.4.14　物业运营管理系统设计图。根据建设项目性质、功能和管理模式确定系统功能和软件架构图。

11.4.15　智能卡应用系统设计图。根据建设项目性质、功能和管理模式确定智能卡应用范围和一卡通功能；系统图；确定网络结构、卡片类型。

11.4.16　建筑设备管理系统设计图。系统图、平面图、监控原理图、监控点表；系统图应体现控制器与被控设备之间的连接方式及控制关系；平面图应体现控制器位置、线缆敷设要求，绘至控制器止；监控原理图有标准图集的可直接标注图集方案号或者页次，应体现被控设备的工艺要求、应说明监测点及控制点的名称和类型、应明确控制逻辑要求，应注明设备明细表，外接端子表；监控点表应体现监控点的位置、名称、类型、数量以及控制器的配置方式；监控系统模拟屏的布局图；图中表达不清楚的内容，可随图作相应说明；应满足电气、给水排水、暖通等专业对控制工艺的要求。

11.4.17　安全技术防范系统设计图。根据建设工程的性质、规模确定风险等级、系统架构、组成及功能要求；确定安全防范区域的划分原则及设防方法；系统图、设计说明、平面图、不间断电源配电图；确定机房位置、机房设备平面布局，确定控制台、显示屏详图；传输线缆选择及敷设要求；确定视频安防监控、入侵报警、出入口管理、访客管理、对讲、车库管理、电子巡查等系统设备位置、数量及类型；确定视频安防监控系统的图像分辨率、存储时间及存储容量；图中表达不清楚的内容，可随图做相应说明；应满足电气、给水排水、暖通等专业对控制工艺的要求。注明主要设备图例、名称、规格、单位、数量、安装要求。

11.4.18　机房工程设计图。说明智能化主机房（主要为消防监控中心机房、安防监控中心机房、信息中心设备机房、通信接入设备机房、弱电间）设置位置、面积、机房等级要求及智能化系统设置的位置；说明机房装修、消防、配电、不间断电源、空调通风、防雷接地、漏水监测、机房监控要求；绘制机房设备布置图，机房装修平面、立面及剖面图，屏幕墙及控制台详图，配电系统（含不间断电源）及平面图，防雷接地系统及布置图，漏水监测系统及布置图、机房监控系统系统及布置图、综合布线系统及平面图；图例说明；注明主要设备名称、规格、单位、数量、安装要求。

11.4.19　其他系统设计图。根据建设工程项目的性质、功能和近期需求、远期发展确定专业工作业务系统类型和功能；系统图、设计说明、平面图；确定末端设备规格，传输线缆的选择和敷设要求；图例说明：注明主要设备名称、规格、单位、数量、安装要求。

11.4.20　设备清单。分子系统编制设备清单；清单编制内容应包括序号、设备名称、主要技术参数、单位、数量及单价。

11.4.21　技术需求书。技术需求书应包含工程概述、设计依据、设计原则、建设目标以及系统设计等内容；系统设计应分系统阐述，包含系统概述、系统功能、系统结构、布点原则、主要设备性能参数等内容。

12　主要设备表。

注明主要设备名称、型号、规格、单位、数量。

13　计算书。

施工图设计阶段的计算书，计算内容同初步设计要求。

14　当采用装配式建筑技术设计时，应明确装配式建筑设计电气专项内容：

14.1　明确装配式建筑电气设备的设计原则及依据。

14.2　对预埋在建筑预制墙及现浇墙内的电气预埋箱、盒、孔洞、沟槽及管线等要有做法标注及详细定位。

14.3 预埋管、线、盒及预留孔洞、沟槽及电气构件间的连接做法。

14.4 墙内预留电气设备时的隔声及防火措施；设备管线穿过预制构件部位采取相应的防水、防火、隔声、保温等措施。

14.5 采用预制结构柱内钢筋作为防雷引下线时，应绘制预制结构柱内防雷引下线间连接大样，标注所采用防雷引下线钢筋、连接件规格以及详细作法。

三、电气设计团队统一技术规定（内部使用）

1 设计文件编制原则

1.1 建筑工程设计文件的编制，必须符合国家有关法律法规和现行工程建设标准规范的规定，其中工程建设强制性标准必须严格执行。

1.2 设计文件编制深度按中华人民共和国住房和城乡建设部《建筑工程设计文件编制深度规定》（2016 年版）的规定执行。

1.2.1 方案设计文件，应满足编制初步设计文件的需要。

1.2.2 初步设计文件，应满足编制施工图设计文件的需要。

1.2.3 施工图设计文件，应满足设备材料采购、非标准设备制作和施工的需要。对于将项目分别发包给几个设计单位或实施设计分包的情况，设计文件相互关联处的深度应满足各承包或分包单位设计的需要。

1.3 遇见疑难问题应与项目负责人讨论，确定合理可行的设计方案。

1.4 电气设计组成员与其他专业密切配合，发现有变动时，及时通知组内成员，避免重复劳动。

1.5 按照设计分工和工程进度，认真完成本职工作，确保工程质量和工期要求。遇到不可预见原因，影响设计工期时，应与项目负责人协商确定具体解决办法。

1.6 平面设计与系统设计同期进行，保证工程设计的完整性。

1.7 强调团队精神、从自身做起，树立高素质的电气设计人员形象。

1.8 所有电气设计文件没有经得主管部门许可不得外传。

2 工程质量与进度要求

2.1 严格执行工程项目组制定的设计进度。发现问题及时与项目负责人协商确定具体解决办法。

2.2 根据设计分工，制定个人工作安排，合理规划工作内容和时间。

2.3 与业主、其他专业的设计要求和设计条件应有文字记录。如：时间、人员、讨论内容和结论等。

2.4 根据需要召开研讨会，讨论工程中的疑难问题。参加人员根据问题疑难程度，确定参加人员。

2.5 根据程项目组制定的设计进度，督促相关专业提供技术资料。

2.6 保障校对、审核和审定时间，确保工程质量及对审核人、审定人的尊重。

3 设计分工（见图纸目录）

4 设计内容

4.1 变配电系统；

4.2 电力、照明系统；

4.3 防雷与接地系统；

4.4 智能化系统（通信网络系统、综合布线系统、内部网络、有线电视系统、背景音乐系统、建筑设备监控系统、安防系统、会议系统、无线通信增强系统、信息公布系统、集成管理等）；

4.5　火灾自动报警及联动控制系统。

5　设计文件编制深度要求及设计注意事项

5.1　变配电系统

5.1.1　确定负荷等级和各类负荷容量。（对变压器应逐台进行负荷计算，并打印 A4 文件）

5.1.2　对用电设备应明确负荷分级并保证其供电措施。

5.1.3　明确备用电源和应急电源容量确定原则及性能要求。（对柴油发电机组应逐台进行负荷计算，并打印 A4 文件）。

5.1.4　说明高、低压供电系统结线型式及运行方式、正常工作电源与备用电源之间的关系。

5.1.5　对有电力计费要求的设备应进行负荷计算，并打印 A4 文件。

5.1.6　合理选择变配电所地址。变配电所应有设备布置图、剖面图等。设备运输通道应有表示。

5.1.7　负荷计算书，并将负荷计算列入设计说明中。

5.1.8　说明高压设备操作电源和运行信号装置配置情况。明确继电保护装置的设置。

5.1.9　明确电能计量方式。

5.1.10　明确功率因数补偿方式。

5.2　电力、照明系统

5.2.1　根据用电负荷性质、容量大小确定电力、照明系统形式。

5.2.2　根据电力、照明系统形式确定配电小间。配电小间应有放大图。

5.2.3　选择节能光源、灯具。

5.2.4　根据房间用途，确定照度指标，严格控制照明密度。对典型房间应进行照度计算。附照度计算书。

5.2.5　消防控制室、变配电所、配电间、弱电间、楼梯间、前室、水泵房、电梯机房、排烟机房、重要机房的值班照明等处的应急照明按 100％考虑；门厅、走道按 30％考虑；其他场所按 10％考虑。

5.2.6　合理选择电缆、导线、母干线的材质和型号，敷设方式。

5.2.7　说明开关、插座、配电箱、控制箱等配电设备选型及安装方式。

5.2.8　明确电动机启动及控制方式的选择。

5.3　防雷与接地系统

5.3.1　根据建筑物性质、外形尺寸等确定防雷等级，并附有计算书。

5.3.2　根据防雷等级确定防雷措施（内部防雷、外部防雷）。

5.3.3　明确防雷电脉冲措施。

5.3.4　建筑物作总等电位连接。在所有弱电机房、电梯机房、浴室等处作等电位连接。

5.3.5　接地干线系统图。

5.4　智能化系统

5.4.1　通信网络系统

1. 电话站总配线设备及其容量的选择和确定。

2. 确定市话中继线路的设计分工，线路敷设和引入位置。

3. 防电磁脉冲接地、工作接地方式及接地电阻要求。

5.4.2　综合布线系统

1. 根据工程项目的性质、功能、用户要求确定综合类型及配置标准。

2. 系统组成及设备选型。

3. 导体选择及敷设方式。

5.4.3　有线电视系统

1. 系统规模、网络组成、用户输出口电平值的确定。

2. 节目源选择。

3. 机房位置、前端设备配置。

4. 用户分配网络、导体选择及敷设方式、用户终端数量的确定。

5.4.4　背景音乐系统

1. 系统组成。

2. 输出功率、馈送方式和用户线路敷设的确定。

3. 广播设备的选择，并确定广播室位置。

4. 导体选择及敷设方式。

5.4.5　建筑设备监控系统

1. 根据建筑设备特点，确定控制要求，并进行控制点统计（AI、AO、DI、DO）。

2. 系统组成、监控点数及其功能要求。

3. 明确控制室位置、房间内设备布置。

5.4.6　安防系统

1. 系统防范等级、组成和功能要求；

2. 保安监控及探测区域的划分、控制、显示及报警要求；

3. 摄像机、探测器安装位置的确定；

4. 机房位置的确定；

5. 设备选型、导体选择及敷设方式。

5.4.7　会议系统

1. 系统组成。

2. 机房位置的确定。

3. 系统规模、网络组成的确定。

5.4.8　无线通信增强系统。

5.4.9　信息发布系统。

5.4.10　集成管理等。

5.5　火灾自动报警及联动控制系统

5.5.1　按建筑性质确定保护等级及系统组成。

5.5.2　根据建筑功能，合理选择感烟探测器、感温探测器、可燃气体探测器、手动报警按钮及消防对讲电话插孔。

5.5.3　声光报警装置设置在公众可视地方。

5.5.4　手动报警器不宜与消火栓按钮设置在一起。

5.5.5　消防控制室位置的确定和要求。

5.5.6　火灾报警与消防联动控制要求，控制逻辑关系及控制显示要求。

5.5.7　火灾应急广播及消防通信。

5.5.8　应急照明的电源型式、灯具配置、线路选择及敷设方式、控制方式等。

5.5.9　应说明火灾自动报警系统与其他子系统的接口方式及联动关系。

5.5.10　应说明线路选型及敷设方式、消防主电源、备用电源供给方式，接地及接地电阻要求。

5.5.11　消防设备硬启动线应列出控制电缆表。

6　设计计算书

6.1　用电设备负荷计算。

6.2　变压器选型计算。

6.3　电压损失计算。

6.4　系统短路电流计算。

6.5　防雷类别计算及接闪杆保护范围计算。

6.6　各系统计算结果尚应标示在设计说明或相应图纸中。

7　主要设备表（注明设备名称、型号、规格、单位、数量）

8　设备选型

8.1　应按安全、可靠、经济、节能原则选择电气设备。

8.2　电气设备技术指标不应是独家产品，业主可以按其技术指标进行多家招标采购。

9　制图表示方法与打印图纸要求

9.1　文字标注。

9.1.1　对于1∶100比例图纸：图纸中西文字高最小不得小于250；汉字，字体为楷体，字高最小不得小于400。

9.1.2　对于1∶150比例图纸：图纸中西文字高最小不得小于350；汉字，字体为楷体，字高最小不得小于500。

9.1.3　对于1∶200比例图纸：图纸中西文字高最小不得小于600；汉字，字体为楷体，字高最小不得小于750。

9.1.4　图签图名字高、字体应统一。

1. 图纸中图名字高、字体应统一。

2. 图例按图例表执行，若有增加需通知项目负责人。

9.1.5　线形：

1. 电气线路笔宽不得小于0.4。

2. 建筑外框笔宽不得大于0.2。

3. 文字标注笔宽为0.2。

4. 图纸绘制软件采用AutoCAD2012以上版本，利用参考绘制。

9.1.6　打印图纸要求：

1. 按照约定核实笔宽。

2. 建筑外形线条和混凝土柱、墙不能颜色太重，应涂布达与30%灰度。

3. 电气线条应在建筑外形线条之上，不能有遮挡。

4. 打印文件应与序号或者图号名称一致。

10　注意事项

10.1　认真阅读本规定内容，对不明确处，应及时提出。

10.2　对不能完成本规定要求，应提前通知项目负责人，不得私自降低设计标准和运用不合时宜的设计理念。

10.3　认真阅读设计任务书，按照业主设计要求和国家法规、标准进行设计。

10.4　电气设计组成员应精心设计，确保工程质量，信守勘察设计职工职业道德准则。

10.5　电气设计组成员应与本专业和相关专业，协同团结，相互帮助，精诚合作，共同完成任务。工作期间应遵守劳动纪律。

10.6　遇见突发不可预见事件不能完成本职工作时，应尽早通知项目负责人，确定下一步工作安排。

10.7 如有本规定没有确定方案或者需要对本规定进行修改时，应举行本项目电气设计组讨论会，统一意见后，进行设计，并形成文字记录。不得自作主张，不执行本规定中的规定。

10.8 不得做出任何影响工程质量和进度以及影响设计单位声誉的行为。

10.9 目标：

10.9.1 保证设计进度。

10.9.2 确保工程质量。

10.9.3 创造精品建筑。

四、施工图电气设计专业与相关专业配合输入表（见表 3-1）

施工图电气专业设计与相关专业配合输入表 表 3-1

提出专业	电气设计输入具体内容
建筑	建设单位委托设计内容、初步设计审查意见表和审定通知书、建筑物位置、规模、性质、用途、标准、建筑高度、层高、建筑面积等主要技术参数和指标、建筑使用年限、耐火等级、抗震级别、建筑材料等
	人防工程：防化等级、战时用途等
	总平面位置、建筑平、立、剖面图及尺寸（承重墙、填充墙）及建筑做法
	吊顶平面图及吊顶高度、做法、楼板厚度及做法
	二次装修部位平面图
	防火分区平面图，卷帘门、防火门形式及位置、各防火分区疏散方向
	沉降缝、伸缩缝的位置
	各设备机房、竖井的位置、尺寸
	室内外高差（标高）、周边环境、地下室外墙及基础防水做法、污水坑位置
	电梯类型（普通电梯或消防电梯；有机房电梯或无机房电梯）
结构	柱子、圈梁、基础等主要的尺寸及构造形式
	梁、板、柱、墙布置图及楼板厚度
	护坡桩、铆钎形式
	基础板形式
	剪力墙、承重墙布置图
	伸缩缝、沉降缝位置
给排水	各种水泵、冷却塔设备布置图及工艺编号、设备名称、型号、外形尺寸、电动机型号、设备电压、用电容量及控给排水制要求等
	电动阀的容量、位置及控制要求
	水力报警阀、水流指示器、检修阀、消火栓的位置及控制要求
	各种水箱、水池的位置、液位计的型号、位置及控制要求
	变频调速水泵的容量、控制柜位置及控制要求
	各场所的消防灭火形式及控制要求
	消火栓箱的位置布置图
通风与空调	所有用电设备（含控制设备、送风阀、排烟阀、温湿度控制点、电动阀、电磁阀、电压等级及相数、风机盘管、诱导风机、风幕、分体空调等）的平面位置并标出设备的编（代）号、电功率及控制要求
	电采暖用电容量、位置（包括地热电缆、电暖器等）
	电动排烟口、正压送风口、电动阀的位置及其所对应的风机及控制要求
	各用电设备的控制要求（包括排风机、送风机、补风机、空调机组、新风机组、排烟风机、正压送风机等）
	锅炉房的设备布置、用电量及控制要求等

五、施工图电气设计与相关专业配合输出表（见表 3-2）

施工图电气设计与相关专业配合输出表　　表 3-2

接收专业	电气设计输入具体内容
建筑	变电所的位置、房间划分、尺寸标高及设备布置图
	变电所地沟或夹层平面布置图
	柴油发电机房的平面布置图及剖面图，储油间位置及防火要求
	变配电设备预埋件
	电气通路上留洞位置、尺寸、标高
	特殊场所的维护通道（马道、爬梯等）
	各电气设备机房的建筑做法及对环境的要求
	电气竖井的建筑做法要求
	设备运输通道的要求（包括吊装孔、吊钩等）
	控制室和配电间的位置、尺寸、层高、建筑做法及对环境的要求 总平面中人孔、手孔位置、尺寸
结构	地沟、夹层的位置及结构做法
	剪力墙留洞位置、尺寸
	进出线留洞位置、尺寸
	防雷引下线、接地及等电位联结位置
	机房、竖井预留的楼板孔洞的位置及尺寸
	变电所及各弱电机房荷载要求
	设备基础、吊装及运输通道的荷载要求
	微波天线、卫星天线的位置及荷载与风荷载的要求
	利用结构钢筋的规格、位置及要求
给排水	变电所及电气用房的用水、排水及消防要求
	水泵房配电控制室的位置、面积
	柴油发电机房用水要求
通风与空调	冷冻机房控制室位置面积及对环境、消防的要求
	空调机房、风机房控制箱的位置
	空调机房、冷冻机房电缆桥架的位置、高度
	对空调有要求的房间内的发热设备用电容量（如变压器、电动机、照明设备等）
	各电气设备机房对环境温、湿度的要求
	柴油发电机容量
	室内储油间、室外储油库的储油容量
	主要电气设备的发热量
概、预算	设计说明及主要设备材料表
	电气系统图及平面图

六、电气施工图设计文件验证内容内容（见表 3-3）

电气施工图设计文件验证内容　　表 3-3

类别	项目	验证岗位			验证内容	备注
		审定	审核	校对		
设计说明	设计依据	·	·	·	建筑类别、性质、结构类型、面积、层数、高度等	
		·	·	·	引入有关政府主管部门认定的工程设计资料，如：供电方案、消防批文、初步设计批文等	
			·	·	相关专业提供给本专业的资料	
		·	·	·	采用的设计标准应与工程相适应，并为现行有效版本	关注外埠工程地方规定

续表

类别	项目	验证岗位			验证内容	备注
		审定	审核	校对		
设计说明	设计分工	•	•	•	电气系统的设计内容	
			•	•	明确设计分工界别	
			•	•	市政管网的接入	
	变、配、发电系统	•	•	•	变、配、发电站的位置、数量、容量	
		•	•	•	负荷容量统计	
		•	•	•	高、低压供电系统结线型式及运行方式	
		•	•	•	明确电能计量方式	
			•	•	明确无功补偿方式和补偿后的参数指标要求	
		•	•	•	明确柴油发电机的启动条件	
			•	•	高压柜、变压器、低压柜进出线方式	
	电力系统	•	•	•	确定电气设备供配电方式	
			•	•	合理配置水泵、风机等设备控制及启动装置	
			•	•	明确线路敷设方式、导线选择要求	
	照明系统	•	•	•	明确照明种类、照度标准、主要场所功率密度限值	
			•	•	明确光源、照明控制方式、灯具及附件的选择	
			•	•	明确灯具安装方式、接地要求	
			•	•	确定照明线路选择及敷设	
		•	•	•	明确应急疏散照明的照度、电源型式、灯具配置、线路选择、控制方式、持续时间	
			•	•	明确线路敷设方式、导线选择要求	
	线路敷设	•	•	•	明确缆线敷设原则	
		•	•	•	确定电缆桥架、线槽及配管的相关要求	
	防雷接地	•	•	•	计算建筑年预计雷击次数	
		•	•	•	确定防直击雷、侧击雷、雷击电磁脉冲、高电位侵入的措施	
			•	•	明确接闪器、引下线、接地装置	
		•	•	•	明确总等电位、辅助等电位的设置	
		•	•	•	明确防雷击电磁脉冲和防高电位侵入、防接触电压和跨步电压的措施	
	火灾自动报警系统	•	•	•	明确防护等级及系统组成	
		•	•	•	确定消防控制室的设置位置	
			•	•	确定各场所的火灾探测器种类设置	
			•	•	确定消防联动设备的联动控制要求	
			•	•	明确火灾紧急广播的设置原则，功放容量，与背景音乐的关系	
		•	•	•	消防主电源、备用电源供给方式，接地电阻要求	
			•	•	明确电气火灾报警系统设置	
			•	•	确定线缆的选择、敷设方式	

续表

类别	项目	验证岗位			验证内容	备注
		审定	审核	校对		
设计说明	人防	•	•	•	明确负荷分级及容量	
			•	•	明确人防电源、战时电源	
		•	•	•	明确移动柴油电站和固定柴油电站的设置	
			•	•	明确线路敷设采取的密闭措施和要求	
	智能化系统	•	•	•	确定各系统末端点位的设置原则	
			•	•	确定各系统机房的位置	
			•	•	明确各系统的组成及网络结构	
		•	•	•	确定与相关专业的接口要求	
		•	•	•	明确智能化系统机房土建、结构、设备及电气条件需求	
	电气设备选型	•	•	•	明确主要电气设备技术要求、环境等特殊要求	
	电气节能	•	•	•	明确拟采用的电气系统节能措施	
		•	•	•	确定节能产品	
		•	•	•	明确提高电能质量措施	
	绿色建筑设计	•	•	•	绿色建筑电气设计目标	
		•	•	•	绿色建筑电气设计措施及相关指标	
	主要设备表	•	•	•	列出主要设备名称、型号、规格、单位、数量	有无淘汰产品
图纸	图纸目录		•	•	图号和图名与图签一致性	
		•	•	•	会签栏、图签栏内容是否符合要求	
	图例符号		•	•	参照国标图例，列出工程采用的相关图例	
	总平面	•	•	•	明确市政电源和通信管线接入的位置、接入方式和标高	
			•	•	标明变电所、弱电机房等位置	
			•	•	线缆型号规格及数量、回路编号和标高	
			•	•	管线穿过道路、广场下方的保护措施	
			•	•	室外照明灯具供电与接地	
	高压供电系统图	•	•	•	确定各元器件型号规格、母线规格	
		•	•	•	确定各出线回路变压器容量	
			•	•	确定开关柜编号、型号、回路号、二次原理图方案号、电缆型号规格	
			•	•	确定操作、控制、信号电源形式和容量	
			•	•	仪表配备应齐全，规格型号应准确	
			•	•	电器的选择应与开关柜的成套性相符合	
	继电保护及信号原理图	•	•	•	继电保护及控制、信号功能要求应正确，选用标准图或通用图的方案应与一次系统要求匹配	
			•	•	明确控制柜、直流电源及信号柜、操作电源选用产品	

续表

类别	项目	验证岗位			验证内容	备注
		审定	审核	校对		
图纸	低压配电系统图	•	•	•	低压一次接线图应满足安全、可靠、管理等系统需求	
		•	•	•	确定各元器件型号规格、母线规格	
		•	•	•	确定设备容量、计算电流、开关框架电流、额定电流、整定电流、电缆规格等参数	
			•	•	确定断路器需要的附件，如分励脱扣器、失压脱扣器	
			•	•	注明无功补偿要求	
			•	•	各出线回路编号与配电干线图、平面图一致	
			•	•	注明双电源供电回路主用和备用	
			•	•	电流互感器的数量和变比应合理，应与电流表、电度表匹配	
	变配电所平面布置图	•	•	•	注明高压柜、变压器、低压柜、直流信号屏、柴油发电机的布置图及尺寸标注	
		•	•	•	应留有设备运输通道	
		•	•	•	标注各设备之间、设备与墙、设备与柱的间距	
			•	•	标示房间层高、地沟位置及标高、电缆夹层位置及标高	
			•	•	变配电室上层或相邻是否有用水点	
			•	•	变配电室是否靠近震动场所	
			•	•	变配电室是否有非相关管线穿越	
			•	•	低压母线、桥架进出关柜的安装做法、与开关柜的尺寸关系应满足要求	
			•	•	平面标注的剖切位置应与剖面图一致，表达正确	
	柴油发电机房		•	•	注明油箱间、控制室、报警阀间等附属房间的划分	
		•	•	•	注明发电机组的定位尺寸标注清晰，配电控制柜、桥架、柴油母线等设备布置	
		•	•	•	柴油发电机房位置应满足进风、排风、排烟、运输等要求	
			•	•	注明发电机房的接地线布置，各接地线的材质和规格应满足系统校验要求	
	电力、照明配电干线图	•	•	•	配电干线的敷设应考虑线路压降、安装维护等要求	
			•	•	注明桥架、线槽、母线的应注明规格、定位尺寸、安装高度、安装方式及回路编号	
			•	•	确定电源引入方向及位置	
			•	•	配电干线系统图中电源至各终端箱之间的配电方式应表达正确清晰	
			•	•	配电干线系统图中电源侧设备容量和数量、各级系统中配电箱(柜)的容量数量以及相关的编号等表达应完整	
			•	•	电动机的启动方式应合理	
			•	•	开关、断路器(或熔断器)等的规格、整定值标注应齐全	
			•	•	标注配出回路编号、相序标注、线缆型号规格、配管规格等	
			•	•	标注配电箱编号、型号、箱体参考尺寸、安装方式	

续表

类别	项目	验证岗位			验证内容	备注
		审定	审核	校对		
图纸	电力		·	·	电力配电箱相关标注应与配电系统图一致	
			·	·	注明用电设备的编号、容量等	
		·	·	·	注明桥架、线槽、母线的应注明规格、定位尺寸、安装高度、安装方式及回路编号	
			·	·	注明导线穿管规格、材料，敷设方式	
	照明平面图		·	·	照明配电箱相关标注应与配电系统图一致	
			·	·	灯具的规格型号、安装方式、安装高度及光源数量应标注清楚	
			·	·	每一单相分支回路所接光源数量、插座数量应满足要求	
		·	·	·	疏散指示标志灯的安装位置、间距、方向以及安装高度应符合规定	
			·	·	照明开关位置、所控光源数量、分组应合理	
			·	·	照明配电及控制线路导线数量应准确，与管径相适宜	
			·	·	注明导线穿管规格、材料，敷设方式	
	接地系统	·	·	·	明确系统接地线连接关系	
			·	·	注明接地线选用材质和规格、接地端子箱的位置	
	防雷及接地平面		·	·	明确接闪器的规格和布置要求	
		·	·	·	明确金属屋面的防雷措施	
		·	·	·	明确高出屋面的金属构件与防雷装置的连接要求	
		·	·	·	明确防侧击雷的措施	
			·	·	注明防雷引下线的数量和距离要求	
		·	·	·	明确防接触电压和跨步电压的措施	
			·	·	明确接地线、接地极的规格和平面位置以及测试点的布置，接地电阻限值要求	
		·	·	·	明确防直击雷的人工接地体在建筑物出入口或人行道处的处理措施	
		·	·	·	明确低压用户电源进线位置及保护接地的措施	
			·	·	明确等电位联结的要求和做法	
			·	·	明确弱电系统机房的接地线的布置、规格、材质以及与接地装置的连接做法	
	控制原理图		·	·	应满足设备动作和保护、控制连锁要求	
			·	·	选用标准图或通用图的方案应与一次系统要求匹配	
	智能化系统	·	·	·	标注系统主要技术指标、系统配置标准	
			·	·	表达各相关系统的集成关系	
			·	·	表示水平竖向的布线通道关系	
			·	·	明确线槽、配管规格应与线缆数量	
			·	·	明确电子信息系统的防雷措施	
		·	·	·	建筑设备监控系统绘制监控点表，注明监控点数量、受系统控设备位置、监控类型等	

续表

类别	项目	验证岗位			验证内容	备注
		审定	审核	校对		
图纸	智能化系统	•	•	•	有线电视和卫星电视接收系统明确与卫星信号、自办节目信号等的系统关系	
		•	•	•	安全技术防范系统明确与火灾报警及联动控制系统等的接口关系	
		•	•	•	广播、扩声、会议系统明确与消防系统联动控制关系	
	智能化平面		•	•	注明接入系统与机房的设置位置	
			•	•	标明室外线路走向、预留管道数量、电缆型号及规格、敷设方式	
			•	•	系统类信号线路敷设的桥架或线槽应齐全，与管网综合设计统筹规划布置	
			•	•	智能化各子系统接地点布置、接地装置及接地线做法，以及与建筑物综合接地装置的连接要求，与接地系统图标注对应	
			•	•	各层平面图应包括设备定位、编号、安装要求，线缆型号、穿管规格、敷设方式，线槽规格及安装高度等	
			•	•	采用地面线槽、网络地板敷设方式时，应核对与土建专业配合的预留条件	
	火灾报警及联动系统图	•	•	•	标注消防水泵、消防风机、消火栓等联动设备的硬拉线	
		•	•	•	注明应急广播及功放容量、备用功放容量等中控设备	
			•	•	火灾探测器与平面图的设置应一致	
			•	•	标注电梯、消防电梯控制	
			•	•	明确消防专用电话的设置	
			•	•	明确强起应急照明、强切非消防电源的控制关系	
			•	•	明确消防联动设备控制要求及接口界面	
			•	•	火灾自动报警系统传输线路和控制线路选型应满足要求	
	火灾报警及联动平面	•	•	•	探测器安装位置应满足探测要求	
		•	•	•	消防专用电话、扬声器、消火栓按钮、手动报警按钮、报警火灾警报装置安装高度、间距应满足要求	
		•	•	•	联动装置应有连通电气信号控制管线应布置到位	
		•	•	•	消防广播设备应按防火分区和不同功能区布置	
			•	•	传输线路和控制线路的型号、敷设方式、防火保护措施应满足要求	
	人防	•	•	•	室外管线直接进入防空地下室的处理措施	
			•	•	各系统配电箱安装位置和方式应符合规定	
			•	•	电气管线、母线、桥架敷设的密闭措施	
			•	•	灯具的选用及安装应满足战时要求	
			•	•	防护区内外照明电源回路的连接应符合规定	
			•	•	音响信号按钮的设置	
			•	•	洗消间、防化值班室插座的设置	
		•	•	•	为战时专设的自备电源设备应预留接线、安装位置	

续表

类别	项目	验证岗位			验证内容	备注
		审定	审核	校对		
计算书	负荷计算	·	·	·	应满足变压器选型、应急电源和备用电源设备选型的要求	验证计算公式、计算参数正确性
					计算应满足无功功率补偿计算要求	
					应满足电缆选择稳态运行要求	
	短路电流计算	·	·	·	短路满足电气设备选型要求，为保护选择性及灵敏度校验提供依据	
	防雷计算			·	提供年预计雷击次数计算结果	
					提供雷击风险评估计算结果	
	照明计算	·	·	·	提供照度值计算结果	
					提供照明功率密度值计算结果	
	电压损失计算				满足校核配电导体的选择提供依据	

七、建筑电气设计施工技术交底主要内容（见表3-4）

建筑电气设计施工技术交底主要内容 表3-4

类　型	内　容	备　注
综合	建筑概况：建筑分类、面积、层数、层高、室内外高差、吊顶分布情况	
	结构基本情况：地基、结构型式，如箱基、桩基、条基、现浇、预制、预应力、钢结构等	
电力、照明系统	电源情况：供电电压，用电指标，功率因数补偿，供配电系统、备用电源等	
	变配电室位置、电气竖井位置、主要通道等	
	主要配电箱（柜）、控制箱（柜）的安装位置及订货要求等	
	主要线路的敷设方式，安装高度，管材选用标准及与其他专业管道的安装的配合	
防雷与接地系统	建筑物防雷防护等级要求及施工时注意事项	
	配电系统的接地系统型式	
	等电位连接方式等	
弱电系统	系统的简介及设计要求	
	系统的机房要求、敷设通道要求	
	系统的线路敷设要求、设备安装要求	
	系统间的联动及集成要求	
	系统的供电要求	
	系统的防雷接地要求	
	系统进出建筑物的预留管线	
	系统订货、加工时注意事项	
火灾自动报警系统及消防联动	火灾自动报警系统的简介及设计要求	
	火灾自动报警系统保护对象分级	
	消防控制室位置、电气竖井位置、主要水平、垂直通道等	
	主要报警系统设备箱（柜）、控制箱（柜）的安装位置及订货要求等	
	主要线路的敷设方式，穿防火墙的做法，管材选用标准及防火措施	
	消防联动要求及与其他专业的配合	
	火灾自动报警系统的电源要求	
	火灾自动报警系统的防雷接地要求	
	火灾自动报警系统进出建筑物的预留管线	

第二节　某综合楼电气施工图设计文件编制实例

一、建筑电气施工图说明编制实例

1　总论

1.1　基本原则

1.1.1　施工图设计说明是施工图设计文件的一部分，是工程招标投标与施工的重要依据。施工单位应结合施工图设计图纸、合同约定、建设方要求以及其他相关技术文件共同阅读。施工单位应全面理解设计的总体意图与目的，贯彻执行各项技术要求，同时应充分了解其他协作施工单位的技术做法、标准与要求，以利施工的总体配合与协调。

1.1.2　施工图设计说明表述了电气工程师施工图设计的主要技术性能标准，提出了相应的施工要求，施工单位应按照相关要求选用适合的材料、工艺和技术。

1.1.3　施工单位在各自承担的施工深化/翻样详图和工程施工中，应全面满足本设计说明、施工图设计图纸及其他相关设计文件的各项性能标准要求。

1.1.4　施工图设计说明所注明的性能标准为施工单位所应遵守的最低标准。

1.2　定义

以下定义适用于本施工图设计说明：

1.2.1　"施工图设计文件"：合同要求所涉及的设计说明、设计图纸、主要设备表、计算书。

1.2.2　"施工图设计说明"：即本文件。

1.2.3　"施工图设计图纸"：由电气工程师根据建设方使用要求，依据国家、地方相关规范和标准绘制的用于工程施工的设计图纸。此设计图纸在正式交付施工前，已按照国家、地方相关要求，完成相关施工图设计审查。此设计图纸须由设计单位正式签字、加盖相应印章后提交建设方，交付工程施工。

1.2.4　"设计变更通知单"：根据国家、地方工程资料管理规程、办法的相关规定，在工程建设过程中，根据建设方要求或经建设方批准认可，一般由设计单位提出的针对原设计文件部分内容的深化、调整或修改文件。应由建设单位、设计单位、监理单位、施工单位盖章后方可正式生效。

1.2.5　"图纸会审记录"：根据建设方和工程建设的要求，于正式施工前，由建设方或工程监理单位组织的，设计单位就包括监理、施工单位提出的图纸问题及意见在内的问题进行交底，由施工单位进行汇总、整理，形成图纸会审记录。应由建设、监理、设计、施工四方签字盖章后方可正式生效。

1.2.6　"工程洽商记录"：根据国家、地方工程资料管理规程、办法的相关规定，在工程建设过程中，为妥善解决现场施工问题，一般由施工单位提出而进行的针对原设计文件部分内容的修改文件。应由建设、设计、监理、施工四方签字盖章后方可正式生效。

1.2.7　"施工深化/翻样详图"：由施工单位根据相关合同约定，依据国家、地方、行业相关规范、规定、标准，以及本施工图设计图纸和设计说明的各项要求，全面满足制造、加工、安装、工艺等各项技术标准和要求的技术图纸。其中应包括但不限于用于制造、组装、安装和固定的各类平面图、立面图、剖面图以及必要的多比例大样详图，应体现工程所有要素的制造、生产和安装，施工所需的必要信息，并体现设计意图。在制造、加工、施工前，施工深化/翻样详图提交电气工程师审核确认。

1.2.8　"竣工图"：工程竣工验收后，真实反映建设工程项目施工结果的图样。一般需由施工单位绘制完成并加盖公章，应由编制单位负责准确、全面地反映施工过程中对施工图的修改、变更情况。

1.2.9 “检验机构”：能胜任的独立机构、政府部门或相关机构，对现场施工是否与本设计说明的各项技术要求相一致进行验证。

1.2.10 “检测机构”：能胜任的、经授权、认证的独立检测实体或相关机构，提供合适的检测设备、检测环境和独立的检测结果，用于验证现场施工是否与电气工程师设计意图相符合。检测机构应被建设方、电气工程师认可。

1.3 知识产权与保密条款

1.3.1 除工程设计合同另有约定外，工程设计文件的知识产权属于设计单位，未经书面认可，其他各方不得将工程设计文件转让、出卖或用于其他工程。

1.3.2 在工程设计、建设过程中，根据施工图设计图纸及本设计说明相关要求，在电气工程师指导下，利用设计单位物质技术条件所完成的发明创造或技术成果，其知识产权属于设计单位。在施工及相关施工投标之前已经存在的标准的产品和设计除外。

1.3.3 在本工程设计和施工中，任何归设计方所有的技术、经营、管理信息，包括各项专有技术信息、各类专用做法，将被视为商业秘密，未经设计单位书面同意，不得以任何形式公开。未经设计单位事先同意，不得出版任何与此工程、建筑或构造相关的图纸、草图或照片。

1.3.4 本工程其他相关知识产权的内容，以《著作权法》、《专利法》、《商标法》和《工程勘察设计咨询业知识产权保护与管理导则》等我国相关法律、法规及部门规章的规定为准。

1.4 施工图设计图纸的使用要求

1.4.1 施工图设计图纸应配合本设计说明共同使用。针对其中的设计图示或相关技术标准说明，如有疑问，相关施工单位必须与设计人员技术沟通后，由设计人员提供书面确认后实施。

1.4.2 根据合同中相关设计范围约定，施工图设计图纸中部分内容尚需施工单位等完成必要的施工深化/翻样详图。

1.4.3 相关施工单位应提供施工深化/翻样图和技术信息，完成必要的细节设计，以表明符合施工图设计图纸和本设计说明的各项技术要求，并履行规定的审批程序。

1.4.4 施工单位应注意对施工图设计图纸中所有与电气相关尺寸的现场核实（包括对先前工程的校核），确定工程中所有关键尺寸。现场测量应为后期的工程实施提供充足的时间，以保证完成必要的工程校正，使各项工程在给定误差范围内满足所需的精确度。

1.4.5 施工图等效文件。在施工前、施工过程中，由本工程设计人员书面确认、签章后出具的各类设计图纸、技术要求等，如“设计变更通知单”、“图纸会审记录”、“工程变更洽商记录”均为施工图等效文件。

1.5 对施工单位的要求

1.5.1 法定条例。施工单位应严格遵守国家、地方、行业的所有相关施工操作、材料、设备与工艺的各类规范、标准、工程建设条例、安全规则和其他任何适用于施工、安装的要求、规则、规定，以及所有相关的法令、法规，和其他适用于工程设计和施工的强制性条文。

1.5.2 设计文件要求。应满足施工图设计图纸及本设计说明的各项技术要求，任何未经设计人员书面确认的修改都将不被接受。施工单位如对其中技术信息存有疑问，或根据现场情况和相关技术条件、标准而确实无法达到设计文件的规定时，必须与设计人员沟通并得到相应的书面确认后方可实施。任何未经设计协调、确认而不满足设计文件要求的做法将不被接受。

1.6　施工深化/翻样详图

1.6.1　为保证工程完成后的最终质量和使用要求，在建设方和设计单位认为必要的情况下，按照相关设计要求，施工单位需对其中部分工程进行必要的施工深化，提供相关施工深化/翻样详图。

1.6.2　施工深化/翻样详图图纸应是基于现场实际情况完成，必须完成对先前工程的实测与检验，并已与各个专业系统设计界面进行了协调一致。相关图纸必须得到设计人员书面确认方可实施。

1.6.3　电气工程师对施工深化/翻样详图所进行的审核，并不免除相关施工单位对施工深化/翻样详图的责任，以及施工单位履行现场协调（包括必要的先前工程检验、现场尺寸校核等）的责任。

1.6.4　经建设方、设计单位确定的施工深化/翻样详图应封存并作为最终施工验收的依据之一。相关施工单位应保证施工深化/翻样详图图纸符合法律、法规、规范及相关设计文件的要求，应及时报送设计单位审查并获得批准，必要的审查程序与周期不能成为工程延期的理由。

1.7　质量控制

1.7.1　施工单位应依据相关施工规范、标准，并依据施工图设计图纸及本设计说明相关技术要求，制定相应的质量控制体系与实施技术细则与办法，现场施工质量控制应为施工单位责任。

1.7.2　施工单位应依据相关施工规范、标准，并依据施工图设计图纸及本设计说明相关技术要求，严格控制现场施工及设备安装误差，误差不能累积。非允许误差将不被接受。

1.7.3　各施工单位除完成本单位合同规定的所承担工程外，应与所有相关工程（包括本专业工程，以及与其他各专业工程之间）进行准确协调，并应在各自施工深化/翻样详图中明确所有设计界面条件的细节，阐明工程邻接项目的兼容性。任何未经设计协调、确认而不满足设计文件要求的做法将不被接受。

1.7.4　施工单位应负责实施所有规定的检验与测试。应履行国家、地方、行业等相关规范、规定、标准、程序的要求，完成、提供必要的由相关检验机构、检测机构出具的各类检验、检测报告。

1.8　设备加工订货技术要求

1.8.1　为保证工程完成后的最终质量和视觉效果，对于工程材料、产品的选用，施工单位均应根据设计文件的有关技术要求，提供拟采用材料、产品的样品、样本，并征询建设方、设计单位的意见。经建设方、设计单位确定的材料和产品的样品、样板等应封存并作为最终施工验收的依据。

1.8.2　由于被选用材料、产品的具体技术因素而产生的相关施工要求，不应被看做额外的设计要求。

1.9　设备加工订货技术要求

1.9.1　所有设备、材料的供应和施工，必须符合下列各机关、部门（包括但不仅限于）所发的最新的法定职责、条例、规范、规格、标准、施工准则和业务条例：

1. 供电局；
2. 电信局；
3. 消防局；
4. 环境保护局；
5. 煤气公司；

6. 技术监督局；

7. 安全局；

8. 交通局；

9. 地震局。

1.9.2 当上述标准或当地部门的特别要求，在技术要求上与本加工订货技术要求所规定的发生抵触时，承包单位必须向建设方或其指定代表及电气工程师反映，由电气工程师给出决定遵从哪个准则。

1.9.3 工程所用材料应有产品合格证，特殊材料必须由国家主管部门认可的检测机构出具检测合格报告或认证书。

1.9.4 实行生产许可证和强制认证的产品，应有许可证编号和强制性产品认证标志(3C)。

1.9.5 实施进网许可证制度的产品应出具信息产业部颁发的进网许可证。

1.10 样品与样板

1.10.1 根据施工图设计图纸及本设计说明的各项技术要求，在施工前和过程中，结合建设方要求，施工单位需对部分建筑材料、机电产品、做法等提供样品，原则上相关样品在得到建设方和设计单位确认后方可实施。

1.10.2 样品将审查电气性能及其视觉特征，如颜色、质地或其他特性。

1.10.3 当涉及有外观要求的构件，包括部分直接外露于有装修要求区域的各类机电设备时，建筑师需参与审查相关样品。

1.10.4 样品在经各方确认后，应保管备件以便校核。

1.10.5 对部分工程在正式施工前，按照相关要求，在电气设备、灯具或电气小间桥架等批量安装前作样板，经各方确认后再全面施工。

2 设计依据

2.1 建筑概况。

本工程位于________市，总建筑面积74683m^2，建筑高度为：94.7m，建筑使用年限50年。建筑主要功能为339间客房五星级酒店一座，高级写字楼一座，会所一座，顶级品牌商店一座。酒店地上24层，地下2层、地下1层、首层（层高6.0m），标准层（层高3.5m）。办公地上20层，地下2层、地下1层、首层、二层（层高6.0m），标准层（层高4.2m）。

2.2 建设单位提供的设计任务书、设计要求及相关的技术咨询文件。

2.3 建筑专业提供的作业图。

2.4 给水排水、暖通空调专业提供的资料。

2.5 国家现行有关设计规程、规范及标准，主要包括：

2.5.1 《民用建筑设计通则》GB 50352—2005；

2.5.2 《供配电系统设计规范》GB 50052—2009；

2.5.3 《低压配电设计规范》GB 50054—2011；

2.5.4 《通用用电设备配电设计规范》GB 50055—2011；

2.5.5 《电力工程电缆设计规范》GB 50217—2007；

2.5.6 《建筑机电工程抗震设计规范》GB 50981—2014；

2.5.7 《民用建筑电气设计规范》JGJ 16—2008；

2.5.8 《20kV及以下变电所设计规范》GB 50053—2013；

2.5.9 《电力装置的继电保护和自动装置设计规范》GB/T 50062—2008；

2.5.10 《城市夜景照明设计规范》JGJ/T 163—2008；

2.5.11　《建筑照明设计标准》GB 50034—2013；
2.5.12　《建筑物防雷设计规范》GB 50057—2010；
2.5.13　《建筑物电子信息系统防雷技术规范》GB 50343—2012；
2.5.14　《旅馆建筑设计规范》JGJ 62—2014；
2.5.15　《建筑电气工程施工质量验收规范》GB 50303—2015；
2.5.16　《智能建筑设计标准》GB 50314—2015；
2.5.17　《智能建筑工程施工规范》GB 50606—2010；
2.5.18　《安全防范工程技术规范》GB 50348—2004；
2.5.19　《入侵报警系统工程设计规范》GB 50394—2007；
2.5.20　《视频安防监控系统工程设计规范》GB 50395—2007；
2.5.21　《出入口控制系统工程设计规范》GB 50396—2007；
2.5.22　《公共广播系统工程技术规范》GB 50526—2010；
2.5.23　《红外线同声传译系统工程技术规范》GB 50524—2010；
2.5.24　《火灾自动报警系统设计规范》GB 50116—2013；
2.5.25　《民用闭路监视电视系统工程技术规范》GB 50198—2011；
2.5.26　《综合布线系统工程设计规范》GB 50311—2016；
2.5.27　《建筑设计防火规范》GB 50016—2014；
2.5.28　《汽车库、修车库、停车场设计防火规范》GB 50067—2014；
2.5.29　《公共建筑节能设计标准》GB 50189—2015；
2.5.30　《公共建筑节能设计标准》DB 11/687—2015；
2.5.31　《节能建筑评价标准》GB/T 50668—2011；
2.5.32　《绿色建筑评价标准》GB/T 50378—2014；
2.5.33　《民用建筑绿色设计规范》JGJ/T 229—2010。

2.6　设计深度。

按照中华人民共和国建设部《建筑工程设计文件编制深度规定》（2016）的规定执行。

2.7　设计环境参数。

2.7.1　海拔高度：________ m。

2.7.2　干球温度。

1. 极端最高温度：________℃。
2. 极端最低温度：________℃。
3. 最冷月月平均温度：________℃。
4. 最热月月平均温度：________℃。
5. 最热月 14 时平均温度：________℃。

2.7.3　最热月平均相对湿度：________%。

2.7.4　七月 0.8m 深土壤温度：________℃。

2.7.5　30 年一遇最大风速：________ m/s。

2.7.6　全年雷暴日数：________ d/a。

2.7.7　抗震设防烈度为________度。

3　设计范围、设计基本原则与分工

3.1　设计范围。

3.1.1　10/0.4kV 变配电系统。

3.1.2　电力配电系统。

3.1.3 照明系统。

3.1.4 建筑物防雷、接地系统。

3.1.5 建筑设备监控系统。

3.1.6 建筑电气消防系统。

3.1.7 综合布线系统。

3.1.8 通信自动化系统。

3.1.9 有线电视及卫星电视系统。

3.1.10 背景音乐及紧急广播系统。

3.1.11 安防系统。

3.1.12 电子客房门锁系统。

3.1.13 无线通信系统。

3.1.14 酒店管理系统。

3.1.15 电气节能措施。

3.1.16 绿色建筑电气设计。

3.1.17 抗震电气设计。

3.2 设计基本原则。

3.2.1 安全性：保证在电气系统运行时系统安全、工作人员和设备的安全，以及能在安全条件下进行维护检修工作。

3.2.2 可靠性：根据电气系统的要求，保证在各种运行方式下提高供电的连续性，力求系统可靠。

3.2.3 灵活性：电气系统力求简单、明显、没有多余的电气设备；投入或切除某些设备或线路的操作方便。避免误操作，提高运行的可靠性，处理事故也能简单迅速。灵活性还表现在具有适应发展的可能性。

3.3 设计分工。

3.3.1 本工程由________建筑设计研究院负责一次设计。

3.3.2 客房、走道、宴会厅、餐厅等由二次装修设计，本工程预留电量，平面中电气管线仅作为预留使用。

3.3.3 洗衣机房、厨房等处工艺设备配电见专业公司图纸。

3.3.4 智能化系统________建筑设计研究院负责一次设计，由专业公司负责二次设计。

4 10kV 变配电系统

4.1 本工程的用电负荷分级。

4.1.1 负荷分级依据。

4.1.2 一级负荷：中断供电将造成人身伤亡、重大政治影响以及重大经济损失或公共秩序严重混乱的用电重要负荷设备。本工程中消防系统（含消防控制室内的消防报警及控制设备、消防泵、消防电梯、排烟风机、正压送风机等）、保安监控系统、应急及疏散照明、电气火灾报警系统、计算机用电源等。

本工程一级负荷：酒店部分设备容量为：1319kW；办公部分设备容量为：539kW。

4.1.3 二级负荷：中断供电将造成较大的政治影响、经济损失以及公共场所秩序混乱的用电设备。本工程中客房照明、客梯、中水机房、锅炉房电力、厨房、热力站等。本工程二级负荷：酒店部分设备容量为：2051kW；办公部分设备容量为：317kW。

4.1.4 三级负荷：不属于特别重要和一、二级负荷。本工程中普通照明、室外照明其及一般电力负荷。本工程三级负荷：酒店部分设备容量为：2631kW；办公部分设备容量为：2574kW。

4.1.5　负荷统计。

1. 本工程酒店部分设备容量为：P_e＝6001kW，具体负荷统计见表3-5。

酒店负荷统计表　　表3-5

序号	负荷性质	设备名称	设备安装容量(kW)			备注
			运行设备(kW)	备用设备(kW)	合计(kW)	
1	照明	普通照明	1854	1100		
		应急照明	322	322		
		小计	2176	1422		
2	电力	冷冻机	868			
		冷却水泵、冷却塔	345			
		生活水泵	74	74		
		热交换	77	77		
		空调机组	338			
		电梯	150	150		
		厨房	650	650		
		小计	2502	951		
3	消防电力设备	消防水泵	435	435		
		消防风机	252	252		
		消防电梯	60	60		
		小计	747	747		
4	其他		576			
5	总计		600	13120		

2. 本工程办公部分设备容量为：P_e＝3430kW，具体负荷统计见表3-6。

办公负荷统计表　　表3-6

序号	负荷性质	设备名称	设备安装容量(kW)			备注
			运行设备(kW)	备用设备(kW)	合计(kW)	
1	照明	普通照明	1630			
		应急照明	184	184		
		小计	1814	184		
2	电力	冷冻机	468			
		冷却水泵、冷却塔	166.6			
		热交换	60	60		
		空调机组	71			
		电梯	150	150		
		厨房	60	60		
		生活水泵	23.7	23.7		
		排水泵	23.7	23.7		
		小计	1023	317		

续表

序号	负荷性质	设备名称	设备安装容量(kW)			备注
			运行设备(kW)	备用设备(kW)	合计(kW)	
3	消防电力设备	消防水泵、消防风机	195.5	195.5		
		消防电梯	60	60		
		机械停车	80	80		
		小计	335.5	335.5		
4	其他		257.5			
5	总计		3430	836.5		

4.2 供电措施。

4.2.1 本工程市政外网引来两路10kV独立高压电源（预留六根SC125管路），每路均能承担本工程全部负荷。两路高压电源同时工作，互为备用。高压电力电缆由市网引入本工程电缆分界室内，本工程酒店、办公变电所共用。变电所设在地下一层。

4.2.2 一级负荷采用二路电源末端互投方式供电。

4.2.3 供电电压。

1. 高压供电：为10kV。

2. 低压电压：单相为220V，三相为380V。

3. 安全电压：单相≤50V。

4.3 负荷计算及变压器选择。

4.3.1 负荷计算详见表3-7。

负荷计算表 **表3-7**

名称	设备容量(kW)	需要系数 Kc	$\cos\varphi$	$\mathrm{tg}\varphi$	计算负荷(kW)			
					P_{js} (kW)	Q_{js} (kvar)	S_{js} (kVA)	I_{js} (A)
1Tr变压器	1516	0.62	0.83		882	665		
补偿容量(kvar)						−360		
补偿后合计			0.95		882	305	933	1415
变压器损耗					9.0	46		
总计					891	351		
备注	变压器容量1250kVA,负荷率为75%							

名称	设备容量(kW)	需要系数 Kc	$\cos\varphi$	$\mathrm{tg}\varphi$	计算负荷(kW)			
					P_{js} (kW)	Q_{js} (kvar)	S_{js} (kVA)	I_{js} (A)
2Tr变压器	1914	0.60	0.81		910	514		
补偿容量(kvar)						−300		
补偿后合计			0.95		910.8	214.6	935	1418
变压器损耗					9.4	46.8		
总计					920.2	261.4		
备注	变压器容量1250kVA,负荷率为75%							

续表

名称	设备容量(kW)	需要系数 Kc	$\cos\varphi$	$tg\varphi$	计算负荷(kW)			
					P_{js} (kW)	Q_{js} (kvar)	S_{js} (kVA)	I_{js} (A)
3Tr 变压器	2983	0.65	0.78		1415	994		
补偿容量(kvar)						−550		
补偿后合计			0.95		1415	444	1483	2247
变压器损耗					15	74		
总计					1430	518		
备注	变压器容量 2000kVA,负荷率为 74.2%							

名称	设备容量(kW)	需要系数 Kc	$\cos\varphi$	$tg\varphi$	计算负荷(kW)			
					P_{js} (kW)	Q_{js} (kvar)	S_{js} (kVA)	I_{js} (A)
4Tr 变压器	3018	0.52	0.79		1369	1902		
补偿容量(kvar)						−600		
补偿后合计			0.95		1369	465	1447	2192
变压器损耗					15	72		
总计					1384	537		
备注	变压器容量 2000kVA,负荷率为 72.3%							

4.3.2 酒店设置两台2000kVA户内型干式变压器，办公设置两台1250kVA户内型干式变压器。

4.3.3 变压器的接线方式。由于本工程中单相负荷及电子镇流器较多，需要限制三次谐波含量及需要提高单相短路电流值，以确保低压单相接地保护装置的灵敏度时，故采用D·yn11的接线方式的三相变压器供电。

4.4 短路电流的计算。

4.4.1 短路电流的计算条件。

1. 短路前三相系统应是正常运行情况下的接线方式，不考虑仅在切换过程中短时出现的接线方式。

2. 设定短路回路各元件的磁路系统为不饱和状态，即认为各元件的感抗为一常数。计算中应考虑对短路电流有影响的所有元件的电抗，有效电阻可略去不计。

3. 假定短路发生在短路电流为最大值的瞬间；所有电源的电动势相位角相同；所有同步电机都具有自动调整励磁装置（包括强行励磁）；系统中所有电源都在额定负荷下运行。

4. 电路电容和变压器的励磁电流略去不计。

5. 系统短路容量取值350MVA，上级 110kV 变电站距本工程0.7km，电缆引入至本工程电缆分界室。

6. 计算方法为标幺值法。

4.4.2 变压器处高、低压侧短路电流的计算。

1. 变压器 10kV 侧三相短路电流为18.49kA。

2. 1250kVA 变压器 0.4kV 侧三相短路电流为27.23kA。

3. 2000kVA 变压器 0.4kV 侧三相短路电流为35.65kA。

4.5　变配电所。

4.5.1　本工程在地下一层设一变配电所，变配电所下设电缆夹层，值班室内设模拟显示屏。在办公地下二层设置一分配电室。

4.5.2　高压供电系统设计。

1. 高压采用单母线分段运行方式，中间设联络开关，平时两路电源同时分列运行，互为备用，当一路电源故障时，通过手动操作联络开关，另一路电源负担全部负荷。

2. 高压系统中性点采用经小电阻接地的接地方式。

3. 10kV 配电设备采用中置式开关柜。高压断路器采用真空断路器，在 10kV 出线开关柜内装设氧化锌避雷器作为真空断路器的操作过电压保护。真空断路器选用电磁（或弹簧储能）操作机构，操作电源采用 110V 镍镉电池柜（65AH）作为直流操作、继电保护及信号电源。高压开关柜采用下进线、下出线方式，并应具有“五防”功能。

4.5.3　低压配电系统设计。

1. 本工程低压配电系统为单母线分段运行，联络开关设自投自复、自投不自复、手动转换开关。自投时应自动断开非保证负荷，以保证变压器正常工作。主进开关与联络开关设电气连锁，任何情况下只能合其中的两个开关。

2. 低压配电线路根据不同的故障设置短路、过负荷保护等不同的保护装置。低压主进、联络断路器设过载长延时、短路短延时保护脱扣器，其他低压断路器设过载长延时、短路瞬时脱扣器。

3. 变压器低压侧总开关和母线分段开关应采用选择性断路器。低压主进线断路器与母线分段断路器应设有电气连锁。

4. 低压开关柜采用上进线、下出线方式；办公楼地下二层低压开关柜采用上进线、上出线方式。

5. 变压器低压侧出线端装设浪涌保护器。

6. 变电所内的等电位联结。所有电气设备外露可导电部分，必须可靠接地。

4.5.4　电力监控系统。

1. 本工程设置电力监控系统，对电力配电实施动态监视。

2. 10kV 系统监控功能。

(1) 监视 10kV 配电柜所有进线、出线和联络的断路器状态。

(2) 所有进线三相电压、频率。

(3) 监视 10kV 配电柜所有进线、出线和联络三相电流、功率因数、有功功率、无功功率、有功电能、无功电能等。

3. 变压器监控功能。

(1) 超温报警。

(2) 温度。

4. 0.23/0.4kV 系统监控功能。

(1) 监视低压配电柜所有进线、出线和联络的断路器状态。

(2) 所有进线三相电压、频率。

(3) 监视低压配电柜所有进线、出线和联络三相电流、功率因数、有功功率、无功功率、有功电能、无功电能等。

(4) 统计断路器操作次数。

5. 系统性能指标

(1) 所有计算机及智能单元中 CPU 平均负荷率。

1）正常状态下：≤20%。

2）事故状态下：≤30%。

3）网络正常平均负荷率≤25%，在告警状态下 10s 内小于 40%。

4）人机工作站存储器的存储容量满足三年的运行要求，且不大于总容量的 60%。

（2）测量值指标。

1）交流采样测量值精度：电压、电流为≤0.5%，有功、无功功率为≤1.0%。

2）直流采样测量值精度≤0.2%。

3）越死区传送整定最小值≥0.5%。

（3）状态信号指标。

1）信号正确动作率 100%。

2）站内 SOE 分辨率 2ms。

（4）系统实时响应指标。

1）控制命令从生成到输出或撤销时间：≤1s。

2）模拟量越死区到人机工作站 CRT 显示：≤2s。

3）状态量及告警量输入变位到人机工作站 CRT 显示：≤2s。

4）全系统实时数据扫描周期：≤2s。

5）有实时数据的画面整幅调出响应时间：≤1s。

6）动态数据刷新周期：1s。

（5）实时数据库容量：模拟量、开关量、遥控量、电度量应满足本工程配电系统要求。

（6）历史数据库存储容量。

1）历史曲线采样间隔：1s～30min，可调。

2）历史趋势曲线，日报，月报，年报存储时间≥2 年。

3）历史趋势曲线≥300 条。

（7）系统平均无故障时间（MTBF）。

1）间隔层监控单元：50000h。

2）站级层、监控管理层设备：30000h。

3）系统年可利用率：≥99.99%。

（8）抗干扰能力。符合

4.5.5　变电所对有关专业要求。

1. 变电所内不应有与其无关的管道和线路通过。

2. 变电所设置空调系统。

3. 变配电所设置火灾自动报警系统及固定式灭火装置。

4. 变电所防火等级不低于二级，变配电所门为不低于乙级防火门。

5. 变电所内墙为抹灰刷白，地面为水泥压光或防滑地砖。

4.6　继电保护与计量。

4.6.1　本工程继电保护要求。

1. 10kV 进线采用过流保护、速断、零序保护。

2. 10kV 母联采用速断投入、自动解除保护。

3. 10kV 馈线采用过流保护、速断保护、零序保护、变压器高温报警、变压器超温跳闸。

4.6.2　计量：在每路 10kV 进线设置总计量装置，在变压器低压侧主进处加装电能表。

1. 电能计量用互感器的准确度等级应按下列要求选择：

（1）0.5 级的有功电度表和 0.5 级的专用电能计量仪表应选用 0.2 级的互感器。

（2）1.0级的有功电度表和1.0级的专用电能计量仪表、2.0级计费用的有功电度表及2.0级无功电能表应选用0.5级电流互感器。

2. 常规仪表的准确度等级按下列原则选择：

（1）交流回路的仪表（谐波测量仪表除外）不低于2.5级；

（2）直流回路的仪表不低于1.5级；

（3）电量变送器输出侧的仪表不低于1.0级。

3. 常规仪表配用的互感器的准确度等级按下列原则选择：

（1）1.5级及2.5级的常规测量仪表配用不低于1.0级的互感器；非重要回路的2.5级电流表，可使用3.0级电流互感器。

（2）电量变送器配用不低于0.5级的电流互感器，电量变送器的准确度等级不低于0.5级。

4.7　功率因数补偿。

本工程无功功率补偿。本工程采用低压集中自动补偿方式，每台变压器低压母线上装设不燃型干式补偿电容器，对系统进行无功功率自动补偿，使补偿后的功率因数大于0.95。配备电抗系数7%的谐波电抗器组合，作为谐波抑制措施，避免高次谐波电流与电力电容发生谐振，影响系统设备可靠运行，治理后的谐波水平满足《电能质量　公用电网谐波》GB/T 14549-93的要求。

4.8　应急电源。本工程设置一台1000kW柴油发电机组，作为酒店第三电源。当需启动柴油发电机，启动信号送至柴油发电机房，信号延时0～10s（可调）自动启动柴油发电机组，柴油发电机组15s内达到额定转速、电压、频率后，投入额定负载运行。柴油发电机的相序，必须与原供电系统的相序一致。当市电恢复30～60s（可调）后，自动恢复市电供电，柴油发电机组经冷却延时后，自动停机。在应急状态下，可向酒店内下列负荷供电。

4.8.1　安全出口走廊紧急照明。

4.8.2　安全出口指示牌。

4.8.3　安全楼梯出口照明。

4.8.4　应急发电机及其总开关装置机房照明。

4.8.5　所有客区和后勤区域的紧急照明。

4.8.6　程控交换机房和电脑机房照明，其内部装置的设备和空调机组。

4.8.7　电脑机房空调机组、不间断电力供应（UPS）、UPS电池机房照明和通风设备。

4.8.8　话务室、消防控制控制室、喜来登客人快速反应服务室的照明和电力供应。

4.8.9　屋顶航空障碍灯。

4.8.10　所有区域排烟系统装置。

4.8.11　所有区域的安全楼梯正压风机系统。

4.8.12　在消防报警时，提供足够电力把所有电梯压降下到首层，并把电梯门打开。

4.8.13　为消防电梯提供电力（带自动投入）并能手动控制所有其他区域电梯的操作（必须与当地电梯操作标准相符）。

4.8.14　所有感烟探测器、感温探测器、可燃气体探测器、手动报警器、警报系统，包括安全警报。

4.8.15　所有紧急广播/通信系统。

4.8.16　所有区域门上的磁力开门器装置，包括大堂电动自动门。

4.8.17　消防及喷淋主水泵和消防及喷淋稳压水泵。

4.8.18　防泛滥水泵、污水泵、下水道排水泵和其他所有必要的生活供水泵（酒店所需的)[注]。

4.8.19 为伤残人士在房间里提供使用的电源插座。

4.8.20 分别装在前台的酒店管理系统和餐厅的收银机终端的电源插座。

4.8.21 所有干式喷淋系统的空气压缩机。

4.8.22 所有喷淋管的热能防冻探测装置。

4.8.23 所有灭火装置的电力供应。

4.8.24 主要食品冷藏库[注]。

4.8.25 厨房排烟。

[注] 上述属非消防负荷，在火灾时应切断供电。

5 电力系统

5.1 低压配电系统的接地型式采用 TN-S 系统。

5.2 冷冻机组、冷冻泵、冷却泵、生活泵、锅炉房、热力站、厨房、电梯等设备采用放射式供电。风机、空调机、污水泵等小型设备采用树干式供电。

5.3 为保证重要负荷的供电，对重要设备如：消防用电设备（消防水泵、排烟风机、正压风机、消防电梯等)、信息网络设备、消防控制室、中央控制室等均采用双回路专用电缆供电，在最末一级配电箱处设双电源自投，自投方式采用双电源自投自复。其他电力设备采用放射式或树干式方式供电。

5.4 交流电动机采用短路保护和接地故障保护。为保证用电安全，用于移动电器装置的插座的电源均设电磁式剩余电流保护装置（动作电流≤30mA，动作时间≤0.1s)。

5.5 主要配电干线沿地下一层电缆槽盒引至各电气小间，支线穿钢管敷设。普通干线采用辐照交联低烟无卤阻燃电缆。消防干线采用矿物质绝缘类电缆。部分大容量干线采用封闭母线。消防用电设备的配电线路应满足火灾时连续供电的需要，其敷设应符合下列规定：

5.5.1 暗敷设时，应穿管并应敷设在不燃烧体结构内且保护层厚度不应小于 30mm；

5.5.2 明敷设时，应穿有防火保护的金属管或有防火保护的封闭式金属槽盒。

5.6 本工程中对于酒店部分，应酒店管理公司要求小于等于15kW 的电动机采用直接启动方式。15kW 以上电动机采用降压启动方式（带变频控制的除外）。办公部分小于等于30kW 的电动机采用直接启动方式。30kW 以上电动机采用降压启动方式（带变频控制的除外)。

5.7 自动控制。

5.7.1 凡由火灾自动报警系统、建筑设备监控系统遥控的设备，本设计仅负责就地控制。

5.7.2 生活泵变频控制、污水泵等采用水位自控、超高水位报警。消防水泵通过消火栓按钮及压力控制。喷淋水泵通过湿式报警阀或雨淋阀上的压力开关控制。

5.7.3 消防水泵、喷淋水泵、排烟风机、正压风机等平时就地检测控制，火灾时通过火灾报警及联动控制系统自动控制。消防用电设备的过载保护装置（热继电器、空气断路器等）只报警，不跳闸。

5.7.4 消防水泵、喷淋水泵长期处于非运行状态的设备应具有巡检功能，应符合下列要求：

1. 设备应具有自动和手动巡检功能，其自动巡检周期为 20d。

2. 消防泵按消防方式逐台启动运行，每台泵运行时间不少于 2min。

3. 设备应能保证在巡检过程中遇消防信号自动退出巡检，进入消防运行状态。

4. 巡检中发现故障应有声、光报警。具有故障记忆功能的设备，记录故障的类型及故障发生的时间等，应不少于5条故障信息，其显示应清晰易懂。

5. 采用工频方式巡检的设备，应有防超压的措施。设巡检泄压回路的设备，回路设置应安全可靠。

6. 采用电动阀门调节给水压力的设备，所使用的电动阀门应参与巡检。

5.7.5　空调机和新风机为就地检测控制，火灾时接受火灾信号，切断供电电源。

5.7.6　冷冻机组起动柜、防火卷帘门控制箱、变频控制柜等由厂商配套供应控制箱。

5.7.7　非消防电源的切除是通过空气断路器的分励脱扣或接触器来实现。

5.7.8　电力箱（柜）控制要求一览见表3-8。

电力箱（柜）控制要求　　　　**表3-8**

序号	编号	电力箱(柜)控制要求	备注
1	A1	1. 两台喷洒泵互为备用,轮换启动,并且工作泵发生故障断电备用泵延时自动投入; 2. 喷洒泵既可在消防控制室联控台上进行手动,自动启、停控制,又可以就地手动,自动启、停控制,消防控制室具有启动控制优先权; 3. 喷洒泵的自动启动由管网的压力开关控制启泵的同时连锁关闭补压泵,灭火后手动关闭喷洒泵; 4. 喷洒泵的控制电源、运行状态显示以及喷洒泵的故障信号的声、光报警除在现场控制盘上显示外,还应送至消防控制室,在其联控台上显示; 5. 过载保护装置(热继电器、空气断路器等)只报警,不跳闸; 6. 设置手动机械启泵功能,并应保证在控制柜内的控制线路发生故障时由有管理权限的人员在紧急时启动消防水泵。机械应急启动时,应确保在消防水泵在报警后5.0min内正常工作	
2	A2	1. 两台消火栓泵互为备用,轮换启动,并且工作泵发生故障断电备用泵延时自动投入; 2. 消火栓泵既可在消防控制室联控台上进行手动,自动启、停控制,又可以就地手动,自动启、停控制,消防控制室具有启动控制优先权; 3. 消火栓泵自动启动由管网的压力开关控制启泵的同时连锁关闭补压泵,灭火后手动关闭消火栓泵; 4. 消火栓泵按钮可直接启动消火栓泵; 5. 消火栓泵的控制电源、运行状态显示以及消火栓泵的故障信号的声、光报警除在现场控制盘上显示外,还应送至消防控制室,在其联控台上显示; 6. 过载保护装置(热继电器、空气断路器等)只报警,不跳闸; 7. 水泵房地下贮水池最低消防水位报警信号均在现场控制盘及消防控制室联控台上做声、光报警; 8. 设置手动机械启泵功能,并应保证在控制柜内的控制线路发生故障时由有管理权限的人员在紧急时启动消防水泵。机械应急启动时,应确保在消防水泵在报警后5.0min内正常工作	
3	A3	1. 设自动控制、手动控制、应急控制三种控制方式; 2. 自动控制:着火部位的双路火灾探测器接到火灾信号后,自动打开相对应的雨淋阀上的电磁阀(常闭),雨淋阀上压力开关报警,启动水喷雾系统加压泵; 3. 手动控制:接到着火部位的火灾探测信号后,可在现场和消防控制室手动打开相对应的电磁阀并启动水喷雾加压泵; 4. 应急操作:人为现场操作雨淋阀组和水喷雾加压泵。雨淋阀前后的信号阀动作,向消防控制室报警; 5. 两台喷雾泵互为备用,轮换启动,并且工作泵发生故障断电备用泵延时自动投入; 6. 喷雾泵的控制电源、运行状态显示以及喷雾泵的故障信号的声、光报警除在现场控制盘上显示外,还应送至消防控制室,在其联控台上显示; 7. 过载保护装置(热继电器、空气断路器等)只报警,不跳闸; 8. 设置手动机械启泵功能,并应保证在控制柜内的控制线路发生故障时由有管理权限的人员在紧急时启动消防水泵。机械应急启动时,应确保在消防水泵在报警后5.0min内正常工作	
4	B1	1. 在消防控制室和现场控制箱内均可手动,自动启停排烟风机; 2. 火灾发生时,自动排烟口（常闭）,由消防控制室手动、自动开启(其开启状态信号反馈至消防控制室,并且连锁启动相关排烟风机),当火灾温度超过280℃时,防火调节阀熔丝熔断动作,关闭相关排烟风机; 3. 在排烟风机控制箱内设置排烟风机控制电源,运行状态显示以及故障信号的声,光报警并且将排烟风机的运行状态及故障信号反馈至消防控制室; 4. 过载保护装置(热继电器、空气断路器等)只报警,不跳闸	

续表

序号	编号	电力箱(柜)控制要求	备注
5	B2	1. 在消防控制室和现场控制箱内均可手动,自动启,停楼梯间正压风机; 2. 火灾发生时,自动排烟阀(常闭),由消防控制室手动、自动开启(其开启状态信号反馈至消防控制室,并且连锁启动相关正压风机); 3. 在正压风机控制箱内设置正压风机控制电源,运行状态显示以及故障信号的声,光报警并且将正压风机的运行状态及故障信号反馈至消防控制室; 4. 过载保护装置(热继电器、空气断路器等)只报警,不跳闸	
6	B3	1. 设有手动,自动转换开关,可就地分别手动控制,手动启、停风机,风机的自动启、停由建筑设备监控系统控制; 2. 火灾发生时,自动排烟口(常闭),由消防控制室手动、自动开启,其开启状态信号反馈至消防控制室,并且连锁启动相关排烟风机,当火灾温度超过280℃时,防火调节阀熔丝熔断动作,关闭相关排烟风机; 3. 设置风机控制电源,运行状态显示以及故障信号的声、光报警并且将排烟风机的运行状态及故障信号反馈至消防控制室; 4. 过载保护装置(热继电器、空气断路器等)只报警,不跳闸; 5. 消防控制室控制优先	
7	B4	1. 设有手动、自动转换开关,可就地分别手动控制,手动启、停,自动启、停由建筑设备监控系统控制; 2. 火灾发生时,由消防控制室手动、自动开启,其开启状态信号反馈至消防控制室; 3. 设置风机控制电源,运行状态显示以及故障信号的声、光报警并且将排烟风机的运行状态及故障信号反馈至消防控制室; 4. 过载保护装置(热继电器、空气断路器等)只报警,不跳闸; 5. 消防控制室控制优先	
8	C1	1. 设有手动、自动转换开关,可就地分别手动控制,手动启、停,自动启、停由建筑设备监控系统控制; 2. 设置空调控制电源、运行状态显示以及空调机故障信号的声、光报警	
9	C2	1. 设有手动、自动转换开关,可就地分别手动控制,手动启、停,自动启、停由建筑设备监控系统控制; 2. 设置空调控制电源、运行状态显示以及空调机故障信号的声、光报警; 3. 设置远距离手动启、停控制	
10	D1	1. 设有手动、自动转换开关,可就地手动启、停水泵,水泵的自动启,停由水位控制器控制,当水位升至高水位时启泵,当水位降至低水位时,自动停泵; 2. 两台水泵互为备用,轮换启动,并且工作泵发生故障断电,备用泵延时自动投入; 3. 自动状态由建筑设备监控系统控制; 4. 对水泵故障,溢流水位信号的声,光报警	
11	D2	1. 设有手动、自动转换开关,可就地手动启、停水泵,水泵的自动启、停由水位控制器控制,当水位升至中水位时启一台泵,高水位时启两台泵,当水位降至低水位时,自动停泵; 2. 两台水泵互为备用,轮换启动,并且工作泵发生故障断电,备用泵延时自动投入; 3. 自动状态由建筑设备监控系统控制; 4. 对水泵故障,溢流水位信号的声、光报警	
12	D3	1. 设有手动、自动转换开关,可就地手动启、停水泵,水泵的自动启、停由压力开关控制; 2. 两台水泵互为备用,轮换启动,并且工作泵发生故障断电,备用泵延时自动投入; 3. 过载保护装置(热继电器、空气断路器等)只报警,不跳闸; 4. 对水泵故障信号的声、光报警	
13	E1	火灾发生时,由消防控制室手动、自动开启,其开启状态信号反馈至消防控制室	

6 照明系统

6.1 建筑照明设计原则。

6.1.1 在照明设计时，应根据视觉要求、工作性质和环境条件，使工作区获得良好的视觉效果、合理的照度和显色性，以及适宜的亮度分布。

6.1.2 在确定照度方案时，应考虑不同建筑对照明的不同要求，处理好电气照明与天然采光、建设投资及能源消耗与照明效果的关系。

6.1.3 照明设计应重视清晰度，消除阴影，控制光热，限制眩光。

6.1.4 照明设计时，应合理选择照明方式和控制方式，以降低电能消耗指标。

6.1.5 室内照明光源的确定，应根据使用场所的不同，合理地选择光源的光效、显色性、寿命等光电特性指标，优先采用节能型光源。

6.1.6 照明配电箱。

1. 照明配电箱的设置按防火分区布置并深入负荷中心。

2. 照明配电箱的供电范围考虑如下原则：

(1) 分支线供电半径宜为30m；

(2) 分支线截面不小于2.5mm^2铜导线。

6.2 建筑照明标准值见表3-9。

建筑照明标准 表3-9

房间或场所		参考平面及其高度	照度标准值(lx)	UGR	U_0	R_a
客房	一般活动区	0.75m水平面	75	—	—	80
	床头	0.75m水平面	150	—	—	80
	写字台	台面	300	—	—	80
	卫生间	0.75m水平面	150	—	—	80
中餐厅		0.75m水平面	200	22	0.60	80
西餐厅		0.75m水平面	150	—	0.60	80
酒吧间、咖啡厅		0.75m水平面	75	—	0.40	80
多功能厅、宴会厅		0.75m水平面	300	22	0.60	80
大堂		地面	200	—	0.40	80
总服务台		地面	300	—	—	80
客房层走廊		地面	50	—	0.40	80
厨房		台面	500	—	0.70	80
洗衣房		0.75m水平面	200	—	0.40	80

6.3 光源与灯具选择。

6.3.1 本工程要求给人提供一个舒适、安逸和优美的休息环境，并具备齐全的服务设施和完美的娱乐场所。因而酒店照明设计，除满足功能要求外，还应满足装饰要求。

6.3.2 入口处照明装置采用色温低、色彩丰富、显色性好光源，能给人以温暖、和谐、亲切的感觉，又便于调光。

6.3.3 餐厅照明设计满足灵活多变的功能，根据就餐时间和顾客的情绪特点，选择不同的灯光及照度。

6.3.4 客房设有进门小过道顶灯、床头灯、梳妆台灯、落地灯、写字台灯、脚灯、壁柜灯，在客房内入口走廊墙角下安置应急灯（采用LED灯），在停电时自动亮登。总统间，除具有一般客房的功能灯饰外，在客厅和餐厅增设豪华灯饰。

6.3.5 有装修要求的场所视装修要求，可采用多种类型的光源。一般场所选用T5荧光灯或节能型灯具。对仅作为应急照明用的光源应采用瞬时点燃的光源。对大空间场所和室外空间可采用金属卤化物灯。

6.4 照明配电系统。

6.4.1 本工程利用在强电小间内的封闭式插接铜母线配电给各楼层照明配电箱（柜），以便于安装、改造和降低能耗。客房层照明采用双回路供电，保证用电可靠，在每套客房设一小配电箱，单相电源进线。由层照明配电箱（柜）至客房配电箱采用放射式配电。客房内采用节能开关。

6.4.2　每个照明配电箱内最大最小相的负荷电流差不超过30%。

6.4.3　照明系统中，每一单相回路电流不超过16A，灯具数量不超过25个，大型组合灯具每一单相回路不超过25A，光源数量不超过60个。

6.4.4　插座应为单独回路，插座数量不超过10个。

6.4.5　照明系统中，中性线截面与相线相同。

6.4.6　不同回路的线路，不应穿在同一根管内。

6.4.7　照明系统布线时，管内导线总数不应多于8根。

6.4.8　照明、插座分别由不同的支路供电。除注明外，照明分支线均采用铜芯2.5mm^2 导线，插座分支线均采用BV-3×2.5SC20，平面图中不再标注。

6.5　应急照明与疏散照明。

6.5.1　应急照明设置部位。

1. 客房走道、楼梯间、防烟楼梯间前室、消防电梯间及其前室、合用前室。

2. 配电室、消防控制室、消防水泵房、防烟排烟机房、智能化机房以及发生火灾时仍需坚持工作的其他房间。

3. 餐厅、宴会厅等人员密集的场所。

4. 疏散走道。

5. 疏散用的应急照明，疏散走道，不应低于1.0lx；人员密集场所不应低于3.0lx；楼梯间、前室或合用前室、避难走道，不应低于5.0lx。

6. 消防控制室、消防水泵房、防烟排烟机房、配电室、智能化机房以及发生火灾时仍需坚持工作的其他房间的应急照明，仍应保证正常照明的照度。

6.5.2　疏散走道和安全出口处应设灯光疏散指示标志。

6.5.3　疏散应急照明灯设在墙面上或顶棚上。安全出口标志设在出口的顶部；疏散走道的指示标志设在疏散走道及其转角处距地面0.5m以下的墙面上。走道疏散标志灯的间距不大于10m。

6.5.4　应急照明灯和灯光疏散指示标志，应设玻璃或其他不燃烧材料制作的保护罩。

6.5.5　消防应照明和灯光疏散指示标志的备用电源的连续供电时间不小于0.5h。

6.5.6　应急照明应由两个电源供电。

6.5.7　疏散指示灯分支线均采用NHBV-3×2.5mm^2，平面图中不再标注。

6.6　夜景照明。

6.6.1　设计的基本理念。

1. 夜景照明要凸现城市的自然景观及人文景观，表现该城市该地区的特有形象。

2. 夜景照明要服从城市景观规划的要求，并体现景观或建筑的总体风格，表现整体的文化底蕴。

3. 夜景照明要充分体现美学与照明光学技术的有机结合。

4. 充分发挥光的物理特性，各类光源的特性及灯具对光的调整能力，启迪观赏者的照明生理和心理感觉，创造一个优美、舒适的夜景环境。

5. 利用先进的通信及自动化技术设计出一系列“场景”，以满足观赏者对不同夜景照明主题的要求。

6.6.2　夜景照明基本设计原则。

1. 充分了解和发挥光的特性。如：光的方向性、光的折射与反射、光的颜色、显色性、亮度等。

2. 针对人对照明所产生的生理及心理反应，灵活应用光线对使人的视觉产生优美而良好的效果。

3. 根据被照物的性质、特征和要求，合理选择最佳照明方式。

4. 既要突出重点，又要兼顾夜景照明的总体效果，并和周围环境照明协调一致。

5. 使用彩色光要慎重。鉴于彩色光的感情色彩强烈，会不适当的强化和异化夜景照明的主题表现，应引起注意。特别是一些庄重的大型公共场所的夜景照明，更要特别谨慎。

6. 夜景照明的设置应避免产生眩光并光污染。

6.6.3 利用投射光束衬托建筑物主体的轮廓，烘托节日气氛。在首层、屋顶层均有景观灯具来满足夜间景观照明。灯具采用 AC220V 的电压等级。节日照明及室外照明采用集中控制，并应根据不同的时间（平时、节假日、庆典日）有不同效果的选择。室外景观照明灯具每套灯具的导电部分对地绝缘电阻值应大于 2MΩ。节日照明及室外照明设计详见二次设计，本次设计仅预留电量。

6.7 照明控制。

6.7.1 为了便于管理和节约能源，以及不同的时间要求不同的效果。本工程的大堂、宴会厅、室外照明、游泳池等场所，采用智能型照明控制系统，部分灯具考虑调光。在多功能厅、会议室及宴会厅中的智能控制面板应具有场景现场记忆功能，以便于现场临时修改场景控制功能以适应不同场合的需要。汽车库照明采用集中控制。楼梯间、走廊等公共场所的照明采用集中控制和就地控制相结合的方式。客房走廊的照明采用集中控制。走廊的应急照明考虑就地控制和消防集中控制的方式。机房、库房、厨房等场所采用就地控制的方式。现场智能控制面板应具备防误操作（或防乱按）的功能，以避免在有重要活动时出现不必要的误操作，提高系统的安全性。室外照明的控制纳入建筑设备监控系统统一管理。公共区域的智能型照明控制系统待二次装修同时设计。

6.7.2 照明控制开关，采用 AC220V，10A 指示灯开关，安装高度距地 1.3m。

7 建筑设备监控系统

7.1 建筑设备监控系统融合了现代计算机技术、网络通信技术、自动控制技术、数据库管理技术以及软件技术等，通过中央监控系统的计算机网络，将各层的控制器、现场传感器、执行器及远程通信设备进行联网，共同实现集中管理、分散控制的综合监控及管理功能。建筑设备监控系统基于工程应用、初步成本和运行成本/收益的考虑与酒店管理公司技术服务部相配合。

7.2 本工程在酒店、办公分别设置建筑设备监控系统，建筑设备监控系统的总体目标是将建筑内的建筑设备管理与控制系统（HVAC、给水排水系统、供配电系统、照明系统等）进行分散控制、集中监视管理，从而提供一个舒适的工作环境，通过优化控制提高管理水平，从而达到节约能源和人工成本，并能方便实现物业管理自动化。酒店建筑设备监控系统监控室设在地下一层（工程部值班室），办公建筑设备监控系统监控室设在地下二层。

7.3 本工程变配电所设置独立的变配电管理系统，预留与建筑设备监控系统联网的网关接口。

7.4 系统结构。

7.4.1 建筑设备监控系统的网络结构模式应采用分布式控制的方式，由管理层网络与监控层网络组成，实现对设备运行状态的监视和控制。

7.4.2 系统的节点由中央站和分站组成，中央站与分站直接连接在一条总线的主通信网络中，数据结构和通信速度无任何改变，没有用于通信的中转环节，以保持在不同应用中的数据一致性和控制的实时性，使本系统的功能得以实现。

7.4.3　由于建筑设备监控系统是本工程的最主要系统，同时应具备与其他系统集成的能力，因此系统必须满足以下要求：

1. 系统必须遵循国际标准，具有多项协议的支持能力，以达到系统与不同厂商产品互联的目的。

2. 系统必须采用先进、成熟的网络技术，具有极高的安全性、足够的吞吐量、快速的相应时间，具有数据的安全性和保密性。

3. 网络采用目前业界通行的 C/S 以及 B/S 的运作模式。

7.4.4　操作系统选用业界通行的 Windows2000 操作系统，采用分布式数据库技术同时支持分布式服务器结构，以达到以下性能指标：

1. 独立控制，集中管理：可以将建筑设备监控系统的工作站或服务器定义为节点服务器，并且根据智能化系统的整体要求，设置中央服务器。该结构使各节点服务器与中央服务器通过以太网（TCP/IP）连接，数据在各节点服务器之间，包括中央服务器之间进行通讯，中央服务器对所有节点服务器中的数据、报警可以读取、打印和存储。

2. 可以自动调整网络流量：当数据被其他节点或中央服务器定制后，才由相应的节点服务器将缓冲区中的数据传送到网络上，减少对控制器的数据通信要求，同时减少网络数据的冗余传送。

3. 保证高可靠性：当整个网络断开后，本地的控制系统应能由节点服务器继续提供稳定的系统控制。另外，当某个节点服务器出现故障时，对整个网络和其他节点没有影响。在网络恢复正常工作后，各节点服务器可以将存储的数据自动传到相应的节点和中央服务器。

4. 提升系统性能：节点服务器只对本地设备进行管理，系统的负荷由节点服务器分担，中央服务器的负担只限于本地设备管理和全系统中关键报警和数据的备份。这样可以保证整个系统的高性能。

5. 管理简单：中央服务器可以控制任何一个节点服务器中的设备，节点的报警可以自动传送到中央服务器，实现分布式控制，集中式管理。

6. 分布式数据库管理：采用分布式的数据库，由后台的数据自动备份机制保障所有用户数据在各服务器中安全保存。

7.4.5　建筑设备监控系统端子箱安装高度距地 1.4m。

7.5　本工程在酒店在地下一层（工程部值班室），办公在地下二层设置楼宇控制室，分别对酒店、办公内的建筑设备实施管理与控制。

7.6　本工程酒店部分建筑设备监控系统监控点数共计为1339 控制点，其中（AI=272 点、AO=156 点、DI=681 点、DO=230 点）。办公部分建筑设备监控系统监控点数共计为620 控制点，其中（AI=95 点、AO=44 点、DI=333 点、DO=148 点）。

7.7　建筑设备监控系统监控对象。

7.7.1　本工程纳入建筑设备监控系统的机电设备有：

1. 冷水系统。

2. 新风空调机系统。

3. 送排风系统。

4. 给水排水系统。

5. 照明系统。

6. 室外环境参数监测。

7.7.2　冷水系统。

1. 冷冻机启停控制、状态显示和故障报警。
2. 冷冻水泵启停控制、状态显示和故障报警。
3. 冷却水泵启停控制、状态显示和故障报警。
4. 冷却塔风机启停控制、状态显示和故障报警。
5. 冷却水供水温度遥测。
6. 冷冻水供、回水温度遥测。
7. 冷冻水回水水流量。
8. 冷负荷计算。
9. 冷冻机、冷却/冻水泵、冷却塔风机的顺序启停控制。
10. 根据冷负荷确定冷水机组开启台数。
11. 根据冷冻水系统供、回水总管压差，控制其旁通阀开度。

7.7.3　新风空调机系统。

1. 风机启、停控制。手/自动状态显示和故障报警。
2. 送、回风温、湿度遥测。
3. 根据送、回风温、湿度，调节冷热水阀、蒸汽阀开度。
4. 过滤器淤塞报警。
5. 新风阀与风机连锁。
6. 新风温、湿度遥测。
7. 防冻保护。

7.7.4　送排风系统：风机启停控制、状态显示和故障报警。

7.7.5　给水系统：

1. 市政给水压力检测和显示。
2. 地下水池水位显示和报警。
3. 高位水箱水位显示和报警。
4. 水泵启停控制，状态显示和故障报警。
5. 泵的轮换使用及备用泵的自动投入。

7.7.6　排水系统：

1. 污、废水井高水位报警。
2. 根据水位控制排水泵的运行台数。
3. 水泵启停控制、状态显示和故障报警。
4. 泵的轮换使用及备用泵的自动投入。

7.7.7　照明系统：

1. 公共区域照明控制。
2. 室外照明控制。
3. 节日照明控制。

7.7.8　室外环境参数监测：在室内/外合适位置设置室内/外温传感器和室内外湿度传感器，用来监测室内/外温湿度，用于系统空调参数、功能设定、焓值计算等。

7.8　建筑设备监控系统应具备以下组件。

7.8.1　系统数据库服务器和用户工作站、数据库，应具备标准化、开放性的特点，用户工作站提供系统与用户之间的互动界面，界面应为简体中文，图形化操作，动态显示设备工作状态。系统主机的容量须根据图纸要求确定，但必须保证主机留有15%以上的地址冗余。

7.8.2　与服务器、工作站连接在同一网上的控制器，负责协调数据库服务器与现场DDC之间的通信，传递现场信息及报警情况，动态管理现场DDC的网络。

7.8.3　具有能源管理功能的DDC安装于设备现场，用于对被控设备进行监测和控制。

7.8.4　符合标准传输信号的各类传感器，安装于设备机房内，用于建筑设备监控系统所监测的参数测量，将监测信号直接传递给现场DDC。

7.8.5　各种阀门及执行机构，用于直接控制风量和水量，以便达到所要求的控制目的。

7.8.6　现场DDC应能可靠、独立工作，各DDC之间可实现点对点通信，现场中的某一DDC出现故障，不应影响系统中其他部分的正常运行。整个系统应具备诊断功能，且易于维护、保养。

7.9　建筑设备监控系统对建筑内的设备进行集散式的自动控制，建筑设备监控系统应实现以下功能：

7.9.1　空调系统的监控：包括冷热源系统、通风系统、空调系统、新风系统等。

7.9.2　给水排水系统：对给水排水系统中的生活泵、排水泵、水池及水箱的液位等进行监控。

7.9.3　电梯及自动扶梯的监控：建筑设备监控系统与电梯系统联网，对其运行状态进行监测，发生故障时，在控制室有声光报警。在控制室内能了解到电梯实时的运行状况。电梯监控系统由电梯公司独立提供，设置在消防控制室。

7.9.4　公共区域照明系统控制、节日照明控制及室外的泛光照明控制。

7.9.5　变配电系统的监控：主要完成对供配电系统中各需监控设备的工作参数和状态的监控。

7.10　系统软件配置。

7.10.1　系统软件的基本要求如下：

1. 提供满足系统运行功能、二次开发、易于维护以及符合开发系统标准的系统软件、应用软件、应用编程软件包等全套软件。

2. 系统平台应按实时、多用户和多进程对资源进行分配和管理。系统将拥有事件驱动顺序以及优化结构装配，以便与系统能在同一时间里处理实时情况与紧急任务。同时，系统平台还应具备网络管理，标准网络协议，远程通信管理以及符合计算机技术发展趋势的要求。

3. 软件应按模块形式设计，以利于程序的扩展和修改。

4. 系统应确保监控中心出现故障时，控制器将继续独立执行其功能。

5. 建筑设备监控系统中各类应用软件应使用同一种高级语言，并且采用同一种数据库管理系统。

6. 用户界面必须全面汉化，具备多窗功能，动态图形显示并且操作直观、简便。

7.10.2　控制器软件基本要求。

1. 算法控制模块。比例控制；比例＋积分控制（PI）；比例＋积分＋微分控制（PID）；时间比例式控制；浮动和自适应控制。

2. 时区控制模块。该模块应提供控制器控制多数的作业功能，时区控制用于控制建筑物内个别地区使用设备的时间，而不是控制设备，以便使用户能简便地设定操作，使用的时间可根据各地区每天所需而定。

3. 最佳控制模块。该模块与时区控制模块配合操作，根据建筑物采用空调之负荷特性，通过建筑物内外温度及空调提供温度，在最理想的情况下启/停系统。根据不同的季节，系统应自动在预定的时间启停设备。

4. 数量控制模块：此模块应提供一组传递函数，其输入可能为控制操作过程的任何一个模拟变量（包括感应器输入信号）。

5. 逻辑功能模块。该模块应提供一个数字输出信号，它由布尔逻辑运算器可简单地通过各模块的串联加以应用，输入单元可以由外部状态信号或内部生成的逻辑信号获得。

6. 顺序步骤模块。顺序步骤模块应提供控制器应用更复杂的监控设备或以反复执行某一特殊的步骤来加速控制力度，变动性高的程序。

7. 网络通信模块。每个控制器应有若干个通信模块，每一个模块可传送一个模拟信号从一个控制器到其他控制器。传送间隔可以设定。

8. 趋势记录。可存储若干个趋势记录；时间间隔为1min、15min或24h等可调。

9. 紧急报警。普通报警信息应传送到监控中心打印，而紧急报警信息将可直接传送到任何其他设备。

10. 诊断模块。应至少提供以下诊断软件：显示故障之报表、检查及更换存储器、软件测试。

7.10.3 建筑设备监控系统与相关系统间通信联网与联动控制，应至少包括：

1. 建筑设备监控系统与火灾自动报警系统、安防系统以及其他独立设置的智能化系统间相关检测信息的传递和由这些信息而引起的联动控制。

2. 建筑设备监控系统应具备各系统间通信联网和联动控制的硬件接口和软件接口。

3. 提供所需的通信接口标准、通信协议、接口软件、测试软件、数据转换等相关设备和其他相关的硬件和软件。

4. 建筑设备监控系统采用联合接地方式，接地电阻应小于0.5Ω。

7.10.4 监控中心配置。

1. 监控中心是BAS的监控和管理中心，是整个系统的核心。承包方应提供监控中心的整套设备、软件和相关附件。

2. 监控中心的功能应包括：

（1）应用程序的输入、修改和存储。

（2）各类参数的设定和修改。

（3）资料和报警的打印。

（4）监控及显示整个BAS的运行和操作。

3. 监控中心应由以下硬件构成：

（1）中央站（中央管理计算机）。

（2）操作站包括便携式操作站。

（3）通用通信接口设备，包括所需的网卡、调制解调器等。

（4）专用通信接口设备，包括所需的接口卡、连接器和控制器等。

（5）报表彩色图形打印机。

（6）不间断电源设备。

（7）其他相关硬件。

7.10.5 基本硬件和技术参数。

1. 中央站应采用工业级计算机标准，并采用双机热备份工作方式（联网方式）。一台投入系统运行，另一台为备用机，当故障发生时，通过专用程序自动将备用机切换至系统中运行，以保证系统的正常运行。

（1）CPU：P4 2.6GHz以上微机。

（2）RAM：不小于512M。

（3）HDD：不小于80.0GB。

（4）DVD-ROM：不小于12倍速。

（5）FDD：1×1.44MB。

（6）通信接口：2×RS232、2×RS485和PCI网卡插槽。

（7）CRT：不小于21寸，分辨率1280×1024，颜色不小于256色。

（8）输入：104键标准键盘及光电鼠标器。

2. 操作站：

（1）CPU：2.6GHz以上微机。

（2）RAM：不小于512M。

（3）HDD：不小于80.0GB。

（4）FDD：1×1.44MB。

（5）通信接口：2×RS232、1×RS485和EISA网卡插槽。

（6）CRT：21寸彩显。

（7）输入：101键标准键盘及光电鼠标器。

3. 打印机：单色24针宽行打印机（警报资料打印机）。

4. 不间断电源：为保证系统工作的连续性，应在监控中心设置不间断电源，其技术参数应包括：

（1）输入电源：AC 220V/50Hz。

（2）供电时间：不小于1.5h。

（3）负荷容量：至少有20%的余量。

7.11　停车场管理系统。

7.11.1　系统概述。

停车场为酒店、办公旅客和工作人员提供停车服务，停车场的停车场区域位于地下一层。系统设入口通道1个，出口通道1个，出口设置收费站。系统采用一次性纸基磁票作为临时票卡，采用近距离（10cm）射频感应卡作为长期客户票卡。整个车场采用入口无人值守。

7.11.2　系统功能。系统按功能分为入口出票系统、出口收费系统、车牌对比系统、语音对讲系统几大功能模块，以及与相关系统的接口功能。

1. 入口出票系统。

（1）客人停车场入口出票系统主要由入口发票机、感应读卡器、自动栏杆机、车辆检测器、地感线圈、空满位显示灯等设备组成。入口出票系统的主要功能是发出临时票卡，验读长期票卡。当车辆驶至入口发票机时，临时客户按钮取票，系统自动记录/打印/编码车辆入场信息，作为收费凭证。长期客户通过感应读卡器自行验卡，当长期卡的有效性得到验证后准许入场。

（2）工作人员停车场入口验票系统主要由感应读卡器、自动栏杆机、车辆检测器、地感线圈、空满位显示灯等设备组成。主要功能是验读工作人员长期票卡，当长期卡的有效性得到验证后准许入场。

2. 出口收费系统。

（1）客人停车场出口收费系统主要由人工收费终端、感应读卡器、台式验票机、票据打印机、费率显示屏、自动栏杆机、车辆检测器、地感线圈等设备组成。当车辆到达出口处时，车辆检测器探知车辆的存在后，启动出口设备。临时客户将票卡交给收费员验票，系统自动计算停车费用，客户按显示金额交费。长期客户在感应卡读卡器前晃动票卡，当长期卡的有效性得到验证后栏杆自动抬起放行出场。出口收费终端能通过密码或具有身份认证功能的磁条卡实现对操作人员的管理。

（2）工作人员停车场出口验票系统主要由感应读卡器、自动栏杆机、车辆检测器、地感线圈等设备组成。工作人员长期票卡在感应卡读卡器前晃动票卡，当长期卡的有效性得到验证后栏杆自动抬起放行出场。

3. 车牌对比系统。

（1）车牌对比系统由出入口摄像机和图像服务器组成。

（2）当车辆到达入口时，系统通过车辆检测器自动触发入口摄像机拍摄车辆图像，存入图像服务器。当车辆到达出口时，系统同样对车辆进行图像抓拍，并自动或提供人工的图像对比与入场时的车辆（或车牌号）进行对比，对比一致的才准许放行出场。

（3）系统还在入口发票机旁和出口收费窗口处安装摄像机，抓拍司机的照片，与车辆图像建立对应关系，最终实现在查询终端上调出车辆图像、司机照片以及相关出入信息的功能。

4. 语音对讲系统。

（1）在客人停车场提供语音对讲系统。

（2）语音对讲系统由对讲主机、出入口对讲话筒组成。

（3）系统主要用来帮助指导司机在入口处进行简单的设备操作，同时方便工作人员的内部通信联络。

5. 中央管理系统。

（1）中央管理系统由数据服务器实现对车场的收费管理、设备管理和员工管理这三大管理功能。

（2）员工管理：系统设多级管理级别，任何管理者都必须首先登记注册，核对口令后方可进入系统，不同管理级别的管理者可实现不同的管理功能。收费员级是最低的操作级别，只能进行收费操作。系统能自动记录操作人员的各项操作，生成操作日志。操作日志不能被修改或删除。

（3）设备管理：系统通过功能强大的监测软件监视系统主要设备的工作状态和通信状态，遇有故障发生时自动发出告警信号。高级别的管理者甚至可以对设备进行远程遥控操作，如打开或关闭栏杆机，将入口满位灯变为“满”状态禁止车辆进入，调整时租车位比例，修改停车区域计数情况等。系统能自动生成故障记录报表。

（4）收费管理：收费管理主要包括收费信息管理和车道活动记录两大管理内容。

（5）收费信息管理指系统自动记录、分类整个车场的收费信息，并生成各种财务报表。这些报表可以是以收费终端，以收费员或以整个车场为对象进行统计的日/月/年财务报表。这些报表也是不可以被修改的。车道活动记录指系统自动统计进出各出入口通道的车辆数，各收费终端的收费员交接班信息，各出口通道的栏杆开闭信息等。收费管理还包括系统自动将收费信息和车道活动记录传给接口服务器。

（6）建立布控信息库，重点搜索在本车场肇事或丢失的车辆。当发现被布控车辆出入车场时，在收费终端自动给出提示信息。

7.11.3　系统配置及主要技术指标。

1. 系统设数据服务器、图像服务器各 1 台，收费终端 1 台。系统现场设备还包括入口磁票发票机 1 台，感应卡读卡器 2 台，自动栏杆机 2 台，数字摄像机 4 台，对讲系统 1 套，满位显示装置 2 套等。

2. 系统软件采用基于 Windows/NT 操作系统的中文图文操作界面，用户界面友好；系统设备要求满足一年 365 天，每天 24h 不间断工作；具有断电保护功能，防止数据丢失；支持联网和脱机工作。

7.12 酒店建筑设备监控点统计见表3-10。

酒店建筑设备监控点统计表 **表3-10**

序号	数据采集箱编号	控制对象	控制点						备注
			AI	AO	DI	DO	小计	合计	
1	B2D1-1	冷水机组	3	0	12	9	24	89	
		冷水泵	3	1	11	4	19		
		冷却泵	2	3	18	9	32		
		潜水泵(2组)	0	0	10	8	14		
2	B2D1-2	新风机组	2	3	6	1	12	58	
		新风机组	2	3	6	1	12		
		潜水泵(4组)	0	0	20	8	28		
		排风机(3组)	0	0	4	2	6		
3	B1D1-1	高区变频中水泵	1	0	6	3	10	33	
		低区变频中水泵	1	0	6	3	10		
		冷却塔变频补水泵	1	0	6	3	10		
		排风机	0	0	2	1	3		
4	B1D1-2	PAU/J/B1/01-PAU/J/B1/07	14	21	42	7	12	108	
		AHU/J/B1/03	7	4	6	1	18		
		通风机	0	0	2	1	3		
		排风机	0	0	2	1	3		
5	B1D1-3	热交换器	20	8	8	8	44	89	
		HEP/J/B1/01-08	0	0	16	8	24		
		AHP/B/B1/01-05	0	0	10	5	15		
		排风机(2组)	0	0	4	2	6		
6	B1D1-4	潜水泵	0	0	10	4	14	57	
		生活变频给水泵(3组)	3	0	18	9	30		
		洗衣房变频给水泵	1	0	6	3	10		
		排风机	0	0	2	1	3		
7	B1D1-5	潜水泵(3组)	0	0	20	8	28	28	
8	B1D1-6	PAU/J/B1/08-PAU/J/B1/12	10	15	30	5	60	114	
		新风机组	2	3	6	1	12		
		AHU/J/B1/04-AHU/J/B1/05	14	8	16	4	42		
9	1D1-1	PAU/J/01/01	2	3	6	1	12	30	
		EAF/J/01/01	0	0	2	1	3		
		排风机(5组)	0	0	10	5	15		
10	1D1-2	新风机组	2	3	6	1	12	21	
		排风机(3组)	0	0	6	3	9		

续表

序号	数据采集箱编号	控制对象	控制点						备注
			AI	AO	DI	DO	小计	合计	
11	2D1-1	PAU/J/02/01	2	3	6	1	12	36	
		PAU/J/02/03	2	3	6	1	12		
		排风机(4组)	0	0	8	4	12		
12	2D1-2	PAU/J/02/02	2	3	6	1	12	53	
		PAUE/J/02/02	12	4	18	4	38		
		排风机	0	0	2	1	3		
13	2D1-3	新风机组	2	3	6	1	12	12	
14	2DJ1-1	PAUE/J/E/01-PAUE/J/E/06	72	24	108	24	228	299	
		照明	0	0	22	22	44		
15	3D1-1	EAF/J/03/04	0	0	2	1	3	27	
		PAU/J/03/01	2	3	6	1	12		
		PAU/J/03/02	2	3	6	1	12		
16	3D1-2	PAU/J/03/01	2	3	6	1	12	12	
17	3D1-3	AHU/J/03/01	7	4	8	2	21	45	
		排风机(8组)	0	0	16	8	25		
18	34DJ1-1	冷却塔	3	4	10	5	22	252	
		测温点	2			0	2		
		PAUE/J/R/01-PAUE/J/R/06	72	24	108	24	228		
合计			272	156	681	230	1339		

7.13　办公建筑设备监控点统计见表3-11。

办公建筑设备监控点统计表　　表3-11

序号	数据采集箱编号	控制对象	控制点						备注
			AI	AO	DI	DO	小计	合计	
1	B2D2-1	冷水机组	2	0	8	4	14	75	
		冷水泵	3	1	8	3	15		
		冷却泵	2	8	8	4	22		
		潜水泵(3组)	0	0	15	6	21		
		排风机	0	0	2	1	3		
2	B2D2-2	热交换器	20	8	8	8	44	86	
		AHP/B/B2/01-03	0	0	9	2	11		
		AHP/B/B2/04-05	0	0	8	2	10		
		HEP/B/B2/01-06	0	0	12	6	18		
		排风机	0	0	2	1	3		

续表

序号	数据采集箱编号	控制对象	控制点						备注
			AI	AO	DI	DO	小计	合计	
3	B2D2-3	高区变频生活泵	1	0	6	3	10	24	
		低区变频生活泵	1	0	6	3	10		
		照明	0	0	2	2	4		
4	B1D2-1	PAU/B/B1/01-PAU/B/B1/03	6	9	18	3	36	44	
		照明	0	0	1	1	2		
		排风机(2组)	0	0	4	2	6		
5	B1D2-2	潜水泵(2组)	0	0	10	4	14	26	
		排风机(3组)	0	0	6	3	9		
		排油烟机	0	0	2	1	3		
6	B1D2-3	潜水泵(3组)	0	0	15	6	21	21	
7	B1D2-4	潜水泵	0	0	5	2	7	10	
		送风机	0	0	2	1	3		
8	B1D2-5	潜水泵(4组)	0	0	20	8	28	28	
9	B1D2-6	潜水泵(5组)	0	0	25	10	21	73	
		热回收机组	12	4	18	4	38		
10	B1D2-7	热回收机组	12	4	18	4	38	38	
11	B1D2-8	高区变频中水泵	1	0	6	3	10	30	
		低区变频中水泵	1	0	6	3	10		
		冷却塔变频补水泵	1	0	6	3	10		
		热风幕	0	0	2	2	4		
13	1D2-2	AHU/B/01/01	7	4	6	1	18	27	
		排风机(3组)	0	0	6	3	9		
14	2D2-1	PAUE/B/02/01	12	4	18	4	38	139	
		电开水器	0	0	20	20	40		
		照明	0	0	20	20	40		
		排风机	0	0	2	1	3		
		空调机组	7	4	6	1	18		
15	RD2J-1	PAUE/B/R/01	12	4	18	4	38	70	
		送风机(3组)	0	0	6	3	9		
		测温点	0	0	2	0	2		
		冷却塔	2	3	12	4	21		
合计			95	44	333	148	620		

8　综合布线系统

8.1　综合布线系统（GCS）应为一套完善可靠的支持语音、数据、多媒体传输的开放式的结构，作为通信自动化系统和办公自动化系统的支持平台，满足通信和办公自动化的需求。在地下一层酒店、办公分别设置信息网络中心。

8.2　系统能支持综合信息（语音、数据、多媒体）传输和连接，实现多种设备配线的兼容，综合布线系统能支持所有的数据处理（计算机）的供应商的产品，支持各种计算机网络的高速和低速的数据通信，可以传输所有标准的模拟和数字的语音信号，具有传输 ISDN 的功能，可以传输模拟图像、数字图像以及会议电视等的多媒体信号。完全能承担建筑内的信息通信设备与外部的信息通信网络相连。

8.3　综合布线系统的基本要求。

8.3.1　适用性：本布线系统的设计是以实用为第一原则。在符合需要的前提下，合理平衡系统的经济性与超前性。

8.3.2　可靠性：系统必须保持每天 24h 连续工作。子系统故障不影响其他子系统运行，也不影响集成系统除该子系统之外的其他功能的运行。

8.3.3　经济性：本工程布线系统所选用的设备与系统，以现有成熟的设备和系统为基础，以总体目标为方向，局部服从全局，力求系统在初次投入和整个运行生命周期获得优良的性能/价格比。

8.3.4　灵活性：在同一设备间内连接和管理各种设备，以便于维护和管理，节省各种资源及费用。

8.3.5　易维护性：因为本工程分布面积广，系统庞大，要保证日常运行，系统必须具有高度的可维护性和易维护性，尽量做到所需维护人员少，维护工作量小，维护强度低，维护费用低。

8.3.6　开放可扩展性：要采用各种国际通用标准接口，可连接各种具有标准接口的设备，支持不同的应用。系统应留有一定的余量，满足以后系统扩展升级的需要。

8.3.7　独立性：综合布线系统是一套完整的无源系统，它与具体采用何种网络应用、设备无关，具备相对的独立性。

8.3.8　标准化：应遵循 EIA/TIA568A，569A 以及 ISO/IEC11801 的相关标准以及《综合布线系统工程设计规范》GB 50311 进行。

8.4　本工程在地下一层设置网络室，将酒店的语音信号、数字信号的配线，经过统一的规范设计，综合在一套标准的配线系统上，此系统为开放式网络平台，方便用户在需要时，形成各自独立的子系统。综合布线系统可以实现世界范围资源共享，综合信息数据库管理、电子邮件、个人数据库、报表处理、财务管理、电话会议、电视会议等。

8.5　本工程综合布线系统由以下五个子系统组成。

8.5.1　工作区子系统。

1. 工作区应由配线（水平）布线系统的信息插座延伸到工作站终端设备处的连接电缆及适配器组成。工作区子系统的设计，主要包括信息点数量、信息模块类型、面板类型以及信息插座至终端设备的连线接头类型等组成。

2. 综合布线系统信息点的类型分为：语音点、数据点两种类型。酒店建筑内对于客房床头柜和卫生间及写字台设置语音点，这两个语音点共用一根跳线，为同一电话号码的主机和分机，写字台设置语音点和数据点，电视处设置数据点；在大厅等处，则根据需要设置少量数据点；办公建筑内工作区域按 $10m^2$ 确定，每个工作区有两个及两个以上信息插座。在入口大厅处并设置少量语音点，用于临时的公共电话。水平区布线部件均遵循综合布线六类标准，每个信息插座有独立的 4 对 UTP 配线。在多媒体信息量大的地方，则可采用光纤数据点。

3. 铜缆信息口全部采用符合国际标准的六类模块化信息插座，为了便于使用及维护，根据信息出口的不同用途，选用不同色标的信息插座，光纤出口选用专用的光纤模块插座及面板。

4. 面板均选用标准的 86 型面板，根据需要采用单孔或双孔形式，为方便区分及使用，所有面板均带有图形、文字标识。

5. 语音插座至终端设备的连线接头的类型选用 RJ45-RJ11 型，数据插座至终端设备连线接头的类型选用 RJ45-RJ45 型，光纤插座至终端设备连接插头的类型选用 ST-SC 型，一般工作区跳线的长度为 1.5～3m。

8.5.2 配线子系统（水平子系统）。

1. 配线子系统由工作区的信息插座、信息插座至楼层配线设备（FD）的配线电缆或光缆、楼层配线设备和跳线等组成。水平子系统的设计，主要包括水平线缆路由的选择、线缆走线方式、线缆类型的选择。

2. 在本工程中，根据线缆长度不超过 90m 的规定，首先确定了平面布置上的竖井位置和数量，水平线缆的路由是从竖井至信息出口，采用金属槽盒在吊顶内铺设的方式，再从金属槽盒配金属管至信息出口。

3. 水平线缆的选择：语音点及数据铜缆点的水平线缆均选用六类 4 对 8 芯非屏蔽双胶线，根据国际标准，线缆护套应符合 UL 验证的 CMP 要求。数据光纤点的水平线缆选用 2 芯室内多模光纤，线缆护套应满足 UL 验证的 OFNP 要求。

4. 干线子系统：干线子系统由设备间的建筑物配线设备（BD）和跳线以及设备间至各楼层交接间的干线电缆组成。干线电缆通常为大对数铜缆及光缆。

5. 本工程中，用于语音通信的主干线缆采用五类大对数 UTP 线缆，用于数据通信的主干线缆采用室内多模光纤。

6. 主干线缆的路由，从 BD 至竖井，采用金属槽盒在吊顶内水平敷设，进入竖井后，在金属槽盒中垂直敷设。

8.5.3 设备间子系统。

1. 本工程设备间是设置电信设备和计算机网络设备，以及建筑物配线设备，进行网络管理的场所。对于综合布线，则主要安装建筑物配线设备（BD）。

2. 在本工程设备间内的所有总配线设备应用色标区别各类用途的配线区。

3. 与外部通信网连接时，应遵循相应的接口标准。

8.5.4 管理子系统。

1. 管理子系统对设备间、交接间和工作区的配线设备、线缆、信息插座等设施按一定的模式进行标识和记录。

2. 本工程中综合布线的每条电缆、光缆、配线设备、端接点、安装通道和安装空间均应给出唯一的标志。标志中可包括名称、颜色、编号、字符串或其他组合。

3. 配线设备、缆线、信息插座等硬件均应设置不易脱落和磨损的标识。电缆和光缆两端均应标明相同的编号。

4. 配线机架采用标准 19″机架，由上至下的安装顺序为：网络设备、光缆配线架，数据配线架，语音水平配线架、语音主干配线架。

5. 语音跳线：选用单线对普通跳线，在满足系统功能的同时，可大大降线，由光电转换器到主干光纤配线架采用 ST-SC 跳线。

6. 配线架应留有一定的余量，供未来扩充之用。

8.6 其他。

8.6.1 由于信息网络中心主机等设备待定，本工程综合布线系统的形成需经业主和网络设备厂方等部门协商后决定。

8.6.2 图中除注明外，信息插座均为采用暗装，安装高度为底边距地 0.3m。

8.6.3 本工程信息网络系统分支导线待定，其配用管径分别为：1 根 SC20；2 根 SC25；3 根 SC32。

8.6.4 综合布线的电缆采用金属槽盒或钢管敷设时，槽盒或钢管应保持连续的电气连接，并在两端应有良好的接地。

8.6.5 当电缆从建筑物外面进入建筑物时，电缆的金属护套或光缆的金属件均应有良好的接地。

8.6.6 信息网络中心应做辅助等电位连接。

8.6.7 综合布线系统采用联合接地方式，接地电阻应小于0.5Ω。

8.6.8 各类信息网络系统中的元器件均由承包公司配套供应。

9 通信自动化系统

9.1 语音通信系统。

本工程酒店部分在地下一层设置电话交换机房，拟定设置一台600门的 PABX，需输出入中继线100对（呼出呼入各 50%）。另外申请直拨外线100对（此数量可根据实际需求增减）。

通信自动化系统中，程控自动数字交换机起着重要的作用。随着通信技术的发展，现今的 PABX 应将传统的语音通信、语音信箱、多方电话会议、IP 技术、ISDN（B-ISDN）应用等当今最先进的通信技术融会在一起，向用户提供全新的通信服务。

9.1.1 PABX 主要功能及特点：PABX 应为积木式结构，便于用户根据使用情况逐渐扩容，又不影响主机的正常运行以及机房的改变。具有酒店功能：房间切断、自动叫醒、客人自设叫醒时间、请勿打扰、客房间限制呼叫、客人姓名显示、总机遇忙自动应答等待和自动回叫、呼叫限制等。并可满足酒店管理系统的计费功能。

9.1.2 具备故障自诊断强，可靠性好，系统中的专用诊断软件负责定期对系统中各单元进行检测，故障确定及自动故障处理。系统具备高容错能力，确保通信的安全。客人打出所有的电话，尤其是长途电话必要确认对方已接听回答才能进行计费。

9.1.3 系统应具有多种信令的中继接口，丰富的 ISDN 功能，除具备模拟用户端口外，还应具有数据通信接口，如 B+D 接口、2B+D 接口、4 线 2B+D 接口或 30B+D 接口等，并且可通过多种数据适配器和专用网络终端连接具有 V.24、V.28、V.35 等接口数据终端。应能实现语音和数据的同时传输。

9.1.4 PABX 应能与 LAN 接口，优化通信路由，具有分组交换能力，支持微小区域无绳电话系统，支持 VSAT 卫星通信系统，具备语音信箱、传真信箱、具备高度完备的自检和远端维护功能，具有虚拟网功能，可实现建筑内部电话按集团内部电话分设使用的功能。

9.1.5 语音通信系统：系统采用专用储存器，由通用微型计算机来实现综合语音信息处理，将用户内部的电话信号或将连接外部公用电话网（PSTN）上的电话信号转换成数字信号送至语音信箱的计算机储存器内。该系统除市话局 PABX 电脑话务员自动转接功能外，还应包括：电话自动应答功能、语音邮件功能、传真信息功能等。

9.1.6 电子信箱系统（E-MAIL）：系统硬件选用高性能、大容量的计算机，其硬盘作为信箱的储存介质，并通过市话直通线与市话局数字控制交换机相连，并可以通过扩大硬盘来扩充容量。该系统通过电信网实现各类信件的传送、接收、存储、投递，为用户提供极其方便的信息交换服务。系统通过软件来实现信件处理功能，如投递功能、直投业务、电子布告栏、用户号码簿等功能。

9.1.7　电话机房应做辅助等电位连接，并设置专用接地线。

9.1.8　分机主要功能。

1. 系统缩位拨号：可将经常要打的电号码编成缩号表。

2. 转移呼叫：取机后按代码及转移的分机号码，挂机后在取机听证实音，凡是打到分机上的电话就会自动转到所转移的分机上。

3. 无应答转移：取机后按代码及转移的固定分机号码，挂机后再取机，再按另一代码再挂机，那么，凡打到此分机的电话，电话先响铃 20s，无人接时，再转移到设置的固定分机上。

4. 热线：热线功能用于通话特别频繁而重要的分机用户，用户可事先将此电话号码设置为热线号码，以后只需拿起分机话筒无需拨号即可呼叫此号码。

5. 延迟热线：具有这种功能的分机，既可做热线电话使用，又可做一般电话使用，如摘机立即拨号，则如普通分机一样，可拔任何其他用户，如摘机超过预置的时间不拨号，则接通热线用户。

6. 免打扰：只要按代码并听到音频回铃音得到证实后，就不会有电话打进来，但还是可以打出。

7. 遇忙回叫：当拨打其他分机遇忙时，只要按代码听到回铃音后挂机。当对方挂机时，其电话铃就会响，对方取机后的电话铃也会响，取机后，即可与对方通话。

8. 无应答回叫：当拨打其他分机听到回铃音，但无人接，可按代码后挂机，当对方取机再挂机时，电话铃便会响，摘机后，对方铃响，对方取机即可双方通话。

9. 交替通话：具有此功能的分机用户，可同时呼出二个分机，交替与之通话，暂不通话的一方听音乐。

10. 寻线组：根据需要将一些分机编成一个寻线组，组内任何一个话机无人接时会在振铃若干秒后自动转到下一个分机。

11. 代接组：某些分机编成一个代接组，给一个代码后，则该组任一分机响铃时组内其他分机，可按此代码，代接振铃分机上的电话。

12. 叫醒服务：拨代码及预订的叫醒时间，到预定时间，电话铃自动响，如振铃一次不取机过五分钟，再振铃一次，取消时再按一次代码。

13. 等级转换：每一分机设有两个服务等级，如，内线、外线、国内长途和国际长途或定点呼叫等可根据需要进行转换，此转换可以在分机上、维护终端上实现或定时切换。

14. 送强入通知音：当等级较低的两个用户正在通话，等级较高的用户有权向他们送通知音，催促他所需要的呼叫的分机用户挂机。

15. 强插：当两个分机正在通话时，等级更高的用户可强插进去告知一方挂机以便与另一方通话。

16. 多方通话：一主叫用户要同时与二个分机通话，可先叫出第一被叫，再按代码及第二被叫号码，将第二被叫呼出，再按一代码，即可三方同时通话，最多可八方同时通话。

17. 遇忙记存呼叫：当拨打其他分机遇忙时，按一代码后挂机。如再要叫此分机时，只要按那个代码即可，而用不着再拨被叫号码了。

18. 分机缩位拨号：如仅对某些分机采用缩位拨号方式，那就可取机后按代码和要缩位的分机号码，下次要打此分机时，就只要按代码就可以了，一个分机可设置 10 个。

19. 电话的自动跟踪：凡有用户打火警（119）、匪警（110）或认为要跟踪的电话时，可在维护终端上设置，那么，凡有这类电话时，维护终端上便会将主叫号码和通话时间打印出来。

20. 追查恶意电话：如接到内部恶意电话，在通话期间拨恶意呼叫跟踪代码，维护终端上就会立即打印出主叫号码及通话时间。

9.2 会议电视系统。

9.2.1 本工程在酒店宴会厅设置全数字化技术的数字会议网络系统（DCN 系统），该系统采用模块化结构设计，全数字化音频技术，具有全功能、高智能化、高清晰音质、方便扩展和数据传递保密等优点。可实现发言演讲、会议讨论、会议录音等各种国际性会议功能。其中主席设备具有最高优先权，可控制会议进程。中央控制设备具有控制多台发言设备（主席机、代表机）功能。通过 ISDN 传输 [3(2B+D)]，建筑外根据业务需要，可与有业务关系的相关单位经过数字网（卫星通信、DDN 等）与本建筑会议电视设备连接。

9.2.2 该系统可通过各种通信网络（如 ATM、以太网、DDN、PSTN、ISDN、卫星等），以良好的实时性和交互性，实现各会场之间的音视频信息交流，同时各会场可通过该系统自由讨论，并可在同一个电子“白板”上阅读书写信息，共享应用软件（共同修改文稿或图纸）。并且可进行对讲方式（两会场交谈，其余会场听讲）、座谈方式（所有会场都参加会谈，画面由会议主持人根据会议需要动态分配）等。会议电视系统可满足国际会议、新闻发布会、记者招待会、展品展示会、学术交流会、远程点对点或多点会议及教学的需要。

9.2.3 会议电视系统设备的传输速率应$>$384kbit/s，并应符合信息产业部关于“会议电视网络技术体制”会议电视设备数字接口，应考虑到 ISDN 的发展，符合 ISDN 的接口要求，其传输速率为 $P\times64$kbit/s，$P<30$。所选用的产品应有良好的性价比，并满足国际会议电视标准，系统为开放性结构，WINDOWS95 以上界面。系统具有：数据协作、双向应用程序共享、共享模板、文件传输、远程控制、T.120 的多点数据协作、网络接口、运行任何基于 TCP/IP 的 LAN/WAN 上。网络协议为 TCP/IP。

10 信息显示系统

10.1 在大堂的靠近电梯口，有一个大屏幕显示系统。在大宴会厅各主要门口，设要有大屏幕显示系统，用于重要信息发布、内部自作电视节目、并可以做到声色并茂。在各多功能厅门口，有液晶显示系统。

10.2 信息显示系统可通过网络控制，由宴会销售、公关部和宴会服务部来设置在何时在哪个显示器中播放何种内容。

10.3 系统功能。

10.3.1 视频播出功能。

（1）高保真转播广播电视及卫星电视。

（2）高保真播放录像机、影碟机等视频节目。

（3）具有电视画面上叠加文字信息等功能。

（4）能实现主要时事新闻的编辑与播放。

（5）能实现各种通告的即时发布。

（6）播放广告信息，动态发布各种信息。

（7）可以播放 AVI、MOV、MPG、DAT、VOD 等各种格式的文件。

10.3.2 网络连接功能。通过系统的网络接口，可与计算机联网，播放各种信息。还可以通过网络上任意一台经过授权的计算机进行远程控制。

10.3.3 亮度调节功能。亮度调节的方式考虑到实际应用，本系统特设置了自动调节和手动调节两种方式。手动和自动调节亮度支持 16 级调节。

10.3.4 时钟显示功能。本系统提供的软件可以在屏幕的任意位置实现表盘式和数字式时钟显示。

10.4　系统结构。显示屏系统由编辑计算机、控制计算机和显示控制单元组成基本的控制系统，由控制系统、显示屏体、信号传输系统、各检测及控制系统、电源及控制系统等部分组成完整的显示屏结构。显示屏系统由编辑计算机、控制计算机和显示控制单元组成基本的控制系统，由控制系统、显示屏体、信号传输系统、各检测及控制系统、电源及控制系统等部分组成完整的显示屏结构。

10.4.1　主控系统。主控系统负责接收显示数据，并对显示数据进行反伽马校正。采用低功耗、高速器件，最大传输速率为400Mbit/s。保证了所有数据的传输相位保持同步及显示数据的正确性。

10.4.2　副控系统。副控系统是安装在显示屏内部的辅助控制系统，接收来自主控或上级副控系统的数据，并将数据写入SRAM。其工作流程如下：

1. 按照系统定义的每个副控系统负责的显示行数，首先对接收数据进行判别，如果属于本控制范围内的，启动数据写入电路，将数据写入SRAM中的一个BANK，否则将数据输出到副控级联接口，直到复位信号到来全局复位，完成一帧数据的写入。

2. SRAM中读取数据，将数据进行LUT查找，扩展数据的位宽到11或12位，完成伽马校正。

3. 完成伽马校正后的数据进行位分离，以8个像素点的数据为一组，分离出11（或12）个8位数据，每个数据代表原始数据的一位，数据经格式化打包。

4. 发送电路采用LVDS标准信号，将打包后的格式化数据，发送给扫描板，即每行中的第一块扫描板。

10.4.3　扫描板。扫描板完成数据接收、级联发送以及数据读出和扫描工作，灰度的形成最终由扫描板完成。

首先将副控或上级扫描板发送过来的数据，经显示数据位置判别后，确定写入SRAM还是直接输出到级联输出接口，工作状态的转换由副控发出的复位信号决定。

10.5　本系统所有各种器件均由承包厂商成套供货，并负责安装、调试。

11　有线电视及卫星电视系统

11.1　本工程在酒店地下一层，办公地下二层分别设置有线电视前端室，在酒店顶层设有卫星电视机房，对酒店内的有线电视实施管理与控制。

11.2　向有线电视部门申请位于本工程就近处的有线电视源引入。

11.3　设置卫星接收系统，接收卫星电视节目。有线电视节目和卫星电视节目经调制后，经电视信号干线系统传送至每个电视输出口处，使获得技术规范所要求的电平信号，达到满意的收视效果。系统设备包括：卫星接收天线、功分器、接收机、解密器、制式转换器、前置放大器、频道放大器、频道转换器、有源混合器、供电单元、宽带放大器、分配器、分支器、终端电阻等。系统采用双向邻频传输方式，系统的频道设置为：上行频段：5～45MHz，回传频段；下行频段：47～94MHz，108～550MHz，模拟电视节目频段；94～108MHz，调频广播节目频段；550～860MHz，数字或模拟节目广播频段。

11.4　有线电视系统严格按照国内有关标准进行设计，所有的有线产品均应为著名厂家的产品，性能稳定可靠，系统运行后电视频道信号丰富清晰流畅。能满足各种用户的使用要求。设备选型原则：应具有先进性、高可靠性和可维护性。所有产品均为双向系统采用的产品，采用的产品应配套兼容能力强，一个完整的有线电视系统涉及许多方面，要求指标一致性好，配套能力强，有利于提高网络指标，有利于网络的升级、改造。

11.5　系统节目源：普通电视信号由室外有线电视信号引来，在屋顶设一套卫星天线，接收卫星信号。接收信诺1号卫星上的卫星节目及国家与当地的有线电视节目。在客房内需播放SPG喜达屋优先客人计划，儿童基金会UNICEF，酒店介绍四套自办频道，采用DVD机播放。

11.6　系统指标。

11.6.1　载噪比>43dB（调频广播45dB）；

11.6.2　组合三次差相比CTB>60dB；

11.6.3　组合二次差相比CSO>60dB；

11.6.4　载噪比>43dB（调频广播45dB）；

11.6.5　邻频电平差≤2dB；

11.6.6　邻频抑制≥65dB；

11.6.7　同一端口电平波动≤3dBμV；

11.6.8　终端出口电平69dB±6dB。

11.7　系统根据用户情况采用分配-分支-分配方式。在所有客区，客房，大堂接待处，餐厅及包房，酒吧，会议前室区域，泳池，健身房，SPA，行政会所，商务中心，酒店大堂接待处，所有多功能厅及宴会厅及其前室处，员工餐厅，员工娱乐室，工程部分别配有卫星电视点。客房除设置同轴视频电视讯号外，还设置数码电视讯号。

11.8　干线电缆选用SYWV-75-9（双向系统四屏蔽电缆），穿焊接钢管SC25敷设。支线电缆选用SYW-75-5（四屏蔽电缆），穿焊接钢管SC20暗敷。

11.9　其他。

11.9.1　卫星天线设有接闪杆保护，并应有两个不同方向与建筑物的接闪带相连，以确保接地可靠，加强安全。卫星天线基座应将其中的两个支脚对准卫星承受最大风力的方向。

11.9.2　天线馈线必须通过天线避雷器后，方与前端设备相连。

11.9.3　所有放大器外壳均应接地，且放大器的交流输入/输出端接有浪涌保护器。

11.9.4　楼内布线应全部采用金属导管，并与放大器箱、分支分配器箱、过路箱、用户终端暗盒等采用焊接连接。

11.9.5　前端箱电源一般采用交流220V，由靠近前端箱的照明配电箱以专用回路供给，供电电压波动超过范围时，应设电源自动稳压装置。

11.9.6　建筑物内有线电视系统的同轴电缆的屏蔽层、金属套管、设备箱（或器件）的外露可导电部分均应互连并接地。

11.9.7　天线接闪杆的接地点，在电气上应可靠地连成一体，从竖杆的不同方向各引下一根接地线至接地装置。采用联合接地，接地电阻不应大于0.5Ω。

11.9.8　不得直接在两建筑物间屋顶明敷设电缆，确需敷设时应将电缆设在防雷保护区以内，吊线应作接地处理。

11.9.9　电视前端室应做辅助等电位连接。

11.9.10　竖井内电视分配器分支器箱底边距地1.4m明装。

11.9.11　图中电视插座均为采用暗装，安装高度为底边距地0.3m。

11.9.12　本系统所有各种器件均由承包厂商成套供货，并负责安装，调试。

12　背景音乐及紧急广播系统

12.1　本工程在酒店设置背景音乐及紧急广播系统，办公设置紧急广播系统。中央背景音乐与紧急广播系统独立，物理分开（两组扬声器），紧急广播系统启动时，必须把中央背景音乐自动断开。

12.2　办公在一层设置广播室（与消防控制室共室），酒店的中央背景音乐系统设备安装在客人快速服务（SERVICEEXPRESS）中心内。背景音乐要求使用STARWOOD指定的数码DMX音源，一台机器可供四种不同音源。紧急广播系统安装在消防控制室内。

12.3　当有火灾时，切断背景音乐，接通紧急广播。设有背景音乐场所有：

12.3.1　大堂及大堂入口。

12.3.2　各餐厅及包房、酒吧、会议室、多功能、大宴会厅、前室、泳池、健身房及休息室。

12.3.3　行政会所，link@Sheraton，室外景观活动区。

12.3.4　客用电梯轿厢，客用洗手间。

12.4　走道、大堂、餐厅等处背景音乐扬声器采用3W，客区要求使用音质优良的专业音响扬声器，并设置音量调节器，各功能区的扬声器回路可在当地现场由音量开关控制。音量调节器安装高度距地1.4m。为避免各不同区域音乐影响，需要有“缓冲区”。

12.5　扬声器分为壁装和嵌入两种方式安装，壁装扬声器安装高度距地2.4m。

12.6　功率放大器采用100V定压式输出。为减少至扬声器负载的音频功率信号的传输损耗，必须对线路安装型号和截面积应进行合理选择。要求从功放设备的输出端至最远扬声器的线路衰耗不大于1dB（100Hz）。

12.7　背景音乐系统频响为70～120Hz，谐波小于1%，信噪比不低于65dB。

12.8　音响广播线路敷设按防火布线要求，采用NHRVS-2×0.8穿钢管暗敷。

12.9　报告厅设置独立的音响设备。会议扩声系统配备多台多路混音放大器、扬声器箱等专业设备。调音台应有多路音源输入通道，每通道均可预选话筒或线路输入。各通道均应有语音滤波，衰减低音成分，增加语音的清晰度。可接入CD、AM/FM收音机、话筒等，并具备录音设备。扬声器的配置应满足会场声压级的需要，并应保证会场内声压的均匀度。

12.10　系统主机应具备综合检查及自检功能，能不间断地对系统主机及扬声器回路的状态进行检测。

12.11　系统应具有隔离功能，当某一扬声器发生短路时，自动断开，保证功放及控制设备安全。

12.12　系统应为标准化模块化配置，并提供标准接口及相关软件通信协议。

12.13　火灾时，自动或手动打开相关层紧急广播，同时切除背景音乐广播，其数量应能保证从一个防火区内的任何部位到最近一个扬声器的步行距离不大于25m。走道最后一个扬声器距走道末端不大于12.5m。

12.14　消防广播应设置备用扩音机。应急广播可向全楼广播。

12.15　紧急广播应满足如下要求。

12.15.1　紧急广播用备用蓄电池（或UPS）须至少满足6h广播容量和时间的要求。

12.15.2　每层消防扬声器线路须有自动监测开路及短路装置，在消防控制室显示故障状态，并在短路时可自动切断该线路。扬声器线路电线不应有三通接口，避免导致线路失去监测功能及多故障。

12.15.3　扬声器须有金属保护背盒。

12.15.4　需有最少3个频道的录音芯片作多语自动广播。

12.15.5　广播启动时须自动强切各区（如宴会厅、酒吧、KTV等）本身独立音响系统。

12.15.6　必须安装消防广播扬声器在以下地区：

1. 所有厨房。

2. 所有功能厅、包间。

3. 商务中心。

4. 餐厅、VIP房。

5. 酒吧。

6. 办公室。

7. 地下室后勤区。

8. 公共卫生间。

9. 疏散楼梯。

10. MEP机房。

11. 洗衣房。

12. 员工更衣室。

13. 停车场。

14. 大堂。

15. 员工区。

16. 室外公共平台等。

12.16　其他。

12.16.1　竖井内背景音乐器箱底边距地1.4m明装。

12.16.2　背景音乐音量控制器底边距地1.4m明装。

12.16.3　本系统所有各种器件均由承包厂商成套供货，并负责安装、调试。

13　安防系统

总体防范原则：贯彻预防为主、防打结合的原则。在建设安全防范系统工程时，要为打击刑事犯罪创造条件，起到提前预警、争取处警时间、延缓非法活动、缩小和分散被破坏范围，及事后追溯、查证的作用。尽可能地将入侵行为制止在外围区域。

13.1　保安闭路监视系统。

13.1.1　本工程在酒店、办公一层设置保安室（与消防控制室共室），内设中央机房的系统主要设备有视频矩阵切换器、全功能操作键盘、彩色监视器、十六路视频数字硬盘录像机、21″硬盘录像显示器、监控多媒体图形工作站1套；电源控制器、稳压电源、监视器屏、控制机柜及控制台等。十六路视频数字硬盘录像机的彩色录像质量要求达到每秒25帧，可循环储存30天记录的。

13.1.2　所有的出入口门，车道入口，车道，室内及室外停车库，大堂正门及各边门，员工出入口，大堂接待处，总出纳处（内外都要），贵重物品保险柜处，健身房，泳池，网球场，行李储藏室，客梯候梯厅，所有电梯轿厢内，收货处，通向屋顶的门，车道，客房走廊，总机房（客户服务部），酒水仓库，等都装有摄像头。电梯轿厢内采用广角镜头，要求图像质量不低于四级。游泳池及健身房内的摄像同时传送到中控室及游泳池及健身接台柜台监视器。

13.1.3　图像水平清晰度：黑白电视系统不应低于400线，彩色电视系统不应低于270线。图像画面的灰度不应低于8级。

13.1.4　保安闭路监视系统各路视频信号，在监视器输入端的电平值应为1Vp-p±3dBVBS。

13.1.5　保安闭路监视系统各部分信噪比指标分配应符合：摄像部分：40dB；传输部分：50dB；显示部分：45dB。

13.1.6　保安闭路监视系统采用的设备和部件的视频输入和输出阻抗以及电缆阻抗均应

为 75Ω。

13.1.7 普通摄像机至保安室预留两根 SC20 管。带云台摄像机至保安室预留三根 SC20 管。所有各种器件均由承包厂商成套供货，并负责安装、调试。

13.2 无线巡更系统。

13.2.1 在酒店和办公各配备一套无线巡更系统。该系统一般由下列各部分组成：

1. 信息采集器：金属防水外壳，方便携带，内置 120K 以上 RAM，一次可储存 5000 个信息钮的信息，工作温度－20～＋54℃；

2. 信息下载器：可与计算机串口连接；

3. 信息钮：金属防水外壳便于安装和携带，工作温度－40～＋80℃；

4. 运用于 WINDOWS 操作系统下的中文管理软件。

13.2.2 系统的技术性能要求：

1. 系统的软件应有两级以上口令保护。

2. 系统设置信息采集器和巡更人可以随意增减。

3. 系统的信息钮可随意增减，从理论上可增加的巡更地点是不受限制的。

4. 巡更班次可以划分不同的时间段，班次设置可跨零点。

5. 可以设置不同的巡更线路，巡更人按规定路线进行巡逻。

6. 可查询功能，可按人名、时间、巡更班次、巡更路线对巡更人的工作情况进行查询，并可将查询情况打印成各种表格，如：情况总表、巡更事件表、巡更遗漏表等。

7. 巡更数据储存，定期将以前的数据储存到软盘上，需要时可恢复到硬盘上。

8. 根据用户要求可定制其他功能，如各种巡更事件的设置、员工考勤管理等。

13.3 紧急报警装置。在酒店的总统套房门口、前台、残疾人客房、财务室等处设置紧急报警装置，当有紧急情况时，可进行手动报警至酒店保安室。

13.4 无线电寻呼系统

13.4.1 在酒店配备通信和寻呼机系统，以备酒店工作人员日常通信之用，不得有盲点。需要基站和转发天线系统对双路 FM 无线电通信和寻呼机系统予以支持。

13.4.2 在以下位置配备无线电基站：

1. 保安办公室；

2. 喜来登服务保证服务台室；

3. 维护办公室。

13.4.3 在喜来登服务保证服务台室配备用于通信和寻呼机系统的加载装置器材。

14 客房电子门锁系统

14.1 每间客房设有电子门锁。生产厂商品牌应满足 STARWOOD 要求。在总服务台办公室设置管理主机，对各客房电子门锁进行监控。客房电子门锁改变传统机械锁概念，智能化管理提高酒店档次。配备客房电子门锁后，客人只需到总台登记办理手续后，就可得到一张写有客人相关资料及有效住宿时间的开门卡，可直接去开启相对应的客房门锁，不需要再像传统机械锁一样，寻找服务生用机械钥匙打开客房门，从而免除不必要的麻烦，更具有安全感。客人不必担心开门卡有没有被其他人复制过，因为发生任何不愉快的事情，查找开门记录，就可得到正确的证据，什么人在什么时间开了门一目了然。

14.2 同时配备电脑特型钥匙每个楼层可以取消专门为了客房门锁安全的楼层服务生，可以省去很大一笔员工开支，最大限度地避免打扰客人，杜绝客人拖欠房租现象。只要到了开门卡有效期满当天的中午 12 点，客人手持的开门卡，因时间限制而失效，需要延时则必须到总台办理手续。客房电子门锁系统软件系统组成：门锁软件系统具有分级管理功能。并严格通过各自密码进入各级操作界面，进行严格管理。一级管理：总经理卡：可以打开客房所有门锁，但打不开反锁的客房；保安卡：可以打开包括已经反锁的客房。二级管理：制作除总经理卡、保安卡以外的各种卡。楼层经理卡：可打开该经理所管辖楼、层的客房；服务员卡：可以打开在该名服务员工作时间段内的客房；限制卡可以使丢失卡失效，起到安全防盗的作用；宾客卡：可以打开经过服务总台授权的房间，超时超支则该卡失效，需要经过服务前台重新授权。

14.3 电子锁定系统包括：

14.3.1 磁卡阅读器锁；

14.3.2 基于 PC 的系统计算机硬件；

14.3.3 能够与物业管理系统（PMS）和销售点（POS）设备接口的基于 Windows2000 的软件和组件；

14.3.4 带显示器的处理设备；

14.3.5 卡编码器；

14.3.6 可重复使用的磁卡钥匙；

14.3.7 远程系统服务的调制解调器。

14.4 电子出入控制系统基于单独的电池门装锁提供高级安全性，通过能够至少识别钥匙卡十条信息的设备提供检查追踪。

14.5 由于电子出入控制系统设备未定，本设计仅预留集中控制器至前台服务器的线路。承包厂应对酒店电子出入控制系统所有各种器件成套供货，并负责安装、调试。

14.6 使用多路磁道制卡器。大堂接待处需 4 台，行政会所 1 台，后群制团队钥匙时使用的 1 台电脑系统。系统电源由 UPS 提供。

14.7 系统与 PMS 管理系统自动联网，自动制卡。

14.8 使用 STARWOOD 批准品牌，如 SAFLOK、VINGCARD、ONITY、TIMLOK 多磁道制卡器。

14.9 在所有客房、商务中心、健身房、泳池、大宴会厅、会议室、行政会所、消防控制室、电脑/交换机房、总话务中心、总出纳处及财务室、贵重物品保险箱室、酒水库房安装电子门锁。

14.10 客用电梯内安装电子门锁读卡器来控制访客不能直接到客房楼层。

15 酒店管理系统

酒店管理系统应与其他非管理网络安全隔离。网络采用先进的高速网，保证系统的快速稳定运转。网络速率方面应保证主干网达到交换 100M 的速率，而桌面站点达到交换 10M 的速率。酒店管理系统主要功能：

15.1 预订：可处理从当日起三年之内的预订。提供多种方便快捷的关于酒店客房当前使用情况和未来使用情况预测的查询及报表。

输入预订单：录入客人的预订信息，自动为客人预留安排房间。

1. 确定房数、人数、房间价格。

2. 锁定房间。

3. 可提前设定客人账务是否有人代付、是否在结算时需要转账。

4. 合住处理：设定两个或两个以上客人同住一个房间时房价及其他账务的分配。

5. 预订资料的修改、复制。

6. 取消预订。

7. 预订查询：可按预订的任何信息快速查出整个预订信息。

8. 档案预订：如果客人曾经入住过酒店，自动调出其档案资料生成预订。

9. 自动挂账：可预先设定客人的有规律消费。例如，VIP 客人需要每天在房间放置鲜花，每次收费 20 元，这样就可以在自动挂账中提前设定，由电脑自动为客人记账。

10. 打印户籍卡：根据客人的预订信息，打印出客人入住时需要填写的登记单，在客人入住时只需补填一些预订中没有的资料，这样既提高效率也使客人感受到酒店高质量的服务。

11. 可用房查询：提供酒店每一天每种房类可供酒店支配的数量，便于酒店对客房使用总量的控制，防止超订。

12. 月订房情况查询：提供酒店任意一段时间内，每间房间每天的预计使用情况。

13. 房间状态查询：提供酒店每间房间当前的状态。

15.2 团队会议。

15.2.1 全面管理团队会议的住房、餐饮、娱乐情况，细致处理团队账和客人自付账。

15.2.2 建立团队主单：录入团队的基本信息，可接待不同来期，离期的宾客。如果有应收款账户，则团队结账后，自动转入其应收款账户中，任意分配来店期内的房间类型，可对分配的房类定义相应房价，并可建立团队宾客的公共户籍信息，以便快速开房。

15.2.3 修改团队主单。

15.2.4 取消团队主单：取消主单后，释放团队分配的房类，取消后还可恢复主单。

15.2.5 特殊付款：设定团队、团员之间的账务关系，电脑会自动将公付账记在团队账单上，将自付账记在团员自己的账户上。

15.2.6 团队锁房：可提前为团队分配具体房间。

15.2.7 锁房查询：可查询任意时间段内，房间的分配情况。

15.2.8 可用房查询：可查出酒店或某团队一年内房间使用状况。

15.2.9 预订团队用餐、娱乐：可提前安排团队的全程活动。

15.2.10 系统自动生成团队户籍：可提前录入每个团员的详细信息。

15.3 销售部。

15.3.1 全面管理与酒店有和约的旅行社、公司、单位的资料，与他们签订的和约的细节，以及评估他们给酒店带来的效益。

15.3.2 创建、修改主单：详细记录与酒店有合约的旅行社、公司、单位的资料。

15.3.3 合同管理：管理酒店与旅行社、公司、单位的合同，包括合同房价、优惠条件（例如，房价含早餐、房价返还）等，这些合同内容可以在前台自动调出。

15.3.4 信誉分析：自动统计每个和约单位在一段时间内给酒店带来多少效益，为酒店开拓市场和与他们续签合同提供可靠的依据。

15.3.5 佣金处理：自动统计酒店的应付佣金明细及总数。

15.4 前台接洽：方便快捷地为客人办理入住手续，全面直观反映酒店客房情况。

15.4.1 可按房号、房类等方式查询任意房间的当前状态；可对房间设置清扫标志，检查标志；可查询锁房状况；临时分配房间和取消临时分配；查询相临、同类、同价的房间态。

15.4.2 散客开房：可用预订单开房；散客入住直接开房；离店宾客的重新开房，可恢复原账户的全部账目；合住处理，合住房价的分配；特殊付款设置；留言设置、修改、取消；建立附加宾客，此类客人没挂账权；租赁处理：可对租赁项目，设置自动挂账；宾客去向；开房后给宾客建立独立的账户，可进行签单挂账；开房时，可自动显示历史客人的来店信息。

15.4.3　团队开房：快速为团队批量开房；按团队建立的预订开房；开房的宾客，建立账户；可在团队申请房类中调整已分配的房间。

15.5　修改/查看账户。

15.5.1　换房，换人，附加宾客的增加，减人。

15.5.2　修改房价，合住房价的调整。

15.5.3　查询房间状态。

15.5.4　增加，修改留言，宾客去向。

15.5.5　特别付款账单：可对客人的任意消费账单分账，转账或取消。

15.5.6　客人延住处理。

15.6　锁房查询。

15.6.1　查询房间的出租、空房、待修理的状态。

15.6.2　查询待清洁房，锁定房，关闭房。

15.6.3　查询某房间一年的使用情况。

15.7　前台收银：严格管理客人账务，自动加收半日或全日房租，灵活的账单打印功能，细致的客人签单挂账控制，严谨的交易审核、收银员权限控制。

15.8　统计报表。

15.9　合同单位挂账：可为可挂账的单位建立挂账账户；磁卡挂账功能。

15.10　账单打印查询：按收款员各餐点打印查询已结、未结的账单，动态餐位图。

15.11　餐饮预订：餐饮、娱乐设施的预订管理。

15.12　电话计费：可与多种程控交换机连接，与之配合完成。

15.13　宾客历史档案：可手工建立宾客档案，在开房时也可建立宾客档案，宾客离店后，自动将客人来店次数、消费、房号等写入宾客档案中。

15.14　用车管理：对于酒店车辆的调配管理，为客人提供用车服务。

16　建筑电气消防系统

16.1　建筑电气消防系统的组成。

16.1.1　火灾自动报警系统。

16.1.2　消防联动控制系统。

16.1.3　紧急广播系统。

16.1.4　消防直通对讲电话系统。

16.1.5　电梯监视控制系统。

16.1.6　应急照明系统。

16.1.7　电气火灾监视与控制系统。

16.1.8　消防电源监控系统。

16.1.9　防火门监控系统。

16.2　消防控制室。

本建筑物为一类防火建筑。在一层酒店、办公分别设置消防控制室，分别对酒店、办公建筑内的消防设备进行探测监视和控制。消防控制室内分别设有火灾报警控制主机、计算机图文系统、联动控制台、CRT 显示器、打印机、紧急广播设备、消防专用电话主机、电梯监控盘及 UPS 电源设备等。酒店、办公的消防控制室之间预留网络接口。

16.3　火灾自动报警系统。

16.3.1　本建筑采用控制中心报警控制管理方式，火灾自动报警系统按总线形式设计。消防控制室具有高度集中的权力，负责整个系统的控制、管理和协调任务，所有报警数据均要汇集到消防报警控制主机，所有联动指令均要由消防报警控制主机监视和控制。

16.3.2 消防控制室可接收感烟、感温、可燃气体探测器的火灾报警信号，水流指示器、检修阀、压力报警阀、手动报警按钮、消火栓按钮、消防水池水位等的动作信号，随时传送其当前状态信号。所有客房内的探测器必须配有蜂鸣器。

16.3.3 系统应具有自动和手动两种联动控制方式，并能方便地实现工作方式转换，在自动方式下，由预先编制的应用程序按照联动逻辑关系实现对消防联动设备的控制，逻辑关系应包括“或”和“与”的联动关系。在手动方式下，由消防控制室人员通过手动开关实现对消防设备的分别控制，联动控制设备上的手动动作信号必须在消防报警控制主机、计算机图文系统及其楼层显示盘上显示。

16.3.4 系统采用二总线结构智能网络型，所有信息反馈到中心，在消防控制室可进行配置、编程、参数设定、监控及信息的汇总和存储、事故分析、报表打印。

16.3.5 本工程设备和软件组成高智能消防报警控制系统。系统必须具有报警响应周期短、误报率低、维修简便、自动化程度高、故障自动检测，配置方便，任一台火灾报警控制器所连接的火灾探测器、手动火灾报警按钮和模块等设备总数和地址总数均不应超过3200个，单回路路线长度不应超过2000m，单回路地址数应大于200个地址，其中每一总线回路连接设备的总数不宜超过200个地址。任一台消防联动控制器地址总数或火灾报警控制器（联动型）所控制的各类模块总数和不应超过1600，每一联动总线回路连接设备的总数不宜超过100个。每个回路地址均可接探测器和控制模块，在地址分配上应不受限制。主报警回路应为环形4线，并在回路中设隔离模块作分段。系统总线上应设置总线短路隔离器，每只总线短路隔离器保护的火灾探测器、手动火灾报警按钮和模块等消防设备的总数不应超过32个；总线穿越防火分区时，应在穿越处设置总线短路隔离器。系统主机的容量须根据图纸要求确定，但必须保证主机留有10%以上的地址冗余。

16.3.6 在电气设计方面，应保证电子元器件的长期稳定正常工作，能清除内部、外部各种干扰信号带来的不良影响，有足够的过载保护能力。

16.3.7 系统设备（消防报警控制器和图文电脑系统）的操作界面直观，符合人们的心理和习惯思维方式。菜单结构设计思路清晰，易于理解，操作程序符合人的自然习惯。信息检索速度快，提示清楚，操作方便，避免误导操作者。消防报警控制器和图文电脑系统整个操作过程必须是中文或中英文对照。

16.3.8 要做到防火、阻燃和防止由于设备内部原因造成的不安全因素。具有防雷措施和良好的接地。

16.3.9 火灾探测器的选择原则。

1. 对火灾初期有阴燃阶段，产生大量的烟和少量的热，很少或没有火焰辐射的场所，应选择感烟探测器。如：客房、办公室、餐厅等。

2. 对火灾发展迅速，可产生大量热、烟和火焰辐射的场所，选择感温探测器如：车库、燃气表间、厨房等。

3. 对使用可燃气体或可燃液体蒸汽的场所，应选择可燃气体探测器。如：燃气表间、厨房等。

4. 残疾人客房设有为供残疾人服务的火灾报警探测器（声、光报警）。

5. 所有的探测器应具有报警地址，探测器的选择及设置部位应符合《火灾自动报警系统设计规范》GB50116的要求。

16.3.10 探测器的布置位置应满足以下要求。

1. 探测器与灯具的水平净距应大于0.2m。

2. 探测器与送风口的水平净距应大于 1.5m。

3. 探测器与多孔送风口或条形送风口的水平净距应大于 0.5m。

4. 探测器与消防水喷头的水平净距应大于 0.3m。

5. 探测器与墙壁或其他遮挡物的水平净距应大于 0.5m。

6. 探测器与嵌入扬声器的水平净距应大于 0.1m。

16.3.11 手动报警按钮的设置。

1. 每个防火分区应至少设置一个手动火灾报警按钮。从一个防火分区内的任何位置到最邻近的一个手动火灾报警按钮的距离，不大于 30m。手动火灾报警按钮设置在公共活动场所的出入口处。所有手动报警按钮都应有报警地址，并应有动作指示灯。在所有手动报警按钮上或旁边设电话插孔。

2. 手动火灾报警按钮应设置在明显的和便于操作的部位。安装高度距地 1.4m。

16.3.12 在消火栓箱内设消火栓报警按钮。当按动消火栓报警按钮时，火灾自动报警系统可显示启泵按钮的位置。

16.3.13 各层楼梯间设有火灾声光显示装置，当某一楼层发生火灾时，该楼层的显示灯点亮并闪烁。火灾声光显示装置安装高度距门口上方 0.2m。

16.3.14 在每层消防电梯前室附近设置楼层显示复示盘。

16.4 消防联动控制系统。

在消防控制室设置联动控制台，控制方式分为自动控制和手动控制两种。通过联动控制台，可以实现对消火栓、自动喷洒灭火系统、防烟、排烟、加压送风系统的监视和控制，火灾发生时手动切断一般照明及空调机组、通风机、动力电源。

16.4.1 消火栓泵的控制。消火栓泵、稳压泵均可由压力开关自动控制。消火栓泵可由消火栓按钮直接启动。消火栓灭火系统采用稳高压系统，平时管网的水压靠屋顶水箱和稳压增压设备保证。消火栓补压泵由压力继电器控制启/停（当工作压力下降 0.05MPa 时自动启动），当管网压力恢复至常值时，补压泵自动停泵。消火栓泵的自动启动由管网压力继电器控制，即：当发生火灾时，由于补压泵补水量不足，水压继续下降，当管网压力再下降 0.03MPa 时，通过压力继电器自动启动设在地下泵房内的消火栓泵（一用一备），向系统供水灭火，同时补压泵自动停泵。消火栓泵既可以在消防控制室联控台上进行自动/手动启、停控制，又可以在水泵房就地自动/手动控制启停。消防控制室具有启动控制优先权。消火栓泵启动时，补压泵自动停泵。消火栓泵及补压泵的启动、停止运行信号及故障信号送至消防控制室，在联控台上显示。本工程设置消火栓箱内报警按钮。当火灾发生时，可按动消防报警按钮，启动消火栓泵，并发生报警信号至消防控制室，及时、准确地提醒工作人员确认火灾现场，并采取必要的灭火措施，消火栓泵运行信号反馈至消火栓处。消火栓泵的配电电源可在消防控制室进行监视。

16.4.2 自动喷洒泵的控制。喷洒泵、稳压泵均可由压力开关自动控制。湿式自动喷洒灭火系统控制，稳压泵由气压罐连接管道上的压力控制器控制，使系统压力维持在工作压力，当压力下降 0.05MPa 时，稳压泵启动。当压力再继续下降 0.03MPa 时，一台自喷加压泵启动，同时稳压泵停止。消防时，喷头喷水，水流指示器动作，反映到区域报警盘和总控制盘，同时相对应的报警阀动作，敲响水力警铃，压力开关报警，反映到消防控制室，自动或手动启动一台自喷加压泵，备用泵能自动投入。在消防控制室及水泵房均可以自动/手动控制喷洒泵的启、停，消防控制室具有优先权。喷洒泵及补压泵的运行状态及故障信号送至消防控制室，并在联控台上显示。自动喷洒泵的配电电源可在消防控制室进行监视。水流指示器动作，反映到区域报警盘和总控制盘，表明动作位置。电讯号阀门的动作，发出信号，在消防控制室显示。消防专用水池的最低水位报警信号送至消防控制室，在联控台上显示。

16.4.3　喷雾系统的控制：水喷雾系统的控制设备具有下列功能：选择控制方式。重复显示保护对象状态。监控水喷雾加压泵启停状态。监控雨淋阀启停状态。监控主、备用电源自动切换。系统设自动控制。手动控制，应急控制三种控制方式。自动控制：着火部位的双路火灾探测器接到火灾信号后，自动打开相对应的雨淋阀上的电磁阀（常闭），雨淋阀上压力开关报警，启动水喷雾系统加压泵。手动控制：接到着火部位的火灾探测信号后，可在现场和消防控制室手动打开相对应的电磁阀并启动水喷雾加压泵。应急操作：人为现场操作雨淋阀组和水喷雾加压泵。雨淋阀前后的信号阀动作，向消防控制室报警。

16.4.4　专用排烟风机的控制。当发生火灾时，消防控制室根据火灾情况控制相关层的排烟阀（平时常闭），同时联动启动相应的排烟风机。当火灾温度超过 280℃时，排烟阀熔丝熔断，关闭阀门，同时自动关闭相应的排烟风机。

1. 排气兼排烟风机的控制。本工程设排气兼排烟风机，正常情况下为通风换气使用，火灾时则作为排烟风机使用。正常时为就地手动控制及 DDC 系统控制，当发生火灾时由消防控制室控制，其控制方式与专用排烟风机相同。

2. 消防补风机的控制。由消防控制室自动或手动控制消防补风机的启、停，风机启动时根据其功能位置连锁开启其相关的排烟风机。

3. 正压送风机的控制。由消防控制室自动或手动控制正压送风机的启、停，风机启动时根据其功能位置连锁开启其相关的正压送风阀或火灾层及邻层的正压送风口。

16.4.5　防火卷帘门的控制。

1. 用于防火分隔的防火卷帘控制：当感烟（温）探测器报警，卷帘下降一步落下到底，并将信号送至消防控制室。卷帘门应设熔片装置及断电后的手动装置。

2. 用于疏散通道上的卷帘门由其两侧的感烟或感温探测器自动控制为：当疏散走道防火卷帘两侧感烟探测器报警，卷帘下降至地面 1.8m 处。当疏散走道防火卷帘两侧感温探测器报警，卷帘下降到底，并将信号送至消防控制室。卷帘门应设熔片装置及断电后的手动装置。

3. 防火卷帘的关闭信号应送至消防控制室。

16.4.6　对气体灭火系统的控制：由火灾探测器联动时，应有 30s 可调延时，在延时时间内应能自动关闭防火门，停止空调系统。在报警、喷射各阶段应有声光报警信号。待灭火后，打开阀门及风机进行排风。所有的步骤均应返回至消防控制室显示。

16.4.7　其他。

1. 消防控制室可对消火栓泵、自动喷淋泵、正压送风机、排烟风机等通过模块进行自动控制还可在联动控制台上通过硬线手动控制，并接收其反馈信号。所有排烟阀、排烟口、280℃防火阀、70℃防火阀、正压送风阀、正压送风口的状态信号送至消防控制室显示。

2. 电源管理：本工程部分低压出线回路及各层主开关均设有分励脱扣器。当发生火灾时，消防控制室可根据火灾情况自动切断火灾区的正常照明及空调机组、回风机、排风机电源。并可通过消防直通电话通知变配电所，切断其他与消防无关的电源。

3. 当发生火灾时，自动关闭总煤气进气阀门。

4. 消防联动控制系统的控制方式及反馈信号见表 3-12。

16.5　消防紧急广播系统。

在消防控制室设置消防广播机柜，机组采用定压式输出。并设置火灾应急广播备用扩音机，其应能进行全楼广播。

消防联动控制系统的控制方式及反馈信号 **表 3-12**

系统名称		联动控制		手动控制	反馈信号
		触发信号	控制对象		
湿式系统/干式系统		湿式报警阀压力开关的动作信号	启动喷淋消防泵（由触发信号直接控制启动，不受消防联动控制器处于自动或手动状态影响）	启动、停止喷淋消防泵（硬线）	水流指示器、信号阀、压力开关、喷淋消防泵的启动和停止的动作信号
预作用系统		同一报警区域内两只及以上独立的感烟火灾探测器或一只感烟火灾探测器与一只手动火灾报警按钮的报警信号	•开启预作用阀组； •开启排气阀前电动阀（当系统设有快速排气装置时）； •湿式报警阀压力开关动作启动喷淋消防泵	•启动、停止预作用阀组（硬线）； •启动、停止排气阀前电动阀（硬线）； •启动、停止喷淋消防泵（硬线）	水流指示器、信号阀、压力开关、喷淋消防泵的启动和停止的动作信号、有压气体管道气压状态信号、快速排气阀入口前电动阀的动作信号
雨淋系统		同一报警区域内两只及以上独立的感温火灾探测器或一只感温火灾探测器与一只手动火灾报警按钮的报警信号	开启雨淋阀组（压力开关动作，连锁启动雨淋消防泵）	•启动、停止雨淋阀组（硬线）； •启动、停止雨淋消防泵（硬线）	水流指示器、雨淋阀组、压力开关、雨淋消防泵的启动和停止的动作信号
自动控制的水幕系统	用于防火卷帘保护	防火卷帘下落到楼板面的动作信号与本报警区域内任一火灾探测器或手动火灾报警按钮的报警信号	启动水幕系统相关控制阀组（雨林报警阀泄压、压力开关动作，连锁启动水幕消防泵）	•启动、停止相关控制阀组（硬线）； •启动、停止消防泵（硬线）	压力开关、水幕系统相关控制阀组和消防泵的启动、停止的动作信号
	作为防火分隔	该报警区域内两只独立的感温火灾探测器的火灾报警信号			
消火栓系统	未设置消火栓按钮的系统	消火栓系统出水干管上设置的低压压力开关、高位消防水箱出水管上设置的流量开关或报警阀压力开关	启动消火栓泵（由触发信号直接控制启动，不受消防联动控制器处于自动或手动状态影响）	启动、停止消火栓泵（硬线）	消火栓泵的启动、停止的动作信号
	设置消火栓按钮的系统设	消火栓按钮的动作信号	开启消火栓泵		
气体灭火系统		任一防护区域内设置的感烟火灾探测器、其他类型火灾探测器或手动火灾报警按钮的首次报警信号	启动设置在该防护区内的火灾声光警报器（由专用的气体灭火控制器控制）	—	•气体灭火控制器直接连接的火灾探测器的报警信号； •选择阀的动作信号，压力开关的动作信号； •手动或自动控制方式的工作状态（防护区域内设有手动与自动控制转换装置的系统，其工作状态应在防护区内、外的显示装置上显示并反馈至消防联动控制器）
		同一防护区域内与首次报警的火灾探测器或手动火灾报警按钮相邻的感温火灾探测器、火焰探测器或手动火灾报警按钮的报警信号	•关闭防护区域的送（排）风机及送（排）风阀门； •停止通风和空气调节系统，关闭设置在该防护区域的电动防火阀； •启动防护区域开口封闭装置（包括关闭防护区域的门、窗）； •启动气体灭火装置（组合分配式系统应首先开启相应防护区域的选择阀）； •启动防护区入口上方表示气体喷洒的火灾声光警报器	在防护区疏散出口门外设置气体灭火装置的手动启动和停止按钮	

续表

系统名称		联动控制		手动控制	反馈信号
		触发信号	控制对象		
防烟系统		加压送风口所在防火分区内的两只独立的火灾探测器或一只火灾探测器与一只手动火灾报警按钮的报警信号	开启送风口、启动加压送风机	• 开启、关闭送风口； • 启动、停止防烟风机(硬线)	送风口、排烟口、排烟窗或排烟阀的开启和关闭信号，防烟、排烟风机启动和停止信号，电动防火阀、280℃排烟防火阀关闭的动作信号
		同一防烟分区内且位于电动挡烟垂壁附近的两只独立的感烟火灾探测器的报警信号	降落电动挡烟垂壁	• 降落、升起电动挡烟垂壁	
排烟系统		同一防烟分区内的两只独立的火灾探测器的报警信号或一只火灾探测器与一只手动火灾报警按钮的报警信号	开启排烟口、排烟窗或排烟阀，停止该防烟分区的空气调节系统	• 开启、关闭排烟口、排烟窗、排烟阀； • 启动、停止排烟风机(硬线)	
		排烟口、排烟窗或排烟阀开启的动作信号	启动排烟风机		
		280℃排烟防火阀(位于排烟风机入口处的总管上)关闭信号	停止排烟风机(直接控制停止，不受消防联动控制器处于自动或手动状态影响)		
防火门系统		防火门(常开)所在防火分区内的两只独立的火灾探测器或一只火灾探测器与一只手动火灾报警按	关闭防火门，触发信号由火灾报警控制器或消防联动控制器发出，并应由消防联动控制器或防火门监	—	疏散通道上各防火门的开启、关闭及故障状态信号
防火卷帘系统	疏散通道上	防火分区内任两只独立的感烟火灾探测器或任一只专门用于联动防火卷帘的感烟火灾探测器的报警信号	控制防火卷帘下降至楼板面 1.8m 处(由防火卷帘控制器控制)	在防火卷帘两侧设置手动控制按钮控制防火卷帘的升降	控制防火卷帘下降至楼板面 1.8m 处、下降至楼板面的动作信号、防火卷帘控制器直接连接的感烟、感温火灾探测器的报警信号
		任一只专门用于联动防火卷帘的感温火灾探测器的报警信号	控制防火卷帘下降至楼板面(由防火卷帘控制器控制)		
	非疏散通道上	防火分区内任两只独立的火灾探测器的报警信号	控制防火卷帘下降至楼板面(由防火卷帘控制器控制)	• 在防火卷帘两侧设置手动控制按钮控制防火卷帘的升降； • 消防控制室消防联动控制器手动控制防火卷帘降落	控制防火卷帘下降至楼板面的动作信号、防火卷帘控制器直接连接的火灾探测器的报警信号
电梯系统		—	所有电梯停于首层或电梯转换层	在首层消防电梯入口处设置供消防队员专用的操作按钮	电梯运行状态信息和停于首层或转换层的信号
火灾声光警报器和消防应急广播系统		—	确认火灾后启动建筑内所有火灾声光警报器、同时向全楼进行广播	选择广播分区、启动或停止应急广播系统	显示消防应急广播的广播分区的工作状态

续表

系统名称	联动控制		手动控制	反馈信号
	触发信号	控制对象		
消防应急照明和疏散指示系统	—	确认火灾后，由发生火灾的报警区域开始，顺序启动全楼疏散通道的消防应急照明和疏散指示系统	—	—
室内固定消防水炮系统	场地内线型火灾探测器及吸气式感烟探测器	确认火灾后，通过摄像设备引导，由水炮专有集中控制盘遥控操纵各水炮。手动控制各水炮的启/停，锁定着火点，自动瞄准、自动调整喷水投射角度，喷水电动阀的开闭	手动控制各水炮的启/停	显示其工作和故障状态，显示水流指示器开关信号、关断阀阀位

16.5.1　地下泵房、冷冻机房等处设号角式 15W 扬声器，客房设置功率为 1.0W 专用扬声器，其他场所设置 3W 扬声器，在环境噪声大于 60dB 的场所设置的扬声器，在其播放范围内最远点的播放声压级应高于背景噪声 15dB。其数量应能保证从一个防火分区的任何部位到最近一个扬声器的距离不大于 25m。走道内最后一个扬声器至走道末端的距离不小于 12.5m。

16.5.2　消防紧急广播按建筑层分路，每层一路。当发生火灾时，消防控制室值班人员可全楼自动或手动进行火灾广播，及时指挥疏导人员撤离火灾现场。

16.5.3　消防控制室应能监控用于火灾应急广播时的扩音机的工作状态，并应具有遥控开启扩音机和采用传声器播音的功能。

16.5.4　若将平时背景音乐广播与消防紧急广播合用，在火灾自动报警平面中的背景音乐广播及线路，按背景音乐广播平面布置的消防紧急广播扬声器和线路进行施工，但消防紧急广播扬声器和线路应满足《火灾自动报警系统设计规范》GB50116 要求，并应征得消防主管部门的认可。

16.6　消防通信系统。

消防专用电话网络为独立的消防通信系统。在消防控制室内设置消防直通对讲电话总机，除在各层的手动报警按钮处设置消防对讲电话插孔外，在变配电室、水泵房、电梯机房、冷冻机房、防排烟机房、建筑设备监控室等处设置消防直通对讲电话分机。另外，在消防控制室还设置 119 专用报警电话。

16.7　电梯监视控制系统。

16.7.1　在消防控制室设置电梯监控盘，除显示各电梯运行状态、层数显示外，还应设置正常、故障、开门、关门等状态显示。

16.7.2　火灾发生时，根据火灾情况及场所，由消防控制室电梯监控盘发出指令，指挥电梯按消防程序运行：对全部或任意一台电梯进行对讲，说明改变运行程序的原因。除消防电梯保持运行外，其余电梯均强制返回一层并开门。

16.7.3　火灾指令开关采用钥匙型开关，由消防控制室负责火灾时的电梯控制。

16.7.4　应急照明系统。

1. 所有楼梯间及前室的照明以及变配电所、消防控制室、安防中心、消防水泵房、防排烟机房、柴油发电机房、电讯机房等的照明全部为应急照明。公共场所应急照明一般按正常照明的10％～15％设置。

2. 应急照明电源采用双电源末端互投供电。

3. 主要疏散出口设置安全出口指示灯，疏散走廊设置疏散指示灯。

16.8　电气火灾监视与控制系统。

16.8.1　为能准确监控电气线路的故障和异常状态，能发现电气火灾的隐患，及时报警提醒人员去消除这些隐患，本工程设置电气火灾监视与控制系统，对建筑中易发生火灾的电气线路进行全面监视和控制，系统由电气火灾探测器、测温式电气火灾监控探测器和电气火灾监控设备组成。

16.8.2　消防控制室设有电气火灾监控系统主机，在配电柜（箱）内设有监控模块，对配电线路的剩余电流和线缆温度进行监视。

16.8.3　电气火灾探测器。

1. 探测器报警值不应小于20mA，不应大于1000mA，且探测器报警值应在报警设定值的80％～100％之间。

2. 当被保护线路剩余电流达到报警设定值时，探测器应在60s内发出报警信号。

3. 探测器应有工作状态指示和自检功能。

4. 探测器在报警时应发出声、光报警信号，并予以保持，直至手动复位。

5. 在报警条件下，在其音响器件正前方1m处的声压级应大于70dB（A计权），小于115dB，光信号在正前方3m处，且环境不超过500lx条件下，应清晰可见。

16.8.4　测温式电气火灾监控探测器。

1. 探测器报警值应设定在55～140℃的范围内。

2. 当被监视部位达到报警设定值时，探测器应在40s内发出报警信号。

3. 探测器应有工作状态指示和自检功能。

4. 在报警条件下，在其音响器件正前方1m处的声压级应大于70dB（A计权），小于115dB，光信号在正前方3m处，且环境不超过500lx条件下，应清晰可见。

5. 探测器在报警时应发出声、光报警信号，并予以保持，直至手动复位。

16.8.5　电气火灾监控设备。

1. 电气火灾监控设备能够接收来自探测器的监控报警信号，并在30s内发出声、光报警信号，指示报警部位，记录报警时间，并予以保持，直至手动复位。

2. 报警声信号应手动消除，当再有报警信号输入时，应能再次启动。

3. 当监控设备发生下面故障时，应能在100s内发出监控报警信号有明显区别的声光故障信号。

（1）监控设备与探测器之间的连接线短路、断路。

（2）监控设备主电源欠压。

（3）给备用电源充电器与备用电源间的连接线短路、断路。

（4）备用电源与负载间的连接线短路、断路。

4. 监控设备应能对本机进行自检，执行自检期间，可以接受探测器报警信号。

16.9　系统设备的技术要求。

16.9.1　系统设备和元器件必须符合中华人民共和国国家标准，必须提供中国国家消防电子产品质量监督检测中心颁发的该产品检验报告复印件，具有满足国家强制标准要求的"CCC"证书，并且设备型号与报价中的设备型号必须完全一致。

16.9.2　消防报警控制主机。

1. 必须是通过《消防联动控制设备通用技术条件》GB 16806的联动型主机。

2. 应是智能化的二总线制主机，一个主机可有多个回路，一个回路可连接大量带地址的设备。主机应具备足够的容量，系统全部报警点，监视点和控制点都应容纳在一台控制机的容量范围内，主机应是立柜式或琴台式，并内置小型打印机。

3. 主机应内置微处理机 CPU≥16 位，多 CPU 同时工作，主机对系统中全部报警地址点和监控地址点进行检测，巡检周期必须小于 3s。

4. 主机应能接受智能探测器连接传送的现场实测的数字信号，并将此信号随时间变化的关系，反映到主机和电脑画面上进行分析，再将分析的数据与主机内储存的火灾资料进行比较，根据比较结果决定是否发出火灾报警信号。主机首次收到探测器报警信号后，应能够自动延时再行校核对，核对后的信号值若低于报警值，则只做记录不发出火灾报警信号，报警值可根据白天/黑天和房间功能，在多种不同灵敏度值中选定。

5. 主机应具有较大的液晶显示器，尺寸不小于 9 英寸，具有多参数、多种类画面显示，可以用中文或中英文对照显示各种信息，如：火灾报警信息、故障信息、维保信息、自我辅导学习信息等。可以显示烟雾浓度、温度随时间变化的曲线，可以显示探测器历史报警和故障信息，信息量不小于 1000 条。主机应具有强大的自检功能，可通过预先编制的保养程序实现自我检测、探测器检测及其他元器件及线路检测，检测结果自动打印。

6. 主机系统的线路应能适应现场预埋管路的要求，可满足非环路枝状连接方式。如是其他有别于现场预埋管路的要求，应充分考虑可能发生的相关费用。

7. 主机的操作应具有密码权限功能。

8. 主机必须具有强大的通讯能力，具有足够的计算机接口（RS232、RS485、以太网接口）。

16.9.3 智能探测器。

1. 探测器外形应为薄型流线型外观，内置微处理器。

2. 探测器通过自身的内置微处理器实现对温度及烟雾浓度数据的智能火灾分析与判断，通过回路信号实时传输反映现场温度及烟雾浓度的数字信号。

3. 自动环境补偿，具有报脏功能，防潮抗震功能。

4. 多级报警阀值，并能从主机上选择探测器灵敏度，以适应不同的环境。

5. 控制器能显示及打印智能控制器之详尽资料，对每个智能探测器可自动进行报警模拟测试，以检测探测器及通信线状态。

6. 保留智能探测器的峰值记录，能更准确地分析及选择探测器的灵敏度。

7. 感烟探测器应为光电型。

16.9.4 手动报警按钮。

1. 具有独立地址码。

2. 采用压钦式，可复位重复使用。

3. 具有 LED 报警指示。

4. 表面红色，阻燃材料。

16.9.5 消防联动模块。

1. 具有独立地址码。

2. 具有控制和监测功能。

3. 具有多地址模块控制。

4. 供应电源方式。

16.9.6 电源。

1. 整个系统采用直流 24V 电源。

2. 备用电源应能维持系统 24h 监视和 1h 报警期间操作所需的直流电源。

16.10 其他。

16.10.1 火灾报警控制器采用单独的回路供电，火灾自动报警系统的主电源采用消防电源，直流备用电源采用火灾报警控制器的专用蓄电池或集中设置的蓄电池。火灾自动报警系统中的 CRT 显示器、消防通信设备等的电源，由 UPS 装置供电。

16.10.2 消防控制室的控制方式为自动或手动两种控制方式。

16.10.3 消防控制室接地。

1. 采用共用接地装置时，接地电阻值不应大于 0.5Ω。

2. 火灾自动报警系统应设专用接地干线，并应在消防控制室设置专用接地板。专用接地干线应从消防控制室专用接地板引至接地体。

3. 专用接地干线应采用铜芯绝缘导线，其线芯截面面积不应小于 $25mm^2$。专用接地干线穿硬质塑料管埋设至接地体。

4. 由消防控制室接地板引至各消防电子设备的专用接地线应选用铜芯绝缘导线，其线芯截面面积不应小于 $4mm^2$。

5. 消防电子设备凡采用交流供电时，设备金属外壳和金属支架等应作保护接地，接地线应与电气保护接地干线相连接。

16.10.4 由于火灾自动报警设备未定，故在探测器之间均预留 SC20 焊接钢管，暗敷在楼板内。所有火灾自动报警槽盒均应作防火处理。

16.10.5 手动报警按钮应有防止误操作的保护措施。

16.10.6 消防报警控制设备的功能及造型等，均应符合现行规范，所有火灾报警设备、探测器等均应具有国家消防检测中心的测试合格证书。

16.10.7 所有联接消防系统之设备的信号线及特殊控制电缆、电线等的选型必须满足消防局的要求。并且均采用阻燃或耐火型控制电缆、电线，要求质量可靠。

16.10.8 本工程主楼采用两路独立 10kV 电源供电。并设置一组应急柴油发电机组，作为酒店的第三电源。消防设备均采用双电源末端互投供电，以确保消防用电设备的电源。消防用电设备的过载保护只报警，不作用于跳闸。

16.10.9 利用建筑物的基础作为接地装置，接地电阻不大于 0.5Ω。消防控制室做辅助等电位联结，接地引下线为 BV-1×25PC40。消防电子设备凡采用交流供电时，设备金属外壳和金属支架等应作保护接地，接地线应与电气保护接地干线相连接。

16.10.10 变电所内的高压断路器采用真空断路器。变压器采用干式变压器。所有连接消防系统设备的电缆、电线均选耐火型。其他电缆、电线均选阻燃型。

16.10.11 电气消防系统所有各种器件均由承包厂商成套供货，并负责安装、调试。

16.10.12 火灾自动报警系统尚应满足 STARWOOD 以下要求。

1. 酒店消防控制室要有报警监控板、消防广播控制板（可监控电梯所在楼层并可手动逼降，可与轿厢内通话）、消防联动柜及电梯监控板在内；按国内一般习惯可与安保监控中心共用，以改善人手效率。

2. 必须提供声光报警器在每个客房层公共走廊、主要公众区、人员集中区如酒吧、餐厅、宴会厅等，主要机电设备房、后勤员工区，厨房，洗衣房，办工区等；应放在适当明显位置，后勤设备房及厨房须能听到警报。至少须在下列地方设置声光报警器：

（1）宴会厅（每区 1 个）。

（2）大堂地区、大堂酒吧。

（3）餐厅座位区。

(4) 地下室及后勤区主通道。

(5) 桑拿、健身中心、娱乐区、KTV、SPA。

3. 主报警回路应为甲类环形 4 线，并设隔离模块在回路中作分段。

4. 所有客房烟感头必须含蜂鸣器底座。

5. 所有客房、配电室电缆井和小房间烟感头须为智能地址码型号。

6. 系统编程建议：应可令系统在烟感动作后，值班人员可在 20s 内按下“知悉”选择开关，所有联动即进入 3min（可调校减少）延时状态，以确认火灾，然后才启动警铃、电梯归零和强切楼层电源；3min 后如无人操作即响动警铃和强切。破玻璃手报及喷淋水流指示器动作时不作延迟，立即响动声光报警及连动。

(1) 送风穿过多个防火分区的空调机组（风柜）、新风机组、风机和客房卫生间总排风机在报警时需自动强切停止。喷淋系统水流指示器动作时应立即启动警铃及强切，不需再作确认。

(2) 在电话接线值班总台及值班工程师房须各设 1 台简单火灾覆示盘（CRT/LCD，纯显示已足，无须复位等功能）。电话接线值班总台须设对讲机可与电梯轿厢内通话。消防监控中心需能监察其他灭火系统如七氟丙烷气体及厨房 Ansul 灭火系统的动作状态，须有稳（补）压水泵“运行”及消防水池低水位显示。

(3) 喷淋系统每层分层阀须有电监察信号返回消防控制室。

(4) 须放置声光报警器于指定残疾人客房及楼层走廊。

(5) 提供煤气泄漏探头在厨房和煤气阀/表房，有漏气时自动切断供气阀并报警反馈回到消防控制控制室。

16.11 酒店消防控制电缆见表 3-13。

酒店消防控制电缆表 **表 3-13**

序号	控制电缆编号	起点	终点	控制电缆规格型号	备注
1	K-B201	B2AC8	消防控制室	NHYJV-7x1.0SC25	
2	K-B202	(S2)	消防控制室	NHYJV-7x1.0SC25	
3	K-B203	(S3)	消防控制室	NHYJV-7x1.0SC25	
4	K-B204	(S5)	消防控制室	NHYJV-7x1.0SC25	
5	K-B205	(S6)	消防控制室	NHYJV-7x1.0SC25	
6	K-B206	(S4)	消防控制室	NHYJV-7x1.0SC25	
7	K-B207	湿式报警阀	(S6)	NHYJV-3x1.0SC20	
8	K-B101	B1APEBDS	消防控制室	NHYJV-7x1.0SC25	
9	K-B102	B1ACK1	消防控制室	4(NHYJV-7x1.0SC25)	
10	K-B103	B1ACK2	消防控制室	2(NHYJV-7x1.0SC25)	
11	K-B104	B1ACR	消防控制室	3(NHYJV-7x1.0SC25)	
12	K-B105	B1ACZFJ	消防控制室	2(NHYJV-7x1.0SC25)	
13	K-0101	1ACCF1	消防控制室	2(NHYJV-7x1.0SC25)	
14	K-0102	1ACCF2	消防控制室	NHYJV-7x1.0SC25	
15	K-0103	1ACYHT1	消防控制室	2(NHYJV-7x1.0SC25)	
16	K-0201	2ACHY1	消防控制室	2(NHYJV-7x1.0SC25)	
17	K-0202	2ACHY2	消防控制室	2(NHYJV-7x1.0SC25)	
18	K-0901	湿式报警阀	(S5)	NHYJV-3x1.0SC20	
19	K-J101	2ACJ2	消防控制室	3(NHYJV-7x1.0SC25)	
20	K-0301	3AC3	消防控制室	NHYJV-7x1.0SC25	
21	K-0302	3AC4	消防控制室	2(NHYJV-7x1.0SC25)	
22	K-0303	3AC5	消防控制室	5(NHYJV-7x1.0SC25)	
23	K-J201	RACJ1	消防控制室	3(NHYJV-7x1.0SC25)	
24	K-J202	RACJ2	消防控制室	2(NHYJV-7x1.0SC25)	
25	K-1808	湿式报警阀	(S5)	NHYJV-3x1.0SC20	

16.12　办公消防控制电缆见表3-14。

办公消防控制电缆表　　**表3-14**

序号	控制电缆编号	起点	终点	控制电缆规格型号	备注
1	KZ-B101	B1ACG1	消防控制室	3(NHYJV-7x1.0SC25)	
2	KZ-B102	B1ACG2	消防控制室	3(NHYJV-7x1.0SC25)	
3	KZ-B103	B1APEK1	消防控制室	2(NHYJV-7x1.0SC25)	
4	KZ-B104	B1APEK2	消防控制室	NHYJV-7x1.0SC25	
5	KZ-B105	B1ACRF6	消防控制室	NHYJV-7x1.0SC25	
6	KZ-B106	B1ACRF4	消防控制室	NHYJV-7x1.0SC25	
7	KZ-B107	湿式报警阀	(S6)	NHYJV-3x1.0SC20	
8	KZ-0101	1ACG1	消防控制室	3(NHYJV-7x1.0SC25)	
9	KZ-0102	1ACJPD2	消防控制室	4(NHYJV-7x1.0SC25)	
10	KZ-1001	湿式报警阀	(S5)	NHYJV-3x1.0SC20	
11	KZ-1601	湿式报警阀	(S5)	NHYJV-3x1.0SC20	
12	KZ-R01	RAPEG1	消防控制室	6(NHYJV-7x1.0SC25)	

16.13　消防电源监控系统。

16.13.1　为确保本工程消防设备电源的供电可靠性，本工程设置消防电源监控系统。

16.13.2　通过监测消防设备电源的电流、电压、工作状态，从而判断消防设备电源是否存在中断供电、过压、欠压、过流、缺相等故障，并进行声光报警、记录。

16.13.3　消防设备电源的工作状态，均在消防控制室内的消防图形显示器上集中显示，故障报警后及时进行处理，排除故障隐患，使消防设备电源始终处于正常工作状态。从而有效避免火灾发生时，消防设备由于电源故障而无法正常工作的危机情况，最大限度的保障消防设备的可靠运行。

16.13.4　消防设备电源监控系统采用集中供电方式，现场传感器采用DC24V安全电压供电，有效的保证系统的稳定性、安全性。

16.14　防火门监控系统。

16.14.1　为能准确监控防火门的状态，对处于非正常状态的防火门给出报警提示，使其恢复到正常工作状态，确保其功能完好，本工程设置防火门监控系统。

16.14.2　通过防火门监控器、防火门现场控制装置、防火门电动闭门器等对建筑中疏散通道上防火门进行全面监控制。从而判断防火门的状态，并进行记录。

16.14.3　防火门的工作状态，均在消防控制室内的消防图形显示器上集中显示，故障报警后及时进行处理，排除故障隐患，使防火门始终处于正常工作状态，阻止火势蔓延。

17　无线通信系统

17.1　本工程每天客流量大，手机用户很多，附近的无线基站信道容量有限，忙时可能出现网络拥塞，手机用户不能及时打进或接进电话。另外由于大楼内建筑结构复杂，无线信号难于穿透，室内易出现覆盖盲区。因此，大楼内应安装无线信号室内天线覆盖系统以解决移动通信覆盖问题，同时也可增加无线信道容量。

17.2　应对地下层、地上层及电梯内进行覆盖。

17.3　系统设立微蜂窝和近端机，安装在地下一层电讯机房内。

17.4　采用以弱电井为中心，分层覆盖的方式，将主要设备安装在弱电井内。

17.5　具体系统设计及计算由电信公司完成。

18　防雷与接地系统

18.1　本建筑雷击大地的年平均密度为2.605［次/(km^2·a)］，酒店建筑物等效面积A_e为0.0484km^2，建筑物年预计雷击次数0.1261次/a；办公建筑物等效面积A_e为0.0465km^2，建筑物年预计雷击次数0.1211次/a。因此本建筑物按二类防雷建筑物设防。为防直击雷在屋顶暗敷ϕ10镀锌圆钢作为接闪带，其网格不大于10m×10m，所有突出屋面的金属体和构筑物应与接闪带电气连接。

18.2　为防止侧向雷击，将六层以上，每三层沿建筑物四周的金属门窗构件与该层楼板内的钢筋接成一体后再与引下线焊接，防雷接闪器附近的电气设备的金属外壳均应与防雷装置可靠焊接。

18.3　利用建筑物钢筋混凝土柱子或剪力墙内两根ϕ16以上主筋通长焊接作为引下线，引下线上端与女儿墙上的接闪带焊接，下端与建筑物基础底梁及基础底板轴线上的上下两层钢筋内的两根主筋焊接。外墙引下线在室外地面下1m处引出与室外接地线焊接。

18.4　本工程采用共用接地装置，以建筑物、构筑物的基础钢筋作为接地体，要求接地电阻小于0.5Ω，当接地电阻达不到要求时，可补打人工接地极。在建筑物四角的外墙引下线在距室外地面上0.5m处设测试卡子。

18.5　当结构基础有被塑料、橡胶等绝缘材料包裹的防水层时，应在高出地下水位0.5m处，将引下线引出防水层，与建筑物周圈接地体连接。

18.6　人工接地体距建筑物出入口或人行通道不应小于3m。当小于3m时，为减少跨步电压，应采取下列措施之一：

18.6.1　水平接地体局部埋深不应小于1m。

18.6.2　水平接地体局部应包绝缘物，可采用50～80mm的沥青层，其宽度应超过接地装置2m。

18.6.3　采用沥青碎石地面或在接地体上面敷设50～80mm的沥青层，其宽度应超过接地装置2m。

18.7　为预防雷电电磁脉冲引起的过电流和过电压，在下列部位装设电涌保护器(SPD)：

18.7.1　在变压器低压侧装一组SPD。当SPD的安装位置距变压器沿线路长度不大于10m时，可装在低压主进断路器负载侧的母线上，SPD支线上应设短路保护电器，并且与主进断路器之间应有选择性。

18.7.2　在向重要设备供电的末端配电箱的各相母线上，应装设SPD。上述的重要设备通常是指重要的计算机、建筑设备监控系统、主要的电话交换设备、UPS电源、中央火灾报警装置、电梯的集中控制装置、集中空调系统的中央控制设备以及对人身安全要求较高的或贵重的电气设备等。

18.7.3　对重要的信息设备、电子设备和控制设备的订货，应提出装设SPD的要求。

18.7.4　由室外引入或由室内引至室外的电力线路、信号线路、控制线路、信息线路等在其入口处的配电箱、控制箱、前端箱等的引入处应装设SPD。

18.8　接地系统设计。

18.8.1　本工程低压配电接地型式采用TN-S系统，其中性线和保护地线在接地点后要严格分开。凡正常不带电而当绝缘破坏有可能呈现电压的一切电气设备的金属外壳、穿线钢管、电缆外皮、支架等金属外壳均应可靠接地。专用接地线（即PE线）的截面规定为：

1. 当相线截面≤16mm^2时，PE线与相线相同。

2. 当相线截面为16～35mm^2时，PE线为16mm^2。

3. 当相线截面＞$35mm^2$ 时，PE 线为相线截面的一半。

18.8.2　变电所或建筑物的电源进线处将下列导电体进行总等电位联结。

1. 电气装置的接地极和接地干线；

2. PE、PEN 干线；

3. 建筑物内的水管、热力、空调等金属管道；

4. 通信线路干管；

5. 接闪器引下线；

6. 建筑物的结构主筋、金属构件。

18.8.3　竖直敷设的金属管道及金属物的顶端和底端与防雷装置连接。

18.8.4　在配变电所内安装一个总等电位连接端子箱，将所有进出建筑物的金属管道、金属构件、接地干线等与总等电位端子箱有效连接。总等电位盘、辅助等电位盘由紫铜板制成。总等电位联结均采用各种型号的等电位卡子，绝对不允许在金属管道上焊接。在地下一层沿建筑物做一圈镀锌扁钢 50×5 作为总等电位带，所有进出建筑物的金属管道均应与之连接，总等电位带利用结构墙、柱内主筋与接地极可靠连接。

18.8.5　在所有变电所，智能化机房，电梯机房，电气小间，游泳池，浴室等处作辅助等电位连接。

19　电气抗震设计

19.1　变压器的安装设计应满足下列要求：

19.1.1　安装就位后应焊接牢固，内部线圈应牢固固定在变压器外壳内的支承结构上；

19.1.2　有滚轮的变压器就位后，应将滚轮用能拆卸的制动部件固定。变压器的支承面宜适当加宽，并设置防止其移动和倾倒的限位器；

19.1.3　封闭母线与设备连接采用软连接，并应对接入和接出的柔性导体留有位移的空间。

19.2　蓄电池、电力电容器的安装设计应满足下列要求：

19.2.1　蓄电池应安装在抗震架上；

19.2.2　蓄电池间连线应采用柔性导体连接，端电池宜采用电缆作为引出线；

19.2.3　蓄电池安装重心较高时，应采取防止倾倒措施；

19.2.4　电力电容器应固定在支架上，其引线宜采用软导体。当采用硬母线连接时，应装设伸缩节装置。

19.3　配电箱（柜）、通信设备的安装设计应满足下列要求：

19.3.1　配电箱（柜）、通信设备的安装螺栓或焊接强度必须满足抗震要求；交流配电屏、直流配电屏、整流器屏、交流不间断电源、油机控制屏、转换屏、并机屏及其他电源设备，同列相邻设备侧壁间至少有二点用不小于 M10 螺栓紧固，设备底脚应采用膨胀螺栓与地面加固；

19.3.2　靠墙安装的配电柜、通信设备机柜应在底部安装牢固，当底部安装螺栓或焊接强度不够时，应将其顶部与墙壁进行连接；

19.3.3　非靠墙安装的配电柜、通信设备柜等落地安装时，其根部应采用金属膨胀螺栓或焊接的固定方式。并将几个柜在重心位置以上连成整体；

19.3.4　墙上安装的配电箱等设备应直接或间接采用不小于 M10 膨胀螺栓与墙体固定；

19.3.5　配电箱（柜）、通信设备机柜内的元器件应考虑与支承结构间的相互作用，元器件之间采用软连接，接线处应做防震处理；

19.3.6　配电箱（柜）面上的仪表应与柜体组装牢固；

19.3.7 配电装置至用电设备间连线进口处应转为挠性线管过渡。

19.4 电梯的设计应满足下列要求：

19.4.1 电梯包括其机械、控制器的连接和支承应满足水平地震作用及地震相对位移的要求；

19.4.2 垂直电梯宜具有地震探测功能，地震时电梯应能够自动就近平层并停运。

19.5 母线设计应满足下列要求：

19.5.1 母线的尺寸应尽量减小，提高母线固有频率，避开1～15Hz的频段；

19.5.2 母线的结构应采取措施强化，部件之间应采用焊接或螺栓连接，避免铆接；

19.5.3 电气连接部分应采用弹性紧固件或弹性垫圈抵消震动，连接力矩应适当加大并采取措施予以保持。

19.6 设在屋顶共用天线等，应设置防止因地震导致设备损坏后部件坠落伤人的安全防护措施。

19.7 应急广播系统预置地震广播模式。

19.8 安装在吊顶上的灯具，应考虑地震时吊顶与楼板的相对位移。

19.9 引入建筑物的电气管路敷设时应满足下列要求：

19.9.1 在进口处应采用挠性线管或采取其他抗震措施；

19.9.2 进户缆线留有余量；

19.9.3 进户套管与引入管之间的间隙应采用柔性防腐、防水材料密封。

19.10 机电管线抗震支撑系统：

19.10.1 电气设备系统中内径大于等于60mm的电气配管和重量大于等于15kg/m的电缆桥架及多管共架系统，须采用机电管线抗震支撑系统。

19.10.2 刚性管道侧向抗震支撑最大设计间距不得超过12m；柔性管道侧向抗震支撑最大设计间距不得超过6m。

19.10.3 刚性管道纵向抗震支撑最大设计间距不得超过24m；柔性管道纵向抗震支撑最大设计间距不得超过12m。

19.10.4 抗震支撑最终间距应根据具体深化设计及现场实际情况综合确定。

19.10.5 各系统由业主选择专业公司设计，深化方案报设计院审核。

19.11 电气管路敷设时应符合下列要求：

19.11.1 线路采用金属导管、电缆梯架或电缆槽盒敷设时，使用刚性托架或支架固定，当必须使用吊架时，须安装横向防晃吊架；

19.11.2 金属导管、电缆梯架或电缆槽盒穿越防火分区时，其缝隙应采用柔性耐火材料封堵，并在贯穿部位附近设置抗震支撑；

19.11.3 铜排、金属导管、刚性塑料导管的直线段部分每隔30m应设置伸缩节。在Z3区以上的铜排、金属导管、刚性塑料导管的直线段部分每隔10m应设置伸缩节。

19.12 其他：

19.12.1 建筑电气工程设施的支、吊架应具有足够的刚度和承载力；其与建筑结构应有可靠的连接和锚固，应使设备在遭遇设防烈度地震影响后能迅速恢复运转。

19.12.2 建筑电气工程管道的洞口设置，应减少对主要承重结构构件的削弱。管道和设备与建筑结构的连接，应能允许二者间有一定的相对变位。

19.12.3 建筑电气工程设施的基座或连接件应能将设备承受的地震作用全部传递到建筑结构上。建筑结构中用以固定建筑电气工程设施的预埋件、锚固件，应能承受建筑电气工程设施传给主体结构的地震作用。

19.12.4　抗震支吊架与钢筋混凝土结构应采用刚性连接，与钢结构应采用柔性连接。

19.12.5　建筑电气工程设施抗震设计应以建筑结构设计为主体，对其与建筑结构的连接构件和部件应采取相应措施进行设防。对重力不超过 1.8kN 的设备和吊杆计算长度不超过 300mm 的吊杆悬挂管道，可不进行设防。

20　电气环保、节能与无障碍设计

20.1　变配电所深入负荷中心，合理选择电缆、导线截面，减少电能损耗。

20.2　变压器应采用低损耗、低噪声的产品。

20.3　本工程采用低压集中自动补偿方式，并配备谐波电抗器组合，作为谐波抑制措施，避免高次谐波电流与电力电容发生谐振，影响系统设备可靠运行，治理后的谐波水平满足 GB/T14549 的要求。

20.4　优先采用节能光源。建筑照明功率密度值应小于表 3-15 要求。

建筑照明功率密度值　　**表 3-15**

房间或场所	照明功率密度(W/m^2)	房间或场所	照明功率密度(W/m^2)
客房	6	大堂	8
中餐厅	8	普通办公室	8
多功能厅	12	高档办公室	13.5
客房层走廊	3.5	会议室	8

20.5　客房内采用节能开关。

20.6　设置建筑设备监控系统，对建筑物内的设备实现节能控制。

20.7　柴油发电机房应进行降噪处理。满足环境噪声昼间不大于 55dBA，夜间不大于 45dBA。其排烟管应高出屋面并符合环保部门的要求。

20.8　无障碍厕位底距地 0.5m 设求助按钮，门外底距地 2.5m 设求助警铃。

20.9　残疾人客房、卫生间设有为供残疾人服务的专用火灾报警探测器（声、光报警）。

21　绿色建筑电气设计

21.1　绿色建筑是在建筑的全寿命周期内，最大限度地节约资源（节能、节地、节水、节材）、保护环境和减少污染，为人们提供健康、适用和高效的使用空间，与自然和谐共生的建筑。绿色设计，又称生态设计、面向环境的设计、考虑环境的设计等，是指利用产品全生命周期过程相关的各类信息（技术信息、环境信息、经济信息），采用并行设计等各种先进的设计理论和方法，使设计出的产品除了满足功能、质量、成本等一般要求外，还应该具有对环境的负面影响小、资源利用率高等良好的环境协调特性。

21.2　绿色设计电气技术措施：

21.2.1　照明设计避免产生光污染，室外夜景照明光污染的限制符合现行标准《城市夜景照明设计规范》JGJ/T 163 的规定。

21.2.2　照明功率密度值达到现行国家标准《建筑照明设计标准》GB 50034 中规定的目标值，走廊、楼梯间、门厅、大堂、大空间、地下停车场等场所的照明系统采取分区、定时、感应等节能控制措施。

21.2.3　合理选用电梯和自动扶梯，并采取电梯群控、扶梯自动启停等节能控制措施。

21.2.4　三相配电变压器满足现行国家标准《三相配电变压器能效限定值及能效等级》GB20052 的节能评价值要求，水泵、风机等设备，及其他电气装置满足相关现行国家标准的节能评价值要求。

21.2.5　对室内的 CO_2 浓度进行数据采集、分析，并与通风系统联动，实现室内污染物浓度超标实时报警，并与通风系统联动。

21.2.6　地下车库设置与排风设备联动的 CO 浓度监测装置。

22　主要电气设备选型技术条件

参见电气技术规格书篇。

23　电气设备的安装及应注意的质量问题

23.1　变压器安装应注意的质量问题。

23.1.1　加强工作责任心，做好工序搭接的自检互检，防止出现铁件焊渣清理不净，除锈不净，刷漆不均匀，有漏刷现象。

23.1.2　加强对防地震的认识，按照工艺标准进行施工，防止出现防地震装置安装不牢现象。

23.1.3　加强质量意识，管线按规范要求进行卡设，做到横平竖直，防止出现管线排列不整齐不美观现象。

24.1.4　加强质量意识，加强自、互检，母带与变压器连接时应锉平，防止出现变压器一、二次引线、螺栓不紧，压按不牢，母带与变压器连接间隙不符合规范要求。

23.1.5　认真学习安装标准，参照电气施工图册，防止出现变压器中性点，中性线及中性点接地线，不分开敷设。

23.1.6　瓷套管在变压器搬运到安装完毕应加强保护，防止出现变压器一、二次瓷套管损坏。

23.2　高、低压配电柜安装应注意的质量问题。

23.2.1　安装前要在混凝土地面上按安装标准设置槽钢基座。基座应用水平尺找平正，用角尺找方。局部垫薄铁片找齐找平。找平正后，在槽钢基础座上钻孔，以螺栓固定。

23.2.2　基础型钢焊接处应及时进行防腐处理，以防锈蚀。

23.2.3　操作机构试验调整时，严格按照操作规程进行，以防操作机构动作不灵活。

23.2.4　手车式柜二次小线回路辅助开关需要反复试验进行调整，以防辅助开关切换失灵，机械性能差。

23.3　柴油发电机组。

23.3.1　柴油发电机组主机安装应注意的事项。

1. 在机组安装前必须对现场进行详细的考察，并根据现场实际情况编制详细的运输、吊装及安装方案。现场允许吊车作业时，用吊车将机组整体吊起，把随机的减震器装在机组的底下。当现场不允许吊车作业，可将机组放在滚杠上，滚至就位。

2. 对基础的施工质量和防震措施进行检查，保证满足设计要求。

3. 根据机组的安装位置、机组重量选用适当的起重设备和索具，将机组吊装就位，机组运输、吊装须由起重工操作，电工配合进行。

4. 使用垫铁等固定铁件实施稳机找平作业，预紧地脚螺栓。必须在地脚螺栓拧紧前完成找平作业。采用楔铁找平时，应将一对楔铁用点焊焊住。

23.3.2　柴油发电机组排气、燃油、冷却系统安装应注意的事项。

1. 排气系统的安装：柴油发电机组的排气系统由排气管道、支撑件、波纹管和消声器组成。将导风罩按设计要求固定在墙壁上，在法兰连接处应加石棉垫圈，排气管出口必须经过打磨。用螺栓将消声器、弯头、垂直方向上排气管道、波纹管按图纸连接好，将水平方向上排气管道与消声器出口用螺栓连接好，并保证密封性。排烟管外侧包一层保温材料。机组与排烟管间连接的波纹管应保持自由状态，不能受力。

2. 燃油、冷却系统的安装：主要包括蓄油罐、机油箱、冷却水箱、电加热器、泵、仪表和管路的安装。当蓄油罐位置低（低于机组油泵吸程）或高（高于油门所承受的压力）时，必须采用日用油箱。日用油箱上应有液位显示及浮子开关。

23.3.3　柴油发电机组电气设备安装应注意的事项。

1. 发电机控制箱（屏）是发电机组的配套设备，主要是控制发电机送电及调压。根据现场实际情况，小容量发电机的控制箱直接安装在机组上，大容量发电机的控制屏则固定在机房的地面基础上，或安装在与机组隔离的控制室内。

2. 订货时可向机组生产商提出控制屏的特殊订货要求。

3. 根据控制屏和机组的安装位置安装金属桥架。

23.3.4　柴油发电机组地线的安装。

1. 将发电机的中性线与接地母线用专用地线及螺栓连接，螺栓防松装置齐全，并设置标识。

2. 将发电机本体和机械部分的可接受导体均与保护接地进行可靠连接。

24.3.5　柴油发电机组接线。

1. 敷设电源回路、控制回路的电缆，并与设备进行连接。

2. 发电机及控制箱接线应正确可靠。馈电线两端的相序必须与原供电系统的相序一致。

3. 发电机随机的配电柜和控制柜接线应正确无误，所有紧固件应牢固，无遗漏脱落。开关、保护装置的型号和规格必须符合设计要求。

23.3.6　柴油发电机组调试内容。

1. 将所有的接线端子螺栓再检查一次。用兆欧表测试发电机至配电柜的馈电线路以及相间、相对地间的绝缘电阻，其绝缘电阻值必须大于 0.5MΩ。对 1kV 及以上的馈电线路直流耐压试验为 2.4kV，时间 15min，泄漏电流稳定，无击穿现象。

2. 用机组的起动装置手动起动柴油发电机无负荷试车 1h，检查机组的转向和机械转动有无异常，供油和机油压力是否正常，冷却水温是否过高，转速自动和手动控制是否符合要求。如果发现问题，及时解决。

3. 柴油发电机无负荷试车合格后，再进行 2h 空载试验，检查机身和轴承的温升。只有机组空载试验合格，才能进行带负荷试验。

4. 检测自动化机组的冷却水、机油加热系统，接通电源，若水温低于 15℃，加热器应起动自动加热，当温度达到 30℃时加热器应自动停止加热。对机油加热器的要求与冷却水加热器的要求一致。

5. 检测机组的保护性能：采用仪器分别发出机油压力低、冷却水温高、过电压、缺相、过载、短路等信号，机组应立即启动保护功能，并进行报警。

6. 检测自动补给装置：将装置的手/自动开关切换到自动位置，人为放水/油至低液位，系统自动补给。当液面上升至高液位时，补给应自动停止。

7. 采用相序表对市电与发电机电源进行核相，相序应一致。

8. 与市电的联动调试：人为切断市电电源，主用机组应能在设计要求的时间内自动启动并向负载供电。

人为设置故障使主用机组停机，备用机组应能自动启动向负载供电。恢复市电，备用机组自动停机。

9. 发电机的静态试验和运转试验必须相关规定。

23.3.7　柴油发电机组试运行验收的内容。对受电侧的开关设备、自动或手动切换装置和保护装置等进行试验，试验合格后，按设计的备用电源使用分配方案，进行负荷试验，机组和电气装置连续运行 12h 无故障，方可交接验收。

23.3.8 柴油发电机组安装应注意的质量问题。

1. 施工人员应严格按设计和发电机标注接线方式接线，防止接线不正确。

2. 发电机的中性线与接地母线的引出端子应用专用螺栓直接连接起来，螺栓防松装置齐全，并有接地标识，避免发电机的中性线与接地母线连接不牢。

23.4 动力、照明配电箱安装应注意的质量问题。

23.4.1 配电箱（盘）的标高或垂直度超出允许偏差，是由于测量定位不准确或者是地面高低不平造成的，应及时进行修正。

23.4.2 铁架不方正。在安装铁架之前未进行调直找正，或安装时固定点位置偏移造成的，应用吊线重新找正后再进行固定。

23.4.3 盘面电具、仪表不牢固、不平正或间距不均，压头不牢、压头伤线芯，多股导线压头未装压线端子。闸具下方未装卡片框。螺栓不紧的应拧紧，间距应按要求调整均匀，找平整。伤线芯的部分应剪掉重接，多股线应装上压线端子，卡片框应补装。

23.4.4 接地导线截面不够或保护地线截面不够，保护地线串接。对这些不符合要求的应按有关规定进行纠正。

23.4.5 盘后配线排列不整齐。应按支路绑扎成束，并固定在盘内。

23.4.6 配电箱（盘）缺零部件，如合页、锁、螺栓等，应配齐各种安装所需零部件。

23.4.7 配电箱体周边、箱底、管进箱处，缝隙过大、空鼓严重，应用水泥砂浆将空鼓处填实抹平。

23.4.8 木箱外侧无防腐，内壁粗糙木箱内部应修理平整，内外做防腐处理，并应考虑防火措施。

23.4.9 配电箱内二层板与进、出线配管位置处理不当，造成配线排列不整齐，在安装配电箱时应考虑进出线配管管口位置应设置在二层板后面。

23.4.10 铁箱、铁盘面都要严格安装良好的保护接地线。箱体的保护接地线可以做在盘后，但盘面的保护接地线必须做在盘面的明显处。为了便于检查测试，不允许将接地线压在配电盘盘面的固定螺栓上，要专开一孔，单压螺栓。

23.4.11 铁箱内壁焊点锈蚀，应补刷防锈漆。铁箱不得用电（汽）焊进行开孔，应采用开孔器进行开孔。

23.4.12 导线引出板孔，均应套绝缘套管。如配电箱内装设的螺旋式熔断器，其电源线应接地中间触点的端子上，负荷线接在螺纹的端子上。

23.4.13 动力箱，控制箱均为小间、机房、车库内明装，其他暗装，箱体高度 600mm 以下，底边距地 1.4m。600～800mm 高的配电箱，底边距地 1.2m。800～1000mm 高的配电箱，底边距地 1.0m。1000～1200mm 高的配电箱，底边距地 0.8m。1200mm 高以上的配电箱，为落地式安装，下设 300mm 基座。与设备配套的控制箱、柜，应征得业主及设计人员的认可。

23.5 灯具。

23.5.1 施工条件及技术准备。

1. 施工图纸及技术资料齐全。

2. 屋顶、楼板施工完毕，无渗漏。

3. 有关室内吊顶龙骨安装已完成。

4. 有关预埋件及预留孔符合设计要求。

5. 安装灯具的预埋螺栓、吊杆和吊顶上用于嵌入式灯具安装的专用骨架等已完成，且按设计要求做承载实验合格。

6. 盒内清洁无杂物，固定件完好无损，盒口已修好。

7. 相关导线敷设到位，穿线检查完毕，导线绝缘测试合格。

8. 高空安装的灯具，地面通断电实验合格。

9. 熟悉施工图纸和技术资料。

10. 施工方案编制完毕并经审批。施工前应进行技术交底工作。

23.5.2 灯具的组装。

1. 根据厂家提供的说明书及组装图认真核对紧固件、连接件及其他附件。

2. 选择合适的场地。

3. 根据说明书穿各子回路的绝缘电线。

4. 根据组装图组装并接线。

5. 安装各种附件。

23.5.3 定位、放线。

1. 与相关专业技术人员作技术碰头，核对施工图纸，以确保无交叉矛盾点影响施工正常进行。

2. 确定位置：按施工图及技术交底来确定灯具位置及标高。

3. 放线：根据单独灯具及成排灯具的位置，采用十字交叉法放线，画线。

23.5.4 吸顶荧光灯的安装：首先确定灯具位置，将灯体贴紧建筑表面，灯箱应完全遮盖住灯头盒，在对着灯头盒的位置打好进线孔，将电源线穿入灯箱，在进线孔处应有绝缘胶线圈以保护导线。将灯具一端用木螺栓固定牢固，另一端用胀管螺栓或伞形螺栓固定。若荧光灯是安装在吊顶上的，应采用 30mm×3mm 自攻螺栓将灯箱固定在专用吊杆或吊架上。灯箱固定好后，将电源从接线盒穿入金属软管内，固定在灯箱内，电源线压入灯箱内的端子板（瓷接头）上。把灯具的反光板固定在灯箱上，并将灯箱调整顺直，最后把荧光灯管装好。

23.5.5 吊链荧光灯的安装：首先根据灯具至顶板的距离，截好吊链，把吊链一端挂在灯箱挂钩上，另一端固定在吊线盒内，将导线依顺序编叉在吊链内，并引入灯箱。在灯箱的进线孔处，应套上橡胶绝缘胶圈或套上阻燃黄腊管以保护导线，在灯箱内的端子板（瓷接头）上压牢。导线连接应涮锡，并用绝缘套管进行保护。理顺接头，最后将灯具的反光板用镀锌机螺栓固定在灯箱上，调整好灯脚，最后将灯管装好。

23.5.6 嵌入式荧光灯的安装。

1. 根据灯具的规格、尺寸，确定灯具的位置。

2. 固定吊杆及灯具的型材配件均为镀锌，非镀锌圆钢要做耐腐处理，吊杆直径不能小于 6mm。

3. 根据灯具与吊顶内接线盒之间的距离，进行掐线及配制金属软管，但金属软管必须与盒、灯具可靠接地，金属软管长度不得大于 1.2m，如果采用阻燃喷塑金属软管可不做跨接地线。

4. 金属软管连接必须采用配套的软管接头与接线盒及灯箱可靠连接，吊顶内严禁有导线明露。

23.5.7 嵌入式筒灯的安装。

1. 按设计要求选择灯具的规格，确定位置，并将灯口位置及直径大小等数据交土建开孔。

2. 选择灯具时，普通筒灯或节能筒灯上方应有接线盒，并与灯具固定在一起。

3. 顶板或吊顶内的接线盒与灯具连接时，应用金属软管保护导线，并应用专用的金属软管接头与接线盒固定牢固，金属管与盒及灯具盒要做跨接地。采用带有阻燃喷塑层的金属软管可不用做跨线接地。

4. 土建封板时，将电源由开好的板洞引出，封好板后将金属软管引入灯具接线盒，压牢电源线。然后将筒灯从洞口上推入，用灯具本身的卡具与吊顶板紧密固定。

5. 调整灯具与顶板平整牢固，上好灯管装好灯罩。

23.5.8 壁灯的安装。

1. 安装时首先根据设计要求选定灯具的规格、型号，核对并确定安装位置，清理预埋盒并做好耐腐处理，然后接线，之后将灯具的安装底座对正预埋的灯头盒，贴紧墙面，用机螺栓将底座直接固定在灯头盒上，最后配好灯泡，装好灯罩。

2. 根据设计要求确需明装时应根据灯具的外形选择合适的铁板（塑料板）把灯具的底托摆放上面，四周的余量要对称，然后用电钻在铁板上开好出线孔和安装孔，按灯具底板的安装孔，将灯具的灯头线从塑料台（板）的出线孔中甩出并用绝缘套管加以保护，且与墙壁上的灯头盒内电源连接刷锡，并包扎严密，将接头塞入盒内。把塑料台或板对正灯头盒，贴紧墙面，可用机螺栓将铁板直接固定在盒子耳朵上，如为塑料板就应该用胀管固定。调整铁板（塑料板）或灯具底托使其垂直平正，再用机螺栓将灯具拧在铁板（塑料板）或灯具底托上，最后配好灯泡，装好灯罩。安装在室外的壁灯，其台板或灯具底托与墙面之间应加防水胶垫，并应打好泄水孔，出进线孔应加绝缘胶圈。

23.5.9 应急照明灯具安装。

1. 应急照明灯的供电及持续时间应满足设计要求。

2. 疏散照明由安全出口标志灯和疏散标志灯组成，安全出口标志灯距地高度不低于2m，安装在疏散出口和楼梯口上方。

3. 出口指示灯在门上方安装时，底边距门框0.2m。若门上无法安装时，在门旁墙上安装，顶距吊顶50mm。出口指示灯明装。疏散诱导指示灯暗装，底边距地0.5m。

4. 疏散标志灯的设置，应不影响正常通行，且不在其周围设置容易混同疏散标志灯的其他标志牌等。

23.5.10 航空障碍照明灯的安装。

安装时首先根据产品的相关技术资料制作支架并固定好，然后将障碍灯安装在支架上，并安装好控制箱及光敏元件，最后将金属支架与防雷接地系统做可靠焊接。航空障碍照明灯的安装应符合下列要求：

1. 灯具装设在建筑物或构筑物的最高部位，还在其外侧转角的顶端分别装设灯具。

2. 灯具的选型采用低光强的为红色光，其有效光强大于1600cd。

3. 灯具安装牢固可靠，且应设置维修和更换光源的措施。

23.6 开关、插座。

23.6.1 照明开关、插座暗装，除注明者外，均为250V，10A，应急照明开关应带断电指示灯。除注明者外，插座均为单相两孔+三孔安全型插座。有淋浴、浴缸的卫生间内开关，插座选用防潮防溅型面板。烘手器电源插座底边距地1.2m。

23.6.2 施工条件。

1. 施工图纸和技术资料齐全。

2. 土建墙面装饰完毕，门窗齐全。

3. 各种管路、盒子已经敷设完毕并验收合格。

4. 线路的导线已敷设完毕，绝缘摇测合格。

23.6.3　开关安装。

1. 安装在同一建筑物构筑物的开关，应采用同一系列的产品，开关的通断位置一致（一般向上为“合”，向下为“关”），操作灵活，接触可靠。

2. 翘板式开关距地面高度应为 1.3m（有架空地板、网络地板的房间，所有开关、插座的高度均为距架空地板、网络地板的高度），残疾人客房、卫生间翘板式开关距地面高度应为 0.9m，距门口为 150～200mm。开关不得置于单扇门后。

3. 开关位置应与灯位相对应，同一室内开关方向应一致。并列安装的开关高度应一致，高低差不大于 0.5mm。

4. 多尘潮湿场所和户外应选用防水瓷制拉线开关或加装保护罩。

5. 在易燃、易爆和特别潮湿的场所，开关应分别采用防爆型、密闭型，或安装在其他处所控制。

6. 开关安装在木结构内，应注意做好防火处理（阻燃垫）。

23.6.4　插座安装

1. 除特殊场所插座安装要求外距地面应不低于 30cm（有架空地板、网络地板的房间，所有开关、插座的高度均为距架空地板、网络地板的高度）。

2. 同一室内安装的插座高度差应不大于 5mm。成排安装的插座高度差应不大于 2mm。

3. 暗装的插座应有专用盒，专用盒的四周不应有空隙，且盖板应端正严密并与墙面平。

4. 地面安装插座应有保护盖板。专用盒的进出导管及导线的孔洞，用防水密闭胶严密封堵。

5. 在特别潮湿和有易燃、易爆气体及粉尘的场所，不应装设插座。

6. 插座安装在木结构内，应注意做好防火处理（阻燃垫）。

23.6.5　开关、插座的接线。

1. 开关接线。

（1）要求同一场所的开关切断位置一致，操控灵活，导线压接牢固。

（2）所控制的电器相线必须经开关控制。

（3）开关连接的导线在圆孔接线端子内折回头压接（孔径允许折回头压接时）。

（4）多联开关不允许拱头连接，应采用 LC 型压接帽压接总头后，再进行分支连接。

2. 插座接线。

（1）单相两孔插座有横装和竖装两种。横装时，面对插座的右极接相线（L），左极接（N）中性线。竖装时，面对插座的上极接相线（L），下极接（N）中性线。

（2）单相三孔，三相四孔的保护接地均应接在上孔，插座接地端子不应与中性线端子连接。

（3）插座箱多个插座导线连接时，不允许拱头连接，应采用 LC 型压接帽压接总头后，再进行分支线连接。

23.6.6　暗装开关、插座的面板的安装：按接线要求，将盒内甩出的导线与插座、开关的面板按相序连接压好，理顺后将开关或插座推入盒内（如果盒子较深，大于 2.5cm 时，应加装专用套盒），调整面板对正盒眼，用机螺栓固定牢固。固定时要使面板端正，并紧贴墙面。

23.6.7　开关、插座的安装应注意的质量问题。

1. 导线严格分色，校线准确。防止开关未断相线，插座的相线、中性线及地线压接错误。

2. 在接线时应仔细分清各路灯具的导线，依次压接，并保证开关方向一致。防止多灯房间开关与控制灯具顺序不对应。

3. 应调整面板或修补墙面后再拧紧固定螺栓，使其紧贴建筑物表面。防止开关、插座的面板不平整，与建筑物表面之间有缝隙。

4. 及时补齐护口。防止安装开关、插座接线时，进盒导管护口脱落或遗漏。

5. 改为鸡爪接导线总头。或者采用 LC 安全型压线帽压接总头后，再分支进行导线连接。防止开关、插座内拱头接线。

6. 必须选用统一的螺栓。防止固定面板的螺栓不统一（有一字和十字螺丝）。

7. 对每个开关、插座进行上下调整。防止同一房间的开关、插座的安装高度之差超出允许偏差范围。

8. 单相双孔插座，在双孔垂直排列时，相线在上孔，中性线在下孔。水平排列时，相线在右孔，中性线在左孔。对于单相三孔插座，保护接地在上孔，相线在右孔，中性线在左孔。

23.7　防雷与接地施工。

23.7.1　建筑物防雷施工条件及技术准备。

1. 施工图纸和技术资料齐全。

2. 熟悉施工图纸和技术资料。

3. 施工方案编制完毕并经审批。施工前应进行技术交底工作。

4. 防雷引下线设施工条件。

(1) 建筑物（或构筑物）有脚手架或爬梯，达到施工操作的条件。

(2) 利用主筋作引下线时，结构钢筋需绑扎完毕。

5. 接地干线施工条件。

(1) 支架安装完毕。

(2) 保护管已预埋。

(3) 土建抹灰完毕。

6. 接地装置安装施工条件。

(1) 按设计位置清理好场地。

(2) 底板钢筋与柱筋连接处已绑扎完毕。

(3) 桩基内钢筋与柱筋连接处已绑扎完毕。

23.7.2　接闪带的安装。

1. 接闪带焊接连接应符合下面规定。

(1) 扁钢与扁钢搭按为扁钢宽度的 2 倍，不少于三面施焊。

(2) 圆钢与圆钢搭接为圆钢直径的 6 倍，双面施焊。

(3) 圆钢与扁钢塔接为圆钢直径的 6 倍，双面施焊。

(4) 扁钢与钢管，扁钢与角钢焊接，紧贴角钢外侧两面，或紧贴 3/4 钢管表面，上下两侧施焊。

(5) 除埋设在混凝土中的焊接接头外，有防腐措施。

2. 遇有变形缝处应作煨管补偿。

3. 接闪器安装应注意的事项。

(1) 接闪线为圆钢，可将圆钢放开一端固定在牢固地锚的夹具上，另一端固定在绞磨（或倒链）的夹具上，进行冷拉调直。

(2) 建筑物屋顶上有金属突出物，如金属旗杆、透气管、金属天沟、铁栏杆、爬梯、冷却水塔等，这些部位的金属导体都必须与接闪网焊接成一体。

（3）在建筑物的变形缝处应做防雷跨越处理。

23.7.3　均压环安装。

1. 利用结构圈梁里的主筋或腰筋与预先准备好的约 0.2m 的连接钢筋头焊接成一体，并与柱筋中引下线焊成一个整体。

2. 圈梁内各点引出钢筋头，焊完后，用圆钢（或扁钢）敷设在四周，圈梁内焊接好各点，并与周围各引下线连接后形成环形。同时在建筑物外沿金属门窗、金属栏杆处甩出 0.3m 长镀锌圆钢备用。

3. 外檐金属门、窗、栏杆、扶手等金属部件的预埋焊接点应不少于 2 处，与接闪带预留的圆钢焊成整体。

23.7.4　防雷引下线。

1. 防雷引下线暗敷设应符合下列规定。

（1）引下线必须在距地面 0.5m 处做断接卡子或测试点。断接线卡子所用螺栓的直径不得小于 10mm，并需加镀锌垫圈和镀锌弹簧垫圈。

（2）利用主筋作暗敷引下线时，每条引下线不得少于 2 根主筋。

（3）现浇混凝土内敷设引下线不做防腐处理。

（4）引下线应沿建筑的外墙敷设，从接闪器到接地体，引下线的敷设路径，应尽可能短而直。根据建筑物的具体情况不可能直线引下时，也可以弯曲，但应注意弯曲开口处的距离不得等于或小于弯曲都线段实际长度的 0.1 倍。引下线也可以暗装，但截门应加大一级，暗装时还应注意墙内其他金属构件的距离。

（5）引下线应躲开建筑物的人行通道出入口和行人较易接触到的地点，以免发生危险。

（6）采用多根明装引下线时，为了便于测量接地电阻，以及检验引下线和接地线的连接状况，应在每条引下线距地 0.5m 处放置断接卡子。利用混凝土柱内钢筋作为引下线时，必须将焊接的地线连接到接地端子上，可在地线端子处测量接地电阻。

2. 防雷引下线暗敷设施工步骤。

（1）首先将所需扁钢（或圆钢）用手锤（或钢筋扳子）进行调直或种直。

（2）将调直的引下线运到安装地点，按设计要求随建筑物引上，挂好。

（3）及时将引下线的下端与接地体焊接好，或与断接卡子连接好。随着建筑物的逐步增高，将引下线敷设于建筑物内至屋顶为止。如需接头则应进行焊接，焊接后应敲掉药皮并刷防锈漆（现浇混凝土除外），并请有关人员进行隐检验收、检查，做好填写记录工作。

（4）利用主筋（直径不少于 ϕ16mm）作引下线时，按设计要求找出全部主筋位置，用油漆做好标记，距室外地坪 0.5m 处焊好测试点，随钢筋逐层串联焊接至顶层，焊接出一定长度的引下线，搭接长度应不小于 100mm，做完后请有关人员进行隐检，并做好隐检记录工作。

（5）焊接连接应符合下面规定。

1）扁钢与扁钢搭按为扁钢宽度的 2 倍，不少于三面施焊。

2）圆钢与圆钢搭接为圆钢直径的 6 倍，双面施焊。

3）圆钢与扁钢塔接为圆钢直径的 6 倍，双面施焊。

4）扁钢与钢管，扁钢与角钢焊接，紧贴角钢外侧两面，或紧贴 3/4 钢管表面，上下两侧施焊。

5）除埋设在混凝土中的焊接接头外，有防腐措施。

23.7.5　接地装置。

1. 人工接地装置安装应符合以下规定：

（1）接地装置的埋设深度应在冻土层以下并应大于 0.8m 但其顶部不应小于 0.6m，角钢及钢管接地体应垂直配置。

（2）垂直接地装置长度应不小于 2.5m，其相互之间间距一般应不小于 5m。

（3）接地装置埋设位置距建筑物不小于 1.5m。遇在垃圾灰渣等埋设接地体时，应换土，并分层夯实。

（4）腐蚀性较强的场所的接地装置，采用金属外表稀土热渗透镀钻处理，并适当加大截面。

（5）当接地装置必须埋设在距建筑物出入口或人行道小于 3m 时，应采用均压带做法或在接地装置上面敷设 50～90mm 厚的沥青层，其宽度应超过接地装置 2m。

（6）接地装置的连接应采用焊接，焊接处焊缝应饱满并有足够的机械强度，不得有夹渣、咬肉、裂纹、虚焊、气孔等缺陷，焊接处的药皮敲净后，刷沥青做防腐处理。

（7）除环形接地装置外，接地体埋设位置应在距建筑物 3m 以外。

（8）采用搭接焊时，其多种规格型号的型材焊接长度如下：

1）镀锌扁钢与镀锌扁钢焊接时其焊接长度不小于其宽度的 2 倍（如规格型号为－40mm×4mm 的镀锌扁钢，其焊接长度不小于 80mm），且必须三面施焊（当扁钢宽度不同时，搭接长度以宽的为准）。敷设前镀锌扁钢需调直，煨弯不得过死，直线段上不应有明显弯曲，安装时应将镀锌扁钢立放，当直径不同时，搭接长度以宽度为准。

2）镀锌圆钢焊接长度为其直径的 6 倍并应双面施焊（当直径不同时，搭接长度以直径大的为准）。

3）镀锌圆钢与镀锌扁钢连接时，其长度为圆钢直径的 6 倍。当直径不同时，搭接以直径大的为准，且应两面施焊。

4）直接接地母线竖向放直，附加 Ω 形与接地装置镀锌钢管或角钢焊接。

5）镀锌扁钢与镀锌钢管（或角钢）焊接时，为了连接可靠，除应在其接触部位两侧进行焊接外，还应直接将扁钢弯成弧形（或直角形）与钢管（或角钢）焊接。

（9）当接地线遇有白灰焦渣层而无法避开时，应用水泥砂浆全面保护。下层 100mm 上层覆盖水泥 100mm。

（10）采用化学方法降低土壤电阻率时，所用材料应符合下列要求：

1）对金属腐蚀性弱。

2）水溶性成分含量低。

3）所有金属部件应镀锌。操作时，注意保护镀锌法。

2. 人工接地装置的加工：人工接地装置，材料一般采用 ϕ45mm 镀锌钢管和∟ 50mm×5mm 镀锌角钢切割，长度不应小于 2.5m。如采用镀锌钢管打入地下应根据土质加工成一定的形状，遇松软土壤时，可切成斜面形。为了避免打入时受力不均使管子歪斜，也可加工成扁尖形。遇土土质很硬时，可将尖端加工成锥形。如选用镀锌角钢时，应采用不小于∟ 40mm×40mm×4mm 的镀锌角钢，切割长度应不小于 2.5m，角钢的一端应加工成尖头形状。

3. 人工接地装置安装。

（1）对接地体（网）的线路进行测量弹线，在此线路上挖掘深为 0.8～1m，宽为 0.5m 的沟，沟上部稍宽，底部如有石子应清除。

（2）安装接地装置：沟挖好后，应立即安装接地体和敷设接地镀锌扁钢，防止土方坍塌。先将接地体放在沟的中心线上，打入地中，一般采用手锤打人，一人扶着接地体，一人用大锤敲打接地体顶部。为了防止将接钢管或角钢打劈，可加一护管帽套人接地管端，角钢接地可采用短角钢（约10cm）焊在接地角钢上即可。使用手锤敲打接地体时要平稳，锤击接地体正中，不得打偏，应与地面保持垂直，当接地体顶端距离地600mm时停止打入。

（3）接地装置间的扁钢敷设：镀锌扁钢敷设前应调直，然后将扁钢放置于沟内，依次将镀锌扁钢与接地体用电焊（气焊）焊接。镀锌扁钢应侧放而严禁平放，侧放时散流电阻较小。镀锌扁钢与镀锌钢管连接的位置距接地体最高点约100mm。焊接时应将扁钢拉直，焊好后清除药皮，刷沥青做防腐处理，并将接地线引出至需要位置，留有足够的连接长度。

（4）检验接地体（线）：接地体连接完毕后，应及时请质检部门进行隐检、接地体材质、位置、焊接质量，接地体（线）的截面规格等均应符合设计及施工验收规范要求，应及时报验，会同有关单位做好中间检查记录工作。经检验合格后方可进行回填，分层夯实。最后，将接地电阻摇测数值填写在接地电阻测试记录表中。

23.7.6 防雷设施安装应注意的质量问题。

1. 接地体。

（1）接地体埋深或间隔距离不够，按设计要求执行。

（2）焊接面不够，药皮处理不干净，防腐处理不好，焊接面按质量要求进行纠正，将药皮敲净，做好防腐处理。

（3）利用基础、梁柱钢筋搭接面积不够，应严格按质量要求去做。

2. 防雷引下线敷设。

（1）焊接面不够，焊口有夹渣、咬肉、裂纹、气孔及药皮处理不干净等现象。应按规范要求修补更改。

（2）漏刷防锈漆，应及时补刷。

（3）主筋铅位，应及时纠正。

（4）引下线不垂直，超出允许偏差。引下线应横平竖直，超差应及时纠正。

3. 接闪带。

（1）焊接面不够，焊口有夹渣、咬肉、裂纹、气孔及药皮处理不干净等现象。应按规范要求修补更改。

（2）变形缝处未做补偿处理，应补做。

4. 接地干线安装。

（1）扁钢不平直，应重新进行调整。

（2）接地端子漏垫弹簧垫，应及时补齐。

（3）焊口有夹渣、咬肉、裂纹、气孔及药皮处理不干净等现象。应按规范要求修补更改。

5. 利用主筋作防雷引下线，其焊接方法可采用压力埋弧焊、对焊等。机械方法可采用冷挤压，丝接等。以上接头处可做防雷引下线，不另行焊接跨接地线，但需进行隐蔽工程检查验收。

23.8 等电位联结。

23.8.1 等电位联结安装施工条件及技术准备。

1. 施工图纸、施工图集和技术资料齐全。

2. 建筑结构湿作业完毕。等电位端子板施工前，土建墙面应刮白结束。

3. 预埋件安装完毕、金属管道、保护管已应安装结束。金属门窗框定位。

4. 作业面清理完毕。

5. 熟悉施工图纸和技术资料。

6. 施工前应进行技术交底工作。施工方案编制完毕并经审批。

23.8.2　等电位端子板的制作。

1. MEB（LEB）端子板材料采用不小于4mm厚的紫铜板，制作时首先应根据等电位联结线的出线数决定MEB（LEB）端子板的长度：单行排列时端子板的长度为50mm×（支路数＋1）＋2×25mm×2，其中50mm表示各支路压接孔之间的间距及靠近安装孔的支路压接孔与安装孔之间的间距，25mm表示端子板安装孔的纵向开孔孔径及安装孔距端子板板端的距离。支路数较多时，其压接孔可多行排列。

2. 然后采用台钻在端子板上开孔，干线压接孔一般布置在右侧。开孔孔径为10.5mm，其余支线压接孔开孔孔径为6.5mm，安装孔的横向开孔孔径为10.5mm。固定支路接线端子采用M6×30的螺栓、M6螺母及6mm的垫圈。

3. 最后根据端子板的规格制作保护罩，保护罩采用2mm厚钢板，保护罩的宽度应比MEB（LEB）端子板的宽度宽约10mm，安装孔的横向开孔孔径为18.5mm。

4. MEB(LEB)端子箱制作：首先可参考MEB（LEB）端子板制作方法，采用4mm厚的紫铜板制作好MEB（LEB）端子箱内的端子板，然后根据端子板的规格制作MEB(LEB)端于箱体，MEB（LEB）端子箱体的顶、底板要根据MEB(LEB）线的规格开敲落孔，禁止开长孔。箱门应装锁，并在箱体面板表面注明“等电位联结端子箱不可触动”字样。MEB端子箱以及箱内的端予板的规格、尺寸可根据具体工程要求确定。

23.8.3　等电位端子板（箱）的安装：首先根据弹线定位的结果以及MEB（LEB）端子板的安装孔的位置在墙上的对应位置标好安装孔的位置，然后采用M10mm×80mm的膨胀螺栓将端子板固定在墙上，固定时应保证膨胀螺栓的螺杆预留出足够长度以便用来固定保护罩。最后用M10mm螺母及10mm的弹垫圈将端子板的保护罩固定在膨胀螺栓的螺杆上。

23.8.4　等电位联结线敷设与连接。

1. 等电位联结线敷设：对于隐蔽部分的等电位联结线及其连接处，电气施工人员应作隐检记录及检测报告。并应在竣工图上注明其实际走向和部位。

2. 等电位联结线连接：等电位导体间的连接可采用焊接，焊接处不应有夹渣、咬边、气孔及未焊透情况。也可采用螺栓连接，应保证接触面的光洁、压接牢固。在腐蚀性场所应采取防腐措施，如热镀锌或加大导线截面积等。等电位联结端子板应采用螺栓连接，以便拆卸进行定期检测。当等电位联结线采用不同材质的导体连接时，可采用熔接法进行连接，也可采用压接法，压接时压接处应涮锡处理。

（1）等电位联结线与建筑物防雷接地的金属体连接：应采用搭接焊的方法，所有MEB线均采用40mm×4mm的镀锌扁钢在墙内或地面内暗敷设。

（2）等电位联结线与MEB（LEB）端子板连接时，应采用接线鼻子或镀锌扁钢或铜带通过M6×30的螺栓及配套的螺母和弹簧垫圈与端子板压接牢固。

（3）等电位联结线的分支连接和直线连接，分支连接和直线连接适用于镀锌扁钢或钢带（铜母线）作等电位联结线时的连接。

（4）等电位联结线与各种管道的连接：首先根据管道外径的大小选择相应规格的专用抱箍（抱箍内径等于管道外径），抱箍材质应为镀锌扁钢或铜带，厚度满足强度要求。然后将抱箍套在管道上，通过相应规格的螺栓、螺母及弹簧垫圈与等电位联结线连接牢固，安装时要将抱箍与管道的接触表面刮拭干净。施工完毕后应测试导电的连续性，导电不良处应及时补作跨接线。金属管道连接处一般不需加跨接线。给水系统的水表应加跨接线，以保证水管的等电位联结和接地的有效，金属管道的金属保护套管应与金属管道跨接连接。为避免用煤气管道做接地极，煤气管入户后应插入一绝缘段（例如在法兰盘间插入绝缘板）以与户外埋地的煤气管道隔离。防止雷电流在煤气管道内产生电火花，在此绝缘段两端应跨接火花放电间隙，此项工作由煤气公司确定。厚壁金属管道经设计允许也可采用焊接法，焊接后应做防锈处理。

(5) 等电位联结线与卫生设备等的连接：结构施工过程中在卫生设备等的安装位置附近预埋 100mm×30mm×3mm 的镀锌扁钢作为连接板，并将该镀锌扁钢与建筑物接地系统焊接为一体。当在混凝土柱上预埋连接板时，连接板应设在柱脚处。当在砖墙上预埋连接板时，应从砖缝引出。安装卫生设备时，用 BV-4mm^2 的导线把预埋的连接板与卫生设备的安装螺钉或金属外壳连通即可。

(6) 游泳池辅助等电位连接：在游泳池边地面下无钢筋时，应在游泳池周围敷设电位均衡导线，间距约为 600mm，并最少在两处作横向连接，且与等电位联结端子板连接。如地面下敷有采暖管线，电位均衡导线应位于采暖管线的上方，电位均衡导线可采用 25mm×4mm 的镀锌扁钢或 ϕ10mm 的圆钢，也可采用网格为 150mm×150mm，ϕ3mm 的铁丝网，相邻铁丝网之间应相互焊接。如室内游泳池原无 PE 线，则不应引入 PE 线，将装置外可导电部分相互连接，室内不采用金属穿线管或金属护套电缆。

23.8.5 等电位联结安装的导通性测试。等电位联结安装完毕后应进行导通性测试，当测得等电位联结端子板与等电位联结范围内的金属管道等金属体末端之间的电阻不超过 3Ω 时，可认为等电位联结是有效的（测试电源可采用空载电压 4～24V 支流或交流电源，测试电流不小于 0.2A）。如发现导通不良处，应作跨接线，在投入使用后还应定期作测试。

23.8.6 等电位联结安装应注意的质量问题。

1. 抱箍规格应与管子配套，并将接触处的表面刮拭干净，严格按要求压接。以防抱箍松动，压接不牢。

2. 固定支架前应拉线，并使用水平尺复核，使之水平，然后弹线再固定支架，固定时先两端后中间，防止支架固定高度不均匀。

3. 稳装 MEB 端于板（箱）时，应先用线坠找正，再固定牢固。防止 MEB 端子板（箱）有歪斜。

23.9 火灾自动报警及消防联动系统。

23.9.1 施工条件及技术准备。

1. 施工图纸和技术资料齐全。

2. 线缆沟、槽、管线、箱、预埋盒施工完毕。

3. 导线间绝缘电阻经摇测符合国家要求，并编号完毕。

4. 主机房内土建、装饰作业完工，温、湿度达到使用要求。

5. 机房内接地端子箱安装完毕。

6. 火灾自动报警系统工程的施工单位必须是公安消防监督机构认可的单位，并受其监督。

7. 熟悉施工图纸和技术资料。

8. 施工方案编制完毕并经审批。

9. 施工前应组织施工人员学习方案及专业设备安装使用说明书，并进行有针对性的施工前培训及安全、技术交底。

23.9.2 管路及电缆敷设。

1. 火灾自动报警系统布线应根据现行国家标准《火灾自动报警系统施工及验收规范》GB 50166的规定，对线缆的种类、电压等级进行检查，并应符合国家标准《电气装置工程施工及验收规范》。

2. 对每回路的导线用 500V 的兆欧表测量绝缘电阻，其对地绝缘电阻值应不小于20MΩ。

3. 不同电流类型、不同系统、不同电压等级的消防报警线路不应穿入同一根管内或敷设于槽盒的同一槽孔内。

4. 埋入非燃烧体的建筑物、构筑物内的电线保护管其保护层厚度应不小于30mm。

5. 如因条件限制，强电和智能化线路共用一个竖井时，应分别布置在竖井的两侧。

6. 在建筑物的吊顶内必须采用金属管、金属槽盒。金属槽盒和钢管明配时，应按设计要求采取防火保护措施。

7. 敷设在潮湿或多尘环境中的管路，应在管口和管子连接处作密封处理。

8. 暗装消火栓箱配管时，应从侧面进线，接线盒不应放在消火栓箱的后侧。

9. 导线在管内或槽盒内，不应有接头或扭结。

10. 槽盒进行交叉、转弯、丁字连接时，应采用单通、二通、三通、四通或平面二通、平面三通等进行变通连接，导线接头处应设置接线盒或将导线接头放在电气器具内。

11. 槽盒在下面部位设置吊点或支点。

（1）槽盒直线段应每隔1.0～1.5m。

（2）距接线盒0.2m处。

（3）槽盒走向改变或转弯处。

12. 管路超过下列长度，应加装接线盒。无弯时，为45m。有一个弯时，为30m。有两个弯时，为20m。有三个弯时，为12m。

13. 火灾自动报警器系统的传输线路应采用铜芯绝缘线或铜芯电缆，阻燃耐火性能符合设计要求，其电压等级应不低于AC250V。

14. 火灾报警器的传输线路应选择不同颜色的绝缘导线，探测器的“＋”线为红色，“－”线为蓝色，其余线应根据不同用途采用其他颜色区分。同一工程中相同用途的导线颜色应一致，接线端子应有标号。

23.9.3 火灾探测器的安装。

1. 火灾探测器安装应符合设计要求。

2. 探测器的底座应固定可靠。

3. 探测器的连接导线必须可靠压接或焊接，当采用焊接时不得使用带腐蚀性的助焊剂，外接导线应有0.15m的余量，进入探测器的导线应有明显标志。

4. 探测器确认灯在侧面时应面向便于人员观察的主要入口方向，确认灯在底面时同一区域内的确认灯方向一致。

5. 探测器底座的穿线孔封堵，安装时应采取保护措施（如装上防护罩）。

6. 在电梯井、升降机井设置探测器时其位置在井道上方的机房顶棚上。

7. 探测器至墙壁、梁边的水平距离，不应小于0.5m。

8. 探测器周围0.5m内，不应有遮挡物。

9. 探测器至空调送风口边的水平距离应不小于1.5m。至多孔送风顶棚孔口的水平距离应不小于0.5m。

10. 在宽度小于3m的内走道顶棚上设置探测器时，居中布置。感温探测器的安装间距应不超过10m。感烟探测器的安装间距应不超过15m。探测器距端墙的距离不应大于探测器安装间距的一半。

11. 红外光束探测器的安装应符合以下要求：

（1）发射器和接收器应安装在同一条直线上，探测器光束距顶棚一般为0.3～0.8m，且不大于1m。

(2) 光线通路上不应有遮挡物。

(3) 相邻两组红外光束感烟探测器水平距离应不大于14m，探测器距侧墙的水平距离应不大于7m，且不应小于0.5m。

(4) 探测器发出的光束应与顶棚水平，远离强磁场，避免阳光直射，底座应牢固地安装在墙上。

12. 缆式探测器的安装应符合以下要求：

(1) 热敏电缆安装在电缆托架或支架上时，应紧贴电力电缆或控制电缆的外护套，呈正弦波方式敷设。

(2) 热敏电缆安装于动力配电装置上时，应与被保护物有良好的接触。

(3) 热敏电缆敷设时应用固定卡具固定牢固，严禁硬性折弯、扭曲，防止护套破损。必须弯曲时，弯曲半径应大于200mm。

23.9.4 手动报警按钮的安装。

1. 手动火灾报警按钮的底边距地面高度为1.5m，安装牢固且不应倾斜。

2. 手动火灾报警按钮外接导线应留有100mm的余量，且在端部应有明显标志。

23.9.5 复示盘的安装。

1. 复示盘安装应符合设计要求，端正牢固，不得倾斜。底边距地面高度不应小于1.5m，安装在轻质墙上时，应采用加固措施。

2. 用对线器进行线缆编号。

3. 压线前应对导线进行绝缘摇测，合格后方可压线。导线留有一定的余量（一般不小于200mm），分束绑扎。

4. 控制箱内的模块应按设备制造商和设计的要求配线，布线合理，安装牢固，并有标识。

5. 控制器接地应牢固，并有明显标志。

6. 导线引入穿线后，在进线处应封堵。

23.9.6 机房设备安装。

1. 消防控制机柜槽钢基础应在水泥底面生根固定牢固。

2. 机柜按设计要求进行排列，根据柜的固定孔距在基础槽钢上钻孔，安装时从一端开始逐台就位，用螺栓固定，用小线找平找直后再将各螺栓紧固。

3. 消防控制机柜（台）前操作距离，单列布置时应不小于1.5m，双列布置时应不小于2m，在有人值班经常工作的一面，距墙的距离应不小于3m，柜后维修距离应不小于1m，控制柜排列长度大于4m时，控制柜（台）两端应设置宽度不小于1m的通道。

23.9.7 火灾报警控制主机的接线。

1. 引入的线缆应进行校线，按图纸要求编号。

2. 线间、线对地绝缘电阻应不小于20MΩ。

3. 摇测全部合格后按电压等级、用途、电流类别分别绑扎成束引到端子板，按接线图进行压线，每个接线端子上压线不应超过两根。

4. 线缆标识应清晰准确，不易褪色。配线应整齐，避免交叉，固定牢固。

5. 导线引入完成后，在进线管处应封堵，控制器主电源引入线应直接与消防电源连接，严禁使用摇头连接，主电源应有明显标志。

23.9.8 接地。

1. 工作接地线应采用铜芯绝缘导线或电缆，不得利用镀锌扁钢或金属软管。

2. 消防控制设备的外壳及基础应可靠接地，接地线引入接地端子箱。

3. 消防控制室一般应根据设计要求设置专用接地箱作为工作接地。本工程采用联合接地，接地电阻应不大于0.5Ω。

4. 工作接地线与保护接地线必须分开，保护接地导体不得利用金属软管。

23.9.9 调试。

1. 火灾自动报警系统设备单机调试。

(1) 分别对每一回路的线缆进行测试，检查是否存在短路、断路等故障，并检查工作接地和保护接地是否连接正确、可靠。

(2) 对消防报警主机进行编程，并进行汉化图形显示。

(3) 对系统每一回路中的每一个探测器应进行模拟火灾响应试验和故障报警试验，检验其可靠性。

(4) 对手动报警按钮逐一进行动作测试。

(5) 对楼层显示器、警报器、警铃等设备的功能进行测试。

(6) 逐一检查广播系统扬声器的音质及音量，并进行选层广播、消防强切等测试。

(7) 逐一对消防电话进行通话试验，并对消防控制室内的外线电话进行拨通测试。

(8) 对区域报警控制器的功能进行测试。

(9) 对集中报警控制器的下列功能进行测试：

1) 火灾报警自检功能。

2) 消音、复位功能。

3) 故障报警功能。

4) 火灾优先功能。

5) 报警记忆功能。

(10) 对电源自动转换和备用电源的自动充电功能，及备用电源的欠电压和过电压报警功能进行检测，在备用电源连续充放电3次后，主电源和备用电源应能自动转换。

2. 联动系统设备单机调试。

(1) 在联动系统设备单机自调合格之前禁止打开联动控制器的电源。

(2) 对联动系统线路进行测试，排除线路故障。

(3) 检查控制模块接线端子的压线是否正确、可靠。

(4) 检查控制信号电平是否符合设计要求。

(5) 对系统需联动控制的通风、给水排水、消防水、智能化、强电、电梯及防火卷帘门的设备进行现场模拟联动试验，确保联动设备单机运行正常。

1) 风阀、风机等设备自调合格后，检查其对消防系统控制信号的动作是否正确，并检查是否有反馈信号反馈消防主机。

2) 水流指示器、信号阀、报警阀、喷淋泵等设备自调合格后，对各防火分区内的喷淋管末端逐一进行放水试验，检查水流指示器是否报警准确。对信号阀进行手动开关，检验其动作信号报警是否准确。对报警阀进行放水试验，检查水力警铃及压力开关报警是否正确。检查喷淋泵的运行状态、工作泵、备用泵转换，检测反馈信号是否正确。

3) 消防泵自调合格后，检查消防泵的运行状态、工作泵、备用泵转换，检测反馈信号是否正确。

4) 防火卷帘门自调合格后，检查防火卷帘门对消防控制信号的响应，并检查是否有反馈信号返回主机。

5) 非消防电源控制装置自调合格后，检查其对系统控制信号的动作相应是否正确，并检查是否有反馈信号返回消防主机。

6）电梯自调合格后，主机发出控制信号，电梯迫降至首层，并有反馈信号返回消防主机。

3. 系统联合调试。

（1）联动系统设备单机调试合格后，对消防报警主机进行联动控制逻辑编程。

（2）将联动主机的转换开关设为自动状态，以防火分区为单位分层进行系统联合调试。

（3）对探测器进行模拟火灾试验，监测主机及现场报警状态、预设报警联动动作及反馈信号，并在现场逐一进行核实。

（4）使用火灾报警按钮模拟火灾状态，监测主机及现场报警状态、预设报警联动动作及反馈信号，并在现场逐一进行核实。

（5）使用消火栓按钮模拟火灾状态，监测主机及现场报警状态、预设报警联动动作及反馈信号，并在现场逐一进行核实。

（6）喷淋系统末端进行防水模拟火灾状态，监测主机及现场报警状态、预设报警联动动作及反馈信号，并在现场逐一进行核实。

（7）手动拉动防火阀使其动作，模拟火灾状态，监测主机及现场报警状态、预设报警联动动作及反馈信号，并在现场逐一进行核实。

（8）系统应在连续试运行 120h 无故障后，填写火灾自动报警系统调试报告。

23.9.10　火灾自动报警及消防联动系统安装应注意的质量问题。

1. 安装应牢固，对不合格地方应及时修理好。

2. 摇测导线绝缘电阻时，应将火灾自动报警系统设备从导线上断开，防止损坏设备。

3. 设备上压接的导线，要按设计和厂家要求编号，防止接错线。

4. 调试时应先单机后联调，对于探测器等设备要求全数进行功能调试，不得遗漏，以确保火灾自动报警系统整体运行有效。

5. 柜（盘）的平直超出允许偏差时，应及时纠正。

23.10　建筑设备监控系统。

23.10.1　施工条件及技术准备。

1. 施工图纸和技术资料齐全。

2. 槽盒、管线、箱、预埋盒施工完毕。

3. 导线间绝缘电阻经摇测符合国家要求，并编号完毕。

4. 中央控制室内土建装修完毕，温度、湿度达到使用要求。

5. 空调机组、冷却塔及各类阀门等安装完毕。

6. 暖通、水系统管道、变配电设备等安装完毕。

7. 电梯安装完毕。

8. 接地端子箱安装完毕。

9. 熟悉施工图纸和技术资料。

10. 施工方案编制完毕并经审批。

11. 施工前应组织施工人员对方案及专业设备安装使用说明书，并进行有针对性的施工前培训及安全、技术交底。

23.10.2　控制室设备的安装。

1. 设备在安装前应进行检验，并符合下列要求。

2. 设备外形完好无损，内外表面漆层完好。

3. 设备外形尺寸、设备内主板及接线端口的型号、规格符合设计要求，备品、备件齐全。

4. 按照图纸连接主机、不间断电源、打印机、网络控制器等设备。

5. 设备安装应紧密、牢固，安装用的紧固件应做防锈处理。

6. 设备底座应与设备相符，其上表面应保持水平。

7. 中央控制室及网络控制器等设备的安装要符合下列规定：

(1) 控制台、网络控制器应按设计要求进行排列，根据柜的固定孔距在基础槽钢上钻孔，安装时从一端开始逐台就位，用螺栓固定，用小线找平找直后再将各螺栓紧固。

(2) 对引入的电缆或导线进行校线，按图纸要求编号。

(3) 标志编号与图纸一致，字迹清晰，不易褪色。配线应整齐，避免交叉，固定牢固。

(4) 交流供电设备的外壳及基础应可靠接地。

(5) 中央控制室一般应根据设计要求设置接地装置。当采用联合接地时，接地电阻必须按接入设备中要求的最小值确定。

23.10.3 传感器安装。

1. 温度、湿度传感器的安装。

(1) 室内外温度、湿度传感器的安装位置应符合以下要求。

1) 温度、湿度传感器应尽可能远离窗、门和出风口位置。

2) 并列安装的传感器，距地高度应一致，高度差应不大于 1mm，同一区域内高度差应不大于 5mm。

3) 温、湿度传感器应安装在便于调试、维修的地方。

(2) 温度传感器至现场控制器之间的连接应符合设计要求，应尽量减少因接线引起的误差，对于镍温度传感器的接线电阻值应小于 3Ω，1kΩ 铂温度传感器的接线总电阻值应小于 0.5Ω。

(3) 风管型温度、湿度传感器的安装应符合下列要求。

1) 传感器应安装在风速平稳、能反映温度、湿度变化的位置。

2) 风管型温度、湿度传感器应在做风管保温层时完成安装。

(4) 水管温度传感器安装应符合下列要求。

1) 水管温度传感器在暖通水管路完毕后进行安装。

2) 水管温度传感器的开孔与焊接工作，必须在工艺管道防腐、衬里、吹扫和压力试验前进行。

3) 水管温度传感器的安装位置应在水流温度变化灵敏和具有代表性的地方，不选择在阀门等阻力件附近和水流流束死角和振动较大的位置。

4) 水管型温度传感器安装在管道的侧面或底部。

5) 水管型温度传感器不在管道焊缝及其边缘上开孔和焊接。

2. 压力、压差传感器、压差开关安装。

(1) 传感器安装在便于调试、维修的位置。

(2) 传感器应安装在温度、湿度传感器的上侧。

(3) 风管型压力、压差传感器应做风管保温层时完成安装。

(4) 风管型压力、压差传感器应安装在风管的直管段，如不能安装在直管段，则应避开风管内通风死角和蒸汽排放口的位置。

(5) 水管型压力、压差传感器应在暖通水管路安装完毕后进行安装，其开孔与焊接工作必须在工艺管道的防腐、衬里、吹扫和压力试验前进行。

(6) 水管型压力、压差传感器不在管道焊缝及其边缘处开孔及焊接。

(7) 水管型压力、压差传感器安装在管道底部和水流流束稳定的位置，不安装在阀门附近、水流流束死角和振动较大的位置。

(8) 风压压差开关安装。

1) 安装压差开关时，将薄膜处于垂直于平面的位置。

2) 风压压差开关的安装应在做风管保温层时完成安装。

3) 风压压差开关安装在便于调试、维修的地方。

4) 风压压差开关安装完毕后应做密闭处理。

5) 风压压差开关的线路应通过软管与压差开关连接。

6) 风压压差开关应避开蒸汽排放口。

3. 水流开关安装。

(1) 水流开关的安装，应与工艺管道预制、安装同时进行。

(2) 水流开关的开孔与焊接工作，必须在工艺管道的防腐、衬里、吹扫和压力试验前进行。

(3) 水流开关安装在水平管段上，不应安装在垂直管段上。

4. 风机盘管温控器、电风阀的安装。

(1) 温控开关与其他开关并列安装时，距地面高度应一致。

(2) 电动阀阀体上箭头的指向应与介质流动方向一致。

(3) 风机盘管电动阀应安装于风机盘管的会水管上。

(4) 四管制风机盘管的冷热水管电动阀共用线应为中性线。

23.10.4　建筑设备监控系统安装应注意的质量问题。

1. 安装应牢固，对不合格地方应及时修理好。

2. 避免传感器内部接线出错。

3. 应将探测器清理干净。

4. 现场控制器与各种配电箱、柜和控制柜之间的接线应严格按照图纸施工，严防强电串入现场控制器。

5. 严格检查系统接地电阻值及接线，消除或屏蔽设备及连线附近的干扰源，防止通信不正常。

6. 柜（盘）的平直超出允许偏差时，应及时纠正。

23.11　综合布线系统

23.11.1　施工条件及技术准备。

1. 熟悉施工图纸的技术资料。

2. 施工方案编制完毕，并经审批。

3. 施工前应组织施工人员熟悉图纸、方案及专业设备安装使用说明书，并进行有针对性的培训及安全、技术交底。

23.11.2　综合布线系统线缆敷。

1. 管路采用地下通信管网时，应符合国家现行标准。

2. 线缆敷设一般应符合下列要求：

(1) 线缆的布放应自然平直，线缆间不得缠绕、交叉等。

(2) 线缆不应受到外力的挤压，且与线缆接触的表面应平整、光滑，以免造成线缆的变形与损伤。

(3) 线缆在布放前两端应贴有标签，以表明起始和终端位置，标签书写应清晰。

(4) 对绞电缆、光缆及建筑物内其他智能化系统的线缆应分隔布放，且中间无接头。

(5) 线缆端接后应有余量。在交接间、设备间对绞电缆预留长度，一般为 0.5～1m；

工作区为 10～30mm；光缆在设备端预留长度一般为 3～5m，有特殊要求的应按设计要求预留长度。

（6）线缆的弯曲半径应符合下列规定：

1）对绞电缆的弯曲半径应大于电缆外径的 8 倍。

2）主干对绞电缆的弯曲半径应少于电缆半径的 10 倍。

3）光缆的弯曲半径应大于光缆外径的 20 倍。

（7）采用牵引方式敷设大对数电缆和光缆时，应制作专用线缆牵引端头。

（8）布放光缆时，光缆盘转动应与光缆布放同步，光缆牵引的速度一般为 10m/min。

（9）布放线缆的牵引力，应小于线缆允许张力的 80%，对光缆瞬间最大牵引力不应超过光缆允许的张力，主要牵引力应加在光缆的加强芯上。

（10）对绞电缆与电力电缆最小净距应符合表 3-16 的规定，与其他管线最小净距应符合表3-17的规定。

对绞电缆与电力电缆最小净距 **表 3-16**

条件 \ 范围 \ 单位	最小净距(mm)		
	＜2kV·A（～380V）	2～5kV·A（～380V）	5kV·A（～380V）
对绞电缆与电力线平行敷设	130	300	600
有一方在接地的槽道或钢管中	70	150	300
双方均在接地的槽道或钢管中	10	80	150

对绞电缆与其他管线最小净距 **表 3-17**

管线种类	平行净距(mm)	垂直交叉净距(mm)
防雷引下线	1000	300
保护地线	50	20
热力管(不包封)	500	500
热力管(包封)	300	300
给排水管	150	20
煤气管	300	20

3. 暗管敷设线缆应符合下列规定：

（1）敷设管道的两端应有标志，并做好带线。

（2）敷设暗管采用钢管，暗管敷设对绞电缆时，管道的截面积利用率应为 25%～30%。

（3）地面槽盒应采用金属槽盒，槽盒的截面积利用率应不超过 40%。

（4）采用钢管敷设的管路，应避免出现超过 2 个 90°的弯曲（否则应增加过线盒），且弯曲半径大于管径的 6 倍。

4. 安装电缆桥架和槽盒敷设线缆应符合下列规定：

（1）桥架顶部距顶棚或其他障碍物不小于 300mm，桥架内横断面利用率不应超过 50%。

（2）电缆桥架、槽盒内线缆垂直敷设时，在线缆的上端和每间隔 1.5m 处，应将线缆固定在桥架内支撑架上；水平敷设时，线缆应顺直，尽量不交叉，进出槽盒部位、转弯处的两侧 300mm 处设置固定点。

（3）在水平、垂直桥架和垂直槽盒中敷设线缆时，应对线缆进行绑扎。4 对对绞电缆以 24 根为束，25 对或以上主干对绞电缆、光缆及其他电缆应根据线缆的类型、缆径、线缆芯数分束绑扎。绑扎间距不大于1.5m，绑扣间距应均匀、松紧适度。

5. 在竖井内采用明配管、桥架、金属槽盒等方式敷设线缆，应符合以上有关条款要求。竖井内楼板孔洞周边应设置50mm的防水台，洞口用防火材料封堵严实。

23.11.3 设备安装。

1. 机柜安装

（1）按机房平面布置图进行机柜定位，制作基础槽钢并将机柜稳装在槽钢基础上。

（2）机柜安装完毕后，垂直度偏差应不大于2mm，水平偏差应不大于2mm；成排距顶部平直度偏差应不大于4mm。

（3）机柜上的各种零部件不得脱落或损坏。漆面如有脱落，应予以补漆，各种标志完整清晰。

（4）机柜前面应留有1.5m操作空间，机柜背面离墙距离应不小于1m，以便于操作和检修。

（5）壁挂式箱体底边距地应符合设计要求，若设计无要求，安装高度为1.4m。

（6）在机柜内安装设备时，各设备之间要留有足够的间隙，以确保空气流通，有助于设备的散热。

2. 配线架安装

（1）采用下出线方式时，配线架底部位置应与电缆线孔相对应。

（2）各直列配线架垂直偏差应不大于2mm。

（3）接线端子各种标志齐全。

3. 各类配线部件安装

（1）各部件应完整无损，安装位置正确，标志齐全。

（2）固定螺钉紧固，面板应保持在一个水平面上。

4. 接地要求

安装机柜、配线机柜、配线设备、金属钢管及槽盒接地体的接地电阻值应不大于0.5Ω，接地导线截面、颜色应符合规范要求。

23.11.4 线缆端接。

1. 线缆端接的一般要求：

（1）线缆在端接前，必须检查标签编号，并按顺序端接。

（2）线缆终端处必须卡接牢固、接触良好。

（3）线缆终端安装应符合设计和产品厂家安装手册要求。

2. 对绞电缆和连接硬件的端接应符合下列要求：

（1）使用专用剥线器剥除电缆护套，注意不得刮伤绝缘层，且每对对绞线缆应尽量保持扭绞状态。非扭绞长度对于5类线应不大于13mm；4类线应不大于25mm。对绞线间应避免缠绕和交叉。

（2）对绞线与8位模块式通用插座（RJ45）相连时，必须按色标和线对顺序进行卡接，然后采用专用压线工具进行端接。

（3）对绞电缆与RJ458位模块式通用插座的卡接端子连接时，应按先近后远、先下后上的顺序进行卡接。

（4）对绞电缆的屏蔽层与插接件终端处屏蔽罩必须可靠接触，线缆屏蔽层应与插件屏蔽罩360o圆周接触，接触长度不小于10mm。

3. 光缆芯线端接应符合下列要求：

（1）光纤熔接处应加以保护，使用连接器以便于光纤的跳接。

(2) 连接盒面板应有标志。

(3) 光纤跳线的活动连接器在插入适配器之前应进行清洁，所插位置符合设计要求。

(4) 光纤熔接的平均损耗值为 0.15dB，最大值为 0.3dB。

4. 各类跳线的端接

(1) 各类跳线和插件间接触良好，接线无误，标志齐全。跳线选用类型应符合设计要求。

(2) 各类跳线长度应依据现场情况确定，一般对绞电缆应不超过 5m，光缆应不超过 10m。

23.11.5 调试。

1. 综合布线系统测试包括：电缆系统电气性能测试及光纤系统性能测试，测试记录表格参见现行国家标准《综合布线系统工程验收规范》GB 50312，通常测试仪器具有存储测试记录功能，可自动输出打印记录。

2. 电气性能测试仪按照二级精度，应达到表 3-18 的要求。

电缆电气性能 **表 3-18**

性能参数	1～100MHz	共模抑制	37-15log(*f*/100)dB
随机噪声最低值	65-15log(*f*/100)dB	动态精确度	±0.75dB
剩余近端串音(NEXT)	55-15log(*f*/100)dB	长度精确度	±1m±4%
平衡输出信号	37-15log(*f*/100)dB	回损	15dB

3. 电缆、光缆测试仪器必须经过计量部门校验，并取得合格证后，方可在工程中使用。

4. 测试仪应能测试 3 类和 5 类对绞电缆布线系统和光纤链路。

5. 测试仪表对于一个信息插座的电气性能测试时间在 20～50s 之间。

23.11.6 安装注意问题。

1. 安装应牢固，对不合格地方应及时修理好。

2. 预埋管线、盒应加强保护，及时安装保护盖板，防止污染阻塞管路或地面槽盒。

3. 施工前按图纸核查线缆长度是否正确，调整信号频率，使其衰减符合设计要求，以免信号衰减严重。

4. 施工中应严格按照施工图核对色标，防止因系统接线错误不能正常工作。

5. 线缆的屏蔽层应可靠接地，同一槽盒内的不同种类线缆应加隔板屏蔽，以防出现信号干扰。

6. 柜（盘）的平直超出允许偏差时，应及时纠正。

7. 应将柜（盘）清理干净。

23.12 有线电视系统。

23.12.1 技术准备。

1. 熟悉施工图纸和技术资料。

2. 施工方案编制完毕并经审批。

3. 施工前应组织施工人员对方案及专业设备安装使用说明书，并进行有针对性的施工前培训及安全、技术交底。

23.12.2 前端设备安装。

1. 稳机柜。

(1) 按机房平面布置图进行机柜定位，制作基础槽钢并将机柜稳装在槽钢基础上。

(2) 机柜安装完毕，垂直度偏差不应大于 2mm，水平偏差应不大于 2mm；成排柜顶部平直度应不大于 4mm。

(3) 机柜上的各种零件不得脱落或碰坏。漆面如有脱落应予以补漆，各种标志完整、清晰。

(4) 机柜前面应留有 1.5m 空间，机柜背面离墙距离应不小于 0.8m，以便于操作和检修。

2. 设备安装：在机柜上安装设备应根据使用功能进行有机的组合排列。使用随机柜配置的螺钉、垫片和弹簧垫片将设备固定在机柜上。每个设备的上下应留有不小于 50mm 的空间，以保证设备的散热，空隙处采用专用空白面板封装。对于非标准机柜安装的设备，可采用标准托盘安装；彩色监视器，应采用专用的电视机专用托盘和面板安装。

3. 设备布线与标识。

(1) 机房内通常采用地面槽盒，电缆由机柜底部引入。电缆敷设应顺直，无扭绞；电缆进出槽盒部位、转弯处两侧 300mm 处应设置固定点。

(2) 按图纸进行机房设备布线。机房供电电源引至净化电源后，再分别供机房内设备使用。机柜背侧各电视电缆和电源线应分别布放在机柜的两侧槽盒内，按回路分束绑扎。安装于机柜内的设备应标识设备所接收的频道；电缆的两端应留有适当余量，并做永久性标记。

4. 设备接地：室外架空电缆应先经过避雷器后才能引入机房设备。机房内的避雷器、机柜/箱、设备金属外壳、电缆金属护套（或屏蔽层）的接地线均应汇接在机房总接地母排上。前端机房的总接地装置接地电阻不大于 0.5Ω。

23.12.3　传输部分安装。

1. 有源设备（干线放大器、分支干线放大器、延长放大器、分配放大器）的安装：

(1) 安装位置应严格按照施工图纸进行确定。

(2) 明装：电视电缆需要通过电线杆架空时，野外型放大器吊装在电线杆上或左右 1m 以内的地方，且固定在电缆吊线上，室外型放大器应采用密封橡皮垫圈防水密封，并采用散热良好的铸铝外壳，外壳的连接面采用网状金属高频屏蔽圈，保证良好接地，插接件要有良好的防水、防腐蚀性能，最外面采用橡皮套防水。不具备防水条件的放大器及其他器件要安装在防水金属箱内。

(3) 放大器箱内应留有检修电源。

2. 电缆敷设。

(1) 干线电缆的长度应根据图纸设计长度进行选配或定做，以避免干线电缆传输过程中的电缆接续。

(2) 电缆采用穿管敷设时，应扫清管路，将电缆和管内预留的带线绑扎在一起，用带线将电缆拉到管道内。

3. 分支分配器的安装：分支分配器应安装在分支分配器箱内或放大器箱内，并用机螺钉固定在箱内配电板上；箱体尺寸应根据箱内设备的数量而定，箱体采用铁制，可装有单扇或双扇箱门，箱体内预留接地螺栓。

23.12.4　用户终端安装。

1. 检查修理盒口：检查盒口是否平整。暗盒的外口应与墙面齐平；盒子标高应符合设计要求，若无要求时，电视用户终端插座距地面为 0.3m。

2. 接线压接：先将盒内电缆剪成 100～150mm 的长度，然后将 25mm 的电缆外绝缘护套剥去，再把外导线铜网打散，编成束，留出 3mm 的绝缘台和 12mm 芯线，将芯线压住端子，用 Ω 卡压牢铜网处。

3. 固定面板：用户插座的阻抗为 75Ω，用机螺钉将面板固定。

23.12.5　有线电视系统接地。

1. 屏蔽层及器件金属接地：为了减少对有线电视系统内器件的干扰（包括高频干扰和交流电干扰）和防止雷击，器件金属外壳要求接地良好，全部连通。

2. 金属管路及槽盒应与建筑防雷接地连为整体的接地。

23.12.6　调试。

1. 前端设备。

(1) 将各频道的电视信号接入混合器，用场强仪测试混合器的检测口，调整各频道的输出电平值，使各频道的输出电平差在 2dB 以内。若调整混合器的调整旋钮无法达到 2dB 的电平差时，可对电平值高的频道增加衰减器。

(2) 调整设置卫星接收机的接收频率及其他参数，适当调整调制器的输出电平至该设备的标称电平值，并通过混合器的输出检测口测试，再适当调整混合器的信道调谐旋钮和放大器输出电平，最终使混合器的输出电平差在±1dB，且电平值符合设计要求。

(3) 机房前置放大器（或干线放大器）的调试：按设计要求，调整放大器的输出电平旋钮、均衡旋钮（或更换适当衰减值、均衡值插片）达到设计的电平值，通常做法，放大器的输出电平不大于 100dB，对于系统规模大、传输链路长的系统，建议采用更低电平。相邻频道的电平差在±0.75dB 以内，各频道间的电平差在±2dB 以内。

(4) 前端设备调试合格后，应填写前端测试记录表，并将信号传输至干线系统。

2. 干线放大器的调试：依据设计的电平值进行调试，调整输出电平及输出电平的斜率，并填写放大器电平测试记录表。

3. 分配网的调试：按照设计要求，调整分配放大器的输出电平和斜率，填写放大器电平测试记录表。

4. 检测用户终端电平，并填写用户终端电平记录表，用户终端电平应控制在 69±6dB。使用彩色监视器，观察图像品质是否清晰，是否有雪花或条纹、交流电干扰等。

23.12.7　安装注意问题。

1. 为处理无电视信号的问题，可采取以下措施：

(1) 前端电源失效或有源设备失效，应检查供电电压或测量有无输入信号。

(2) 线路放大器的电源失效，检查输入插头是否开路，再检测电源保险、电源等，从故障端至信号源端检查各放大器的输出信号和工作电源是否正常。

(3) 干线电缆故障，检查首端至各级放大器间的电缆是否开路或短路，并检查各种电缆插头。

2. 为避免电视图像有雪花的问题，可采取以下措施：

(1) 前端设备有故障，检查有源设备的输入、输出是否正常；若设备正常，检测电缆馈线等是否短路。

(2) 传输线路故障，由故障源向节目源方向检查每台放大器的输出信号和放大器供电电源是否正常。

(3) 分配网络中的无源器件是否短路，电缆是否损坏。

3. 为避免电视图像重影的问题，可采取以下措施：

(1) 对前端的信号变换频道进行传输处理，以免因接收信号的场强过强，形成前重影。

(2) 调整天线的位置，避开反射造成的后重影。

4. 为防止图像出现条纹、横道干扰，可采取以下措施：

(1) 调整（降低）放大器的输出电平，且不超过放大器的标称值。

(2) 调整各频道的电平，使各频道间的电平差在允许的范围内。

(3) 对有源设备、无源设备外壳及电缆的屏蔽层做可靠接地。

5. 柜（盘）的平直超出允许偏差时，应及时纠正。

23.13 车库管理系统。

23.13.1 技术准备。

1. 熟悉施工图纸的技术资料。

2. 施工方案编制完毕并经审批。

3. 施工前应组织施工人员熟悉图纸、方案及专业设备安装使用说明书，并进行有针对性的培训及安全、技术交底。

23.13.2 收费管理主机的安装。

1. 在安装前对设备进行检验，设备外形尺寸、设备内主板及接线端口的型号、规格应符合设计要求，备品配件齐全。

2. 按施工图压接主机、不间断电源、打印机、出入口读卡设备间的线缆，线缆压接应准确、可靠。

23.13.3 出入口设备安装。

1. 出入口设备采用红外光电式检测车辆出入，安装应符合下列规定：

(1) 检测设备的安装应按照厂商提供的产品说明书进行。

(2) 两组检测装置的距离及高度应符合设计要求，如设计无要求时，两组检测装置的距离一般为 1.5m±0.1m，安装高度一般为 0.7m±0.02m。

(3) 收、发装置应相互对准且光轴上不应有固定的障碍物，接收装置应避免被阳光或强烈灯光直射。

2. 读卡机、闸门机的安装应根据设备的安装尺寸制作混凝土基础，并埋入地脚螺栓，然后将设备固定在地脚螺栓上，固定应牢固、平直。

3. 满位指示设备安装：在车库入口处可安装满位指示灯，落地式满位指示灯可用地脚螺栓或膨胀螺栓固定于混凝土基座上，壁装式满位指示灯安装高度大于 2.2m。

23.13.4 调试。

1. 车辆探测器对出入车辆的探测灵敏度检测，抗干扰性能检测。

2. 自动栅栏升降功能检测，防砸车功能检测。

3. 读卡器功能检测，对无效卡的识别功能，对非接触 IC 卡读卡器，还应检测读卡距离和灵敏度。

4. 发卡（票）器功能检测，吐卡功能是否正常、入场日期、时间等记录是否正确。

5. 满位显示器功能是否正常。

6. 管理中心的计费、显示、收费、统计、信息储存等功能的检测。

7. 出入口管理工作站及与管理中心站的通信是否正常。

8. 管理系统的其他功能，如“防折返”功能检测。

9. 对具有图像对比功能的停车场（库）管理系统，应分别检测出入口车牌和车辆图像记录的清晰度、调用图像信息的符合情况。

10. 检测停车场（库）管理系统与消防系统报警时联动功能，电视监视系统摄像机对进出车库的车辆的监视等。

11. 空车位及收费显示。

12. 管理中心监控站的车辆出入数据记录保存时间应满足管理要求。

13. 车库管理系统功能和软件全部检测功能符合设计要求为合格，合格率为 100%时为系统功能检测合格。

23.13.5　安装注意问题。

1. 应及时清除盒、箱内的杂物，以防盒、箱内管路堵塞。

2. 导线在箱内、盒内应预留适当余量，并绑扎成束，防止箱内导线杂乱。

3. 导线压接应牢固，以防导线松动或脱落。

4. 柜（盘）的平直超出允许偏差时，应及时纠正。

23.14　广播系统。

23.14.1　技术准备。

1. 熟悉施工图纸的技术资料。

2. 施工方案编制完毕并经审批。

3. 施工前应组织施工人员熟悉图纸、方案，并进行安全、技术交底。

23.14.2　广播系统分线箱安装。

1. 安装箱体面板应与建筑装饰面配合严密。严禁采用电焊或电焊将箱体与预埋管口焊接。

2. 分线箱安装高度设计有要求时以设计要求为准，设计无要求时，底边距地面不低于1.4m。

3. 明装壁挂式分线箱、端子箱或声柱箱时，先将引线与箱内导线用端子做过渡压接，然后将端子放回接线箱。找准标高进行钻孔，埋入胀管螺栓进行固定。要求箱底与墙面平齐。

4. 线管不便于直接敷设到位时，线管出线口与设备接线端子之间，必须采用金属软管连接，不得将线缆直接裸露，金属软管长度不大于1m。

23.14.3　广播系统线缆敷设。

1. 布防线缆应排列整齐，不拧绞，尽量减少交叉，交叉处粗线在下，细线在上。

2. 管内穿线不应有接头，接头必须在盒（箱）处接续。

3. 进入机柜后的线缆应分别进入机架内分槽盒或分别绑扎固定。

4. 所敷设的线缆两端必须做标记。

23.14.4　广播系统终端设备安装。

1. 扬声器的安装应符合设计要求，固定要安全可靠，水平和俯、仰角应能在设计要求的范围内灵活调整。

2. 吊顶内、夹层内利用建筑结构固定扬声器箱支架或吊杆时，必须检查建筑结构的承重能力，征得设计同意后方可施工；在灯杆等其他物体上悬挂大型扬声器时，也必须根据其承重能力，征得设计同意后安装。

3. 以建筑装饰为掩体安装的扬声器箱，其正面不得直接接触装饰物。

4. 具有不同功率和阻抗成套扬声器，事先按设计要求将所需接用的线间变压的端头焊出引线，剥去10～15mm绝缘外皮待用。

23.14.5　机房设备安装。

1. 大型机柜采用槽钢基础时，应先检查槽钢基础的平直度及尺寸是否满足机柜安装要求。

2. 根据机柜底座固定孔距，在基础槽钢上钻孔，用镀锌螺栓将柜体与基础槽钢固定牢固。多台机柜并列时，应拉线找直，从一端开始顺序安装，机柜安装应横平、竖直。

3. 机柜上设备安装顺序应符合设计要求，设备面板排列整齐，带轨道的设备应推拉灵活。

4. 安装控制台要摆放整齐，安装位置应符合设计要求。

23.14.6 调试。

1. 接线前，将已布放的线缆再次进行对地与线间绝缘摇测，绝缘电阻值必须大于0.5MΩ。机房设备采用专用接头与线缆进行连接，且压接牢固。设备及电缆屏蔽层应压接好保护地线，接地电阻值应不大于0.5Ω。

2. 设备安装完后，各设备先进行单机调试，然后按音源、系统回路进行系统调试。调试时分别在机房内和现场监听各路广播的音质效果并调整各路功放的输出，以保证各路音源的音量一致。

23.14.7 安装注意问题。

1. 安装应牢固，对不合格地方应及时修理好。

2. 应将扬声器、柜（盘）清理干净。

3. 设备之间、干线与端子处应压接牢固，放直导线松动或脱落。

4. 各种节目信号源应采用屏蔽线并穿钢管。屏蔽线的外铜网应与芯线分开，以防信号短路。钢管管外皮应接保护地线。

5. 应将屏蔽线和设备外壳可靠接地，以防噪声过大。

6. 柜（盘）的平直超出允许偏差时，应及时纠正。

23.15 闭路电视监控系统。

23.15.1 技术准备。

1. 熟悉施工图纸的技术资料。

2. 施工方案编制完毕并经审批。

3. 施工前应组织施工人员熟悉图纸、方案及专业设备安装使用说明书，并进行有针对性的培训及安全、技术交底。

23.15.2 闭路电视监控系统分线箱的安装。

1. 分线箱安装位置应符合设计要求，当设计无要求时，高度为底边距地1.4m。

2. 箱体暗装时，箱体板与框架应与建筑物表面配合严密。严禁采用电焊或气焊将箱体与预埋管焊在一起，管入箱应用锁母固定。

3. 明装分线箱时，应先找准标高再钻孔，埋入胀管螺栓固定箱体。要求箱体背板与墙面平齐。然后将引线与盒内导线用端子做过渡压接，并放回接线端子箱。

4. 解码器箱一半安装在现场摄像机附近。安装在吊顶内时，应预留检修口；室外安装时应有良好的防水性，并做好防雷接地措施。

5. 当传输线路超长需用放大器时，放大器箱安装位置应符合设计要求，并具有良好的防水、防尘性。

23.15.3 线缆敷设。

1. 布放线缆前应对其进行绝缘测试（光缆、同轴电缆除外），线缆线间和线对地间的绝缘电阻值必须大于0.5MΩ，测试合格后方可敷设。

2. 敷设光缆的长度，应根据施工图选配。

3. 布放线缆应排列整齐，顺直不拧绞，尽量减少交叉，交叉处粗线在下，细线在上。电源线应与控制线、视频线分开敷设。

4. 管内穿入多根线缆时，线缆间不得拧绞，管内不得有接头，接头必须在线盒（箱）处连接。

5. 管内不能直接进入设备接线盒时，线管出线口与设备接线端子之间，必须采用金属软管过渡连接，软管长度不得超过1m，并不得将线缆直接裸露。

6. 线缆与电力线缆平行或交叉敷设时，其间距不得小于0.3m；与通信线缆平行或交叉敷设时，其间距不得小于0.1m。

7. 进入机柜后的线缆应分槽绑扎固定。

8. 敷设线缆时，光缆弯曲半径应不小于光缆外径的20倍，光缆的牵引端头应做技术处理，光缆接头的预留长度应不小于8m；同轴电缆敷设时弯曲半径应大于电缆外径的15倍。

9. 架空敷设电缆时，应将电缆吊索固定在电杆上，再用电缆挂钩把电缆挂在吊索上。挂钩间距为0.5～0.6m。根据气候条件，每一杆应留有余量。

10. 光缆架设完后，应将余缆端头包扎，盘成圈置于光缆预留盒中，预留盒应固定在杆上。地下光缆引上电杆时，必须采用钢管保护。

11. 室外管道光缆在引出地面时，应采用钢管保护。钢管伸出地面应不小于2.5m，埋入地下应为0.3～0.5m。

12. 引至摄像机终端的线缆应从设备的下部进线，并留有不影响摄像头转动操作的余量，摄像机的同轴电缆、电源线及控制线应穿缠绕管固定，不应使终端摄像机插头承受电缆自重。

13. 所敷设线缆两端必须作好标记。屏蔽型控制电缆和同轴电缆的屏蔽层应单端可靠接地。

14. 槽盒配线应符合以下要求：

(1) 在同一槽盒内的导线截面积总和不应超过内部截面积的40%。

(2) 不同电压、不同回路、不同频率的导线若放在同一槽盒内，中间应加隔板。

(3) 在穿越建筑物变形缝时，导线应留有补偿余量。

(4) 接线盒内的导线预留长度应不超过150mm；盘、箱内的导线预留长度应为其周长的1/2。

15. 监控室内电缆敷设应符合下列要求：

(1) 采用地槽或墙槽时，电缆应从机架或控制台底部进线，将电缆顺着所盘方向理直，拐弯处应符合电缆曲率半径要求。电缆在弯曲处两侧不大于30mm成捆绑扎，根据电缆数量应每隔100～200mm绑扎一次。

(2) 采用活动地板时，电缆在地板下应沿槽盒敷设，且顺直无扭绞。

23.15.4 终端设备安装。

1. 终端设备安装操作步骤如下：

(1) 支、吊架安装：安装前依据施工图，确定具体安装位置，在进行支、吊架的安装固定。固定要牢固，并达到承载要求。支架支撑面应保持水平。

(2) 云台安装：云台应在支架上稳固固定，且使之位置保持水平。

(3) 摄像机、护罩安装：参照设备安装说明书的安装要求，将带镜头的摄像机套装于护罩内，再整体安装在云台上（无云台则直接安装于支、吊架上），安装应牢靠、稳固。

(4) 解码器安装：解码器应安装在摄像机附近且便于固定和维修处，如露天安装则需要做好防雨、防雷措施。

2. 摄像机安装前应将摄像机逐个通电进行检测和粗调，工作正常后方可安装。安装时首先根据设计要求把支（吊）架预先安装到位。

3. 固定式摄像机安装前，应先调节好光圈、镜头，再对摄像机进行初装，经通电试看、细调，检查各项功能，观察监视区的覆盖范围和图像质量，符合要求后方可固定。

4. 固定式摄像机采用螺栓固定在支架上，摄像机方向的调节有一定范围。

5. 摄像机与镜头的选择应相互匹配。固定式摄像机与镜头调试好方可安装。

6. 摄像机支架及云台的安装应依据产品技术文件的要求，结合现场实际情况进行安装，固定要安全可靠，方位和俯仰角及云台的转动起点方向应能在设计要求的范围内灵活调整。

7. 摄像机应安装在监视目标附近且不易受外界损伤的地方，安装位置不应影响现场设备运行和人员正常活动。安装高度，室内应距地面2.5～5m或吊顶下0.2m处，室外应距地面3.5～10m。

8. 摄像机需要隐蔽时，可采用针孔镜头，将摄像机隐藏在顶棚内。电梯内摄像机应安装在电梯轿厢顶部电梯操作的对角处，并应能监视电梯内全景。

9. 摄像机镜头应顺光源方向监视目标，避免逆光安装；当需要逆光安装时，应降低监视区的对比度。

23.15.5 机房设备安装。

1. 电视墙固定在墙上时，应加设支架固定；电视墙地安装时，其底座应与地面固定。电视墙安装应竖直平稳，垂直度偏差不得超过1/1000。多个电视墙并排在一起时，面板应在同一平面上，并与基准线平行，前后偏差不大于2mm，两个机架间缝隙不大于2mm。安装在电视墙内的设备应固定牢固、端正；电视墙机架上的固定螺钉、垫片和弹簧垫圈均应紧固不得遗漏。

2. 控制台安装位置应符合设计要求。控制台安放竖直，台面平整，台内插接件和设备接触应可靠，安装应牢固，内部接线应符合设计要求，无扭曲、脱落现象。

3. 监视器应安装在电视墙或控制台上。其安装位置应使屏幕不受外来光直射，当有不可避免的光照时，应加遮光罩遮挡；监视器、矩阵主机、长延时录像机、画面分割器、控制键盘等设备外部可操作部分，应暴露在控制台面板外。

23.15.6 设备接线和调试。

1. 接线前，将已布放的线缆再次进行对地与线间绝缘测试，绝缘电阻值应大于0.5MΩ。

2. 机房设备应采用专用接头与线缆连接，并压接牢固，设备及电缆的屏蔽层应压接好保护地线，接地电阻值应不大于0.5Ω。

3. 摄像机（三可变）初装后，除对光圈、镜头、转向进行测试外，还应现场检测其噪声、温度变化、转动角度范围等，完全符合设备技术文件指标后，方可固定。

4. 单体调试完成后对系统进行调试，对所有设备进行通电联调，检测系统的录像回放效果，视频切换功能，标准照度下的摄像效果，矩阵主机的切换、控制、编程、巡检、记录等功能完全达到设计要求，图像质量主观评价按照现行国家标准《民用闭路监视电视系统工程技术规范》GB 50198不低于4分，方可投入使用。

5. 系统调试后，还需进行子系统报警信号的联网上传功能。

6. 系统检测。

（1）系统功能检测：云台转动、镜头、光圈的调节、调焦、变倍，图像切换，防护罩功能达到设计要求。

（2）图像质量检测：在摄像机的标准照度下进行图像的清晰度及抗干扰能力的检测。

（3）系统整体功能检测：监控范围矩阵监控主机的切换、控制、编程、巡检、记录等功能；数字视频录像监控系统还应检查主机死机记录、图像显示和记录速度、图像质量、对前端设备的控制功能以及通信接口功能、远端联网功能；数字硬盘录像监控子系统除检测其记录速度外，还检测记录的检索、回放等功能。

（4）系统联动功能的检测：联动功能应包括与其他安全防范子系统的联动控制功能。

（5）系统功能和软件全部检测，功能符合设计要求为合格，合格率为100%时为系统功能检测合格。

23.15.7　安装注意问题。

1. 安装应牢固，对不合格地方应及时修理好。

2. 导线压接应牢固，以防导线松动或脱落。

3. 使用屏蔽线时，应将外铜网与芯线分开，以防信号短路。

4. 在同一区域内安装摄像机时，在安装前应找准位置再安装，以免安装标高不一致。

5. 柜（盘）的平直超出允许偏差时，应及时纠正。

6. 应将柜（盘）清理干净。

23.16　电子客房门锁。

23.16.1　技术准备。

1. 熟悉施工图纸的技术资料。

2. 施工方案编制完毕并经审批。

3. 施工前应组织施工人员熟悉图纸、方案及专业设备安装使用说明书，并进行有针对性的培训及安全、技术交底。

23.16.2　设备箱安装。

1. 设备箱安装位置、高度应符合设计要求，在无设计要求时，安装于较隐蔽或安全的地方，底边距地为1.4m。

2. 暗装设备箱时，箱体框架应紧贴建筑物表面。严禁采用电焊或气焊将箱体与预埋管焊在一起。管入箱应用锁母固定。

3. 明装设备箱时，应找准标高，进行钻孔，埋入金属膨胀螺栓进行固定。箱体背板与墙面平齐。

4. 控制器箱的交流电源应单独敷设，严禁与信号线或低压支流电源线穿在同一管内。

23.16.3　线缆敷设。

1. 布放线缆前应对其进行绝缘测试，电线与电缆线间和线对地间的绝缘电阻值必须大于0.5MΩ，测试合格后方可敷设。

2. 布放线缆应排列整齐，不拧绞，尽量减少交叉，交叉处粗线在下，细线在上。

3. 管内线缆不得有接头，接头必须在盒（箱）处连接。

4. 所敷设的线缆两端必须作好标记。同轴电缆的屏蔽层均需单端可靠接地。

23.16.4　终端设备安装。

1. 安装电磁锁、电控锁、门磁前，应核对锁具、门磁的规格、型号是否与其安装的位置、标高、门的种类和开关方向相匹配。

2. 电磁锁、电控锁、门磁等设备安装时应预先在门框、门扇对应位置开孔。

3. 按设计及产品说明书的接线要求，将盒内甩出的导线与电磁锁、电控锁、门磁等设备接线端子进行压接。

4. 电磁锁安装：首先将电磁锁的固定平板和衬板分别安装在门框和门扇上，然后将电磁锁推入固定平板的插槽内，即可用螺钉固定，按图连接导线。

5. 在玻璃门的金属门框安装电控锁，一般置于门框的顶部。

6. 读卡器、出门按钮等设备的安装位置和标高应符合设计及要求。如果无设计要求，读卡器和出门按钮的安装高度为1.4m，与门框的水平距离为100mm。

7. 按设计及产品说明书的接线要求，将盒内甩出的导线与读卡器等设备的接线端子进行压接。

8. 使用专用螺钉将读卡器固定在暗装预埋盒上，固定应牢固可靠，面板端正，紧贴墙面，四周无缝隙。

23.16.5　设备接线和调试。

1. 接线前，将已敷设的线缆再次进行对地与线间绝缘摇测，合格后按照设备接线图进行设备端接。

2. 门禁控制主机采用专用接头与线缆进行连接，且压接牢固。设备及电缆屏蔽层应压接好保护地线，接地电阻值不应大于1Ω。

3. 按照施工图纸及产品说明书，连接系统打印机、UPS电源等外围设备。

4. 在系统管理主机上安装系统管理软件，并进行初始化设置。

5. 系统的软件检测。

1）演示软件的所有功能，以证明软件功能与任务书或合同书要求一致。

2）根据需求说明书中规定的性能要求，包括精度、时间、适应性、稳定性、安全性以及图形化界面友好程度，对所验收的软件逐项进行测试，或检查已有的测试结果。

3）对软件系统操作的安全性进行测试，包括系统操作人员的分级授权、系统操作人员操作信息的详细只读存储记录等。

4）在软件测试的基础上，对被验收的软件进行综合评审，给出综合评价，包括软件设计与需求的一致性、程序与软件设计的一致性、文档（含培训软件、教材和说明书）描述与程序的一致性、完整性和标准化程度等。

23.16.6　安装注意问题。

1. 安装应牢固，对不合格地方应及时修理好。

2. 安装电锁前应核对锁具的规格、型号是否与其安装的位置、高度、门的种类和开关方向相适应，防止错装。

3. 在门框、门扇上的开孔位置、开槽深度、大小应符合锁具的安装要求，防止返工和破坏成品。

4. 电磁锁、电控锁等锁具及配件安装后应进行调校，防止锁具卡涩、失灵。

5. 设备端子应压接牢固，以防导线松动或脱落。端子箱安装完毕后，应上锁。

6. 使用屏蔽线时，外铜网应与芯线分开，以防信号短路。

7. 应将探测器、柜（盘）清理干净。

8. 柜（盘）的平直超出允许偏差时，应及时纠正。

24　电缆、导线选择与敷设

24.1　一般要求。

24.1.1　高压电缆选用ZRYJV-10kV交联聚氯乙烯绝缘、聚氯乙烯护套铜质电力电缆。

24.1.2　普通低压出线电缆选用干线采用辐照交联低烟无卤阻燃电缆，工作温度：90℃。应急母线出线选用铜芯铜护套氧化镁防火电缆电力电缆，工作温度：90℃。电缆明敷在桥架上，若不敷设在桥架上，应穿镀锌钢管（SC）敷设。SC32及以下管线暗敷。SC40及以上管明敷。

24.1.3　大容量的设备采用铜质封闭式母线配电。插接母线选用铜制密集型母线，在小间内明敷，插接箱内设隔离开关，层总配电箱主开关均设分励脱扣装置。插接母线终端头应封闭。

24.1.4　所有支线除双电源互投箱出线选用NHBV-500V聚氯乙烯绝缘（耐火型）导线，至污水泵出线选用VV39型防水电缆外，其他均选用ZRBV-500V聚氯乙烯绝缘（阻燃）导线，穿焊接钢管（SC）暗敷或热镀锌钢管（SC）明敷。在电缆桥架上的导线应按回路穿热塑管或绑扎成束或采用ZRBVV-500V型导线。

24.1.5　控制线为ZRKVV聚氯乙烯绝缘，聚氯乙烯护套铜芯（阻燃）控制电缆，与消防有关的控制线为NH-KVV聚氯乙烯绝缘，聚氯乙烯护套铜芯耐火控制电缆。

24.1.6　电缆桥架：变配电室电缆桥架为梯形桥架，其余为托盘式。小间内竖向桥架应与平面图中水平桥架连接。小间内由竖向电缆桥架至小间内配电箱的电缆用电缆桥架敷设。电缆桥架水平安装时，支架间距不大于1.5m，垂直安装时，支架间距不大于2m，竖向电缆应按规定间距固定。平面中桥架所注安装高度为最低高度，安装时，应注意与其他专业的配合。管道综合详见建施图纸。

24.1.7　电缆桥架穿过防火分区、楼层时应在安装完毕后，用防火材料封堵。

24.1.8　电缆明敷在桥架上，普通电缆与应急电源电缆应分设桥架或采取隔离措施，在电气小间内距离应大于300mm或采用隔离措施。若不敷设在桥架上而是明敷在吊顶内或顶板上时，应穿热镀锌钢管（SC）敷设。暗敷在楼板内、垫层内时采用焊接钢管。

24.1.9　所有回路均按回路单独穿管，不同支路不应共管敷设。

24.1.10　垂直敷设管线，应在适当位置加拉线盒。50mm^{2}及以下，每30m设一拉线盒。70～95mm^2，每20m设一拉线盒。120～240mm^2，每18m设一拉线盒。

24.1.11　当消防有关的管线穿镀锌钢管（SC）明敷吊顶内时应刷防火涂料。

24.2　封闭母线、插接式母线。

24.2.1　施工条件及技术准备。

1. 施工图纸及产品技术资料齐全。

2. 屋顶不漏水，墙面喷浆完毕，场地清理干净。

3. 电气设备（变压器、开关柜等）安装完毕，检验合格。

4. 预留孔洞及预埋件位置、尺寸应符合设计要求。

5. 封闭母线安装部位的装饰工程已施工结束，门窗齐全。

6. 暖卫通风工程安装完毕。

7. 熟悉施工图纸和技术资料。

8. 施工方案编制完毕并经审批。

9. 施工前应组织施工人员进行安全、技术交底。

24.2.2　吊（支）架的制作。封闭母线、插接式母线的吊（支）架制作应根据设计和产品技术文件的规定，并结合现场实际敷设环境，确定吊（支）架数量及加工尺寸。如果设计和产品技术文件无规定时，按下列要求制作。

1. 根据施工现场建筑物结构、实际安装部位确定选用类型。一般根据安装方式的不同，吊（支）架可分为“一”字形、“L”形、“U”字形、“T”字形四种型式。吊（支）架可采用成品，也可在现场制作。

2. 吊（支）架常采用角钢或槽钢制作，在断料时应采用砂轮锯或钢锯切断，严禁采用电气焊切割，加工尺寸最大误差为5mm。

3. 采用型钢支架，煨弯可在台钳上用榔头打制，也可使用油压煨弯器用模具预制。

4. 在吊（支）架上钻孔时，应采用台钻或手电钻打孔，严禁用电焊或气焊切割孔洞，其孔径应在于固定螺栓直径1～2mm。

5. 采用圆钢吊杆直径不小于ϕ12mm，其端部需攻螺纹时，应用套丝机或套丝板加工螺杆套扣，不能出现乱丝或秃扣现象。

6. 现场制作的金属吊（支）架应按要求镀锌或涂漆。

24.2.3　插接式母线的吊（支）架的安装。

1. 施工前应对吊（支）架的位置和标高同水、暖、通风、消防等各专业系统管道进行综合考虑，避免交叉情况发生。

2. 吊（支）架采用预埋铁方法固定。吊（支）架与预埋件焊接处需刷防腐漆处理，刷漆应均匀，无漏刷，不能污染建筑物。

3. 埋注吊（支）架用的水泥砂浆，灰砂比 1∶3，P·O32.5 号及以上的水泥，应注意灰浆饱满、严实、不高出墙面，埋深不小于 80mm。

4. 吊（支）架采用金属膨胀螺栓方法固定。

（1）根据封闭母线自重选用与它相适应的金属膨胀螺栓固定吊（支）架。

（2）膨胀螺栓固定支架不少于两条。固定一个吊（支）架的膨胀螺栓不少于两个。

（3）采用圆钢吊杆时，一个吊架应用两根吊杆固定牢固，螺纹外露 2～4 扣，膨胀螺栓应加平垫和弹簧垫，吊架应用双螺母夹紧。

24.2.4　封闭、插接式母线的安装。

1. 封闭母线安装要求。

（1）封闭母线应按设计和产品技术文件规定进行组装，组装前应对每段进行绝缘电阻的测定，其绝缘电阻值不得小于 0.5MΩ。如不满足要求，需做干燥处理并做好记录。

（2）封闭母线水平敷设时，距地高度不应小于 2.2m。垂直敷设时，距地面 1.8m 以下部分，应采用防止机械损伤措施，但敷设在电气专用房间内（如配电室、机房、电气竖井、设备层等）除外。

（3）封闭母线水平敷设时，支点间距不得大于 2m。

（4）封闭母线的连接不应在穿过楼板或墙壁处进行。

（5）有跨接地线，两端应可靠接地。

（6）封闭母线与设备连接采用软连接。母线紧固螺栓应由厂家配套供应，并用力矩扳手紧固。

（7）封闭母线穿越防火分区时，应采取防火隔离措施。

2. 插接式母线垂直安装：垂直安装时，应做固定支架，穿过楼板处应加装防振装置，垂直度允许偏差不超过 1‰。封闭母线插接箱安装固定应可靠，安装高度应符合设计要求，设计无需求时，插接箱底口距地 1.4m。

24.2.5　封闭母线、插接式母线应注意的质量问题。

1. 敷设保护接地线时，应加强施工管理，以防保护接地线短缺或遗漏。

2. 封闭母线安装前，应清理接触面，保护接触面清洁，以防接触面不密实。

3. 封闭母线安装完毕，应及时清理作业场地，在需要部位进行除尘、除湿处理，以防母线绝缘性降低。

24.3　金属槽盒配线。

24.3.1　施工条件及技术准备。

1. 施工图纸的技术资料齐全。

2. 土建的结构施工，预留孔洞、预埋铁和预埋吊杆、吊架等全部完成。

3. 土建湿作业全部完成。

4. 土建地面施工过程中进行。

5. 熟悉施工图纸和技术资料。

6. 施工方案编制完毕并经审批。

7. 施工前应组织施工人员进行安全、技术交底。

24.3.2　金属槽盒的支、吊架制作及安装。

1. 支、吊架安装要求。

（1）支架与吊架所用钢材应平直，无显著扭曲。下料后长短偏差应在 5mm 范围内，切口处应无卷边、毛刺。

（2）支、吊架应焊接牢固，焊缝均匀平整。

（3）支架与吊架应安装牢固，保证横平竖直，在有坡度的建筑物上安装支架与吊架应与建筑物有相同坡度。

（4）支架与吊架的规格一般应不小于扁铁 30mm×3mm。扁钢 25mm×25mm×3mm，圆钢不小于 ϕ8mm，自制吊支架必须按设计要求进行防腐处理。

（5）严禁用电气焊切割钢结构或轻钢龙骨任何部位，焊接后均应做防腐处理。

（6）万能吊具应采用定型产品，对槽盒进行吊装，并应有各自独立的吊装卡具或支撑系统。

（7）轻钢龙骨上敷设槽盒应各自有单独卡具吊装或支撑系统，吊杆直径应不小于 8mm。支撑应固定在主龙骨上，不允许固定在辅助龙骨上。

2. 预埋吊杆、吊架：

（1）采用直径不小于 8mm 的圆钢，经过切割、调直、煨弯及焊接等步骤制作成吊杆、吊架。其端部应攻螺纹以便于调整。在配合土建结构中，应随着钢筋上配筋的同时，将吊杆或吊架锚固在所标出的固定位置。在混凝土浇筑时，要留有专人看护以防吊杆或吊架移位。拆模板时不得碰坏吊杆端部的螺纹。

（2）预埋铁的自制加工尺寸应不小于 120mm×60mm×6mm。其锚固圆钢的直径不应小于 5mm。紧密配合土建结构的施工，将预埋铁的平面放在钢筋网片下面，紧贴模板，可以采用绑扎或焊接的方法将锚固圆钢固定在钢筋网上。模板拆除后，预埋铁的平面应明露，或吃进深度一般在 10～20mm，再将用扁钢或角钢制成的支架、吊架焊在上面固定。

3. 钢结构支、吊架安装：可将支架或吊架直接焊在钢结构上的固定位置处，也可利用万能吊具进行安装。支、吊架应选用定型产品，若结构为轻钢龙骨，支、吊架可自制。

4. 金属膨胀螺栓安装方法。

（1）首先沿着墙壁或顶板根据设计图进行弹线定位，标出固定点的位置。

（2）根据支架式吊架承受的荷重，选择相应的金属膨胀螺栓及钻头，所选钻头长度应大于套管长度。

（3）打孔的深度应以将套管全部埋入墙内或顶板内后，表现为平齐。

（4）应先清除干净打好的孔洞内的碎屑，然后再用木槌或垫上木块后，用铁锤将膨胀螺栓敲进洞内，应保证套管与建筑物表面平齐，螺栓端都外露，敲击时不得损伤螺栓的螺纹。

（5）埋好螺栓后，可用螺母配上相应的垫圈将支架或吊架直接固定在金属膨胀螺栓上。

24.3.3 金属槽盒的安装。

1. 槽盒敷设安装。

（1）槽盒直线段连接应采用连接板，用垫圈、弹簧垫圈、螺母紧固，接茬处应缝隙严密平齐。

（2）槽盒进行交叉、转弯、丁字连接时，应采用单通、二通、三通、四通或平面二通、平面三通等进行变通连接，导线接头处应设置接线盒或将导线接头放在电气器具内。

（3）应加装封堵。

（4）槽盒通过钢管引入或引出导线时，应采用分管器。

（5）建筑物的表面如有坡度时，槽盒应随其变化坡度。待槽盒全部敷设完毕后，应在配线之前进行调整检查。确认合格后，再进行槽内配线。

2. 槽盒安装要求。

（1）槽盒应平整，无扭曲变形，内壁无毛刺，各种附件齐全。

（2）槽盒的接口应平整，接缝处应紧密平直。槽盖装上后应平整，无翘角，出线口的位置准确。

（3）在吊顶内敷设时，如果吊顶无法上人时应留有检修孔。

（4）不允许将穿过墙壁的槽盒与墙上的孔洞一起抹死。

（5）槽盒的所有非导电部分的铁件均应相互连接和跨接，使之成为一个连续导体，并做好整体接地。

（6）当槽盒的底板对地距离低于2.4m时，槽盒本身和槽盒盖板均必须加装保护地线。对于2.4m以上的槽盒盖板，可不加保护地线。

（7）槽盒经过建筑物的变形缝（伸缩缝、沉降缝）时，槽盒本身应断开，槽内用内连接板搭接，不需固定。保护地线和槽内导线均应留有补偿余量。

（8）敷设在竖井、吊顶、通道、夹层及设备层等处的槽盒应符合《建筑设计防火规范》的有关要求。

3. 吊装金属槽盒安装：万能型吊具一般应用在钢结构中，如工字钢、角钢、轻钢龙骨等结构，可预先将吊具、卡具、吊杆、吊装器组装成一整体，在标出的固定点位置处进行吊装，逐件地将吊装卡具压接在钢结构上，将顶丝拧牢。

（1）槽盒直线段组装时，应先做干线，再做分支线，将吊装器与槽盒用蝶形夹卡固定在一起。按此方法，将槽盒逐段组装成形。

（2）槽盒与槽盒可采用内连接头或外连接头，配上平垫和弹簧垫用螺母紧固。

（3）槽盒交叉、丁字、十字应采用二通、三通、四通进行连接，导线接头处应设置接线盒放置在电气器具内，槽盒内绝对不允许有导线接头。

（4）转弯部位应采用立上弯头和立下弯头，安装角度要适。

（5）出线口处应利用出线口盒进行连接，末端部位要装上封堵，在盒、箱、柜进出线处应采用抱脚连接。

24.3.4　金属槽盒内配线。

1. 槽盒内配线方法。

（1）清扫槽盒：清扫明敷槽盒时，可用抹布擦净槽盒内残存的杂物和积水，使槽盒内外保持清洁。清扫暗敷于地面内的槽盒时，可先将带线穿通至出线口，然后将布条绑在带线一端，从另一端将布条拉出，反复多次就可将槽盒内的杂物和积水清理干净。也可用空气压缩机将槽盒内的杂物和积水吹出。

（2）放线。

1）放线前应先检查管与槽盒连接处的护口是否齐全。导线和保护地线的选择是否符合设计图的要求。管进入盒、槽时，内外根母是否锁紧，确认无误后再放线。

2）放线方法：先将导线抻直、捋顺，盘成大圈或放在放线架（车）上，从始端到终端（先干线，后支线）边放边整理，不应出现挤压背扣、扭结、损伤导线等现象。每个分支应绑扎成束，绑扎时应采用尼龙绑扎带，不允许使用金属导线进行绑扎。放好线后，将槽内导线整理好，盖上盖板。

2. 槽盒内配线要求。

（1）槽盒内配线前应消除槽盒内的积水和污物。

（2）在同一槽盒内（包括绝缘在内）的导线截面积总和应该不超过内部截面积的40％。

（3）槽盒底向下配线时，应将分支导线分别用尼龙绑扎带绑扎成束，并固定在槽盒底板下，以防导线下坠。

(4) 不同电压、不同回路、不同频率的导线应加隔板放在同一槽盒内。

(5) 导线较多时，除采用导线外皮颜色区分相序外，也可利用在导线端头和转弯处做标记的方法来区分。

(6) 在穿越建筑物的变形缝时，导线应留有补偿余量。

(7) 接线盒内的导线预留长度应不超过 15cm，盘、箱内的导线预留长度应为其周长的 1/2。

(8) 从室外引入室内的导线，穿过墙外的一段应采用橡胶绝缘导线，不允许采用塑料绝缘导线。穿墙保护管的外侧应有防水措施。

24.3.5 金属槽盒保护地线。

1. 保护地线应敷设在槽盒内一侧，接地处螺栓直径应不小于 6mm。并且加平垫和弹簧垫圈，用螺母压接牢固。非镀锌槽盒连接板两侧需跨接地线，跨接地线可采用同编织带或塑铜软线。

2. 金属槽盒的宽度在 100mm 以内，两段槽盒用连接板连接处（即连接板做地线时），每端螺丝固定点不少于 4 个。宽度在 200mm 以上两端槽盒用连接板连接的保护地线每端螺栓固定点不少于 6 个。镀锌槽盒在连接板的两端可不跨接地线，但连接板两端需用不少于两个防松螺栓紧固。

3. 槽盒盖板应做好保护接地。

24.3.6 金属槽盒配线安装应注意的质量问题。

1. 配线前应将槽盒内清理干净，以防槽盒内有灰尘和杂物。

2. 在线缆敷设前事先排列好，敷设时应将导线理顺，绑扎成束。

3. 槽盒应选用合格产品。安装时采用胀管法固定牢固，以防槽盒底板松动、有翘边。

4. 应按照图纸及规范要求将不同电压等级的线路分开敷设，以防不同电压等级的电路放置在同一槽盒内。

5. 按要求配线，使槽盒内导线截面和根数在规定允许的范围内，以防槽盒内导线截面和根数超出槽盒的允许规定。

6. 操作时应将盖板接口对好，以防槽盒盖板接口不严密，缝隙过大或有错茬。

7. 金属桥架、槽盒的外壳分别用纺织铜带与保护接地干线做好电气连接。

24.4 钢管布线。

24.4.1 施工条件及技术准备。

1. 施工图纸的技术资料齐全。

2. 明管敷设。

(1) 预埋件、支架及穿墙孔洞施工完毕。

(2) 土建初装修完毕。

3. 暗管敷设。

(1) 土建砌体施工过程中。

(2) 土建混凝土结构钢筋绑扎过程中。

(3) 预制楼板就位完毕。

4. 吊顶内或护墙板内、管路敷设。

(1) 预埋件安装完毕。

(2) 吊顶标高线已弹好。

5. 熟悉施工图纸和技术资料。

6. 施工方案编制完毕并经审批。

7. 施工前应组织施工人员进行安全、技术交底。

24.4.2　预制加工。

1. 钢管煨弯可采用冷煨法或热煨法。

(1) 冷煨法：管径为 20mm 及其以下时，用手动煨管器。先将管子插入煨管器，均匀用力至煨出所需弯度。管径为 25mm 及其以上时，使用液压煨管器，即先将管子放入模具，然后操作煨管器，煨出所需弯度。

(2) 热煨法：首先堵住管子一端，将预先炒干的砂子灌满灌实，再将另一端管口堵住放在火上均匀加热，烧红后煨成所需弯度，及时冷却。要求管路的弯曲处弯扁程度应不大于管外径的 1/10。明配管时，弯曲半径应不小于管外径的 6 倍。埋设于地下或混凝土楼板内时，应不小于管外径的 10 倍。

一般来讲，硬皮电缆转弯处不穿钢管敷设。特殊情况下经设计允许钢管作为穿电缆导管时，其弯曲半径应不小于电缆最小允许的弯曲半径，电缆最小允许的弯曲半径应符合表 3-19 的要求。

电缆最小允许的弯曲半径　　　　**表 3-19**

序　号	电　缆　种　类	最小允许的弯曲半径
1	无铅包钢铠护套的橡皮绝缘电力电缆	$10D$
2	有钢铠护套的橡皮绝缘电力电缆	$20D$
3	聚氯乙烯绝缘电力电缆	$10D$
4	交联聚氯乙烯绝缘电力电缆	$15D$
5	多芯控制电缆	$10D$

注：D 为电缆外径。

2. 管子切断：用钢锯、割管器、无齿锯或砂轮锯进行切管，严禁用电气焊断管。将管子放在钳口内卡牢固，沿垂直于管子的方向切割。断口处平齐不歪斜，管口刮铣光滑，管内铁屑除净。

3. 管子攻螺纹：采用套管机，根据管外径选择相应板牙进行攻螺纹。要求丝扣干净清晰，丝扣不乱不过长，消除渣屑。管径 20mm 及其以下时，应分二板套成。管径在 25mm 及其以上时，应分三板套成。

4. 非镀锌金属导管防腐：导管内外壁应做防腐处理：埋设于混凝土内的导管内壁应做防腐处理，外壁可不做防腐处理，但应除锈。

24.4.3　管路敷设。

1. 管路连接：金属导管严禁对口熔焊连接，镀锌和壁厚小于等于 2mm 的钢导管不得套管熔焊连接。防爆导管不应采用倒扣连接，当连接有困难时，应采用防爆活接头，其接合面严密。

(1) 管路连接方法。

1) 管箍攻螺纹连接：攻螺纹不得有乱扣现象。管箍必须使用通丝管箍。上好管箍后，管口应对严。外露螺纹应不多于 2 扣。

2) 套管连接：用于暗配管，壁厚大于 2mm 非镀锌导管，套管长度为连接管径的 2.2 倍。连接管口的对口处应在套管的中心，焊口应焊接牢固严密。

3) 坡口（扬声器口）焊接：管径 80mm 以上钢管，先将管口除去毛刺，找平齐。用气焊加热管口，边加热边用手锤沿管周边，逐点均匀向外敲打出坡口，把两管坡口对平齐，周边焊严密。

（2）管与管的连接：金属导管严禁对口熔焊连接，镀锌和壁厚小于等于 2mm 的钢导管不得套管熔焊连接。镀锌钢导管、可挠性导管不得熔焊跨接接地线，接地线采用专用接地卡做跨接连接。截面积不小于 $4mm^2$ 软铜导线。壁厚大于 2mm 及其以上的非镀锌钢管，可采用管箍连接或套管焊接。管口锉光滑、平整，接头应牢固紧密。

2. 钢管敷设时应在适当的长度（包括垂直部分）加装接线盒，其位置应考虑便于穿线，接线盒当分线盒设置时，还应考虑到美观，做到实用与效果相结合。

（1）管路超过下列长度，应加装接线盒。无弯时为 30m。有一个弯时为 20m。有两个弯时为 15m。有三个弯时为 8m。

（2）管路垂直敷设时，根据导线截面设置接线盒距离。$50mm^2$ 及以下为 30m。70～$95mm^2$ 时，为 20m。120～$240mm^2$ 时，为 18m。

3. 电线管路与其他管道最小距离见表 3-20。

电线管路与其他管道最小距离 **表 3-20**

管道名称		最小距离(mm)
蒸汽管	平行	1000(500)
	交叉	300
暖、热水管	平行	300(200)
	交叉	100
通风、上下水、压缩空气管	平行	100
	交叉	50

注：1. 表内有括号者为在管道下边的数据。
2. 达不到表中距离时，应采取下列措施：
（1）蒸汽管在管外包隔热层后，上下平行净距可减至 200mm。交叉距离须考虑便于维修，但管线周围温度应经常在 35℃以下。
（2）暖、热水管包隔热层。

4. 管进盒、箱连接：管入盒，箱必须煨灯叉弯，并应里外带锁紧螺母。采用内护口，管进盒、箱以内锁紧螺母平为准。吊顶内灯头盒至灯位可采用阻燃型普里卡金属软管过渡，长度应符合验收规范规定。其两端应使用专用接头。吊顶各种盒，箱的安装盒箱口的方向应朝向检查口以利于维修检查。

（1）盒、箱开孔应整齐并与管径相吻合，要求一管一孔，不得开长孔。铁制盒、箱严禁用电、气焊开孔，并应刷防锈漆。

（2）管口入箱位置应排列在箱体二层板内，跨接地线应焊在暗装配电箱预留的接地扁钢上，管入盒跨接地线可焊在暗装盒的棱边上，管入盒箱应采用锁母锁紧，严禁管口与敲落孔焊接露出锁紧螺母的螺纹为 3 个扣。两根以上管入盒、箱要长短一致，间距均匀，排列整齐。

5. 钢管与设备连接：应将钢管敷设到设备内，若不能直接进入时，应符合下列要求：

（1）在干燥房屋内，可在钢管出口处加保护软管引入设备，管口应包扎严密。

（2）室内进入落地式柜、台、箱内的导管管口，应高出柜、台、箱、盘、基础面 50～80mm，或排配电箱（柜）的导管管口高度一致。

（3）在室外或潮湿房间内，可在管口处装设防水弯头，由防水弯头引出的导线应套绝缘保护软管，经弯成防水弧度后再引入设备。

（4）管口距地面高度一般不低于 200mm。

（5）埋入土层内的钢管，应刷沥青包缠玻璃丝布后，再刷沥青油。或应采用水泥砂浆全面保护。

(6) 金属软管引入设备时，应符合下列要求：

1) 金属软管与钢管或设备连接时，应采用金属软管接头连接，在照明工程中长度不超过1m，动力工程中长度不超过0.8m。

2) 金属软管用管卡固定，其固定间距应不大于1m。

3) 不得利用金属软管作为接地导体。

6. 暗管敷设。

(1) 随墙（砌体）配管：砖墙、加砌气混凝土块墙、空心砖墙配合砌墙立管时，该管最好放在墙中心。管口向上者要堵好。为使盒子平整，标高准确，可将管先立偏高200mm左右，然后将盒子稳好，再接短管。往上引管有吊顶时，管上端应煨成90°弯直进吊顶内。由顶板向下引管不过长，以达到开关盒上口为准。等砌好隔墙，先稳盒后接短管。

(2) 大模板混凝土墙配管：可将盒、箱焊在该墙的钢筋上，接着敷管。每隔1m左右，用铅丝绑扎固定。管进盒、箱要煨灯叉弯。向上引管不过长，以能煨弯为准。

(3) 现浇混凝土楼板配管。先找灯位，根据房间四周墙的厚度，弹出十字线，将堵好的盒子固定牢固，然后敷设管路。有两个以上盒子时，要拉直线。如为吸顶灯或荧光灯（配置荧光灯时，导管入盒从侧面进盒，以防安装膨胀螺栓时打坏管路)，应预下木砖或金属胀管。

7. 明管敷设：明管敷设与暗管敷设相同处见相关部分。在多粉尘，易爆等场所敷管，应按设计和有关防爆规程施工。防爆导管敷设应符合下列规定：

(1) 导管间及灯具、开关、线盒等的螺纹连接处紧密牢固，除设计有特殊要求外，连接处不跨接接地线，在螺纹上涂以电力复合脂或导电性好防锈脂。

(2) 安装牢固顺直，镀锌层锈蚀或剥落处防腐处理。

8. 变形缝处理：导管在变形缝处应做补偿处理。

(1) 变形缝处理做法：变形缝两侧各预埋一个接线盒，先把管的一侧固定在接线盒上，另一侧接线盒底部的垂直方向开长条形孔，其宽度尺寸不小于被接入管直径的2倍。

(2) 普通接线箱在地板上（下）部做法：箱体底口距离地面应不小于300mm，管路弯曲90°后，管进箱应加内、外锁紧螺母。在板下部时，接线箱距顶板距离应不小于150mm。

24.4.4 接地线安装。

1. 焊接法：管路接地如采用焊接跨接地线的方法连接，跨接地线两端焊接面不得小于该跨接线截面的6倍。焊缝均匀、无夹渣，焊接处要清除药皮，刷防腐漆。地线焊接及处理办法见防雷接地有关部分。明配管跨接线应紧贴管箍，焊接处均匀美观牢固。管路敷设应保证畅通，并刷好防锈漆、调和漆，无遗漏。跨接线的规格见表3-21。

跨接线的规格 **表3-21**

管径	圆钢	扁钢
15～25	ϕ6	—
32～40	ϕ8	—
50～70	ϕ10	25×3
≥80	ϕ8×2	25×3×2

2. 卡接法：镀锌钢管或可挠金属电线保护管，应用专用接地线卡连接，不得采用熔焊连接地线，截面积不小于4mm²，铜芯软线明敷设时，采用铜芯双色软线。

3. 当非镀锌钢导管采用螺纹连接时，连接处的两端焊跨接接地线，当镀锌钢导管采用螺纹连接时，连接处的两端用专用接地卡固定跨接接地线。

24.4.5 管内穿线。

1. 穿线前应首先检查各个管口，以保证护口齐全，无遗漏、破损。

2. 当管路较长或转弯较多时，往管内吹入适量的滑石粉。

3. 穿线时应符合下列规定：

(1) 同一交流回路的导线必须穿于同一管内。

(2) 不同回路、不同电压等级和交流与直流的导线，不得穿入同一管内，但下列几种情况除外：

1) 标称电压为50V以下的回路。

2) 同一设备的电力回路和无特殊防干扰要求的控制回路。

3) 同一花灯的多个分支回路。

4) 同类照明的多个分支回路，但管内的导线总数不应多于8根。

4. 导线在管内不得有接头和扭结。

5. 管内导线包括绝缘层在内的总截面积应不大于管子内空截面积的40%。

6. 导线经变形缝处应留有一定的余度。

7. 敷设于垂直管路中的导线，当超过下列长度时，应在中间（管口处和接线盒中）加以固定。

(1) 截面积为50mm^{2}及以下的导线为30m。

(2) 截面积为70～95mm^{2}的导线为20m。

(3) 截面积在180～240mm^{2}之间的导线为18m。

8. 不进入接线盒（箱）的垂直向上管口，穿入导线后应将管口密封。

24.4.6 管内绝缘导线敷设放线与断线。

1. 放线。

(1) 放线前应根据设计图对导线的规格、型号、颜色、质量进行核对。

(2) 放线时导线应置于放线架或放线车上，放线避免出现死扣和背花。

2. 断线。

(1) 导线在接线盒、开关盒、灯头盒等盒内应预留14～16cm的余量。

(2) 导线在配电箱内应预留约相当于配电箱箱体周长的一半的长度作余量。

(3) 公用导线（如竖井内的干线）在分支处不断线时，采用专用绝缘接线卡卡接。

24.4.7 线路检查和绝缘摇测。

1. 线路检查：接、焊、包全部完成后，应进行自检和互检。检查导线接、焊、包是否符合施工验收规范及质量验评标准的规定。检查无误后再进行绝缘摇测。

2. 绝缘摇测：照明线路的绝缘摇测一般选用500V，量程为1～500MΩ兆欧表。照明绝缘线路绝缘摇测按下面的两步进行。

(1) 电气器具未安装前应进行线路绝缘摇测时，首先将灯头盒内导线分开，开关盒内导线连通。摇测应将干线和支线分开，一人摇测，一人应及时读数并记录。摇动速度应保持在120r/min左右，读数应采用1min后的读数为宜。

(2) 电气器具全部安装完在送电前进行摇测时，按系统、按单元、按户摇则一次线路的绝缘电阻。应先将线路上的开关、刀闸、仪表、设备等用电开关全部置于断开位置，摇测方法同上所述，确认绝缘摇测无误后再进行送电试运行。

24.4.8 钢管布线应注意的质量问题。

1. 为了避免煨弯处出现凹扁过大或弯曲半径不够倍数的现象，施工时应注意以下几点：

(1) 热煨时，砂子要灌满，受热均匀，螺弯冷却要适度。

(2) 使用油压煨管器或煨管机时，模具要配套，管子的焊缝应在背面。

(3) 使用手扳煨管器时，移动要适度，用力不要过猛。

2. 暗配管路弯曲过多，敷设管路时，应按设计图要求及现场情况，沿最近的路线敷设，不绕行。

3. 预埋盒、箱、支架、吊杆歪斜，或者盒、箱里进外出严重，应根据具体情况进行修复。

4. 一次结构预埋的盒子收口不好，稳住盒、箱出现空、收口不好，应在稳住盒、箱时，其周围灌满灰浆，盒、箱口应及时收好后再穿线上器具。

5. 预留管口的位置不准确。配管时未按设计图要求，找出轴线尺寸位置，造成定位不准。应根据设计图要求进行修复。

6. 钢导管在焊跨接地线时，将管焊漏，焊接不牢、漏焊、焊接面不够倍数，主要是操作者责任心不强，或者技术水平太低，应加强操作者责任心和技术教育，严格按照规范要求进行焊接。

7. 明配管、吊顶内或护墙板内配管、固定点不牢，螺栓松动铁卡子、固定点间距过大或不均匀。应采用配套管卡，固定牢固，挡距应找均匀。

8. 暗配管路堵塞，配管后应及时扫管，发现堵管及时修复。配管后应及时加管堵把管口堵严实。

9. 管口不平齐有毛刺，断管后未及时铣口，应用锉把管口锉平齐，去掉毛刺再配管。

10. 焊口不严，破坏镀锌层，应将焊口焊严，受到破坏的镀锌层处，应及时补刷防锈漆。

11. 穿线前应及时检查，发现护口破损与管径不符者应及时更换。以防护口遗漏、脱落、破损及与管径不符等现象。

12. 导线连接时，焊锡的温度要适当，涮锡要均匀，以防出现虚焊、夹渣。

13. 削线时不应用力过，猛且应根据线径选用剥线钳相应的刀口，以防导线线芯受损。

14. 应选用与导线截面相应的合格产品，同时线芯的预留长度适宜，以防螺旋接线钮松动和线芯外露。

15. 应选用配套的压模压接，以防套管压接后，压模的位置不在中心线上或深度不够。

16. 敷设前应将管路中的泥水清理干净，以防导线受潮。

25　其他事宜

25.1　凡与施工有关而又未说明之处，应与设计院协商解决。

25.2　本设计除注明外，各尺寸均以 mm 计。

25.3　不同性质导线共槽时，应进行金属分隔。所有敷设在楼板内的管路均采用焊接钢管，明敷管路均采用镀锌钢管。

25.4　所有灯具应设置专用接地线，图面不另行标注。

25.5　除特殊注明外，所有插座回路均为 BV-3×2.5SC20。

25.6　所有消防设备配电回路的保护电器不设置过负荷保护。

25.7　控制与保护开关电器（KB0）脱扣器额定电流可根据电机现场微调。

25.8　客房内的插座与开关安装高度仅供参考，具体位置以二次装修图纸为准。

25.9　高低压配电系统及变电所在征得供电主管部门认可后方可施工。

25.10　配电箱、控制箱应与照明、设备、智能化、消防公司协调后进行加工。

25.11　图纸中出现任何设备或元件不做为唯一的选择，但本工程所选设备、材料，必须具有国家级检测中心的测试合格证书，其技术指标不得低于设计和业主的要求。供电产品、消防产品应具有本地入网许可证。

25.12　本工程火灾报警系统、建筑设备监控系统、保安监控系统、计算机网络系统等智能化系统均根据各系统的需要，由厂商配备必要的 UPS 电源。

25.13　冷水机组采用软启动方式启动，其配电柜、控制柜（上进上出）由厂商配套供应。柴油发电机启动柜和配电柜由厂商配套供应。

25.14　所有设备确定厂家后均需建设、施工、设计、监理四方进行技术交底。

25.15　工程建设过程中，应遵循以下原则：

25.15.1　根据国务院签发的《建设工程质量管理条例》进行施工，确保工程质量。

25.15.2　本设计文件需报建设行政主管部门或其他有关部门审查批准后，方可使用。

25.15.3　建设方必须提供电源等市政原始资料，原始资料必须真实、准确、齐全。

25.15.4　由建设单位采购建筑材料、建筑构件和设备的，建设单位应当保证建筑材料、建筑构件和设备符合设计文件和合同的要求。

25.15.5　施工单位必须按照工程设计图纸和施工技术标准施工，不得擅自修改工程设计，不得偷工减料。施工单位在施工过程中发现设计文件和图纸有差错的，应当及时提出意见和建议。

25.15.6　对于隐蔽工程，施工完毕后，施工单位应和有关部门共同检查验收，并做好隐蔽工程记录。

25.15.7　建设工程竣工验收时，必须具备设计单位签署的质量合格文件。

26　图纸目录（表 3-22）

图纸目录　　　　**表 3-22**

序号	图号	图纸名称	图纸规格	备注
1	E-001	电气图例	B5	
2	E-002	电讯图例	B5	
3	E-003	文字符号、标注方式及灯具表	B5	
4	E-004	酒店楼电气主要设备表	B5	
5	E-005	办公楼电气主要设备表	B5	
6	E-006	电气总平面	B5	
7	E-007	高压供电系统图	B5	
8	E-008	低压配电系统图(一)	B5	
9	E-009	低压配电系统图(二)	B5	
10	E-010	低压配电系统图(三)	B5	
11	E-011	低压配电系统图(四)	B5	
12	E-012	低压配电系统图(五)	B5	
13	E-013	低压配电系统图(六)	B5	
14	E-014	低压配电系统图(七)	B5	
15	E-015	电力干线系统图(一)	B5	
16	E-016	电力干线系统图(二)	B5	
17	E-017	照明干线系统图(一)	B5	
18	E-018	照明干线系统图(二)	B5	
19	E-019	接地干线系统图(一)	B5	
20	E-020	接地干线系统图(二)	B5	

续表

序号	图号	图纸名称	图纸规格	备注
21	E-021	建筑设备监控系统图	B5	
22	E-022	冷水机组监控原理图	B5	
23	E-023	冷水泵系统监控原理图	B5	
24	E-024	冷却泵系统监控原理图	B5	
25	E-025	送排风系统监控原理图	B5	
26	E-026	四管制新风处理机组监控原理图	B5	
27	E-027	四管制空调机组监控原理图	B5	
28	E-028	四管制空调机组(带热回收)监控原理图	B5	
29	E-029	二管制空调机组监控原理图	B5	
30	E-030	二管制新风处理机组监控原理图	B5	
31	E-031	二管制新风处理机组(带热回收)监控原理图	B5	
32	E-032	照明系统及排水(污)系统监控原理图	B5	
33	E-033	电力监控系统图	B5	
34	E-034	智能化集成云平台总体架构图	B5	
35	E-035	计算机网络总拓扑结构图	B5	
36	E-036	公共网络拓扑结构图	B5	
37	E-037	集成系统控制域数据流向图	B5	
38	E-038	集成系统信息域数据流向图	B5	
39	E-039	物业及设施管理系统结构图	B5	
40	E-040	综合布线系统图(一)	B5	
41	E-041	综合布线系统图(二)	B5	
42	E-042	安全防范系统图(一)	B5	
43	E-043	安全防范系统图(二)	B5	
44	E-044	有线电视系统图	B5	
45	E-045	背景音乐系统图	B5	
46	E-046	收银系统	B5	
47	E-047	客房电子门匙系统	B5	
48	E-048	会议系统图	B5	
49	E-049	火灾自动报警系统图(一)	B5	
50	E-050	火灾自动报警系统图(二)	B5	
51	E-051	电气火灾报警系统图	B5	
52	E-052	消防设备电源监控系统图	B5	
53	E-053	变配电所设备布置平面图	B5	
54	E-054	变配电所剖面图	B5	
55	E-055	柴油发电机房平、剖面图	B5	
56	E-056	变配电所楼板预留洞详图	B5	
57	E-057	变配电所设备预埋件平面图	B5	
58	E-058	变配电所接地平面图	B5	
59	E-059	变配电所夹层槽盒布置图	B5	
60	E-060	变配电所照明平面图	B5	
61	E-061	变配电所夹层照明平面图	B5	
62	E-062	酒店地下二层电力平面图	B5	

续表

序号	图号	图纸名称	图纸规格	备注
63	E-063	酒店标准层电力平面图	B5	
64	E-064	酒店设备层电力平面图	B5	
65	E-065	酒店屋顶层电力平面图	B5	
66	E-066	酒店地下二层照明平面	B5	
67	E-067	酒店标准层照明平面图	B5	
68	E-068	酒店设备层照明平面图	B5	
69	E-069	酒店屋顶层照明平面图	B5	
70	E-070	酒店地下二层智能化平面图	B5	
71	E-071	酒店标准层智能化平面图	B5	
72	E-072	酒店屋顶层智能化平面图	B5	
73	E-073	酒店地下二层消防平面图	B5	
74	E-074	酒店标准层消防平面图	B5	
75	E-075	酒店设备层消防平面图	B5	
76	E-076	酒店屋顶层消防平面图	B5	
77	E-077	办公楼地下二层电力平面图	B5	
78	E-078	办公楼标准层电力平面图	B5	
79	E-079	办公楼屋顶层电力平面图	B5	
80	E-080	办公楼地下二层照明平面图	B5	
81	E-081	办公楼标准层照明平面图	B5	
82	E-082	办公楼屋顶层照明平面图	B5	
83	E-083	办公楼地下二层智能化平面图	B5	
84	E-084	办公楼标准层智能化平面图	B5	
85	E-085	办公楼地下二层消防平面图	B5	
86	E-086	办公楼标准层消防平面图	B5	
87	E-087	办公楼屋顶层消防平面图	B5	
88	E-088	排烟风机控制原理图	B5	
89	E-089	正压风机控制原理图	B5	
90	E-090	排烟兼排气风机控制原理图	B5	
91	E-091	新风机组、空调机组控制原理图	B5	
92	E-092	排风机控制原理图	B5	
93	E-093	排水泵控制原理图	B5	
94	E-094	星三角减压起动器控制原理图	B5	
95	E-095	一台电机软启动控制原理图	B5	
96	E-096	酒店电力配电箱系统图(一)	B5	
97	E-097	酒店电力配电箱系统图(二)	B5	
98	E-098	办公电力配电箱系统图(一)	B5	
99	E-099	办公电力配电箱系统图(二)	B5	
100	E-100	酒店照明配电箱系统图(一)	B5	
101	E-101	酒店照明配电箱系统图(二)	B5	
102	E-102	办公照明配电箱系统图(一)	B5	
103	E-103	办公照明配电箱系统图(二)	B5	
104	E-104	消防水泵配电系统图(一)	B5	
105	E-105	消防水泵配电系统图(二)	B5	
104	E-106	屋顶防雷平面图	B5	
105	E-107	酒店竖井及智能化机房设备布置图	B5	
106	E-108	办公竖井及智能化机房设备布置图	B5	

二、建筑电气施工图纸编制实例

序号	符号	说明	备注	序号	符号	说明	备注	序号	符号	说明	备注
1		变压器		27	Wh Pmax	带最大需量指示器的电度表		53		调光器	
2		电压互感器		28	Wh Pmax	带最大需量记录器的电度表		54		风扇电阻开关	
3		电流互感器		29		照明配电箱		55		风机盘管控制开关	
4		避雷器		30		应急照明配电箱		56			
5		断路器		31		动力配电箱		57		聚光灯	
6		隔离开关		32		电源自动切换箱		58		泛光灯	
7		负荷开关		33		控制箱		59		航空障碍灯	
8		熔断器式刀开关		34		断路器箱		60		筒灯	
9		熔断器式负荷开关		35		电表箱		61		花灯	
10		带剩余电保护器的低压断路器		36		按钮(箱)		62		壁灯	
11		剩余电流保护器		37		电磁阀		63		吸顶灯	
12		接触器		38				64		客房应急照明灯	
13		热继电器		39		电开水器		65	W	防水灯	
14		继电器		40		风机盘管		66		单管日光灯　1×28W	
15		过电流继电器		41		轴流风机(扇)		67		双管日光灯　2×28W	
16		定时限过电流继电器		42		风扇		68		三管日光灯　3×28W	
17		反时限过电流继电器		43		自耦变压器启动装置		69		诱导灯	
18	A	电流表		44		变频调速装置		70		层号灯	
19	V	电压表		45		单相五孔插座(三孔、两孔各一)		71		安全出口灯	
20	SV	电压表转换开关		46		剃须插座		72		航空障碍灯	
21	W	功率表		47		带单极开关的单相双孔插座		73		导管引向	
22	Var	无功功率表		48		双极双控开关		74		钥匙开关	
23	cosφ	功率因数表		49		三相四孔插座		75		请勿打扰	
24	M	多功能电力仪表		50		单极开关		76		请勿打扰开关	
25	Wh	电度表		51		双极开关					
26	Varh	无功电度表		52		三极开关					

设计单位		审定		审核		校对		设计		图名	电气图例	图号	E-001	比例	无

序号	符号	说明	备注	序号	符号	说明	备注	序号	符号	说明	备注
1		紧急广扬声器（3W）		24		防火调节阀(FDD)（70℃熔断）		47		槽盒	
2		感烟探测器		25		防火调节阀(SFD)(280℃熔断)		48		引上下线路	
3		地址感烟探测器		26		防火排烟阀（280℃常闭阀）		49	TP	语音信息插座	平面图
4		地址感温探测器		27	y	排烟阀　（常闭阀）		50	TD	数据信息插座	平面图
5		隔离模块		28	Fi	复示盘		51		紧急广扬声器3W（1W）	(酒店客房内使用)
6		煤气探测器		29		层火灾信号显示灯		52		数据信息插座(X)	系统图
7		地址手动报警器(带电话插孔)		30		二分支器	系统图	53		语音信息插座(Y)	系统图
8		消火栓按钮(带指示灯)		31		一分支器	系统图	54		直通对讲电话	系统图
9		监视模块		32		二分配器	系统图	55		计算机	系统图
10		控制模块		33		三分配器	系统图	56		紧急广播机	系统图
11		信息网络交接箱		34		四分配器	系统图	57		联动台	系统图
12	HUB	网络集成器		35		放大器(双向)	系统图	58		打印机	系统图
13		光纤互连单元		36		均衡器	系统图	59		卫星天线	系统图
14		摄像头		37		接地电阻	系统图				
15		摄像头(带云台)		38		背景音乐扬声器（3W）					
16		监视器		39		背景音乐音量调节器					
17	DT	电梯		40		紧急广播号角（15W）					
18		水流指示器		41	监控模块	电气火灾监控模块	系统图				
19		水流指示器前阀门		42		红外对射探测器发射器	系统图				
20		湿式报警阀		43		红外对射探测器接收器	系统图				
21		信号阀		44		按钮					
22		自动排烟口(BSD)（24V常闭阀）		45		电铃					
23	z	正压送风口(SD)（24V常闭阀）		46		信息显示屏					

设计单位	审定	审核	校对	设计	图名	电讯图例	图号	E-002	比例	无

文字符号

符号	说明	符号	说明
导线敷设方式的标注			
SC	穿焊接钢管敷设	CT	用电缆桥架敷设
TC	穿电线管敷设	SR	用线槽敷设
RC	穿水煤气管敷设		
导线敷设部位的标注			
BC	暗敷设在梁内	FC	暗敷设在地面或地板内
CLC	暗敷设在柱内	CC	暗敷设在屋面或顶板内
WC	暗敷设在墙内	ACC	暗敷设在不能进入的吊顶内
灯具安装方式的标注			
Ch	链吊式	R	嵌入式
P	管吊式	CR	顶棚内安装
W	壁装式	T	台上安装
S	吸顶式	BR	墙壁内安装
HM	座装式		
导线的标注			
WP	电力干线	W	电力分支线
WL	常用照明干线	W	常用照明分支线
WEL	事故照明干线	WE	事故照明分支线

标注方式

序号	名称	符号	说明
1	用电设备	$\frac{A}{B}$	A-设备编号 B-额定功率(kW/kVA)
2	配电箱	(1) ABC (2) ABC/D	(1)平面图 (2)系统图 A-层号 B-设备代号 C-设备编号 D-功率(kW/kVA)
3	灯具	$A\text{-}B\,\frac{C \times D}{E}\,F$	A-灯数 B-灯具型号或编号 C-灯泡数 D-灯泡功率 E-安装高度(m) F-安装方式

灯具表

编号	图例	灯具容量	安装方式	备注
A1		1×28W	吸顶、壁装、吊装	
A2		2×28W	吸顶、壁装、吊装	
A3		2×28W	吸顶、嵌入式	
B		28W	壁装	
C	⊗	28W	吸顶	
E		8W	壁装	
E1		8W	吸顶、壁装	
F	Ⓦ	28W	吸顶	
G	○	28W	嵌入式	
H		25W	壁装	客房内
D		200W	落地安装	

设计单位		审定		审核		校对		设计		图名	文字符号、标注方式及灯具表	图号	E-003	比例	无

序号	设备名称	规格型号	数量	单位	备注
1	高压开关柜	KYN-12	13	台	
2	直流信号屏	65Ah/220V	1	套	
3	干式变压器	2000kVA	2	台	SCB10
4	柴油发电机	1000kVA	1	台	
5	低压电容补偿柜	MNS	4	台	
6	低压开关柜	MNS	28	台	
7	动力配电柜	非标	12	台	
8	动力控制箱	非标	40	台	
9	双电源互投箱	非标	92	个	
10	照明配电箱	非标	378	个	
11	应急照明配电箱	非标	32	个	
12	封闭绝缘母线	630A	220	m	
13	出口指示灯	8 W	182	个	
14	诱导灯	8 W	288	个	
15	数据采集盘		18	台	
16	火灾报警报警器		1	台	
17	联动台	非标	1	台	
18	CRT显示器	19寸	1	台	
19	地址感烟探测器		1360	台	
20	地址感温探测器		233	台	
21	可燃气体探测器		40	台	
22	手动报警器		198	台	
23	声光报警装置		113	台	
24	监视模块		1481	台	
25	控制模块		312	台	
26	应急广播机	400W	2	台	
27	应急广播扬声器	3W	192	台	
28	应急广播扬声器	1W	426	台	
29	消防对讲电话主机	50门	1	套	
30	复示盘		26	台	

序号	设备名称	规格型号	数量	单位	备注
31	信息终端分线箱		29	套	
32	信息网络主机		1	套	
33	程控交换机	600门	1	套	
34	双口信息插座		678	个	
35	单口信息插座		1285	个	
36	卫星接收天线		1	套	
37	电视前端设备		2	套	
38	一分支器		22	个	
39	二分支器		76	个	
40	二分配器		56	个	
41	四分配器		108	个	
42	放大器(双向)		4	个	
43	均衡器		4	个	
44	接地电阻		32	个	
45	电视主干线	SYKV-75-9	若干	m	
46	电视分支线	SYKV-75-5	若干	m	
47	电线出线口		466	个	
48	普通摄像机		82	套	
49	带云台摄像机		26	套	
50	广角摄像机		6	套	
51	16画面分割器		7	台	
52	系统矩阵主机	256/32	1	套	
53	录像机		7	台	
54	报警主机	30点	1	套	
55	普通背景音乐扬声器	3W	147	套	
56	功率放大器	500W	5	台	
57	音量调节器		46	个	
58	接闪杆		3	套	
59	电缆、槽盒		若干	m	
60	电线、管材		若干	m	

设计单位		审定		审核		校对		设计		图名	酒店楼电气主要设备表	图号	E-004	比例	无

序号	设备名称	规格型号	数量	单位	备注
1	干式变压器	1250kVA	2	台	SCB10
2	低压电容补偿柜	MNS	4	台	
3	低压开关柜	MNS	25	台	
4	动力配电柜	非标	13	台	
5	动力控制箱	非标	16	台	
6	双电源互投箱	非标	23	个	
7	照明配电箱	非标	166	个	
8	应急照明配电箱	非标	23	个	
9	封闭绝缘母线	400A	110	m	
10	出口指示灯	8 W	118	个	
11	诱导灯	8 W	178	个	
12	数据采集盘		15	台	
13	火灾报警报警器		1	台	
14	联动台	非标	1	台	
15	CRT显示器	19寸	1	台	
16	地址感烟探测器		495	台	
17	地址感温探测器		27	台	
18	可燃气体探测器		6	台	
19	手动报警器		96	台	
20	声光报警装置		113	台	
21	监视模块		380	台	
22	控制模块		232	台	
23	紧急广播机	200W	2	台	
24	紧急广播扬声器	3W	203	台	
25	紧急广播扬声器	15 W	23	台	
26	消防对讲电话主机	30门	1	套	
27	声光报警装置		46	台	
28	复示盘		22	台	
29	信息终端分线箱		20	套	
30	信息网络主机		1	套	

序号	设备名称	规格型号	数量	单位	备注
31	双口信息插座		611	个	
32	电视前端设备		1	套	
33	一分支器		21	个	
34	二分支器		21	个	
35	二分配器		3	个	
36	四分配器		42	个	
37	放大器(双向)		3	个	
38	均衡器		3	个	
39	接地电阻		6	个	
40	电视主干线	SYKV-75-9	若干	m	
41	电视分支线	SYKV-75-5	若干	m	
42	普通摄像机		42	套	
43	带云台摄像机		26	套	
44	广角摄像机		6	套	
45	16画面分割器		4	台	
46	系统矩阵主机	128/32	1	套	
47	录像机		6	台	
48	多媒体电脑		1	套	
49	打印机		1	套	
50	接闪杆		2	套	
51	电缆、线槽		若干	m	
52	电线、管材		若干	m	

设计单位		审定		审核		校对		设计		图名	办公楼电气主要设备表	图号	E-005	比例	无

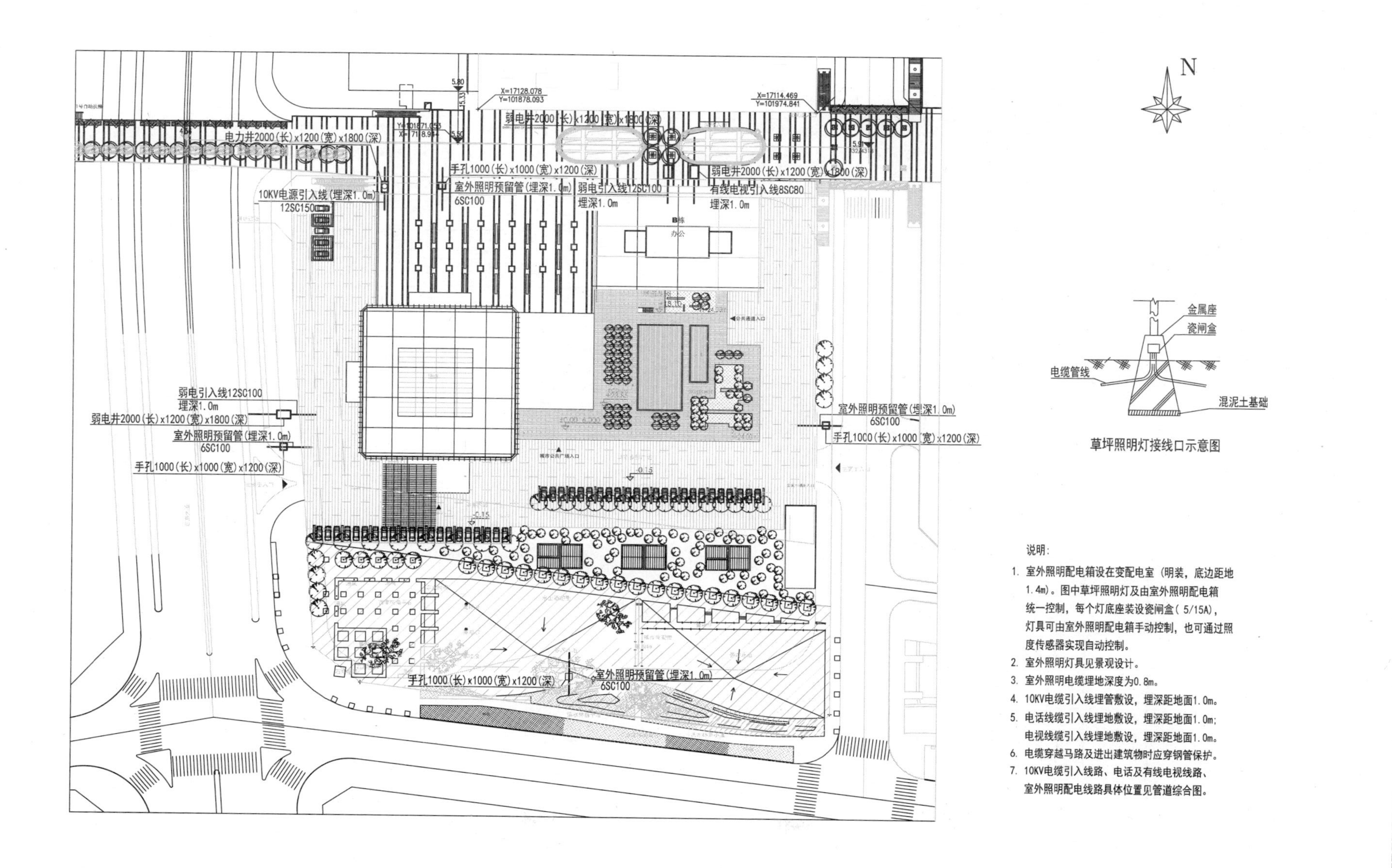

说明：

1. 室外照明配电箱设在变配电室（明装，底边距地1.4m）。图中草坪照明灯及由室外照明配电箱统一控制，每个灯底座装设资闸盒（5/15A），灯具可由室外照明配电箱手动控制，也可通过照度传感器实现自动控制。
2. 室外照明灯具见景观设计。
3. 室外照明电缆埋地深度为0.8m。
4. 10KV电缆引入线埋管敷设，埋深距地面1.0m。
5. 电话线缆引入线埋地敷设，埋深距地面1.0m；电视线缆引入线埋地敷设，埋深距地面1.0m。
6. 电缆穿越马路及进出建筑物时应穿钢管保护。
7. 10KV电缆引入线路、电话及有线电视线路、室外照明配电线路具体位置见管道综合图。

设计单位		审定		审核		校对		设计		图名	电气总平图	图号	E-006	比例	0 10 20 30m

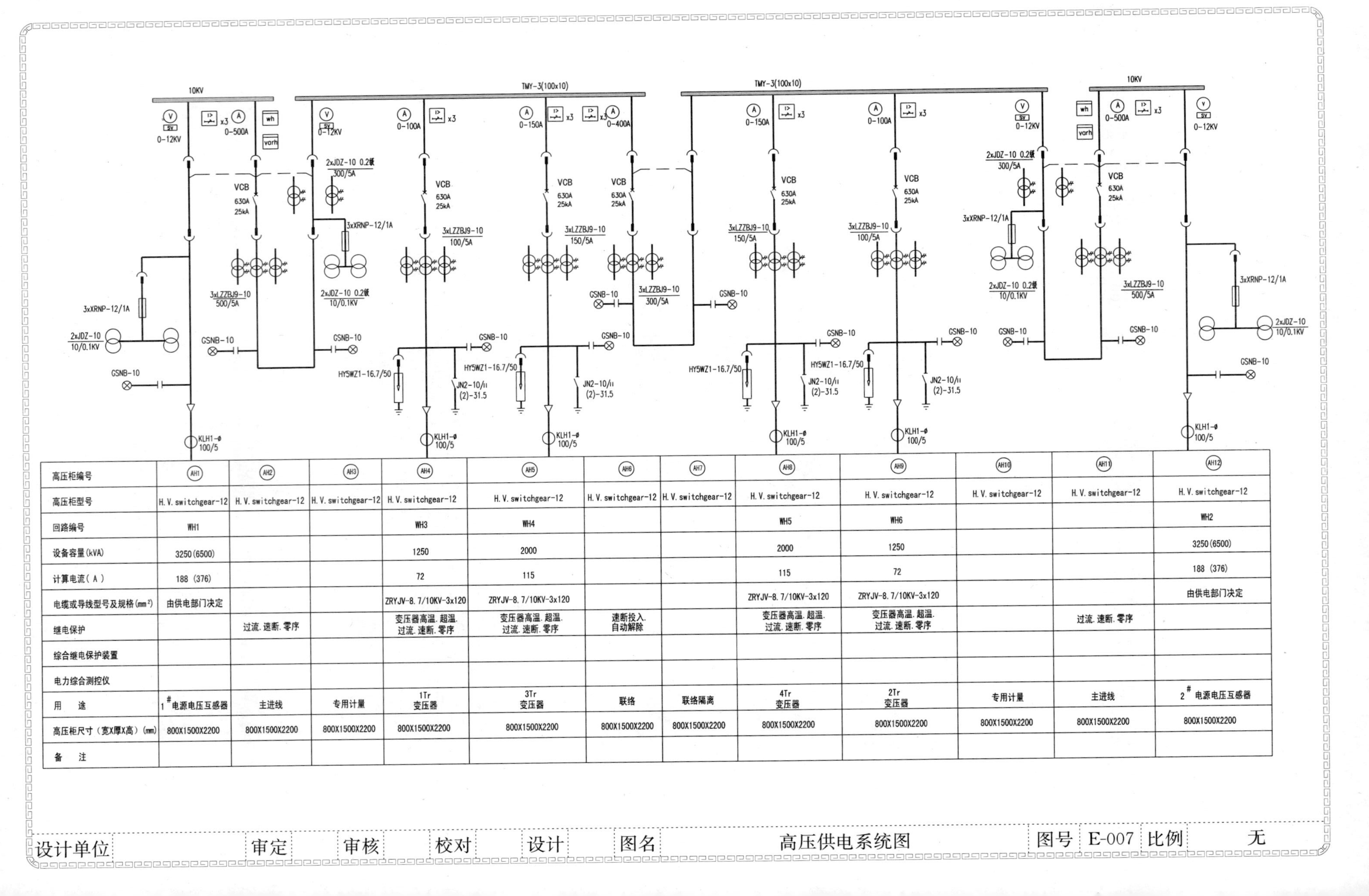

高压柜编号	AH1	AH2	AH3	AH4	AH5	AH6	AH7	AH8	AH9	AH10	AH11	AH12
高压柜型号	H.V.switchgear-12	H.V.switchgear-12	H.V.switchgear-12	H.V.switchgear-12	H.V.switchgear-12	H.V.switchgear-12	H.V.switchgear-12	H.V.switchgear-12	H.V.switchgear-12	H.V.switchgear-12	H.V.switchgear-12	H.V.switchgear-12
回路编号	WH1			WH3	WH4			WH5	WH6			WH2
设备容量(kVA)	3250(6500)			1250	2000			2000	1250			3250(6500)
计算电流(A)	188 (376)			72	115			115	72			188 (376)
电缆或导线型号及规格(mm²)	由供电部门决定			ZRYJV-8.7/10KV-3x120	ZRYJV-8.7/10KV-3x120			ZRYJV-8.7/10KV-3x120	ZRYJV-8.7/10KV-3x120			由供电部门决定
继电保护		过流.速断.零序		变压器高温.超温.过流.速断.零序	变压器高温.超温.过流.速断.零序	速断投入.自动解除		变压器高温.超温.过流.速断.零序	变压器高温.超温.过流.速断.零序		过流.速断.零序	
综合继电保护装置												
电力综合测控仪												
用　途	1#电源电压互感器	主进线	专用计量	1Tr变压器	3Tr变压器	联络	联络隔离	4Tr变压器	2Tr变压器	专用计量	主进线	2#电源电压互感器
高压柜尺寸(宽X厚X高)(mm)	800X1500X2200	800X1500X2200	800X1500X2200	800X1500X2200	800X1500X2200	800X1500X2200	800X1500X2200	800X1500X2200	800X1500X2200	800X1500X2200	800X1500X2200	800X1500X2200
备　注												

设计单位		审定		审核		校对		设计		图名	高压供电系统图	图号	E-007	比例	无

WH3
ZRYJV-8.7/10KV-3x120

1Tr
SCB10-1250KVA/10/0.4KV
Dyn11 Uk=6%
10.5±2x2.5%/0.4kV

镀锌扁钢63X5

封闭母线
2500A

FU
40A,50KA

SPD
8/20μs
40kA,3P+N

TMY-(100x10)
PE

40A,50KA

MCB
16A/1P

变压器散热
风机电源

QF ACB NC

TA

1# 0.23/0.4KV TMY-4[2(100x10)+100x8]

打印机

19" CRT

UPS

监控计算机

HUB
以太网服务器

通讯管理器

接 (AA12) 柜

封闭母线
2500A

开关柜编号	AA1	AA2	AA3	AA4		AA5	
开关柜型号	L.V.switchgear	L.V.switchgear		L.V.switchgear		L.V.switchgear	
配电柜回路编号				WP101	WP102	WP103	WP104
设备容量 kW(kVA)	1516	200KVAR	200KVAR	234		234	
需要系数 Kx	0.62			1		1	
功率因数 cosφ	0.95			0.85		0.85	
计算负荷 kW	882			234		234	
计算电流 A	1415	303	303	417		417	
空气断路器 脱扣器额定电流 Ie	2500			630	160	630	160
空气断路器 整定电流 长延时 Id1(A)	2000			500	125	500	125
空气断路器 整定电流 短延时 Id2(A) 0.4s	12500						
空气断路器 整定电流 瞬动 Id3(A)				5000	1250	5000	1250
空气断路器 额定极限短路分断能力Icu(kA)	65			50	50	50	50
空气断路器 额定短路分断能力 Ics(kA)	65			50	50	50	50
空气断路器 额定短时耐受电流(1s) Icw(kA)	65						
空气断路器 参考型号							
电流互感器变比 /5	2500	500	500	500	150	500	150
电缆型号、规格				2(WDZ-YJFE-3X185+2X95)		2(WDZ-YJFE-3X185+2X95)	
供电范围							
用途	进线	电容器(带调谐滤波)		冷冻机	备用	冷冻机	备用
备注		成套设备		•	•	•	•
小室高度				800	200	800	200
柜体尺寸(宽x高x厚)	1000x2200x1000	800x2200x1000	800x2200x1000	600x2200x1000		600x2200x1000	

开关柜编号	AA6						AA7					
开关柜型号	L.V.switchgear						L.V.switchgear					
配电柜回路编号	WP105	WP106	WP107	WP108	WP109	WP110	WP111	WP112	WP113	WP114	WP115	WP116
设备容量 kW(kVA)	81.5	85.5		16.4	23.7	23.7	60	90	60			15
需要系数 Kx	1	1		1.00	1.00	1.00	1	1	1			1.00
功率因数 cosφ	0.80	0.80		0.80	0.80	0.80	0.60	0.60	0.60			0.60
计算负荷 kW	81.5	85.5		16.4	23.7	23.7	60	90	60			15
计算电流 A	154	161		31	45	45	151	227	151			38
空气断路器 脱扣器额定电流 Ie	400	400	250	160	160	160	250	400	250	250	400	160
空气断路器 整定电流 长延时 Id1(A)	250	250	200	63	63	63	200	250	200	200	320	63
空气断路器 整定电流 短延时 Id2(A) 0.4s												
空气断路器 整定电流 瞬动 Id3(A)	2500	2500		630	630	630	2000	2500	2000	2000	3200	630
空气断路器 额定极限短路分断能力Icu(kA)	50	50	50	50	50	50	50	50	50	50	50	50
空气断路器 额定短路分断能力 Ics(kA)	50	50	50	50	50	50	50	50	50	50	50	50
空气断路器 额定短时耐受电流(1s) Icw(kA)												
空气断路器 参考型号												
电流互感器变比 /5	250	250	300	75	75	75	200	300	200	300	400	75
电缆型号、规格	WDZ-YJFE-3X150+2X70	WDZ-YJFE-3X150+2X70		WDZ-YJFE-3X25+2X16	WDZ-YJFE-3X25+2X16	WDZ-YJFE-3X25+2X16	WDZ-YJFE-4X95+1X50	WDZ-YJFE-4X150+1X70	BTTZ 4X(1H95)			WDZ-YJFE-3X25+2X16
供电范围												
用途	冷冻泵、冷却泵	冷冻泵、冷却泵	夜景照明预留	排水泵	排水泵	生活水泵	电梯	电梯	消防电梯	备用	备用	电梯
备注	•	•	•	•	•	•	•	•		•	•	•
小室高度	400	400	200	200	200	200	200	400	200	200	400	200
柜体尺寸(宽x高x厚)	600x2200x1000						600x2200x1000					

开关柜编号	AA8					AA9				
开关柜型号	L.V.switchgear					L.V.switchgear				
配电柜回路编号	WP117	WP118	WP119	WP120	WP121	WP122	WP123	WP124	WP125	WP126
设备容量 kW(kVA)	74.5	60	60			20	150	130	100	
需要系数 Kx	0.80	0.80	0.8			1	1	1.00	1	
功率因数 cosφ	0.80	0.80	0.85			0.9	0.80	0.80	0.90	
计算负荷 kW	59	48	48			34	150	130	100	
计算电流 A	107	91	80			50	228	218	168	
空气断路器 脱扣器额定电流 Ie	250	160	160	160	400	160	400	400	250	160
空气断路器 整定电流 长延时 Id1(A)	160	125	125	63	320	63	250	250	200	63
空气断路器 整定电流 短延时 Id2(A) 0.4s										
空气断路器 整定电流 瞬动 Id3(A)	2000	1250	1250	630	3200	630	2500	2500	2000	630
空气断路器 额定极限短路分断能力Icu(kA)	50	50	50	50	50	50	50	50	50	50
空气断路器 额定短路分断能力 Ics(kA)	50	50	50	50	50	50	50	50	50	50
空气断路器 额定短时耐受电流(1s) Icw(kA)										
空气断路器 参考型号										
电流互感器变比 /5	200	150	150	75	400	75	300	300	250	75
电缆型号、规格	WDZ-YJFE-4X70+1X35	WDZ-YJFE-4X50+1X25	WDZ-YJFE-4X50+1X25			BTTZ 4X(1H35)	BTTZ 3X(1H185)+1H95	NHYJV-3x185+2x95	BTTZ 3X(1H95)+1H50	
供电范围										
用途	空调机组	热交换	厨房	备用	备用	夜总会应急照明预留	消防风机	人防电力	弱电机房备用	备用
备注	•	•	•	•	•	WP224备用			WP226备用	•
小室高度	200	200	200	200	400	200	400	400	200	200
柜体尺寸(宽x高x厚)	600x2200x1000					600x2200x1000				

开关柜编号	AA10				AA11					AA12
开关柜型号	L.V.switchgear				L.V.switchgear					L.V.switchgear
配电柜回路编号	WP127	WP128	WP129	WP130	WP131	WP132	WP133	WP134	WP135	
设备容量 kW(kVA)	144	20			80	20.5	45			
需要系数 Kx	1	1			0.80	1	1			
功率因数 cosφ	0.90	0.9			0.80	0.9	0.80			
计算负荷 kW	144	34			64	20.5	45			
计算电流 A	242	50			114	38	68			
空气断路器 脱扣器额定电流 Ie	400	160	400	400	160	160	160	160	400	2000
空气断路器 整定电流 长延时 Id1(A)	300	63	320	320	125	80	100	63	320	1600
空气断路器 整定电流 短延时 Id2(A) 0.4s										16000
空气断路器 整定电流 瞬动 Id3(A)	3000	630	3200	3200	1250	800	1000	630	3200	
空气断路器 额定极限短路分断能力Icu(kA)	50	50	50	50	50	50	50	50	50	65
空气断路器 额定短路分断能力 Ics(kA)	50	50	50	50	50	50	50	50	50	65
空气断路器 额定短时耐受电流(1s) Icw(kA)										65
空气断路器 参考型号										
电流互感器变比 /5	500	75	400	400	150	100	100	75	400	2000
电缆型号、规格	BTTZ 4X(1H185)	BTTZ 4X(1H35)			WDZ-YJFE-4X50+1X25	WDZ-YJFE-3X35+2X16	BTTZ 3X(1H35)+1H16			
供电范围										
用途	应急照明备用	精品店应急照明预留	备用	备用	机械停车	冷却塔补水中水泵	消防风机	备用	备用	联络
备注	WP205备用	WP223备用	•	•		•		•	•	
小室高度	400	200	400	400	200	200	200	200	400	
柜体尺寸(宽x高x厚)	600x2200x1000				600x2200x1000					

说明
1. 两个进线柜和联络柜内的ACB断路器应有电气联锁，以免误操作.
2. 全部功率因数补偿柜为自动补偿，补偿电容器应为干式不燃型.
3. 备注栏中●表示空气断路器具有分励脱扣器.
4. 低压配电柜中的电流表可根据该回路电流互感器进行配置.
5. 本图纸在供电部门认可后，方可进行施工。

设计单位		审定		审核		校对		设计		图名	低压配电系统图（一）	图号	E-008	比例	无

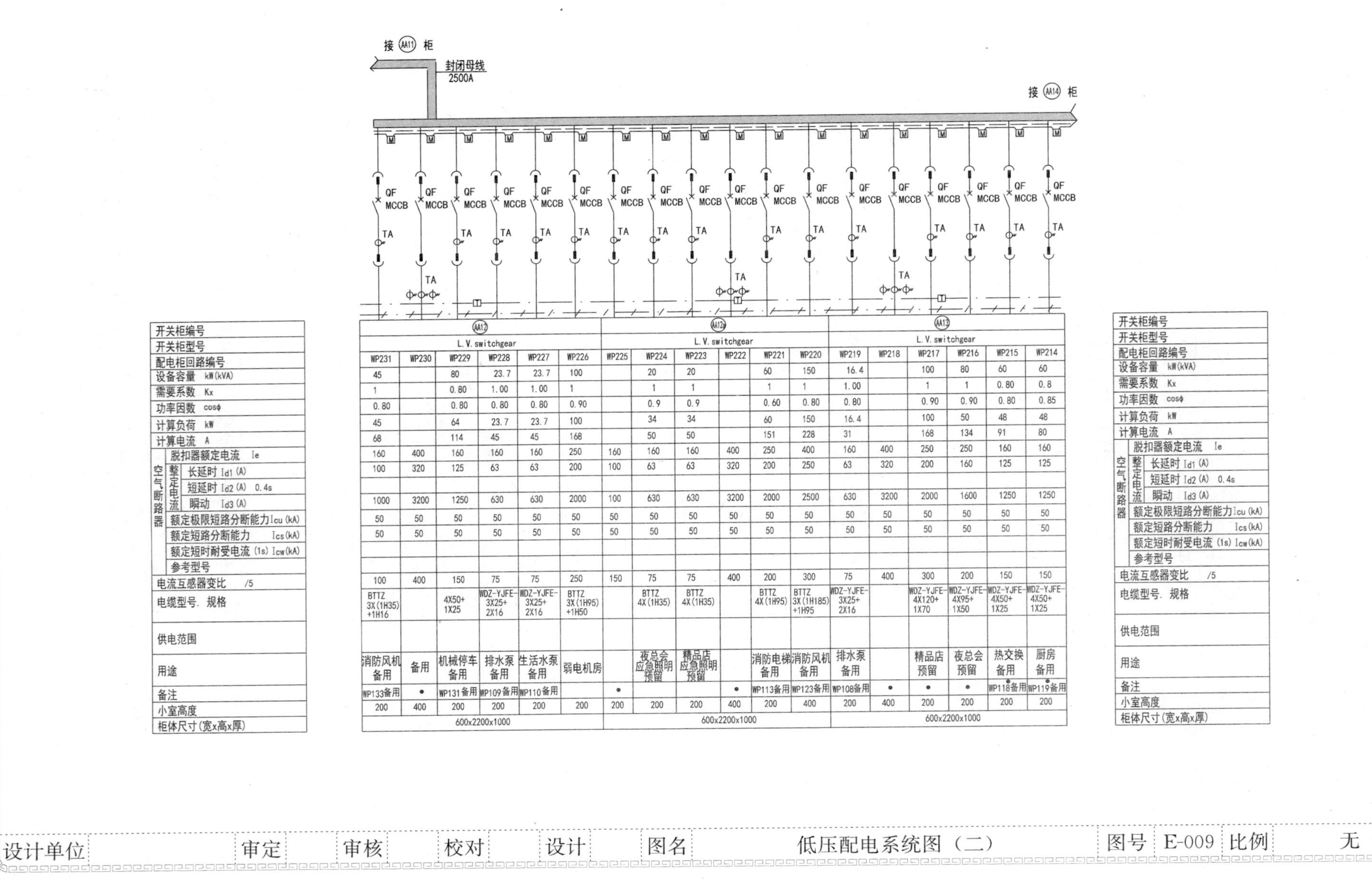

开关柜编号	AA12						AA12a						AA13					
开关柜型号	L.V. switchgear						L.V. switchgear						L.V. switchgear					
配电柜回路编号	WP231	WP230	WP229	WP228	WP227	WP226	WP225	WP224	WP223	WP222	WP221	WP220	WP219	WP218	WP217	WP216	WP215	WP214
设备容量 kW(kVA)	45		80	23.7	23.7	100		20	20		60	150	16.4		100	80	60	60
需要系数 Kx	1		0.80	1.00	1.00	1		1	1		1	1	1.00		1	1	0.80	0.8
功率因数 cosφ	0.80		0.80	0.80	0.80	0.90		0.9	0.9		0.60	0.80	0.80		0.90	0.90	0.80	0.85
计算负荷 kW	45		64	23.7	23.7	100		34	34		60	150	16.4		100	50	48	48
计算电流 A	68		114	45	45	168		50	50		151	228	31		168	134	91	80
空气断路器 脱扣器额定电流 Ie	160	400	160	160	160	250	160	160	160	400	250	400	160	400	250	250	160	160
空气断路器 整定电流 长延时 Id1 (A)	100	320	125	63	63	200	100	63	63	320	200	250	63	320	200	160	125	125
空气断路器 整定电流 短延时 Id2 (A) 0.4s																		
空气断路器 整定电流 瞬动 Id3 (A)	1000	3200	1250	630	630	2000	100	630	630	3200	2000	2500	630	3200	2000	1600	1250	1250
空气断路器 额定极限短路分断能力 Icu (kA)	50	50	50	50	50	50	50	50	50	50	50	50	50	50	50	50	50	50
空气断路器 额定短路分断能力 Ics (kA)	50	50	50	50	50	50	50	50	50	50	50	50	50	50	50	50	50	50
空气断路器 额定短时耐受电流 (1s) Icw (kA)																		
空气断路器 参考型号																		
电流互感器变比 /5	100	400	150	75	75	250	150	75	75	400	200	300	75	400	300	200	150	150
电缆型号、规格	BTTZ 3X(1H35)+1H16		4X50+1X25	WDZ-YJFE-3X25+2X16	WDZ-YJFE-3X25+2X16	BTTZ 3X(1H95)+1H50		BTTZ 4X(1H35)	BTTZ 4X(1H35)		BTTZ 4X(1H95)	BTTZ 3X(1H185)+1H95	WDZ-YJFE-3X25+2X16		WDZ-YJFE-4X120+1X70	WDZ-YJFE-4X95+1X50	WDZ-YJFE-4X50+1X25	WDZ-YJFE-4X50+1X25
供电范围																		
用途	消防风机备用	备用	机械停车备用	排水泵备用	生活水泵备用	弱电机房		夜总会应急照明预留	精品店应急照明预留		消防电梯备用	消防风机备用	排水泵备用		精品店预留	夜总会预留	热交换备用	厨房备用
备注	WP133备用	•	WP131备用	WP109备用	WP110备用		•			•	WP113备用	WP123备用	WP108备用	•	•	•	WP118备用	WP119备用
小室高度	200	400	200	200	200	200	200	200	200	400	200	400	200	400	200	200	200	200
柜体尺寸(宽x高x厚)	600x2200x1000						600x2200x1000						600x2200x1000					

设计单位		审定		审核		校对		设计		图名	低压配电系统图（二）	图号	E-009	比例	无

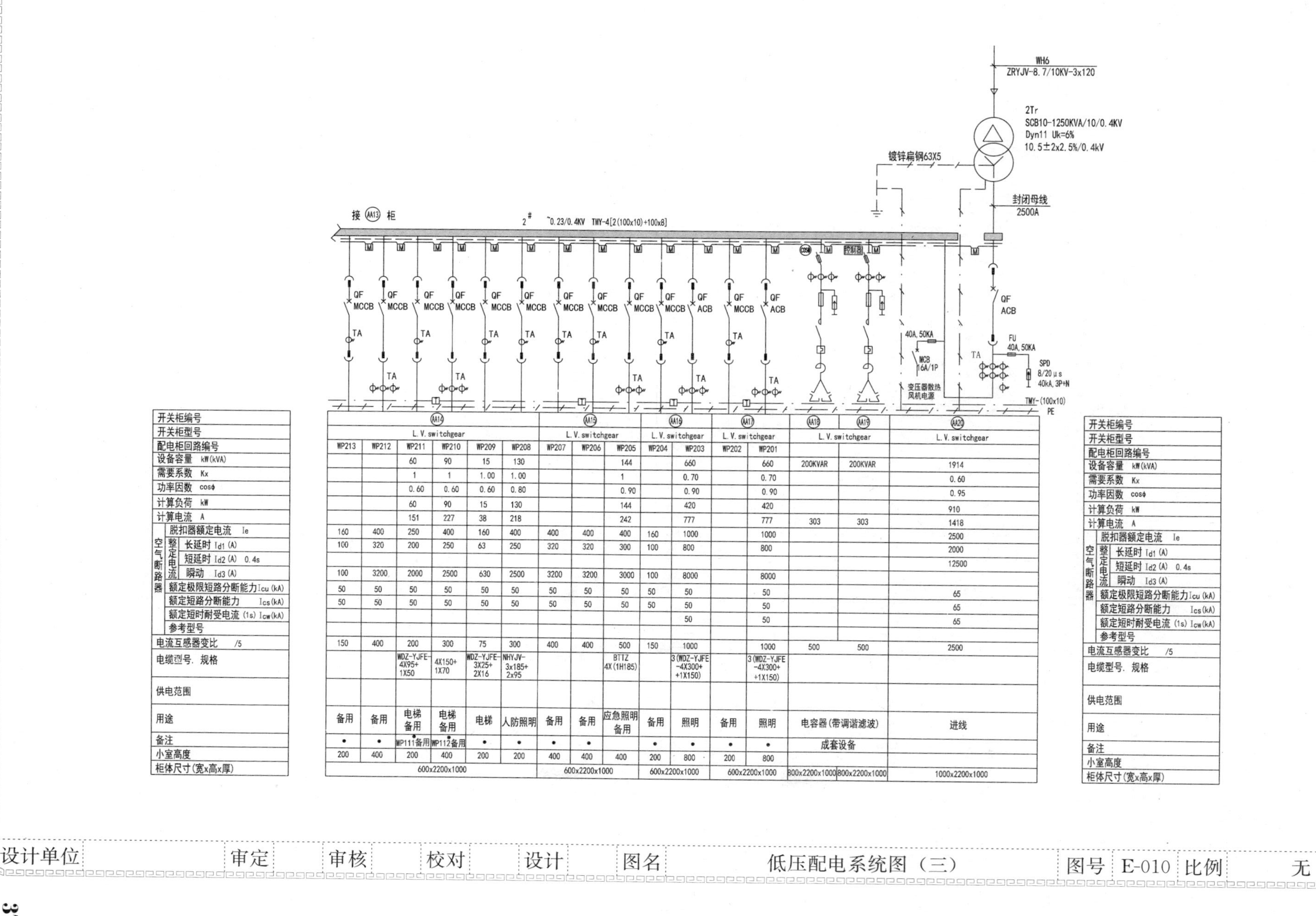

开关柜编号	AA14						AA15			AA16		AA17		AA18	AA19	AA20
开关柜型号	L.V.switchgear						L.V.switchgear			L.V.switchgear		L.V.switchgear		L.V.switchgear		L.V.switchgear
配电柜回路编号	WP213	WP212	WP211	WP210	WP209	WP208	WP207	WP206	WP205	WP204	WP203	WP202	WP201			
设备容量 kW(kVA)			60	90	15	130			144		660		660	200KVAR	200KVAR	1914
需要系数 Kx			1	1	1.00	1.00			1		0.70		0.70			0.60
功率因数 cosφ			0.60	0.60	0.60	0.80			0.90		0.90		0.90			0.95
计算负荷 kW			60	90	15	130			144		420		420			910
计算电流 A			151	227	38	218			242		777		777	303	303	1418
空气断路器 脱扣器额定电流 Ie	160	400	250	400	160	400	400	400	400	160	1000		1000			2500
空气断路器 整定电流 长延时 Id1 (A)	100	320	200	250	63	250	320	320	300	100	800		800			2000
空气断路器 整定电流 短延时 Id2 (A) 0.4s																12500
空气断路器 整定电流 瞬动 Id3 (A)	100	3200	2000	2500	630	2500	3200	3200	3000	100	8000		8000			
空气断路器 额定极限短路分断能力 Icu (kA)	50	50	50	50	50	50	50	50	50	50	50		50			65
空气断路器 额定短路分断能力 Ics (kA)	50	50	50	50	50	50	50	50	50	50	50		50			65
空气断路器 额定短时耐受电流 (1s) Icw (kA)											50		50			65
空气断路器 参考型号																
电流互感器变比 /5	150	400	200	300	75	300	400	400	500	150	1000		1000	500	500	2500
电缆型号、规格			WDZ-YJFE-4X95+1X50	4X150+1X70	WDZ-YJFE-3X25+2X16	NHYJV-3x185+2x95			BTTZ 4X(1H185)		3(WDZ-YJFE-4X300+1X150)		3(WDZ-YJFE-4X300+1X150)			
供电范围																
用途	备用	备用	电梯备用	电梯备用	电梯	人防照明	备用	备用	应急照明备用	备用	照明	备用	照明	电容器（带调谐滤波）		进线
备注	•	•	WP111备用	WP112备用	•	•	•	•		•	•	•	•	成套设备		
小室高度	200	400	200	400	200	200	400	400	400	200	800	200	800			
柜体尺寸(宽x高x厚)	600x2200x1000						600x2200x1000			600x2200x1000		600x2200x1000		800x2200x1000	800x2200x1000	1000x2200x1000

设计单位	审定	审核	校对	设计	图名	低压配电系统图（三）	图号	E-010	比例	无

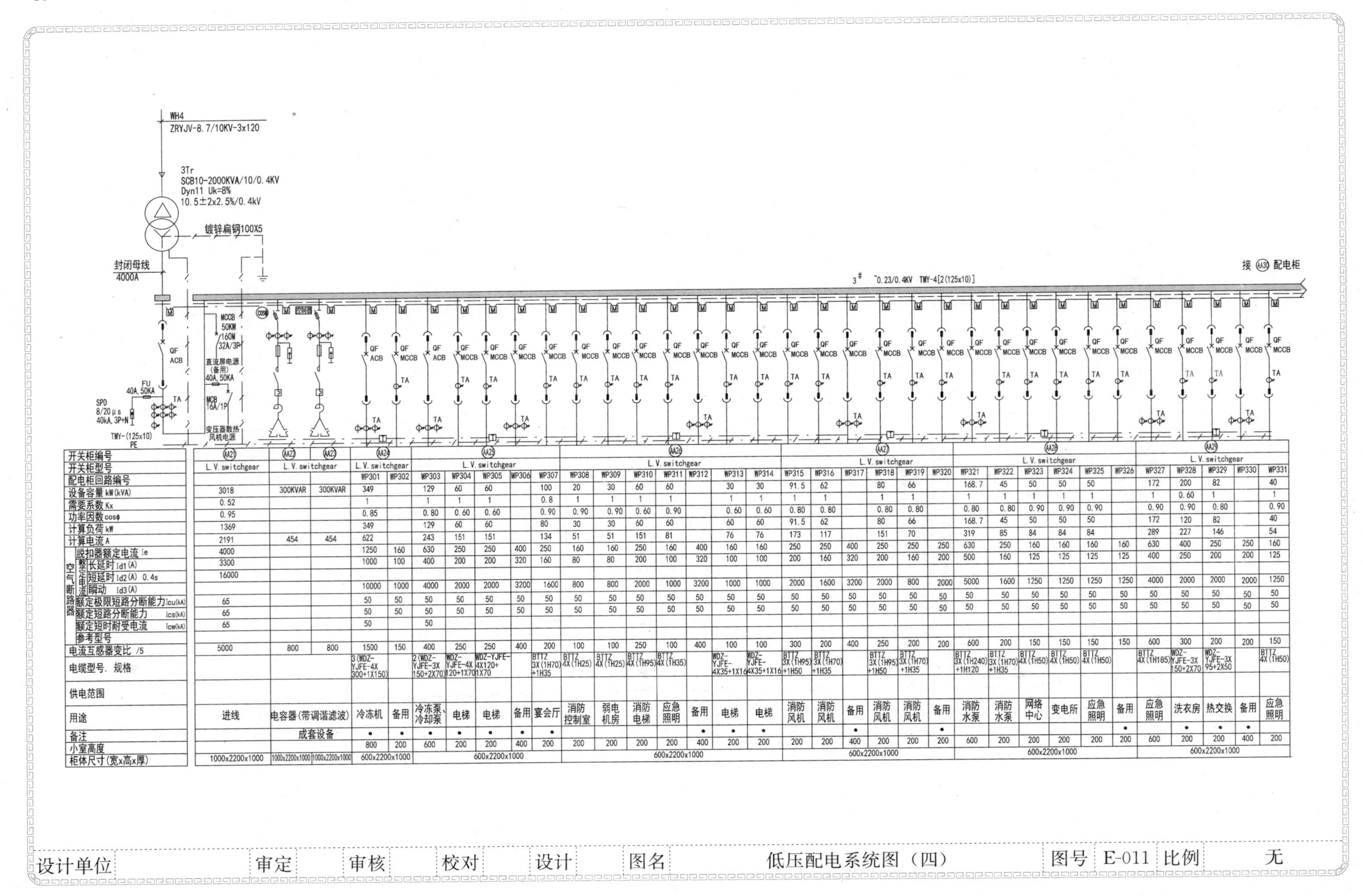

开关柜编号	AA21	AA22	AA23	AA24		AA25				
开关柜型号	L.V. switchgear	L.V. switchgear		L.V. switchgear		L.V. switchgear				
配电柜回路编号				WP301	WP302	WP303	WP304	WP305	WP306	WP307
设备容量 kW(kVA)	3018	300KVAR	300KVAR	349		129	60	60		100
需要系数 Kx	0.52			1		1	1	1		0.8
功率因数 cosφ	0.95			0.85		0.80	0.60	0.60		0.90
计算负荷 kW	1369			349		129	60	60		80
计算电流 A	2191	454	454	622		243	151	151		134
空气断路器 脱扣器额定电流 Ie	4000			1250	160	630	250	250	400	250
整定电流 长延时 Id1(A)	3300			1000	100	400	200	200	320	160
短延时 Id2(A) 0.4s	16000									
瞬动 Id3(A)				10000	1000	4000	2000	2000	3200	1600
额定极限短路分断能力 Icu(kA)	65			50	50	50	50	50	50	50
额定短路分断能力 Ics(kA)	65			50	50	50	50	50	50	50
额定短时耐受电流 Icw(kA)	65			50		50				
参考型号										
电流互感器变比 /5	5000	800	800	1500	150	400	250	250	400	200
电缆型号、规格				3(WDZ-YJFE-4X300+1X150)		2(WDZ-YJFE-3X150+2X70)	WDZ-YJFE-4X120+1X70	WDZ-YJFE-4X120+1X70		BTTZ 3X(1H70)+1H35
供电范围										
用途	进线	电容器(带调谐滤波)		冷冻机	备用	冷冻泵、冷却泵	电梯	电梯	备用	宴会厅
备注		成套设备		•	•	•	•	•	•	•
小室高度				800	200	600	200	200	400	200
柜体尺寸(宽x高x厚)	1000x2200x1000	1000x2200x1000	1000x2200x1000	600x2200x1000		600x2200x1000				

开关柜编号	AA26							AA27					
开关柜型号	L.V. switchgear							L.V. switchgear					
配电柜回路编号	WP308	WP309	WP310	WP311	WP312	WP313	WP314	WP315	WP316	WP317	WP318	WP319	WP320
设备容量 kW(kVA)	20	30	60	60		30	30	91.5	62		80	66	
需要系数 Kx	1	1	1	1		1	1	1	1		1	1	
功率因数 cosφ	0.90	0.90	0.60	0.90		0.60	0.60	0.80	0.80		0.80	0.80	
计算负荷 kW	30	30	60	60		60	60	91.5	62		80	66	
计算电流 A	51	51	151	81		76	76	173	117		151	70	
空气断路器 脱扣器额定电流 Ie	160	160	250	160	400	160	160	250	250	400	250	250	250
整定电流 长延时 Id1(A)	80	80	200	100	320	100	100	200	160	320	200	160	200
短延时 Id2(A) 0.4s													
瞬动 Id3(A)	800	800	2000	1000	3200	1000	1000	2000	1600	3200	2000	800	2000
额定极限短路分断能力 Icu(kA)	50	50	50	50	50	50	50	50	50	50	50	50	50
额定短路分断能力 Ics(kA)	50	50	50	50	50	50	50	50	50	50	50	50	50
额定短时耐受电流 Icw(kA)													
参考型号													
电流互感器变比 /5	100	100	250	100	400	100	100	300	200	400	250	200	200
电缆型号、规格	BTTZ 4X(1H25)	BTTZ 4X(1H25)	BTTZ 4X(1H95)	BTTZ 4X(1H35)		WDZ-YJFE-4X35+1X16	WDZ-YJFE-4X35+1X16	BTTZ 3X(1H95)+1H50	BTTZ 3X(1H70)+1H35		BTTZ 3X(1H95)+1H50	BTTZ 3X(1H70)+1H35	
供电范围													
用途	消防控制室	弱电机房	消防电梯	应急照明	备用	电梯	电梯	消防风机	消防风机	备用	消防风机	消防风机	备用
备注					•	•	•			•			•
小室高度	200	200	200	200	400	200	200	200	200	400	200	200	200
柜体尺寸(宽x高x厚)	600x2200x1000							600x2200x1000					

开关柜编号	AA28						AA29				
开关柜型号	L.V. switchgear						L.V. switchgear				
配电柜回路编号	WP321	WP322	WP323	WP324	WP325	WP326	WP327	WP328	WP329	WP330	WP331
设备容量 kW(kVA)	168.7	45	50	50	50		172	200	82		40
需要系数 Kx	1	1	1	1	1		1	0.60	1		1
功率因数 cosφ	0.80	0.80	0.90	0.90	0.90		0.90	0.90	0.80		0.90
计算负荷 kW	168.7	45	50	50	50		172	120	82		40
计算电流 A	319	85	84	84	84		289	227	146		54
空气断路器 脱扣器额定电流 Ie	630	250	160	160	160	160	630	400	250	250	160
整定电流 长延时 Id1(A)	500	160	125	125	125	125	400	250	200	200	125
短延时 Id2(A) 0.4s											
瞬动 Id3(A)	5000	1600	1250	1250	1250	1250	4000	2000	2000	2000	1250
额定极限短路分断能力 Icu(kA)	50	50	50	50	50	50	50	50	50	50	50
额定短路分断能力 Ics(kA)	50	50	50	50	50	50	50	50	50	50	50
额定短时耐受电流 Icw(kA)											
参考型号											
电流互感器变比 /5	600	200	150	150	150	150	600	300	200	200	150
电缆型号、规格	BTTZ 3X(1H240)+1H120	BTTZ 3X(1H70)+1H35	BTTZ 4X(1H50)	BTTZ 4X(1H50)	BTTZ 4X(1H50)		BTTZ 4X(1H185)	WDZ-YJFE-3X150+2X70	WDZ-YJFE-3X95+2X50		BTTZ 4X(1H50)
供电范围											
用途	消防水泵	消防水泵	网络中心	变电所	应急照明	备用	应急照明	洗衣房	热交换	备用	应急照明
备注						•		•	•	•	
小室高度	600	200	200	200	200	200	600	200	200	400	200
柜体尺寸(宽x高x厚)	600x2200x1000						600x2200x1000				

设计单位	审定	审核	校对	设计	图名	低压配电系统图（四）	图号	E-011	比例	无

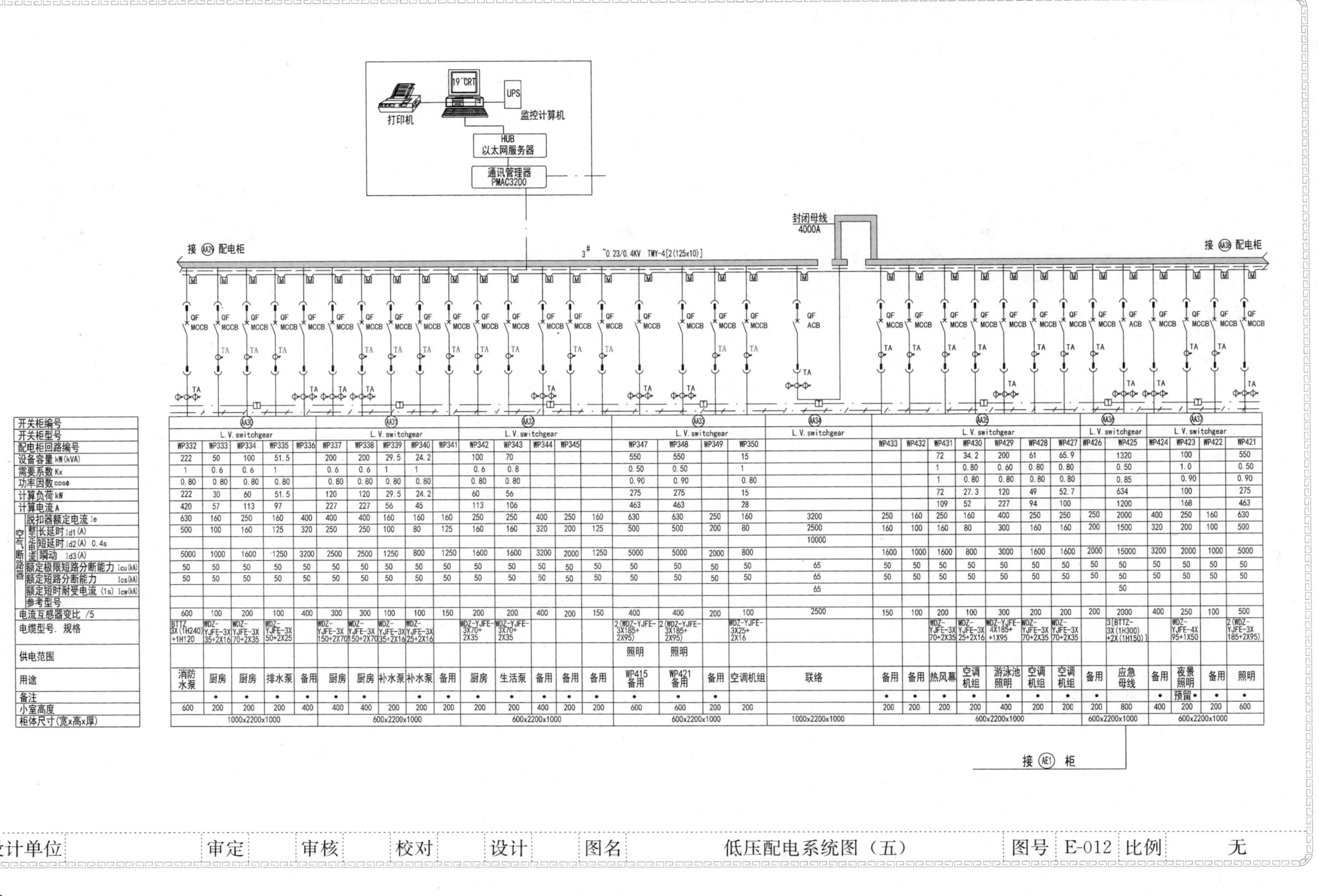

打印机
19"CRT
UPS
监控计算机
HUB
以太网服务器
通讯管理器
PMAC3200
封闭母线
4000A
接 AA29 配电柜
3# ~0.23/0.4KV TMY-4[2(125x10)]
接 AA38 配电柜
L.V. switchgear
接 AE1 柜
开关柜编号
开关柜型号
配电柜回路编号
设备容量 kW(kVA)
需要系数 Kx
功率因数 cosφ
计算负荷 kW
计算电流 A
脱扣器额定电流 Ie
长延时 Id1(A)
短延时 Id2(A) 0.4s
瞬动 Id3(A)
额定极限短路分断能力 Icu(kA)
额定短路分断能力 Ics(kA)
额定短时耐受电流 (1s) Icw(kA)
参考型号
电流互感器变比 /5
电缆型号、规格
供电范围
用途
备注
小室高度
柜体尺寸(宽x高x厚)
设计单位
审定
审核
校对
设计
图名
低压配电系统图（五）
图号
E-012
比例
无

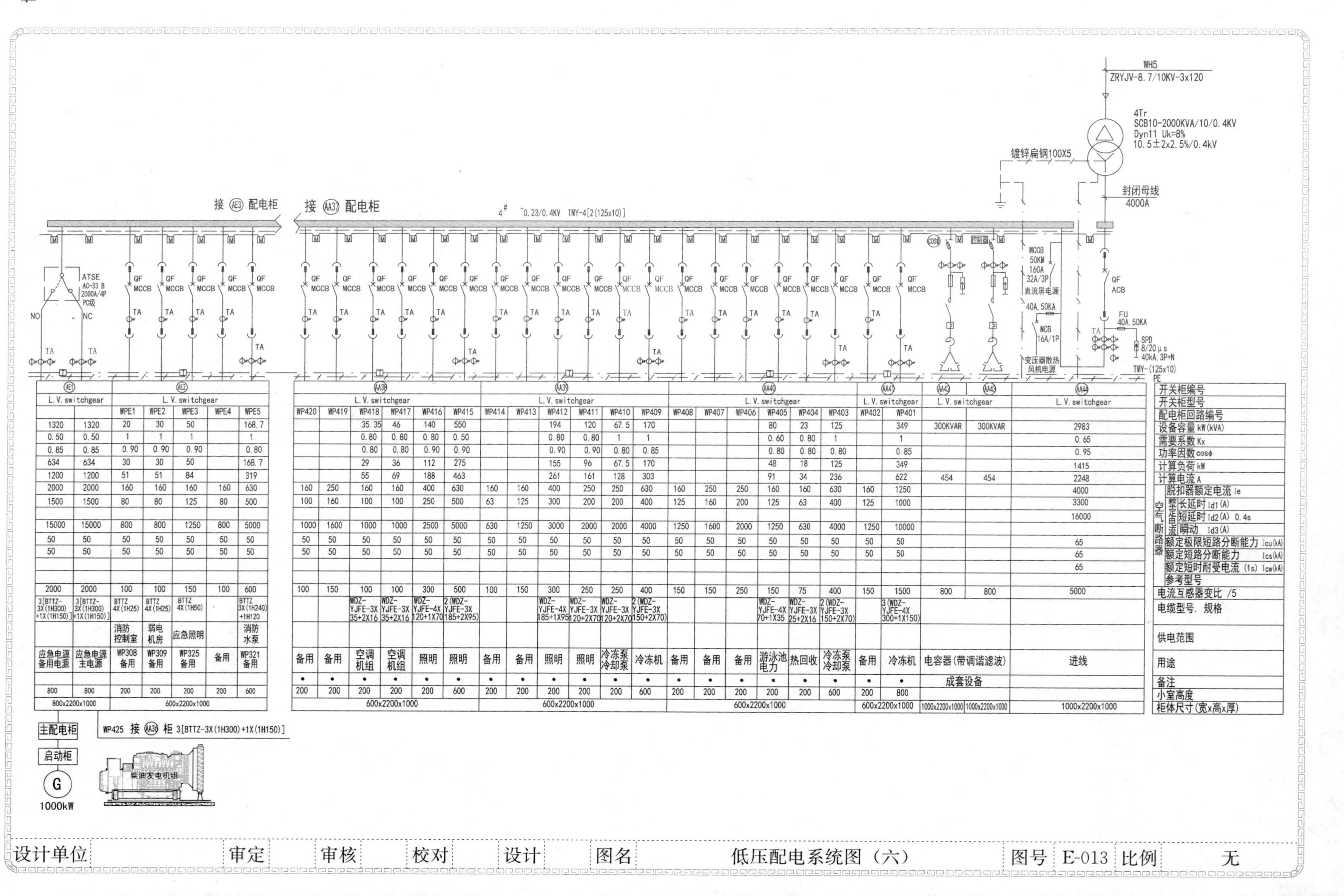

WH5
ZRYJV-8.7/10KV-3x120
4Tr
SCB10-2000KVA/10/0.4KV
Dyn11 Uk=8%
10.5±2x2.5%/0.4kV
镀锌扁钢100X5
封闭母线
4000A
接 AE3 配电柜
接 AA37 配电柜
4# 0.23/0.4KV TMY-4[2(125x10)]
ATSE
L.V. switchgear
开关柜编号
开关柜型号
配电柜回路编号
设备容量 kW(kVA)
需要系数 Kx
功率因数 cosφ
计算负荷 kW
计算电流 A
脱扣器额定电流 Ie
额定极限短路分断能力 Icu(kA)
额定短路分断能力 Ics(kA)
额定短时耐受电流 (1s) Icw(kA)
参考型号
电流互感器变比 /5
电缆型号、规格
供电范围
用途
备注
小室高度
柜体尺寸(宽x高x厚)
主配电柜
启动柜
1000kW
柴油发电机组
WP425 接 AA39 柜 3[BTTZ-3X(1H300)+1X(1H150)]
设计单位
审定
审核
校对
设计
图名
低压配电系统图（六）
图号 E-013
比例 无

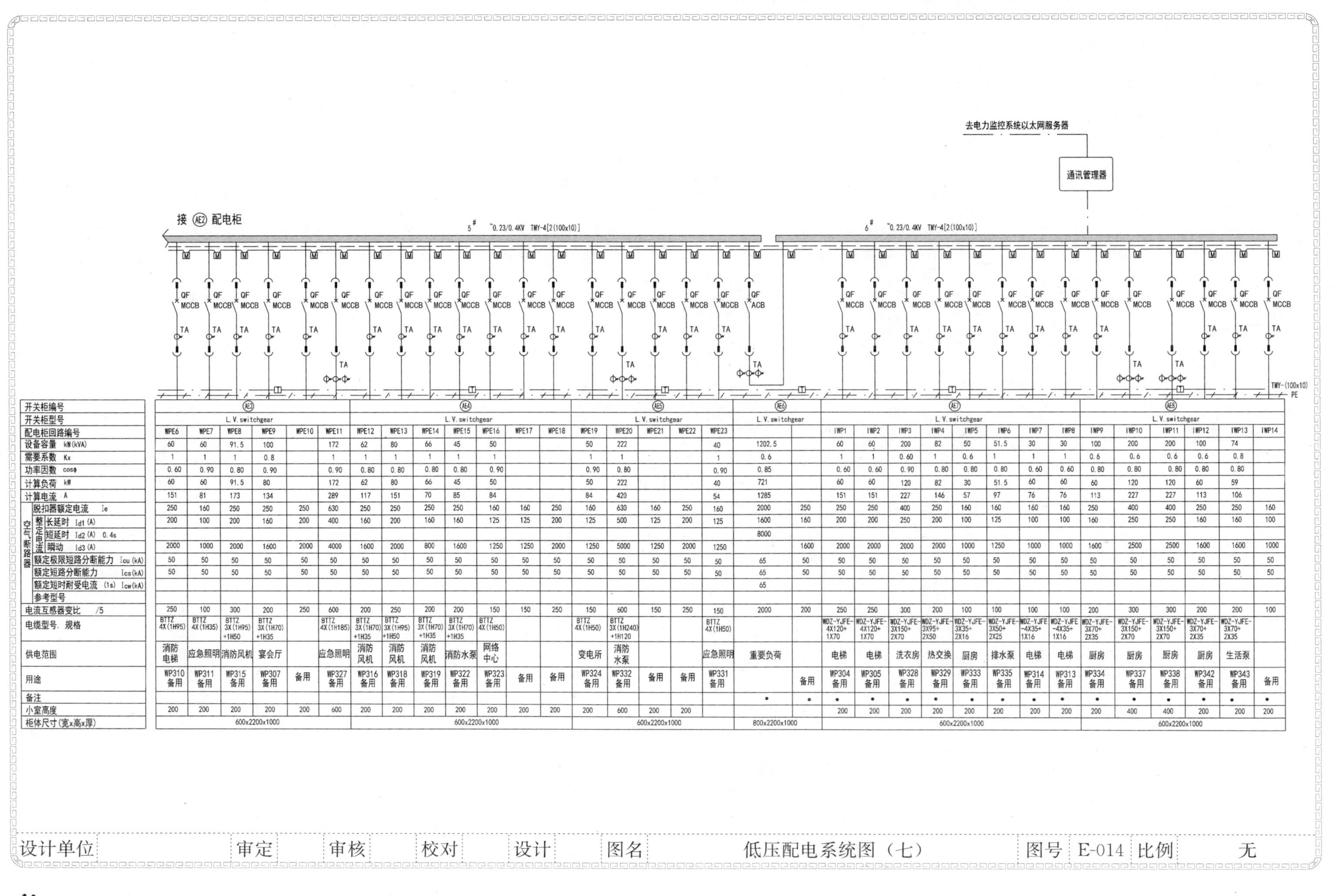

开关柜编号	AE3					
开关柜型号	L.V. switchgear					
配电柜回路编号	WPE6	WPE7	WPE8	WPE9	WPE10	WPE11
设备容量 kW(kVA)	60	60	91.5	100		172
需要系数 Kx	1	1	1	0.8		1
功率因数 cosφ	0.60	0.90	0.80	0.90		0.90
计算负荷 kW	60	60	91.5	80		172
计算电流 A	151	81	173	134		289
空气断路器 脱扣器额定电流 Ie	250	160	250	250	250	630
整定电流 长延时 Id1 (A)	200	100	200	160	200	400
整定电流 短延时 Id2 (A) 0.4s						
整定电流 瞬动 Id3 (A)	2000	1000	2000	1600	2000	4000
额定极限短路分断能力 Icu (kA)	50	50	50	50	50	50
额定短路分断能力 Ics (kA)	50	50	50	50	50	50
额定短时耐受电流 (1s) Icw (kA)						
参考型号						
电流互感器变比 /5	250	100	300	200	250	600
电缆型号、规格	BTTZ 4X(1H95)	BTTZ 4X(1H35)	BTTZ 3X(1H95)+1H50	BTTZ 3X(1H70)+1H35		BTTZ 4X(1H185)
供电范围	消防电梯	应急照明	消防风机	宴会厅		应急照明
用途	WP310 备用	WP311 备用	WP315 备用	WP307 备用	备用	WP327 备用
备注						
小室高度	200	200	200	200	200	600
柜体尺寸(宽x高x厚)	600x2200x1000					

开关柜编号	AE4						
开关柜型号	L.V. switchgear						
配电柜回路编号	WPE12	WPE13	WPE14	WPE15	WPE16	WPE17	WPE18
设备容量 kW(kVA)	62	80	66	45	50		
需要系数 Kx	1	1	1	1	1		
功率因数 cosφ	0.80	0.80	0.80	0.80	0.90		
计算负荷 kW	62	80	66	45	50		
计算电流 A	117	151	70	85	84		
空气断路器 脱扣器额定电流 Ie	250	250	250	250	160	160	250
整定电流 长延时 Id1 (A)	160	200	160	160	125	125	200
整定电流 短延时 Id2 (A) 0.4s							
整定电流 瞬动 Id3 (A)	1600	2000	800	1600	1250	1250	2000
额定极限短路分断能力 Icu (kA)	50	50	50	50	50	50	50
额定短路分断能力 Ics (kA)	50	50	50	50	50	50	50
额定短时耐受电流 (1s) Icw (kA)							
参考型号							
电流互感器变比 /5	200	250	200	200	150	150	250
电缆型号、规格	BTTZ 3X(1H70)+1H35	BTTZ 3X(1H95)+1H50	BTTZ 3X(1H70)+1H35	BTTZ 3X(1H70)+1H35	BTTZ 4X(1H50)		
供电范围	消防风机	消防风机	消防风机	消防水泵	网络中心		
用途	WP316 备用	WP318 备用	WP319 备用	WP322 备用	WP323 备用	备用	备用
备注							
小室高度	200	200	200	200	200	200	200
柜体尺寸(宽x高x厚)	600x2200x1000						

开关柜编号	AE5					AE6	
开关柜型号	L.V. switchgear					L.V. switchgear	
配电柜回路编号	WPE19	WPE20	WPE21	WPE22	WPE23		
设备容量 kW(kVA)	50	222			40	1202.5	
需要系数 Kx	1	1			1	0.6	
功率因数 cosφ	0.90	0.80			0.90	0.85	
计算负荷 kW	50	222			40	721	
计算电流 A	84	420			54	1285	
空气断路器 脱扣器额定电流 Ie	160	630	160	250	160	2000	250
整定电流 长延时 Id1 (A)	125	500	125	200	125	1600	160
整定电流 短延时 Id2 (A) 0.4s						8000	
整定电流 瞬动 Id3 (A)	1250	5000	1250	2000	1250		1600
额定极限短路分断能力 Icu (kA)	50	50	50	50	50	65	50
额定短路分断能力 Ics (kA)	50	50	50	50	50	65	50
额定短时耐受电流 (1s) Icw (kA)						65	
参考型号							
电流互感器变比 /5	150	600	150	250	150	2000	200
电缆型号、规格	BTTZ 4X(1H50)	BTTZ 3X(1H240)+1H120			BTTZ 4X(1H50)		
供电范围	变电所	消防水泵			应急照明	重要负荷	
用途	WP324 备用	WP332 备用	备用	备用	WP331 备用		备用
备注						•	•
小室高度	200	600	200	200			
柜体尺寸(宽x高x厚)	600x2200x1000					800x2200x1000	

开关柜编号	AE7							
开关柜型号	L.V. switchgear							
配电柜回路编号	1WP1	1WP2	1WP3	1WP4	1WP5	1WP6	1WP7	1WP8
设备容量 kW(kVA)	60	60	200	82	50	51.5	30	30
需要系数 Kx	1	1	0.60	1	0.6	1	1	1
功率因数 cosφ	0.60	0.60	0.90	0.80	0.80	0.80	0.60	0.60
计算负荷 kW	60	60	120	82	30	51.5	60	60
计算电流 A	151	151	227	146	57	97	76	76
空气断路器 脱扣器额定电流 Ie	250	250	400	250	160	160	160	160
整定电流 长延时 Id1 (A)	200	200	250	200	100	125	100	100
整定电流 短延时 Id2 (A) 0.4s								
整定电流 瞬动 Id3 (A)	2000	2000	2000	2000	1000	1250	1000	1000
额定极限短路分断能力 Icu (kA)	50	50	50	50	50	50	50	50
额定短路分断能力 Ics (kA)	50	50	50	50	50	50	50	50
额定短时耐受电流 (1s) Icw (kA)								
参考型号								
电流互感器变比 /5	250	250	300	200	100	100	100	100
电缆型号、规格	WDZ-YJFE-4X120+1X70	WDZ-YJFE-4X120+1X70	WDZ-YJFE-3X150+2X70	WDZ-YJFE-3X95+2X50	WDZ-YJFE-3X35+2X16	WDZ-YJFE-3X50+2X25	WDZ-YJFE-4X35+1X16	WDZ-YJFE-4X35+1X16
供电范围	电梯	电梯	洗衣房	热交换	厨房	排水泵	电梯	电梯
用途	WP304 备用	WP305 备用	WP328 备用	WP329 备用	WP333 备用	WP335 备用	WP314 备用	WP313 备用
备注	•	•	•	•	•	•	•	•
小室高度	200	200	200	200	200	200	200	200
柜体尺寸(宽x高x厚)	600x2200x1000							

开关柜编号	AE8					
开关柜型号	L.V. switchgear					
配电柜回路编号	1WP9	1WP10	1WP11	1WP12	1WP13	1WP14
设备容量 kW(kVA)	100	200	200	100	74	
需要系数 Kx	0.6	0.6	0.6	0.6	0.8	
功率因数 cosφ	0.80	0.80	0.80	0.80	0.80	
计算负荷 kW	60	120	120	60	59	
计算电流 A	113	227	227	113	106	
空气断路器 脱扣器额定电流 Ie	250	400	400	250	250	160
整定电流 长延时 Id1 (A)	160	250	250	160	160	100
整定电流 短延时 Id2 (A) 0.4s						
整定电流 瞬动 Id3 (A)	1600	2500	2500	1600	1600	1000
额定极限短路分断能力 Icu (kA)	50	50	50	50	50	50
额定短路分断能力 Ics (kA)	50	50	50	50	50	50
额定短时耐受电流 (1s) Icw (kA)						
参考型号						
电流互感器变比 /5	200	300	300	200	200	100
电缆型号、规格	WDZ-YJFE-3X70+2X35	WDZ-YJFE-3X150+2X70	WDZ-YJFE-3X150+2X70	WDZ-YJFE-3X70+2X35	WDZ-YJFE-3X70+2X35	
供电范围	厨房	厨房	厨房	厨房	生活泵	
用途	WP334 备用	WP337 备用	WP338 备用	WP342 备用	WP343 备用	备用
备注	•	•	•	•	•	•
小室高度	200	400	400	200	200	200
柜体尺寸(宽x高x厚)	600x2200x1000					

设计单位	审定	审核	校对	设计	图名	低压配电系统图（七）	图号	E-014	比例	无

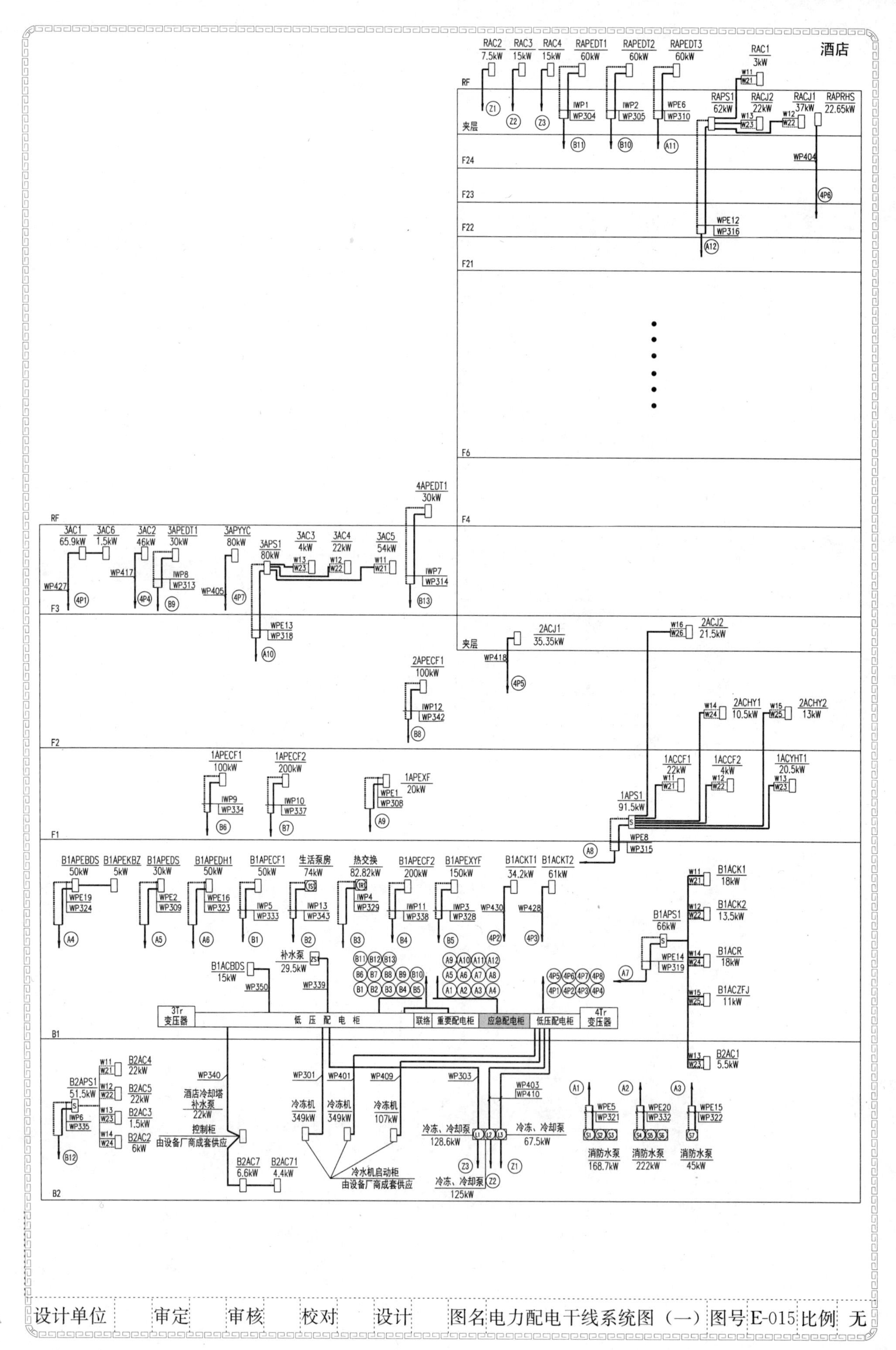

设计单位	审定	审核	校对	设计	图名	电力配电干线系统图（一）	图号	E-015	比例	无

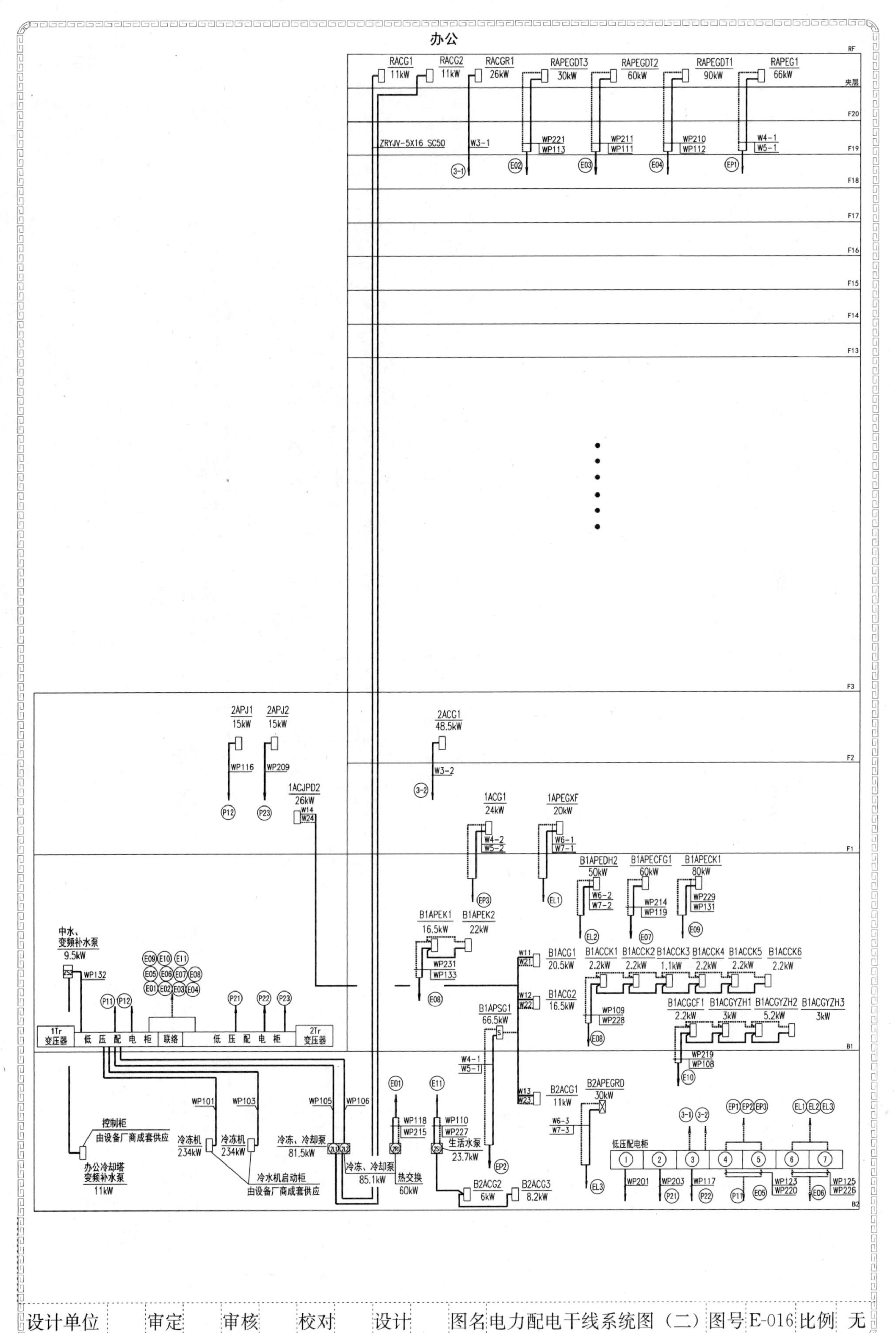

办公
RF
夹层
F20
F19
F18
F17
F16
F15
F14
F13
F3
F2
F1
B1
B2
RACG1
11kW
RACG2
11kW
RACGR1
26kW
RAPEGDT3
30kW
RAPEGDT2
60kW
RAPEGDT1
90kW
RAPEG1
66kW
ZRYJV-5X16 SC50
W3-1
WP221
WP113
WP211
WP111
WP210
WP112
W4-1
W5-1
2APJ1
15kW
2APJ2
15kW
WP116
WP209
2ACG1
48.5kW
W3-2
1ACJPD2
26kW
W14
W24
1ACG1
24kW
W4-2
W5-2
1APEGXF
20kW
W6-1
W7-1
B1APEDH2
50kW
W6-2
W7-2
B1APECFG1
60kW
WP214
WP119
B1APECK1
80kW
WP229
WP131
B1APEK1
16.5kW
B1APEK2
22kW
WP231
WP133
中水、
变频补水泵
9.5kW
WP132
W11
W21
B1ACG1
20.5kW
B1ACCK1
2.2kW
B1ACCK2
2.2kW
B1ACCK3
1.1kW
B1ACCK4
2.2kW
B1ACCK5
2.2kW
B1ACCK6
2.2kW
W12
W22
B1ACG2
16.5kW
WP109
WP228
B1ACGCF1
2.2kW
B1ACGYZH1
3kW
B1ACGYZH2
5.2kW
B1ACGYZH3
3kW
WP219
WP108
B1APSG1
66.5kW
W4-1
W5-1
1Tr
变压器
低 压 配 电 柜
联络
低 压 配 电 柜
2Tr
变压器
W13
W23
B2ACG1
11kW
B2APEGRD
30kW
W6-3
W7-3
WP101
WP103
WP105
WP106
WP118
WP215
WP110
WP227
控制柜
由设备厂商成套供应
冷冻机
234kW
冷冻机
234kW
冷冻、冷却泵
81.5kW
冷冻、冷却泵
85.1kW
热交换
60kW
生活水泵
23.7kW
办公冷却塔
变频补水泵
11kW
冷水机启动柜
由设备厂商成套供应
B2ACG2
6kW
B2ACG3
8.2kW
低压配电柜
WP201
WP203
WP117
WP123
WP220
WP125
WP226
设计单位
审定
审核
校对
设计
图名
电力配电干线系统图（二）
图号
E-016
比例
无

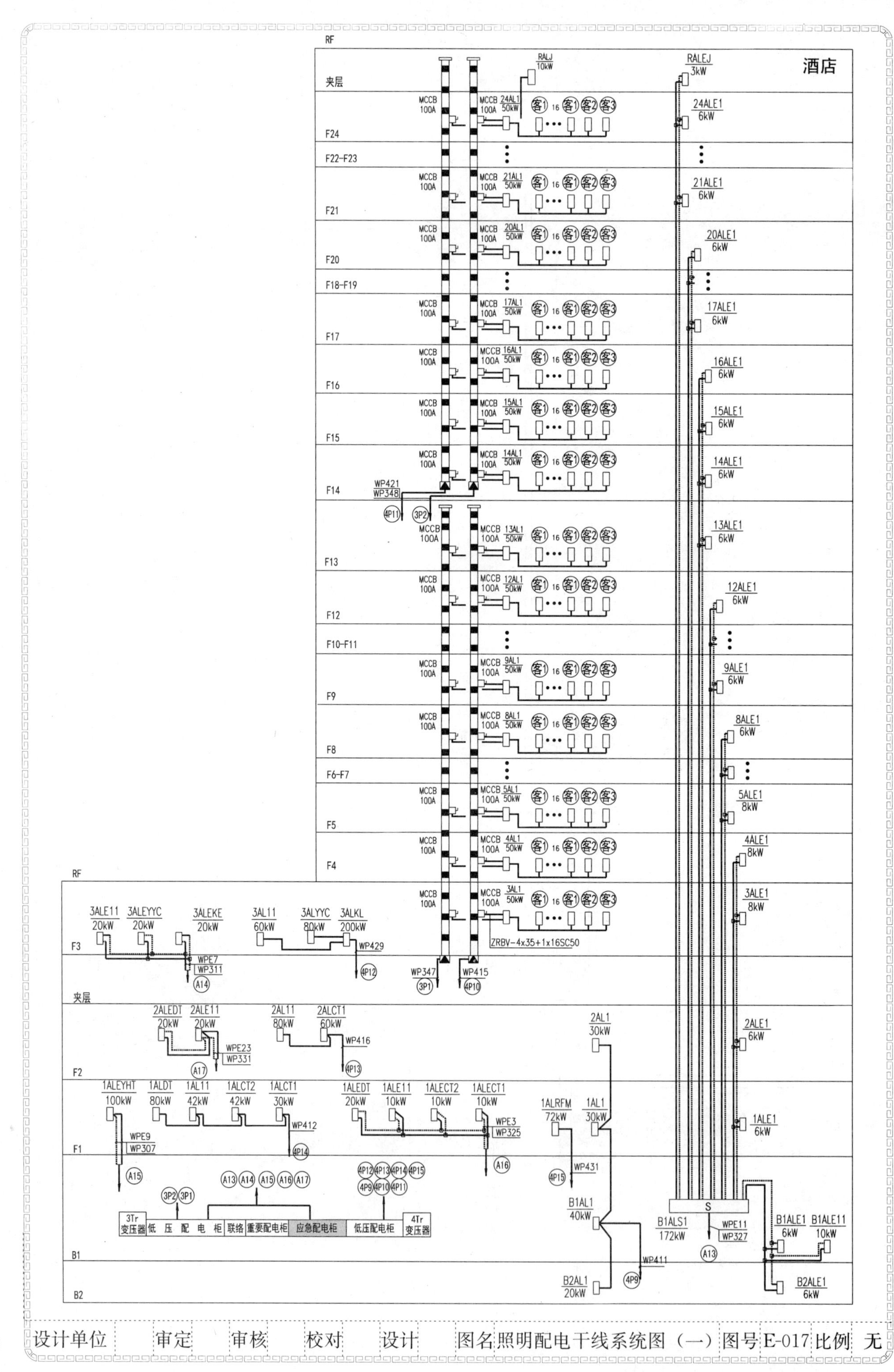

设计单位	审定	审核	校对	设计	图名	照明配电干线系统图（一）	图号	E-017	比例	无

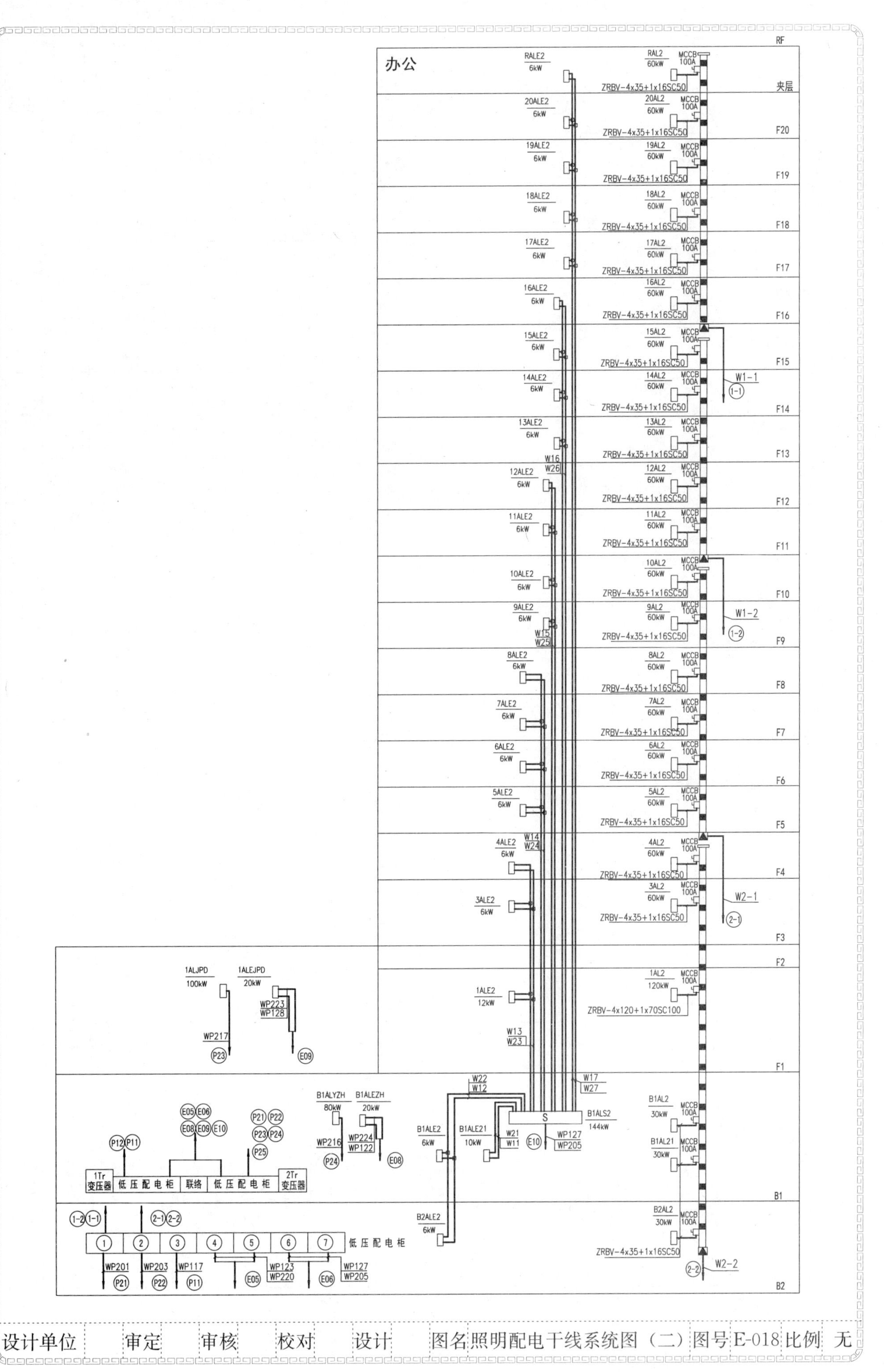

办公
RF
夹层
F20
F19
F18
F17
F16
F15
F14
F13
F12
F11
F10
F9
F8
F7
F6
F5
F4
F3
F2
F1
B1
B2
RALE2 6kW
20ALE2 6kW
19ALE2 6kW
18ALE2 6kW
17ALE2 6kW
16ALE2 6kW
15ALE2 6kW
14ALE2 6kW
13ALE2 6kW
12ALE2 6kW
11ALE2 6kW
10ALE2 6kW
9ALE2 6kW
8ALE2 6kW
7ALE2 6kW
6ALE2 6kW
5ALE2 6kW
4ALE2 6kW
3ALE2 6kW
1ALE2 12kW
W16
W26
W15
W25
W14
W24
W13
W23
RAL2 60kW
20AL2 60kW
19AL2 60kW
18AL2 60kW
17AL2 60kW
16AL2 60kW
15AL2 60kW
14AL2 60kW
13AL2 60kW
12AL2 60kW
11AL2 60kW
10AL2 60kW
9AL2 60kW
8AL2 60kW
7AL2 60kW
6AL2 60kW
5AL2 60kW
4AL2 60kW
3AL2 60kW
1AL2 120kW
MCCB 100A
ZRBV-4x35+1x16SC50
ZRBV-4x120+1x70SC100
W1-1
W1-2
W2-1
W2-2
1ALJPD 100kW
1ALEJPD 20kW
WP223
WP128
WP217
P23
E09
B1ALYZH 80kW
B1ALEZH 20kW
WP216
WP224
WP122
P24
E08
W22
W12
W17
W27
S
B1ALS2 144kW
B1ALE2 6kW
B1ALE21 10kW
W21
W11
E10
WP127
WP205
B1AL2 30kW
B1AL21 30kW
B2AL2 30kW
B2ALE2 6kW
E05 E06
E08 E09 E10
P21 P22
P23 P24
P25
P12 P11
1Tr 变压器
低压配电柜
联络
低压配电柜
2Tr 变压器
1-2 1-1
2-1 2-2
① ② ③ ④ ⑤ ⑥ ⑦
低压配电柜
WP201
WP203
WP117
WP123
WP220
WP127
WP205
P21
P22
P11
E05
E06
设计单位
审定
审核
校对
设计
图名 照明配电干线系统图（二）
图号 E-018
比例 无

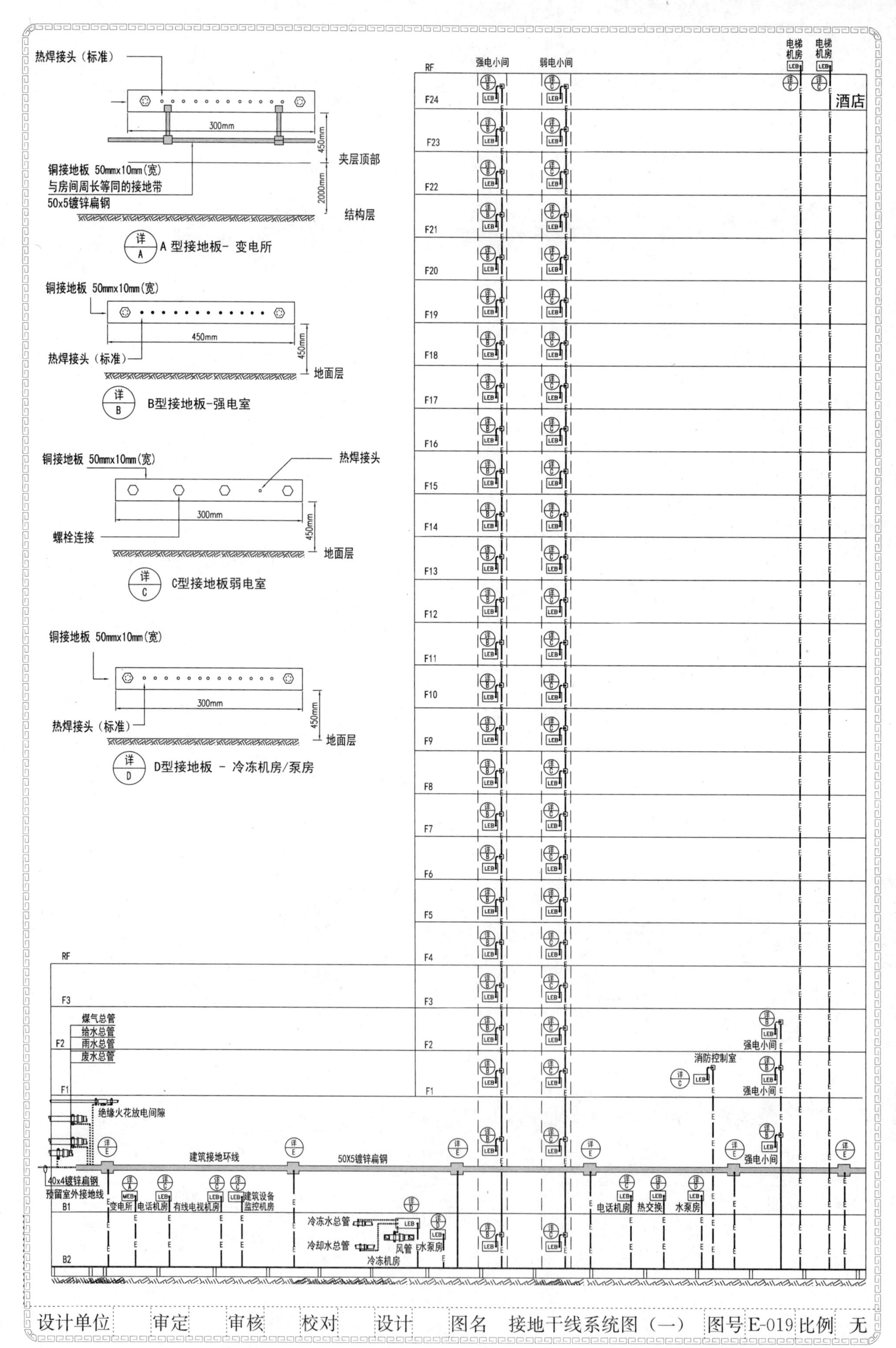

设计单位	审定	审核	校对	设计	图名	接地干线系统图（一）	图号	E-019	比例	无

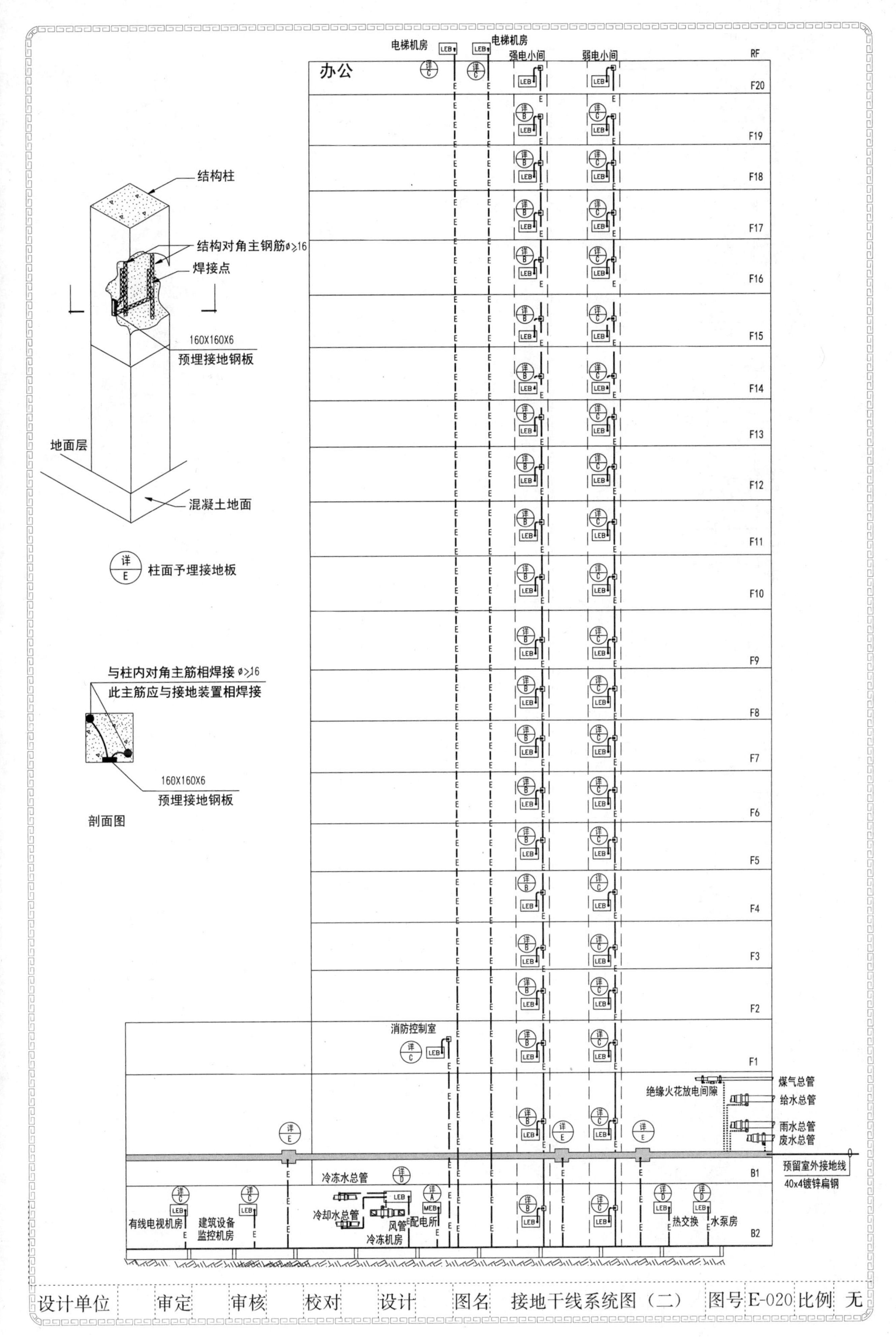
电梯机房
电梯机房
强电小间
弱电小间
办公
RF
F20
F19
F18
F17
F16
F15
F14
F13
F12
F11
F10
F9
F8
F7
F6
F5
F4
F3
F2
F1
B1
B2
结构柱
结构对角主钢筋ø≥16
焊接点
160X160X6
预埋接地钢板
地面层
混凝土地面
柱面予埋接地板
与柱内对角主筋相焊接 ø≥16
此主筋应与接地装置相焊接
160X160X6
预埋接地钢板
剖面图
消防控制室
绝缘火花放电间隙
煤气总管
给水总管
雨水总管
废水总管
预留室外接地线
40x4镀锌扁钢
冷冻水总管
冷却水总管
风管
配电所
冷冻机房
有线电视机房
建筑设备
监控机房
热交换
水泵房

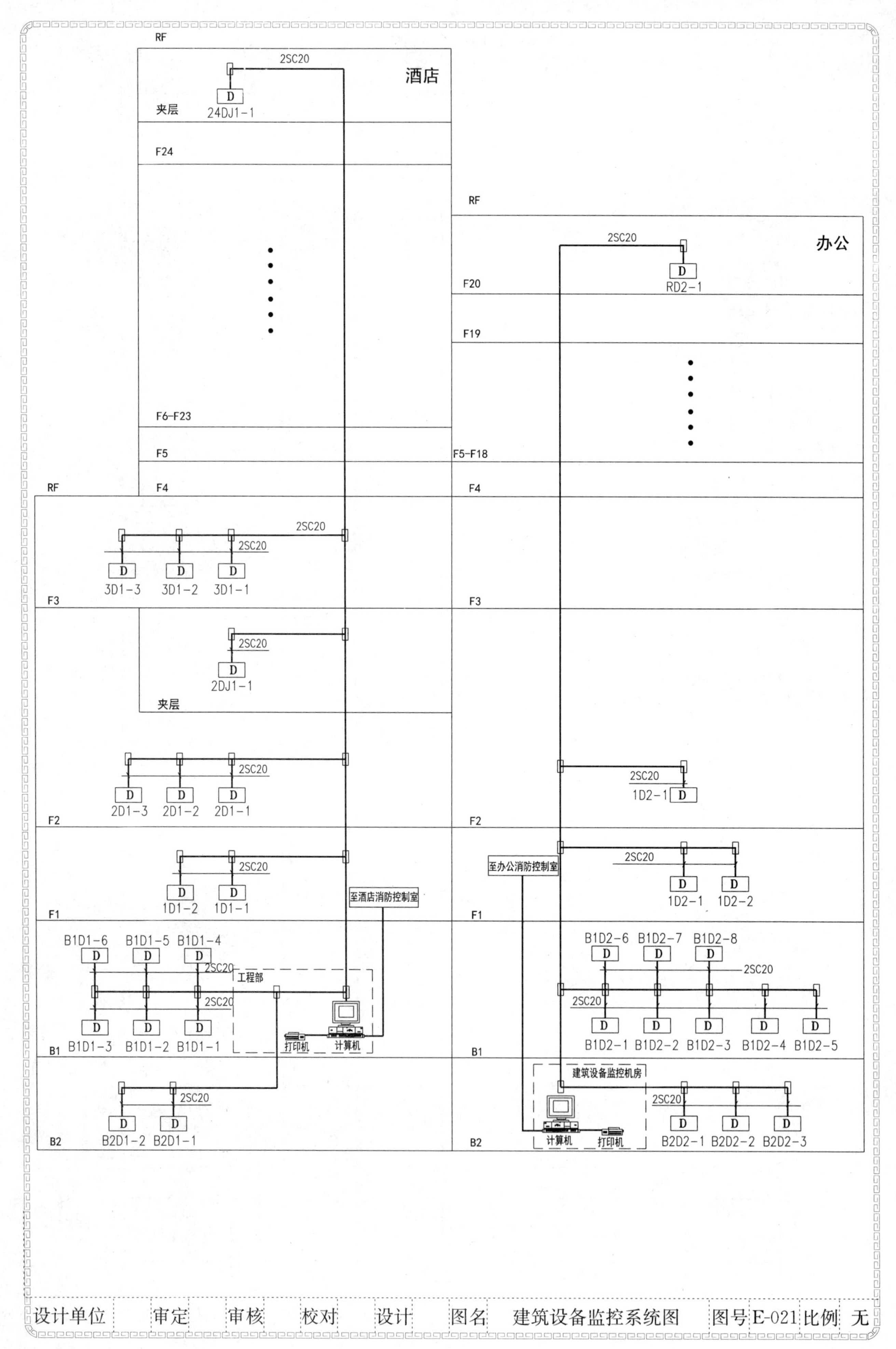

设计单位	审定	审核	校对	设计	图名	建筑设备监控系统图	图号	E-021	比例	无

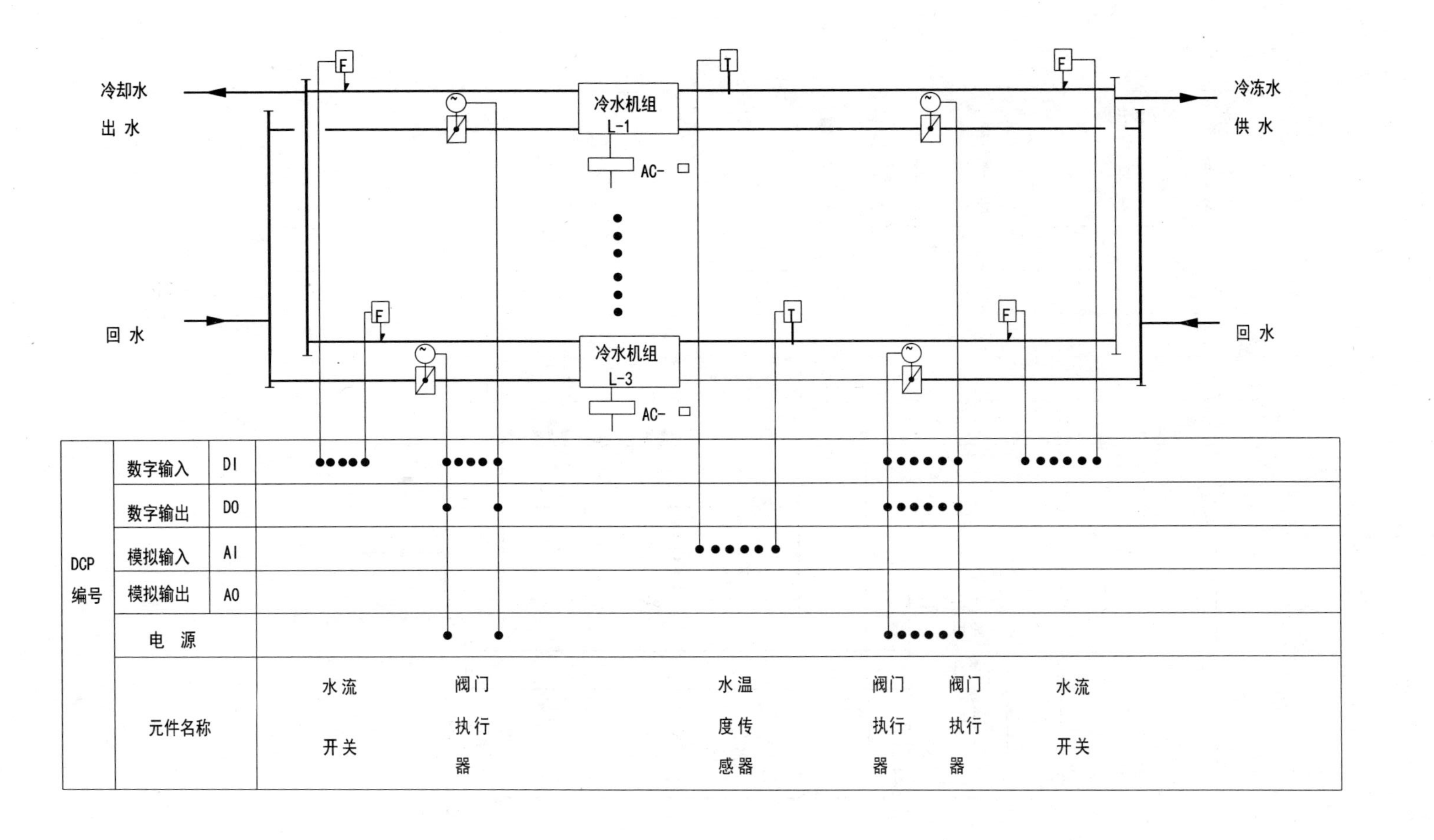

设计单位		审定		审核		校对		设计		图名	冷水机组监控原理图	图号	E-022	比例	无

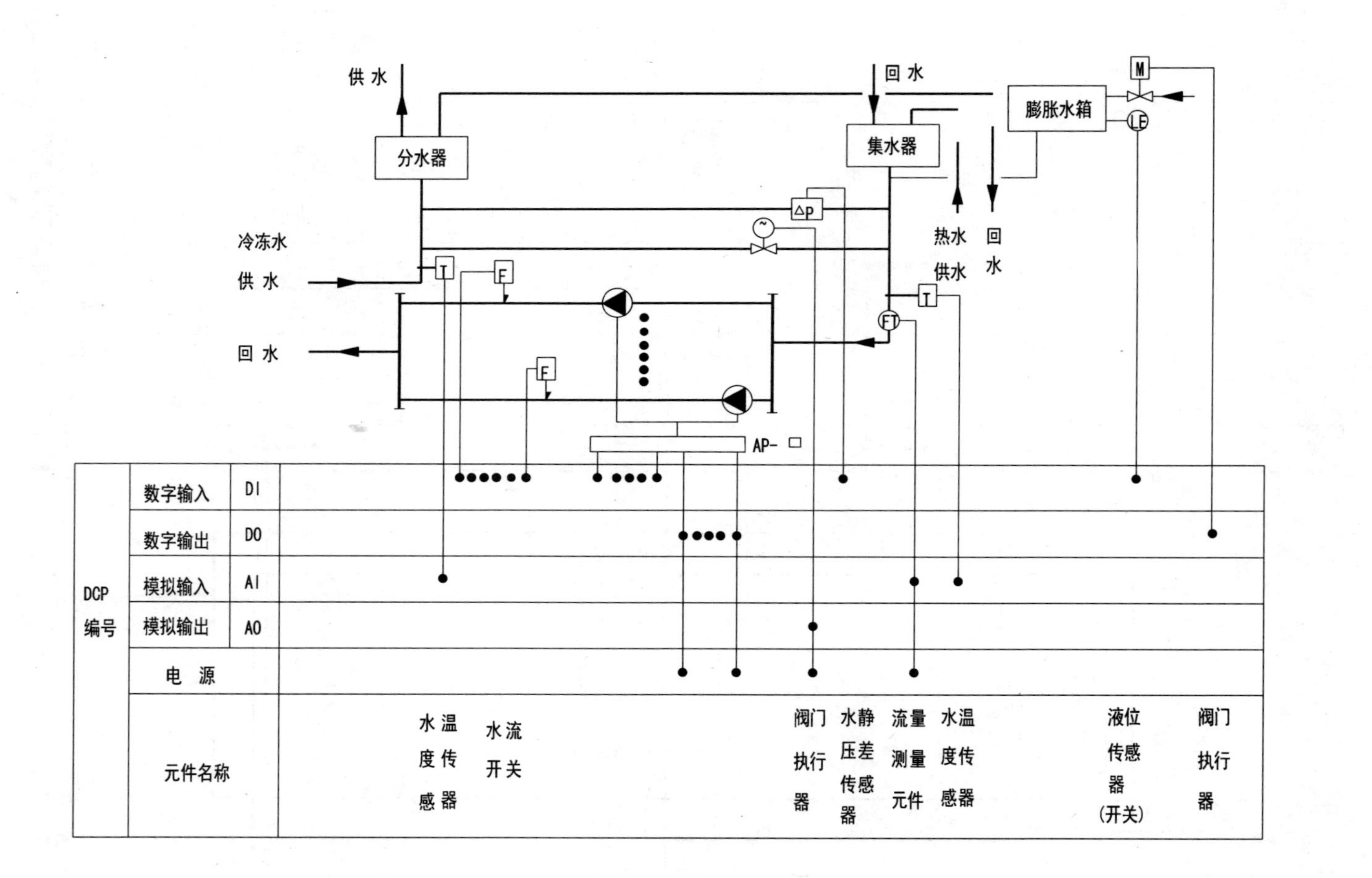

设计单位		审定		审核		校对		设计		图名	冷水泵系统监控原理图	图号	E-023	比例	无

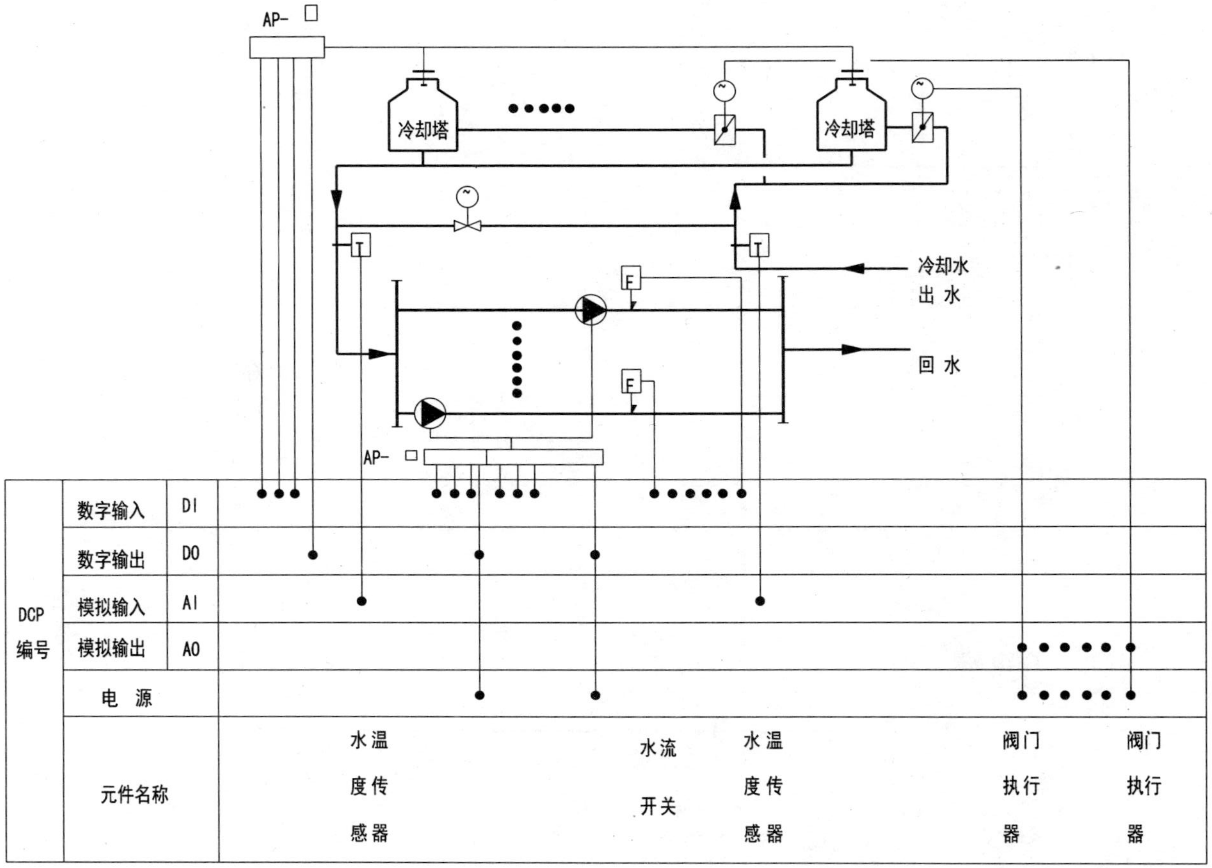

设计单位		审定		审核		校对		设计		图名	冷却泵系统监控原理图	图号	E-024	比例	无

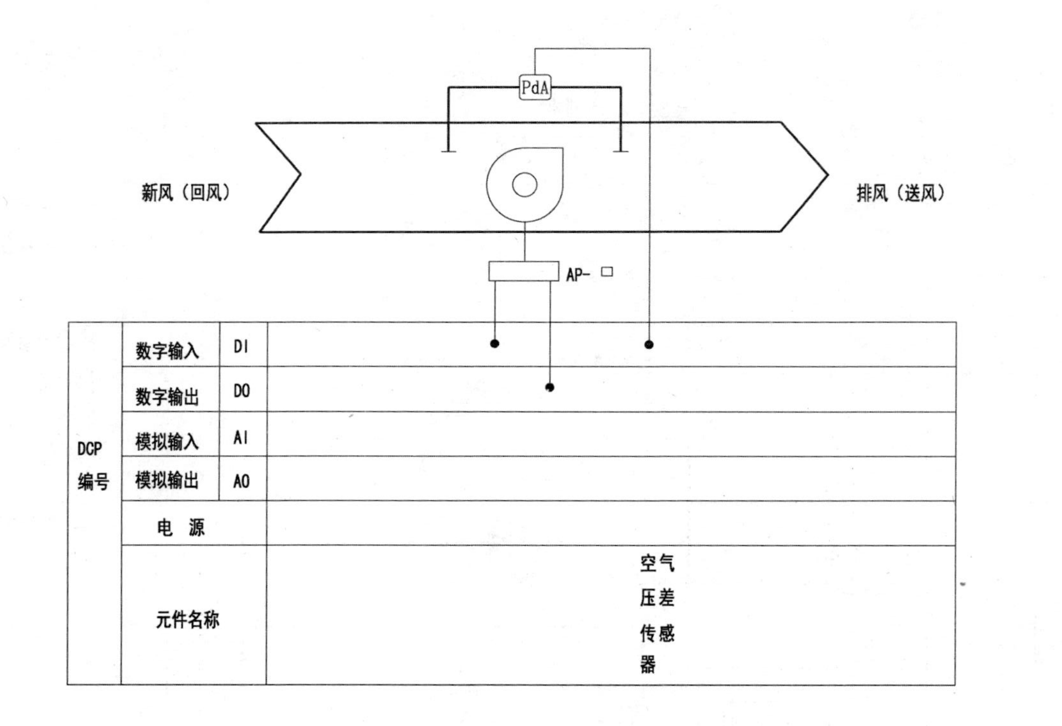

DCP编号	数字输入	DI	
	数字输出	DO	
	模拟输入	AI	
	模拟输出	AO	
	电　源		
	元件名称		空气压差传感器

设计单位		审定		审核		校对		设计		图名	送排风系统监控原理图	图号	E-025	比例	无

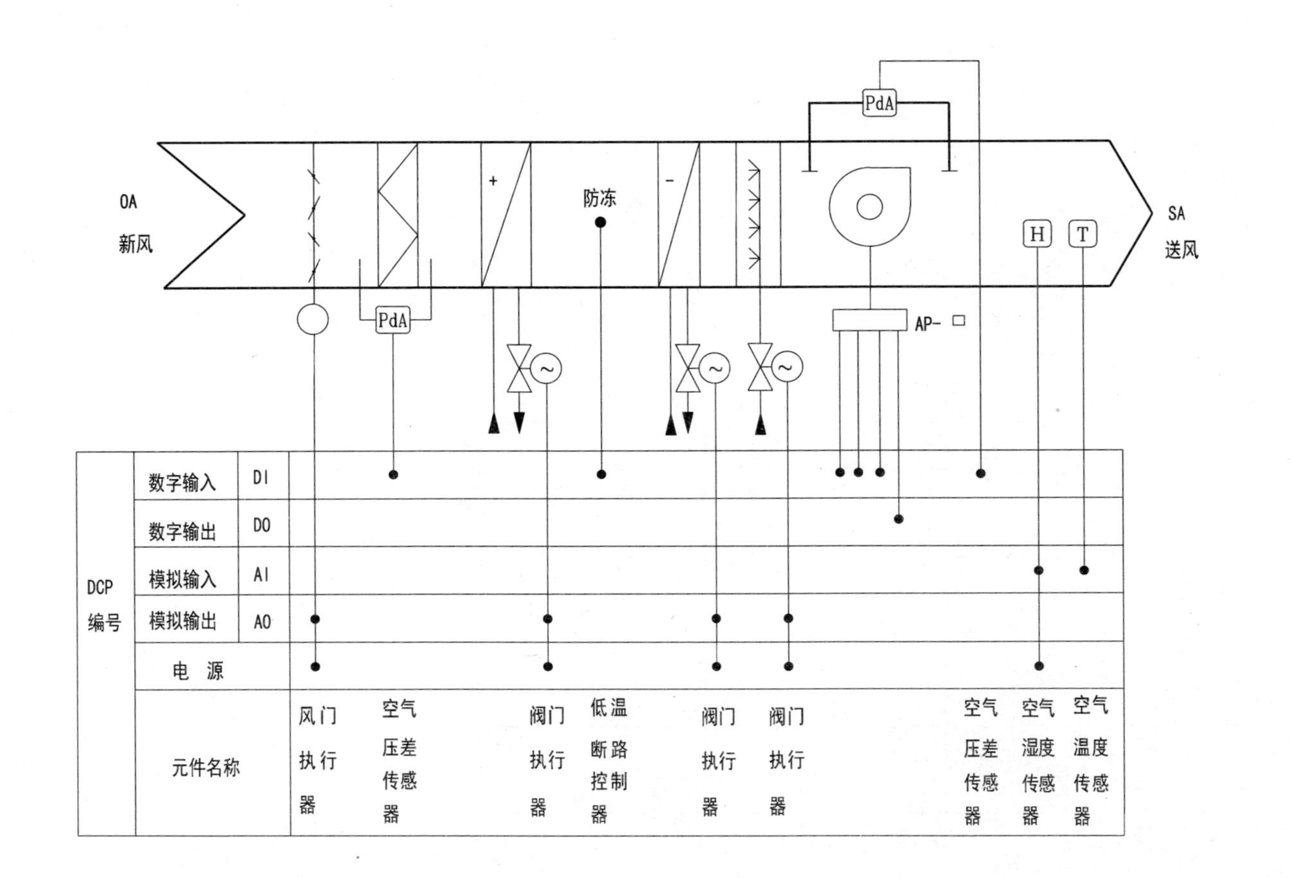

设计单位		审定		审核		校对		设计		图名	四管制新风处理机组监控原理图	图号	E-026	比例	无

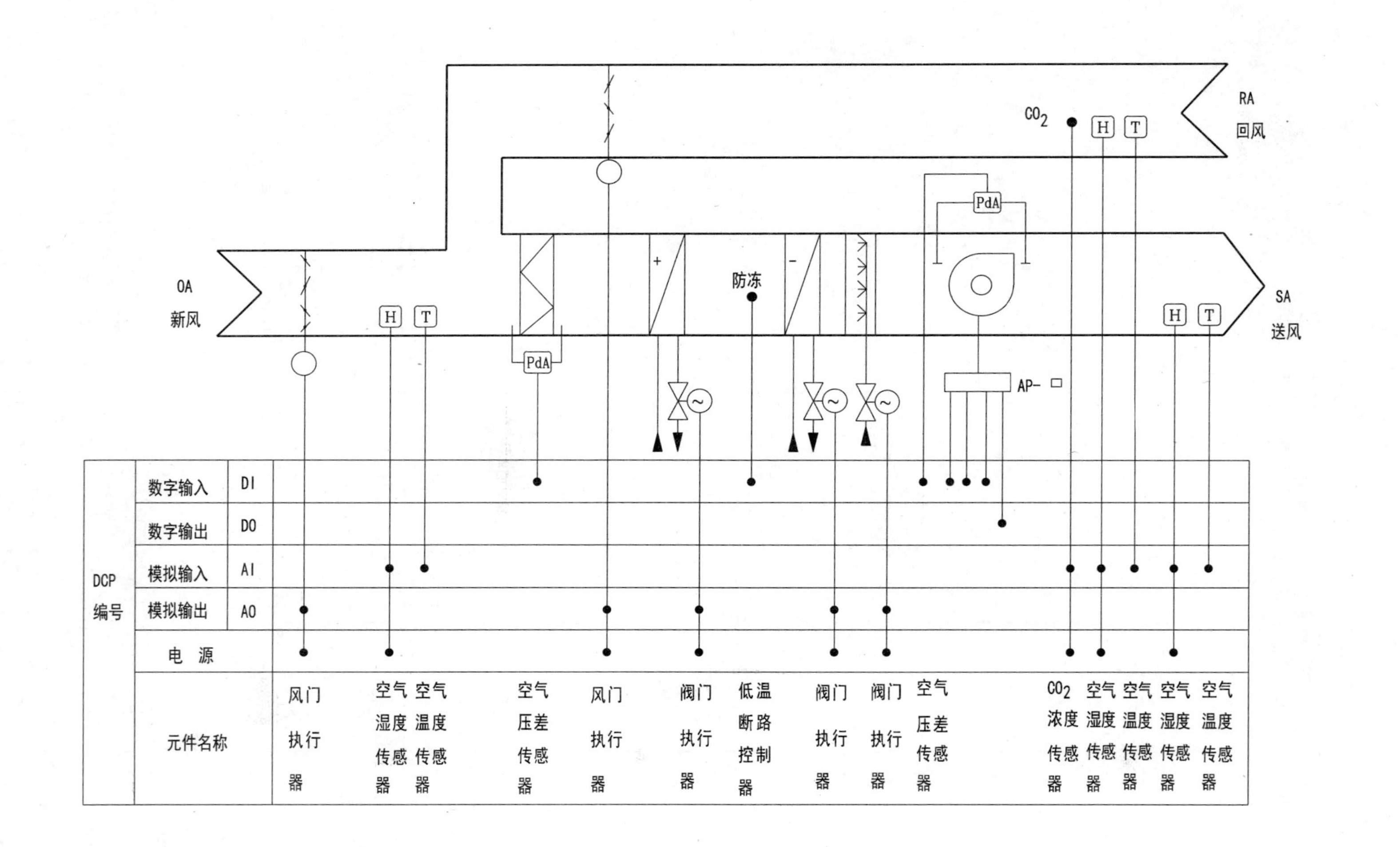

设计单位		审定		审核		校对		设计		图名	四管制空调机组监控原理图	图号	E-027	比例	无

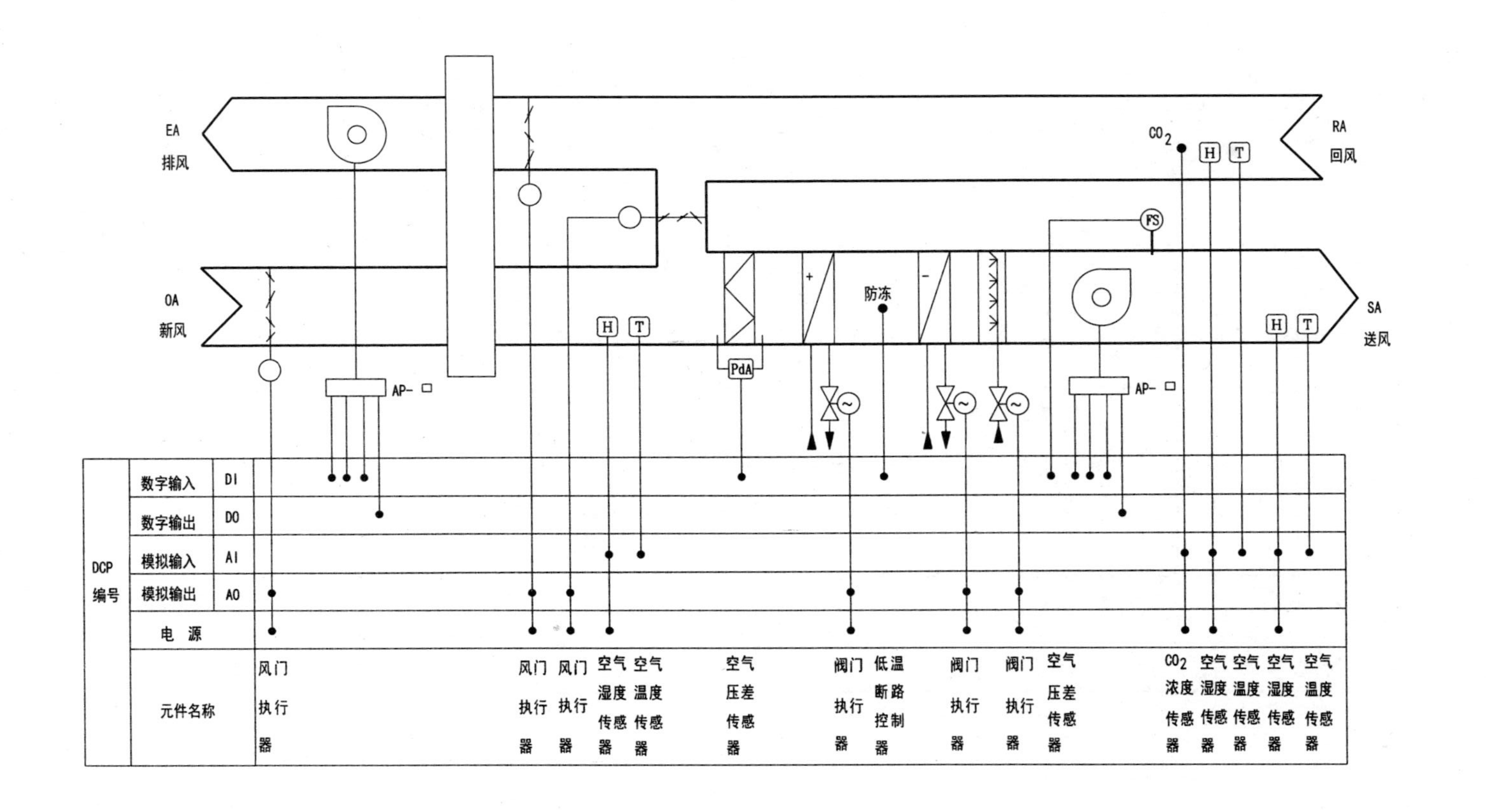

设计单位		审定		审核		校对		设计		图名	四管制空调机组（带热回收）监控原理图	图号	E-028	比例	无

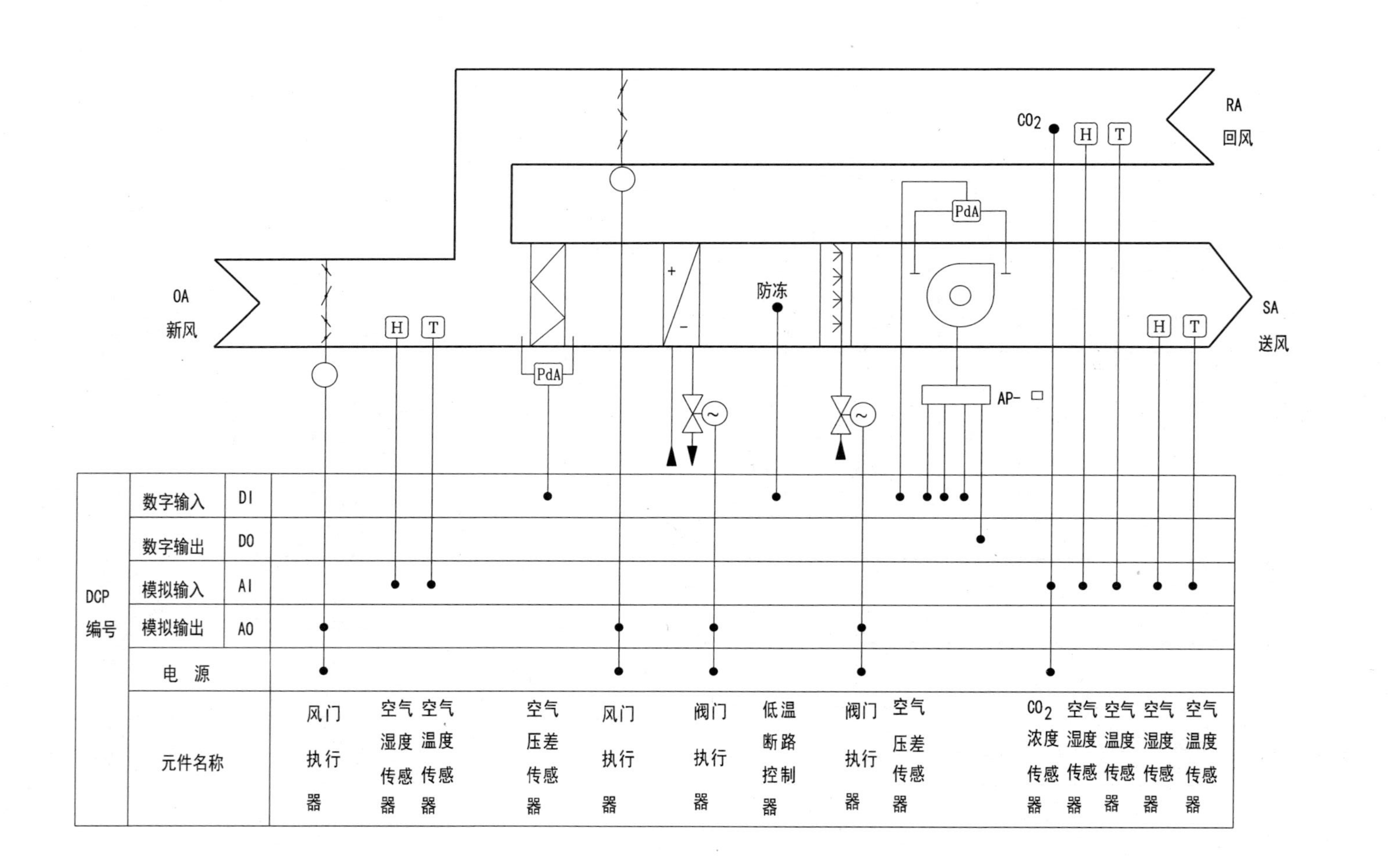

设计单位		审定		审核		校对		设计		图名	二管制空调机组监控原理图	图号	E-029	比例	无

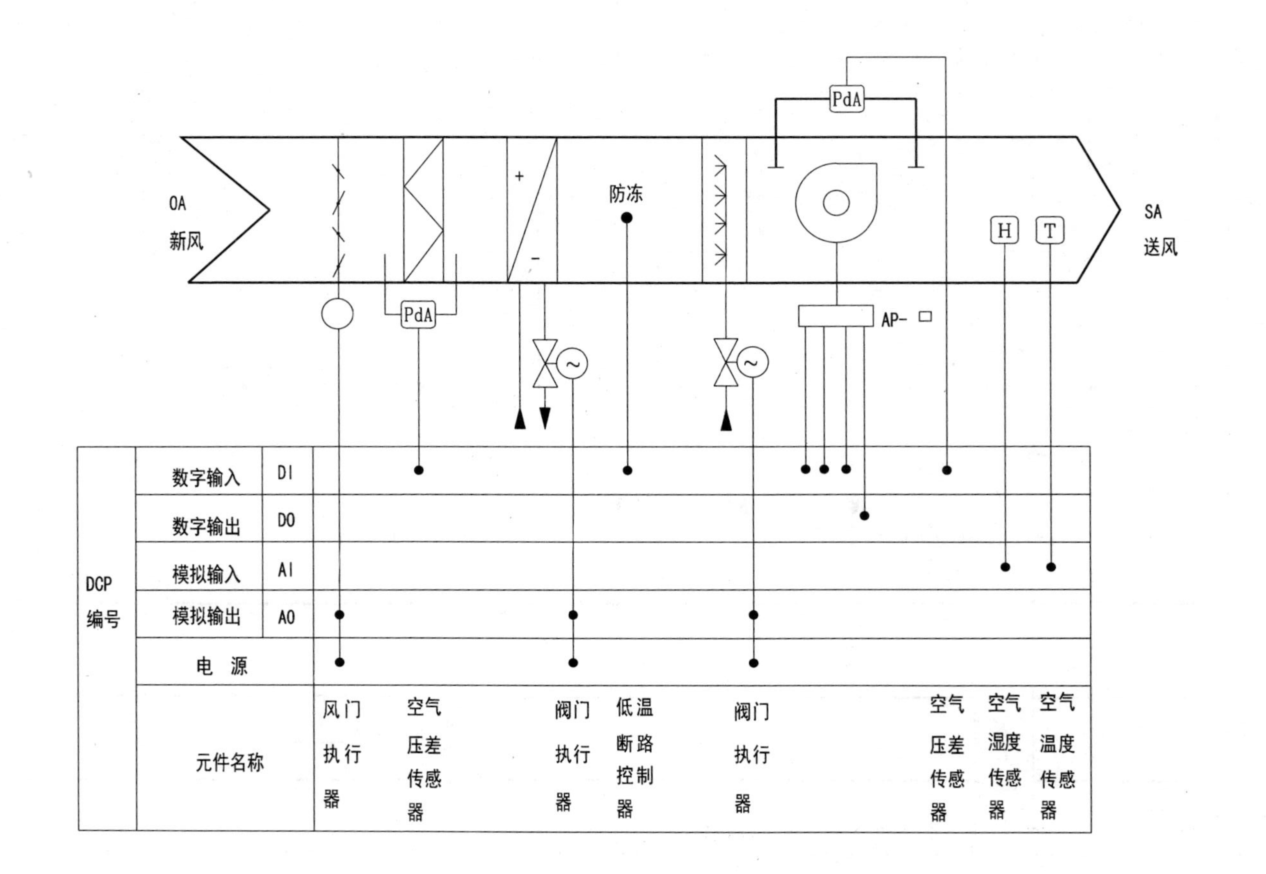

设计单位		审定		审核		校对		设计		图名	二管制新风处理机组监控原理图	图号	E-030	比例	无

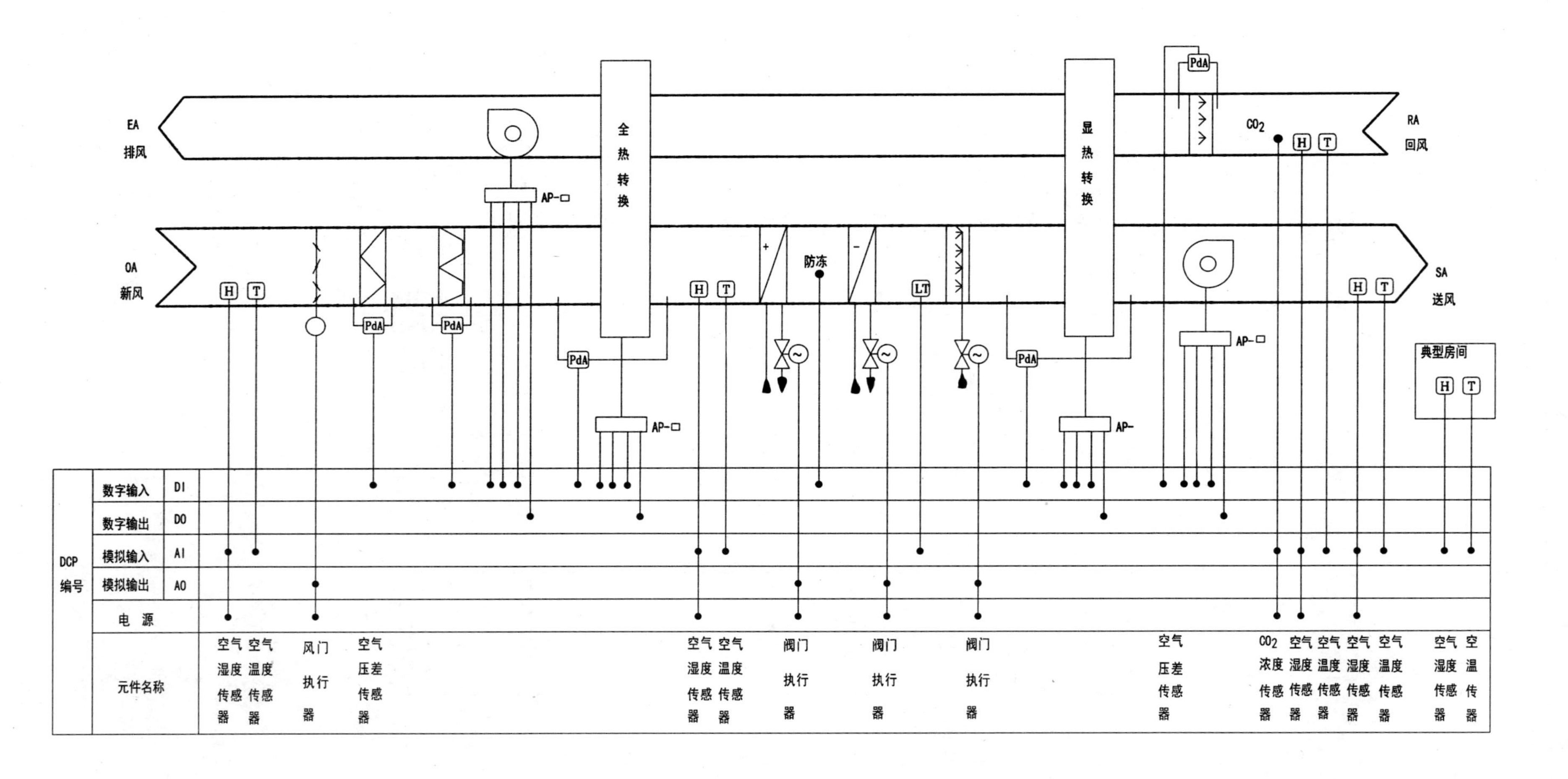
EA
排风
OA
新风
RA
回风
SA
送风
全热转换
显热转换
AP-□
AP-
PdA
防冻
LT
CO_2
典型房间
H
T
DCP
编号
数字输入 DI
数字输出 DO
模拟输入 AI
模拟输出 AO
电 源
元件名称
空气湿度传感器
空气温度传感器
风门执行器
空气压差传感器
阀门执行器
CO_2浓度传感器

设计单位
审定
审核
校对
设计
图名 二管制新风处理机组（带热回收）监控原理图
图号 E-031
比例 无

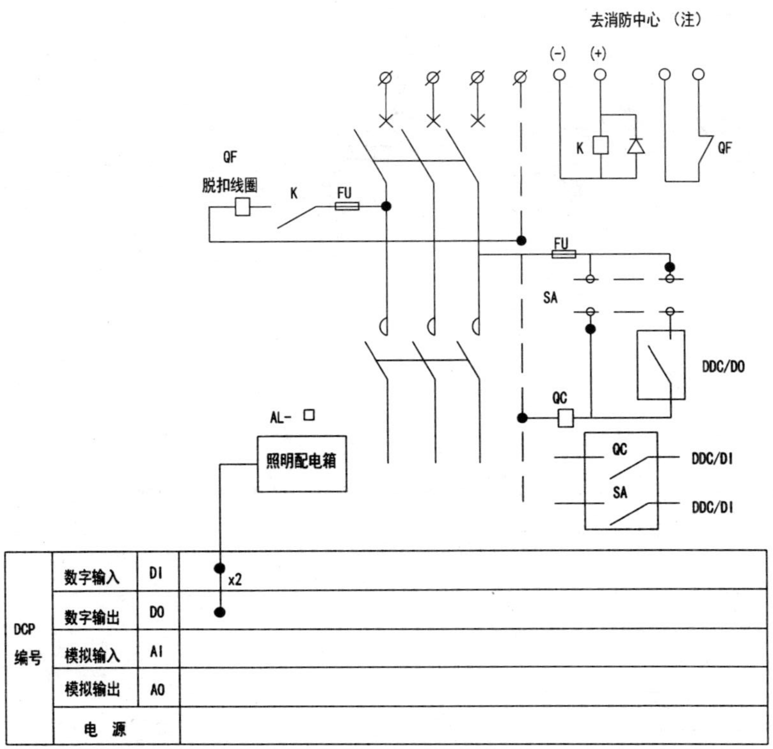
去消防中心（注）
(-)
(+)
K
QF
QF
脱扣线圈
K
FU
FU
SA
DDC/DO
QC
AL-□
照明配电箱
QC
SA
DDC/DI
DDC/DI
DCP
编号
数字输入
DI
x2
数字输出
DO
模拟输入
AI
模拟输出
AO
电　源

注：火灾情况下，由消防控制中心控制切断正常照明配电箱电源。

照明系统监控原理图

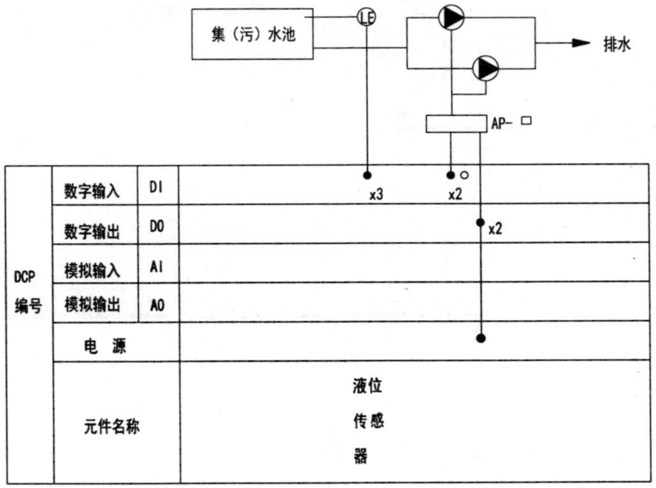
集（污）水池
LE
排水
AP-□
DCP
编号
数字输入
DI
x3
x2
数字输出
DO
x2
模拟输入
AI
模拟输出
AO
电　源
元件名称
液位
传感
器

排水(污)系统监控原理图

设计单位		审定		审核		校对		设计		图名	照明系统及排水（污）系统监控原理图	图号	E-032	比例	无

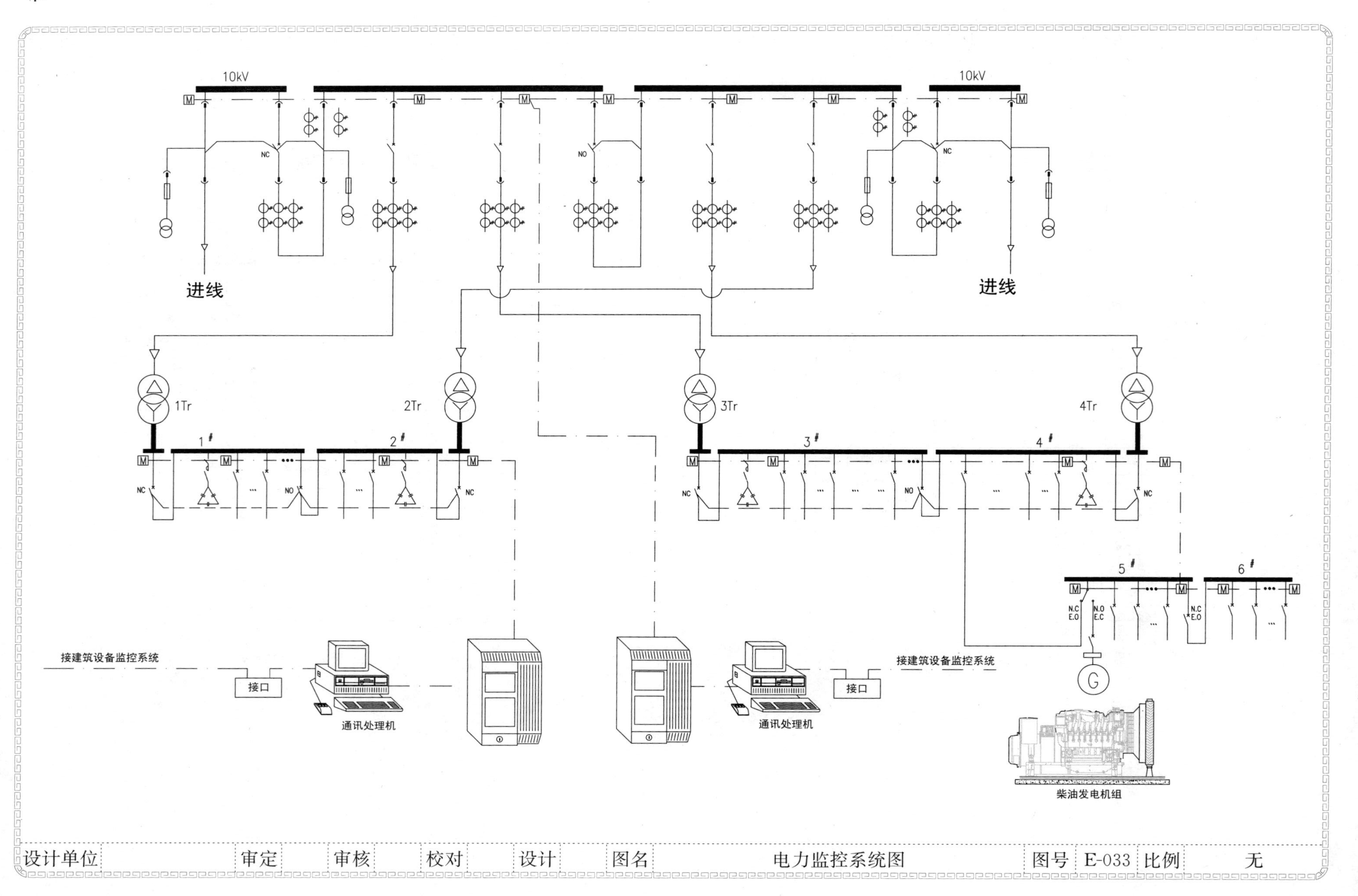

设计单位		审定		审核		校对		设计		图名	电力监控系统图	图号	E-033	比例	无

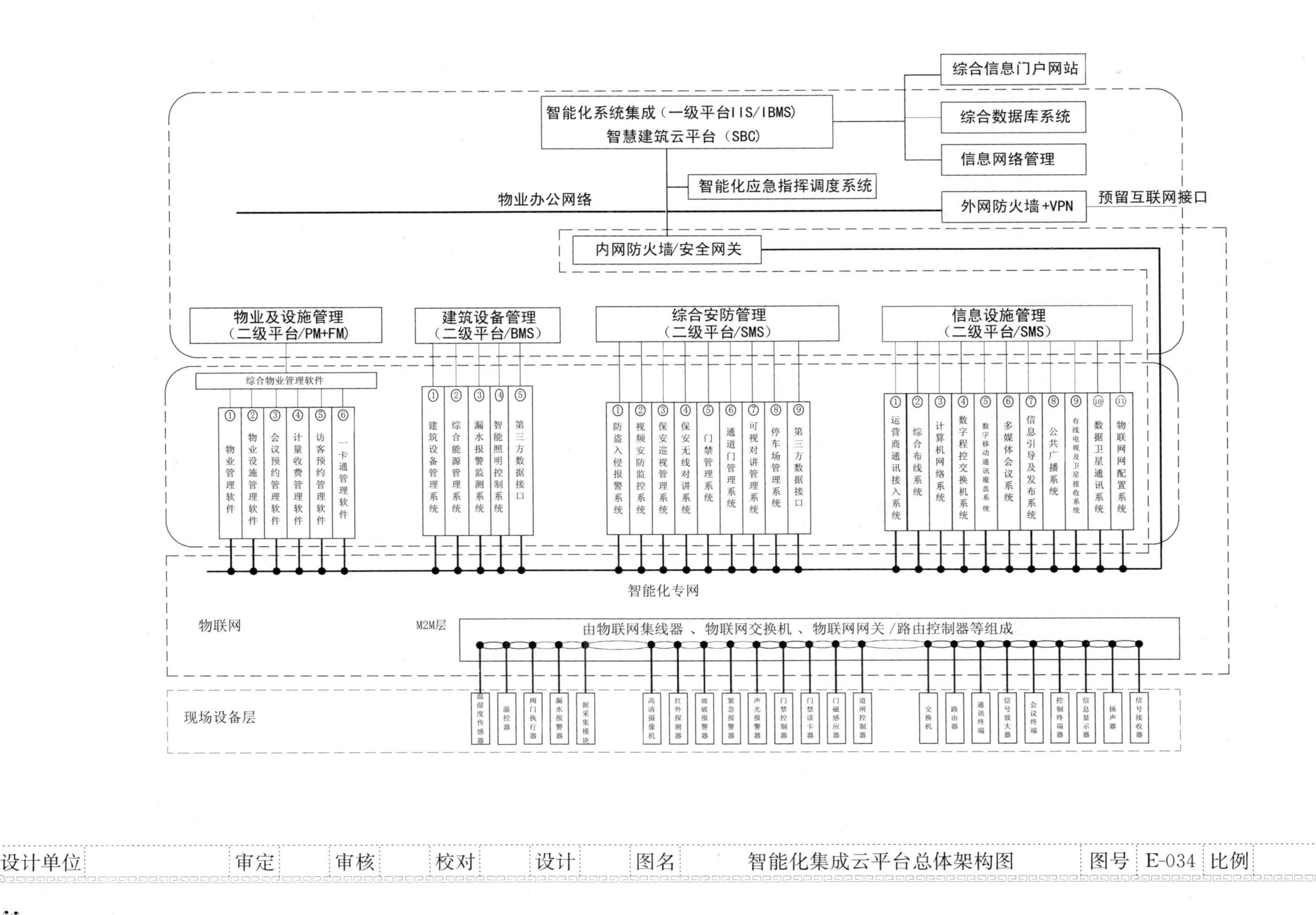

设计单位		审定		审核		校对		设计		图名	智能化集成云平台总体架构图	图号	E-034	比例	无

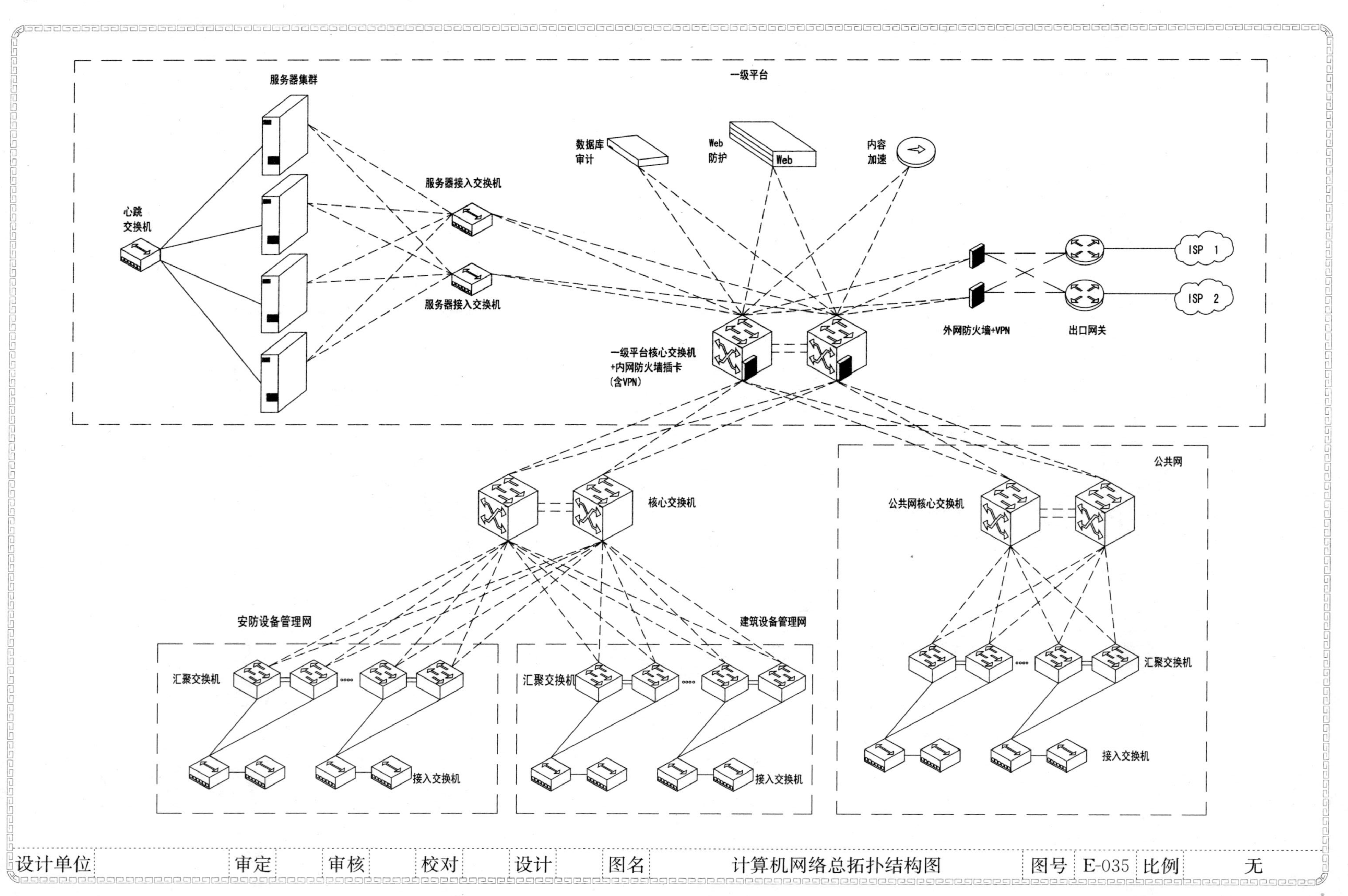

一级平台
服务器集群
心跳
交换机
服务器接入交换机
服务器接入交换机
数据库
审计
Web
防护
Web
内容
加速
ISP 1
ISP 2
外网防火墙+VPN
出口网关
一级平台核心交换机
+内网防火墙插卡
(含VPN)
核心交换机
公共网
公共网核心交换机
汇聚交换机
接入交换机
安防设备管理网
汇聚交换机
接入交换机
建筑设备管理网
汇聚交换机
接入交换机
设计单位
审定
审核
校对
设计
图名
计算机网络总拓扑结构图
图号
E-035
比例
无

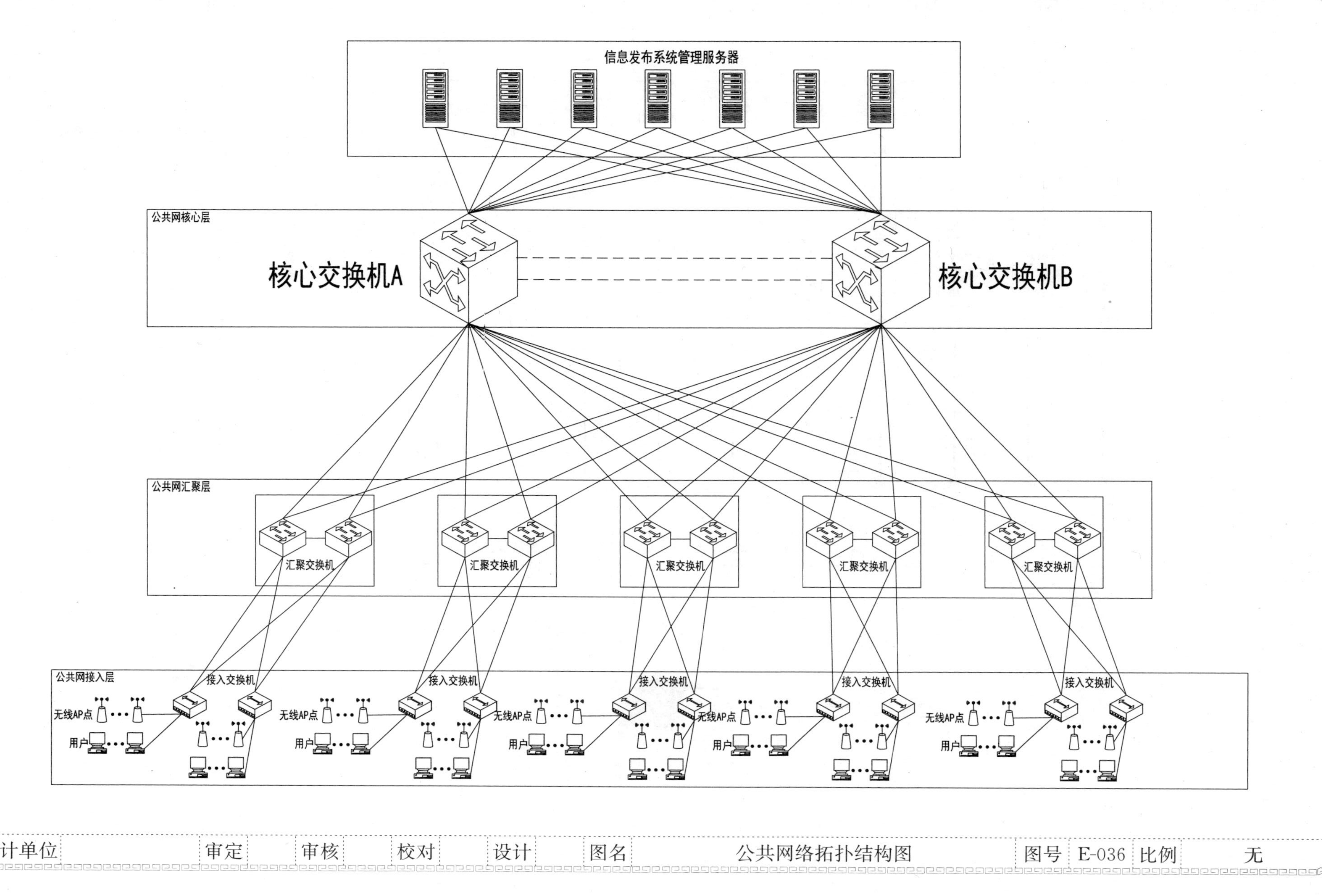
信息发布系统管理服务器
公共网核心层
核心交换机A
核心交换机B
公共网汇聚层
汇聚交换机
公共网接入层
接入交换机
无线AP点
用户
设计单位
审定
审核
校对
设计
图名
公共网络拓扑结构图
图号
E-036
比例
无

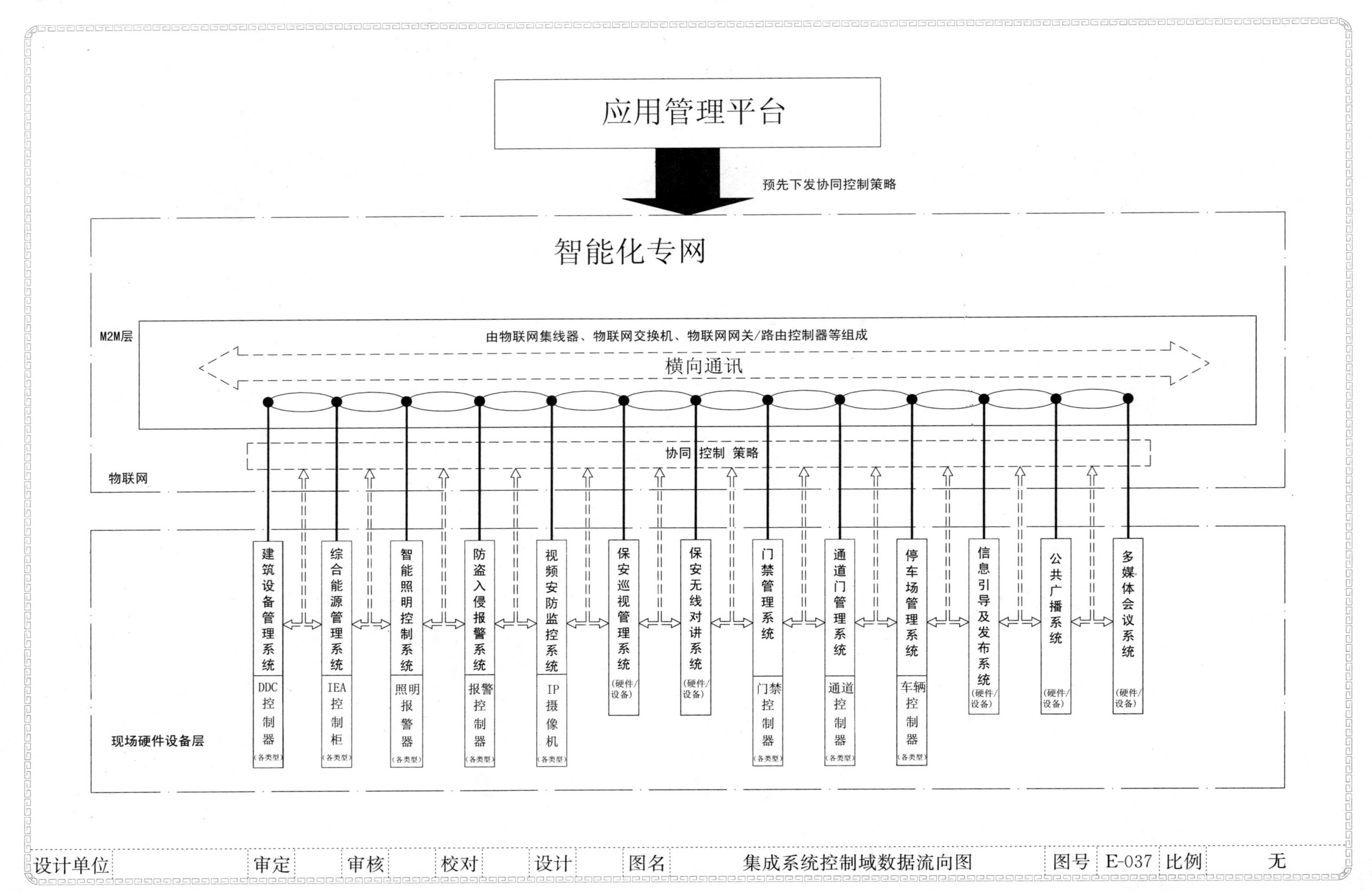

设计单位		审定		审核		校对		设计		图名	集成系统控制域数据流向图	图号	E-037	比例	无

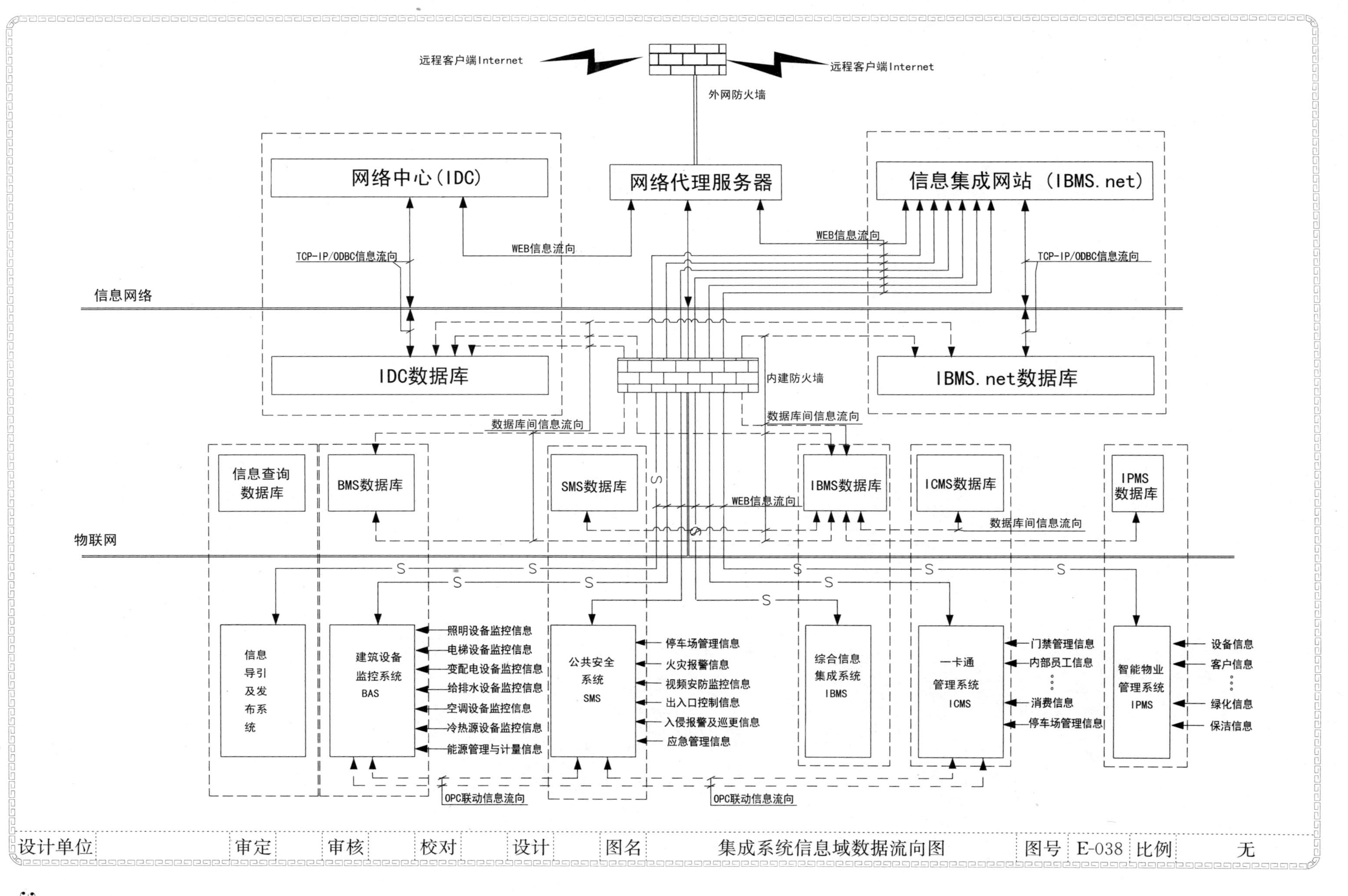
远程客户端Internet
远程客户端Internet
外网防火墙
网络中心(IDC)
网络代理服务器
信息集成网站 (IBMS.net)
TCP-IP/ODBC信息流向
WEB信息流向
WEB信息流向
TCP-IP/ODBC信息流向
信息网络
IDC数据库
内建防火墙
IBMS.net数据库
数据库间信息流向
数据库间信息流向
信息查询
数据库
BMS数据库
SMS数据库
WEB信息流向
IBMS数据库
ICMS数据库
IPMS
数据库
数据库间信息流向
物联网
信息
导引
及发
布系
统
建筑设备
监控系统
BAS
照明设备监控信息
电梯设备监控信息
变配电设备监控信息
给排水设备监控信息
空调设备监控信息
冷热源设备监控信息
能源管理与计量信息
公共安全
系统
SMS
停车场管理信息
火灾报警信息
视频安防监控信息
出入口控制信息
入侵报警及巡更信息
应急管理信息
综合信息
集成系统
IBMS
一卡通
管理系统
ICMS
门禁管理信息
内部员工信息
消费信息
停车场管理信息
智能物业
管理系统
IPMS
设备信息
客户信息
绿化信息
保洁信息
OPC联动信息流向
OPC联动信息流向
设计单位
审定
审核
校对
设计
图名
集成系统信息域数据流向图
图号
E-038
比例
无

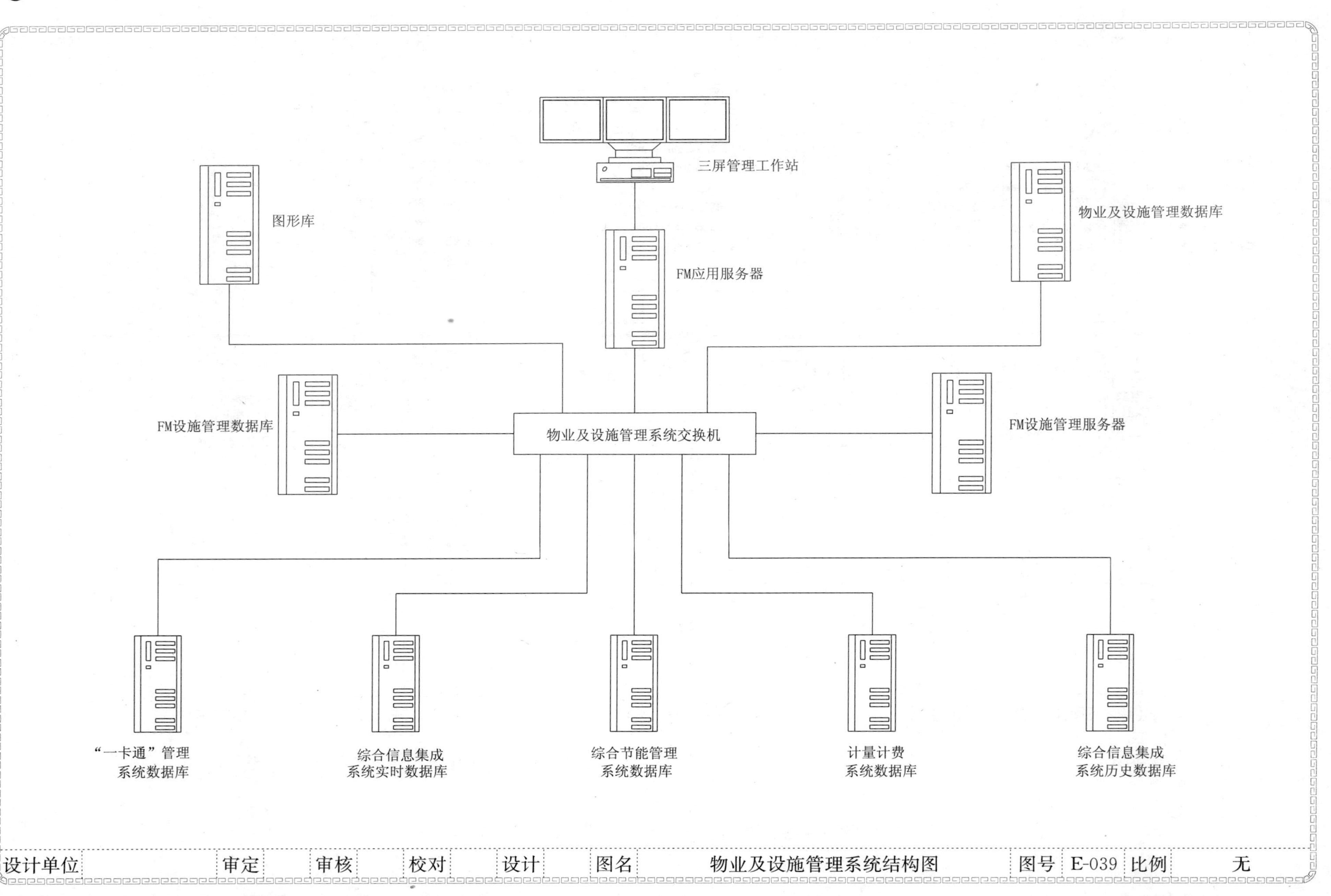

设计单位		审定		审核		校对		设计		图名	物业及设施管理系统结构图	图号	E-039	比例	无

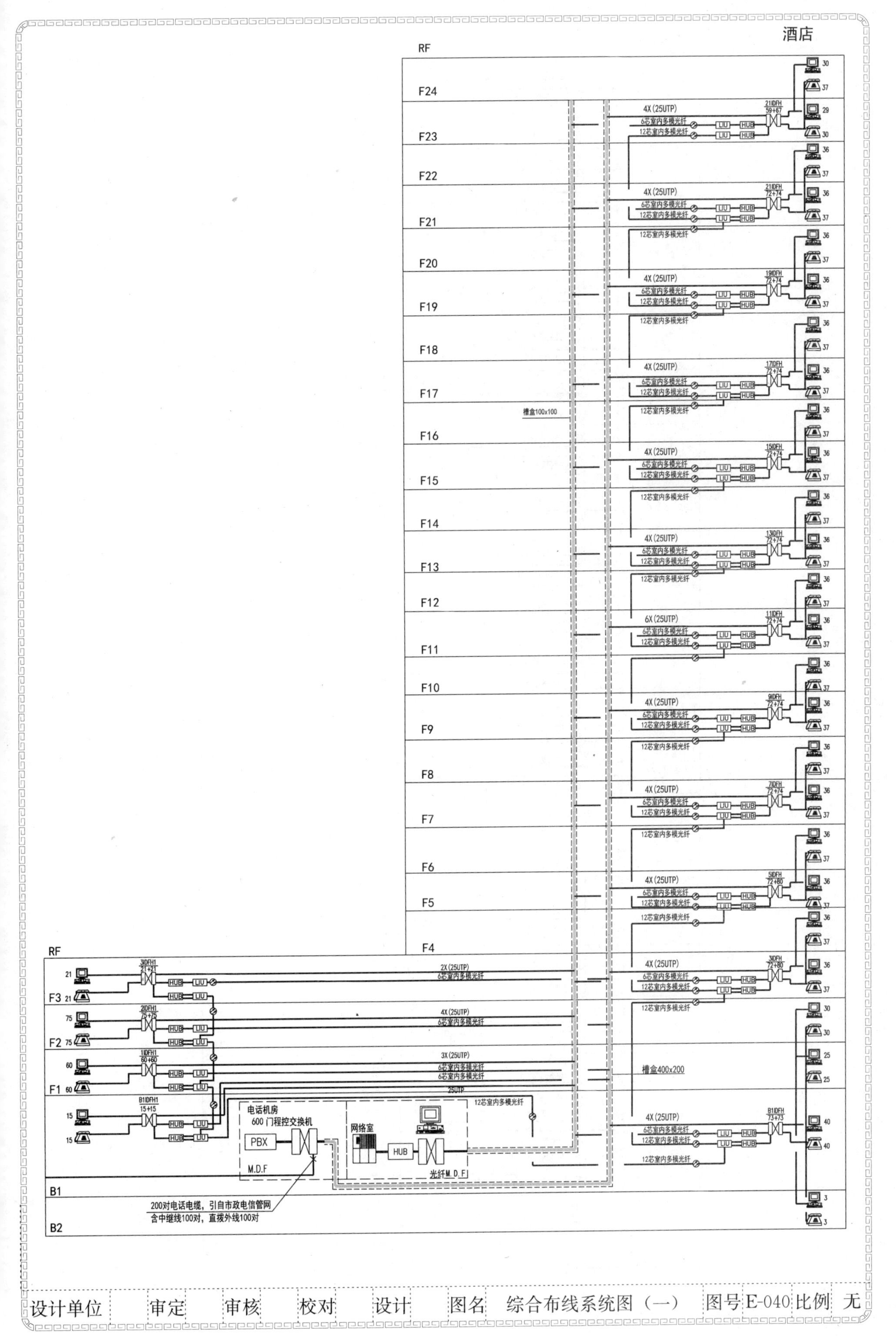

设计单位	审定	审核	校对	设计	图名	综合布线系统图（一）	图号	E-040	比例	无

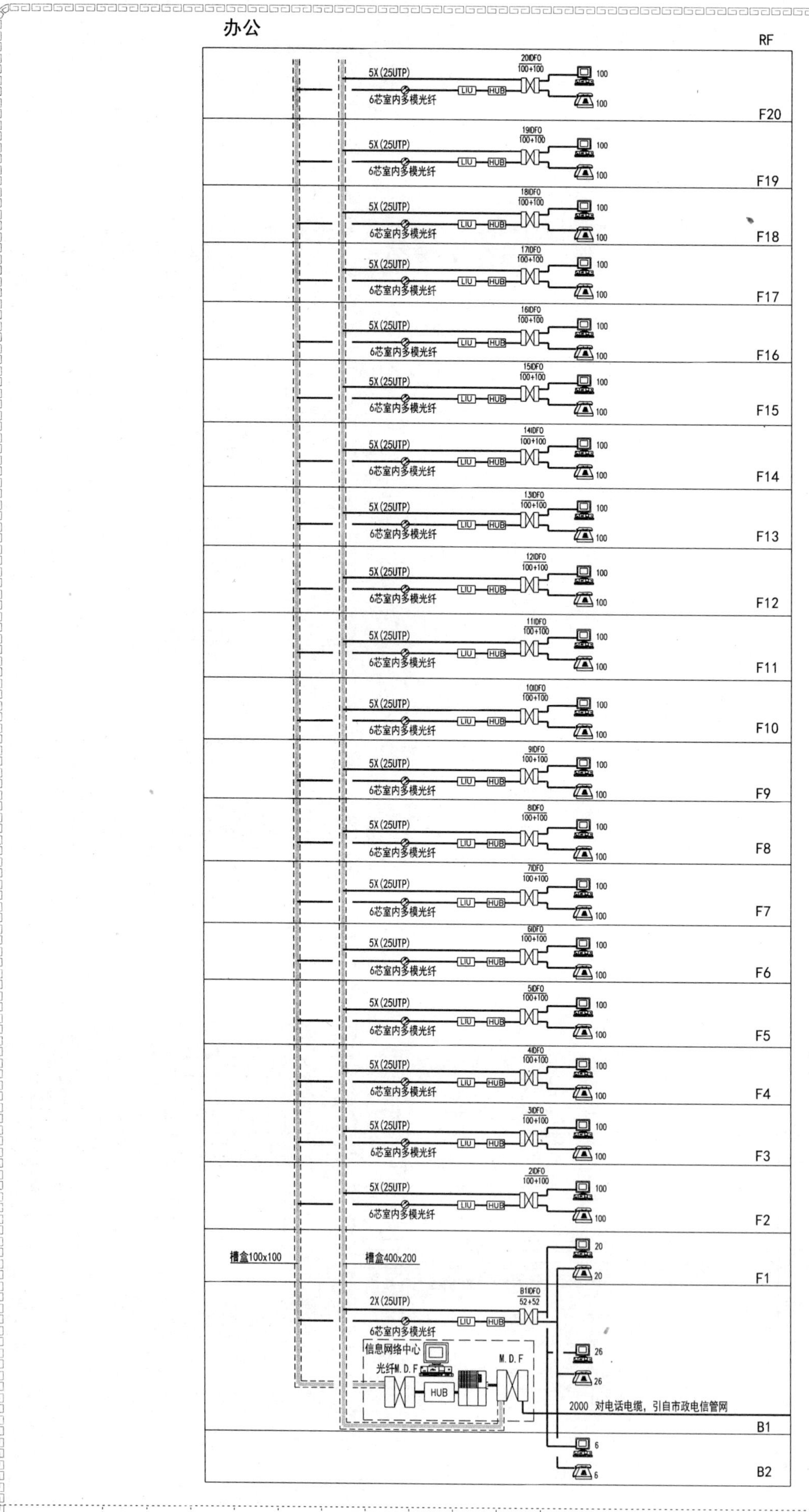

设计单位		审定		审核		校对		设计		图名	综合布线系统图（二）	图号	E-041	比例	无

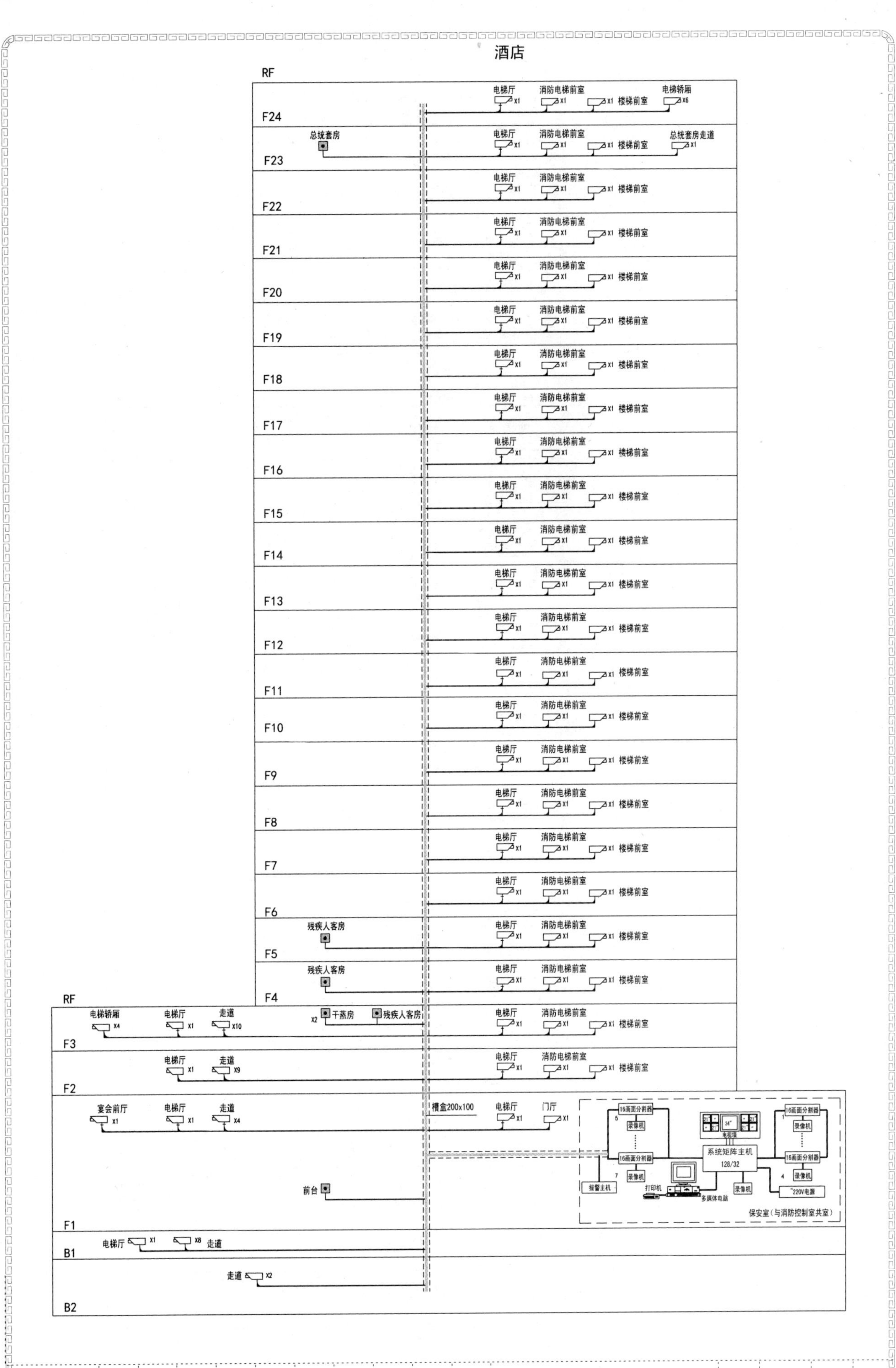

设计单位 审定 审核 校对 设计 图名 保安监控系统图（一） 图号 E-042 比例 无

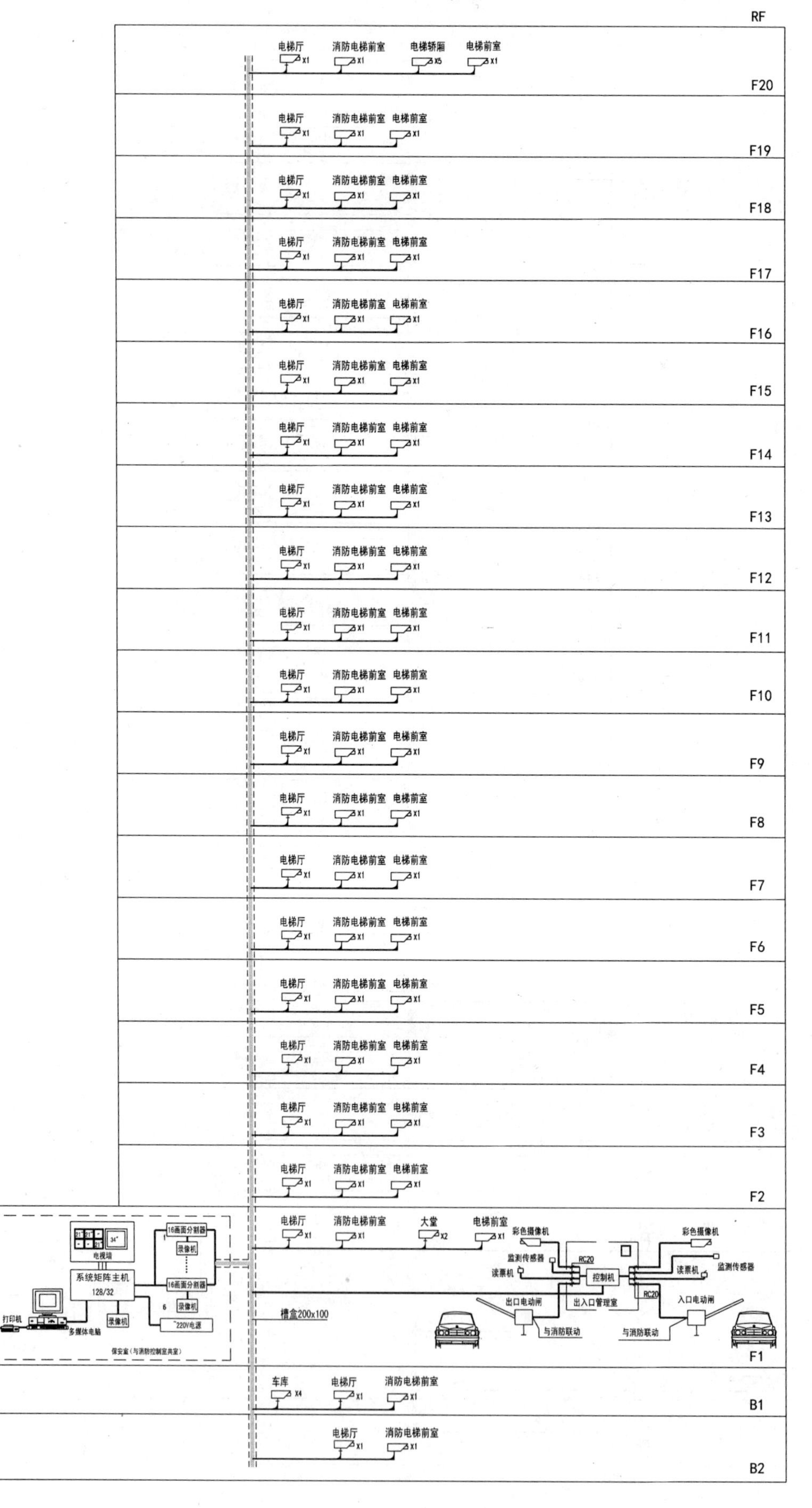

设计单位		审定		审核		校对		设计		图名	保安监控系统图（二）	图号	E-043	比例	无

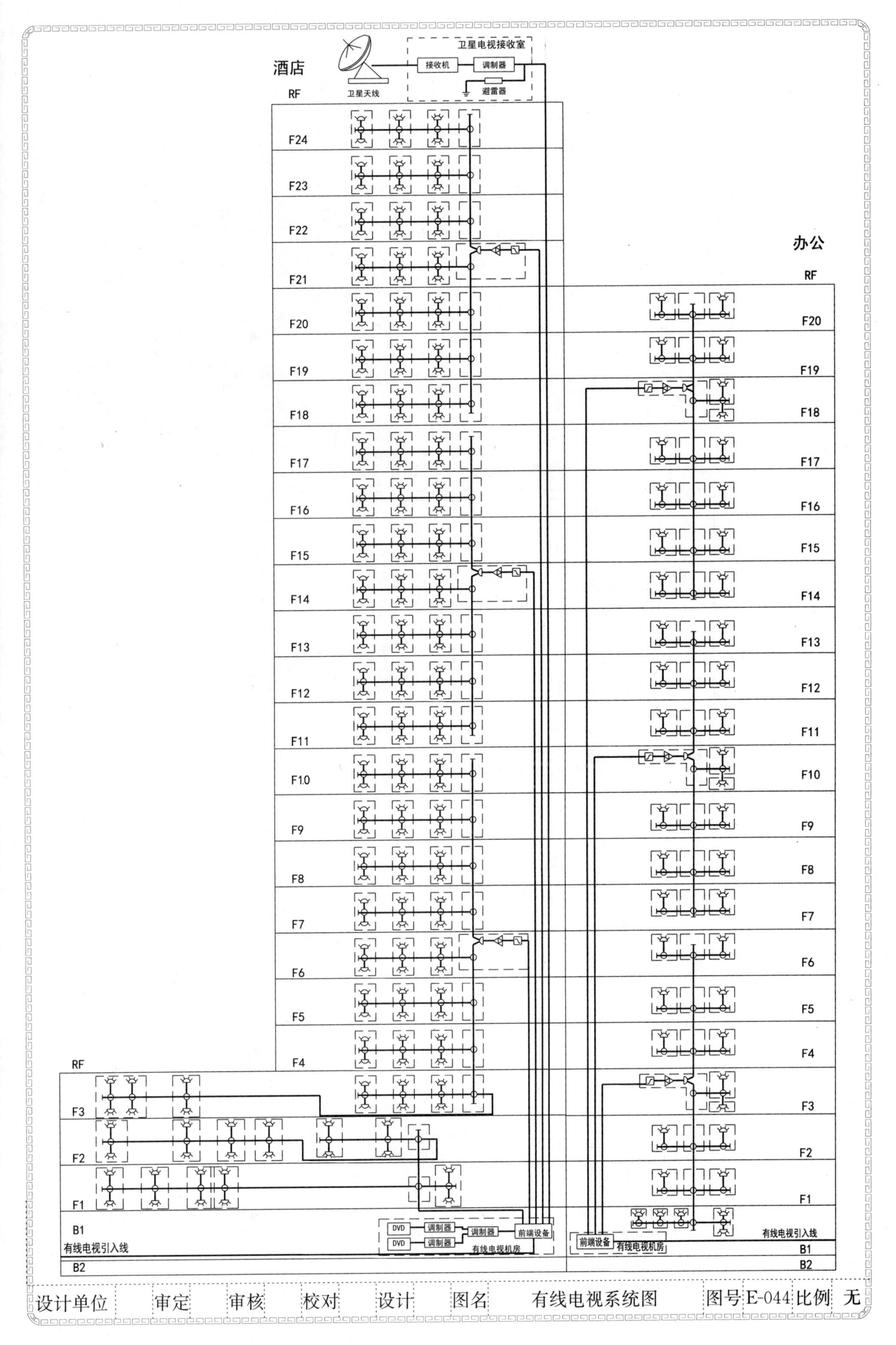

酒店
卫星电视接收室
卫星天线
接收机
调制器
避雷器
RF
F24
F23
F22
F21
F20
F19
F18
F17
F16
F15
F14
F13
F12
F11
F10
F9
F8
F7
F6
F5
F4
F3
F2
F1
B1
B2
办公
有线电视引入线
DVD
调制器
前端设备
有线电视机房
设计单位
审定
审核
校对
设计
图名
有线电视系统图
图号
E-044
比例
无

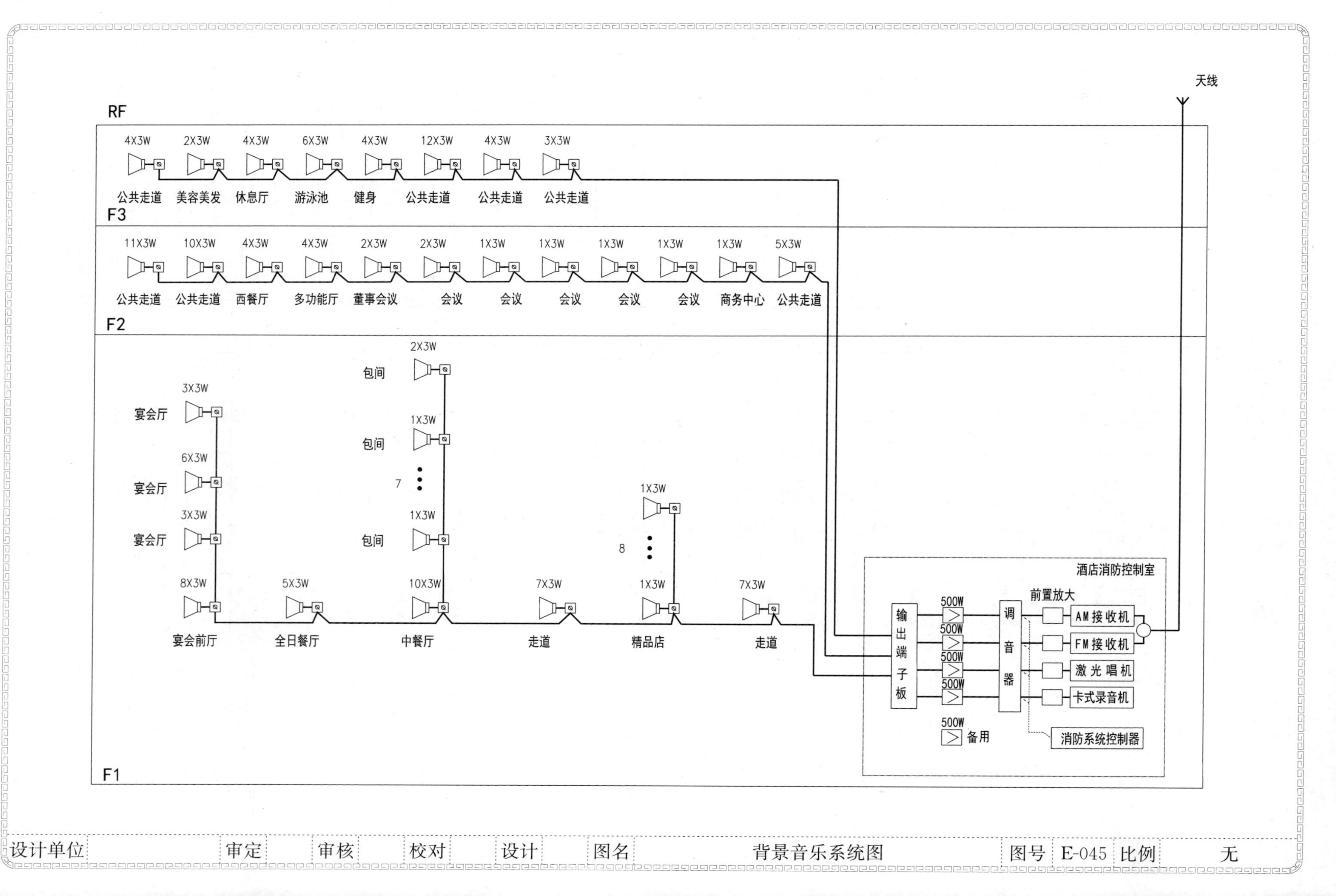

设计单位		审定		审核		校对		设计		图名	背景音乐系统图	图号	E-045	比例	无

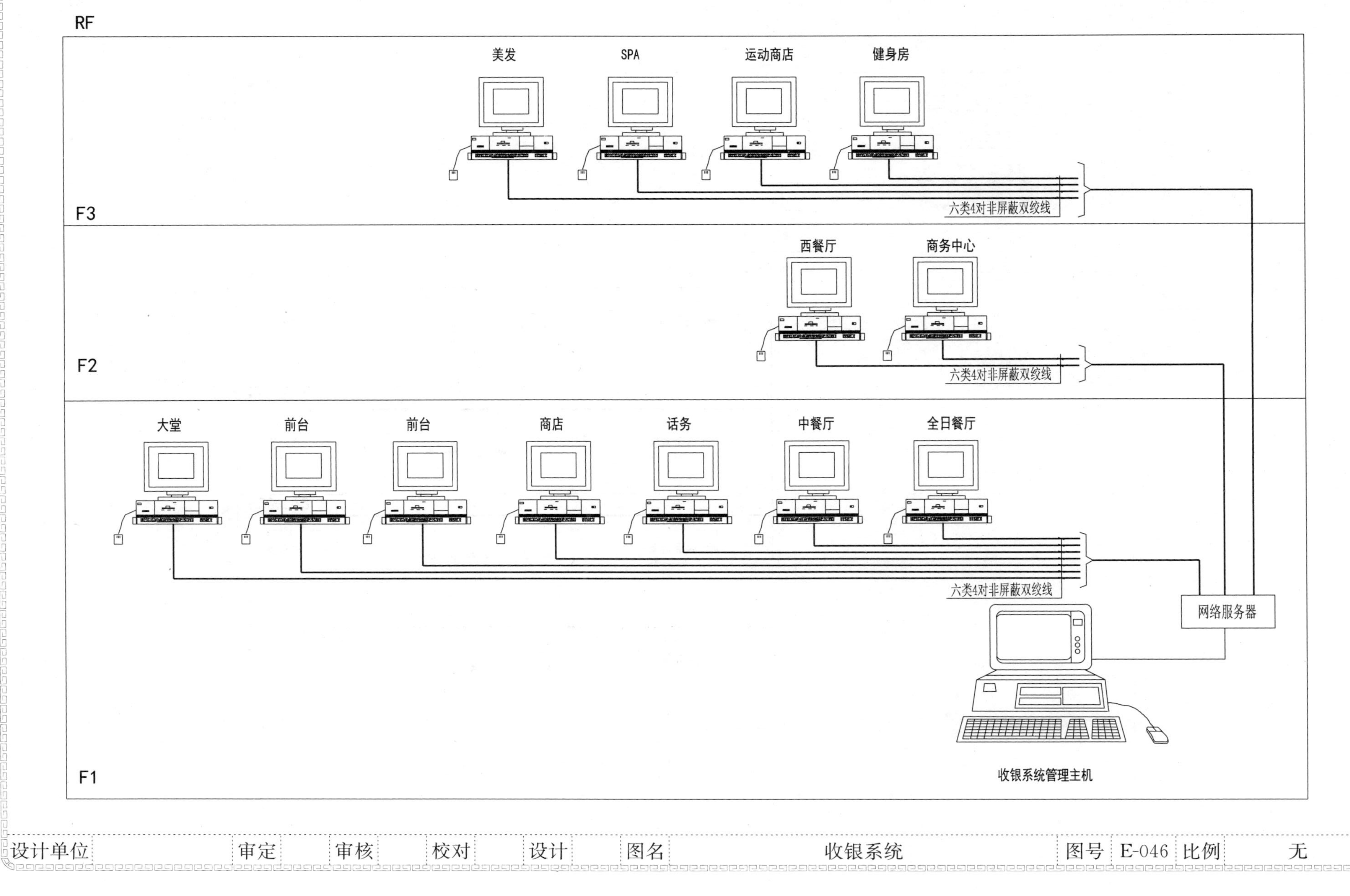
RF
美发
SPA
运动商店
健身房
F3
六类4对非屏蔽双绞线
西餐厅
商务中心
F2
六类4对非屏蔽双绞线
大堂
前台
前台
商店
话务
中餐厅
全日餐厅
六类4对非屏蔽双绞线
网络服务器
收银系统管理主机
F1
设计单位
审定
审核
校对
设计
图名
收银系统
图号
E-046
比例
无

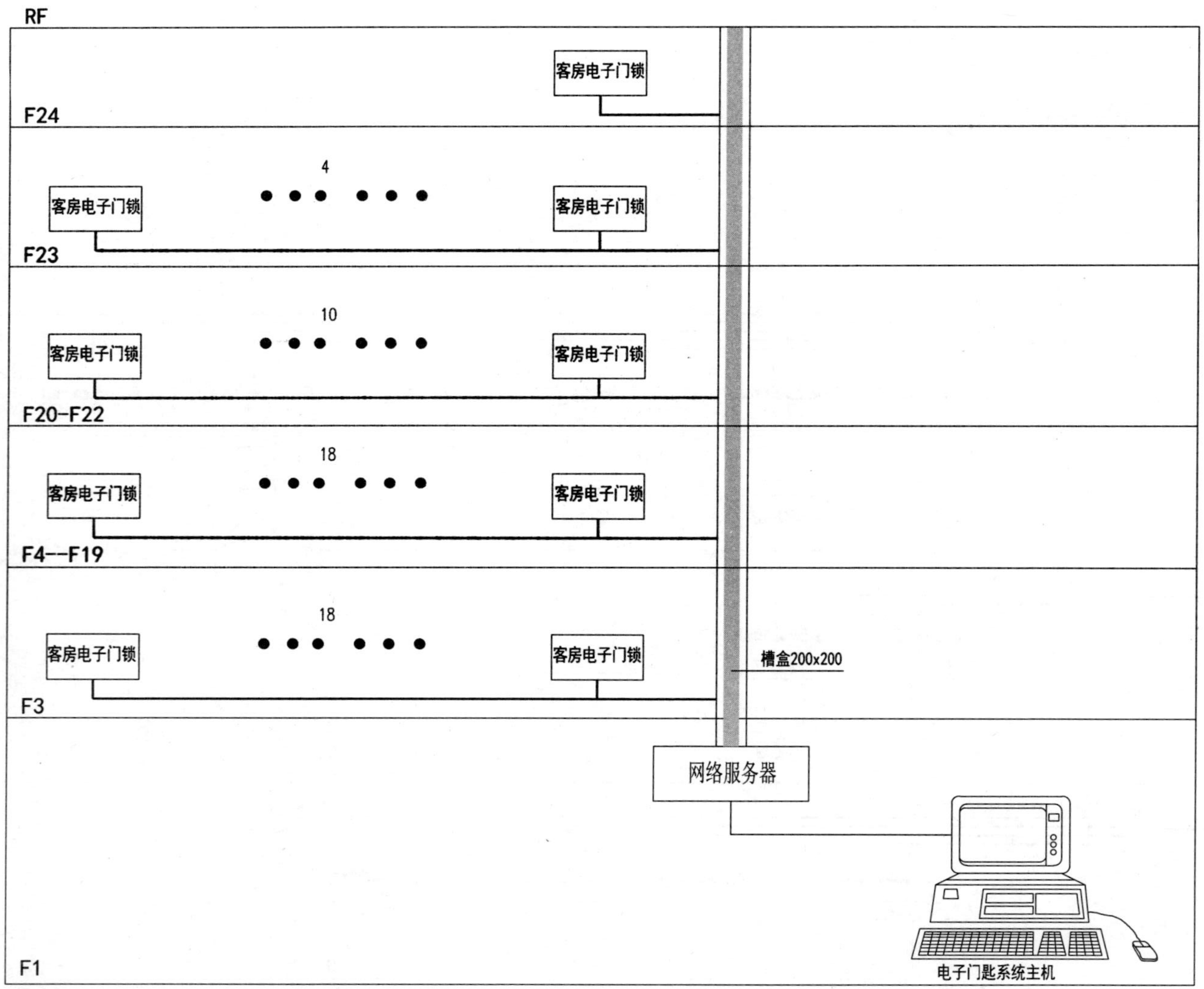

设计单位		审定		审核		校对		设计		图名	客房电子门匙系统	图号	E-047	比例	无

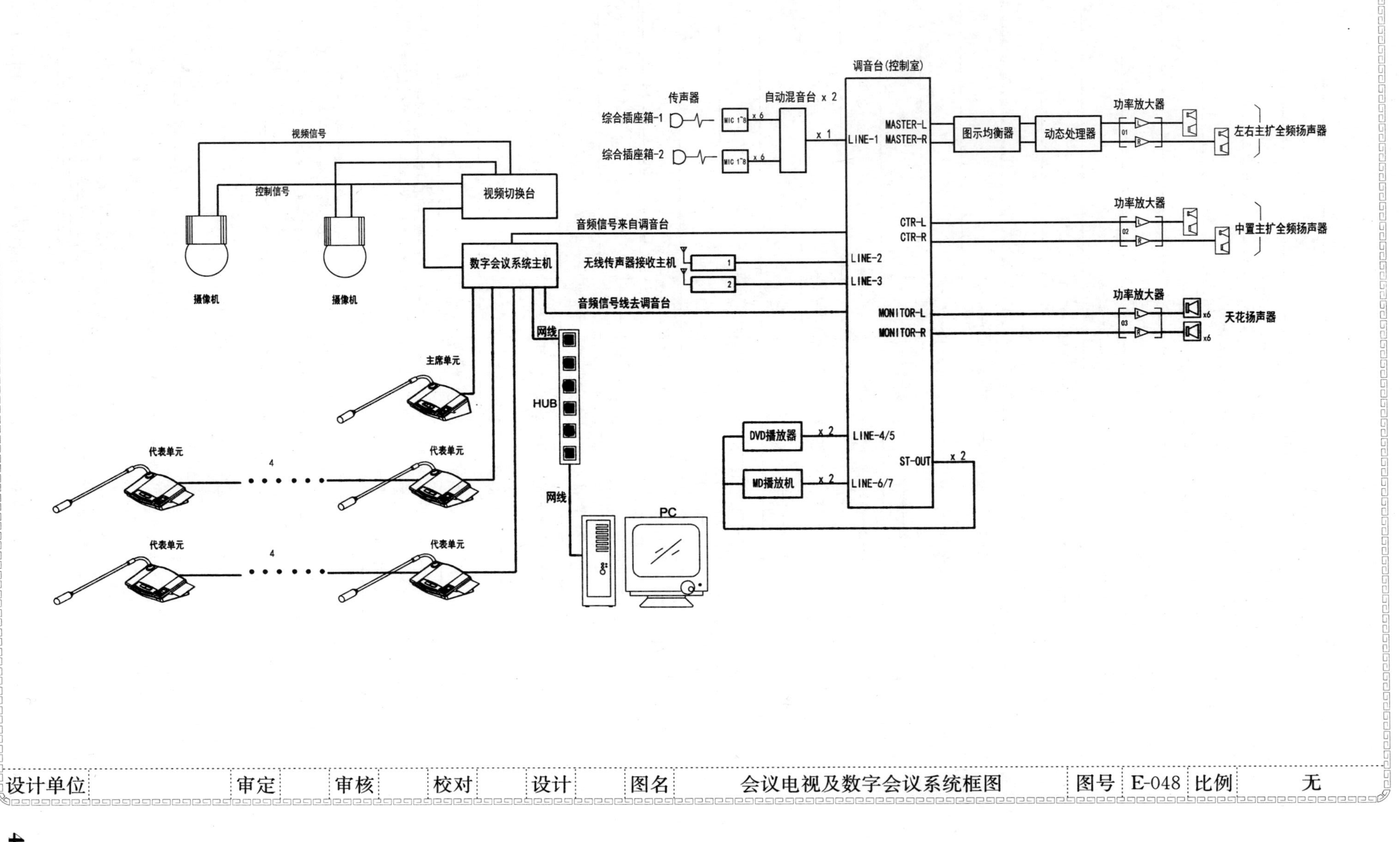

设计单位		审定		审核		校对		设计		图名	会议电视及数字会议系统框图	图号	E-048	比例	无

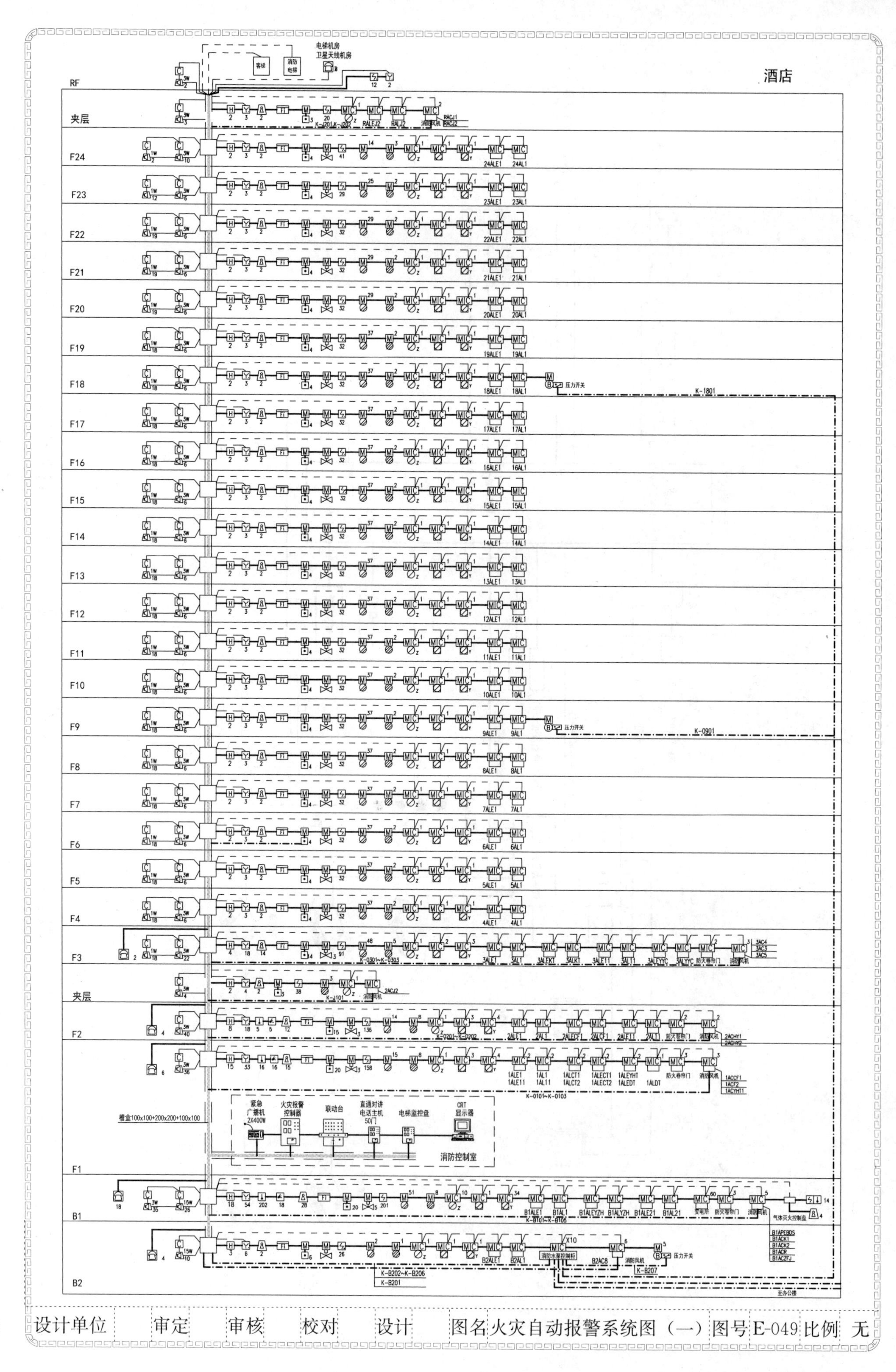

酒店
电梯机房
卫星天线机房
客梯
消防电梯
RF
夹层
F24
F23
F22
F21
F20
F19
F18
F17
F16
F15
F14
F13
F12
F11
F10
F9
F8
F7
F6
F5
F4
F3
F2
F1
B1
B2
压力开关
K-1801
K-0901
紧急广播机 2X400W
火灾报警控制器
联动台
直通对讲电话主机 50门
电梯监控盘
CRT显示器
消防控制室
槽盒100x100+200x200+100x100
气体灭火控制盘
消防水泵控制柜
消防风机
防火卷帘门
至办公楼

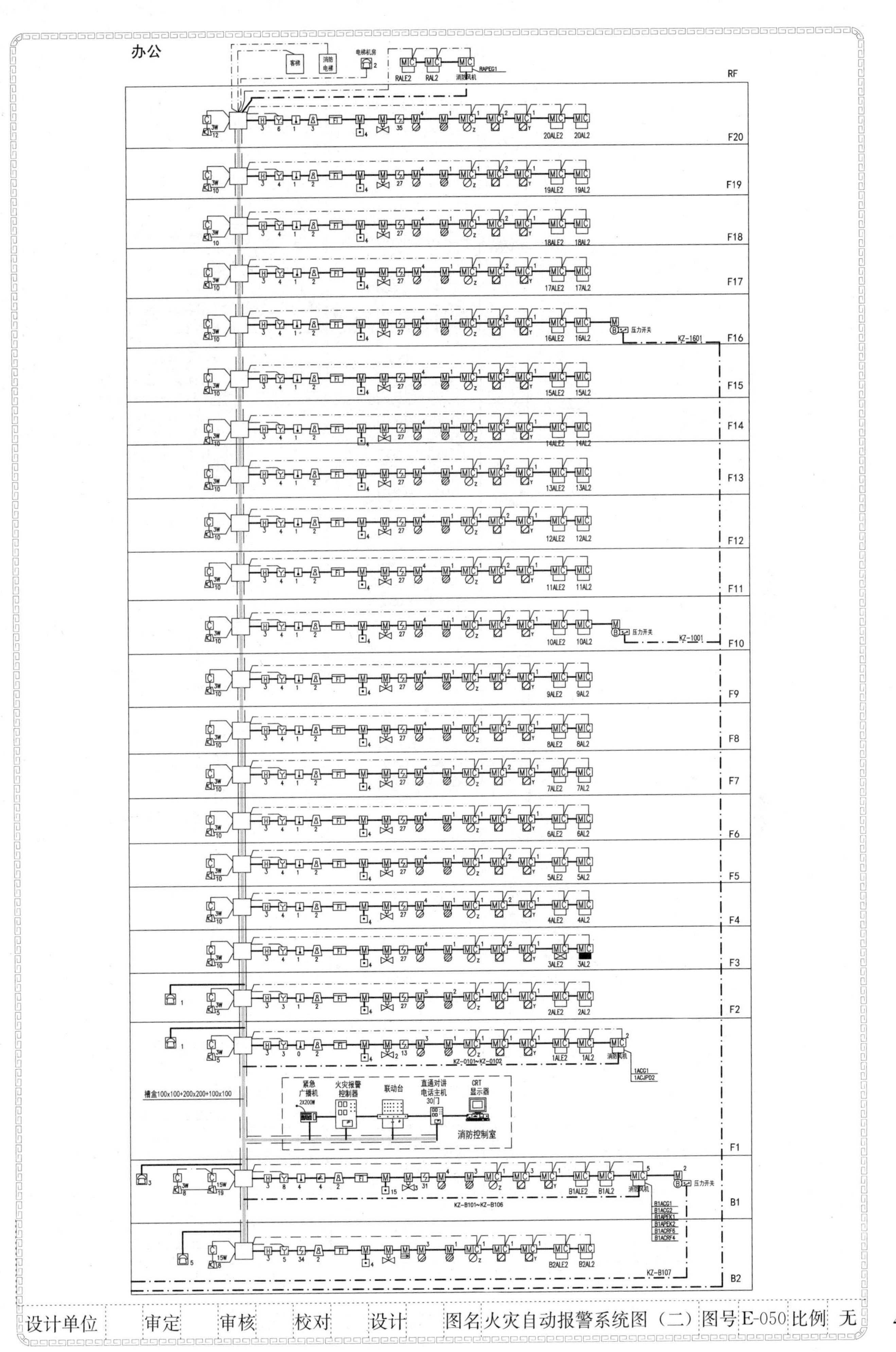
办公
客梯
消防电梯
电梯机房
RALE2
RAL2
消防风机
RAPEG1
RF
F20
F19
F18
F17
F16
F15
F14
F13
F12
F11
F10
F9
F8
F7
F6
F5
F4
F3
F2
F1
B1
B2
20ALE2
20AL2
19ALE2
19AL2
18ALE2
18AL2
17ALE2
17AL2
16ALE2
16AL2
15ALE2
15AL2
14ALE2
14AL2
13ALE2
13AL2
12ALE2
12AL2
11ALE2
11AL2
10ALE2
10AL2
9ALE2
9AL2
8ALE2
8AL2
7ALE2
7AL2
6ALE2
6AL2
5ALE2
5AL2
4ALE2
4AL2
3ALE2
3AL2
2ALE2
2AL2
1ALE2
1AL2
B1ALE2
B1AL2
B2ALE2
B2AL2
压力开关
KZ-1601
KZ-1001
KZ-0101~KZ-0102
1ACG1
1ACJPD2
槽盒100x100+200x200+100x100
紧急广播机
2X200W
火灾报警控制器
联动台
直通对讲电话主机
30门
CRT显示器
消防控制室
KZ-B101~KZ-B106
B1ACG1
B1ACG2
B1APEK1
B1APEK2
B1ACRF6
B1ACRF4
KZ-B107
设计单位
审定
审核
校对
设计
图名
火灾自动报警系统图（二）
图号
E-050
比例
无

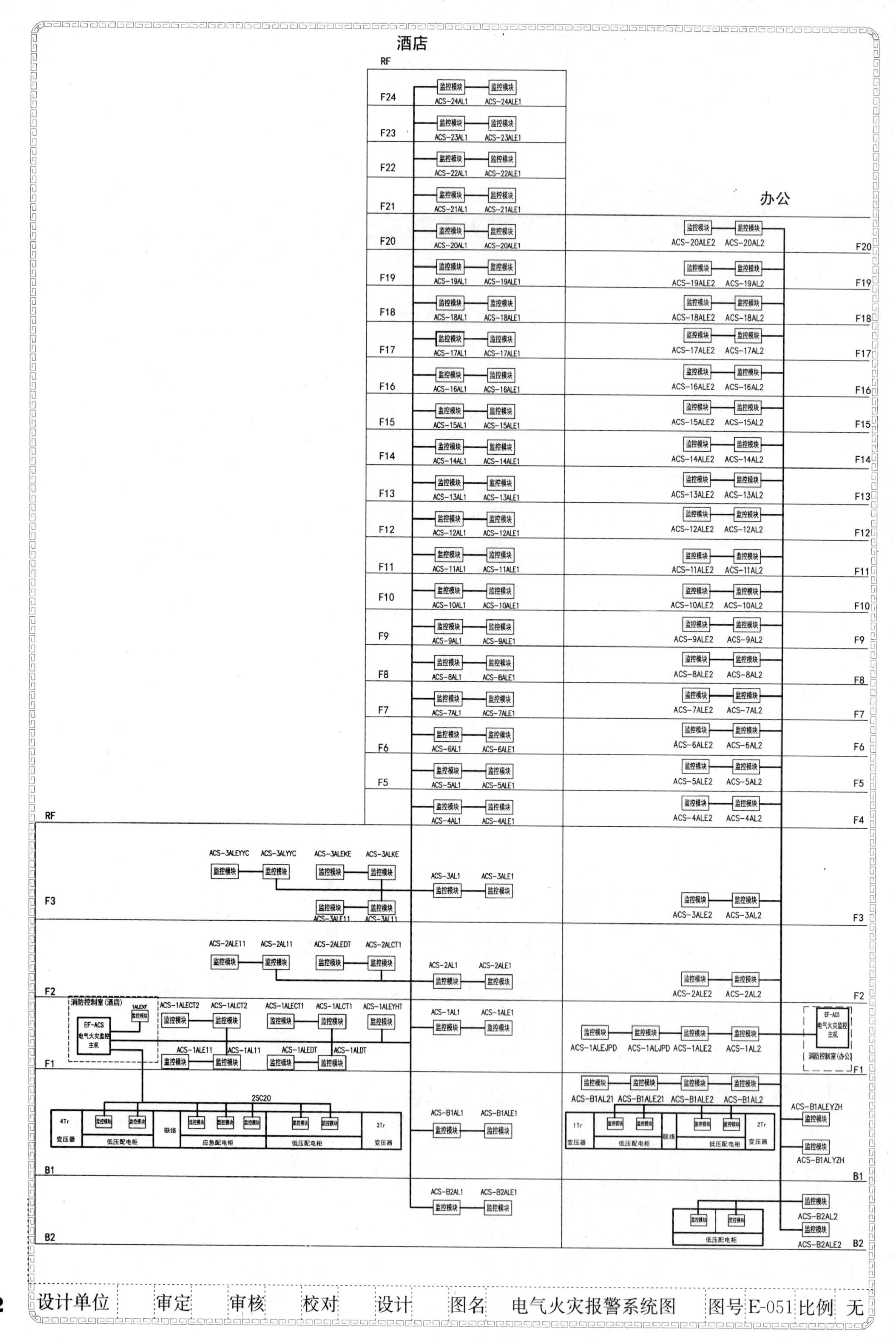

酒店
办公
RF
F24
监控模块
ACS-24AL1
ACS-24ALE1
F23
ACS-23AL1
ACS-23ALE1
F22
ACS-22AL1
ACS-22ALE1
F21
ACS-21AL1
ACS-21ALE1
F20
ACS-20AL1
ACS-20ALE1
ACS-20ALE2
ACS-20AL2
F19
ACS-19AL1
ACS-19ALE1
ACS-19ALE2
ACS-19AL2
F18
ACS-18AL1
ACS-18ALE1
ACS-18ALE2
ACS-18AL2
F17
ACS-17AL1
ACS-17ALE1
ACS-17ALE2
ACS-17AL2
F16
ACS-16AL1
ACS-16ALE1
ACS-16ALE2
ACS-16AL2
F15
ACS-15AL1
ACS-15ALE1
ACS-15ALE2
ACS-15AL2
F14
ACS-14AL1
ACS-14ALE1
ACS-14ALE2
ACS-14AL2
F13
ACS-13AL1
ACS-13ALE1
ACS-13ALE2
ACS-13AL2
F12
ACS-12AL1
ACS-12ALE1
ACS-12ALE2
ACS-12AL2
F11
ACS-11AL1
ACS-11ALE1
ACS-11ALE2
ACS-11AL2
F10
ACS-10AL1
ACS-10ALE1
ACS-10ALE2
ACS-10AL2
F9
ACS-9AL1
ACS-9ALE1
ACS-9ALE2
ACS-9AL2
F8
ACS-8AL1
ACS-8ALE1
ACS-8ALE2
ACS-8AL2
F7
ACS-7AL1
ACS-7ALE1
ACS-7ALE2
ACS-7AL2
F6
ACS-6AL1
ACS-6ALE1
ACS-6ALE2
ACS-6AL2
F5
ACS-5AL1
ACS-5ALE1
ACS-5ALE2
ACS-5AL2
F4
ACS-4AL1
ACS-4ALE1
ACS-4ALE2
ACS-4AL2
F3
ACS-3ALEYYC
ACS-3ALYYC
ACS-3ALEKE
ACS-3ALKE
ACS-3AL1
ACS-3ALE1
ACS-3ALE11
ACS-3AL11
ACS-3ALE2
ACS-3AL2
F2
ACS-2ALE11
ACS-2AL11
ACS-2ALEDT
ACS-2ALCT1
ACS-2AL1
ACS-2ALE1
ACS-2ALE2
ACS-2AL2
F1
消防控制室(酒店)
1ALEXF
EF-ACS
电气火灾监控主机
ACS-1ALECT2
ACS-1ALCT2
ACS-1ALECT1
ACS-1ALCT1
ACS-1ALEYHT
ACS-1ALE11
ACS-1AL11
ACS-1ALEDT
ACS-1ALDT
ACS-1AL1
ACS-1ALE1
ACS-1ALEJPD
ACS-1ALJPD
ACS-1ALE2
ACS-1AL2
EF-ACS
电气火灾监控主机
消防控制室(办公)
2SC20
4Tr
变压器
低压配电柜
联络
应急配电柜
低压配电柜
3Tr
变压器
ACS-B1AL1
ACS-B1ALE1
ACS-B1AL21
ACS-B1ALE21
ACS-B1ALE2
ACS-B1AL2
ACS-B1ALEYZH
ACS-B1ALYZH
1Tr
变压器
低压配电柜
联络
低压配电柜
2Tr
变压器
B1
ACS-B2AL1
ACS-B2ALE1
低压配电柜
ACS-B2AL2
ACS-B2ALE2
B2
设计单位
审定
审核
校对
设计
图名
电气火灾报警系统图
图号
E-051
比例
无

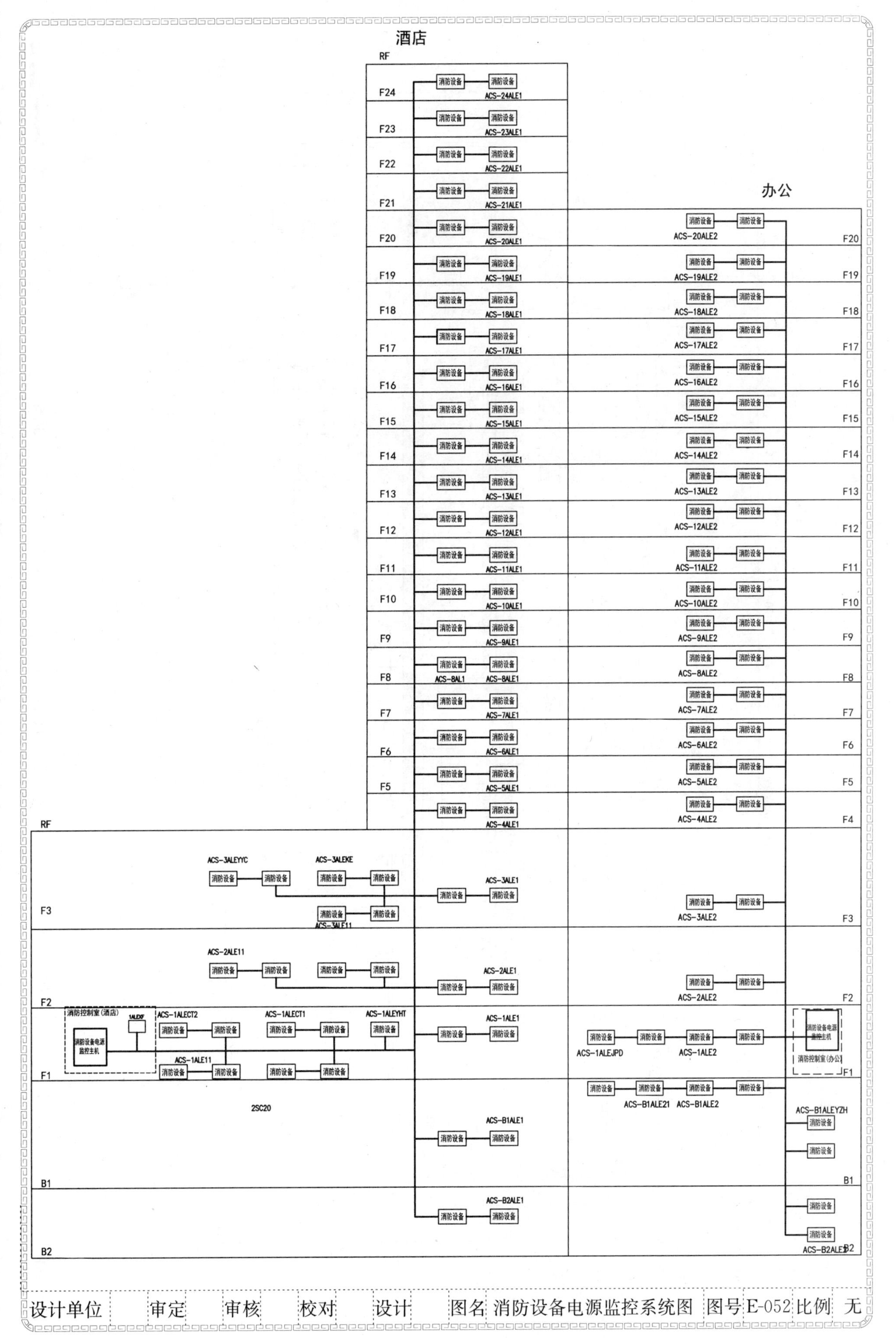
酒店
办公
RF
F24
F23
F22
F21
F20
F19
F18
F17
F16
F15
F14
F13
F12
F11
F10
F9
F8
F7
F6
F5
F4
F3
F2
F1
B1
B2
消防设备
ACS-24ALE1
ACS-23ALE1
ACS-22ALE1
ACS-21ALE1
ACS-20ALE1
ACS-19ALE1
ACS-18ALE1
ACS-17ALE1
ACS-16ALE1
ACS-15ALE1
ACS-14ALE1
ACS-13ALE1
ACS-12ALE1
ACS-11ALE1
ACS-10ALE1
ACS-9ALE1
ACS-8AL1
ACS-8ALE1
ACS-7ALE1
ACS-6ALE1
ACS-5ALE1
ACS-4ALE1
ACS-3ALE1
ACS-2ALE1
ACS-1ALE1
ACS-B1ALE1
ACS-B2ALE1
ACS-20ALE2
ACS-19ALE2
ACS-18ALE2
ACS-17ALE2
ACS-16ALE2
ACS-15ALE2
ACS-14ALE2
ACS-13ALE2
ACS-12ALE2
ACS-11ALE2
ACS-10ALE2
ACS-9ALE2
ACS-8ALE2
ACS-7ALE2
ACS-6ALE2
ACS-5ALE2
ACS-4ALE2
ACS-3ALE2
ACS-2ALE2
ACS-1ALE2
ACS-3ALEYYC
ACS-3ALEKE
ACS-3ALE11
ACS-2ALE11
消防控制室(酒店)
1ALEXF
消防设备电源监控主机
ACS-1ALECT2
ACS-1ALECT1
ACS-1ALEYHT
ACS-1ALE11
2SC20
ACS-1ALEJPD
消防控制室(办公)
ACS-B1ALE21
ACS-B1ALE2
ACS-B1ALEYZH
ACS-B2ALE3
设计单位
审定
审核
校对
设计
图名
消防设备电源监控系统图
图号
E-052
比例
无

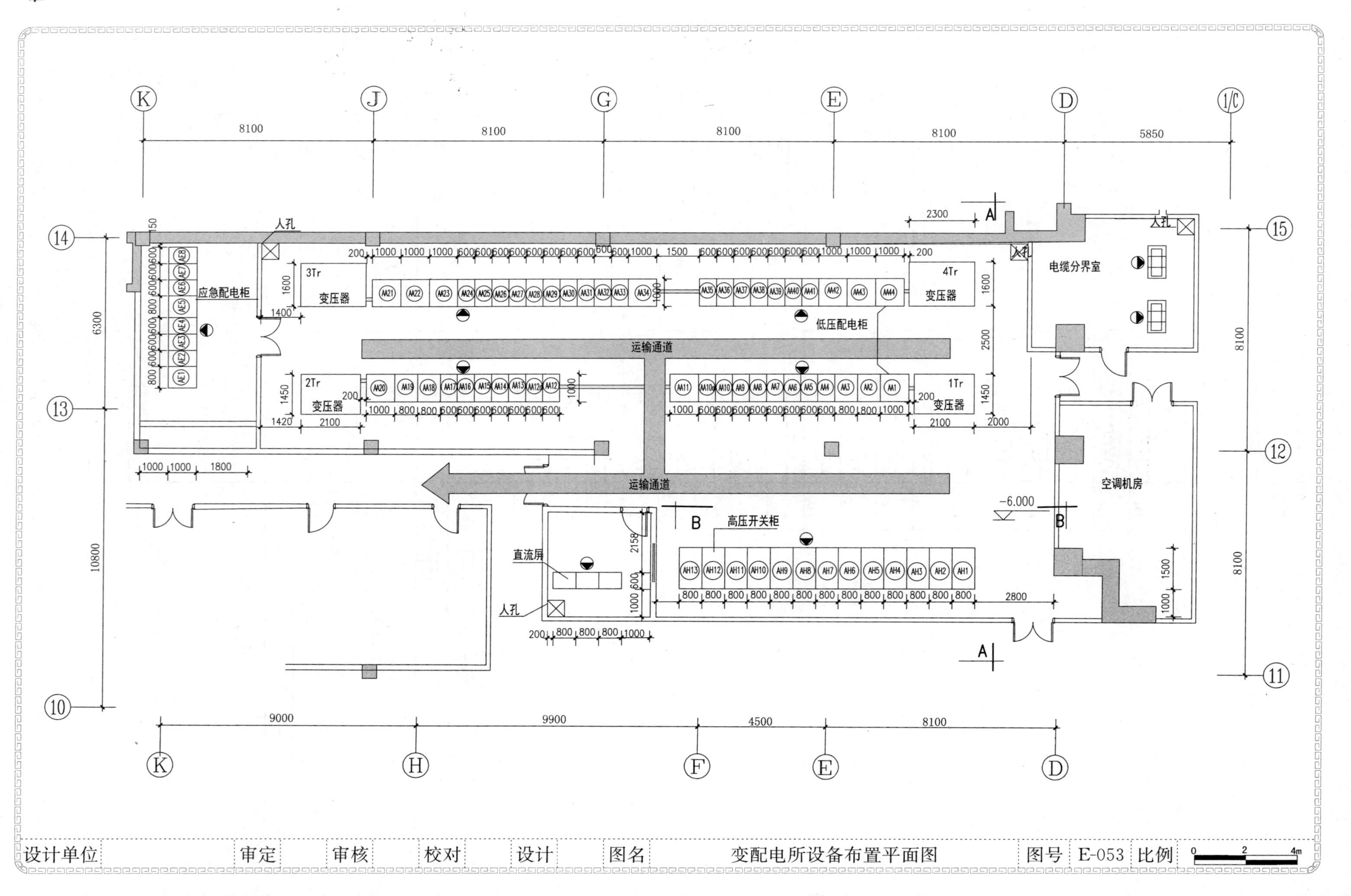
应急配电柜
低压配电柜
高压开关柜
运输通道
运输通道
1Tr 变压器
2Tr 变压器
3Tr 变压器
4Tr 变压器
电缆分界室
空调机房
直流屏
人孔
-6.000
设计单位
审定
审核
校对
设计
图名
变配电所设备布置平面图
图号
E-053
比例

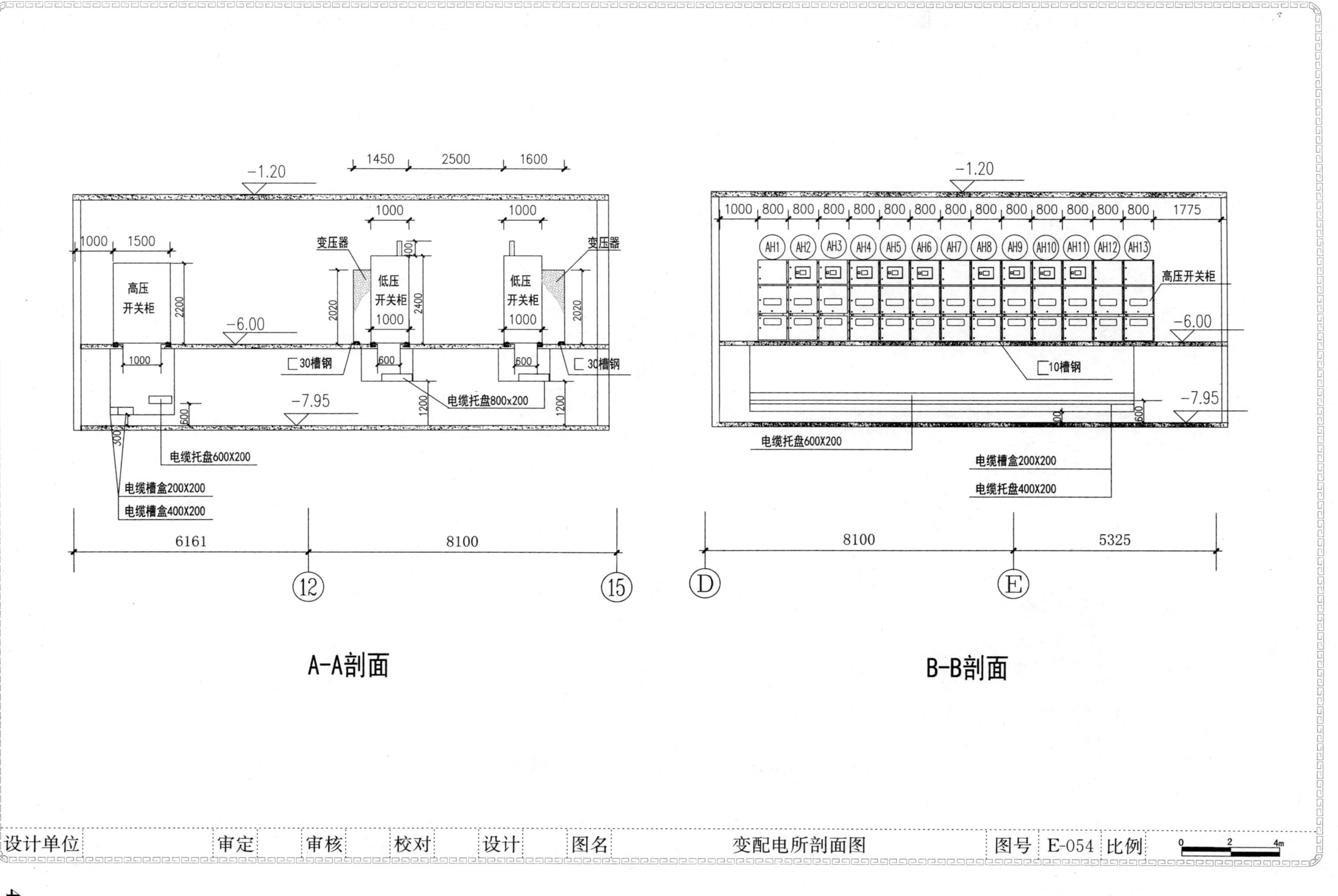

A-A剖面
B-B剖面
-1.20
-6.00
-7.95
高压开关柜
低压开关柜
变压器
30槽钢
10槽钢
电缆托盘800x200
电缆托盘600X200
电缆槽盒200X200
电缆槽盒400X200
电缆托盘400X200
AH1
AH2
AH3
AH4
AH5
AH6
AH7
AH8
AH9
AH10
AH11
AH12
AH13
6161
8100
5325
12
15
D
E
设计单位
审定
审核
校对
设计
图名
变配电所剖面图
图号
E-054
比例

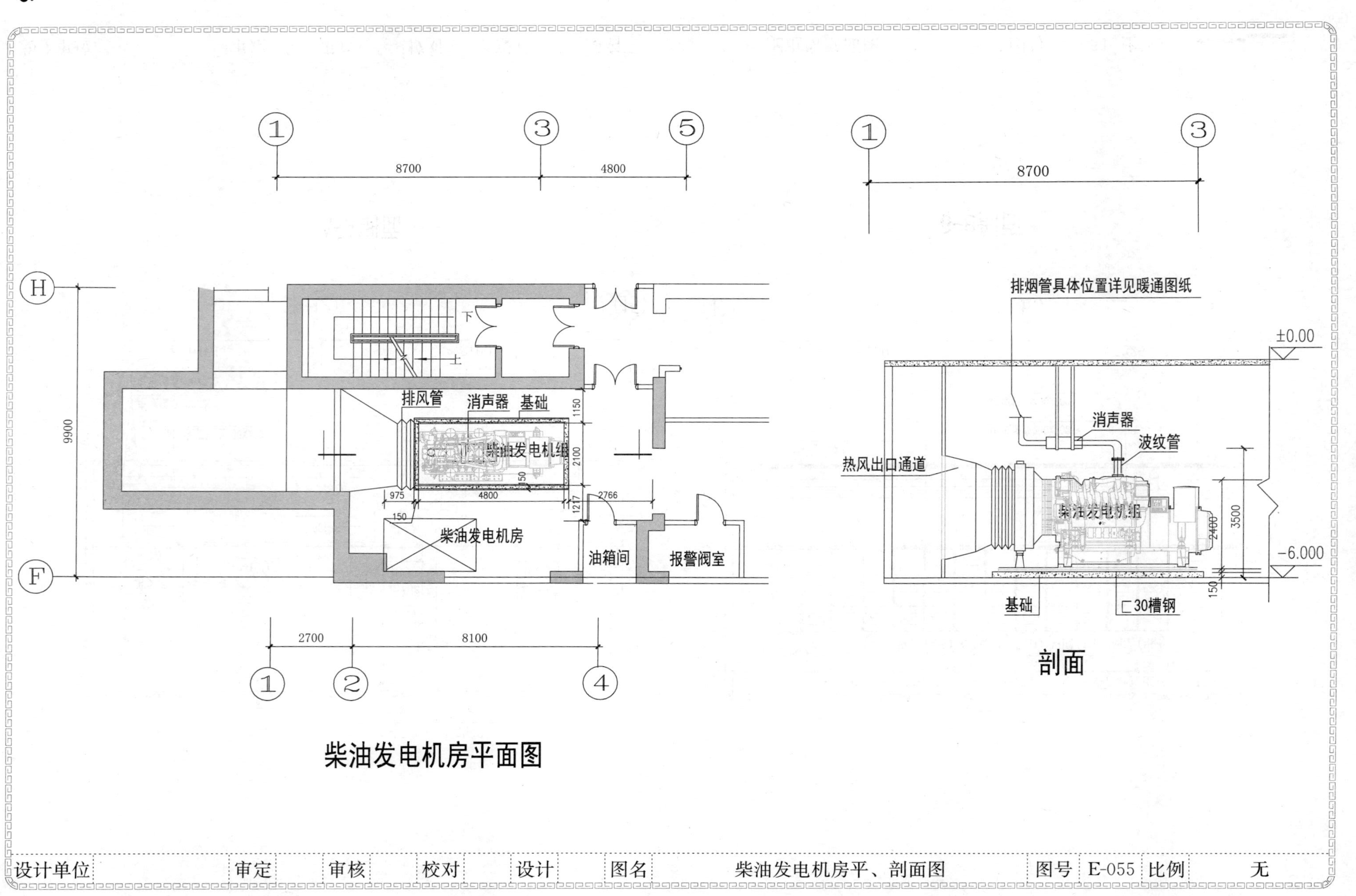

设计单位		审定		审核		校对		设计		图名	柴油发电机房平、剖面图	图号	E-055	比例	无

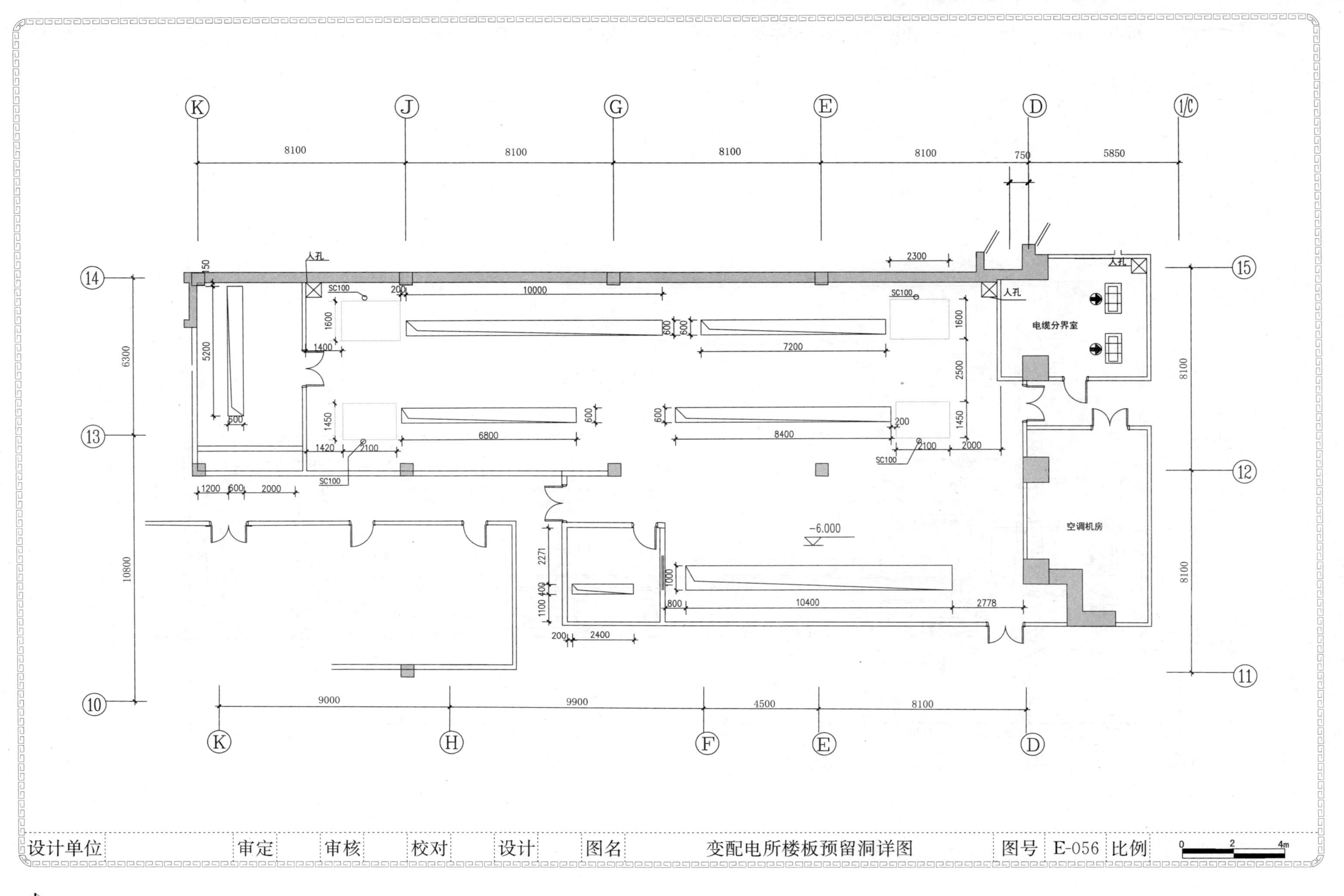

电缆分界室
空调机房
人孔
SC100
-6.000
设计单位
审定
审核
校对
设计
图名
变配电所楼板预留洞详图
图号
E-056
比例

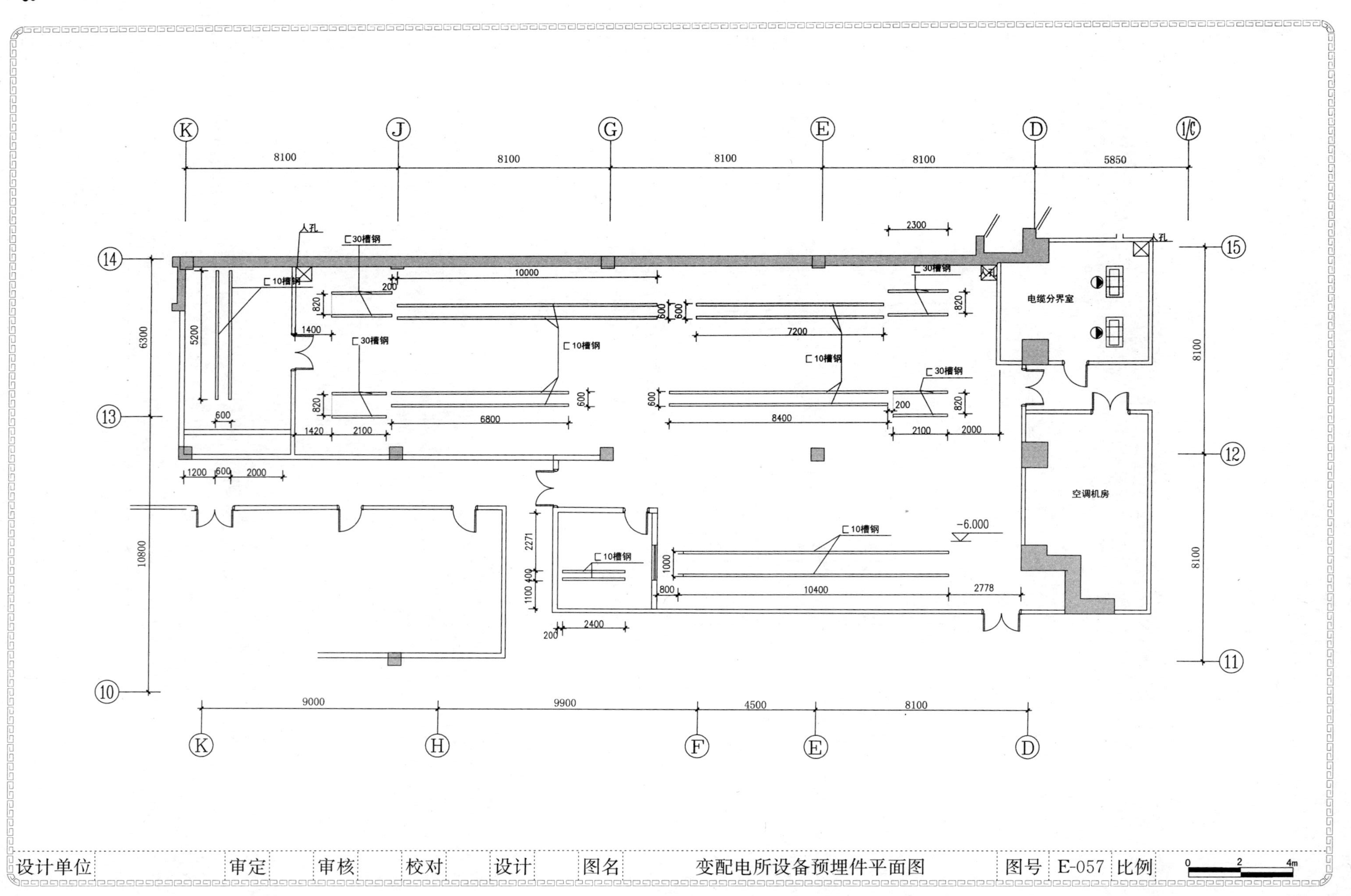
电缆分界室
空调机房
人孔
⊏30槽钢
⊏10槽钢
-6.000
设计单位
审定
审核
校对
设计
图名
变配电所设备预埋件平面图
图号
E-057
比例

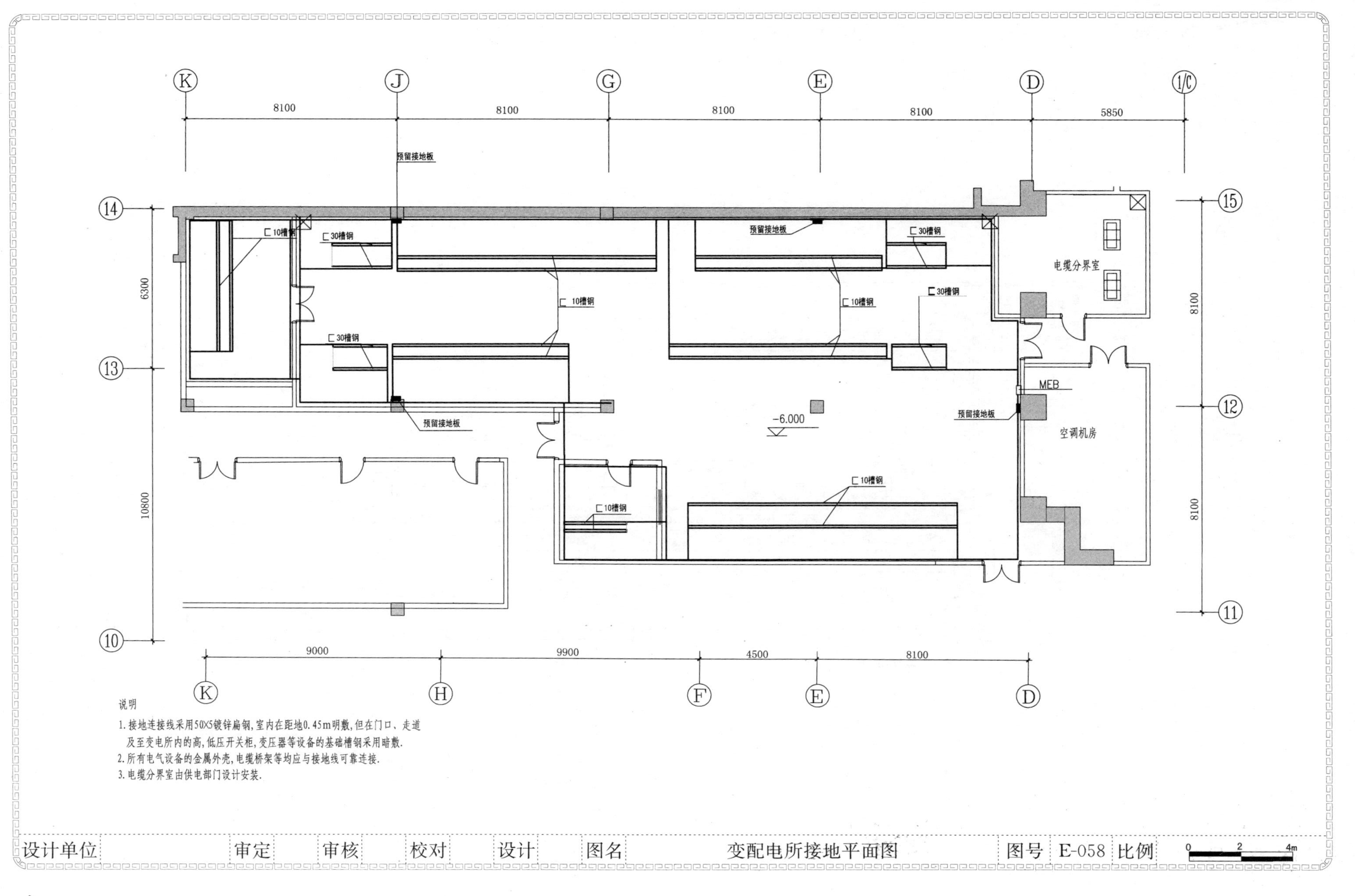
K
J
G
E
D
1/C
8100
8100
8100
8100
5850
预留接地板
14
13
10
15
12
11
6300
10800
8100
8100
⊏10槽钢
⊏30槽钢
电缆分界室
空调机房
MEB
-6.000
9000
9900
4500
8100
H
F
说明
1. 接地连接线采用50X5镀锌扁钢，室内在距地0.45m明敷，但在门口、走道及至变电所内的高，低压开关柜，变压器等设备的基础槽钢采用暗敷.
2. 所有电气设备的金属外壳，电缆桥架等均应与接地线可靠连接.
3. 电缆分界室由供电部门设计安装.
设计单位
审定
审核
校对
设计
图名
变配电所接地平面图
图号
E-058
比例
0
2
4m

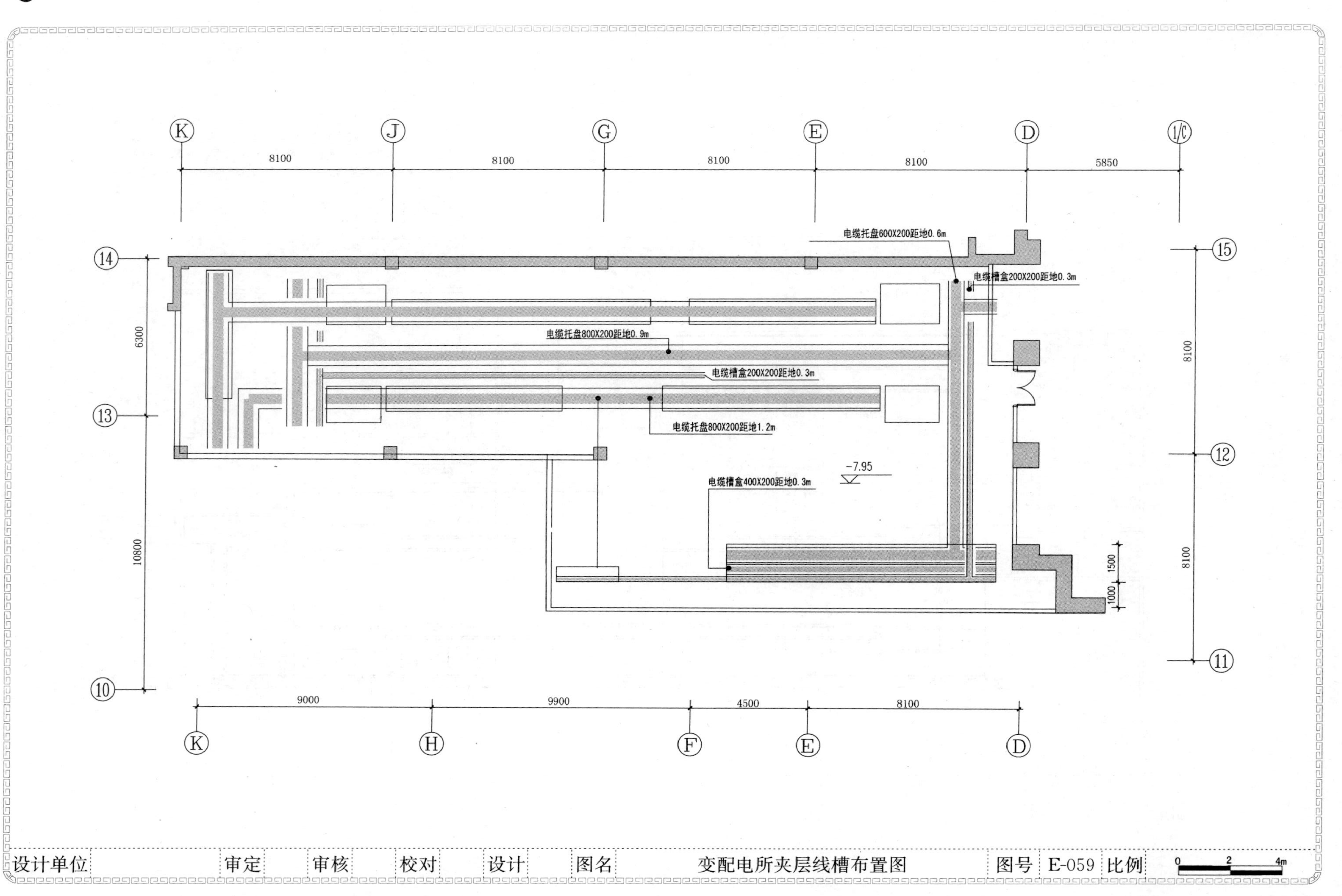

K
J
G
E
D
1/C
8100
8100
8100
8100
5850
14
13
10
6300
10800
15
12
11
8100
8100
1500
1000
电缆托盘600X200距地0.6m
电缆槽盒200X200距地0.3m
电缆托盘800X200距地0.9m
电缆槽盒200X200距地0.3m
电缆托盘800X200距地1.2m
-7.95
电缆槽盒400X200距地0.3m
9000
9900
4500
8100
K
H
F
E
D
设计单位
审定
审核
校对
设计
图名
变配电所夹层线槽布置图
图号
E-059
比例
0
2
4m

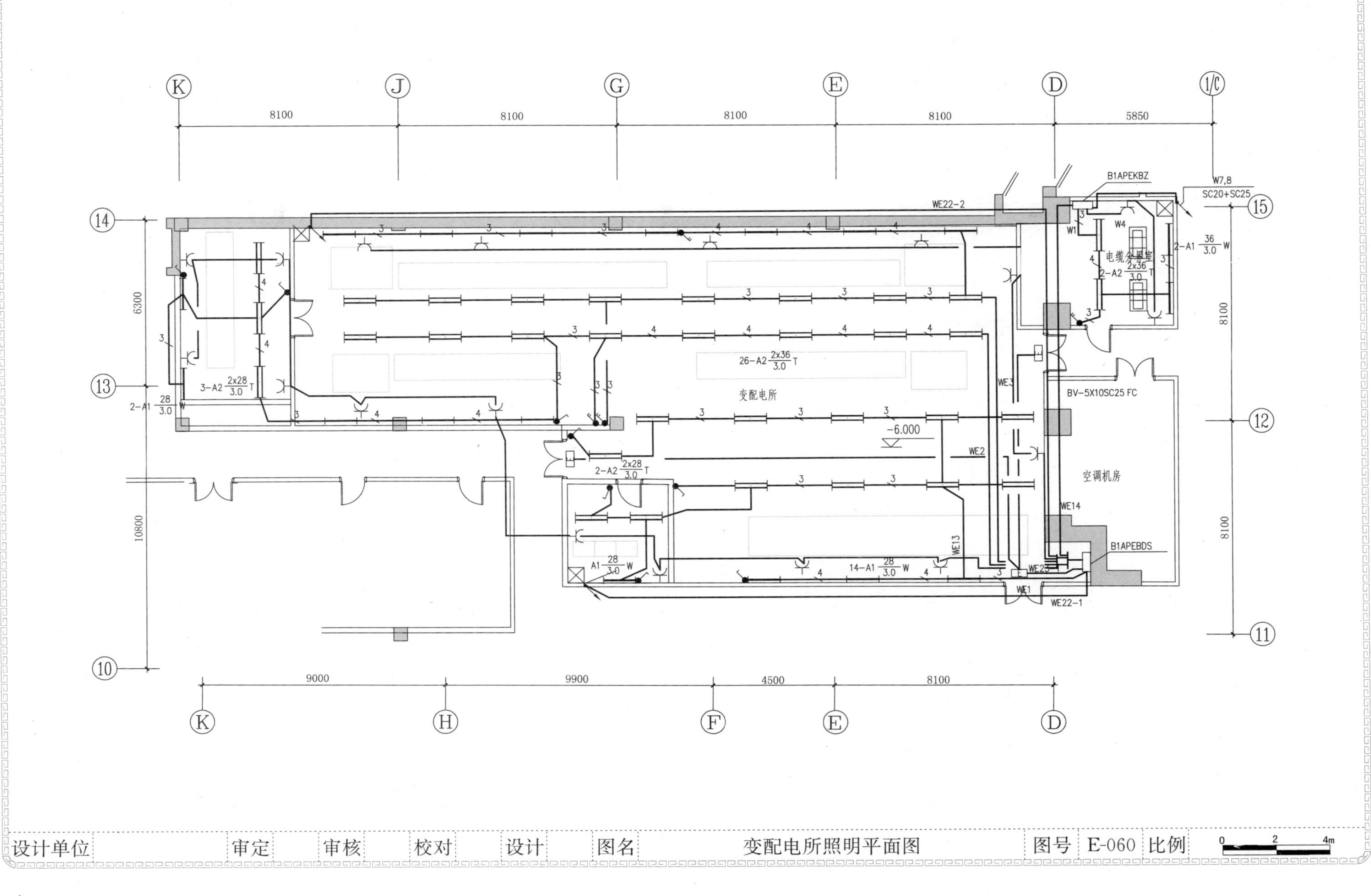

K
J
G
E
D
1/C
8100
8100
8100
8100
5850
B1APEKBZ
W7,8
SC20+SC25
15
14
13
12
11
10
WE22-2
W1
W4
电缆分界室
2-A2 2x36/3.0 T
2-A1 36/3.0 W
6300
8100
3-A2 2x28/3.0 T
2-A1 28/3.0 W
26-A2 2x36/3.0 T
变配电所
WE3
BV-5X10SC25 FC
-6.000
WE2
2-A2 2x28/3.0 T
空调机房
10800
WE14
WE13
B1APEBDS
A1 28/3.0 W
14-A1 28/3.0 W
WE23
WE1
WE22-1
9000
9900
4500
8100
K
H
F
E
D
设计单位
审定
审核
校对
设计
图名
变配电所照明平面图
图号
E-060
比例
0
2
4m

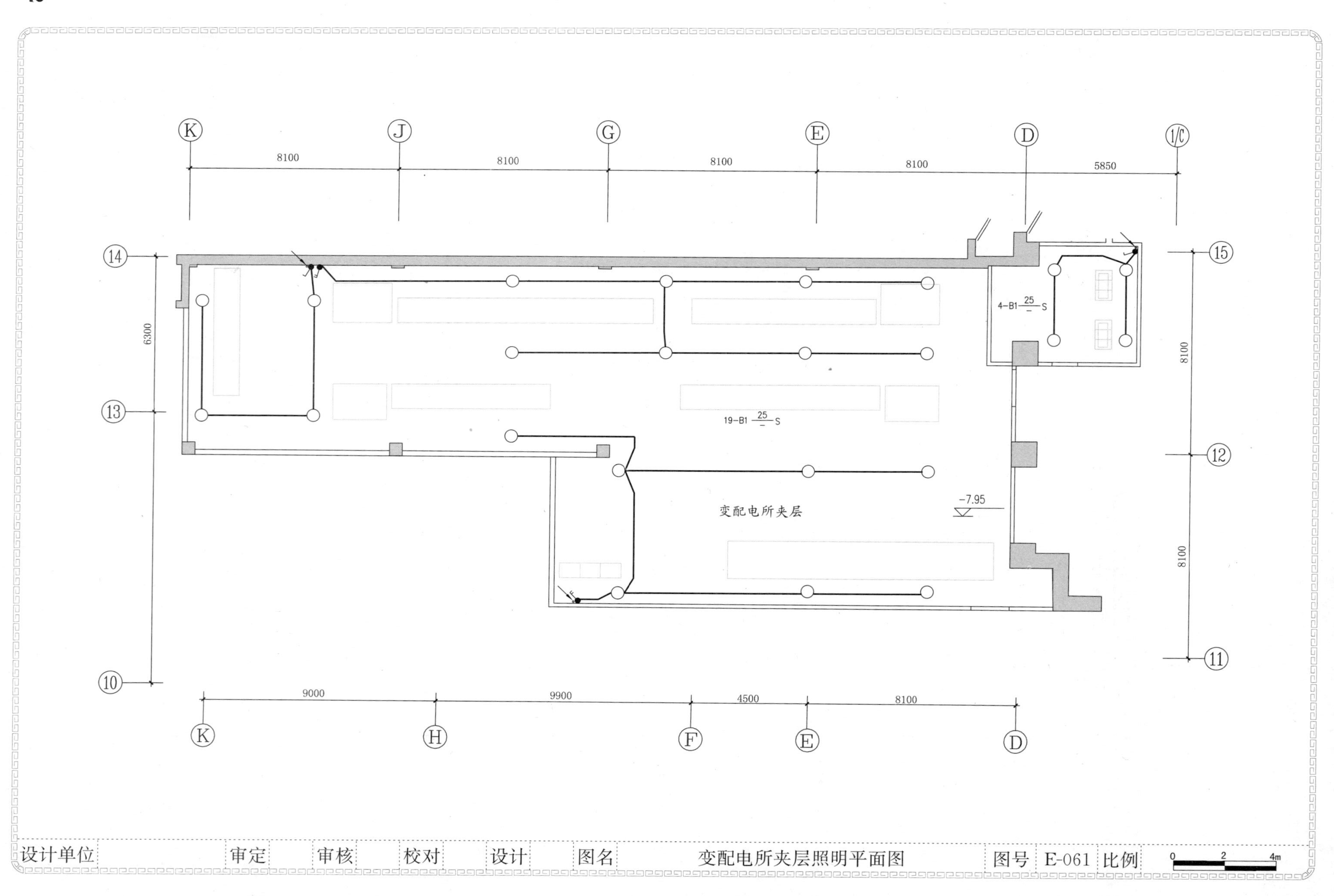

K
J
G
E
D
1/C
8100
8100
8100
8100
5850
14
13
10
15
12
11
6300
8100
8100
4-B1 25/- S
19-B1 25/- S
变配电所夹层
-7.95
9000
9900
4500
8100
K
H
F
E
D
设计单位
审定
审核
校对
设计
图名
变配电所夹层照明平面图
图号
E-061
比例
0
2
4m

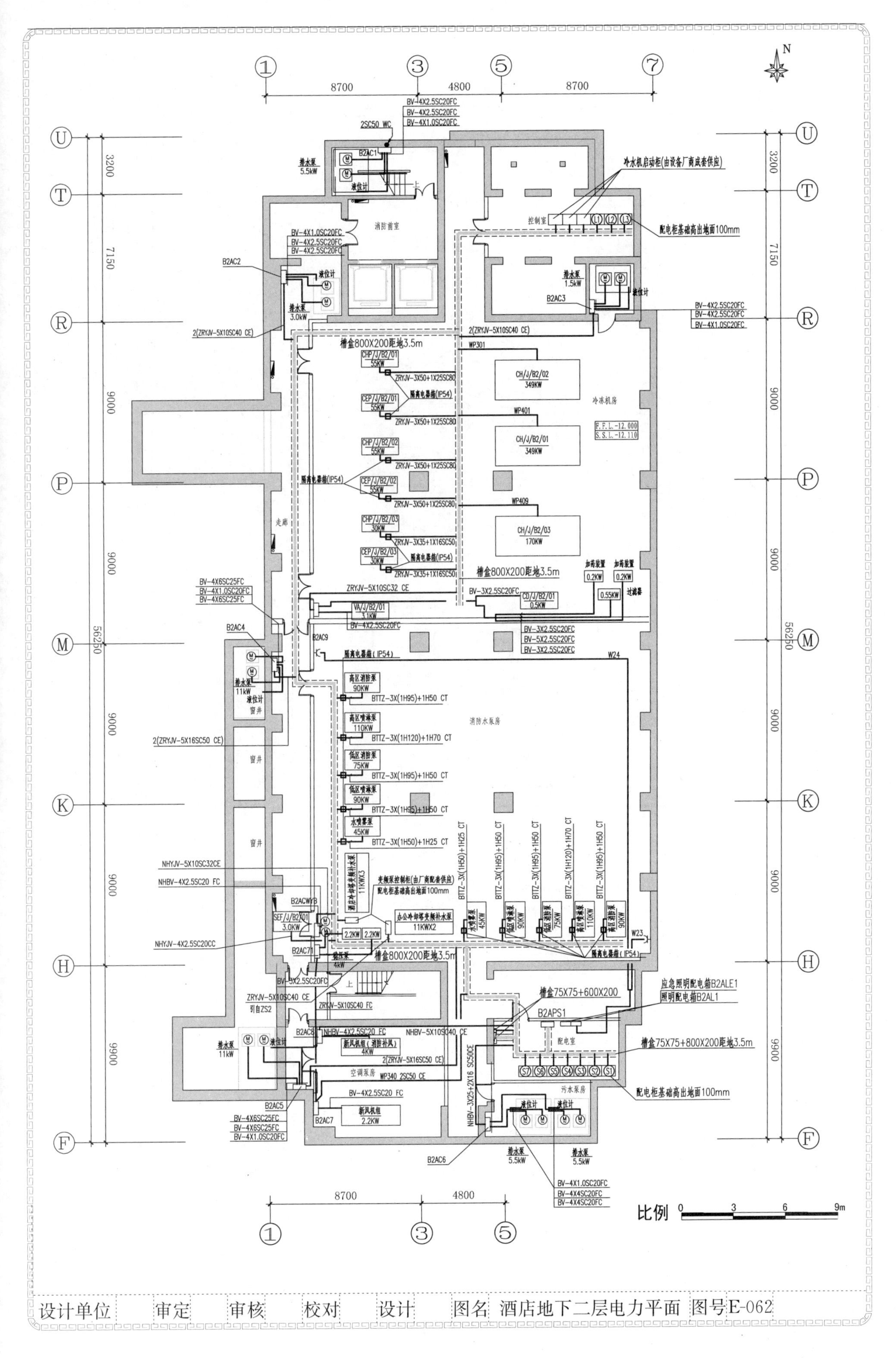

设计单位 审定 审核 校对 设计 图名 酒店地下二层电力平面 图号E-062

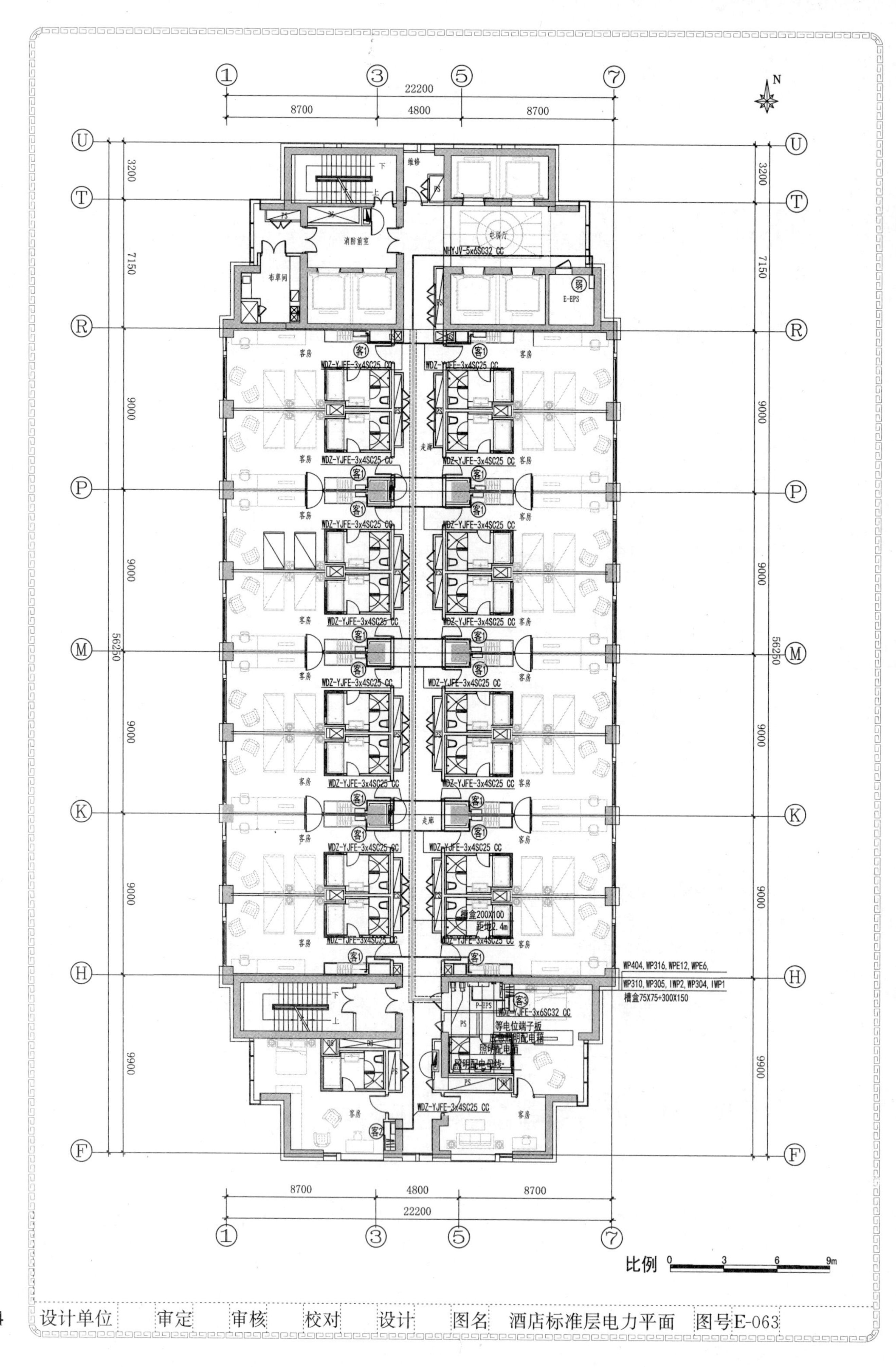

22200
8700
4800
8700
3200
7150
9000
9000
56250
9000
9000
9900
维修
消防前室
电梯厅
布草间
NHYJV-5x6SC32 CC
E-EPS
客房
走廊
WDZ-YJFE-3x4SC25 CC
槽盒200X100
距地2.4m
WP404, WP316, WPE12, WPE6,
WP310, WP305, IWP2, WP304, IWP1
槽盒75X75+300X150
WDZ-YJFE-3x6SC32 CC
等电位端子板
照明配电箱
比例
0
3
6
9m
设计单位
审定
审核
校对
设计
图名
酒店标准层电力平面
图号
E-063

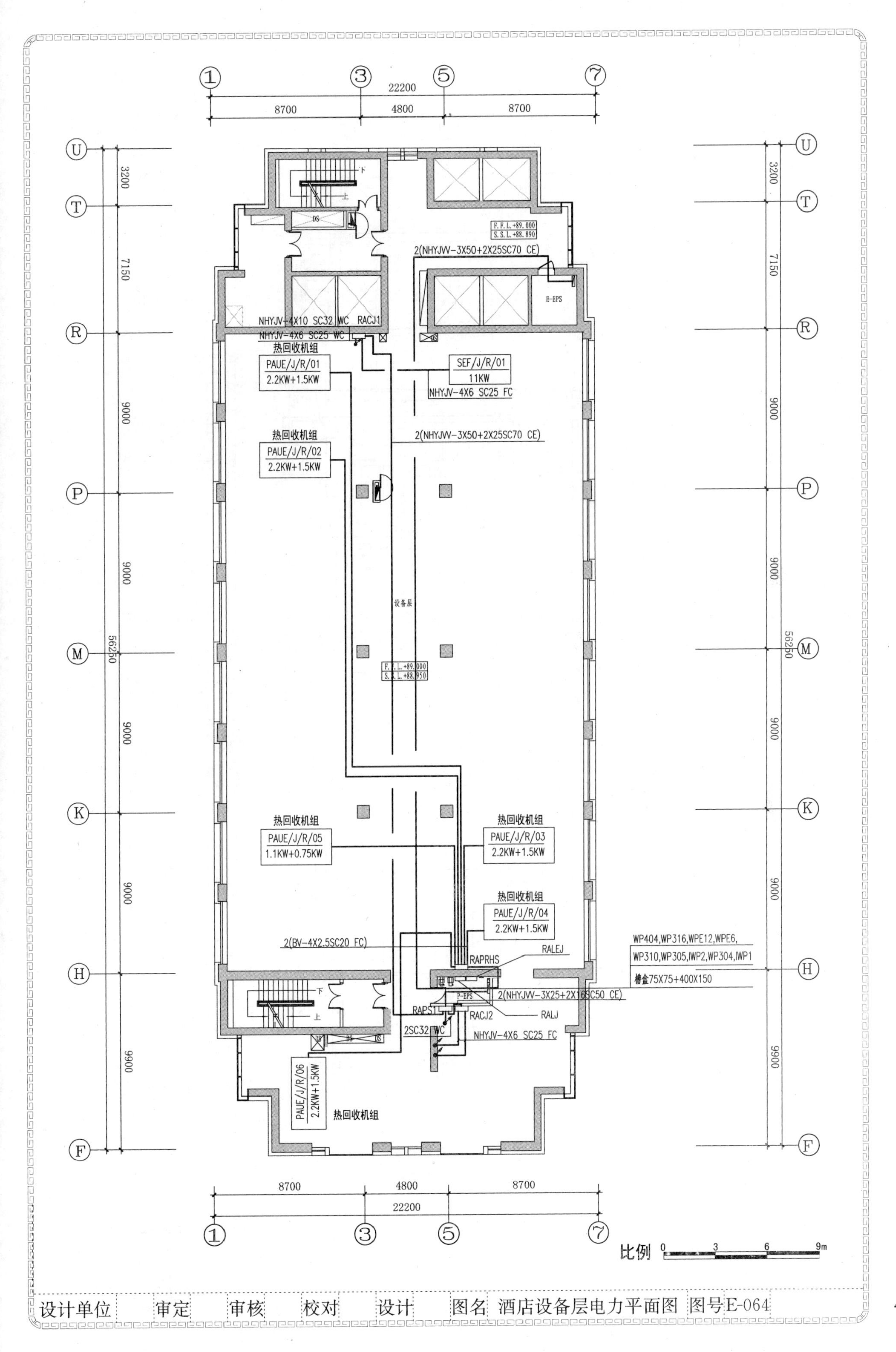

设计单位	审定	审核	校对	设计	图名	酒店设备层电力平面图	图号	E-064

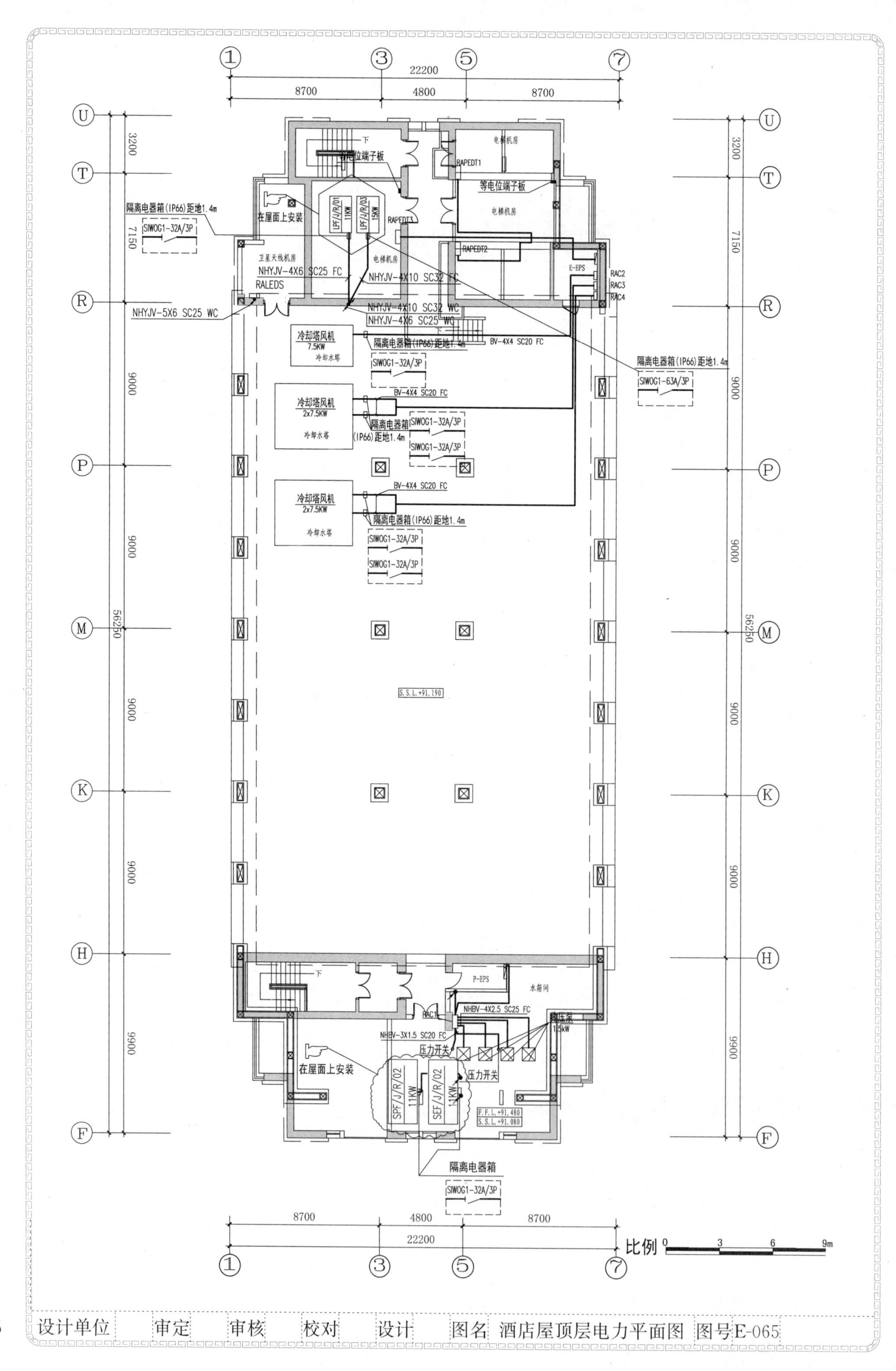

设计单位 审定 审核 校对 设计 图名 酒店屋顶层电力平面图 图号 E-065

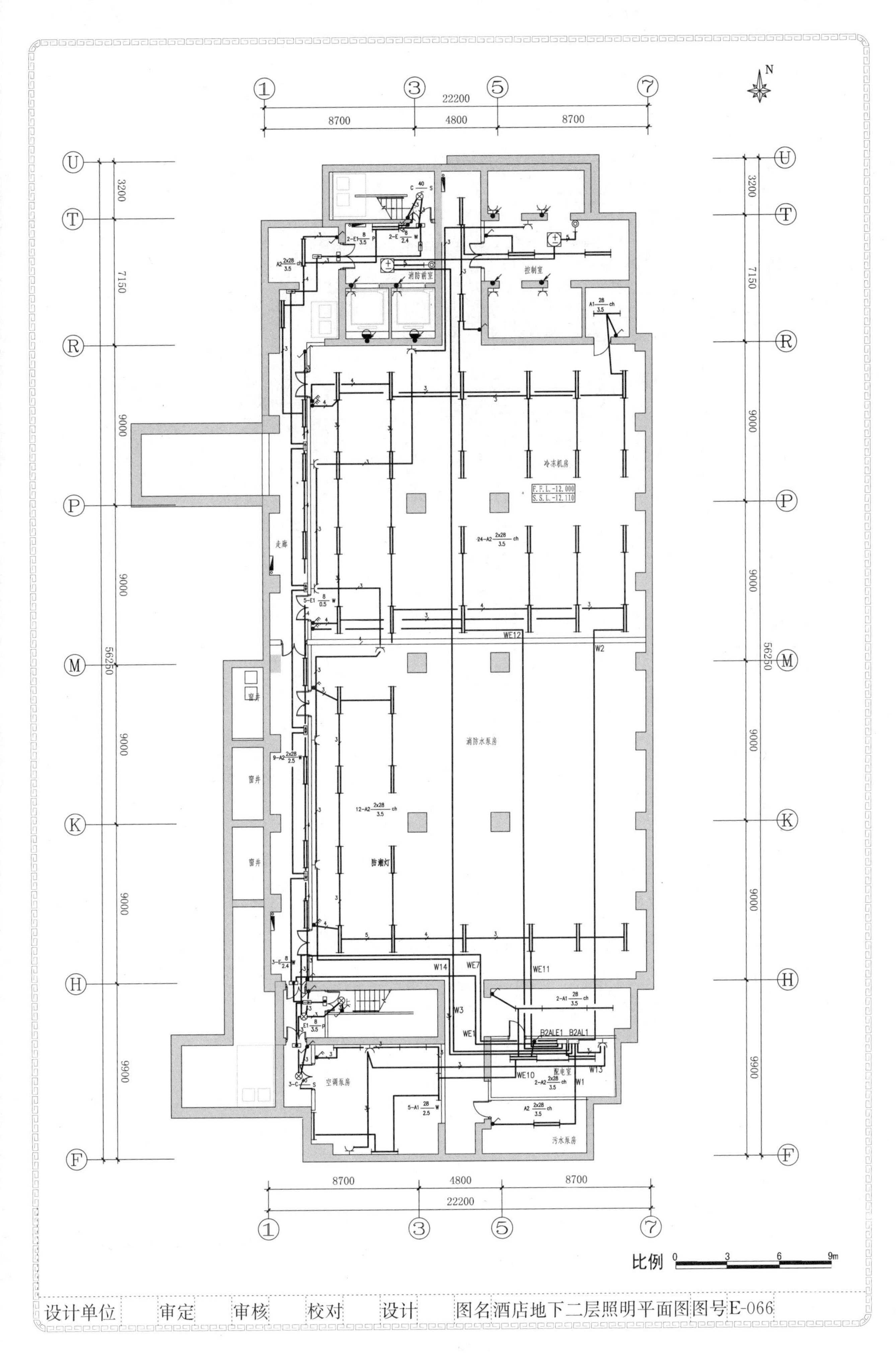

设计单位 审定 审核 校对 设计 图名 酒店地下二层照明平面图 图号 E-066

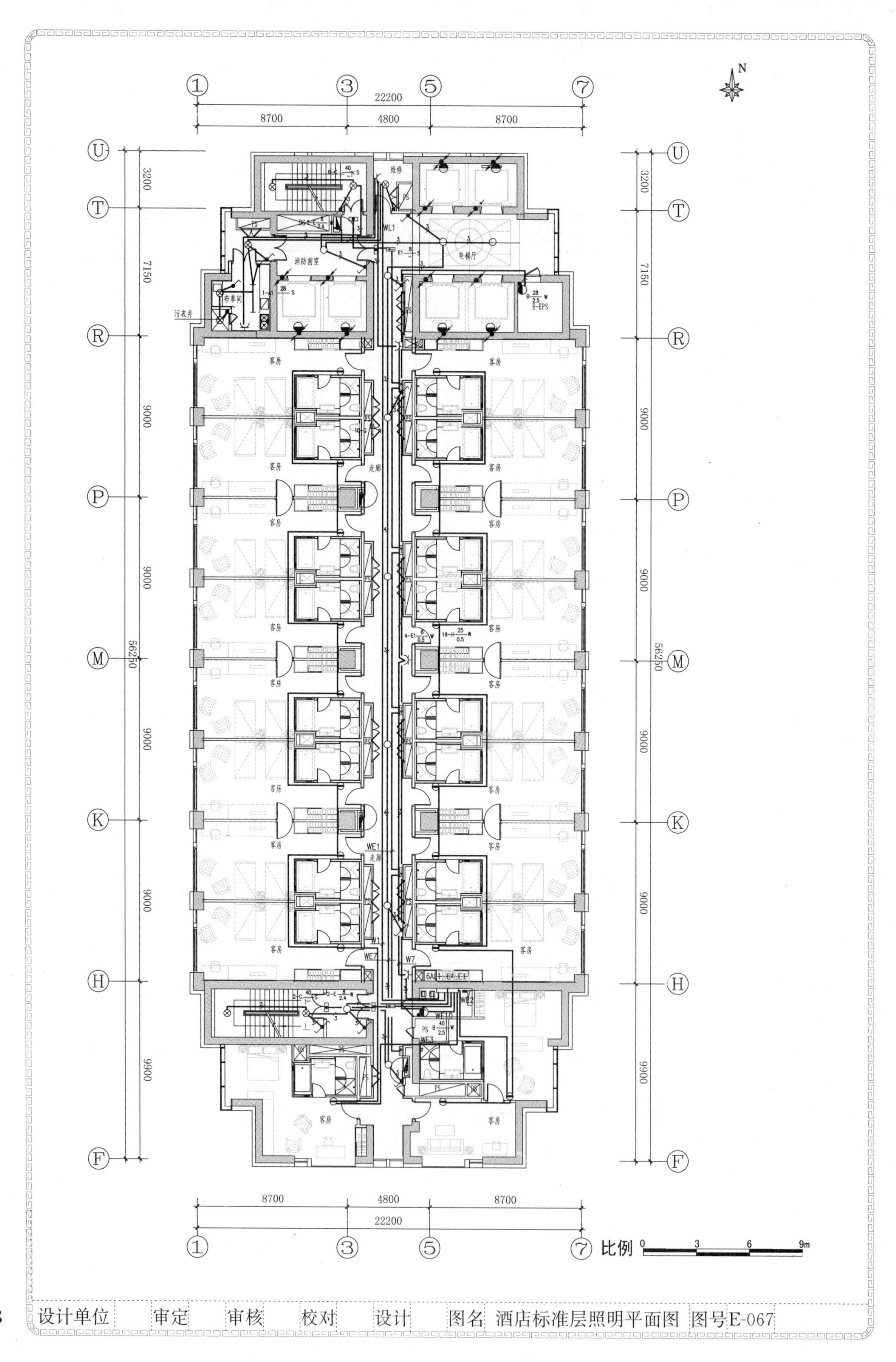

设计单位	审定	审核	校对	设计	图名	酒店标准层照明平面图	图号	E-067

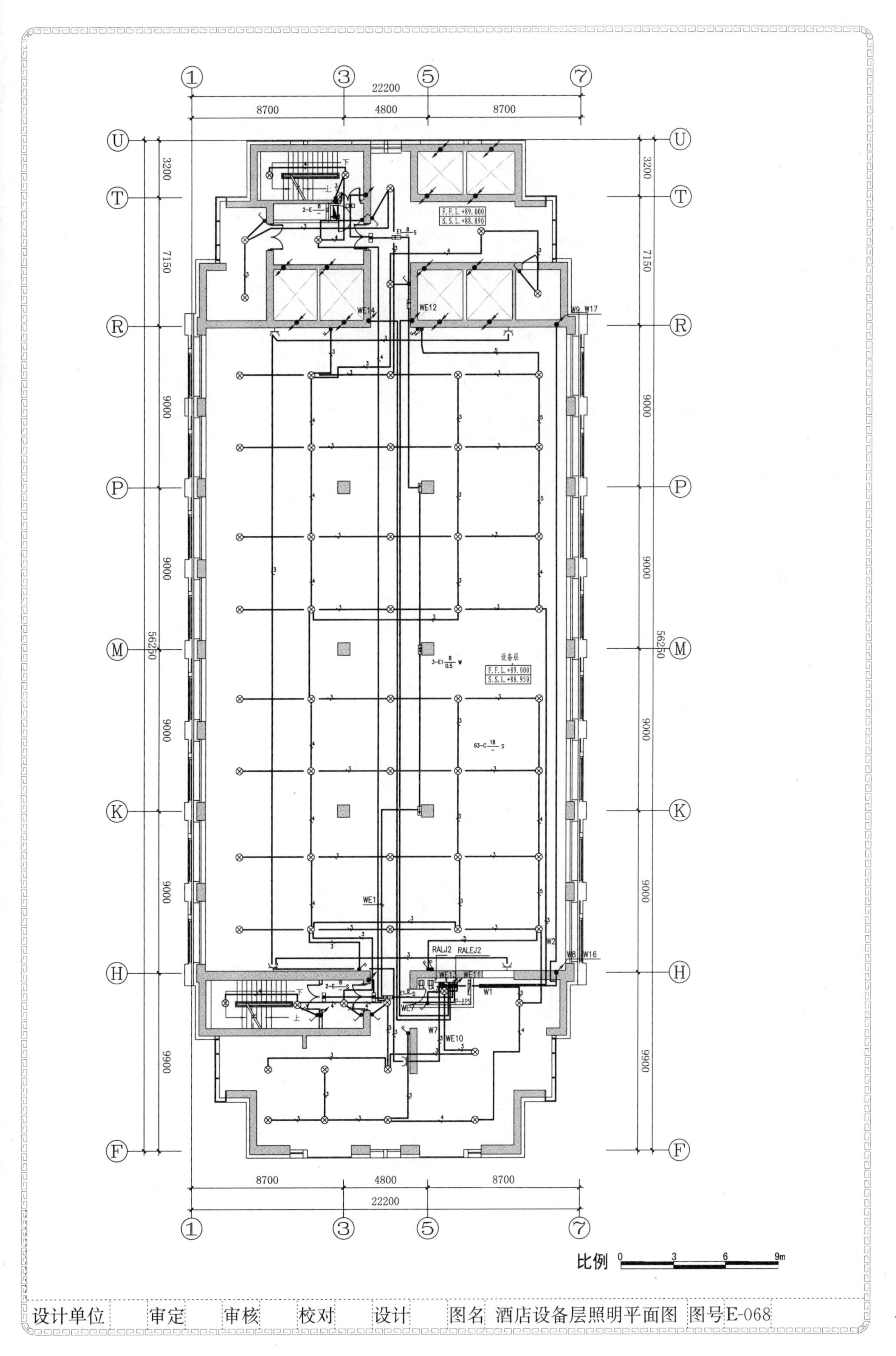

设备层
F.F.L.+89.000
S.S.L.+88.950
F.F.L.+89.000
S.S.L.+88.890
3-E1 8/0.5 W
63-C 18/— S
WE14
WE12
W9
W17
WE1
RALJ2
RALEJ2
W8
W16
WE13
WE11
W1
W2
WE7
W7
WE10
22200
8700
4800
8700
56250
3200
7150
9000
9000
9000
9000
9900
比例
0
3
6
9m
设计单位
审定
审核
校对
设计
图名
酒店设备层照明平面图
图号
E-068

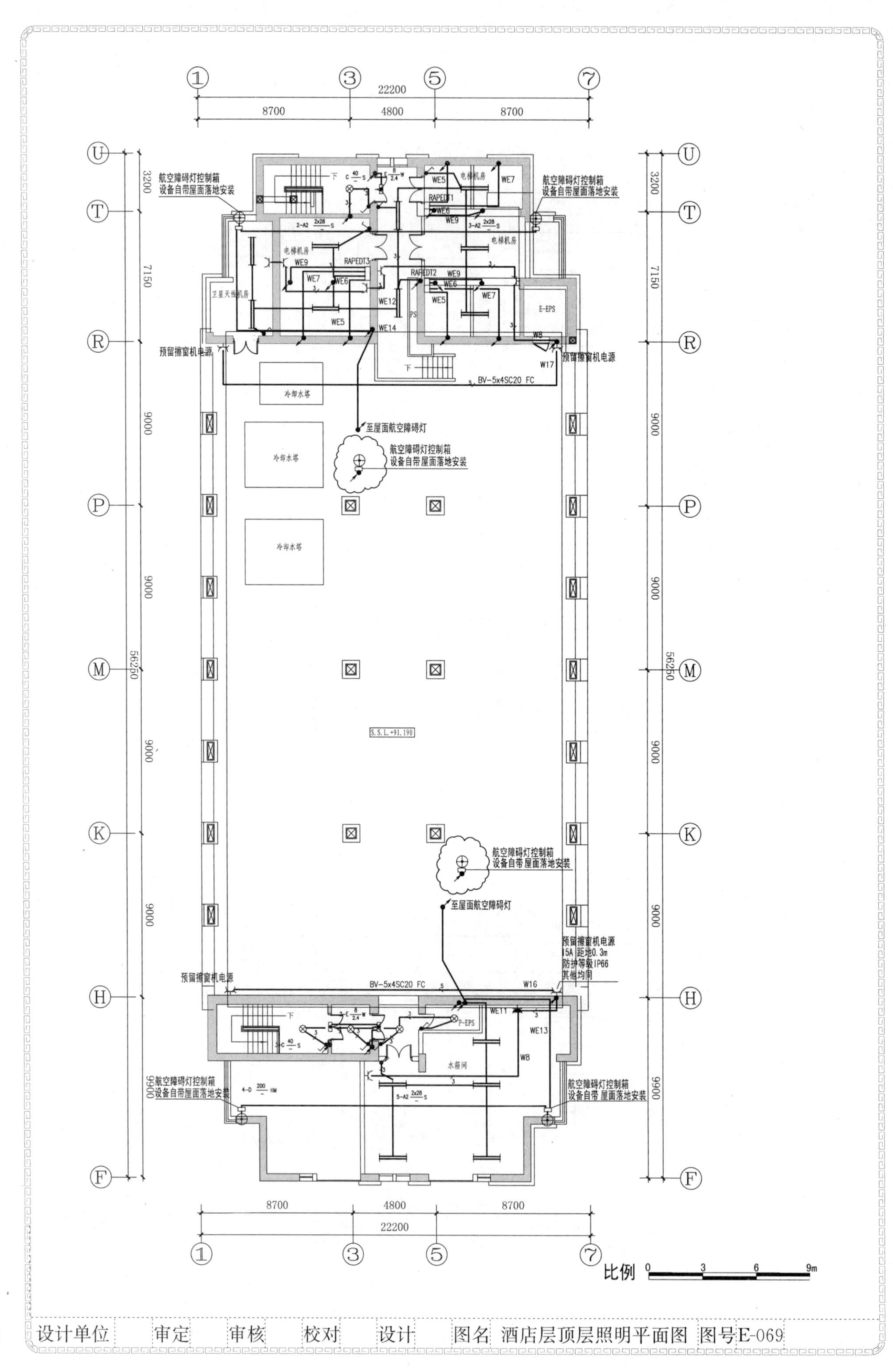

设计单位	审定	审核	校对	设计	图名	酒店层顶层照明平面图	图号	E-069

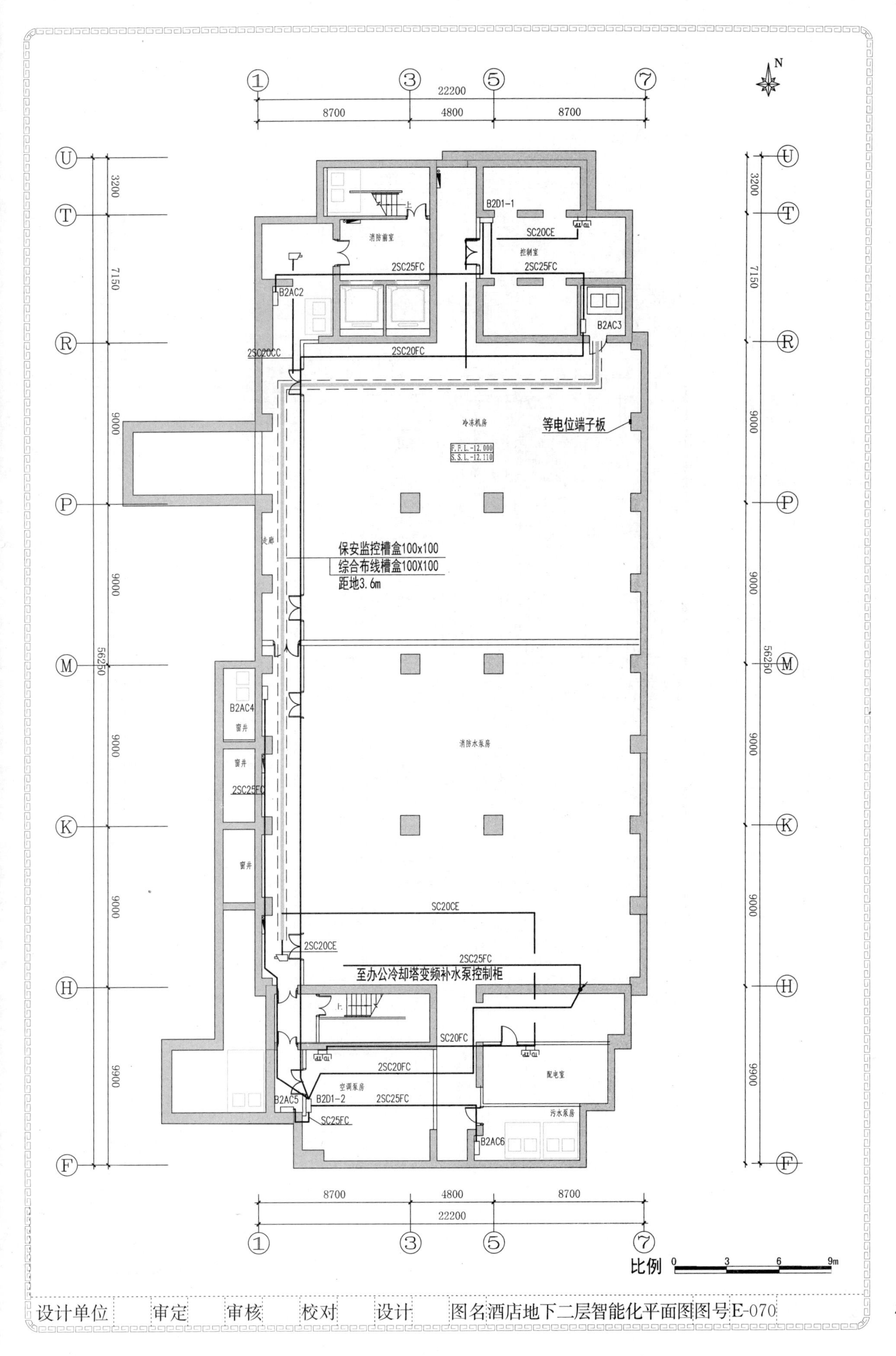

设计单位	审定	审核	校对	设计	图名	酒店地下二层智能化平面图	图号	E-070

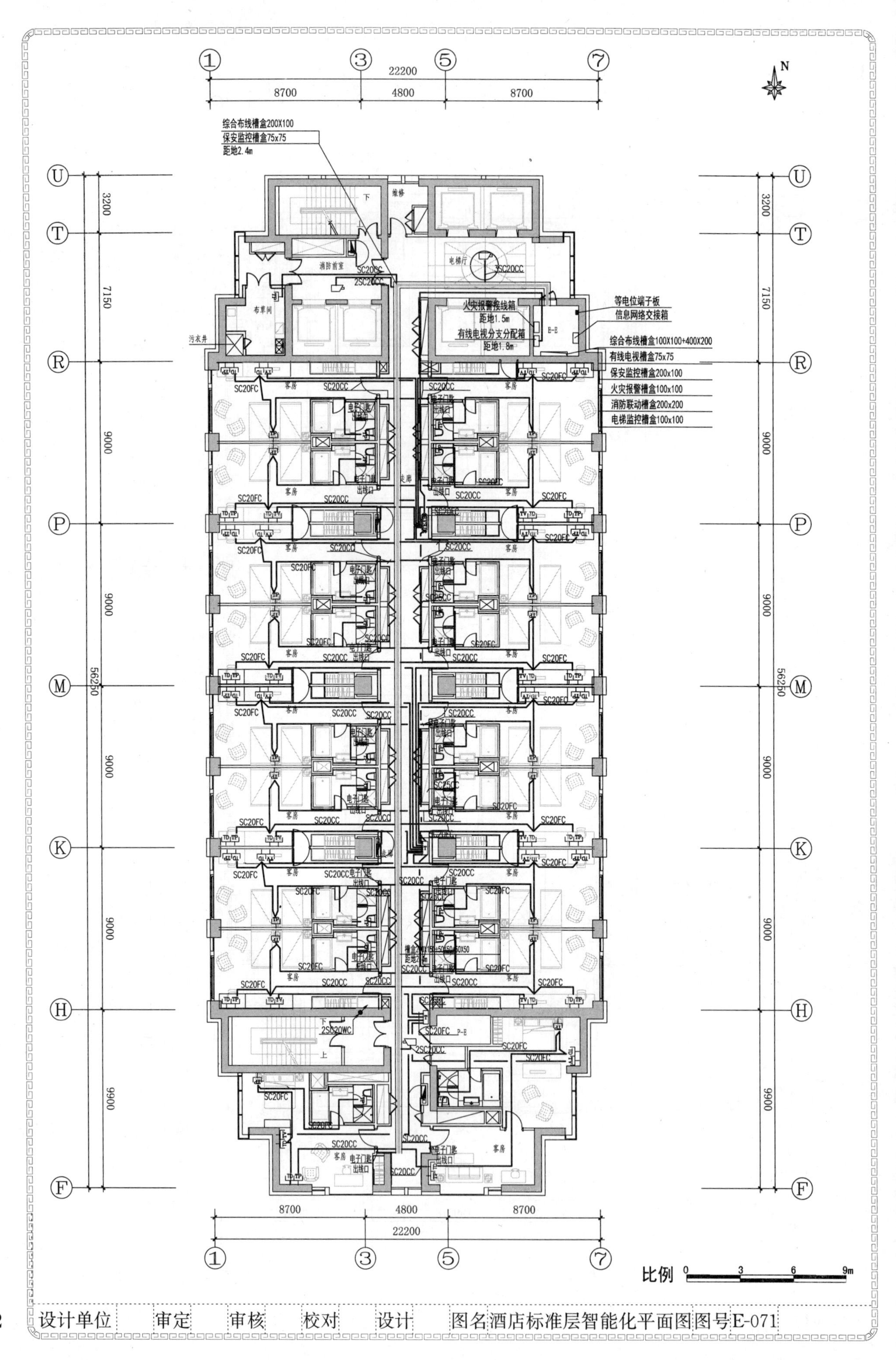

综合布线槽盒200X100
保安监控槽盒75x75
距地2.4m
火灾报警接线箱
距地1.5m
有线电视分支分配箱
距地1.8m
等电位端子板
信息网络交接箱
综合布线槽盒100X100+400X200
有线电视槽盒75x75
保安监控槽盒200x100
火灾报警槽盒100x100
消防联动槽盒200x200
电梯监控槽盒100x100
消防前室
电梯厅
布草间
污衣井
维修
走廊
客房
电子门匙出线口
SC20FC
SC20CC
2SC20CC
2SC20WC
22200
8700
4800
56250
3200
7150
9000
9900
N
比例 0 3 6 9m
设计单位
审定
审核
校对
设计
图名酒店标准层智能化平面图
图号E-071

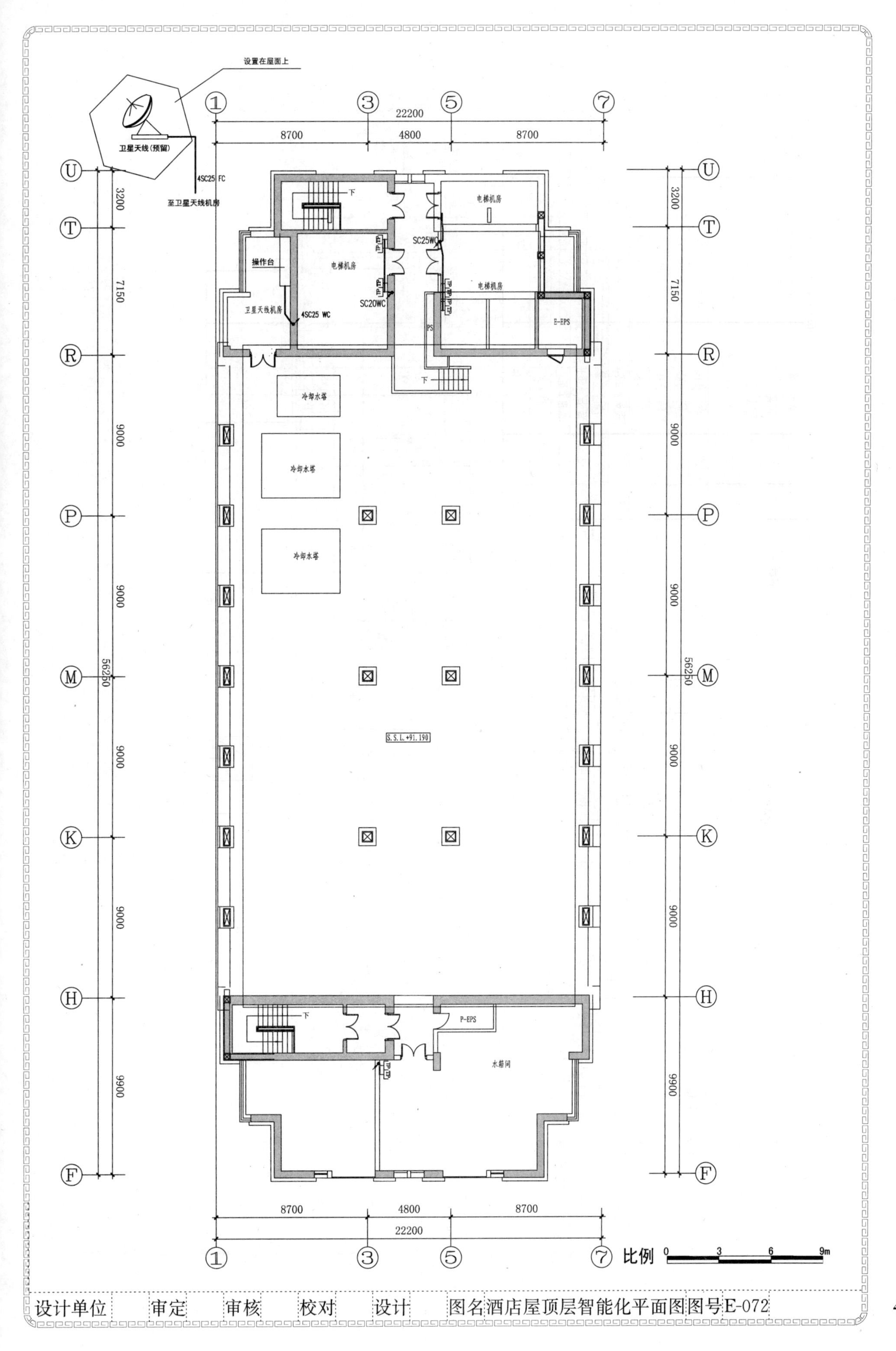

设计单位 审定 审核 校对 设计 图名 酒店屋顶层智能化平面图 图号 E-072

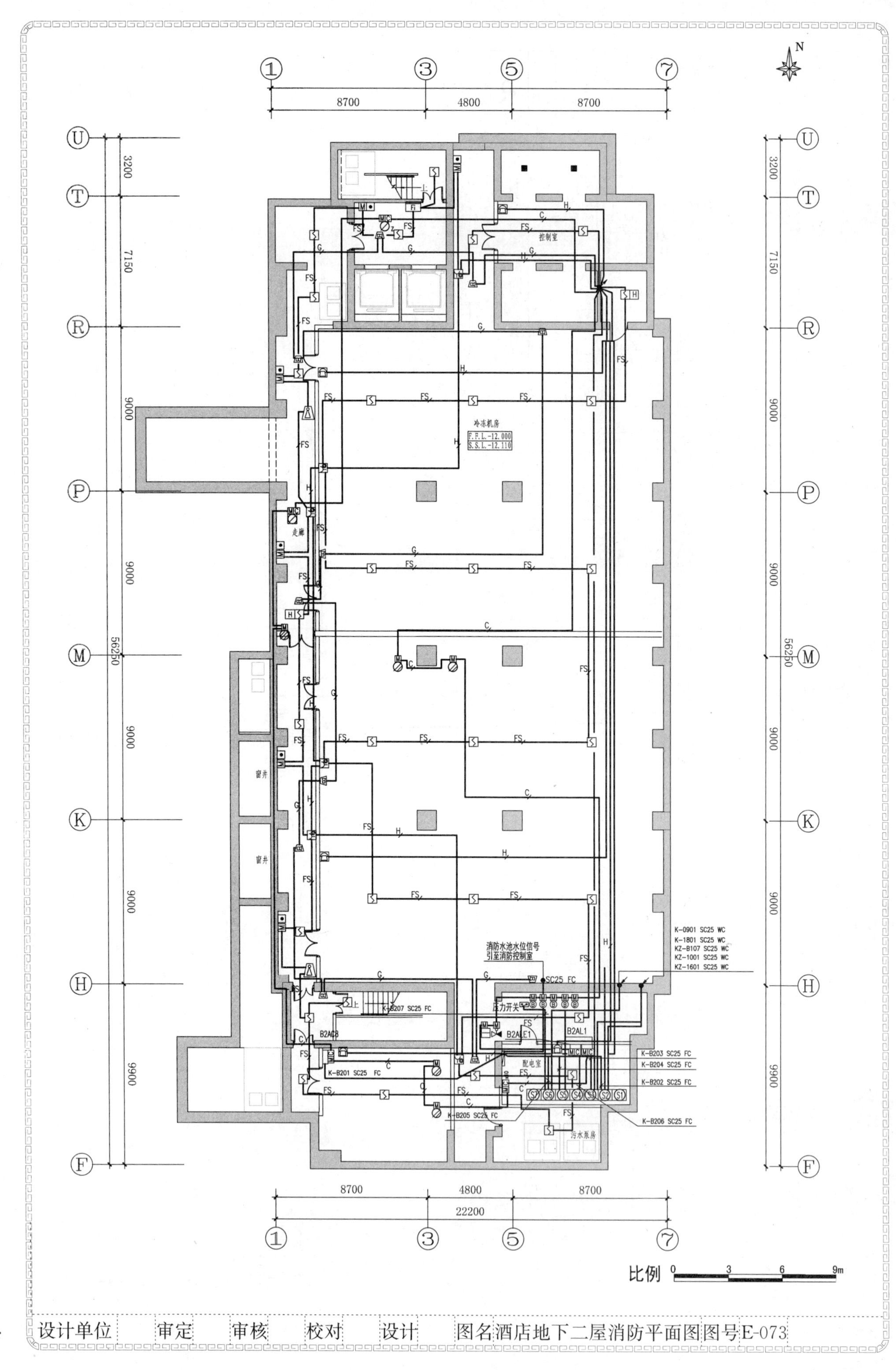

设计单位	审定	审核	校对	设计	图名	酒店地下二层消防平面图	图号	E-073

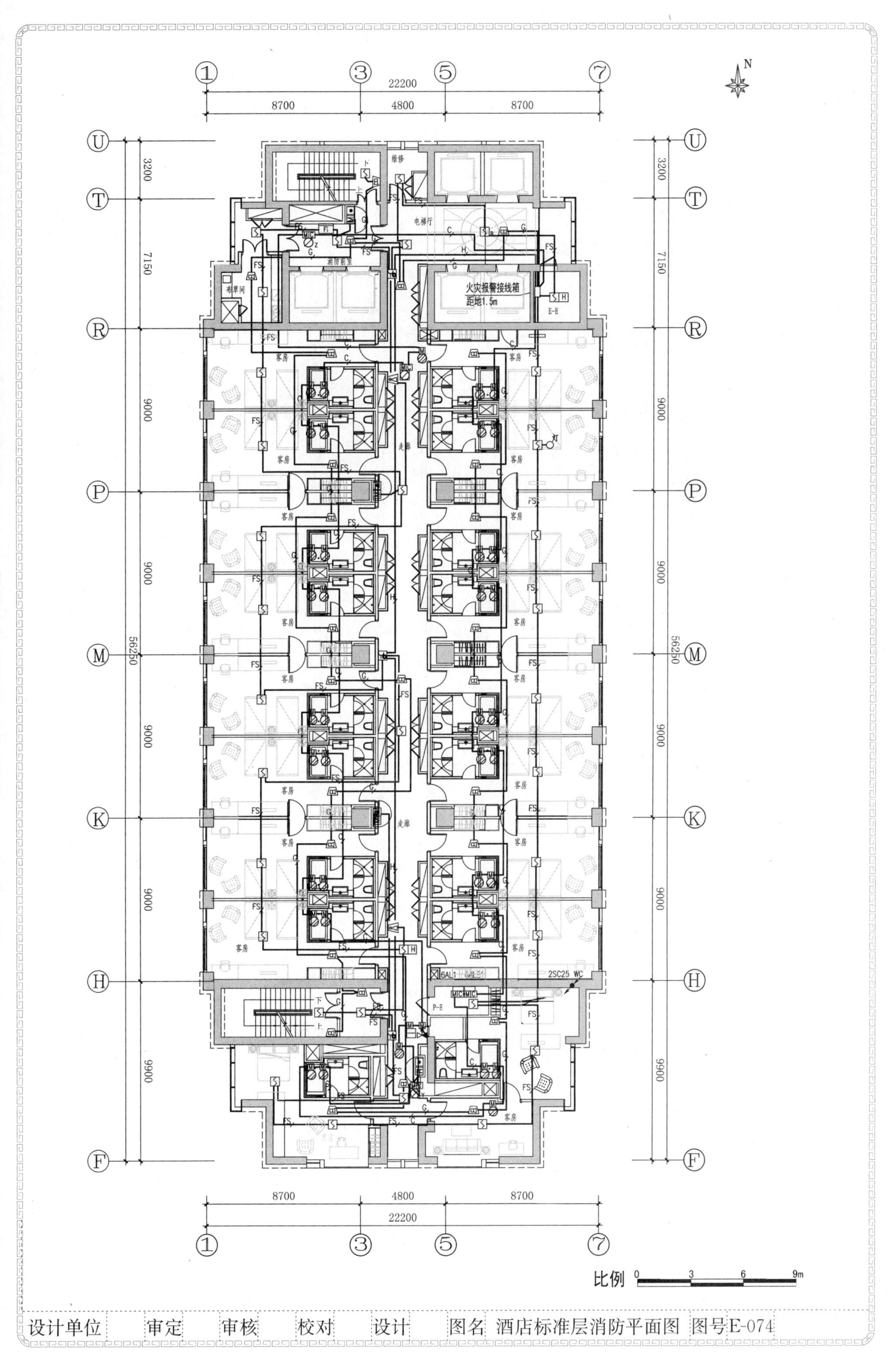

设计单位 审定 审核 校对 设计 图名 酒店标准层消防平面图 图号 E-074

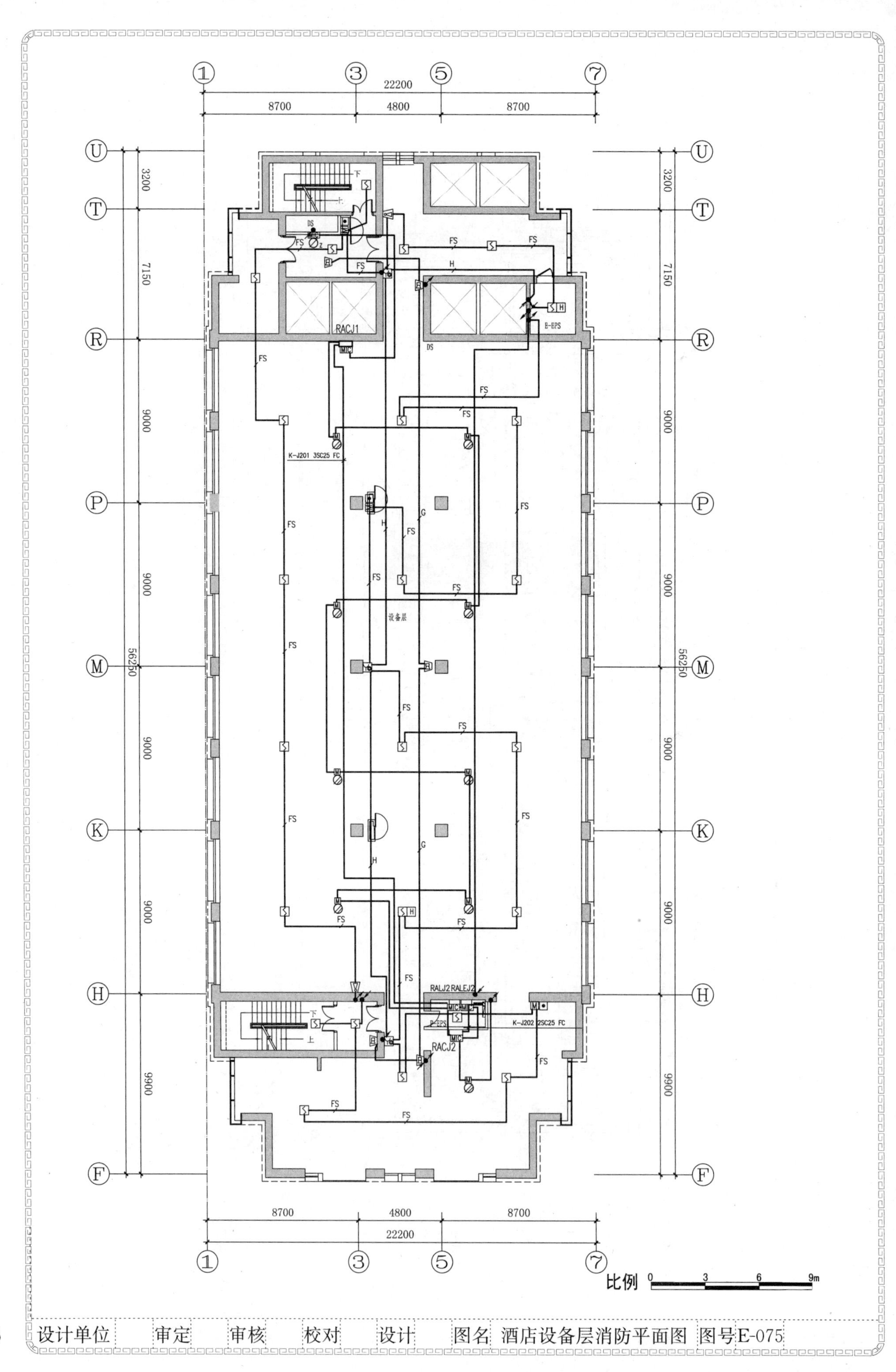

设计单位	审定	审核	校对	设计	图名	酒店设备层消防平面图	图号	E-075

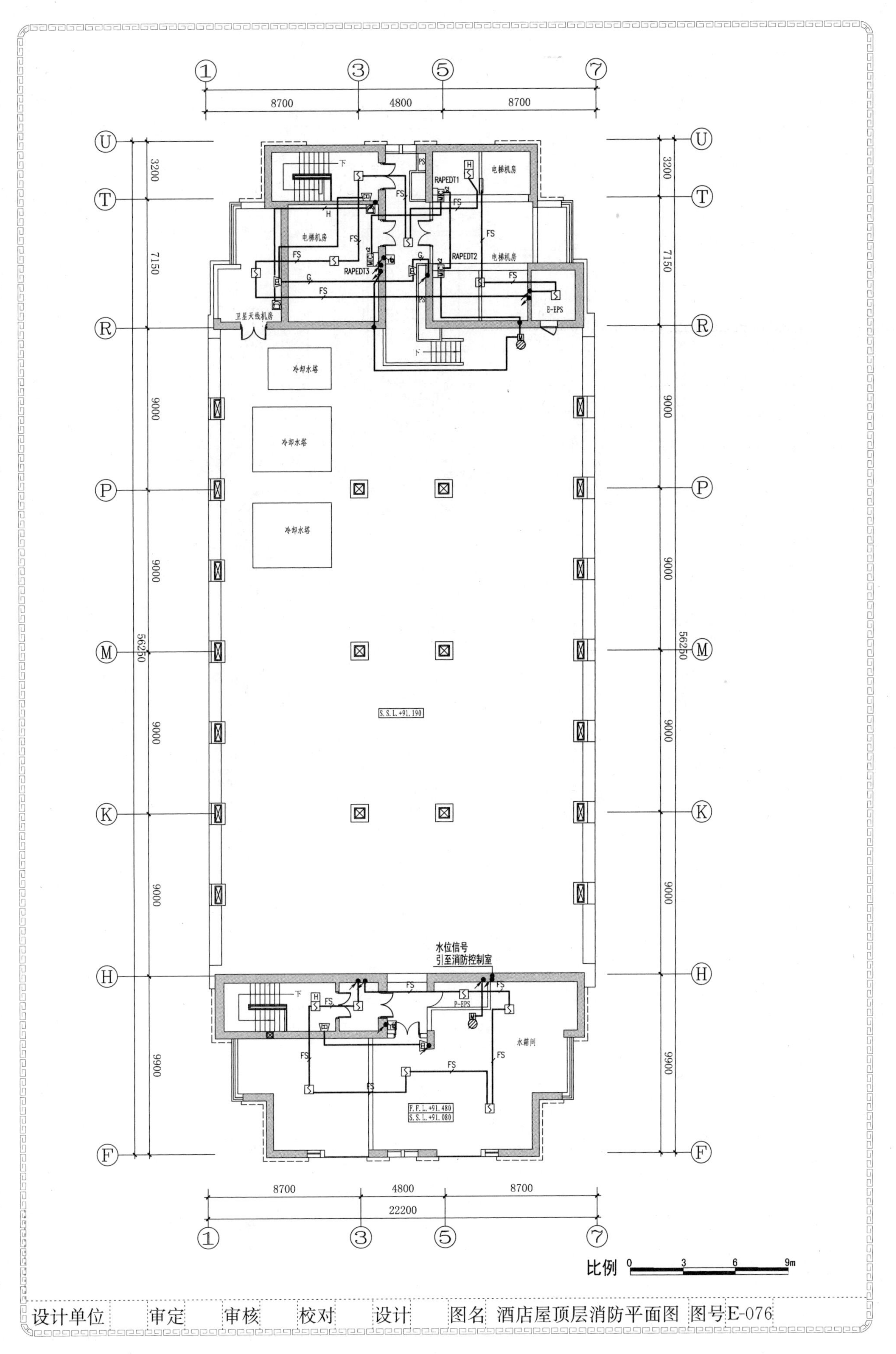

设计单位 审定 审核 校对 设计 图名 酒店屋顶层消防平面图 图号 E-076

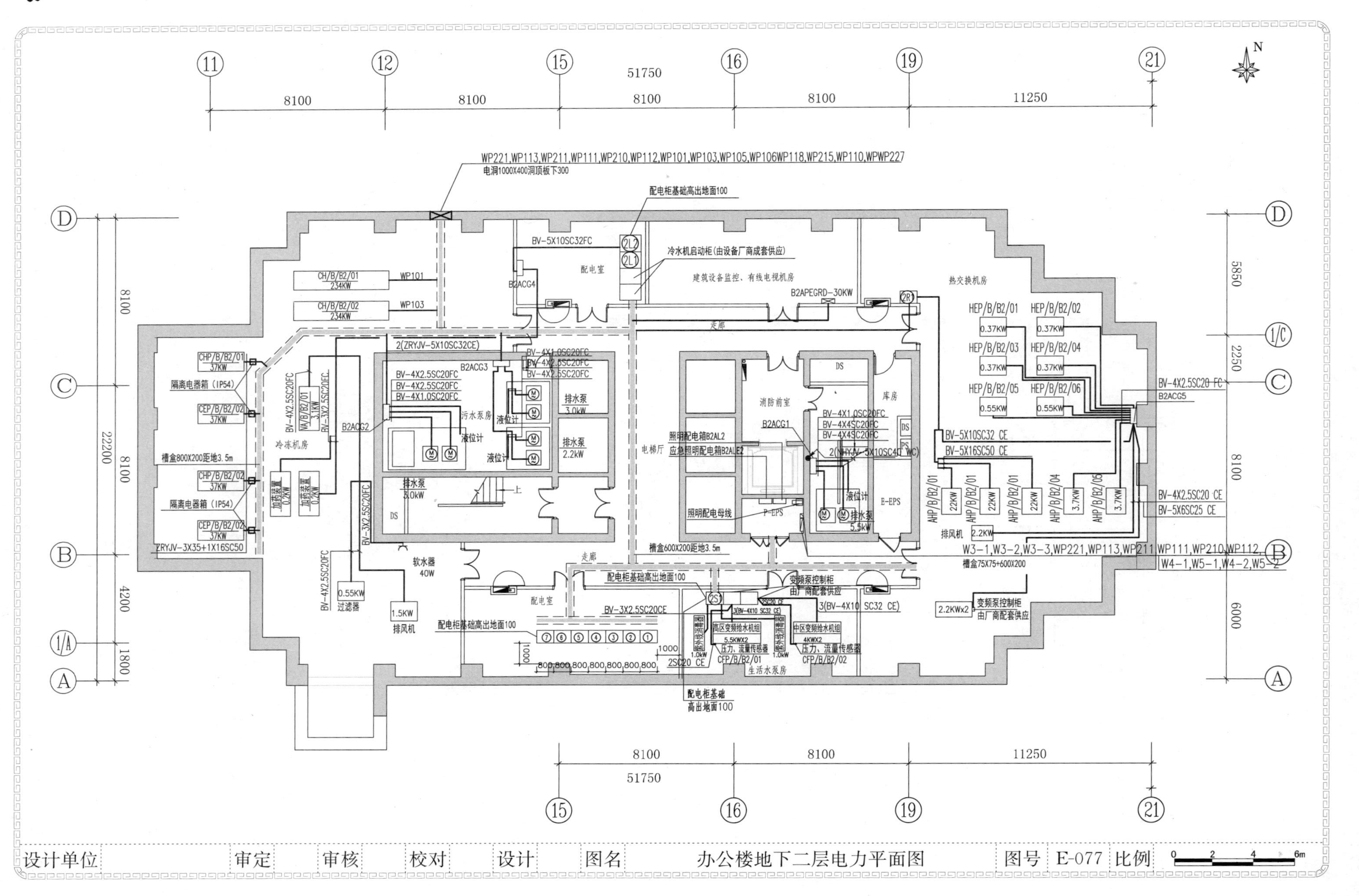

51750
8100
11250
WP221,WP113,WP211,WP111,WP210,WP112,WP101,WP103,WP105,WP106WP118,WP215,WP110,WPWP227
电洞1000X400洞顶板下300
配电柜基础高出地面100
BV-5X10SC32FC
配电室
冷水机启动柜(由设备厂商成套供应)
建筑设备监控、有线电视机房
热交换机房
CH/B/B2/01
234KW
CH/B/B2/02
WP101
WP103
B2ACG4
B2APEGRD-30KW
走廊
HEP/B/B2/01
HEP/B/B2/02
HEP/B/B2/03
HEP/B/B2/04
HEP/B/B2/05
HEP/B/B2/06
0.37KW
0.55KW
BV-4X2.5SC20 FC
B2ACG5
2(ZRYJV-5X10SC32CE)
CHP/B/B2/01
37KW
隔离电器箱（IP54）
CEP/B/B2/02
B2ACG3
BV-4X2.5SC20FC
BV-4X1.0SC20FC
排水泵
3.0kW
2.2kW
污水泵房
液位计
B2ACG2
冷冻机房
槽盒800X200距地3.5m
加药装置
0.2KW
VA/B/B2/01
3.1KW
BV-3X2.5SC20FC
ZRYJV-3X35+1X16SC50
DS
消防前室
库房
B2ACG1
照明配电箱B2AL2
应急照明配电箱B2ALE2
电梯厅
BV-4X4SC20FC
2(NHYJV-5X10SC40 WC)
照明配电母线
P-EPS
E-EPS
5.5kW
BV-5X10SC32 CE
BV-5X16SC50 CE
AHP/B/B2/01
AHP/B/B2/04
AHP/B/B2/05
22KW
3.7KW
排风机
2.2KW
BV-4X2.5SC20 CE
BV-5X6SC25 CE
W3-1,W3-2,W3-3,WP221,WP113,WP211 WP111,WP210,WP112,
W4-1,W5-1,W4-2,W5-2
槽盒75X75+600X200
槽盒600X200距地3.5m
软水器
40W
0.55KW
过滤器
1.5KW
排风机
BV-4X2.5SC20FC
BV-3X2.5SC20CE
变频泵控制柜
由厂商配套供应
3(BV-4X10 SC32 CE)
高区变频给水机组
5.5KWX2
压力、流量传感器
CFP/B/B2/01
中区变频给水机组
4KWX2
CFP/B/B2/02
生活水泵房
2.2KWx2
2SC20 CE
800,800,800,800,800,800,800
1000
高出地面100
设计单位
审定
审核
校对
设计
图名
办公楼地下二层电力平面图
图号
E-077
比例
0
2
4
6m

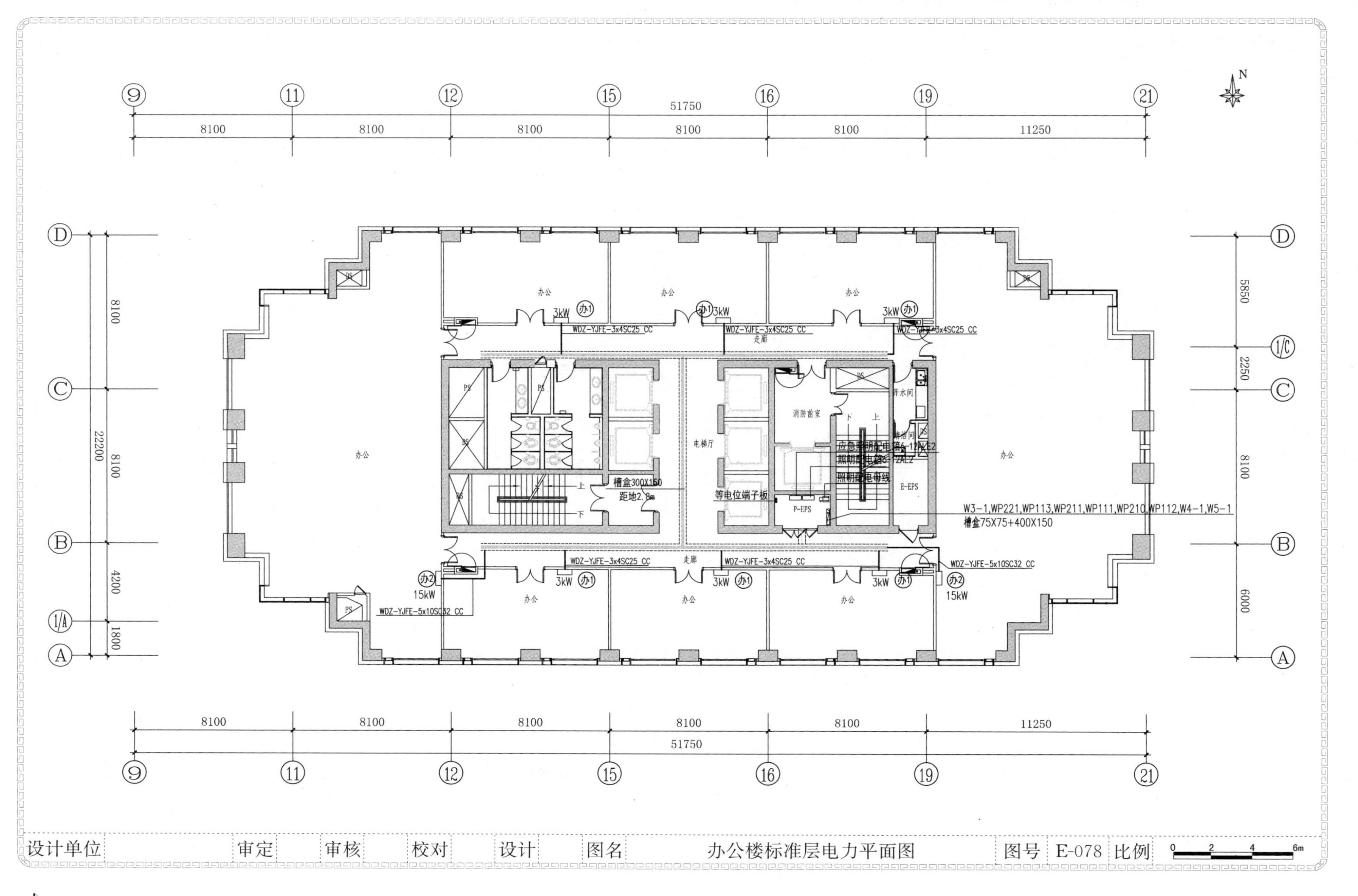
N
9
11
12
15
16
19
21
51750
8100
11250
D
C
B
1/A
A
1/C
22200
4200
1800
5850
2250
6000
办公
走廊
电梯厅
消防前室
开水间
P-EPS
E-EPS
PS
DS
上
下
3kW
办1
办2
15kW
WDZ-YJFE-3x4SC25 CC
WDZ-YJFE-5x10SC32 CC
槽盒300X150
距地2.8m
等电位端子板
应急照明配电箱6-1ALE2
照明配电箱6-2AL2
照明配电母线
W3-1,WP221,WP113,WP211,WP111,WP210,WP112,W4-1,W5-1
槽盒75X75+400X150
设计单位
审定
审核
校对
设计
图名
办公楼标准层电力平面图
图号
E-078
比例
0
2
4
6m

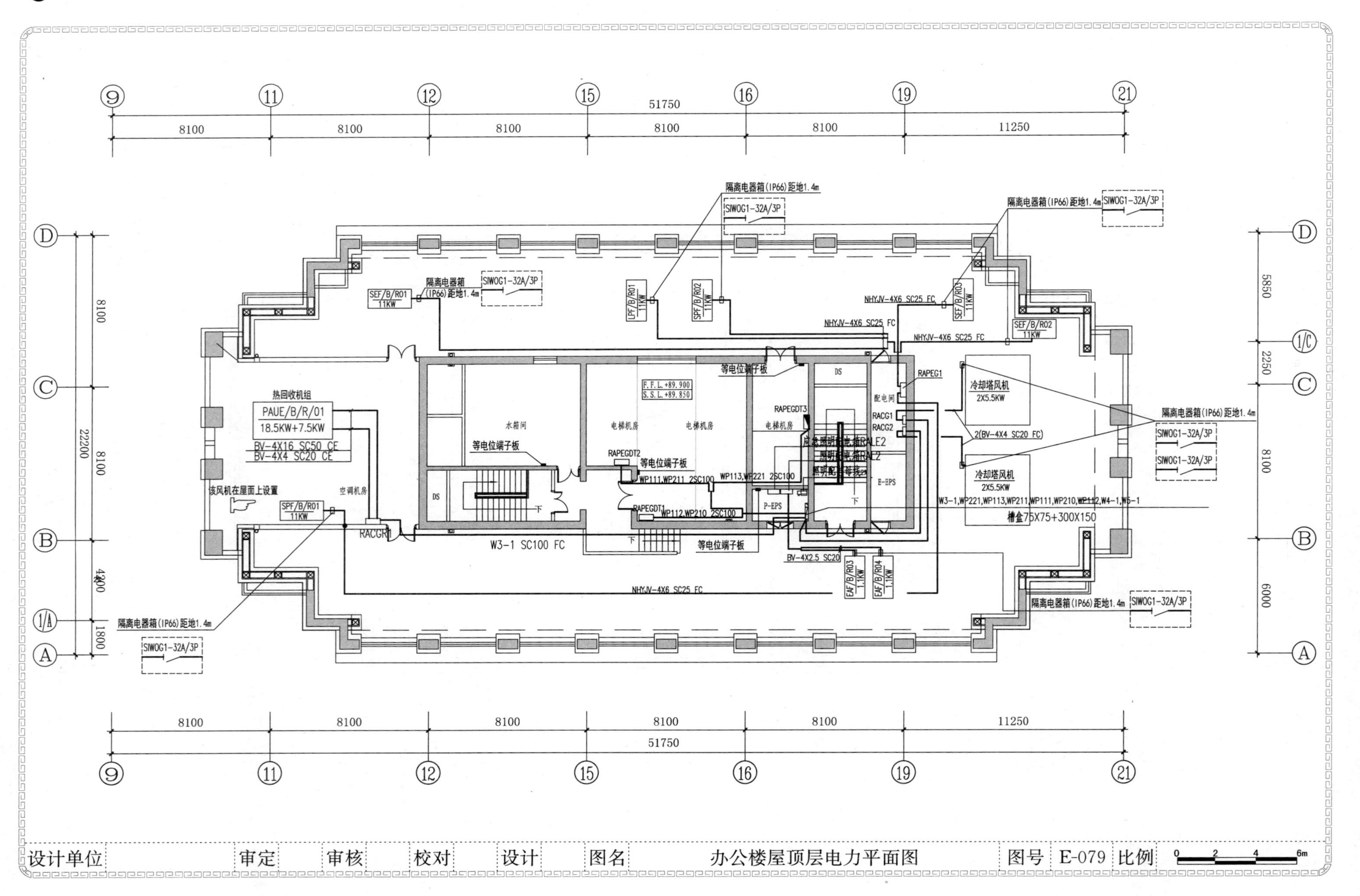

设计单位 | 审定 | 审核 | 校对 | 设计 | 图名 | 办公楼屋顶层电力平面图 | 图号 | E-079 | 比例

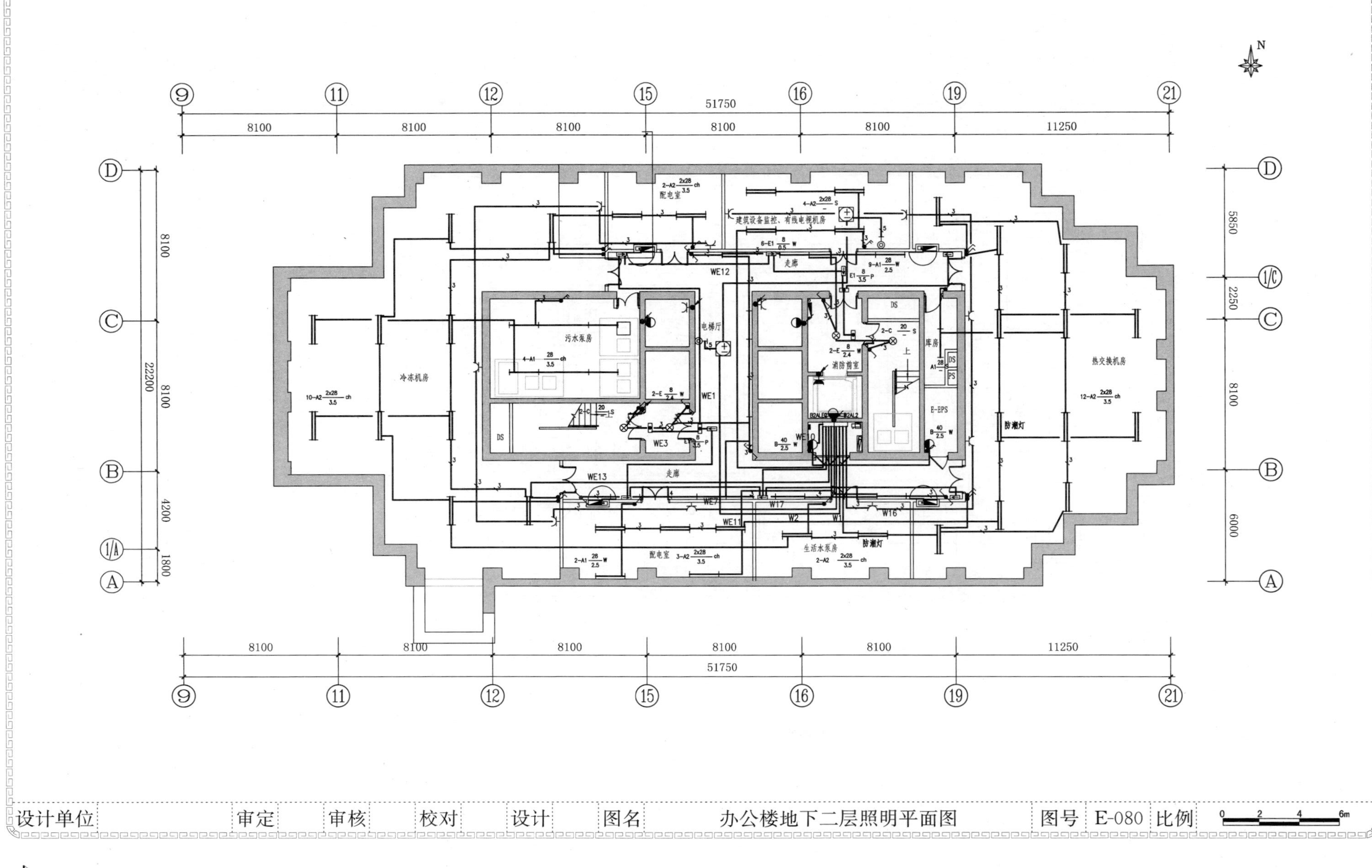
配电室
建筑设备监控、有线电视机房
走廊
电梯厅
污水泵房
冷冻机房
消防前室
库房
热交换机房
防潮灯
生活水泵房
设计单位
审定
审核
校对
设计
图名
办公楼地下二层照明平面图
图号
E-080
比例

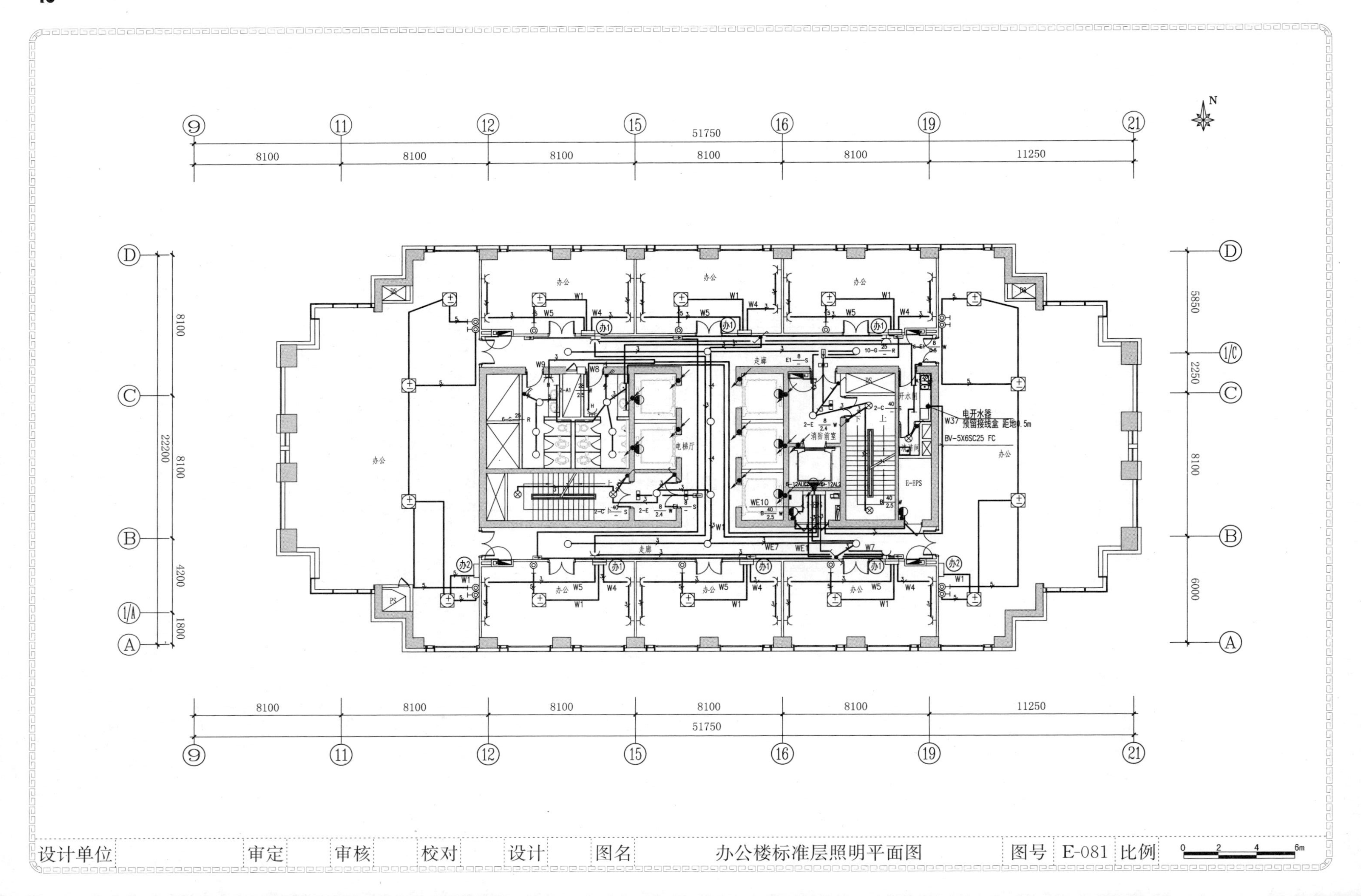
办公楼标准层照明平面图
图号
E-081
比例
图名
设计
校对
审核
审定
设计单位
51750
8100
11250
22200
5850
2250
6000
4200
1800
办公
走廊
电梯厅
消防前室
电开水器
预留接线盒 距地0.5m
BV-5X6SC25 FC
E-EPS
WE10
W37

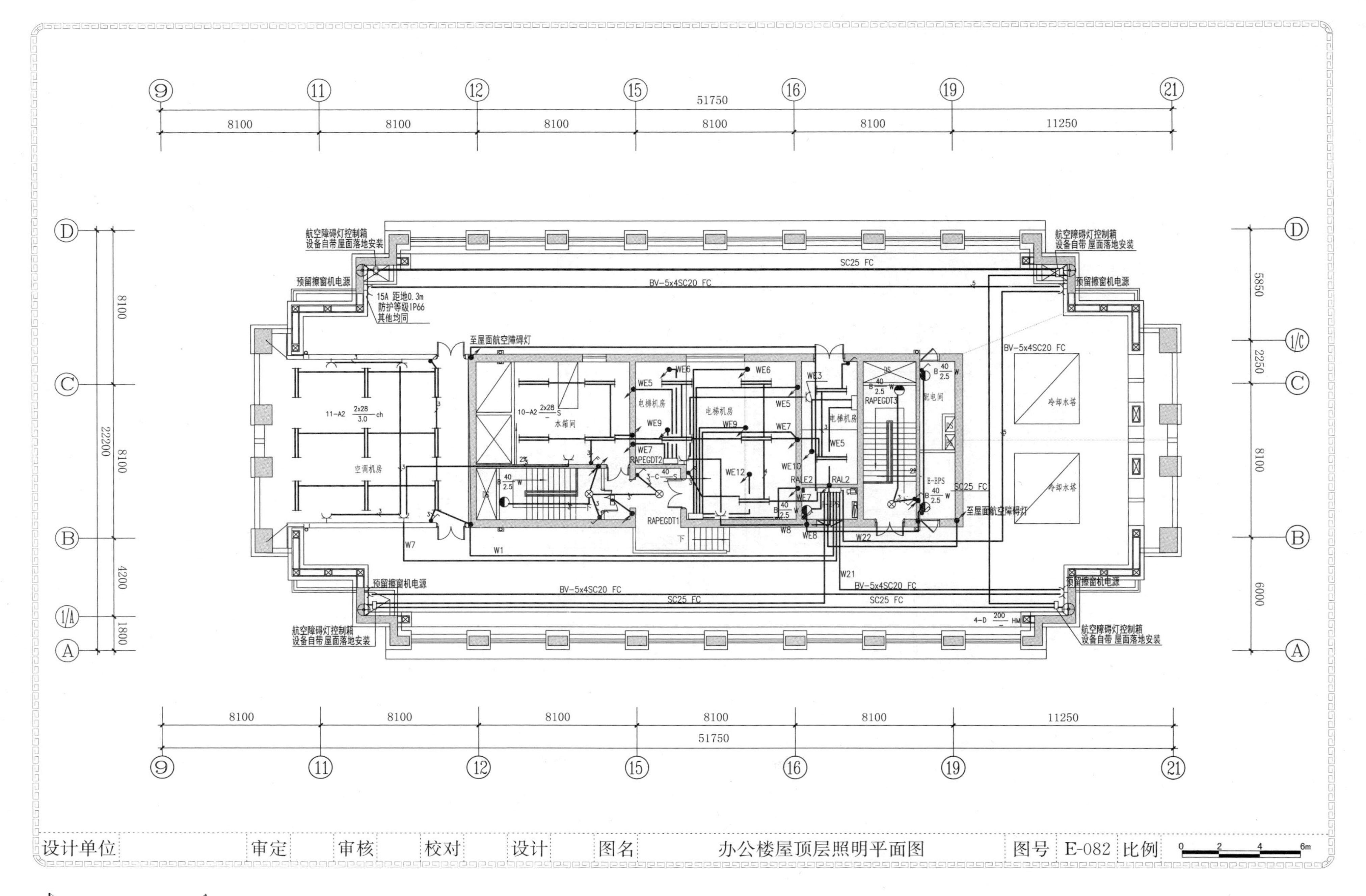

航空障碍灯控制箱
设备自带屋面落地安装
预留擦窗机电源
15A 距地0.3m
防护等级IP66
其他均同
至屋面航空障碍灯
SC25 FC
BV-5x4SC20 FC
11-A2
空调机房
10-A2
水箱间
电梯机房
配电间
冷却水塔
RAPEGDT1
RAPEGDT2
RAPEGDT3
RAL2
RALE2
E-EPS
51750
22200
设计单位
审定
审核
校对
设计
图名
办公楼屋顶层照明平面图
图号
E-082
比例

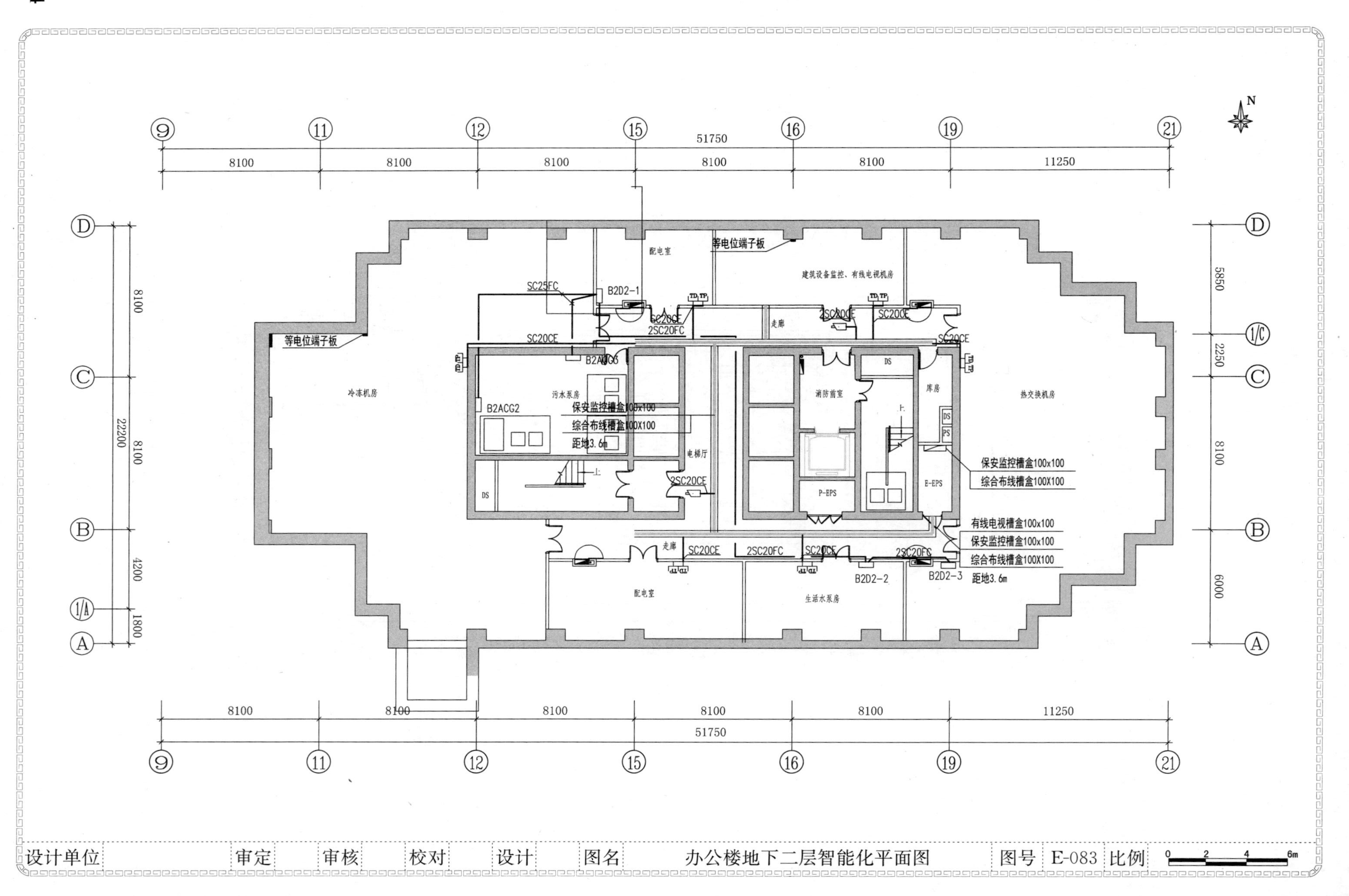

N
51750
8100
11250
22200
5850
2250
6000
4200
1800
配电室
等电位端子板
建筑设备监控、有线电视机房
SC25FC
B2D2-1
SC20CE
2SC20FC
2SC20CE
走廊
冷冻机房
污水泵房
B2ACG2
保安监控槽盒100x100
综合布线槽盒100X100
距地3.6m
电梯厅
消防前室
库房
热交换机房
DS
PS
P-EPS
E-EPS
保安监控槽盒100x100
综合布线槽盒100X100
有线电视槽盒100x100
保安监控槽盒100x100
综合布线槽盒100X100
距地3.6m
B2D2-2
B2D2-3
生活水泵房
设计单位
审定
审核
校对
设计
图名
办公楼地下二层智能化平面图
图号
E-083
比例

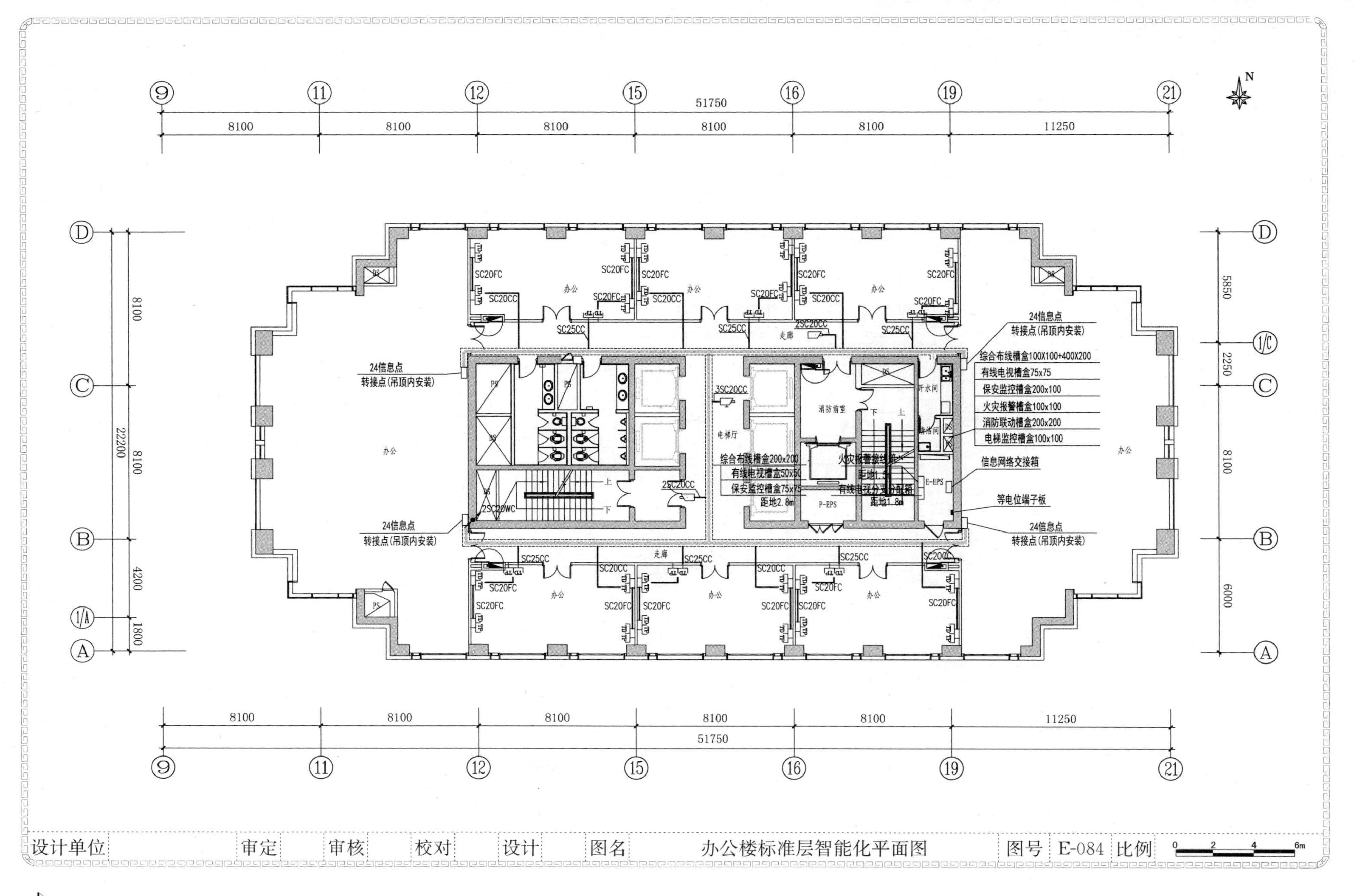

N
51750
8100
11250
24信息点
转接点(吊顶内安装)
综合布线槽盒100X100+400X200
有线电视槽盒75x75
保安监控槽盒200x100
火灾报警槽盒100x100
消防联动槽盒200x200
电梯监控槽盒100x100
信息网络交接箱
等电位端子板
综合布线槽盒200x200
有线电视槽盒50x50
保安监控槽盒75x75
距地2.8m
距地1.8m
办公
走廊
电梯厅
消防前室
开水间
E-EPS
P-EPS
SC20FC
SC20CC
SC25CC
2SC20CC
3SC20CC
2SC20WC
5850
2250
6000
22200
4200
1800
设计单位
审定
审核
校对
设计
图名
办公楼标准层智能化平面图
图号
E-084
比例
0 2 4 6m

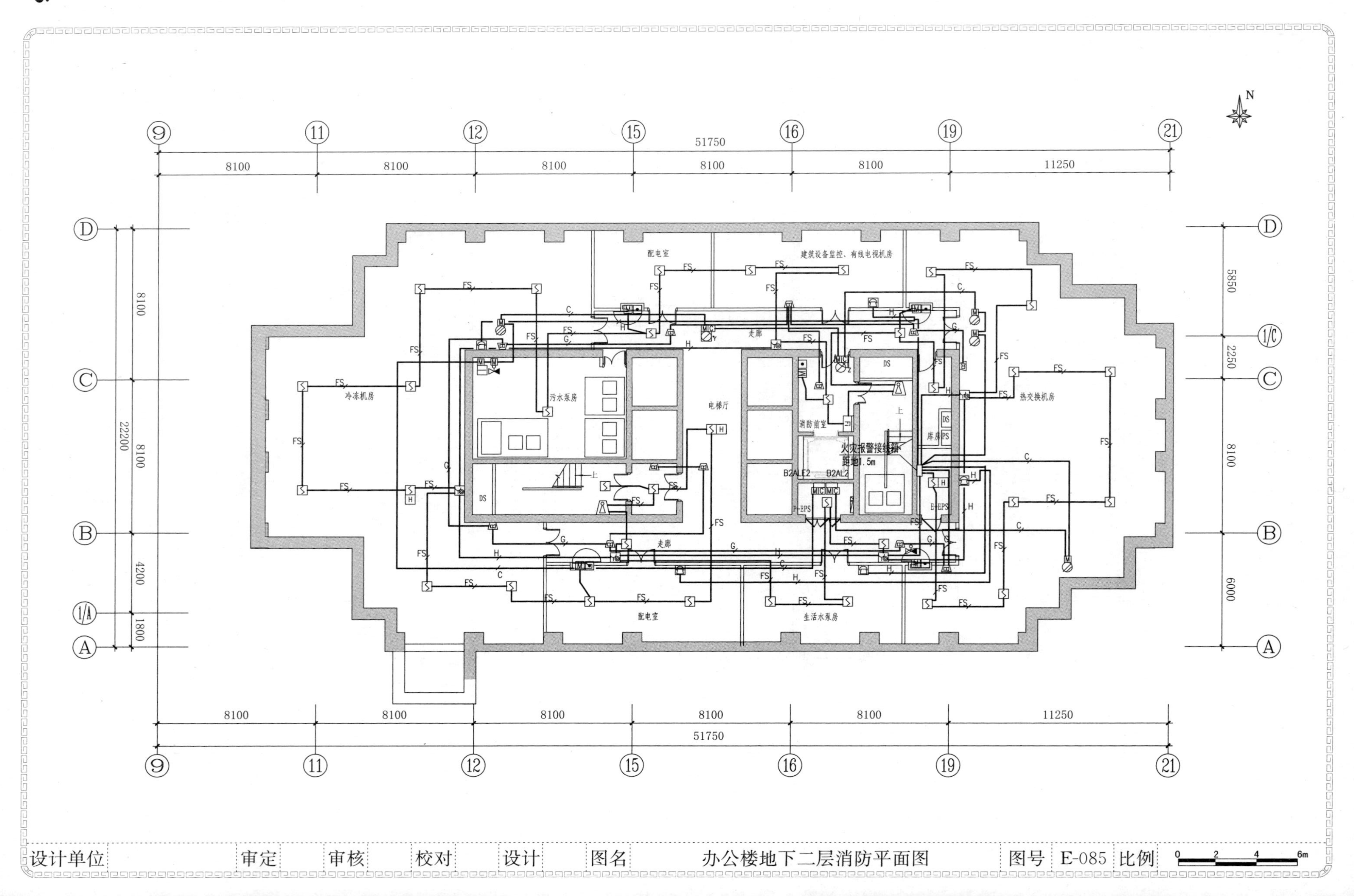

N
51750
8100
11250
22200
5850
2250
6000
4200
1800
配电室
建筑设备监控、有线电视机房
冷冻机房
污水泵房
电梯厅
走廊
消防前室
库房
热交换机房
火灾报警接线箱
距地1.5m
B2ALE2
B2AL2
P-EPS
E-EPS
DS
PS
生活水泵房
设计单位
审定
审核
校对
设计
图名
办公楼地下二层消防平面图
图号
E-085
比例

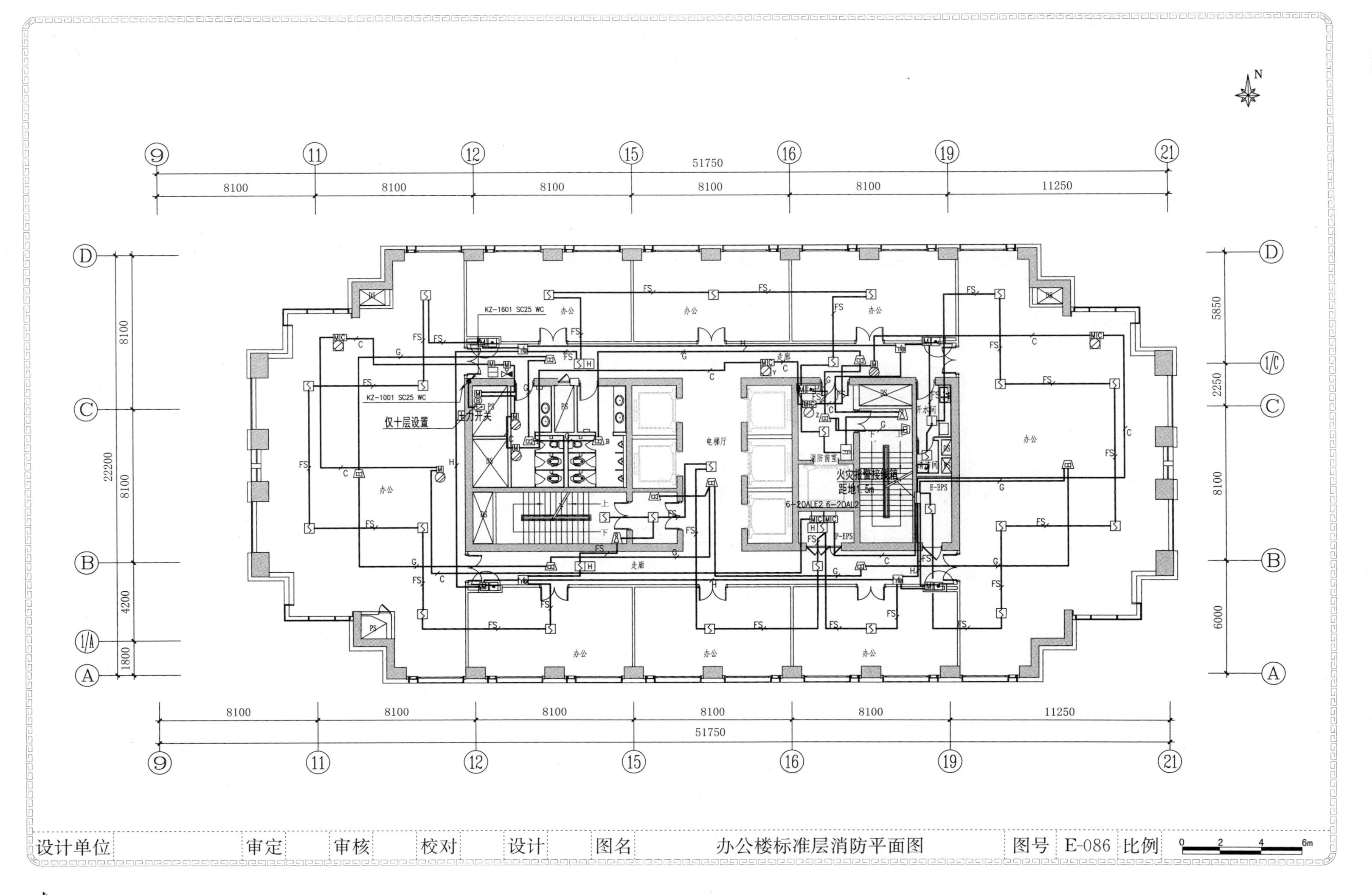

51750
8100
11250
22200
5850
2250
6000
4200
1800
办公
电梯厅
走廊
消防前室
火灾报警接线箱
距地1.5m
6-20ALF2 6-20AL2
E-EPS
P-EPS
KZ-1601 SC25 WC
KZ-1001 SC25 WC
仅十层设置
压力开关
设计单位
审定
审核
校对
设计
图名
办公楼标准层消防平面图
图号
E-086
比例

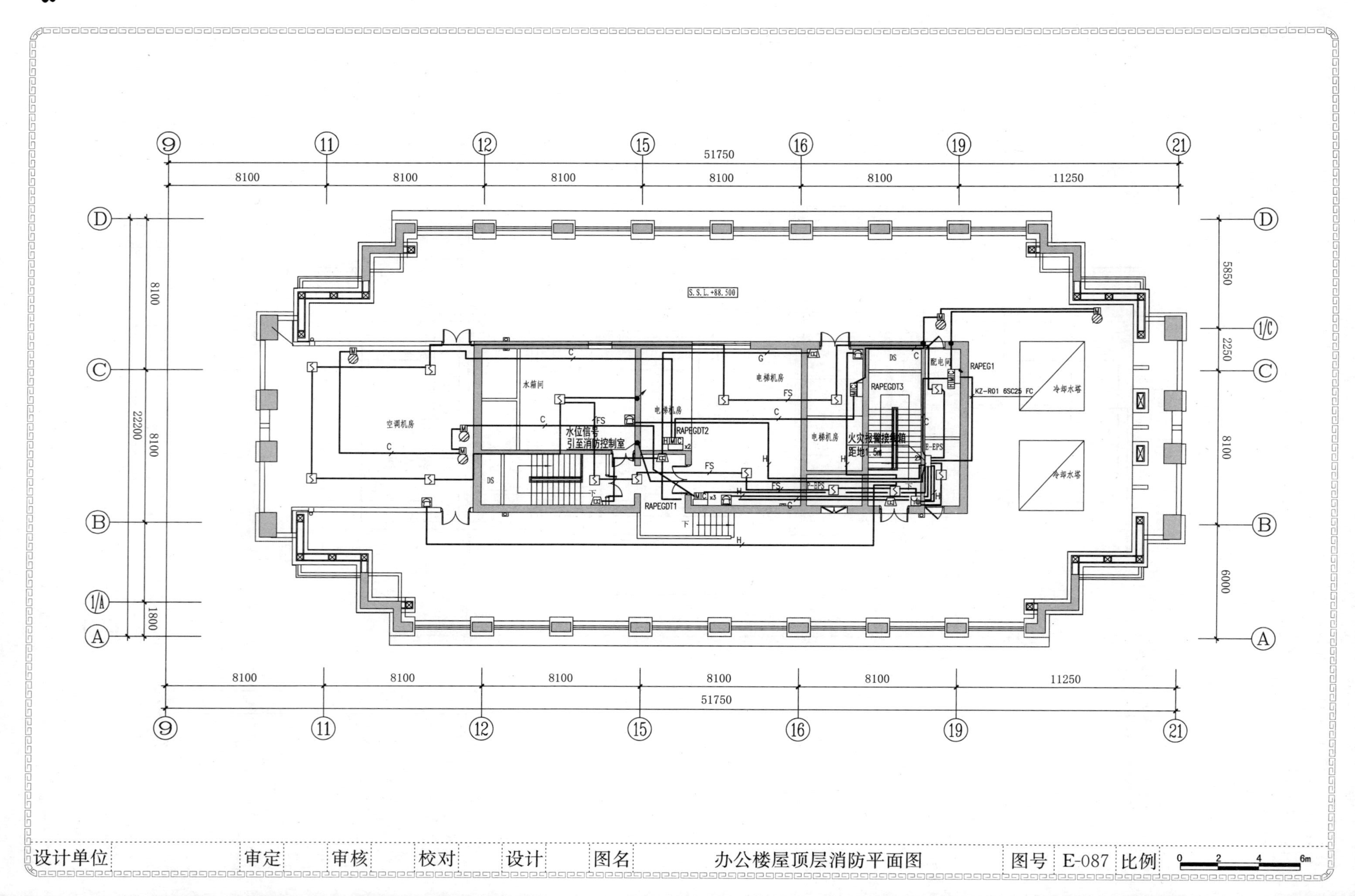
S.S.L.+88.500
空调机房
水箱间
电梯机房
配电间
冷却水塔
水位信号
引至消防控制室
火灾报警接线箱
距地1.5m
RAPEG1
RAPEGDT1
RAPEGDT2
RAPEGDT3
KZ-R01 6SC25 FC
51750
8100
11250
5850
2250
6000
22200
1800
设计单位
审定
审核
校对
设计
图名
办公楼屋顶层消防平面图
图号
E-087
比例

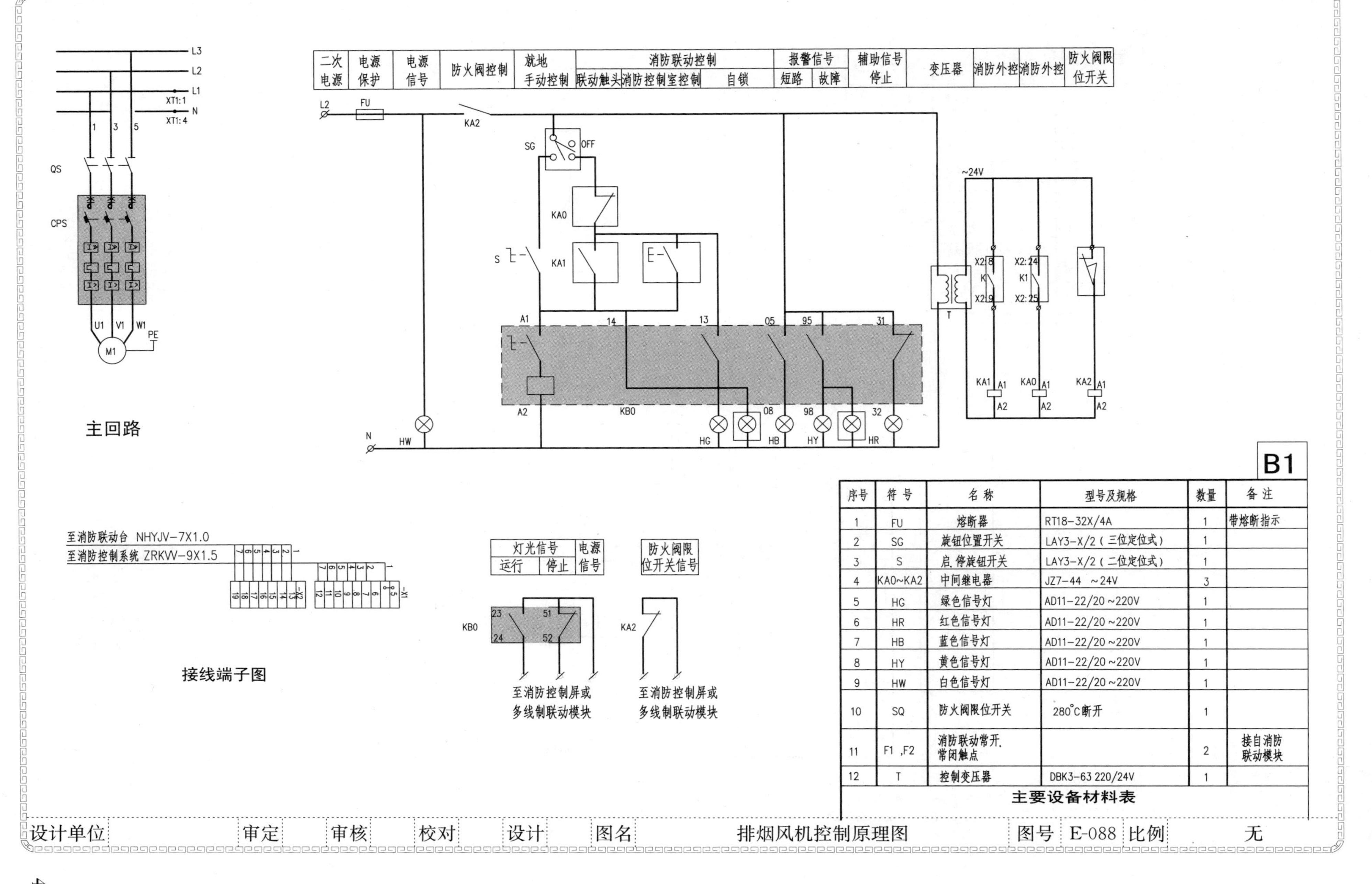

序号	符号	名称	型号及规格	数量	备注
1	FU	熔断器	RT18−32X/4A	1	带熔断指示
2	SG	旋钮位置开关	LAY3−X/2（三位定位式）	1	
3	S	启、停旋钮开关	LAY3−X/2（二位定位式）	1	
4	KA0~KA2	中间继电器	JZ7−44 ~24V	3	
5	HG	绿色信号灯	AD11−22/20 ~220V	1	
6	HR	红色信号灯	AD11−22/20 ~220V	1	
7	HB	蓝色信号灯	AD11−22/20 ~220V	1	
8	HY	黄色信号灯	AD11−22/20 ~220V	1	
9	HW	白色信号灯	AD11−22/20 ~220V	1	
10	SQ	防火阀限位开关	280°C断开	1	
11	F1，F2	消防联动常开、常闭触点		2	接自消防联动模块
12	T	控制变压器	DBK3−63 220/24V	1	

主要设备材料表

设计单位		审定		审核		校对		设计		图名	排烟风机控制原理图	图号	E-088	比例	无

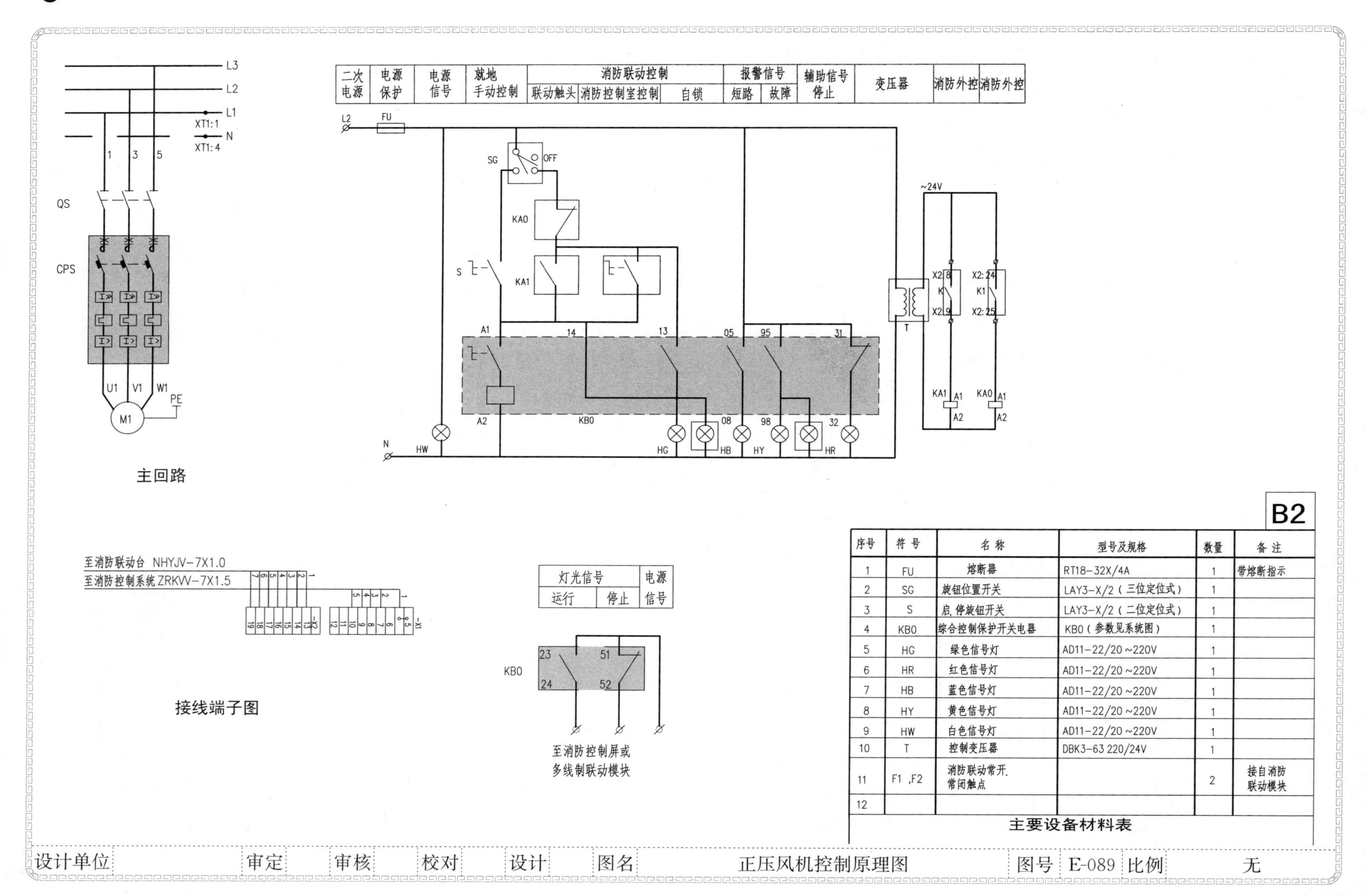

序号	符号	名称	型号及规格	数量	备注
1	FU	熔断器	RT18-32X/4A	1	带熔断指示
2	SG	旋钮位置开关	LAY3-X/2（三位定位式）	1	
3	S	启、停旋钮开关	LAY3-X/2（二位定位式）	1	
4	KB0	综合控制保护开关电器	KB0（参数见系统图）	1	
5	HG	绿色信号灯	AD11-22/20~220V	1	
6	HR	红色信号灯	AD11-22/20~220V	1	
7	HB	蓝色信号灯	AD11-22/20~220V	1	
8	HY	黄色信号灯	AD11-22/20~220V	1	
9	HW	白色信号灯	AD11-22/20~220V	1	
10	T	控制变压器	DBK3-63 220/24V	1	
11	F1，F2	消防联动常开、常闭触点		2	接自消防联动模块
12					

主要设备材料表

设计单位		审定		审核		校对		设计		图名	正压风机控制原理图	图号	E-089	比例	无

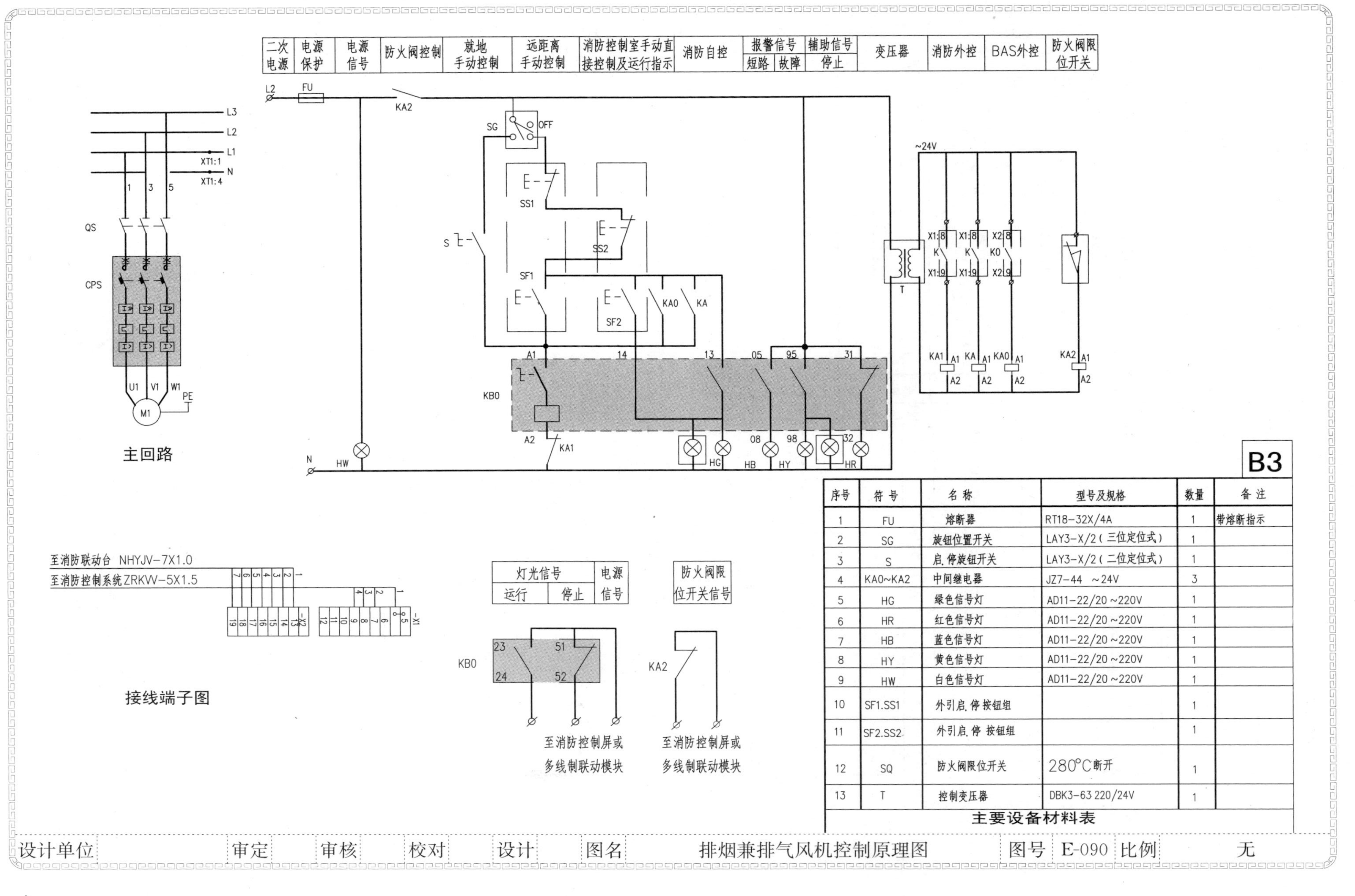

序号	符号	名称	型号及规格	数量	备注
1	FU	熔断器	RT18-32X/4A	1	带熔断指示
2	SG	旋钮位置开关	LAY3-X/2(三位定位式)	1	
3	S	启.停旋钮开关	LAY3-X/2(二位定位式)	1	
4	KA0~KA2	中间继电器	JZ7-44 ~24V	3	
5	HG	绿色信号灯	AD11-22/20 ~220V	1	
6	HR	红色信号灯	AD11-22/20 ~220V	1	
7	HB	蓝色信号灯	AD11-22/20 ~220V	1	
8	HY	黄色信号灯	AD11-22/20 ~220V	1	
9	HW	白色信号灯	AD11-22/20 ~220V	1	
10	SF1.SS1	外引启.停按钮组		1	
11	SF2.SS2	外引启.停 按钮组		1	
12	SQ	防火阀限位开关	280°C断开	1	
13	T	控制变压器	DBK3-63 220/24V	1	

主要设备材料表

设计单位		审定	审核	校对	设计	图名	排烟兼排气风机控制原理图	图号	E-090	比例	无

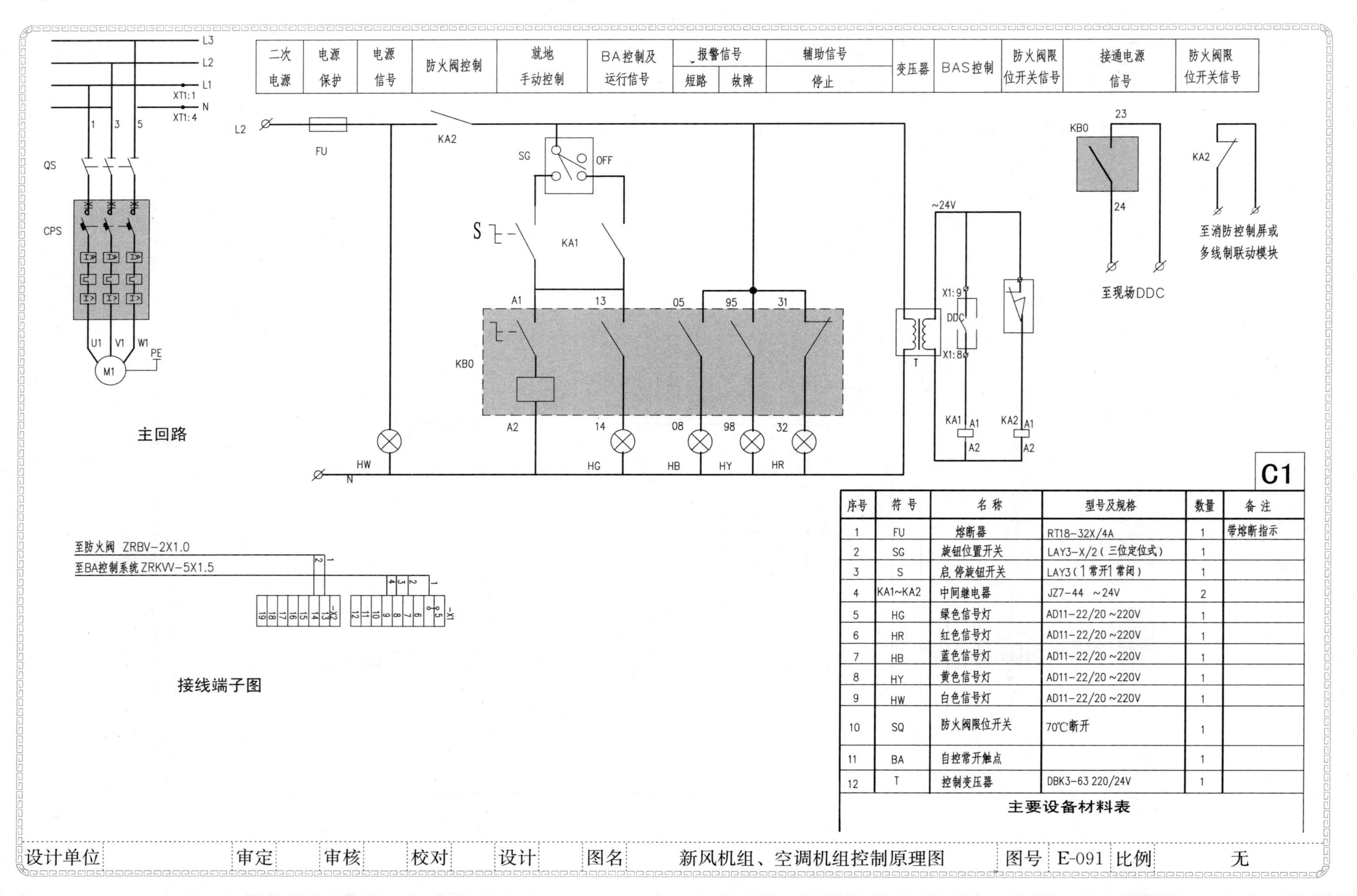

序号	符号	名称	型号及规格	数量	备注
1	FU	熔断器	RT18-32X/4A	1	带熔断指示
2	SG	旋钮位置开关	LAY3-X/2（三位定位式）	1	
3	S	启、停旋钮开关	LAY3（1常开1常闭）	1	
4	KA1~KA2	中间继电器	JZ7-44 ~24V	2	
5	HG	绿色信号灯	AD11-22/20 ~220V	1	
6	HR	红色信号灯	AD11-22/20 ~220V	1	
7	HB	蓝色信号灯	AD11-22/20 ~220V	1	
8	HY	黄色信号灯	AD11-22/20 ~220V	1	
9	HW	白色信号灯	AD11-22/20 ~220V	1	
10	SQ	防火阀限位开关	70℃断开	1	
11	BA	自控常开触点		1	
12	T	控制变压器	DBK3-63 220/24V	1	

主要设备材料表

设计单位		审定		审核		校对		设计		图名	新风机组、空调机组控制原理图	图号	E-091	比例	无

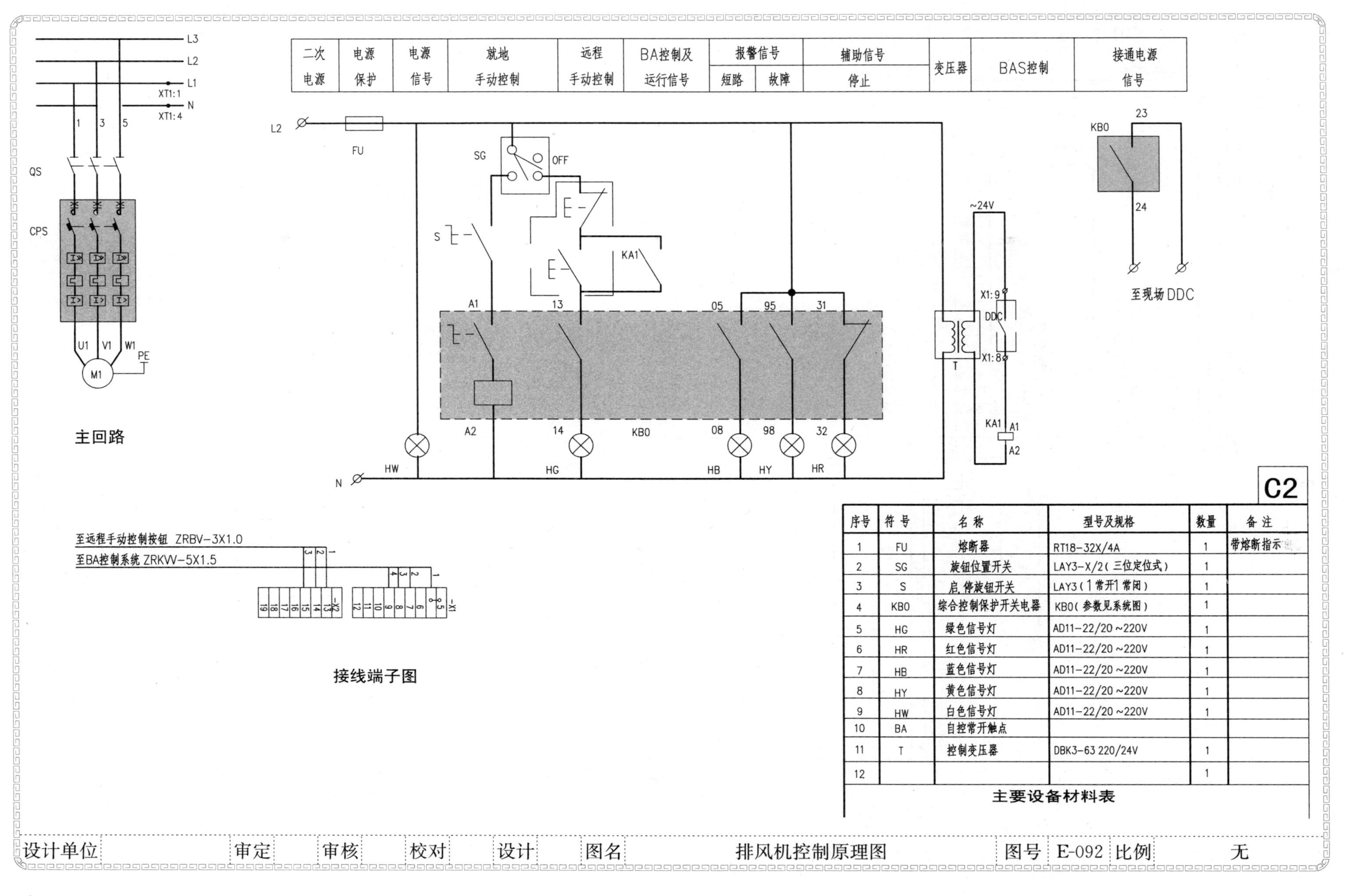

序号	符号	名称	型号及规格	数量	备注
1	FU	熔断器	RT18-32X/4A	1	带熔断指示
2	SG	旋钮位置开关	LAY3-X/2（三位定位式）	1	
3	S	启、停旋钮开关	LAY3（1常开1常闭）	1	
4	KB0	综合控制保护开关电器	KB0（参数见系统图）	1	
5	HG	绿色信号灯	AD11-22/20~220V	1	
6	HR	红色信号灯	AD11-22/20~220V	1	
7	HB	蓝色信号灯	AD11-22/20~220V	1	
8	HY	黄色信号灯	AD11-22/20~220V	1	
9	HW	白色信号灯	AD11-22/20~220V	1	
10	BA	自控常开触点			
11	T	控制变压器	DBK3-63 220/24V	1	
12				1	

主要设备材料表

设计单位		审定		审核		校对		设计		图名	排风机控制原理图	图号	E-092	比例	无

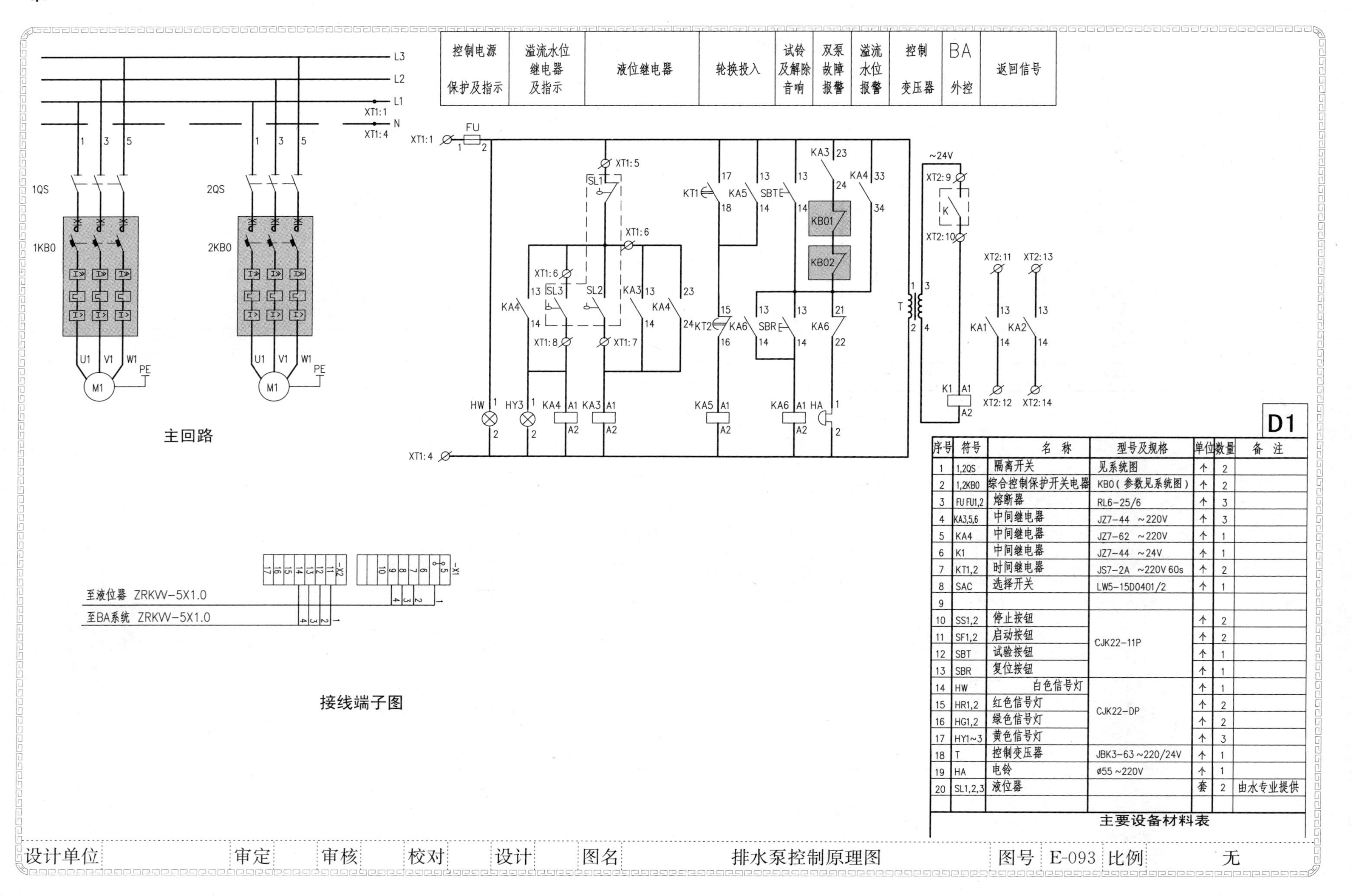

序号	符号	名 称	型号及规格	单位	数量	备 注
1	1,2QS	隔离开关	见系统图	个	2	
2	1,2KBO	综合控制保护开关电器	KBO(参数见系统图)	个	2	
3	FU FU1,2	熔断器	RL6-25/6	个	3	
4	KA3,5,6	中间继电器	JZ7-44 ~220V	个	3	
5	KA4	中间继电器	JZ7-62 ~220V	个	1	
6	K1	中间继电器	JZ7-44 ~24V	个	1	
7	KT1,2	时间继电器	JS7-2A ~220V 60s	个	2	
8	SAC	选择开关	LW5-15D0401/2	个	1	
9						
10	SS1,2	停止按钮	CJK22-11P	个	2	
11	SF1,2	启动按钮		个	2	
12	SBT	试验按钮		个	1	
13	SBR	复位按钮		个	1	
14	HW	白色信号灯	CJK22-DP	个	1	
15	HR1,2	红色信号灯		个	2	
16	HG1,2	绿色信号灯		个	2	
17	HY1~3	黄色信号灯		个	3	
18	T	控制变压器	JBK3-63 ~220/24V	个	1	
19	HA	电铃	ø55 ~220V	个	1	
20	SL1,2,3	液位器		套	2	由水专业提供

主要设备材料表

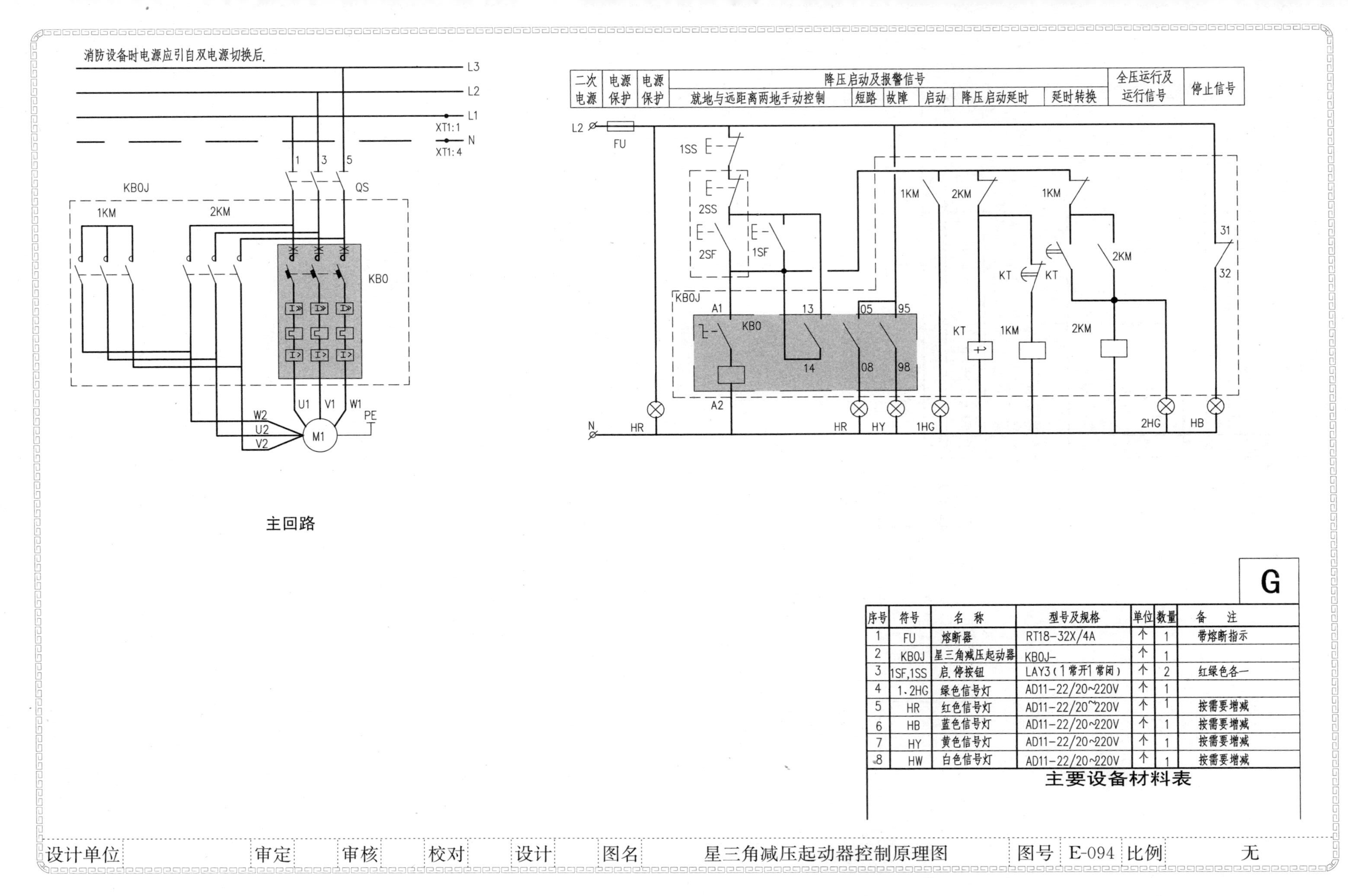

序号	符号	名 称	型号及规格	单位	数量	备 注
1	FU	熔断器	RT18-32X/4A	个	1	带熔断指示
2	KBOJ	星三角减压起动器	KBOJ-	个	1	
3	1SF,1SS	启.停按钮	LAY3(1常开1常闭)	个	2	红绿色各一
4	1.2HG	绿色信号灯	AD11-22/20~220V	个	1	
5	HR	红色信号灯	AD11-22/20~220V	个	1	按需要增减
6	HB	蓝色信号灯	AD11-22/20~220V	个	1	按需要增减
7	HY	黄色信号灯	AD11-22/20~220V	个	1	按需要增减
8	HW	白色信号灯	AD11-22/20~220V	个	1	按需要增减

主要设备材料表

设计单位		审定		审核		校对		设计		图名	星三角减压起动器控制原理图	图号	E-094	比例	无

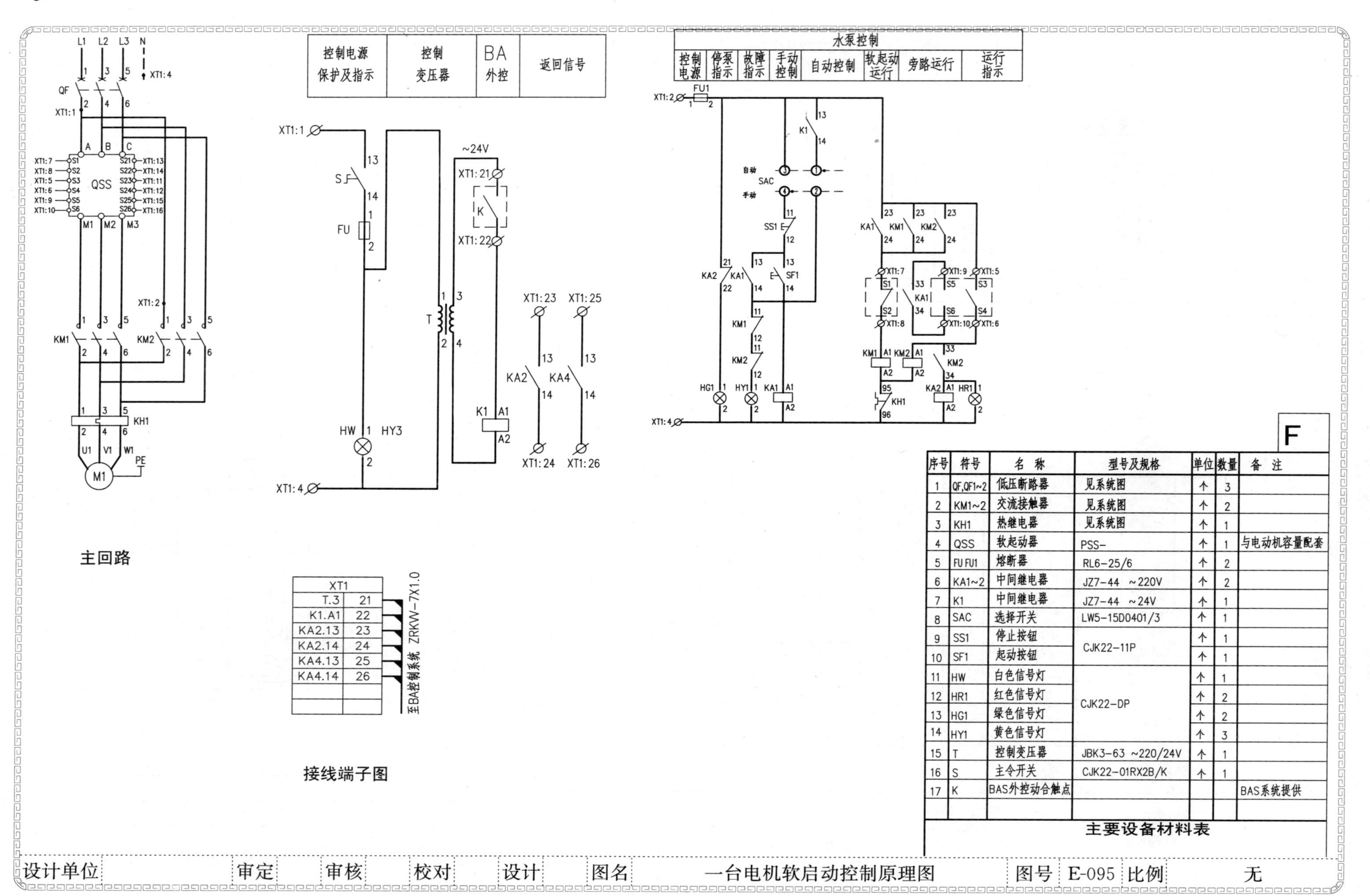

序号	符号	名　称	型号及规格	单位	数量	备　注
1	QF,QF1~2	低压断路器	见系统图	个	3	
2	KM1~2	交流接触器	见系统图	个	2	
3	KH1	热继电器	见系统图	个	1	
4	QSS	软起动器	PSS-	个	1	与电动机容量配套
5	FU FU1	熔断器	RL6-25/6	个	2	
6	KA1~2	中间继电器	JZ7-44 ~220V	个	2	
7	K1	中间继电器	JZ7-44 ~24V	个	1	
8	SAC	选择开关	LW5-15D0401/3	个	1	
9	SS1	停止按钮	CJK22-11P	个	1	
10	SF1	起动按钮		个	1	
11	HW	白色信号灯	CJK22-DP	个	1	
12	HR1	红色信号灯		个	2	
13	HG1	绿色信号灯		个	2	
14	HY1	黄色信号灯		个	3	
15	T	控制变压器	JBK3-63 ~220/24V	个	1	
16	S	主令开关	CJK22-01RX2B/K	个	1	
17	K	BAS外控动合触点				BAS系统提供

主要设备材料表

设计单位		审定		审核		校对		设计		图名	一台电机软启动控制原理图	图号	E-095	比例	无

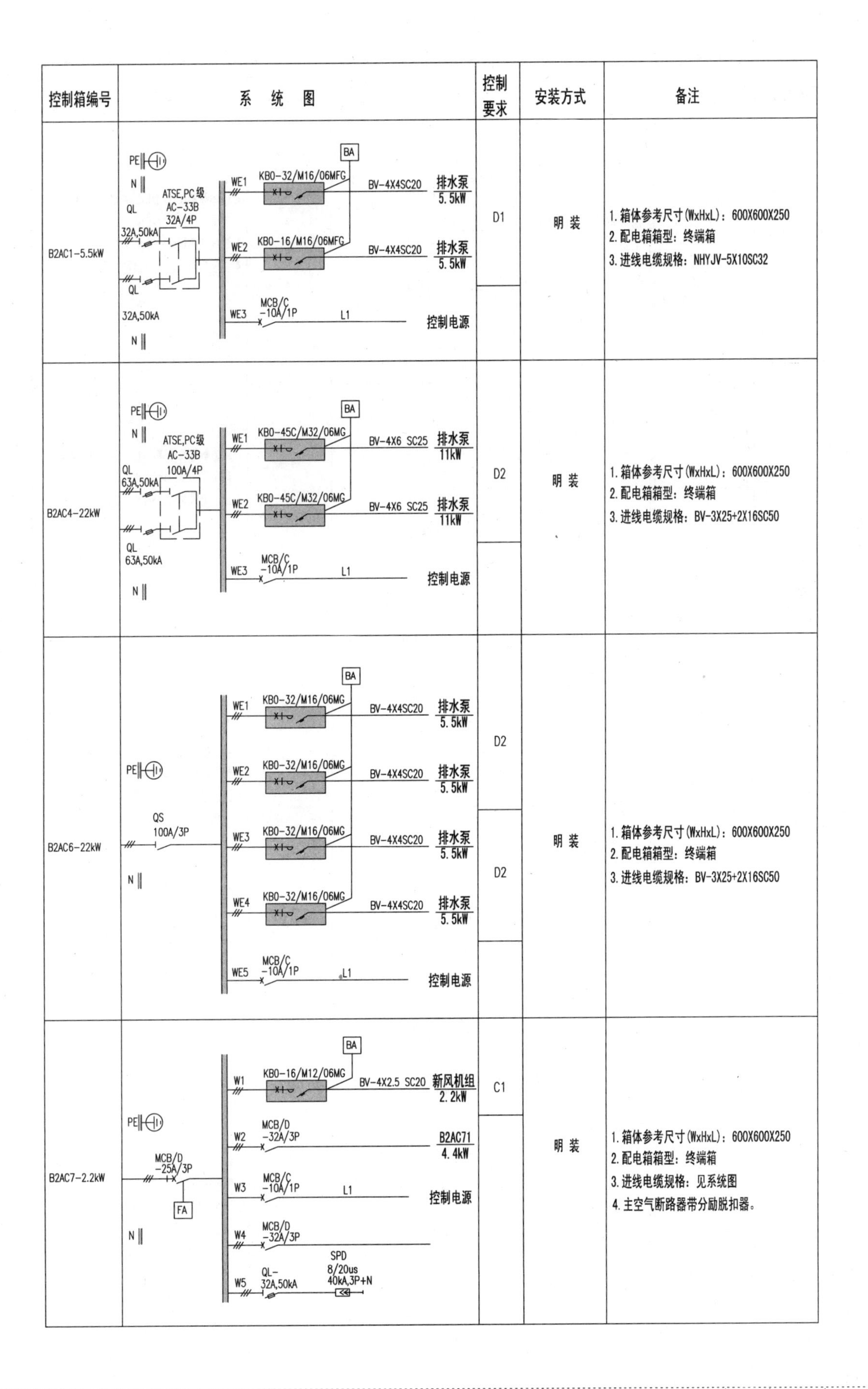

控制箱编号	系统图	控制要求	安装方式	备注
B2AC1-5.5kW	PE; N; QL 32A,50kA; ATSE,PC级 AC-33B 32A/4P; QL 32A,50kA; N; BA; WE1 KB0-32/M16/06MFG BV-4X4SC20 排水泵 5.5kW; WE2 KB0-16/M16/06MFG BV-4X4SC20 排水泵 5.5kW; WE3 MCB/C -10A/1P L1 控制电源	D1	明装	1. 箱体参考尺寸(WxHxL)：600X600X250 2. 配电箱箱型：终端箱 3. 进线电缆规格：NHYJV-5X10SC32
B2AC4-22kW	PE; N; ATSE,PC级 AC-33B 100A/4P; QL 63A,50kA; QL 63A,50kA; N; BA; WE1 KB0-45C/M32/06MG BV-4X6 SC25 排水泵 11kW; WE2 KB0-45C/M32/06MG BV-4X6 SC25 排水泵 11kW; WE3 MCB/C -10A/1P L1 控制电源	D2	明装	1. 箱体参考尺寸(WxHxL)：600X600X250 2. 配电箱箱型：终端箱 3. 进线电缆规格：BV-3X25+2X16SC50
B2AC6-22kW	PE; QS 100A/3P; N; BA; WE1 KB0-32/M16/06MG BV-4X4SC20 排水泵 5.5kW; WE2 KB0-32/M16/06MG BV-4X4SC20 排水泵 5.5kW; WE3 KB0-32/M16/06MG BV-4X4SC20 排水泵 5.5kW; WE4 KB0-32/M16/06MG BV-4X4SC20 排水泵 5.5kW; WE5 MCB/C -10A/1P L1 控制电源	D2 D2	明装	1. 箱体参考尺寸(WxHxL)：600X600X250 2. 配电箱箱型：终端箱 3. 进线电缆规格：BV-3X25+2X16SC50
B2AC7-2.2kW	PE; MCB/D -25A/3P; FA; N; BA; W1 KB0-16/M12/06MG BV-4X2.5 SC20 新风机组 2.2kW; W2 MCB/D -32A/3P B2AC71 4.4kW; W3 MCB/C -10A/1P L1 控制电源; W4 MCB/D -32A/3P; W5 QL-32A,50kA SPD 8/20us 40kA,3P+N	C1	明装	1. 箱体参考尺寸(WxHxL)：600X600X250 2. 配电箱箱型：终端箱 3. 进线电缆规格：见系统图 4. 主空气断路器带分励脱扣器。

控制箱编号	系统图	控制要求	安装方式	备注
B2AC71-4.4kW	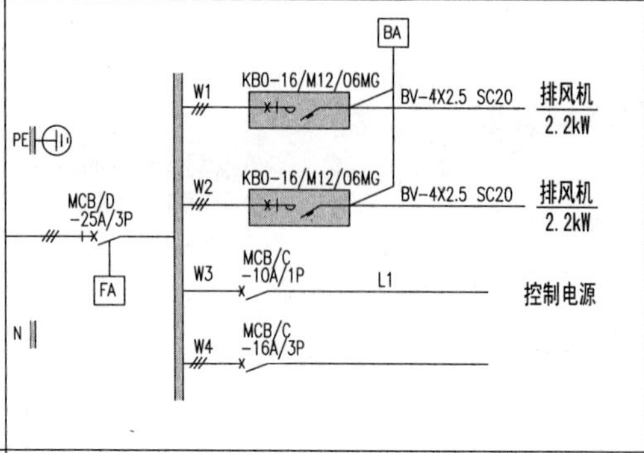 PE; N; MCB/D -25A/3P; FA; BA; W1 KBO-16/M12/06MG BV-4X2.5 SC20 排风机 2.2kW; W2 KBO-16/M12/06MG BV-4X2.5 SC20 排风机 2.2kW; W3 MCB/C -10A/1P L1 控制电源; W4 MCB/C -16A/3P	C1 C1	明装	1.箱体参考尺寸(WxHxL)：600X600X250 2.配电箱箱型：终端箱 3.进线电缆规格：见系统图 4.主空气断路器带分励脱扣器。
B2AC8-4kW	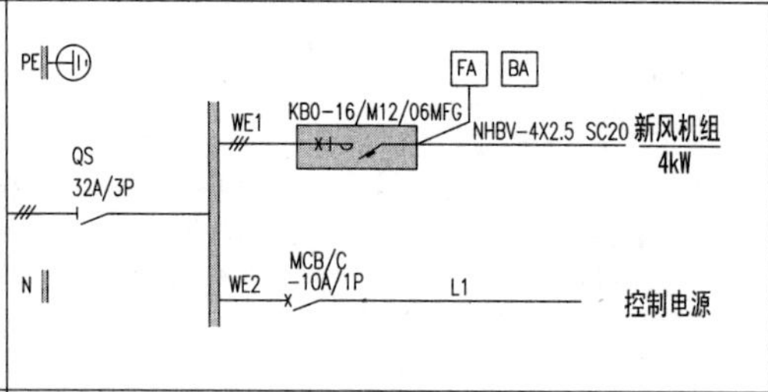 PE; N; QS 32A/3P; FA; BA; WE1 KBO-16/M12/06MFG NHBV-4X2.5 SC20 新风机组 4kW; WE2 MCB/C -10A/1P L1 控制电源	B3	明装	1.箱体参考尺寸(WxHxL)：600X600X250 2.配电箱箱型：终端箱 3.进线电缆规格：NHBV-5X10SC40
B2AC9-3.6kW	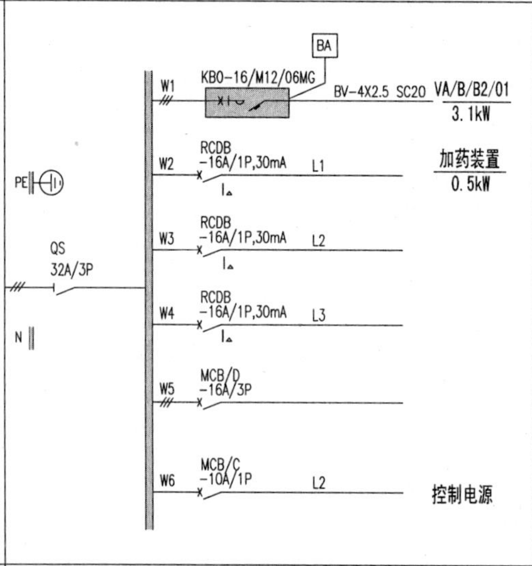 PE; N; QS 32A/3P; BA; W1 KBO-16/M12/06MG BV-4X2.5 SC20 VA/B/B2/01 3.1kW; W2 RCDB -16A/1P,30mA L1 加药装置 0.5kW; W3 RCDB -16A/1P,30mA L2; W4 RCDB -16A/1P,30mA L3; W5 MCB/D -16A/3P; W6 MCB/C -10A/1P L2 控制电源	C2	明装	1.箱体参考尺寸(WxHxL)：600X600X250 2.配电箱箱型：终端箱 3.进线电缆规格：ZRYJV-5X10SC32
ZS1-29.5kW	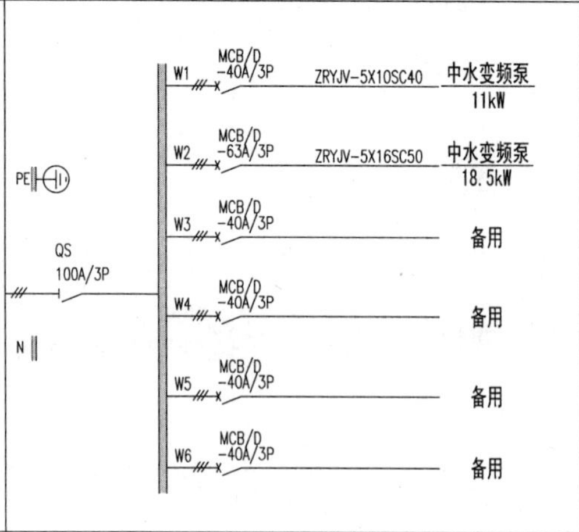 PE; N; QS 100A/3P; W1 MCB/D -40A/3P ZRYJV-5X10SC40 中水变频泵 11kW; W2 MCB/D -63A/3P ZRYJV-5X16SC50 中水变频泵 18.5kW; W3 MCB/D -40A/3P 备用; W4 MCB/D -40A/3P 备用; W5 MCB/D -40A/3P 备用; W6 MCB/D -40A/3P 备用		明装	1.箱体参考尺寸(WxHxL)：600X1600X250 2.配电箱箱型：终端箱 3.进线电缆规格：见系统图

<table>
<tr><th>控制箱编号</th><th>系统图</th><th>控制要求</th><th>安装方式</th><th>备注</th></tr>
<tr><td>B2ACG5-10.42kW</td><td>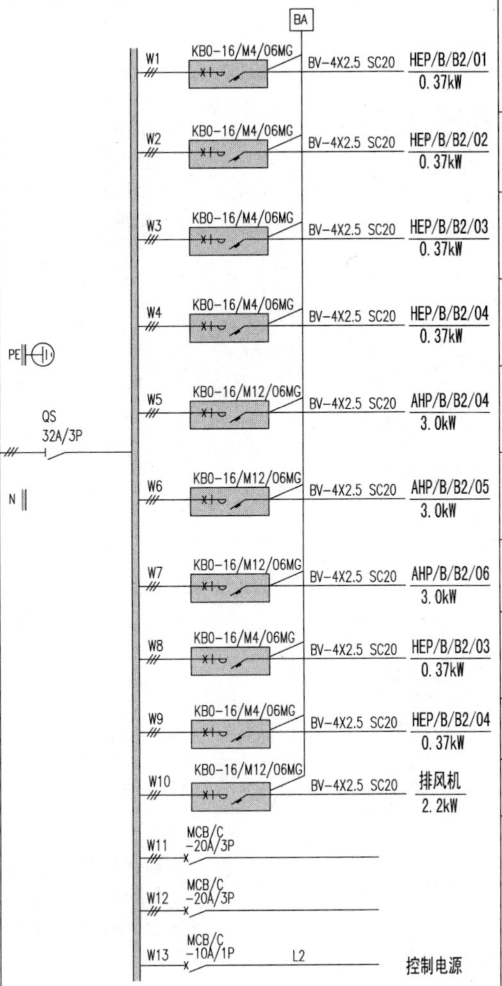
BA
PE
QS
32A/3P
N
W1 KB0-16/M4/06MG BV-4X2.5 SC20 HEP/B/B2/01 0.37kW
W2 KB0-16/M4/06MG BV-4X2.5 SC20 HEP/B/B2/02 0.37kW
W3 KB0-16/M4/06MG BV-4X2.5 SC20 HEP/B/B2/03 0.37kW
W4 KB0-16/M4/06MG BV-4X2.5 SC20 HEP/B/B2/04 0.37kW
W5 KB0-16/M12/06MG BV-4X2.5 SC20 AHP/B/B2/04 3.0kW
W6 KB0-16/M12/06MG BV-4X2.5 SC20 AHP/B/B2/05 3.0kW
W7 KB0-16/M12/06MG BV-4X2.5 SC20 AHP/B/B2/06 3.0kW
W8 KB0-16/M4/06MG BV-4X2.5 SC20 HEP/B/B2/03 0.37kW
W9 KB0-16/M4/06MG BV-4X2.5 SC20 HEP/B/B2/04 0.37kW
W10 KB0-16/M12/06MG BV-4X2.5 SC20 排风机 2.2kW
W11 MCB/C -20A/3P
W12 MCB/C -20A/3P
W13 MCB/C -10A/1P L2 控制电源</td><td>C2
C2
C2
C2
C2
C2
C2
C2
C2
C2</td><td>明装</td><td>1.箱体参考尺寸(WxHxL)：600X1000X250
2.配电箱箱型：终端箱
3.进线电缆规格：BV-5X10SC32</td></tr>
<tr><td>1ACG1-24kW</td><td>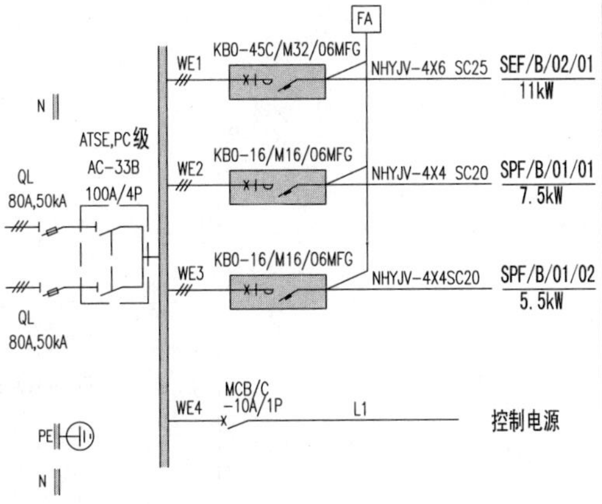
FA
N
ATSE,PC级
AC-33B
100A/4P
QL
80A,50kA
QL
80A,50kA
WE1 KB0-45C/M32/06MFG NHYJV-4X6 SC25 SEF/B/02/01 11kW
WE2 KB0-16/M16/06MFG NHYJV-4X4 SC20 SPF/B/01/01 7.5kW
WE3 KB0-16/M16/06MFG NHYJV-4X4SC20 SPF/B/01/02 5.5kW
WE4 MCB/C -10A/1P L1 控制电源
PE
N</td><td>B2
B1
B1</td><td>明装</td><td>1.箱体参考尺寸(WxHxL)：600X800X250
2.配电箱箱型：终端箱
3.进线电缆规格：见电力系统图</td></tr>
</table>

设计单位 审定 审核 校对 设计 图名 办公电力配电箱系统图（一） 图号 E-098 比例 无

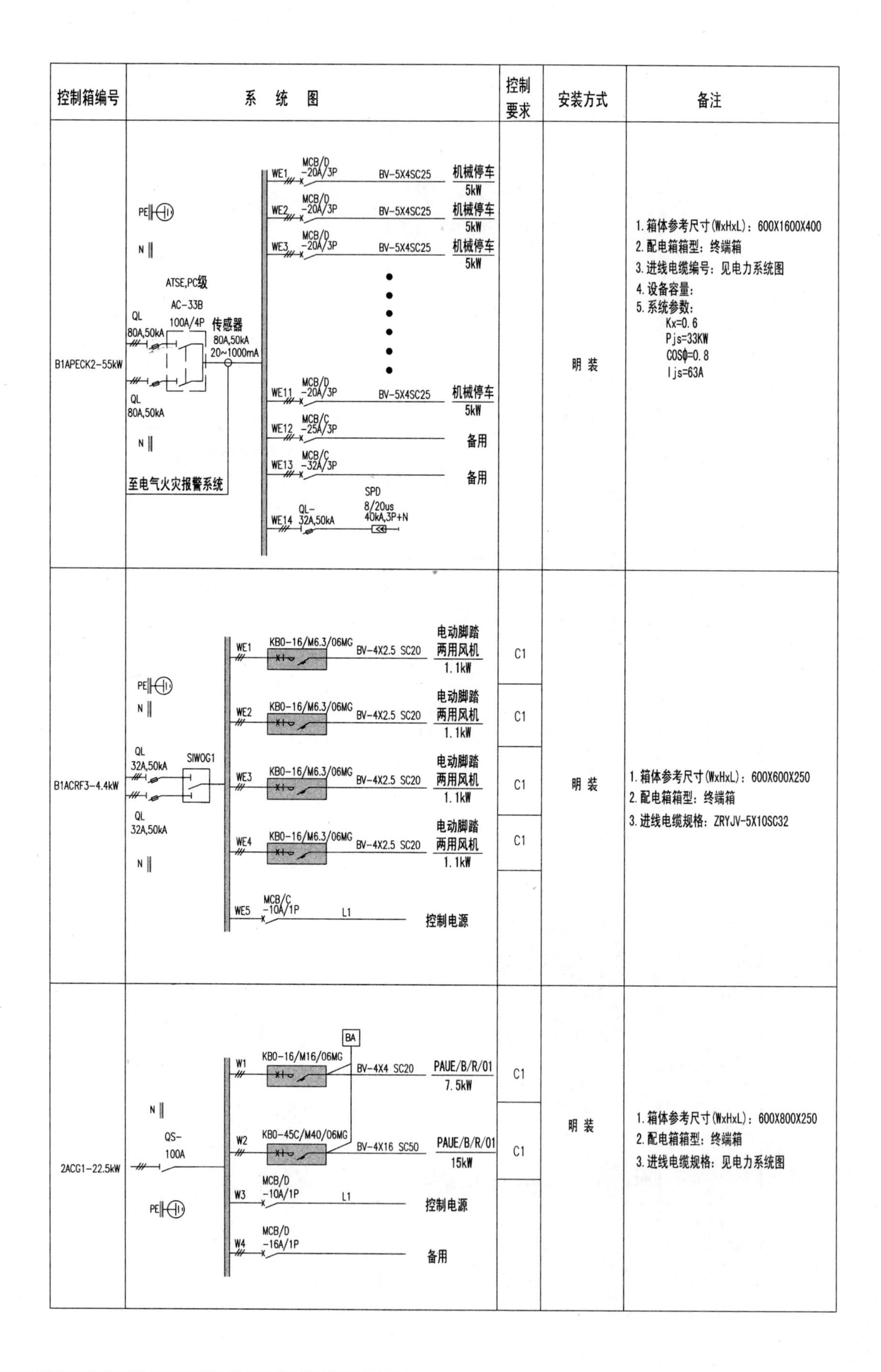

设计单位 审定 审核 校对 设计 图名 办公电力配电箱系统图（二） 图号 E-099 比例 无

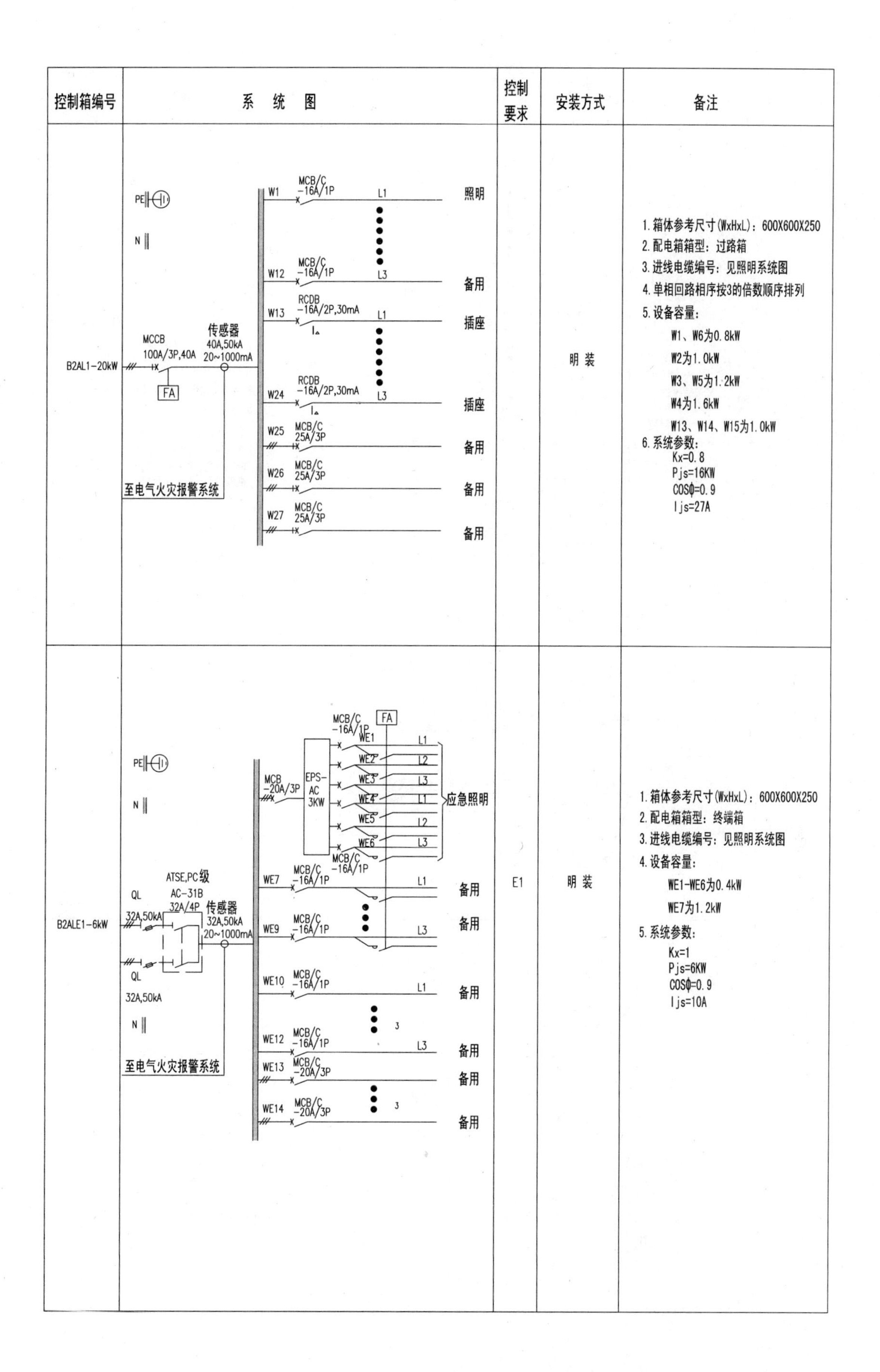

控制箱编号	系统图	控制要求	安装方式	备注
B2AL1-20kW			明装	1. 箱体参考尺寸(WxHxL)：600X600X250 2. 配电箱箱型：过路箱 3. 进线电缆编号：见照明系统图 4. 单相回路相序按3的倍数顺序排列 5. 设备容量： W1、W6为0.8kW W2为1.0kW W3、W5为1.2kW W4为1.6kW W13、W14、W15为1.0kW 6. 系统参数： Kx=0.8 Pjs=16KW COSΦ=0.9 Ijs=27A
B2ALE1-6kW		E1	明装	1. 箱体参考尺寸(WxHxL)：600X600X250 2. 配电箱箱型：终端箱 3. 进线电缆编号：见照明系统图 4. 设备容量： WE1-WE6为0.4kW WE7为1.2kW 5. 系统参数： Kx=1 Pjs=6KW COSΦ=0.9 Ijs=10A

设计单位	审定	审核	校对	设计	图名	酒店照明配电箱系统图（一）	图号	E-100	比例	无

控制箱编号	系统图	控制要求	安装方式	备注
B1APEBDS-50kW	PE; N; QL 100A,50kA; ATSE,PC级 AC-31B 160A/4P; 传感器 100A,50kA 20~1000mA; QL 100A,50kA; 至电气火灾报警系统 WE1 MCB/C-16A/1P L1 照明 WE12 MCB/C-16A/1P L3 备用 WE13 RCDB-16A/2P,30mA L1 插座 WE18 RCDB-16A/2P,30mA L3 插座 WE19 MCB/C-25A/3P BV-5X6 SC25 B1APEKBZ 5kW WE20 MCB/C-25A/3P 备用 WE21 MCB/C-25A/3P 备用 WE22 MCB-25A/1P/C JMB-1.5kVA 220V/36V: MCB-20A/1P/C WE22-1 夹层照明; MCB-20A/1P/C WE22-2 夹层照明; MCB-20A/1P/C WE22-3 备用 WE23 MCB-25A/1P/C EPS-AC 3kW: MCB/C-16A/1P WE23-1; MCB/C-16A/1P WE23-2; MCB/C-16A/1P WE23-3	E1	明装	1.箱体参考尺寸(WxHxL)：600X1200X300 2.配电箱箱型：终端箱 3.进线电缆编号：WPE19,WP324 4.单相回路相序按3的倍数顺序排列 5.设备容量： WE1~WE7负荷数：1.2kW; WE12~WE15负荷数：2kW; WE22-1负荷数：0.4kW; WE22-2负荷数：0.64kW; WE23-1,2,3负荷数：0.8kW; 6.系统参数： Kx=0.8 Pjs=24KW COSΦ=0.8 Ijs=46A
	WE24 KBO-16/M12/06MG FA BV-4X2.5 SC20 排风机 2.2kW	B3		
	WE25 QL 32A,50kA SPD 8/20us 40kA,3P+N			
B1APEKBZ-5kW	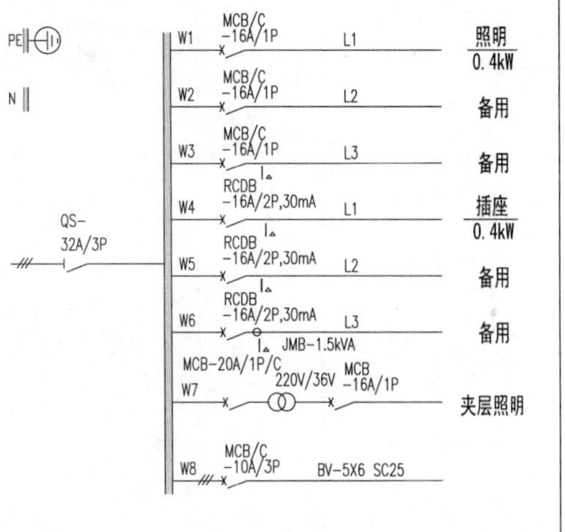 PE; N; QS-32A/3P W1 MCB/C-16A/1P L1 照明 0.4kW W2 MCB/C-16A/1P L2 备用 W3 MCB/C-16A/1P L3 备用 W4 RCDB-16A/2P,30mA L1 插座 0.4kW W5 RCDB-16A/2P,30mA L2 备用 W6 RCDB-16A/2P,30mA L3 备用 W7 MCB-20A/1P/C JMB-1.5kVA 220V/36V MCB-16A/1P 夹层照明 W8 MCB/C-10A/3P BV-5X6 SC25	E1	明装	1.箱体参考尺寸(WxHxL)：600X600X250 2.配电箱箱型：终端箱 3.进线电缆：BV-5X6 SC25 4.设备容量： 5.系统参数： Kx=0.8 Pjs=4KW COSΦ=0.8 Ijs=8A

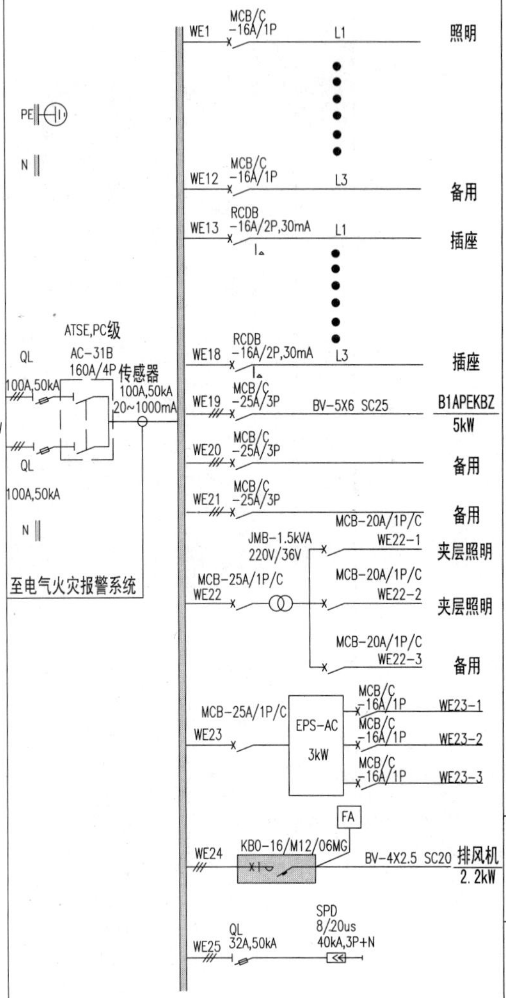

设计单位	审定	审核	校对	设计	图名	酒店照明配电箱系统图（二）	图号	E-101	比例	无

控制箱编号	系 统 图	控制要求	安装方式	备注
B2APEGRD-30kW	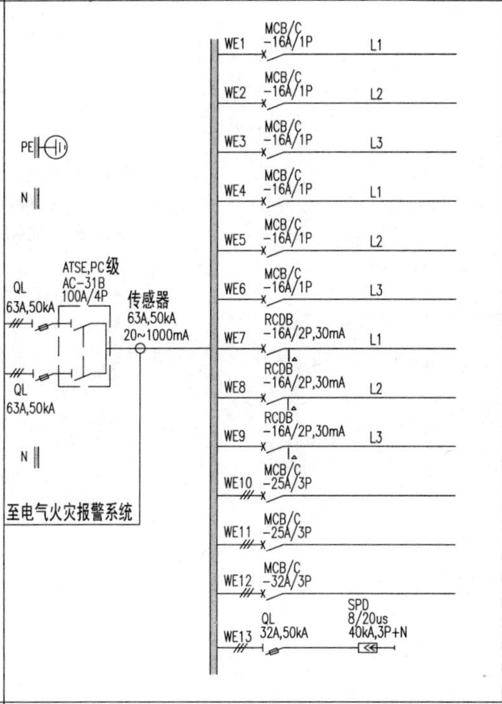 PE; N; QL 63A,50kA; QL 63A,50kA; ATSE,PC级 AC-31B 100A/4P; 传感器 63A,50kA 20~1000mA; 至电气火灾报警系统; WE1 MCB/C-16A/1P L1; WE2 MCB/C-16A/1P L2; WE3 MCB/C-16A/1P L3; WE4 MCB/C-16A/1P L1; WE5 MCB/C-16A/1P L2; WE6 MCB/C-16A/1P L3; WE7 RCDB-16A/2P,30mA L1; WE8 RCDB-16A/2P,30mA L2; WE9 RCDB-16A/2P,30mA L3; WE10 MCB/C-25A/3P; WE11 MCB/C-25A/3P; WE12 MCB/C-32A/3P; WE13 QL 32A,50kA SPD 8/20us 40kA,3P+N		明装	1. 箱体参考尺寸(WxHxL)：600X600X250 2. 配电箱箱型：终端箱 3. 进线电缆编号：W6-4, W7-4 4. 设备容量： 5. 系统参数： Kx=0.8 Pjs=24KW COSΦ=0.8 Ijs=46A
办 -3kW	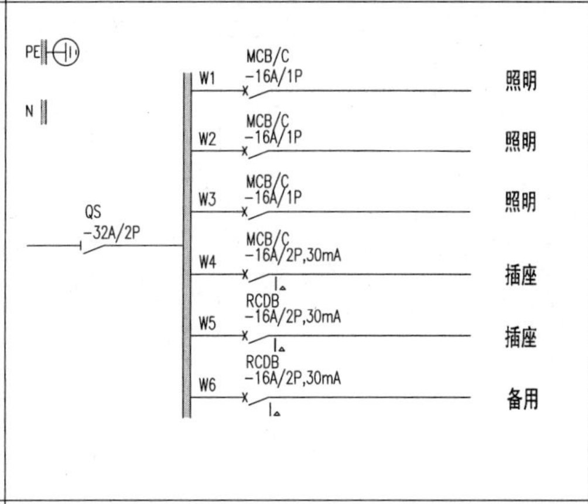 PE; N; QS-32A/2P; W1 MCB/C-16A/1P 照明; W2 MCB/C-16A/1P 照明; W3 MCB/C-16A/1P 照明; W4 MCB/C-16A/2P,30mA 插座; W5 RCDB-16A/2P,30mA 插座; W6 RCDB-16A/2P,30mA 备用		暗装	1. 箱体参考尺寸(WxHxL)：400X400X160 2. 配电箱箱型：终端箱 3. 进线电缆编号：BV-3X4 SC25 4. 系统参数： Kx=1 Pjs=3KW COSΦ=0.9 Ijs=15A
办2 -15kW	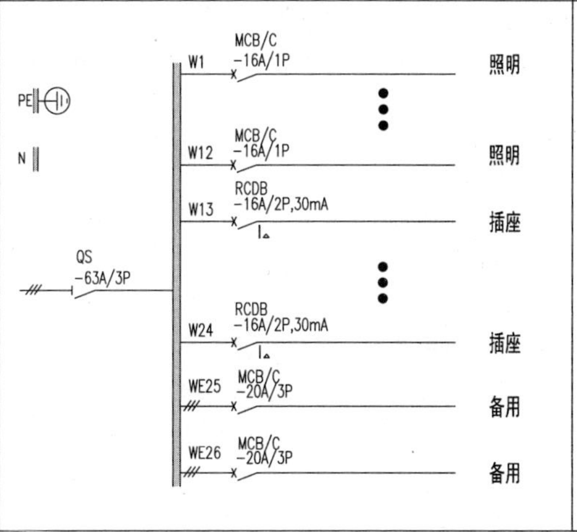 PE; N; QS-63A/3P; W1 MCB/C-16A/1P 照明; W12 MCB/C-16A/1P 照明; W13 RCDB-16A/2P,30mA 插座; W24 RCDB-16A/2P,30mA 插座; WE25 MCB/C-20A/3P 备用; WE26 MCB/C-20A/3P 备用		暗装	1. 箱体参考尺寸(WxHxL)：400X400X160 2. 配电箱箱型：终端箱 3. 进线电缆编号：WDZ-YJFE-5x10SC32 4. 系统参数： Kx=1 Pjs=15KW COSΦ=0.9 Ijs=25A

设计单位 审定 审核 校对 设计 图名 办公照明配电箱系统图（一） 图号 E-102 比例 无

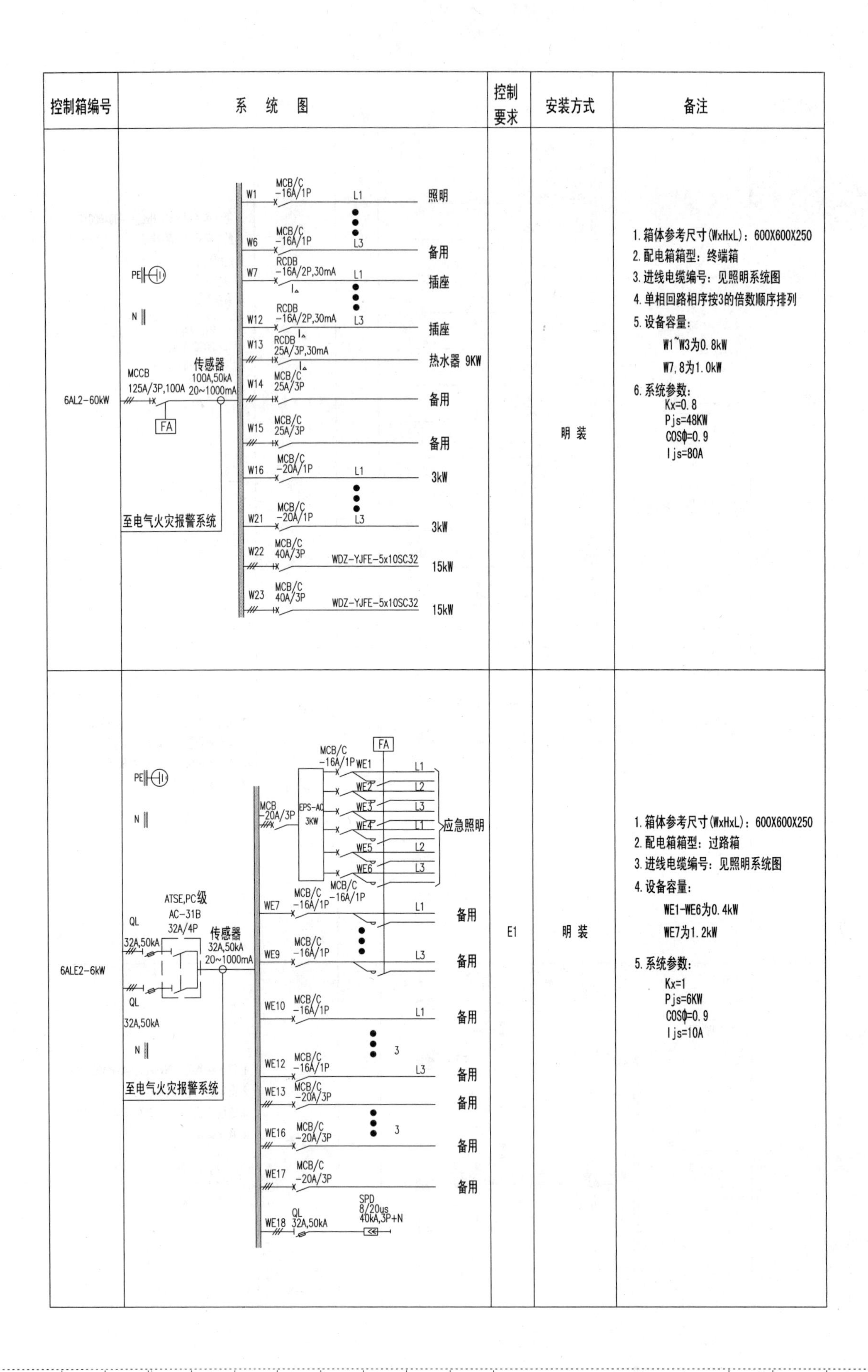

设计单位	审定	审核	校对	设计	图名	办公照明配电箱系统图（二）	图号	E-103	比例	无

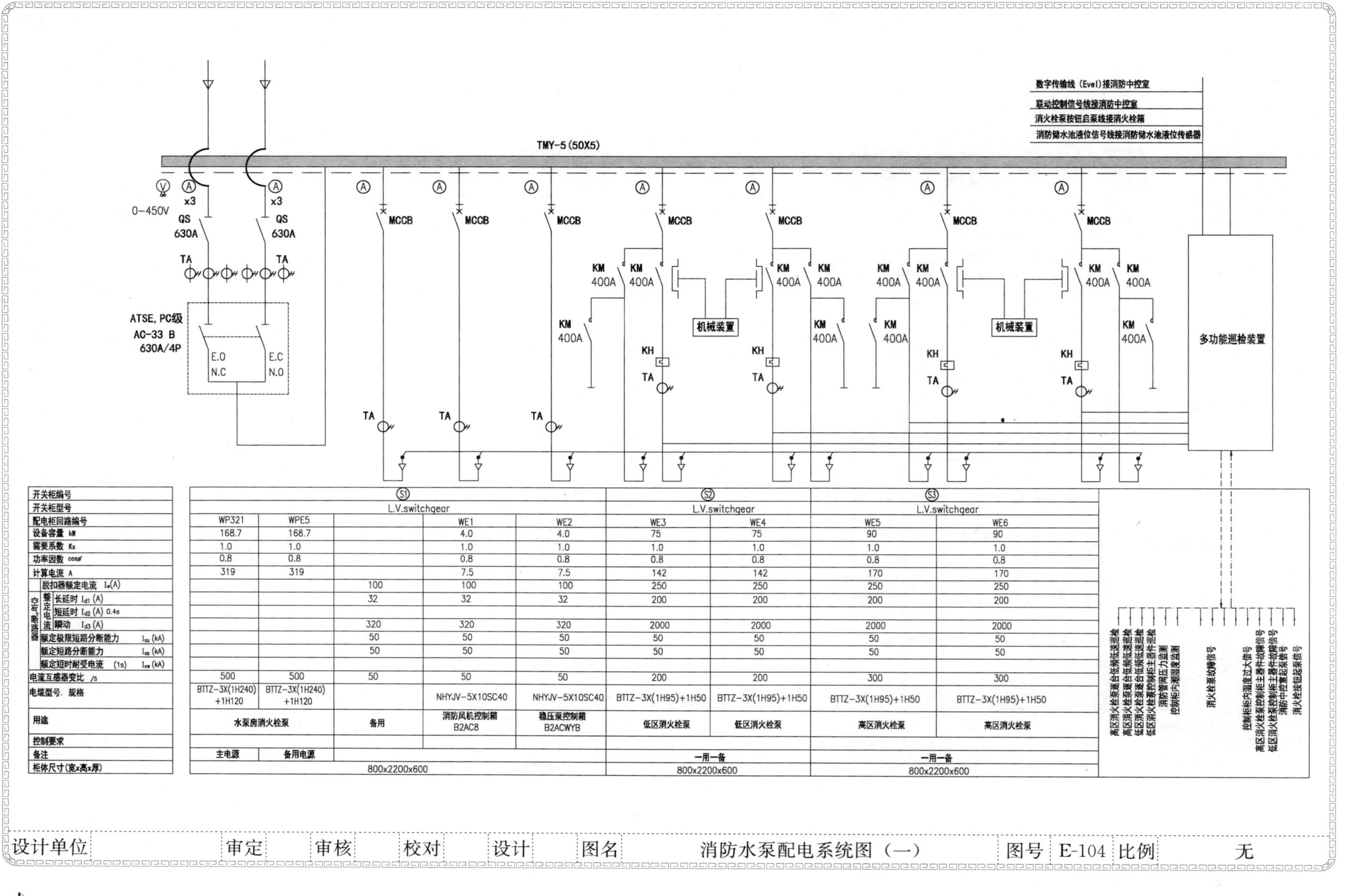

开关柜编号	S1					S2		S3	
开关柜型号	L.V.switchgear					L.V.switchgear		L.V.switchgear	
配电柜回路编号	WP321	WPE5		WE1	WE2	WE3	WE4	WE5	WE6
设备容量 kW	168.7	168.7		4.0	4.0	75	75	90	90
需要系数 Kx	1.0	1.0		1.0	1.0	1.0	1.0	1.0	1.0
功率因数 cosφ	0.8	0.8		0.8	0.8	0.8	0.8	0.8	0.8
计算电流 A	319	319		7.5	7.5	142	142	170	170
空气断路器 脱扣器额定电流 I_e(A)			100	100	100	250	250	250	250
空气断路器 整定电流 长延时 I_{d1} (A)			32	32	32	200	200	200	200
空气断路器 整定电流 短延时 I_{d2} (A) 0.4s									
空气断路器 整定电流 瞬动 I_{d3} (A)			320	320	320	2000	2000	2000	2000
空气断路器 额定极限短路分断能力 I_{cu} (kA)			50	50	50	50	50	50	50
空气断路器 额定短路分断能力 I_{cs} (kA)			50	50	50	50	50	50	50
空气断路器 额定短时耐受电流 (1s) I_{cw} (kA)									
电流互感器变比 /5	500	500	50	50	50	200	200	300	300
电缆型号、规格	BTTZ-3X(1H240)+1H120	BTTZ-3X(1H240)+1H120		NHYJV-5X10SC40	NHYJV-5X10SC40	BTTZ-3X(1H95)+1H50	BTTZ-3X(1H95)+1H50	BTTZ-3X(1H95)+1H50	BTTZ-3X(1H95)+1H50
用途	水泵房消火栓泵		备用	消防风机控制箱 B2AC8	稳压泵控制箱 B2ACWYB	低区消火栓泵	低区消火栓泵	高区消火栓泵	高区消火栓泵
控制要求									
备注	主电源	备用电源				一用一备		一用一备	
柜体尺寸(宽x高x厚)	800x2200x600					800x2200x600		800x2200x600	

设计单位		审定		审核		校对		设计		图名	消防水泵配电系统图（一）	图号	E-104	比例	无

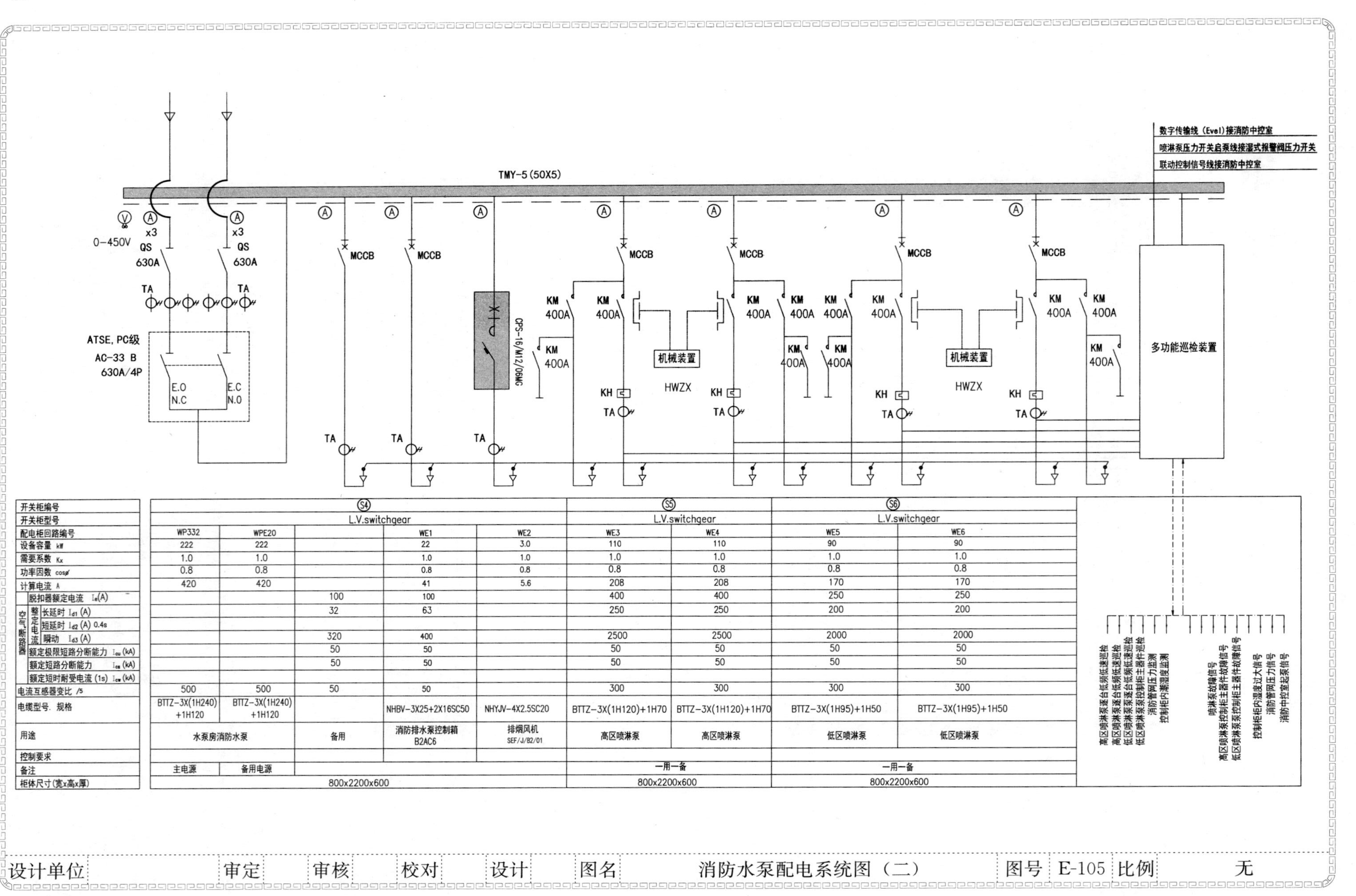

开关柜编号	S4					S5		S6	
开关柜型号	L.V.switchgear					L.V.switchgear		L.V.switchgear	
配电柜回路编号	WP332	WPE20		WE1	WE2	WE3	WE4	WE5	WE6
设备容量 kW	222	222		22	3.0	110	110	90	90
需要系数 K_x	1.0	1.0		1.0	1.0	1.0	1.0	1.0	1.0
功率因数 cosφ	0.8	0.8		0.8	0.8	0.8	0.8	0.8	0.8
计算电流 A	420	420		41	5.6	208	208	170	170
空气断路器 脱扣器额定电流 I_e(A)			100	100		400	400	250	250
空气断路器 整定电流 长延时 I_{d1} (A)			32	63		250	250	200	200
空气断路器 整定电流 短延时 I_{d2} (A) 0.4s									
空气断路器 整定电流 瞬动 I_{d3} (A)			320	400		2500	2500	2000	2000
空气断路器 额定极限短路分断能力 I_{cu} (kA)			50	50		50	50	50	50
空气断路器 额定短路分断能力 I_{cs} (kA)			50	50		50	50	50	50
空气断路器 额定短时耐受电流 (1s) I_{cw} (kA)									
电流互感器变比 /5	500	500	50	50		300	300	300	300
电缆型号、规格	BTTZ-3X(1H240)+1H120	BTTZ-3X(1H240)+1H120		NHBV-3X25+2X16SC50	NHYJV-4X2.5SC20	BTTZ-3X(1H120)+1H70	BTTZ-3X(1H120)+1H70	BTTZ-3X(1H95)+1H50	BTTZ-3X(1H95)+1H50
用途	水泵房消防水泵		备用	消防排水泵控制箱 B2AC6	排烟风机 SEF/J/B2/01	高区喷淋泵	高区喷淋泵	低区喷淋泵	低区喷淋泵
控制要求									
备注	主电源	备用电源				一用一备		一用一备	
柜体尺寸(宽x高x厚)	800x2200x600					800x2200x600		800x2200x600	

设计单位		审定		审核		校对		设计		图名	消防水泵配电系统图（二）	图号	E-105	比例	无

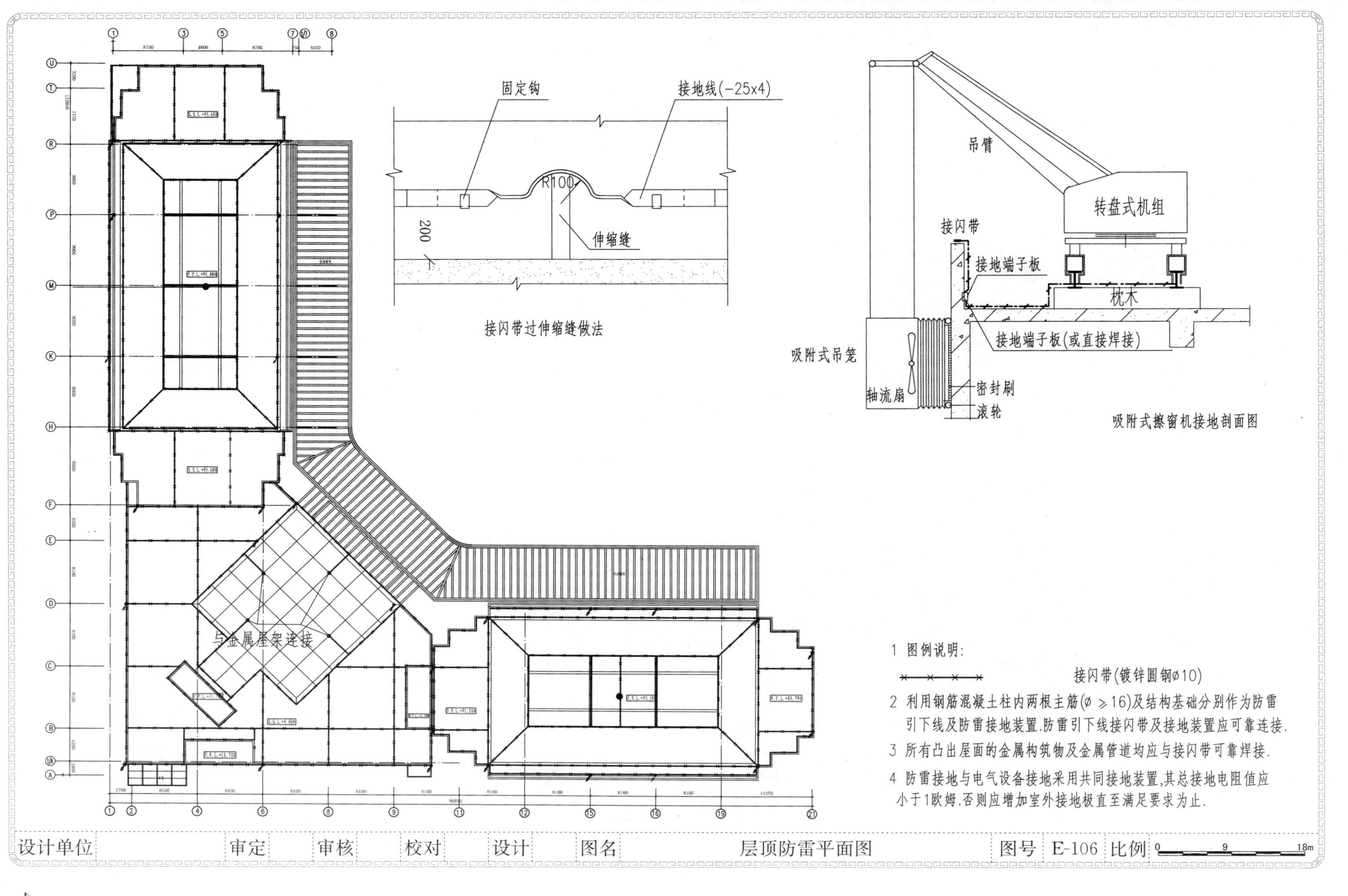

固定钩
接地线(-25x4)
R100
200
伸缩缝
接闪带过伸缩缝做法
吊臂
转盘式机组
接闪带
接地端子板
枕木
接地端子板(或直接焊接)
吸附式吊笼
轴流扇
密封刷
滚轮
吸附式擦窗机接地剖面图
与金属屋架连接
1 图例说明：
接闪带(镀锌圆钢ø10)
2 利用钢筋混凝土柱内两根主筋(ø ≥16)及结构基础分别作为防雷引下线及防雷接地装置.防雷引下线接闪带及接地装置应可靠连接.
3 所有凸出屋面的金属构筑物及金属管道均应与接闪带可靠焊接.
4 防雷接地与电气设备接地采用共同接地装置,其总接地电阻值应小于1欧姆.否则应增加室外接地极直至满足要求为止.
设计单位
审定
审核
校对
设计
图名
层顶防雷平面图
图号
E-106
比例
0
9
18m

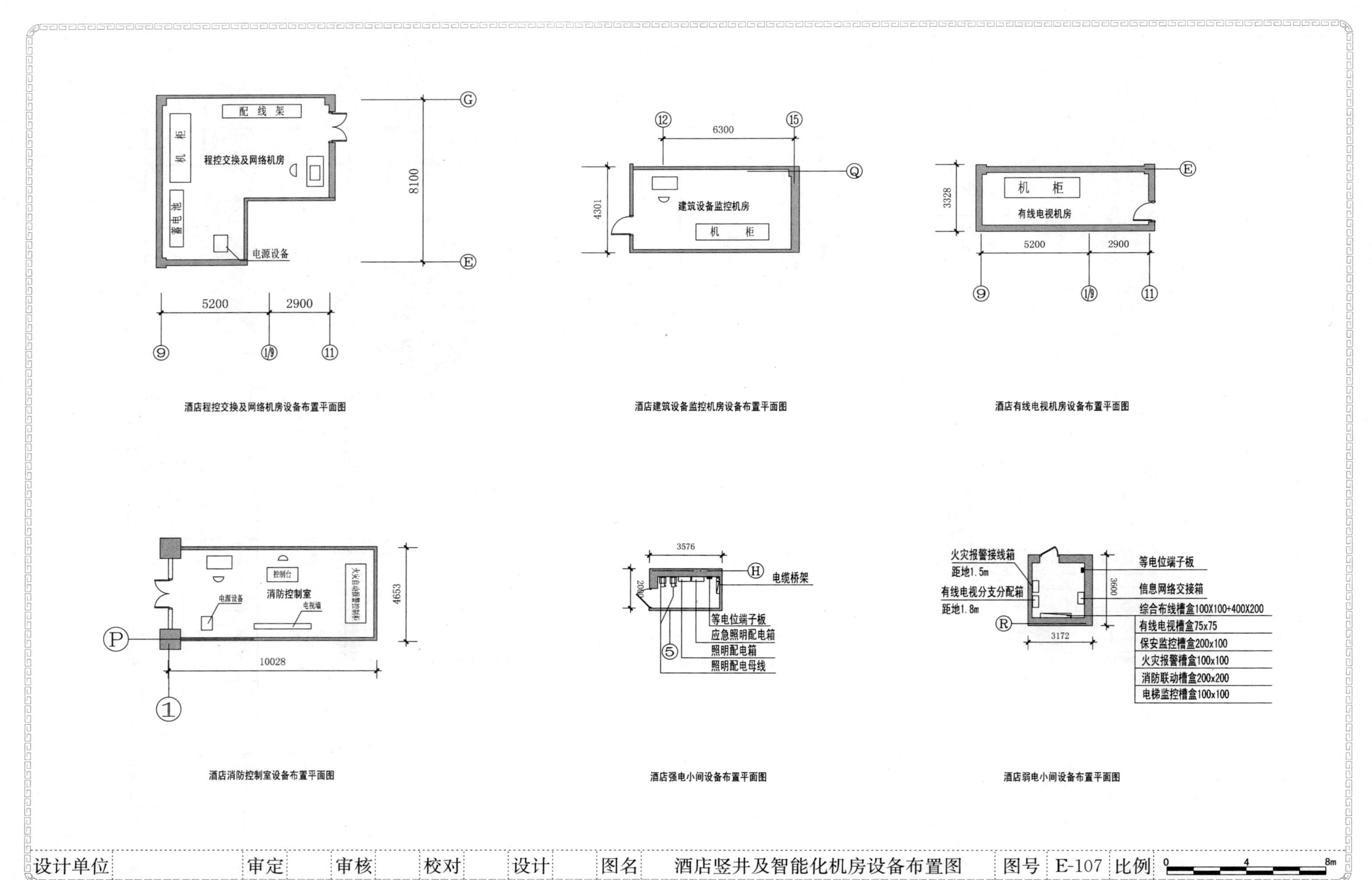

配线架
机柜
程控交换及网络机房
蓄电池
电源设备
8100
5200
2900
酒店程控交换及网络机房设备布置平面图
6300
4301
建筑设备监控机房
机柜
酒店建筑设备监控机房设备布置平面图
3328
机柜
有线电视机房
5200
2900
酒店有线电视机房设备布置平面图
控制台
消防控制室
电源设备
电视墙
火灾自动报警控制柜
4653
10028
酒店消防控制室设备布置平面图
3576
2000
电缆桥架
等电位端子板
应急照明配电箱
照明配电箱
照明配电母线
酒店强电小间设备布置平面图
火灾报警接线箱
距地1.5m
有线电视分支分配箱
距地1.8m
3600
3172
等电位端子板
信息网络交接箱
综合布线槽盒100X100+400X200
有线电视槽盒75x75
保安监控槽盒200x100
火灾报警槽盒100x100
消防联动槽盒200x200
电梯监控槽盒100x100
酒店弱电小间设备布置平面图
设计单位
审定
审核
校对
设计
图名
酒店竖井及智能化机房设备布置图
图号
E-107
比例

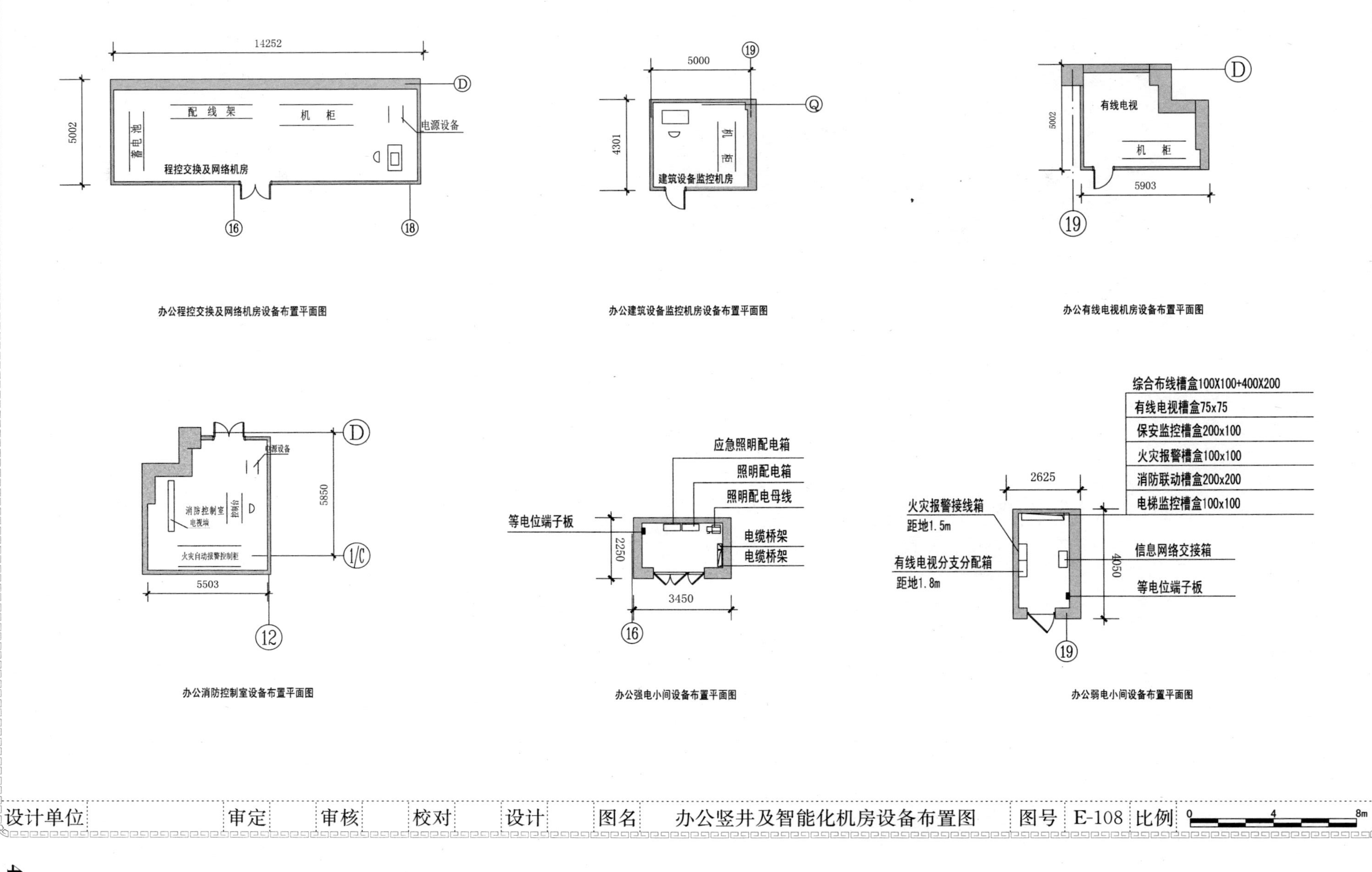

办公程控交换及网络机房设备布置平面图

办公建筑设备监控机房设备布置平面图

办公有线电视机房设备布置平面图

办公消防控制室设备布置平面图

办公强电小间设备布置平面图

办公弱电小间设备布置平面图

技术规格书篇

【摘要】 技术规格书应说明工程建设中提供的产品、服务、材料或工艺必须满足的要求，以及验证这些要求得到满足的程序的书面规定。他是对设计文件技术深化，是对电气设备选购建立公开、公平、公正重要保障，是提高机电设备招标质量重要文本文件。编制技术规格书要求设计人员对设备有详细、全面的了解，并能针对国内外当前行业的技术程度有一定的了解，要求技术规格书越详细越好，并且应条理清晰，严谨明确。技术规格书的通常包括：设备用途及基本要求、设计和制造标准、设备技术要求及主要规格参数、施工及验收等内容。编制技术规格书应根据具体工程项目的实际需求和成熟的电气设备技术指标进行编写。

第四章　总　　则

第一节　范　　围

一、有关本规格书的所有电气系统设备的供应、安装、调试、操作及维修等技术要求，均于本技术规格书及有关图纸内详细说明，以提供符合本规格书要求的工程建造至完工的各项细则。

二、为能妥善完成本规格书内各项工程事项，承包人需按要求提供一切所需的施工材料、工具、物料、设备、储存、相关人员等各有效的证照、图纸、施工组织设计、临时施工措施、工地安全、监察、调试等事项。

第二节　术语及名词

一、“技术规格说明书”即指本技术规格说明书。

二、“图纸或附图”即指与本技术规格说明书有关的图纸。

三、“合同或合约”即指本合同文件。

四、“供给”或“提供”即指供应、安装、联接、调试以至完成指定的工作以达至安全和正确的运作，但技术规格说明书内另有规定者除外。

五、“安装”指建造、装配、联接至完成包括有关组件的测试和系统调试。

六、“供应”指购买所需设备包括有关组件并运送到工地的安装位置。

七、“相等”指材料质量、重量、体积、设计和功能均相等的指定产品。

八、“承包单位”或“承包商”指本技术规格说明书所含系统承包单位。

九、“建筑总承包单位”即指本项目建筑工程总承包含土建施工及协调各承包单位，并按业主要求负责对机电主承包单位招标。

十、“机电总承包”即本项目机电主承包负责管理、统筹及协调各机电承包单位及机电分包单位，并按业主要求对主要机电分包工程进行招标。在招标及定标前需取得业主审核确认。

十一、“业主”即建设单位。

十二、“设计人”指业主代表或业主指定的代表业主方的监理、设计院及专业顾问工程师等。

十三、“招标”指投标单位在递交投标文件后需要向发标单位进行澄清和需要进一步明确的过程。

第三节　规则和条例

一、建筑电气子项工程所有设备、材料和施工工艺，需符合中国及当地部门颁布的最新规定，包括但不限于以下所列：

1　消防局；

2　规划委员会；

3　环保局；

4　供电局；

5　质量技术监督局；

6　住房和城乡建设委员会；

7　交通管理局；

8　地震局；

9　气象局。

二、所有中国所制定的规范和标准，以及国际认可的规范和标准，包括但不仅限于以下所列：

1 《民用建筑设计通则》GB 50352—2005；

2 《供配电系统设计规范》GB 50052—2009；

3 《低压配电设计规范》GB 50054—2011；

4 《通用用电设备配电设计规范》GB 50055—2011；

5 《电力工程电缆设计规范》GB 50217—2007；

6 《建筑机电工程抗震设计规范》GB 50981—2014；

7 《民用建筑电气设计规范》JGJ 16—2008；

8 《20kV 及以下变电所设计规范》GB 50053—2013；

9 《建筑照明设计标准》GB 50034—2013；

10 《建筑物防雷设计规范》GB 50057—2010

11 《建筑物电子信息系统防雷技术规范》GB 50343—2012；

12 《智能建筑设计标准》GB 50314—2016；

13 《电子信息系统机房设计规范》GB 50174—2008；

14 《建筑设计防火规范》GB 50016—2014；

15 《汽车库、修车库、停车场设计防火规范》GB 50067—2014；

16 《火灾自动报警系统设计规范》GB 50116—2013；

17 《消防控制室通用技术要求》GB 25506—2010；

18 《公共建筑节能设计标准》GB 50189—2015；

19 《公共建筑节能设计标准》DB 11/687—2015；

20 《节能建筑评价标准》GB/T 50668—2011；

21 《绿色建筑评价标准》GB/T 50378—2014；

22 《民用建筑绿色设计规范》JGJ/T 229—2010；

23 《建筑电气工程施工质量验收规范》GB 50303—2015。

本工程所涉及的规程、规范均应是最新且已实施的版本。

三、本技术规格书所规定的条款与上述标准或地方要求发生抵触时，或技术规格书和图纸上所标注或要求有互相矛盾时，或技术规格书内有关章节的要求有互相矛盾时，本承包人需向发包人/设计人反映，至于应遵从那个准则，将由发包人/设计人决定，而有关最终决定不构成任何造价变更。

第四节　当地环境情况

一、在设计、制造、装配、检验和调试本技术规格书内所载述的仪器和设备时，需考虑下列有关当地的气候情况：

1　海拔______。

2　温度______。

3　全年雷暴日数______。

4　平均风速______。

二、设备规格及设计所需符合的环境条件______。

三、抗震设防烈度______度。

四、电力供应

1　除本技术规格书另有说明外，所有电气设备及安装应按下列的电压操作：

1.1　电压：高压设备：10000V；

1.2　三相设备：380V；单相设备：220V；

1.3　频率：50Hz。

2　除上述所说明外，所有电气设备亦需适合下列操作条件：

2.1　电压波动：±10%正常数值；

2.2　频率波动：±2%正常数值。

五、项目发展简介（略）。

六、电气系统简介（略）。

第五节　工程范围

本承包人需按照图纸和本技术规格书内的设计和要求，提供所需的机电系统设备，包括但不限于以下事项：

一、本承包人负责完成变配电室内高压及低压配电系统的深化设计，供应、安装及调试直至正式电送电。

二、本承包人负责管理、协调照明分包完成立面照明、办公区照明、智能照明控制系统的深化设计，供应、安装及调试工程。

三、本承包人需负责提供及安装所有有关设备、材料、劳务及施工机械等，以完成图纸和本技术规格书设计及要求的工程，包括但不限于以下各项：

1　供应及安装配电母线槽。

2　供应及安装柴油机高压配电电缆及低压配电系统电缆。

3　供应及安装分支电路配电设备。

4　供应及安装所有电路线路。

5　供应及安装公共区域照明灯具。

6　供应及安装发电机组、有关配电系统、机械通风系统、噪声处理设施及发电机废气排放系统，并需符合当地环保部门的要求和标准。

7　供应及安装柴油发电机的输油系统。

8　供应及安装储油罐，日用油箱，并满载合规格的燃油。

9　供应及安装发电机全套燃料输送系统。

10　供应及安装发电机全套排气系统。

11　供应及安装发电机全套冷却系统。本项目的发电机会使用空调系统的冷却塔作远置散热，本承包人需负责供应及安装由发电机至热交换器的所有设备包括但不限于冷却水管、冷却水水泵、热交换器、保温物料等等。本承包人需与空调承包人协调所有有关冷却水管接驳至热交换器的要求并提供所需的设备。

12　供应及安装发电机组接地系统装置包括铜排、铜带、铜线、预埋管件、焊接等相关配件和材料。

13　供应及安装防雷保护系统。

14　供应及安装全部接地系统。

15　配合安装电气消防系统。

16　配合安装疏散指示灯系统并与设计人、机电总承包人及其他承包人协调所有指示灯的位置及消防信号的连接。

17　供应及安装空调、采暖及通风、消防、给水排水、智能化系统、电梯及自动扶梯系统及其他用电设备的低压配电系统电源至指定位置。

18　负责所有有关槽盒、电线管及设备的油漆工程。

19　供应及安装接线箱及接点供建筑中央管理系统接驳。

20　供应及安装电气预埋线管。

21　供应及安装外墙照明控制系统的槽盒及电线管。

22　供应及安装所有擦窗设备的电源。本承包人需在擦窗设备旁边提供相应动力开关。

23　供应及安装电梯系统监控槽盒，从各电梯井道至位于消防/保安控制室的总监察屏及位于分区控制室的分区监察控制屏。

24　提供大楼验收时所需的临时的照明系统。

25　供应及安装航空障碍灯。

26　供应及安装直升机停机坪指示灯的电源。

27　配合安装中央蓄电池电源系统。

28　从各有关部门取得与强电系统有关的一切所需许可及审批，包括施工图和设备送审、施工许可证、发电机噪音及废气排放许可证、正式供电等。

29　供应及安装所有强电设备的防震及消声设备。

30　供应及安装所有与本规格书有关的电气工作，包括防火电线、防火通信线、所有供应及安装预埋电气线管工作。

31　供应及安装本项目所需的预留套管及预埋管线工作。

32　供应所有埋于混凝土结构/非结构包括室内外的混凝土墙壁、砖墙和楼板的镀锌钢套管及所需的配件或连接件。

33　供应及安装强电系统设备的防水保护及保温措施。

34　所有强电设备相关标识标牌的制作安装。

35　提供强电系统所需的清洁、测试及系统平衡等工作。

36　提供所有设备和材料的技术报审（包括所需的样本）。

37　项目竣工验收后，提供两年缺陷保修期。

38　提供强电设备施工及运输方案。

39　提供强电系统施工图、要求土建配合图及竣工图。

40　提供强电系统零备件、操作及维修手册、设备系统测试报告。

41　提供驻工地工程人员。

42　对发包人提供培训及指导。

43　配合施工总承包人、机电总承包人和其他承包人按时完成有关工作。

44　配合机电总承包人，提供工程进度计划表。

45　提供一切所需图纸和资料给其他承包人，并配合机电总承包人完成综合设备管线施工图、综合土建配合图的深化设计。

46　本次投标报价应包含系统检测相关所有费用（包括发包人现场抽查的相关检测费用）。

47　按要求提供足够数量的文件、图纸等。

48　取得当地地区相关部门所需的合格证书及合格文件，如报装、报建、报完工及竣工资料等。

49　综合图、施工图及竣工图等需设计人盖章的费用由本承包人负责。

50　施工期间及竣工后所有与本规格书有关的废料和垃圾清理至施工总承包人指定位置由施工总承包人运离工地。

51　将强电系统相关垃圾运送至施工总承包人指定位置。

第六节　工地勘察

一、本承包人需在提供投标报价前勘察工地，投标报价中应包括所有因工地现场条件而对安装工程造成影响的工作费用。在施工期间，一切由此引起的费用要求将不予接受。

二、本承包人需在投标报价前复核有关表示工地范围的图纸并勘察工地，对工地条件、工程的范围和特性以及已安装设备、控制装置接线和管道的完成情况完全了解清楚。在施工期间，一切因不熟悉工地情况而引起的费用要求将不予接受。

三、本承包人需在施工前与其他承包人协调配合。由于缺乏足够的协调而导致工程改动和拆除/重新组装设备的费用需由承包人自行负责。

四、在收到正式中标函及图纸后，在30个工作日内，本承包人需以书面形式确认及提供所有对建筑结构的形体和强度有影响的资料，包括设备进出的吊装孔洞要求等，供发包人\设计人审核。

五、在实际施工进行前，本分包单位需以书面确认有关预留的设施可满足本合约范围内施工的要求。

第七节　与各有关政府部门及公用机构的协调及合作

一、本承包人需负责与各有关政府部门及公用机构协调及合作。

二、本承包人需提供所需的有关资料包括图纸、样品、产品说明等给各有关政府部门及公用机构作审批使用。承包人需注意，若所有需送审的有关资料未能达到有关政府部门的要求而需作重新送审，因此而导致工期延误及所引起的一切费用损失等全由本承包人负责。

三、如因与有关政府部门及公用机构缺乏协调和合作而导致已安装的设备或系统需作更改或拆除，承包人除需负起所有有关的费用和因此而导致工期延误的责任外仍需对发包人作出相应的赔偿。

第八节　与其他承包人的协调及交接与管理

一、一般要求

1　本承包人需与本项目其他承包人配合工作。本承包人需提供所有所需的有关资料、设备和人员以确保能与其他承包人协调配合，并确保其负责的工作是按正确的程序施工。在施工进行中各个阶段，本承包人需与其他有关的承包人讨论、协调和落实各分工界面。

2　本承包人需提供所有强电系统施工图及有关资料给机电总承包人和施工总承包人制作综合设备施工图及土建配合图。若因本承包人未及时提供而影响综合设备施工图及土建配合图的深化设计，耽误施工进度，本承包人需承担所有责任。深化设计，耽误施工进度，本承包人需承担所有责任。

3　本承包人需按照经设计人批准的综合设备施工图及土建配合图进行施工。若因本承包人不照此施工而导致任何一方或多方承包人进行修改或返工，本承包人需承担所有责任。

4 本承包人在施工前需复核由其他承包人提供的各项设施和配备是否满足要求。

二、施工总承包人负责的工作

下列的工作将由施工总承包人负责完成。本承包人需提供强电相关土建留洞图纸、需要土建配合的图纸和其他所需资料，以便施工总承包人完成下列工作：

1 混凝土结构包括室内的墙壁、预留地台孔、墙孔和各类套管的预埋工作。

2 建造所需基础、电缆沟及电缆沟盖板、爬梯和脚踏等。

3 建造门、防火卷帘、外墙百叶和检修口。强电系统承包人需提供所有外墙百叶和检修口的位置、尺寸和其他详细资料供设计人审批。

4 按总体施工进度，对孔洞和墙壁上的壁龛进行回填，修补及抹面。但强电系统承包人需在完成其工作后，以书面形式通知施工总承包人并确认可以进行回填、封闭、修补等工作。因缺乏书面通知而发生遗漏，引起返工等所有损失由本承包人负责。

5 提供为穿越前室或防火分区隔墙的防火围板。

6 提供埋墙管道保温材料外的钢丝网。

三、与施工总承包人的协调工作

1 本承包人需确保所有与土建相关的资料，包括墙及楼板孔洞预留等，按工程进度提交。若在土建工作完成后要求增加楼板、墙面孔洞的，除因认可的工程变更所引起外，所有有关的费用将由承包人负责。

2 施工总承包人负责电气机房、竖井的装修及防水。

3 施工期间，承包人需负责确保其所有要求土建配合的工作和孔洞等均按要求正确地设置。

4 有关需在建筑结构内预埋的套管、防水套管及预埋件，均由本承包人提供，由施工总承包人作预埋（具体要求详见机电工程总则）。本承包人需确定所有套管、防水套管及预埋件均按要求正确地设置。

5 有关所有强电设备需用的混凝土基础，将由施工总承包人负责施工，本承包人需提供所有有关要求土建配合的详细资料给设计人审批，并需与施工总承包人协调完成。因缺乏协调而造成的一切后果包括土建返工和延误工期等，将由本承包人负责。

6 本承包人需与施工总承包人协调，使安装工作能配合工程进度。因缺乏协调而造成的一切后果如延误工期等，将由本承包人负责。

7 本承包人需负责确保有关预留设施在土建施工时按要求正确预留。

8 本承包人需与施工总承包人协调并就双方的交接驳口确定准确的位置及详细的工作界面。

9 建筑结构内防雷和接地系统的预埋已经由施工总承包人完成，本承包人需要与协调并完成其余防雷和接地系统供应和安装工作。

四、机电总承包人负责的工作

机电总承包人将负责管理、统筹及协调各机电专业承包人。本承包人需提供所需资料，并配合其他承包人制作综合设备施工图及土建配合图。

五、与机电总承包人的协调工作

本承包人需提供一切所需图纸和资料给机电总承包人，并服从机电总承包人的管理、统筹及协调。若因本承包人不配合机电总承包人的工作，而影响施工质量及进度，本承包人需承担所有责任。

六、与智能化子项工程承包人的协调工作

1 本承包人将提供电源至有关接线盒、插座，供智能化子项工程承包人使用。

2　本承包人需与智能化子项工程承包人协调所需的安装工作，并确定双方的接驳位置及双方的工作界面。

3　本承包人需提供接地装置至智能化各设备用房内指定位置，由智能化子项工程承包人接驳以完成有关接地系统。

4　本承包人需按照智能化分项工程（建筑设备管理平台）要求提供无电压接点，以供接驳至智能化分项工程（建筑设备管理平台）。无电压节点应设置于终端盒内，终端盒应分别设置于设备旁。终端盒由本承包人提供及安装。

5　本承包人将按建筑设备管理平台要求提供监控点或网络接口。

6　本承包人将供应及安装主接线箱（包括各监控点的接线箱）以供智能化子项工程承包人接驳至建筑设备管理平台。

7　本承包人将在发电机控制屏及电池系统的接线箱内提供通信接口供智能化子项工程承包人接驳至建筑设备管理平台。

七、与暖通子项工程承包人的协调工作

1　本承包人负责供应、安装及接驳电源电缆连配件从低压开关柜或配电箱至空调系统的电动机控制屏及电动机就地控制屏，而电动机控制屏及电动机就地控制屏的供应及安装及往后接驳至各设备的工作，均属空调、采暖及通风系统工程范围。同时本承包人需提供接地装置至各设备房内指定位置供空调、采暖及通风系统接驳以完成有关接地系统。

2　有关所有低于3kW的风机的电力供应，本承包人将会在图纸所示风机旁边安装一个接线盒或隔离开关，连接至该接线盒或隔离开关属空调、采暖及通风系统系统工程范围。本承包人需提供开关控制的双极开关，包括电线及线管等。

3　有关所有公用地方的风机盘管的电力供应，本承包人将会在风机盘管旁边安装一个接线盒。由风机盘管至接线座之间的电线及线管等，以及接驳恒温器/三速选择制及风机盘管属暖通子项工程范围。

4　本承包人将为防排烟系统及重要排风系统提供紧急电源。

5　有关所有分体式空调机的电力供应，本承包人将会在室外机组旁边安装一个隔离开关。电路分支及控制电线等属暖通子项工程范围。

6　本承包人需协调上述工程以进行所需的安装工作，并就双方的交接驳口议定准确的位置及双方的工作接口。

八、与电梯及自动扶梯安装专业分包工程承包人的协调工作

1　供应及安装电源电缆从低压开关柜配电屏或配电箱至位于电梯机房内的电梯配电屏和自动扶梯上端驱动站的隔离开关。

2　供应及安装电梯机房内的配电屏并包括自动转换开关，塑壳断路器箱连塑壳断路器，微型断路器箱连微型断路器等。无机房的电梯供应及安装隔离开关及微型断路器箱连微型断路器于顶部电梯井旁或指定位置。而从塑壳断路器接驳至电梯的控制屏、电梯的控制屏的供应及安装及往后接驳至各设备的工作均由电梯及自动扶梯安装专业分包工程的承包人负责。

3　在各电梯机机房内提供配电箱以供应电梯井内的照明及插座及轿厢内用电的供电回路，电梯井及轿厢内的照明及插座由电梯及自动扶梯安装专业分包工程的承包人负责。

4　在电动扶手梯的上端驱动站内提供配电箱以供应电动扶手梯井内的照明及插座的供电回路，电动扶手梯井的照明及插座由电梯及自动扶梯安装专业分包工程的承包人负责。

5　提供干接点信号于每个电梯机房内及无机房的顶部电梯井旁，信号包括“正常电力供应故障”及“应急用电力供应状态”。有关信号将接驳至由电梯及自动扶梯安装专业分包工程的承包人提供的接线盒内。

6　供应及安装从各电梯井道至位于消防/保安控制室的总监察屏及位于分区控制室的分区监察控制屏的槽盒，供监控电梯系统使用。

7　供应及安装接地装置至各电梯机房、无机房及电动扶手梯指定位置以便电梯及自动扶梯安装专业分包工程的承包人完成有关接地系统。

8　本承包人需与上述承包人协调以进行所需的安装工作，并就双方的交接驳口议定准确的位置及双方的工作接口。

九、与消防水子项工程承包人的协调工作

1　有关消防水泵的电力供应，本承包人需负责供应、安装及接驳电源电缆从低压开关柜或配电箱至消防系统的电动机就地控制屏内。而电动机就地控制屏的供应及安装及往后接驳至各设备的工作均属消消防水子项工程的范围。

2　本承包人需负责供应、安装及接驳电源电缆从配电箱至消防控制屏旁包括提供接线座，接驳至该接线座属消防水子项工程的范围。

3　本承包人负责提供接地装置至各设备房内指定位置，并完成相关设备接地及等电位等全部接地系统。

4　本承包人需提供所有消防系统装置的应急电源。

5　本承包人需提供所有消防卷帘装置的应急电源。

6　本承包人需协调上述工程以进行所需的安装工作，并就双方的交接驳口议定准确的位置及双方的工作接口。

十、与电气防火子项工程承包人的协调工作

1　有关于火警时切断非紧急电源，本承包人将按防火分区控制要求于各层配电房内提供足够的分区控制无电压接点以供于发生火警时在消防控制室/消防中央控制中心以手动强切非紧急电源。本承包人需由上述无电压接点接驳电缆至有关正常电源开关包括提供所需控制，使达到切断非消防电源的要求。

2　有关应急发电机运行情况的反馈信号，本承包人需于发电机房内提供发电机的运行及故障信号无电压接点，由接点接驳至消防控制屏电气防火专业分包工程承包人的范围。无电压接点应设于终端盒内。

3　本承包人需提供接地装置至各设备房及保安室/消防控制室内指定位置，电气防火子项工程承包人接驳以完成有关接地系统。

4　本承包人需提供所有消防系统装置的应急电源。

5　本承包人需与上述承包人协调以进行所需的安装工作，并就双方的交接驳口议定准确的位置及双方的工作接口。

6　本承包人所提供及安装的电气火灾监控系统，其计算机及主设备需安装于消防控制室。本承包人需与消防系统承包人协调于消防控制室设备安装位置。

7　本承包人需配合上述承包人安装疏散指示系统、消防设备电源监控系统等。

十一、与给水排水分项工程承包人的协调工作

1　本承包人需负责供应、安装及接驳电源电缆从低压开关柜或配电箱至给排水系统的电动机就地控制屏（除给水及中水供水泵组、给水及中水变频供水泵组、污水泵外），而电动机就地控制屏的供应及安装及以后接驳至各设备的工作均属给排水系统、中水系统等工作的范围。

2　本承包人将提供所有集水泵装置后备电源。

3　本承包人负责提供接地装置至各设备房内指定位置，并完成相关设备接地及等电位等全部接地系统。

4　本承包人需协调上述工程以进行所需的安装工作，并就双方的交接驳口议定准确的位置及双方的工作接口。

5　有关所有电热水器的电力供应，本承包人将会在电热水器旁安装一个接线盒或隔离开关。提供电热水器及相应管线至熔丝接线盒或动力开关属给水排水分项工程的范围。

十二、与燃气子项工程承包人的协调工作

1　由本承包人需负责供应、安装及接驳应急电源电缆从配电箱至快速式切断阀、燃气泄漏报警及控制屏旁的隔离开关或熔丝开关。

2　本承包人需提供接地装置至上述各设备以完成有关接地系统。

3　本承包人需与燃气系统承包人协调以进行所需的安装工作，并就双方的交接驳口议定准确的位置及双方的工作接口。

十三、与幕墙承包人的协调工作

1　本承包人需与幕墙工程承包人协调有关航空障碍灯和泛光照明的安装工作。

2　本承包人需与幕墙工程承包人协调有关幕墙接地安装的工作及屋顶层幕墙防雷接闪带的安装工作。

3　本承包人需与幕墙承包人协调以进行所需的安装工作，并确定双方的接驳位置及双方的工作界面。

十四、与精装修工程/园林工程/标志标识工程承包人的协调工作

1　本承包人负责供应、安装、调试精装区域内的电气设备（包括插座、开关等）。精装区域内所有电气设备在安装之前均需获得设计人/发包人的认可（包括材质、颜色、尺寸、定位等）。

2　本承包人需与精装修及园林工程的设计及施工人协调所有检修口的位置及尺寸。

3　本承包人需与精装修及园林工程的设计及施工人协调所有吊顶及装饰墙上的开洞位置尺寸。

十五、与擦窗机设备专业分包工程承包人的协调工作

1　本承包人需负责供应、安装及接驳电源电缆，从配电箱至指定位置，包括防水型隔离开关或工业用插座。从隔离开关或工业用插座往后接驳至各设备的工作，均由擦窗机设备专业分包工程承包人负责。

2　本承包人负责提供接地装置至指定位置并完成导轨及基础的接地工作，擦窗机自身接地由擦窗机设备专业分包完成。

3　擦窗机设备专业分包工程承包人需提交有设备所需要的负载容量及相关电气参数给本承包人，以核对所提供的电源是否适合。

4　本承包人需与擦窗机设备专业分包工程承包人协调以进行及完成所需的安装工作，双方的交接驳口需按图纸施工或按工地情况议定准确的位置及详细的工作接口。

十六、与照明子项工程承包人的协调工作

1　本承包人负责有关所有泛光、开敞办公区照明的电力供应。本承包人将会在泛光照明供电原件旁边安装一个插座、接线座或隔离开关，由照明子项工程承包人负责连接至该插座、接线盒或隔离开关。本承包人在指定位置安装景观照明配电箱，由照明子项工程承包人负责连接至该配电箱。

2　照明子项工程承包人负责泛光、景观照明、开敞办公区照明灯具供应、安装及调试。

3　本承包人将会提供槽盒供泛光照明的控制系统使用，槽盒的规格要求需由泛光照明子项工程承包人提供。

4　本承包人需与上述承包人协调以进行所需的安装工作，并就双方的交接驳口议定准确的位置及双方的工作接口。

十七、与冷源子项工程承包人的协调工作

1　本承包人负责供应、安装及接驳电源电缆连配件从开关柜或配电箱至冰蓄冷系统或机载冷水机组系统的电动机控制屏及电动机就地控制屏，而电动机控制屏及电动机就地控制屏的供应及安装及往后接驳至各设备的工作，均由冰蓄冷系统（含冷水机组）供货及安装专业分包工程承包人负责。同时本承包人需提供接地装置至各设备房内指定位置供冷源子项工程承包人接驳以完成有关接地系统。

2　本承包人需协调上述工程以进行所需的安装工作，并就双方的交接驳口议定准确的位置及双方的工作接口。

十八、与10kV制冷系统专业分包工程承包人的协调工作

1　本承包人负责供应、安装及接驳电源电缆连配件从高压开关柜或至中央制冷机变配电室的10kV制冷系统的高压配电屏/电动机控制屏，而中央制冷机变配电室的高压配电屏/电动机控制屏的供应及安装及往后接驳至各设备的工作，均由10kV制冷系统供货及安装专业分包工程承包人负责。同时本承包人需提供接地装置至各设备房内指定位置10kV制冷系统供供货及安装专业分包工程承包人接驳以完成有关接地系统。

2　本承包人需协调上述工程以进行所需的安装工作，并就双方的交接驳口议定准确的位置及双方的工作接口。

十九、与变配电子项工程承包人的协调工作

1　本承包人负责变配电室照明、插座及接地系统设备供应及安装。

2　本承包人负责低压开关柜低压电缆的连接。

3　本承包人负责变配电室外低压电缆槽盒供应及安装，低压电缆槽盒敷设至变配电室内15cm处。

4　10kV配电电缆及桥架由变配电专业工程负责供应及安装。

二十、与厨房专业分包工程承包人的协调工作

1　本承包人需负责供应、安装及接驳电源电缆，从低压配电柜至厨房内指定位置，包括防水型隔离开关或工业用插座。从隔离开关或工业用插座往后接驳至各设备的工作，均由厨房专业分包工程承包人负责。

2　本承包人需提供接地装置至各设备的指定位置，供厨房专业分包工程承包人接驳以完成有关接地系统。

3　厨房专业分包工程承包人需提交有设备所需要的负载容量及相关电气参数给本承包人，以核对所提供的电源是否适合。

4　本承包人需与厨房专业分包工程承包人协调以进行及完成所需的安装工作，双方的交接驳口需按图纸施工或按工地情况议定准确的位置及详细的工作接口。

第九节　图　　纸

一、招标图纸

1　招标时提供的强电系统图纸只供承包人在招标时作为一般指引及在中标后进行施工图二次深化设计使用。承包人需承担强电系统的深化设计、施工图深化设计、供货、安装、调试、验收以及申请并获得批文等的责任。如因承包人所设计的施工深化图与招标图有所偏差而导致额外费用，所有责任需由承包人负责。

2　图纸所示的设计为基本的设计原理，并同时提供设备安排布置可行方案，供承包人在进行其深化设计及施工图制作工作时作为参照和依据。

3　承包人需对有关系统设备展开详尽的设计工作，包括编制所需的施工图连同设计计算、详尽的注释和说明等。

二、承包人的二次深化设计和图纸送审

1　一般要求。

在收到正式中标通知书后10个工作日内，承包人需编制详细系统二次深化设计及图纸编绘和送审的计划表，提交设计人/发包人/机电总承包人审核。承包人需在整个工程的每个阶段按工作进度提交有关的强电设备系统设计和建议方案作审核。同时需确保所有提交的设计和图纸包括计算数据、建议方案、所需的文件及资料等均能按时按序及按规格要求送审以便获得批核施工。由于批核上述的送审件需要时间，承包人需预留足够时间供批核及作修改重审。如承包人未能按照所定计划和工程进度提交所需的资料而导致工期拖延，一切的损失及责任需由承包人承担。

2　执行标准。

承包人需提交与本规格书范围有关的资料包括所有材料、装置和设备的完整资料，如产品技术资料说明书、安装说明、详图和证明文件等供审核。有关设备或材料注明需符合中国国家有关规范或标准，或其他认可组织/机构如国际电工委员会标准（IEC）等所制定的标准时，在报审时需同时附上有关符合该标准的证明文件作存案。而有关证明文件及试验报告，需由专业的检定机构签发，其内容需详细列明有关测试文件经审定符合所需的标准要求。有关数据和资料均需采用公制（S.I.）单位。

3　二次深化设计和施工深化图纸

3.1　承包人需在合同签订后20个工作日内提交本承包合同范围有关系统的深化设计和施工图，供各发包人/设计人/机电总承包审批。有关图纸内容需包括平面、立面和剖面图。除显示所有有关设备、管道、电气线路和附属配件的布置安排外，还需显示各附件的位置、施工土建配合要求、与其他机电承包合同的分界面和一切施工所需的大样详图，确定管线综合深化设计。送审图纸要求需经机电总承包人深化设计负责人、各专业深化图设计负责人、设计机电综合图设计负责人签字确认。发包人、设计人审查承包人提交图纸、资料的时间除另有约定外，审查时间为15个工作日。本工程承包单需提供全部图纸及有关资料给发包人供调协及制作终合管线图及有关要求综合土建配合图，施工图需配合终合管线图，而且深度需达到当地设计人的标准要求。送审图纸需向当地及有关人分别送审。有关图纸经各审批阅后，承包人需综合有关意见加以修改，然后再安排送审，直至图纸获批准为止。图纸获批核后，需经设计人盖章，然后再分送发包人、设计人、监理等人作为施工记录和验收之用。同时需以电脑软件档案（不低于AUTOCAD 2014）储放在只读光盘（CD ROM）上送交单位。

3.2　在施工过程中，不论是否因协调需要、接设计人新指令或接工地管理人发出的洽商，承包人需每60天对施工图作一总修改，并综合该段期间的所有修改，加以反映在新施工图上，然后以光盘及图纸向各承包人送呈以作施工参照及纪录。如在上述期间内无任何修改，则以书面知会各人可按上次送呈图纸作为依据。

3.3　所有图纸均需有正式的图签并应标明本项目、本工程合同及有关图纸的名称、图号、最新修改号及修改内容、日期和图示比例。于提交系统示意图的同时，亦应提供必要的辅助资料以描述各设备的功能和操作。有关图纸审批的精神，图纸送审一般只作原则性批核，需待有关图纸所示系统经过正式检测完满后，才作为最终批核。

3.4　送审的图纸及光盘软件的规格及比例（按实际工程确定）。

3.4.1

3.4.2

3.4.3

注：所有平面及剖面等软件都需带有互相对照指引档案。

4　任何图纸的全部或某部分不获批准时，承包人应按各审批人的意见对图纸做出修改，修改后重新送审，直至该图纸获得批准为止。批准后，承包人应按照本章“所需提供的文件及图纸要求”，提交规定数量的批准图纸，分发各有关人参照之用。

5　除了上述施工安装图纸以外，所有有关拟选用的设备、装置、材料以及附件亦应提交审批，为了便于识别，每一项产品送审时，应连同提交审批表格同时提交，各送审件应包括以下资料：

5.1　承包合同的名称和编号。

5.2　承包人的名字。

5.3　图纸及/或技术规格书内有关章节的对照依据。

5.4　送审件的说明。

5.5　为了简化和便于处理，同类型的设备、装置、材料应同时送审。而每个送审件只能包括一种型号的产品或设备。

每一项设计或图纸送审时，应同时提交审批表格，表格内容应包括：

5.5.1　图号和最新的修正编号；

5.5.2　图纸名称；

5.5.3　送审日期；

5.5.4　修正编号；

5.5.5　有关最后修正的简要说明。

5.6　承包人的设计、图纸、装置或设备经批核后并不表示可解除或减轻承包人对本规格书应履行的任何责任和义务。承包人仍需保证在本规格书范围内所包括的一切工作均达到所需的要求。

6　承包人的设计和图纸送审应包括但不限于下列的基本要求及在本技术规格书内的其他章节中提出的一些特殊的要求：

6.1　设备的功率、尺寸、性能表现、表面处理、维修保养和可更换件、安装方法等。

6.2　各装置的联接装配示意图，以及与其他机电系统设备之间的配合要求。

6.3　所有要求土建配合的资料，包括墙体及楼板预留孔洞、套管、预埋管道、镶嵌槽坑、设备基座等的位置和尺寸、设备荷载及运行负荷等。

6.4　主要设备的运送路线。

6.5　主要设备的电荷要求。

6.6　敷设电缆的要求。

6.7　固定于建筑结构上的设备及装置安装大样。

7　有关各类图纸送审及经批核后所需提交的图纸数量，均应按本章“所需提供的文件及图纸要求”所规定的要求提供。

8　承包人需给予设计人及其他审批人足够时间以审查图纸，因此承包人需确保图纸按照工程进度准时提交。

9　为避免与其他专业的安装发生矛盾或为使有关的工作正确地进行，本承包人需按发包人及监理所发的指示对有关安排作适当的调整而不能额外收取任何费用。

10　承包人需按批准图纸施工并需检查及复核其他专业的施工图以核实安装所需的空间。

11　无论在任何情况和位置，机电安装均需保持最大的使用空间和净空高度，一旦发现有关净空高度或空间不足够时，在施工前需先告知设计人/发包人及监理，并配合设计人进行调整。

12　二次深化设计、竣工图及报审相关部门图纸的图签使用费用，需包含在本次报价内。

三、竣工图纸

1　所有竣工记录图纸需于缺陷保修期开始之前30日内提交。承包人应于施工期间按实际安装情况，逐步对有关施工图进行修改并提交。所有图纸资料及编号均需详列于一份统一的图纸目录上，而此目录将纳入操作和维修保养手册内。竣工图的深度需达到地方标准要求。

2　竣工图需采用电脑绘制，并应符合国内有关制图标准。所用图例亦应严格地遵照有关国内标准的规定。除获得发包人同意外，所有图纸需采用A0、A1、A2、A3或A4的标准规格。

3　竣工图除展示出所有的设备和装置外，还应包括全部电缆/线管/管道等的敷设安排和全部继电器、接触器和其他开关装置的接点分析图表，及清楚说明每一主要设备的接触器及其他部件的操作程序的图表。任何对设备和装置的运转、操作、保养或对日后系统的加改有用的一切资料，无论是否曾在施工图上表示过的，亦应加以标注。控制器、装备或任何部件的有关参考号码或字母，以及设备和装置铭牌上列示的字母和号数等均应加以综合摘引。

4　所有系统示意竣工图及控制线路竣工图应个别用铝制框架装挂于个别机房的墙壁上。框架的具体要求需提交设计人作审核决定。

5　除上述各项外，承包人并需提交全部竣工图纸电脑软件档案并采用只读光盘（CD ROM）储放。承送人及图纸、光盘数量详见本章“所需提供的文件及图纸要求”。

6　承包人需注意如竣工图及操作与维修手册未按要求准时提交或未达批核水平时，有关于合约中扣下的款项将不会批付。有关要求已详述于本规格书内，承包人需严格遵守。

7　承包人应按照城建档案管的要求另行完成竣工图四套，其绘制竣工图的蓝图由承包人自费在设计人加晒，城建档案馆包括缩微在内的全部费用均包含在承包人的投标报价中。

第十节　设备及材料

一、质量保证

1　制造商的资格证明。除获特别批准外，承包人在本规格书中所提供的所有材料和设备，需具有相关生产许可，并需由具有5年或以上生产同类型产品经验的制造商提供。承包人需提交有关制造商的资质证明文件、设备材料产地。进口产品需提供产地认证、商检证明。

2　适用的规范、标准和条例。

2.1　本技术规格书内所列的有关规范和标准是指于签订合同时所颁布的最新修订版本。

2.2　若技术规格书内对某些要求未有列明标准，则有关的细节、材料、设备和工艺要求应遵照相关的国内或国际标准，取较高者为依据。

2.3　另一方面，其他国际标准如国际电工委员会（IEC）的标准等，如其标准内容能与本规格书内所要求的标准相符时，则有关标准亦可接受作为设备的制造依据。若所建议的标准与本技术规格书所规定的标准之间存在差异，应在设备订货前提出并提交设计人批准。

2.4　所有电气设备的施工应遵照地方的法规或条例等进行。倘若地方法规或条例对系统的设计，材料或设备的选型产生影响时，所提供的系统、材料或设备需符合有关条例的要求。

2.5　倘若上述各技术要求之间互相出现矛盾和或发生抵触时，则应按下列次序先后作优先考虑处理，并以较高者为依据。

2.5.1　地方的条例，指令和规范；

2.5.2　公用机构的条例和守则；

2.5.3　本技术规格书和图纸；

2.5.4　其他认可的标准。

3　主要设备、材料、成品和半成品进场验收合格，并做好验收记录和验收资料归档。当设计有技术参数要求时，应核对其技术参数，并应符合设计要求。

4　实行生产许可证或CCC认证的产品，应有许可证编号或CCC认证标志，并应抽查生产许可证或CCC认证证书的认证范围、有效性及真实性。

5　新（型）电气设备、器具和材料进场验收，应提供安装、使用、维修和试验要求等技术文件。

6　进口电气设备、器具和材料进场验收，应提供中文的质量合格证明文件、规格、型号、性能检测报告以及中文的安装、使用、维修、试验要求和说明等技术文件；对有商检规定要求的进口电气设备尚应提供商检证明。

二、获取批准

承包人需负责向当地有关政府部门、机构取得所有在本规格书内的有关设备所需的批准书。一切有关费用应包含在投标报价内。若因有关设备未能获得应有的批准书，因此而引致工期延误，一切损失费用均由本承包人负责。

三、设备的制造及种类

1　本规格书可让承包人进行招标与及提供其所建议的设备及安装方法，同时也能保证有关设备能完全符合其基本要求及本项目要求，并能配合建筑结构方面为强电系统所作的安排。

2　在任何情况下，若设计人认为所提交的招标文件其内容违反本规格书的基本要求，或企图修改本规格书的相关条款、工程范围或其他要求时，设计人保留其拒绝接受其投标的权利。

3　承包人选择设备的制造和种类时，应确保/提供适当的保养、维修和更换方面的措施并不会造成延误而导致对发包人造成不便或损失。

4　所有选用的设备及材料不可含有石棉或石棉产品物质。

四、保证

1　承包人需保证整个电气系统的安装及运作均达到有关部门的要求。

2　承包人需保证其所提供的设备或配件，无论是从本规格书内选取还是由承包人自行选择，均能按要求在任何工作环境下正常操作。

3　除本技术规格书另有说明外，保修期是自项目竣工验收后起计两年为止。

4　承包人如认为本技术规格书或图纸中的要求或说明，对其所保证或所负的责任并不适用或不一致，需于招标时提出。

5　安装和调试用各类计量器具，应检定合格，使用时应在有效期内。

6　任何制造商的产品保证在完工日仍然有效，该等保证的属权将自动转归发包人所拥有，其后有关制造商保证下续有的权利和责任亦转归为发包人所拥有。

7　电气设备上的计量仪表、和与电气保护有关的仪表应检定合格，当投入运行时，应在有效期内。

8　建筑电气动力工程的空载试运行和建筑电气照明工程的负荷试运行，应按本规格书规定执行；建筑电气动力工程的负荷试运行，应依据电气设备及相关建筑设备的种类、特性和技术参数编制试运行方案或作业指导书，并应经施工单位审查批准，试运行方案应经监理单位确认后执行。

9　高压的电气设备和布线系统及继电保护系统必须交接试验合格。

10　电气设备的外露可导电部分应单独与保护导体相连接，不得串联连接。

11　若在本规格书保修期满后发现系统上潜在缺陷，而经设计人认为乃由于承包人的工料和施工方法不符合本规格书和图纸的要求而引起的，承包人需负全责免费更换或修正，而不能以保修期届满、维修保养证书已签发、发包方已接收安装、工料或施工方案已获批准等理由为借口推诿。

五、设备的更改

1　在签订合同后，原则上承包人不允许使用入围推荐品牌外的设备或材料。若在特殊情况下，承包人需更改某产品，则需以书面形式提交合理解释及证明文件，与及建议设备或材料的制造商。重新建议的设备或材料制造商，需于本招标书的可接受生产商清单内挑选，并同时获得发包人/设计人的书面批准方可使用，然而该等设备及材料需达到本技术规格书的要求。此外，如有额外费用或合约上的责任应由本承包人完全负责。

2　承包人需清楚任何更改合同上要求的材料及设备通常会导致延迟审批时间。本承包人需对有关的延迟负上全部责任，而发包人/设计人决定为最终决定。

3　若发包人/设计人接受承包人采用与招标时不同的材料及设备，所有因此而导致的有关改动包括建筑和结构的改动或对本身和其他专业产生的影响而所引起的一切额外费用均需由本承包人负责。

4　若设备的更改导致建筑结构需要进行调整，发包人/设计人原则上不会接受。若接受，所有有关的建筑结构改动及对其他专业造成影响而引起的一切额外费用等，均由本承包人负责。

5　如获批准的改动与原招标图纸上所示或所说明的管道、电缆、导管和设备的数量及排列有差距，本承包人需提供有关管道、结构支架、保温材料、控制器、电动机、启动器、电缆和导管和其他所需的附加材料及附件，并需承担所有增加的费用。

六、拒绝不适合的材料

1　发包人/设计人有权拒绝接受任何不符合本技术规格书要求的设备、材料和工艺，并同时有权命令承包人将不符合要求的设备、材料和安装拆除和更换，因此而引致工期延误及一切有关费用均由承包人负责。

2　工料是否满足规格书的要求，应按发包人/设计人的决定为最后的决定及约束。

3　不合规格而被拒绝的材料或安装，不能构成逾时完工的原因或借口。

七、设备材料的包装和保护

1　所有运送到工地的设备和材料均应保持全新的状态，并应有适当的包装和保护以避免在运送过程中、恶劣的气候或其他情况下造成损毁。同时，在实际情况许可下，设备和材料在进行施工前亦应存放于包装箱内，或用防护罩加以保护。

2　所有于运送过程中或在工地上受损毁的设备或材料，将被拒绝接受，承包人需作无偿更换。不接受因更换设备或材料而要求延长工期。

3　承包人应该清楚工地现场可供存放物料的场地极为有限，因此承包人对大型设备的到场需事先有详细的计划和安排，并提出切实可行的运送方案。工地现场将不提供临时存放场地。

4　施工过程中的半成品和成品保护是本承包人的工作内容，成品保护措施和专项方案，并应获得机电总承包人/监理人批准后方可实施。

八、对设备的责任拥有权

1　在本工程建设期间承包人需对任何材料、机件及设备的破损和丢失等负责。

2　在合约范围内所提供的一切材料、机件和设备一经送抵工地后，其拥有权归发包人所有。

3　在未得施工总承包人/机电总承包人的书面批准前，任何材料、机件或设备皆不得移离工地。

九、设备的大小及运送通道

1　所提供的设备和设备的大小尺寸应能适合于所指定的安装空间，并需考虑提供足够的维修及保养所需的通道。承包人应负责与机电总承包人协调所需检修门的位置及要求。

2　承包人应提交所提供设备的施工图和具体尺寸要求。若所提供的设备其尺寸与图纸所示不符，因此而引起的一切改动和费用开支，需由承包人负责。承包人应负责把全部材料运送到安装现场，对于大型重要设备的运送方案，应以图纸表示，并事先提交设计人审查。

十、样品审批

1　承包人需在接到中标通知书后的10个工作日内，提交一份具体的样品清单给发包人/设计人审批。清单内应包括设备及材料的名称、制造商名称、产地、型号、预算提交的日期等。承包人应清楚了解，此清单获批准接受后，如设计人认为有必要时，可要求承包人继续补充清单以外的样品。

2　送审的样品需采用木板挂列提交，样品板应按照设计人指定的统一模式制造。样品板应包括：

2.1　应用在本工程上所有细于 $300mm^2$ 的材料和附件。

2.2　所有有关的安装工艺样品。

有关材料及工艺的样品需先获得发包人/设计人的书面批准才可施工。

3　承包人需将获批准的样品板（一式三份）运送至工地，一份保留在工地现场的样品板房内，一份保留在设计人办事处，一份保留在发包人办事处，作为日后对所用材料和工艺的核对和验收标准。所有不符合上述样品的材料或工艺要求将被拒绝接受，承包人需将其更换，并且不能因此增加合约价格和作为拖期的理由。

4　在每一个样品上应附有中英文说明的标签，清楚标注有关承包人名称、合约名称、制造商名称及将应用的系统等资料。

此外，按本技术规格书的要求，承包人需提供足够的材料样品作试验之用。若有需要时将进行破坏性的样品试验。而此等样品和试验所需的有关费用应包括在本规格书价格内。

十一、材料和工艺

1　承包人需在接到中标通知书后的10个工作日内，提交一份具体的材料和设备清单给发包人/设计人审批。清单内应包括材料和设备的名称、制造标准、所有备件及特殊/专用工具、预算提交审批的日期等。承包人应清楚了解，在此清单获批准接受后，如发包人/设计人认为有必要时，仍可要求承包人继续补充清单以外的材料和设备。

2　除提交材料及设备外，承包人需根据工程进度的安排，按发包人/设计人/机电总承包人/施工总承包人要求于指定位置，先进行样板安装。如样板安装因工艺或任何原因未能获得发包人/设计人审批，本承包人需进行拆除、整改、重新安装等工作，直至获得发包人/设计人审批，而有关的返工费用应由本承包人负责，且不得作为拖延工期的理由。

3　除了本技术规格书有特殊说明外，所有设备，材料和物品均需为全新和标准的产品，并且具有适合的等级标准。此外，本技术规格书内所提及的任何设备、材料、制品或专利制品的商品名称、制造商或产品说明，其作用主要是设立质量标准的依据而不应理解为指定采用任何商品或限制商品竞争。

4　除特别说明外，自行生产或本地制造的设备需获得发包人/设计人批准方可采用。

5　同类型的设备装置的零部件及其组成零件应能互相调换。备用零件应该使用与原机零件同样的材料，并且适配于设备装置的同类部件。若使用需经机械加工的零件，有关机械加工要求及允许偏差应以图纸说明并连同指示手册提交。

6　所有转动的部件需在正常运转速度和最大负载情况下，都能达到静荷载、动荷载的要求，并不应产生显著的震动和声响。若震动和声响超出设计标准，承包人需提供隔声器和消声消声器以满足噪声要求，有关费用由承包人承担。

7　所有受尘埃影响而会出现磨损或损坏的零部件，均需完全设于防尘保护罩内。

8　在实际可行情况下，应避免不同带电性金属互相接触，若无法避免时，需选用电化学位差不超过 250mV 的不同金属材料。若此条件亦不能达到，则其中一种金属或该两种金属的接触面应加以电镀处理以减少两者之间的电位差，或采用措施把不同金属绝缘。

9　由电缆槽接线至设备（如动电机、执行器、其他分线盒等）的软管（蛇皮管）两端，要严格使用适配的带螺纹的卡头。

10　本规格书范围内的全部施工应由熟练的专业人员进行，并应遵照本说明书所述的工艺要求施工。发包人/设计人有权要求承包人提交各专业技术人员的资历作审批。

所有组件的安排均应达到方便维修保养及更换的原则。

十二、噪声控制保证方案送审

1　承包人需提交噪声控制保证方案供审批。噪声控制保证方案需包括但不限于下列各项：

1.1　对图纸做出检查以鉴定声源和声响传送途径。

1.2　对每一声源及其传送途径应做出初步估算，并确定施工图及设备的设计和安排已具备消声和减震措施以达至噪声管制要求。

1.3　对工地土建施工情况进行检查以决定所采取隔震措施的程度和适当位置。

1.4　对某些施工图上已提供消声及减震措施仍然无法达到噪声控制要求的地方，提供设计及建议解决方法。如建议需对原措施做出改动，需把建议连同设计数据提交审批以证明整个系统能达到噪声控制要求。待建议获得审批后，才可进行施工。

1.5　对所有固定声源应进行降噪处理，使噪声量满足国标《社会生活环境噪声排放标准》GB 22337—2008 的相关规定。此外所有系统同时运作的总噪声量包括设备重新启动的声响、突发性声响及经结构传递的声响等均符合有关规定要求。

2　进行系统试运行时，应同时于室内及室外进行噪音量的测量工作。提交测量报告以证明所采取的消声和减震措施均可满足要求。报告应包括环保局的批核证明。噪音测试方法应按有关规定要求进行。

3　若所安装的系统或消声和减震措施未能达到LEED 金级、绿色建筑三星或本技术规格书的要求，承包人需对系统或消声和减震措施进行整改工作以达至符合要求为止，有关费用由承包人负责。

十三、安全设施

1　临时安全设施：在施工期间，承包人需对其安装的任何转动机件提供足够的临时安全设施。同时若承包人的工作地方位于总承包人所负责的范围外时，所有会对其工作人员及其他行业人员构成危险的地台/墙壁孔洞都需提供足够的安全保护设施。

2　永久性的安全设施：承包人应对其安装的任何转动或摆动的机件，如电动机驱动轴等，提供防护网或可移动的防护围杆。有关安全装置的设计和制造，应符合当地的有关工厂及工业条例。

3　安装电工、焊工、起重吊装工和电力系统调试人员等，应按有关要求持证上岗。

十四、施工用电和维护检查费用

1　施工期间所有用水用电费用由施工总承包人承担。

2　竣工验收后2年内的各种维护、维修、检查费用由承包人承担。

第十一节　工程进度计划表

一、承包人需在提交标书时先提交简单的施工程序和进度计划表，而在中标后10个工作日内需向发包人/设计人/机电总承包人提交一份详尽的工作进度计划表作审批。

二、承包人的工作进度计划应与机电总承包人的工作进度计划协调，并需配合机电总承包合同分期进行的工作进度要求。进度计划表应把各细项工序的计划反映并应包括以下内容：

1　管理人员进驻工地；

2　所有设计图纸、样品和设备送审预算；

3　送有关政府部门审批的施工图纸和设备；

4　设备的订购；

5　设备的生产制造；

6　设备从原产地运送至工地；

7　设备的安装方法、程序以及各细项工序所耗用的时间；

8　测试和验收；

9　移交。

三、由承包人所提交并经机电总承包审批的进度计划表将纳入于本工程的总进度表内。承包人需按照有关进度计划表进行施工。

四、承包人应按指示立刻展开工作，并应持高度合作及积极态度配合总进度计划表的工作安排。承包人应注意工作效率和速度的重要性，并需紧密地配合机电总承包人所订下的工作进度计划。

五、总进度计划表的安排并不保证承包人能按所定进度计划连续不断地进行施工。若因按实际施工情况而需对有关总进度计划表做出修改时，承包人需予以配合及不能为此而做出任何的索偿。

六、承包人应在任何阶段与总承包人及其他承包人合作。同时，在施工过程中应不断按实际情况并考虑其他承包人或专业承包人的需要对施工计划做出修订以配合实际施工进度。

第十二节　工 地 组 织

一、承包人于获得本规格书后或获通知中标后10个工作日内应提交工地组织纲要作审批。

二、承包人本身的组织架构应严谨编制，并由经验丰富的专业人员分工领导，以达到最佳的协调及施工效果。工地组织纲要需包括各职位的长驻工地主管人员。有关的主管人员名单及履历，需提交设计人评审及认可。

第十三节　检验和测试

一、一般要求

1　承包人应按下述及本技术规格书的有关章节的要求对在合约范围内的工程进行检验和测试的工作。

2　有关检验和测试将分为以下四个基本阶段：

2.1　定型测试。

2.2　工厂验收测试。在设备交付运送前进行。

2.3　工地测试和试运行。

2.4　安装验收测试。在设备和系统运输、安装和工地测试和试运行后进行。

3　检验和测试所需的设施、劳务、耗材和配备等的全部费用应包括在招标价格内。

4　有关设备或安装工作即使通过验收合格并不表示可解除承包人在合同上对应完成的工作所负的责任，亦没有解除承包人在承包合同中应承担的任何责任。

5　验收合格后正式接收前，承包人需先取得所有有关政府部门签发的批文和证书，证明有关部门对系统满意和接受。

二、定型测试

1　承包人提供的所有设备装置均需在机电总承包人/监理人监督下进行定型测试。但如果有关设备装置已经进行测试而承包人又能出示具足够的证明文件及合格的证明书，则可豁免。

2　有关设备主要部件或组件的测试范围应根据相关标准的测试程序、本技术规格书的要求或由承包人提供并经设计人认可的测试程序而制定。

3　不论任何情况，如设计人认为确实有需要或发现测试结果不满意时，有权要求增加额外的测试，直至符合要求为止，而有关的费用由承包人承担。

三、工厂验收测试

1　承包人需提交一份详细的计划表，详列所有需进行的测试项目、每项测试预计所需的时间、测试内容和测试的进行方式。承包人需逐项完成以证明整个系统能完满运作所需的一切测试。未得设计人/机电总包同意，不允许有任何变改。

2　承包人应于工厂验收测试开始的20个工作日前，把详细的测试程序和最后的测试计划呈送发包人/机电总包/监理/设计人审批。

3　承包人应将所有设计人拟出席或参与的测试集中安排以减少旅费开支。

4　工厂验收测试应在承包人专人监督下进行。

5　承包人应承担进行测试的责任并记录有关测试结果。在完成测试后个10个工作日内，应向机电总包/设计人提交四份正式测试证书以供审批。如测试进行时设计人未能出席或参与，承包人需将在测试时所作的原记录手抄稿复印件尽早先交给设计人。当设计人收到测试结果并经审核满意后，将以书面通知承包人有关设备装运。

6　如果某一测试发现有问题，承包人需向设计人详细解释该问题的性质和发生的原因。当有关问题矫正后，设计人将决定需进行重试的测试部位。

7　承包人需负担因重做测试而引致设计人或其他人代表的额外开支，有关费用将在合同价内扣除。

8　如发包人/机电总包/设计人认为某设备不符合本规格书要求时，有权拒绝接受，并会在合理时间内以书面知会承包人有关拒绝接受的原因。

四、工地测试和试运行

1　当所有设备和附件正确地安装完成后应进行测试以证明设备正确地安装、联接和调校。如施工情况许可，测试可按施工阶段进行，但设备仍需按全面正常运行来进行测试，以确保各阶段的测试并未对先前所完成的测试的工作造成影响。如果设备的任何部分在这些测试中不合格，需在矫正错误后再进行不少于两次连续性和两次间断性的测试直至再无同样或其他问题出现为止。重新测试而增加设计人或其他人代表的旅费开支将在合同价中扣除。

2　用于进行测试和校正错误所需的仪器、设备应由承包人提供，所有费用应包括在招标价格内。所有这些仪器需经设计人认可，并于使用前后进行校正。如有需要，需由认可的实验室对仪器的精确度进行测试和校正。

3　所有在进行测试时所需的更换件、消耗件等，应由承包人提供及装配。

4　在进行工地测试前至少15个工作日，承包人应把用于测试的仪器的详细资料向设计人提交审批。在施工期间的任何时候，承包人应向设计人或其代表提供一套专用的测量仪器用于测量电流、电压、电阻和绝缘情况以测量设备的安全状况。

5　承包人需进行法定和保险公司要求的一切所需测试工作，此等工作包括安排政府相关人员或保险公司代表等前来进行测试，并提供符合规定及认可的证书好使设备系统能投入使用。

6　承包人应按照《建筑节能工程施工质量验收规范》GB 50411—2007完成进场材料的复试和系统检测，无论其规范中规定是否由承包人负责检测的项目其相关检测的费用全部包括在承包人投标报价措施项目（无论其措施项目中是否包含此项费用）中。

五、安装验收测试（SAT）

1　承包人需提交一份详细的计划表，详列所有需进行的测试项目、每项测试预计所需的时间、测试内容和测试的进行方式。承包人需逐项完成所需的一切测试。未得设计人同意，不允许有任何变改。

2　有关装置和设备在完成所有工地测试和试运行及修正所有在测试期间所发现的问题后需进行安装验收测试，有关验收测试需在发包人/机电总包/设计人认可和监督下进行。安装验收测试的目的是要证明整个系统装置完全符合技术上和操作上的要求。

3　在以上所列的各项条件和要求同样适用于安装验收测试。

第十四节　竣工报告

一、由设计人所签发的竣工报告是表示系统通过验收测试，可交付发包人使用，但承包人仍需向各有关政府部门完成送审、安排调试、检验及申请所需的系统运行许可证并完成移交最终用户后，方才完成承包人在本合约的安装责任。

二、本承包人需负责所有政府部门对安装系统进行审批、调试和检验等工作所需的费用。

第十五节　培　　训

一、承包人需提供所需的培训设施和课程，以确保发包人的工程人员能对承包人所提供的系统、设备和装置的设计、日常的运作、故障和例行维护、事故的处理和解决方面等有全面性的认识和了解。

二、培训应于发包人指定地点及工地现场进行。承包人需预先编制一套详尽的培训计划，列出每项课程的大纲、培训导师资料及培训所需时间，提交发包人审核。同时，承包人应按每项课程提出各接受培训的学员应具备的资历要求，使有关培训能收预期的效果。

三、承包人需委派资深导师进行每项培训工作，培训需以普通话作讲授。所有导师的资历需先提交设计人作审核认可。

四、承包人应向受训学员提供并解释有关设计资料、文件、图纸等，以便使学员对整套系统的各个方面都能熟练掌握。

五、承包人经得发包人同意可以利用已安装、测试和交工试运转的装置和设备对发包人的工程人员进行培训。然而承包人不得使用备用零部件进行培训之用。承包人应提供足够的材料、设备、样本、模型、设备资料的复印本、幻灯、影片以及其他种种需要的培训教材文件，以便培训工作的进行。培训课程完成后，有关装备和教材将为发包人所有，以便日后发包人自行对其他员工进行辅助性培训使用。所有教材文件需以中文说明。对发包人的工程人员培训需取得发包人认可。

六、上述培训所需的全部费用应包括在承包人的合同价内。

第十六节　零备件及工具

一、承包人项目竣工验收后24个月保修期。保修期满前，承包人需要补齐配品备件，数量应满足两年使用需求（具体详见机电工程总则），发包人对其进行清点。承包人需安排及准备不少于本章所要求的零备件和替换材料，以便于缺陷保修期开始前立刻交付发包人。以保证设备系统能在不影响性能和稳定性下圆满地连续运作。

二、本承包人在缺陷保修期15月后需提供一份由承包人建议的两年有效零备件及工具表，详细列出各项零备件及工具的数量和价格，并列明其一般的更换率。承包人需预早提交以上的零备件及工具表供发包人考虑，以便指示承包人安排把有关零备件/工具于缺陷保修期结束前送抵。

三、所有零备件及特别工具应与系统设备同期制造，并通过测试、调校、适当地包装和标签，并由本承包人负责运送到工地。

四、所有用作维修保养所需的特别工具和仪器需由承包人提供，并需安放于一带锁的专用工具箱内。

第十七节　免费维修保养

一、在缺陷保修期内，本承包人需免费提供所需的工作人员和材料，作一般性的定期维修保养，同时提供24h随传随到的紧急维修服务。

二、为达到本规格书的要求，维修保养工作应包括但不限于以下的项目。

1　为保持系统的正常运作，如有需要时需对设备的组件进行维修或更换工作，包括：提供材料、一般性消耗件、润滑油、清洁剂、过滤器及劳务等。

2　提供维修保养记录，并把记录书放置于指定地点，以便发包人工作人员随时查阅有关设备的维修保养、组件更换次数、检查及维修日期等纪录。

3　按照以下要求提供定期维修及检查。

3.1　每月的维修检查。

3.1.1　对所有系统设备进行例行检查，以保证系统运作正常。

3.1.2　调试所有设备。

3.1.3　替换所有不正常的电气设备或其他设备配件。

3.2　每季的维修检查。

3.2.1　清理及润滑有关的设备配件（如轴承、驱动轴、螺丝、隔震器、传动装置和所有机械部件）。

3.2.2　清理所有设备外壳及电动机。

3.2.3　检查所有设备的电流值。

3.3　半年维修检查。

3.3.1　检查有关设备的联轴器和隔震器。

3.3.2　更换润滑油过滤器及润滑油。

3.3.3　检查、水泵轴承调校及叶轮的固定安装和防漏密封件。

3.3.4　更换及维修启动控制屏、电力开关柜、保险丝和不正常的供电配件或其他设备配件。

3.4　年终维修检查（在缺陷保修期的第十个月进行）。

3.4.1　检查及调校所有系统/设备以保证系统能按照制造厂的标准运行。

3.4.2　检查及调校所有用于系统平衡的阀门。

4　在收到紧急事故召唤时，承包人需按正常工作时间及非工作时间分别于 2h 及 6h 之内到场进行抢修工作。

5　计划维修时间，应安排在夜间及双休日或发包人同意的不影响正常办公的时间内完成（应急维修除外）。

6　承包人应于维修保修期间对系统和设备做出适当保护，并在缺陷保修期满前，对设备进行翻新。

第十八节　操作和维修保养手册

一、概述

1　承包人需于工地测试和试运行进行前一个月，预先草拟一份包含临时图、电脑软件表和操作和维修保养程序的操作和维修保养手册草稿（往后简称为”手册”），以便发包人的工程人员能预先对有关装置有所认识。而有关手册草稿除了一些资料因有关工程尚未完成而需以临时插页暂代外，其格式安排应与日后正式手册的编排相同。

2　此外，在提交手册草稿前一个月，承包人应先将手册的编排大纲内容的初稿提交设计人作审核。

3　经批核的正式手册需于缺陷保修期开始后的20 个工作日内备妥及提交。手册内所有资料应以中文编印。

4　每一系统应独立成册，不同的内容或章节应以塑胶制索引标签分隔并附有清楚的目录指示，以便使用者翻查参考。

5　手册应采用纸质优厚的A4 标准规格的纸张编印，内文和插图资料需清晰。为便于使用及能经得起在日常维修的工作环境下多次反复翻阅而不易受破损，手册应配上坚硬的封面、书背和书脊，并以胶质塑胶或其他耐磨损的材料作保护。为避免手册内页于使用时散失或容易被抽离，手册的装订方法宜采用不易拆除的锁钉或装订环方式，并同时确保手册于使用时平躺打开。不应采用弹性底垫装订方法。手册内需附有一定数量的空白附页以便维修保养人员作为工作笔记之用。在书背内页亦需配置一个纸袋作为日后放置增添的图纸之用。

6　所有图表应绘制在坐标方格图纸上，而任何互有关联的图表，应在相关图纸上各附参照标记。

7　设备的操作控制需采用“控制示意图”以清楚而简单的形式来表示，并以“控制连接图”方式表示装置内部各部件及电线的位置、安排和联接的资料。所有的控制图需包括或另提供详细的图例说明，以识别各部件和接点的位置并标注其特别功能、特征和用途，例如额定电流量、线圈电压、调节定位参数等。

8　如在不同的控制示意图上表示设备内部之间的联接时，在相关的图纸上需各附相互参照的标记，并同时需清楚表示相互联接部分的电缆资料包括电缆的尺寸。

9　在设备布置图上所注的标记需与有关的示意图上所标注的互相吻合，使所有的设备装置的位置和型号能容易识别。

10　手册需同时附有本项目的“竣工图”目录，并按所属系统分列于有关系统的章节内。如某一图纸同时适用于多个系统时，则需在每个有关系统章节内同时列出。

11　在最终版本的手册内应包括在设计和施工图送审期间所提交及审批的有关文件，为减省翻查旧档案的时间，在编写有关文件时，应采用与手册相同的格式。至于个别系统设备或装置，亦可以利用由厂家提供的技术数据和指南，经索引编排后成为手册的一部分，但其内容和格式需符合本技术规格书的要求，有关资料的装订应与手册相同。

12　所需提交的手册数量，需按照本章“所需提供的文件及图纸要求”所规定的要求提供。

二、内容（本节需包含手册的主旨并简要说明手册的内容和章节）

1　系统说明（本节至少应包括以下内容）。

1.1　分别详尽介绍每个独立系统如何调节、控制、监察和调校。

1.2　介绍各系统的主要装置和部件的大小规格和功能。

1.3　提供每个系统的可调节部件和保护装置的最初设定参数。应预留一定的空位以便后期调整设计。

1.4　系统设备的正常运作程序和在不正常情况下维持部分部件运作的应变程序。

1.5　有关供电系统、配电屏和控制屏的详细说明。

2　技术说明：本节应包括所有设备和部件的技术资料和功能的说明，其格式应参照本规格书，内容包括：

2.1　所有系统和设备的技术资料介绍，包括每块电路板的电路图，以及其所有电子组件的布置图。

2.2　管道和接线图。

2.3　所有专利设备需附有原厂所发的制造图纸，如有需要需同时提供部件剖析图以显示各部件的位置。

2.4　设备表：列出生产制造厂商、型号、系列编号、经调试运行后所核定的设定参数。

2.5　提供所有设备的产品说明书、签证书以及性能指标表等资料。

3　维修保养：本节应包括所有装置的运作和维修保养程序说明。而内容需至少包括以下的资料：

3.1　所有系统的检查手册。

3.2　所有系统的运作手册。

3.3　更换装置部件的程序、要求和更换率。

3.4　从整个系统以至电路板的维修保养指示和说明、调校程序和寻找故障的指示和说明。

3.5　进行系统操作和维修保养的程序和需特别注意的事项。

3.6　零备件储存和目录编册系统。

3.7　系统的故障寻找程序。

3.8　零备件表。

4　安全保险（本节至少应包括以下内容）

4.1　各类设备的正确操作程序。

4.2　对各项系统操作时可能发生的危险事故应作的预防、应变和保护措施说明。

4.2.1　电气事故的防护措施；

4.2.2　机械事故的防护措施；

4.2.3　火灾和爆炸事故的防护措施；

4.2.4　化学事故的防护措施；

4.2.5　在使用或处理燃料和化学物时出现事故的防护措施；

4.2.6　急救及意外报告。

5　供应厂商指南：本节应列出每一种设备、材料和附件的供应厂商和代理商的名单，包括通信地址、电话、图文传真号码及电邮地址。

6　零备件表：本节应列出提供给发包人的所有零备件和维修保养所用工具的清单。

7　任何装置或控制系统采用电脑软件时，需提供专用使用手册并应包括以下内容。

7.1　目录表打印本；

7.2　流程表、数据流程图和程序说明；

7.3　故障诊断软件和工具的使用说明；

7.4　程序设计和系统使用手册；

7.5　应用原资料软件、专用工具和通用软件，以便发包人能改动或改善软件。

第五章　高压开关柜

第一节　一 般 规 定

一、高压开关柜的设备，包括高压开关柜以及设计规定的全部附件的制造、供应、安装、接电、测试、试运转和交付使用。

二、本系统供电电压为10kV±10%，50Hz，经10/0.4/0.23kV变压器降压至380/220V±10%，50Hz，供所有低压用电设备。

三、承包单位应满足当地供电部门有关安装工程施工及验收的所有规定及图纸要求，议标价格需包括二次接线回路所需的接触器、继电器等设备及控制电缆等。

四、使用的各项设备和附件在订货前应通过当地供电部门核准。

五、高压开关柜的尺寸大小需适合安装于指定的房间内，若体积或重量与原设计不符，承包单位需免费另选型号以满足要求。

六、高压开关柜优先选择品牌成套柜。

七、质量保证

1　各项设备、材料和工艺均应符合中国国家有关的规范、国际标准（IEC），及当地供电部门的规定、认可供应商。

2　各项设备、材料和配件符合所规定的工作条件。

3　同一品种的设备和材料应来自同一厂家的出品。相同的设备应能互相替换。柜体和元器件生产厂优先选择同一品种的产品。

4　开关柜的供应商必须为断路器的特许经营生产单位，承包单位需提供证书或有效文件以证明其特许关系及质量保证协议。

第二节　设计和制造标准

整个高压开关柜的设计和制造需符合下列标准：

一、《3.6～40.5kV交流金属封闭开关设备和控制设备》GB 3906—2006；

二、《高压开关设备和控制设备标准的共用技术要求》GB/T 11022—2011；

三、《高压交流断路器》GB 1984—2003；

四、《高压交流隔离开关和接地开关》GB 1985—2004；

五、《高电压试验技术》GB/T 16927；

六、《低压成套开关设备和控制设备》GB 7251；

七、《3.6～40.5kV交流金属封闭开关设备和控制设备》DL/T 404—2007。

第三节　10kV空气绝缘的敞开式开关柜

一、10kV空气绝缘的敞开式开关柜及其内部设备，如开关装置、母线、接触器等需证明符合所指定的负载类别。特别是母线系统需经过定型试验并由认可的国家级试验机构对其在预期短路条件下的性能出具证明，并需提交GB/IEC证书。10kV开关柜需具有承受

10kV，31.5kA，4s的三相短路能力。

二、设计和构造的总体要求

1 高压开关柜需为中置式柜型，室内金属密封型，单层，单母线系统。单个的开关柜需由螺栓连接在一起组成封闭，独立和自撑的装置。

2 柜体需用2mm以上的铝锌钢板或其他相同的材料制成形成一刚性结构以承受设备重量和设备工作时的冲击或运输和安装时的碰撞。

3 下列主要部件需分别装于由接地的金属隔板分隔的单独间隔中：

3.1 断路器；

3.2 母线；

3.3 电缆箱。

4 在前上方需有一单独的小间装设测量仪表，保护装置和指示灯。测量仪表和保护装置需尽可能装于离装饰完成地面300mm和2000mm之间。

5 断路器的柜门需同操作机构连锁，使门只能在断路器处于安全状态试验位置时打开。

6 开关柜应防虫。所有门应有橡皮或其他批准的材料做成的垫衬。每个设备间隔应具有单独的排气孔。内部电弧需限于其发生的间隔内。开关柜需适合室内使用，其防护等级应达到IP4X。

7 开关柜需同等高度，在其排列长度内其深度一致，外观整洁。

8 柜面采用静电粉末喷涂处理。

9 供给3kg与制造厂内施于开关柜上同样喷涂粉末。

10 标牌一般需用白/黑/白有机玻璃片制成。上面刻以中，英文字。题字和符号的具体细节在制造前需送审批。标牌需按批准的方法固定。

11 10kV金属铠装封闭（中置式）开关柜需满足下列要求：

11.1 环境要求：

11.1.1 安装场所：户内安装。

11.1.2 海拔：≤1000m。

11.1.3 环境温度：−5～40℃。

11.1.4 日温差：25℃。

11.1.5 相对湿度：≤85%（25℃）。

11.1.6 抗震能力：要求承受地震烈度8度。

1. 水平加速度：0.3g（正弦波3周）。

2. 垂直加速度：0.15g（正弦波3周）。

3. 安全系数：>1.67。

11.2 系数参数：

11.2.1 额定电压：12kV。

11.2.2 运行电压：10kV。

11.2.3 工频耐压：42kV/min。

11.2.4 雷电冲击电压：75kV（全波峰值）。

11.2.5 额定频率：50Hz。

11.2.6 中性点接地方式：低电阻接地。

11.3 主要技术参数及性能：

11.3.1 额定电压：12kV。

11.3.2 额定电流：

1. 进线柜内真空断路器：1250A。

2. 馈线柜内真空断路器：630A。

3. 主母线：1250A。

11.3.3 短时耐受电流：31.5kA。

11.3.4 额定开断电流：31.5kA。

11.3.5 额定频率：50Hz。

11.3.6 额定短路开断电流（有效值）：31.5kA。

11.3.7 额定关合电流（峰值）：80kA。

11.3.8 额定短路耐受电流：31.5kA/4s。

11.3.9 一次母线动稳定电流（峰值）：63kA。

11.3.10 柜体及开关设备绝缘。

1. 对地，相间及普通断口工频耐压值：42kV。

2. 隔离断口间的绝缘工频耐压值：48kV。

3. 对地，相间及普通断口冲击耐压值（峰值）：75kV。

4. 隔离断口间的绝缘冲击耐压值（峰值）：75kV。

5. 柜内各组件的温升不超过该组件相应标准的规定。

6. 分、合闸机构和辅助回路的定电压：DC 110V。

三、真空断路器和小车

真空断路器需符合《高压交流断路器》GB 1984 或《高压开关设备和控制设备标准的共用技术要求》GB/T 11022，并为自动脱扣、全封闭、金属外壳、垂直或水平方向隔离，水平抽出型，并应符合下列要求：

1 电源特性。

1.1 工作电压：10kV±5%。

1.2 工作频率：50Hz±2%。

1.3 接地系统：低电阻接地系统。

2 断路器特性。

2.1 极数：3。

2.2 等级：室内。

2.3 额定电压：12kV。

2.4 额定雷电脉冲耐压：75kV（峰值）。

2.5 额定一分钟工频耐压：42kV。

2.6 额定电流（进线、联络/馈线）：1250/630A。

2.7 辅助回路工频耐受电压：2kV。

2.8 额定开断电流（有效值）：31.5kA/4s。

2.9 额定关合电流（峰值）：63kA。

2.10 额定动稳定电流（峰值）：63kA。

2.11 额定热稳定电流（有效值）：31.5kA/4s。

2.12 额定短路开断电流开断次数：≥50 次/31.5kA。

2.13 雷电冲击电压：75kV（1.2/50μs）。

2.14 最小载流值：≤5A。

2.15 操动机构类型：弹簧储能操动机构。

2.16 手动操作程序：O-0.3s-CO-180s-CO。

2.17　储能时间：<15s。

2.18　操作电压：DC 110V。

2.19　操作电流：≥0.75A。

2.20　合闸时间：≤68ms。

2.21　分闸时间：≤50ms。

2.22　燃弧时间：≤15ms（50Hz）。

2.23　开断时间：≤65ms。

2.24　真空度10^{-7} Torr，终止真空度10^{-4} Torr（1Torr＝133.322Pa）（瓷质真空管）。

2.25　机械寿命：不小于 30 000 次。

2.26　电气寿命：E2 级。

2.27　合闸线圈在 110%～65%额定电压（DC 110V）能可靠动作，跳闸线圈在 120%～65%额定电压应可靠动作，分合闸线圈不动作范围 0～30%U_e。

2.28　机械寿命：30000 次。

2.29　备用辅助接点：2 个常开，2 个常闭。

2.30　保证运行寿命：大于 20 年。

2.31　弹跳时间：<2ms。

2.32　端子故障额定瞬态恢复电压：按《开关设备和控制设备》IEC 62271 的规定。

2.33　定型测试操作频繁：1000 次，按有关国家标准的规定。

四、母线间

1　母线、母线接头及其支承绝缘子需具有足够尺寸，以承受 31.5kA，3s 短路时的电应力和机械应力。

2　母线需为冷拉高导性高纯度铜制，铜纯度≥99.95%，导电率≥97% IACS，电阻率≤0.017777Ω·mm²/m。外面有经批准的绝缘层，并由树脂膜或经批准的相同材料承托。母线连接需由可除去的绝缘遮盖。

3　接地线需为精铜铸成，不接受回收铜，铜纯度≥99.95%，导电率≥97% IACS，电阻率≤0.017777Ω·mm²/m。母线需用机械方式连接，接触面需镀锡并加垫片和锁定螺母。

4　引至各单独单元的母线其连续额定电流需不低于与之相连设备的额定电流。

5　母线需用颜色标志，以区别相位顺序 L1-L2-L3（黄-绿-红）由开关柜操作面从左至右，从上到下，由近到远排列，需按当地供电部门要求。

6　母线侧和馈线侧固定隔离触头插孔需配置单独操作的安全隔板。隔板由弹簧操作，通过断路器携载小车的移动而自动开合，以避免当断路器抽出后接触到固定的隔离触头。各隔板需有颜色和标志，以指示属于母线或馈线隔板。

7　母线小间需位于开关柜的上部，小间内不允许有其他设备和导线。

8　母线小间需由螺栓固定的面板组装以便易于由前方和后方进入。

五、电缆终接

1　电缆应可从开关柜的下面或上面进入。终端的安排以及终端尺寸和细节需符合进线电缆的要求并在制造前送批。所有夹紧和紧固材料的尺寸需保证承受由短路电流引起的最大应力。电缆箱需经定型试验以保证质量。

2　电缆终端接线箱应适合于所用的热缩或干式终端的高压电缆。

六、二次设备控制间

1　断路器的控制采用就地操作。

2　所有保护、控制、测量及信号装置的二次设备均分别安装于所属开关柜前的仪表小室内。承包单位需按系统图要求提供过电流、速断、接地保护及主变压器极温保护继电保护装置及保护屏。

第四节　真空断路器

一、断路器操作机构特性。

1　合闸操作方式：电动机带动弹簧储能型，机械和电气自动脱扣/合闸线圈合闸。

2　额定电源电压：110V 直流跳闸。

二、三相断路器需由箱外共同的连杆，由柜前的操作机构操作。

三、10kV 手车式断路器需有两个位置，“试验位置”和“工作位置”。断路器、操作机构、移动式隔离触头、控制器、指示灯及各种必要的控制线路均载于四轮小车上。除载流部件外，断路器小车和各金属部分需通过固定的部件接地。移动部件的接地需经批准。和移动装置上的跳闸和合闸线圈，电动机电路及控制/指示装置的连接需通过辅助触头。当小车处于“工作”位置时，辅助触头自动接通。

四、相同额定电流的断路器需可互换。

五、断路器需配有下列机械连锁，以防止下列操作：

1　当断路器闭合时，将主回路隔离。试图隔离主回路时不应使断路器跳闸。

2　闭合断路器，除非移动部分已正确地插入或自设备中隔离开。

3　如有关的控制电路未接通，将断路器闭合于“工作”或“接地”位置，或当断路器处于“工作”或“接地”位置时断开控制电路。

4　将可移动部分抽出或予以更换，除非断路器已被隔离和处于适当位置。

5　在进线柜部分，当进线开关闭合时，同一进线柜的隔离车及计量柜的手车拉出。

6　在母联部分，当母联开关闭合时，同一母联柜的隔离车的手动拉出。

7　在二路供电电源的进线开关闭合时，同一开关屏的母联开关需联开。

8　断路器机构上应配置防止误操作的机械连锁装置，并使用手柄选择位置包括投入一退出一接地开关等连锁。

8.1　当接地开关及断路器在分闸位置时，手车才能从“试验/隔离”位置移至“工作”位置；而接地开关在合闸位置时，手车不能从“试验/隔离”位置移动至“工作”位置。

8.2　只有手车处于“试验/隔离”位置或移开位置时，接地开关才能操作。

8.3　断路器只有在断路器手车已正确处于“试验/隔离”位置或“工作”位置时才能进行合闸操作。

8.4　断路器手车在“试验/隔离”位置或“工作”位置时，但没有控制电压时，断路器仅能手动分闸，不能合闸。

8.5　手车在“工作”位置，二次插头被锁定，不能被拔除。以上机械连锁装置在开关柜中是固定配置的。

8.6　开关柜电缆室内可根据客户要求及需符合当地供电部门要求。

六、断路器的操作机构需为电动机带动弹簧储能型，机械和电气自动脱扣，在额定电压70%～110%时可靠工作。合闸弹簧需在断路器闭合后自动再加压。弹簧再加压时间于额定电压时不需超过5s。此外，尚配有手动弹簧加压装置，以备临时停电之需。需配备机械指示装置，指示弹簧状态。断路器操作机械需配有电动合闸和跳闸线圈及手动机械跳闸装置。此跳闸装置为一个跳闸/中间位置/合闸选择开关，由弹簧返回中间位置。开关可锁在中间位置。此外，需配备防止重复合闸的闭锁装置，以保证可靠运转。

七、进线电柜需配置接地设施，并需同断路器机械连锁。配置标牌以指示设备处于准备

“工作”、“回路接地”等状态。上述指示需于任何时候均能在开关柜前面看到。

八、断路器配置以指示断路器的位置的装置。

九、每台断路器需配置触头磨损间隙指示器。

十、配置机械计数器以记录断路器操作次数。

第五节 继电保护

一、采用综合保护继电器。

二、生产厂商提供对于继电保护运行所必需的所有配件、辅助设备、备品备件、专用工具。

三、总体要求：保护装置应采用微机型构成，并应有 CPU 实现保护功能。

四、保护装置的额定值：额定交流电流：5A；额定交流电压：相电压$100/\sqrt{3}$V，线电压 100V；额定频率：50Hz；额定直流电压：110V。

五、保护装置的功率消耗：每个保护装置每相交流电流回路功耗：＜1VA；每个保护装置每相交流电压回路功耗：≤3VA；每个保护装置的直流功耗：不大于50W。

六、耐受过电压的能力：保护装置应具有根据 IEC 标准所确定的耐受过电压能力。

七、互感器的二次回路故障。如果继电保护用的交流电压回路断电或短路，电流互感器的二次回路开路，保护不应不正确动作，同时应闭锁保护并发出告警信号；验部件或连接片以便在运行中能分别断开，防止引起误动。

八、保护配置。

1 10kV 线路保护：本单元安装在 10kV 线路断路器开关柜内，具有电流速断保护、定时限过电流保护、零序过电流保护和接地选线，保护装置应配备断路器操作部分的接口。

2 10kV 母联间隔单元保护：本单元安装在 10kV 母联断路器开关柜内，具有电流速断保护、定时限过电流保护、母分充电保护，保护装置应配备断路器操作部分的接口。

3 10kV-PT 间隔单元保护：10kV-PT 开关柜内，具有 PT 电压并列保护、过电压保护和低电压保护、低周减载、PT 断线判别。

4 装置的参数要求：电流、电压的精确测量和整定范围。电流：0.4～50A 级差≤0.1A。电压：4～150V 级差≤1V。时间整定范围：0～80s 级差 0.1s。

5 装置机箱应组柜安装。

6 配合断路器的操作继电器：操作继电器应有跳合闸回路、防跳回路、跳闸和合闸位置继电器等，除装置内部需要的接点而外，位置继电器还应引出两副以上接点。

7 保护装置显示与通信：本地显示为字母数字显示，远程通信接口，接入站内通信网络，向上层提供报告。（远程通信模式和速度待定）

九、技术要求。

1 保护值的整定：应能从柜的正面方便而可靠地改变继电保护的定值。

2 暂态电流的影响：保护装置不应受输电线路的分布电容、谐波电流、变压器涌流的影响而发生误动。

3 直流电源的影响：110V 直流电压，其电压变化范围在 80%～115%时，保护装置应能正确动作。

4 直流电源的波纹系数＜5%时，装置应能正确动作。

5 当直流电源，包括直流—直流变换器在投入或切除时，保护不应有不正确动作。在直流电源切换期间或直流回路断线或接地故障期间（分布电容和附加电容值为 0.5～1.0μF)，保护不应误动作。

十、元件质量。应保证保护装置的元件和部件的质量，装置中任一元件损坏时，在正常运行期间，装置不应发生误跳闸。

十一、设备之间的信号传送。各保护装置之间，保护装置设备之间的联系应由继电器的无压接点（或光电耦合）来连接，出口继电器接点的绝缘强度试验 AC2000V，历时 1min。

十二、跳闸显示。如果保护动作使断路器跳闸，则所使断路器跳闸的保护动作信号应显示出来，并应自保持，直到手动复归。

十三、连续监视与自检和自复位功能。装置的主要电路应有经常的监视，回路不正常时，应能发出告警信号。装置应具有自检功能。

十四、抗干扰。在干扰作用下，装置不应误动和拒动，装置的干扰试验和冲击试验应符合 IEC 标准。

十五、各种保护动能动作及装置异常、直流电源消失、保护启动等情况均应设（如发光二极管）监视回路，并应有信号接点输出。

十六、保护功能要求。线路在空载、轻载、满载条件下，在保护范围内发生金属或非金属性的各种故障时，保护应能正确动作。

1　对保护范围外故障的反应。在保护区外发生金属或非金属故障时，保护不应误动作。区外故障切除，区外故障转换，故障功率突然倒向及系统操作情况下，保护不应误动作。被保护线路在各种运行条件下进行各种倒闸操作时，保护装置不得误发跳闸命令。

2　断路器动作时的反应。当手动合闸于故障线路上时，保护应能三相跳闸。

3　当本线全相或非全相振荡时。无故障时应可靠闭锁保护装置。如发生区外故障或系统操作，装置应可靠不动作。如本线路发生故障，允许有短延时加速切除故障。

4　对经过渡电阻性故障的保护。成套保护装置应有容许 100Ω 过渡电阻的能力。

5　跳闸及合闸出口接点。装置应有 2 副跳闸接点。保护出口均应带有压板。

6　信号接点。三相跳闸接点（带自保持）。装置动作（带自保护）。直流电源消失。装置故障。交流电压消失。装置动作（远动信号）。事件记录信号，包括：三相跳闸、装置动作。

7　装置的参数要求：交流变换元件精确工作范围（10%误差）。相电压 0.5～80V（有效值）；电流回路 0.5～100A。

8　自动投入装置。变电所进线失压设 10kV 母联开关自动投入装置。

第六节　电流互感器

一、电流互感器应设计于 10kV 系统电压下工作。

二、电流互感器应适合于保护继电器和仪表的操作。其特性应经批准。

三、所有电流互感器需为低电抗型和母线式初级绕组，环氧树脂浇注型，并能承受与其连接的断路器预期的短路电流以及一次侧带额定电流，二次侧开路 1min 的电流。

四、电流互感器的输出额定值需能适应其所连接的负荷。需有足够的额定值，端电压，准确度和过电流性能，以满足其有关设备的正常工作。

五、次级绕组的各接头需用绝缘导线接到终端接线板上。接线板需装在易于达到的地方。各电流互感器需有标记，指出极性、变成比、互感器的等级和功率，对多变成比次级绕组的互感器需设有标牌，指示各变成比的连接接头。

六、每组电流器的次级绕组需接地，接地连接需通过一可拆开的连接片。

七、除上述内容外，电流互感器应用于 10kV 系统尚需满足或优于下列要求：

形式：环氧浇注式。

额定电压：12kV。

额定电流变比：应满足供电方案要求。

绝缘等级：B级。

额定1min工频耐压：42kV。

额定雷电脉冲耐压：75kV（峰值）。

额定二次侧电流：5A。

热稳定电流：31.5kA，3s。

额定动态电流：初级电流63kA（峰值）。

作计量用电流互感器的精确度：0.5级（仪表用）；0.2级（计量用）。

作保护用电流互感器的精确度：5P级（对过流和接地保护）。

八、额定输出和电流互感器额定精确度限制系数的乘积需不大于150。

第七节　电压互感器

一、电压互感器应设计于10 kV系统电压下工作。

二、电压互感器需适用于保护继电器、仪表和计量设备的操作。

三、电压互感器需为环氧树脂模制型，并能承受超出其额定值50%的负荷，而不烧损。

四、电压互感器及其初级熔断器需为抽出型，装置在配备有自动操作安全隔板的单独小间内。电压互感器需有“工作”和“断开”位置，由可从外部看到的机械指示器指示。工作和断开位置需有挂锁装置。为了更换熔丝，需有机械连锁装置，使面板只能在电压互感器处于断开位置时打开。

五、初级和次级绕组的接线需用绝缘导线连接到各自的终端接线板上。接线板需安装在易于到达的地方。所有终端接头需分别用标牌，指出其用途、相别、变成比、等级和各互感器的工作制。

六、次级绕组的各相线需引到熔断器上，中性线端接到绝缘的连接片上。各中性线应连接在一点上，并通过连接片接地。连接片需可拆开以进行绝缘试验。

七、计量用电压互感器需按V-V接法。接线方式需经当地供电部门批准。

八、除上述外，电压互感器应用于10kV系统尚需满足或超过下列要求：

形式：环氧浇注式，三浇组式。

额定电压因数：$2U_n/\sqrt{3}$，8h。

额定变比：10/0.1kV。

工频耐压：42kV/min。

冲击耐压：75kV。

绝缘体局部放电：不大于10PC。

准确等级：0.5，3P级。

额定输出：按继电保护及测量设计容量定。

第八节　其他元件

一、指示仪表。

1　所有指示仪表需符合国家标准《直接作用模拟指示电测量仪表及其附件》GB/T 7676的规定。

2　所有指示仪表需为平装，后接线，防尘、重荷载、开关屏使用型。刻度盘为白色、黑色指针和刻度。

3 指示仪表外框尺寸约需为96mm×96mm，约为240刻度弧度。所选量程需适于所指示的电压和电流。前面有机械的调零装置，可不用拆开仪表而在前面调零。

4 所有指示仪表需具有1.5级精确度。在高压配电装置可承受的短路和过电压时，不应损坏。

二、指示灯、按钮、选择和控制开关。

1 所有指示灯、带灯按钮、选择和控制开关需为金属壳体，镀铬，重荷载，配电屏使用型。具有良好的绝缘，符合所规定的电压和电流值，并经过批准。

2 所有指示灯需采用不发热，指示清晰，寿命长的LED指示灯。指示灯的设计需能从前面拆换灯泡、灯罩，而不必使用专用工具和开启屏门。灯罩颜色需符合《电工成套装置中的指示灯和按钮的颜色》GB 2682的规定。

3 电流表选择开关需为旋转型，带有先接通后断开触点，供测量三个相电流。在面板上需刻以黄（L1）、绿（L2）和红（L3）标志。电压表选择开关需为旋转型，带有先断开后接通触点。供测量线电压，面板上需刻以黄绿（L1L2）、绿红（L2L3）、红黄（L3L1）的线电压标志。

三、接线端子板。

1 供电力和控制线用的接线端子需为模压制成，夹在共同的架上。接线端子需能抽出更换，而无需拆下相邻的端子。

2 接线端子的接线需在两板以螺栓固定的板之间将电线夹紧。不得使用螺栓压紧式的接线端子。

3 同一编号的电缆需终接于相邻的端子上并在端子板上用连接片连接。用于继电器和仪表回路的端子需装有插销，用以连接测试接线。

4 接线端子板需按工作电压，电力回路和控制回路分组。各组之间需在前面以透明而耐燃的盖板分隔开，并设有区分标牌。

5 凡当主电源切断后仍带电的端子需加以屏蔽并作出标记。

6 各端子需套以白色套箍，以资区分回路，并标以结线图上的编号。

7 每组接线端子板需有20%的备用端子，但不少于两个。

四、柜内加热器。

1 每个柜内需安装有经批准的加热器，其额定容量每1.5m^3不小于60W，加热器需有屏蔽，并安装在不会使人员和设备受到损害的地方。

2 各个加热器需由单独的熔断器保护并装置旋转式合/分选择开关和指示灯，以指示加热已通电。

3 加热器的工作电压为220V，单相、交流。由位于变压器室内的低压小型断路器配电箱供电。

五、柜内控制线路。

1 所有内部和控制线路均需为符合国家标准600/1000V PVC绝缘耐热多股铜电缆规定。

2 所有电缆需具有相当的截面，但不小于2.5mm^2，敷设在槽盒内。每根电缆的两端均需妥善地用绝缘的刀式或片式端头或其他经批准的端头端接。

3 当电线跨过门铰链时，需套在PVC软管中，并绕成圈。使门可打开，以便拆下组件作检查，而不需拆卸电缆和使电缆过分弯曲。

4 所有回路均需有可断开的连接器/熔断器，以便于隔离，检查和维护。

六、避雷器。

1　避雷器需符合并按防雷标准 IEC61643 和有关国家标准的规定进行定型试验。符合供电局一端硬连接，一端软连接技术要求。

2　避雷器应用于 10kV 系统需符合表 5-1 要求：

10kV 系统避雷器技术指标　　**表 5-1**

类　　型	氧化锌无间隙型
额定电压(有效值)	10.5kV
保护器持续运行电压(有效值)	12.7kV
工频放电电压(峰值)	≥23.3kV
直流 1mA 参考电压(峰值)	≥22.5kV
1.2μs/50s 冲击放电电压及残压(峰值)	≤33.8kV
500a 操作冲击电流残压(峰值)	≤33.8kV
5ka 操作冲击电路残压(峰值)	≤40kV
2000μs 方波冲击电流	400A
安全净距离	≥1300mm
沿面爬电距离	≥250mm
最小相间距离	150mm
外绝缘材质	硅聚合物
热容量	3.5kJ/kV Uc
不同冲击波形下残压值(1/3μS 8/20μS 30/60μS)	符合 IEC 相应规范要求

3　避雷器需具有优良非线性特性，当施加连续工作电压时，其泄漏电流小于 1mA，当过电压时出现瞬间立即呈导电状态。

4　避雷器需配置达到抗老化，参数稳定、免维护的硅橡胶封装。

七、熔断器。熔断器应用于 10 kV 系统需符合下列要求：

1　形式：RN2-10。

2　额定电压：12kV。

3　额定电流：0.5A。

4　额定开断电流：31.5kA。

八、接地开关。接地开关应用于 10kA 系统需符合下列要求：

1　形式：手动隔离开关。

2　额定电压：12kV。

3　热稳定电流：31.5kA/3s。

4　动稳定电流（峰值）：63kA。

5　关合电流（峰值）：63kA。

6　最大关合电流：63kA 允许关合 2 次。

7　手动操作有连锁。

九、加热除湿器对高压开关柜的特殊要求。加热除湿器应用于 10kV 系统需符合下列要求：

1　形式：能自动投入或切除。

2　额定电压：AC 110V。

3　额定频率：50Hz。

4　消耗功效：2×150W。

第九节　对高压开关柜的特殊要求

除上述内容外，各柜尚需包括，但不限于以下的要求：

一、进线柜。

1　电子型继电保护装置

1.1　三相无方向性定时限或反时限具有适当的时间—电流特性低定值过流保护继电器。

1.2　三相无方向性瞬时或定时限具有适当的时间—电流特性高定值过流保护继电器。

1.3　单相无方向性定时限或反时限低定值具有适当的时间—电流特性接地故障保护继电器。

1.4　单相无方向性瞬时或定时限高定值具有适当的时间—电流特性接地故障保护继电器。

1.5　定时限低定值具有适当的时间—电压特性过电压及低电压保护继电器。

1.6　无方向性瞬时或定时限高定值具有适当的时间—电电特性过电压及低电压保护继电器。

1.7　具备通信功能。

2　用于各相继电保护的电流互感器，电压互感器和信号采集器。

3　断路器失灵保护及监视真空断路器在开和合状况。

4　用于测量电流的电流表和电流互感器。

5　用于测量电压的电压表和电压互感器。

6　指示断路器开/合/跳闸的状态指示灯。

7　有功和无功功率表。

8　指示三相的指示灯。

9　用于主进/母联连锁动作的继电器。

10　供供电局负荷按制设备的信号接入端子。

11　进线隔离开关与主进开关之间存在按图中所要求的适当的电气互锁关系。

二、计量柜。

1　按照图纸所示或所选高压开关柜相适合的工作参数。

2　电流互感器用于连接到电力部门的有功电度表和无功电度表，峰谷计量表。

3　电压互感器用于连接到电力部门的 kWh 和 kW 表。

4　指示三相的指示灯。

5　仪表柜带折页可锁的玻璃门以便于观察仪表和适于安装仪表。

6　配置与主进断路相配合连锁机构或继电器，机构性能应满足供电局要求。

7　计量柜采用固定式或按电力部门要求提供手车式。

三、变压器馈电柜。

1　电子型继电保护装置。

1.1　三相无方向性定时限或反时限具有适当的时间—电流特性低定值过流保护继电器。

1.2　三相无方向性瞬时或定时限具有适当的时间—电流特性高定值过流保护继电器。

1.3　单相无方向性定时限或反时限低定值具有适当的时间—电流特性接地故障保护继电器。

1.4　单相无方向性瞬时或定时限高定值具有适当的时间—电流特性接地故障保护继电器。

1.5　具备通信功能。

2　用于各相继电保护的电流互感器和信号采集器。

3　断路器失灵保护及监视真空断路器在开和合状况时跳闸回路完整的监查继电器。

4　用于测量电流的电流表、电流表选择开关和电流互感器。

5　指示断路器开/合/跳闸的状态指示灯。

6　辅助继电器，用于指示变压器一级过热情况的信号，并在变压器出现二级过热时，断开相应真空断路器，并装设动作指示灯和手动复位装置。

7　指示三相的指示灯。

8　指示变压器一级和二级过热的指示灯。

9　防止操作过电压的避雷器。

10　用于使变压器两侧高，低压断路器共同跳闸的辅助继电器和触点。

四、馈电线柜。

1　电子型继电保护装置。

1.1　三相无方向性定时限或反时限具有适当的时间—电流特性低定值过流保护继电器。

1.2　三相无方向性瞬时或定时限具有适当的时间—电流特性高定值过流保护继电器。

1.3　单相无方向性定时限或反时限低定值具有适当的时间—电流特性接地故障保护继电器。

1.4　单相无方向性瞬时或定时限高定值具有适当的时间—电流特性接地故障保护继电器。

1.5　具备通信功能。

2　用于各相继电保护的电流互感器和信号采集器。

3　断路器失灵保护及监视真空断路器在开和合状况。

4　用于测量电流的电流表、电流表选择开关和电流互感器。

5　指示三相的指示灯。

6　指示断路器开/合状态的指示灯。

7　接地开关。

8　指示断路器开/合/跳闸状态的指示灯。

9　按图配置连锁用挂锁。

10　母线保护继电器、联动跳闸继电器和电流互感器等。

五、母线联络柜。

1　电子型继电保护装置

1.1　三相无方向性定时限或反时限具有适当的时间—电流特性低定值过流保护继电器。

1.2　三相无方向性瞬时或定时限具有适当的时间—电流特性高定值过流保护继电器。

1.3　单相无方向性定时限或反时限低定值具有适当的时间—电流特性接地故障保护继电器。

1.4　单相无方向性瞬时或定时限高定值具有适当的时间—电流特性接地故障保护继电器。

1.5　具备通信功能。

2　用于各相继电保护的电流互感器和信号采集器。

3　断路器失灵保护及监视真空断路器在开和合状况。

4　用于测量电流的电流表、电流表选择开关和电流互感器。

5　指示三相的指示灯。

6　指示断路器开/合状态的指示灯。

7 用于连锁动作要求的继电器。

8 指示断路器开/合/跳闸状态的指示灯。

9 按图配置连锁用挂锁。

10 母线保护继电器、联动跳闸继电器和电流互感器等。

六、如需要时需配置装于过电流保护继电器外壳内的三相速断装置，以保证保护系统有选择性。

七、上述电磁及电子感应型继电器的时间—电流特性的选择，需保证能与高压和低压侧保护系统相配合。

八、除上述内容外，于高压配电室内配置下列光和音响信号及保护装置，具体的设计建议及安装方式需送批：

1 断路器事故跳闸信号共享的信号笛及手动解除信号按钮。

2 跳闸电源故障，跳闸机构故障，系统低电压，变压器过热等信号，共享的信号铃及解除信号按钮。

3 信号灯试验开关。

4 安装于高压配电室外，与上述1和2项信号同时动作的灯光信号。

5 安装于高压配电室内，使上述1和2项信号截断/工作的开关。

第十节 试验设施

一、所有断路器均需配置可进行高压测试的设施。

二、配置可使辅助回路暂时接通的设施，以使断路器抽出和处于隔离位置时能对断路器进行功能试验。

三、在装有电流互感器和保护继电器处需配置可进行一次和二次电流测试的设施，而不需拆下和解开任何连接。

四、需配置六台便携式真空检验仪用以按制造厂商所建议的真空度检验真空断路器的真空度。当此设备加于真空断路器的两极上，将产生高电压。如真空度不足时会造成放电。真空检验仪的输入电压需为220V，交流。需按制造厂商的建议附带高压软线及所有附件。

第十一节 接 地

一、每一台开关柜应设有内置母线接地及线路接地开关。如开关柜需外置接地器，本承包单位必须在有关的技术资料送交工程师及业主审查，如获批，需提供每房不少于两个接地器。

二、所有外露的非带电金属部分和非电气装置的金属部分应按经批准的方式连接至硬拉，高导电率铜排的接地母线。此接地母线沿应配电柜全长敷设，并以螺栓连接至每台开关柜的主框架上。所有连接处需镀锡。

三、接地母线的规格需能承载设备所能承受的短路电流及持续之时间。

四、具体的接地安排及施工方法需于施工前报批。

五、在配电柜前面，沿全长需铺宽1m的橡胶垫。橡胶垫需符合有关国家用电安全标准。

第十二节 与建筑设备中央管理系统的分界

一、通过电力监控系统，将由BMS监视及记录下列情况：

1 所有供电部门进线柜的过电压、低电压及欠电压信号。

2　电子型保护继电器的状态。

3　所有断路器的开/合/事故跳闸状态。

4　变压器温度过热连续信号及变压器馈电柜温度过热跳闸状态。

5　直流屏蓄电池充电器故障信号。

6　直流屏蓄电池电压过低信号。

7　跳闸回路故障信号。

8　三相供电电压值。

9　所有进线及引出线的电流值。

10　高压配电房及低压配电房的室温。

二、所有非网络交接的状态指示需传至接线箱，由其中的 BMS 设备收集起来。并需由成对的常开和常闭的干触点发出。

三、接线箱需装于总高压配电室内，其所配置的端子板需按本规范书的规定。其设计需经批准。

四、设置电力监测系统（与框架断路器、多菜单、直流屏、电池监测、变压器监测等均有标准通信接口）。电力监控系统与 BMS 的界面划分：

1　10kV 配电室。

2　10/0.38kV 变配电室内。

3　柴油发电机房内。

所有电气参数由监控电力监控系统采集、处理，并以接口形式与建筑设备监控系统对接，环境参数由 BMS 系统采集、处理。

第十三节　高压开关柜的施工及验收

一、施工

1　施工条件及技术准备。

1.1　施工图纸和设备产品合格证等技术资料齐全。

1.2　装饰工程已施工完毕。门窗封闭、墙面、屋顶油漆喷刷完成，地面施工完成。

1.3　土建基础位置、标高、预留孔洞、预埋件符合设计设备安装要求。

1.4　设备型号、质量符合设计要求。

1.5　施工图纸、设备技术资料齐全。

1.6　具有可靠的安全及消防措施。

1.7　安装场地清理干净，照明符合要求，道路通畅。

1.8　熟悉施工图纸和技术资料。

1.9　施工方案编制完毕并经审批。

1.10　施工前应组织施工人员进行安全、技术交底。

2　基础制作和安装。

2.1　基础型钢常用角钢或槽钢制作，钢材规格大小的选择应根据配电柜的尺寸和重量而定。

2.2　首先将型钢调直，清除铁锈，然后根据施工图纸及设备图纸尺寸下料和钻孔。

2.3　对加工好的基础型钢，进行防锈处理。

2.4　按施工图纸所标位置，将预制好的基础型钢架放在预留铁件上，用水准仪或水平尺找平、找正。找平过程中，需用垫片的地方最多不能超过三片。然后，将基础型钢、预埋铁件、垫片用电焊焊牢。

2.5 基础型钢安装完毕后，用40mm×4mm的扁钢将基础塑钢的两端与接地网焊接。以保证设备可靠接地。在焊缝处做防腐处理。基础型钢安装允许偏差见表5-2。

配电柜基础型钢安装允许偏差 **表5-2**

项目			国标允许偏差(mm)
基础型钢	不直度	每米	<1
		全长	<5
	水平度	每米	<1
		全长	<5

3 高压配电柜进场验收。

3.1 查验合格证和随带技术文件，应有出厂试验报告；

3.2 核对产品型号、产品技术参数应符合设计要求；

3.3 外观检查：设备应有铭牌、表面涂层完整、无明显碰撞凹陷，柜内元器件应完好无损、接线无脱落脱焊，导线的材质、规格应符合设计要求。

4 高压配电柜的运输。

4.1 配电柜由生产厂家或仓储地点至施工现场的运输，一般采用汽车结合汽车吊的方式。在施工现场运输时，根据现场的环境、道路的长短，可采用液压叉车、人力平板车或钢板滚杠运输，垂直运输可采用卷扬机结合滑轮的方式。

4.2 设备运输前，需对现场情况进行检查，对于必要部位需搭设运输平台和垂直吊装平台。

4.3 设备运输需由起重工作业，电工配合进行。

4.4 配电柜运输、吊装时注意事项：

4.4.1 对体积较大的配电柜在搬运过程中，应采取防倒措施，同时避免发生碰撞和剧烈振动，以免损坏设备。

4.4.2 运输平台、吊装平台搭设完毕，需经安全管理人员检查合格后，方可使用。

4.4.3 配电柜顶部有吊环者，吊索应穿在吊环内，无吊环者吊索应挂在四角主要承力结构处，不得将吊索吊在配电柜部件上。吊索的绳长应一致，以防柜体变形或损坏部件。

5 低压配电柜的稳装。

5.1 安装时，根据图纸及现场条件确定配电柜的就位次序，按照先内后外，先靠墙后入口的原则进行。

5.2 依次将配电柜放到各自的安装位置上，先找正两端的配电柜，再从柜下至柜上2/3高处的位置拉一条水平线，逐台进行调整。

5.3 调整找正时，可以采用0.5mm钢垫片找平，每处垫片最多应不超过三片。

5.4 在调整过程中，垂直度、水平度、柜间缝隙等安装允许偏差应符合表5-3的规定。不允许强行靠拢，以免配电柜产生安装应力。

低压配电柜垂直度、水平度、柜间缝隙等安装允许偏差 **表5-3**

柜盘安装	每米垂直度		<1.5
	柜顶平直度	相邻两柜	<2
		成排柜顶部	<5
	柜面平直度	相邻两柜	<1
		成排柜面	<5
	柜间接缝		<2

6　配电柜调整结束后，即可用螺栓对柜体进行固定。按配电柜底座尺寸、配电柜地脚固定螺栓孔的位置和固定螺栓尺寸，用扁钢焊接一个模具，模具的尺寸和孔距完全与配电柜底座一致，然后将模具放在基础槽钢的适当位置，在基础上画好固定孔位置后钻孔，再用镀锌螺栓将柜体与基础槽钢固定。如果配电柜底角螺栓孔位置不在基础槽钢上时，可以根据地脚螺孔位置在基础槽钢上加焊角钢，然后在加焊角钢上打孔固定。

7　配电柜就位找正、找平后，除柜体与基础型钢固定外，柜体与柜体、柜体与侧挡板均用镀锌螺栓连接固定。

8　对于设置接地母排的成套配电柜接地，在接地母排的两端分别与主接地网进行连接，根据设计可选用铜排、镀锌扁钢或电缆连接。为便于检修和更换，在配电柜处的连接需采用螺栓连接。

二、工程交接验收

1　配电柜的调整。

1.1　调整配电柜机械连锁，重点检查五种防止误操作功能，应符合产品安装使用技术说明书的规定。

1.2　二次控制线调整。将所有的接线端子螺栓再紧一次。用兆欧表测试配电柜间线路的线间和线对地间绝缘电阻值，馈电线路必须大于0.5MΩ，二次回路必须大于1MΩ。二次线回路如有晶体管、集成电路、电子元件时，该部位的检查不得使用兆欧表，应使用万用表测试回路接线是否正确。

1.3　模拟试验：将柜（台）内的控制、操作电源回路熔断器上端相线拆掉，将临时电源线压接在熔断器上端，接通临时控制电源和操作电源，按图纸要求，分别模拟试验控制、连锁、操作、继电保护和信号动作，正确无误，灵敏可靠。音响信号指示正确。

2　配电柜的试验。

2.1　高压试验：高压试验应由当地供电部门认可的试验单位进行，试验标准应符合现行国家标准《电气装置安装工程电气设备交接试验标准》GB 50150的规定，以及当地供电部门的相关规定和产品技术文件中的产品特性要求。主要试验包括柜内母线的绝缘，耐压试验，PT、CT柜的变比，极性试验，开关及避雷器试验等。

2.2　定值整定：定值整定工作应由供电部门完成，定值严格按供电部门的定值计算书输入。对于继电器控制的配电柜，分别对电流继电器、时间继电器定值进行调整。对于微机操作的配电柜，直接将各参数输入至各配电柜控制单元。

3　高压配电柜的试运行及验收。

3.1　送电试运行前的准备工作。

3.1.1　备齐经过检验合格的验电器、绝缘靴、绝缘手套、临时接地线、绝缘垫、干粉灭火器等。

3.1.2　对设置固定式灭火系统及自动报警装置的变配电室，其消防设施应经当地消防部门验收后，变配电设施才能正式运行使用。如未经消防部门验收，需经其同意，并办理同意运行手续后，才能进行高压运行。

3.1.3　再次清扫设备，并检查母线上、配电柜上有无遗留的工具、材料等。

3.1.4　试运行的安全组织措施到位，明确试运行的指挥者、操作者和监护者。明确操作程序和安全操作应注意的事项。填写工作票、操作票，实行唱票操作。

3.2　空载送电试运行。

3.2.1　由供电部门检查合格后，检查电压是否正常，然后对进线电源进行核相，相序确认无误后，按操作程序进行合闸操作。先合高压进线柜开关，并检查PT柜的三相电压指示是否正常。再合变压器柜开关，观察电流指示是否正常，低压进线柜上电压指示是否正常，并操作转换开关，检查三相电压情况。再依次将各高压开关柜合闸，并观察电压、电流指示是否正常。

3.2.2　合低压柜进线开关，在低压联络柜内，在开关的上下侧（开关未合状态）进行核相。

3.3　验收：经过空载试运行试验24h无误后，进行负载运行试验，并观察电压、电流等指示正常，高压开关柜内无异常声响，远行正常后即可办理验收手续。

三、质量保证期

自设备安装调试并运行之日起，质量保证期为12个月。质量保证期内，机组确因制造质量不良而发生损坏或不能正常工作时，卖方应免费修理或更换并免费提供维修保养服务。更换的零部件的质量保证期从更换之日起再延长两年。对于隐蔽性的、合理的检查和试验都不能发觉的缺陷，即使质量保证期已过，由于其产品本身的设计缺陷、制造缺陷、安装缺陷造成的故障，仍由投标人免费负责。维修保养内容包括但不限于：

1　24h应急服务，并不收取法定工作日和日常工作时间以外的附加费用。

2　普通故障的修复时间为不大于4h。修复时间从投标人接到故障通知时计算。注明由谁提供维修保养服务，如果不是制造商提供维修保养服务，则需提供制造商的委托书，制造商承担连带责任。

第十四节　标　　签

一、每个10kV的配电柜包括进线柜、馈线柜、母联柜、PT柜、隔离柜等需提供标签/标牌。

二、标签高度需不少于75mm，字体高度不少于50mm。

三、所有标签需为白/黑/白有机玻璃片制成。标签需用螺丝钉牢于柜面上及按批准的方法固定。上面刻以中、英文字。题字和符号的具体细节在制造前需送批。

第六章　配电变压器

第一节　一 般 要 求

一、应按图所示的最小连续容量配置配电变压器。10kV 变压器必须为下列规定的干式，浇注树脂封装变压器。

二、变压器必须采用优质不锈钢材料装配外壳作额外保护，保护级别应为 IP20。根据要求可加涂外漆。每套外壳的前后板均可拆下，便于连接高压分接头及与电缆连接。底板处并有开孔，以便穿进电缆。顶板则需与有关承包单位协调及提供顶板开孔，以便低压母线槽的接驳。同时需设有检修门及观察窗，低压侧检修门加装防误开警开关、高压侧检修门加装防误开掉闸开关均接至中央信号屏相应光子牌。

三、IEC 标准亦可应用，如其有关的规定等于或优于上述标准。制造厂应指出拟采用的标准同上述标准的区别。

第二节　设计和制造标准

变压器的设计及构造需符合国家有关规范的规定。

一、《电力变压器　第 11 部分：干式变压器》GB 1094.11—2007；

二、《电力变压器》GB 1094；

三、《电气装置安装工程电力变压器、油浸电抗器、互感器施工及验收规范》GB 50148—2010；

四、《干式电力变压器技术参数和要求》GB/T 10228—2015；

五、《变压器类产品型号和编制方法》JB/T 3837；

六、《绝缘配合　第一部分：定义、原则和规则》GB 311.1—2012；

七、《电力变压器　第 10 部分：声级测定》GB/T 1094.10—2003。

第三节　特 殊 要 求

一、10/0.4kV 配电变压器需满足下列要求：

1　型式：双绕组，干式浇注树脂封装。浇注树脂需按《电力变压器　第 11 部分：干式变压器》GB 1094.11—2007 满足气候、环境和燃烧性能要求 C2-E2-F1。

2　高压侧：

（1）额定电压：10kV；

（2）最高工作电压：11.5kV；

（3）额定频率：50Hz；

（4）接地系统：低电阻接地。

3　低压侧：

（1）额定电压：0.4/0.23kV；

（2）额定频率：50Hz；

(3) 接地系统：TN-S。

4 最少连续额定容量：见设计图纸。

5 相别：三相。

6 冷却方式：加装风扇，形成强制风冷（AF）。

7 保护等级：IP20（变压器必须装配外壳）。

8 变压器过载能力：自然风冷一变压器在最高环境温度（40℃）下操作，在自然风冷下，可于额定 kVA 容量连续运行，其过载能力需符合 GB 17211 及 IEC60905。强制风冷一在最高环境温度（40℃）下操作，在强制风冷下，过载 30%能长期运行，过载 40%能运行 4h。

9 额定冲击电压：高压绕组冲击耐压 75kV（峰值）。

10 电力频率额定耐压：高压绕组工频耐压 35kV。（额定 1min 工频耐压：35kV）

11 绝缘水平：LI75AC35/LI0AC3。

12 电压比：空载时 10000/400V。

13 向量组别：△/Yn-11（DYn-11）。

14 分接头：(10±2×2.5%)kV。

15 绝缘等级：H。

16 表面颜色：按制造厂标准。

17 变压器需选用 SCB10 型或以上节能环保、低损耗和低噪声的变压器。

18 噪音水平：≤53dB。

19 温升限值：100K。

20 阻抗电压：

变压器额定容量	阻抗电压
2000kVA	等于 8%
1600kVA	等于 8%
1250kVA	等于 6%
1000kVA	等于 6%

21 局部放电：不大于 10pc（试验方法按《电力变压器 第 11 部分：干式变压器》GB 1094.11）。

22 铁芯材料：冷轧低损钢。

23 高压线绕，低压箔绕，高压绕组用高纯度铜导线，低压绕组用高纯度铜箔。所有铜料应是高纯度，回收铜不接受。铜纯度≥99.95%，导电率≥97% IACS，电阻率≤0.017777Ω·mm²/m。母线需用机械方式连接，接触面需镀锡并加垫片和锁定螺母。

24 绝缘材料采用专用的绝缘树脂在真空状态下浇注。

25 谐波：不应对抑制变压器的谐波产生不良影响及对通信回路产生干扰。

26 铜损：在 10kV，额定千伏安功率及 0.85 滞后功率因子时不应大于输入功率的 1%，见上述详细要求。

27 高压终端：应安排电缆由顶或底部引入，用高压电缆终接。低压终端：应预位置安装铜母线（三相四线及 PE 线）由顶部引入，用低压铜母线终接。次级星形绕组的中性点需引至邻近相线端子的端子上以供接至中性线及接地导线，并把中性点可靠接地。

28 保护：变压器需配备绕组温度监视装置，按本技术规格说明书所述提供连续温度变量监察信号和跳闸信号。

29 馈电柜和中央信号屏提供下列信号：变压器过信号（分为 T1、T2 两段）；变压器风冷设施故障信号。

30 附件：变压器需连同下列附件一并供应：

30.1 接地端子。

30.2 双向滚轮或滑橇。

30.3 起重环。

30.4 额定值及端子标记牌。

30.5 中、英文警告牌。

30.6 带手动调节最高温度记忆指针的度盘式温度计。

30.7 电缆箱。

31 变压器的外壳提供保护按《外壳防护等级》GB 4208—2008 内的相关要求。每套外壳前后板均可拆下，以便连接电缆。顶底板并有开孔，以便穿进电缆。不用时应封回，保持应有的 IP 等级。继电保护应有变压器外壳开门告警。

32 配套供应变压器隔震和消能减震装置。

33 噪声要求必须符合《电力变压器　第 10 部分：声级测定》GB/T 1094.10—2003 有关标准。

34 低压配电联络开关具备设自投自复、自投不自复、手动转换功能。自投时应自动断开非保证负荷，以保证变压器正常工作。主进开关与联络开关设电气联锁，任何情况下只能合其中的两个开关。

35 变压器能效为《电力变压器能效限定值及能效等级》GB 24790—2009 的 2 级及以上水平，并通过国家认可的第三方机构能效检测和节能产品认证。

36 变压器使用寿命不低于 30 年。

37 甲方将派专业人员对变压器的生产全过程进行督造。

38 变压器到现场后甲方有权对其产品进行抽检。

二、保护温度综合控制箱

1 本控制具有温度检测，温度控制和温度保护报警一体化功能。

2 控制箱需具有但不限于下列功能：

2.1 三相绕组温度巡检和最大值显示历史最高温度记录。

2.2 启停通风风机。

2.3 一级、二级超温报警，超温跳点干结点输出（多组常开-常闭触点）。

2.4 风机运行状态，故障报警。

2.5 仪表故障自控，传感器故障报警。

2.6 铁心连续温度监测，铁心超温报警。

2.7 绕组连续温度监测，绕组超温报警。

3 控制箱显示功能和操作功能

3.1 B 顶中各项值显示。

3.2 功态液晶显示屏。

3.3 风机就地操作控制。

3.4 RS232/RS485 计算接口输入/输出，可进行遥测、遥控、遥信和遥调功能，其通信协议为 Modbus。

第四节　施工及验收

一、施工

1 施工条件及技术准备。

1.1 施工图纸和技术资料齐全无误。

1.2 结构工程施工完毕，预埋件、焊接件及预留孔洞等均已清理并符合设计要求。

1.3 变压器基础及轨道已施工完毕，轨道尺寸符合设计要求。

1.4 变压器室内、墙面、屋顶、地面工程等应完毕，屋顶防水无渗漏，门窗及玻璃安装完好，地坪抹光工作结束，室外场地平整，设备基础按工艺配制图施工完毕。受电后无法进行再装饰的工程以及影响运行安全的项目施工完毕。

1.5 场地清理干净，运输道路畅通，变压器室内保持洁净、干燥，安装干式变压器时，室内的相对湿度保持在70%以下。

1.6 保护性网门，栏杆等安全设施齐全，通风、消防设置安装完毕。

1.7 与电力变压器安装有关的建筑物、构筑物的建筑工程质量应符合现行建筑工程施工及验收规范的规定。当设备及设计有特殊要求时，应符合其他要求。

1.8 施工前应组织施工人员熟悉施工图纸和技术资料内容，关注图纸中产品的技术要求和提出的具体施工要求。

1.9 施工前要认真听取工程技术人员的安全、技术交底，明确技术要求和技术标准施工方法。

1.10 与主体工程和其他工程密切配合，编制施工方案并征得有关部门审批。

2 基础槽钢的安装

2.1 将槽钢进行测量和调直，并清除槽钢上的铁锈。

2.2 根据施工图纸及设备图纸，加工基础槽钢框架。框架在加工过程中，对尺寸进行检测，确保其几何尺寸准确。

2.3 对加工好的基础槽钢框架进行防腐处理。

2.4 设备基础槽钢放置于预埋件上，用水准仪调整水平后，使其准确定位，并与预埋件焊接牢固。

2.5 对焊接部位进行防腐处理。

2.6 基础槽钢与地线连接，应将接地扁钢分别引入室内，与基础槽钢的端部焊牢，焊接面为扁钢宽度的2倍，焊3个棱边，对焊接处进行防腐处理。

2.7 变压器基础槽钢允许偏差见表6-1。

变压器基础槽钢安装允许偏差值 **表6-1**

项　目	允许偏差	
	mm/m	mm/全长
不直度	≤1	≤5
水平度	≤1	≤5
不平行度	—	≤5

3 变压器的安装环境要求。

3.1 干式电力变压器的安装场所符合制造厂对环境的要求。室内清洁，无其他非建筑结构的贯穿设施，顶板不渗漏。

3.2 基础设施满足载荷、防震、底部通风等要求。

3.3 室内通风和消防设施符合有关规定，通风管道密封良好，通风孔洞不与其他通风系统相通。

3.4 温控、温显装置设在明显位置，以便于观察。

3.5 室内照明布置符合有关规定。

3.6　室门采用不燃或难燃材料，门向外开，门上标有设备名称和安全警告标志，保护性用门、栏杆等安全设施完善。

4　变压器进场验收。

4.1　查验合格证和随带技术文件，变压器应有出厂试验记录；

4.2　外观检查：设备应有铭牌、表面涂层完整，附件应齐全，绝缘件应无缺损、裂纹。

5　变压器运输。变压器运输是指将变压器由设备库运到变压器的安装地点。运输过程中，应注意以下事项：

5.1　变压器运输前，应注意交通线路情况，需对现场情况及运输路线进行检查，确保运输路线畅通，对于必要的部位需搭设运输平台和垂直吊装平台。

5.2　变压器运输通常采用汽车吊吊装时，运输时应用钢丝绳固定牢固，在搬运过程中，行车应平稳，尽量减少振动，防止运输过程中发生滑动或倾倒。在施工现场运输时，可采用卷扬机结合钢板滚杠运输，垂直运输可采用卷扬机结合滑轮的方式。

5.3　设备运输需由起重工作业，电工配合进行，到地点后应做好现场保护工作。

5.4　变压器吊装时，索具必须检查合格，钢丝绳必须挂在设备的吊钩上，吊钩应对准变压器中心，吊索与铅垂线的夹角不得大于30°。

5.5　变压器搬运过程中不应有冲击或严重振动情况，利用机械牵引时，牵引的着力点应在变压器重心以下，以防倾斜，运输倾斜角不得超过15°，防止内部结构变形。

5.6　变压器运输时，应注意保护瓷瓶，使其不受损伤。

5.7　变压器就位前，应核对高低压侧方向，以免安装时调换方向困难。

6　变压器就位。

6.1　变压器就位时，应注意其方向和距离墙尺寸是否与图纸相符，允许误差为±25mm。

6.2　装有滚轮的变压器，滚轮应能转动灵活，变压器就位后，应将滚轮用能拆卸的制动装置加以固定。

6.3　变压器的安装应采取抗震措施，将其稳固在基础上。

6.4　变压器需按声学顾问的要求安装减震垫。

7　变压器接线。

7.1　变压器的一次、二次连线、接地线、控制管线均应符合现行国家施工验收规范规定。

7.2　变压器的一次、二次引线连接，不应使变压器的套管直接承受应力。

7.3　变压器中性线在中性点处与保护接地线同接在一起，并应分别敷设，中性线用绝缘导线，保护地线采用黄/绿相间的双色绝缘导线。

7.4　变压器中性点的接地回路中，靠近变压器处，做一个可拆卸的连接点。

8　变压器与配电装置连接。

8.1　配电装置的安装符合设计要求和有关标准的规定，柜、网门的开启互不影响。

8.2　导体连接紧固，相色表示清晰、正确。

8.3　带电部分的相间和对地距离等符合有关设计标准的要求。

8.4　接地部分牢固、可靠。

8.5　温控装置的电源引自与变压器低压侧直接连接的母排上，且有足够开断容量的熔断器保护，并采用自动切换的双路电源系统供电。

8.6　柜、网门和遮栏，以及可攀登接近带电设备的设施，应标有符合规定的设备名称和安全警告标志。

8.7　配电装置按国家现行有关标准进行绝缘试验并合格。

二、试运行及验收

1　干式变压器的常规试验内容见表 6-2。

干式变压器的常规试验内容　　表 6-2

试验内容	干式变压器
	电压等级 10kV
绕组连同套管直流电阻值测量(在分接头各个位置)	与出产值比较,同温度下变化不大于 2%
检查变比(在分接头各个位置)	与变压器铭牌相同,符合规律
检查接线组别	与变压器铭牌相同,与出线负号一致
绕组绝缘电阻值测量	经测量时温度与出厂测量温度换算后不低于出厂值 70%
绕组连同套管交流工频耐压试验	24kV,1min
与铁芯绝缘的紧固件绝缘电阻值测量	用 2500V 兆欧表测量 1min,无闪络击穿现象
检查相位	与设计要求一致

2　变压器交接试验。

2.1　测量绕组连同套管在各分接头位置的直流电阻值，其相间差：对容量为 2000kVA 干式电力变压器，小于三相平均值的 2%，对容量为 1250kVA 干式电力变压器，小于三相平均值的 4%。其线间差：对容量为 2000kVA 的干式电力变压器，小于三相平均值的 1%，且与同温度出厂温度值比较相对变化不大于 2%。

2.2　测量所有分接变比，符合铭牌电压变比规律，且额定分接允许误差为±0.5%，其他分接允许误差小于 1%。

2.3　检测三相变压器接线组别或单相变压器的极性，与铭牌标示相符。

2.4　测量绕组绝缘电阻，其值不低于出厂试验值的 70%。

2.5　局部放电测量，在施加电压 1.5U_m、时间 30s 后．将电压降至 1.1U_m 继续试验 3min，此时测及的放电量：对 10kV 电压等级不大于 10pC。

2.6　测量铁芯对地绝缘电阻，其值不小于 5MΩ。

2.7　出厂试验时曾到厂验收，运输可靠，且未发现可疑情况者，在现场可不进行全部交接试验。

3　变压器送电前检查内容。

3.1　变压器试运行前应做全面检查，确认符合试运行条件后才可投入运行。

3.2　变压器试运行前，必须由质量监督部门检查合格。

3.3　变压器试运行前的检查内容如下：

3.3.1　各种交接试验单据齐全，数据符合要求。

3.3.2　变压器应清理，擦拭干净，顶盖上无遗留杂物，本体与附件齐全。

3.3.3　变压器一、二次引线相位和相色标志正确，绝缘、良好。

3.3.4　变压器外壳和其他非带电金属部件均应接地良好、可靠。

3.3.5　有中性点接地变压器在进行冲击合闸前，中性点必须接地。

3.3.6　通风设施安装完毕，消防设施齐备。

3.3.7　保护装置整定值符合规定要求，操作及联动试验正常。

3.3.8　各种标志牌、门锁齐全。

3.3.9　保护装置整定值符合设计规定要求，操作及联动试验正常。

3.3.10　轮子的制动装置固定牢固。

4　试运行。

4.1　变压器空载投入冲击试验：变压器不带负荷投入，所有负荷侧开关应全部拉开。按规程规定在变压器试运行前，必须进行全电压冲击试验，以考验变压器的绝缘和保护装置。全电压冲击合闸，第一次投入时由高压侧投入，受电后持续时间不少于10min，经检查无异常情况后，再每隔5min冲击一次，连续进行3～5次全电压冲击合闸，励磁涌流不应引起保护装置误动作，最后一次进行24h空载试运行。

4.2　变压器空载运行主要检查温升及噪声。正常时发出"嗡嗡"声，异常时有以下几种情况：声音比较大而均匀时，可能是外加电压比较高。声音比较大而嘈杂时，可能是心部有松动。有"兹兹"放电声音，可能是心部和套管有表面闪络。有焊裂声响，可能是心部击穿现象。应严加注意，并检查原因及时分析处理。

4.3　在冲击试验中操作人员应注意观察冲击电流、空载电流及一、二次电压等，并做好详细记录。

4.4　变压器空载运行24h，无异常情况后，方可投入负荷运行。

5　在验收时，应移交下列资料和文件。

5.1　变更设计的证明文件。

5.2　制造厂提供的产品说明书、试验记录、合格证件及安装图纸等技术文件。

5.3　安装技术记录。

5.4　调整试验记录。

第五节　质量保证期

自发电之日起，质量保证期为24个月。质量保证期内，机组确因制造质量不良而发生损坏或不能正常工作时，卖方应免费修理或更换并免费提供维修保养服务。更换的零部件的质量保证期从更换之日起再延长两年。对于隐蔽性的、合理的检查和试验都不能发觉的缺陷，即使质量保证期已过，由于其产品本身的设计缺陷、制造缺陷、安装缺陷造成的故障，仍由投标人免费负责。维修保养内容包括但不限于：

一、24h应急服务，并不收取法定工作日和日常工作时间以外的附加费用。

二、普通故障的修复时间为不大于4h。修复时间从投标人接到故障通知时计算。注明由谁提供维修保养服务，如果不是制造商提供维修保养服务，则需提供制造商的委托书，制造商承担连带责任。

第七章　直　流　屏

第一节　一般要求

一、保证质量的特殊要求：满足当地供电公司要求，并获得国家主管部门颁发的3C认证证书。

二、环境条件

1　环境温度：－5～＋40℃。

2　日温差：20℃。

3　相对湿度：月平均值不大于90％，日平均值不大于95％。

4　海拔高度：≤1000m。

5　抗震能力：要求承受地震烈度8度，即：地面水平加速度0.38*g*（正弦波3周）。地面垂直加速度0.15*g*（正弦波3周）。同时作用持续三个正弦波，安全系数≥1.67。

第二节　设计和制造标准

整个直流电源设备的设计和制造需符合下列标准：

一、《电工术语 基本术语》GB/T 2900.1—2008。

二、《半导体变流器》GB/T 3859。

三、《继电保护和安全自动装置基本试验方法》GB/T 7261—2016。

四、《固定型排气式铅酸蓄电池　第1部分：技术条件》GB/T 13337.1—2011。

第三节　设备规格

一、系统参数

1　系统电压：AC380V。

2　额定频率：50Hz。

3　各种电气设备回路电压

3.1　控制回路：DC110V。

3.2　保护回路：DC110V。

3.3　信号回路：DC110V。

4　在上述数值的80％～120％范围内，各种电气设备动作准确可靠。

5　断路器的合闸电压在上述数值的85％～110％范围内能关合额定关合电流。

6　在上述数值的75％～110％范围内能在无负荷情况下关合。

7　断路器的并联跳闸电压在上述数值的70％～110％范围内能可靠地分闸。

8　所有电子设备和继电器在高次谐波电压畸变率不大于8％的条件下能正常运行。

二、主要技术参数

直流电源控制信号屏作为所内设备操作电源、控制电源及高压开关柜、变压器信号显示报警等。

1　交流输入电压：AC380V±20%。

2　额定频率：50Hz。

3　直流额定输出：DC110V±10%。

4　电压纹波系数：<0.5%。

5　稳压、稳流精度：≤±1%。

6　噪声：≤40dB。

7　综合效率：≥90%。

8　绝缘电阻：在正常试验大气压下，绝缘电阻大于5MΩ（用500V兆欧表）。

9　耐压水平：应能承受2kV、50Hz，1min的工频电压。

10　温升：符合IEC947-1有关温升的规定。

11　连接外部绝缘导线的端子：不大于70K。

12　母线固定连接处（铜-铜）：不大于50K。

13　操作手柄的金属不大于：15K，绝缘材料：不大于25K。

14　可接触的外壳和覆板的金属表面：不大于30K，绝缘的表面：不大于40K。

15　直流屏应有声光报警功能和大屏幕的中文显示液晶屏。

16　采用免维护胶体电池。

三、主要技术性能

1　直流系统由交流配电单元，智能高频开关充电模块，蓄电池组，直流母线自动（手动）调压装置，馈电单元，绝缘故障监测装置、智能监控单元等组成，所有设备分别安装在直流盘内。

2　由所内交流屏两段母线引入两路三相AC400V进线电源，两路进线电源互为备用，并设置进线电源自动投切装置。正常供电时，充电单元对蓄电池组进行充电或浮充电，同时为全所的经常性直流负荷提供电源，由蓄电池向冲击负荷供电。交流失电后，由蓄电池向所内全部直流负荷包括经常性负荷、冲击负荷供电。

3　直流母线采用单母线分段型式。

4　具有交流进线缺相保护、防雷功能。

5　蓄电池采用阀控式铅酸免维护蓄电池，使用寿命不少于12年，内阻≤1.5mΩ。蓄电池容量应保证所内经常性负荷、事故负荷2h放电容量以及事故放电末期最大冲击负荷容量的要求。放电末期不能低于90%额定电压，充电10h后应能充到100%Ah容量，否则考虑可靠系数。

6　充电电源选用智能型高频开关电源充电模块，采用（N+1）热冗余方式并联组合供电，一个模块故障不应影响系统正常运行。充电机的容量应满足系统运行要求。充电模块应具有以下功能：

6.1　良好的可互换性。

6.2　可带电插拔。

6.3　可脱离监控单元独立运行。

6.4　限流充电和限流输出功能。

6.5　根据温度变化对电池容量补偿。

6.6　防止蓄电池过充的功能。

6.7　短路、过流等完善保护和报警措施。

6.8　交流输入端应有雷电防护措施。

6.9　电源模块间采用平均电流型无主从自动均流方式，电源模块间输出电流最大不平衡度≤±5%。

6.10　充电模块统一经通信口由内部监控单元监控，监控单元由所内综合自动化系统进行通信管理。

6.11　充电模块采用分散监控方式，每个模块内部具有监控功能（内置 CPU），使得模块可以脱离监控单元独立自动运行。

6.12　充电模块可不依赖监控装置，独立完成对输出电压、电流的控制和调整，即可直接在模块上完成均浮充方式转换、均浮充电压电流的设置。

6.13　采用有源功率因数校正技术，谐波电流满足国标《低压电气及电子设备发出的谐波电流限值》GB/T 17625.1 的规定。

6.14　温控风冷散热方式，风扇由模块内部温度控制。

6.15　充电模块应通过国家或国际权威试验机构的相关型式试验及出厂试验检验。

7　硬件自主均流，稳定性好，均流精度好。

8　电压绝缘监察装置能对母线电压、母线对地绝缘电阻及各馈线支路绝缘状况进行实时测量判断，超出正常范围时发出报警信号，并正确指示发生故障的馈线支路，并能够实现在不停电状态下进行故障查找定位，相关信号送全所综合自动化系统。

9　直流母线调压装置能自动或手动调整直流母线电压。系统采用分级自动调压装置，并具有手动调节功能，充电时直流母线电压不能超过 11%额定电压。

10　监控单元硬件构成。

10.1　电源模块：具有较强的过压、过负荷能力。

10.2　主处理器模块：采用 32 位以上工业级单片机。

10.3　数字输出模块：用于交直流系统设备的控制，其输出接点数量及容量应满足现场设备（包括交流、直流系统）出口驱动能力的要求，并考虑一定的预留。

10.4　数字输入模块：采用光电隔离措施，输入数量应满足交直流系统的要求。

10.5　模拟量采集模块：采用交流采样方式，对电流、电压进行交流采样。

10.6　网络通信模块：用于与变电所综合自动化系统的数据传输。应采用标准现场总线网接口或以太网接口。该模块上还应有与计算机直接连接的标准接口，用于单元调试。

10.7　液晶显示器：选用智能型人机界面触摸屏，系统工作的全部参数、状态曲线皆由彩色画面显示，同时显示实时值、整定值、命令和输出等，并能触摸操作和调整有关数据。

11　监控单元功能。

11.1　自诊断、掉电后来电自恢复等功能。

11.2　监测交流进线电压、监测控制各充电模块的输出电压、电流，直流母线电压、电流，浮充电压，充电电流，蓄电池输出电流以及绝缘电压等。

11.3　对设备发生下列状况进行保护并发出报警：交流电压异常、充电装置故障、母线电压异常、蓄电池异常、绝缘异常、馈线回路故障、设备内部故障等。

11.4　根据蓄电池的充电特性曲线及特点，控制充电机自动完成对蓄电池的充电及充电方式的转换。

11.5　对单体蓄电池容量进行在线监测，并显示当前蓄电池的容量。

11.6　对整个直流系统的运行状态进行实时监控，并能与全所自动化系统通信，实现遥控、遥测、遥调、遥信功能。其协议开放（设计联络时确定），满足无人值班的要求。还给用户提供专用维护测试、监控软件。

11.7　遥控量主要包括：整组或单个充电模块开/关机，电池均充和浮充转换等。

11.8　遥测量主要包括：充电机输出电压和电流、电池充放电电压和电流、直流母线电压和电流等、单体电池电压。

11.9　遥调量主要包括：调节浮充电压、均充电压、充电限流值、输出电流稳流值等。

11.10　遥信量主要包括：充电模块正常工作状态、故障工作状态、直流母线过/欠压、直流馈线绝缘状况、开关状态、自检信息等。

11.11　信号：信号包括工作状态显示信号及故障状态显示信号两类。

11.11.1　工作状态至少有下列指示：一号交流电源投入；二号交流电源投入；各馈电开关位置信号等。

11.11.2　故障状态、故障信号至少有下列内容：交流进线失压故障；浮充故障；直流母线电压过高；直流母线电压过低；直流电源绝缘下降；蓄电池电压过低；蓄电池故障；受馈电回路短路故障；切换器各提供一副无源常开接点；故障和历史记录查询。

11.11.3　信号采用接点发送方式，每一故障信号应有至少三对各自独立的接点分别用于本盘故障显示。在盘上的故障信号显示，能经复归后消除，复归方式可采取当地复归、远方复归两种方式。

11.11.4　直流系统正常/故障信号通过数字通信的方式，经监控单元传向所内综合自动化监控系统。交流盘的相关信号通过 I/O、AI 等方式接入监控单元。经监控单元传向所内综合自动化系统。历史记录可追溯，可查询事故发生的时间至秒级（通信接口标准及通信规约待设计联络时确定）。

12　测量表计：采用广角测量表计。直流表计准确度不低于 1.5 级，附加分流器准确度不低于 0.5 级。选用的电流、电压表指针考虑过负荷运行时有适当的裕度。测量内容有：交流进线电源电压、浮充电压、浮充电流、母线电压、输出电流、蓄电池电压、蓄电池充/放电电压、放电电流等。

13　交流输入单元为充电单元提供交流输入电源，通常由两路交流电源经互投电路手动或自动选择一路向充电单元供电，交流输入单元含有防雷电路和三相输入状态监视电路，当有雷击发生时，通过防雷电路保护使充电电源免受损坏，当交流电源发生缺相或失压故障时，输入状态监视电路启动，进行报警。故障信号通过集中监控器送往后台和远方遥信装置。

14　自投装置。直流盘内设置自动装置，实现如下自投功能：

14.1　直流盘两路交流进线自投，两路交流进线电源互为备用，当主供电源回路故障时，自动投入到备用电源回路。

14.2　实现所内应急照明交流电源和直流电源的自动投切。

14.3　实现控制信号盘电源的自动投切。

14.4　具体自投方案待设计联络时确定。

15　蓄电池放电装置。

15.1　直流系统具有蓄电池手动/自动放电功能，配置两套蓄电池放电装置，用于蓄电池的定期放电。

15.2　该装置采用便携式结构，可移动，携带方便。输入输出高频隔离。输入电压为直流 110V。

15.3　该装置采用能量回馈技术，将能量反送回电网。

15.4　该装置蓄电池放电为恒流放电，能精确计算蓄电池组的放电能量。

15.5　放电过程由微机控制，可做到无人值守。

15.6　具有完善的蓄电池保护功能，在放电过程中，为了防止蓄电池“过放电”故障的发生，只要满足以下条件之一，放电装置便立即停止放电：放电达到设定的放电时间。放电的安时数达到设定值。蓄电池电压达到放电终止电压。

四、设备结构

1　盘的种类。

1.1　高压配电室：容量100Ah。

1.2　合闸母线馈出回路数：4。

1.3　控制母线馈出回路数：5。

2　直流盘体及控制信号屏。直流系统配电盘由直流控制盘、蓄电池盘组成。

2.1　直流盘应由钢板及骨架组成，采用刚性好，有一定耐热能力的钢材，表面进行严格的处理并采取防腐蚀措施。钢板厚度不小于2.5mm。盘内辅助钢板厚度不应小于1.5mm。制成的面板及屏架应有足够的机械强度，以保证元件安装及操作时无摇晃，盘面板及盘架无变形。盘的防护等价不低于IP40。盘的颜色在设计联络时确定。

2.2　盘内配线截面应满足各回路载流量的要求。可动部分应过渡柔软，并能承受挠曲而不致疲劳损伤，盘内编号统一、清晰。

2.3　直流设备的电气间隙、爬电距离、间隔距离、外接导线端子的选择、接线、安装等要求，均满足《低压成套开关设备和控制设备》GB 7251有关规定。

2.4　盘上端子排的设计考虑运行、检修、调试、的方便，采用高质量、名牌阻燃端子。端子连接方式可靠牢固。引进引出盘外的导线必须经过端子排。大电流端子、一般端子、弱电端子之间有所间隔。适当考虑与设备位置对应，端子排导电部分为铜质。端子的选用满足回路载流量及所接电缆截面的需要。盘内预留适当数量的端子及端子安装位置。

2.5　盘上装设接地螺栓，盘的活动金属构件及金属门，与盘体之间用铜线牢固连接。

2.6　盘内元器件安装及走线要求整齐可靠、布置合理，电气间绝缘符合国家有关标准。测量表计的安装便于读数。盘体结构要求通风良好。柜体正面采用钢化玻璃门，后面为双开门，柜体应有通风散热孔。安装元件的面板应采用门板式结构，可方便开启，便于维护。

2.7　元器件的要求。

2.7.1　柜内安装的元器件均采用高品质元件，不得选用淘汰的、落后的元器件。配套供应便携式蓄电池监测仪表。并在相关文件中注明主要元器件的型号及厂家。

2.7.2　导线、导线颜色、指示灯、按钮、行槽盒、涂漆，均符合国家或行业现行有关标准的规定。其中导线选用铜线，按室温40℃时长期连续负荷工作制选用，导线截面积满足回路容量的要求，在相关文件中明确给出不同回路（信号回路、小电流控制回路、大电流控制回路、馈出线等回路）的导线选用截面及计算依据。交流母线选用铜母线，截面积满足系统容量要求。

2.7.3　面板配置测量表计其量程在测量范围内，测量最大值应在满量程85%以上。指针仪表误差不大于1.5%，数字表采用四位半表。

2.7.4　盘面布置。根据设备的数量进行盘面布置，盘数及尺寸见设计图纸。盘面布置应整齐、简洁、美观、合理。安装高度应考虑运行操作的方便。各受馈电开关的位置信号与开关对应，以便于维护人员操作、检查。

2.7.5　直流馈线空气断路器、熔断器具有安一秒特性曲线上下级大于2极的配合级差。

2.7.6　重要位置的熔断器，断路器应装有辅助接点。

2.7.7　馈线开关并接在直流汇流母线上，便于维护、更换。

2.7.8　同类元器件的接插件具有通用性和互换性，接触可靠、插拔方便。接插件的接触电阻、插拔力、允许电流及寿命，均符合有关国家及行业现行标准的要求。

五、产品工作制等级（负载等级）：不受设备工作方式的限制，设备的负载等级为Ⅰ级，即100%额定输出电流、连续。

六、柜体涂漆：柜体涂漆应符合《电力系统用直流屏通用技术条件》ZB K45 017-90中第3.5条的要求及本规范的其他相关要求。

七、系统模拟图线：系统模拟图线应符合《电力系统用直流屏通用技术条件》ZB K45 017-90中第3.5条的要求。

八、母线导线和布线

1　控制回路的二次接线，截面不小于1.5mm² 铜质导线，应保证牢固可靠。

2　其他要求应符合《电力系统用直流屏通用技术条件》ZB K45 017-90中第3.7条的要求。

九、绝缘性能：绝缘性能应符合《电力系统用直流屏通用技术条件》ZB K45 017－90中第3.8条的要求。

十、噪声：在正常运行时，自冷式产品的最大噪声应不大于50dB；风冷式产品的最大噪声应不大于55dB。

十一、温升：设备各部件的温升应符合《半导体变流器》GB/T 3859中第10条中表9、表10的规定。

十二、承受机械振动、冲击的能力：设备承受机械振动和机械冲击的能力应符合《电力系统用直流屏通用技术条件》ZB K45 017—90中第4.5条规定。

十三、向中央信号屏提供下列但不仅限于下列的信号

1　直流屏的来电低压信号。

2　直流屏电池充电器故障信号。

3　直流屏电池电压过低信号。

第四节　验　　收

一、设备有型式试验、出厂试验及现场试验，各类试验均根据相应规定、方法进行。厂家必须进行出厂试验，提供完整的型式试验报告和出厂试验报告及试验合格的验收标准。所有设备整机及其主要部件的试验，按合同和业主批准的试验规格书进行型式试验、出厂试验、现场试验。不得以任何借口减少试验项目和内容，试验验收后，并不减轻或减少生产厂商对设备所负的责任。

二、型式试验

对于成熟的系列生产的产品和标准产品，提供该产品有效的或近五年内国家权威部门的检验报告。型式试验包括以下内容（但不限于此）：

1　温升试验。

2　介电强度试验。

3　控制母线输出电压稳压精度和纹波系数试验。

4　浮充装置稳压精度和纹波系数试验。

5　事故状态下输出直流电压的试验。

6　充电装置稳流精度试验。

7　噪声的测定。

8　防护等级试验。

9　电磁兼容试验。

10　蓄电池组容量试验。

11　微机绝缘监察装置试验。

12　负荷试验。

12.1　监控单元试验。

12.2　母线调压装置试验。

12.3　蓄电池自动充电曲线试验。

12.4　“四遥”功能试验。

12.5　充电装置限流试验。

12.6　装置开机浪涌试验充电模块并联运行均流试验。

三、出厂试验包括以下试验内容（但不限于此）

1　一般检查。

2　通电操作试验。

3　浮充装置稳压精度和纹波系数试验。

4　控制母线输出电压稳压精度和纹波系数试验。

5　充电装置稳流精度试验。

6　接地连续性的测试。

7　介质强度试验。

四、现场试验

对现场试验的项目和内容可提出建议，由业主确认。现场试验包括以下试验内容（但不限于此）：

1　一般检查。

2　通电操作试验。

3　浮充装置稳压精度和纹波系数试验。

4　控制母线输出电压稳压精度和纹波系数试验。

5　充电装置稳流精度试验。

第八章　中央信号屏与模拟屏

第一节　一般要求

一、中央信号屏及其有关的设备等需证明符合所指定的装置类别并需经过定型试验，并由认可的国家级试验机构，对其在预期短路条件下的性能出具证明。

二、制造商需保证中央信号屏继电保护线路及其提供的系统等需符合当地供电局的要求及允许使用的产品。

第二节　设计和制造标准

中央信号屏的设计和制造需符合下列标准：

一、《低压成套开关设备》GB 7251—2005；

二、《塑料差示扫描量热法（DSC）》GB/T 19466；

三、《继电保护和安全自动装置基本试验方法》GB/T 7261—2008；

四、《高电压试验技术》GB/T 16927。

第三节　技术规格要求

一、设计和构造的要求总则

1　中央信号屏，需为室内金属密封型。单个的柜需由螺栓连接在一起组成封闭，独立和自撑的装置。

2　柜体需用 2mm 以上符合规定的“不锈钢”或其他相同的材料制成形成一刚性结构以承受设备重量和设备工作时的冲击或运输和安装时的冲撞。

3　在前上方需装设测量仪表、保护装置和指示灯。测量仪表和保护装置，需尽可能装于离装饰完成地面 300～2000mm 之间。

4　柜体可前后开门有暗锁。所有门应有橡皮或其他批准的材料做成的垫衬。每个设备间隔应具有单独的排气孔。内部电弧需限于其发生的间隔内。开关柜需适合室内使用，其防护等级应达到国标（或等同于 IEC529）所规定的。

5　柜面需清洁无油污，至少需涂两遍烘干底油和两遍烘干面油。底油需为树脂类油漆并应与面油不同颜色。两遍面油的干油膜厚度不应小于 0.75mm。最后一层面油需为半粗糙的制造厂商的标准色。

6　供给 1kg 与制造厂内施于开关柜上同样成分的面油。

7　标牌和光字牌一般需用白/黑/白有机玻璃片制成。上面刻以中、英文字。题字和符号的具体细节在制造前需送批。标牌需按批准的方法固定。

8　具有事故信号报警、预告预警信号报警功能区分，便于及时发现故障或异常情况，事故报警和预告报警方式应有明确区别。当线路发生多回路同时报警时系统应有进行多次复位操作，直至全部报警解除后方可消除声光报警。

二、模拟一次系统图

中央信号屏需在正面的屏面应绘有高压开关柜、变压器和低压配电屏的一次系统图。图中母线、开关、变压器等设备的颜色，符号和编号应符合有关国标和当地供电局的要求。

三、内置可编程控制器（PLC）

1 数字输入不低于48位，数字输出不低于48位，模拟输入不低于12位，输出不低8位，并可扩展。

2 中央PLC需为带贮存记忆系统，当外界电源停电时，应能保存记录变电站监控设备状态和参数。

3 中央PLC的防护等级应不低于IP31，其可靠性应达到工检机水平。

4 中央PLC应有可扩展的功能。

5 可以有效地纳入BMS系统。

5.1 具有用于数字通信的接口，并能与TCP/IP，BACNET协议相配合。

5.2 具有MODi-BUS，PROFIT-BUS或相当的总线通信形式。

5.3 与DDC的各种输入输出相配合的技术条件：

5.3.1 模拟输入：

1. 0-10VDC（300kΩ）；
2. 0-20mADC（100Ω）；
3. RTD（1000Ω镍及铂）。

5.3.2 数字输入：干触点。

5.3.3 模拟输出：

1. 0～10VDC（100mA max）；
2. 0/4～20mADC；
3. 0～10VDC（10mA max）。

5.3.4 数字输出：24VAC三端双向可控硅0.5A。

四、状态显示灯

1 在模拟一次系统图上的主要装置设备应配置状态显示灯以显示该设备的状态。

2 高压进线开关，母联开关和变压器馈线开关应配置开关状态显示，灯亮表示开关处于投入使用状态；灯灭表示开关退出运行。

3 变压器应配置运行状态显示，灯亮表示变压器处于投入使用状态；灯灭，表示变压器退出运行。

4 低压主进开关和母联开关应配置运行状态显示，灯亮表示开关处于投入使用状态；灯灭表示开关退出运行。

5 上述开关的状态信号应取自开关的辅助触点的常开触点。

6 柴油发电机组应配置但不限于下列光字牌：

6.1 发电机充电机故障信号。

6.2 发电机充电机电池电压过低信号。

6.3 发电机充电机日用油箱低位信号。

6.4 发电机充电机手动停机及自动信号故障信号。

6.5 发电机充电机油温过低信号。

五、光字牌

中央信号屏的正面应配置相当的光字牌以显示与开关配合的继电保护的运行状态。正常状态下，光字牌不亮；继电保护动作时，光字牌闪光：按下确认按钮后，光字牌保持亮。继电保护复位后，光字牌灯灭。

1 高压主进开关，母联开关和变压器馈线开关应配置但不限于下列光字牌：

1.1 低定值过流保护动作；

1.2 高定值过电流瞬时动作保护；

1.3 低定值接地故障保护动作；

1.4 高定值接地故障瞬时动作保护；

1.5 系统低电压、过压信号；

1.6 断路器（CB）开和含回路故障信号。

2 变压器应配置但不限于下列光字牌：

2.1 变压器温升报警 T1；

2.2 变压器温升报警 T2；

2.3 风冷设施故障信号；

2.4 变压器超温跳闸。

3 低压主进开关和母联开关应配置但不限于下列光字牌：

3.1 过流保护动作；

3.2 过电流瞬时动作保护；

3.3 接地故障保护动作；

3.4 低电压延时动作保护。

4 直流屏应配置但不限于下列光字牌

4.1 直流屏电池充电器故障信号；

4.2 直流屏电池电压过低信号。

5 柴油发电机组应配置但不限于下列光字牌：

5.1 发电机充电机故障信号。

5.2 发电机充电机电池电压过低信号。

5.3 发电机充电机日用油箱低位信号。

5.4 发电机充电机手动停机及自动信号故障信号。

5.5 发电机充电机油温过低信号。

六、警铃和蜂鸣器

1 警铃用于警告性继电保护动作信号。

2 蜂鸣器用于使开关动作的继电保护动作信号。

七、功能按钮

1 故障确认和消音按钮：设置这样一个按钮，当发生故障，继电保护动作后，光字牌闪亮，警铃或蜂鸣器发出音响，但当按下此按钮后音响停止，光字牌保持灯亮，但不再闪。

2 复位按钮：设置这样一个按钮，当故障排除、继电保护复位后，按下此按钮后，光字牌和音响等信号恢复正常。

3 测试按钮：设置这样一个按钮，按下此按钮后，可测试报警回路上的光字牌，音响和继电器等设备是否正常。报警回路是否正常。

八、继电器

应配置合适的冲击继电器、信号继电器、中间继电器、延时继电器和其他继电器用以完成相应的监控和报警显示功能。

九、指示灯、按钮、选择和控制开关

1 所有指示灯、带灯按钮、选择和控制开关需为金属壳体、镀铬、重荷载、配电屏使用型。具有良好的绝缘，符合所规定的电压和电流值，并经过批准。

2　所有指示灯需采用不发热，指示清晰，寿命长的LED指示灯。指示灯的设计需能从前面拆换灯泡、灯罩，而不必使用专用工具和开启屏门。

十、接线端子板

1　供电力和控制线用的接线端子需为模压制成，夹在共同的架上。接线端子需能抽出更换，而无需拆下相邻的端子。

2　接线端子的接线需在两板以螺栓固定的板之间将电线夹紧。不得使用螺栓压紧式的接线端子。

3　同一编号的电缆需终接于相邻的端子上并在端子板上用连接片连接。用于继电器和仪表回路的端子需装有插销，用以连接测试接线。

4　接线端子板需按工作电压、电力回路和控制回路分组。各组之间需在前面以透明而耐燃的盖板分隔开，并设有区分标牌。

5　凡当主电源切断后仍带电的端子，需加以屏蔽并作出标记。

6　各端子需套以白色套箍，以资区分回路，并标以结线图上的编号。

7　每组接线端子板需有20%的备用端子，但不少于两个。

十一、内部和控制线路

1　所有内部和控制线路均需为符合有关国家标准的450/750V PVC绝缘多股铜电缆。

2　所有电缆需具有相当的截面，但不小于2.5mm^2，敷设在槽盒内。每根电缆的两端均需妥善地用绝缘的刀式或片式端头或其他经批准的端头连接。

3　当电线跨过门铰链时，需套在PVC软管中，并绕成圈。使门可打开，以便拆下组件作检查，而不需拆卸电缆和使电缆过分弯曲。

4　所有回路均需有可断开的连接器/熔断器，以便于隔离、检查和维护。

十二、状态信号的来源

各种位置和状态信号均来自高低压开关柜及变压器的干节点和辅助触点。

十三、电源和信号母线

应设置独立的不断电源母线和信号母线，而不能与高低压开关柜的电源母线和信号母线有电气联系，以避免对监控设备构成干扰。

十四、与高低压开关柜及变压器的分界

1　将由中央信号屏监视及记录下列情况：

1.1　所有供电部门进线柜的低电压信号。

1.2　母线保护继电器的状态。

1.3　所有VCB的开/合/事故跳闸状态。

1.4　变压器一级和二级过热信号及变压器馈电柜跳闸状态。

1.5　蓄电池充电器故障信号。

1.6　蓄电池电压过低信号。

1.7　跳闸回路故障信号。

2　所有状态指示需传至接线箱，由其中的中央信号屏设备收集起来。上述状态指示需由成对的常开和常闭的干触点发出。

3　接线箱需装于高压配电室内，其所配置的端子板需按本技术说明书规定。其设计需经批准。

十五、模拟屏

1　配置一面耐用而经批准，墙装的柜体式模拟屏以模拟包括高压进线柜，出线柜，变压器，低压配电屏，后备发电机及相互连接的高、低压电气系统以便于系统的接线。高压部分需用红色而低压部分则用蓝色。

2 模拟盘需由彩色片镶嵌金属的格栅中。彩色片需具有不使人炫目的表面及相同颜色的背面。模拟线路上的文字的图形可以用雕刻或印于盘面上但需能于清洁时抵受化学洗净剂的浸蚀。

3 模拟屏为变电站运行人员进行模拟操作的工具，需反映变电站高压开关，柜变压器和低压配电屏的一次系统主要设备的运行状态。

4 模拟屏的制作材质就为有机玻璃及采用铝合金外框，材质应坚固、耐用，长期使用不应出现形变，脱落和老化等。

5 模拟屏中的开关部分应能活动，应正确地表示开关的状态和位置。

6 模拟屏为声光智能型，投入使用的设备灯亮，退出的灯灭。当出现合闸错误，如两进线和母线同时合闸时发出声响，错误开关灯闪动，设备应能长期带电运行。

7 模拟屏应能方便维修，特殊材料设备应提供备件。

8 模拟屏应首先提出制作方案，待业主和业主的授权代表批准后方可进行制作。

9 主接线图中有关母线，开关和变压器等。设备的颜色符号和编号应符合国标规定和当地供电局的要求。

10 需在低压侧标出各分支的去向。

第四节 装配及验收

一、一般要求

1 中央信号屏的组装应按已批准的设计进行施工。

2 中央信号屏等的运输、保管，除应符合本章要求外，当产品有特殊要求时，尚应符合产品的要求。

3 凡所使用的设备及器材均应符合现行技术标准，并应有铭牌。

4 电器设备与器材到达现场后，应作下列验收检查：

4.1 开箱检查清点，规格应符合设计要求，附件、备件应全；

4.2 产品的技术文件应齐全；

4.3 按本章要求作外观检查。

5 设备组装用的紧固件，除地脚螺栓外，应用镀锌制品。

6 中央信号屏装配工程在验收时，应进行下列工作：

6.1 装配的工作是否符合设计；

6.2 工程质量是否符合规定；

6.3 按本章规定提出的技术资料和文件是否齐全。

二、装配

中央信号屏应在工厂内进行装配，应以成品形式送到现场，各种设备在装配前均应进行预检及相应的老化试验和仿真操作试验。

三、交接验收

1 在验收时应进行下列检查：

1.1 各部分应完整，外壳应清洁，动作性能符合规定；

1.2 起动时应无不正常的声音，自动控制系统动作正确；

1.3 基础及支架应稳固，操作时不应有剧烈的震动；

1.4 油漆完整，相色正确，接地良好。

2　验收时应提交下列资料和文件：

2.1　变更设计的证明文件；

2.2　制造厂提供的产品说明书；

2.3　安装技术记录；

2.4　调整试验记录。

四、质量保证期

自发电之日起，质量保证期为24个月。质量保证期内，机组确因制造质量不良而发生损坏或不能正常工作时，卖方应免费修理或更换并免费提供维修保养服务。更换的零部件的质量保证期从更换之日起再延长两年。对于隐蔽性的、合理的检查和试验都不能发觉的缺陷，即使质量保证期已过，由于其产品本身的设计缺陷、制造缺陷、安装缺陷造成的故障，仍由投标人免费负责。维修保养内容包括但不限于：

1　4h应急服务，并不收取法定工作日和日常工作时间以外的附加费用。

2　普通故障的修复时间为不大于4h。修复时间从投标人接到故障通知时计算。注明由谁提供维修保养服务，如果不是制造商提供维修保养服务，则需提供制造商的委托书，制造商承担连带责任。

第九章　低压配电柜

第一节　一般规定

一、低压配电柜应为独立基础、可延伸的多屏式，由装设断路器、熔断器、继电器、母线、控制器等的间隔所组成，并符合系统图和以下规定。整套低压配电柜应适用于本规格说明书所规定的工作条件。

二、低压配电柜内空气断路器、塑壳断路器、自动转换开关等主要组件需为国际著名品牌产品；其他相关组件需为同一品牌或经批准的同等产品。

三、所有低压配电柜外观颜色应一致，并配置有牢固、可靠的锁具，使用通用钥匙开启。

四、开关柜需为著名的品牌的中外合资或中外合作企业生产的主流型号产品。

五、保证质量的特殊要求

1　低压配电柜需为经过国家标准《低压成套开关设备和控制设备》GB 7251—2005 所规定的定型试验的组合装置，由专业制造低压配电屏的工厂生产，并在厂内组装和试验。

2　低压配电柜及其附属设备包括开关装置、控制开关、母线组装需证明符合规定的负载类别。其机械结构需经合格的试验机构，对短路故障条件及温升限度等进行过定型试验的低压配电柜相同。

3　所有低压配电柜及其附属设备包括开关装置等需由认可的国家级测试机构证明其短路容量符合以上的规定。且所有产品需获得国家主管部门颁发的3C认证证书。

4　所有低压配电柜的体积及重量需配合原设计指定摆放的房间及空间要求。若未能满足要求，承包单位需自费更换品牌及型号以满足要求。

5　柜体和元器件生产厂优先选择同一品种的产品。标准成套低压配电柜需按中国国家标准规定设计和制造。

第二节　设备规格

一、必须尽可能避免使不同的导电金属相接触。如不可能避免，则相接触金属的一面或两面需电镀或彼此绝缘。

二、低压配电柜内所有相类似或其部件均需可以互换。低压配电柜应考虑后期用电量增加的需求，预留20%比例的可扩冗余配电回路。

三、所有易被尘土侵蚀或损坏的部件需完全置于防护箱内。

四、除另有规定外，在低压配电柜上不得使用粘贴。

五、所有螺栓，螺钉均为8.8级。所有落地安装的低压配电柜应安装在钢制或土建基座之上。

六、在所有螺栓和螺帽下必须加垫片。螺栓和螺钉必须伸出螺帽外至少1个节距但不得多于5个节距。

七、低压配电柜的设计必须符合最佳的工程实践。仪表，继电器，开关装置，指示灯的布置应整齐，有效和合乎逻辑。配电柜的进出线孔或敲落孔应有护口保护措施，避免线缆绝缘层受到伤害。

八、低压配电柜的设计必须操作简便和方便维护。

九、所有铜母线需为高纯度精铜，不接受回收铜。铜纯度≥99.95%，导电率≥97% IACS，电阻率≤0.017777Ω·mm^2/m。

十、环境条件：

1 安装场所：户内安装。

2 海拔：≤1000m。

3 环境温度：－5～40℃。

4 日温差：25℃。

5 相对湿度：≤85%（25℃）。

6 抗震能力：要求承受地震烈度8度。

十一、系统参数

为保证用电设备安全，正常连续使用，要求提供的低压开关柜应满足其环境条件并且技术先进，生产工艺成熟可靠，结构紧凑，便于安装和维护。对于投标商所提供设备的要求：正确的设计，坚固的机械，电器结构，所用材料具有足够的强度，并具有合格的质量且无缺陷。

1 接地型式：TN-S。

2 系统电压：0.38/0.22kV。

3 额定绝缘电压：69V。

4 耐压水平：8kV。

5 额定频率：50Hz。

6 各种电气设备回路电压：

6.1 电气设备控制，保护，信号回路电压 DC 220V。

6.2 在上述数值的85%～110%范围内，各种电气设备动作准确可靠。

6.3 断路器的合闸电压在上述数值的85%～110%范围内能关合额定关合电流。

6.4 在上述数值的75%～110%范围内能在无负荷情况下关合。

6.5 断路器的并联跳闸电压在上述数值的70%～110%范围内能可靠地分闸。

6.6 所有电子设备和继电器在高次谐波电压畸变率不大于8%的条件下能正常运行。

十二、主要技术参数

1 水平母线最大工作电流：5000A，4000A，2500A。

2 水平母线短时耐受电流（1s）：80kA。

3 水平母线短时峰值电流：176kA。

4 垂直母线最大工作电流：按开关整定电流加大一级配置。

5 垂直母线短路峰值电流：105kA。

6 热稳定电流：80kA/s。

7 动稳定电流：176kA（峰值）。

8 额定分散系数：0.6～0.85。

十三、主要技术性能

1 电气间隙。

1.1 电气间隙：14mm。

1.2 爬电距离：16mm。

2 间隔距离。应考虑到制造工差和由于磨损而造成的尺寸变化。

2.1 耐压水平：2.5kV，50Hz，5s。

2.2　外壳防护等级：IP31。

2.3　温升：符合 IEC 947-1 有关温升的规定。

3　连接外部绝缘导线的端子：不大于 70K。

4　母线固定连接处（铜—铜）：不大于 70K。

5　操作手柄，金属的不大于 15K，绝缘材料的不大于 25K。

6　可接触的外壳和覆版，金属表面不大于 30K，绝缘表面不大于 40K。

7　开关柜可设置双主母线。

十四、结构

1　开关柜结构的基本骨架为组合装配式结构，柜体外壳应采用高质量的冷轧钢板，全部框架、隔板采用高质量敷铝锌钢板，加工后剪切口应具有较强的自愈能力不应发生腐蚀或生锈现象，柜体的金属结构件需经过防腐处理。

2　开关柜应有足够的机械强度，以保证元件安装后及操作时无摇晃、不变形。

3　开关柜内的每个柜体分隔为三室，即水平母线隔室，功能单元室及电缆室，室与室之间用整块高强度阻燃环保塑料功能板相互隔开，采用高质量的整块功能板，母线室应能方便地装设水平分母线。

4　低压开关柜内零部件尺寸、隔室尺寸、均实行模数化。

5　开关柜的结构设计应满足受建筑布置及其他因素影响对柜体的特殊要求。

6　开关柜的进出线可采用电缆或封闭母线，出线位置上、下进出，并能适当调整。

7　抽屉：变电所低压开关柜内主开关及大容量出线开关（≥250A）采用固定式样接线，插拔式开关。其他回路采用抽屉式或插拔式开关。插接件要满足回路电流需要。

8　抽屉单元带有导轨和推进机构，设有运行、试验和分离位置，且有定位机构。同类型抽屉具有互换性，一旦发生故障，可在系统供电情况下更换故障开关，迅速恢复供电。

9　功能单元有可靠的机械连锁，通过操作手柄控制，具有明显的运行、试验、抽出和隔离位置，并配有相应的符合标志，为加强安全防范，操作手柄与开关采用同一厂家产品。

10　外接导线端子。

10.1　端子应能适用于连接随额定电流而定的最小至最大截面积的铜导线和电缆。

10.2　接线用的有效空间允许连接规定材料的外接导线和线芯分开的多芯电缆，导线不应承受影响其寿命的应力。

10.3　电缆入口、盖板等应设计成在电缆正确安装好后，能够达到所规定的防触电措施和防护等级。

十五、保护性接地

1　低压开关柜内要设有接地保护系统，并且贯穿整个装置，PE 线的材料采用铜排，要能与低压开关柜柜体、接地保护导体通过螺钉可靠连接。

2　低压开关柜底板、框架和金属外壳等外露导体部件通过直接的、相互有效连接，或通过由保护导体完成的相互有效连接的确保保护电路的连续性。

3　低压开关柜的固定插拔开关及抽屉的金属外壳与低压开关柜的框架通过专用部件进行直接的、相互有效连接以确保保护电路的连续性。

4　保护导体应能承受装置在运输、安装时所受的机械应力和在单相接地短路事故中所产生的应力和热应力，其保护电路的连续性不能破坏。

5　保护接地端子设置在容易连接之处，当罩壳或任何其他可拆卸的部件移去时，其位置应能保证电路与接地极或保护导体之间的连接。

6 保护接地端子的标志应清晰，并能永久性识别。

十六、低压开关柜门、喷漆及颜色

1 低压开关柜门应开启灵活，开启角度不小于90°。紧固连接应牢固、可靠，所有紧固件均应有防腐镀层或涂层，紧固连接有防松脱措施。

2 所有低压开关柜的颜色与发包人确定

十七、柜内母线和导线的颜色和排列

1 低压开关柜内母线和导线的颜色应符合《电工成套装置中的导线颜色》GB 2681的规定。柜内保护导体的颜色必须采用黄绿双色。当保护导体是绝缘的单芯导线时，也应采用这种颜色并且最贯穿导线的全长。黄绿双色导线除作保护导体的识别外不允许有任何其他用途。

2 外部保护导体的接线端应标上接地符号，但是当外部保护导体与能明显识别的带有黄绿双色的内部保护导体连接时，不要求用此符号。

3 低压开关柜内母线的相序排列从装置正面观察应按表9-1进行排列。

低压开关柜内母线的相序排列 **表9-1**

类别		水平排列	垂直排列
交流	L1相	上	左
	L2相	中	中
	L3相	下	右
	中性线	最下	最右

十八、人机界面

1 低压开关柜的抽屉功能单元应有明显的三个标志：连接位置、试验位置和分离位置。

2 低压开关柜的面板上应设有红灯和绿灯，并分别表示断路器/接触器的合、分闸位置。

3 低压开关柜的面板上设置必要的测量表计。低压开关柜内相同规格的功能单元应具有互换性，即使在出线端短路事故发生后，其互换性也不应破坏。

十九、接口要求

1 低压开关柜厂与降压变压器厂的接口。变压器0.4kV低压侧的母排直接进入0.4kV进线柜与主开关母排连接。其接口要求如下：柜厂与变压器厂的接口在接口母排低压柜一侧；接口母排应为铜材料制成，连接方式为硬连接或软连接（包括N线）制成，接口母排两端接线端子材质应与所连接的母线相适应；接口母线的支撑、截面尺寸由变压器厂根据变压变压器容量提出，并由柜厂进行确认；柜厂向变压器厂提出接口母排在低压柜内的安装要求和接线要求；变压器厂提供接口母排并对安装、试验负责。

2 低压开关柜与电力监控设备的接口。变电所进线总断路器、母联断路器采用就地控制和电力设备远程监控。开关柜上述回路设自动/手动转换开关及智能模块（三级负荷总开关和冷水机组开关不需要智能模块），该智能模块应设置于断路器本体内，实现远程监控测量、通信及遥控功能，模块的通信协议采用国际上通用的通信协议。开关柜厂家配置著名品牌的智能模块，负责智能模块的相关参数整定、调试、维护等，配合电力监控设备集成商的系统开发、调试（包括提供开发用智能模块、公开通信协议），与电力监控设备集成商的物理接口在开关柜智能模块的数据接口处。为满足整个电力监控设备的性能要求，智能模块需经业主和电力监控设备集成商的认可，否则予以更换，合同价不变。智能模块要满足以下要求：进线总断路器应输送电流、电压、频率、有功电度、无功电度、功率因数、有功功率、无功功率、开关位置、抽屉位置、故障信号等。母联断路器应输送电流、开关位置、抽屉位置、故障信号等。以上各进线总开关及母联可接受遥控分、合闸命令。

二十、低压开关柜内部件的设计

1　为了确保操作程序以及维护时的人身安全，装置都应具备机械连锁。对于固定式部件的连接只能在成套设备断电的情况下进行接线和断开。

2　无功补偿采用自愈式（干式无油）低电压金属并联电容器。分组电容器的投切不得发生震荡，投切一组电容器引起的所在相母线电压变动不超过2.5%。电容器装置应有过电压保护，每组电容器回路中应有限制合闸涌流的措施。电容器的外壳防护等级不低于IP20。电容器采用固定安装方式。无功率补偿柜中每一单元应有3min内$\sqrt{2}U_n$的峰值电压放电到75V或以下的放电器件。在放电器件和单元之间不得有开关、熔断器或其他隔离装置。电容器单元的金属外壳上应有一个能够承担故障电流的连接头。同时选择5.5%的谐波电抗器组合，作为谐波抑制措施，避免高次谐波电流与电力电容发生谐振，影响系统设备可靠运行，治理后的谐波水平满足《电能量　公用电网谐波》GB/T 14549的要求。

3　测量仪表。

3.1　低压开关柜面设置必要的测量表计、控制按钮和灯光信号。指示灯和按钮的颜色根据其用途按《电工成套装置中的指示灯和按钮的颜色》GB 2681的规定选用。

3.2　测量仪表与带电部分保持足够的安全距离，否则应采取可靠的防护措施，以保证在带电部分不停电的情况下进行工作时，人员不致触及运行的导电体。

3.3　测量仪表应有可靠的防腐动措施，不因低压开关柜内的断路器的正常工作及故障动作电流的产生的震动而影响它的正常工作及性能。

3.4　二次回路导线应有足够的截面，以保证互感器的准确度。

3.5　低压开关柜测量仪表及保护装置配置见表9-2～表9-4。

低压开关柜测量表计设置表　　**表9-2**

项目＼内容	电流	电压	有功功率	功率因数	有功电度	无功电度
0.4kV进线	√	√	√	√	√	√
0.4kV母联	√					
0.4kV馈线	√					
三级负荷总开关	√				√	
照明及预留回路	√				√	
电容补偿柜	√				√	

仪表测量准确度表　　**表9-3**

项目＼仪表准确度	1.0
有功功率表	√
无功功率表	√

低压开关柜保护装置设置 表 9-4

项目 \ 内容	短路瞬时保护	短路短延时保护	长延时保护
0.4kV 进线		√	√
0.4kV 母联		√	√
0.4kV 馈线	√		√
电容补偿柜	√		

3.6　低压开关柜内上、下级空气断路器之间应具有选择性，断路器的安-秒特性曲线应有大于 2 级的配合级差。

3.7　测量仪表适用的环境条件：

3.7.1　工作温度：−25～+70℃。

3.7.2　储存温度：−40～+85℃。

3.7.3　相对湿度：5%～95%无凝露。

3.8　测量仪表所有数据均可进行查询。

3.9　测量精度：0.5%。

3.10　测量仪表额定值：

3.10.1　电压：AC400V，过负荷：允许 2 倍连续过载，AC2500V/1s（不循环）。

3.10.2　电流：5A，过负荷：允许 2 倍连续过载，100A/1s（不循环）。

3.10.3　频率：35～65Hz。

3.11　满足测量、通信一体化，满足四遥功能一体化。

3.12　输入/输出（DI/DO）：

3.12.1　配置两路的开关量采集口用于开关量采集，节点输入电压范围：AC220V ±25%。

3.12.2　配置开关量输出功能：单相表提供一路输出，三相表提供两路输出，继电器额定容量 AC220V/5A，DC30V/5A。

3.13　具有报警功能：

3.13.1　当电压或电流越限时，可输出报警信号，且能在面板上直接显示报警信息；

3.13.2　可同时设置报警整定值的上、下限值，即当被监测对象超出上、下限值范围即报警；

3.13.3　继电器操作方式：可设定为自动报警，也可设定由上位机控制输出报警信号；

3.13.4　报警延时可自由设定。

3.14　具有 4～20mA 的模拟量输出功能：

3.14.1　单相表提供一路输出，三相表提供两路输出。

3.14.2　模拟量输出负载能力：最大可至 400Ω。

3.15　显示：

3.15.1　高亮度 LED 显示，高亮指示灯指示各种状态量。

3.15.2　可显示所有的测量数据以及仪表配置参数，可指示通讯状态、遥信状态。

3.16　参数设置：

3.16.1　可通过测量仪表的面板和远程监控软件两种方式对设备进行参数设置，包括密码、电流、电压互感器变比、接线模式、波特率、地址。

3.16.2　可通过测量仪表的面板和远程监控软件两种方式设置模拟量输出对象、继电器的工作方式、监控对象、整定上下限值、延迟动作时间和自动复位时间。

3.16.3　可通过面板操作和远程监控软件两种方式对电度进行清零。

3.17　通信：

3.17.1　数据均可通过通信口实时传送到监控子站，再由此上传至电力监控系统。

3.17.2　通信接口为 RS-485 接口，波特率 4800～9600bit/s 可自由设定。

3.17.3　通信协议为 MODBUS-RTU。

3.18　掉电数据保存：具有电度掉电存储功能，以免掉电后数据的丢失。

3.19　耐压/绝缘强度：

3.19.1　电源和电压输入回路＞2.5kV。

3.19.2　电流回路＞2.5kV。

3.19.3　输入/输出端对外壳＞50MΩ。

3.20　功耗：＜2W。

3.21　满足 GB/T 15969.1～15969.4 标准，具有很强的抗干扰、防浪涌能力，能长期可靠运行，其电磁兼容性如下：

3.21.1　静电放电抗扰度：IEC61000-4-2，Level3。

3.21.2　射频电磁场辐射抗扰度：IEC61000-4-3，Level3。

3.21.3　电快速瞬变脉冲群抗扰度：IEC61000-4-4，Level3。

3.21.4　浪涌抗扰度：IEC61000-4-5，Level3。

3.22　无故障可靠运行时间大于 100000h。

3.23　装置功能组件完全一体化，采用滑块卡位面板式安装，无需螺钉固定，保证安装方便，运行安全。

4　控制回路要求。

4.1　进线断路器、母联断路器设电动操作机构。

4.2　进线断路器、母联断路器设置自动投入装置，分别设“手动/所内自动/远动”转换开关。

4.3　进线断路器、母联断路器之间要实现连锁，保证在任何情况下不得三台开关同时处于合闸状态（母线故障及两段母线无电情况下，不允许母联自动投入）。

4.4　当转换开关处于“所内自动”位置时，两进线断路器与母联断路器之间的自投自复功能由设于母联柜的一台 PLC 完成，该 PLC 设 40 个输入点 32 个输出点，并带有 RS485 通信口，协议采用国际上通用的通信协议。当转换开关处于“远动”位置时，控制中心通过该 PLC 完成母联开关的投入切除功能。

4.5　母联开关还应设一个电源“投入/切除”的转换开关，只有当开关处于投入位置时母联开关才能合闸。

5　低压开关柜排列。

5.1　变电所的变压器与低压开关同在一个房间，两者相邻布置。

5.2　变电所低压开关柜双列对面布置时，以变压器为基准向一侧对称布置，母线联络采用密集母线。

二十一、开关电器的连接方式

为便于电气设备的维修、维护，开关电器的连接方式应满足以下要求：

1　抽出式低压断路器应使装置小室门在断路器开断状态下方可打开，抽出断路器。

2　插入式断路器拔出后，设备小室不得有带电体外露。

3　抽屉式组件——功能小室内的断路器及其他电器连同抽屉一同抽出（主回路与二次回路均可断开）。

二十二、空气断路器

1　满足系统电压、电流、频率以及分断能力的性能要求；极限分断能力为50kA，400V，$I_{cs}=I_{cu}$；框架式断路器控制单元应采用DC 220V控制电源。功能包括：可调整长延时保护、可调整短延时保护、可调整瞬时脱扣保护。短延时保护应具有区域选择性闭锁功能，还应具有电流测量、故障显示和自检功能。

2　有宽阔的电流和时间调节范围：

长延时：0.4～1.0I_r　　0.5～24s；

短延时：1.5～10I_r　　0.1～0.4s；

短路瞬时：2～15I_r。

3　具有故障诊断功能，可快速确定故障类型，以最短时间隔离开受故障影响的范围。

4　断路器应为抗湿热型产品。

5　用于进线开关及母联开关的框架断路器采用4极。

6　低压交流框架断路器的电气技术性能及参数见表9-5中数据。

低压交流框架断路器的电气技术性能及参数　　　　表9-5

框架等级额定电流(A)		800	1000	1250	1600	2000	2500	3200	4000
额定电流(A)		800	1000	1250	1600	2000	2500	3200	4000
额定工作电压(V)		690							
额定绝缘电压(V)		1000							
冲击耐缘电压(V)		12000							
极数		进线开关:4极;母联开关:4极;出线开关:3极							
额定极限短路分断能力(kA) O－CO(kA)		50	50	50	50	65	65	65	65
额定运行短路分断能力AC50Hz O－CO－CO(kA)		50	50	50	50	65	65	65	65
额定短时耐受电流(kA峰值)		105	105	105	105	143	143	143	143
额定短时耐受电流(kA)1s		50	50	50	50	50	50	50	50
分断时间(ms)		25							
合闸时间(ms)		70							
机械寿命(CO循环)×1000次	有维护	20	20	20	20	20	20	20	20
免维护电气寿命(CO循环)×1000次		10	10	10	10	6	2.5	2.5	2.5
安装形式		固定、抽出式							
应配部件	电动操作机构	√							
	辅助开关	√							
	闭锁装置	√							

二十三、熔断器开关

1 所有熔断器开关需符合《低压开关设备和控制设备 第3部分：开关、隔离器、隔离开关以及熔断器组合电器》GB 14048.3—2008的要求。所有熔断器开关的额定值需能使其于AC-23A使用类型时不间断工作除在图上另有指示外。熔断器的最小额定短路电流需为50kA。所有带电部分需完全与前方屏蔽。

2 熔断器开关的操作机构与配电屏门板之间需有机械连锁装置。在开关位于闭合位置时，门板不能打开。同样，在门开启后，不能闭合开关。为了测试，需要由批准的人员修理机械连锁装置，则可在门开启的情况下闭合开关。

3 所有开关装置需为平装，配有机械的合/开指示器，其操作手柄为半平装或可伸缩式，并需具备锁住于开和合置的装置。

4 熔断器开关需配置足够力量的加速弹簧以保证可靠地迅速闭合和断开而与操作手柄的操作速度无关并能闭合于短路故障且保持闭合。即使操作机构的弹簧断裂亦可进行操作。所有触头需镀银以保持可靠接触。

5 熔断器开关按规定需为三极带螺栓式中性线连接，三极带中性线开关，二极或单极带螺栓式中性线连接。中性线连接需能从熔断器开关面板前部接触和拆卸。

6 熔断器需为高遮断容量型，符合《低压熔断器 第1部分：基本要求》GB 13539.1—2015 Q1级熔断系数。

二十四、塑壳式断路器

所有的塑壳断路器必须为三段保护型，必须可以现场设置和调整其整定参数。满足系统电压、电流、频率以及分断能力的性能水平要求；塑壳式断路器分段能力为50kA，400V，$I_{cs}=I_{cu}$；断路器应安装方便，并可在不拆卸塑断路器外壳的情况下加装各种附件（如分励脱扣器、辅助触头、报警触头）而无需改变断路器结构和低压开关柜结构；断路器无飞弧；当采用固定抽出式安装时，其二次回路亦应具有插接式连接装置；所有塑壳式断路器均可配分励脱扣器，辅助触点及报警触头。塑壳式断路器的有故障跳闸信号应上传到电力监控系统，低压交流塑壳断路器的电气技术性能及参数见表9-6。

低压交流塑壳断路器的电气技术性能 **表9-6**

额定电流(A)		100	160	250	400	630
额定工作电压(V)		380/220				
额定绝缘电压(V)		690				
极数		出线开关:3极				
额定/极限短路分断能力(kA)		50	50	50	50	50
使用寿命(次)×1000	机械	50	40	20	15	15
	电气	30	20	10	7	7
可配附件	分励脱扣器	√	√	√	√	√
	辅助触点	√	√	√	√	√
	报警触头	√	√	√	√	√
安装形式		固定式、抽出式				

注：塑壳式断路器采用电子脱扣器。

二十五、电动操作的塑壳断路器

1 按图标配置电动操作的塑壳断路器用以操作塑壳断路器或接地故障和低电压保护跳闸。塑壳断路器的操作需由装于其上的短时通电的螺线管线圈操作。合闸螺线管线圈需由主电源供电，而跳闸则由以下规定的交流电源操作。

2 按图标规定，配置接地故障电流敏感装置和电子线路。其漏电跳闸可调范围为1～5A，可调跳闸时间为0～5s。

3 按图标规定，配置低电压继电器使在主电源故障开始后，能令回路仍保持接通，其时间要求0～5s可调。此低电压继电器需为自复归型。为塑壳断路器装设延时电路，使主电源恢复供电后在0～30s（可调）自动闭合塑壳断路器。

4 除上述的要求外，每台电动操作的塑壳断路器需装备，但不局限于下列各项列各项：

4.1 塑壳断路器开/合/故障跳闸指示灯。

4.2 塑壳断路器开/合按钮。

4.3 对需要自动合闸的塑壳断路器，带防止跳跃继电器的控制回路以保证可靠动作。

4.4 提供就地指示位置和控制用的辅助开关接点，并有20%的备用量。

4.5 指示灯试验按钮。

4.6 按本技术规格说明书的要求，配置足够的辅助开关接点，供远方指示和控制用并有20%的备用量。

4.7 当按规定需要远方控制时，需配置塑壳断路器远方/就地手动的控制开关。

二十六、电源自动转换开关（630A及以上）

1 额定电压为AC380V、50Hz，额定电流见图纸所示值，耐受电压为AC600V。

2 应符合自动转换开关的相关国家标准《低压开关设备和控制设备 第6-1部分：多功能电器 转换开关电器》GB 14048.11及标准IEC 60947-6-1，并通过国家相关产品认证CCC认证。

3 自动转换开关为双投型，PC级，且负载使用类别为AC-33A，电磁激励、机械保持结构，具有电气/机械双重互锁功能。转换时间不大于100ms。且仅有“正常电源”和“应急电源”两个位置，无转换死区。

4 自动转换开关的开关和控制器组件均由统一生产厂家提供以确保安全。转换开关电器的控制部分必须通过CCC认证附带的EMC检测并提供对应报告；为保证转换开关不会因为电磁干扰误动作，EMC的抗扰度测试认证等级不得低于如下要求（认证标准GB 17626）：

静电放电LEVEL4；射频电磁场LEVEL3；电快速脉冲群LEVEL4；浪涌LEVEL4；谐波LEVEL3。

5 双电源自动转换装置主触头可承受100%额定负载，800～1200A开关可承受65kA的遮断电流；1600～4000A开关可承受100kA的遮断电流。

6 ATSE双电源自动转换装置采用4极，中性线承载电流能力必须与相线一致，且转换过程中中性线必须与相线同时转换以避免由于不同期合闸造成的接地故障保护失效以及不能保护短路故障。

7 ATSE必须为PC级，可以完成同相位转换。

8 具有手柄以便于检修和应急时使用。

9 ATSE的控制回路为微处理器式，并且各种参数均在现场连续可调。时间步进精度为1s，电压/频率步进精度为1%：

9.1 正常/应急电源电压：低压跳脱—额定70%～98%；过压跳脱—额定102%～115%；电压选取—额定85%～100%；

9.2 正常/应急电源频率：低频跳脱—额定85%～98%；高频跳脱—额定102%～110%；频率选取—额定90%～100%；

9.3 依靠三相电压平衡度来侦测电源缺相，不平衡度跳脱5%～20%，选取3%～18%；具有99笔记录自动转换开关事件功能；

9.4 当正常电源电压达到跳脱值时，可延时0～6s做市电失电判断；

9.5 当应急电源电压/频率达到选取值时，可延时0～60min做应急电源可用性判断；

9.6 当正常电源电压/频率恢复到选取值时，可延时0～60min做市电恢复判断。发电机空载冷却时间：0～60min；

10 具有电源可用性显示并可远传信号、双电源自动转换装置所接位置显示，并可远传信号。

11 具有液晶显示面板，可显示自动转换开关详细状态。

12 具有直观的自动转换开关状态指示和测试按钮。

13 具有信号数字通讯功能。

二十七、无功补偿控制器

1 满足系统电压、电流、频率的性能要求，控制物理量应优选复合型。

2 控制器输出接点容量不应小于被控对象的要求。

3 控制器在使用中的紧固件和调整件均应有锁紧措施，保证使用过程中不会因振动而松动。

4 控制器外壳应有足够的机械强度，应承受使用和搬运过程中受到机械力。外壳防护等级为IP40。当控制器采用金属外壳时，应提供接地端子，并应设有明显的接地标志。

5 控制器电源及电压模拟量输入端应设有短路保护器件，在发生内部故障时，该保护应可靠动作。

6 控制器绝缘电阻、绝缘试验电压应满足相应的规程、规范。

7 控制器应具有投入及切除门限设定值、延时设定值的设置功能，对可按设定程序投切的控制器应具有投切程序控制功能，面板功能键操作应具有容错功能，面板设置应具有硬件或软件门锁功能。

8 控制器应具有工作电源显示、超前、滞后显示，输出回路工作状态显示，过电压保护显示。

9 控制器输出回路动作应具有延时及过电压加速动作功能。

10 控制器应具有自动循环投切或设定程序投切功能，不能过补偿，具有自动和手动操作功能。

11 控制器应能自检和复归，在每次接通电源时进行自检复归输出回路。

12 控制器应具有投切振荡闭锁功能，采取防止投切震荡的措施，使分组电容器的投切不得发生谐振。

13 控制器应具有存储功能，所有已编程参数和方式存储在非易失记忆体内。

14 控制器闭锁报警功能：在系统电压大于107%标称值时闭锁控制器投入回路；控制器内容发生故障时，闭锁输出回路并报警；执行回路异常时，闭锁输出回路并报警。

15 控制器应具有掉电释放功能，电源掉电1s后，系统将自动切断所有电容器。

16 滤波补偿装置系统配置，要求充分考虑谐波污染水平情况，采用非调谐滤波补偿技术。

17 谐波水平满足《电能质量　公用电网谐波》GB/T 14549—93的要求，在AC380V系统：电压总谐波畸变率$THD_v \leqslant 5.0\%$，奇次谐波电压含有率$THD_{odd} \leqslant 4.0\%$。

18 电磁兼容性级别满足IEC 61000-2-4的规定。

19 采用变步长智能控制、自由组合轮换休息的投切控制方式，投切控制仪应具备上述控制功能，并具有柜内温度检测和谐波检测功能；滤波补偿回路配置为单一系数（电抗系数 $p=7\%$）形式。

二十八、电容器、电抗器和接触器

1　无功补偿柜内采用电容器专用接触器，电抗器要采用与电容器配套的产品。

2　滤波补偿回路技术要求：滤波电容器具有干式、自愈、压敏断路保护、三相过压保护功能．额定电压480V以上，连续过流能力1.5倍以上。电容器应允许过电压10%，电容量容许偏差为−5%～10%，介质损耗小于等于0.25W/kvar。

3　串接与滤波电容器同品牌调谐系数7%的滤波电抗器，具有超温自保护功能，额定电压400V，应允许过电压10%，线性度及连续过电流达到额定电流的1.7倍以上。避免高次谐波电流与电力电容器发生谐振并放大，同时通过LC滤波器吸收一定程度的电网谐波，使设备可靠运行。

二十九、控制和辅助继电器

1　在需要处，提供控制和辅助继电器以保证空气断路器，塑壳断路器和接触器的良好和有效的操作。

2　继电器需为插入型、支架安装，配有电缆连接座，由防震的快速紧固装置所固定。

3　所有触点需为双断点型。继电器线圈需适用所要求的交流或直流操作。

三十、不带电压接点（干接点）

在需要处，提供不带电压接点。由一对接点组成，直接由设备本身操作，但在电气上分开即在接点上无电位存在。使用不带电压接点以完成外部的控制，警报或指示电路。不带电压接点的额定值必须为1A，250V或以上。

三十一、电流互感器（CT）

1　所有电流互感器需为E级温升。

2　电流互感器能供给必要的输出功率以操作所连接的保护装置或仪表。

3　电流互感器的二次端的一个终端需通过可拆卸的连接片接地。

4　保护用电流互感器需有适当额定值，达到5P级或更高的准确度。保护用电流互感器的额定输出和其额定精确度限制系数的乘积需不少于10倍跳闸回路负载和不大于150数值，包括继电器，连接电线和跳闸线圈。

5　测量用电流互感器应有适当的额定值，1级或更高的准确度。

三十二、指示仪表

1　指示仪表需为平装式，后接线，防尘，重负载，配电屏使用型带无光泽黑色玻璃框。表面板需为白色带不褪色的黑色指针和刻度。

2　指示仪表的外框尺寸约为72mm×72mm，其刻度弧度约为240度。带机械的调零装置，可不需拆卸仪表而在前面调零。量程需适合于所指示的电压和电流而其正常最大读数应位于全刻度的60%左右。

3　指示仪表的精确度为1.5，积算表为1。指示仪表不应因开关装置所能承受的短路或过电压而损坏。

4　指示仪表需符合EN 60051中有关部分的要求。积算电表需符合BS 5685，IEC 521或IEC 211中的有关要求。

5　可以组合数字仪表代替一只或一只以上上述的指针指示仪表，如其性能相等或优于指针指示仪表。

6　指针式仪表柜内的隔离保护绝缘板，不能使用能产生或存在静电材质的材料。料。

7　控制柜面板配置的指示仪表，满负荷时测量值应在量程的2/3左右，数字表应采用四位半表，出线电流表应满足设备启动时的过电流要求。

8 仪表必须是“真有效值”的监测仪表。

9 指示仪表纳入电力监测系统。

三十三、指示灯、按钮、选择开关和控制开关

1 所有指示灯，带灯的控制按钮，选择开关和控制开关需为重荷载配电柜用，并适合所用的额定电压及电流。

2 所有指示灯需采用不发热，指示清晰，寿命长的LED指示灯。指示灯的设计需做到不必使用任何特殊工具和开启屏门即能在屏前拆换灯罩和灯泡。

3 电流表选择开关需为旋转型，带先接通后断开触点，供测量四个相电流。在面板上需刻以黄（L1）、绿（L2）、红（L3）及中（N）的四相标志。电压表选择开关需为旋转型，带先断开后接通触点，供测量线和相电压。面板上需刻以黄相（L1N），绿相（L2N），红相（N）电压和黄绿（L1L2），绿红（L2L3），红黄（L3L1）电压。

4 作断路器控制用的开关需为手柄式，具有返回至另位的弹簧并不需要转至跳闸位置而具有闭锁以防止重复合闸。

5 其他作控制，选择和其他用途开关的手柄需为1字形。

6 控制开关需装有可加锁的设施以防止被误操作。

三十四、接线端子排

1 供控制回路用的接线端子排需由与终接电缆的负载和设计相适应，嵌装而由弹簧夹紧于轨条上，用螺栓固定线耳的端子所组成。接线端子需能抽出更换而无需拆除相邻的端子。

2 接线端子的接线需由两块以螺栓夹紧的板间将电线紧固。不得使用螺栓直接与电线接触的压紧式接线端子。

三十五、熔断器与连接片

1 熔断管架和连接片架及其底座均需由模压的绝缘材料制成。

2 熔断管或连接片架固定部分的接触部分必须予以遮蔽使取出熔断管时不致意外地触及带电部分。需可以在回路带电的情况下更换熔断管而无触及带电部分的危险。

3 熔断器需为管型符合《低压熔断器　第1部分：基本要求》GB 13539.1—2015及BS88：第2部分，Q1级熔断因子，并能切断预期的短路电流。

三十六、电涌保护器

1 电涌保护器需符合并按《低压电涌保护器　第1部分：低压配电系统的电涌保护器性能要求和试验方法》GB 18802.1—2011和IEC 61643的规定进行定型试验。

2 标称放电电流 I_n＝20kA/每相，8/20μs。

3 保护水平 U_p≤1.6kV。

4 响应时间 t_a≤25ns。

5 泄电电流≤0.3mA。

6 工作温度－40～＋60℃。

7 外壳阻燃等级Vo。

8 带数据接口并有故障显示。

9 3＋1安装方式，N-PE间模块有故障显示。

10 各级配电线路采用智能型电涌保护器，具有正常工作指示、防雷模块及短路保护损坏报警、热熔和过流保护、保护装置动作告警、运行状态实时监控、雷击事件记录、通信功能等功能；智能型电涌保护器为高性能浪涌保护器＋智能升级模块形式。可为浪涌保护器智能监控系统提供信号，将现场电涌保护器的各项指标（雷击次数、雷击强度、漏电流超限、劣化报警、失效状态等）进行监测。

11　承包人需保证在项目竣工验收时，所有安装的电涌保护器均在有效期内。

三十七、标牌

1　标牌的高度不得小于25mm，字体的高度不得小于5mm。

2　所有标牌应用白底黑字胶片（正常电源）或白底红字胶片（应急电源）的材料制成，刻出字样，并用镀铬螺丝固定。

3　标牌需用中文字表示。

三十八、柜内母线及绝缘导线敷设

1　低压开关柜内的主母线和配电母线均为四母线，材料应选用铜材料做成，其相对导电率不小于99%。

2　低压开关柜内母线和绝缘导线截面积的选择由柜厂负责，导线应为阻燃型产品，除了必须承载的电流外，还应满足低压开关柜所承受的动稳定要求和热稳定要求，敷设方法、绝缘类型以及所连接的元件种类等因素的要求。

3　母线采用绝缘支持件进行固定以保证母线与其他部件之间的距离不变，母线支持件应能承受装置的额定短时耐受电流和额定峰值耐受电流所产生的机械应力和热应力的冲击。

4　母线之间的连接要保证有足够的持久的接触压力，但不应使母线产生永久变形。

5　柜内所有的绝缘导线应为阻燃型耐热铜质多股绞线，柜内一般配线应用1.5mm2以上的绝缘导线（电流回路为2.5mm^2以上），可动部分的过渡应柔软，并能承受住挠曲而不致疲劳损坏。绝缘导线的额定电压至少应同相应电路的额定绝缘电压相一致，绝缘导线不应支靠在不同电位的裸带电部件和带有尖角的边缘上，应使用线夹固定在骨架或支架上，最好敷设在引槽盒内。

三十九、质量保证期

自设备安装调试并运行之日起，质量保证期为24个月。质量保证期内，机组确因制造质量不良而发生损坏或不能正常工作时，卖方应免费修理或更换并免费提供维修保养服务。更换的零部件的质量保证期从更换之日起再延长两年。对于隐蔽性的、合理的检查和试验都不能发觉的缺陷，即使质量保证期已过，由于其产品本身的设计缺陷、制造缺陷、安装缺陷造成的故障，仍由投标人免费负责。维修保养内容包括但不限于：

1　24h应急服务，并不收取法定工作日和日常工作时间以外的附加费用。

2　普通故障的修复时间为不大于4h。修复时间从投标人接到故障通知时计算。注明由谁提供维修保养服务，如果不是制造商提供维修保养服务，则需提供制造商的委托书，制造商承担连带责任。

第三节　施工、试验及验收

一、施工条件及技术准备

1　施工图纸和设备产品合格证等技术资料齐全。

2　装饰工程已施工完毕。门窗封闭、墙面、屋顶油漆喷刷完成，地面施工完成。

3　土建基础位置、标高、预留孔洞、预埋件符合设计设备安装要求。

4　设备型号、质量符合设计要求。

5　施工图纸、设备技术资料齐全。

6　具有可靠的安全及消防措施。

7　安装场地清理干净，照明符合要求，道路通畅。

8　熟悉施工图纸和技术资料。

9　施工方案编制完毕并经审批。

10　施工前应组织施工人员进行安全、技术交底。

二、基础制作和安装

1　基础型钢常用角钢或槽钢制作，钢材规格大小的选择应根据配电柜的尺寸和重量而定。

2　首先将型钢调直，清除铁锈，然后根据施工图纸及设备图纸尺寸下料和钻孔。

3　对加工好的基础型钢，进行防锈处理。

4　按施工图纸所标位置，将预制好的基础型钢架放在预留铁件上，用水准仪或水平尺找平、找正。找平过程中，需用垫片的地方最多不能超过三片。然后，将基础型钢、预埋铁件、垫片用电焊焊牢。

5　基础型钢安装完毕后，用40mm×4mm的扁钢将基础塑钢的两端与接地网焊接。以保证设备可靠接地。在焊缝处做防腐处理。基础型钢安装允许偏差见表9-7。

配电柜基础型钢安装允许偏差　　**表9-7**

项目			国标允许偏差(mm)
基础型钢	不直度	每米	<1
		全长	<5
	水平度	每米	<1
		全长	<5

三、低压配电柜进场验收

1　查验合格证和随带技术文件，应有出厂试验报告；

2　核对产品型号、产品技术参数应符合设计要求；

3　外观检查：设备应有铭牌、表面涂层完整、无明显碰撞凹陷，柜内元器件应完好无损、接线无脱落脱焊，导线的材质、规格应符合设计要求。

四、低压配电柜的运输

1　配电柜由生产厂家或仓储地点至施工现场的运输，一般采用汽车结合汽车吊的方式。在施工现场运输时，根据现场的环境、道路的长短，可采用液压叉车、人力平板车或钢板滚杠运输，垂直运输可采用卷扬机结合滑轮的方式。

2　设备运输前，需对现场情况进行检查，对于必要部位需搭设运输平台和垂直吊装平台。

3　设备运输需由起重工作业，电工配合进行。

4　配电柜运输、吊装时注意事项：

4.1　对体积较大的配电柜在搬运过程中，应采取防倒措施，同时避免发生碰撞和剧烈振动，以免损坏设备。

4.2　运输平台、吊装平台搭设完毕，需经安全管理人员检查合格后，方可使用。

4.3　配电柜顶部有吊环者，吊索应穿在吊环内，无吊环者吊索应挂在四角主要承力结构处，不得将吊索吊在配电柜部件上。吊索的绳长应一致，以防柜体变形或损坏部件。

五、低压配电柜的稳装

1　安装时，根据图纸及现场条件确定配电柜的就位次序，按照先内后外，先靠墙后入口的原则进行。

2　依次将配电柜放到各自的安装位置上，先找正两端的配电柜，再从柜下至柜上2/3

高处的位置拉一条水平线，逐台进行调整。

3　调整找正时，可以采用0.5mm钢垫片找平，每处垫片最多应不超过三片。

4　在调整过程中，垂直度、水平度、柜间缝隙等安装允许偏差应符合表9-8的规定。不允许强行靠拢，以免配电柜产生安装应力。

低压配电柜垂直度、水平度、柜间缝隙等安装允许偏差　　表9-8

柜盘安装	每米垂直度		<1.5
	柜顶平直度	相邻两柜	<2
		成排柜顶部	<5
	柜面平直度	相邻两柜	<1
		成排柜面	<5
	柜间接缝		<2

5　配电柜调整结束后，即可用螺栓对柜体进行固定。按配电柜底座尺寸、配电柜地脚固定螺栓孔的位置和固定螺栓尺寸，用扁钢焊接一个模具，模具的尺寸和孔距完全与配电柜底座一致，然后将模具放在基础槽钢的适当位置，在基础上划好固定孔位置后进行钻孔，再用镀锌螺栓将柜体与基础槽钢固定。如果配电柜底角螺栓孔位置不在基础槽钢上时，可以根据地脚螺孔位置在基础槽钢上加焊角钢，然后在加焊角钢上打孔固定。

6　配电柜就位找正、找平后，除柜体与基础型钢固定外，柜体与柜体、柜体与侧挡板均用镀锌螺栓连接固定。

7　对于设置接地母排的成套配电柜接地，在接地母排的两端分别与主接地网进行连接，根据设计可选用铜排、镀锌扁钢或电缆连接。为便于检修和更换，在配电柜处的连接需采用螺栓连接。

六、低压配电柜的调整

1　调整配电柜机械连锁，重点检查五种防止误操作功能，应符合产品安装使用技术说明书的规定。

2　二次控制线调整。将所有的接线端子螺栓再紧一次。用兆欧表测试配电柜间线路的线间和线对地间绝缘电阻值，馈电线路必须大于0.5MΩ，二次回路必须大于1MΩ。二次线回路如有晶体管、集成电路、电子元件时，该部位的检查不得使用兆欧表，应使用万用表测试回路接线是否正确。

3　模拟试验：将柜（台）内的控制、操作电源回路熔断器上端相线拆掉，将临时电源线压接在熔断器上端，接通临时控制电源和操作电源，按图纸要求，分别模拟试验控制、连锁、操作、继电保护和信号动作，正确无误，灵敏可靠。音响信号指示正确。

七、低压配电柜的试运行及验收

1　送电试运行前的准备工作。

1.1　备齐经过检验合格的验电器、绝缘靴、绝缘手套、临时接地线、绝缘垫、干粉灭火器等。

1.2　对设置固定式灭火系统及自动报警装置的变配电室，其消防设施应经当地消防部门验收后，变配电设施才能正式运行使用。如未经消防部门验收，需经其同意，并办理同意运行手续后，才能进行高压运行。

1.3　再次清扫设备，并检查母线上、配电柜上有无遗留的工具、材料等。

1.4　试运行的安全组织措施到位，明确试运行的指挥者、操作者和监护者。明确操作程序和安全操作应注意的事项。填写工作票、操作票，实行唱票操作。

2　空载送电试运行。

2.1　由供电部门检查合格后，检查电压是否正常，然后对进线电源进行核相，相序确认无误后，按操作程序进行合闸操作。

2.2　合低压柜进线开关，在低压联络柜内，在开关的上下侧（开关未合状态）进行核相。

3　验收：经过空载试运行试验24h无误后，进行负载运行试验，并观察电压、电流等指示正常，高压开关柜内无异常声响，运行正常后，即可办理验收手续。

八、低压配电柜安装应注意的质量问题

1　安装前要在混凝土地面上按安装标准设置槽钢基座。基座应用水平尺找平正，用角尺找方。局部垫薄铁片找齐找平。找平正后，在槽钢基础座上钻孔，以螺栓固定。

2　基础型钢焊接处应及时进行防腐处理，以防锈蚀。

3　操作机构试验调整时，严格按照操作规程进行，以防操作机构动作不灵活。

4　手车式柜二次小线回路辅助开关需要反复试验进行调整，以防辅助开关切换失灵，机械性能差。

第十章　电力监控系统

第一节　总体技术要求

一、系统设计。

1　电力监控管理系统通过变配电室现场控制站的电力监控仪表等采集和主控单元与监控主机通过计算机网络相联，以实现项目变配电室无人值守、集中管理的功能和能耗统计、分析功能。

1.1　融入建筑智能化电力监控系统技术更高层次的要求。

1.2　先进的集中监控＋区域监控的冗余网络结构。

1.3　双机双网的冗余后台监控系统结构。

1.4　良好的自诊断和自恢复功能。

1.5　开放性的计算机监控系统。

2　系统设计应力求简洁、可靠，应确保系统整体的安全性和可靠性，并符合10kV变电站及各变电所项目电力系统运行、维护和管理的需要，在一定时期内保持其先进性。

3　采用分层分布式结构，以微机保护、监控装置为核心，应用计算机数字信号技术处理和通信技术，把保证变配电系统安全可靠运行而相互有关联的各部分联结为一个有机的整体，完成变配电系统正常测量和监视、事故过程记录与分析、开关操作、数据存储、处理、共享、打印等全部功能。

4　系统设备（软件和硬件）的配置应满足本工程使用的实际需要，保证系统的完整性和经济性，并具有一定的可扩性和开放性。

5　系统的各种软件、硬件接口必须是开放的并且对业主公开所有的接口技术规格。投标人必须对采购人今后对本系统的二次开发活动提供技术支持。

二、设备设计。

1　应采用业界先进的技术，做到安全可靠、管理方便。

2　应按标准化和模块化设计，便于工程的灵活配置。

3　应充分考虑日后维修的方便，做到零部件、易损部件容易拆卸、更换。

4　要防止由于意外接触、沙尘和生物的侵害而造成的设备故障。

5　所有设备的接地电势必须相等。

6　电子元器件应能长期稳定、正常地工作，抗电磁干扰能力强，满足设备电磁兼容性的国际标准和要求（EMC&EMI）。

三、设备选型。

1　应选用完全满足本工程的使用、管理及环境要求的系统设备。

2　系统设备应是先进的，具有系统扩充和软件升级的能力，并能方便地和相关系统兼容。

3　系统设备应该是成熟、可靠的，对正在试验的产品或不成熟的系统不得使用。

四、设备制造工艺必须符合中华人民共和国、生产国和国际的相关标准。

五、电能计量用互感器的准确度等级应按下列要求选择：

1　0.5 级的有功电度表和 0.5 级的专用电能计量仪表应选用 0.2 级的互感器。

2　1.0 级的有功电度表和 1.0 级的专用电能计量仪表、2.0 级计费用的有功电度表及 2.0 级无功电能表应选用 0.5 级电流互感器。

六、检测仪表的准确度等级宜按下列原则选择：

1　交流回路的仪表（谐波测量仪表除外）不低于 2.5 级。

2　直流回路的仪表不低于 1.5 级。

3　电量变送器输出侧的仪表不低于 1.0 级。

七、检测仪表配用的互感器的准确度等级宜按下列原则选择：

1　1.5 级及 2.5 级的常规测量仪表宜配用不低于 1.0 级的互感器；非重要回路的 2.5 级电流表，可使用 3.0 级电流互感器。

2　电量变送器宜配用不低于 0.5 级的电流互感器，电量变送器的准确度等级不低于 0.5 级。

八、所有设备及零部件必须有永久、易识别的标志。

第二节　电气系统分析功能要求

一、在线稳定性分析，在线仿真，仿真设备启动或负荷变化对电力系统的影响。

二、模拟断路器的操作，预测保护装置动作顺序，模拟并制定操作流程。

三、在线负荷预报功能。

四、选择性分析。针对不同运行方式下，提供各母线或设备端口处全类型最大及最小短路电流计算结果，并基于短路电流分析结果进行中压分断设备选性校验。按照实际运行方式，针对每条回路进行全类型最大及最小短路电流计算。根据短路电流分析结果进行低压保护设备选性校验，断路器保护灵敏性校验及动力电缆选型校验。针对各低压断路器提供最终的保护定值。对回路末端电缆压降进行计算。

第三节　应急供电测试系统要求

一、基于对应急供电系统多个组成部分的监视与控制，通过对应急供电系统中的主要组成部分（包括发电机及其关联的自动转换开关）的数据采集并传输控制信号，实现对应急供电系统进行自动检测。投标单位应提供可靠性报告，以展示整个系统符合相关标准的情况。

二、测试报告应用于性能的对标评价，包括有切换的规范及发电机在一定时间内满足适当的负载水平，预防发电机排气系统故障。该报告还需包含操作人员信息，测试时间和日期，发电机启动时间，自动转换开关切换次数，发电机的电气参数计量（包括交流电压、频率、电流强度和功率），引擎参数（包括油压、冷冻剂温度、排气温度等），发电机运行时间，冷却时间和测试结束时间。系统通过对自动转换开关的监测，提供对自动转换开关的实时监视并按照日期时间标签记录转换开关位置，记录精度可达毫秒级。同时，系统可提供容量规划与监视的相关数据；波形捕捉功能，可验证转换开关不会引起电气系统。

第四节　监控功能要求

一、10kV 系统监控功能。

1　监视 10kV 配电柜所有进线、出线和联络的断路器状态。

2　所有进线三相电压、频率。

3　监视 10kV 配电柜所有进线、出线和联络三相电流、功率因数、有功功率、无功功率、有功电能、无功电能等。

二、变压器监控功能。

1　超温报警。

2　温度。

三、0.23kV/0.4kV 系统监控功能。

1　监视低压配电柜所有进线、出线和联络的断路器状态。

2　所有进线三相电压、频率。

3　监视低压配电柜所有进线、出线和联络三相电流、功率因数、有功功率、无功功率、有功电能、无功电能等。

4　统计断路器操作次数。

四、直流屏运行状态的监测。

五、柴油发电机运行状态的监测。

第五节　系统性能指标

一、所有计算机及智能单元中 CPU 平均负荷率。

1　正常状态下：≤20%。

2　事故状态下：≤30%。

3　网络正常平均负荷率≤25%，在告警状态下 10s 内小于 40%。

4　人机工作站存储器的存储容量满足三年的运行要求，且不大于总容量的 60%。

二、测量值指标。

1　交流采样测量值精度：电压、电流为≤0.5%，有功、无功功率为≤1.0%。

2　直流采样测量值精度≤0.2%。

3　越死区传送整定最小值≥0.5%。

三、状态信号指标。

1　信号正确动作率 100%。

2　站内 SOE 分辨率 2ms。

四、系统实时响应指标。

1　控制命令从生成到输出或撤销时间：≤1s。

2　模拟量越死区到人机工作站 CRT 显示：≤2s。

3　状态量及告警量输入变位到人机工作站 CRT 显示：≤2s。

4　全系统实时数据扫描周期：≤2s。

5　有实时数据的画面整幅调出响应时间：≤1s。

6　动态数据刷新周期：1s。

五、实时数据库容量。模拟量、开关量、遥控量、电度量应满足 Z15 项目配电系统要求。

六、历史数据库存储容量。

1　历史曲线采样间隔：1～30min，可调。

2　历史趋势曲线，日报，月报，年报存储时间≥2 年。

3　历史趋势曲线≥300 条。

七、系统平均无故障时间（MTBF）。

1　间隔层监控单元：50000h。

2　站级层、监控管理层设备：30000h。

3　系统年可利用率：≥99.99%。

八、抗干扰能力。

1　对静电放电：符合《电磁兼容　试验和测量技术　电快速瞬变脉冲群抗扰度试验》GB/T 17626.4-24级。

2　对辐射、无线电频率：符合GB 17626.4，3级（网络4级）。

3　对电气快速瞬变：符合GB 17626.4，4级。

4　对浪涌：符合GB 17626.4，3级。

5　对传导干扰、射频场感应：符合GB 17626.4，3级。

6　对电源频率磁场：符合GB 17626.4，4级。

7　对脉冲磁场：符合GB 17626.4，5级。

8　对衰减振荡磁场：符合GB 17626.4，5级。

9　对振荡波：符合GB 17626.4，2级（信号端口）。

第六节　监控系统软件

一、电力监控管理软件，须为全中文界面，采用监控软件采用client/server结构、32位软件，使用方便灵活，学习容易，并且广泛应用于多个重点工程项目中。系统软件支持Windows2000/2003、UNIX、Linux等流行的操作系统，支持MODBUS、MODBUS-PLUS、DNP3.0、CDT、DH＋、PROFIBUS、CONTROLNET等多种电力规约和现场总线规范，提供OPCServer/Client通信接口，WebServer等功能。对整个电力监控系统的运行状态通过图形界面进行实时监控，包括进行遥测、遥信、遥控和事件记录等。软件全中文提示，用鼠标操作，可漫游各显示画面，画面之间的切换快捷流畅。

二、电力监控软件功能

1　通过通信管理层与各现场控制站进行可靠的通信，采集来自现场控制站的所有信息并向各现场控制站发出远程操作命令。

2　具备专门的监控图形绘制软件，可根据用户的要求绘制不同的监控图形，以满足对整个系统的监控要求，可系统图、系统主接线图、回路柜排列图、回路单线排列图、网络拓扑图、通信监视图、地理分布图等等，具体如下：

2.1　总个电力系统监控对象的构成与分布情况；

2.2　变电站智能监控体系组成与分布情况；

2.3　间隔设备的排列顺序和物理位置；

2.4　显示现场各类开关量状态、模拟量测量值；

2.5　完成遥信、遥测、遥脉、遥调、遥控、定值等显示功能；

2.6　维护周期、工作牌设置；

2.7　能量图形的动态拓扑分析与逻辑互锁；

2.8　监控设备工作状态的动态拓扑分析。在图形显示上所有断路器的工作/故障状态均在监控计算机上用开关通/断图标和相应等级电压的颜色表示，接通时开关图标呈接通状态，且用相应颜色表示；分断时开关图标呈断开状态，且用相应颜色表示；故障脱扣时开关图标呈断开状态，且用相应颜色表示。对需进行遥控操作的断路器，可在监控计算机上，用鼠标点击通/断按钮图标进行遥控操作，并有安全的双重验证。这些断路器的图标均用单线系统图的形式呈现在监控计算机的显示屏幕上，其状态与实际情况完全一致。这使得运行人员能直观地得到变、配电系统运行的工况和执行各种控制、操作指令。

3　数据检测。监控软件能实时采集整个系统所有数据，包括：

3.1 实时检测进线侧的电流、电压、有功功率、无功功率、功率因数、频率、有功电度、无功电度、需量等电参数。

3.2 实时检测馈出回路的电流、电压、有功功率、无功功率、功率因数、频率、有功电度、无功电度等电参数。

3.3 实时检测母线电压（三相相电压、线电压）。

3.4 完成四遥功能，并预留自动控制。

电压、电流等各种需要实时监测的运行参数除了在相应位置的图形显示其当前数值，还须以列表、波形图、模拟指针等方式显示。

4 电力品质分析：

4.1 实时分析各种电力品质数据：电压、电流三相不平衡度，电压、电流总谐波含量，2～31次谐波含量，电压波峰系数。

4.2 用标准电力品质分析线性图表形式体现用电质量，分析出影响电力品质的重要污染因素。

5 数据的记录、分析与存储：

5.1 定时将所有运行参数的测量值生成实时数据库和历史数据库，数据记录间隔可以自行设置，数据至少可保存两年以上。

5.2 具有所有遥信信号动作记录、操作记录、报警记录和保护记录。具有事件顺序记录显示：将保护装置的动作和开关跳、合闸按动作顺序进行记录，分辨率为1ms。

5.3 可提供各种符合电力系统要求的模拟量实时曲线和历史曲线，并且可以在曲线组内逐条显示也可以多条组合显示。

5.4 记录越限时间、复限时间、越限的最大或最小值，平均值、极值等统计功能。

5.5 用电峰、谷、平记录。

5.6 可提供各种班报、日报、月报记录和整点记录，并根据最终用户要求生成各类报表，并可以设置为手动打印和自动定时打印。

5.7 可提供原始参数表的修改记录。

5.8 可记录主站层设备的启动日志和各种通信网络通道异常报警记录。

5.9 记录系统的故障和事故报警并自动生成相应的报表。

6 监控软件的人机界面功能：

6.1 人机界面为多窗口的图形化与数字化相结合的界面，该界面具有美观、实用、灵活、舒适、安全等特点，并可根据用户的视觉要求设置不同的画面以减少长期监看所带来的视觉疲劳和烦躁等感觉。

6.2 一次系统图包含根据回路图显示测量值及开关状态，通过一次系统图可查看各个供电设备如低压开关、微机监控设备的当前状态和详细资料。一次系统图对于带电母线应进行动态着色，将失去电源的母线段和受电的母线清晰分开，帮助操作员清晰辨别供电系统运行状态。

6.3 显示降压变电所的所内总平面布置图、设备平面布置图、监控系统配置图等。从各个设备平面布置图可以进入响应的低压模拟图。

6.4 具有越限变色、纵向伸缩、横向伸缩、横向平移等分析功能。

6.5 可提供系统内各回路控制原理图，并可根据控制原理图判断合闸故障的原因。

6.6 监控软件提供在线操作说明书及技术文档。

6.7 具有画面漫游功能，可局部放大或缩小，并显示以下内容：

6.7.1 具有多级用户管理功能，不同用户其操作权限不同。

6.7.2 菜单及索引。

6.7.3 电气主接线图及参数。

6.7.4 报警并弹出窗口画面。

6.7.5 时间顺序记录。

6.7.6 各类遥测棒图。

6.7.7 实时曲线：电压、电流、有功功率、无功功率、有功电度、无功电度、三相不平衡分析、平均及峰值曲线和实时变化趋势。

6.7.8 数据库文件。

6.7.9 数据采集信息一览表。

6.7.10 历史曲线：月负荷曲线、年负荷曲线。

6.7.11 历史报表：月报表、年报表、报警记录。

6.7.12 系统配置图。

6.7.13 降压变电所平面图：实现从线路任意点进入，通过鼠标操作可在较大范围内平滑移动查询功能。

6.7.14 打印功能：可设置定时打印、实时打印，打印内容包括：

1. 各类操作、事故报警、故障报警记录。

2. 各类曲线、历史曲线、班报表、日报表、月报表、历史报表等。

3. 各类图形。

6.7.15 监视功能：

1. 控制回路断线。

2. 各个设备及后台系统内各子系统的工作状态。

3. 各开关的工作状态，并形成时间顺序记录。

4. 遥信监视，变位后声光报警。

6.7.16 操作功能：

1. 可实现断路器的分合。

2. 每次操作，系统都将对控制命令和闭锁条件进行校验，以确保控制操作的正确、合理和安全。

3. 具有操作权限登记管理，当输入正确操作口令才有权进行该权限范围允许的操作控制，并可记录操作人的姓名和操作时间。

6.7.17 报警功能：当出现开关事故变位，遥测越限、保护动作和其他报警信号时，系统能发出音响提示，并自动推出报警画面。报警需经操作员确认后方能手动复位，报警音响能根据报警等级发出不同的音响提示。报警事件记录入监控系统数据库。

报警分为遥测量越限报警、遥信量的一般报警、预告报警和事故报警：

1. 越限报警：当测量值越限时，显示报警信息。报警信息包括越限发生和恢复时间，报警内容、报警参数，报警限值可随电力系统的运行情况进行修改，同时发出声光音响。

2. 一般报警：只弹出报警窗口，提示操作人员注意，不发出声光报警。

3. 预告报警：当设备或线路出现异常时，显示报警信息，报警信息包括报警发生和恢复时间及设备的异常状态，同时发出声光音响。

4. 事故报警：当保护动作时，显示报警信息，包括报警发生和恢复时间，同时发出声光音响，自动切换事故画面。画面中变位开关闪烁、变色提示，并在报警框内有汉字提示的告警语句及当前变位状态，并指明变位开关名称、运行编号和性质（正常操作或事故跳闸）。

6.7.18 报警方式：

1. 画面显示：当出现报警时，可自动切换到对应画面。

2. 语音报警：不同报警类别设置不同语音。

3. 打印报警：可设置通过报警打印机自动打印报警信号。

4. 所有的报警信号实时存储于数据库中。

5. 紧急报警优先弹出专用告警确认对话框。

6. 报警信息查询方式：按类型、按时间段、按发生源、按等级等几种方式或他们的组合。

6.7.19 具备故障记录的功能。采用专用的扰动记录数据分析显示软件用于分析保护记录的录波数据，应使用 COMTRADE 标准文件。完成以下故障录波显示功能：

1. 分析扰动记录数据。

2. 选择用于显示的模拟信号和逻辑数据。

3. 缩放和测量事件间的时间。

4. 显示记录的所有数字值。

5. 以文件格式输出数据。

6. 打印曲线/或记录的数字值。

6.7.20 通信功能，能接入 Ethernet 网，并方便接入 MIS 管理网络，实现远程计算机 IE 浏览功能。

6.7.21 系统应具有时钟同步功能，系统可通过网络连接接受时钟系统的校时信号，以保证整个系统的时间与标准时间同步。

6.7.22 综合信息查询和重要的辅助功能：

1. 按对象进行图纸检索；

2. 按对象进行元器件检索和统计；

3. 按对象进行实时数据查询；

4. 按采集通道进行实时数据查询；

5. 按对象进行告警查询；

6. 按采集通道进行告警查询；

7. 系统操作日志查询；

8. 网络测试；

9. 数据备份；

10. 报文诊断；

11. 用户文件管理。

6.7.23 监控管理软件提供专用的通讯功能模块，通过专用的以太网硬件通信接口，以 OPC 方式向第三方系统发送相关的数据和信息，实现系统的集成；

6.7.24 监控管理软件应提供完善的用户管理：

1. 将所有用户分成一般操作员、系统管理员、高级管理员三个等级；

2. 所有用户具有不同权限，并由用户名和口令字唯一确定，保证操作的安全可靠性；

3. 提供完善的用户权限及口令控制，对重要的操作（如遥调、遥控操作以及整定值下发）设置双重验证；

4. 不同的级别用户在注册登录时需键入相应的密码。

三、监控管理软件必须具备制作操作票功能，提供操作票编辑工具软件，完成典型操作票制作。可在线修改操作票并支持操作票打印输出。

四、系统自诊断功能：监控系统具有在线自诊断能力。可以诊断出通信通道、计算机外设（打印机等）、I/O 模块等故障，并进行报警和在系统自诊断表中记录。

五、系统应采用图库一体化的配置方式，在定义统一类型的设备模型后，应该能够重复引用此类模型，在编辑用户界面的时候，可以直接套用模型完成，方便用户在后期进行自己维护。

六、电力系统监控软件应具备软件产品登记测试报告、计算机软件著作权登记证书、软件产品登记证书。

七、与其他系统工程界面接口：

1　与 10kV 中压配电系统的工程界面。微机综合继电保护装置由其他投标人提供，10kV 中压配电柜配套，它应具备 RS485、RS232 标准通信接口和现场调试接口，满足 MODBUS-RTU 通信规约。通过 10kV 中压配电柜中的微机综合继电保护装置经 MODBUS-RTU 或其他总线对 10kV 中压系统下述信号和参数进行监视与监测：

1.1　监视 10kV 中压配电柜所有进线、出线和母联断路器/负荷开关的开关状态及故障报警，包括：断路器/负荷开关状态信号、故障跳闸信号、接地故障信号、断路器位置信号、弹簧储能状态信号、接地刀位置信号、隔离手车位置信号、自动/手动状态信号、控制回路断线信号，以及综合继电保护器的故障跳闸信号和内部故障信号等。

1.2　监测 10kV 中压配电柜进线、出线和母联的三相电流、三相电压、零序电流、频率、功率因数、有功功率、无功功率、有功电能、无功电能等。

2　与第三方系统接口。电力监控管理系统预留通信接口，用于接入其他第三方系统，并提供信息表，包括：

2.1　开关设备及各种不间断电源状况；

2.2　报警信息-故障、跳闸；

2.3　发电机运行时间；

2.4　耗电量、最大需求量；

2.5　功率因数；

2.6　重要电力品质分析。

第七节　施　　工

一、电力监控系统的施工应按设计图纸进行，不得随意更改。

二、电力监控系统的布线，应符合现行国家标准《建筑电气工程施工质量验收规范》GB 50303 的要求。

三、安装：

1　安装之前需要对供电系统形式、电力系统的检测值、用电负载情况等进行确认。

2　电力监控系统主机总线线缆敷设，应符合电气线缆敷设的一般规定。

3　主机外壳接地点 PE 处须接地良好。

4　本系统内及分界面所需之一切配件如电线、继电器、无压干触点等须由本承包商负责。

5　无论审批图纸时的设计如何，在完工后，各回路应有 10%的余量作将来扩展用。

四、电力监控系统导线敷设后，应对每回路的导线用 500V 的兆欧表测量绝缘电阻，其对地绝缘电阻不应小于 20MΩ。

第八节　调　　试

一、电力监控系统调试，应先分别对传感器和监控器等设备逐个进行单机通电检查，正常后方可进行系统调试。

二、电力监控系统通电后，应按现行国家标准的有关要求对监控设备进行下列功能检查：

1 监控报警功能；

2 控制输出功能；

3 故障报警功能；

4 自检功能；

5 电源功能。

三、检查监控设备的主电源和备用电源，其容量应分别符合现行有关国家标准和使用说明书的要求，在备用电源连续充放电 3 次后，主电源和备电源应能自动切换。

四、应采用专用的检查仪器对传感器逐个进行试验。

五、应分别用主电和备用电源供电，检查系统的各项功能。

六、系统在连续运行 12h 无故障后，填写调试报告。

第九节 竣　工

一、电力监控系统中的监控设备应逐台进行功能试验，包括系统监控报警功能、控制输出功能、故障报警功能、自检功能、电源功能功能。

二、电力监控系统中的传感器按总数量的 10％抽检。

三、应采用专用的检查仪器对传感的报警值进行检验，报警值应符合设计要求。

四、应对系统内所有装置进行验收，主要包括传感器、监控设备等进行验收。

五、软件升级。在保修期内承包单位有责任及时向业主通报软件升级情况，并应免费提供软件升级服务。在承包单位产品废型和改变行业时，应将软件源程序无偿转让给业主方。

六、备件服务。承包单位应备用充足的备件、配件，可及时向业主方提供技术服务和备件服务。投标人应出具书面声明（由投标人单位的法定代表人或其授权代表签字并加盖单位公章），保证对所有设备所需配件提供至少十年的备件和技术支持。

第十一章 柴油发电机组

第一节 一般规定

一、柴油发电机组需包括，但并不限于下列各项：

1 整套柴油发电机组，散热器水冷循环泵、热交换器、膨胀水箱热控阀、阀门、滤污阀防冻剂、减震器、底脚螺栓等。

2 完整的排气系统，包括所有的消声器、悬挂装置和热绝缘。

3 燃料输送系统，包括由油罐、油泵、日用油箱接至发电机的输油管及回油管、输送管滤污阀、阀门和安装在回油管中的燃油冷却器，相关透气管、液位信号管路等。

4 包括所有附属和控制设备的控制屏，以提供完整的操作系统。

5 直流电启动系统。

6 柴油发电机组的内置冷却水泵（不是散热器的外置冷却水泵）的扬程必须满足其换热器和其管道的阻力。

7 冷却塔接驳管路。

二、为发电机组配备手动和全自动启动设施并能于主电源故障或电压偏差低过 20%时于 15s 内（包括自动切换开关的跳闸时间）接载设计的接用负荷。

三、发电设备需适合于冷态启动并有足够的容量以满足根据图上所列的负荷于最严重条件下的负荷要求。关于发电机容量的详情需报批。发电设备的容量需考虑，但不限于下列各项因数：

1 降低额定输出因数（由于海拔高度，环境温度，功率因数等影响）。

2 冲击负荷。

3 瞬变电压下降。

4 暂时过负荷。

5 再生功率。

6 整流负荷。

7 各相负荷不平衡。

8 由于电压调整系统间相一旦影响而引起其不稳定（例如发电设备的自动电压调整系统与不间断供电设备）。

9 12h 连续满载运行后，超过铭牌连续额定容量 10%，再连续运行 1h 的过负荷能力。

10 大楼竣工正式交付时，油罐注满燃油，另外，润滑油要用新品进行更换。

四、保证质量的特殊要求：

1 各部件和附属设备的制造需按发电机及其附属设备制造商的建议进行制造以保证其适用性。

2 尽管以下及图纸上已有详细说明，需保证最终的装置符合消防局及其他有关规程的要求使装置得以运行。

3　每台柴油发电机满载运行连续时间不小于72h及全年运行时间不小于500h。

4　大修时间不小于25000h。

5　三滤机油第一次更换时间不小于500h，之后每次更换时间不小于250h；防冻液每两年更换一次；皮带每运行1000h或5年更换一次。

6　蓄电池需定期测量电池组，采用铅酸免维护电池。

第二节　发电机组的设计和制造

一、发电机组需由与发电机直联并装于共同底座上的柴油发动机组成。

二、按《往复式内燃机驱动的交流发电机组》GB/T 2820—2009及BS800的要求配置消除无线电干扰的装置。

三、除手动操作控制件外，所有外露的动作部件需完全封闭或设有防护装置，以免工作人员意外接触。防护装置应可拆卸。

四、发电机组、底座及其辅助设备的所有黑色金属，一律用防锈漆作底漆，面层涂以制造厂商的标准色漆。发热的表面需涂以耐650℃高温而不变质的抗高温油漆。排烟高温表面需包裹高温隔热材料。

五、发动机：

1　发动机需采用电喷式产品，及适于使用符合BS2869A1或A2级轻柴油作燃料，水冷、四冲程、直接喷射，自然或压力送气，并符合《往复式内燃机驱动的交流发电机组　第2部分：发动机》GB/T 2820.2—2009的规定。

2　发动机的额定容量需符合《往复式内燃机驱动的交流发电机组　第2部分：发动机》GB/T 2820.2—2009连续运行的要求并与发电机持续运转的额定容量相配合，其超载能力，将在以后加以规定。

3　发动机的曲轴速度不能超过1500rpm。其正常旋转方向需为逆时钟旋转。

4　需具有超速报警停机功能，当15%超速时切断燃料供应。

六、发电机：

1　发电机输出电压需按图标提供10kV或400V50Hz，三相输出。

2　发电机的设计和制造需按中国国家标准《旋转电机　定额和性能》GB 755—2008，《旋转电机结构型式、安装型式及接线盒位置的分类》GB/T 997—2008相应章节的规定进行。

3　发电机需为无电刷型，其旋转磁场由交流激磁机和旋转整流装置激磁，并由以下规定的固态自动电压调节器控制励磁。10kV发电机为永磁励磁。

4　发电机加以特殊的浸渍处理以适合当地运行条件。

5　转子和定子需具有不少于F级绝缘。

6　发电机的特性必须与发动机的转矩特性相适应，以使发电机在满载时，能充分利用发动机功率而不致超载。

7　发电机应能承受高于同步值20%的超速运转。

8　三相同步发电机在带载运行状态下，任何一相电流均不超过额定值，且各相电流的差值不超过15%额定电流时，应能长期工作，其温升应符合规定，此时线电压最大值（或最小值）与三相线电压平均值之差应不超过三相线电压平均值的5%。

9　发电机需为防滴式，符合国家标准《外壳防护等级》GB 4208—2008及IEC 529中规定的IP 21防护等级。

10　发电机需内装由恒温器控制的加热器。由控制屏上的手动隔离开关控制。当发电机运行时需将加热器切断。

11　发电机需能承受在其输出端短路达 3s 的短路电流而不致损坏。

12　发电机在发电机房运作时，承包商需负责使发电机房周边处量度的噪音量低至符合当地环保部门的要求。

七、冷却：

1　发电机组为远置式散热模式，使用板式换热器（2500kVA 需增加燃油回油热交换冷却回路）＋共用冷却塔散热。每台发电机冷却管汇至主管连接至共用冷却塔散热。每台发电机组板式换热器二次测进或回口加装一电磁阀，此电磁阀和发电机启动连动控制。主管的循环水泵启动时机需于每台发电机启动联动。

2　发动机需由一相配合的板式热交换器及远程重型散热器进行水冷，包括皮带传动风扇、冷却剂泵、恒温器控制的液冷排气管、中间冷却器、耐腐蚀并适用于当地条件的冷却剂过滤器。当有需要时，本承包单位亦需提供板式热交换器及补给膨胀水箱以确保系统在任何天气下运行正常。板式换热器系统应有水质净化措施，避免结垢和腐蚀。

3　当机组带热交换器时热交换器需装设在支持发电机组的底座上。否则需将热交换器分装在图标位置专为的设计和经批准的支架上。

4　远程散热器需装置通风管道的法兰盘接头使通风管道能附在散热器上。在散热器和金属百叶窗之间需装设一节带挠性连接器的风管。管道需由符合结构标准的镀锌薄钢板制作。钢板厚度需附有 G115 标志的锌皮。所有管道需具有密封的接头，并符合《通风与空调工程施工质量验收规范》GB 50243—2002 的要求。

5　风扇需有足够的容量并考虑到气流经过管道和百叶窗的附加阻力。

6　冷却系统中需加防腐蚀剂。

7　冷却系统需配备冷却剂加热器，使冷却剂的温度保持在 20℃以上，以保证在需要时能易于启动。冷却系统中也需加入防冻剂。

8　外置式散热器：

8.1　散热器与发动机为分离式装置，冷却液为闭合循环系统。

8.2　发动机需连带一重负载外置式散热器进行水冷却，外置式散热器主要以散热器、热交工换器、散热风机、循环冷却液泵、恒温器、液冷排气豉、镀锌散热片管、冷热气自动调节机、膨胀水箱等组成。

8.3　冷却液抗侵蚀过滤器的设计需符合当地规定及条件。

8.4　散热器系统核心主要以镀锌散热片管、镀锌钢板及散热风机为首。

8.5　散热风机的额定值需足以补足散热片管系统及其他配备（如消声器、通气孔等）所产生的气流阻力。

8.6　在冷却系统上需加腐蚀抑制剂。

8.7　外置式散热器需是低噪声设计和符合当地环保的规定。

八、联轴器及避震装置：

1　400V 低压柴油发动机需与单轴承型发电机直接轴接。10kV 柴油发动机需配有弹性联轴器与双轴承发电机轴接。

2　需设置二级弹簧型避震器。第一级位于柴油机、发电机与钢制公共底座间；第二级位于钢制公共底座与混凝土基础间。第一级用于机组本身隔震，第二级避免机组间的共振。

第三节　辅助设备的设计和构造

一、排气管消音器和烟道

1　排烟系统由消音器、膨胀波纹管、吊杆、管道、管夹、联接法兰、抗热接头和示于图上的部件组成。

2　在排烟系统中的连接需使用带抗热接头的联接法兰。

3　需装设消声器。消音器需为箱式结构，并带除潮器，排放管。其体积要保证能正常运转，安装时无过高背压。消声器的设计需能将排气出口处的噪声减低至符合环保署规定的要求。

4　在发动机和消声器间需装置不锈钢膨胀波纹管。其尺寸应与发动机和排气消声器相配合。

5　在消声器后需连接不锈钢膨胀，波纹管将烟气垂直向上排至图标的位置。排烟管需由符合《低压流体输送用焊接钢管》GB/T 3091—2015级的黑色钢管制作。

6　排烟管的弯头具有需等于3倍管径的最小弯曲半径。

7　排气系统应有净化装置。自排气口至排气管末端的整个系统，除不锈钢的膨胀波纹管外需涂以抗热油漆。

8　整个系统需于镀锌金属网上包裹以符合《镶玻璃构件耐火试验方法》GB/T 12513—2006的非燃性绝缘材料，由25mm间隙的钢条形座支撑，以便在排气管周围保持25mm的空气间隙。

9　全部排烟管道和消音器的表面需裹以厚度不小于0.8mm的铝金属包层。

10　整个系统需由弹簧吊杆悬挂。悬挂吊杆的设计需经批准。

11　排气出口处所排出的废气烟色不应高于林格曼黑度一度并需符合当地环保部门的规定。

二、燃料系统

1　需按本节的说明和如图标装设一套完整的燃料储存和分配系统。

2　日用油箱（$1m^3$）由本承包单位提供及安装。于日用油箱房高位近门处，其他承包单位提供并安装阀门于输油管及回油管，供本承包单位连接输/回油管至发电机。本承包单位需与其他承包单位协调阀门确实位置。

3　在输油路上需装置不超过120网孔的网形过滤器。

4　如油箱的静压不足以供所选用的发动机，需提供辅助的电动输油泵及其附属管道，及相联的供电以便把油从主油箱输送到发动机。对此，雇主不承担额外费用。在施工前需将详情报批。油泵的全部电气装置，包括开关设备，电动机启动器，电缆终端均需为由BASEFFA证明的防爆型。如需接辅助供油泵时，请注明此泵需接入除本发电机发电回路以外的供电回路。

5　在油箱和发动机供油管上需装设用拉线以手动操作的“关闭”阀供事故时在发电机房外关机用。

6　供油及回油管路至少必须距温度超过200℃的表面50mm。如供给软油管，则所选材料必须耐250℃的高温。

7　需配备一台带墙上安装支架的电动叶轮输油泵和滤油器，并包括所需的控制屏。

8　所有燃油系统的配线应采用耐火电线，而各配件均需为防爆设计。储油罐需提供妥善的接地以排放所产生的静电。

9　在主输油干管上需提供一双筒式油过滤器连阀门，以便于清理油过滤器时不会影响系统操作。

10 有关油缸及油管需进行为期不少于 24h 的 0.2MPa 内气压测试。

11 供应及安装有关设备及所需的配件于预定的位置/基座并可供操作使用。

12 需提供燃油冷却器于回油管中来限制油箱内的燃油维持于 60℃以下。

13 主储油箱至日用油箱的输油管理应有特殊的标示及保护措施。主储油箱、输油管线应考虑保温措施，避免冬季低温柴油的结蜡而造成系统无法运行。

14 需提供发热设备供整个燃料系统以维持系统于最低温度下可正常运作。

15 油罐需使用优质钢板，采用双层罐并安装阻隔防爆装置，需要埋地防腐处理，及配套液位计，每个地下油罐含有两个连续式磁性浮球液位计可以输出 4～20mA 信号给 PLC 控制器。

16 日用油箱需配备人孔盖板、进油管、回油管、排油管、溢流管，液位计等；现场目视液位计需为磁翻柱液位计，具有相当的刻度清楚地标以存油高度；日用油箱液位计需要配置采用工业等级的磁翻柱液位计，能本地显示且能够提供远传 4～20mA 信号。

17 燃油泵采用需使用知名品牌，适于输送发电机用轻柴油。设置两台燃油输送泵，每台油泵都应能输送轻柴油，流量足够保证机组满载运行。燃油输送泵应配有所有必须附件，包括过滤、止回阀灯等。油泵电动机应为防爆设计、3 相、50Hz，带超载保护。

18 控制系统需包含监控地下油罐液位以及相应的报警信息，日用油箱的液位，报警及控制电磁阀和输油泵等；预留标准的 Modbus-RS485 信号给环控系统集成。

19 按照图纸所示或按照厂家的建议要求，提供为正确安装有关的设备所需的支承钢梁、吊架、固定螺栓、隔震器等辅助配件。

20 需遵照由厂家所提供的施工指引进行有关设备和附件的安装，以确保有关系统能正确地操作。

三、直流启动系统

1 发电机组需配备一台发动机启动电动机，由 24V 直流运转，能手动或自动启动，并附切断开关，如本节所述。

2 发动机启动控制设备需能将供电的电池充电器切断，以避免启动时过载。

3 启动电动机需具有足够的功率，且系非滞留型。在启动电动机充分通电运转前，其小齿轮轴向运动与发动机飞轮上的齿轮啮合。当发动机启动或电动机不通电时，小齿轮需被解脱。

4 启动设备需配备可自动断开启动电动机的启动失效装置。如发动机在预定时间，如 15s 内不能启动时，启动失效装置能自动切断马达起动器，以避免电池组不适当地放电。

5 在 15s 后，每隔 5s 总共连续三次启动发动机。此后，由启动失败装置把启动电动机断开并如下列所述发出光和音响信号。在手动使启动失败装置复位前，自动启动系统不应再次使发动机启动。

四、启动电池和充电器

1 需配备一套于最低温度时具有足够的安培小时容量和放电率，直流发动机启动用 24V 密封铅酸电池组，安装在邻近发动机底座处。电池组需符合《固定型阀控密封式铅酸蓄电池》JB/T 8451—1996 及 IEC 623。启动电池和充电器需在 15s 内提供启动，如启动失败需能在失败后 5s，再提供启动，需能提供连续六次的启动，而不会达到按制造厂商规定损坏电池的程度。电池需放置在经批准的耐腐蚀柜内。

2 电池充电器必须是恒电压型，附带直流电压和电流计，冲击波抑制器、控制器、浮充和快速再充电选择器，电池放电指示、过量充电保护和指示、充电器故障警报信号装置。

所有控制器和感应器需接至装在独立的控制屏内。

3　额外配置单独一套电池充电机，以保障发电机本身充电故障时使用。其电池必须是免维护型产品，并配套供应便携式蓄电池监测仪表。

五、发动机加热器

1　所配置的水套加热装置需保持发动机水套中的水温达 20℃左右，或按制造厂商建议，以保证当需要时易于启动。

2　加热器需由恒温器控制。每当发动机投入运转后即应被断接。

六、板式热交换器

1　发电机散热器需配备一板式热交换器，透过水泵转至远程散热器达至散热效果。

2　一般要求：

2.1　有关设备，无论在运送、储存及安装期间应采取正确的保护设施，尤其是热交换器的换热片及周边的密封条，以确保设备在任何情况下不受破损。

2.2　热交换器的水管接驳口，在进行接驳前需采取适当保护措施妥善地覆盖，以防异物进入。

2.3　板式热交换器应由认可生产板式热交换器的欧美厂家制造。厂家必须具有生产及安装同类型设备的经验，且其所生产及安装的设备必须为其常规定型产品并具有五年或以上成功运行的记录。

2.4　板式换热器的生产和制造需符合《板式换热器》GB 16409—1996 材板式换热器所订定的有关要求。

2.5　在每台板式热交换器上需附有原厂的标志牌，详细标注厂家名称、设备类型、设备生产编号及有关的技术资料。

2.6　系统设计、系统的各项指标、系统设备、材料及工艺均需符合本章内所标注的规范/标准，或其他与该标准要求相符的中国或国际认可的规范/标准。

2.7　板式热交换器需由原厂装配及制造。整个板式热交换器包括一个由低碳钢制成的框架、经由机械加工压铸成人字波纹形的金属传热板片、承托换热片的上下金属导杆，固定面板和活动背板及锁紧螺杆组成。金属换热板片与板片的边缘和两侧水路信道周边均需采用合适的橡胶垫片作密封。热交换器的各部件必须不含石棉物质。

2.8　金属换热板片需分别由顶部和底部的金属导杆吊挂和支承，金属导杆需为高拉力钢棒并经电镀处理制成。

2.9　板式热交换器的设计需能保证低碳钢框架的任何部分包括固定面板、活动背板、导杆及锁紧螺杆等，不会与流经板式热交器两侧的换热介质有任何接触。

2.10　板式热交换器的换热功能除需按照设备表内所示的要求选定外，仍需作足够的预留，在毋需对框架、导杆及锁紧螺杆作任何改动下可容许增添相等于原换热功能 20%的换热板片。制造商并需保证在供货后 15 年内仍能供应有关规格的换热板片。

2.11　板式热交换器需按高传热效率设计以达到换热两侧 1.5℃的温差。

2.12　初级及次级的出/入水管接驳口需设在板式热交换器的同一侧。

3　框架：

3.1　框架由低碳钢制成并可固定在一水平基础上。框架的设计应容许在板片锁紧螺杆松开时，能提供足够的空间供对所有的换热板片进行全面的维修和清洗。

3.2　设在固定压紧板面上的初级及次级出/入水接驳口，其内壁需附有橡胶衬里而外侧配有供管道接驳和符合工作压力要求的法兰接口。如接驳口、框架及接驳管道采用不同金属时，则需提供隔离法兰，以避免因不同金属接触而产生电化腐蚀作用。

3.3　除换热板片外，整个框架及其他部位均需由原厂作防锈处理，并外加两层经建筑师认可颜色的面漆。

3.4　换热板片锁紧螺杆需为高拉力钢并经电镀处理及外套胶管作保护。

3.5　所有用作设备固定的螺栓需为高拉力钢并经电镀处理。

4　换热板片：

4.1　换热板片需为厚度不小于 0.6mm 不锈钢板。

4.2　在每块换热板片的旁通口周围需提供二道密封垫片，用以隔绝两种换热介质。同时在最外层密封垫片上设有泄水孔，当第一道密封垫片发生泄漏时可将水排至换热器外，使维修人员及早察觉，以便进行维修检查。

4.3　橡胶的密封垫片需按所依附的换热板片设计，需能整片固定及依附在换热板片上，以便于装卸。

4.4　板片上的波纹需适合于设备表中两种介质的换热，且可以保证 1.5℃的换热温差。

4.5　除按换热功能要求提供所需的换热板面积外，仍需额外多提供一定冗余的换热板面积。以补偿热交换器于正常运行时板面出现结垢而影响换热效果。

5　额定压力。板式热交换器的额定工作压力及检测压力相应地需不少于 1MPa 及 1.5MPa。

6　保护措施：

6.1　所有金属部件，除已经防锈蚀处理或防锈蚀金属制成者外，均需在厂内按下列标准进行彻底的清洁、防锈处理及涂上外漆：

6.1.1　油漆要求：聚氨酯/全天候性。

6.1.2　保护磁漆。

6.1.3　涂层：最少两层（包括面漆）。

6.1.4　总涂层厚度：不少于 150μm。

6.2　所有因运输或其他原因而令面层漆油受损时，需按制造商的建议进行修补，修补效果需达到设计人满意。

7　安装：

7.1　需按图纸所示及遵照厂家提供的安装程序建议装设板式热交换器，并需预留足够的正常维修和操作空间。

7.2　板式热交换器如需提供保温，以防热能流失或产生冷凝水。而保温表面应提供不小于 0.6mm 厚的铝片覆盖表面作保护在进行保温前，需提供有关详图供建筑师审批。

7.3　在板式热交换器与其基座之间需装设 20mm 厚的氯丁橡胶垫片作隔震。而所采用的固定螺栓（包括垫环和螺帽）均需为高拉力钢材并经电镀锌处理。

7.4　有关板式热交换器的油漆及标志要求已详细在本技术规格说明书“涂油饰面”章节内说明。

七、其他

1　燃油喷射系统。燃油喷射系统需配有一次和二次油过滤器，其组件应可更换；一台由发动机驱动的正位移油泵，上述装置均安装在发动机上。本承包单位要求用电喷系统，需证明此电喷系统的稳定性及先进性。

2　润滑系统。封闭式压力供给润滑系统需配有正位移机械润滑油泵，润滑油冷却器，过滤器和油位指示器。

3　空气过滤器。能替换的干式空气过滤器需包括自动报警装置，当过滤器堵塞时，能自动报警。

第四节　发电机组的控制和保护及其附属设备

一、控制和调节装置的放置位置

1　所有供操作用的控制器需集中装在随时可供使用，伸手可及的合理位置。

2　调节用的装置必须分开放置，以防止未经许可，擅自调整。

二、发动机状态指示

发动机需具备以下最低限度的状态指示：油压；油温；发动机温度；运行时数；转速表；电池充电器电流表。

三、发动机保护

1　发动机需配备下列最低限度的保护和控制装置，以便发生下列情况时尽早发出警告信号和/或停机：

1.1　润滑油压过低；

1.2　发动机冷却剂温度过高；

1.3　发动机超速。

2　上述发动机保护需分为两阶段：在初阶段发出光和音响警告信号；当发动机处于预定的危险阶段时必须停机。

3　所有光和音响警告信号和解除信号开关必须接至控制屏上。

4　发电机组必须配有保护装置越位功能。当启用该功能时，不管发电机组发生任何故障，都必须持续运转，直至发电机组不能再运转为止。该功能由需通过发电机组厂家专业培训后，高度负责的工程师操作。

四、发动机速度控制和速度调节

1　速度控制

1.1　需配备电子速度传感速控器。

1.2　速控器需传感发动机的实际转速。

1.3　速度控制需按《往复式内燃机　性能　第4部分：调速》GB/T 6072.4—2012及BS5514：第四部分I型，A1级的规定。

2　速度调节

2.1　速度需预先调节好，以保证在满载时的额定频率。

2.2　在各种负载情况下，需有手动调节速度的装置可在±5%的范围内进行调速。

五、电压调整和调节

1　电压调整：

1.1　配备一套自动电压调整系统，以使发电机的端电压由空载到满载稳定状态下保持于+2.5%额定值以内。

1.2　发电机电压调整系统的工作性能需如BS 4999第140部分所规定的VR2.23级。

2　电压调节。提供一套输出电压调节装置以便于将输出电压调节至设计参数范围内的任何水平上。

六、发电机组同步控制备用

1　发电机组同步控制采用于发电机组，提供所有发电机组在并联运行时的控制。

2　发电机组同步控制屏提供发电机在运行时并联运用。并机控制系统由1套系统主控制柜和2个具有并机功能随机安装的控制器组成，机组并车控制器要求原装进口数字化模块。当其中一路市电电源故障时，所有提供并联运行的发电机组同时自动启动运行，经并联同步程序后，接驳至重要负荷母线段，并提供备用电源配电。随机安装的控制器：每台机组的控制器都具备集成调速和调压功能，可以综合发动机调速和发电机调压功能，即有并联检测、并联合闸和并联保护等功能。并有足够的控制功能和独立的操作能力，即使其他机组发生故障，系统仍然可以自主安全运行。避免个别机组的故障造成整个系统控制失灵的缺陷。每台机组控制器具有自动、手动同步和负载分配功能。控制器采用最新版本的控制面板。具备全自动同步。并联系统应配备数字式自动负载分配控制器，将负载在各机组间均匀分担。并联机组之间的有功和无功功率分配不平衡度不应大于5%。

2.1　发电机参数显示：功率、频率、功率因数、运行时间、发电机电压（同屏显示三相电压）、发电机电流（同屏显示三相电流）、母排电压（同屏显示三相电压）。

2.2　发动机参数显示：直流电压，用以监视电池电压、不可复归的计数器以记录起动次数、不可复归的计数器以记录启动失败次数、不可复归的计数器以记录累计运行时间、发动机水温、发动机机油压力、发动机转速。

2.3　按钮：发动机起动按钮、发动机停止按钮、系统复位按钮。

2.4　报警显示：断路器事故跳闸（含发电机过电流，短路、断相、电压过高、失压等故障）、冷却液液位低、机油压力过低（停机）、水温过高（停机）、机油压力低（预报）、水温高（预报）、发动机超速、三次启动失败、电池系统故障等。

2.5　运行状态显示：断路器的闭合、机组自动/手动控制运行、机组运行状态。

3　主控柜：通过高分辨率触摸屏可方便地监控系统运行，触摸屏应不小于380mm，可以监测系统2路市电，当系统主控柜监视到市电失电时，自动启动所有机组，并分级控制负载合闸。当接收到市电来电信号时，可发出停机命令至所有机组，实现负载向市电供电方式的转移。同时系统主控柜可显示所有机组数据及系统拓扑图。

3.1　系统报警和状态指示：固态报警及状态指示器提供所有重要的系统参数状态信息，指示灯采用高亮度、长寿命双光源发光二极管。固态报警及状态指示器指示的典型报警和状态信息包括：

3.1.1　远程系统启动；

3.1.2　负载需求控制模式；

3.1.3　负载在线；

3.1.4　发电机组运转；

3.1.5　发电机组报警；

3.1.6　母排过载；

3.1.7　负载被卸载；

3.1.8　系统控制失效；

3.1.9　设有报警喇叭和静音按钮。

3.2　高分辨率的触摸屏操作及显示：通过一个高分辨率可编程图形界面板，操作者可以完成对现场整个电力系统进行监测和控制。通过分层菜单为操作者显示信息，使操作者很容易理解，并且可以迅速了解系统的功能和操作方法。系统主控柜可以手动控制机组启动、停止并可手动控制并联开关，同时主控柜可以显示主系统和发电机组状态，其中包括：

3.2.1　系统单线图；

3.2.2　机组参数显示；

3.2.3　负载控制显示（加、减载）；

3.2.4　负载需求显示（根据负载情况判断在线发电机组的数量）；

3.2.5　发动机运行时间；

3.2.6　发电机组输出电压；

3.2.7 发电机组输出电流；

3.2.8 发电机组输出频率；

3.2.9 发电机组负载功率；

3.2.10 母排电压；

3.2.11 发电机机组控制开关位置；

3.2.12 显示并描述现行的故障报警和停机故障。

4 当发电机组同步并联运行时，同步控制屏将管理一切有关重要负荷用电的分配及并联发电机组的供电负荷分配。控制屏亦同时负责每台发电机组的配电量，按实际用电量而自动调节每台发电机的输出。

5 当故障市电回复正常供电后，所有自动切换开关亦复位至市电电源后，所有并联发电机组的配电断路器均断开。发电机将继续运行一段设定的时段作降温用途后，然后自动/手动停止运行，并回复备用状态。

6 发电机同步控制的设计需包括一切于并联运行时的必须操作，如发电机组的自动启动程序、并联控制程序、配电负荷分配控制、手动启动控制及机组停止程序等等。于手动启动控制时，发电机的转速及输出电压均需提供独立控制。除另注明外，机组的并联控制程序及配电负荷分配控制必须于手动运作时保持正常操作。

7 发电机同步控制应防止多于一台发电机，同时于并联操作接合时接至重要母线段，当一台发电机于并联操作接合至重要母线段后，配电负荷分配控制即时提供负荷分配控制，使配电负荷适当地分配自各发电机。

8 如机组中的其一台发电机出现启动失败、并联操作接合失败或发电机监控故障的情况，发电机同步控制屏必须即时停止相应发电机的运行并断开相应的配电开关。

9 发电机同步控制需提供以千瓦值作监测的逻辑控制线路。能自动监测实时的负荷需要并作出相应发电机数量的调整，发电机数量的投入需按实际负荷作调节以达到发电机运作的最佳效果。此逻辑控制线路按需要可手动停止其功能并不受实际负荷量的影响。

10 每台发电机的同步控制屏需能提供手动及自动式同步控制：

10.1 由并联发电机启动及运行至完成同步控制并配出发电机电源需于15s内完成。

10.2 在同步后将闭合相应断路器至重要母线段及输出电源。

第五节 控 制 屏

一、发电机组控制屏应为直立式装设在图标位置。

二、控制屏为微电脑控制，带液晶数字显示屏，控制屏应由能承受机械，震动，在正常运行情况下不受电和热应力湿度影响，且需具有防电磁波干扰、故障储存、实时报警和系统自诊断功能。

三、配有保护装置以避免控制电路短路所引起的后果。

四、当有电气装置装在面板或门上，需采取措施如以一条适当截面的接地线以保证接地保护电路的连续性。

五、为面板或门上的电气装置和测量仪表布线时，必须做到当面板或门移动时不会引起机械性的损伤。

六、不需每天使用的调节装置应布置在控制屏内以达到安全运行。

七、控制屏需包括，但不局限于以下项目：

1 装设四极断路器，带有可调节的发电机过电流装置、接地保护和逆功率继电器、控制和指示器。断路器的额定电流和断路容量需与发电机容量相配合。

2　仪表：

2.1　电度表。

2.2　频率表（范围：45～55Hz）。

2.3　功率因数表。

2.4　运行小时计（范围：9999h）。

2.5　带有相选择开关的交流电压表，用以监视发电机的输出电压。

2.6　带有相选择开关的交流电流表和电流互感器，用以监视发电机的输出电流。

2.7　直流电压表，用以监视电池电压。

2.8　直流电流表，用以监视充电电流。

2.9　不可复归的计数器以记录起动次数。

2.10　不可复归的计数器以记录起动失败次数。

3　按钮：

3.1　发动机启动按钮。

3.2　发动机停止按钮。

3.3　系统复位按钮。

3.4　用以仿真主电源故障的按钮。

4　带红色指示灯及音响警报信号：

4.1　断路器事故跳闸。

4.2　发动机过摇晃锁定。

4.3　发动机超速停机（两阶段）。

4.4　发动机启动失败。

4.5　低油位（两阶段）。

4.6　润滑油压力偏低（两阶段）。

4.7　润滑油压力偏高（两阶段）。

4.8　电池系统故障。

5　带指示灯但不带音响警报信号：

5.1　红灯：断路器闭合；发动机自动控制运行；电池放电。

5.2　绿灯：断路器断开；发动机手动控制运行；发电机带负载运行；主电源供电正常。

5.3　琥珀色灯：断路器跳闸回路正常。

6　其他控制设备：

6.1　指示灯试验按钮。

6.2　频率预调装置。

6.3　电压预调装置。

6.4　发动机启动控制。

6.5　电池充电器及其附属装置。

6.6　发动机加热器控制。

6.7　电子同步调节器。

6.8　固态自动电压调整器。

6.9　“手动-自动”旋转控制开关。

6.10　音响警报信号和信号解除开闭。

6.11　带手动隔离开关，由恒温器控制的控制屏防冷凝加热器。

6.12　按以下规定为遥控指示，发动机启动和停机，发电机保护超越等必需的继电器和干接点。

八、控制屏监控信号。所有监控信号，但不包括油位及油泵等参数，需透过相应的控制微处理机，利用自带有的通信接口与BMS系统交接。

第六节　系统操作和运行特性

一、自动操作

1　在主电源故障时，在指定的低压配电屏内由于自动切换系统的“正常”断路器前带0～5s可调延时的电压继电器动作发出信号激励发动机的启动系统。

2　在接到启动信号后，发动机需开始启动程序。

3　发电机组需于12s内达到其额定速度并准备接载全负荷。

4　如发电机在12s后不能启动，启动程序需于5s后在5s内再启动两次。如发电机仍不能启动，则启动程序需被闭锁，并发出音响和光示信号。发动机需处于闭锁状态直至手动复归为止。

5　在启动期间若主电源恢复供电需不会使启动程序中止，但不需进行负荷的转换。主电源故障后而发电机组已运转，则在0.5～1s的延时后，应进行负荷的转换。

6　此时，按本规范书及图纸中所指，接在低压配电屏中重要负荷母线段上一些指定的馈出回路，需由各自的低电压继电器使的跳闸。

7　当发电机组达到额定频率和电压时，需发出信号使“正常”断路器断开而使“备用”断路器闭合。当低压配电屏的重要负荷母线段已带电，上述已经由低电压继电器而断开的馈出回路需按图标预定的程序自动闭合到母线上，以避免使发电机过载。

8　当正常供电完全恢复后，负荷的转换及发电机组的停机，需可由控制屏上的选择开关选择手动或自动操作。在此指令的激发下，负荷的转换需立即执行。发电机组无载运转0～15s可调的短暂冷却期，然后停机。

二、手动操作

1　控制屏需装置“自动-手动”旋转控制开关。如选择于“自动”位置整个系统需能如上所述运行，并能使系统保持自动状态直至转换成手动控制为止。

2　通过控制板上的控制开关，发电机组能手动启动。一旦启动并运行正常，发电机可用手动接载重要负荷。

3　在整个手动启动期间，只要主电源供电仍然可靠，所有负载需不会转换到发电机上。但当按“手动转换负荷”按钮时信号需令“正常”断路器断开，“备用”电源的断路器闭合，能如自动操作一样，使负荷转换。将“手动转换负荷”按钮复归，负荷需转回由主电源供电。

三、柴油发电机组监控功能要求

1　具有RS485标准接口（支持MODBUS-RTU、TCP/IP等协议）的柴油发电机组控制装置，开放接口通信协议编码表，通过现场总线适配器（通信模块）接入电力监控系统。

2　对柴油发电机组进行以下监测和报警

2.1　发电机工作状态、输出频率、电压、电流、功率因数等参数；

2.2　电源主断路器运行状态、故障报警、手/自动转换开关状态等信号；

2.3　油箱液位超限、油压过低、油温过高、水温过高及启停故障等报警信号；

2.4　与发电机组联动控制的机房送排风机的运行状态、故障报警信号；

2.5　DC电源电压监测等。

第七节 燃料供应及贮存

一、一般要求

1 按图纸及设备表所示提供完整的燃油贮存及供应系统。所提供的材料应不仅限于图纸所示的要求，而是应使系统能完美操作。

2 不管合同内的任何说明，本承包单位需确保整个系统的安装符合当地消防局及有关法则的要求。

3 在施工前必须获得当地消防局的书面批准。

4 整个燃油贮存及供应系统的安装应由有经验的专业工程人员进行。

5 在接到中标通知书一个月内需提交有关储油罐的运输方案，包括所需的土建要求及载重等资料，供工程师作审批。

6 承包单位需提供所有为运送及安装整个燃油贮存及供应系统所必须配备的运送支架、吊架等装置。

二、质量保证

储油罐应由认可生产储油罐的厂家所生产，而且需具有超过5套已成功运行5年或以上的同类型和容量相若的储油罐生产经验和纪录。

三、产品

1 一般要求

1.1 需遵照由厂家所提供的施工指引进行有关设备和附件的安装，以确保有关系统能正确地操作。测试及试运行等工作如下：

1.1.1 主储油罐，包括内部管道、撞击板、油位测量杆及管、油过滤器，以及供入油、供油和通气管接驳口等。

1.1.2 循环油泵，包括所有必需的安全装置。

1.1.3 图纸所示的供油管道。

1.1.4 日用油缸。

1.2 以下工作由总承包单位提供：

1.2.1 埋地储油罐的混凝土井坑。

1.2.2 埋地油管的混凝土管沟。

2 主储油罐

2.1 储油罐需采用厚度不小于6mm的钢板按照国标制成，并需提供足够和稳固的支撑，以预防有关设备在安装或使用时变形。

2.2 储油罐需提供进人孔。所有接缝需经焊接处理。油位测量管的正下方需设有适当大小的金属圆盘以防止油缸底部受到油位测量杆撞击而受损，而有关的金属圆盘应由厚度不少于6mm的钢板制成。

2.3 在安装储油罐前，应先把油罐内外表面的锈渍及污垢彻底清除，然后涂上一层红铅防锈漆及两层沥青柏油作防腐蚀保护。如在运送或安装期间，有关保护层受破损时，需在工地作有效的修补。

2.4 储油罐入油处应设有一容量显示计及油位超高的警示器。而在锅炉房则应提供一低油位指示及警报器。所有测量计、指示器及配线，必须为当地消防局所批准的设备和物料。有关资料需同时提交供工程师作审批。

2.5 油位测量管需引至距油罐底部小于40mm处，而吸油管需接至距油罐底部75mm处。

2.6 所有燃油系统的配线应采用 BTTVZ 重载铜芯钢护套 PVC 外套矿物绝缘耐火电缆，而各接电配件均需为防爆设计。

2.7 储油罐需提供妥善的接地以排放所产生的静电。

2.8 储油罐四周均以不含盐分的幼沙所覆盖，而储油罐应安排坡向排油口方向安装。

2.9 在建造储油罐前，需提交有关建造设计图纸供工程师批核。

3 日用油缸

3.1 日用油缸容量不大于 1m^3 需采用厚度不小于 3.0mm 的钢板按照国标制成，并需提供足够和稳固的支撑以预防有关设备在安装或使用时变形。

3.2 日用油缸需配有油位控制开关以自动或手动方式控制输油泵的操作。

3.3 在发电机房的控制屏需配有显示各油泵的操作状态、低油位和油缸超满载的警示灯和警报。而在每个油泵旁均需设有一紧急停机控制器。

3.4 在建造储油罐前，需提交有关建造设计图纸供工程师批核。

4 固定件、配件、通气及吸油管

4.1 油管应安排坡向储油罐方向。

4.2 每个油缸需提供一管径不少于 80mm 的独立通气管。

4.3 通气管的顶端应安排设在室外及不易接近的地方，如高于地面 3.7m 及在 1.5m 范围内并无门窗的位置（有关距离必须符合当地有关部门的要求）。

4.4 通气管的顶端应设有防火焰装置，且其设计需可防止禽鸟或树叶等进入。

4.5 包括通气管在内的所有埋地管道需外涂沥青并设置在混凝土管沟内，以不含盐分的幼沙所覆盖。

4.6 按图纸所示，在油罐供油管处设置一个 150mm 直径的圆形温度表。

4.7 在主输油干管上需提供一双筒式油过滤器连阀门，以便于清理油过滤器时不会影响系统操作。

4.8 在建造储油罐及其相关的设备前，需提交有关建造设计图纸供工程师批核。

四、安装

1 施工条件及技术准备。

1.1 施工图纸和技术资料齐全。

1.2 机房土建施工完毕，结构、预埋件及焊接强度符合设计要求。门窗及玻璃安装完毕。

1.3 柴油发电机组的基础、地脚螺栓孔、沟道、电缆管位置尺寸应符合设计要求。

1.4 柴油发电机安装场地应清理干净、道路畅通。

1.5 室外安装柴油发电机组应有防雨措施。

1.6 熟悉施工图纸和技术资料。

1.7 组织施工人员技术学习，审查图纸和资料，进行安全、技术交底。

1.8 编制施工方案、调试方案，并经审批。

1.9 准备仪器仪表与工具材料。

2 基础的制作。根据设计要求和产品技术文件的要求确定柴油发电机混凝土基础的标高、几何尺寸，在基础上预留机组地脚螺栓孔，发电机进场后，按实际安装孔距埋入地脚螺栓。基础的混凝土强度等级必须符合设计要求。

五、油罐及管道的测试

1 虽待有关部门及工程师检查埋地油罐的混凝土井坑后，才可放置油罐入井坑内。而地下油管亦需待工程师检查及测试合格后，才可进行覆盖。

2 在放置油罐入井坑后及回填幼沙前，需在工程师监督下进行测试。

3 油罐需进行为期不少于24h的0.2MPa内气压测试。

4 所有油管及油缸接驳管需在工程师监督下进行为期不少于24h的0.2MPa内气压测试。

5 在完成安装及测试工作后，需将储油罐注满燃油，以供系统测试及初运行之用。

第八节 与建筑中央管理系统（BMS）的分界

一、由其他承包提供的BMS将如本规范书附录所指，监视和记录备用发电机组的条件。所有通向BMS的状态和控制线路需传至接线箱，由其中的BMS设备将信息收集起来。所有状态和控制的分界为成对的常开和常闭的干接点及通信接口。应急发电系统直接接入电力监测系统，并通过电力监测系统的上位机再接入BMS系统。

二、接线箱需装于发电机房内近入口处，其设计需经批准。

第九节 接 地

一、在发电机房内需装设供备用发电机设备接地的接地终端。10kV发电机组组配置接地柜。其接地电阻值和短路电流值需经当地供电部门确认。

二、发电机机座、发电机中性点、油箱、发电机开关屏、电缆托盘/梯架等需分别接至发电机房内的接地终端再由发电机房内的接地终端引出及接至所供电的低压配电屏的接地终端。保护导线的规格不得小于6mm×25mm。

第十节 其 他

一、柴油发电机组进场验收

1 依据装箱单，核对主机、附件、专用工具、备品备件和随带技术文件，合格证和出厂试运行记录应齐全、完整，发电机及其控制柜应有出厂试验记录；

2 外观检查：设备应有铭牌、涂层完整，机身应无缺件。

二、警告牌

需提供一块以中文书写，字体高度不小于50mm的警告牌书以“注意一发动机会无警告自动启动。切勿接近”，并固定于发电机房内显见处。

三、接线系统和控制线路图

1 在发电机房需将适当大小的重要负荷配电接线系统图置于带透明面板的木框内并固定于显见处。

2 控制屏内需存放一套控制线路图。

四、风管及风机

若因系统运作需要，本承包单位需安装风管及风机供发电机散热用途，风管、风机、隔热、防火闸及外墙百叶接口及其他材料及手工等要求，需与此项目的通风空调系统一致，同一标准，所有费用由本承包单位负责。

五、发电机试车、验收

1 由业主、机电总承包人及监理在工厂进行检查，发电机应在工厂按照企业标准进行试验并合格。

2 安装完毕后，除了进行假负载实验外，还要在整个电力系统施工完成后进行实际的负载实验并将实验后的数据提交机电总承包人。

3 发电机组启动试验并检验于规定时间内接载负载的能力，供应商应提供单台发电机

110%的假性负载，供验收试验用。

4 检验速度变化是否于规定的范围内。

5 6h 满载运行并验查燃料消耗。

6 温升测试。

7 高压测试。

8 效率测试。

9 电压调整试验以表现电压调整系统符合 BS 4999：第 40 部分，VR2.23 级。

10 绝缘电阻测试。

11 发电机组安装后需要进行带载试验，因此提供假负载（其假负载必须达到单台发电机组的额定功率的 110%）及其租赁假负载的费用已经包括在投标报价中。发电机组交用前必须经过满负荷运行 1h 及以上的试验。

12 于发电机组测试时所使用的所有燃料费用均应已经包括在本合同中。

13 发电机安装后要在建筑红线外进行噪声测定。

第十二章　不间断电源（UPS）系统

第一节　一般规定

一、UPS需包括一组整流器/蓄电池充电器、蓄电池、逆变器、静态旁路转换开关、同步设备、保护装置、外部机械旁路开关及附件，如本技术说明书的规定。当正常电源发生故障或供电质素变坏时，在规定的允许限度内自动连续不间断地维持供电。在应急期间，由蓄电池放电。经逆变器，向负载连续供电，需能维持到所规定的时间或等到正常电源恢复供电为止。

二、UPS需设计成模件化，使可以并联多个模件来增加UPS的功率以满足新的运行需要和提高可靠性。关于此点，由一个模件组装成多个模件，需能在工地进行并不需太长的安装时间，而且不需要将设备运回工厂改装。

三、在单个模件系统中需装备整流器/充电器、逆变器、静态旁路开关及具备所有必需的监视和控制功能，并装置在一个柜中。多模件系统中，每个模件需各自有单独的柜体装备整流器/充电器、逆变器及单模件所需的监视和控制功能，而在另一单独的柜体中装置系统的监视和控制功能和旁路开关。

四、应有电池电量显示功能，同时此信号传输至建筑设备管理系统。

五、输入、输出均为三相。

六、保证质量的特殊要求：

1　UPS必须设计为连续可靠运行，对UPS的每个单独的模件，即整流器/充电器单元、逆变器单元及静态开关等的“平均故障间隔时间”必须超过18000h。

2　为保证最小停机时间，UPS的“平均修理时间”不得超过1h。平均修理时间需包括诊断故障和在工地更换模件并修复至正常状态所需的时间。

3　以上引述的额定值需为计入适当地降低额定系数后的有效值。额定值需经调整以适合当地的条件，即最高环境温度等。在确定UPS的容量时必须考虑由于所接负载的非线性而引起的降低额定系数。

第二节　产品要求

一、UPS的设计需能使其于下列方式下运行

1　正常运行。关键负载需由逆变器连续供电。整流器/蓄电池充电器由主电源供电并向逆变器供直流同时向蓄电池浮充电。

2　应急运行。主电源故障，关键负载需由逆变器供电，而不经任何切换自蓄电池取得电源。主电源故障或恢复均不能中断对关键负载的供电。如在主电源恢复供电前蓄电池已完全放电，则UPS需自动切断。

3　再充电运行。主电源恢复后，整流器/蓄电池充电器需供电给逆变器，并同时向蓄电池再充电。以上的运作需自动进行，并不能中断对关键负载的供电。

4　静态旁路运行。如UPS必须停止服务进行维护或因内部故障或严重过载而需进行修理，需经静态旁路转换开关将负载转换至外部交流电源而不中断供电。在UPS的逆变器自动同步于交流旁路电源后，进行负载再转换。一旦电源已同步，静态旁路开关，需并联两个电源而将负载自旁路电源转换至UPS的逆变器输出上，并允许逆变器突接于负载然后断开旁路输入电源。

5 降级运行。如仅蓄电池需要维修而停止服务，需由断路器将其自整流器/蓄电池充电器和逆变器上断开。此时，UPS需能继续起作用，除非交流主电源中断。

6 机械旁路方式运行。UPS必须装置外部机械旁路开关以便手动将整个UPS旁路进行维修。负载转移至旁路电源及自旁路电源转回，需由“先通后断”的顺序转换以使转换中对负载的干扰不超过本技术说明书的规定。

二、材料、零件及部件

1 组成UPS的材料及零件必须为新制成、高质量、无任何缺陷及不完善处。

2 所有电子装置必须为全固态。所有半导体装置必须密封。继电器均需为防尘型。

3 所有固态的电力部件和电子装置的最高工作电压，电流和 di/dt 率不得超过其制造厂商制定额定值的75%。固态组件外壳的工作温度不得超过其额定工作温度的75%。电解液电容器需为计算机级，其工作电压需低于额定电压的75%。

4 UPS的设计需使瞬变、电压尖峰、电涌等受到抑制，且不出现于UPS的输出电路中。

5 UPS的固态功率切换电路和控制系统，需为单元化结构，便于维修并缩短停机时间。所有固态的功率切换单元最好为抽出式，并可于UPS的前方抽出。

6 UPS的设计需能易于进入单元和组装的内部。零部件、试验点和端子的放置位置必须易于接近以作回路检验，调整和维修而不需移开任何邻近的组件或组装。

三、自诊断设备

UPS需装置足够的内置诊断设备，以便于查明故障、维修和电路校验。UPS在具备自诊断设备的同时，随机需提供手持单块电池在线性能测试仪。UPS的每个电路组件，必须有适当的指示和测试点，以使每个组件的运作状态得按需要受到监视。UPS需装备事故记录仪，以便当需要时提供关键性数据或状态供分析。

四、结构和安装

1 UPS必须装于重型金属箱内，落地式安装。UPS结构必须坚固并有便于起吊、顶起和叉车搬运的设施。

2 UPS柜需能并排排列。电力和控制线路必须分开并加以保护。在柜内需有电缆槽或电线管以装置输入，输出和柜间的连接线路。

3 UPS柜需涂底漆和按制造厂商的标准涂面油。

五、通风

必须装置足够容量的鼓风机以冷却各部件使的运行于额定温度。鼓风机的电源必须取自UPS并当作关键负载之一部分。鼓风机必须有备用机。鼓风机需装风叶传感器，并连接至预告信号及控制屏上。

六、整流器/充电器组件

1 整流器/充电器组件需装有保护功能的断路器。断路器其额定容量及跳闸电流需能提供全部负载的要求，并能同时向放电的蓄电池充电。

2 整流组件需由隔离绕组型干式电力变压器供电。当变压器于满载和最高环境温度运行时，变压器绕组的最热点温度需不超过变压器绝缘材料等级的温限。

3 整流器/充电器组件的冲击涌流不可大于8倍正常满载输入电流。

4　整流器/充电器组件，需装设限制其输入电流的装置，使UPS仅输入足够的功率以推动关键负载。此外，此装置亦需能预定最大功率值以限制蓄电池的充电电流。此电流限制于满载输入额定电流的100%～125%间调整。

5　整流器/充电器组件，需具备以下的性能。即当UPS运行于使用蓄电池供电或被切断电源后，交流电源恢复至交流输入母线，此时在输入端上所需的初始电流不能超过额定负载电流的20%。经15s后，此电流将逐渐增加至100%满载电流。

6　整流器/充电器，必须装有输出滤波器以减小脉动对充电器电压输出。在蓄电池断开时，在任何情况下脉动电压的均方根值需不超过1%。滤波作用必须充分以保证整流器/充电器的直流输出，符合逆变器的输入要求。当蓄电池断开时，正常的运行需由整流器取得的直流电压维持。

7　整流器/充电器除供电给逆变器外，需能按以下的规定对蓄电池再充电。充电电流需由电压加以调节并附有电流限定作用。充电率需足以使蓄电池于10倍的满载放电时间内自全放电而充至95%。蓄电池被再充电后，整流器/充电器需能保持蓄电池于满充状态直至下一次应急运行。

七、逆变器组件

逆变器需为固态装置并能接受整流器/充电器或蓄电池的输出并供给交流输出。其运行特性需符合以下的规定：

1　逆变器组件的输出，需接至一变压器及一组三相滤波器再接至输出端子。变压器必须为干式。当变压器于满载及最高环境温度条件下运行时，其绕组最热点的温度不得超过变压器绝缘材料的限度。UPS逆变器对高次谐波需具有低输出阻抗，使由负载而引起的谐波电压为最小。

2　逆变器的输出频率，需与旁路电源维持于锁相的条件于规定的限度内。若旁路线路的频率超出了允许值，逆变器需锁相于一内置温度补偿的振荡器。当逆变器的输出频率与旁路电源同步操作时，其输出频率应调节于正常频率的±1%内。而当逆变器的输出频率与旁路电源分开独立操作时，其输出频率应调节于正常频率的±0.5%内。

3　逆变器必须装有故障敏感器、静态遮断器和输出断路器使关键负载自逆变器输出切离而不致超过本规范规定的限度。

八、控制和指示

UPS需装有内附的控制和指示屏。若提供单独的系统控制柜，则其结构和外形必须与UPS单元相衬，并需装有供输出和旁路开关连接的母线。控制和指示屏或系统控制柜需采用LED显示器包括能表现UPS运行情况所需的仪表、信号和指示器。

1　仪表。UPS至少需装备下列的仪表。所有表计的满刻度精确度至少需为+2%。

1.1　带相选择开关的输入电压和电流。

1.2　蓄电池直流充电/放电电流。

1.3　蓄电池直流电压。

1.4　带相选择开关的UPS输出交流电压及电流。

1.5　带相选择开关的预备电源输入电压和电流。

1.6　UPS输出交流电源（kW）。

1.7　UPS输出和预备电源的频率。

2　警报及预示。下列需配备有视听的警报及预示系统以有效地监视UPS的运行：

2.1　整流器。

2.1.1 输入电压过低。

2.1.2 温度过热断路。

2.1.3 熔断器熔断。

2.2 蓄电池。

2.2.1 断路器断开。

2.2.2 放电。

2.2.3 蓄电池电压低。

2.3 逆变器。

2.3.1 输出电压过低。

2.3.2 输出电压过高。

2.3.3 相位失效。

2.3.4 振荡器故障。

2.3.5 温度过热断路。

2.3.6 熔断器熔断。

2.3.7 负荷过载。

2.3.8 负荷过载断路。

2.3.9 逆变器断开。

2.4 静态转换开关。

2.4.1 禁止转换至预备电源。

2.4.2 禁止再转换至逆变器。

2.4.3 由预备电源供负载。

2.5 柜体。

2.5.1 环境温度过高。

2.5.2 通风扇故障。

3 控制。需配备下列对系统的控制功能：

3.1 UPS/旁路转换/再转换开关。

3.2 带保护罩的紧急断路按钮。

3.3 指示灯试验/复归按钮。

3.4 音响信号试验/复归。

3.5 ＋5％交流输出电压调节。

4 模拟控制屏。在控制指示屏或系统控制柜上需装设带指示灯的模拟控制屏。模拟控制屏需描绘出 UPS 的完整的单线系统图。下列断路器必须在模拟控制屏上指示出：

4.1 交流输入断路器；

4.2 蓄电池断路器；

4.3 系统输出断路器；

4.4 系统旁路断路器。

5 紧急断路。必须配备就地紧急断路装置。触发就地紧急断路开关，需使组件的输入，输出和蓄电池断路器断开，将与所有电源完全隔离。当触发紧急断路开关，关键负载需不间断地自动转换至旁路电源。

6 远方监视屏。按图标的位置装置一台挂墙远方监视屏，至少需配备下列的指示：

6.1 UPS接于蓄电池的信号；

6.2 蓄电池接载信号；

6.3 旁路接载信号；

6.4 UPS单元故障总信号；

6.5 带复归按钮的音响信号；

6.6 指示灯试验按钮；

6.7 系统有电指示。

除上述各项外，UPS单元尚需提供无电压接点供连接至远方监视屏。

7 系统旁路开关。

7.1 系统的机械旁路开关。UPS需装置外部的机械旁路开关借以手动旁路整个UPS，以进行维修和运行。负载转换至旁路电源及自旁路电源转回需由“先通后断”的顺序转换，以使转换中对负载的干扰不超过规范的规定。

7.2 系统静态旁路开关。需装备一静态旁路开关以便当UPS故障或发生过载时，将负载不间断地自动转换至旁路电源。转换操作需按“先通后断”的原则进行，使静态旁路开关最好并联一断路器。此断路器与静态开关一起触发，然后自静态开关接载负载。如负载转换至旁路电源是由于过载所致，则当过载消除后负载需自动或手动转换回逆变器上。自动或手动转换则由选择开关选择。

九、蓄电池

1 总则：

1.1 UPS需有足够电源的独立蓄电池，此蓄电池需为大电流短时间放电。

1.2 蓄电池的额定放电时间按设计需求来确定，但最少也有10min放电时间。

1.3 蓄电池需为重型工业用，专门为电力供电而设计。所有蓄电池组的接线柱、连接器和固定螺栓均必须涂以凡士林。

1.4 在正常温度20℃，蓄电池的设计寿命至少为5年以上。

1.5 蓄电池装置需安装防震、防锈钢结构电瓶架上。

2 电池。电池需为12V可重复充电，低维护量，高性能的阀调式密封铅酸蓄电池。其容器由高度耐撞塑料制成，使具有防漏密封。每组终止电压为1.67～1.85V。

3 蓄电池断路器屏。UPS需装置蓄电池断路器适合大电流放电直流操作。当断路器断开时蓄电池需与整流器/充电器及逆变器完全隔离。当蓄电池的单个电池达到其放电极限时或由他控制功能发出信号，UPS需借断路器跳闸而自动与蓄电池隔离。当蓄电池维修时，断路器亦可由手动操作。蓄电池断路器需安装在1.5mm厚镀锌钢板制成的箱内，其外壳需符合《外壳防护等级》GB 4208—2008规定的IP31。

十、其他要求

1 UPS环境温度要求（见表12-1）

UPS环境温度要求 **表12-1**

项目 / 要求	温度（℃）	相对湿度（%）	大气压力（kPa）
使用条件	0～40	30～90	86～106
贮存、运输条件	－10～45	30～90	

2 保护

2.1 UPS需配备内置保护装置以防止以下情况发生：

2.1.1　电力线路上过电压和低电压的涌流。

2.1.2　在输出端子上因电源并联而发生的过电压和涌流。

2.1.3　在配电系统中负载切换和断路器操作。

2.1.4　输出负载突然变化超出额定限量。

2.1.5　输出端子上的短路。

2.1.6　UPS中的功率半导体组件，需由快速动作的熔断器保护，使任何一只功率半导体损坏不致引起串级故障。最好能在控制屏上装设熔断器熔断指示。

2.1.7　必须装置恒温器以监视功率半导体的温度。当察觉到温度过高时，UPS需自动断开并将关键负载经静态旁路开关转换至旁路电源。

2.2　UPS需配备内置保护装置，以防止UPS内能使其本身和所连接负载永久性损坏的各种预计性的故障。必须用快速动作的限流装置以保护固态设备的故障。UPS内部的故障需使UPS跳闸并自动转换至旁路电源。所有故障均需发出光示及音响指示。

2.3　在UPS内需有能令维修人员了解跳闸原因的信息。

3　主要性能

UPS主要性能要求见表12-2。

UPS主要性能要求　　　　**表12-2**

项目＼分类	微型非在线式（额定输出容量3kVA以下）	微型在线式（额定输出容量3kVA以下）	小型在线式（额定输出容量3～10kVA，不含10kVA）	中型在线式（额定输出容量10～100kVA，不含100kVA）	大型在线式（额定输出容量100kVA以上）
额定出功率(W)	额定输出容量×0.8				
输入电压(V)	220±10%	220±10%	220/380±10%	380±10%	380±10%
输入频率(Hz)	50±2.5	50±2.5	50±2.5	50±2.5	50±2.5
输出电压(V)	220±10%	220±5%	220/380±2%	380±2%	380±2%
输出频率(Hz)	50±0.5	50±0.5	50±0.5	50±0.5	50±0.5
输出波形	—	正弦波	正弦波	正弦波	正弦波
波形失真(%)	—	≤10	≤5	≤5	≤5
负载功率因数	正弦波0.8	0.8	0.8	0.8	0.8
噪声(dB)	<55	<60	<60	<70	<80
动态电压瞬变范围(V)	—	±10%	±10%	±10%	±10%
瞬变响应恢复时间(ms)	—	≤100	≤100	≤100	≤100
电源效率(%)	>80	>60	>65	>75	>80
120%过载能力(min)	1	1	1	10	10
备用时间(min)	5	5	5	7	10
切换时间(ms)	<10	无	无	无	无
旁路开关切换时间(ms)	—	—	<5	<5	<5
电池再充电时间(h)	<16	<16	<24	<24	<24

3.1　微型在线式不间断电源输出容量若不大于500VA，电源效率也可以由型号产品标准规定。

3.2　非在线式产品供电输出频率也可以与电网同步。

3.3　产品在使用条件下限工作时，备用时间允许暂时缩短。

十一、UPS 监控功能要求

1 具有 RS485 标准接口（支持 MODBUS-RTU、TCP/IP 等协议）的 UPS，开放接口通信协议编码表，通过现场总线适配器（通信模块）接入电力监控系统现场控制机，提供专业管理软件。

2 对所有不间断电源 UPS 监测如下信号和参数：

2.1 逆变器工作电压、电流及过载、过流、过压、过温等报警信号；

2.2 电池电压、电流、内阻、浮充、均充以及预告警、故障等信号；

2.3 整流器工作以及关闭、锁定、高温等报警信号；

2.4 静态开关状态（市电正常、市电带载、逆变器带载）以及市电故障、静态开关故障、静态开关锁定等报警信号；

2.5 维修旁路开关状态信号等。

第三节 与建筑设备自控系统（BMS）的分界

一、将由 BMS 监视和记录下列 UPS 的运行情况：

1 输入电压过低警告。

2 输入电压过高警告。

3 直流电压过低警告。

4 直流电压过高警告。

5 系统过载警告。

6 系统过温警告。

7 控制电源警告。

8 输出电压异常警告。

9 散热风扇故障警告。

10 充电器故障警告。

二、所有状态由线路连接至 BMS 需传至接线箱，由其中的 BMS 设备将信息收集起来。所有状态指示需由成对的常开和常闭的干接点发出。

三、接线箱需装于 UPS 室内，其设计需经批准。

第四节 安 装

一、一般要求

1 所有设备、电缆等需安装于图标或规定的位置。

2 所有设备均需稳妥固定。紧固和支持物必须足以支持其荷载。

3 对所提供的电缆、电缆托盘、电线管及电槽盒等的要求需按本规格书有关章节的规定。

二、设备接地

所有柜体必须有足够截面的电缆或母线接地。柜体的接地必须接至框架上的接地端子，或接至基架的坚固部分而不需接至屏上。

第五节 验收及测试

一、验收

1 查验合格证和随带技术文件，应有出厂试验报告。

2 对产品型号、产品技术参数应符合设计要求。

3　外观检查。设备应有铭牌、表面涂层完整、无明显碰撞凹陷，柜内元器件应完好无损、接线无脱落脱焊，导线的材质、规格应符合设计要求。表面不能有明显的凹痕、划伤、裂缝、变形等现象，表面涂覆层不能起泡、龟裂和脱落，金属零件不能有锈蚀及其他机械损伤。

4　结构检查。

5　开关操作方便，灵活可靠。零部件紧固、无松动。

6　面板检查。功能的文字符号及功能显示清晰、端正，并符合有关标准的规定。

二、主要性能试验

1　额定输出功率试验。输入电压和频率按本节的规定输入，输出端接线性负载，负载的大小需满足额定输出功率。

2　输出电压和输出频率试验。输出端接线性负载，负载大小需满足额定输出功率。分别测试电网供电和电池供电时的输出电压和频率。

3　波形失真试验。输出端接线性负载，负载的大小需满足额定输出功率。用失真度仪分别测试电网供电和电池供电时的波形失真。

4　动态电压瞬变范围和瞬变响应恢复时间试验。用记忆示波器分别测试以下两种情况的动态电压瞬变范围和瞬变响应恢复时间。

4.1　负载从50％突然增加到100％或从100％突然减少到50％；

4.2　输出接额定输出功率，由电网供电切换到电池供电或由电池供电切换到电网供电。

5　电源效率试验。将功率表分别接在输入端和输出端上，然后测量（电池已充满电荷）额定输出功率时的输入功率，输出功率与输入功率的比需符合本节的规定。

6　过载能力试验。将输出功率增加到产品额定输出功率的120％，能正常运行的最短时间需符合本节的规定。

7　备用时间试验。备用时间试验在下述条件下进行：

7.1　电池已充满电荷；

7.2　输出接线性负载；

7.3　负载大小需满足额定输出功率。切断交流输出电源，电池连续正常供电的最短时间需符合本节的规定。

8　切换时间试验。切换时间试验可以在半载情况下进行。用记忆示波器测试由电网供电切换到电池供电、由电池供电切换到电网供电的输出电压波形，根据波形计算出切换时间。

9　旁路开关切换时间试验。试验前，先用频率表检查电网频率，应为50Hz±1％；然后，增加负载或关逆变器使旁路开关工作；减少负载或启动逆变器，使旁路开关恢复关断状态。用记忆示波器测出旁路开关通断切换过程的输出电压波形，依据波形计算出切换时间。

10　噪声试验。在声学试验室中，使产品处于工作状态，用声级计放在产品上，对微型产品在前方1m处测试。对其他类型产品在前方2m处测试。一般测量时，也可在背景噪声不高于10dB的环境下进行，但用此方法测出的噪声值不作仲裁用。

11　电池再充电时间试验。切断交流输入电源，让电池连续供电到自动保护时为止，然后恢复交流输入电源供电，产品需能对电池自动充电。

12　无线电干扰极限值试验。

12.1　电源端子干扰电压的极限值试验。

12.2　辐射干扰场强度的极限值试验。

13　安全试验。

13.1　一般安全试验。

13.2　对地泄漏电流试验。

13.3　耐电强度试验。

13.4　保护功能试验。

13.4.1　过载保护功能试验。产品在正常工作时，调节输出电流使的产生过流，此时产品需自动关机或者旁路开关工作或者熔断丝熔断。过流情况解除后，或换上新熔断丝重新开机，产品工作应正常。

13.4.2　输出过压保护功能试验。产品在正常工作时，调节输出电压使的产生过压，过压点电压需小于标称输出电压的120％，此时产品需自动关机或切换到电池供电。若在电池供电时产生过压，产品需自动关机。

第十三章　配电箱和控制箱

第一节　一般规定

一、按图所示和以下的规定提供分支电路配电设备。

二、如由于电缆截面过大，不可能直接终接到所指定的配电设备上时，需另配置一个电缆箱将引入电缆终接而不另增费用。再通过截面较小的电缆连接到配电装置上。如需要使用此类电缆箱，必须在安装前将电缆尺寸，设备额定值等详细建议报批。

三、保证质量的特殊要求：

1　每一种提供的设备需按相应国内规范的规定经过定型试验并出具证明。证明书需由有声誉而独立的试验所和权力机构签发，以证明产品的质量。

2　作为一个完整项目的设备，如断路器箱需由同一厂商制造或在许可下制造。需提出足够的证据以证明整个组装产品具有同样的保证。

3　所有配电箱、控制箱应有牢固锁具，采用通用钥匙，重要的配电箱和控制箱（母线箱）除通用锁具外增加一道专用锁具。进出配电箱的缆线的穿线开孔（如敲落孔）孔径应大于压线所用铜鼻子的尺寸，便于后期维修。安装在公共区域的配电箱、控制箱如箱门面板上有控制按钮、计量表具等应在箱门增加保护照板，并配有锁具。配电箱防护等级详见图纸。

4　所有断路器箱及其附属设备包括断路器，剩余电流保护器等需由认可的国家级测试机构证明其短路容量符合以上的规定。且所有产品需获得国家主管部门颁发的3C认证证书。

5　在本章内的所有配电设备，均需以高纯度铜作导电体，回收铜或含杂质的铜均不接受。铜纯度≥99.95%，导电率≥97% IACS，电阻率≤$0.017777\Omega \cdot mm^2/m$。

6　控制箱、配电箱必须符合中国电工产品认证委员会的安全认证要求，其电气设备上应带有安全认证保证（“CCC”认证）。必须符合国家现行技术标准的规定，并具有合格证书等。

第二节　电气元器件产品

一、微型断路器

1　符合标准：《家用及类似场所用过电流保护断路器》GB 10963或IEC898。

2　断路器寿命：不得低于20000次。

3　工作环境温度：－25～＋55℃。

4　分断能力：不得低于10kA。

5　用于照明配电回路微型断路器额定电流倍数应大于5；用于电动机配电回路微型断路器额定电流倍数应大于10。

6　单相断路器需用于单相电路。三相电路需使用三极断路器，且需连锁，使一相超载或故障时，可以同时切断断路器各相。

7　断路器操作机构需为自动脱扣，其设计应保证负载触头在故障时不会保持闭合位置。

8　采用一体化金属独立机芯，阻燃热固外壳材料。

9　采用有 CPI 指示，确保主触头分合位置指示的正确性。

10　上下进线均可，可接铜线和汇流排。

二、剩余电流保护器

1　符合标准：《剩余电流动作保护电器的一般要求》GB/Z 6829 或 IEC755。

2　剩余电流保护器应为电磁型，需为二极或四极，由电流操作装于一个完整密封的模制盒内，单相剩余电流保护器为 1P＋N 的产品，不采用电子型 2P 的产品。

3　跳闸机构需为自动脱扣，使断路器在接地故障时不会保持闭合位置。跳闸装置不得利用电子放大器或整流器。

4　采用过载、短路保护及漏电一体的剩余电流保护器。

5　需内附可试验自动漏电跳闸的试验装置并需装设防止漏电跳闸后的重合装置。

三、自动转换开关电器

1　电气和机械性能应符合 IEC60947-6-1、《低压开关设备和控制设备　第 6-1 部分：多功能电器　转换开关电器》GB/T 14048.11 的要求，获得 CCC 认证证书报告。自动转换开关电器的开关主体应满足污染等级Ⅲ级（工业级）的要求，开关本体和控制器组件均由统一生产厂家提供以确保其可靠性。

2　采用电磁/电机驱动的一体化结构的 PC 级产品。自动转换开关电器为四极。

3　配有智能控制器，并且各种参数均在现场调试设定。

4　自动转换开关电器的使用类别应与负载特性相一致，无感或微感负载采用 AC-31B 级产品；电动机负载采用 AC-33B 级产品，开关应具备耐受 10 倍的额定电流的接通与分断能力。

5　自动转换开关电器应经 EMC 检验，能抗电源电压闪变、瞬变等干扰。

6　RS485 通信接口，可与上位机通信进行监控，可实现遥控、遥测、遥信、遥调功能。

7　应能承受回路的预期短路电流，自动转换开关电器开关额定短时耐受电流值（I_{cw}）和额定短路接通能力 I_{cm} 应满足以下参数要求：

I_e 32A～63A，I_{cw} 值不低于 5kA（0.1s），额定短路接通能力不低于 7.65kA。

I_e 100A～160A，I_{cw} 值不低于 10kA（0.1s），额定短路接通能力不低于 17kA。

I_e 200A～250A，I_{cw} 值不低于 15kA（0.1s），额定短路接通能力不低于 31.5kA。

I_e 315A～400A，I_{cw} 值不低于 25kA（0.1s），额定短路接通能力不低于 65kA。

8　控制器必须面板安装，控制器可采用装置或面板形式安装，可不用拆主体开关更换控制器。

9　具有电源、电源投入显示。

10　触头系统按分断多次电弧要求设计，并能够保证长期耐氧化性、耐腐蚀性。

11　可电动和手动操作，并带可卸式手动操作手柄，以便应急时使用。

四、熔断器开关和隔离开关

1　符合标准：《低压开关设备和控制设备　第 3 部分：开关、隔离器、隔离开关以及熔断器组合电器》GB 14048.3 或 IEC60947。

2　额定电压：400V。

3　额定绝缘电压：800V。

4　所有熔断器开关和开关需连续工作制，使用类型 AC-23A。除在图上另有指定外，熔断器最小需具有 35kA 额定熔断短路电流值。所有带电部分应自前方完全屏蔽。

5　熔断器开关和隔离开关需为全封闭型，适用于表面安装。外壳和门需用镀锌钢板制成，涂以高质量焙漆，其颜色由制造厂商规定。门上需装有防尘垫并配以弹珠锁或其他相同经批准的锁。整个外壳需符合 IP41。

6　在熔断器开关和开关的门和开关的操作机构间，需有机械连锁。当开关位于“合”时，门不能打开；反之，当开关的门打开时，需不可能合上开关。除非为了试验，在开关内解除机械连锁，在开着门的情况下合上开关。

7　熔断器和开关需配有机械合/分指示器，和半凸出或可伸缩性型的操作手柄。需提供在合或分位置上挂锁装置。

8　熔断器开关需装备有足够力量的加速弹簧及拐臂作用以保证速合和速分动作而与手柄的操作速度无关，并应能在故障时闭合并保持在闭合位置甚至在弹簧断裂的情况下仍可操作。所有触头均需镀银以使工作可靠。

9　熔断器开关和开关按规定需为三极附有中性线连接片，三极带中性线开关，带有中性连接片的双极或单极。中性线连接片需可在熔断器开关的前面进行拆开。

10　所有熔断器开关和隔离开关需清楚加上标牌，并附有黄、绿、红的相别和淡蓝色的中性线颜色标记。

11　每个熔断器开关和隔离开关需有接地端子。

12　短时耐受电流：不得小于 $12I_e$，1s。

13　机械寿命：10000 次。

五、接触器

1　符合标准：《低压开关设备和控制设备　第 4-1 部分：接触器和电动机起动器　机电式接触器和电动机起动器》GB 14048.4 或 IEC60947。

2　箱内选用的接触器应满足系统的电压、电流、频率、短路耐受能力的性能要求以及有关规程、规范的要求。接触器应按照模块化设计要求与所控制回路断路器组合在一起。接触器应有控制接点用于该回路的远方控制，控制距离不小于 600m。

3　接触器主要参数。

3.1　额定绝缘电压：1000V。

3.2　额定脉冲电压：8kV。

3.3　保护等级：本体应达到 IP20。

3.4　保护处理：符合 IEC68“TH”国标。

3.5　设备允许环境温度：－40～＋70℃运行在 U1。

3.6　安装方式：允许与正常垂直安装平面成±30℃无降落，应可和断路器插接安装。

3.7　阻燃：符合 UL4. V1 级，IEC695-2-1，960℃。

3.8　额定绝缘电压：1000V。

3.9　额定最高工作电压：690V。

3.10　机械寿命：50Hz 线圈，达到 1000 万次。

3.11　电气寿命：大于 80 万次。

3.12　接触器本身应至少能够达到独立四常开，四常闭的辅助触点。

3.13　对 100A 以上接触器应能快速更换线圈和触点。

3.14　接触器应采用模块化结构，使之方便加入辅助触点。

六、热继电器

1　保护等级：防直接手指接触 IP2X。

2　防护处理：符合 IEC68“TH”。

3　设备周围环境温度：正常工作：－25～＋55℃。工作极限：－40～70℃。

4　额定绝缘电压：690V。

5　脱扣等级：10A。

6　重新复位：通过继电器前部转换开关选择，该开关可锁住并封闭，热继电器应具备脱扣指示器，并有测试功能。

七、EPS

1　输入参数。电压：AC220/380V±15%（单路或双路），详见配电系统；额定频率：50Hz；系统接地方式：TN-S。

2　输出参数（指灯具支路）。电压：正常电源下同电网电源 AC220V；应急状态下 AC200V±5%；频率：正常电源状态：50Hz（同电网）；应急状态下 50Hz±0.5%。

3　灯具负载类别：应急照明系统中灯具确定电子镇流器荧光灯，电子镇流器紧凑型荧光灯（电子节能灯）及开关电源式电致发光及 LED 标志灯。

4　电池采用密封免维护铅酸电池。

5　集中应急电源应选用不燃材料或难燃材料（氧指数≥32）制造。内部连线应采用耐火导线且接线牢固。

6　应急电源所在环境温度应为+25℃，此条件下，内置部件工作表面温度不超过+90℃（包括主电、应急状态）。使用铅酸免维护电池时，周围（不触及电池）长期温度不超过+30℃。

7　主电输入端子与壳体之间绝缘电阻不应小于 50MΩ，有绝缘要求的外部带电端子与壳体间绝缘电阻不小于 20MΩ。

8　应急电源主电输入端与外壳体间应能耐受频率为 50Hz±1%，电压为 1500V±10% 历时 60s±5s 的试验。应急灯具的外部带电端子［额定电压≤50V（DC）］与壳体间应能耐受频率为 50Hz±1%、电压为 500V±10%，历时 60s±5s 的试验。试验期间，消防应急灯具不应发生表面飞弧和击穿现象，试验后，集中应急灯具应能正常工作。

9　集中应急电源应采用液晶显示主电电压、各节电池电压和输出电流，并应设主电、充电、故障状态指示灯。

10　应保证主电和备电不能同时输出，并能以手动、自动两种方式转入应急状态，应设只有专业人员操作的强制应急启动按钮，该按钮启动后，应急电源应不受放电保护的影响。

11　集中应急电源连同灯具转换时间大于 ATS 转换时间且不大于 5s，高危险区域使用的应急转换时间不大于 0.25s。

12　抗短路冲击能力：每个供电支路应设单独保护装置，且任意一支路故障应不影响其他支路的正常工作，不允许应急照明电源整机保护关机，使全部应急照明失效。

13　集中应急电源应设置充电回路短路保护装置，充电回路短路时其内部元件表面温度不超过 90℃，重新装好电池后应能回复正常工作。

14　应急电源的充电时间应不大于 24h。

15　应急电源应设过充保护电路装置，采用密封免维护铅酸电池时最大充电电流不应大于 0.4C20 A，主充电压、浮充或涓充电压电流均按选定电池充电标准执行并描述充电控制方法对电池标准浮充寿命的影响及相关措施，采用最佳充电控制方法，达到延长电池标准寿命目标。

16　应急电源设电池过放保护装置，电池终止电压应不小于电池额定电压的 90%或按放电倍率自动定点方式进行。放电终止后，在未重新充电条件，即使电池电压回复，应急电源不应重新启动，且静态泄放电流不大于 $10^{-5}C_{20}$ A。

17　应急电源应能连续完成至少 50 次“主电状态 1min→应急状态 20s→主电状态

1min”的工作状态循环。蓄电池应为全封闭，免维护铅酸充电电池，正常工作使用寿命不应少于5年。

18 应急电源在主电电压187～242V范围内，不应转入应急状态。

19 应急电源由主电状态转入应急状态时的主电电压应在0～187V范围内。由应急状态回复到主电状态时的主电电压应不大于187V。

20 应急电源应设主电、充电、故障和应急状态指示灯，主电状态用绿色，故障状态用黄色，充电状态和应急状态用红色。

21 应急电源空载时应能自保，在超载20%时能正常工作，超载20%时冷启动亦能顺利启动。

22 当串接电池组额定电压大于或等于12V时，应对电池（组）设置分段保护，应具有单节电池检测功能的电池管理器，每段电池（组）额定电压应不大于12V，且在电池（组）充满电时，每段电池（组）电压均不应小于额定电压。

23 应急电源在下述情况下应发出声、光故障信号，并指示故障的类型，声信号能手动消除。当有新的故障信号时，声故障信号应再启动，光故障信号在故障排除前应保持。

23.1 充电器与电池之间连接线开路。

23.2 应急输出主线路及支路连接线的开路。

23.3 应急控制回路的开路及短路。

23.4 在应急状态下，电池电压低于过放保护电压值。

24 对逆变50Hz正弦波的应急电源如不说明限定负载条件，应在对全阻性、全感性、全容性负载的120%均能顺利启动，且波形不应变形，频率不改变。

25 用于消防应急照明的集中应急电源装置，必须按《消防应急照明和疏散指示系统》GB 17945标准设计及制造并通过国家消防电子产品监督检验中心按此标准检验合格的产品，不得使用执行其他消防电源标准及非消防类电源产品。

26 消防联动及信号：应急照明电源在下列情况下接受消防联动模块指令并反馈信号：

26.1 联动（强迫点灯）：指令发出，则能恢复正常输出并使非持续灯自动点灯，持续式灯保持，可控式灯自动点亮并且灯开关失控；并反馈动作信号。

26.2 动作信号为DC24有源动持续方式；进入应急态不需DC24有源输入可保强迫点灯动作。

26.3 反馈信号为无源常开点。

27 运行噪声：正常时无噪声；应急时小于55dB。

八、电涌保护器

1 电涌保护器需符合并按IEC 61643和《低压电涌保护器（SPD） 第1部分：低压配电系统的电涌保护器 性能要求和试验方法》GB 18802.1—2011的规定进行定型试验。电源一级电涌保护器必须符合《低压电涌保护器（SPD）》GB 18802、《建筑物防雷设计规范》GB 50057。要求通过10/350μs波形冲击电流测试。电源第二级SPD：需符合《低压电涌保护器（SPD）》GB 18802、《建筑物防雷设计规范》GB 50057。要求通过8/20μs波形冲击电流测试；所提供的电涌保护器其技术参数、使用寿命、执行标准、功能要求需满足设计要求，提供国家防雷检测中心的检测报告。

2 标称放电电流I_n=20kA/每相，8/20μs。

3 保护水平U_p≤1.6kV。

4 响应时间t_a≤25ns。

5 泄电电流≤0.3mA。

6　工作温度－40～＋60℃。

7　外壳阻燃等级 Vo。

8　带数据接口并有故障显示。

9　3＋1 安装方式，N-PE 间模块有故障显示。

10　各级配电线路采用智能型电涌保护器，具有正常工作指示、防雷模块及短路保护损坏报警、热熔和过流保护、保护装置动作告警、运行状态实时监控、雷击事件记录、通信功能等功能；智能型电涌保护器为高性能浪涌保护器＋智能升级模块形式。可为浪涌保护器智能监控系统提供信号，将现场电涌保护器的各项指标（雷击次数、雷击强度、漏电流超限、劣化报警、失效状态等）进行监测。

11　承包人需保证在项目竣工验收时，所有安装的电涌保护器均在有效期内。

九、变频器

1　变频器采用国际先进变频器厂家产品，不同功率等级变频器必须采用同一品牌、同一系列和同一技术规格以便运行维护和备品备件的采购和控制。

2　运行环境要求：海拔高度＜1000m，满负载运行时的环境温度为 0～50℃，相对湿度 5%～95%，无凝露。

3　变频器需提供 6 脉波的直接转矩控制方式或电压矢量控制方式的原装进口产品。

4　变频器逆变器开关模式必须优于传统的脉宽调制控制方式。变频器的输出频率范围为 0～1000Hz，输出电压为 0～380V，在 50Hz 运行时变频器必须能够对电机提供 380V 输出而不至降低额定值以保证风机额定设计压头能够达到，投标厂商需对此加以说明。

5　变频器额定负载时功率因数不低于 0.98。

6　变频器应具有一个能量最优化回路自动控制模式，借此能自动连续地依实际负载情况调整电压与频率比 V/F，提供电动机最佳励磁状态，以得到最佳的电能消耗电压与频率比 V/F。必须适用于风机等变化转矩的控制特性要求。用户有权拒绝任何恒电压频率比 V/F 或分段 V/F 输出特性变频器。

7　为降低运行噪音和延长风扇使用寿命，变频器散热风扇应根据实际温度启动/停止，温度低时不运行或低速运行，温度高时才全速运行；

8　变频器需配置原厂双直流母线电抗器或交流电抗器用于抑制谐波，使变频器的电压谐波畸变率 THD_v 满足 EN61000-3-2 标准及 IEEE519 规范关于敏感性场所应用≤3%的要求。

9　变频器应一对一配置同品牌无源或有源电流谐波滤波器抑制谐波，满足国标《电能质量　公用电网谐波》GB/T 14549—1993 的规定，保证每台变频器电源输入端总电流谐波畸变率 THD_i＜12%。制造商应提供谐波分析计算软件对所提供的变频器和滤波器产品进行谐波计算并提供采取谐波抑制措施后输入侧各次谐波的实际数值。谐波滤波器和变频器的组合在应有单个项目超过 50 套的应用并经过两年以上的可靠运行。

10　为保证变频器能够输出优质的正弦波电压，峰值电压和 du/dt 不致对电机绝缘造成损伤，提高电机的使用寿命，降低电机噪声，变频器应配置同品牌的正弦波滤波器。

11　变频器需内置 EMC 滤波器使变频器的传导性辐射满足 EN55011 B 级、EN/IEC61800-3：2004 C1 的标准，拒绝任何形式的外接 EMC 滤波器。

12　防护等级：不低于 IP20。

13　变频器应能自动调整载波频率，降低电机运行时的噪声，提高电机的运行舒适性。

14　变频器需自带能量监测单元，能够测量、记录并输出风机电机的功耗并建立设备的运转负荷档案以便优化自控系统的控制功能。

15　变频器需配置现场手动/远程自动转换操控按钮。并配置具有图形显示功能的多行液晶显示器，能够显示电压、电流、频率、转速、手动/自动状态，故障信息，kWh，负载波动曲线等，同屏显示参数不少于5个。

16　为便于现场调试，变频器面板应具有参数拷贝功能，支持中文文本显示及密码锁功能。

17　变频器必须具有USB通信接口，便于和PC进行通信。

18　变频器应提供下列保护和报警功能：

18.1　电网过压、欠压、缺相；

18.2　变频器瞬时过流、过载、输出缺相、相间短路、相地短路、电机过载、电机过热等保护；

18.3　中间直流电压过高/过低；

18.4　变频器冷却风扇故障、变频器温升过高；

18.5　设定信号过高/过低、反馈信号过高/过低；

18.6　变频器自身故障、串行通讯超时故障保护等功能。

19　变频器应能设定跳跃频率以便在风机启动过程中能避开产生共振的频率点，可设的跳跃频率应不小于4个，并且便于现场设置。

20　变频器应具有风机转速跟踪再启动功能，以保证在瞬间失电或电压波动较大的情况下风机不会停机。在电压跌落20%～50%时，变频器应能持续运行1s以上不跳闸。投标厂家应出具书面说明对此加以陈述。

21　变频器应具有实时时钟控制功能，在没有BA控制的情况下，能够预设不同时间的运行参考值并实现自我控制，时钟应能按照日历时间进行设定。

22　变频器应具有干泵保护功能：变频器应能检测到水泵低/无流量运行状况并采取停泵或发出报警信号。

23　变频器应具有水泵流量补偿功能，如果传感器不能安装在管路末端或最不利点时，变频器应能自动计算不同流量时管路压降并调节流量，以便克服管路压降并优化管路特性。

第三节　配电箱、控制箱要求

一、箱（柜）体的钢板厚度不应小于2.0mm。箱体的尺寸应参考设计图纸标明的尺寸，生产厂商可根据实际需求作适当调整。

二、箱体颜色应按业主提供的色标生产，箱体采用喷塑，消防配电箱的色标应有明显的标记。

三、配电箱柜必须有铭牌。

四、配电箱柜的内部结构布置必须严格按系统图、国家标准及地方规范执行。内部接线应排列整齐、清晰和美观，绑扎成束或敷于专用塑料槽内卡在安装架上。配线应考虑足够的余量。所选用的导线、尼龙扎带、塑料槽盒等均为阻燃型。

五、配电箱柜门内侧必须贴有电气系统图，采用透明胶布防水密封。

六、明装箱均应有专用接地螺丝，各箱、柜等均设二层板，保证操作安全，板上对应操作机构加标记块。配电箱柜的金属部分包括电器的安装（支架）和电器的金属外壳等均应有良好的接地。箱（柜）位置应明显、易操作的地方设置不可拆卸的接地螺丝，并设置“⏚”标志。暗装配电箱在右上角预留40×4镀锌扁钢作为进出电管接地用，长度不小于10cm。配电箱（柜）的盖、门，覆板等处装有电器并可开启时应用裸铜软线与接地螺丝可靠连接。

七、中性线母排和接地母排的电流容量必须经过计算且足够大。配电箱柜的盖、门、覆板等处装有电器并是开启的，均应以裸铜软线与接地的金属架构可靠连接并有防松装置。箱（柜）的过门线为 RV 软线，并外套缠绕管。配电箱（柜）内电气开关下方设标志（牌），标明出线开关所控支路名称或编号，并标明电器规格。箱内电器元件的上方标志该元件的文字符号，各电路的导线端头也应标志相应的文字符号。所有的文字符号应与提供的线路图、系统图上的文字符号一致。所使用的图形和符号应符合相应的国家标准。箱、柜内元件质量、认证标志准确、安装固定可靠、接线正确、牢固。外接端子质量、外接导线预留空间、箱柜内配线规格与颜色、电气间隙及爬电距离符合规范要求。

八、柜下部接线端子距地高度不得小于 300mm，避免电缆导线连接用的有效空间过小。装有超安全电压的电器设备的柜门、盖、覆板必须与保护电路可靠连接。柜内保护导体颜色符合规定。支撑固定导体的绝缘子（瓷瓶）外表釉面不得有裂纹或缺损。配电箱（柜）上装有计量仪表、互感器及继电器时其二次配线应使用铜芯绝缘软线。其截面应不小于：电流回路 $2.5mm^2$，电压回路 $1.5mm^2$ 导线。接到活动门处的二次线必须采用铜芯多股软线，并在活动轴两侧留出余量后卡固。电器安装板后的配线需排列整齐，绑扎成束或敷于专用塑料槽盒内，并卡固在板后或柜内安装架处。配线应留有适当余度。配电箱（柜）内与电器元件连接的导线如为多芯铜软线时需盘圈后涮锡或压铜线鼻子。如为多芯铜线时需采用套管线鼻压接。与电度表连接的导线需用单股铜芯导线。导线穿过铁制安装板面时需在铁板处加装橡皮或塑料护圈。以保护导线绝缘外皮完好。配电箱（柜）所装各种开关及断路器当处于断开状态时可动部分不得带电。垂直安装时应上端接电源下端接负荷。水平安装时左端接电源右端接负荷（面对配电装置）。所有的配电箱必须按进、出电缆条数截面设计母排、电缆卡固位置、电缆安装空间及进出线位置。箱（柜）内内电气干线用硬母线（考虑加热塑套）。出线断路器应与电气干线单独连接，不得采用导线套接。本工程的接地形式为 TN-S，PE 线不得断开。在配电箱，（柜）内应设置 N，PE 母线或端子板（排），N，PE 母排上的螺丝采用内六角螺丝，PE、N 线经端子板配出。PE、N 线端子采用方铜端子。配电箱（柜）内端子板排列位置应与熔断器，断路器位置相对应。

九、配电箱（柜）内的铜母线应有彩色分相标志，按表 13-1 规定布置。

配电箱（柜）内的铜母线彩色分相标志　　表 13-1

相别	色标	母线安装位置		
		垂直安装	水平安装	引下线
L1	黄	上	后(内)	左
L2	绿	中	中	中
L3	红	下	前(外)	右
N	淡兰	最下	最外	最右
PE	绿/黄			

十、配电箱不需预留活动板和敲落孔。配电箱柜为过路箱时，则需配 π 接铜排，并做好电气防护，依据进线电缆截面，预留足够的接线空间。

十一、安装在水泵房、屋面等潮湿和露天场所必须按要求，采取相应的防腐蚀措施。

十二、各箱柜的接线端子必须满足系统图上所标线型的安装要求，而不是完全按照电流的大小来选择（前提是必须满足电流的要求）。

十三、各箱柜的二次线与一次线应严格分开，不得混在一起，配电箱一次线电气连线与电气元件连接处带电裸露部分不得超过 1mm，且电线切口平整，线口处需加分色分相彩色护套，护口齐整，布线平直整齐。一次电线压接要求，大于等于 $10mm^2$ 多股铜芯线要求搪锡。配电箱内电气元件一次接线各电接点只准压接单根线，多根线需配汇流排。配电箱内电气元件控制回路各端子压接点不得超过两根线。二次线应按控制原理图做好标记。其中双电源互投箱应实现手动及自动（自投不自复）两种功能。

十四、消防联动控制箱及纳入建筑设备监控系统的按设计二次原理图预留联动接口。

十五、配电箱（柜）内的电源指示灯应接在总开关前侧。指示灯应采用图纸给定规格的指示灯。指示灯及按钮的颜色应根据其用途按《电工成套装置中指志灯和按钮的颜色》GB 2682 的规定选择。

十六、根据各配电箱（柜）系统图及竖向系统图及所提供的系统图上的电缆规格型号考虑电源接线方式，配电箱柜为过路箱时，则需配 π 接铜排与箱柜形成统一整体，铜排需做热塑处理，并做好电气防护，双电源加隔板。依据进线电缆截面，预留足够的接线空间。配电柜需考虑电缆上进上出同时考虑下部也有进线。

十七、配电箱柜的二次接线图与设计不一致时，需经设计认可。

十八、其他具体要求参见相关的国家标准、精品工程、优质工程、行业标准及地方规范。

十九、塑壳断路器箱。

1 塑壳断路器箱需为工厂组装，户内用，完全符合中国国家标准及 BS 5468 第 1 部分的所有要求。所有的塑壳断路器箱需能承受不少于所规定的塑壳断路器额定短路容量电流，而不致遭受永久性的损坏。

2 塑壳断路器箱需为全封闭型，适宜于表面安装。箱和门体需用镀锌钢板制成，涂以由厂商规定颜色的高质量焙漆。门上需装防尘垫，装以扣锁或其他相同经批准的锁。整个外壳需符合中国国家标准、BSEN 60529 或 IEC 529 的 IP 31 的规定。

3 工厂组装的塑壳断路器箱设备需包括所规定额定电流的镀锡铜母线汇流排，具有足够截面多接线端的中性线和地线母排。

4 所有带电部件需从前面加以屏蔽。

5 为了使带电部分和电线在打开前门板时能完全屏蔽，所有在箱内的电线、母线等都应加以遮护，并应提供一块 2.0mm 厚的阻燃绝缘前护板。只有塑壳断路器操作手把和其周围的绝缘部分可突出在屏蔽和面板上。在相与相之间和相与中性线之间需加装绝缘隔板。

6 终端的安排次序需使连接每个输出回路的中性终端和相线终端的安排次序相同。

7 需配备有多接线端的保护导线，每一个接线端供一个塑壳断路器线路。

8 需配置一个接地端子，使箱体可以接地。接地端子需适合于内接或外接。

9 MCCB 箱需配置立式三极中性铜母线，其额定电流不小于 250A 和进线保护装置的电流。母线、母线固定支架和母线接线的布置需承受不少于 40kA 一秒短路容量的形式试验。

10 MCCB 箱的主开关及支线塑壳断路器必须以插接形式或原厂铜母线配件与铜母线汇流排直接相连，不可以另置的绝缘电线作接合媒介。

11 所有的 MCCB 箱需有清晰的标牌，并有相别标记。在每个箱门内需附有回路记录卡。该卡可更换，并用透明薄片加以保护。记录卡用以记录每个输出回路的名称、电缆截面和实际电流值、塑壳断路器箱的额定电流和每个塑壳断路器电路所服务的点数及范围。

二十、母线箱（总线）

1 母线箱需根据 BSEN 60439 或 IEC 439 的要求制造和测试。

2 母线需由硬拉电镀锡高导电率的矩形实心高纯度裸铜排制成，符合 BS 1433 或 BS1432，回收铜不接受。相和中线母线需为同等截面。

3　母线应用非吸潮绝缘支持并牢固，使之能承受在故障条件下可能受到的最大机械应力。

4　母线箱需为全封闭型，适宜于表面安装。箱体和门需用镀锌钢板制成，涂以由厂商规定颜色的高质量焙漆。门上需装防尘垫，装以扣锁或其他相同经批准的锁。整个外壳需符合 BSEN 60529 或 IEC 529 的 IP 41。

5　母线箱和开关装置间连接电缆的截面不得小于进线电缆或连接于开关另一侧出线的电缆截面。

6　与母线连接的电缆需用制造厂商标准的电缆夹，插座和附件把电缆夹紧在母线上。

7　开关装置与母线箱的连接需使用专门设计，由镀锌钢板制成的母线箱连接法兰或电线管连接器和凸形套管。

8　母线箱外需加以黄、绿、红和淡蓝色的相别和中性线标记，并清楚标明额定值和功能。

9　母线箱需经过测试能承受 35kA 额定熔断短路电流。

第四节　施工与验收

一、施工条件及技术准备。

1　施工图纸和设备产品合格证等技术资料齐全。

2　装饰工程已施工完毕。门窗封闭、墙面、屋顶油漆喷刷完成，地面施工完成。

3　土建基础位置、标高、预留孔洞、预埋件符合设计设备安装要求。

4　设备型号、质量符合设计要求。

5　施工图纸、设备技术资料齐全。

6　具有可靠的安全及消防措施。

7　安装场地清理干净，照明符合要求，道路通畅。

8　熟悉施工图纸和技术资料。

9　施工方案编制完毕并经审批。

10　施工前应组织施工人员进行安全、技术交底。

二、明装配电箱（盘）的安装。

1　铁架固定配电箱（盘）：将角钢调直，量好尺寸，画好锯口线，锯断煨弯，钻孔位，焊接。煨弯时用方尺找正，再用电（气）焊，将对口缝焊牢，并将埋注端做成燕尾，然后除锈，刷防锈漆。再按照标高用水泥砂浆将铁架燕尾端埋注牢固，埋入时要注意铁架的平直程度和孔间距离，应用线坠和水平尺测量准确后再稳住铁架。待水泥砂浆凝固后方可进行配电箱（盘）的安装。

2　金属膨胀螺栓固定配电箱（盘）：采用金属膨胀螺栓可在混凝土墙或砖墙上固定配电箱（盘）。其方法是根据弹线定位的要求找出准确的固定点位置，用电钻或冲击钻在固定点位置钻孔，其孔径应刚好将金属膨胀螺栓的胀管部分埋入墙内，且孔洞应平直不得歪斜。

3　配电箱（盘）内的配线，把箱内的导线理顺，分清支路和相序，按支路线路捆扎成束，将导线头引至箱内二次板上，逐个剥削导线端头，在逐个压接在器具上，同时将保护地线在明显的地方，但是 $100mm^2$ 以上的多绞线需要用压线端子压接。

4　在木结构或轻钢龙骨护板墙上进行固定配电箱（盘）时，应采用加固措施。如配管在护板墙内暗敷设，并有暗接线盒时，要求盒口应与墙面平齐。在木制护板墙处应做防火处理，可涂防火漆或加防火材料衬里进行防护。

三、暗装配电箱的固定。

1　一般应先根据预留孔洞尺寸先将箱体找好标高及水平尺寸。如果安装在现浇混凝土剪力墙体内，一般应设配电箱预留口，根据设计图或厂家提供非标准配电箱几何尺寸，在安装处预先做一个假配电箱模木箱。木箱大于配电箱几何尺寸15cm（即：四边每边预留7.5cm）管路与配电箱和木模柜固定尺寸按实体配电箱进入尺寸为准。建议管路入配电箱采用短管办法，保证起管与箱体口连接的可靠性。

2　轻钢龙骨石膏板墙体，安装配电箱的方法：轻钢龙骨石膏板墙厚度小于120～150mm时，暗装配电箱的厚度为200mm，应采用暗装，在箱体外壳固定应采用轻钢列龙骨与主龙骨相互固定配电箱。如果轻钢龙骨石膏板墙体厚度小于120～150mm时，原墙无安装位置，暗装配电箱面安装位置深度不够时，应在配电箱前侧四周加装饰封板。

3　钢管入盒（箱）顺直，排列间距均匀，管内露出螺纹扣应小于2～3扣，锁母内外锁紧，焊跨接地线使用直径为6钢筋，焊在盒（箱）的棱边上。钢管进入户内配电箱采用钢管直接入配电箱木模柜的做法，管入木模箱内尺寸按配电箱尺寸为准。在电气竖井内配电箱安装为明装式，管路采用暗装，暗盒接明配电箱的施工做法。采用直接稳入箱体内加工木制平托板的做法。在入箱管口处先拧好锁紧螺母，内露管口长度小于2～3扣，待墙体工程完工后拆去托板。

4　盘面安装和贴脸：将箱体固定好后，用水泥砂浆填实周边并抹平齐，待水泥砂浆凝固后再安装盘面和贴脸。如箱底与外墙平齐时，应在外墙固定金属网后再做墙面抹灰。不得在箱底板上抹灰。安装盘面要求平整，周边间隙均匀对称，贴脸（门）平正，不歪斜，螺栓垂直受力均匀。

四、配电箱（盘）芯加工安装。

1　实物排列：将盘面板放平，再将全部电具、仪表置于其上，进行实物排列。对照设计图及电具、仪表的规格和数量，选择最佳位置使之符合间距要求，并保证操作维修方便及外形美观。

2　加工：位置确定后，用方尺找正，画出水平线，分均孔距。然后撤去电具、仪表，进行钻孔（孔径应与绝缘嘴吻合）。钻孔后除锈，刷防锈漆及灰油漆。

3　固定电具：油漆干后装上绝缘嘴，并将全部电具、仪表摆平、找正，用螺栓固定牢固。

4　电盘配线。根据电具、仪表的规格、容量和位置，选好导线的截面积和长度，加以剪断进行组配。盘后导线应排列整齐，绑扎成束。压头时，将导线留出适当余量，削出线芯，逐个压牢。但是，多股线需用压线端子。若为立式盘，开孔后应首先固定盘面板，然后再进行配线。

五、配电箱（盘）芯的固定与安装。

1　配电箱（盘）芯的固定。

（1）配电箱（盘）接线采用暗式，先将盒内杂物清理干净，然后将线理顺，分清支路和相序。

（2）根据导线的大小、回路的多少，暗装的高度来确定箱体进出线开孔的位置，用专用的开孔及机开出所需要的孔洞。

（3）找准墙芯体的固定点的位置，打眼。用配套螺栓固定，将箱芯体托起，把线理好送入箱内，箱芯体对准固定螺栓位置推进，使箱芯体紧贴箱内壁，然后调平、调直、拧紧、可靠固定。

（4）如果明箱、明管线安装，根据管线的位置、导线的数量、直径的大小来确定进出线的孔洞，用专用的开孔工具分别开出所需的孔洞，孔洞排列整齐，孔与孔之间不得小于10mm，所有的进出导管可靠接地，固定方式相同，所开的孔洞四周必须用绝缘阻燃胶圈保护。配电箱（盘）上配线需排列整齐，并绑扎成束，在活动部位应用长钉固定。盘面引出区引进的导线应留有适当的余度，以便检修。

2 导线剥削不应伤线芯过长，导线压头应牢固可靠，多股导线不应盘圈压接，应加装压线端子（有压线孔者除外）。如必须穿孔用顶丝压接时，多股线应涮锡后在压接，不得减少导线股数。

3 配电箱（盘）的盘面上安装的各种隔离电器及空气断路器等，当处于断路状态时，电器可动部分均不应带电（特殊情况除外）。

4 配电箱（盘）上的电源指示灯，其电源应接在总开关的外侧并应装带单独熔断器（电源侧）。盘面闸具与支路相对应，其下面装设卡片柜，标明路别及重量。

5 接地系统中的中性线应在箱体（盘面）上引入线处或末端做好重复接地。

6 中性母线在配电箱（盘）上应用中性线端子板分路，中性线端子板分支路排列位置，应与熔断器相对应。

7 磁插式熔断器底座中心明露螺栓孔，应填充绝缘物，以防止对地放电。磁插熔断器不得外露金属螺栓，应填满火漆。

8 配电箱（盘）上的母线应有黄（L1 相）、绿（L2 相）、红（L3 相）、黑（N 中性线）等颜色，黄绿双色线为保护地线（PE 线）。

9 配电箱（盘）上的电具、仪表应牢固、平正、整洁、间距均匀、铜端子无松动、启闭灵活、零部件齐全。

六、动力、照明配电箱内的一、二次接线。

1 柜内一次接线。

1.1 主母线及柜内各电气接点在投入前均需将螺栓再检查紧固一遍。紧固螺栓时应采用力矩扳手进行紧固。

1.2 电缆应采用卡架固定在柜体支架上，严禁用钢丝或导线将电缆头固定在柜体支架上。

2 柜内二次接线。

2.1 按配电柜配线图逐台检查柜内电气元件是否相符。

2.2 端子板的接线方式为插孔时. 每根镣制线按顺序压接到端子板上，端子板处一孔压一根控制线，最多不能超过两根。

2.3 端于板的接线方式为螺钉压接时，同一端子压接不超过两根导线，两根导线中间应加平垫，并用平垫加弹簧垫后用螺母紧固。

2.4 当导线为多股软线时，与端子连接处必须进行涮锡处理。

七、与建筑中央管理系统（BMS）的分界。

1 另行提供的 BMS 将对开关装置，蓄电池/充电器系统进行监视和控制。所有与 BMS 连接的非网络交接状态和控制线路需接至接线箱，由其中的 BMS 设备将信息收集起来。并需为成对的常开和常闭的干接点。

2 透过固态保护继电器/馈线终端通信接口提供传输仿真测量电流、电压和功率的数据。

3 建筑中央管理系统（BMS）的信号表及控制/监视点交接图，请参阅图纸，但至少包括以下信息：

3.1 断路器开关状态。

3.2　断路器跳闸警告。

3.3　电压过低警告。

3.4　蓄电池故障警告。

3.5　接地或负荷过载警告。

3.6　输入电压（三相）读数。

3.7　电字表读数包括：

3.7.1　输入电流（三相）读数。

3.7.2　功率因子读数。

3.7.3　电能计量读数。

3.7.4　总谐波失真指数。

八、与火灾报警及联动系统（BMS）的分界。参阅图纸，提供与火灾报警及联动系统联动成对的常开和常闭的干接点，并将其线路连接至端子上。

九、配电箱（盘）进场验收。

1　查验合格证和随带技术文件，应有出厂试验报告；

2　核对产品型号、产品技术参数应符合设计要求；

3　外观检查。设备应有铭牌、表面涂层完整、无明显碰撞凹陷，柜内元器件应完好无损、接线无脱落脱焊，导线的材质、规格应符合设计要求。

十、动力、照明配电箱安装注意质量问题。

1　配电箱（盘）的标高或垂直度超出允许偏差，是由于测量定位不准确或者是地面高低不平造成的，应及时进行修正。

2　铁架不方正。安装铁架前未进行调直找正，或安装时固定点位置偏移造成的，应用吊线重新找正后，再进行固定。

3　盘面电具、仪表不牢固、不平正或间距不均，压头不牢、压头伤线芯，多股导线压头未装压线端子。闸具下方未装卡片框。螺栓不紧的应拧紧，间距应按要求调整均匀，找平整。伤线芯的部分应剪掉重接，多股线应装上压线端子，卡片框应补装。

4　接地导线截面不够或保护地线截面不够，保护地线串接。对这些不符合要求的应按有关规定进行纠正。

5　盘后配线排列不整齐。应按支路绑扎成束，并固定在盘内。

6　配电箱（盘）缺零部件，如合页、锁、螺栓等，应配齐各种安装所需零部件。

7　配电箱体周边、箱底、管进箱处，缝隙过大、空鼓严重，应用水泥砂浆将空鼓处填实、抹平。

8　木箱外侧无防腐，内壁粗糙木箱内部应修理平整，内外做防腐处理，并应考虑防火措施。

9　配电箱内二层板与进、出线配管位置处理不当，造成配线排列不整齐，在安装配电箱时应考虑进出线配管管口位置应设置在二层板后面。

10　铁箱、铁盘面都要严格安装良好的保护接地线。箱体的保护接地线可以做在盘后，但盘面的保护接地线必须做在盘面的明显处。为了便于检查测试，不允许将接地线压在配电盘盘面的固定螺栓上，要专开一孔，单压螺栓。

11　铁箱内壁焊点锈蚀，应补刷防锈漆。铁箱不得用电（汽）焊进行开孔，应采用开孔器进行开孔。

12　导线引出板孔，均应套绝缘套管。如配电箱内装设的螺旋式熔断器，其电源线应接地中间触点的端子上，负荷线接在螺纹的端子上。

第十四章　高压电缆

第一节　一般规定

一、高压电缆需符合《电力工程电缆设计规范》GB 50217—2007 的有关规定，并要符合当地供电局要求。

二、需根据设计说明与图纸的路径进行高压电缆工程。投标价格需包括供应和安装所有电缆封端、电缆托架、吊架、专用工具以及其他完成安装工程所需项目。

三、所有高压电缆的额定电压及耐压水平必须完全符合供电部门的要求。

四、保证质量的特殊要求：

1　每一种规定的电缆型号需由认可的国家级测试机构证明其短路容量符合以上的规定。且所有产品需获得国家主管部门颁发的 3C 认证证书。

2　电缆的载流量和电压降需等于《电力工程电缆设计规范》GB 50217—2007 和当地的条件，即电缆成组校正因子，最高环境温度等。

3　在本章内所有铜线都必须以高纯度铜制造，回收铜或含杂质的铜均不接受。铜纯度≥99.95%，导电率≥97% IACS，电阻率≤0.017777Ω·mm^2/m。

4　同一类形的电缆，必须为同一品牌生产及同一系列。

第二节　产品要求

一、铜芯交联聚乙烯绝缘聚氯乙烯护套电缆（YJV）。

1　此种电缆需为 10kV 电压，符合《额定电压 1kV（U_m=1.2kV）到 35kV（U_m=40.5kV）挤包绝缘电力电缆及附件　第 2 部分：额定电压 6kV 至 30kV 电缆》GB/T 12706.2—2008，铜芯导线、交联聚乙烯绝缘、压制聚氯乙烯护套。

2　导线需符合《电缆的导体》GB/T 3956—2008 的裸软铜线。

3　电缆的护套符合《电缆和光缆在火焰条件下的燃烧试验　第 31 部分：垂直安装的成束电线电缆垂直蔓延试验　试验装置》GB/T 18380.31—2008 的阻燃要求。

4　电缆的护套表面需有制造厂名称、产品型号及额定电压的连续标志，标志需字迹清楚、容易辨认、耐擦。电缆标志需符合《电线电缆识别标志方法　第 3 部分：电线电缆识别标志》GB 6995.3—2008 的要求。

5　单芯电缆不允许未经方法非磁性处理的金属带、钢丝铠装。

二、铜芯交联聚乙烯绝缘聚氯乙烯护套内钢带铠装电缆（YJV22）。

1　此种电缆需为 10kV 电压，符合《额定电压 1kV（U_m=1.2kV）到 35kV（U_m=40.5kV）挤包绝缘电力电缆及附件　第 2 部分：额定电压 6kV 至 30kV 电缆》GB/T 12706.2—2008，三芯铜芯导线、交联聚乙烯绝缘、压制聚氯乙烯底层钢带铠装和聚氯乙烯护套。

2　导线需符合《电缆的导体》GB/T 3956—2008 的裸软铜线。

3　电缆的护套符合《电缆和光缆在火焰条件下的燃烧试验　第 31 部分：成束电线电缆

垂直蔓延试验　试验装置》GB/T 18380.31—2008 的阻燃要求。

4　电缆的护套表面需有制造厂名称、产品型号及额定电压的连续标志，标志需字迹清楚、容易辨认、耐擦。电缆标志需符合《电线电缆识别标志方法　第3部分：电线电缆识别标志》GB 6995.3—2008 的要求。

三、铜芯交联聚乙烯绝缘聚氯乙烯护套细网丝铠装电缆（YJV32）。

1　此种电缆需为10kV电压，符合《额定电压1kV（U_m＝1.2kV）到35kV（U_m＝40.5kV）挤包绝缘电力电缆及附件　第2部分：额定电压6kV至30kV电缆》GB/T 12706.2—2008，三芯铜芯导线、交联聚乙烯绝缘、压制聚氯乙烯底层细网丝铠装和聚氯乙烯护套。

2　导线需符合《电缆的导体》GB/T 3956—2008 的裸软铜线。

3　电缆的护套符合《电缆和光缆在火焰条件下的燃烧试验　第3部分：垂直安装的成束电线电缆火焰垂直蔓延试验　试验装置》GB/T 18380.31—2001 的阻燃要求。

4　电缆的护套表面需有制造厂名称、产品型号及额定电压的连续标志，标志需字迹清楚、容易辨认、耐擦。电缆标志需符合《电线电缆识别标志方法　第3部分：电线电缆识别标志》GB 6995.3—2008 的要求。

四、交联聚乙烯绝缘，聚烯烃护套低烟无卤A级阻燃电缆：

1　此种型式的电缆需符合《额定电压1kV（U_m＝1.2kV）到35kV（U_m＝40.5kV）挤包绝缘电力电缆及附件》GB/T 12706—2008 或 IEC 502 和 IEC 811 的10kV电压级，铜芯，低烟无卤A级阻燃，交联聚乙烯绝缘和聚烯烃护套。

2　导线需为符合 IEC 228 的裸软铜线，对多芯电缆，每条导线芯需为相同的截面。

3　电缆芯线需按《电缆的导体》GB/T 3956—2008 及地方的规定，其全部绝缘用适当的颜色以作鉴别。

4　电缆的外护套需为聚烯烃符合《电缆和光缆在火焰条件下的燃烧试验》GB/T 18380—2008 或 IEC 332-1 对阻燃的要求。

5　芯线的绝缘需符合有关 IEC 811 的联聚乙烯。

6　电缆的绝缘材料和外护套材料需符合《取自电缆或光缆的材料燃烧时释出气体的试验方法　第2部分：用测量pH值和电导率来测定气体的酸度》GB/T 17650.2—1998（IEC 60754-2）、《电缆或光缆在特定条件下燃烧的烟密度测定》GB/T 17651.1—1998（IEC 61034-2）的标准试验合格。

五、交联聚乙烯绝缘，聚烯烃护套低烟无卤A级阻燃钢带/线铠装电缆。

1　此种型式的电缆需符合《额定电压1kV（U_m＝1.2kV）到35kV（U_m＝40.5kV）挤包绝缘电力电缆及附件》GB/T 12706—2008 或 IEC 502 和 IEC 811 的10kV电压级，铜芯，低烟无卤A级阻燃，交联聚乙烯绝缘，挤压聚烯烃垫层，钢带/线铠装及聚烯烃护套。

2　导线需为符合 IEC 228 的裸软铜线。对多芯电缆，每条导线芯需为相同的截面。

3　芯线的绝缘需为符合有关 IEC 811 的交联聚乙烯。

4　电缆芯线需按《电缆或光缆在火焰条件下的燃烧试验》GB/T 3956—2008 的规定，其全部绝缘用适当的颜色以作鉴别。

5　钢带/线铠装需由一层镀锌钢带/线组成，其截面按 BS6346 中相应表格的规定并符合 BS 1442。

6　电缆的外护套需为黑色聚烯烃挤压层符合《电缆和光缆在火焰条件下的燃烧试验》GB/T 18380—2008 或 IEC 332-1 对阻燃的要求。

7　电缆的绝缘材料和外护套材料需符合《取自电缆或光缆的材料燃烧时释出气体的试

验方法　第2部分：用测量pH值和电导率来测定气体的酸度》GB/T 17650.2—1998（IEC 60754-2）、《电缆或光缆在特定条件下燃烧的烟密度测定　第1部分：试验装置》GB/T 17651.1—1998（IEC 61034-2）及《电缆和光缆在火焰条件下的燃烧试验》GB/T 18380的标准试验合格。

六、10 kV交联聚乙烯绝缘聚烯烃护套超A类阻燃耐火电力电缆。

1　电缆的制造、试验和验收除了应满足本技术规格书的要求外，还应符合但不限于如下标准：

1.1　《额定电压1kV（U_m=1.2kV）到35kV（U_m=40.5kV）挤包绝缘电力电缆及附件　第2部分：额定电压6kV（U_m = 7.2kV）到30kV（U_m = 36kV）电缆》GB 12706.2—2008；

1.2　《阻燃和耐火电线电缆通则》GB/T 19666—2005；

1.3 《电缆在火焰条件下的燃烧试验　第3部分　成束电线或电缆的燃烧实验方法 》GB/T 18380.31、IEC 60332；

1.4 《电线电缆电性能试验方法》GB/T 3048—2007；

1.5　《电缆的导体 》GB/T 3956—2008；

1.6　《在火焰条件下电缆或光缆的线路完整性试验》GB/T 19216—2003；

1.7　《土方机械　电线和电缆识别和标记通则》GB/T 22353—2008；

1.8 《取自电缆或光缆的材料燃烧时释出气体的试验方法　第1部分　卤酸气体量的测量》GB/T 17650.1—1998；

1.9　《取自电缆或光缆的材料燃烧时释出气体的试验方法　用测量pH值和电导率来测定气体的酸度》GB/T 17650.2—1998；

1.10 《电缆或光缆在特定条件下燃烧的烟密度测定　第2部分：试验步骤和要求》GB/T 17651.2—1998；

1.11　《电缆在火焰条件下的燃烧试验　成束电线或电缆的燃烧试验方法》GB/T 18380.3—2000；

1.12　《在火焰条件下电缆或光缆的线路完整性试验　第21部分：试验步骤和要求—额定电压0.6/1kV及以下电缆》GB/T 19216.21—2003；

1.13　《电线电缆交货盘》JB/T 8137—2013。

2　导体

2.1　导体采用优质无氧圆铜丝绞合压制而成，其性能和外观符合GB/T 3956的规定。

2.2　导体表面光洁、无油污、无损伤绝缘的毛刺、锐边，无凸起或断裂的单线。

3　三层共挤：导体屏蔽、绝缘、绝缘屏蔽应采用干式交联、三层共挤同时挤出。

4　金属屏蔽

4.1　金属屏蔽采用软铜带屏蔽结构。

4.2　单芯电缆屏蔽铜带标称厚度不小于0.12mm，三芯电缆的屏蔽铜带标称厚度不小于0.10mm。

5　成缆：单芯电缆无需成缆，多芯电缆需成缆，成缆方向为右向，成缆节距应符合标准GB/T 12706—2008规定。

6　隔离套：隔离套采用挤包型，根据产品不同，可选用交联聚氯乙烯护套料或聚乙烯护套料，其标称厚度符合GB/T 12706标准的要求。

7　隔氧层：隔氧层采用无机矿物质材料，在火焰下可以抑制电缆温度快速升高。

8　包带绕包：包带采用无纺布重叠绕包，重叠率应不小于15%。

9　铠装层：

9.1　金属铠装采用钢带或钢丝铠装，材料宽度、厚度或钢丝直径应符合 GB/T 12706 标准要求。

9.2　单芯电缆必须采用非磁性的带材（去磁钢带、铝带、不锈钢或铜带）或者线材（铝合金丝、去磁钢丝或者铜丝）铠装。

10　耐火层：耐火层采用无机矿物质材料，在火焰下具有隔热耐火等功能。

11　外护套：

11.1　护套采用无卤低烟聚烯烃护套料，表面光洁、圆整，其标称厚度和性能符合 IEC60502、GB 12706.3、GB 12666 的规定，任一点最小厚度不小于标称值的 85%减去 0.2mm。

11.2　外护套表面紧密，其横断面无肉眼可见的砂眼、杂质和气泡以及未塑化好和焦化等现象。

12　电缆标志：

12.1　电缆绝缘线芯识别标志应符合 GB 6995 的规定。

12.2　成品电缆的护套上有制造厂名、产品型号、额定电压和自然数字计米的连续标志，前后两个完整连续标志间的距离小于 550mm，标志字迹清楚，容易辨认、耐擦。

13　电缆性能：电缆耐火性能达到 750～800℃，180min 不击穿的耐火要求，在非金属含量达到 14L/m 以上，受火时间 80min 的燃烧状态下，电缆炭化高度小于 1.5m 的超 A 类阻燃要求及低烟（透光率达 70%以上）、无卤为准则，以成熟的工艺和合理的结构保证电缆的综合优越性能。

七、10 kV 高压吊装电缆。

1　执行标准见表 14-1。

10kV 高压吊装电缆执行标准　　**表 14-1**

GB/T 12706.2—2008	额定电压 1kV(U_m=1.2kV)到 35kV(U_m=40.5kV)挤包绝缘电力电缆及附件 第 2 部分：额定电压 6kV(U_m=7.2kV)到 30kV(U_m=36kV)电缆
GB/T 3956—2008	电缆的导体
GB/T 2951—2008	电缆绝缘和护套材料通用试验方法
GB/T 3048—2007	电线电缆电性能试验方法
JB/T 8137—2013	电线电缆交货盘
GB 6995—2008	电线电缆识别标志方法
GB/T 8358—2014	钢丝绳　实际破断拉力测定方法
JB/T 8996—2014	高压电缆选用导则
GB/T 18380.31—2008	电缆和光缆在火焰条件下的燃烧试验　第 31 部分：垂直安装的成束电线电缆火焰垂直蔓延试验　试验装置
GB/T 17650.2—1998	取自电缆或光缆的材料燃烧时释出气体的试验方法　第 2 部分：用测量 pH 值和电导率来测定气体的酸度
GB/T 17651.1—1998	电缆或光缆在特定条件下燃烧的烟密度测定　第 1 部分：试验装置
GB/T 17651.2—1998	电缆或光缆在特定条件下燃烧的烟密度测定　第 2 部分：试验步骤和要求

2　使用特性。

2.1　额定电压

额定电压 U_0/U 为 6/10kV，系统允许最高电压为 12kV，使用频率为 50Hz。

2.2 敷设条件

2.2.1 敷设环境为高层建筑的井道吊装方式。

2.2.2 电缆敷设时环境温度不低于0℃。

2.3 运行要求

2.3.1 电缆导体的最高额定运行温度为90℃。

2.3.2 短路时（最长持续时间不超过5s）电缆导体最高温度不超过250℃。

2.3.3 电缆的弯曲半径：三芯电缆（无铠装）安装时电缆最小弯曲半径为15倍为电缆外径。

3 技术要求。

3.1 导体

3.1.1 导体采用符合GB/T 3956—1997中第2种结构的紧压圆形导体，导体结构及性能符合GB/T 3956—1997的规定。

3.1.2 导体表面光洁、无油污、无损伤屏蔽及绝缘的毛刺、锐边，以及凸起或断裂的单线。

3.2 导体屏蔽、绝缘、绝缘屏蔽

3.2.1 内容调整为：导体屏蔽、绝缘、绝缘屏蔽采用进口设备三层共挤工艺，采用导体预热、氮气加热、氮气冷却的全封闭干式化学交联，采用从德国引进的SIKORA在线断面偏心扫描仪连续检测。

3.2.2 导体屏蔽由挤包的半导电层组成，半导电屏蔽层均匀包覆在导体上，表面光滑，无明显的绞线凸纹，无尖角、颗粒、焦烧和刮伤的痕迹。在剥离导体屏蔽时，半导电层无卡留在导体绞股之间的现象。

3.2.3 绝缘采用XLPE绝缘料，其性能符合GB/T 12706.2—2008的规定。绝缘标称厚度符合GB/T 12706.2—2008的规定，绝缘厚度的平均值不小于标准规定的平均值。

3.2.4 绝缘屏蔽为挤包的交联半导电层，半导电层均匀的包在绝缘表面，无尖角、颗粒、焦烧和刮伤的痕迹。

3.2.5 三芯电缆的绝缘屏蔽与金属屏蔽之间有沿缆芯纵向的相色（黄色、绿色、红色）标志带，其宽度不小于2mm。绝缘线芯的识别标志符合GB 6995.5—2008的规定。

3.3 金属屏蔽

3.3.1 金属屏蔽由重叠绕包的软铜带组成，铜带的连接采用电焊接方式。

3.3.2 铜带绕包圆整光滑。

3.4 外护套。

3.4.1 电缆的外护套均匀地挤包在铠装层上，表面平整，色泽均匀。

3.4.2 护套材料采用高阻燃型聚烯烃混合物。护套性能及厚度符合GB/T 12706.2—2008的规定。

3.5 缆芯及填充物

3.5.1 电缆成缆线芯间隙采用柔性钢丝绳包覆扇形塑料材料填充，电缆成缆后外形圆整。

3.5.2 外围缠绕用高强度捆绑带。

4 成品电缆。

4.1 成品电缆的不圆度不大于15%。

4.2 成品电缆的主要电性能参数符合成品电缆的绝缘及护套的物理机械性能，符合GB/T 12706—2008标准相应的规定。

4.3 成品电缆还应符合GB/T 18380.3—2001标准中阻燃A级的规定。

4.4　成品电缆符合 GB/T 17650.2—1998、GB/T 17651.2—1998 标准中相应要求。

4.5　成品电缆的外护套表面连续印有制造厂名、产品型号、额定电压等标志，印刷标志清晰、耐擦。

八、电缆附件。

1　电缆附件需符合《电力工程电缆设计规范》GB 50217—2007 的要求。

2　电缆与全封闭电器直接相连时，采用封闭式终端。

3　电缆与高压变压器直接相连时，采用象鼻式终端。

4　电缆终端的额定电压及其绝缘水平，不得低于所连接电缆额定电压及其要求的绝缘水平。

5　电缆终端的机械强度，必须满足安置处引线拉力和地震作用的要求。

第三节　施　　工

一、电缆安装

1　所有电缆安装需符合《电气装置安装工程电缆电线路施工及验收规范》GB50168—2006 的要求。

2　所有电缆在运输时，端头需经过处理和有效密封，以防止湿气进入。

3　所有电缆需按图纸规定的路线安装，在施工前需将安装图纸送交顾问工程师批准。同一槽盒内电缆的总截面（含外护层）不应大于槽盒内截面的 20%，电缆载流导体不宜超过 30 根。控制和信号线路的电线或电缆的总截面不应超过槽盒内截面的 50%。

4　安装时需采取必要的措施，防止电缆受到损坏。

5　当电缆在其他工程尚未完成的地段安装时，需当采取必要的预防措施，防止电缆由于其他工程施工而受到损坏。

6　所有电缆需受到妥善保护，防止在正常工作中可能产生的机械性损伤。

7　除敷设在地沟中的电缆外，所有电缆不论垂直还是水平方向敷设均需安放核定的夹具固定于电缆桥架上，夹具固定的间距需满足规范要求，电缆桥架需符合供电部门的要求。

8　在电缆通过建筑结构，如楼板、墙时，所开的孔洞需当用核定的至少保持 2h 的防火材料密封，以防止火灾蔓延。

9　所有电缆需在两个终端间连续连接，中间不得有连接点。

10　电缆封端方式需经设计人批准。芯线端头必须用镀锡铜封端套管以压模用压接钳压接。压接样板需送工程师批准方可施工。电缆的铠装需很好处理，并在两端接地。

11　电缆安装固定和终端连接，只准在周围温度于 0℃以上已有 24h 的时候进行。

12　埋地电缆的敷设需要有金属套管保护，金属套管需要有混凝土包围，防止植树时损坏。

13　应采取措施防止高压电缆内芯线表里分离现象。

二、10kV 高压吊装电缆安装

高压吊装电缆的安装固定，是电气安装较为关键的技术，为使施工质量符合要求，质量措施为：

1　根据高压电缆施工的工程特点，提前做好施工前的技术准备工作，认真熟悉图纸，认真做好高压电缆安装固定的技术交底工作，使每个施工人员懂得施工要点，施工方法、有问题及时提出，并把技术问题解决在施工之前。

2　做好对电气井高压电缆的安装布置、排列工作，使高压电缆在电气井内顺序排列，保证电缆安装固定有序地进行。

3　根据高压电缆电气井排列要求，对电缆吊装板的孔洞、抱箍的固定孔洞等事先要在槽钢台架上设计好，并开好孔，保证在电缆安装固定时能顺利进行。

4　高压电缆安装固定积极配合电缆吊装施工，电缆安装固定要按程序进行，先进行电缆头圆盘（专用吊具）及专用吊装板的安装，再进行专用吊具、吊环辅助吊装点安装，最好进行电缆抱箍的安装。

5　严格做好工序施工质量关，力求每项工作一次成功，杜绝返工现象。

6　严格把好材料质量关，杜绝不合格产品的使用到工程中，做好事先检查及报审工作，避免由于材料质量问题而影响施工质量。

第四节　测试及验收

一、连续性测试：每一保护导体，需作连续性测试。进行测试时，需在总线的位置把中性及保护导体互相连接，然后使用连续性试验器在每一用电位的地线与中性线之间进行检验，该处所显示的读数接近零。

二、耐压测试：耐压试验采用工频交流电压或直流电压。单芯屏蔽电缆的试验电压需施加在导体与金属屏蔽之间，时间为 5 min。对于分相屏蔽的多芯电缆，在每一相导体与金属层间施加试验电压 5min。

三、绝缘电阻测试：

1　使用合适的直流电绝缘试验器来量度绝缘电阻。小心确保测试中器具的绝缘能够抵受测试电压而不致损坏。

2　在量度所有连接至电源的任何一相或极的各导体，及所有连接至另一相或极的各导体，绝缘电阻的数值不能少于当地供电局要求。

第十五章　母线槽系统

第一节　一般规定

一、提供定制的低阻抗全绝缘高纯度铜母线槽系统（以下简称母线槽）。

二、母线槽的路径及最小的额定载流容量需按图所示。母线槽的额定载流容量需考虑到现场安装条件及40℃的环境温度。

三、保证质量的特殊要求：

1　母线槽需满足中国国家标准及BS5486：第一部分（IEC 439-1）所规定的经定型试验的组合装置，并按中国国家标准及EN 60439-1第二部分（IEC 439-2）的规定，由专门生产母线槽的制造厂商生产和试验，并需由认可的国家级测试机构证明其短路容量符合以上的规定。且所有产品需获得国家主管部门颁发的3C认证证书。

2　母线槽及其附件需适用于所规定的负载类别，特别是关于故障条件及温升的限度。制造厂商必须提供符合规格书内的各个电流的极限温升报告，该温升报告内要有外形照片、导体规格、通过试验电流及各检测点的温升。

3　母线槽具备温湿度监控功能，或母线槽具备温湿度信号采集系统的预留功能预留，保证母线槽的安全、可靠的运行。

4　包括插接单元的各种组件和附件需按母线槽制造厂商的推荐以保证组件的兼容性。

5　母线槽及其附件需由其制造厂商提供5年质量保证期。

第二节　产品要求

一、采用标准

1《低压成套开关设备和控制设备　第1部分：总则》GB 7251.1—2013。

2《低压成套开关设备和控制设备　第6部分：母线干线系统》GB 7251.6—2015。

3《外壳防护等级（IP代码）》GB 4208—2008。

4《电工用铜、铝及其合金母线　第1部分：铜和铜合金母线》GB/T 5585.1—2005。

5《母线干线系统（母线槽）阻燃、防火、耐火性能的试验方法》GA/T 537—2005。

6《在火焰条件下电缆或光缆的线路完整性试验方法》GB/T 19216—2003。

7《建筑电气工程施工质量验收规范》GB 50303—2015。

二、环境条件

1　海拔高度不超过2000m，环境温度不超过40℃，最低温度不低于－5℃。

2　一般相对湿度在＋40℃时不超过50%，在＋20℃可达90%，注意温度变化而出现的冷凝现象应予以处理措施。

3　污染等级：按《低压电器基本标准》GB 1497的规定选3级。

三、电气指标

1　额定工作电压：～380/660V。

2　额定频率为50Hz。

3　额定工作电流，包括母线的额定工作电流、馈电箱的额定工作电流见设计图纸。

4　电气间隙≥10mm。

5　爬电距离≥12mm。

6　介电性能 50Hz 2.5kV/5min 无击穿无闪络。

7　母线槽内部导体极限温升≤70K，外壳≤55K。矿物质耐火母线槽通过额定电流长期运行极限温升≤105K，80%额定电流长期运行极限温升≤70K。

8　电气竖井内母线的线制：三相五线。中性线排载流量同相线排，接地排为铜质，截面可为相线排的 1/2。

9　母线槽对直接触电和间接触电的防护要求应符合 IEC439-1 中的规定。

10　电压降：母线槽 100m 长功率因数为 0.95 时满负荷母线槽，电压降不大于 2%。母线槽全长电压降不大于 5%。

11　工频耐压：AC 3750V，历时 1min 无击穿和闪络。

12　绝缘电阻：相间绝缘电阻≥500MΩ；铜排与外壳的间绝缘电阻≥500MΩ。

13　电阻、电抗和阻抗值：应符合 IECA59-2 中 4.10 要求。

14　矿物质耐火母线槽耐火性能，在 950℃的火焰条件下持续供电不少于 180min。

15　额定耐受电流见表 15-1 要求。

母线槽额定耐受电流　　　　**表 15-1**

母线槽容量(A)	额定短时耐受电流(kA)	额定峰值短路电流(kA)
630	≥30	≥63
800	≥30	≥63
1000	≥50	≥105
1250	≥50	≥105
1600	≥65	≥143
2000	≥65	≥143
2500	≥65	≥143
3200	≥100	≥220
4000	≥120	≥264

四、母线槽结构型式

1　母线槽应作为通过型式试验低压成套开关设备和控制设备进行设计，母线槽的结构必须安全可靠、安装方便、维护容易，同时应能承受在标准规定的机械、电和热应力的材料构成，材料应进行适当的表面处理。插接单元的各种元件和附件必须按母线制造厂商的推荐以保证元件的兼容性。

2　母线槽的结构应尽量紧凑，尺寸小。除开口外，其他部分母线各层之间无空间存在，为密集型，不允许本体密集型，插接口空气型，以防插接口温升过高。所有母线内部的连续空间应采用阻隔措施，直线和插口处的铜排无任何间隙，确保母线槽系统的完全密集和低阻抗。

3　母线槽的连接性能应可靠，保证具有尽量小的接触电阻。母线的连接操作应当满足快速连接的要求，应使用单螺栓进行连接，并且当连接力矩达到允许值时能有显示，而不必使用专用力矩扳手。母线应满足易于更换的要求，在不影响相邻母线段的情况下，可以拆除出一段母线。

4　全封闭式母线产品的质量必须是优质、可靠、稳定的。导体必须采用《电工用铜、铝及其合金母线》GB 5585.1～GB 5585.3 要求的材料。绝缘材料应是低烟、无毒材料，具有绝缘等级为 B 级，耐热温度可达 130℃，单层耐压 10000V 以上。

5　母线槽需为包括在同一连续金属外壳内的三相和中性线同截面的高纯度铜母线。地线铜母线需包括在同一外壳内，其截面需不少于相母线的 50%。在任何情况下，母线槽导体需由 T2 高导电率铜材制成，铜纯度≥99.95%，导电率≥97% IACS，电阻率≤0.017777Ω·mm^2/m。母线槽需由符合 BS 1433 或 BS 1432 的高导电率冷拉纯精铜制成，回收铜不接受。

6　母线槽内没有连续空间，避免“烟囱效应”，保证火灾时能防止火焰及烟雾通过母线槽内部蔓延。

7　整套母线槽的额定温度需为 40℃其连续载流容量需不少于图纸上的规定值。

8　母线槽为三相五线制（TN-S 系统），N 线与相线导体截面等同，PE 线不少于相线 50%的截面积。

9　母线需全部镀锡，用可耐摄氏 130℃温升的材料全部加以绝缘，连接处采用银-银连接。

10　外壳必须采用冷轧镀锌钢板或优质铝镁合金，钢外壳的强度大于 300MPa，全封闭外壳，并应满足机械负载的要求。外壳连接部件全长采用铆钉铆接，但对用螺栓连接的外壳应保证电气的连续性，使用紧固件应有良好的镀层，外壳表面应覆盖耐热阻燃涂层，涂层应可防大气腐蚀，涂层应均匀一致、整洁美观、无起泡、裂纹等缺陷。

11　除插接式母线槽外，所有母线槽除特别指定外，需为全封闭型。当安装在竖井或强电房，母线槽必须达到 IP54 或以上，插接式母线槽必须达到 IP54 或以上。当安装于竖井或强电房外、室外、地下层或机电避难层，母线槽需达到 IP65 或以上。外壳表面需经防大气腐蚀处理，并按制造厂商的标准饰面。

12　母线接头采用柔性接头，接头压接力矩大于 50N·m，母线接头需为穿过螺栓型，其固紧程度的检查可不必将系统停电。在接近天花板或墙壁的路径上，需有可能在母线槽的一侧进行接头。接头的设计和设置的位置需使除下任何一段母线槽不会影响其相邻段。螺栓接头需能对全部接触区施以正压。连接头自动伸缩功能：每个连接头必须有自动伸缩功能，伸缩长度 5～15mm。

13　母线接头的设计需满足由于热膨胀而引起母线槽的线性伸缩，而不降低母线的机械强度，电气的连续性，载流容量及短路容量。

14　对插入式母线槽，在每层非经楼板部分，需设置不少于一段母线槽。此外在每一层上母线槽之一侧至少需有两个插接口。插接口需能同时可供使用。插接口中每相需单独地加以绝缘。

15　每个插接口需有带铰链及可锁的门，用以遮蔽未予使用的插接口。门需达到 IP54 的保护等级。插接口导体电气间隙≥15mm，爬电距离≥18mm，极限温升≤70K，插接口要有防反插功能，对未予使用的插接口门需加锁。在保养期开始时需将每把锁的两把钥匙交与发包人。

16　按需要配置电缆/母线槽的连接件。此组件需专为适合进线电缆的型式而设计及制造，而不需在工地再作任何修改。可靠的连接设计，保证母线系统日常使用免维护。

17　在建筑结构的接缝处需装置伸缩接头。母线槽的伸缩接头需能吸收由于母线槽温度变化而引起的热膨胀以及建筑物不少于 100mm 的垂直沉降。沿水平和垂直段上每隔约 30m 及母线槽制造厂商认为需要的处配置额外的伸缩接头。整套母线槽需能承受额定值不少于 50kA 持续一秒的最小短时电流。

18　母线整体应具有很高的结构强度，能承受导体的全部重量而不致变形而影响到导体的载流能力；不接受母线本体加穿心螺栓等方式进行结构加强。

19　母线槽结构便于安装，任何角度的安装都无需考虑降容。

20　矿物质耐火母线槽所有绝缘材料采用耐温超过950℃以上的耐高温绝缘材料。

21　矿物质耐火母线槽系统外壳及侧板采用钢外壳，表面要采用不燃材料处理。

22　母线槽及插接口处全长采用密集型，不允许本体密集型，插接口空气型，以防插接口温升过高。

五、温升和压降

母线的温升试验按IEC939-1中8.2.1进线试验，其各部位不能超过规定值。母线内各点的温升应当均匀，整条母线应具有尽量小的电阻损耗，整条母线应具有尽量小的磁滞涡流损耗，降低电抗损耗值。

六、母线应有接地端子

母线应有接地端子同时应有牢固的接地标志，接地端子应由导电性能良好的材料制成并应有防腐措施，且安装在易于接近的地方。接地端子所用接地螺栓最小尺寸应符合国家有关规定要求。母线单元外壳上任一未涂漆点与接地端子间的连接，电阻值应该足够低，以保证母线系统的安全运行。

七、母线接头

母线接头需为穿过螺栓型，其固紧程度的检查可不必将系统停电。螺栓接头需能对全部接触区施以正压。连接头螺栓应保证可靠的搭接力矩，应带有自动力矩控制功能，平均额定压紧力矩达70N·m以上，以保证连接头有良好的接触。

1　母线的连接：母线单元间连接处母线的连接一定要自然吻合，不能产生机械应力，所用螺栓及垫圈应采用具有足够强度的电镀层的钢或铜合金制品，连接处的防护等级应符合规范要求。母线接头的设计必须满足由于热膨胀而引起母线的线性伸缩，而不降低母线的机械强度、电气的连接性、载流容量及短路容量。

2　双导体母线大电流母线槽，每相为双导排时，每个连接头的连接导体片必须同时连接两块导电排，以防电流通过不均以及造成回流。

3　母线本体便于安装，导体不允许有冲孔，以防接触面减少而发热。

八、过渡连接/跨接及安装支架

1　母线槽与变压器连接采用软连接表面镀银或镀锡。

2　母线槽与配电柜连接采用T2电解铜轧成TMY铜排表面镀银或镀锡。

3　垂直安装要配弹簧支架，调节距离不少于5cm，支架底座要采用槽钢要有足够的强度。

4　吊架采用角钢热镀锌，该吊架要有调节功能，吊架下部位不允许有长出。

5　矿物质耐火母线槽按《建筑构件耐火试验方法》GB/T 9978—2008标准，无限度持续上升温度，炉内温度950℃，按《在火焰条件下电缆或光缆的线路完整性试验　第21部分：试验步骤和要求　额定电压0.6/1.0kV及以下电缆》GB/T 19216.21—2003（等同于IEC 60331.21—1999）线路完整性试验标准，供火温度750～800℃，供火时间为180min。并提供国家固定灭火系统和耐火构件质量监督检验中心的检验报告。

九、插接式MCCB部件

1　插接式部件需由生产母线槽的同一厂商生产。每件插接部件需与母线槽机械连锁以防止当部件处于“合”闸位置时进行部件的安装或拆除并需配备一支能控制合，分机构的操作手柄。尚需装置能使插接部件于“分”位置时加锁的设施。

2　插接部件的外壳需于其夹紧触头与相母线接触前与母线槽可靠地连接。

3　插接部件需按以下的规定装备 MCCB 及装于 MCCB 进线和出线侧各相间及相与外壳间的内隔板。

4　所有插接部件的盖板必须装置可释放的连锁以防止当断路器处于“合”闸位置时被打开。

5　插接部件需装有直接定位或悬挂设施使其插接爪未与母线槽接触前，部件的全部重量由母线槽承担。

6　在插接部件内需有足够的空间使电缆能终接至 MCCB 而不致使电缆过渡弯曲。

7　MCCB 需符合中国国家标准及 EN 60947-2 其额定极限短断路容量（Ics）为 50kA，工作的额定短路容量（I_{cs}）为 100%I_{cu}。MCCB 的所有机械和带电的金属部件需全部装于全绝缘的模制盒内。

8　MCCB 的操作机构需与操作的速度无关，其拐臂作用需产生速合和速分的开闭操作。自由脱扣。触头需为不焊合材料。

9　MCCB 需装有热磁型过流跳闸机构，提供延时过流保护和瞬时短路脱扣。

10　装置手把锁扣附件及附带三把钥匙的挂锁可将 MCCB 于断开和闭合位置时锁住。

11　按图标的要求，MCCB 需装设并联跳闸组件用作与消防系统联系，当接收到火警信号时，作跳闸之用。并联跳闸线圈由主电源供电。整定装置需装于插入部件相邻的箱内亦可作为插入部件的整体装于部件内。

12　在插入部件的前面板上应装置红色指示灯以指示接地保护系统的工作状态，一只继电器复归按钮。

十、质量保证

1　母线槽的生产过程必须符合 ISO 9000 或 ISO 14000 的质量保证体系。

2　全封闭式母线槽产品必须提供相应的型式试验报告，包括母线部分和插接箱部分的型式试验报告，试验室必须是国家级的试验室。

3　具有特殊性能要求的母线槽，应同时通过特殊性能项目的试验报告。

4　CCC 型式试验报告试验项目：

4.1　温升极限验证；

4.2　母线槽系统，电气性能验证；

4.3　介电性能验证；

4.4　防护等级验证；

4.5　结构强度验证；

4.6　短路耐受强度验证；

4.7　耐压性能试验。

4.8　保护电路有效性验证。

4.9　机械操作验证。

4.10　绝缘材料耐受非正常发热验证。

4.11　电气间隙和爬电距离验证。

5　未在 CCC 认证目录中的产品应提供国家级检测机构的试验报告。

6　母线槽的 CCC 证书中覆盖范围内的电流规格，如果该证书内的小规格电流密度大于该证书内最大电流密度时，应提供每个电流规格产品的温升试验报告，报告页面应齐全，并盖有骑缝章。

第三节　施工与验收

一、施工条件及技术准备

1　施工图纸及产品技术资料齐全。

2　屋顶不漏水，墙面喷浆完毕，场地清理干净。

3　电气设备（变压器、开关柜等）安装完毕，检验合格。

4　预留孔洞及预埋件位置、尺寸应符合设计要求。

5　封闭母线安装部位的装饰工程已施工结束，门窗齐全。

6　暖卫通风工程安装完毕。

7　熟悉施工图纸和技术资料。

8　施工方案编制完毕并经审批。

9　施工前应组织施工人员进行安全、技术交底。

二、进场检验

1　进场检验应按以下方法：

1.1　进场检查应外观完好，标识清楚，CCC标志齐全，数量与发货清单一致。

1.2　进场时，组织现场相关人员进行现场抽查检验，其抽查数量不少于该批次同规格产品的5%，最少抽查1个。

2　检验项目应符合下列规定：

2.1　核对CCC型式试验报告和温升试验报告，进场产品应与报告的导体规格、外形尺寸整体规格一致。

2.2　导体电阻率直接涉及母线槽的载流能力，以及影响母线槽运行后的安全性，严重的发热会引起电气火灾事故，因此来料时导体的电阻率抽查检测是不可缺少的项目。导体电阻率应符合《电工用铜、铝及其合金母线　第1部分：铜和铜合金母线》GB/T 5585.1—2005中4.9.1表10和《电工用铜、铝及其合金母线　第2部分：铝和铝合金母线》GB/T 5585.2—2005中4.8.1表7的规定。

2.3　导电率的检测方法：根据《电线电缆电性能试验方法　第2部分：金属材料电阻率试验》GB/T 3048.2的要求用直流双臂电桥或者用回路电阻测试仪器进行检测导体的回路电阻，然后根据电阻率公式$\rho=RS/L$计算出导体的电阻率，其中R为实测回路电阻（单位：Ω），S为导体截面积（单位：mm^2），L为导体长度（单位：m），电阻率单位为：欧姆·毫米^2/米（$\Omega \cdot mm^2/m$）。

三、吊（支）架的制作

母线槽的吊（支）架制作应根据设计和产品技术文件的规定，并结合现场实际敷设环境，确定吊（支）架数量及加工尺寸。如果设计和产品技术文件无规定时，按下列要求制作。

1　根据施工现场建筑物结构、实际安装部位确定选用类型。一般根据安装方式的不同，吊（支）架可分为“一”字形、“L”形、“U”形、“T”形四种型式。吊（支）架可采用成品，也可在现场制作。

2　吊（支）架常采用角钢或槽钢制作，在断料时应采用砂轮锯或钢锯切断，严禁采用电气焊切割，加工尺寸最大误差为5mm。

3　采用型钢支架，煨弯可在台钳上用榔头打制，也可使用油压煨弯器用模具顶制。

4　在吊（支）架上钻孔时，应采用台钻或手电钻打孔，严禁用电焊或气焊切割孔洞，其孔径应在于固定螺栓直径1～2mm。

5　采用圆钢吊杆直径不小于 ϕ12mm，其端部需攻螺纹时，应用套丝机或套丝板加工螺杆套扣，不能出现乱丝或秃扣现象。

6　现场制作的金属吊（支）架应按要求镀锌或涂漆。

四、母线槽的吊（支）架的安装

1　施工前应对吊（支）架的位置和标高同水、暖、通风、消防等各专业系统管道进行综合考虑，避免交叉情况发生。

2　吊（支）架采用预埋铁方法固定。吊（支）架与预埋件焊接处需刷防腐漆处理，刷漆应均匀，无漏刷，不能污染建筑物。

3　埋注吊（支）架用的水泥砂浆，灰砂比 1∶3，P·O32.5 级及以上的水泥，应注意灰浆饱满、严实、不高出墙面，埋深不小于 80mm。

4　吊（支）架采用金属膨胀螺栓方法固定。

4.1　根据封闭母线自重选用与它相适应的金属膨胀螺栓固定吊（支）架。

4.2　膨胀螺栓固定支架不少于两条。固定一个吊（支）架的膨胀螺栓不少于两个。

4.3　采用圆钢吊杆时，一个吊架应用两根吊杆固定牢固，螺纹外露 2～4 扣，膨胀螺栓应加平垫和弹簧垫，吊架应用双螺母夹紧。

五、母线槽的安装

1　母线槽安装要求。

1.1　母线槽应按设计和产品技术文件规定进行组装，组装前应对每段进行绝缘电阻的测定，其绝缘电阻值不得小于 0.5MΩ。如不满足要求，需做干燥处理并做好记录。

1.2　母线槽水平敷设时，距地高度不应小于 2.2m。垂直敷设时，距地面 1.8m 以下部分，应采用防止机械损伤措施，但敷设在电气专用房间内（如配电室、机房、电气竖井、设备层等）除外。

1.3　母线槽水平敷设时，支点间距不得大于 2m。

1.4　母线槽的连接不应在穿过楼板或墙壁处进行。

1.5　有跨接地线，两端应可靠接地。

1.6　母线槽与设备连接采用软连接。母线紧固螺栓应由厂家配套供应，并用力矩扳手紧固。

1.7　母线槽穿越防火分区时，应采取防火隔离措施。

2　插接式母线槽垂直安装：垂直安装时，应做固定支架，穿过楼板处应加装防振装置，垂直度允许偏差不超过 1‰。封闭母线插接箱安装固定应可靠，安装高度应符合设计要求，设计无需求时，插接箱底口距地 1.4m。

六、母线槽工程检测

1　母线槽工程安装完毕，应做好工程测试检测记录。

2　绝缘电阻测试应符合下列规定：

2.1　检测应符合《低压成套开关设备和电控设备基本试验方法》GB/T 10233—2016。

2.2　母线槽安装完毕绝缘电阻的测试，应断开变压器、配电柜的连接，同时断开插接箱的开关。

2.3　检测方法：根据不同电压等级的设备选用不同电压等级的绝缘电阻试验仪器，至少需要检测设备导体的相间、相对中性线、相对地之间的绝缘电阻，要符合 GB/T 10233—2016 的要求。绝缘电阻单位为兆欧（MΩ）。

3　保护电路有效性检测应符合下列规定：

3.1　检测应符合《低压成套开关和控制设备 第 1 部分：总则》GB 7251.1—2013 的

规定。

3.2 检测方法：母线槽外壳与PE线及等电位连接的保护电路有效性，检测应符合GB 7251.1—2013中10.5.2的规定，接地电阻不应超过0.1Ω（即100mΩ）。

3.3 检测数量：检测点不少于2处。

4 电气间隙和爬电距离检测应符合下列规定：

4.1 检测应符合《低压成套开关和控制设备 第1部分：总则》GB 7251.1—2013和《低压成套开关和控制设备 第6部分：母线干线系统（母线槽）》GB 7251.6—2015的规定。

4.2 电气间隙检测方法应符合GB 7251.6—2015中8.3.2的规定。

4.3 爬电距离检测方法应符合GB 7251.6—2015中8.3.3的规定。

5 介电性能检查宜符合下列要求：

5.1 检测应符合《低压成套开关和控制设备 第1部分：总则》GB 7251.1—2013的要求。

5.2 检测方法应符合GB 7251.1—2013中10.9.2的规定，45～65Hz工频耐受电压2kV（交流有效值），维持时间为5s。试验设备的泄漏电流应不小于1000mA。

5.3 母线槽安装完毕介电性能测试时，应断开变压器、配电柜的连接，同时断开插接箱的开关，如果线路太长，可分段检测。

第十六章　低压配电电缆线路

第一节　一 般 规 定

一、需符合《电力工程电缆设计规范》GB 50217—2007 的有关规范。

二、电缆的路径和最小额定载流量需按图所示。

三、保证质量的特殊要求：

1　每一种规定的电缆型号需由国家级测试机构证明其短路容量符合以上的规定。且所有产品需获得国家主管部门颁发的3C认证证书。

2　电缆的载流量和电压降需满足《电力工程电缆设计规范》GB 50217—2007 和当地的条件，即电缆成组校正因子，最高环境温度等。

3　在本章内所有铜线都必须以高纯度铜制造，回收铜或含杂质的铜均不接受。铜纯度≥99.95%，导电率≥97% IACS，电阻率≤0.017777Ω·mm^2/m。

4　电缆槽盒内线缆的总截面面积建议不超过槽盒截面面积的20%，便于后期增加或扩容是使用。

5　电缆槽盒、梯架在施工过程中的切口位置要求进行防腐防锈工艺处理。

6　通过现场对电缆检验。

第二节　产 品 要 求

一、铜芯聚氯乙烯绝缘聚氯乙烯护套电力电缆（VV）、聚氯乙烯绝缘钢带铠装聚氯乙烯护套电力电缆（VV22）、聚氯乙烯绝缘钢丝铠装聚氯乙烯护套电缆（VV32）、交联聚乙烯绝缘聚氯乙烯护套电力电缆（YJV）、交联聚乙烯绝缘钢带铠装聚氯乙烯护套电缆（YJV22）、交联聚乙烯绝缘钢丝铠装聚氯乙烯护套电缆（YJV32）。

1　电缆需为600/1000V电压，符合《额定电压1kV（U_m=1.2kV）到35kV（U_m=40.5kV）挤包绝缘电力电缆及附件　第1部分：额定电压1kV和3kV电缆》GB/T 12706.1—2008，铜芯导线、聚氯乙烯绝缘和聚氯乙烯护套。

2　导线需为符合《电缆的导体》GB/T 3956—2008 的裸软铜线。对多芯电缆，每条导线芯需为相同的截面。

3　电缆的护套符合《电缆和光缆在火焰条件下的燃烧试验：单根绝缘电线电缆火焰垂直蔓延试验》GB/T 18380 的阻燃要求。

4　电缆的护套表面需有制造厂名称、产品型号及额定电压的连续标志，标志需字迹清楚、容易辨认、耐擦。电缆标志需符合《电线电缆识别标志方法　第3部分：电线电缆识别标志》GB/T 6995.3—2008 的要求。

二、交联聚乙烯绝缘，聚烯烃护套低烟无卤A级阻燃电缆。

1　此种型式的电缆需符合GB/T 12706—2008 或 IEC 502 和 IEC 811 的600/1000V电压级，铜芯，低烟无卤A级阻燃，交联聚乙烯绝缘和聚烯烃护套。

2　导线需为符合IEC 228 的裸软铜线，对多芯电缆，每条导线芯需为相同的截面。

3　电缆芯线需按 GB/T 3956—2008 及当地政府部的规定，其全部绝缘用适当的颜色以作鉴别。

4　电缆的外护套需为聚烯烃符合 GB/T 18380—2008 或 IEC 332-1 对阻燃的要求。

5　芯线的绝缘需符合有关 IEC 811 的联聚乙烯。

6　电缆的绝缘材料和外护套材料需符合 GB/T 17650.2—1998（IEC 60754-2）、GB/T 17651.1—1998（IEC 61034-2）的标准试验合格。

三、交联聚乙烯绝缘，聚烯烃护套低烟无卤 A 级阻燃钢带/线铠装电缆。

1　此种型式的电缆需符合 GB/T 12706—2008 或 IEC 502 和 IEC 811 的 600/1000V 电压级，铜芯，低烟无卤 A 级阻燃，交联聚乙烯绝缘，挤压聚烯烃垫层，钢带/线铠装及聚烯烃护套。

2　导线需为符合 IEC 228 的裸软铜线。对多芯电缆，每条导线芯需为相同的截面。

3　芯线的绝缘需为符合有关 IEC 811 的交联聚乙烯。

4　电缆芯线需按 GB/T 3956—2008 的规定，其全部绝缘用适当的颜色以作鉴别。

5　钢带/线铠装需由一层镀锌钢带/线组成，其截面按 BS6346 中相应表格的规定并符合 BS 1442。

6　电缆的外护套需为黑色聚烯烃挤压层符合 GB/T 18380—2008 或 IEC 332-1 对阻燃的要求。

7　电缆的绝缘材料和外护套材料需符合 GB/T 17650.2—1998（IEC 60754-2）、GB/T 17651.1—1998（IEC 61034-2）及 GB/T 18380 的标准试验合格。

四、防火电缆。

1　交联聚乙烯绝缘，聚烯烃护套低烟无卤 A 级阻燃耐火电缆。

1.1　此种型式的电缆需为 600/1000V 电压级，铜芯，低烟无卤 A 级阻燃、耐火，交联聚乙烯绝缘和聚烯烃护套，专为火灾时保持线路的完整而设计。此种电缆需符合 GB/T 19216、GB 12706—2008、GB/T 12666—2008、IEC502 或火焰喷水试验及火焰机械震动试验。

1.2　无卤低烟测试需需按 GB/T 17650.2—1998 及 GB/T 17651—1998 的要求。

1.3　阻燃测试需符合 GB/T 18380—2008 规定的标准。

1.4　耐火测试需符合 GB/T 12666—2008 规定的标准。

1.5　电缆芯线需按 GB/T 3956—2008 的规定，其全部绝缘用适当的颜色以作鉴别。

1.6　电缆的绝缘材料和外护套材料需符合 GB/T 17650.2—1998（IEC60754-2）、GB/T 17651.1—1998（IEC61034-2）的标准试验合格。

2　交联聚乙烯绝缘，聚烯烃护套低烟无卤 A 级阻燃耐火钢带/线铠装电缆。

2.1　此种型式的电缆需符合 GB/T 19216、GB/T 12706—2008、GB/T 12666—2008、IEC 502 或火焰喷水试验及火焰机械震动试验的 600/1000 伏电压级，铜芯，低烟无卤 A 级阻燃、耐火，交联聚乙烯绝缘，挤压聚烯烃垫层，钢带/线铠装及 PVC 护套。

2.2　无卤低烟测试需需按 GB/T 17650.2—1998 及 GB/T 17651—1998 的要求。

2.3　阻燃测试需符合 GB/T 18380—2008 规定的标准。

2.4　耐火测试需符合 GB/T 12666—2008 规定的标准。

2.5　电缆芯线需按 GB/T 3956—2008 的规定，其全部绝缘用适当的颜色以作鉴别。

2.6　电缆的绝缘材料和外护套材料需符合 GB/T 17650.2—1998（IEC 60754-2）、GB/T 17651.1—1998（IEC 61034-2）的标准试验合格。

2.7　钢丝铠装需由一层镀锌钢丝组成，其截面按 BS 6346 中相应表格的规定并符合 BS 1442。

五、矿物绝物耐火电缆。

1　此种型式的电缆需为符合 GB 13033—2007《矿物绝缘电缆》（或等同于 BS6207 或 IEC 60702）的 750V 电压，重载，铜芯，矿物绝缘，铜护套和聚氯乙烯外护套绝缘。

2　导线需为符合 GB/T 3956—2008《电缆的导体》的裸软铜线。

3　电缆的外护套需为聚氯乙烯护套符合《在火焰条件下电缆或光缆的线路完整性试验　第十一部分：试验装置在 90min 内火焰温度不低于 750℃的单独供火》GB/T 19216.11—2003 的耐火要求。

4　BS6387 950℃火焰下持续通电 180min 下不击穿（C），650℃ 15min 后承受 15min 的水喷淋不击穿（W），950℃火焰下承受 15min 的敲击振动而不击穿（Z）及 低烟（透光率达 70%以上）、无卤为准则，以成熟的工艺和合理的结构保证电缆的综合优越性能，有国际机构的检验报告或国家防火建筑材料质量监督检验中心出具不同规格的导体截面型式检验报告。

六、耐火电缆（NH）。

1　此种型式的电缆需为 600/1000V 电压，铜芯，耐火材料绝缘电缆，在规定温度和时间的火焰燃烧下，仍能保持线路完整性的电线电缆。此种电缆需符合《额定电压挤包绝缘电力电缆及附件　第 1 部分：额定电压 1 kV 和 3 kV 电缆》GB/T 12706.1—2008 的要求。

2　电缆的外护套需为聚氯乙烯护套符合《在火焰条件下电缆或光缆的线路完整性试验　第 11 部分：试验装置在 90min 内火焰温度不低于 750℃的单独供火》GB/T 19216.11—2003 的耐火要求。

七、无卤低烟阻燃电缆（WDZ）。

1　此种型式的电缆需为 600/1000V 电压，铜芯，低烟无卤阻燃材料绝缘电缆，材料不含卤素，燃烧时产生的烟尘较少并且具有阻止或延缓火焰蔓延的电线电缆。此种电缆需符合《额定电压挤包绝缘电力电缆及附件　第 1 部分：额定电压 1kV 和 3kV 电缆》GB/T 12706.1—2008 的要求。

2　阻燃测试需符合《电缆和光缆在火焰条件下的燃烧试验》GB/T 18380 规定的标准。

3　无卤低烟测试需需按《取自电缆或光缆的材料燃烧时释出气体的试验方法　第 2 部分：卤酸气体的测定》GB/T 17650.2—1998 及《电缆或光缆在特定条件下燃烧的烟密度测定》GB/T 17651—1998 的要求。

八、铠装和非铠装电缆的电缆终端头及其附件。

1　所有电缆进/出配电装置均需按照电缆规格的尺寸，要求配置紧固装置。

2　所有电缆头的封套必须按电缆规格尺寸匹配，需紧裹电缆及其各条导线。

3　电缆终端头需要未涂层的黄铜制成，并符合《电力工程电缆设计规范》GB 50217—2007 的要求进行制造并试验。

4　铠装电缆的终端头需采取加强绝缘，密封防潮、防水及机械保护等措施，并使金属护套接地。黄铜终端密头螺帽需带锥形铠装线夹，其设计需确保每条铠装钢带/丝同等地担负接地连接的导电。非铠装电缆的终端密封头需经精密加工，使外护套与内护套间具有防水密封。

5　每套电缆终端头需有黄铜螺帽锁定裸铜接地环片及阻燃聚氯乙烯绝缘护套管。接地环片需为扁平环形置于终端头及与的收紧，确保设备/接地环片与终端头间金属的接触。螺纹的啮合需不低于国标所规定的限度。聚氯乙烯绝缘护套管需完全遮盖终端头至电缆的外护套形成有效的密封。

6　对于由 ACBs 或 MCCBs 保护的电缆需配备整体铸成的接地线耳作为电缆封套的进入部分供夹紧电缆铠装钢带/丝用。此线耳需带锌钝化的螺帽以便将铠装钢带/丝接至供电端的主接地系统。

九、矿物绝缘电缆的电缆终端头及其附件。

1　所规定的电缆绝缘护套管、电缆终端头、电缆夹、电缆接头、连接器等均需由生产电缆的制造厂商供应，并按厂商要求处理。

2　连接至设备和开关装置的电缆用的封套必须为压缩型黄铜终端头。绝缘护套管需包括终端头本体、压缩环及限动螺帽使无缝铜包护套和终端头间具有防水密封及良好的接地延续性。

3　电缆密封需为拧装型密封，带黄铜封杯、帽、绝缘套和适合于 105℃运行的绝缘物。对大截面单芯电缆的绝缘护套管，也可用光渗交联半刚性聚烯烃材料的热缩密封管和导线套管。

4　在电缆需要连接处必须使用标准直线过线连接盒。连接盒需包括一内螺纹黄铜套电缆密封和电缆两端带压缩连接器的终端头或加于每条导线上的镀锡焊接套。

5　电缆鞍形夹和电缆线夹需由包塑料的铜料制，并用铜螺栓固定。

十、电缆梯架。

1　电缆梯架需由热浸镀锌钢板制作，并符合《钢制电缆槽盒工程设计规范》CECS31：2006 的要求。电缆梯架的两条边框至少必须为 60mm 高其顶缘需卷边以增加强度。梯级的中心间隔约为 300mm 并具有一定的宽度，以用不同的方法固定电缆，包括尼龙带扣、鞍形夹、冲孔带、电缆夹等固定夹。

2　在水平弯曲，垂直方向弯曲、分支和电缆梯架缩小宽度时，需使用制造厂的标准直角弯节，分支接头，偏心缩节，直线缩节。为适应电缆梯架的胀缩必须使用制造厂的标准伸缩接合板。

3　所有夹紧螺栓，螺帽，垫片等均需热浸镀锌。

4　除上述要求外，整个电缆梯架系统需有电气上的连续性接地。

5　电缆梯架的规格尺寸见表 16-1。

电缆梯架的规格尺寸　　**表 16-1**

宽（mm）	边缘高（mm）	宽（mm）	边缘高（mm）
100	50	500	200
200	100	600	200
300	150	800	200
400	200		

十一、电缆槽盒。

1　电缆托盘需由低碳钢制作并于冲孔后热浸镀锌，并符合《钢制电缆槽盒工程设计规范》CECS31：2006 的要求。

2　冲孔需为椭圆形排列。

3　需使用标准弯节和分支节。

4　所有夹紧螺栓，螺帽，垫片等均需热浸镀锌。

5　除上述要求外，整个电缆梯架系统需有电气上的连续性接地。

6　电缆槽盒的规格尺寸见表 16-2。

电缆槽盒的规格尺寸　　表 16-2

宽(mm)	厚度(mm)	边缘高(有盖)(mm)	边缘高(无盖)(mm)
50	1.0	50	12
100	1.0	100	12
150	1.0	100	12
200	1.0	100	12
250	1.5	100	12
300	1.5	100	20
400	1.5	200	20
500	1.5	200	20
600	2.0	200	20
700	2.0	200	20
800	2.0	200	20
1000	2.0	200	20

第三节　施　　工

一、电缆安装。

1　一般要求

1.1　按图纸及批准的施工图上所示的电缆路径安装电缆，并需符合《电气装置安装工程电缆线路施工及验收规范》GB 50168—2006 的要求。

1.2　在安装时需小心以避免损伤电缆。

1.3　若于其他专业的工程尚未完成的地段安装电缆时需采取措施保护电缆以避免于其他工程施工时损伤电缆。

1.4　敷设电缆时需利用人力将电缆自电缆盘上放出。整段电缆放置在滚动导轮上并用手拉使其通过。

1.5　电缆需加以保护免遭受在正常工作条件下可能的机械损伤。

1.6　每个电缆弯曲时的弯曲内径不能使电缆受损并不得小于《电气装置安装工程电缆线路施工及验收规范》GB 50168—2006 的规定值和电缆厂家建议。

1.7　电缆除敷设于电缆管外，均必须敷设于水平和垂直的电缆托盘或梯架上，并按规定方式予以牢固。在水平方向以与电缆外皮同色的索带或铝条连外套将电缆束牢。在垂直方向敷设的电缆上以批准的电缆夹或鞍形夹固定，电缆夹或鞍形夹需配备不伤电缆的护垫。电缆固定点的间距需按《电气装置安装工程电缆线路施工及验收规范》GB 50168—2006 和《民用建筑电气设计规范》JGJ/T 16—2008 布线规程的规定。

1.8　电缆穿过楼板和墙壁处需以批准的防火材料将电缆孔封闭，以保持与所穿过的楼板和墙壁相同的耐火等级。

1.9　电缆穿过建筑沉降缝处，需留一圆环。圆环的大小需使沉降缝移动时不会使电缆承受任何压力。

2　电缆直线段的连接盒

2.1　所供应的电缆需为两终端间连续的整段而无中间接头。如由于电缆长度或路径的关系必须有直线接头则在开工前将拟采用的连接方法报批。

2.2　电缆接头盒中电缆的连接需在机械上，电气上均牢固可靠，需予以保护免受机械及震动的损害。在连接处不得受任何机械压力亦不得使电缆导线受到机械损伤。

2.3 电缆连接盒需适合于所使用的电缆截面和电缆型式。在连接多股导线时不得切断芯股。需使用电缆和电缆连接盒制造厂商所规定的工具。

2.4 连接盒中铠装接地夹的接头至少需具有与电缆铠装相同的电导并具有足够的热容量以免在短路时过热。

2.5 若必须连接铠装带/丝则必须用铜焊或电焊，表面的不规则处需予以清除。

3 电缆的终接

3.1 按规定选用适当的电缆封套将电缆终接。

3.2 封套外套以规定的聚氯乙烯护罩。

3.3 对铠装电缆，清除铠装和铠装夹或连接器的表面并于终接前使连接器与铠装接触。将铠装夹旋紧以保证电气接触良好。

3.4 电缆导线的终端需用重型无焊电缆线耳需有足够过载流量。线耳需为高导电镀锌铜制，除另有规定外，需用液压压接钳压于导线上。

3.5 电缆终接需用螺栓，螺帽与电气设备收紧，确保电气接触良好。

4 电缆的识别

4.1 在电缆的终端，在埋地电缆管的进出点及其他需要识别和寻迹电缆路径处配置电缆识别标志。电缆非穿管敷设并有多条一起敷设时则每隔 10m 需设立标志。

4.2 电缆标志牌上需注明线路编号，当无编号时，需写明电缆型号，规格及起讫地点；标志牌的字迹需清晰，不易脱落。标志牌规格需统一，能防腐，挂装牢固。

二、电缆梯架/电缆槽盒安装。

1 按图所示使用电缆梯架/电缆槽盒。

2 如两条直线电缆梯架/电缆槽盒连在一起，需使用外连接器以避免在该连接处产生弧垂或弯曲。连接器与每条电缆梯架/电缆槽盒间至少需用两支螺栓固定于电缆梯架/电缆槽盒的边缘上。

3 电缆梯架/电缆槽盒的弯节需使夹于电缆梯架/电缆槽盒上最大截面电缆的弯曲半径不超过《城市夜景照明设计规范》JGJ/T 163—2008 布线规定中所规定的弯曲半径限度。

4 使用工厂制造的弯节和分支节。

5 在下列地方需将电缆加以固定：

5.1 电缆垂直敷设时需采用木制电缆卡或胶木电缆卡固定在墙上，固定点间距为 1.5m。

5.2 电缆垂水平敷设时需采用塑料、尼龙绑扎带固定在槽盒上，固定点间距为 10m，在首末两端及转弯位、接头的两端处都需加装尼龙绑扎带。

6 电缆梯架/电缆槽盒吊架/支架的安装：

6.1 电缆梯架/电缆槽盒以软钢支架和吊杆支持或悬挂于结构板，梁，墙上，其间距在直线段上不需超过 1m，距弯节和分支节不需超过 225mm。支架和吊杆需为热浸镀锌并涂以防锈漆。

6.2 垂直电缆梯架/电缆槽盒需在每根立管的中部用通过认可的钢托架支撑，以防摇晃、下垂、震动和共振，避免支架或固定支架的间的拉或扭弯而使管道承受压力。

6.3 所有固定支架和吊架需采用有足够强度的伸缩栓所固定。

6.4 把吊架固定到嵌藏在混凝土中的金属嵌件中，如果没有这种嵌件，可用膨胀螺栓锚固于混凝土中。

7 电缆梯架/电缆槽盒接地，需有一条镀锡铜带以螺栓与其相邻的电缆梯架/电缆槽盒连接以保证电气上的连续性。

第四节　电缆测试及验收

一、连续性测试。每一保护导体，需作连续性测试。进行测试时，需在总线的位置把中性及保护导体互相连接，然后使用连续性试验器在每一用电位的地线与中性线的间进行检验，该处所显示的读数需接近零。

二、耐压测试。耐压试验采用工频交流电压或直流电压。单芯屏蔽电缆的试验电压需施加在导体与金属屏蔽的间，时间为 5min。对于分相屏蔽的多芯电缆，在每一相导体与金属层间施加试验电压 5min。

三、绝缘电阻测试。

1　使用合适的直流电绝缘试验器来量度绝缘电阻。小心确保测试中器具的绝缘能够抵受测试电压而不致损坏。

2　在量度所有连接至电源的任何一相或极的各导体，及所有连接至另一相或极的各导体，绝缘电阻的数值不能少于当地供电局要求。

第十七章　分配电线路

第一节　一般要求

一、分配电线路符合《建筑电气工程施工质量验收规范》GB 50303—2015 的有关规范。

二、按图标及本规格书的规定为照明，插座，控制回路及其他系统装设完整的电线管/电槽盒，分支及最终电路。

三、穿导管的绝缘电线（除两根外），其总截面积（含外护层）不应超过导管内截面积的 40%。两根绝缘电线穿同一根管时，管内径不应小于 2 根导线直径的和的 1.35 倍。

四、同一槽盒内强电电线或电缆的总截面（含外护层）不应大于槽盒内截面的 20%，载流导体不宜超过 30 根。控制和信号线路的电线或电缆的总截面不应超过槽盒内截面的 50%，电线或电缆根数不限。电线或电缆在金属槽盒内不应有接头。

五、不论安装暗管或明管，所有电线管及配件需用金属电线管及附件。

六、所有机电房内，采用明管安装。

七、保证质量的特殊要求：

1　所有 450/750V 及以下的橡皮绝缘电线电缆、聚氯乙烯绝缘电线电缆，电路开关及保护或连接用电器装置等如插头插座、熔断器等需由认可的国家级测试机构证明其短路容量符合以上的规定。且所有产品需获得国家主管部门颁发的 3C 认证证书。

2　所有电线管，电槽盒分别宜由同一厂商生产以便互换及消除由于不同的制造公差而引起的问题。

3　在本章内所有铜线都必须以高纯度的铜制造，回收铜或含杂质的铜均不接受。

4　同一类形的电线，必须为同一品牌生产及同一系列。

5　敷设在钢筋混凝土现浇楼板内的电线管最大外径不宜超过板厚的 1/3。

6　电缆穿过金属孔时金属孔应有护口措施，避免伤害线缆。

7　在混凝土或抹面工程完工后应对线管安装区域有明显标示，避免后续的损坏。

第二节　产品要求

一、金属电线管及其配件

1　电线管必须为符合中国国家标准，4 级厚规，热浸镀锌钢管。电线管配件需符合 BS 4568：第 2 部分的要求。

2　挠性电线管及配件必须符合中国国家标准，并需为镀锌防水型，阻燃聚烯烃外护套并内附一条单独的接地。

3　电线管的最小直径为 20mm。薄壁电线管的壁厚不小于 1.6mm。厚壁电线管的壁厚不小于 2.75mm。

4　圆形电线管盒需为锻铁制，具有长内螺纹管口，供连接 20mm 及 25mm 电线管的接口。对埋入结构内暗藏系统需使用深型盒而对明装系统则需采用浅型盒。电线管盒内需有一只固定于底部的黄铜接地端子。

5　32mm 直径及以上的电线管需使用长方形的配线盒。配线盒需为深度不少于 50mm 的铸铁盒，其大小尺寸需能使穿于电线管内最大尺寸的电缆得以拉入而不致使电缆过度弯曲。盒盖需与盒体为同样等级以黄铜螺栓固定。配线盒需按电线管径的要求钻孔。

6　插座，照明开关等的出线盒需为热浸镀锌钢板制，符合 BS 1363 及 4662 的要求，具有安装耳，足够的敲落孔及固定于底部的黄铜接地端子。

7　固定电线管的鞍形夹需由锻铁制，专为明装固定电线管而设计，使距表面约 10mm。

8　对明装电线管需按规定使用明装的出线盒。

9　电线管与配线盒，出线盒及开关装置的连接需用连接管箍和六角公螺纹套筒。金属电线管跨盒连接及与开盒的终端需连接加装不小于 $4mm^2$ 黄绿双色跨接软铜地线。

10　挠性电线管需外包阻燃的聚烯烃护套并装置黄铜镀镍的连接器。连接器拧入挠性管及电线管中。连接器必须稳固于金属管上避免分开而使电缆暴露受损。

11　当用于室外安装，电线盒及电线管配件均需防风雨。防风雨的电线盒及电线管配件亦用于除室外在图上规定的其他处所。

二、PVC 电线管及其配件

1　PVC 电线管需为硬质塑料，符合《电气安装用导管的技术要求　第 2 部分：刚性绝缘材料平导管》GB/T 14823.2—1993 的要求。

2　PVC 电线管的最小直径为 20mm。PVC 电线管的壁厚不小于 1.95 mm。

3　PVC 电线管配件需符合有关《电气安装用导管的技术要求　第 1 部分：通用要求》GB/T 16316—1996 的要求。

4　照明线盒需为圆形具有适当的入线管口。对埋入结构内暗藏系统需使用深型盒而对明装系统则需采用浅型盒。

5　插座，照明开关塑料盒包括分线盒，暗装分线盒需由绝缘材料制成，足够的敲落孔及固定于底部的黄铜接地端子。塑料盒的尺寸需能与钢盒互换。

6　供悬挂照明灯具或其他设备的塑料盒，其内部必须装有钢夹。

7　用于室外的电线盒及电线管配件均需防风雨。防风雨的电线盒及电线管配件亦用于除室外在图上规定的其他处所。

8　不得使用塑料挠性电线管。

三、金属电槽盒

1　电槽盒及其配件需符合中国国家标准 CECS 31：2006 及 BS 4678：第 1 部分，3 级保护。

2　电槽盒需用镀锌钢板制作，其最小长度为 2m。金属电槽盒金属材料的厚度需符合表 17-1 规定。

金属电槽盒金属材料的厚度　　　　**表 17-1**

标称尺寸（mm）	最小厚度（mm）	标称尺寸（mm）	最小厚度（mm）
50×50	1.0	100×100	1.5
75×50	1.2	150×100	1.5
75×75	1.2	150×150	1.5
100×75	1.2	200×100	1.5

3　电缆槽盖需为带中心系紧螺栓的快装型。不接受其他固定方式。

4　需提供内部带针型架以支持电缆重量及安装时固定电缆的垂直电槽盒。针型架为钢针柱外包绝缘护套固定于电槽盒的背板上间距为3m。

5　终端电槽盒需装设终端法兰板用以直接与配电箱或装置用螺栓连接。使用连接片并以镀镉菌形螺栓，螺帽及防震的弹簧垫圈固定。

6　电槽盒的接头处需有一条镀锡铜带以螺栓与相邻的电槽盒连接以保证电气上的连续性。

四、交联聚乙烯绝缘无卤低烟B级阻燃电线

1　除另有规定外，最终回路及控制回路均应敷设于电线管及电槽盒中。

2　上述敷设的电缆需为符合《额定电压450/750V及以下聚氯乙烯绝缘电缆　第2部分：试验方法》GB 5023.2—2008或IEC 227的450/750V电压级，铜芯，低烟无卤B级阻燃，交联聚乙烯绝缘。

3　导线需为符合BS 6360或IEC228的裸软高纯度铜线。

4　电缆芯线需按以下的规定，其全部绝缘以颜色以作鉴别：

相线：	黄，绿，红
中线：	淡蓝
地线：	绿/黄
控制线路：	白

5　对阻燃电缆需符合GB/T 18380—2008或IEC 332-1。

6　电缆的绝缘材料和外护套材料需符合GB/T 17650.2—1998（IEC 60754-2）、GB/T 17651.1—1998（IEC 61034-2）GB/T 19666—2005及GB/T 18380—2008的标准试验合格。

7　电缆的载流量和电压降需按照中国的有关规范和生产厂商的要求及按当地的条件调整其额定值。

8　除另有规定外，电缆的最小截面需按下列规定：

照明：	2.5mm^2。
插座：	2.5mm^2。
控制线路：	1.5mm^2。

五、软线

1　软线需为符合《额定电压450/750V及以下聚氯乙烯绝缘电缆　第2部分：试验方法》GB 5023.2—2008或IEC 227和IEC245的450/750V电压级，多股铜导线，耐高温，交联聚乙烯绝缘阻燃聚烯烃外护套。

2　控制回路最小导线截面必须为1.5mm^2，对照明及插座为2.5mm^2。

六、工业连接器

1　产品符合国际标准IEC60309-1和IEC60309-2，国家标准GB/T 11918—2010和GB/T 11919—2010。

2　通过“中国国家强制性产品认证”。

3　所有触头均防腐、自清洁、自校准，保证高质量和高性能。插头与插座载流件底座为含玻璃纤维增强的PA材质。

4　插头与插座的底座及前部均有明显的端子标志。

5　连锁模块插座可垂直安装或水平安装。

6　产品防护等级满足IP67。

第三节　施　　工

一、金属电线管及电线管附件

1　浇灌于混凝土内的电线管，其径向环绕于电线管四周任何点上的混凝土或抹面层的厚度不得小于15mm。浇灌于混凝土内平行电线管间相距需尽可能不少于25mm。

2　于建筑面上明装电线管需按水平和垂直方向整齐排列，并以鞍形夹予以牢固。固定间距不得超过1.2m。

3　在多条电线管平行敷设时，需避免在同一地点彼此跨越向不同方向敷设。

4　当电线管直接敷设在钢筋混凝土板的模板上时，需使用深型圆形电线管盒以便将电线管提升至上下钢筋间。当进行浇灌混凝土或抹面时需小心以免损伤电线管并保证当安装工程期间电线管工程完好，和有效地得到维护。

5　当为引向固定于家具或设备上的插座的电线管定线时需特别小心。必须充分协调以确知家具的详情及构造使电线管尽量暗藏不露。

6　当电线管镶嵌于墙或地板内时，必须用铁制管线将电线管牢固。在电线管顶面需铺一层金属线网以粘住抹面层。

7　电线管的安装应能使线路可敷设成环路。

8　每个弯位之后或一个弯位再加不超过10m之直线段或最大为15m之直线段后必须加配线盒以便拉入电线。

9　电线管需尽可能安排使水能自流向电线管出口点。

10　整个电线管系统需在安装后能保持电气及机械方面的连续性及防水性能。所有接头必须用带螺纹的连接管箍，两端旋入电线管。不得使用伸缩式接头或锁钉接头。

11　在建筑施工期间，所有电线管的终埠及电线盒必须用木栓堵塞以防止混凝土，灰泥及杂物进入电线管内。

12　在穿线前，所有木栓必须拔出，整个电线管系统必须全部清扫以清除污物，毛刺和潮气。

13　若电线管终接于电线盒，电槽盒但未装置管口则必须用光滑的黄铜套筒，压缩垫圈及连接箍以避免损伤电缆。

14　所有电线管弯曲段必须于工地以弯管器成形。带视察盖弯头及分支接头可用于立柱中避免使用大弯头处。

15　电线管的弯曲内径不得少于电线管外径的2.5倍。

16　电线管表面的损伤（包括工地套丝）必须以两道优质铅油一道高等级冷锌油加以弥补。

17　电线管穿过建筑物的沉降缝处必须使用套筒。必须敷设一条单独的回路保护导线跨接结构沉降缝以保持有效的电气连续性。回路保护导线的截面必须适合于穿入管内最大载流量的导线。

18　在使用挠性电线管处，其长度不得超过2m，并需单独敷设一条截面不少于2.5mm^2铜芯，聚烯烃材料护套电缆的接地连续导线以保证挠性电线管两端间装置的电气连续性。

19　在装设空电线管以供其他服务设施使用时，必须穿入拉线。沿一条电线管上如分别由两个合约进行施工，则必须在断开的终端加装连接管箍及黄铜套筒并穿入拉线。

20　如一条电线管暴露于不同的温度下（由于周围空气条件不同或所接触的介质不同），则高温度段的电线管必须以电线盒与低温段分隔。并需于敷线完成及所有线路经过测试后以经批准的塑料绝缘胶充填电线盒。上述情况将会发生于一条电线管由采暖的建筑物内引向室外时。

21 除上述要求外，同时需参照国标《建筑电气工程施工质量验收规范》GB 50303—2015 规范。

22 直径等于或少于 50mm 的金属电线管不可以悬挂方式安装，需安装在电缆托盘或梯架上，方法与安装电缆一致。

二、PVC 电线管及其配件

1 PVC 电线管的安装需符合《建筑电气工程施工质量验收规范》GB 50303—2015 规范的要求。

2 浇灌于混凝土内的电线管，其径向环绕于电线管四周任何点上的混凝土或抹面层的厚度不得小于 15mm。浇灌于混凝土内平行电线管间相距需不少于 25mm。

3 电线管的连接及终端均需按制造厂商的指示进行。当需要使用标准连接管箍的硬性防水接头处必须用永久性胶粘剂。在长电线管路径上，当需要用伸缩连接管箍的伸缩接头处，需使用柔性胶粘剂。

4 25mm 及以下直径的电线管可用合适的弯弯弹簧条（取自电线管制造厂商）穿入管内冷弯。电线管弯曲内径不得小于电线管外径的 2.5 倍。

5 弯曲大直径的电线管，电线管的弯曲处需均匀加热直至柔软。当电线管充分加热后，以弯管弹簧穿入管内，绕于一适当的模具上进行弯管。

6 需充分考虑在常温条件下，电线管直线段上的膨胀和收缩。在直线段电线管超过 6mm 时，必须装设膨胀连接器。电线管需能在鞍座上自由滑动。

7 对于在温度过度变化处固定电线管附件时，必须特别加以考虑。可加大安装螺孔或开长圆螺孔。

8 电线管必以间距不超过 1.2m 鞍形夹支持，并敷设于容易接近的位置。在工作温度有趋向升高之处，固定间距需相应减小。

9 在装设空电线管以供其他服务设施使用时，心需穿入引线及两端需预留 200mm 长的引线。引线需采用铁线。

10 除上述各点外，凡适用处必须严格按照上述对金属电线管及其配件所规定的要求进行施工。

三、金属电槽盒

1 电槽盒必须以 1.25～1.5m 之间距支承于墙上或悬挂于顶棚上，并需完全垂直和水平。再加上电缆的荷载后不应有明显的弧垂。在电槽盒的悬挂点上需加一块厚度不少于 3mm 的加强垫板或垫片，其截面不得少于电槽盒的一半。

2 在供电讯线用的垂直电槽盒内沿其底面必须固定一块 20mm 的硬木底板以安装垂直及倒装的电话电缆。按图标设置分支电槽盒。

3 除电讯电槽盒外，垂直电槽盒内必须装置支持装置，以防止由于电缆自重而引起电缆下垂及电缆受到张力。

4 在垂直安装的电槽盒内需装设内隔障以防止槽顶的气温过高。内隔障的间距需为楼层的距离或 5m，两者间取其小者。

5 跨过沉降缝处的电槽盒必须考虑伸缩及保持接地的连续性。所采用的方式必须预先经工程师批准。

6 进入电缆槽的地点必须防止浸水或加以防水保护。

7 在安装线路前，所有电槽盒上的破损及尖锐的边缘必须予以清除。

8　电线管与电槽盒的连接必须使用镀锌的连接管箍与黄铜套筒。

9　电槽盒上不得有敲落孔，开孔必须于工地钻孔。在切割后，电槽盒的尖锐边缘必须磨平以免擦伤电缆并需涂以防腐蚀油。

10　当电缆槽盖打开后、在电缆可能从槽中落出处，需装设防护条或其他适合的夹持装置。

11　电槽盒需按本规范书规定的要求涂漆。

12　除上述要求外，同时需参照国标《建筑电气工程施工质量验收规范》GB 50303—2015 规范。

四、最终电路/控制回路的电缆线路

1　电线管系统和电槽盒系统必须于敷设电缆线路前全部完工。

2　穿导管的绝缘电缆（两根除外），其总截面积（包括外护层）不应超过导管内截面积的 40%。槽盒内电线或电缆的总截面（包括外护层）不应超过槽盒内截面的 20%。控制和信号线路的电线或电缆的总截面不应超过槽盒内截面的 50%。

3　在电线管或电槽盒系统中，如将插座装于同一盒内，开关面板或接线座上、则两类回路的电缆和接线必须用硬质的固定屏蔽或隔障加以分隔，并按《建筑电气工程施工质量验收规范》GB 50303—2015 有关规定。

4　所有线路必须在两个终端点间连接成一个连续的回路。电缆上不允许有中间接头或接线座。

5　照明回路中，照明配电对至第一个接线点前必须采用电缆，第一个接线点后可采用 BV 线敷设。

6　在电槽盒中的最终电路，分支电路或控制回路必须分别捆扎在一起。

7　每个最终电路必须接至指定配电箱上的单独回路。每个最终电路的线路必须在电气中与其他最终电路分隔开，以防止将某个准备断开的最终电路间接通电。

8　环形最终电路的导线必须连接成环，即自配电箱上某一路开始，环接到所有的插座的端子上后再回到配电箱上的同一路上。

9　电槽盒穿过楼板和墙时，其内部必须使用适当的防火隔障，以防火蔓延。

10　电缆穿过金属孔时，必须小心以防止电缆被锐边割损。

11　如最终电路连接至固定设备上时，必须使用敷设于规定的挠性电线管中的电线/电缆。

12　$6mm^2$ 及以上截面电缆导线的终端，如未设置电缆接头则在连接至设备的接线端头前需将线股焊成实芯。

13　电缆穿入电线管中时，需避免交叉和拉经出线盒的开孔边。拉入电缆时可涂白粉于电缆上，以便于穿过。

14　除上述要求外，同时需参照国标《建筑电气工程施工质量验收规范》GB 50303—2015 规范。

五、最终电路/控制回路的接地

1　当电缆敷设于金属电线管和电槽盒内，则每个最终电路或分支电路必须配置各自的电路保护导体。电路保护导体的最小截面需按《民用建筑电气设计规范》JGJ16—2008 布线规程的规定选择。每个回路的电路保护导体必须与所属的回路一起敷设。在电线管内，最终电路或分支电路的载流导线和其电路保护导体必须逐一地捆扎在一起。

2　除上述要求外，同时需参照国标《建筑电气工程施工质量验收规范》GB 50303—2015 规范。

六、地板内电槽盒系统

1　整个地板内电槽盒系统的安装必须按照制造厂商的指示进行。

2　整个地板内电槽盒系统必须于浇灌面层前安放妥当。出线盒和分线盒顶标高需于工地确定。

3　电槽盒系统安装时，每个连接必须紧密以保证接地的连续性。

4　电槽盒，分线盒及出线盒均必须座于平整、光滑的地面上。当底面稍有不平或较为粗糙，可抹一层薄薄的面层作底。在电槽盒顶上必须加铺一层金属丝网，以保持与混凝土的粘结。

5　在电槽盒系统安装中及安装以后，整个系统必须妥善地加以保护与遮盖，以免浸水及进入垃圾。

第十八章 线路配件及其他电气设备

第一节 一般要求

一、本章需符合《建筑电气工程施工质量验收规范》GB 50303—2015 的规范，并按以下规定提供线路配件及其他电气设备。

二、所有“防水”及户外用的电器，若没有特别声明，其防护等级需为 IP54 或以上。

第二节 线路配件

一、一般要求

1 除另有规定外，所有线路配件需为乳白色或白色绝缘型，机房和配电室内的线路配件均需为装于明装盒内。

2 防水，防火或工业用线路配件需为明装型。

3 所有连接应急回路的配件均需于其面盖板上刻以红色“应急”字样。

4 设备需按 kW 需要配置相应连接器。

5 图标的大约安装高度只作指导用并需于工地指定和商定。

6 无人值守设备机房区域选用普通照明开关。

7 消防楼梯间选用红外加就地开关。

8 公共区域清扫、检修插座使用专用插座。

二、照明开关

1 照明开关需为 10A 单极，微（间）隙型并需符合有关规范《家用和类似用途固定式电气装置的开关》GB16915 的要求。当照明开关用于荧光灯或感性负载时不需降低额定。

2 在图上有多个开关相邻的处可供多联开关。控制不同相回路的开关和线路应予分隔。

3 对应急照明回路需由单独的照明开关控制。

4 在规定的场所提供双投照明开关。

5 在成群的开关屏上，每个开关上需加标牌以表明所控制的范围。

6 防水型开关需为整体型，包括面板和接线盒，在面板与接线盒，接线盒与线管之间需有橡胶垫圈。

三、插座和插头

1 插座和插头需按图标为 3 脚，选用规格需按图标。所有插座均必须带护板并以永久性的颜色标以相别标志。

2 插头和插座必须符合《家用和类似用途插头插座 第 1 部分：通用要求》GB 2099.1—2008，《家用和类似用途单相插头插座 型式、基本参数和尺寸》GB 1002—2008 及《家用和类似用途三相插头插座型式、基本参数和尺寸》GB 1003—2008。

3 图上表示“双”的插座需为双头插座。

4 以铜芯 2.5mm^2 的绝缘线将插座内的接地端与出线盒中的接地端子连接。

四、带熔断器的接线组件

1　带熔断器的接线组件需为符合 BS 5733 的双极开关型带软线出口内装符合 BS 1362 的熔丝断器。

2　除另有规定外，在带熔断器的接线组件中装置 13A 熔断器供小功率电力回路用。

五、接线组件

接线组件需符合 BS 5733 连带端子座及装于一条钢架上的电缆夹。

六、双极开关

1　双极开关需按指示需为 20A，带指示灯并符合《家用和类似用途固定式电气装置的开关》GB 16915 规定。

2　面板上应标识控制的设备。

七、照明母线

1　使用条件。

1.1　环境温度：−10～+40℃。

1.2　相对湿度：相对湿度：≤95%（25℃）。

1.3　适用的污染等级：3 级。

1.4　过电压类别：Ⅲ。

2　电气要求。

2.1　母线槽的额定工作电压：230V/400V。

2.2　额定绝缘电压交流：690V。

2.3　额定频率为 50/60Hz。

2.4　平均电阻（20℃）：25A=6.8mΩ/m；40A=2.83mΩ/m。

2.5　防护等级 IP55 及以上（产品不做外部处理及不增加防护部件的情况下），能满足恶劣条件下的应用要求。

2.6　机械强度：IK06。

2.7　电压降及额定耐受电流应满足表 18-1 的要求。

照明母线电压降及额定耐受电流　　**表 18-1**

电压降：对应功率因数 $\cos\varphi$，100m 电压降不得大于表中数据			
功率因数	电压降	额定电流 25A 系列	额定电流 40A 系列
$\cos\varphi=0.8$	V/100m/A	0.7	0.3
$\cos\varphi=0.9$	V/100m/A	0.78	0.35
$\cos\varphi=1$	V/100m/A	0.85	0.38
导体截面	—	≥ $2.5mm^2$	≥ $6mm^2$
动稳定性	—	≥4kA	≥9kA
热稳定性	—	≥190×103A2s	≥$900\times10^3 A^2s$

3　整体要求

3.1　母线系统采用模块化单元组成，包括直线段、支接单元、连接用柔性弯头、安装固定装置、端封等。

3.2　母线安装间距可达到 5m，单回路母线外壳承重在 2.0m 安装距离内不小于 30kg，双回路不小于 60kg。

3.3　母线体积不大于 60mm×50mm，始、终端接电单元最大安装几何尺寸不大于 110mm×80mm。

3.4　照明母线系统内部应能提供单相单回路、三相单回路、单相双回路（共地）、三相双回路（共地）、单相四回路（共地）、单相三回路三相单回路（共地）等多种线路布置。

4　结构设计。

4.1　直身段标准长度为 2m 和 3m。

4.2　可单侧带插接口或双侧带插接口。

4.3　为保证产品整体的机械强度和电气连接可靠性，直身段与直身段之间的连接必须采用对插式，且搭接长度不小于 120mm。

4.4　母线连接头使用直接对插式连接，不能采用纽扣式紧定方式，必须具备防错相设计，保证安全性。

4.5　进线单元处必须采用电缆套封结构，减少现场加工所导致的质量风险。

4.6　进线单元只允许单方向进线，不允许多方向进线，保证进线连接的统一性和可靠性，同时需要并现密封功能，保证整个母线系统的防护等级

5　外壳。

5.1　母线为刚性热镀锌钢板整体成型外壳，保证良好的抗压，抗扭曲性能。

5.2　母线整体耐腐蚀性能和耐湿热性能强，要求母线整体可通过 96h 的耐二氧化硫试验，交变湿热 55 度 6 周期的试验以及耐 96h 盐雾试验要求。

6　导体。

6.1　导体材料为高纯度铜导体，铜纯度≥99.95%，导电率≥97% IACS，电阻率≤0.017777Ω・mm^2/m，以保证优越的电气性能；

6.2　保护地线系统利用外壳作为地线，接头处有可靠的连接；

6.3　连接头内部触头处采用镀银处理，有效降低接地电阻，电压降及能耗。

7　支接单元。

7.1　支接单元与母线本体插孔之间采用安全的锁紧装置设计，可有效地防止支接单元意外脱落；

7.2　直接单元可带电插拔，连接时 PE 线先于相线与母线接触，拔出时最后断开，保证人身和系统的安全性；

7.3　支接单元的相线和 N 线可灵活换相，满足随时变化的配电需求，以保持三相之间的平衡；

7.4　支接单元具有接通的相序显示窗口，方便现场的施工质量检查。

8　母线安装要求。

8.1　母线安装间距最大可达 5m。

8.2　接头处使用单颗螺栓即可完成所有安装，以减少人为错误，安全更加可靠。

8.3　每种外形尺寸的母线只允许一种规格的吊架，以加快安装速度，降低错误风险，满足母线的吊装，侧装及托盘安装的要求。

8.4　产品设计需能简化安装以节约时间和人力，干线和其配件必须在工厂加工完成以确保现场加工最少化，同时安全、可靠。

8.5　端封和进线单元必须一起供货，防止配件遗失。

8.6　全生命周期免维护。

9　测试报告要求。照明母线槽所用导电材料必须符合《电工用铜、铝及其合金母线　第 2 部分：铝和铝合金母线》GB 5585.2—2005 标准规定。绝缘材料应符合 IEC 60332-3 的阻燃标准，所有外露材料必须不含卤素。同时，为了保证照明母线的优良性能，请提供以下证书文件：

9.1　母线系统符合《低压成套开关设备和控制设备　第 6 部分：母线干线系统》GB

7251.6—2015 规定。

9.2　阻燃性符合《单根电线电缆燃烧试验方法　第 3 部分：倾斜燃烧试验》GB 12666.3—2008 标准规定。

9.3　耐着火性能符合 IEC 60695-2 规定。

9.4　湿热，循环试验符合 IEC 60068-2-30 规定。

9.5　中性盐雾试验符合《电工电子产品环境试验　第 2 部分：试验方法　试验 Ka：盐雾》GB 2423.17—2008，96h 规定。

9.6　二氧化硫气体腐蚀试验符合《电工电子产品环境试验　第 2 部分：试验方法　试验 K_{Ca}：高浓度二氧化硫试验》GB 2423.33—2005，96h 规定。

第三节　其他电气设备

一、时间开关

1　开关为内置具有延时/定时功能的电子模块，电气规格为 250V，10A，15A。

2　开关为点动式按钮型。

3　开关的性能还需满足规范的有关要求。

4　时间开关需装于防尘金属壳内带绞链的前盖及透明窗。外壳需有效接地。

5　时间开关需连同一只手动旁路开关便于维修用。

6　时间开关需装于特制金属内，开关外壳需使用耐用的可移除透明塑料。

7　时钟误差应为每月±15s。

8　时间开关需有断电记忆功能。

二、接触器

供手动就地，远控或通过时间开关控制照明的接触器需符合《低压开关设备和控制设备　第 4-1 部分：接触器和电动机起动器　机电式接触器和电动机起动器》GB 14048.4—2010，使用类别 AC-2，12 级间断负载。其额定电流不得少于所连接出线回路的开关额定电流，动力不得低于 20A 及照明不得低于 10A。

三、消防员用紧急开关

1　消防员用开关需符合当地消防局，中国国家标准的要求，使用类别 AC-23。

2　消防员用开关需为铸铁防风雨外壳，红色饰面层。在其上或在其附近需固定一块写有“消防用开关”字样的名牌。名牌的最小尺寸为 150mm×100mm，其字体大小应能于工地条件下易于从远方看到并不少于 13mm 高。

3　消防员用开关的“合”和“分”位置需用文字清晰地表明，其字体大小需能使立于地下的人员看到。“分”位置应在上方。

4　消防员用开关需为速通速断型带圆形手把。手把需能自动锁于“分”的位置。

四、亮度传感器

1　本设备为用于节能和安全方面的电气控制照明设备的组件。

2　亮度传感器在当亮度低于整定值，装置会触发一个通断过程，亮度整定值如图示及按灯光设计顾问的要求。

3　亮度传感器的外形尺寸必须有较好的容差，并且没有移动部件。必须提供一条附加电路以达到至少 30s 的延迟，以消除由于闪电或其他短时间照明变化而产生的变化。

五、双鉴（红外线及超声波）传感器

1　本设备为用于节能和安全方面的电气控制照明设备的组件。

2　可根据环境进行灵敏度等的调整，全范围自动温度补偿，超强抗误报能力。

3　LOADIF 段式 FRESNEL 镜片。

4　具有抗高频干扰及防遮挡保护功能。

5　需使用被动红外线热变化和超声波的频率转变以作探测用途。

6　传感器需自设延迟计时器，调校范围为 5s～20min。

7　超声波传感器部分需提供 180°或 360°的感应范围，而红外线传感器部分则需提供 360°的范围感应，以配合于不同精密度的覆盖应用要求。

8　当传感器装置高度为离地 2.4m 以上（360°的感应范围），其覆盖范围需不少于 $40m^2$。

第四节　安　　装

一、技术准备

1　熟悉施工图纸和技术资料。

2　施工方案编制完毕并经审批。

3　施工前应组织施工人员进行安全技术交底。

4　配备相应的施工质量验收规范。

二、安装作业条件

1　施工图纸和技术资料齐全。

2　土建墙面装饰完毕，门窗齐全。

3　各种管路、盒子已经敷设完毕并验收合格。

4　线路的导线已敷设完毕，绝缘摇测合格。

三、开关安装

1　安装在同一建筑物构筑物的开关，应采用同一系列的产品，开关的通断位置一致（一般向上为“合”，向下为“关”），操作灵活，接触可靠。

2　拉线开关距地面的高度层高小于 3m 时，拉线开关距顶板为 150～200mm，层高大于 3m 时，拉线开关距地面不能超过 3m，距门口为 150～200mm；且拉线出线口向下。

3　翘板式开关距地面高度应为 1.4m，距门口为 150～200mm，开关不得置于单扇门后。

4　开关位置应与灯位相对应，同一室内开关方向应一致；并列安装的开关高度应一致，高低差不大于 0.5mm，拉线开关相邻间距一般不小于 20mm。

5　多尘潮湿场所和户外应选用防水瓷制拉线开关或加装保护罩。

6　在易燃、易爆和特别潮湿的场所，开关应分别采用防爆型、密闭型，或安装在其他处所控制。

7　民用住宅不得安装用软线引进的床头开关，明线敷设的开关应安装在阻燃的塑料台上。

8　开关安装在木结构内，应注意做好防火处理（阻燃垫）。

四、插座安装一般规定

1　车间及试验室等工业用插座，除特殊场所设计要求外距地面应不低于 30cm；

2　在托儿所、幼儿园及小学校应采用安全插座。采用普通插座时，其安装高度应不低于 1.8m；

3　同一室内安装的插座高度差应不大于 5mm；成排安装的插座高度差应不大于 2mm；

4　暗装的插座应有专用盒，专用盒的四周不应有空隙，且盖板应端正严密并与墙面平；

5　地面安装插座应有保护盖板；专用盒的进出导管及导线的孔洞，用防水密闭胶严密封堵；

6　在特别潮湿和有易燃、易爆气体及粉尘的场所，不应装设插座。如有特殊要求，应安装防爆型的插座，且有明显的防爆标志；

7　插座安装在木结构内，应注意做好防火处理（阻燃垫）。

五、开关、插座的接线

1　开关接线：

1.1　要求同一场所的开关切断位置一致，操控灵活，导线压接牢固。

1.2　所控制的电器相线必须经开关控制。

1.3　开关连接的导线宜在圆孔接线端子内折回头压接（孔径允许折回头压接时）。.

1.4　多联开关不允许拱头连接，应采用LC型压接帽压接总头后，再进行分支连接。

2　插座接线：

2.1　单相两孔插座有横装和竖装两种。横装时，面对插座的右极接相线（L），左极接（N）中性线；竖装时，面对插座的上极接相线（L），下极接（N）中性线。

2.2　当交、直流或不同电压等级的插座安装在同一场所时，应有明显区别，且必须选择不同结构，不同规格和不能互换的插座，使用的插头与插座应配套。

2.3　插座箱多个插座导线连接时，不允许拱头连接，应采用LC型压接帽压接总头后，再进行分支线连接。

六、暗装开关、插座的面板安装

按接线要求，将盒内甩出的导线与插座、开关的面板按相序连接压好，理顺后将开关或插座推入盒内（如果盒子较深，大于2.5cm时，应加装专用套盒），调整面板对正盒眼，用机螺栓固定牢固。固定时要使面板端正，并紧贴墙面。

七、明装开关、插座的面板安装

应通过专用机螺栓将开关、插座面板直接固定在明装底盒上，注意固定牢固可靠，使面板端正，外观平整并紧贴在明装底盒上。如果采用塑料台明装，应先将从盒内甩出的导线由塑料台的出线孔中穿出，再将塑料台紧贴于墙面用螺栓固定在盒子上，如果是明配线，管线或槽盒应先顺对管线方向，再用管卡或螺栓固定牢固。然后将专用的明配接线盒固定在所须用的位置上，将盒内甩出的相线、中性线、保护地线按各自的位置从开关、插座的线孔中穿出，按接线要求将导线压牢。然后将开关或插座贴于接线盒上，对正盒眼，用机螺栓固定牢。最后，再把开关、插座的盖板上好。

八、开关、插座的安装注意质量问题

1　导线严格分色，校线准确。防止开关未断相线，插座的相线、中性线及地线压接错误。

2　在接线时应仔细分清各路灯具的导线，依次压接，并保证开关方向一致。防止多灯房间开关与控制灯具顺序不对应。

3　应调整面板或修补墙面后再拧紧固定螺栓，使其紧贴建筑物表面。防止开关、插座的面板不平整，与建筑物表面之间有缝隙。

4　及时补齐护口。防止安装开关、插座接线时，进盒导管护口脱落或遗漏。

5　改为鸡爪接导线总头。或者采用LC安全型压线帽压接总头后，再分支进行导线连接。防止开关、插座内拱头接线。

6　必须选用统一的螺栓。防止固定面板的螺栓不统一（有一字螺钉和十字螺钉）。

7　对每个开关、插座进行上下调整。防止同一房间的开关、插座的安装高度之差超出允许偏差范围。

8　单相双孔插座，在双孔垂直排列时，相线在上孔，中性线在下孔；水平排列时，相线在右孔，中性线在左孔。对于单相三孔插座，保护接地在上孔，相线在右孔，中性线在左孔。

第十九章　智能照明控制系统

第一节　一般规定

一、本承包单位需根据本技术规格说明书及图纸的要求，设计、供应一套完善的智能照明控制系统（以下简称“本系统”）；包括供应设备、调试及试运转。

二、任何设备如未于本技术规格说明书内或图上提到，但为系统运转所需，也需包括在本合约工程内。

三、图标的设备的位置仅作指导用，其准确位置及所需数量需由承包单位根据所提供设备的性能，按最终的建筑图或内部装饰图于深化施工图上明示，提交设计人批准，并需与内部装饰承包单位密切配合。

四、投标单位在送回投标书时需呈上一份“技术建议书”，叙述该建议的系统及其配件符合标书的要求。同时需附呈有关的产品说明及制造厂的标准文件，详细叙述电缆、接线、连接设备等等，包括产品目录、规范、图表和显示特征的简图，每个投标单位的标书将根据技术建议书的清楚程度与完整程度予以评定，技术建议书的最低要求应包括下列资料：

1　详细的系统示意图。应根据招标示意图与初步设计图纸绘制，并加于以深化，以显示与系统网络相连的所有点的细节。

2　技术性的叙述，解释系统的总体概念，设备的类型与质量、容量、功能操作、速度和精确度。

3　系统硬件和软件的扩建方法，阐明在不同系统层次的局限性和最大容量。

4　本系统在环境方面的要求，包括每一个安装设备房内的温度、湿度、设备用电及间距。

5　详细叙述在硬件结构各种层次中，系统任何部件发生故障所产生的影响。重点应放在对系统反应的影响以及发生这种故障时仍能运行的系统容量份额。

6　现场进行测试的步骤。

7　为业主代表而举办的培训计划建议。

8　根据规范的要求制订的维修合同样式本供业主研究。合同还需包括对系统内容增加和修改时的单价。

9　详细的工作进度计划，需符合建筑总合同中有关各种活动的工作程序所规定的制约。

10　建议的组织架构表，显示执行设计、工程、施工、测试与维修的工程人员的架构。

五、质量保证：

1　制造商的资格证明：

制造商：指投标人参加本项目投标所投货物的进口品牌制造厂商，并提供相应的 CE 认证证书、海关报关单。

2　适用的规范、标准和当地条例：

2.1　本技术规格说明书内所列的有关规范和标准是指于签订合同时所颁布的最新修订版本。

2.2　若技术规格说明书内对某些要求未有列明标准，则有关的细节、材料、设备和工艺要求应遵照相关的国内或国际标准，取较高者为依据。

2.3　所有弱电系统装置的施工应遵照当地的法规或条例等进行。倘若当地法规或条例对系统的设计，材料或设备的选型产生影响时，虽然本技术说明书或许没有特别指明，但所提供的系统、材料或设备必须符合有关条例的要求。

2.4　倘若上述各技术要求之间互相出现矛盾和或发生抵触时，则应按下列次序先后作优先考虑处理，并以较高者为依据：

2.4.1　当地的条例，指令和规范；

2.4.2　公用事业公司的条例和守则；

2.4.3　本技术规格说明书和图纸；

2.4.4　其他认可的标准。

3　本系统的设备需包括为实现本技术规格说明书所规定的功能而必需的所有设备、机架及一切附件。系统设备中的主要项目需为同一制造厂商生产的最可靠型号。其中需要更换的零、配件必须保证于保养期终了后的五年期间仍可以得到供应。

4　由业主方确认本设备正式交付其使用后，提供在保养期（二年）内的免费维修及保养。

第二节　系统要求

一、系统概述。

1　系统应符合国际通用的IEC标准及《控制网络HBSE技术规范　住宅和楼宇控制系统》GB/Z 20965—2013，系统所采用的标准应有多家制造商支持，产品具有互换性，可做到厂商间无缝兼容，便于将来的维护。

2　智能照明控制系统应是完全分布式总线式结构，智能控制系统，通过网络系统将分布在各现场的控制器连接起来，各智能模块不依赖于其他模块而能够独立工作，模块之间应是对等关系，共同完成集中管理和分区控制。

3　基于可靠性方面的考虑，不接受任何形式的基于中央主机的控制系统。

4　在智能化照明控制系统故障时应有备用控制线路，在智能化系统故障时照明系统能够实现高、中、低亮度控制。

二、系统目标。智能照明控制系统的目标就是对大厦公共区、办公区、特殊用房区等照明采用计算机控制技术进行全面有效地监控和管理，在需要进行单灯单控的场合，采用数字寻址可调光接口镇流器（支持DALI等协议），以确保环境灯光达到建筑的期望效果，同时实现高效节能的要求。

三、设计原则。应采用先进、成熟的分布式智能照明控制系统，充分利用电子技术，把自然光和人工光有机地结合起来，在此基础上采用适合本项目的设计方案。

四、系统技术要求。

1　要求采用分布式照明控制系统，模块化结构。每个控制器均要求带有CPU，当系统出现故障的情况下仍可以独立地完成各种控制功能，不接受主、子模块搭建的设备结构。

2　为保证系统的先进性与快速有效性，系统架构基于C/S的二层或多层网络结构，管理层网络按IEEE802.3标准，构建标准化的以太网络（Ethernet）平台，采用TCP/IP协议，通过防火墙入IBMS；底层采用专有现场总线KNX系统进行网络通信。

3　各现场面板开关、照度传感器可跨网关控制其他子网上的智能继电器或调光模块。

4　系统响应速度≤2s。在照明主备电源切换时间内，必须保持继电器开关状态不变。

5　为防止瞬间停电造成灯具长时间熄灭，继电器模块一律采用机械脉冲式自锁型继电器。

6　系统应具有时钟管理器。

7　为提高系统工作稳定性，总线对控制命令具备接收反馈功能，面板指示灯及中控电脑可真实反馈现场模块控制状态。

8　安装在照明箱中的驱动模块必须采用 MDRC 方式，即标准模数化 35mm 标准 DIN 导轨安装方式。

9　所有智能照明通信子网与控制中心之间通信依托综合布线专网的网络平台。子网内部控制箱至编程面板、各种探测器等终端之间使用 KNX 专用总线电缆连接，与弱电槽盒同槽敷设，出槽盒时预留 MT19 钢管。

五、网络技术。系统应采用总线形的网络拓扑结构，其规划、设计应符合以下原则：

1　满足集中监视的要求；

2　与系统规模相适应；

3　尽量减少故障波及面；

4　系统易于扩展。

第三节　设　　备

一、系统硬件。

1　总控设备：可编程液晶显示触摸屏，智能照明监控主机。

2　输入设备：智能控制面板、红外存在感应器、高频雷达感应器、照度传感器、系统联动输入模块。

3　输出设备：调光控制模块、开关控制模块、窗帘控制模块。

4　系统设备：总线耦合器、系统电源、IP 网关、定时模块、总线诊断及保护模块、总线故障监视模块等。

二、调光控制模块。

1　用于对卤素灯、传统变压器或电子变压器的低压卤素灯的开关或调光；

2　可以通过通道间桥接功能增加通道最大负荷，端口间可进行任何组合；

3　模块可自动识别输出端连接的负载类型，也可通过编程软件自定义输出端负载类型；

4　具有多级或无级控制功能，光的亮度调节为连续和线性变化；

5　调光模块具有抑制高次谐波干扰的功能，符合国际抗干扰标准；

6　调光模块具有单路、2 路、4 路、6 路输出供选择，单路调光最大功率不低于 2400VA；

7　每一回路具备手动操作按钮及 LED 工作状态指示灯，以利于工程维护及紧急故障处理；

8　调光模块具有自身散热的功能，必须为标准模数化 35mm 标准 DIN 导轨安装方式，不允许墙面明装。

三、开关控制模块。

1　开关模块具有抑制高次谐波干扰的功能，符合国际抗干扰标准；

2　每个负载回路具有机械手动强制开关，以利于工程维护及紧急故障处理；

3　模块具有场景功能，具有场景断电记忆功能；

4　模块具有 6A、10A、16A、20A 等多种规格电流等级，适用于各种光源的照明负荷。

5　每个控制器应内置独立的CPU，不接受主、子模块搭配的控制方式，触点寿命≥10万次；

6　智能继电器模块必须具有带容性负载的能力（每回路电容最大200μF）；

7　在灯具集中时，可设置具有关闭重开启延时功能和开启延时功能，减少对灯具的损害和对电网的冲击；

8　可以反馈每个回路触点的实际开闭状态；

9　模块可检测各回路的电流值，精度0.1A，上传到主控站进行坏灯检测；

10　开闭控制继电器必须带有自锁功能，以便在系统掉电时，灯光开闭状态可保持不变；也可以设定为强行开或关，以便在特殊情况如消防报警时实现联动；

11　开关模块必须为MDRC方式，即标准模数化35mm标准DIN导轨安装方式。

四、控制面板。

1　适用于荧光灯、节能灯、白炽灯、金卤灯等多种灯具的开关控制；

2　应有多种造型、多种材质、多种颜色的面板供选择，以便与装饰的风格相匹配；

3　外观时尚，按键弹性好、耐用，每个按键都有对应的LED输出；

4　采用标准86盒墙装方式；

5　重要区域的触摸液晶触摸屏，可以实现灯光开关/调光、电动窗帘等的一体化控制；

6　多功能厅、独立办公室等区域的现场智能控制面板应具有场景现场记忆功能，以便于现场临时修改场景控制功能以适应不同场合的需要；

7　智能控制面板应具备标签指示功能。

五、智能探测器。

1　照度感应器。

1.1　为提高照度感应器工作的稳定性，感应器的亮度传感探头与感应器接口模块应分体安装。传感器安装在需感应的空间内，感应接口导轨式安装于配电箱内；

1.2　一个感应器接口模块可接入最多3个亮度传感探头，感应器接口模块可分别接收3个不同部位的亮度值进行控制、显示，且可进行逻辑运算功能，如利用3个通道值的平均亮度值进行控制，或是取3个通道中最大值或最小值进行控制等；

1.3　传感器种类：室内/室外/阳台，室外型防水；

1.4　测量范围：1～100000lx。

2　红外存在传感器。

2.1　精度要求：探测器必须为存在式红外探测器，为了能探测区域内探测诸如点击鼠标、敲击键盘类的细小动作，要求探测器内具有4个超高分辨率的数字温度感应器，具有不低于4800个转换区域，以提供最高质量检测；

2.2　探测区域要求：由于工作区为规则的矩形区域，要求探测器为方形探测区，方便进行精确规划，在安装高度为2.8m时，探测范围不得小于的范围如下：

——存在探测区域最大8m×8m（$64m^2$）

——径向探测范围最大8m×8m（$64m^2$）

——切向探测范围最大20m×20m（$400m^2$）

2.3　探测器具有光敏传感器，可与红外探测器进行逻辑控制，照度探测范围为10～—1000lx；

2.4　关灯延时可由软件任意设定；

2.5　可与多个探测器进行主/从方式或主/方式进行对灯控模块的控制；

2.6　探测器具有红外遥控接收功能，方便遥控器进行对灯光的控制。

3 走廊型人体传感器。

3.1 为提高公共走廊探测器的灵敏度，探测器需采用5.8GHz高频雷达型探测器，功率不得大于1MW；

3.2 探测区域要求：在满足探测范围需求的前提下，为减少探测器的安装数量，要求探测器在安装高度为2.8m时，探测范围不得小于20m×3m，且可根据走廊长度进行无极调整；

3.3 探测器具有光敏传感器，可与红外探测器进行逻辑控制，照度探测范围为10～1000lx；

3.4 关灯延时可由软件任意设定；

3.5 可与多个探测器进行主/从方式或主/方式进行对灯控模块的控制；

3.6 探测器具有红外遥控接收功能，方便遥控器进行对灯光的控制。

4 卫生间型人体传感器。

4.1 因卫生间有木质隔断，要求安装的探测器可以穿透隔断进行探测，探测器需采用5.8GHz高频雷达型探测器，功率不得大于1MW；

4.2 要求探测器在安装高度为2.8m时，探测范围不得小于直径8m，且可根据卫生间大小进行无极调整；

4.3 探测器具有光敏传感器，可与红外探测器进行逻辑控制，照度探测范围为10～1000lx；

4.4 关灯延时可由软件任意设定；

4.5 可与多个探测器进行主/从方式或主/方式进行对灯控模块的控制；

4.6 探测器具有红外遥控接收功能，方便遥控器进行对灯光的控制。

六、可编程液晶显示触摸屏。

1 可设置密码锁，提高安全性能；

2 采用LED背光照明的大液晶监视显示屏；

3 对不少于210组被控设备回路进行控制；

4 掉电以后数据可保存在EEPROM存储器；

5 可直观地对灯光、窗帘、空调、AV设备等进行集中监视和控制；

6 具有逻辑、定时、场景、安防、温度、红外遥控等功能；

7 为便于显示和操作，屏幕尺寸为6寸、9寸、12寸可选。

七、总线诊断及保护模块。

1 可快速诊断总线状态；

2 采用抑制二极管，瞬态抑制KNX总线上过电压和尖峰干扰电压；

3 可通过LED灯指示总线上信号传输状态；

4 标准导轨安装。

八、故障信号监视模块。

1 可检测各种来自i-bus总线的故障信号；

2 需具有100个故障信号的输入；

3 标准导轨安装。

第四节 软 件

一、基本要求。

1 采用Windows操作系统，简体中文图形操作界面。

2　能通过中央监控室或分控室内的操作站对系统进行集中监控和管理。

3　应具有报警管理、日程表、历史记录、密码保护、图形化编程等软件模块。

4　智能照明控制软件应具备软件产品登记测试报告、计算机软件著作权登记证书、软件产品登记证书。

二、软件功能。

1　应提供二次开发工具，支持平面图设计，采用拖放方式编辑平面图。

2　为提高管理效果，开灯时候，应在图形界面上以图标颜色变换方式显示每个光源开启的状态。

3　图形界面上显示的开灯或关灯状态均为各继电器或调光模块上报的真实反馈状态。

4　应具有自检功能，可监视系统所有部件的工作状态。

5　应具有报警管理功能，可显示报警区域、报警点的具体地址。

6　可针对任一开关回路的反馈电流值与正常电流值差异判断回路是否有坏灯，并在主控站进行报警。

7　应具有运行时间及历史纪录功能，并可根据需要灵活设定。

8　可图表显示任意开关回路一段时间内正常电流与实际电流的值。

9　应具有报表功能，并可根据需要灵活设定。

10　软件应能提供OPC或其他标准协接口，能集成到其他系统（如BMS、安保、消防报警等），实现照明回路与其他系统的控制联动。

第五节　控 制 策 略

一、楼梯间。在各层楼梯间内均设置红外加独立开关控制，平时楼梯照明由感应器控制，人来时开灯，人走后楼梯灯延时关闭（延时时间1s～30min可调）；火灾时，由消防模块控制楼梯灯强制点亮。

二、电梯厅。电梯厅正常照明方式采用人体感应与室外自然光照结合的方式，由于探测器具有照度探测功能，电梯厅采光在白天可充分利用自然光线，最大限度地减少电能消耗，光线不足时，自动转换为人体感应控制，人来时开灯，人走后楼梯灯延时关闭（延时时间1s～30min可调）。

三、走廊。走廊照明采用人体感应+定时自动控制，在工作日，每天正常工作时间内，按不同时间段进行程序设定控制照明开启，非正常工作时间自动改为人体感应控制照明，在走廊内设置走廊型高频雷达感应器用于高精度人体探测。并在火灾时，由消防模块联动控制走道强制点亮。

四、卫生间。在卫生间洗手间内均设置高频雷达人体传感器，洗手间照明及排风扇由人体传感器控制，人来时开灯，人走后洗手间灯延时关闭（延时时间1s～30min可调）。

五、首层共享空间。大厅的灯光采用按回路集中控制，配合光线感应器工作，根据自然光的照度控制灯光及遮光系统，充分利用自然光线，最大限度地减少电能消耗；夜间灯光调至夜景模式，与大楼室外灯光组合，形成特定灯光的效果，午夜后切换到夜间模式，只保留必要的照度；前台接待区域设置智能触摸屏，可根据实际使用需要，手动对空间内的灯光进行控制。

六、车库。车库智能照明控制系统在中央控制主机的作用下，处于自动控制状态。每天客流高峰时段，车库车辆进出繁忙，车库的车道照明和车位照明应处于全开状态，便于车主进出车库。在非高峰时段，白天日光充足，车流量小，可关闭所有车位照明，并对车道照明采用1/2或1/3隔灯控制，以节省能耗。深夜时候，车流量最小，可关闭所有的车道照明和车位照明，只保留应急指示灯照明，保证基本的照度，以节约能耗。也可根据实际照明及车辆的使用情况，将一天的照明分为几个时段，通过软件的设置，在这些时段内，自动控制灯具开闭的数量。达到控制区域不同的照度方式以供照明，这样使灯光的照明既得到了有效的利用，又大大地减少了电能的浪费，保护了灯具，延长了灯具的使用寿命。如有特殊需要，可在管理室用智能面板开关，手动开启或关闭照明。当符合了自动控制的要求时，系统会自动恢复到自动运行的状态，无需手动复位；此外在车库入口管理处安装可编程开关，用于车库灯光照明的手动控制。只要按动一个键便可改变整个车库的灯光。不需要管理人员到现场单个开关。减少了车库的运行费用。

七、普通办公室。普通办公室内照明控制采用数字式可寻址照明控制接口，配合高效光源及间接照明方式实现整栋大楼办公室的控制（可实现单灯调光），做到人进房间自动亮灯，人离房间灯光自动延时熄灭（在下班后对办公室区域设置为存在探测感应模式），根据具体房间进深的实际情况，结合遮阳窗帘的开启度及天气的变化，充分利用自然采光，对光源进行梯度调节。同时设置手动调光控制开关面板，实现不同的空间、不同的人群自由设定光照度，在充分考虑光源寿命期内发光衰减及建筑墙面装修日渐老化而引起光线反射衰减的前提下，光源的自动调节应满足不同需求者的设定值。存在是人体感应器采用吸顶式安装：该感应器集成了亮度和移动探测器功能，可对同一房间的多个灯具进行控制自动控制，当有人办公时保持恒定的流明输出，无人办公时自动关闭。

第六节 施 工

一、施工安排。设备的安装及工程布线及接线由电气承包单位负责，但本承包单位应负责穿线及接线指导工作。

二、调试。

1 调试前应检查接地并做好记录；

2 按施工布线图对各回路进行校验，检查以确保接续正确、良好、编号无误；

3 按设计图纸及产品说明要求及相关规范要求，逐个逐项接通调试，以确保系统符合设计及有关规范要求。

三、系统竣工。系统竣工时，施工单位应提交下列文件：

1 完整竣工图（含平面图、系统图、安装大样等）；

2 设计变更文字记录；

3 施工记录（包括隐蔽工程验收记录）；

4 调试检验记录；

5 完整的产品说明书，维护及操作手册与产品资料；

6 竣工报告。

第二十章　浪涌保护器监控系统

第一节　一 般 规 定

一、建筑物雷电防护等级须按图纸设计的要求，承包单位需依据项目建筑状况，重新复核 SPD 的选型，并依标书和招标图纸要求的指导措施进行施工，确保整个雷电保护系统按有关规定及要求完满完成。

二、本工程考虑到项目的复杂性和未来管理、维护的方便，本项目设置浪涌保护器监控系统。

三、浪涌保护器监控系统概述、功能介绍及组网型式等详见图纸。

第二节　系 统 要 求

一、SPD（浪涌保护器）因其有效的瞬态泄流功能而被广泛运用在大型的关键电气系统中，但随着雷击计数的增加，SPD 会逐渐老化甚至失效，智能防雷监控管理系统的基本思想是利用计算机、通信和自动化技术，将现场 SPD 的各项指标（雷击次数、雷击强度、漏电流超限、劣化报警、失效状态等）进行实时监测，并在监控中心设立综合信息管理平台，形成多媒体告警联动，为防雷管理提供有效的技术手段。

二、数据采集器经总线采集智能 SPD 的各项指标，对数据进行基本处理后由业务网络上传至监控主机。

三、系统构成。

1　各级配电线路采用 SPD；具有正常工作指示、防雷模块及短路保护损坏报警、热熔和过流保护、保护装置动作告警、运行状态实时监控、雷击事件记录、实时通信等功能；SPD 为高性能浪涌保护器。

2　系统主站设于大楼地下智能化中心内。

四、系统监测内容。

1　接线与后备保护状态。监控浪涌保护器各连接线缆以及浪涌保护器后备保护的状态，异常告警。实时监测浪涌保护器接线状况以及后备保护状态，一旦出现接线脱落、后备保护跳闸等现象时，发出报警，系统将自动切换到相应的监控界面，且发生报警的开关会变成断开状态且变红显示，同时产生报警事件进行记录存储并有相应的处理提示，并第一时间发出多媒体语音、电话语音拨号、手机短信对外报警。

2　SPD 漏电流。实时监测 SPD 半导体器件的漏电流变化，从而监测 SPD 寿命。实时监测 SPD 漏电流变化，实时监测 SPD 遭受雷击后的漏电流变化情况，从而判断 SPD 的劣化程度。系统可对监测到的漏电流值以及变化率设定越限阀值（包括上下限），一旦发生越限报警或故障，系统将自动切换到相应的监控界面，且发生报警的该 SPD 状态或参数会变红色并闪烁显示，同时产生报警事件进行记录存储并有相应的处理提示。监控软件提供曲线记录，直观显示 SPD 寿命及历史曲线，可查询年、月为时段查询相应参数的历史曲线及具体时间的参数值（包括最大值、最小值），并可将历史曲线导出为 EXCEL 格式，方便管理员全面了解 SPD 的运行状况。

3　SPD 热脱扣状态。实时监测 SPD 失效状态，一旦出现热脱扣现象，输出遥信信号，发出报警，系统将自动切换到相应的监控界面并且发出报警，SPD 失效状态指示由绿变红显示，同时产生报警事件进行记录存储并有相应的处理提示。

4　SPD 雷击计数及雷击强度检测。实时监测 SPD 的累计被雷击的次数及雷击强度，从而为 SPD 的寿命预测提供依据。跟踪监测 SPD 累计被雷击的次数和雷击强度检测，随着次数和雷击强度的增加，其寿命逐渐减短，系统可对其进行百分比预警，当达到一定的雷击次数后，即使没有发生热脱扣指示，系统也认为 SPD 已经处于失效临界状态，需进行及时更换，避免事故发生。当雷击计数达到告警值时，系统发出报警，并自动切换到相应的监控界面，同时产生报警事件进行记录存储并有相应的处理提示。

5　SPD 劣化指示。一旦出现 SPD 超过劣化告警界限，进入完全老化，系统将自动切换到相应的监控界面，且发生报警浪涌保护器老化状态显示，同时产生报警事件进行记录存储，并有相应的处理提示。

五、监测软件设计。

1　SPD 管理：通过对 SPD 设备的基本信息、隶属信息和安装信息的档案管理，以及辅助的工作站、分组结构、电气结构、网络模块、责任人和管理部门等相关信息的档案管理，实现了对 SPD 的多方位、层次化和图形化的统一管理，便于用户使用和维护设备。

2　劣化预警：实时监测 SPD 的劣化程度，进行寿命分析，劣化程度到预设值时报警；浪涌保护器的劣化程度是可知的。系统可以对 SPD 的劣化程度进行分析计算，用户能够实时查询其寿命状态，并且可根据用户需要预先设置 SPD 劣化报警值，当劣化到预设程度时。监测主机发出报警信号，提醒工作人员及时更换和维护，还可以筛选出所有在某个劣化程度之下的 SPD 的型号、安装位置等信息。

3　实时监测：对接入系统中所有 SPD 的信息进行实时采集、集中监测；包括每一个模块的插入、拔出、运行状态、通信状态、故障事件和寿命劣化程度，都可在图形监测界面上以不同的图标标识。

4　参数调整：参数调整是监测工作站对 SPD 的通信参数值进行调整设置。在主站工作站中存储有所有 SPD 的参数定值，选定操作对象后，系统即提供相应对象的参数定值的当前设置。可选择需要调整的参数，把参数下载给相应的 SPD，并报告参数调整的结果。SPD 在收到指令后即修改自己的通信参数定值。

5　故障显示：SPD 模块发生熔断、热脱扣或防雷模块的插入和拔出事件时，可通过遥信信号，直接显示到监测主站。

6　故障告警：当 SPD 发生拔出、雷击、熔断、热脱扣、漏流变化、通信故障、劣化预警或损坏事件时，监测中心主站系统会根据用户的设置自动发出告警提示、告警方式包括：软件监测界面中设备对应图标闪烁、外接音箱发出告警音、发送故障信息短信到设备管理员手机、语音拨打管理员手机（选配）、声光报警装置启动（选配）、故障记录打印机自动打印（选配）、输出到大屏幕显示（选配）等。用户可根据需求自由组合来选择告警方式。

7　统计报表：系统可生成 SPD 档案报表、网络模块档案报表、操作记录报表、模块更换记录报表、设备当前状态报表、设备事件记录报表、设备受雷击记录报表、模块寿命图示、年雷击记录曲线图、模块寿命统计表、系统运行分析报表等。所有报表可直接打印，也可导出 Excel 或 PDF 格式的文档并保存，曲线图可直接打印。

8　雷击事件统计：可统计任一 SPD 的任一时段的雷击事件记录，可统计不同强度等级的雷击次数。

9　图形化数字化管理：界面清新，操作便捷，功能完备。

10　历史记录：存储所有信息记录，生成报表实时上报，并能够进行历史数据查询。

11　显示打印：采用人机交互界面进行操作，并具备显示、打印功能，对实时信息、故障报警信息、维护信息等即时记录。

12　操作安全防护：操作员权限分为三级，系统管理员、操作员和浏览用户。不同级别操作员登录系统后，可操作的内容不同。系统管理员可为操作员分配可管理的SPD区域和权限，不同的操作员登录后，只可看到自己管理范围内的SPD设备。退出系统时需要验证密码等功能。

13　主站与子站关系：主站与子站采用分级管理、主站管理所有子站。

14　要求监控服务器通信支持基于物联网通信接口，可满足基于无线通信的场合，为用户布线带来很大灵活性。

15　浪涌保护器SPD监控软件应具备软件产品测试报告、计算机软件著作权登记证书、软件产品登记证书。

第三节　施　　工

一、电源防雷系统的施工、安装应执行最新出版的有关设计、施工及验收规范。

二、SPD安装于配电柜或配电箱中的35mm导轨上，PE接地端连接到机柜接地排上，要求接地电阻≤1Ω。做好安装记录，需记录SPD的产品型号、条形码、通信地址及安装位置等信息。

三、浪涌保护器监控系统线缆敷设。

1　SPD间的监控线缆接线采用串接级联方式，若有分支线路，分支线不能超过0.5m；

2　数据采集终端的单一通信回路，长度不超过800m，同一回路中，连接SPD数量不超过16套；

3　子站与主站通信的水平光纤在楼层电气桥架内敷设，垂直光纤在竖井内敷设；

4　除上述要求，并须符合《建筑物电子信息系统防雷技术规范》GB 50343—2012的有关规定。

第四节　测　　试

一、在SPD和数据采集终端安装、监控线缆敷设完成后，应进行本地网络加电调试。

二、在监控中心主站、子站设备安装及现场检验和试验工作都完成之后，可进行整套SPD监控系统的启动和调试。

三、调试工作至少应包括：

1　SPD安装接线检测。

2　监控线缆连接检测。

3　SPD上电检测。

4　数据采集终端与SPD联网调试。

5　服务器及计算机软、硬件调试。

6　数据采集终端与监控主站、子站网络调试。

7　通信测试：测试每一台SPD能否与监控主站通信，兼顾测试最短和最长的数据包。

8　功能测试：逐一测试SPD监控系统的每一项具体应用功能。

9　效率调试：在系统基本功能检查完成并进行了必要的调整后，应进行效率调试和试运行的准备。

第二十一章　消防火灾自动报警及消防联动系统装置

第一节　一般规定

一、本章说明消防火灾自动报警及消防联动系统的供应和安装所需的各项技术要求。

二、火灾自动报警系统设备应选择符合中国国家有关标准和有关准入制度的产品。

三、系统施工应完全符合我国消防部门要求和我国火灾自动报警系统设计、施工及验收等规范。

四、火灾自动报警系统设备应选择符合中国国家有关标准和有关准入制度的产品。火灾自动报警系统设备应分别按照国家有关《消防产品类强制性认证实施规则》和《消防类产品型式认可实施规则》要求，对规则条目要求的全部设备通过CCCF认证以及型式检验，并需提供公安部消防产品合格评定中心颁发的CCCF证书，和国家消防检测机构出具的认定合格的型式检验报告。证书及检验报告所出示的标准必须为最新颁布实施的，所有证书及检验报告必须在有效范围内，即在WWW.CCCF.COM.CN官网上查询到该认证状态为有效，不能为暂停、注销等状态。

五、按照最新的消防产品类强制性认证实施规则要求，必须通过CCCF认证的设备清单：火灾报警控制器（联动型）、气体灭火控制器、消防控制室图形显示装置（工作站）、火灾显示盘（楼层显示器）、点式智能型光电感烟火灾探测器、点式智能型感温火灾探测器、线型光束感烟探测器、火焰探测器、手动火灾报警按钮、消火栓按钮、防爆感烟探测器、防爆感温探测器、输入模块、输出模块、警铃、声光报警器、消防广播系统、消防电话系统。

六、为确保系统的火灾报警及联动的可靠性，火灾报警控制器、气体灭火控制器、智能光电感烟火灾探测器、智能感温火灾探测器、输入模块、输出模块、手动报警按钮、消火栓按钮、消防电话等主要设备，应采用同一品牌产品，且申请人应为同一单位。

七、消防系统控制和信号显示的布线和所采用的电缆规格必须符合火灾自动报警系统设计规范及当地消防局的要求。

八、该系统应具有与本项目内其他消防控制中心火灾自动报警系统联网的能力，且在中国境内有与本项目类型相似并已竣工的工程业绩证明书。

九、消防水池、水箱应设置就地水位显示装置，并应在消防控制中心或值班室等地点设置显示消防水池水位的装置，同时应有最高和最低报警水位。

十、本承包商提供的中国境内已竣工项目应具备现场考察及查验条件。

十一、所提供的设备必须为具有至少五年生产本产品经验的厂商制造。

第二节　系统要求

一、系统结构。

1　系统应采用二总线制、模块化结构，采用智能网络体系。系统具有自动和手动两种联动控制方式，并能方便地实现手/自动切换。实现对受控设备的控制，应符合国家标准《消防联动控制系统》GB 16806—2006。

2　消防总控室与消防分控室之间设置双路环型网保证火灾自动报警系统及联动控制可靠性。要求网络协议先进，符合工业标准，成熟、稳定、可靠。

3　要求对等式令牌通讯，各个控制盘存放各自的联动程序和与本机相关的网络联动程序：不依赖控制网络通信和存放所有网络联动程序的中央控制盘或计算机，以便在火灾等灾难事故中提高系统稳定性和可靠性，充分发挥消防监控功能。

4　要求简单的网络布线，减少不必要的环形接线所造成的线缆成本。可方便地在任何位置接入新的控制盘，从而使系统扩容十分简便。

5　要求网络显示和控制功能强，可显示和控制所有控制盘上的全部物理点和虚拟点，在系统扩容时无需再增加网络显示器。另外，网络显示盘的数量可设置多个，以提供网络热备份。

6　要求网络显示盘提供标准的串行通信接口：（RS232，RS485）与其他的系统通讯。同时，还提供成品的协议转换接口（物理桥）将不同协议的网络系统集成。无需开发专用系统的费用和时间。

7　要求网络节点安装位置无任何限制。大容量的同时，网络信号的传输速率为300K以上。节点之间应有电气隔离。

8　要求网络上时钟同步。

9　要求系统结构没有主CPU或其他不可靠的中枢连接，各个节点之间不存在主/从关系，每一节点有独立的储存单元储存自己的程序和数据，同时对等地与其他节点进行通信。且网络中的任何一个节点的故障都不会影响其他节点的动作和通信，要求形成真正的点对点对等式网络。

10　要求网络系统具备成品的协议转换接口，能与建筑设备监控系统联网，实现双向通信，而无需增加接口的费用。

11　本系统需为智能式多功能地址编码消防报警系统，由具有内置微型处理功能的消防控制屏、地址式输出/输入接口单元、各类探测器、报警器、感应器等组件组成，并需具有火灾报警、联动控制、紧急广播、监察和报告系统及各组件的运作情况等功能。

12　每个外围组件应有各自独立的"地址编码"，在控制屏上以文字的形式准确地报告火灾的位置、时间、日期等，并实时打印。

13　系统应采用总回路方式连接所有的系统组件，使控制屏能不断地监控整个系统。用于整个系统的电缆需为阻燃型铜芯绝缘导线，并应敷设于金属导管或槽盒内。

14　控制屏需配置专用的铅酸蓄电池，使正常电源发生故障时，系统仍能照常操作而没有发生任何中断。系统操作采用直流电源，电压为24V。

15　系统应为高灵活性，能随意对各个组件的地址编码重新编序，从而配合将来的出租房间的任何布局情况。此外，系统的容量需允许将来扩大系统的可行性。

16　本系统装置必须能准确处理日期及时间数据（包括闰年在内但不限于计算、比较、交换及安排次序），并能正常操作。

17　系统中各类设备之间的接口和通信协议的兼容性应满足国家有关标准的要求。

二、系统组成。

1　系统应由计算机图文系统、消防报警控制主机、联动监控台、消防专用电话主机、探测器、手动报警按钮、楼层显示器（通过文字及讯号灯显示楼层事故状态及相关位置）、监视中继器或监视模块、控制中继器或控制模块、电源系统、广播系统等组成。

2　任一台火灾报警控制器所连接的火灾探测器、手动火灾报警按钮和模块等设备总数和地址总数均不应超过3200个，其中每一总线回路连接设备的总数不宜超过200个，且应留有不少于额定容量10%的余量；任一台消防联动控制器地址总数或火灾报警控制器（联动型）所控制的各类模块总数和不应超过1600个，每一联动总线回路连接设备的总数不宜超过100个，且应留有不少于额定容量10%的余量。

3　系统总线上应设置总线短路隔离器，每只总线短路隔离器保护的火灾探测器、手动火灾报警按钮和模块等消防设备的总数不应超过32个；总线穿越防火分区时，应在穿越处设置总线短路隔离器。环形布线时，如探测器自带短路隔离功能，可不设置专用短路隔离器。

三、系统回路。

1　系统回路应采用二总线高速传输，总线可连接系统所有外部设备和部件，回路设计采用先进的抗干扰技术，可以有效地抵抗内部和外部各种干扰信号对系统的影响。

2　系统回路总线可以构成环形结构，也可以构成T型连接，回路每隔一定数量的点处，应设置隔离中继器或隔离模块，回路任意总线处短路，回路设备应自动从该处被隔离，不影响该回路设备的正常工作。

3　回路最长距离要求不多于（2000m），允许T型连接，支形或环形连接。

4　除消防控制室内设置的控制器外，每台控制器直接控制的火灾探测器、手动报警按钮和模块等设备不应跨越避难层。

四、消防联动控制器应能按设定的控制逻辑发出联动控制信号，控制各相关的受控设备，并接受相关设备的联动反馈信号。消防联动控制器的电压控制输出应采用直流24V，其电源容量应满足受控消防设备同时启动且维持工作的控制容量要求。各受控设备接口的特性参数应与消防联动控制器发出的联动控制信号相匹配。消防水泵控制柜应设置在消防水泵房或专用消防水泵控制室内，并应符合下列要求：

1　消防水泵控制柜在平时，应使消防水泵处于自动启泵状态。

2　当自动水灭火系统为开式系统，且设置自动启动确有困难时，经论证后消防水泵可设置在手动启动状态，并应确保24h有人工值班。

3　消防水泵不应设置自动停泵的控制功能，停泵应由具有管理权限的工作人员根据火灾扑救情况确定。

4　消防水泵应确保从接到启泵信号到水泵正常运转的时间不应大于2min。

5　消防水泵控制柜应设置手动机械启泵功能，并应保证在控制柜内的控制线路发生故障时由有管理权限的人员在紧急时启动消防水泵。机械应急启动时，应确保在消防水泵在报警后5.0min内正常工作。

五、消防火灾自动报警系统与各消防设备和消防灭火系统之间的联动控制功能要求如下：

1　室内消火栓系统。消防水泵起动按钮、手动火灾报警按钮（破玻璃）将安装于每个室内消火栓旁，手动火灾报警按钮一经启动后，其信号将直接输入具有独立地址编码的模块，然后显示于消防控制屏上。消防控制室应能手动直接启动消火栓水泵，并利用主接触器的辅助接点返回信号，使水泵的工作状态显示于消防控制屏上，包括其电源控制箱的供电状态。

2　自动喷洒系统/水喷雾灭火系统/大空间自动扫描定位喷水灭火系统。水流指示器将按防火分区的划分设置，水流指示器及报警阀接点直接输入具有独立地址编码的探测感应器的底座，当任何一个水流指示器或报警阀的接点一经闭合，其信号便自动显示消防控制屏上，同时通过接口单元输出信号启动有关警铃，并利用中继器返回信号，使其工作状况显示于地库及主楼之消防控制屏上。喷洒水泵不仅由安装于主要供水主干管的压力开关启动，消防控制室也应能手动直接启动喷洒水泵、水喷雾灭火系统水泵及大空间自动扫描定位喷水灭火水泵，并利用主接触器的辅助接点返回信号，使水泵的工作状况显示于消防控制屏上，包括其电源控制箱的供电状态。喷淋系统启泵方式需同时满足国内规范之要求，并满足消防验收。

3 防排烟系统。防排烟系统受探测感应报警信号控制，当有关部位的探测器发出报警信号后，消防控制屏会按一定程序发出指令，启动正压送风机、报警层及其上下一层的送风阀、排烟机、报警层的排烟阀或与防烟分区相连有关的排烟阀，消防控制室也应能手动直接启动正压送风机和排烟机，并利用主接触器的辅助接点返回信号使其工作状况显示于消防控制屏上。

4 空调系统。空调系统受各层探测器控制，当某消防分区探测器发出报警信号后，消防控制屏便按照一定程序发出指令，切断空调风机并通过数据处理终端显示其关闭状态。

5 切断非消防电源。曾确认发生火灾，总控制屏发出指令，通过界面单元控制切断相关区的非消防电源。

6 防火卷帘。防火卷帘是受探测感应信号控制，当有关的探测感应器发出报警信号后，相应信号会于消防控制屏上显示，同时通过接口单元关闭卷帘，其附设的警鸣及闪灯会同时被启动，并利用中继器返回信号，使卷帘开关状态于消防控制屏上显示。在疏散信道上的防火卷帘采取两次控制下落方式，第一次由感烟探测器控制下落距楼板地面 1.8m 处停止；第二次由两个感温探测器控制下落到底，并分别将报警及动作信号送至消防控制室。同时在消防控制室有远程控制功能。用作防火分隔的防火卷帘，火灾探测器动作后，卷帘下落到底。在卷帘的任一侧距卷帘纵深 0.5～5m 内应设置不少于 2 只专门用于联动防火卷帘的感温火灾探测器。

7 火灾警报和消防应急广播系统。当探测感应器发出报警信号，总控制屏按照一定程序发出指令，并可在确认火灾后启动建筑内的所有火灾警报和消防应急广播系统。火灾声警报器单次发出火灾警报时间宜在 8～20s 之间，同时设有消防应急广播时，火灾声警报应与消防应急广播（以中英语进行）交替循环播放。通过中央广播系统，自动中断背景音乐并向全楼进行紧急广播。此外，操作员亦可于总控制屏选择作紧急中央广播。消防应急广播的单次语音播放时间宜在 10～30s 之间，应与火灾声警报器分时交替工作，可采取 1 次声警报器播放，1 或 2 次消防应急广播播放的交替工作方式循环播放。消防应急广播系统的联动控制信号应由消防联动控制器发出。

8 自动扶梯制停。当任何一区域内的探测器发出报警信号，主控制屏便透过接口单元向自动扶梯控制屏发出指令，使所属区域内的自动扶梯制停。电梯运行状态信息应传送给消防控制室显示。

9 气体灭火装置。在设置气体灭火的场所内设有火灾探测器（每个保护区设两组独立回路火灾探测器），当其中一组探测器发出报警讯号，有关警铃会发出警报。而当第二组火灾探测器也收到火警讯号时，气体装置控制屏便发出指令，机房中随即发出声光报警指示人员立即撤离，经延时 30s 内，起动钢瓶电磁阀释放气体，将装置的工作状况显示于主控制屏上。气体灭火系统亦设有手动控制装置；当工作人员进入有关机房时，可启动手动控制以免误操作造成对工作人员的伤害。

10 燃气泄漏报警装置。燃气泄漏报警装置由燃气探测器和监视控制屏组成，当探测器发出报警信号，控制屏便会发出声光报警指示及关闭切断阀，启动排风机，并通过本承包单位提供的接触器辅助接点及模块把燃气泄漏报警装置的工作状况显示于总控制屏上。

11 电梯回降。当发生火警时，首层以外任何一区域内之探测器发出报警信号，主控制屏便通过接口单元向电梯控制屏发出指令，使所属区域内之电梯回降至首层。当有关报警信号发自首层任何一区域内之探测器时，主控制屏便透过接口单元向电梯控制屏发出指令，使所属区域内之电梯回降至指定层。电梯运行状态信息和停于首层或转换层的反馈信号，应传送给消防控制室显示，轿厢内应设置能直接与消防控制室通话的专用电话。

12　启动门磁释放系统。收到消防信号后所有门禁系统打开的同时所有消防疏散通道上门禁和道闸等系统应自动切换至常开状态。

13　疏散指示系统联动。集中控制型消防应急照明和疏散指示系统，应由火灾报警控制器或消防联动控制器启动应急照明控制器实现。当确认火灾后，由发生火灾的报警区域开始，顺序启动全楼疏散通道的消防应急照明和疏散指示系统，系统全部投入应急状态的启动时间不应大于 5s。

14　疏散通道上防火门的开启、关闭及故障状态信号应反馈至防火门监控器。

15　设置消防水泵自动巡检模块（定期定时低速启动检测消防泵）。

16　设置消防设备电源监控系统。在消防负荷（动力及照明）配电箱主、备电输入回路安装电压信号传感器，消防负荷（动力）输出回路安装电压/电流信号传感器，监控消防负荷电源状态。

第三节　设 备 规 格

一、消防报警控制主机

1　火灾自动报警控制主机必须通过《消防联动控制系统》、《火灾报警控制器通用技术条件》GB 16806—2006 要求的联动型主机。

2　系统的程序不因消防报警控制主机的主电源和备用电源掉电而消失。

3　系统应具有多级密码保护功能。

4　探测器灵敏度能按需要设定和自动调整。

5　消防报警控制主机必须按照国家标准和消防行业标准进行联网。

6　消防报警控制主机应采用集中智能的模块化的系统结构，便于系统的升级。

7　消防报警控制主机应在控制盘内，采用多 CPU 的模块化结构。要求：

7.1　要求各回路卡和功能卡分别存放各自有关的数据。

7.2　要求消除由于系统容量饱和所造成的 CPU 死机的情况。

7.3　要求巡检周期和反应速度不依回路的增多而改变。

7.4　要求在主 CPU 出现罕见的死机情况时，各个回路仍可以巡检各自的回路并实现报警和控制功能。要求此功能为系统的基本功能。

7.5　消防报警控制主机要求电路结构紧凑、稳定、抗干扰强。适合各种环境。

8　消防报警控制主机要求所有的端口均采用自保护可恢复式结构，在日后的使用中对备品的要求少，降低用户的运行和维护费用。

9　消防报警控制主机要求多种智能报警控制器，适合不同区域的需求。

10　消防报警控制主机要求具有功能完善的离线编程功能。通过密码：可对控制盘进行离线编程，并可将控制盘的程序上传到电脑上存档或将电脑上的程序下载到消防报警控制主机。

11　消防报警控制主机要求提供至少三级密码保护，分别对应系统操作和系统维护。

12　火灾报警系统的消防总控制屏将设置于消防控制中心内，其功能是控制和监察整个发展项目各区域的火灾报警系统。而总控制屏需具独立显示及控制功能。各分区相应联动控制本分区的关联设备，且系统采用双链路通讯布线方式，提高系统安全可靠性。消防报警控制主机应能够监控到消防系统主要设备（泵、风机、消防电梯等）的运行状态。

13 控制屏及显示屏的外壳应采用1.2mm厚的钢板制成，钢板表面应进行烤瓷处理并需达到IP44防水、防尘的保护要求。

14 后备蓄电池应用独立的柜屏与控制屏分开设置（火灾报警主机蓄电池除外）。

15 各有关的柜屏需进行适当的接地工作。

16 控制屏应包括，但不限于下列的部件，使进行各种所需功能。

16.1 LCD显示屏最少要显示80个汉字或英文字符。

16.1.1 显示整个系统的资料。

16.1.2 显示报警区域。

16.2 发光指示器显示。

16.2.1 主电源开启。

16.2.2 系统开启。

16.2.3 电池故障。

16.2.4 系统故障。

16.2.5 报警讯号。

16.3 手触式按钮。

16.3.1 报警确认。

16.3.2 蜂鸣器消声。

16.3.3 警报消声。

16.3.4 系统复位。

16.3.5 系统测试（自动或发码测试）。

16.3.6 灯号测试。

16.3.7 输入系统参数及联动程序。

16.4 报警及故障蜂鸣器。

16.5 微型处理器。

16.5.1 储存整个系统的数据（储存最少125个发生事故记录）。

16.5.2 接收现场讯号进行联动控制。

16.5.3 每个回路需拥有25%后备容量，以便将来的发展。

16.6 接驳外置电脑及图文显示器的RS485或同等接口。

17 控制系统的电压为直流24V。当任何报警器被启动，相应的灯号即亮起，同时启动监督蜂鸣器。按下报警消声开关，电铃即停止工作。此后若输入第二次警报，电铃应再响起。只有当火警启动点恢复正常位置后，亮着的灯号才会熄灭。

18 控制屏及显示屏上的蜂鸣器应循任何一故障区的动作而启动。按下“消声”开关时，蜂鸣器即消声，但故障指示器在故障排除器按下“恢复”键后才熄灭。

19 所有仪器和设备需坚固安装，内部电线的连接和排列应便于以后的维修和更换部件的工作。

20 所有控制屏和控制柜内部用金属板隔开，以便分开仪器中的低压设备，并且防止温敏组件受热过高。

21 所有接线柱应设有护罩，其中带电的接线柱连同其分开的控制板上应设有适当的警告牌。所有电路需装上可拆装的熔丝或保险丝，以便分隔、检测和维修。

22 消防报警控制器应配置总线回路控制，每个回路控制器接往各个带地址编码的探测器及控制/监视/隔离模块。此回路控制器应供电给所有探测器/控制/监视/隔离模块。此控制回路有任何故障时，应发出故障讯号。

23　所有具有地址编码智能功能的感烟和感温探测器，必须能感应烟浓度或温度，以类比信号传送到分区控制屏及总控制屏，而显示其工作状况。分区控制屏及总控制屏应能分辨这类比数字为正常、故障，预报警或是火灾报警。总控制屏上可设定每一探测器的灵敏度。

24　此系统应在预定时间内自动执行全部探测器测试，测试各探测器的故障状况，浓度值是否正常等。

AC. 为提高此系统的准确程度，消防控制屏应设有报警确认功能，报警确认时间应为0～60s。

25　除报警声响外，需有语音报警功能，以中文播出报警点的区域。

二、消防专用电话主机

1　承包单位需负责为本项目提供一套独立布线的消防专用通信系统。同时在消防控制室提供可直接报警的专用外线电话。

2　消防专用通信系统需包括消防专用电话总机、电话分机、电话塞孔、所需电缆线路以及使整个系统达到满意功能所必需的一切附件等，要求消防主控电话总机显示屏可是显示通话分机的具体位置。

3　电话总机设于消防控制中心，电话总机与各电话分机或电话塞孔位置之间的呼叫方式应为双向直通式。中间不应有交换或转接程序。

4　消防专用分机及电话塞孔应按有关图纸上所示位置与数量提供。此外，承包单位还需按有关的消防规范及当地消防局要求，提供足够的消防专用电话分机及塞孔。

5　承包单位另需于消防控制中心内提供6部手提电话供消防人员通过电话塞孔与电话总机通信之用。手提电话需与电话塞孔匹配。

6　任何设备，无论有否于本技术规格说明书内和图纸上说明及提到，但为本系统正确运行所必须者，均需包括在本合约造价内。

7　本系统中的设备需为同一制造厂商的最新产品。其中需要更换的零、配件必须保证在保养期终了后的五年期间可以得到供应。

8　消防中心能呼叫关键部门的消防电话分机，各分机可直接与消防中心进行消防通话，消防电话主机可存储显示消防电话分机号码。

9　消防手提电话可通过消防电话插孔可与消防中心直接通话，消防电话插孔与手动按钮紧密放置，向消防中心报告火情。

10　系统功能

10.1　电话总机按任何电话分机号，有关电话分机将发出音频呼叫信号。于分机处提起听筒，即可直接对讲。

10.2　电话总机除附带手持送话听筒外，亦可通过扬声器与分机进行通话。

10.3　在紧急时，电话总机可向全系统的电话分机发出呼叫信号。

11　系统设备

11.1　消防专用电话总机。电话总机需装备以下的附件：呼叫电话分机号的按键盘；呼叫指示；音频呼叫声；手持送话听筒；音量控制；扬声器；需为带手持送话听筒的免提送话听筒式。

11.2　电话总机应为桌机或墙机。

11.3　电话分机应动挂墙式，并应设于有关房间的入口处附近，具体位置由设计人决定。

11.4　手动报警按钮应带电话塞孔功能。

11.5　供电单元。

11.5.1　消防专用通信电话系统的电源由供电单元供给。供电单元包括整流器及滤波器等，安装在控制单元内。

11.5.2　整流器需包括电波干扰抑制器，及内置自动稳压器的降压变压器。

11.5.3　供电单元需能够供应系统的全负载及适用于220VAC±10%，50Hz单相供电。

11.6　电池。

11.6.1　电池需为免维护铅酸蓄电池。

11.6.2　当电源发生故障时，电池需提供对讲电话系统2h不断的连续运作。

三、消防联动控制台

1　消防中心内应设置一套消防联动控制台，完成消防联动设备的自动和手动控制操作。

2　联动控制台的指示灯、按钮、开关、文字标识框等元器件要求采用质量可靠、外形美观、操作灵活的进口产品或合资产品。

3　消防联动控制台的设计及制作应外形美观、操作和检修方便，并符合国家标准。

四、计算机图文系统

要求计算机图文系统先进，工作建立在先进的WINDOWS平台上，具有以下功能：

1　系统的程序应能全部在消防中心内的计算机系统上写入和更改。

2　计算机图文系统的运用环境应采用WINDOWS操作系统，彩色显示，具有图文功能。

3　计算机图文系统应能自动显示报警/控制点的地址、状态、报警点的平面图画面自动弹出、报警点应以红色显示并不断闪烁，并需有语音功能，报警点需进行分类显示，如火警讯号、故障讯号及监视讯号等。

4　计算机图文系统应有操作引导功能，所有信息、菜单均应为中文。

5　计算机图文系统应有动态、多媒体的时间显示和指导功能。

6　计算机图文系统应有历史纪录管理系统，方便的生成系统运行情况的报告。

7　计算机图文系统应有内置图形编辑软件，功能强大，无需设备厂商的介入，就可简单的编辑、更改和增加系统图形。降低系统的运行和维护费用。

8　计算机图文系统应通过密码或选购的指纹识别器对操作人员的登陆进行纪录。不同级别的操作人员可对其使用的功能和管理的范围进行限制。

9　计算机图文系统应有高级管理人员可用其操作密码对网络中的所有报警控制盘进行程序的修改和程序的备份。

10　计算机图文系统应有通过历史记录管理程序，可方便地对以往的事件进行归纳整理，并打印出清晰的报告。

11　计算机图文系统的软硬件配置必须满足以下指标：

11.1　硬件：

11.1.1　商用台式机。

11.1.2　处理器：INTELDual-Core2.0G或以上。

11.1.3　内存：16GB，DDR333或以上。

11.1.4　硬盘：2TB。

11.1.5　显示器：19英寸黑框液晶（解像度最少有1024×768）。

11.1.6　DVD-ROM：12X（最小）。

11.1.7　针式连续打印机（720×720点/cm的图像精度）。

11.1.8　激光打印机。

11.2　软件：

11.2.1　WINDOWS 操作系统（简体中文版）。

11.2.2　中文字处理软件，支持常规中文输入。

11.2.3　数据库软件。

11.2.4　图形软件。

11.2.5　消防报警专用应用软件，支持图形、面向用户的视窗中文界面。

11.2.6　常规工具软件。

11.2.7　其他配套软件。

11.2.8　标准配套软件。

11.2.9　非法入侵及防病毒措施，并配置相关软件。

11.2.10　系统及数据库的备份与修复措施。

五、不间断电源（UPS）系统

外配备一套 UPS 具有足够安时容量的蓄电池组以维持 UPS 的额定输出容量至少达 3h 或当地要求的有关规范。

六、电池充电器和电池

1　承包单位独立于每个消防控制显示屏旁边应提供一只 24V 充电器和一组免维护铅酸蓄电池，其中包括：已组装的涓流充电器；转动式选择开关；一双进线双刀控制保险丝；一组免维护铅酸蓄电池。

2　组件需用 220V、50Hz 单相交流电源，可自动使 220V 电池组保持近似充足电的状态，同时能对持续载荷进行补偿。

3　选用的免维护铅酸蓄电池应在其整个正常寿命中无需修理，即使中途不充电，也能使系统正常工作 72h 以上。此外，还应在“火警”状态下连续工作 3h 以上。

4　电池的额定值应根据承包单位设计的系统作精确计算，并将结果提交审批。

5　任何一个电池充电器发生故障时，应发出指示讯号。

6　无电压接点的通过容量不少于 5A。

7　蓄电池应设置于柜屏内，柜屏的构造与控制屏要求相同。

七、监视/探测/隔离模块

1　每个不带地址，不可编码的探测器、感应器和按钮报警器均需配置模块，而每个监控模块需带有地址编码及智能功能。

2　模块不应控制其他报警区域的设备。未集中设置的模块附近应有明显的标识。严禁将模块设置在配电（控制）柜（箱）内。

3　模拟信号传送到控制屏时，此系统需能分辨监控对象的地点和类型。

4　在回路上，按厂家建议的探头数量设隔离模块。此外，每个回路的支路应设一个隔离模块，而每个防火分区亦应设隔离模块。在发生故障时（例如：短路），该部分会自动被隔离，而回路上其余点均不受影响。模块也需能报告故障警号，同时提供故障点地址编码。

八、手动火灾报警按钮/消防栓水泵起动按钮

1　面板应牢固地安装在适当的指定位置，按钮的外表和式样需为美观，并符合设计人的要求，且用不碎塑料和不腐蚀材料制造，表面涂以红色瓷漆。

2　对正常的开/关系统，电触点应由镀银合金或其他许可的不锈合金制成。触点的额定电压和电流应在单元内注明。触点的额定电压和电流应在单元内注明。

3　按钮应为嵌入式及适合直接与接线系统连接并无需附加接线盒、接头或连接器等。当安装接线系统需加上特别的接线箱时，这些箱子应由本承包单位提供。

4　对隐蔽式安装的报警器本承包单位应提供平面板。

5　手动火灾报警按钮可配置消防电话插孔功能。

6　消防栓水泵起动按钮应牢固地安装在消火栓箱内。

九、警铃/火灾声报警器及火灾声光报警器

1　所有警铃应由铁制成，能抗腐蚀，电压为直流 24V。采用 150mm 红色圆形碗式电铃，便于内接直径 20mm 电缆管道。由特别说明者例外。

2　对 250mm 直径的警铃的要求与上项相同，但需适用于室外抵抗风化。

3　警铃需标明“火警”。

4　警铃电路应相互独立，并且在控制单元/警铃模块内设有各自的保险丝。

5　安装在消防水泵结合器柜中的警铃采用室外式，以防水及抵抗风化。

6　所有火灾声报警器及火灾声光报警器均需符合国家标准《火灾声和/或光警报器》GA 385—2002 的要求。

十、探测器

1　一般要求。

1.1　所有感烟和感温探测器应置于同一类底座上，而地址编码应设定在探头上或由控制屏自动设定。当有需要换地址编码或探头类型时，底座不受影响，也不需另接电线。

1.2　探测器上应装设指示灯，指示灯的闪灯状态应由系统的要求而决定。当探测器接收到报警信号时，指示灯必须启亮以显示发生火灾。

1.3　每个探测器上应设磁性测试制，作测试该探测器之用。此测试功能亦需能在消防控制屏上进行。

1.4　除特别注明处，所有感烟和感温探测器都应带有地址码和智能功能，探测器能感应烟浓度或温度，以类比信号传送到消防控制屏后以显示其工作状态。

1.5　感烟火灾探测器在隔栅吊顶场所的设置应符合下列规定：

1.5.1　镂空面积与总面积的比例不大于 15%时，探测器应设置在吊顶下方；

1.5.2　镂空面积与总面积的比例大于 30%时，探测器应设置在吊顶上方；

1.5.3　镂空面积与总面积的比例在 15%～30%范围时，探测器的设置部位应根据实际试验结果确定；

1.5.4　探测器设置在吊顶上方且火警确认灯无法观察时，应在吊顶下方设置火警确认灯。

1.6　探测器应符合中国消防当局要求。

1.7　在危险仓库或易燃物品储存库（例如油缸房）安装的探测器需为防爆型，并需符合当地消防局的要求。

2　智能感温探测器。

2.1　智能感温探测器在温升速率和温度分别达到 8℃/min 和 57℃时开始报警，工作电压为直流 24V。

2.2　探测器应配有原装指示灯，与及可供连接遥距指示灯的接口。

2.3　智能感温探测器应为电子产品。

3. 智能感烟探测器。

3.1　智能感烟探测器需能探测到产生燃烧而肉眼可见和不可见的物质。

3.2　探测器应为光电式，附设光线室、红外线 LED 光线发送器及光电式接收器，利用光线的散射原理进行操作。

3.3　采用固态电路，工作电压为直流 24V。这一单元在监视状态下的耗能应最低，并且不得超过 100μA。

3.4　每个感烟探测器应包括一个底座及一个感应室，经过简单的程序把感应室插在底座上并转动牢固后便能进入工作状态。当感应室拆离底座或未能适当地牢固时，应发出故障信号。若在底座上拆离探测器或接上其他类型的探测器时，则应发出“故障”的火警信号。

3.5　探测器应仍能在相对湿度高达 90％的情况下正常工作，并无影响其准确度。

3.6　探测器电路应为非常可靠，并且不受骤变电压的影响。在电源电压波动大的条件下，例如在平时由系统中电池充电器在充电及放电时引起电压波动的情况下，探测器也应能正常地工作。

3.7　探测器适用的温度范围为摄氏 10～50℃。

3.8　当探测器安装在吊顶上时，应设有装饰底板以供探测器嵌入装置在吊顶上。

4　红外线光束感烟探测器。红外线光束感烟探测器将按图纸所示装置建筑物各中庭内。探测器分别为红外线光束感烟发送器和光电接收器配对装置。技术原理要求与感烟探测器类同。

5　缆式线型感温探测器。缆式线型感温探测器将按图纸所示装置建筑物内。

十一、空气采样烟雾探测报警系统

1　空气采样烟雾探测报警系统可用于火灾发生初期能产生烟雾、需要早期和极早期火灾探测的场所。

2　报警区域和探测区域划分应满足以下规定：

2.1　每台探测报警器的保护区域不应跨越防火分区，一个独立的报警区域不宜超过 2000m^2，一个独立的探测区域不宜超过 500m^2。

2.2　每个探测区域的采样孔数量不得少于 2 个。

2.3　同一探测报警器所保护的不同探测区域的环境条件宜一致。

3　采样管道的设计应考虑空气流动路径，布置在烟雾最可能经过的路线上。烟雾传送时间应通过计算确定，并应符合下列要求：

3.1　非特级场所，烟雾传送时间不得大于 120s；

3.2　特级场所，烟雾传送时间不得大于 90s。

4　除采样管道末端孔外，所有通过采样孔的空气流量百分比的合计值应大于 70％。

5　最后一个采样孔的空气流量与该管道上采样孔的平均气流量的比应大于 70％。

6　建筑物设有室外新风系统，当室外空气可能存在烟雾时，在室外新风进风安装一台独立的探测报警器，提供参考探测。

7　普通灵敏度探测报警器采样孔安装高度不应超过 12m；较高灵敏度探测报警器的采样孔安装不宜超过 16m。高灵敏度探测报警器的采样孔安装高不宜超过 26m，当高灵敏度探测报警器的采样孔安装高度超过 26m 时，应作消防性能化的分析评估。

8　探测报警器安装于墙上时，其底边距地（楼）面高度不宜小于 1.5m。

9　保护区域内有腐蚀性/毒性气体时，应将采样气体过排气管引回到探测区域。

10　常规采样探测系统设计应符合下列要求：

10.1　可将每个采样孔作为一个点式感烟探测器来考虑，采样孔的间距不应大于相同条件下的点式感烟探测器之间的距离；

10.2　当房间高度大于 12m 时，采样孔的间距不应大于房间高度在 12m 的条年下采样孔的间距；

10.3　每个采样孔的最大保护面积应随着空气换气次数的增加相应减少；

10.4　采样管的间距不宜小于采样孔的间距；

10.5　直接设置在保护机距内的采样点，宜使用毛细管采样点；

10.6　应用于灰尘特别多的环境时，系统应采用可清洗的过滤器。

11　当建筑设有24h连续运行的通风循环系统时，应设置回风采样探测系统并应符合下列要求：

11.1　采样孔应布置在通风系统的回风格栅处，或在从探测区域回来的气流集中处；

11.2　采样管应安装在风机过滤网的前端；

11.3　每个采样孔的最大保护回风口面积不应大于0.36m^2；

11.4　单台探测报警器最大保护回风口面积不应大于45m^2；

11.5　安装于洁净的空间内时，探测报警器必须能够监视到10μm的烟雾颗粒。

12　当建筑设有非连续运行的通风循环系统时，除设置回风采样探测系统外，还应设计常规探测系统。

13　采样管的设置应符合下列规定：

13.1　采样管最远距墙的距离不应大于采样管间距的一半；

13.2　采样管布置在地板下方且气流方向是由上而下时，应根据地板的高度、气流的方向和地板孔的位置调整采样管；

13.3　当管道布置形式为垂直采样时，采样孔间距不应大于3m；

13.4　当管道布置为毛细管采样方式时，毛细管长度最长不宜超过4m；

13.5　当仓库内有货架时，应在货架的内部每隔12m必须增加一层采样管网；

13.6　每台探测报警器所连接的采样管道（不计分支管时）总长度不能超过200m，单管管道最长不应超过100m。

14　采样孔的设计应符合下列规定：

14.1　采样孔至墙壁、梁边的水平距离，不应小于0.5m；

14.2　采样孔周围0.5m内不应有遮挡物；

14.3　采样孔至空调送风口边的水平距离，不应小于1m；至多孔送风顶棚孔口的水平距离，不应小于0.3m；

14.4　在走道的顶棚上设置采样孔时，宜居中布置采样孔。采样孔距端头墙的距离，不应大于采样孔安装间距的一半；

14.5　当梁凸出顶棚的高度超过600mm时，每个梁间区域至少应设置一个采样孔；当梁凸出顶棚的高度小于600mm时，可不计梁影响；

14.6　对于吊顶下安装的采样管，当吊顶至地板高度小于4m时，宜贴着吊顶安装采样管。吊顶至地板高度在4～20m之间时，采样孔与顶的距离不应大于600mm。若该建筑有明显的热屏障现象时，亦可依屋顶结构适当调整该距离或进行不同高度的采样；

14.7　每个采样孔应有明显的标识。

15　空气采样烟雾探测报警系统当多台探测报警器联网运行时，至少应有一台探测报警器能够对所有其他探测报警器进行编程、复位和静音。

十二、火警指示灯

1　探测器应配有指示灯，显示有关探测器所发出火警信号。

2　指示灯应配有红色指示灯及适合壁装式的连接器框架。

3　在订货之前，应提交样本作审批。

4　“火警”的标语应用丝印方式印于胶板背面。中文字体应不少于50mm，英文字体不少于40mm。

十三、电梯回降/电扶手梯制停

本承包单位需提供继电器箱及无电压接点连同所需的配线和导管于各电梯房电梯井内/自动扶手电梯井内以供电梯承包单位接驳，当发生火警时，把电梯回降至首层及制停有关的自动扶手电梯。继电器箱的正确位置需在绘制深化施工图之前与电梯承包单位协调并得建筑师批准。扶手电梯应按防火分区及相连本层，上层及下层的相关的防火分区作联动。

十四、水位探测器

1　水位探测器应安装在水箱/水池中，用以监察水箱内的高低水位情况，并向总消防控制屏发出适当的报警及显示信号。

2　探测器应为防水橡胶类型，并需为浸入式和免维修型。

十五、火灾应急广播切换控制及疏散指示标志联动

需提供火灾应急广播切换控制设备及疏散指示标志联动。本装置包括疏散指示标志联动、应急广播切换控制屏等设备。在正常情况下，疏散指示标志应不亮起，只有在发生火警时，疏散指示标志才启动以指示人员疏散方向。

1　当任何报警器被启动，其信号将会显示于总消防控制屏上，同时启动全楼火灾应急广播及有疏散指示标志，火灾应急广播与声光报警器分时交替工作。

2　火灾应急广播及疏散指示标志的操作应包括：

2.1　警铃响动 15s 后停顿、播放预录声带以通知人员发生火警，然后警铃再次响动。警铃和广播将重复不断，直至报警信号于消防总控制屏上复位。

2.2　有关的疏散指示标志应启动，直至报警信号于消防控制屏上复位。

3　疏散指示标志。疏散指示标志及其电源将由电气承包商负责。疏散指示标志应符合当地消防局要求，款式由建筑师或室内设计师决定。订货前，疏散指示标志的样本需呈送审批。

4　布线。本装置的有关布线工作，均由本承包单位负责。布线应采用低烟无卤耐火电线，并敷设于镀锌线管或槽盒中。

十六、防火门启动器

防火门启动器必须为 24V 电动电源操作，产品必须为拥有国际标准及国家规范认可的消防产品，并需符合当地消防局的要求。在订购此设备时，必须提交建筑审批获得认可。

十七、切断非消防电源

本承包单位需按防火分区控制要求于各层配电房内提供足够的分区控制无电压接点以供于发生火警时在消防控制室以自动或手动强切失火区的非紧急电源。本承包单位需负责供应及安装由各层配电房内的无电压接点至消防控制室切断非消防电源控制屏所需的电缆、接线盒、线管及一切有关的联动控制设备。

十八、消防联动柜及设备控制柜

本承包单位需按有关规范要求于消防控制室提供联动柜及设备控制柜以对下列系统进行联动控制、手动控制及工作状态显示，但不仅限于下列：

1　室内消火栓系统，包括控制消防水泵的启、停按钮及显示，以及各水泵的电源和备用动力是否处于正常的状态的反馈信号。

2　自动喷水灭火系统，包括控制水泵的启、停按钮及显示以及各水泵的电源和备用动力是否处于正常的状态的反馈信号。

3　水喷雾灭火系统，包括控制雨淋阀的启、闭及系统压力监察信号显示以及各水泵的电源和备用动力是否处于正常的状态的反馈信号。水泵的电源和备用动力是否处于正常的状态的反馈信号。

4　大空间自动扫描定位喷水灭火系统，包括控制消防水泵的启、停按钮及显示以及各水泵的电源和备用动力是否处于正常的状态的反馈信号。

5　防排烟及楼梯/前室加压系统的联动及手动控制。

6　电气系统，包括手动强切非紧急电源的设施。

7　升降机及电扶梯的联动控制。

8　火灾应急广播切换控制及疏散指示标志联动。承包单位需选择以RS-232数据接口，或干接点联动广播系统火灾应急广播，并按防火分区设置矩阵电路设计满足要求，其有关接口均包括在本技术规格书内。

9　防火卷帘的联动及手动控制。其手动控制应为独立控制。

10　联动柜与所有设备的接线模式需符合规范要求布置。

十九、与建筑设备监控系统接口

本承包单位需按本技术规格说明书内有关章节要求，提供数据交接接口，以数据网络接口交接由其他单位提供的建筑智能管理平台系统（BMS），并需满足下列最低要求：

1　需按本技术说明书、图纸及本技术规格说明书要求，负责提供及安装接线箱，设备控制屏分隔内的接线端子排，无电压接点通信网络接口等以供楼宇中央管理系统接驳，并与楼宇中央管理系统协调及参与一切需要的测试及试运转等等，使整个楼宇中央管理系统能满足要求，正常运作。

2　需预留数据交接方式通过RS-232/RS-422等物理接口，供连接BMS系统作交接接口通信。

3　交接接口只需供BMS系统对本系统的监察功能，无需提供控制功能。

4　需开放数据包原代码资料，以供BMS系统读取资料信息及转化为图像显示及存盘。

5　交接需以在线报告形式进行，任何本系统监察点状态变更，立即能传至BMS系统并实时显示出来。

6　承包单位需根据国际标准通信协议，如ODBC、OPC、BACnetoverIP等，交接BMS系统，并协调对方以采用划一标准。任何非标准化通信协议以致本承包单位及BAS承包单位增加硬件或软件以达至标书技术要求，均包括在本合约价内。

第四节　实　　施

一、安装

1　所有装于公共区域外露的设备如手动报警器、警铃、探测器等，必须严格遵守土建或精装图纸所示位置安装。安装烟感、温感等探头需严加保护，防止施工灰尘污染探头。

2　点型感烟火灾探测器下表面至顶棚或屋顶的距离应满足表21-1要求。

点型感烟火灾探测器下表面至顶棚或屋顶的距离　　表21-1

探测器的安装高度 h(m)	感烟火灾探测器下表面至顶棚或屋顶的距离 d(mm)					
	顶棚或屋顶坡度 θ					
	$\theta \leqslant 15°$		$15° < \theta \leqslant 30°$		$\theta > 30°$	
	最小	最大	最小	最大	最小	最大
$h \leqslant 6$	30	200	200	300	300	500
$6 < h \leqslant 8$	70	250	250	400	400	600
$8 < h \leqslant 10$	100	300	300	500	500	700
$10 < h \leqslant 12$	150	350	350	600	600	800

二、系统编程调试前的准备

1　火灾自动报警系统的编程调试应在建筑内部装修和系统施工结束后，由有资格的专业技术人员编程，并提任调试负责人，所有参加调试的人员应明确职责，并应严格按照调试程序工作，集中机控制器应按同一标准进行编程调试。

2　火灾自动报警系统的编程调试前，应具备与消防相关的全部图纸、资料、技术文件及编程调试所必需的其他资料和文件。

3　火灾自动报警系统的编程调试前，应按照设计要求查验设备的规格、型号、数量、备品备件。检查系统的施工质量，对于施工中出现的问题，应会同有关的分包协商处理，并有文字记录。

4　火灾自动报警系统的编程调试前，应对系统线路进行全面的检查，对错线、开路、虚焊、短路、接地等问题应进行处理。

三、系统编程调试

1　火灾自动报警系统编程调试，应先分别对探测器、集中报警控制器、火灾报警装置和消防控制设备等逐个进行单机通电检查，正常后方可进行系统调试。调试完毕后，应对系统运行不需要的出厂内置程序、调试程序进行清理。

2　火灾自动报警系统通电后，应按现行国家标准《火灾报警控制器通用技术条件》的有关要求对报警控制器进行功能检查，包括：火灾报警自检功能、消音、复位功能、故障报警功能、火灾优先功能、报警记忆功能、电源自动转换和备用电源的欠压和过载报警功能。

3　检查火灾自动报警系统的主电源和备用电源，其容量应分别符合现行有关国家标准的要求，在备用电源连续充放电三次后，主电源与备用电源应能自动转换。

4　应采用专用的检查仪器对探测器逐个进行试验检查，其动作应准确无误。

5　应分别用主电源和备用电源对系统供电，检查火灾自动报警系统的各项控制和联动功能。

6　火灾报警系统应在连续运行120h无故障后，按《火灾自动报警系统施工及验收规范》GB 50166—2007填写调试报告。

7　合同中提供的所有系统设备，全部应由承包方完成现场调试。在此期间所造成的设备损坏，责任均在承包方。

四、系统的检测、竣工和验收

1　消防系统施工完成，应首先进行自检、自测试，保证消防系统的所有点和系统功能符合设计和消防规范的要求。

2　自检通过后，申请进行系统检测：系统检测通过后，才能申报系统验收，由甲方组织有关单位进行消防系统验收。系统检测未通过，不能申报系统验收。

3　竣工验收阶段要求承包商进行各功能区域火灾联动试验（如停车场、大厅、标准层、观光厅等）。

4　系统检测验收。

4.1　系统编程、调试完成，通过承包方及消防施工单位自检、自测试后，才能申报进行消防检测验收，消防检测验收由有消防检测资质的消防检测单位进行。

4.2　系统检测验收方法按国家标准、当地地方标准及出厂标准的规定执行。

4.3　管线和设备安装的验收按照国家现有的强电验收标准进行，具体验收项目如下：

4.3.1　报警点——正确反映各类探测器及与消防有关的联动设备的实时状态。

4.3.2　报警点——正确反映各类探测器及与消防有关的联动设备的故障状态。

4.3.3　报警点——正确反映各类与消防有关的联动设备的启、停状态。

4.3.4　报警点——各类与消防有关的联动设备启、停准确无误。

4.3.5　联动设备联动程序完全符合消防规范，动作或显示正常。

4.3.6　根据承包方和施工方提供的竣工资料进行抽查，抽查率最低标准应符合火灾自动报警系统施工及验收规范的规定。

4.3.7　系统功能验收：以是否满足消防规范为标准。

4.4　检测验收内容。

4.4.1　调试好的所有设备应通过系统正常运行的考核。

4.4.2　在安装验收期间，承包方的工程师应负责对消防系统进行操作、调试及维护。

4.4.3　验收过程中，若发现设备有不符合本技术要求和质量标准的情况，承包方将负责补齐、更换，由此引起一切费用由承包方承担。其保修期自验收合格签署验收报告之日起开始计算，招标方同时具有完全使用权。

4.4.4　业主/工程师/物业管理公司共同参加验收，要求承包商提交试验结果、整改记录、复试结果，确保火灾报警系统联动的可靠性。

5　检测验收失败。

5.1　在验收失败的情况下，承包方工程师应以书面的形式向招标方说明验收失败的原因，排除故障后重新开始测试验收。如果测试验收失败次数超过三次或测试验收时间超过合同规定的有关期限，招标方有权拒绝验收，并按承包方及消防施工方违约处理。招标方有权追索因承包方及消防施工方造成工期延误而给招标方造成的经济损失。

5.2　当招标方认为验收失败而拒绝验收后，需与承包方工程师共同签署验收失败的备忘录，明确、详细地写明验收失败的原因、存在的问题、招标方的要求以及解决问题重新测试验收的期限，并由双方签字后开始生效。若双方对验收结果发生意见分歧，则按合同的相应条款解决，合同条款未能涉及的事宜双方友好协商解决。该备忘录是双方所签订合同的正式附件，与合同正本具有同等的约束力。

5.3　凡未安装调试妥善的设备，应明确未能安装调试的责任方。由责任方负责尽快完善验收条件，进行再次验收。处于此状态下的设备，招标方享有使用权。

6　消防局验收。系统检测验收通过后，由总承包及本承包商联同组织有关单位会同消防局进行消防系统验收。

7　系统的竣工。验收成功，招标方确认成功完成之后，招标方应与承包方及消防施工方的工程师共同签署验收报告，若有未尽事宜可写入备忘录中，双方签字后开始生效。承包方及消防施工方必须向招标方提供全套的系统竣工图纸、调试记录、检测记录、竣工报告等技术资料。

五、系统的交接和培训

1　系统现场培训服务。整套系统设备验收完成后，承包方的工程技术人员应对招标方的技术人员进行现场培训，向招标方讲授说明各种设备的安装、保养和应该注意的事项，使招标方能够尽快地熟悉设备的性能和使用。

2　系统交接。整套系统设备验收完成后，承包方的工程技术人员应对招标方的技术人员进行现场培训，向招标方讲授说明各种设备的安装、保养和应该注意的事项，使招标方能够尽快地熟悉设备的性能和使用。

六、系统的质量保证与维护保修

1　正常质量保证期是合同所列全部系统设备验收合格，签署验收报告，自交付使用之日起开始计算，不少于24个月为免费的正常质量保证期。

2　质量保证期内的服务

3　备件更换。对由于硬件质量问题造成的损坏，承包方将到现场免费维修更换损坏的硬件。对其他原因造成的器件损坏，承包方有义务对损坏的硬件作有偿更换。

4　故障响应。在质量保证期内，承包方所提供的软硬件系统发生严重的故障后，招标方立即通知承包方，承包方应在接到故障通知后8h内派技术人员到达现场。在接到招标方的故障通知后，若承包方未能在8h内到达现场，招标方有权要求承包方给予赔偿。

5　软件升级。承包方有责任及时向招标方通报软件升级情况，并应免费提供软件升级服务。在承包方产品废型和改变行业时，应将软件源程序无偿转让给招标方。

6　备件服务。

6.1　承包方应备用充足的备件、配件，可及时向招标方提供技术服务和备件服务。

6.2　投标人应出具书面声明（由投标人单位的法定代表人或其授权代表签字并加盖单位公章），保证对所有设备所需配件提供至少十年的备件和技术支持。

6.3　维修保养手册及备用材料

6.4　承包人应提供消防系统的维修保养手册供招标方。

第二十二章　电气火灾监控系统

第一节　一般规定

一、本章说明电气火灾监控系统的供应和安装所需的各项技术要求。

二、系统施工应完全符合中国消防部门要求和中国电气火灾监控系统设计、施工及验收等规范。

三、控制和信号显示的布线及电缆规格必须符合电气火灾监控系统设计规范及当地消防局的要求。

四、本承包商需负责供应及安装本系统的电槽盒/电线管及全系统的布线。

五、所提供的设备必须为具有至少五年生产本产品历史的厂商制造。

第二节　系统要求

一、系统结构。

1　系统需采用二总线制、模块化结构，采用智能网络体系。

系统需具有对配电系统的过电流、剩余电流、短路等电气故障进行实时检测、报警、控制、记录等功能。

2　要求网络协议先进，符合工业标准，成熟，稳定，可靠。

3　要求对等式令牌通信，各个控制盘存放各自的联动程序和与本机相关的网络联动程序：不依赖控制网络通信和存放所有网络联动程序的中央控制盘或计算机，以便在事故中提高系统生存能力，充分发挥电气火灾监控功能。

4　要求简单的网络布线，减少不必要的环形接线所造成的线缆成本。可方便地在任何位置接入新的控制盘，从而使系统扩容十分简便。

5　要求网络显示和控制功能强，可显示和控制所有控制盘上的全部物理点和虚拟点，在系统扩容时无需再增加网络显示器。另外，网络显示盘的数量可设置多个，以提供网络热备份。

6　要求网络显示盘提供标准的串行通信接口：（RS232，RS485）与其他的系统通信。同时，还提供成品的协议转换接口（物理桥）将不同协议的网络系统集成。无需开发专用系统的费用和时间。

7　要求网络节点安装位置无任何限制。大容量的同时，网络信号的传输速率为300K以上。节点之间应有电气隔离。

8　要求网络上时钟同步。

9　要求系统结构没有主CPU或其他不可靠的中枢连接，各个节点之间不存在主/从关系，每一节点有独立的储存单元储存自己的程序和数据，同时对等地与其他节点进行通信。且网络中的任何一个节点的故障都不会影响其他节点的动作和通信，要求形成真正的点对点对等式网络。

10　要求网络系统具备成品的协议转换接口，能与建筑设备自动控制系统联网，实现双向通信，而无需增加接口的费用。

11　本系统需为智能式多功能地址编码电气火灾监控系统，由具有内置微型处理功能的消防控制屏、地址式输出/输入接口单元、各类探测控制器、报警器、感应器等组件组成，并需具有电气火灾报警、联动控制、监察和报告系统及各组件的运作情况等功能。

12　每个外围组件应有各自独立的“地址编码”，在控制屏上以文字的形式准确地报告电气火灾报警发生的位置、时间、日期等。

13　系统应采用总回路方式连接所有的系统组件，使控制屏能不断地监控整个系统。用于整个系统的电缆需为非延燃性铜芯绝缘导线，并应敷设于金属导管或槽盒内。

14　控制屏需配置专用的铅酸蓄电池，使正常电源发生故障时，系统仍能照常操作而没有发生任何中断。系统操作采用直流电源，电压为24V。

15　系统应为高灵活性，能随意对各个组件的地址编码重新编序，从而配合将来可能出现的任何布局情况。此外，系统的容量需允许将来扩大系统的可行性。

16　本系统装置必须能准确处理日期及时间数据（包括闰年在内，但不限于计算、比较、交换及安排次序），并能正常操作。

17　电气火灾系统监控软件应具备软件产品登记测试报告、计算机软件著作权登记证书、软件产品登记证书。

18　系统特点

18.1　智能化：将传统独立漏电保护改为集漏电、过流、温度、消防联动、显示、可编程设置于一体的多功能型保护。

18.2　线制：从多线制走向全工业总线制，便于设计、施工、布线管理。

18.3　联动：标准的隔离型消防联动接口，可与消防系统建立可靠的直接联动。

18.4　标准化接口：从多品种的接口走向标准化接口，监控计算机可对分散的探测器集中管理、控制、保护、监视，可实现消防联动。

18.5　智能监控系统：运用微机技术、通信技术、仿真技术研制，与原有的分散独立型电磁式监控系统比较，具有实时性集中监控的优势，具有较高的可靠性、灵敏度、响应速度快、记忆存储容量大。

18.6　现场可编程：每个探测器都有LCD显示和按键设置功能，可现场设置保护定值、保护延时时间、保护模式和其他参数，以便应用。

18.7　专业的管理软件：采用专业管理软件监控现场的参数，设置二级操作级别，网络管理并具备由事故记录、状态显示、相电压显示、负载功率显示、漏电动作电流显示、用户负载档案、故障动作语音提示等功能，所有状态均可在微机的浏览界面商显示。

18.8　智能化控制：系统软件具有完善的实时图形显示。故障报警、系统数据查询、实时图形调用、参数远程设定、脱扣输出远程干预、数据存储、报表输出、报表打印等功能。

18.9　国际标准协议：采用国际标准的通讯协议方便与楼宇自动化和消防控制系统数据交换，也可以选用通用的电力行业的组态软件进行监控管理。

二、系统组成。系统应由计算机图文系统、电气火灾监控主机、探测控制器、电气火灾探测器、监视中继器或监视模块、控制中继器或控制模块、电源系统组成。

三、系统回路。

1　系统回路应采用系统总线高速传输，总线可连接系统所有外部设备和部件，回路设计采用先进的抗干扰技术，可以有效地抵抗内部和外部各种干扰信号对系统的影响。

2　系统回路总线可以构成环形结构，也可以构成T接，回路每隔一定数量的点处，应设置隔离中继器或隔离模块，回路任意总线处短路，回路设备应自动从该处被隔离，不影响该回路设备的正常工作。

3　回路最长距离要求不少于2km（2000m），允许T形、支形或环形连接。

4　回路要求使用普通双绞线即可，但对通讯总线应采用屏蔽双绞线。

四、联动系统。

1　电气火灾监控系统需具有标准的隔离型消防联动接口，可与消防系统建立可靠的直接联动功能。

2　可输入其他探测/报警系统的报警信号，并可向该系统发出动作请求信号。

第三节　设备规格

一、电气火灾监控主机。

1　电气火灾监控主机必须通过《电气火灾监控系统》GB 14287要求的联动型主机。

2　系统的程序不因电气火灾监控主机的主电源和备用电源掉电而消失。

3　系统应具有多级密码保护功能。

4　探测控制器灵敏度能按需要设定和自动调整。

5　电气火灾监控主机应采用集中智能的模块化的系统结构，便于系统的升级。

6　电气火灾监控主机应在控制盘内，采用多CPU的模块化结构。要求：

6.1　各回路卡和功能卡分别存放各自有关的数据。

6.2　消除由于系统容量饱和所造成的CPU死机的情况。

6.3　巡检周期和反应速度不依回路的增多而改变。

6.4　在主CPU出现罕见的死机情况时，各个回路仍可以巡检各自的回路并实现报警和控制功能。此功能必须为系统的基本功能。

7　电气火灾监控主机要求电路结构紧凑、稳定、抗干扰强。适合各种环境。

8　电气火灾监控主机要求所有的端口均采用自保护可恢复式结构，在日后的使用中对备品的要求少，降低用户的运行和维护费用。

9　电气火灾监控主机要求多种智能报警控制器，适合不同区域的需求。

10　电气火灾监控主机要求具有功能完善的离线编程功能。通过密码：可对控制盘进行离线编程，并可将控制盘的程序上传到电脑上存档或将电脑上的程序下载到电气火灾监控主机。

11　电气火灾监控主机要求提供至少三级密码保护，分别对应系统操作和系统维护。

12　电气火灾监控可设置于消防控制中心内，其功能是控制和监察整个发展项目各区域的电气火灾监控系统。而其控制屏需具独立显示及控制功能。

13　控制屏/显示屏的外壳应采用1.2mm厚的钢板制成，钢板表面应进行烤瓷处理并需达到IP44防水、防尘的保护要求。

14　后备蓄电池应用独立的柜屏与控制屏分开设置。

15　各有关的柜屏需进行适当的接地工作。

16　控制屏应包括，但不限于下列的部件，以下所需功能。

16.1　LCD显示屏最少要显示80个汉字或英文字符。

16.1.1　显示整个系统的资料。

16.1.2　显示报警区域。

16.2　发光指示器显示。

16.2.1　主电源开启。

16.2.2　系统开启。

16.2.3　电池故障。

16.2.4　系统故障。

16.2.5　报警讯号。

16.3　手触式按钮。

16.3.1　报警确认。

16.3.2　蜂鸣器消声。

16.3.3　警报消声。

16.3.4　系统复位。

16.3.5　系统测试。

16.3.6　灯号测试。

16.3.7　输入系统参数及联动程序。

16.4　报警及故障蜂鸣器。

16.5　微型处理器。

16.5.1　储存各种故障和操作试验信号，讯号存储时间不应少于12个月。

16.5.2　接收现场讯号进行联动控制。

16.5.3　每个回路需拥有25%后备容量，以便将来之发展。

16.6　接驳外置电脑及图文显示器的RS485或同等接口。

17　控制系统的电压为直流24V。当任何报警器被启动，相应的灯号即亮起，同时启动监督蜂鸣器。按下报警开关，电铃即停止工作。此后若输入第二次警报，电铃应再响起。只有当火警启动点恢复正常位置后，亮着的灯号才会熄灭。

18　控制屏/显示屏上的蜂鸣器应循任何一故障区的动作而启动。按下“消声”开关时，蜂鸣器即消声，但故障指示器在故障排除器按下“恢复”键之后才熄灭。

19　所有仪器和设备需坚固安装，内部电线的连接和排列应便于以后的维修和更换部件的工作。

20　所有控制屏和控制柜内部用金属板隔开，以便分开仪器中的低压设备，并且防止温敏组件受热过高。

21　所有接线柱应设有护罩，其中带电的接线柱连同其分开的控制板上应设有适当的警告牌。所有电路需装上可拆装的熔丝或保险丝，以便分隔、检测和维修。

22　电气火灾监控器应配置总线回路控制，每个回路控制器接往各个带地址编码的探测器及控制/监视/隔离模块。此回路控制器应供电给所有探测器/控制/监视/隔离模块。此控制回路有任何故障时，应发出故障讯号。

23　所有具有地址编码智能功能的探测控制器，必须能感应、检测剩余电流并以类比信号传送总控制屏，而显示其工作状况。并应智能识别分辨这类比数字为正常、故障，预报警或是电气火灾报警。总控制屏上可设定每一探测控制器的灵敏度。

24　此系统应在预定时间内自动执行全部探测控制器测试，测试各探测器之故障状况，动态阀值是否正常等。

25　为提高此系统的正确程度，主机控制屏应设有报警确认功能，报警确认时间应为0～60s。

二、系统监控主机。要求计算机图文系统先进，工作建立在先进的WINDOWS平台上，具有以下功能：

1　系统的程序应能全部在消防中心内的计算机系统上写入和更改。

2　计算机图文系统的运用环境应采用WINDOWS操作系统，彩色显示，具有图文功能。

3 计算机图文系统应能自动显示报警/控制点的地址、状态、报警点的平面图画面自动弹出、报警点应以红色显示并不断闪烁。

4 计算机图文系统应有操作引导功能，所有信息、菜单均应为中文。

5 计算机图文系统应有动态、多媒体的时间显示和指导功能。

6 计算机图文系统应有历史纪录管理系统，方便的生成系统运行情况的报告。

7 计算机图文系统应有内置图形编辑软件，功能强大，无需设备厂商的介入，就可简单的编辑、更改和增加系统图形。降低系统的运行和维护费用。

8 计算机图文系统应通过密码或选购的指纹识别器对操作人员的登陆进行纪录。不同级别的操作人员可对其使用的功能和管理的范围进行限制。

计算机图文系统应有高级管理人员可用其操作密码对网络中的所有报警控制盘进行程序的修改和程序的备份。

9 计算机图文系统应有通过历史记录管理程序，可方便地对以往的事件进行归纳整理，并打印出清晰的报告。

10 计算机图文系统的软硬件配置必须满足以下指标：

10.1 硬件：

10.1.1 处理器：INTELP42.0G或以上。

10.1.2 内存：8G，DDR333或以上。

10.1.3 硬盘：不少于1TB。

10.1.4 显示器：19英寸液晶。

10.1.5 CD-ROM：48XMAX-20XMIN。

10.1.6 连续针式打印机。

10.2 软件：

10.2.1 WINDOWS操作系统（简体中文版）。

10.2.2 中文字处理软件，支持常规中文输入。

10.2.3 数据库软件。

10.2.4 图形软件。

10.2.5 消防报警专用应用软件，支持图形、面向用户的视窗中文界面。

10.2.6 常规工具软件。

10.2.7 其他配套软件。

10.2.8 标准配套软件。

10.2.9 系统必须考虑：非法入侵及防病毒措施，并配置相关软件。

10.2.10 系统及数据库的备份与修复措施。

三、电池充电器和电池。

1 承包单位独立于每个主机控制显示屏旁边应提供一只24V电流充电器和一组铅酸蓄电池，其中包括：

1.1 已组装的电流充电器。

1.2 转动式选择开关。

1.3 一双进线双刀控制保险丝。

1.4 一组铅酸电池。

2 组件需用220V，50Hz单相交流电源，可自动使220V电池组保持近似充足电的状态，同时能对持续载荷进行补偿。

3 选用的铅酸蓄电池应在其整个正常寿命中无需修理，即使中途不充电，也能使系统正常工作8h以上。此外，还应在“火警”状态下连续工作2h以上。

4 电池的额定值应根据承包单位设计的系统作精确计算，并结果提交审批。

5 任何一个电池充电器发生故障时，应发出指示讯号。

6 无电压接点的通过容量不少于5A。

7 蓄电池应设置于柜屏内，柜屏的构造与控制屏要求相同。

四、监视/探测/隔离模块。

1 每个探测控制器、感应器均需配置模块，而每个监控模块需带有地址编码及智能功能。

2 模拟信号传送到控制屏时，此系统需能分辨监控对象的地点和类型。

3 在回路上，按厂家建议的探测控制器数量设隔离模块。此外，每个回路的支路应设一个隔离模块。在发生故障时（例如：短路），该部分会自动被隔离，而回路上其余点均不受影响。模块也需能报告故障警号，同时提供故障点地址编码。

五、电气火灾监控设备。

1 电气火灾监控设备能够接收来自探测器的监控报警信号，并在30s内发出声、光报警信号，指示报警部位，记录报警时间，并予以保持，直至手动复位。

2 报警声信号应手动消除，当再有报警信号输入时，应能再次启动。

3 当监控设备发生下面故障时，应能在100s内发出监控报警信号有明显区别的声光故障信号。

3.1 监控设备与探测器之间的连接线短路、断路。

3.2 监控设备主电源欠压。

3.3 给备用电源充电器与备用电源间的连接线短路、断路。

3.4 备用电源与负载间的连接线短路、断路。

4 监控设备应能对本机进行自检，执行自检期间，可以接受探测器报警信号。

六、电气火灾探测器。

1 探测器报警值不应小于20mA，不应大于1000mA，且探测器报警值应在报警设定值的80%～100%之间。

2 当被保护线路剩余电流达到报警设定值时，探测器应在60s内发出报警信号。

3 探测器应有工作状态指示和自检功能。

4 探测器在报警时应发出声、光报警信号，并予以保持，直至手动复位。

5 在报警条件下，在其音响器件正前方1m处的声压级应大于70dB（A计权），小于115dB，光信号在正前方3m处，且环境不超过500lx条件下，应清晰可见。

七、测温式电气火灾监控探测器。

1 探测器报警值应设定在55～140℃的范围内。

2 当被监视部位达到报警设定值时，探测器应在40s内发出报警信号。

3 探测器应有工作状态指示和自检功能。

4 在报警条件下，在其音响器件正前方1m处的声压级应大于70dB（A计权），小于115dB，光信号在正前方3m处，且环境不超过500lx条件下，应清晰可见。

5 探测器在报警时应发出声、光报警信号，并予以保持，直至手动复位。

第四节 施　　工

一、电气火灾监控系统的施工应按设计图纸进行，不得随意更改。

二、电气火灾监控系统的布线，应符合现行国家标准《建筑电气工程施工质量验收规范》GB 50303 的要求，导线的种类、电压等级应符合现行国家标准《火灾自动报警系统设计规范》GB 50116 的规定。

三、安装：

1　安装之前需要对供电系统形式、配电箱三相电流检测值、用电负载情况等进行确认。

2　电气火灾监控主机总线线缆敷设，应符合电气线缆敷设的一般规定。

3　主机外壳接地点 PE 处需接地良好。

4　本系统内及分界面所需之一切配件如电线、继电器、无压干触点等需由本承包商负责。

5　无论审批图纸时的设计如何，在完工后，各回路应有 10％的余量作将来扩展用。

四、电气火灾监控系统导线敷设后，应对每回路的导线用 500V 的兆欧表测量绝缘电阻，其对地绝缘电阻不应小于 20MΩ。

第五节　调　　试

一、电气火灾监控系统调试，应先分别对探测器和监控器等设备逐个进行单机通电检查，正常后方可进行系统调试。

二、电气火灾监控系统通电后，应按现行国家标准的有关要求对监控设备进行下列功能检查：

监控报警功能；控制输出功能；故障报警功能；自检功能；电源功能。

三、检查监控设备的主电源和备用电源，其容量应分别符合现行有关国家标准和使用说明书的要求，在备用电源连续充放电 3 次后，主电源和备电源应能自动切换。

四、应采用专用的检查仪器（剩余电流发生器和温度发生器）对探测器逐个进行试验。

五、应分别用主电和备用电源供电，检查系统的各项功能。

六、系统在连续运行 12h 无故障后，填写调试报告。

第六节　竣　　工

一、电气火灾监控系统中的监控设备应逐台进行功能试验，包括系统监控报警功能、控制输出功能、故障报警功能、自检功能、电源功能功能。

二、电气火灾监控系统中的探测器按总数量的 10％抽检。

三、应采用专用的检查仪器（剩余电流发生器和温度发生器）对探测器的报警值进行检验，报警值应符合设计要求。

四、应对系统内所有装置进行验收，主要包括剩余电流式电气火灾监控探测器、测温式电气火灾监控探测器、监控设备等进行验收。

五、软件升级。在保修期内承包单位有责任及时向业主通报软件升级情况，并应免费提供软件升级服务。在承包单位产品废型和改变行业时，应将软件源程序无偿转让给业主方。

六、备件服务。

1　承包单位应备用充足的备件、配件，可及时向业主方提供技术服务和备件服务。

2　投标人应出具书面声明（由投标人单位的法定代表人或其授权代表签字并加盖单位公章），保证对所有设备所需配件提供至少十年的备件和技术支持。

第二十三章　消防设备电源监控系统

第一节　一般规定

一、本章说明消防设备电源监控系统的供应和安装所需的各项技术要求。

二、消防设备电源监控系统监控范围为消防负荷（动力及照明）配电箱主、备电输入回路安装电压信号传感器，消防负荷（动力）输出回路安装电压/电流信号传感器。

三、系统施工应完全符合中国消防部门要求和中国消防设备电源监控系统设计、施工及验收等规范。

四、消防设备电源监控系统的布线和所采用的电缆规格必须符合国家标准《消防设备电源监控系统》GB 28184—2011和当地消防局的要求。该系统应经国家消防电子产品质量监督检验中心检验合格，获得消防产品型式认可证书的设备。

五、所提供的设备必须为具有至少三年生产本产品经验的厂商制造。

第二节　系统要求

一、系统结构。

1　系统应采用CAN/485总线通信、模块化结构，智能网络体系。

2　系统由上位机、消防设备电源状态监控器、区域分机、电压信号传感器、电压/电流信号传感器、系统总线及应用软件组成。

3　系统采用集中供电方式，给现场传感器提供DC24V安全电压供电。

4　消防控制室远程对每台传感器进行报警参数、复位和试验操作。

5　系统应选择符合《消防设备电源监控系统》GB 28184—2011国家标准，经国家消防电子产品质量监督检验中心检验合格，获得消防产品型式认可证书的设备。

二、消防设备电源状态监控器及上位机。

1　当各类为消防设备供电的交流或直流电源（包括主、备电），发生过压、欠压、缺相、过流、中断供电等故障时，监控器进行声光报警、记录，同时显示被监测消防电源的电压、电流值及故障点位置。

2　监控器应至少具有1路控制输出（连续无源常开点），1路标准RS232接口或1路标准RS485接口用于上传信息至消防控制室图形显示装置。

3　监控器独立安装在消防控制室，专用于消防设备电源监控系统，不与其他消防系统共用设备，存储100000条以上故障信息，通过电子地图显示监控状态信息。

4　监控器通过软件远程设置现场传感器的地址编码及故障参数，方便系统调试及后期维护使用。

5　监控器与传感器之间连接采用并联（T接）方式，通信容量不小于1000台传感器。

6　系统通信方式采用CAN/485总线，通信距离不少于1200m；总线线制采用NHRVS-2×1.5mm^2（通信线）+NHBV-2×2.5mm^2（电源线），SC20同管敷设。

7　监控器应具有密码功能，设有3个操作级别，适用于不同级别操作人员分级操作。

8 监控器可以 24h 实时显示区域分机和传感器的工作状态及现场被监控电源的工作状态、电压和电流值。

三、区域分机。

1 区域分机至少延长监控器的通信距离不少于 1200m，输出回路可扩展管理传感器数量不少于 64 台传感器，形成更加完善稳定的监控网络。

2 区域分机至少延长监控器的供电距离不少于 100m，保证系统供电稳定可靠。靠。

3 区域分机对局域分区形成有效监测，故障报警，信息传输。

4 区域分机应有唯一的地址，可以在现场不断电情况下实现更改或重新设置地址，上传自身工作状态至监控器，便于监控器统一管理。

5 区域分机小巧灵活，单面壁挂安装于竖井内。

四、电压/电流信号传感器。

1 传感器由安装于消防控制室的监控器直接提供 DC24V 工作电源，以确保本系统的安全稳定。

2 传感器输出信号应不大于 12V，采集信号误差不应大于 1%；采用 35mm 标准导轨式安装在配电箱内。

3 为确保采集消防设备电源信号的可靠及准确，以直接压接的方式采集，不应采集其他消防控制设备输出的信号；传感器采集电流信号时，应采用消防设备电源监控系统内自带的电流探头，不可在配电系统内原有的电流互感器上取二次信号。

4 传感器可以手动设置每一回路的电压报警值及报警延迟时间，有效地防止误报警。

5 传感器应有唯一的地址，可以在现场不断电情况下实现更改或重新设置地址。

6 传感器自带总线隔离器，应用软件支持在线升级。

7 各项功能应满足《消防设备电源监控系统》GB 28184—2011 标准的要求。

第三节 施 工

一、消防设备电源监控系统的施工应按设计图纸进行，不得随意更改。

二、消防设备电源监控系统的布线，应符合现行国家标准《建筑电气工程施工质量验收规范》GB 50303 的要求，导线的种类、电压等级应符合现行国家标准《火灾自动报警系统设计规范》GB 50116 的规定。

三、安装：

1 安装之前需要对供电系统形式、配电箱三相电流检测值、用电负载情况等进行确认。

2 消防设备电源监控系统主机系统总线线缆敷设，应符合电气线缆敷设的一般规定。

3 主机外壳接地点 PE 处需接地良好。

4 本系统内及分界面所需之一切配件如电线、继电器、无压干触点、浮球开关等需由本承包商负责。

5 无论审批图纸时的设计如何，在完工后，各回路应有 10%的余量作将来扩展用。

四、消防设备电源监控系统系统导线敷设后，应对每回路的导线用 500V 的兆欧表测量绝缘电阻，其对地绝缘电阻不应小于 20MΩ。

第四节 调 试

一、消防设备电源监控系统调试，应先分别对传感器和监控器等设备逐个进行单机通电检查，正常后方可进行系统调试。

二、消防设备电源监控系统通电后，应按现行国家标准的有关要求对监控设备进行下列功能检查：监控报警功能；控制输出功能；故障报警功能；自检功能；电源功能。

三、检查监控设备的主电源和备用电源，其容量应分别符合现行有关国家标准和使用说明书的要求，在备用电源连续充放电 3 次后，主电源和备电源应能自动切换。

四、应采用专用的检查仪器对传感器逐个进行试验。

五、应分别用主电和备用电源供电，检查系统的各项功能。

六、系统在连续运行 12h 无故障后，填写调试报告。

第五节 竣　　工

一、消防设备电源监控系统中的监控设备应逐台进行功能试验，包括系统监控报警功能、控制输出功能、故障报警功能、自检功能、电源功能功能。

二、消防设备电源监控系统中的传感器按总数量的 10％抽检。

三、应采用专用的检查仪器对传感器的报警值进行检验，报警值应符合设计要求。

四、应对系统内所有装置进行验收，主要包括传感器、监控设备等进行验收。

五、软件升级。在保修期内承包单位有责任及时向业主通报软件升级情况，并应免费提供软件升级服务。在承包单位产品废型和改变行业时，应将软件源程序无偿转让给业主方。

六、备件服务：

1　承包单位应备用充足的备件、配件，可及时向业主方提供技术服务和备件服务。

2　投标人应出具书面声明（由投标人单位的法定代表人或其授权代表签字并加盖单位公章），保证对所有设备所需配件提供至少十年的备件和技术支持。

第二十四章　消防应急广播及背景音乐系统

第一节　系统要求

一、系统概述。公共广播作为一种信息传播工具是一种非点对点的通信，具有实时、强迫性，因此，必须对播出的内容、时间、范围进行管理，为此，在智能建筑建筑物内分别设置广播中心（部分与其他控制中心合用）。根据智能建筑具有数字化特点、用户需求和今后系统调整及升级的要求，智能建筑的广播系统应采用支持以太网结构和分散控制的数字广播系统。公共广播分区和扬声器点位的设置应满足消防广播的规范要求，满足消防系统联动紧急广播的功能。公共广播应适应各功能区域不同，对业务广播、背景音乐有不同播音要求。广播系统要兼顾业务广播、背景音乐、紧急广播的三种功能。可以根据需要灵活调整播出内容。不同区域的播出控制与管理，消防系统联动紧急广播的功能是广播系统必备的基本要求。

二、技术应用。消防应急广播及背景音乐系统应采用全数字化广播产品，应满足专业用户对公共广播/紧急广播系统的所有要求。

1　音源接入。总控、分控广播系统可接入不同的音源，如CD机、FM收音、MP3播放器等，实现不同分区播放不同音源的功能，以满足不同区域的不同需求。背景音乐接入灵活，即可通过网络接入，也可以本地接入。

2　网络广播。将外接音频（卡座、CD、收音机、话筒等）接入音频服务器软件实时压缩成高音质数据流，并通过网络发送广播数据，数字广播功放器可实时接收并通过自带音箱进行播放。

3　个性定时播音。数字广播功放器具有独立IP地址，可以单独接收服务器的个性化定时播放节目。

4　多路分区播音。系统可设定任意多个组播放制定的音频节目，或对任意指定的区域进行广播播音。

5　网上播音。可以通过网络上的任意一台计算机，接上话筒，即能实现广播播音，通过授权可设置全体广播或局部广播。

6　终端音频扩音。数字广播功放器提供音频输入功能。网络功放器可以根据语音信号的有无，自动切换功放音箱的电源。

7　数字音源库。系统资源服务器可存储数千小时以上的音乐节目或语音节目。

三、系统设置。

1　公共广播：分区管理，各个分区的广播分控室根据本区域内的工作特点，自行决定本区域内公共区域内的广播时间、内容。

2　紧急广播：紧急广播的控制隶属安全防范控制中心。当发生火警时，对全楼进行广播。

3　广播系统采用数字化广播设备。

4　广播线路智能化管理：广播线路监测监控系统。

5　系统维护智能化管理：设备监测系统、事故报警系统、维护管理系统。

6　系统自诊断程序可以监视广播系统的每一个模块、网络的运行情况，当出现故障时发出报警。所有的报警信息都具有声光报警，报警页面可以自动弹出，同时提供确认，并有数据、时间、确认和处理等记录。能自动记录并归档广播设备及广播线路的故障报警信息、设备开/关机事件信息等，并可按要求的报表格式进行打印输出。

第二节　系统功能

一、广播系统最直接的外部系统是作为消防紧急广播系统与火灾报警系统的集成，需定期接受公安消防部门的检查，以符合消防法规的规定和具体要求。

二、根据可能出现的各种威胁人身安全的因素制定广播策略，同时与各行政部门协调，制定各类的演习广播。各类的演习广播。

三、向信息管理系统上传必要的统计数据（如报警、事件纪要）。

四、接受信息管理系统下达的指令。

五、与设备厂家制订定期保养计划。

六、各个区域的广播分控室应该与各个区域的网络分控、有线电视管理部门联网，做到相关信息共享，互为补充。

第三节　系统配置

一、概述

1　主要设备需包括，但不限于下列项目：

1.1　紧急广播主机（网络型）、数字语音播放器。

1.2　激光盘播放机、多镭射播放机、MP3播放机。

1.3　鹅颈话筒。

1.4　混音扩大器。

1.5　前置扩大器。

1.6　功率放大器。

1.7　控制继电器、选择器和附件。

1.8　控制和监视屏。

2　机架上安装的设备需用插销连接使接线快速，便于试验及故障时迅速更换设备。

3　每个放大频道需包括低和高音补偿、音量控制、音频电平监视。每个频道的馈出隔离开关应使频道馈出前予以预调。

4　控制和监视屏需由1.6mm厚不锈钢板及钢架制成以支持和装置所有控制上的控制部件。标志牌和标记均应刻于不锈钢面。屏上至少需装置下列设施和功能控制：

4.1　带音量控制和选择按钮的监听扬声器。

4.2　电源合/分开关。

4.3　监察话筒输入之VU表。

4.4　带发光按钮的广播区选择屏。

4.5　带合/分和音量控制的话筒。

4.6　系统故障监视。

4.7　输入选择器。

二、紧急广播主机

主机采用微电脑处理控制，实现多回路的紧急广播，可手动、自动（与消防系统连动）

启动主机内的广播信息。

主机具备 LCD 显示屏，操作及提示语全部汉化及 GUI 控制功能。

主机自动检测扬声器回路状态，功放、紧急充电池的工作状态。

主机应为网络型及模块式设计，可配置扩展模块。

三、混合前置放大器

1 混合前置放大器需为全半导体电路，装有下列设施：

1.1 功率输出合/分开关。

1.2 每个输出单独的混音量控制。

1.3 主音量、低音和高音音质控制。

1.4 带匹配变压器的监听扬声器，带开关的音量控制。

1.5 连接电源的软线和带熔断器的插头。

1.6 交流和直流保护熔断器。

1.7 需配有信号经“优先”输入线路。

2 混合前置放大器技术参数不应低于下列数据：

2.1 电源：交流 220V，50Hz。

2.2 频率响应：20Hz～20kHz，－3dB。

2.3 电压增益：35dB。

2.4 音调控制：低音＋14～19dB（在 100Hz 时），高音＋16～19dB（在 10kHz 时）。

2.5 噪声：低于 89dB，于＋8mWdB，20Hz 至 20kHz。

2.6 输出阻抗：100Ω。

2.7 总谐波失真：1kHz 时低于 0.05％。

2.8 音量电平表：OVU＝＋8dBm，LCD 电平表。

四、功率放大器

1 功率放大器需为全半导体电路，装有下列设施：

1.1 功率输出合/分指示灯。

1.2 电源“闸”指示灯。

1.3 输入过载保护。

1.4 音量，低、高音音质控制。

1.5 供连接扬声器的 70V 和 100V 平衡输出端子。

1.6 连接电源的软线和带熔断器的插头。

1.7 交流和直流保护熔断器。

1.8 每个输入回路带锁环的标准插口和插头，供连接扬声器的接线端子。

1.9 每路扬声器回路均配备保险丝，用于扬声器回路发生短路时对功放的保护。

1.10 有多路放大功能，1～8 路。

2 功率放大器之技术参数不应低于下列：

2.1 电源：交流 220V，50Hz。

2.2 频率响应：50Hz～20kHz－3dB。

2.3 总谐波失真：50～15000Hz 时，低于 1％。

2.4 输出阻抗：标准负载阻抗之 20％。

2.5 信噪比：低于额定输出，87dB

2.6 调幅频率响应：20Hz 至 8000Hz＋1dB。

2.7 调幅灵敏度：20dB 信噪比，250μV。

2.8　调幅选择性：交替频道 80dB。

3　功率放大器输出总功率应不小于所有扬声器同时广播时总功率的 1.5 倍。

五、背景音乐激光盘播放机

1　背景音乐播放机需适合于一星期七天每天播放 12h 小时的激光盘播放机。播放机必须为全半导体可编程序型和逻辑控制无休止回放机需包括 20 个随机存取程序、向前/反复功能、无休止回放功能、10 个按键入口系统、自动寻迹节目、8cm 单面激光盘和耳机插口并带音量控制和功率扩大器。

2　背景音乐激光盘播放机之技术参数不应低于下列：

2.1　电源：交流 220V，50Hz。

2.2　频率响应：20Hz～20kHz+0.5dB。

2.3　射束源：半导体激光。

2.4　声道：双（立体声）。

2.5　声抖动：低于 0.01%。

2.6　谐波失真：0.0003%。

2.7　总谐波失真：0.0005%。

2.8　波长：780mm。

2.9　信噪比：不低于 96dB。

2.10　数字滤波器：四倍取样（1746kHz）。

2.11　数字滤波器：4—数字仿真转换器系统。

2.12　数字输出：18bit。

2.13　取样频率：44.1kHz。

2.14　译码：16bit，线性。

2.15　输出阻抗：600Ω。

2.16　负载阻抗：大于 10kΩ。

2.17　运作：连续重复自动回转。

六、MP3 机

MP3 机的技术参数不应低于下列要求：

1　频率响应：40～44100Hz。

2　支持格式：MP3、WMA、AAC-LC、线性 PCM、FLAC。

3　容量：4GB。

4　MIC 录音：有。

5　FM 收听：有。

6　支援端口：USB2.0。

七、数字语音播放器

本数字语音播放器具有下列性能：

1　可录音及放音。

2　备有 2 种取样模式（32kHz 和 44.1kHz）加上 4 种录音等级（长时间、正常、高质、极高质），合共 8 个组合可选择。

3　2 张 1GB 记忆卡可提供长达 60min 录音容量。

4　记录制的句子可组位为最多 256 个程序及作出播放。

八、鹅颈话筒

1　话筒需为动圈式，结构坚固，性能稳定并易于使用。话筒应不需外部电源，当用于讲话和唱歌时产生的噪音最小。

2 鹅颈话筒之技术参数不应低于下列：

2.1 型式：单向，内装开关。

2.2 安装：鹅颈，重底座。

2.3 特性图形：心形方向图。

2.4 频率响应：340Hz至13，500Hz～3dB。

2.5 灵敏度：75～90dB。

九、扬声器

1 扬声器均需配备多抽头之匹配变压器，以便于安装后控制扬声器之音量。

2 安装于悬挂天花内的扬声器需连带背盒，平装于天花面。其主要技术应不低于下列：

2.1 功率：3W。

2.2 频率范围：100Hz至14，000Hz+10dB。

2.3 声压级：90dB（于1W、1m时）。

3 墙上安装的扬声器需装置于坚实的金属防护罩内，挂于墙上。其主要技术数据需不低于下列：

3.1 功率：3W。

3.2 频率范围：100Hz至14000Hz+10dB。

3.3 声压级：90dB（于1W、1m时）。

4 号筒式扬声器分别设置于室内及室外，附带有坚固的安装支架，如号筒式扬声器设置于室外，需防风雨，符合IP65。其主要技术数据需不低于下列：

4.1 功率：10W。

4.2 频率范围：230～7000Hz。

4.3 声压级：104dB。

十、音量控制开关

1 每一组扬声器的音量水平需由装于终端盒内单独的音量控制开关控制。

2 音量控制开关应为自耦变压器型，并具有良好的频率响应和低插入损耗。

3 每只开关需有足够的功率能够处理其所控制的回路。

4 音量控制开关屏需由ABS树脂或1.6m不锈钢板制。在每只开关位置上需有刻度以表示其音量水平。

十一、设备架

1 承包单位需于集中控制室内装设一台落地式中央设备架供装置系统的功率扩大器、混合前置扩大器、盒式磁带播放机、激光盘播放机、话筒和连接面板等设备。

2 在设备架上需配备中、英文铭牌以说明其功能。

3 设备架表面需喷砂打光并喷以经批准的喷漆。

4 仪表、信号灯、按钮、控制和需要接线的设备均应装于架的后部并需经试验。所有必需的变压器、熔断器开关、线路开关和熔断丝均必须装于密闭盒内。所有端子排需标以永久性的金属标签以便识别。

5 所有设备必须装设和安排于使操作员容易接近的位置。

十二、话筒电缆

1 话筒电缆需为镀锡软铜编织屏蔽外PVC护套软绞合对线。外护套的颜色应为淡灰或白色。电缆需为低烟无卤阻燃耐火型电缆。

2 话筒电缆需满足下列特性：

2.1 导线至少为16股。

2.2 每股直径不小于0.15mm。

2.3 标称外径不大于5.0mm。

2.4 电容不大于110μF/m。

2.5 内导线在20℃时的直流电阻不大于36Ω/km。

2.6 绝缘厚度不小于0.25mm。

2.7 运行温度为-20～+60℃。

3 广播员用话筒，其电缆除需满足上述要求外，还应具备下列要求：

3.1 导线至少为10股。

3.2 每股直径不小于0.1mm。

3.3 标称外径不大于3.4mm。

十三、扬声器电缆

1 扬声器电缆需为镀锡软铜软对线，PVC绝缘PVC外护套。明敷时，电缆必须为平行扁平对线，穿电线管敷设宜为绞合对线。电缆需为低烟无卤阻燃耐火型电缆。

2 电缆需满足下列特性：

2.1 需为低烟无卤阻燃耐火型。

2.2 耐压等级不低于交流250V。

2.3 导线至少为19股

2.4 导线截面在满足传输衰耗的前提下，还应满足下列要求：

2.4.1 导线穿管敷设芯线截面不应小于1.0mm^2，多芯电缆芯线截面不应小于0.5mm^2。

2.4.2 绝缘厚度不小于0.55mm。

2.4.3 运行温度为零下20～60℃。

十四、系统故障监察屏

1 系统故障监察屏需能连续监视扬声器线路，扩大器。当侦察到任何故障时发出音响告警信号。或者可以显示在主机液晶屏上也可电脑上。

2 每条扬声器线路各自的开路、短路、接地故障显示。

3 每台扩大器各自的输入和输出故障指显示。

4 灯试验按钮。

十五、区域选择屏

区域选择屏需能按需要任意接通一个或数个区域扬声器线路、全部线路，或以任何组合方式进行选择。或者可以显示在主机液晶屏上也可是电脑上，通过呼叫站控制区域选择。

在选择屏上需设置选择开关，用以选择需接通的扬声器区。

各路扬声器线路均应配有指示灯，以了解使用情况。

区域选择屏的选择开关数，应按广播分路数设置。

十六、工作站

1 每套操作员工作站（WORKSTATION）应包括以下设备及满足其特性要求，不得低于以下标准。供货时计算机硬件及软件可能得到升级或更新，承包单位应提供供货时最新的计算机硬件及软件，其费用已包含在本次投标总价中：

1.1 计算机：

1.1.1 中央处理器：Intel®Core™i5-3550处理器（6M高速缓存，3.70GHz）。

1.1.2 内存：4GB（1×4GB）非ECC DDR3 1600MHz SDRAM。

1.1.3　硬盘：2TB 7200RPM 3.5 吋 512e/4k 硬盘。

1.1.4　内置光驱：16X DVD±RW 光驱。

1.1.5　显卡：1GB AMD RADEON HD 7470，FH，含 DVI-VGA 配接卡或同级。

1.1.6　连接：以太网 10/100/1000。

1.1.7　端口：2 个 USB3.0 端口、8 个外接 USB2.0 端口（正面 2 个，背面 6 个）及 2 个内接 USB2.0、最少 1 个并行端口、最少 1 个串行端口、1 个 VGA 端口、1 个 RJ-45 端口、1 个 HDMI、2 个输入端口（立体声/麦克风）、2 个输出端口（耳机/扬声器）。

1.1.8　操作系统：Microsoft Windows®7 旗舰版 32 位（简体中文）。

1.2　外围设备：USB 键盘、USB 激光鼠标及扬声器。

1.3　计算机应备有一些常用的软件包（SOFTWARE PACKAGE），如 Adobe Reader 及 Anti-Virus，并需提供最新版本的简体字及繁体字显示模式选择。在进行其他软件包时，系统应不受干扰。

1.4　液晶体显示器：

1.4.1　对角线可视尺寸：54.61cm。

1.4.2　最佳分辨率：全高清分辨率，1920×1080，60Hz。

1.4.3　对比度：1000∶1（典型值）。

1.4.4　动态对比度：2000000∶1（最大值）。

1.4.5　亮度：250cd/m^2（典型值）。

1.4.6　响应时间：8ms（灰阶到灰阶）。

1.4.7　视角：垂直 178°/水平 178°。

1.4.8　色域（典型值）：82%（CIE1976）。

1.4.9　色深：1670 万色。

1.4.10　像素间距：0.2475mm。

1.4.11　背光技术：LED。

1.5　连接：1 个支持 HDCP 的数字视频接口（DVI-D）、1 个 DisplayPort（DP）及 1 个视频图形阵列（VGA）端口。

2　工作站必须包括下述正版软件（在相同价钱下，本承包单位需提供安装时最新的硬件及软件版本）：

2.1　Microsoft Windows®7 旗舰版 32 位（简体中文）或最新版本。

2.2　Microsoft Internet Explorer 9 或最新版本。

第四节　施工、调试及竣工

一、工作内容

承建商需根据设备供货商所提供的，并经业主和顾问公司批准后的整套施工图及全部设备材料，进行本工程全部紧急广播和背景音乐安装施工任务。主要内容包括：设备、材料验收保管、设备安装、敷线、接线、测试、试运转以及验收、编写完整的竣工资料工作等。

根据设计配合建筑要求，消防联动控制要求以及协调与其他相关承包单位工作。

了解设计意图，在施工过程中与产品供货商协调。

二、质量保证

按照设备技术规格说明书的要求检查所有设备材料是否满足要求。遵照相关国家及行业施工及验收规范要求，以及上海市质检站有关要求做好每一步和每一阶段工作。

主动争取监理检查、分部、分区取得监理的质量认可。

三、调试

1 调度前应按照施工图对每台设备进行检查。在各项设备单体调试完毕，进行系统调试。调试前应按照施工图对每台设备进行编号。

2 调试前应检查接地并测量接地电阻值并做好记录。

3 按施工布线图对各回路进行校验，检查以确保接续正确、良好、编号无误。

4 按设计图纸及产品说明要求及相关规范要求，逐个逐项接通调试，以确保系统符合设计及有关规范要求。

5 调试过程中，每项试验应做好记录，及时处理安装时出现的问题，当各项技术指标都达到要求时，系统并经过24h连续运行无事故，绘制竣工图，向业主提供施工质量评定数据，并提出交工验收请求。

四、系统竣工时，施工单位应提交下列文件

1 完整竣工图（含系统图、平面图、施工管线平面图、安装大样图、设备材料清单等）。

2 软件参数设定表（包括逻辑图）。

3 设计变更文字记录。

4 施工质量验收记录（包括隐蔽工程验收记录）。

5 调试检验记录。

6 完整的产品说明书，维护及操作手册与产品资料。

7 竣工报告。

8 需获得消防第三方检测机构的测试报告及当地政府之消防管理部门之备案。

第二十五章　消防应急照明和疏散指示系统

第一节　一般规定

一、本章说明应急照明和疏散指示系统的供应和安装所需的各项技术要求。

二、系统施工应完全符合中国消防部门要求和中国应急照明和疏散指示系统设计、施工及验收等相关规范。

三、应急照明和疏散指示系统的布线和所采用的电缆规格必须符合国家标准《消防应急照明和疏散指示系统》GB 17945—2010。

四、该系统应是经国家消防电子产品质量监督检验中心检验合格，获得消防产品型式认可证书的设备。

五、本承包商提供的位于中国境内已竣工项目应具备现场考察及查验条件。

六、消防应急照明和疏散指示系统设备制造商应具有五年以上生产本产品的经验。

第二节　系统要求

一、系统结构

1　消防应急照明和疏散指示系统采用集中电源集中控制型设备，系统设备包括应急照明控制器（系统主机）、应急照明集中电源（消防应急灯具专用应急电源）、应急照明分配电装置、集中电源集中控制型消防应急标志灯具和集中电源集中控制型消防应急照明灯具。

2　消防应急照明和疏散指示系统中集中电源采用分散设置，不采用电池总站供电方式，避免设置电池总站供电带来供电全面瘫痪的风险。

3　系统中所有灯具为集中电源集中控制型，内部不带蓄电池，由集中电源供电，灯具带独立地址编码，其中应急标志灯具采用持续型，应急照明灯具采用非持续型。

4　系统中灯具采用DC24V直流安全电压供电。

5　系统中灯具的供电线路和通信线路应能共管穿线。

6　系统应能与火灾自动报警系统通讯，自动接收报警位置信息，可依据火灾报警信息自动联动终端灯具转入应急工作状态。

7　系统应能针对火灾报警系统每一报警点（火灾探测器和手报按钮）有一套应急疏散预案。

8　当正常照明供电电源中断（市电停电）时，系统应能自动点亮停电区域的消防应急照明灯具。

9　系统应选择满足国家标准《消防应急照明和疏散指示系统》GB 17945—2010要求，经国家消防电子产品质量监督检验中心检验合格，获得消防产品型式认可证书的设备。

二、主机基本要求

1　系统主机采用柜式机，落地安装方式，由工业控制计算机、液晶显示器、打印机、系统显示盘、备用电池组等构成。

2　主机应具有标准串行总线数据接口（RS232/RS485），可与火灾自动报警系统主机进行连接通信。

3　主机能保存、打印系统运行时的日志记录，并有自动数据备份功能，数据存储容量不小于100000条。

4　采用不低于17寸液晶显示器，具有中英文显示功能。

5　具有专用软件管理系统，直观的人机交互图形操作界面，可方便系统设备和疏散预案的编辑，可显示灯具的箭头指示方向，在主机上即可看出疏散路线和方向。

6　对故障和火警信息具有精确定位功能，并能调出建筑平面图形。

7　主机应具备平时给蓄电池组充电功能，应具备备用电源过压、失压等监视功能，控制器主机的应急工作时间不小于3h。

8　主机联动编程条数无限制，可编制多种疏散方案。

9　系统主机安装于消防控制室内，靠近FAS系统主机落地安装，应可进行前维护操作。

三、主机功能要求

1　应能控制并显示与其相连的所有灯具的工作状态，显示应急启动时间。

2　应能防止非专业人员操作。

3　在与其相连的灯具之间的连接线开路、短路（短路时灯具转入应急状态除外）时，发出故障声、光信号，并指示故障部位。故障声信号应能手动消除，当有新的故障时，故障声信号应能再启动；故障光信号在故障排除前应保持。

4　在与其相连的任一灯具的光源开路、短路时能发出故障声光信号，并显示、记录故障部位、故障类型和故障发生时间，故障声信号能手动消除，当有新的故障信号时，声故障信号能再启动，光故障信号在故障排除前可保持。

5　应有主、备用电源的工作状态指示，并能实现主、备用电源的自动转换。且备用电源应至少能保证应急照明控制器正常工作3h。

6　主机在下述情况下将发出故障声、光信号，并指示故障类型，故障声信号应能手动消除，故障光信号在故障排除前应保持，故障期间灯具应能转入应急状态，故障条件如下所述：

6.1　主机的主电源欠压。

6.2　主机备用电源的充电器与备用电源之间的连接线开路短路。

6.3　主机与为其供电的备用电源之间的连接线开路短路。

7　主机能以手动自动两种方式使与其相连的所有消防应急灯具转入应急状态，且设有强制使所有消防应急标志灯转入应急状态的按钮，该按钮启动后应急电源不受过放电保护的影响。

8　系统主机还应符合下列要求：

8.1　显示系统中每台集中电源的部位、主电工作状态、充电状态、故障状态、电池电压、输出电压和输出电流；

8.2　显示系统中各应急照明分配电装置的工作状态；

8.3　控制系统中每台集中电源转入应急工作状态；

8.4　在与各集中电源和各应急照明分配电装置之间连接线开路或短路时，发出故障声、光信号，指示故障部位。

四、应急照明集中电源（消防应急灯具专用应急电源）

1　为终端消防应急灯具提供应急电源的专用设备，采用分散设置方式，安装于楼层配电间或电井内，集中电源单台功率不应大于1kVA。

2　消防应急照明集中电源内置蓄电池组，应急时间不应小于设计要求。

3　应急照明集中电源应显示主电电压、电池电压、输出电压和输出电流。

4　消防应急照明集中电源具有短路、过载保护功能。每个输出支路均应单独保护，且任一支路故障不应影响其他支路的正常工作。

5　消防应急照明集中电源在下述情况下应发出故障声、光信号，并指示故障的类型；故障声信号应能手动消除，当有新的故障信号时，故障声信号应再启动；故障光信号在故障排除前应保持。故障条件如下所述：

5.1　充电器与电池之间连接线开路；

5.2　应急输出回路开路；

5.3　在应急状态下，电池电压低于过放保护电压值。

6　应急照明集中电源具有与控制器的通信接口，与控制器主机通信，可上传自身工作状态，并可由控制器控制进入应急、年检及月检状态。

7　各项功能应满足国家标准《消防应急照明和疏散指示系统》GB 17945—2010 的要求。

五、应急照明分配电装置

1　应急照明分配电装置是对应急照明集中电源的输出进行分配与保护以及对终端负载进行供电和保护的专用设备，可安装在楼层配电间或电井内。

2　应急照明分配电装置应具有与控制器的通信接口，与控制器主机通信，可上传自身工作状态。

3　应急照明分配电装置具有将终端消防应急灯具和应急照明控制器进行连接通信和接受控制指令的功能。

4　具有与正常照明联动的功能，当正常照明中断（市电停电）时自动点亮停电区域的应急照明灯具。

5　应急照明分配电装置各项功能应满足国家标准《消防应急照明和疏散指示系统》GB 17945—2010 的要求，应具有国家消防电子产品质量监督检验中心颁发的型式试验报告。

六、集中电源集中控制型消防应急标志灯具

1　灯具内部不设蓄电池，由应急照明集中电源供电，工作电压为 DC24V 直流安全电压，额定功率≤3W。

2　每个灯具内部均设置微型计算机芯片，具有独立地址编码，具有巡检、开灯、灭灯、改变方向等功能。

3　灯具异常状态应（包括光源）故障报警。

4　采用超高亮绿色 LED 光源，LED 光源的设计应便于更换。

5　光源应采用匀光处理技术，表面亮度：50～300cd/m^2。

6　灯具内部电路应进行防潮、防霉、防盐雾等处理。

7　墙壁安装的标志灯应采用金属面板，具有防碰撞功能。

8　地面安装的标志灯应具备一定抗压能力和防尘防水性能，承压能力不低于 8MPa，防护等级应不低于 IP67。

9　其他技术要求应满足国家标准《消防应急照明和疏散指示系统》GB 17945—2010 关于集中电源集中控制型标志灯要求。

七、集中电源集中控制型消防应急照明灯具

1　灯具内部不设蓄电池，由应急照明集中电源供电，灯具工作电压为 DC24V 直流安全电压。

2　灯具内置微型计算机芯片，具有独立地址编码，具有巡检、开灯及灭灯等功能。

3　灯具异常状态应（包括光源）故障报警。

4　采用高效低功耗超高亮白色 LED 光源。

5　灯具内部电路应进行防潮、防霉、防盐雾等处理。

6　应急照明灯具光通量满足国家标准要求，且应满足设计疏散照度要求。

八、信号接口

系统主机应具有标准的 RS232/RS485 通信端口，可连接 FAS/BAS/CRT，通过协议获取火灾自动报警系统报警位置信息联动系统设备。

第三节　施　　工

一、消防应急照明和疏散指示系统的施工应按设计图纸进行，不得随意更改。

二、消防应急照明和疏散指示系统的布线，应符合现行国家标准《建筑电气工程施工质量验收规范》GB 50303 的要求，导线的种类、电压等级应符合现行国家标准《火灾自动报警系统设计规范》GB 50116 的规定。消防安全疏散标志的供电电源、分配电箱和控制器等设备的施工应符合《火灾自动报警施工与验收规范》GB 50166 的要求。

三、安装：

1　安装之前需要对供电系统形式、配电箱三相电流检测值、用电负载情况等进行确认。

2　消防应急照明和疏散指示系统主机总线线缆敷设，应符合电气线缆敷设的一般规定。

3　主机外壳接地点 PE 处需接地良好。

4　本系统内及分界面所需的一切配件如电线、继电器、无压干触点等需由本承包商负责。

5　无论审批图纸时的设计如何，在完工后，各回路应有 10%的余量作将来扩展用。

四、消防应急照明和疏散指示系统导线敷设后，应对每回路的导线用 500V 的兆欧表测量绝缘电阻，其对地绝缘电阻不应小于 20MΩ。

第四节　调　　试

一、消防应急照明和疏散指示系统调试，应先分别对灯具和监控器等设备逐个进行单机通电检查，正常后方可进行系统调试。

二、消防应急照明和疏散指示系统通电后，应按现行国家标准的有关要求对系统进行下列功能检查：监控报警功能；控制输出功能；故障报警功能；自检功能；电源功能。

三、检查系统设备的主电源和备用电源，其容量应分别符合现行有关国家标准和使用说明书的要求，在备用电源连续充放电 3 次后，主电源和备电源应能自动切换。

四、应采用专用的检查仪器对传感器逐个进行试验。

五、应分别用主电和备用电源供电，检查系统的各项功能。

六、系统在连续运行 12h 无故障后，填写调试报告。

第五节　竣　　工

一、消防应急照明和疏散指示系统中的监控设备应逐台进行功能试验，包括系统监控报警功能、控制输出功能、故障报警功能、自检功能、电源功能。

二、消防安全疏散标志，按不小于安装总数的 10%进行主、备电源切换试验。

三、消防安全疏散标志电源的初装容量符合应符合设计要求。

四、软件升级。在保修期内承包单位有责任及时向业主通报软件升级情况，并应免费提供软件升级服务。在承包单位产品废型和改变行业时，应将软件源程序无偿转让给业主方。

五、备件服务：

1 承包单位应备用充足的备件、配件，可及时向业主方提供技术服务和备件服务。

2 投标人应出具书面声明（由投标人单位的法定代表人或其授权代表签字并加盖单位公章），保证对所有设备所需配件提供免费至少两年的备件。

第二十六章　测试和试运转的特殊要求

第一节　一般要求

一、本章叙述对整个安装工程测试和试运转的特殊要求，以确定其完全符合本规格说明书及设计要求。本节内容需与本技术规格说明书各节共同阅读。

二、测试和试运行是用于确定系统是否完全符合说明与规定、设计意图和有关部门的要求。本章并无提及有关部门对测试的要求，但承包单位需负责与所有有关部门协调及议定其对测试的要求。

三、除一般要求外，承包单位还应进行各种必要的测试和试运行，包括工厂验收测试、施工期间现场测试、试运行和验收测试，具体由本章规定。

四、议标总额中需包括上述测试、试运行和一切有关测试所需的费用，并包括由于测试中发现问题而采取补救措施以及再次测试的全部费用，当然亦包括测试必须用的全部仪器的费用。

五、本承包单位应按招标文件及规范书的规定，对各设备装置、线路、系统等进行各种测试、调试和试运行。

六、所有测试工作要满足、设计单位及监理公司的要求，并符合当地有关条例及要求，有关国家规范及国际标准。同时亦需要协助满足 LEED-CS 中的测试、调试和试运行的要求，以及协助提供相关送审文件和照片，例如英文版本的检测报告。

七、测试及试运行工作，需要有业主代表、设计单位及监理公司在场监察。

八、有关主要设备需要在原厂进行测试，符合有关规定，才能送往现场安装，并且制造厂家需要发出有关测试报告或证书呈交，设计单位及有关政府部门审阅。本承包单位送交予设计人的测试报告，证书或试运行报告等应为一式六份。

九、部分主要设备在原厂测试时，需有设计人/发包人代表在场监察测试工作的进行，业主及设计单位代表往该厂进行监察测试工作的所有费用，包括往返香港至该厂进行监察测试工作之一切交通（飞机、船或火车票等）、食宿等费用由本承包单位负责，并且在进行测试工作前，要有两个月时间通知业主及设计单位，以便安排有关代表及工作准备。

十、在有或没有业主及设计单位代表在场监察测试运行的工作情况下，总包单位均应提供所有测试及试运行纪录、报告及证书，并且能反映设备、材料、安装及系统的实际情况。

十一、本承包单位应提供有关测试及试运行的工作程序及形式给设计人/发包人审阅及认可，才能进行有关工作。

十二、本承包单位应提供有关的测试及试运行报告形式及表格样本给设计人/发包人审阅及认可。

十三、工程竣工时，本承包单位需要对整个系统进行测试及试运行及提供报告，以兹证明系统及安装符合有关要求和运作正常。由设计人/发包人发出验收证明，才能移交有关设备及安装予业主。

十四、在保固期满时，本承包单位应对所有设备，安装及系统进行整体测试及试运行及呈交有关测试及试运行报告予业主及设计单位审阅及验收。需要由发包人发出最后验收证明保固期才能完满。

十五、本承包单位应提供测试和试运行所需的仪表、装备、连接及其他必需的设备。

十六、本承包单位应采用符合有关标准的仪表及装备，并应提供有关仪表及装备的说明书及调校证书供设计单位审阅。

十七、有关安装工程，设备及系统任何部分未能达到有关要求或有缺点，本承包单位应作出适当的修改或更换，并不能增加任何费用。

十八、制造厂家对设备的测试应符合有关国际标准，国家规范，地区规定及本技术规范书要求。任何设备若不在以上标准或规范之内，本承包单位应提供测试方案供设计人/发包人审查及认可。

十九、本承包单位负责调试其本身的系统，同时，亦需配合其他分包工程单位进行综合调试。综合调试由总承包单位统筹及安排。

二十、本承包单位应与其他机电分包单位协调调试及试运行电气系统，以保证屋管系统对机电系统的控制为符合要求及其所纪录的资料为能够反映实际情况。

二十一、本承包单位应与大厦的管业单位进行保安系统演习，以保证当有事故发生时，系统能发挥应有的效力。

二十二、本承包单位应与消防分包单位协调，有关与消防系统的联动试运行，如紧急广播强切，根据火灾区而自动广播疏散信息发动机及互投器动作等。

二十三、本承包单位应与其他分包单位协调进行火警仿真演习，以确保系统为符合消防要求。

二十四、质量保证：

1　仪表的度数测定：所有用于系统上的仪表需事前测定度数。

2　当室外条件接近设计条件时始进行测试，调节及平衡。

3　本技术规格说明书内所要求的标准及方法。

第二节　工厂验收测试

一、进行下列最低限度的测试以保证所供设备/机组/材料符合本规格说明书的性能要求。凡能适用，所有测试必须按有关国标的规定执行。下列提出的测试项目为指示性的和最低限度所需的测试。需按本规格说明书其他各节的要求制定并送批全部测试计划，测试步骤，接线图等。如适用，可使用本规格说明书所附的标准测试表格，也可另行编制测试表格报批。

二、高压开关柜：

1　外观检验。对配电柜的结构，母线系统，开关装置，仪表，电缆线路等进行外观检验以确定配电屏是否可进行测试及搬运至工地。

2　测量仪表准确度的验证：

2.1　对电流表进行二次电流测试，注入其额定电流的0～100%，每级为25%额定电流。将读数与已校验过的电流表读数作比较。

2.2　将一台三相自耦变压器接至电压表的端子，于0～100%额定电压范围内以每级25%改变其电压。将所得到的读数与已校验过的电压表读数作比较。

2.3　按制造厂商的指示校验电压，电流和功率变换器。

2.4　将一台三相自耦变压器接至低电压继电器回路，逐渐改变供电电压，记录继电器的启动电压和返回电压。

3 绝缘强度测试：

3.1 所有开关装置处于断开状态，以1000V兆欧表测相对地，相对相，相对中性线的绝缘电阻。

3.2 将所有开关装置于闭合位置时，重复上述测试。

3.3 在各带电部分和外露的导电部分间（即L1＋L2＋L3＋中性线和地之间）加以2.5kV交流经60s并测漏电电流。

3.4 在每极和其他各极连在一起并接至外露导电部分间（即L1和L2＋L3＋N＋地，L2和L1＋L3＋N＋地，L3和L1＋L2＋N＋地，N和L1＋L2＋L3＋地之间）重复上述测试。

3.5 测试电压在施加时不应超过1000V并应于数秒钟内迅速增加至2500V并维持60s。

3.6 在高压测试前，将所有设计于较低测试电压的电气设备和耗电器具，例如测量仪表断开。因施加测试电压将引起电流流通。

3.7 高压测试后，于所有开关装置处于闭合位置时再重复绝缘电阻测试。

4 一次电流测试：

4.1 对每个被测试回路，记录下列资料：

4.1.1 回路号。

4.1.2 生产厂、型号、序号、CT变比、准确等级、每台保护CT和测量CT的负载。

4.2 在单独的相和中性线导线上注入一次电流的额定值并测出连接于上述回路被测试CT的二次电流。

4.3 于一次电流定于50％额定值再重复上述测试。

5 二次电流测试：

5.1 对每个被测试回路，记录下列资料：

5.1.1 回路号。

5.1.2 生产厂，型号，序号，额定电流，每只过电流和接地保护继电器跳闸线圈电压。

5.1.3 相联的保护用CT的标称满载电流和CT变比。

5.2 将逐渐增长的二次电流注入继电器并测出继电器开始动作时的最小电流及继电器的最小动作电流。

5.3 继电器的触点闭合后，将注入的电流慢慢地减小并测出继电器返回至其正常位置的最小返回电流。

5.4 于过电流继电器的电流整定插销置于100％，时间倍增器整定于1.0时，注入两倍额定二次电流并测出其动作时间。于5倍和10倍额定二次电流时重复上述的测试。

5.5 按测试时指示的任何继电器整定值重复上述测试。

5.6 于接地保护继电器的电流整定插销置于20％，时间倍增器整定于1.0时，注入2倍，5倍和10倍额定二次电流并测出其动作时间。按测试时指示的任何继电器整定值重复上述的测试。

5.7 比较所测得的动作时间与由制造厂商提供的继电器特性曲线上读得的理论标称动作时间。

5.8 记录测试终了时继电器的整定值。

6 蓄电池测试：

6.1 蓄电池充满电时，断开蓄电池充电器的输入开关。记录于断路器及控制器操作时相对时间的蓄电池电压，以验证所配置的蓄电池容量足以担负其计划的负载。

6.2　蓄电池放电试验后恢复蓄电池充电器的供电。记录充电电压和充电电流和其相对的时间，以验证所配置的蓄电池和充电器容量足以承担其工作。

7　功能试验：

7.1　进行功能试验以检查所有控制回路接线正确，所有规定的控制方案均已包括。

7.2　对开关装置进行机械操作试验以验证所有开关机构起作用，所有抽出式开关装置均已正确校直。

三、低压配电柜（箱）：

1　外观检验。对配电柜（箱）的结构，母线系统，开关装置，仪表，电缆线路等进行外观检验以确定配电屏是否可进行测试及搬运至工地。

2　测量仪表准确度的验证

2.1　对电流表进行二次电流测试，注入其额定电流的 0～100%，每级为 25%额定电流。将读数与已校验过的电流表读数作比较。

2.2　将一台三相自耦变压器接至电压表的端子，于 0～100%额定电压范围内以每级 25%改变其电压。将所得到的读数与已校验过的电压表读数作比较。

2.3　按制造厂商的指示校验电压，电流和功率变换器。

2.4　将一台三相自耦变压器接至低电压继电器回路，逐渐改变供电电压，记录继电器的起动电压和返回电压。

3　绝缘强度测试：

3.1　所有开关装置处于断开状态，以 1000V 兆欧表测相对地，相对相，相对中性线的绝缘电阻。

3.2　将所有开关装置于闭合位置时，重复上述测试。

3.3　在各带电部分和外露的导电部分间（即 L1＋L2＋L3＋N 和地之间）加以 2.5kV 交流经 60s 并测漏电电流。

3.4　在每极和其他各极连在一起并接至外露导电部分间（即 L1 和 L2＋L3＋N＋地，L2 和 L1＋L3＋中性线＋地，L3 和 L1＋L2＋中性线＋地，中性线和 L1＋L2＋L3＋地之间）重复上述测试。

3.5　测试电压在施加时不应超过 1000V 并应于数秒钟内迅速增加至 2500V 并维持 60s。

3.6　在高压测试前，将所有设计于较低测试电压的电气设备和耗电器具，例如测量仪表断开。因施加测试电压将引起电流流通。

3.7　高压测试后，于所有开关装置处于闭合位置时再重复绝缘电阻测试。

4　一次电流测试：

4.1　对每个被测试回路，记录下列资料：

4.1.1　回路号。

4.1.2　生产厂，型号，序号，CT 变比，准确等级，每台保护 CT 和测量 CT 的负载。

4.2　在单独的相和中性线导线上注入一次电流的额定值并测出连接于上述回路被测试 CT 的二次电流。

4.3　于一次电流定于 50%额定值再重复上述测试。

5　二次电流测试：

5.1　对每个被测试回路，记录下列资料：

5.1.1　回路号。

5.1.2　生产厂、型号、序号、额定电流、每只过电流和接地保护继电器跳闸线圈电压。

5.1.3 相联的保护用CT的标称满载电流和CT变比。

5.2 将逐渐增长的二次电流注入继电器并测出继电器开始动作时的最小电流及继电器的最小动作电流。

5.3 继电器的触点闭合后，将注入的电流慢慢地减小并测出继电器返回至其正常位置的最小返回电流。

5.4 于过电流继电器的电流整定插销置于100%，时间倍增器整定于1.0时，注入两倍额定二次电流并测出其动作时间。于5倍和10倍额定二次电流时重复上述的测试。

5.5 按测试时指示的任何继电器整定值重复上述测试。

5.6 于接地保护继电器的电流整定插销置于20%，时间倍增器整定于1.0时，注入2倍、5倍和10倍额定二次电流并测出其动作时间。按测试时指示的任何继电器整定值重复上述的测试。

5.7 比较所测得的动作时间与由制造厂商提供的继电器特性曲线上读得的理论标称动作时间。

5.8 记录测试终了时继电器的整定值。

6 蓄电池测试。

6.1 在蓄电池充满电时，断开蓄电池充电器的输入开关。记录断路器及控制器操作时相对时间的蓄电池电压，以验证所配置的蓄电池容量足以担负其计划的负载。

6.2 蓄电池放电试验后恢复蓄电池充电器的供电。记录充电电压和充电电流和其相对的时间，以验证所配置的蓄电池和充电器容量足以承担其工作。

7 功能试验。

7.1 进行功能试验以检查所有控制回路接线正确，所有规定的控制方案均已包括。

7.2 对开关装置进行机械操作试验以验证所有开关机构起作用，所有抽出式开关装置均已正确校直。

第三节 工地测试和试运转

一、在安装工程的适当阶段，在设备带电前，进行检验和测试，绝缘测试，并将报告送审批。

二、在安装工程的适当阶段并于运行测试之前，进行设备的耐压测试并将报告送审批。

三、在适当的分期阶段，在带电前进行所有电气设备的运行测试并将报告送审批。

四、制定出全面和详尽的供电系统工地测试计划。计划由进线断路器开始继的以逻辑性的计划使系统的通电能以安全，可靠地进行并与其他机电安装工程有明确分界和充分协调。例如，蓄电池充电器和蓄电池需于为断路器提供直流控制电源之前进行检验。在进行断路器操作测试前，断路器就地控制的操作测试必须先作检查包括连接至其他系统或装置的信号和控制回路端子前的控制回路的测试。

五、在装置的整个通电阶段对供电系统进行监视和安全检查，包括挂锁连锁或保持供电的控制，开关装置的挂锁连锁和断路器单元，配电屏等。与其他的专业承包单位和分包单位协调以保证本系统以下的电缆或其他电气设备未经测试之前或其他专业承包单位和分包单位的设施未准备就绪之前和不安全的情况下不进行通电。上述要求必须继续实施直至整个装置由发包人的授权代表书面证明完工时为止。

六、在测试时需采取预防措施。测试方法必须对人员和财产不会造成危险即使被测试的回路有故障。

第四节　工地验收测试

一、需进行测试以验证整个装置符合本规格说明书的要求。按本规格说明书的要求制定全面的测试计划报批。

二、除其他事物外工地验收测试至少包括以下内容：

1　所有设备，电缆线路等在机电性能上是安全的。

2　所有连锁，隔离开关、门、面板的安全机构安装和调整完好。

3　所有外露的金属部分已按有关中国国家规范，有关的英国标准，工作守则和法规的要求接地。所有为了安全和运行的需要接地的点和连接均已按制造厂商的要求可靠接地。

4　所有电缆、芯线和其端接已完成，可靠地支撑并正确地加以标志和以颜色区分。

5　各相、各极、中性点和共同的连接线均按要求正确连接在各点上已供电。各设备上的电压和频率正确无误并符合正确运行的要求。

6　各供电回路均正确地装设熔断器或其他保护并满足有选择性的要求和故障时能以安全断开。

7　各触头均已正确校直并无过于磨损和腐蚀。

8　各保护盖均已安装就绪，各警告牌和指示牌正确并已就位。各箱和柜内无铁屑和电缆的剥皮。

9　如有蓄电池，则已安装，连接，装配完毕并予以充分通风。蓄电池充电器工作正常。

10　所有电缆线路和设备的绝缘电阻不低于国标的要求。

11　各种仪表的极性连接正确并且运行正常。

12　各故障指示和警告信号动作正确。

13　当电源故障，恢复供电和由备用发电机供电时，由蓄电池馈电的各重要设备均能无干扰地正确继续其功能。

14　正常和紧急状态下运行的连锁，操作程序和保护均良好。

三、以下所列为必需的测试内容。

1　电缆。

1.1　连续性测试。

1.2　绝缘电阻测试。

1.3　接地测试。

1.4　极性测试。

2　高压开关柜、低压配电柜。

2.1　外观检查：

对配电柜的结构，母线系统，开关装置，仪表，电缆线路装备等进行外观检验以确定配电屏是否可进行测试及搬运至工地。

2.2　绝缘强度测试：

2.2.1　所有开关装置于断开位置时，以1000V兆欧表进行相对地，相对相，相对中性线绝缘测试并测出其绝缘电阻。

2.2.2　所有开关装置于闭合位置时，重复上述测试。

2.2.3　在各带电部分和外露导电部分间（即黄＋绿＋红＋中性线和地间）以2.5kV交流作耐压测试经60s并测漏电电流。

2.2.4　在每极和其他各极连在一起并接至外露导电部分间（即L1和L2＋L3＋中性线＋地，L2和L1＋L3＋N＋地，L3和L1＋L2＋中性线＋地，中性线和L1＋L2＋L3＋地间）

重复上述测试。

2.2.5　测试电压在施加时不应超过1000V，并应于数秒钟内迅速增加至2500V并维持60s。

2.2.6　在高压测试前，将所有设计于较低测试电压的电气设备和耗电器具，例如测量仪表断开。因施加测试电压将引起电流流通。

2.2.7　高压测试后，于所有开关装置处于闭合位置时再重复绝缘电阻测试。

2.3　二次电流测试：

2.3.1　对每个被测试回路，记录下列资料：

1. 回路号。

2. 生产厂、型号、序号、额定电流、每只过电流和接地保护继电器跳闸线圈电压。

3. 相联的保护用CT的标称满载电流和CT变比。

2.3.2　将逐渐增长的二次电流注入继电器并测出继电器开始动作时的最小电流及继电器的最小动作电流。

2.3.3　继电器的触点闭合后，将注入的电流慢慢地减小并测出继电器返回至其正常位置的最小返回电流。

2.3.4　于过电流继电器的电流整定插销置于100%，时间倍增器整定于1.0时，注入两倍额定二次电流并测出动作时间。于5倍和10倍额定二次电流时重复上述的测试。

2.3.5　按测试时指示的任何继电器整定值重复上述测试。

2.3.6　于接地保护继电器的电流整定插销置于20%，时间倍增器整定于1.0时，注入2倍、5倍和10倍额定电流并测出其动作时间。按测试时指示的任何继电器整定值重复上述的测试。

2.3.7　比较所测得的动作时间与由制造厂商提供的继电器特性曲线读得的理论标称动作时间。

2.3.8　记录测试终了时继电器的整定值。

2.4　功能测试：

2.4.1　进行功能测试以检查所有控制回路接线正确，所有规定的控制方案均已包括。

2.4.2　对开关装置进行机械操作测试以验证所有开关机构起作用，所有抽出式开关装置均已正确校直。

3　低压系统按次序进行下列有关的测试项目。

3.1　环形最终电路导线连续性。

3.2　保护导体的连续性，包括总和辅助的设备接地。

3.3　接地极的接地电阻。

3.4　绝缘电阻。

3.5　工地装配装置的绝缘电阻。

3.6　电气隔离保护。

3.7　极性。

3.8　接地故障环路阻抗。

3.9　各设备项目的功能。

4　防雷保护系统。

4.1　空气终端和接地终端的连续性。

4.2　接地极的接地电阻。

第五节 保 修 期

一、保修期应为项目竣工验收后24个月。在保修期间内承包单位对各系统设备需提供免费的保修服务，包括为进行日常例行保修工作提供所需的劳务及物料。同时无论在任何时间派遣专业人员作24h随传随到紧急维修服务。保修期内要求工作日2h内派遣工程师，非工作日4h内派遣工程师。并提交保养报告予发包人做参考。保修期内所有需要检测的项目由供应商提供检测服务并提供检测报告。如防雷检测、接地检测等。保修计划需于上述期间提交设计人/发包人审批。所有测试及试运行的数据结果应向项目的物业管理单位提供。

二、保修期满时，所有系统需清洗，清洁程度如同全新一样。

第二十七章　涂油饰面

第一节　一般要求

一、本章说明有关高低压配电系统的设备和其他配件的油漆和标签工程所需材料的要求以及涂漆和标志的方法。

二、需严格遵照防锈底漆和外层面漆生产商的指示进行涂漆。同时为确保各种油漆互相兼容，应采用同一厂家的油漆产品。

三、除特别注明或经建筑师特许外，所有产品在制成后需在厂内一个环境清洁及干燥的室内进行保护性的处理工作。在气温低于摄氏四度或相对湿度高于 90%的环境下不能进行任何油漆工作。当有关保护处理工作进行期间，需对正受处理的产品加以保护免受外界气候环境影响，直至有关工作完成为止。

四、所有的油漆产品均需符合当地消防局及有关单位的要求。

五、所有已经处理的设备，无论在运输、储存和安装期间，必须特加小心以减少在吊运安装时，保护层受损坏。如确受损坏的地方，则需重新进行彻底处理。所有已涂上最终面漆的设备，更需在付运前妥为包装保护。

六、每一层的涂漆均需按照规定的方法或其他经建筑师认可的方法进行施工，以确保能提供统一而均匀的油漆涂层。同时在加油漆涂层前需确定已涂的油漆层已干透和表面无灰尘和污物。

七、如有需要，所有油漆应为抗热性。油漆颜色应由设计人/发包人选择，不同颜色将选在不同位置。在执行油漆前，油漆品种需由设计人/发包人审批。

八、所有使用的粘合剂和密封剂、油漆和涂料必须为低挥发性产品。

九、如有地方标准，总承包单位需证明地方标准与 LEED-CS 中提及的标准相等或为更高要求。总承包单位需根据当中最高的要求标准作业。

十、除另有规定的特别油漆和修节外，油漆需于设备、道管及配件安装后施行。

十一、所有油漆产品的生产商必须具有不少于十年生产油漆产品的经验。

第二节　涂　　油

一、所有设备，管路等的面油颜色需经发包人批准。

二、按规定的要求所有钢铁件包括支座、吊架、结构钢架、过梁、门、油箱、支架、风扇外壳、机座、管路支座、风门、过滤网壳和相类似物均需涂油。

三、所有室外的金属面除铜制外，所有室外钢支架，所有室外管线工程和所有绝缘或非绝缘的室外风管包括其支持物均需涂一道底油与两道沥青。

四、不可在潮湿面层上涂油。

第三节　饰　　面

一、按中国国家标准有关条款的规定进行饰面保护。

二、严格按制造厂的要求涂底油与面油。每项设备所涂的油漆需由同一家制造厂出产以确保一致。

三、除另有规定外，需于制造完成后作表面处理。处理工作需于防风雨的建筑内在可控制，清洁和干燥的条件下进行。不可在环境温度低于 4℃或相对湿度超过 90%的情况下涂油。不可在气温低于 5℃或在保养期中有可能降至 5℃的情况下涂分装的环氧树脂一类的油漆。需将在室外大气条件下进行处理的钢结构工程加以保护直至完工及其保养期。

四、切勿使用超过油漆制造商声明有效期的油漆。勿将开罐使用过的油漆与新鲜的油漆混合使用，也不能将烯料掺入。

五、在油漆工程开工前需将油漆，涂油工序报批。需作试验以确保油漆与工序能达到最佳效果。

六、每道油漆需按批准的工序和方法进行，以期获得均匀和连续的油漆面层。每道油漆需用不同的颜色以便于检验。每道油漆完成后需安排检验。施工方法必须适合所使用的油漆。相连续的两道油漆需有不同的深浅度以便分辨。需待油面干透后并保证无灰尘和秽物方可进行第二道油漆。以批准的洗涤剂溶液清洗积聚灰尘和秽物的油面再以干净的清水洗净。

七、在螺栓连接处，必须小心以避免从螺孔中流入油漆。如发生上述情况，需予以清除使不致损坏先前的处理。

八、未经批准不准在任何表面进行任何方式的处理。当批准后，实时进行处理。

九、在任何对象上涂毕最后一道油漆后，需保持最少 36h 的养护后方可暴露于室外大气中。

十、喷料清理需按中国国家标准进行。磨料的最大粒度需符合中国国家标准规定。清理用的磨料需经设计人/发包人批准方可重复使用。不准使用非金属磨料，喷料清理面的最大厚度不能超过 0.10mm。

十一、喷料清理过的钢结构面上不能留有灰尘，磨渣和附着物。尽快按批准的工序涂第一道保护层，在任何情况下不得超过 4h。

十二、镀锌需符合中国国家标准的要求。钢料先经酸洗，然后加热浸入溶化的锌槽缸中。每件钢料各面需全部被覆盖，其表面覆盖物的增加重量为 0.76kg/m^2 并不能附有淌料。在镀锌前需清理所有孔洞并消除钢料的尖角。镀锌后去除溅在钢件上多余的残渣。若有指示时将成品进行试验以验证符合本条款的要求，而不使发包人承担此项费用。

十三、金属覆盖的表面处理需按中国国家标准。

十四、金属面层的额定厚度需符合中国国家标准。

十五、在保护层处理及以后的运输中，堆放和安装所用的起吊和装卸方法，需保证对处理面层的损坏程度减至最少。修补损坏的面层需清除至露出金属面然后再重新涂漆。新涂的油漆至少需覆盖原来的油漆面的四周达 50mm。当钢件在车间涂完最后一道油漆或保护面之后，在运至工地前需小心加以包扎。

十六、将所有的接触面于接合前以钢丝刷清刷。

十七、所有螺栓，螺帽和垫片需由受腐蚀程度为最小的材料制成。

十八、螺栓，螺帽和垫片在旋紧后全部加以清理。将所有外露面涂以相应的底油和面油。

十九、将部分包于混凝内的钢结构于浇灌混凝土拆除模板后立即进行涂油。需特殊小心以保证在钢结构与混凝土接口处外露的表面必须完全被覆盖。

二十、除另有规定外，任何于钢表面和金属覆盖面上所涂油漆干膜的厚度需不少于 0.2mm。干膜厚度的度量需用测厚度表或其他相等经批准的仪表。

二十一、若制造厂对所制造的成品提供饰面，则需将此种饰面送批。

二十二、需随机附带适量备用油化（或喷化）原厂漆以修补运输及安装过程中造成的划伤。